Águas Doces no Brasil

Organizadores
Aldo da Cunha Rebouças
Benedito Braga
José Galizia Tundisi

2ª EDIÇÃO REVISADA E AMPLIADA

escrituras
São Paulo - 2002

2ª Edição

Escrituras Editora e Distribuidora de Livros Ltda.
Rua Maestro Callia, 123 - Vila Mariana - 04012-100
São Paulo, SP - Telefax: (11) 5082-4190
e-mail: escrituras@escrituras.com.br
site: www.escrituras.com.br

Coordenação editorial
Raimundo Gadelha

Coordenação executiva
Inês Iwashita (IEA/USP)

Projeto Gráfico
Denise Bitencourt

Editoração eletrônica
Fernando Uematsu Suzuki
Vera Andrade

Impressão:
R.R. Donnelley América Latina

Dados Internacionais de Catalogação na Publicação (CIP)
(Câmara Brasileira do Livro, SP, Brasil)

Águas doces no Brasil : capital ecológico, uso e conservação / organizadores Aldo da Cunha Rebouças, Benedito Braga, José Galizia Tundisi. – 2. ed. – São Paulo: Escrituras Editora, 2002.

1. Água doce. 2. Água Doce - Ecologia
I. Rebouças, Aldo da Cunha. II. Braga, Benedito.
III. Tundisi, José Galizia.

02-4871 CDD - 333.9100981

Índices para catálogo sistemático:
1. Brasil : Águas Doces : Recursos aquáticos : Economia 333.9100981

Impresso no Brasil
Printed in Brazil

Apresentação

Organizadores
Aldo da Cunha Rebouças
Benedito Braga
José Galizia Tundisi

Nas últimas décadas deste século, a humanidade vem se defrontando com toda uma série de problemas globais – ambientais, financeiros, econômicos, sociais e de mercado. Neste quadro, as preocupações com o ambiente, em geral, e com a água, em particular, adquirem especial importância, pois as demandas estão se tornando cada vez maiores, sob o impacto do crescimento acelerado da população e do maior uso da água, imposto pelos padrões de conforto e bem-estar da vida moderna. Entretanto, a qualidade das águas da Terra – rios, lagos naturais e represas, em particular – dos ecossistemas e da vida, em geral, vem sendo degradada de uma maneira alarmante, e esse processo pode logo ser irreversível, sobretudo, nas áreas mais densamente povoadas dos países emergentes, como o Brasil.

Embora a idéia de Globo Terrestre com água cobrindo a maior parte da sua superfície remonte no tempo, quando o homem primitivo começou a reunir conhecimentos, principalmente, mas não exclusivamente, para sua vida diária, somente no início da década de 1960 foi possível uma visão desse quadro, o que resultou na denominação de **Planeta Água.**

Essa percepção da Terra em toda a sua beleza – um globo azul e branco flutuando na profunda escuridão do espaço – foi uma experiência que mudou desde então o relacionamento do homem com o seu ambiente em geral, e com a água em particular.

Todavia, deve-se considerar que toda a água da Terra não é utilizável para consumo humano e desenvolvimento de suas atividades socioeconômicas. A primeira peculiaridade geral da água de consumo doméstico, industrial e irrigação é que ela deve apresentar baixo teor de salinidade, ou seja, ser doce *freshwater*.

Neste particular, o critério mundial de classificação ambiental das águas da Terra designa como ***Água Doce*** aquela que apresenta teor de salinidade inferior a 1.000 mg/l, ou mais propriamente, teor de Sólidos Totais Dissolvidos (STD), pois as substâncias em solução não são, necessariamente, sais. Estas águas ocorrem nas porções de terras emersas – continentes, ilhas e similares – fluindo pelos rios, riachos, córregos, formando geleiras, depósitos subterrâneos, enchendo as lagoas, os lagos, as represas ou açudes, formando pantanais ou encharcados – sendo por isso também chamadas de ***águas interiores.***

Neste quadro, o espaço geográfico pode ser considerado formando dois contextos hidroclimáticos bem distintos: 1) domínios com "**excedente hídrico**", ou seja, onde as quantidades de água precipitada da atmosfera – na forma de chuva, neve e neblina, principalmente – são superiores àquelas que retornam na forma de vapor, o qual é engendrado pelos processos de evaporação e transpiração, 2) domínios com "**déficit hídrico**", onde as quantidades evapotranspiradas são superiores às precipitadas da atmosfera na área em apreço.

Nas regiões com excedente hídrico, os cursos de água, encharcados ou pantanais são perenes, as águas subterrâneas são fartas, consolidando-se uma idéia geral de abundância e de inesgotabilidade. Nas regiões com *déficit* hídrico, ao contrário, as águas podem tornar-se, local e ocasionalmente, escassas, resultando na idéia de esgotabilidade, fator limitante à vida e ao desenvolvimento das atividades antrópicas.

O desenvolvimento da humanidade ocorreu nesses dois contextos hidroclimáticos, resultando em distintas percepções, atitudes, instrumentos legais, institucionais e de gerenciamento das águas. Todavia, a partir da Revolução Industrial, o crescimento desordenado e localizado das demandas, associado aos processos de degradação da qualidade da água, vem engendrando sérios problemas de escassez – quantitativa ou qualitativa – e conflitos de uso, até mesmo nas regiões naturais com excedente hídrico.

Nesse quadro, a percepção do valor econômico da água tornou-se, praticamente, universal e vem adquirindo uma importância crescente como fator competitivo do mercado internacional nas duas últimas décadas, daí a denominação de ***água capital ecológico***.

Vale destacar que, entre os seis países do mundo de dimensões continentais, o Brasil é o único sob condições dominantes de clima tropical úmido, resultando na maior descarga de água doce distribuída numa rede hidrográfica perene das mais extensas e densas, e na maior extensão de pantanais ou encharcados (38 áreas com 60 milhões de hectares de superfície total).

Acresce que essa abundância de água doce é um importantíssimo suporte ao desenvolvimento de um dos maiores potenciais de biodiversidade da Terra e de produção de biomassa – natural ou cultivada. Assim, o nosso grande potencial de água doce – superficial e subterrânea – deve ser visto como um capital ecológico de inestimável importância e fator competitivo fundamental ao desenvolvimento socioeconômico sustentado.

Nesse quadro, as alternativas de uso integrado e conservação das águas – atmosféricas, superficiais e subterrâneas – tanto em termos quantitativos quanto qualitativos, como de manutenção dos ecossistemas naturais, são, regra geral, as mais promissoras.

Motivação básica

A motivação deste trabalho é de estimular a migração do **Brasil-problema** para o **Brasil-potencial.** Para tanto, o que mais falta não é água, mas determinado padrão cultural que agregue ética e melhore a eficiência do desempenho político dos governos, da sociedade em geral, das empresas públicas e privadas, promotoras do desenvolvimento em geral e dos recursos hídricos, em particular.

Nesse quadro, é requisito básico uma rápida mudança do paradigma burocrático ainda dominante para o modelo gerencial, não só para atuação política-institucional, mas também para engendrar novos valores – os quais se encontram em rápida transformação – que ajudem os indivíduos e as organizações públicas e privadas a enfrentar as realidades sociais, ambientais e de desenvolvimento sustentado dos nossos recursos hídricos.

Súmula dos capítulos

Procurou-se aglutinar em um único compêndio uma apresentação e análise dos nossos potenciais de água doce, compreendendo chuvas, águas superficiais – fluxos dos rios, lagoas, áreas encharcadas -, águas subterrâneas, suas interações com o ambiente natural, em geral, e antrópico, em particular. Por sua vez, o trabalho analisa a problemática da água doce nos diferentes setores da atividade da economia, os aspectos de saúde pública, de saneamento básico, aspectos institucionais e jurídicos, as necessidades de monitoramento, os aspectos culturais e o seu papel como fator de turismo.

No capítulo 1, faz-se uma análise do quadro dos recursos de água doce do Brasil no panorama mundial, possibilitando uma visão comparativa dos aspectos de potencialidade e de escassez, considerados nos diferentes contextos ambientais em que se encontram inseridos, revelando-se a importância das nossas potencialidades como fator competitivo do mercado global.

O desconhecimento (ou não consideração) dessas perspectivas vem colocando o Brasil na vala comum dos países que, efetivamente, já enfrentam ou deverão enfrentar problemas de escassez de água – quantitativa ou qualitativa – nas primeiras décadas do corrente milênio.

No capítulo 2, a análise da água como fator fundamental ao desenvolvimento sustentado considera os nossos diferentes ecossistemas, tais como: Região Amazônica, Nordeste Semi-Árido, Pantanal e as regiões com maior desenvolvimento socioeconômico, como é o caso do eixo Rio - São Paulo. Nessa abordagem são indicados alguns caminhos para uma revisão das situações nas quais a água doce vem se tornando fator limitante ao desenvolvimento e ao bem-estar da sociedade em geral.

No capítulo 3, faz-se uma análise das águas atmosféricas abordando-se os estudos existentes sobre as chuvas nas diferentes regiões fisioclimáticas do Brasil, com discussão dos mecanismos físicos de geração das chuvas, a sua variabilidade inter-anual, inter-sazonal e os problemas engendrados pelas mudanças climáticas globais. Do diagnóstico, passa-se a uma avaliação, prognose e propostas de estudos específicos.

No capítulo 4, ressalta-se que as águas subterrâneas são a parcela do ciclo hidrológico que ocorre escondida no subsolo, perenizando o fluxo dos rios durante os períodos de estiagem. Nas áreas sem condições de substancial armazenamento de água no subsolo, como acontece no domínio das rochas cristalinas do Nordeste Semi-Árido, os rios tornam-se temporários. Neste caso, a regularização da oferta de água exige a construção de represas nos rios ou açudes, os quais deveriam ser gerenciados de forma integrada com os recursos de água subterrânea que ocorrem nas manchas aluviais e nas zonas fraturadas aqüíferas das rochas do substrato geológico.

Ressalta-se, ainda, que na moderna abordagem de gerenciamento de bacias hidrográficas, a inserção das águas subterrâneas poderá ser feita, tendo por base a compartimentação correspondente do sistema de fluxos no subsolo. Nesse quadro, os aqüíferos podem desempenhar variadas funções, destacando-se as funções de produção e de estocagem-regularização. Ademais, os aqüíferos podem desempenhar importante função no gerenciamento, mediante a recarga artificial ou induzida dos excedentes de água nos períodos de enchentes dos rios, ou como receptor intermediário de esquemas de *reúso* de águas tratadas para fins não potáveis no meio urbano, reciclagem industrial e irrigação.

Salienta-se que, as águas subterrâneas do Brasil, em função da boa qualidade natural para consumo humano, quando captadas de forma adequada, constituem uma alternativa segura de abastecimento doméstico em 80% das nossas cidades, principalmente, possibilitando reservar as águas de menor qualidade para consumo industrial e irrigação. Os problemas atuais decorrentes da falta de controle – federal, estadual e municipal – são discutidos e apresentadas proposições, destacando-se as necessidades de mais conhecimentos sobre as águas subterrâneas, para sua inserção no sistema nacional de gerenciamento dos nossos recursos hídricos.

Nos capítulos 5 e 6, os nossos principais ecossistemas aquáticos interiores são analisados, tais como: bacia Amazônica, bacia do Prata, bacia do rio São Francisco, áreas alagadas e pantanais, ressaltando-se as suas importâncias ecológicas, os impactos da construção de grandes barragens, os problemas decorrentes do acelerado assoreamento desses reservatórios, a teoria dos refúgios, a biota das águas interiores, as necessidades de estudos. Os mecanismos de funcionamento dos lagos naturais e artificiais e de áreas alagadas, os problemas de eutrofização, contaminação e conservação de águas interiores são discutidos e proposições são apresentadas, numa abordagem sistêmica e numa percepção de que os problemas de uso e conservação dos recursos hídricos já não podem ser resolvidos mediante um simples balanço entre ofertas e demandas e um plano de obras. Assim, uma visão ampla e a mais completa possível das nossas águas interiores, incluindo aspectos qualitativos e quantitativos e mecanismos de funcionamento dos reservatórios de águas interiores é parte importante desses capítulos.

Os capítulos 7 e 8 apresentam as relações da água com a saúde e a qualidade do ambiente. Nesta abordagem é apresentada uma visão realista do quadro engendrado pela combinação do crescimento desordenado das demandas urbanas, da baixa eficiência dos serviços de saneamento – água, esgoto e lixo –, do desperdício e da degradação da qualidade da água e do ambiente, devido ao lançamento generalizado dos esgotos urbanos não tratados nos rios e noutros corpos de água.

Ressaltam-se as prioridades e os desafios que representam as mudanças de percepção necessárias, tanto no nível das autoridades responsáveis, como da população em geral. Destas análises fica evidente que os grandes problemas atuais e futuros – se não houver uma mudança dos padrões e costumes da sociedade em geral em relação à água – serão de qualidade nas regiões mais densamente povoadas, em geral, e nas áreas urbanas, em especial.

O capítulo 9 apresenta os aspectos da água na agricultura irrigada e para dessedentar animais, os problemas de erosão dos solos e dos efluentes agrícolas. Os procedimentos de gerenciamento da oferta da água, das atividades e espécies culturais, e das formas de uso são enfatizados como fundamentais dos paradigmas de produtividade e competitividade que são impostos pelo mercado.

O capítulo 10 trata da água na indústria, ressaltando os aspectos de qualidade, de tratamento e de reutilização, como fatores de competitividade econômica e de proteção ambiental. A falta de ação de controle oficial resulta na escassez crônica de dados sobre as fontes de auto-abastecimento das indústrias e atividades agrícolas – rio, poço, açude, lagoa –, os volumes utilizados, a quantidade e qualidade dos efluentes, as formas e locais de deposição dos resíduos.

O capítulo 11 aborda a função da hidreletricidade, destacando a sua contribuição ao conhecimento dos nossos recursos hídricos superficiais. A resenha histórica revela que esta atividade foi pioneira no Brasil e exerceu uma grande influência na cultura hidrológica dominante e nos níveis de conhecimento dos nossos rios. O princípios básicos são apresentados com propriedade para um melhor entendimento do aproveitamento hidrelétrico de um rio, bem como as potencialidades e perspectivas de aproveitamento atuais e futuras, em termos de grandes, médias e micro usinas.

O capítulo 12 oferece um amplo entendimento da navegação fluvial no Brasil ainda pouco desenvolvida e delineia as perspectivas nos médio e longo prazos, ressaltando as suas seis bacias hidrográficas mais importantes.

O capítulo 13 trata da pesca e aqüicultura. O capítulo indica claramente as diferenças entre pesca e aqüicultura e mostra o seu desenvolvimento no Brasil ao longo dos últimos anos nas principais bacias hidrográficas das diferentes regiões geoeconômicas. A inter-relação entre fauna aquática e o uso energético dos sistemas fluviais é enfatizada no contexto brasileiro. É feita uma análise detalhada das diferentes espécies em utilização na aqüicultura brasileira, indicando alternativas de grande potencial de produção de alimentos com alto valor protéico.

No capítulo 14, é apresentada a problemática da gestão da água no ambiente urbano. O Brasil é mostrado como um dos países cuja população urbana mais cresceu nos últimos 50 anos. São discutidas as implicações deste desenvolvimento urbano e conseqüente uso desordenado do solo no aumento do escoamento superficial e freqüência de enchentes. Diversas formas de controle de inundações, incluindo medidas estruturais e não-estruturais, são apresentadas. A questão da qualidade da água é discutida em detalhes, incluindo o problema da geração e transporte de sedimentos em áreas urbanas e a preservação dos mananciais de água potável.

O capítulo 15 aborda o problema da água na zona semi-árida, sendo apresentadas as suas potencialidades, disponibilidades e demandas em diferentes horizontes de planejamento. Os cenários tendenciais identificados ressaltam a vulnerabilidade hídrica e a identificação de áreas críticas, se não houver uma mudança dos padrões de uso e costumes da sociedade em geral em relação às águas disponíveis nos açudes e poços já construídos. A análise fundamenta uma proposta de nova política de águas, onde se destaca a necessidade de uma gestão integrada, tanto no nível da oferta de água como das demandas — doméstica, industrial e agropecuária - e da obtenção de uma melhor eficiência, isto é, com redução dos níveis de desperdícios e maior produtividade por unidade de volume de água utilizada.

O capítulo 16 aborda os aspectos da hidroeconomia, onde o custo da disponibilização da água é apresentado, analisada a disposição dos usuários a pagar pela água e os instrumentos econômicos de gestão. Nesta abordagem, o mercado da água é entendido como um instrumento que regula o direito de usar e/ou poluir a água.

Nos capítulos 17 e 18 são apresentados os aspectos institucionais e jurídicos, o quadro atual e proposições. Ressalta-se que a regulamentação da Lei nº 9.433, de 8 de janeiro de 1997, que institui a Política Nacional de Recursos Hídricos e cria o Sistema Nacional de Gerenciamento de Recursos Hídricos, enfrenta obstáculos de ordem jurídica, política e institucional. Espera-se que se opere um verdadeiro desmantelamento da "política de bastidores" que tem transformado as tentativas de gerenciamento em planos de obras. Ademais, espera-se que se criem condições efetivas de descentralização das ações, tanto no nível federal, estadual como municipal.

O capítulo 19 apresenta uma análise da rede hidrométrica básica, sua constituição, distribuição, as séries temporais e os principais fatores de inconsistência paramétrica ou estatística. Ressalta-se a necessidade de organização e operação de uma rede integrada – águas atmosféricas, superficiais e subterrâneas – e que contemple os aspectos de quantidade e qualidade, no nível das macros e médias bacias hidrográficas. Destaca-se, ainda, que na abordagem do mercado da água a instalação, operação e manutenção de uma rede básica não é uma despesa, mas um dos investimentos de maior e mais rápido retorno. O monitoramento de uma rede básica integrada possibilitará a identificação das relações recíprocas, derivadas das características do ambiente natural e da ação antrópica, no qual a água é gerada, circula ou se acumula.

O capítulo 20 apresenta o papel da água como fator de grande alcance do setor de turismo, seja como embelezador da paisagem, seja como meio para prática de esportes e usufruto do lazer. Ressalta as condições básicas que se relacionam diretamente com o potencial de recursos de águas locais e regionais, e, em maior detalhe, com as estratégias econômicas de exploração. Ressalta, ainda, que é preciso a sociedade preencher certas condições básicas, sem as quais não há turismo, não há lazer e, portanto, não há qualquer desenvolvimento econômico com a multiplicação dos efeitos positivos desejáveis. Finalmente, enfatiza que a geração de negócios é essencial para a implantação de atividades turísticas, pois é preciso haver retorno dos investimentos que forem disponibilizados para a infraestrutura necessária ao desenvolvimento do turismo.

O capítulo 21 apresenta os aspectos culturais que influenciam ou determinam a percepção, atitudes e costumes da sociedade em relação com a água. O seu papel é abordado, desde as sociedades pré-coloniais até os tempos atuais, num viés da própria formação da civilização brasileira. Ademais de servirem de "estradas móveis", os rios ofertavam aos nativos e colonizadores água de boa qualidade, peixes em abundância e a própria substância com a qual cuidavam de suas práticas higiênicas e procedimentos rituais. Essas condições perduraram até meados da década de 1950. Avaliando-se com a necessária atenção, constata-se que são de procedência indígena a maioria dos termos que designa as espécies animais e os rios, sem contar ainda os pontos significativos da nossa geografia e toponímia.

O capítulo 22 deste livro compreende uma atualização da abordagem sobre a água. Nestes dois anos, vale ressaltar a criação da ANA-Agência Nacional de Águas – Lei Federal 9.984/00, cujo objetivo é implementar o Sistema Nacional de Recursos Hídricos. A descentralização e democratização referentes aos comitês, por um lado, e a cobrança pelo direito de uso, por outro, são os principais desafios da ANA.

A luta para compreender o estranho mundo da água doce é nobre. É um esforço contínuo. Engajar-se nela requer uma vívida imaginação criadora, temperada por uma firme disciplina, baseada num corpo consistente de observações comprovadas. Espera-se que essa nossa contribuição seja uma fonte útil de consulta para informação, bem como base de novas idéias e como estímulo ou desafio para aprofundar visões abrangentes e objetivas dos nossos recursos de água doce. Que este volume seja mais um passo na estrada que leva a uma imagem mais ampla, mas não o último.

e qualidade, no nível dos fatores e medidas bacia hidrográfica. Desde a lógica de que se trata do mercado da água, a avaliação econômica e a manutenção deste bem, desta que não é um desperdício mas um dos investimentos de maior e mais rápido retorno. O monitoramento de uma rede básica integrada possibilita a identificação das relações recíprocas derivadas das características do ambiente natural e da ação antrópica no qual a água é gerada, circula e se faz útil.

O capítulo 20 apresenta o papel da água como fator de grande alcance do setor de turismo, seja como embelezador da paisagem, seja como meio para prática de esportes e usufruto do lazer. Ressalta as condições básicas que se relacionam diretamente com o potencial de recursos de águas locais e regionais e, em maior detalhe, com as estratégias econômicas de exploração. Ressalta ainda que é urgente a sociedade preencher certas condições básicas, sem as quais não há turismo, não há lazer e, portanto, não há qualquer desenvolvimento econômico com a multiplicação de empregos e ativos desejáveis. Finalmente, ressalta que a geração de negócios é essencial para a implantação de atividades turísticas, pois é preciso haver retorno dos investimentos que forem disponibilizados para se alcançar um nível necessário ao desenvolvimento do turismo.

O capítulo 21 apresenta os aspectos culturais que influenciam ou determinam a percepção, atitudes e costumes da sociedade em relação com a água. O seu papel é atualizado, desde as sociedades pré-colombianas até os tempos atuais, com vistas da própria formação da colonização brasileira. Ademais, da semântica de estradas e caminhos, os que ocorreram aos nativos e colonizadores, que se fixaram ... abundante e a própria substância com a qual cuidavam de suas práticas funerárias e procedimentos rituais. Esses conflitos perdurariam até meados da década de 1930. Acrescente-se, em a necessária atenção, constata-se que são de procedência indígena a maioria dos termos que designam as espécies animais e os nossos rios, além dos pontos significativos da nossa geografia e toponímia.

O capítulo 22 deste livro compreende uma atualização da abordagem sobre a água. Nestes dois anos, vale ressaltar a criação da ANA – Agência Nacional de Águas – Lei Federal 9.984/2000, cujo objetivo é implementar a Política Nacional de Recursos Hídricos. A descentralização e a democratização inerentes aos comitês, por um lado, e a cobrança pelo direito de uso, por outro, são os principais desafios da ANA.

A luta para compreender o verdadeiro mundo da água doce é nobre, é um esforço contínuo. Em grande parte ela requer uma visão imaginação criadora, temperada por uma firme disciplina, baseada num corpo consistente de observações comprovadas. Espera-se que essa nossa contribuição seja uma sólida consulta para instrução, bem como base de novas ideias, como caminho ou desafio para aprofundar visões abrangentes e eficazes dos nossos recursos de água doce. Que este volume seja mais um passo no esforço de dar à visão humana mais ampla, mas não último.

Introdução à 2ª Edição

Organizadores
Aldo da Cunha Rebouças
Benedito Braga
José Galizia Tundisi

A Organização e Coordenação Científica da 1ª Edição do livro **Águas Doces no Brasil: Capital Ecológico, Uso e Conservação,** realizado com o apoio financeiro do Conselho Nacional de Pesquisas – CNPq, suportes científicos da Academia Brasileira de Ciências (ABC) e Instituto de Estudos Avançados da Universidade de São Paulo (IEA/USP) – convidou reconhecidos especialistas brasileiros nos mais diferentes setores das águas, os quais se reuniram e definiram o sumário que foi desenvolvido. Desta forma, em meados de 1999 foram publicados os 2000 exemplares que constituíram sua 1ª Edição, compreendendo 31 autores, 21 capítulos e 717 páginas.

Vale salientar que 1000 exemplares foram distribuídos aos autores e setores oficiais de recursos hídricos ou correlatos dos Governos Federal e Estaduais, Universidades Públicas e Centros de Pesquisas. O sucesso desta 1ª Edição ficou logo evidenciado pela grande procura que adquiriu os 1000 exemplares restantes - sejam empresas, professores, estudantes de Pós-Graduação e a sociedade civil organizada, em geral.

Nesta 1ª Edição, já se ressaltava o fato de serem mantidas as opiniões e os diferentes valores referidos por diversos autores, à medida que isto significava liberdade de expressão e, muitas vezes, as variadas fontes dos dados básicos.

As erratas e observações feitas por vários leitores, algumas enviadas por meio eletrônico, outras feitas pessoalmente, os pedidos não atendidos durante eventos realizados no Brasil e no Exterior, quando alguns livros eram, por vezes, ofertados pelos conferencistas, nos estimularam a fazer esta 2ª Edição. Entretanto, alguns poucos autores julgaram ser necessário revisar o texto apresentado. Finalmente, pediu-se a colaboração do docente Wagner Costa Ribeiro que leu todo o texto e fez as observações julgadas indispensáveis.

Neste trabalho, teve-se, também, a colaboração de Andréa dos Santos e de Mariana Bielavsky no que se refere, principalmente, a homogeneização das formas de apresentação de mapas, figuras e ilustrações. Vale salientar que se contou, também, com a colaboração das Coordenações editorial (Raimundo Gadelha da Escrituras) e executiva (Inês Iwashita do IEA/USP) da 1ª Edição.

Assim, esperamos que esta 2ª Edição atenda as expectativas daqueles que tanto nos estimularam a fazê-la.

Sumário

Escassez e mau uso da água doce representam sérios e crescentes problemas que ameaçam o desenvolvimento sustentável e a proteção do ambiente.

Saúde humana e bem-estar, produção segura de comida, desenvolvimento industrial e ecossistemas dos quais estes dependem, estão todos ameaçados, a menos que os recursos de água doce e solo sejam utilizados de forma mais eficiente nas próximas décadas e muito mais do que têm sido até agora.

Conferência Internacional de Água e Desenvolvimento Sustentável
Dublin, Irlanda 1992

01

Água Doce no Mundo e no Brasil

Aldo da C. Rebouças

Água, recurso hídrico e água doce

Água elemento vital, água purificadora, água recurso natural renovável, são alguns dos significados referidos em diferentes mitologias, religiões, povos e culturas, em todas as épocas. Além disso, a Terra é o único corpo do Universo, até agora conhecido, onde a água ocorre, simultaneamente, nos três estados físicos fundamentais: líquido, sólido (gelo) e gasoso (vapor).

O termo *água* refere-se, regra geral, ao elemento natural, desvinculado de qualquer uso ou utilização. Por sua vez, o termo *recurso hídrico* é a consideração da água como bem econômico, passível de utilização com tal fim. Entretanto, deve-se ressaltar que toda a água da Terra não é, necessariamente, um recurso hídrico, na medida em que seu uso ou utilização nem sempre tem viabilidade econômica.

As águas utilizadas para abastecimento do consumo humano e de suas atividades sócio-econômicas são captadas nos rios, lagos, represas e aqüíferos subterrâneos. Certamente, pelo fato desses mananciais se encontrarem nos domínios terrestres – continentes e ilhas – são, também, referidos como *águas interiores*.

Essas águas apresentam características de qualidade muito variadas, que lhes são conferidas pelos ambientes de origem, por onde circulam, percolam ou onde são armazenadas. Considerando a importância crescente da influência dos fatores antrópicos na qualidade das águas – formas de uso e ocupação do meio físico e das atividades sócio-econômicas –, torna-se necessário, com freqüência crescente, distinguir as suas características naturais daquelas engendradas pela ação do homem.

A classificação mundial das águas, feita com base nas suas características naturais, designa como *água doce* aquela que apresenta teor de sólidos totais dissolvidos (STD) inferior a 1.000 mg/l. As águas com STD entre 1.000 e 10.000 mg/l são classificadas como *salobras* e aquelas com mais de 10.000 mg/l são consideradas *salgadas*.

A água doce é elemento essencial ao abastecimento do consumo humano, ao desenvolvimento de suas atividades industriais e agrícolas, e de importância vital aos ecossistemas – tanto vegetal como animal – das terras emersas.

Vale ressaltar que a legislação ambiental vigente – Resolução CONAMA (Conselho Nacional do Meio Ambiente) nº 20/86 – classifica as águas do território brasileiro, de acordo com a sua salinidade, em *água doce* (salinidade inferior ou igual a 0,5 ‰), *salobra* (salinidade entre 0,5 ‰ e 30 ‰) e *salina* (salinidade superior a 30 ‰).

Vale ressaltar que, no Sistema Internacional de Unidades – SI – a salinidade da água é referida, com maior precisão, como sólidos totais dissolvidos (STD), pois os constituintes em solução na água não são, necessariamente, sais. Por sua vez, os teores são expressos em termos de peso por unidade de volume (mg/l, µg/l) ou da relação de partes, tal como partes por milhão (ppm), partes por bilhão (ppb), partes por trilhão (ppt). Dessa forma, os valores percentuais referidos na Resolução 20/86 do CONAMA são, respectivamente, de inferior ou igual a 500 ppm, entre 500 e 30.000 ppm e maiores de 30.000 ppm. Vale salientar que teores superiores a 1.000 ppm devem ser expressos em mg/l, tendo em vista os diferentes pesos atômicos dos elementos dissolvidos.

Origem geológica e biológica das águas da terra

A partir da década de 60, astronautas e cosmonautas em órbita, ao olhar para o lugar onde vivem, distinguem mares, continentes e calotas de gelo em cada um dos pólos geográficos da Terra; tudo isto envolto numa capa de gases (Figura 1).

Da perspectiva cósmica, os continentes representam a *litosfera* e as águas existentes na Terra formam a *hidrosfera*. Atualmente, cada um dos pólos da Terra e os cumes das suas montanhas mais altas apresentam uma cobertura de gelo e neve, também chamada de *criosfera*. A massa de gases que envolve a Terra é o único elemento operacional que se chama normalmente de esfera: a *atmosfera*. Por sua vez, a vida que existe na Terra, embora tenha a dimensão de uma fina película de verniz, forma a *biosfera*.

Os conhecimentos geológicos adquiridos nas décadas de 1960 e 1970 – superiores aos obtidos nos 200 anos anteriores da história das ciências geológicas –, confirmam a teoria da Terra como um sistema dinâmico. Segundo essa teoria, a crosta terrestre ou litosfera é formada por um mosaico de placas rochosas de diferentes tamanhos, as quais estão em movimento permanente, umas em relação às outras. *Tectônica de Placas* é o termo usado para designar os movimentos e deformações dessas placas (Figura 2).

Ao longo da história geológica da Terra, as erupções vulcânicas associadas à *Tectônica de Placas* lançaram na sua atmosfera grandes quantidades de oxigênio (O), hidrogênio (H_2) e gases tais como dióxido de carbono (CO_2), nitrogênio (N_2), dióxido de enxofre (SO_2) e monóxido de carbono (CO).

O oxigênio e o hidrogênio assim lançados, rapidamente combinaram-se para dar origem ao vapor de água da atmosfera. No começo, as temperaturas

Figura 1 - Visão da Terra do espaço.
Fonte: INPE, 1998.

TECTÔNICA DE PLACAS

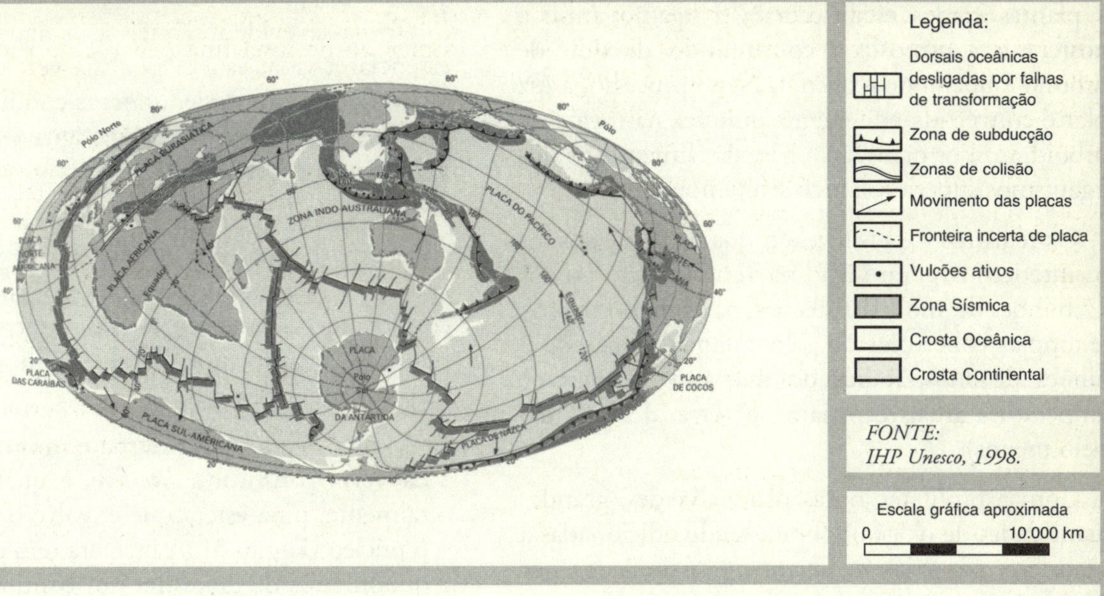

Figura 2: As grandes placas tectônicas atuais da Terra

e pressões reinantes na Terra só possibilitaram a ocorrência de água na forma de vapor.

À medida que as temperaturas baixaram, os vapores de água da atmosfera condensaram-se, formaram nuvens, as quais foram atraídas pela gravidade e caíram na forma de chuva, principalmente, na superfície da Terra. A água que escoava pela superfície da crosta provocava erosão das rochas, cujas partículas transportadas foram se acumular e formar depósitos nas suas depressões. As rochas mais antigas, formadas em ambiente subaquático, datam de 3,8 bilhões de anos, indicando que, pelo menos desde então, a água na forma líquida existe na Terra. Assim, a *atmosfera* e a *hidrosfera* foram formadas pelos gases expelidos pelos vulcões associados à *Tectônica de Placas.*

No processo de erosão das rochas, muitos dos produtos combinam-se com a água da chuva e com o CO_2 da atmosfera para formar os depósitos denominados carbonatos. Dessa forma, o excesso de CO_2 na atmosfera é removido e reciclado por um enorme laço de realimentação que envolve a erosão das rochas e a formação de depósitos carbonatos que afundam na crosta, podendo até mesmo desencadear os movimentos das placas tectônicas (Figura 3).

Nesse processo, parte do CO_2 contido nas rochas fundidas é novamente lançada à atmosfera pelos vulcões. O ciclo todo – ligando vulcões à erosão das rochas, a bactérias do solo, a algas oceânicas, a sedimentos carbonáticos e novamente a vulcões – atua como um gigantesco processo de realimentação, que contribui para a regulação da temperatura da Terra (Lovelock, 1991). Esses processos engendraram, certamente, as condições propícias à existência de água na Terra nos três estados físicos fundamentais – líquido, sólido e gasoso (vapor) – e ao desenvolvimento da vida.

O oxigênio tem a propriedade de ser muito reativo, isto é, de se unir com quase todos os outros tipos de átomos: o hidrogênio, o carbono e um grande número de metais e metalóides. Em conseqüência, quando a Terra se formou, não havia oxigênio livre na atmosfera primitiva, mas somente óxidos voláteis, tais como o óxido de carbono (CO), o gás carbônico (CO_2), a água (H_2O), e mais outros compostos de hidrogênio como o metano (CH_4), amoníaco (NH_3).

O oxigênio livre só surgiu mais tarde, à medida que apareceu no planeta um mecanismo capaz de produzi-lo. O único que se conhece é a fotossíntese, e, sobre a Terra, ele parece, indissociavelmente, ligado a existência da vida.

A *vida* surgiu na Terra há um pouco mais de 3,5 bilhões de anos, criando as condições propícias à sua própria existência e desenvolvimento. Desde então, a *biosfera*, efetivamente, fabrica, modela e muda o ambiente ao qual se adapta, mediante interações cíclicas constantes.

Misturando água e sais minerais vindos de baixo com luz solar e dióxido de carbono (vindos de cima) as plantas verdes estabeleceram a ligação entre a litosfera e a atmosfera, consumindo dióxido de carbono e liberando oxigênio. Nesse processo, a luz solar é convertida em energia química na forma de carboidratos, os quais são a base da alimentação dos organismos superiores, inclusive o homem.

Os registros fósseis revelam que os processos fotossintéticos tiveram início na Terra há pelo menos 2,7 bilhões de anos. Por sua vez, os primeiros traços de amplas coberturas de gelo datam de mais de 2 bilhões de anos, indicando que as condições de temperatura atuais ocorriam na Terra, desde então (pelo menos).

Com a proliferação das plantas verdes, grandes quantidades de oxigênio foram sendo adicionadas à atmosfera, para serem novamente assimiladas por outras plantas, e por animais, no processo da respiração. Outras importantes parcelas do oxigênio liberado na atmosfera pela fotossíntese combinaram-se com o hidrogênio lançado pelas erupções vulcânicas, formando mais vapor de água.

Em função das condições de temperatura e pressão que passaram a ocorrer na Terra, houve acumulação progressiva de água na sua superfície – nos estados líquido e sólido (gelo) – e simultânea formação de vapor de água pelos mecanismos de evaporação e transpiração dos organismos. Portanto, energia térmica de origem solar e gravidade são os motores do gigantesco mecanismo de evaporação, condensação e precipitação das águas da Terra – o *Ciclo Hidrológico*.

Visão sistêmica e as águas da Terra

A idéia da Terra como um sistema vem dos primórdios das civilizações. Porém, a sua visão só se tornou possível a partir das primeiras viagens espaciais, na década de 1960. Atualmente, ninguém põe em dúvida a idéia-chave da Teoria de Gaia (Lovelock, 1991), que mostra um estreito entrosamento entre as partes vivas do planeta – plantas, microorganismos e animais – e as partes não vivas – rochas, oceanos e a atmosfera.

O ciclo todo é caracterizado por um fluxo permanente de energia e de matéria, ligando o ciclo das águas, das rochas e da vida. Essa visão sistêmica reúne geologia, hidrologia, biologia, meteorologia, física, química e outras disciplinas cujos profissionais não estão acostumados a se comunicar uns com os outros.

Torna-se evidente que, se a água é elemento essencial à vida, esta é, por sua vez, um dos principais fatores que engendram as condições ambientais favoráveis à existência da água em tão grande abundância na Terra.

O Planeta Terra é um sistema com poucos elementos básicos em operação. Na verdade, tem apenas seis elementos, que são, normalmente, considerados formando esferas – tanto no sentido figurado quanto no literal – em um número surpreendente de casos.

1) A capa sólida mais externa e muito heterogênea da Terra constitui a *litosfera*, a qual forma, literalmente, uma esfera que envolve o manto e este o núcleo (Figura 3). A litosfera tem entre 35 e 45 quilômetros de espessura nos continentes e composição variando entre granítica e basáltica.

   Nos fundos oceânicos, a litosfera tem apenas 5 quilômetros de espessura e composição basáltica predominante. O manto se estende até 2.900 quilômetros de profundidade e tem composição dominante de silicatos de magnésio, com menores quantidades de ferro, cálcio e alumínio. Essa esfera de rochas mais ou menos sólidas encerra o núcleo, o qual é constituído de rochas fundidas e relativamente muito mais densas.

2) Da perspectiva cósmica, a água existente na Terra forma também uma esfera, a assim chamada *hidrosfera*. A água é de longe a substância mais abundante na Terra; cobrindo cerca de 77% da sua superfície, assim distribuída: 361,3 milhões km^2 de oceanos e mares, 17,5 milhões km^2 de calhas de rios e pântanos, 16,3 milhões km^2 de calotas polares e geleiras, e 2,1 milhões km^2 de lagos. Como resultado, a visão dos primeiros astronautas foi de um *Planeta Água* – azul e branco – flutuando na profunda escuridão do espaço.

3) Embora calotas polares e geleiras sejam apenas água no estado sólido, a influência que exercem nos climas da Terra é tamanha, que tem sido considerado conveniente tratar a *criosfera* como um elemento operacional distinto.

4) Da perspectiva cósmica, a Terra aparece envolta numa capa de gases, o único elemento operacional que é chamado normalmente de esfera: a atmosfera. Da mesma forma que a hidrosfera, a atmosfera foi inicialmente formada pelos gases

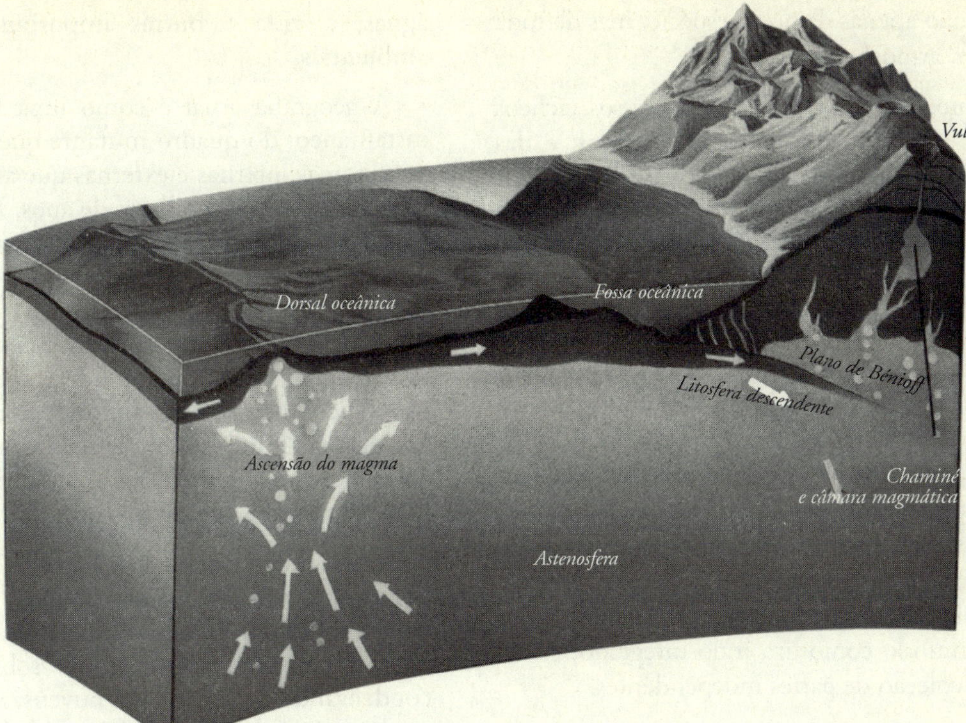

Figura 3 - Ciclos geológicos: água e vida na terra

expelidos pelos vulcões associados à *Tectônica de Placas* que comandou a formação da litosfera. Posteriormente, os processos da vida vêm engendrando transformações substanciais na sua composição. A mescla de gases tem mudado muito, ao longo do tempo, e a faixa da atmosfera onde vivemos, situada até cerca de 15 quilômetros de altura, constitui a *troposfera*.

A Terra é um dos nove planetas que recebe luz e calor irradiado pelo Sol. A incidência diferenciada de luz e calor na sua superfície e os seus movimentos de rotação e translação em torno do Sol engendram as correntes de circulação atmosférica, formando assim os diferentes climas.

5) A vida – plantas, organismos marinhos e terrestres, macroscópicos e microscópicos – é uma das coberturas que envolvem a Terra, a *biosfera*. Essa biosfera não existiria se não existissem as esferas precedentes: a litosfera, a hidrosfera, a atmosfera, a luz e o calor irradiado pelo Sol. Os primeiros registros de vida sobre a Terra têm mais de 3,5 bilhões de anos.

6) Como quer que a chamemos – *antroposfera, tecnosfera, esfera humana, esfera da inteligência ou noosfera* – trata-se de um fenômeno que, mesmo sendo parte da biosfera, está separado dela, assim como a *criosfera* (ou gelo) é parte da hidrosfera, mas tem sido considerada à parte. A atuação da espécie humana é tão diferente e a influência é tamanha que se acha mais conveniente considerá-la como um elemento operacional distinto, uma sexta esfera. Além disso, é um componente relativamente novo, pois o *Homo habilis* – homem dotado de habilidade – surgiu há, apenas, cerca de 2 milhões de anos. A espécie *Homo sapiens sapiens* – o homem que sabe que sabe – da qual deriva a raça humana atual, surgiu há aproximadamente 50 mil anos. Graças à força da inteligência, à união de inteligências e aos atos regidos pela inteligência, nos tornamos, ultimamente, capazes de influir, em nível nunca imaginado, na hidrosfera, na atmosfera e na biosfera.

No estudo científico da Terra como um sistema, a consideração dessas esferas tem sido, regra geral, suficiente. O mais importante a ressaltar é que todos esses subsistemas estão em movimento e são interligados de modo ainda pouco conhecido. As esferas estão unidas por meio de surpreendentes conexões, de tal forma que alterações ocorridas em uma esfera afetam várias outras. Por outro lado, é verdade que o sistema Terra já suportou grandes choques, porém, nenhuma mudança foi tão drástica e afetou tão seriamente a biosfera, a hidrosfera, a atmosfera e a sobrevivência da raça humana. Estamos diante de uma crise, não apenas da nossa espécie, mas de toda a hidrosfera, atmosfera e biosfera.

A compreensão sistêmica dos processos cíclicos de energia e matéria na natureza em geral, e das águas da Terra, em particular, constitui um dos grandes desafios das ciências hidrológicas e ambientais na virada do século XX para o XXI.

Para tanto, torna-se necessário e urgente evoluir do pensamento mecanicista para o pensamento sistêmico, onde as relações entre as partes e o todo foram invertidas. Com efeito, a ciência cartesiana acreditava que, em qualquer sistema complexo, o comportamento do todo poderia ser analisado em termos das propriedades de suas partes. Ao contrário, a ciência sistêmica mostra que as propriedades das partes só podem ser entendidas dentro do contexto do todo maior. Desse modo, o pensamento sistêmico concebe o mundo como um todo integrado, e não como uma coleção de partes independentes.

A visão sistêmica reconhece a interdependência fundamental de todos os ciclos de energias e matérias da Terra, e o fato de que, enquanto indivíduos e sociedades, estamos encaixados nesses processos cíclicos da natureza. Em outras palavras, mostra-se, atualmente, que o ciclo da água na Terra é um sistema aberto, afastado do equilíbrio, caracterizado por um fluxo constante de energia e matéria.

O pensamento sistêmico é "contextual", o que significa limitação no uso de modelos analíticos desenvolvidos em outros contextos ambientais e a necessidade de aprofundamento dos conhecimentos específicos sobre os nossos sistemas hidrológico-ambientais.

Na forma de abordagem tradicional, a informação é apresentada como a base do pensamento hidrológico, enquanto que, na realidade, a mente humana pensa com idéias e não com informações. As informações não criam idéias; as idéias é que criam informações. Idéias são padrões integrativos que não derivam da informação, mas sim, da experiência (Roszak, 1994).

As quantidades de água em circulação na Terra

Os vapores de água lançados na atmosfera pelas erupções vulcânicas associadas à *Tectônica de Placas* e pelos processos biológicos, onde destaca-se a fotossíntese, regulam o clima da Terra, o ciclo das águas, a vida e outras importantes condições ambientais.

A geografia atual é como uma fotografia, um instantâneo, do quadro mutante que é engendrado pelas forças internas e externas que atuam na Terra, há pelos menos 4,5 bilhões de anos. Esses processos configuraram os oceanos, os continentes, as calotas polares, as coberturas de gelo e neve dos cumes das montanhas mais altas, as florestas e os desertos, a rede hidrográfica, entre outros aspectos importantes. Dentre os fatores modeladores do quadro geográfico onde evoluiu a espécie humana, destaca-se a última Grande Idade de Gelo, que teve início há aproximadamente 100 mil anos, atingiu o auge há 20 mil anos e terminou há cerca de 10 mil anos.

Desde então, sob a ação do calor irradiado pelo Sol, grandes parcelas das massas de água que compõem a hidrosfera são transformadas em vapor. Este vapor resfria à medida que sobe à atmosfera, condensando e formando as nuvens, as quais voltam a cair na Terra sob a ação da gravidade, na forma de chuva, neblina e neve, principalmente.

Nas últimas três décadas, os volumes de água que compõem o gigantesco ciclo hidrológico foram avaliados por diferentes autores. Os valores encontrados diferem, por vezes substancialmente, devido, em grande parte, aos variados processos metodológicos empregados. Porém, as discordâncias de valores resultantes da escassez de dados, da consideração de parâmetros que são obtidos ao longo de diferentes períodos de tempo e da má distribuição das respectivas estações ou postos de medidas, não devem ser menos importantes.

Os valores aqui referidos são, certamente, os mais consistentes, na medida em que foram gerados pelo International Hydrological Programme – IHP – IV/UNESCO, 1998.

Conforme mostra a Figura 4 um volume da ordem de 577.200 km^3/ano é transformado em vapor de água, o qual sobe à atmosfera, sendo 503.000 km^3/ano evaporados dos oceanos e 74.200 km^3/ano das terras emersas. A quantidade de água meteórica que cai, na forma de chuva, neve e neblina, principalmente, é de 458.000 km^3/ano nos oceanos e de 119.000 km^3/ano nos continentes.

A diferença entre as quantidades de água que evaporam e caem nos domínios oceânicos (503.000 - 458.000 = 45.000 km^3/ano) representa a umidade que é transferida destes aos continentes. Por sua vez, a diferença entre o volume precipitado no contexto das terras emersas e é dele evaporado (119.000 - 74.200 = 44.800 km³/ano) representa o excedente hídrico que se transforma em fluxo dos rios, alimenta a umidade do solo e os aqüíferos subterrâneos.

A contribuição dos fluxos subterrâneos às descargas totais dos rios (43.000 km³/ano), perenizando-os, regra geral, durante os períodos de estiagem, é da ordem de 13.000 km³/ano, enquanto os fluxos subterrâneos que deságuam diretamente nos oceanos são da ordem de 2.100 km³/ano (Shiklomanov in IHP/UNESCO, 1998).

Os volumes de água nos diferentes reservatórios da Terra

Considera-se, atualmente, que a quantidade total de água na Terra, de 1.386 milhões de km³, tem permanecido de modo aproximadamente constante durante os últimos 500 milhões de anos.

Vale ressaltar, todavia, que as quantidades estocadas nos diferentes reservatórios individuais de água da Terra, variaram substancialmente ao longo desse período. Por exemplo, durante a Grande Idade do Gelo, cujo apogeu ocorreu há cerca de 20 mil anos, as massas de gelo cobriram grandes extensões de terras emersas. Este quadro resultou da transferência da ordem de 47 milhões km³ de água dos oceanos para os continentes. Em conseqüência, os registros geológicos indicam um rebaixamento do nível dos mares e oceanos de cerca de 130 m (Bloom, 1971). O volume de água que foi transferido é de quase o dobro da quantidade atual de água doce existente nos continentes.

As extensões dos diferentes reservatórios de água da Terra, os volumes instantâneos totais e relativos, são apresentados na Tabela 1.

A distribuição dos volumes estocados nos principais reservatórios de água da Terra é mostrada na Figura 5, onde se pode verificar que 97,5% do volume total de água da Terra formam os oceanos e mares e somente 2,5% são de água doce. Ressalte-se que a maior parcela desta água doce (68,9%) forma as calotas polares, as geleiras e neves eternas que cobrem os cumes das montanhas mais altas da Terra. Os 29,9% restantes constituem as águas subterrâneas doces. A umidade dos solos (inclusive daqueles gelados – permafrost) as águas dos pântanos representam cerca de 0,9% do total e a água doce dos rios e lagos cerca de 0,3%.

Regiões úmidas e secas

As águas da Terra encontram-se em permanente movimento, constituindo o assim chamado *Ciclo Hidrológico*. Efetivamente, desde os primórdios

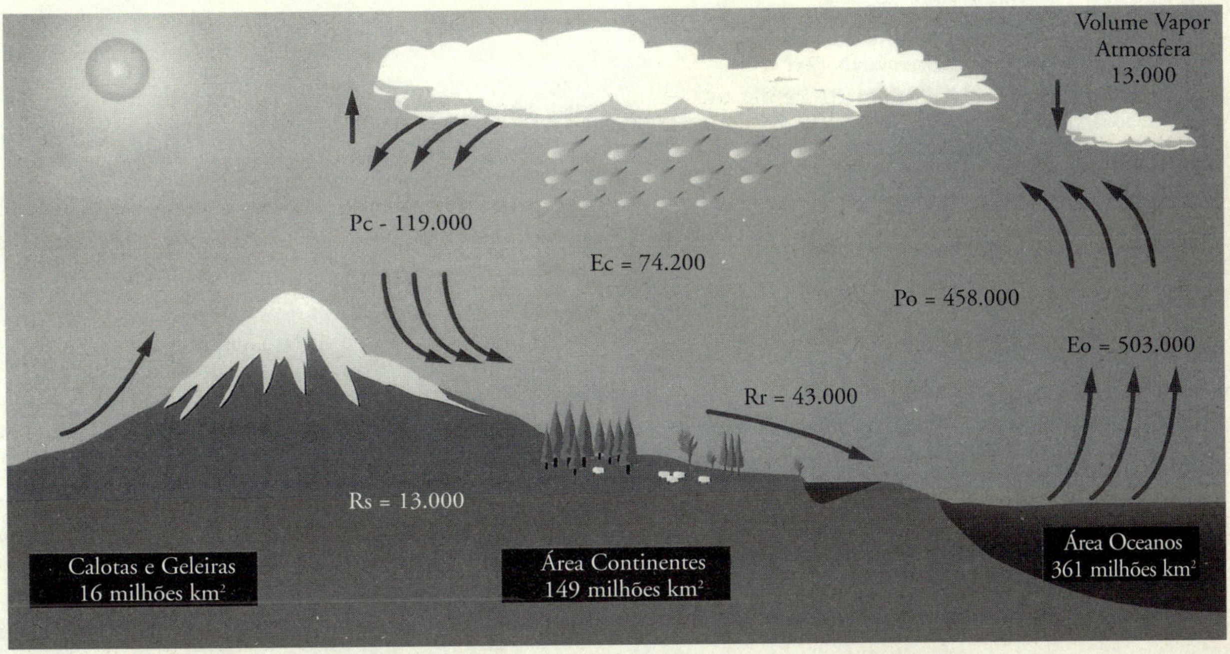

Figura 4. – Volume de água em circulação na Terra – km³/ano (1 km³ = 1 bilhão m³). Po = precipitação nos oceanos, Eo = evaporação dos oceanos, Pc = precipitação nos continentes, Ec = evaporação dos continentes, Rr = descarga total dos rios, Rs=contribuição dos fluxos subterrâneos às descargas dos rios

FONTE: Adaptado de Shiklomanov, in IHP/UNESCO, 1998.

dos tempos geológicos, a água – líquida ou sólida – que é transformada em vapor pela energia solar que atinge a superfície da Terra – oceanos, mares, continentes e ilhas – e transpiração dos organismos vivos, sobe à atmosfera, onde esfria progressivamente, dando origem às nuvens. Essas massas de água voltam a cair na Terra, sob a ação da gravidade, na forma de chuva, neblina e neve, principalmente.

Portanto, três variáveis regionais caracterizam a gênese local das águas: as precipitações (P) que for-

Tabela 1 - Áreas, volumes totais e relativos de água dos principais reservatórios da Terra

Reservatório	Área (10^3 km^2)	Volume (10^6 km^3)	% do Volume Total	% do Volume de água doce
Oceanos	361.300	1.338	97,5	-
Subsolo	134.800	23,4	1,7	-
Água doce		10,53	0,76	29,9
Umidade do solo		0,016	0,001	0,05
Calotas Polares	16.227	24,1	1,74	68,9
Antártica	13.980	21,6	1,56	61,7
Groenlândia	1.802	2,3	0,17	6,68
Ártico	226	0,084	0,006	0,24
Geleiras	224	0,041	0,003	0,12
Solos gelados	21.000	0,300	0,022	0,86
Lagos	2.059	0,176	0,013	0,26
Água doce	1.236	0,091	0,007	
Água salgada	822	0,085	0,006	
Pântanos	2.683	0,011	0,0008	0,03
Calha dos rios	14.880	0,002	0,0002	0,006
Biomassa		0,001	0,0001	0,003
Vapor atmosfera		0,013	0,001	0,04
Totais		**1.386**	**100**	-
Água doce		**35,0**	**2,53**	**100**

FONTE: Shiklomanov in IHP/UNESCO, 1998

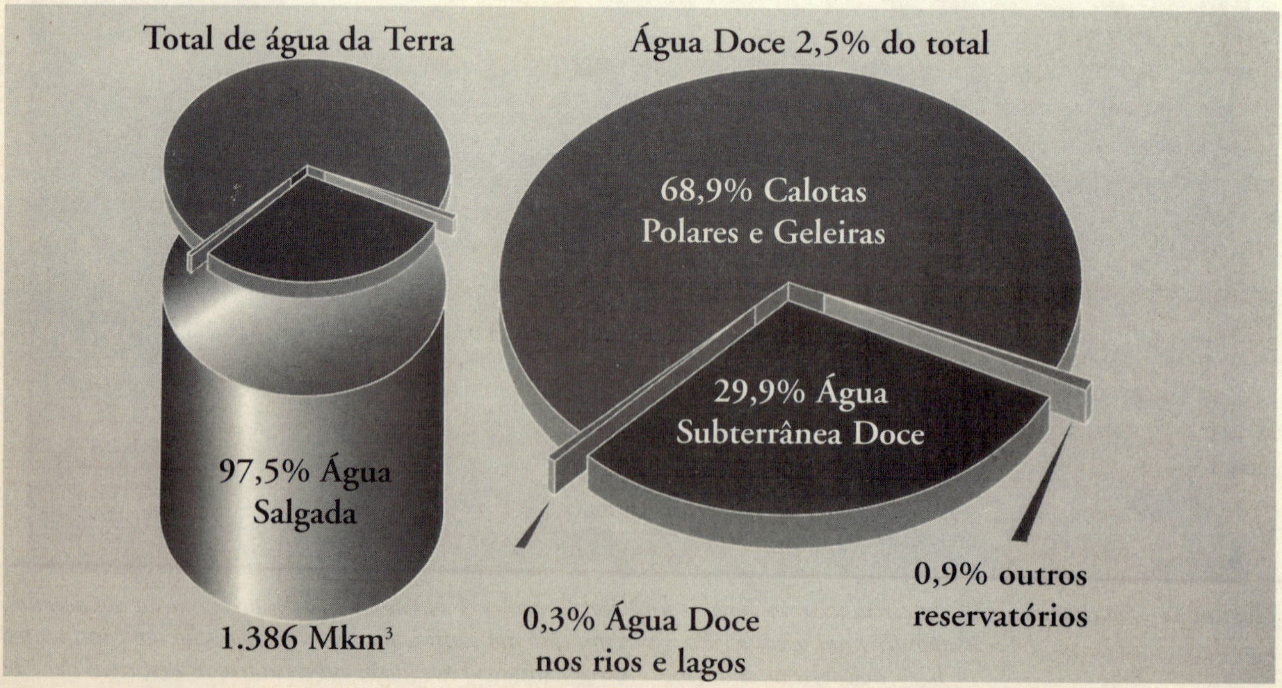

Figura 5 - Distribuição das águas na Terra num dado instante FONTE: Adaptado de Shiklomanov, 1998.

mam um recurso para a vegetação natural e culturas pluviais, ao mesmo tempo que engendram o escoamento superficial (R), os fluxos de água subterrânea e a recarga dos teores de umidade dos solos (I).

A distribuição das chuvas no mundo é apresentada na Figura 6, onde se verifica a maior abundância nas regiões intertropicais e temperadas da Terra.

A avaliação das quantidades de água precipitada (P) e evapotranspirada (ETp) é um problema complicado, porque estas variam, sensivelmente, tanto no espaço como no tempo. Dessa forma, torna-se necessária a realização de medidas durante um longo período de tempo e numa rede de estações distribuídas de forma adequada no território em apreço.

Por outro lado, devido ao fato de as medidas da evaporação e transpiração (ETp) em muitas áreas da Terra serem escassas, esses valores são baseados, por vezes e por necessidade, na diferença entre as precipitações (P) e as descargas dos rios (R), ou seja, ETp = P - R.

A partir da década de 1930, as quantidades de água que são transformadas em vapor pelos processos da evaporação física que podem ser engendrados pela radiação solar e pela transpiração dos organismos vivos, a chamada evapotranspiração potencial (ETp), vêm sendo calculadas a partir de equações do tipo Thornthwaite, Holman (1939), Penman (1948), entre outros. Essa radiação representa cerca de 99,98% do total de energia calorífica que atinge a Terra, cujo fluxo médio é de 0,5 cal/cm^2/min.

Nas regiões da Terra onde o resultado da aritmética P - ETp é positivo, caracteriza-se um **excedente hídrico**; ou seja, a região é dita úmida.

Uma parcela desse excedente hídrico forma o escoamento superficial que deságua nos rios e lagos naturais, engendrando, local e ocasionalmente, enchentes. A distribuição das lâminas médias escoadas pelos rios do mundo é apresentada na Figura 7.

Outra parcela infiltra nos terrenos da bacia hidrográfica em apreço, alimentando a umidade do solo, cuja distribuição é apresentada na Figura 8. A umidade do solo é o suporte fundamental que garante o desenvolvimento de uma exuberante biomassa vegetal natural ou cultivada nas faixas úmidas intertropicais. Como ela é consumida onde ocorrem as chuvas, a umidade do solo constitui reservas de água ditas localizadas.

Nas regiões com umidade de solo inferior a 300 mm/ano, a vegetação é escassa e a produtividade de biomassa natural é inferior a 3 ton/ha/ano. Nessas condições, torna-se necessário irrigar para se conseguir uma produtividade maior e regular. Nas zonas de clima temperado, a umidade do solo pode atingir 550 mm/ano e a produtividade biológica natural varia entre 10 ton/ha/ano e 12 ton/ha/ano. A umidade do solo é maior na faixa equatorial úmida, onde a produtividade biológica natural excede 40 ton/ha/ano (World Resources Institute, 1991).

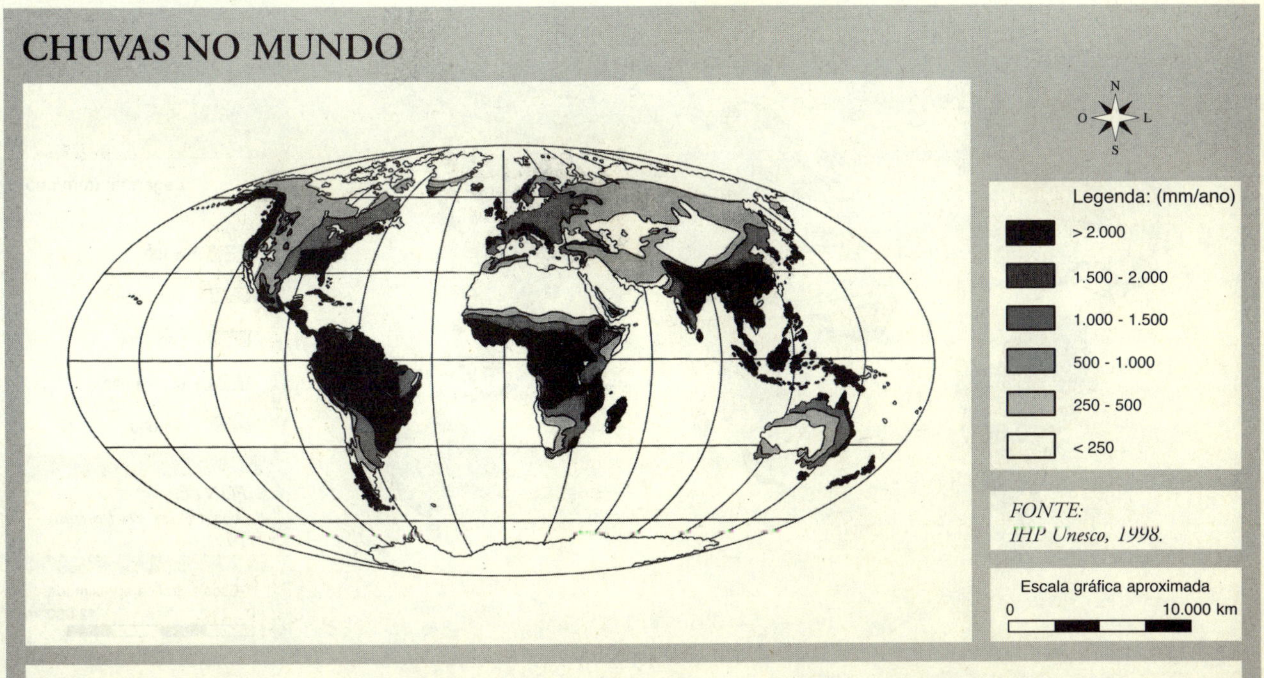

Figura 6: Distribuição das precipitações na Terra

FLUXO HÍDRICO SUPERFICIAL

FONTE:
World Resources Institute, 1991.

Figura 7: Distribuição dos fluxos dos rios

INFILTRAÇÃO HÍDRICA NO SOLO

FONTE:
World Resources Institute, 1991.

Figura 8: Distribuição da umidade no solo

Ao contrário, a parcela que infiltra e vai alimentar os fluxos de água subterrânea constitui uma reserva móvel, à medida que pode ser captada fora da área onde ocorrem as chuvas que lhes dão origem e vão abastecer os rios durante os períodos de estiagem. Após satisfazer o déficit de umidade do solo, a água que infiltra vai alimentar os fluxos subterrâneos. Uma importante parcela desses fluxos deságua nos rios, perenizando-os. A distribuição dos fluxos subterrâneos que contribuem ao regime dos rios é apresentada na Figura 9.

Os fluxos de água repartidos por zonas climáticas são apresentados na Tabela 2. Observa-se que na zona intertropical ocorre cerca de 50% do escoamento total das águas. Vêm, em seguida, as zonas temperadas com 48% e as zonas áridas e semi-áridas, com apenas 2%.

O escoamento de base dos rios é fundamentalmente alimentado pelos fluxos subterrâneos que deságuam na rede hidrográfica da área em apreço.

As regiões mais úmidas da Terra estão geograficamente localizadas entre os Trópicos de Câncer e de Capricórnio como mostra a Figura 10. Essa faixa úmida estende-se aproximadamente entre 10° N e 10° S do Equador Terrestre nos domínios continentais e pode atingir 20° N e 20° S nas áreas oceânicas.

A interação de fatores pluviométricos e fisiográficos resulta numa variação dos graus de umidade, tanto espacial como temporal. Na faixa de clima equatorial úmido, as chuvas são muito abundantes e relativamente regulares, resultando excedentes hídricos durante 9 a 12 meses do ano. No setor de clima tropical subúmido as chuvas são menos abundantes e menos regulares, resultando numa estação úmida de 7 a 9 meses por ano. Nas zonas de clima tropical misto o regime chuvoso é variável, abrangendo 4 a 7 meses por ano. Nos domínios de clima tropical seco o regime de precipitações pode ser muito variável, resultando uma estação úmida de menos de 4 meses cada ano.

Os maiores rios do mundo estão, total ou parcialmente, inseridos nessa faixa úmida, conforme mostra a Tabela 3.

Regra geral, nas regiões com excedentes hídricos e formação de reservas importantes de água subterrânea, os rios são perenes, os lagos e outros reservatórios de superfície parecem estar sempre cheios. Nesse quadro, a percepção é de abundância, sendo a água vista como um recurso natural renovável, inesgotável e o conceito de conservação da água significa, regra geral, deixá-la fluir.

Conforme os dados da Tabela 4, a aritmética das precipitações médias anuais de longo período menos a evapotranspiração das águas dos continentes, caracteriza condições úmidas gerais no mundo.

Esses valores sinópticos não revelam, portanto,

Tabela 2 - Fluxos de água por regiões climáticas km^3 /ano

Zonas climáticas	Precipitação	Evapotranspiração	Escoamento total dos rios	Escoamento de base
Zonas temperadas (N e S)	49.000	27.800	21.200 (48%)	6.500
Zonas áridas e semi-áridas	7.000	6.200	800 (2%)	200
Zonas intertropicais	60.000	38.000	22.000 (50%)	6.300
Total (mundo)	116.000	72.000	44.000(100%)	13.000

FONTE: Margat, 1998.

Tabela 3 - Os maiores rios do mundo

Rio	Precipitação (mm/ano)	Evapotranspiração (mm/ano)	Lâmina escoada (mm/ano	Descarga média (m^3/s)
Amazonas	2.150	1.062	1.088	212.000
La Plata	1.240	808	432	42.400
Congo	1.551	1.224	337	38.800
Orinoco	1.990	1.107	883	28.000
Mekong	1.570	1.047	523	13.500
Irrawaddy	1.970	992	978	13.400

FONTE: IHP/UNESCO, 1991.

FLUXO HÍDRICO SUBTERRÂNEO

Figura 9: Distribuição das descargas subterrâneas

REGIÕES MAIS ÚMIDAS DA TERRA

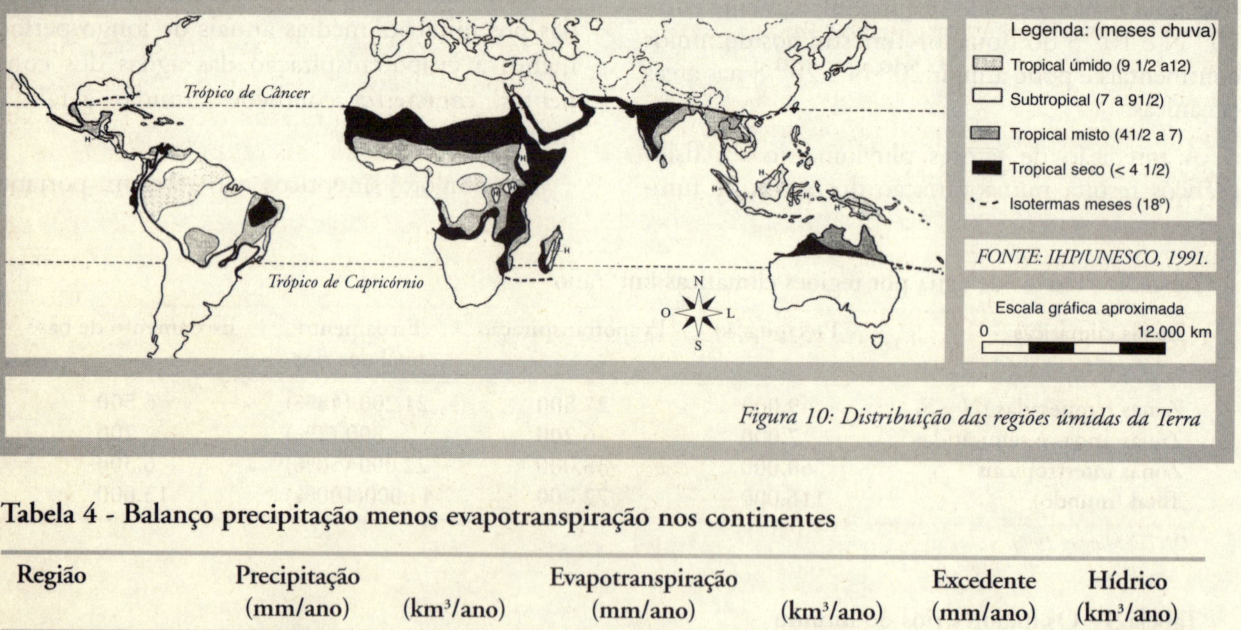

Figura 10: Distribuição das regiões úmidas da Terra

Tabela 4 - Balanço precipitação menos evapotranspiração nos continentes

Região	Precipitação (mm/ano)	(km³/ano)	Evapotranspiração (mm/ano)	(km³/ano)	Excedente (mm/ano)	Hídrico (km³/ano)
Europa	700	8.290	507	5.320	283	2.970
Ásia	740	32.200	416	18.100	324	14.100
África	740	22.300	587	17.700	153	4.600
América do Norte	756	18.300	418	10.100	339	8.180
América do Sul	1.600	28.400	910	16.200	685	12.200
Austrália e Oceania	791	7.080	511	4.570	280	2.510
Antártica	165	2.310	0	0	165	2.310
Totais	8492	118.880	3.349	71.990	2.229	46.870

FONTE: Adaptado de Shiklomanov, in IHP/UNESCO, 1998.

os problemas regionais e locais de escassez que ocorrem sobre grandes extensões continentais, engendrando sérios prejuízos econômicos e danos sociais, tal como ocorre no Norte da África, no Centro Oeste Americano, ou na zona semi-árida do Nordeste do Brasil.

Vale ressaltar que, mesmo em regiões com excedentes hídricos, a falta de condições geológicas para formação de reservas importantes de água subterrânea, tal como ocorre no domínio de rochas cristalinas da zona semi-árida do Nordeste do Brasil, pode engendrar um quadro de rios temporários ou intermitentes, durante os períodos de estiagem.

Nesse caso, o conceito de conservação da água implica, regra geral, na construção de barragens nos rios, para retenção dos excedentes hídricos que podem ocorrer nos anos de pluviometria normal ou durante apenas alguns poucos meses dos anos de chuvas muito irregulares.

Quando a quantidade de água precipitada (P) é menor do que aquela evapotranspirada (ETp), ou seja, P- ETp resulta um valor negativo, diz-se que há **déficit hídrico** ou que a região é seca.

Nesse caso, as recargas das águas subterrâneas e os escoamentos de superfície podem se tornar escassos ou efêmeros. Em conseqüência, os rios e lagos podem secar temporariamente e os solos perdem umidade sob o efeito dos processos de evaporação intensa. Nessas condições, o desenvolvimento regular da biomassa, natural ou cultivada, exige a adição de água por meio da irrigação.

O mapa da Figura 11 mostra a distribuição das regiões mais secas do mundo. A delimitação dessas zonas foi baseada nos índices de aridez bioclimática, os quais são expressos pelas relações entre os valores médios anuais da precipitação (P) e evapotranspiração (ETp). Quatro classes de aridez foram delimitadas: 1) desértica ($P/ETp < 0{,}03$); 2) árida ($0{,}03 < P/ETp < 0{,}20$); 3) semi-árida ($0{,}20 < P/ETp < 0{,}50$) e 4) subúmida ($0{,}50 < P/ETp < 0{,}75$). Este mapa não leva em consideração a variabilidade anual das chuvas, fator extremamente importante, sobretudo, em termos de produtividade agrícola de subsistência.

Características da variabilidade espacial das águas

Os volumes de água estocados nas calhas dos rios e nos lagos de água doce somam apenas cerca de 200 mil km³ (Tabela 1). Esses mananciais são os mais acessíveis e utilizados para atendimento das necessidades sociais e econômicas da humanidade, e são absolutamente vitais aos ecossistemas. Esse quadro tem sido interpretado por alguns como significando crise da água, tendo em vista que a população mundial (5 a 6 bilhões de habitantes), esgotaria esse volume durante cerca de 30 a 40 anos de uso. Nesse quadro, toma-se por base uma demanda no nível limite de estresse hídrico adotado pelas Nações Unidas (1.000 m³/hab/ano).

Entretanto, o ciclo hidrológico proporciona uma apreciável renovabilidade dos volumes de água estocados nas calhas dos rios, embora a variabilidade

REGIÕES MAIS SECAS DA TERRA

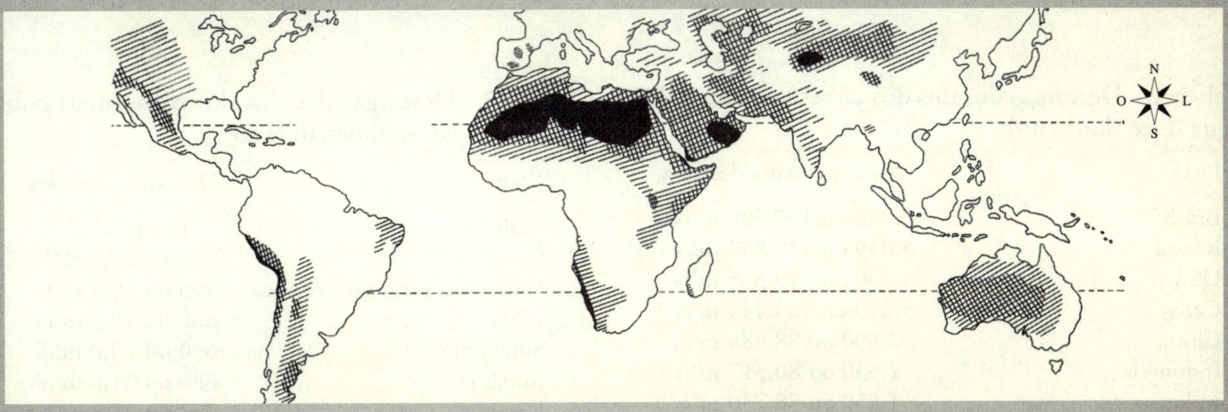

Legenda:
Desértico
Árido
Semi-árido

FONTE: IHP/Unesco, 1991.

Escala gráfica aproximada
0 12.000 km

Figura 11: Distribuição das regiões secas da Terra

desse mecanismo possa ser muito grande, tanto no tempo como no espaço. Nessas condições, para se evitar os problemas engendrados pela variabilidade temporal, torna-se necessário considerar os valores das descargas médias de longo período dos rios. Esses valores constituem, regra geral, uma boa avaliação do potencial hídrico que pode ser desenvolvido na bacia hidrográfica em apreço, em termos de limite superior. Portanto, conforme os dados da Tabela 5, o gigantesco ciclo das águas proporciona descargas de água doce nos rios do mundo da ordem de 41.000 km^3/ano, enquanto as demandas estimadas no ano 2.000 deverão atingir perto de 11% desses potenciais (World Resources Institute, 1991).

Portanto, não existe problema de escassez de água no nível global, pois cada habitante da Terra, no ano 2000, terá disponível nos rios entre 6.000 e 7.000 m^3/ano, ou seja, entre 6 a 7 vezes a quantidade mínima de 1.000m^3/hab/ano, estimada como razoável pelas Nações Unidas. Vale ressaltar, todavia, que estes potenciais estão muito mal distribuídos no espaço.

Ao se considerar a distribuição dos fluxos pelas zonas climáticas (Tabela 2), verifica-se que nas zonas intertropicais úmidas e temperadas as descargas dos rios representam 98% do total mundo.

Essa má distribuição torna-se ainda mais acentuada quando se consideram os valores das descargas dos rios por país.

Efetivamente, as descargas dos rios dos 9 países mais ricos de água doce (Tabela 6) variam entre 6.220 bilhões m^3/ano e 1.100 bilhões m^3/ano, cujo total já representa 60% do total mundial.

Na outra extremidade, estão os países mais pobres de água doce (Tabela 7), cujas descargas médias dos rios são inferiores a 1 bilhão m^3/ano.

A consideração dos potenciais de água nos rios de cada país, em termos de volume *per capita* ou de reservas sociais, permite corrigir a influência das grandes diferenças de densidade de população. Melhor do que os volumes globais precedentes, essas

Tabela 5 - Descargas dos rios e demandas no ano 2000 (km^3/ano) nos continentes.

Região/ elemento	Europa	Ásia	África	América do Norte	América do Sul	Austrália/ Oceania	ex-U.R.S.S.	Total (mundo)
Qt. rios	2.321	10.485	3.808	6.945	10.377	2.011	4.350	40.673
Qt. Subt.	845	2.879	1.464	2.222	3.736	483	1.020	12.689
Qt. sup.	1.476	7.606	2.720	4.723	6.641	1.528	3.330	27.984
Dem. total	404	2.160	289	946	293	35	533	4.660
Uso consumpt.	158	1.433	201	434	165	22,5	286	2.699
Efluentes	246	727	88	512	128	12,5	247	1.960
Uso % Totais.	17	21	7	14	3	2	2	11

FONTE: Adaptado World Resources Institute, 1991.

Tabela 6 - Descargas dos rios dos países mais ricos de água doce (km^3/ano)

PAÍS	Descarga média dos rios
Brasil	6.220 ou 197.500 m^3/s
Rússia	4.059 ou 128.857 m^3/s
USA (com Alaska)	3.760 ou 119.365 m^3/s
Canadá	3.290 ou 104.444 m^3/s
China	2.800 ou 88.888 m^3/s
Indonésia	2.530 ou 80.317 m^3/s
Índia	1.850 ou 58.730 m^3/s
Colômbia	1.200 ou 38.095 m^3/s
Peru	1.100 ou 34.920 m^3/s
Comunidade Européia (15 países)	1.171 ou 37.174 m^3/s

FONTE: Margat, 1998.

Tabela 7 - Descargas dos rios dos países mais pobres de água doce (milhões/m^3/ano).

Países	Descargas dos rios
Malta	15 ou 0,5 m^3/s
Gaza	46 ou 1,5 m^3/s
União dos Emirados Árabes	500 ou 15,9 m^3/s
Líbia	600 ou 19,0 m^3/s
Singapura	600 ou 19,0 m^3/s
Jordânia	680 ou 21,6 m^3/s
Israel	750 ou 23,8 m^3/s
Chipre	900 ou 28,6 m^3/s

FONTE: Margat, 1998.

relações caracterizam, sem dúvida, a riqueza ou pobreza de água nos países em questão. Entretanto, constata-se que a distribuição das águas entre os indivíduos é muito mais desigual do que entre os países, pois há muito pouca relação entre a densidade de população e a distribuição dos potenciais de água doce de cada país.

Tendo-se por base a população de 1995, verifica-se (Tabela 8) que os países se agrupam em classes que vão de muito pobre de água doce (<500m^3 *per capita*/ano) a muito rico (>100.000m^3 *per capita*/ano), enquanto os seus níveis de consumo variam entre muito baixo (<100 m^3 *per capita*/ano) a muito alto (>2.000 m^3 *per capita*/ano). Nestas avaliações

Tabela 8 - Distribuição dos países segundo níveis de potenciais e uso (m^3/hab/ano)

Potenciais / Níveis Uso	Muito pobre <500	Pobre 500 – 1.000	Regular 1.000 – 2.000	Suficiente 2.000-10.000	Rico 10.000-100.000	Muito rico >100.000
Muito baixo <100	Bahamas Malta Singapura	Quênia	Buquina-Faso Etiópia	Costa- Marfim Gana Nigéria Tanzânia	Angola Camarões Chade Congo Indonésia Vietnã Zaire	Gabão Papua
Baixo 100-500	Argélia E. Árabes Gaza Iêmen Israel Jordânia Quatar Tunísia	Cabo Verde	África Sul Haiti Líbano Marrocos Oman Polônia R. Tcheca Senegal Somália Zimbabwe	Belaros China Etiópia	Áustria Bangladesh Bolívia BRASIL Colômbia Mali Suécia Venezuela	Guiana (Fr.) Islândia
Moderado 500-1.000	Arábia Saudita Líbia		Bélgica Chipre Ucrânia	Alemanha Cuba Espanha França Holanda Índia Itália Japão México Peru Síria Sudão Suíça Reino Unido Turquia	Albânia (Iugoslavia) Malásia N. Zelândia Rússia	
Alto 1.000-2.000		Egito	Paquistão	Afeganistão Bulgária EUA Filipinas Irã Sudão	Argentina Austrália Canadá Chile Madagascar	
Muito alto >2.000		EUA (Baixo Colorado)		Azerbaidjão Cazaquistão Iraque Osbequistão	Turquistão EUA (Colorado)	Sibéria (Rússia) Suriname

FONTE: Margat, 1998.

consideram-se que as atuais formas de uso não apresentarão sensível incremento de eficiência.

A distribuição continental dos potenciais, correspondentes às descargas de água nos rios e as quantidades que tocam a cada habitante durante um ano médio, é mostrada na Figura 12. Pode-se ver a influência do contingente de população pois, embora a Ásia seja, comparativamente, a região com maior descarga de água doce, seus habitantes dispõem das menores taxas, enquanto a Austrália/ Oceania, tendo os menores potenciais proporcionam as maiores disponibilidades *per capita*. Em termos de distribuição por país (Figura 13) os habitantes das nações da América do Sul são, relativamente, os mais ricos de água doce, enquanto os dos países do Norte da África são, em termos relativos, os mais pobres.

Por sua vez, a Figura 14 mostra a distribuição das demandas de água no mundo, revelando que, aparentemente, o fator dominante é o nível de desenvolvimento atingido pela população de cada país ou a importância das atividades de irrigação. A Figura 15 mostra os níveis de extração de água no ano 2025, por país, em relação às descargas médias dos seus rios.

Uma análise de 50 países mostra que há uma tendência de redução das taxas de consumo a partir de um certo nível de riqueza (Fig. 16 a e b). A interpretação dada é que, uma vez atingido um certo nível de desenvolvimento, buscam-se alternativas de otimização e eficiência que resultam em queda do consumo de água.

A guerra milenar da água

O *Homo sapiens sapiens* - o homem que sabe que sabe - surgiu há cerca de 50 mil anos, durante a última glaciação que se desenvolveu entre 100 mil e 10 mil anos. No auge dessa Grande Idade do Gelo - há cerca de 20 mil anos – hordas de caçadores e coletores de alimentos foram levadas a habitar as zonas mais quentes da Terra, tais como a Mesopotâmia dos rios Tigre e Eufrates, os vales dos rios Indu, na Índia, e Amarelo, na China.

Na Mesopotâmia, os registros de poços escavados e da construção de cidades fortificadas datam de 8 mil a.C., indicando que, desde muito cedo, havia necessidade de proteção contra o ataque dos povos vizinhos. Desde os primórdios das civilizações antigas, a posse da água representou um instrumento político de poder.

O controle dos rios, como forma de dominação dos povos que habitavam os setores hidrográficos de

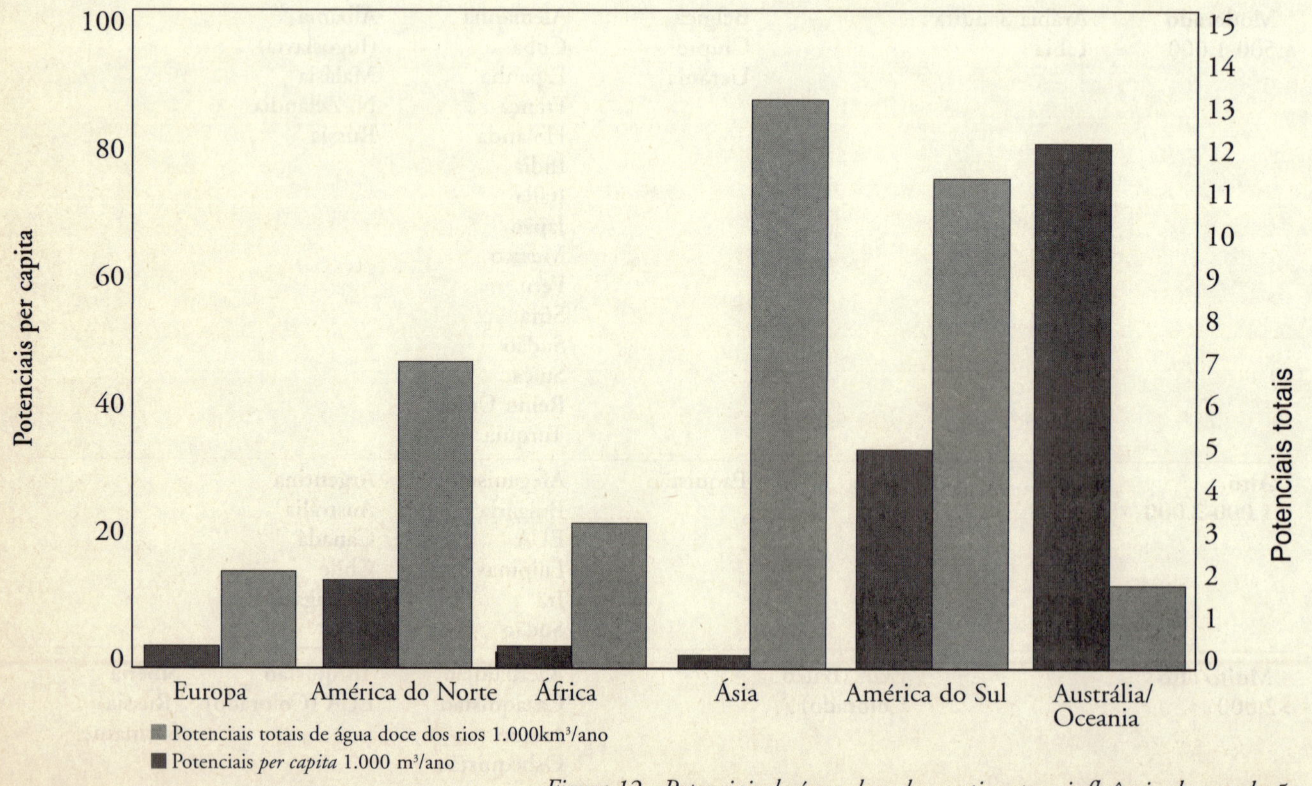

Figura 12 - Potenciais de água doce dos continentes e influência da população
FONTE: Nações Unidas, 1997.

DISPONIBILIDADE DE ÁGUA

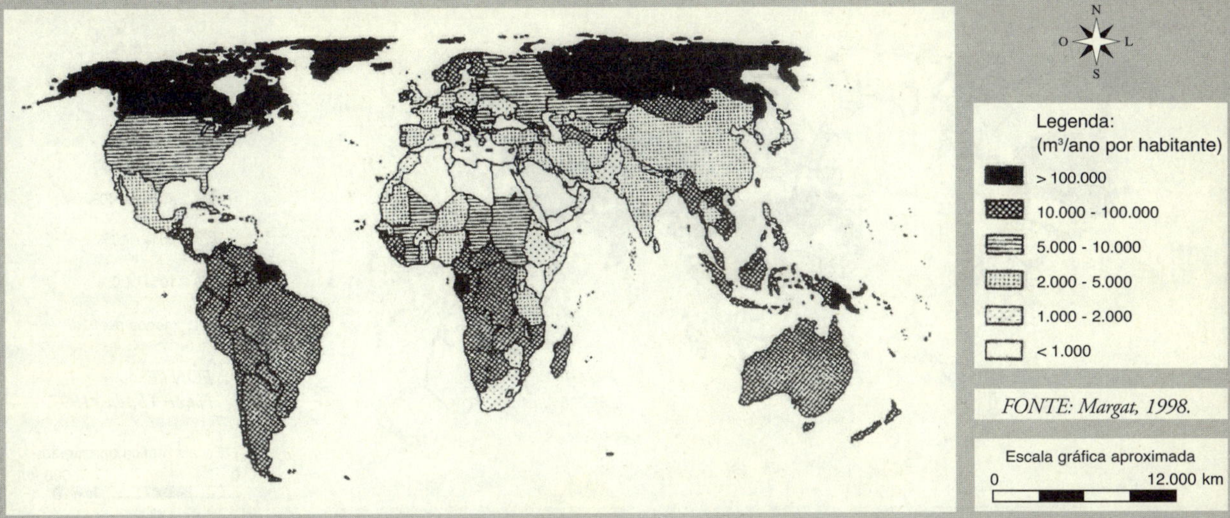

Figura 13: Distribuição das disponibilidades sociais de água por país

DEMANDA DE ÁGUA

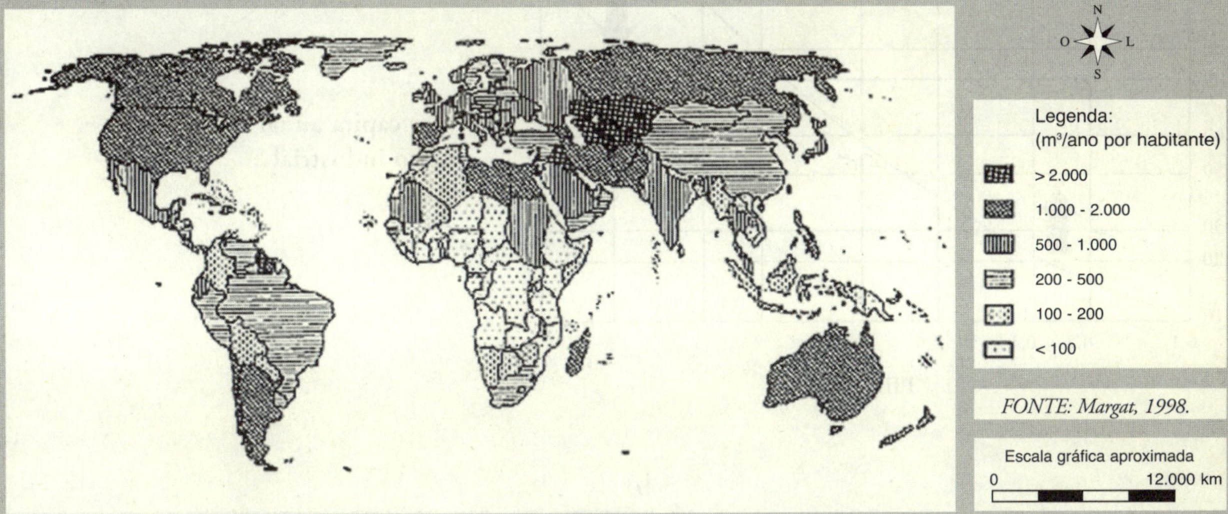

Figura 14: Distribuição das demandas totais de água por país

juzante foi praticado desde, pelo menos, 4 mil a.C. na Mesopotâmia.

O controle das inundações do rio Nilo foi a base do poder da civilização Egípcia, desde cerca de 3,4 mil anos a.C.. Nos vales dos rios Amarelo e Indu, a utilização da água como forma de poder foi iniciada em 3 mil a.C., sendo exercida por meio de obras de controle de enchentes e da oferta de água para irrigação e abastecimento das populações.

O controle do rio Eufrates foi a base do poder da Primeira Dinastia da Babilônia, possibilitando ao Rei Hamurábi - 1792 a 1750 a.C.- unificar a Mesopotâmia e elevar sua região norte à uma posição hegemônica. Dessa forma, o poder que reinava no sul da Mesopotâmia, desde o terceiro milênio a.C., foi deslocado para a região norte, onde permaneceu por mais de mil anos. Para alguns, a politização e centralização atuais do poder sobre a água teriam tido suas origens nessa época.

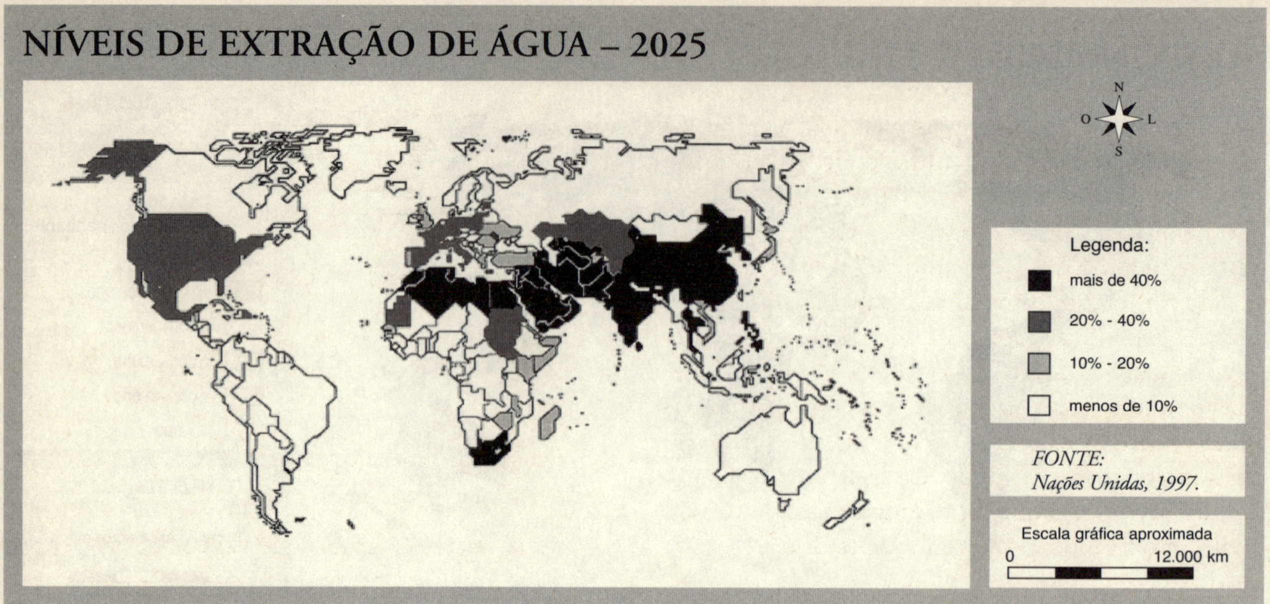

Figura 15: Distribuição dos níveis de uso em relação às potencialidades em 2025

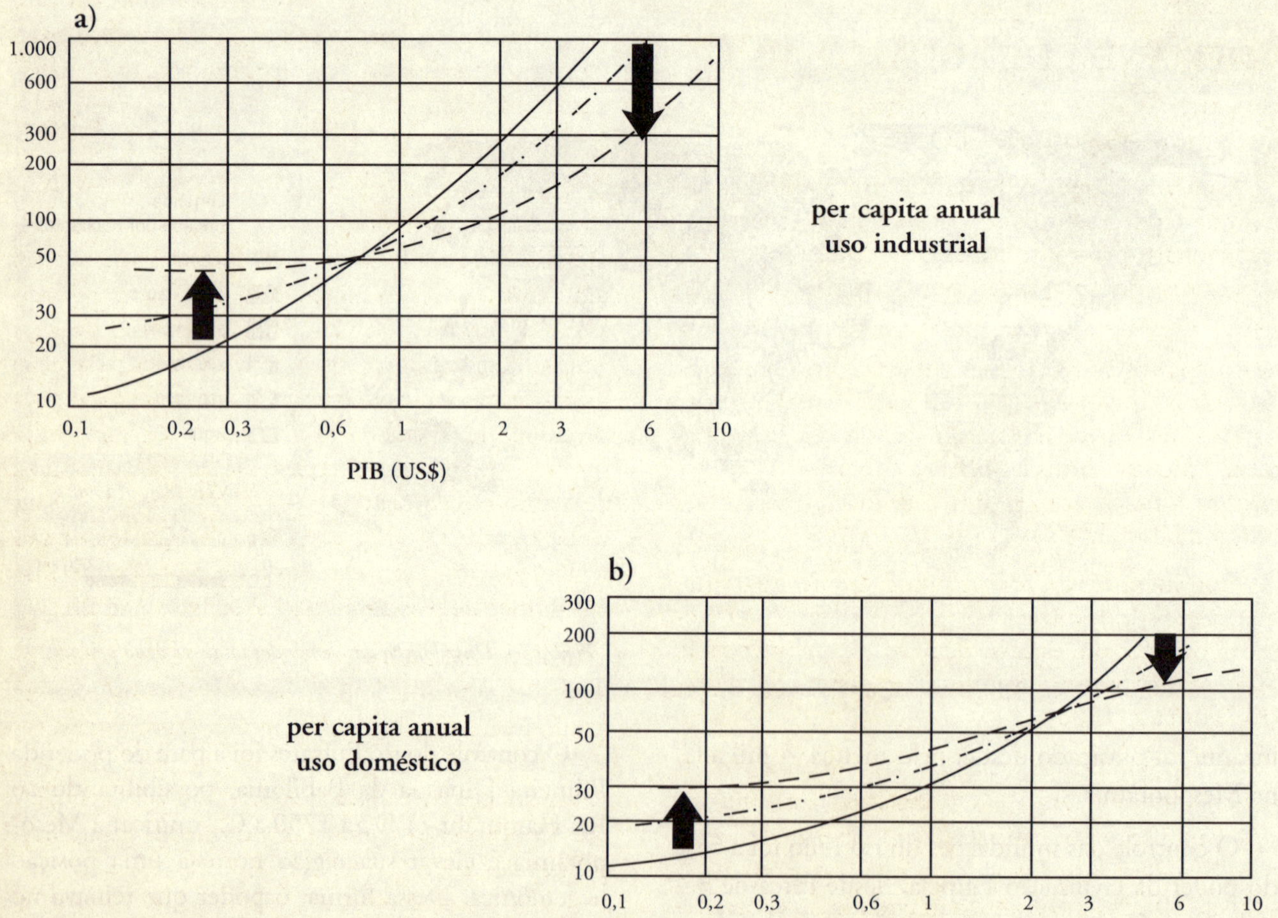

Figura 16 - a) Evolução do uso industrial per capita em função do PIB, b) Evolução do uso doméstico per capita em função do PIB; (-), 1965; (-.-.-.), 1980; (- - - -), 2000. FONTE: *Falkenmark & Lindh, in Gleick,1993.*

Modernamente, o conflito mais grave da água é vivenciado por Israelenses e Palestinos, cujos mananciais disponíveis dependem de acordos entre Jordânia, Síria, Líbano, Egito e Arábia Saudita. O território palestino, sob controle de Israel desde 1967, corresponde às áreas de recarga dos aqüíferos que fluem para oeste e noroeste, respectivamente, 320 milhões m³/ano e 140 milhões m³/ano, e para o vale do rio Jordão, cerca de 125 milhões m³/ano. As reservas exploráveis desses aqüíferos já estão sendo intensamente utilizadas e sobre cerca de um terço está havendo sobre-extração. Israel depende das águas subterrâneas que ocorrem no território palestino ocupado, de onde extrai da ordem de 430 milhões m³/ano, o que representa cerca de 30% do total disponível de 1.420 milhões m³/ano.

Para evitar que haja desequilíbrio nos fluxos subterrâneos na sua faixa costeira e a interface marinha avance na área de Telaviv, Israel impõe severo controle ao uso do aqüífero pelos palestinos. Estes contestam o controle de Israel e reclamam o seu direito milenar às águas da área – superficial e subterrânea. Os palestinos deveriam também receber entre 70 e 170 milhões m³/ano da Jordânia, como parte das negociações de 1953 a 55.

A guerra da água é, portanto, um conflito milenar que tende a se expandir para além das suas áreas tradicionais – Oriente Médio e Norte da África -, sobretudo, porque muito pouco vem sendo feito para evitá-la.

Os países mais pobres de água nos seus rios são mais ou menos populosos e estão localizados nas zonas áridas e insulares da Terra. Os onze países mais pobres, entre os quais encontram-se sete nações árabes, são apresentados na Tabela 9.

Considera-se, de forma praticamente unânime, que menos de 1.000 m³ per capita/ano já representa uma condição de "estresse de água", e que menos de 500 m³/hab/ano já significa "escassez de água" (Falkenmark, 1986).

A disponibilidade social de água nos rios em 18 países do mundo, em 1990, já era inferior a 1.000 m³ per capita/ano. Esta situação de "estresse de água" nos rios deverá atingir 30 países no ano 2025 (Tabela 10). Não obstante a gravidade do problema já ser prognosticada como de guerra iminente da água, observa-se que, com exceção de Israel, muito pouco vem sendo feito nesses países, para melhorar a eficiência dos usos, tanto doméstico como agrícola.

Tabela 9 - Os onze países mais pobres de água.

País	Disponibilidade m³/hab/ano
Kuwait	praticamente nula
Malta	40
Quatar	54
Gaza	59
Bahamas	75
Arábia Saudita	105
Líbia	111
Bahraïn	185
Jordânia	185
Singapura	211
União dos Emirados Árabes	279

FONTE: Margat, 1998.

Outro grande desafio que vai continuar no próximo século é representado pelo fato de que muitos países (Tabela 11) se tornam cada vez mais dependentes das descargas hídricas que são geradas em setores hidrográficos situados fora dos seus territórios. Os problemas políticos e sociais agravam-se de tal forma que a perspectiva é de guerra iminente, tal como tem ocorrido nas áreas mais secas da Terra, desde os primórdios das civilizações antigas – ocidental e oriental.

Lamentavelmente, ainda predomina a falta de empenho político de muitos governos, na busca de um uso mais racional das suas águas. Apenas Israel tem como meta um incremento de 5% ao ano nos níveis já excepcionais de eficiência no uso de suas águas. Vale salientar que Israel pratica irrigação numa faixa do seu território onde a pluviometria média é de apenas 200 mm/ano, logrando alta produtividade agrícola com aplicação de uma taxa de irrigação da ordem de 6.000 m³/ha/ano. Essa taxa situa-se entre 12.000 e 20.000 m³/ha/ano em outras regiões do mundo, relativamente mais favorecidas em termos de disponibilidades de água e clima.

Vale salientar que, em alguns países, essa dependência dos recursos hídricos externos poderia ser minimizada mediante um gerenciamento dos recursos internos, incluindo-se a utilização das águas subterrâneas, o *reúso* e a busca de uma crescente eficiência de produtividade das atividades agrícolas, principalmente.

Lagos e represas (açudes)

Os lagos e represas constituem estoques reguladores dos fluxos de águas superficiais, à medida que são submetidos a operações de gerenciamento racional. Esses corpos de água têm, em geral, superfícies superiores a 5.000 km^2 e volume acima de 32 bilhões de m^3, reservando juntos cerca de 85% do volume de água doce de todos os lagos da Terra.

Açude, do árabe *as-sudd*, que significa represar água, atesta a influência mourisca da colonização portuguesa do Semi-Árido do Nordeste do Brasil.

Os maiores lagos têm, em geral, origem glaciária tectônica ou vulcânica. Os lagos glaciários são os mais numerosos do planeta, constituindo cerca de 90% do total. Ocupam parte dos vales modelados pelas geleiras e resultam da fusão do gelo. Nesses contextos, as massas de gelo engendraram processos de intensa erosão/acumulação de depósitos formados nas frentes dos glaciares – *as morenas.*

Esses lagos encontram-se principalmente no Canadá, Escandinávia, Rússia e cobrem cerca de 58% dos 2,5 milhões de quilômetros quadrados da superfície lacustre da Terra.

Os outros grandes lagos situam-se em bacias de subsidência (Lago Vitória) ou fossas de abatimento tectônico (Lagos Turkana, Kivu, Tanganica, e Malaui) na África e Baikal, na Sibéria. Os lagos vulcânicos ocupam crateras e são relativamente pequenos e pouco numerosos.

Tabela 10 - Países com "estresse de água" ou "escassez de água" (1990 e 2025)

País	per capita m^3/ano 1990	per capita m^3/ano 2025
África		
Argélia	750	380
Burundi	660	280
Cabo Verde	500	220
Camarões	2.040	790
Dijibuti	750	270
Egito	1.070	620
Etiópia	2.360	980
Quênia	590	190
Lisoto	2.220	930
Líbia	160	60
Marrocos	1.200	680
Nigéria	2.660	1.000
Ruanda	880	350
Somália	1.510	610
África do Sul	1.420	790
Tanzânia	2.780	900
Tunísia	530	330
América do Norte e Central		
Barbados	170	170
Haiti	1.690	960
América Sul		
Peru	1.790	980
Ásia/Oriente Médio		
Chipre	1.290	1.000
Irã	2.080	960
Israel	470	310
Jordânia	260	80
Kuwait	<10	<10
Líbano	1.600	960
Oman	1.330	470
Qatar	50	20
Arábia Saudita	160	50
Singapura	220	190
Emirados Árabes	190	110
Iêmen	240	80
Europa		
Malta	80	80

FONTE: Gleick, 1993.

Tabela 11 - Países com dependência de água gerada fora dos seus territórios.

País	Porcentagem da descarga gerada fora	Relação de água externa e interna usada
Egito	97	32,3
Hungria	95	17,9
Mauritânia	95	17,5
Botsuana	94	16,9
Bulgária	91	10,4
Holanda	89	7,9
Gâmbia	86	6,4
Cambodja	82	4,6
Romênia	82	4,6
Luxemburgo	80	4,0
Síria	79	3,7
Congo	77	3,4
Sudão	77	3.3
Paraguai	70	2,3
Tchecoslováquia	69	2,2
Niger	68	21
Iraque	66	1,9
Albânia	53	1,1
Uruguai	52	1,1
Alemanha	51	1,0
Portugal	48	0,9
Iugoslávia	43	0,8
Bangladesch	42	0,7
Tailândia	39	0,6
Áustria	38	0,6
Paquistão	36	0,6
Jordânia	36	0,6
Venezuela	35	0,5
Senegal	34	0,5
Bélgica	33	0,5
Israel	21	0,3

FONTE: Gleick, 1993.

Outra perspectiva de formação de grandes lagos está associada aos processos geotectônicos recentes ou de neo-tectônica, os quais engendraram o afundamento de blocos, formando fossos que foram ocupados pelos lagos.

No Brasil, as temperaturas reinantes não possibilitaram a formação de grandes massas de gelo durante o último período glacial. Por sua vez, as estruturas de afundamento geradas pela neo-tectônica foram preenchidas por depósitos transportados pelo escoamento fluvial, abundante nessas áreas. Como resultado, formaram-se depósitos sedimentares, tais como a bacia de São Paulo e Taubaté. Portanto, a ausência de grandes lagos no Brasil, decorre do fato de que não tivemos condições geotectônicas e climáticas propícias à sua formação (Tabela 12).

A construção de represas ou açudes nos rios tem uma grande importância como forma de regularização do regime de seus fluxos. Essa prática vem sendo utilizada desde os primórdios da civilização, mas só atingiu escala global nas últimas décadas.

O volume total de água estocado nas barragens cresceu perto de dez vezes no período 1951-1980, atingindo atualmente cerca de 5.000 km^3 e devendo atingir entre 7.000 e 7.500 km^3 até o fim do século XX.

As 54 maiores barragens já construídas (Tabela 13) têm capacidades que variam entre 21 e 205 bilhões m^3, estando 6 dessas situadas no Brasil. As represas brasileiras ocupam as seguintes posições na lista mundial: 17º) Serra da Mesa, com 54,4 bilhões m^3; 22º) Tucuruí, com 45,5 bilhões m^3; 26º), Sobradinho, com 34,1 bilhões m^3; 34º) Itaipú, com 29 bilhões m^3; 50º) Furnas, com22,9 bilhões m^3 e 53º) Ilha Solteira, com 21,2 bilhões m^3. Esses reservatórios são utilizados para geração de energia elétrica.

Pantanais e alagados

Esses termos são utilizados para designar as terras com grande abundância de água na superfície,

Tabela 12 - Os maiores lagos de água doce da Terra

Lago	Área (km^2)	Volume (km^3)	Profundidade máxima (m)	Continente
Superior	82.680	11.600	406	América Norte
Vitoria	69.000	2.700	92	África
Huron	59.800	3.580	299	América Norte
Michigan	58.100	4.680	281	América Norte
Taganica	32.900	18.900	1.435	África
Baikal	31.500	23.000	1.741	Ásia
Nyasa	30.900	7.725	706	África
Great Bear	30.200	1.010	137	América Norte
Great Slave	27.200	1.070	156	América Norte
Erie	25.700	545	64	América Norte
Winnipeg	24.600	127	19	América Norte
Ontário	19.000	1.710	236	América Norte
Ladoga	17.700	908	230	Europa
Chad	16.600	44,4	12	África
Maracaibo	13.300	-	35	América Sul
Tonlé Sap	10.000	40	12	Ásia
Onega	9.630	295	127	Europa
Rudolf	8.660	-	73	África
Nicarágua	8.430	108	70	América Central
Titicaca	8.110	710	230	América Sul
Athabasca	7.900	110	60	América Norte
Reindeer	6.300	-	-	América Norte
Tung Ting	6.000	-	10	Ásia
Vänern	5.550	180	100	Europa
Zaisan	5.510	53	8,5	Ásia
Winnipegosis	5.470	16	12	América Norte
Albert	5.300	64	57	África
Mweru	5.100	32	15	África

FONTE: Adaptado de Shiklomanov, in Gleick, 1993.

Tabela 13 - As 54 maiores represas construídas nos rios do mundo

Represa	País	Capacidade (milhões m³)	Data de construção
Owen Falls	Uganda	204.800	1954
Bratsk	ex-URSS	169.000	1964
High Aswan	Egito	162.000	1970
Kariba	Zimbabwe - Zâmbia	160.368	1959
Akosombo	Gana	147.960	1965
Daniel Johnson	Canadá	141.851	1968
Guri	Venezuela	153.000	1986
Krasnoyarsk	URSS	73.300	1967
W.A C.Bennett	Canadá	70.309	1967
Zeya	URSS	68.400	1978
Cahora Bassa	Moçambique	63.000	1974
La Grande 2 Barrage	Canadá	61.715	1978
La Grande 3 Barrage	Canadá	60.020	1981
Ust-Ilim	URSS	59.300	1977
Boguchany	URSS	58.200	E/c
Kuibyshev	URSS	58.000	1955
Serra da Mesa	Brasil	54.400	1997
Caniapiscau KA3	Canadá	53.790	1980
Bukhatarma	URSS	49.800	1960
Ataturk	Turquia	48.700	1990
Irkutsk	URSS	46.000	1956
Tucuruí	Brasil	45.500	1984
Vilyui	URSS	35.900	1967
Sanmenxia	China	35.400	1960
Hoover	Estados Unidos	34.852	1936
Sobradinho	Brasil	34.100	1979
Glen Canyon	Estados Unidos	33.304	1966
Skins Lake No 1	Canadá	32.203	1953
Jenpeg	Canadá	31.790	1975
Volgograd	URSS	31.500	1958
Sayano-Shushensk	URSS	31.300	E/c
Keban	Turquia	30.600	1974
Iroquois	Canadá	29.959	1958
Itaipu	Brasil	29.000	1982
Loma de la Lata	Argentina	29.000	1977
Churchill Falls (GR-1)	Canadá	28.973	1971
Missi Falls Control	Canadá	28.370	1976
Kapchagay	URSS	28.100	1970
Garrison	Estados Unidos	27.920	1953
Kossou	Costa do Marfim	27.675	1972
Oahe	Estados Unidos	27.433	1958
Raza Kike	Iraque	26.000	1970
Rybinsk	URSS	25.400	1941
Longyanxia	China	24.700	E/c
Mica	Canadá	24.700	1972
Tsimlyansk	URSS	24.000	1952
Kenney	Canadá	23.700	1952
Ust-Khantaika	URSS	23.500	1970
Shuikou	China	23.400	E/c
Furnas	Brasil	22.950	1963
Fort Peck	Estados Unidos	22.119	1937
Xinanjiang	China	21.626	1960
Ilha Solteira	Brasil	21.166	1973
Yacyretá	Argentina	21.000	1997

FONTE: Gleick, 1993.

correspondendo, portanto, ao termo *wetland* da língua inglesa. As áreas alagadas de maior importância internacional (Tabela 14) são cerca de 500, cobrindo uma extensão total da ordem de 25 milhões de hectares. Outras, embora bem mais extensas, são consideradas de importância apenas nacional (Tabela 15).

Tempo de residência da água nos principais reservatórios da Terra

Na solução de muitos problemas de uso e proteção das águas disponíveis numa determinada região, a consideração da sua dinâmica nos principais reservatórios é mais importante, por vezes, do que os seus volumes totais armazenados.

O fato de os volumes de água dos diferentes reservatórios da Terra terem permanecido constantes durante os últimos milhões de anos, possibilita a consideração do conceito de *Tempo de Residência.* Esse tempo de residência é definido pelo quociente entre o volume estocado no reservatório em apreço e sua taxa de recarga ou perda anual. Para os oceanos, o volume de água sendo de 1.338 milhões km^3 (Tabela 1) e as taxas de descarga direta ou indireta pelos rios (40-50 000 km^3/ano), resulta num *Tempo de Residência* da água entre 20 e 30 mil anos.

Os rios fluem a velocidades médias globais da ordem de km/dia, resultando em tempos de residência da água de 18 a 20 dias. Com rios renovando tão rapidamente, a humanidade tem acesso não somente aos cerca de 2 mil km^3 de água estocados nas suas calhas, mas da ordem de 41 mil km^3/ano, correspondentes às suas descargas líquidas globais

Tabela 14 - Pantanais e alagados de importância internacional.

Região/país	Quant. de Áreas	Extensão (10^3 hectares)	Região/país	Quant. de Áreas	Extensão (10^3 hectares)
África	**36**	**3.353**	**Ásia**	40	1.354
África do Sul	7	208	Índia	6	193
Argélia	2	5	Irã	18	1.088
Burquina Faso	3	N/a	Japão	3	10
Chade	1	195	Jordânia	1	7
Egito	2	106	Nepal	1	18
Gabão	3	1.080	Paquistão	9	21
Gana	1	7	Sri - Lanka	1	6
Guiné-Bissau	1	39	Vietnã	1	12
Quênia	1	19	**Europa**	**329**	**3.835**
Malí	3	162	Alemanha	29	361
Mauritânia	1	1.173	Áustria	5	102
Marrocos	4	11	Bélgica	6	10
Niger	1	220	Bulgária	4	2
Senegal	4	100	Dinamarca	27	734
Tunísia	1	13	Espanha	17	99
Uganda	1	15	Finlândia	11	101
América do Norte Central	**40**	**14.101**	França	1	85
Canadá	30	12.938	Grécia	11	107
Estados Unidos	8	1.116	Groenlândia	18	1.046
Guatemala	1	N/A	Holanda	11	306
México	1	47	Hungria	13	110
América do Sul	**5**	**232**	Inglaterra	44	173
Bolívia	1	5	Irlanda	23	71
Chile	1	5	Itália	45	54
Suriname	1	12	Iugoslávia	2	18
Uruguai	1	200	Malta	1	0,011
Venezuela	1	10	Noruega	14	16
Oceania	**44**	**4.516**	Polônia	5	7
Austrália	39	4.478	Portugal	2	31
Nova Zelândia	5	38	Suécia	30	383
URSS	**12**	**2.987**	Suíça	2	2

FONTE: Gleick, 1993.

Tabela 15 - Alagados e pantanais de países selecionados

País	Total de áreas	Extensão (hectares)
1º Brasil	38	59.789.733
2º Venezuela	29	14.447.155
3º Chile	49	9.188.713
4º Argentina	57	5.797.930
5º Paraguai	5	5.723.528
6º Bolívia	18	4.017.920
7º México	40	3.377.900
8º URSS	12	2.837.200
9º Nicarágua	17	2.111.349
10º Iraque	18	1.992.500
11º Colômbia	36	1.928.389
12º Cuba	17	1.746.500
13º Suécia	84	1.727.623
14º Suriname	14	1.625.000
15º Irã	33	1.416.810
16º França	25	1.321.215
17º Turquia	30	1.238.150
18º Tunísia	15	868.303
19º Egito	6	808.500
20º Uruguai	12	773.500

FONTE: Adaptada de Gleick, 1993.

de longo período.

Efetivamente, a circulação do vapor de água na atmosfera atingindo velocidades da ordem de km/h resulta que, embora o volume de água líquida, equivalente do vapor da atmosfera, seja comparativamente pequeno – 13 mil km^3, ou cerca de 0,001% do volume total –, a grande dinâmica da circulação constitui o principal fator de renovação das águas da Terra através do gigantesco processo de evaporação e precipitação, o chamado *Ciclo Hidrológico*.

O tempo de residência do vapor de água que sobe à atmosfera por meio dos processos de evaporação e transpiração da biomassa animal e vegetal varia entre 5 e 12 dias. Em outras palavras, no prazo de uma a duas semanas, a água que sobe à atmosfera, retorna à superfície da Terra, podendo reabastecer o fluxo dos rios, a umidade do solo, as reservas de água subterrânea, ou cair diretamente nos espelhos líquidos dos lagos, oceanos e similares, renovando as suas reservas, melhorando a sua qualidade à medida que proporciona a diluição de seus constituintes dissolvidos.

Da quantidade de água doce estocada nos continentes, cerca de três quartos formam as calotas polares e as geleiras (24 milhões de km^3, ou 68,7%). Estas grandes reservas de água doce estão relativamente muito distantes das áreas onde se apresentam as maiores demandas e o tempo de renovação da água é muito longo, da ordem de 30.000 anos.

Por sua vez, boa parcela das águas subterrâneas está acessível aos meios tecnológicos e econômicos disponíveis nos locais onde ocorrem as demandas. Porque fluem a velocidades da ordem de cm/dia, resulta em tempos de residência que variam de alguns anos nos aqüíferos rasos, de várias dezenas e até milhares de anos nos aqüíferos confinados e/ou muito profundos. Nessas condições, as grandes reservas de água subterrânea doce (10,5 milhões km^3, ou cerca de 98% dos volumes de água disponíveis nos continentes na forma líquida) têm uma função primordial de perenização dos fluxos dos rios durante os períodos de estiagem. Regra geral, quando os rios drenam regiões cujas condições hidrogeológicas são favoráveis à formação de grandes estoques de água subterrânea, têm regime de fluxo perene.

O manancial subterrâneo representa a alternativa segura e mais barata de abastecimento, atuando de forma integral, complementar ou estratégica de atendimento das demandas.

Características gerais da qualidade das águas

As características de qualidade das águas derivam dos ambientes naturais e antrópicos onde se originam, circulam, percolam ou ficam estocadas. Os problemas de escassez de água que ameaçam a sobrevivência das populações e do ambiente favorável à vida na Terra, segundo alguns, são engendrados pelo crescimento desordenado das demandas e, sobretudo, pelos processos de degradação da sua qualidade, atingindo níveis nunca imaginados, a partir da década de 50.

Na avaliação da qualidade de uma água, considera-se a composição de uma amostra, cujos constituintes são referidos em termos de características físicas, microbiológicas e químicas, a depender do objetivo a ser alcançado. A qualidade total pode atingir elevados graus de complexidade, conforme ilustra a Figura 17.

O uso da *água doce* para consumo humano está sujeito aos condicionantes específicos de qualidade, que são definidos pelos padrões de potabilidade. No Brasil, esses padrões são estabelecidos pelo Ministério da Saúde – Portaria nº 36/90 –, sendo o STD de 1.000 mg/l o valor máximo permissível

(VMP). Igual VMP é adotado pela Organização Mundial da Saúde – OMS –, United States Environmental Protection Agency – USEPA, Associação Brasileira de Normas Técnicas – ABNT e United States Public Health Service – USPHS.

Os teores são expressos em termos de relação das partes, seja na forma percentual, seja na forma mais freqüente de partes por milhão (ppm), partes por bilhão (ppb) ou partes por trilhão (ppt). Mais precisamente, o Sistema Internacional de Unidades – SI – assinala que os teores devem ser expressos em peso por unidade de volume — sendo mg/l e µg/l as formas mais usuais. Esta proposição decorre do fato de que os diferentes pesos atômicos dos constituintes devem ser levados em consideração, sobretudo quando os teores atingem a ordem de milhares de mg/l.

A depender da sua abundância relativa, os constituintes da qualidade das águas são denominados de maiores, menores e traços. Regra geral, um constituinte é denominado de maior ou principal, quando está presente na água em teores superiores a 5 mg/l. Quando os teores ficam entre 5 e 0,01 mg/l, os constituintes são chamados de menores. Quando os teores dos constituintes são inferiores a 0,01 mg/l, estes são considerados de traços ou micropoluentes.

Os metais pesados, outros metais tóxicos e os constituintes orgânicos sintéticos estão presentes nas águas em teores muito baixos que, regra geral, os enquadram como elementos menores ou traços. Ao contrário, ânions e cátions são, com freqüência, os constituintes maiores ou principais.

Atualmente, as populações dos grandes centros urbanos, industriais e áreas de desenvolvimento agrícola com uso intensivo de insumos químicos já se defrontam com problemas de escassez qualitativa de água para consumo. Deve-se ressaltar, ainda, que se a escassez quantitativa de água constitui fator limitante ao desenvolvimento, a escassez qualitativa engendra problemas muito mais sérios à saúde pública, à economia e ao ambiente em geral.

Por sua vez, julgava-se, até cerca de uma década atrás, que a solução desses problemas era uma questão tecnológica ou financeira. Entretanto, tornam-se cada dia mais freqüentes os casos em que se caracterizam, não só limites científicos, tecnológicos e financeiros para se purificar uma água que teve a sua qualidade degradada pelas atividades antrópicas. Por sua vez, a utilização de métodos muito sofisticados de tratamento pode engendrar problemas cada vez mais complexos e de difícil solução, os quais afetam a qualidade do ambiente, em geral, e a saúde pública, em particular.

Em conseqüência, é praticamente nula a confiabilidade dos processos convencionais de tratamento de água de mananciais que recebem esgotos de centros urbanos, efluentes industriais, águas

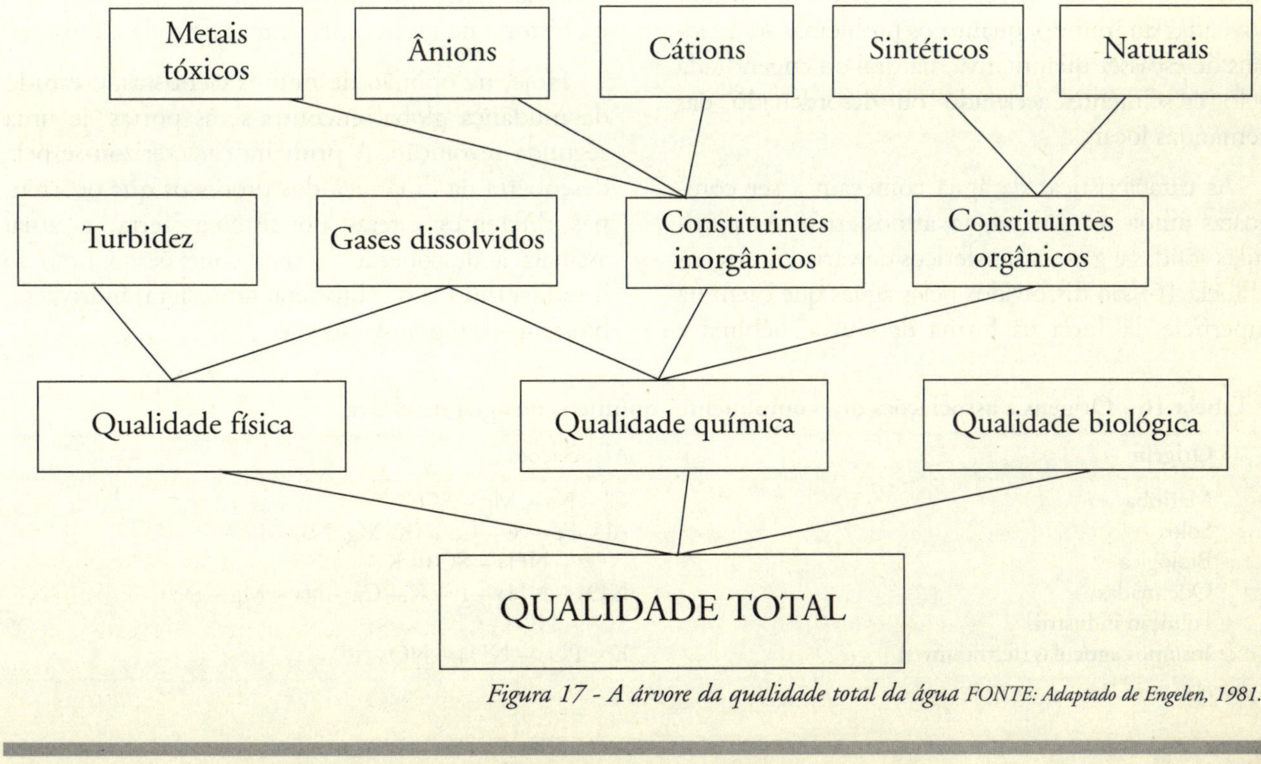

Figura 17 - A árvore da qualidade total da água FONTE: Adaptado de Engelen, 1981.

residuais da mineração ou, simplesmente, o escoamento superficial difuso de bacias hidrográficas onde se pratica uma agricultura com uso intensivo de insumos químicos, devido à quase impossibilidade de eliminação adequada da grande variedade de elementos menores ou traços – neurotóxicos, carcinogênicos, mutagênicos, teratogênicos, entre outros – que podem estar presentes nas águas de consumo.

A última edição das diretrizes para água potável, publicada em 1993 pela Organização Mundial da Saúde (OMS), relaciona – além de outros compostos de alto risco, potencialmente existentes em sistemas públicos de abastecimento de água – 67 micropoluentes orgânicos e 23 subprodutos de desinfecção com cloro. É importante salientar, que as diretrizes da OMS para água potável, servem apenas como referência, devendo ser adaptadas ao perfil de qualidade ambiental de cada região específica, que determina as características de poluição do manancial utilizado para abastecimento público.

Portanto, águas captadas de bacias hidrográficas não protegidas não são confiáveis para abastecimento público, pelo fato de meramente atender aos poucos parâmetros de qualidade estabelecidos pelos padrões gerais de qualidade ambiental, ou de potabilidade para águas de consumo humano.

Dessa forma, os aspectos qualitativos da água tornam-se cada vez mais importantes ou tão importantes em muitas regiões desenvolvidas ou muito povoadas do mundo, quanto os problemas tradicionais de escassez quantitativa, natural ou engendrada pelo crescimento acelerado ou desordenado das demandas locais.

As características da água começam a ser compostas ainda no seu trajeto atmosférico. As partículas sólidas e gases atmosféricos de variadas origens (Tabela 16) são dissolvidos pelas águas que caem na superfície da Terra na forma de chuva, neblina e neve, principalmente. Como resultado, essas águas meteóricas podem ser consideradas como constituindo uma solução diluída (com teores médios de sais dissolvidos de uns poucos miligramas por litro – mg/l) e ligeiramente ácida (pH 4-6).

Os componentes químicos dissolvidos podem ser considerados em dois grupos: 1) aqueles derivados de partículas primárias contidas na atmosfera (Na^+, K^+ Ca^{++}, Mg^{++} e Cl^-) e 2) aqueles derivados dos gases (SO_4^{--}, NH_4^+ e NO_3^-). A Tabela 17 apresenta a composição típica das águas de chuva de origem marinha e continental.

Além de engendrarem mudanças na concentração de NO_3^-, SO_4^{--} e Cl^- na água da chuva, os gases NO, NO_2, SO_2 e HCl também produzem íons de hidrogênio, H^+. O resultado é a chamada *chuva ácida*, cujos danos no ambiente natural e antrópico, em geral, bem como na flora, fauna aquática, qualidade da água dos rios e outros corpos de água de superfície, vêm se tornando cada dia mais graves, sobretudo nas regiões mais desenvolvidas da Terra.

Mudanças globais e águas doces

Como quer que a chamemos, a esfera da inteligência ou noosfera está levando quatro outras – a hidrosfera, a atmosfera, a criosfera e a biosfera – à iminentes mudanças drásticas. Pela ótica mais sombria, vemo-nos diante de uma crise não apenas na história de nossa espécie, mas de toda a biosfera.

Hoje, na opinião de muitos cientistas, o estudo da mudança global encontra-se às portas de uma segunda revolução. A primeira caracterizou-se pela descoberta da dinâmica dos processos que ocorrem nas diferentes esferas do sistema Terra; a atual assinala a descoberta de suas conexões. Como se interliga tudo isso – litosfera, atmosfera, hidrosfera, biosfera – é o grande desafio.

Tabela 16 - Origens e associações dos componentes químicos na água de chuva

Origem	Associações
Marinha	Cl – Na – Mg – SO_4
Solos	Al – Fe – Si – Ca – (K, Mg, Na)
Biológica	NO_3 – NH_4 – SO_4 - K
Queimadas	NO_3 – NH_4 – P – K – Ca – Na – Mg – SO_4
Poluição industrial	SO_4 – NO_3 - Cl
Insumos agrícolas (fertilizantes)	K – PO_4 – NH_4 – NO_3

FONTE: Berner &Berner, 1987.

Tabela 17 - Concentrações típicas dos íons principais na água de chuva (mg/l).

Íon	Chuva continental	Chuva costeira e marinha
Na^{+}	0,2 - 1	1 - 5
Mg^{++}	0,05 – 0,5	0,4 – 1,5
K^{+}	0,1 – 0,5[a]	0,2 – 0,6
Ca^{++}	0,2 - 4	0,2 – 1,5
NH_4^{+}	0,1 – 0,5[b]	0,01 – 0,05
H^{+}	pH = 4-6	pH = 5-6
Cl^{-}	0,2 - 2	1 - 10
SO_4^{--}	1 – 3[a,b]	1 - 3
NO_3^{-}	0,4 – 1,3[b]	0,1 – 0,5

FONTE: Berner & Berner, 1987.
a) Em áreas continentais remotas: K^{+} =0,02-0;07; Ca^{++} = 0,02-0,20; SO_4^{+}= 0,2-0,8.
b) Em áreas poluídas: NH_4^{+} =1-2; $SO4^{--}$=3-8; NO_3^{-}=1-3.

Estabelecer conexões é uma difícil tarefa, porque requer esforços conjuntos de profissionais de várias disciplinas. Cada uma das seis ou sete esferas tem seus especialistas, seus subespecialistas. Cada um tem suas revistas científicas e jargão, o que dificulta a troca de informações. Apenas em alguns programas mais complexos e que exigem maior cooperação, os especialistas já começam a trocar informações na busca de conexões entre a vida e as demais esferas, e tentam juntá-las e observá-las ao mesmo tempo do maior número possível de ângulos, para ver como funciona o sistema – como tudo isso se conjuga. Buscar essa conjugação é também conjecturar quanto aos rumos possíveis.

Nos anos 1960 e 1970, os astrônomos descobriram, mediante uma série de observações baseadas em microondas (feitas a partir da Terra) e de sondas espaciais enviadas aos planetas Vênus e Marte, dois cenários possíveis de serem engendrados pela maior ou menor quantidade de carbono na atmosfera. Como muitos acreditam, o carbono é um dos responsáveis pelo efeito estufa que ameaça o clima da Terra e a sobrevivência da sua biosfera, em geral, e da espécie humana, em particular.

Em primeiro lugar, deve-se considerar que Vênus e Marte se formaram mais ou menos na mesma época da Terra, há cerca de 4,6 bilhões de anos. Seus elementos constituintes são, grosso modo, os mesmos da Terra, inclusive as quantidades de carbono são aproximadamente iguais.

Entretanto, a superfície de Vênus é muito quente – cerca de 450° C – de dia e de noite, o ano inteiro, do equador aos pólos. Nessas condições, a água que algum dia talvez tenha existido em Vênus, há muito se evaporou. Marte, por sua vez, é muito frio em qualquer época do ano, desde os pólos até o equador. Se tem água, ela forma uma camada permanente de gelo.

Por outro lado, deve-se considerar que essas diferenças extremas de temperatura não se explicam pela distância do Sol, embora Vênus fique mais perto, a 108 milhões de quilômetros; depois vem a Terra, a 150 milhões de quilômetros; e depois Marte, a 228 milhões de quilômetros.

Sabe-se atualmente, que o importante é saber como cada um dos três planetas lidou com o seu carbono, cuja quantidade – 700 bilhões de toneladas de carbono – é aproximadamente igual. No caso da Terra, a maior parte do carbono está contida nos seus sedimentos, nas suas rochas, na sua biosfera, onde não tem efeito estufa. Além dos processos geológicos de reciclagem do carbono, associados à *tectônica* de *placas*, a biosfera respira, de tal forma que a vegetação dos continentes inala tanto carbono no processo de fotossíntese que retira anualmente da atmosfera cerca de 100 bilhões de toneladas. Por outro lado, os animais e plantas do mundo exalam tanto dióxido de carbono no processo de respiração que devolvem à atmosfera, juntos, cerca de 100 bilhões de toneladas de carbono. Como há em toda a atmosfera da Terra cerca de 700 bilhões de toneladas de carbono, verifica-se que a cada sete anos todo o dióxido de carbono da atmosfera da Terra é reciclado pelo metabolismo da vida.

Entretanto, se a vida começar a inalar um pouco mais do que exala, seria suficiente para retirar do ar, todos os anos, bilhões de toneladas de carbono. O carbono ficaria preso na biomassa assim gerada e poderia haver resfriamento global da atmosfera da Terra. Mas se ocorresse o contrário e a vida começasse a exalar mais carbono do que inala (mesmo que um pouquinho mais), a vida colaboraria para aquecer a atmosfera da Terra. Vale ressaltar que o ciclo todo – ligando vulcões à erosão das rochas, a bactérias do solo, à fotossíntese, a respiração dos organismos, a algas oceânicas, à sedimentos carbonáticos e novamente a vulcões – atua como um gigantesco laço de realimentação, que contribui para a regulação da temperatura da Terra.

Já em Vênus, a maior parte do carbono está na sua atmosfera, numa proporção de 350 mil vezes maior do que na atmosfera da Terra. O dióxido de carbono da atmosfera de Vênus exerce uma pressão sobre a sua superfície cem vezes superior à exercida por toda a atmosfera da Terra. Tamanha pressão impede as atividades vulcânicas associadas à *Tectônica de Placas* que comanda a formação da litosfera e atmosfera.

Ao contrário, Marte tem uma atmosfera cem vezes menos espessa que a da Terra e 10 mil vezes mais espessa que a de Vênus. Praticamente todo o seu carbono está retido nos seus sedimentos. Com um efeito estufa tão baixo, a superfície do planeta é congelada, a tal ponto que certas partes da sua atmosfera congelam e caem no solo, na forma de gelo seco: dióxido de carbono congelado.

Considerando que a superfície congelada de Marte apresenta sulcos muito parecidos com leitos de rios e que há muitos vulcões extintos, supõe-se que em alguma época eles fumegavam e mantinham uma atmosfera mais rica em carbono. Logo, deve ter havido em Marte, em algum momento, um clima parecido com o nosso, com chuvas e cursos de água e, talvez, formas rudimentares de vida.

A lição que se tira é que se cessarem os mecanismos geológicos e biológicos controladores do carbono existente na nossa atmosfera, o efeito estufa se tornará tão forte que não haverá mais biosfera, nem hidrosfera, nem criosfera; e até a *tectônica de placas* cessaria de reconstruir a nossa litosfera e atmosfera.

Os modelos indicam que, caso a temperatura média global se eleve 3° C, a faixa de climas tropicais ficará cerca de 2° C mais quente. Em conseqüência, o ciclo hidrológico se tornará mais ativo, reciclando 5% mais água do que os 577.200 km^3 do momento, ou seja, perto de 30 mil km^3 de água. Toda essa água a mais, quando cair sob a forma de chuva, vai gerar mais enchentes em alguns lugares e agravar a escassez em outros. São previstas secas crônicas nas zonas temperadas e grandes alterações na geografia agrícola atual. Por exemplo, os cinturões do milho e do trigo (Corn Belt e Wheat Belt) se deslocariam mais para norte, de tal forma que em regiões tais como o Canadá e Sibéria, a estação de cultivo seria mais longa.

Por outro lado, basta lembrar que, no auge da última era glacial, há cerca de 20 mil anos, a temperatura da Terra era de apenas 5° C mais baixa do que hoje. Durante essa época, o leste do Canadá, a Nova Inglaterra e grande parte do Meio-Oeste Americano ficaram cobertos por uma camada de gelo de 1,5 quilômetro de espessura. Na Europa, o gelo cobriu a Escandinávia e a Escócia, a maior parte da Grã-Bretanha, a Dinamarca, a França, a Alemanha, grande parte da Polônia e da União Soviética.

Para muitos especialistas em clima, o principal efeito trazido pelo aumento da temperatura global será uma possibilidade maior de ocorrerem certos tipos de situações extremas com maior freqüência, ou seja, secas e enchentes que ocorrem a cada cem anos podem passar a ocorrer a cada 20 anos, e o que ocorria a cada 20 anos poderá passar a ocorrer a cada 5 anos.

Da perspectiva cósmica, os acontecimentos que engendram o efeito estufa são repentinos como uma catástrofe. Da perspectiva geológica, a exalação conjunta dos gases do efeito estufa pela atividade humana, sobretudo importante durante os últimos 200 anos, parecerá uma única erupção instantânea. Entretanto, da perspectiva humana, tudo que se refere à mudança climática, ao efeito estufa, parece acontecer em câmara lenta. Em conseqüência, a acumulação do gás e a elevação das temperaturas globais são processos graduais a que não damos atenção.

Entretanto, parece que a respiração da Terra está mudando: torna-se mais profunda a cada ano. Porém, não reagimos a processos, reagimos a fatos. Talvez tenha sido esse o motivo principal de termos levado tanto tempo para nos preocuparmos com o fato.

Enfim, como escreveu Dante no Canto XX do *Inferno*:

> Agora cabe a ti, se acaso ouviste
> outros relatos deste mesmo fato,
> não permitir confunda a falsidade
> a verdade que aqui deixei tão clara.

Água doce no Brasil

Com uma área de 8.547.403,5 km^2 e cerca de 158 milhões de habitantes, o Brasil é, atualmente, o quinto país do mundo, tanto em extensão territorial como em população. Situando-se entre as Latitudes de 5° Norte e 34° Sul e Longitudes de 35° e 74° Oeste, é cortado pela Linha do Equador e pelo Trópico de Capricórnio, ocupando 47,7% da área do Continente Sul Americano.

Um país-continente, terra de contrastes, é assim que muitos estudiosos de sua realidade consideram o Brasil.

Efetivamente, há vegetação exuberante em sua

maior extensão e uma zona semi-árida que afeta menos de 10% do território nacional; há metrópoles modernas e cidades de vários portes onde moram, atualmente, mais de 75% do contingente nacional. Paralelamente, há grandes extensões subpovoadas onde a população tem condições de vida primitivas, que se diferenciam daquelas da Era Paleolítica tão somente porque utilizam instrumentos de trabalho feitos de metais.

O Brasil possui uma ampla diversificação climática, predominando os tipos equatorial úmido, tropical e subtropical úmidos, e semi-árido sobre menos de 10% do território. Em termos pluviométricos, mais de 90% do território brasileiro recebe abundantes chuvas – entre 1.000 e 3.000 mm/ano.

A interação desse quadro climático com as condições geológicas dominantes engendra importantes excedentes hídricos que alimentam uma das mais extensas e densas redes de rios perenes do mundo. A exceção é representada pelos rios efêmeros e temporários que nascem nos domínios das rochas do embasamento geológico subaflorante – 400.000 km^2 – do contexto semi-árido da região Nordeste.

Como resultado, o Brasil destaca-se no cenário mundial pela grande descarga de água doce dos seus rios, cuja produção hídrica, 177.900 m^3/s e mais 73.100 m^3/s da Amazônia internacional, representa 53% da produção de água doce do continente Sul Americano (334.000 m^3/s) e 12% do total mundial (1.488.000 m^3/s).

Para alguns, esses valores caracterizam a nossa abundância de água doce, o que tem servido de suporte à cultura do desperdício da água disponível, à não realização dos investimentos necessários ao seu uso e proteção mais eficientes, e à sua pequena valorização econômica, isto é, a água tem sido considerada como um bem livre de uso comum.

Entretanto, conforme mostram os dados da Tabela 18, em três grandes unidades hidrográficas –Amazonas, São Francisco e Paraná - estão localizados cerca de 80% da nossa produção hídrica total. A Figura 18, mostra que estas três bacias hidrográficas: 1) Amazonas, 4) São Francisco e 6) Paraná cobrem cerca de 72% do território brasileiro, destacando-se a dimensão da Bacia Amazônica que tem uma área equivalente a 57% da superfície do Brasil.

Para outros, o estigma da escassez de água fica caracterizado, quando se verifica que a densidade de população dominante Figura 18 é de menos de 2 a 5 hab/km^2 na Região Amazônica, onde a produção hídrica – Amazonas e Tocantins – é de 78% do total nacional. A densidade demográfica já varia entre 5 e 25 hab/km^2 na bacia do rio São Francisco, com apenas 1,7 % do total, e é da ordem de 6% na bacia do rio Paraná, cuja densidade de população dominante varia entre 25 e mais de 100 hab./km^2, com uma média de 53 hab/km^2.

Entretanto, os problemas de abastecimento no

Tabela 18 - Produção hídrica das grandes regiões hidrográficas do Brasil

Região hidrográfica		Área de drenagem (km^2)	Vazão média (m^3/s)	Vazão específica (L/s/km^2)	Porcentagem total Brasil
(1)	Amazonas Brasil	3.900.000	128.900	33,0	72
(2)	Tocantins	757.000	11.300	14,9	6
(3a)	Parnaíba-Atlântico Norte	242.000	6.000	24,8	3
(3b)	Atlântico Nordeste	787.000	3.130	4,0	1,7
(4)	São Francisco	634.000	3.040	4,8	1,7
(5a)	Atlântico Leste (BA/MG)	242.000	670	2,8	0,3
(5b)	Paraíba do Sul	303.000	3.170	12,2	1,8
(6a)	Paraná até Foz	901.000	11.500	12,8	6,5
	(Paraná – Brasil)	877.000	11.200	12,8	6,3
(6b)	Paraguai – Foz do Apá	485.000	1.770	3,6	1,0
	(Paraguai – Brasil)	368.000	1.340	3,6	0,7
(7)	Uruguai – Foz Quaraí	189.000	4.300	22,7	2,4
	(Uruguai – Brasil)	178.000	4.040	22,7	2,2
(8)	Atlântico Sudeste	224.000	4.570	20,4	2,5
	BRASIL	8.547.403	177.900	20,9	100
	Brasil-Amazonas total	10.724.000	251.000	23,4	140

FONTE: Dados DNAEE, 1985.

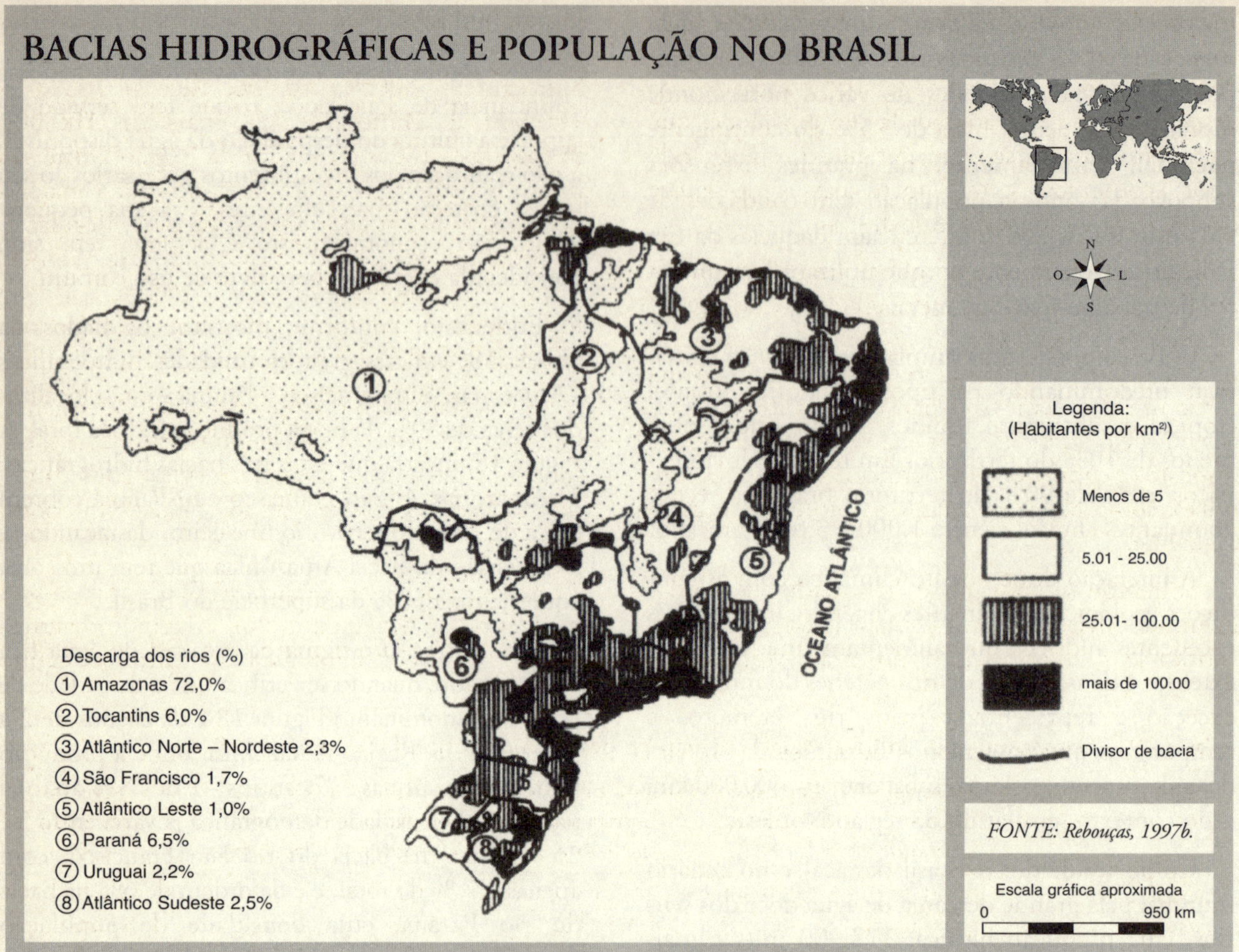

Figura 18: Bacias hidrográficas, suas respectivas descargas e densidade populacional em hab / km² no Brasil

Brasil decorrem, fundamentalmente, da combinação do crescimento exagerado das demandas localizadas e da degradação da qualidade das águas, em níveis nunca imaginados. Esse quadro é uma conseqüência da expansão desordenada dos processos de urbanização e industrialização, verificada a partir da década de 1950.

Por sua vez, verifica-se que, historicamente, a população rural, nas diversas formas de ocupação do território, fundamentou a sua economia no aproveitamento do potencial hídrico do solo, explorando de forma extensiva, tanto a agricultura como a pecuária.

Contudo, face ao baixo nível tecnológico/organizacional dominante, estas condições primitivas de uso e ocupação do meio rural têm engendrado o desmatamento das bacias hidrográficas, o grande desenvolvimento dos processos erosivos do solo, o empobrecimento das pastagens nativas, a redução das reservas de água do solo e conseqüente progressiva queda da sua produtividade natural. Como resultado, houve intensa migração da população rural com destino urbano, onde já mora mais de 75% da população do Brasil (IBGE, 1996).

Vale ressaltar, ainda, que estas formas desordenadas de uso e ocupação do território em geral, engendram o agravamento dos efeitos das secas ou enchentes que atingem as populações e suas atividades econômicas. No meio urbano, esse quadro é especialmente agravado pelo crescimento de favelas nas áreas de alto rico ambiental – encostas dos morros e várzeas dos rios –, falta de coleta ou lançamento de esgotos não tratados nos corpos de água utilizados para o abastecimento, não coleta do lixo urbano produzido – doméstico e industrial – ou deposição inadequada do resíduo coletado e grande desperdício da água disponível.

Portanto, conforme mostram os dados da Tabela

19, mesmo nos estados mais populosos, o que mais falta não é água, mas determinado padrão cultural que agregue a necessidade de combate aos desperdícios e à degradação da sua qualidade, que tenha em conta o seu carácter finito e de grande valor econômico, como novos passos do ajuste competitivo do mercado global.

Deve-se ressaltar que a pesquisa de opinião pública realizada pelo IBOPE, em 1997, utilizando amostra representativa da população brasileira, urbana e rural, mostra que 69% identificam a água como um dos elementos mais importantes a proteger no meio ambiente. Por sua vez, 52% diziam-se dispostos a combater o desperdício de água e separar o lixo, como forma de ajudar na proteção do meio ambiente.

Tomando-se por base o quadro mundial delineado pelas Nações Unidas (Margat, 1998), verifica-se que os estados no Brasil apresentam disponibilidades de recursos hídricos nos seus rios dos níveis Regular –1.000 a 2.000 m^3/hab/ano, Suficiente – 2.000 a 10.000, Rico – 10.000 a 100.000 e Muito Rico – mais de 100.000 m^3/hab/ano. Todos os estados da Região Norte são muito ricos de água doce. Ao contrário, a maioria dos estados do Nordeste situa-se na classe Regular. É importante destacar que em nenhum caso se atinge o nível de "estresse de água" inferior a 1.000 m^3/hab/ano, considerado pelas Nações Unidas com base numa análise do quadro mundial.

Vale ressaltar que o Banco Mundial, certamente, influenciado pelo padrão de consumo americano, superior a 2.000 m^3/hab/ano, considera como situação de "estresse de água" disponibilidade inferior a este valor.

A necessidade de gerenciamento configura-se à medida que a demanda evolui, atingindo determinados níveis das disponibilidades – correspondentes

Tabela 19 – Disponibilidade hídrica social e demandas por estado no Brasil (Rebouças, 1994).

Estados	Potencial hídrico* (km^3/ano)	População habitantes**	Disponibilidade*** hídrica social (m^3/hab/ano)	Densidade população (hab/km^2)	Utilização ** total (m^3/hab/ano)	Nível de utilização 1991
Rondônia	150,2	1.229.306	115.538	5,81	44	0,03
Acre	154,0	483.593	351.123	3,02	95	0,02
Amazonas	1.848,3	2.389.279	773.000	1,50	80	0,00
Roraima	372,3	247.131	1.506.488	1,21	92	0,00
Pará	1.124,7	5.510.849	204.491	4,43	46	0,02
Amapá	196,0	379.459	516.525	2,33	69	0,01
Tocantins 1	122,8	1.048.642	116.952	3,66		
Maranhão	84,7	522.183	16.226	15,89	61	0,35
Piauí	24,8	2.673.085	9.185	10,92	101	1,05
Ceará	15,5	6.809.290	2.279	46,42	259	10,63
R. G. do Norte	4,3	2.558.660	1.654	49,15	207	11,62
Paraíba	4,6	3.305.616	1.394	59,58	172	12,00
Pernambuco	9,4	7.399.071	1.270	75,98	268	20,30
Alagoas	4,4	2.633.251	1.692	97,53	159	9,10
Sergipe	2,6	1.624.020	1.625	73,97	161	5,70
Bahia	35,9	12.541.675	2.872	22,60	173	5,71
M. Gerais	193,9	16.672.613	11.611	28,34	262	2,12
E. Santo	18,8	2.802.707	6.714	61,25	223	3,10
R. Janeiro	29,6	13.406.308	2.189	305,35	224	9,68
São Paulo	91,9	34.119.110	2.209	137,38	373	12,00
Paraná	113,4	9.003.804	12.600	43,92	189	1,41
Sta. Catarina	62,0	4.875.244	12.653	51,38	366	2,68
R. G. do Sul	190,0	9.634.688	19.792	34,31	1.015	4,90
M. G. do Sul	69,7	1.927.834	36.684	5,42	174	0,44
M. Grosso	522,3	2.235.832	237.409	2,62	89	0,03
Goiás	283,9	4.514.967	63.089	12,81	177	0,25
D. Federal	2,8	1.821.946	1.555	303,85	150	8,56
BRASIL	**5.610,0**	**157.070.163**	**35.732**	**18,37**	**273**	**0,71**

*FONTES: *DNAEE, 1985, 1 SRH/MMA,** Censo IBGE, 1996,*** Rebouças, 1994,* às descargas médias de longo período dos rios da unidade de planejamento – bacia hidrográfica, estado ou região em apreço. Neste quadro, as águas subterrâneas constituem, regra geral, uma reserva estratégica, devendo ser prioritariamente utilizadas para consumo humano.

A avaliação dos problemas de abastecimento nos países membros das Nações Unidas indica o quadro seguinte:

- Quando a utilização de água representa menos de 5% das descargas médias dos rios da bacia hidrográfica em apreço ou da unidade de planejamento, pouca atividade de gerenciamento é, regra geral, praticada. Nesses casos, a água é, geralmente, considerada um bem livre.
- Quando esta relação fica entre 5 e 10%, a situação ainda é confortável na bacia hidrográfica, no estado ou região em questão, podendo ocorrer necessidade de gerenciamento para solução de problemas de abastecimento locais.
- Quando o coeficiente fica entre 10 e 20%, a atividade de gerenciamento já se torna indispensável, exigindo a realização de investimentos médios.
- Quando o coeficiente é superior a 20%, a situação torna-se crítica, exigindo intensa atividade de gerenciamento e grandes investimentos.

Nestes termos, os dados da Tabela 19 mostram que em 65% dos estados a situação é muito confortável, pois os níveis de utilização das descargas médias de longo período dos seus rios são inferiores a 5%. Em 25% dos estados a utilização já atinge entre 5 e 10%, indicando que a situação ainda é confortável, podendo ocorrer problemas locais de abastecimento. Em 10% dos estados os níveis de utilização já são superiores aos 20% das descargas médias dos rios, indicando que a necessidade de gerenciamento já é crítica (Rebouças, 1994).

Entretanto, a Figura 19 mostra que os níveis de utilização de água nos estados do Brasil situam-se entre muito baixos (menos de 100 m^3/hab/ano) e baixos (entre 100 e 500 m^3/hab/ano). Vale destacar que esse quadro é, certamente, pouco consistente, pois, não há controle efetivo sobre o auto-abastecimento das indústrias e o uso agrícola. As taxas referidas dizem respeito aos volumes fornecidos pelas companhias de água tão somente.

Vale destacar, todavia, que todas as áreas relativamente mais povoadas dos estados do Brasil ostentam caóticos quadros sanitários, os quais são engendrados pelo crescimento desordenado das demandas, baixo nível de eficiência dos seus serviços e, sobretudo, pela degradação estimulada ou tolerada das suas águas.

Por outro lado, uma análise feita no nível das 24 bacias hidrográficas na Região Nordeste, consideradas como unidades de planejamento, serve para ilustrar que, na escala local, os problemas de abastecimento de água já podem atingir uma situação crítica no contexto semi-árido (Tabela 20).

Efetivamente, nas unidades de planejamento inseridas no contexto semi-árido do Nordeste, os níveis de utilização das águas já atingem, no horizonte 2000, valores que variam entre 13 e 51%, evidenciando a necessidade urgente de gerenciamento. Apenas nas bacias hidrográficas do domínio climático de transição ao amazônico, nos estados do Piauí e Maranhão, e nas bacias costeiras da extremidade sul da região nordeste, os índices são inferiores a 10%, indicando que já se faz necessário praticar o gerenciamento para resolver problemas locais de abastecimento.

Portanto, uma avaliação do problema de água de uma dada região já não pode se restringir a um simples balanço entre oferta e potenciais, mas deve abranger os seus inter-relacionamentos geo-ambientais e socio-culturais, em especial, as condições de uso e conservação dos seus recursos naturais, em geral, e da água, em particular, de uso e ocupação do território – tanto urbano como rural – tentando alcançar e garantir a qualidade do desenvolvimento sustentado.

É, justamente, o conhecimento das características de variabilidade – no tempo e no espaço – das chuvas e descargas dos rios, os fatores ambientais, socioculturais de uso e conservação da água, em particular, e do espaço físico, em geral, que permite planejar as ações e evitar ou atenuar os efeitos do excesso ou da falta de água. Ignorá-los, ou não levá-los em conta, pode ter como conseqüência a crise de água – quantitativa ou qualitativa – que tem sido amplamente manipulada e sofridamente tolerada.

Conclusões e recomendações

Efetivamente, o que mais falta no Brasil não é água, mas determinado padrão cultural que agregue ética e melhore a eficiência de desempenho político dos governos, da sociedade organizada *lato sensu*, das ações públicas e privadas, promotoras do desenvolvimento econômico em geral e da sua água doce, em

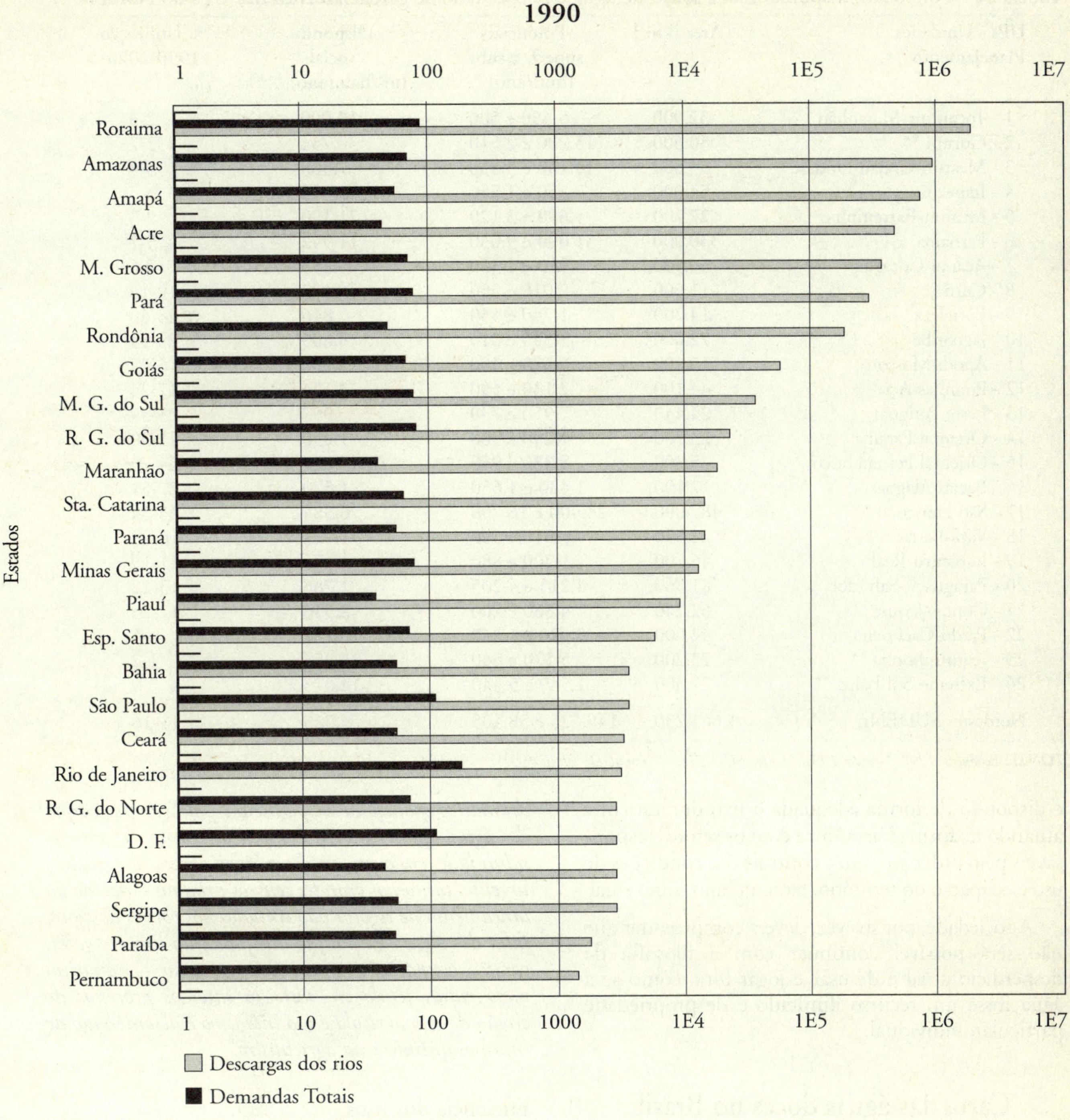

Figura 19 - Potenciais e demandas no Brasil - m³/hab/ano

FONTE: Rebouças, 1994.

particular.

Uma das mudanças substanciais impostas pela Carta Magna de 1988, em relação aos dispositivos anteriores, foi atribuir as águas aos domínios da União e dos estados, fazendo com que estes incluíssem em suas Constituições disposições relativas à gestão das águas superficiais e subterrâneas.

É necessário, portanto, que os poderes públicos Federal e estaduais realizem os investimentos necessários para um eficiente gerenciamento, controle e fiscalização das condições de uso e proteção.

De sua parte, as empresas de saneamento básico devem fornecer, com eficiência, água de qualidade garantida, coletando e tratando os esgotos, recolhendo

Tabela 20 - Potenciais, disponibilidade social de água e necessidade de gerenciamento nas UPs do Nordeste

UPs - Unidades Planejamento	Área (km²)	Potenciais superf. e subt. (hm³/ano) *	Disponib. social (m³/hab./ano) ***	% Utilização 1990-2020
1 - Tocantins-Maranhão	32.900	5.450 e 500	13.000	2-3
2 - Gurupi **	50.600	15.290 e 2.510	30.754	2-2
3 - Mearim-Grajaú-Pindaré	97.000	14.140 e 3.430	7.568	3-4
4 - Itapecuru	54.000	7.750 e 1.550	12.052	3-3
5 - Munim-Barreirinhas	27.700	5.690 e 3.120	21.190	2-3
6 - Parnaíba	330.000	31.090 e 9.030	11.942	5-7
7 - Acaraú-Coreaú	30.500	3.910 e 1.360	5.853	4-6
8 - Curu	11.500	2.010 e 350	6127	10-13
9 - Fortaleza	14.700	1.740 e 530	846	28-40
10 - Jaguaribe	72.000	3.340 e 810	3.805	23-34
11 - Apodi-Mossoró	15.900	520 e 300	1.386	16-27
12 - Piranhas-Açu	44.100	2.130 e 590	2.184	17-24
13 - Leste Potiguar	24.440	950 e 730	997	23-34
14 - Oriental Paraíba	23.760	1.290 e 900	1.030	21-30
15 - Oriental Pernambuco	25.300	3.380 e 950	819	44-70
16 - Bacias Alagoas	17.100	1.430 e 1.650	1.570	27-51
17 - São Francisco **	487.000	24.400 e 16.700	6.384	23-34
18 - Vaza-Barris	22.330	810 e 390	1.177	16-28
19 - Itapicuru-Real	46.100	1.200 e 880	1.476	11-19
20 - Paraguaçu-Salvador	81.560	4.215 e 4.205	1.786	13-22
21 - Contas-Jequié	62.240	4.860 e 700	3.916	12-25
22 - Pardo-Cachoeira	42.000	5.920 e 1.240	5.172	4-6
23 - Jequitinhonha **	23.200	5.570 e 540	27.254	1-2
24 - Extremo Sul Bahia **	27.300	1.540 e 5.440	14.075	5-9
Nordeste- SUDENE	1.663.230	148.625 e 58.405	4.723	11-16

*FONTE: Rebouças, 1997. * Áridas 1994, ** Área SUDENE, *** População IBGE 1991.*

e dispondo de forma adequada o lixo doméstico, e atuando de forma harmônica com os setores responsáveis pelo ordenamento e controle das condições de uso e ocupação do território, tanto urbano como rural.

A sociedade, por sua vez, deverá compreender que não será possível continuar com a filosofia de desperdício atual e de usar e jogar fora, como se a água fosse um recurso ilimitado e de propriedade particular, individual.

Carta das águas doces no Brasil

Apesar dos esforços realizados e dos compromissos assumidos durante a Rio 92, pouco foi feito do muito que se necessita, urgentemente, em prol do desenvolvimento de uma sadia mentalidade de gestão e manejo da água, para uma efetiva melhoria da qualidade de vida da população. Neste quadro, destacam-se as prioridades seguintes (Rebouças, 1997b):

Reversão do quadro atual de poluição

A maior prioridade nacional em recursos hídricos e saneamento ambiental, é a reversão urgente do dramático quadro de desperdício e poluição dos corpos de água, para níveis compatíveis com a sustentabilidade, em curto, médio e longo prazos. Esta ação é urgente, tanto nos grandes centros urbanos – devido ao lançamento de esgotos não tratados nos corpos de água, falta de coleta e disposição adequada do lixo em geral, caótica ocupação do meio físico urbano –, como no meio rural, tendo em vista os intensos processos de erosão do solo agrícola e uso intensivo e desordenado de insumos químicos na agricultura.

Eficiência dos usos

Buscar a eficiência dos serviços de saneamento básico - água, esgoto, coleta e disposição de resíduos urbanos - cuja situação dominante ainda é caracterizada pelas grandes perdas de água tratada nas redes de distribuição, grandes desperdícios pelos usuários e convívio com a maior parte do lixo que se produz. Na agricultura, a situação não é menos crítica, na medida em que se tem a erosão intensiva do solo e a predominância do uso de métodos de irrigação de superfície (inundação, pivô central, canhão aspersor e similares) cuja eficiência é das mais baixas, na maioria dos casos. Da indústria sequer se tem informação sobre as condições de uso e proteção das águas.

Uso e proteção das águas subterrâneas

As águas subterrâneas, notável patrimônio nacional que vem sendo rapidamente apropriado pelos setores econômicos dominantes, ainda estão desprotegidas jurídica e institucionalmente, tanto no nível federal, estadual e municipal. Devido à falta de fiscalização e controle, poços mal construídos ou abandonados, sem qualquer medida de proteção, constituem os principais focos de poluição do manancial subterrâneo no meio urbano, enquanto que, no meio rural, os riscos são gerados, principalmente, pelo uso intensivo e desordenado de insumos químicos na agricultura.

Planejamento e gestão integrados

Promover o planejamento e a gestão integrados dos aspectos quantitativos e qualitativos, das fases aérea, superficial e subterrânea do ciclo hidrológico, dos usos múltiplos, da conservação e proteção dos demais recursos ambientais, do uso de agrotóxicos e fertilizantes, do manejo de solo e água em harmonia com os planos diretores de desenvolvimento regionais, municipais e com os conceitos de usuário-pagador e poluidor-pagador.

A gestão integrada dos recursos hídricos – tarefa essencial do desenvolvimento sustentável – deve seguir um modelo que reconheça a necessidade de descentralizar o processo decisório, e não somente as ações, para contemplar adequadamente as diversidades e peculiaridades físicas, sociais, econômicas, culturais e políticas, tanto regionais como estaduais, municipais ou de unidades hidrográficas críticas.

Descentralização e participação

Considera-se fundamental a descentralização do poder estabelecido na Constituição Federal de 1988, facultando aos estados legislar sobre águas, em caráter supletivo e complementar à União, de forma a propiciar ao país, rapidamente, arcabouço legal indispensável para a gestão dos recursos hídricos.

Somente assim, será possível enfrentar, imediatamente, problemas emergentes, em bacias hidrográficas críticas, como a poluição, as secas e as inundações.

A participação da sociedade é importante, para o desenvolvimento de novos valores que ajudem os indivíduos e as organizações públicas e privadas a enfrentar as realidades sociais, ambientais e de desenvolvimento que se encontram em rápida transformação. O que a sociedade precisa é de estímulo à participação na definição das prioridades e na forma como elas se inserem num plano de conjunto que se desdobra ao longo do tempo. Só assim poderemos ter a discussão democrática que é o oposto da manipulação, ou do tradicional paternalismo do Estado. Assim, obtêm-se o compromisso e a ação dos cidadãos, base da legitimidade de todo o poder.

Recursos humanos, tecnologia e difusão

O País precisa valorizar sua capacitação técnica em recursos hídricos, saneamento e meio ambiente, representada pelos profissionais pertencentes a órgãos e entidades públicas, a universidades e centros de pesquisa e a empresas privadas de consultoria especializada – gravemente ameaçados pela crise política e econômica da última década – e promover a cooperação internacional.

É necessário desenvolver e adaptar tecnologias apropriadas às peculiaridades das regiões brasileiras, capacitar e treinar recursos humanos para aplicá-las, evitando-se que o país fique defasado ou exclusivamente dependente da importação tecnológica. É necessário, também, a difusão de valores, normas de ação e comportamento sobre a importância da água como recurso econômico de valor estratégico e ambiental, e referentes à compatibilização dos diversos usos com a sua proteção e conservação, assim como dos demais recursos ambientais.

Harmonização das políticas desenvolvimentistas

As disposições da Constituição Federal de 1988, das Constituições Estaduais de 1989, dos Planos Estaduais de Recursos Hídricos, leis e regulamentos específicos e a Lei Federal nº 9.433 de 8 de janeiro de 1997 – que institui a Política Nacional de Recursos Hídricos, cria o Sistema Nacional de Gerenciamento de Recursos Hídricos – constituem o alicerce legal às ações.

Portanto, considerando o interesse da sociedade brasileira em promover o desenvolvimento sustentável nos moldes preconizados na Agenda 21, é fundamental que as políticas econômicas, dos recursos hídricos e do meio ambiente se harmonizem e se articulem rápida e sinceramente, que se tenha ação harmônica da União, dos Estados, dos municípios, dos usuários das águas e da sociedade. A estratégia de articulação deverá contemplar a necessidade de progressiva compatibilização da legislação das águas, do meio ambiente e das políticas de saúde e econômicas.

"A carta das águas doces no Brasil" é o documento que resulta do seminário "A evolução dos mananciais das grandes cidades brasileiras" e do workshop "Águas doces brasileiras", patrocinados pela ABES – Seção São Paulo – e Sabesp (27-janeiro/03-março 1997), contribuição para a Rio + 5 - Rio de Janeiro, 13 -19/03/97.

Bibliografia

BERNER, E. K. et BERNER, R. A. *The global water cycle - Geochemistry and Environment.* Prentice Hall, 1987.

BLOOM, A. L. Glacial-eustatic and isostatic controls of sea level since the last glaciation. In: *The late Cenozoic ice ages.* Yale, Yale Univ. Press, p. 355- 79,1971.

DEPARTAMENTO NACIONAL DE ÁGUAS E ENERGIA ELÉTRICA (DNAEE). *Plano nacional de recursos hídricos.* Brasília, 1985.

DRISCOLL, F. G. *Groundwater and wells - origin of water.* Johnson filtration systems inc, p. 13. 1989.

FALKENMARK, M. *Macro-scale water supply/ demand comparison on the global scene.* Stockholm, p 15-40, 1986.

GLEICK, P. H. *Water in crisis – A guide to the world's fresh water resources.* Oxford, Oxford Press. 476 p, 1993.

INPE - INSTITUTO NACIONAL DE PESQUISAS ESPACIAIS. *Cartaz, Terra Vista do Espaço,* 1988.

IHP - INTERNATIONAL HYDROLOGICAL PROGRAMME- UNESCO. *World water resources at the beginning of the 21st Century.* Cambridge, Cambridge University Press, 1998.

IHP/UNESCO. *Aproaches to integrated water resources management in humid tropical and arid and semiarid zones in developing countries.* Paris. 161 p, 1991.

LOVELOCK, J. *Healing Gaia.* New York, Harmony Books, 1991.

MARGAT, J. Repartition des ressources et des utilisations d'eau dans le monde: disparités présentes et futures. *La Houille Blanche* Nº 2. p 40 -51, 1998.

PENMAN, H.L., *Natural evaporation from open water, soil and grass. Proceeding of the Royal Society of London,* vol. 193, p. 12-145, 1948.

REBOUÇAS, A. C. Água na região Nordeste: desperdício e escassez. *Estudos Avançados- USP,* 11 (29) p 127-154, 1997.

REBOUÇAS, A. C. Panorama da Água Doce no Brasil, Rio 92 - cinco anos depois. *Instituto de Estudos Avançados- USP/Acad. Bras. Ci.* p 59-107, 1997b.

REBOUÇAS, A C. Water crisis: Facts and Myths. *An. Acad. Bras.* Ci. 66 (Supl.1). p 136 -147, 1994.

ROSZAK, T. *The cult of information,* U. C. Press. Berkeley, 1994.

SHIKLOMANOV, I. A. *World water resources- a new appraisal and assessment for the 21st Century.* IHP/UNESCO. 37 p, 1998.

THORNTHWAITE, C.W.; HOLZMAN, B., *The determination of evaporation from land and water surface, Monthly Weather Review.* Vol. 67, p. 4-11, 1939.

UNITED NATIONS - COMMISSION ON SUSTAINABLE DEVELOPMENT. *Comprehensive Assessment on the Freshweter Resources of the World.* 1997.

WORLD RESOURCES INSTITUTE. *World resources 1990 - 91 – Essential data on 146 Countries.* Oxford, Oxford University Press. p. 161-178, 1991.

Aldo da Cunha Rebouças

aldoreb@osite.com.br

Geólogo – Escola de Geologia de Recife da Universidade Federal de Pernambuco

Mestre em Hidrogeologia – Université Strasbourg, França

Doutor em Planejamento de Recursos Hídricos – Université Strasbourg, França

Pós-Doutorado – Stanford University, EUA

Livre Docente – Instituto de Geociências da USP

Professor Titular do Depto. de Geologia Econômica e Aplicada do Instituto de Geociências da USP.

Pesquisador Associado do Centro de Pesquisas de Águas Subterrâneas (CEPAS) do IG/USP, do qual foi fundador e diretor.

Consultor de instituições públicas e privadas, empresas e organismos internacionais.

Foi fundador e presidente da Associação Latino Americana de Hidrologia para o Desenvolvimento e da Associação Brasileira de Águas Subterrâneas.

Linhas de Pesquisa:

Hidrogeologia
Gestão ativa de aqüíferos
Planejamento de recursos hídricos
Hidrogeologia ambiental

02

Água e o Desenvolvimento Sustentável

Eneas Salati
Haroldo Mattos de Lemos
Eneida Salati

Introdução

O conceito de desenvolvimento sustentável foi introduzido numa versão moderna pelo relatório "Nosso Futuro Comum", preparado pela Comissão Mundial sobre Meio Ambiente e Desenvolvimento, publicado em 1987, e coordenado pela Dra. Gro Harlem Brundtland (WCED, 1987).

Em resumo, o desenvolvimento é sustentável "quando provê as necessidades da geração atual sem comprometer a habilidade de que as futuras gerações possam prover as suas".

Esta conceituação abrange um grande leque de relações entre o homem e a natureza. Quando olhado de uma forma global, isto é, em nível planetário, entende-se que a espécie humana deve utilizar os recursos naturais de forma a não alterar as atuais condições do equilíbrio planetário, o qual depende fundamentalmente do equilíbrio climático atual e da biodiversidade existente. Para atingir esta meta foram necessários acordos internacionais uma vez que todas nações são responsáveis, embora nem sempre no mesmo nível de igualdade, pela manutenção do atual equilíbrio dinâmico do nosso Planeta.

Para permitir um aprofundamento das negociações foram aprovadas duas convenções durante a UNCED/92, realizada no Rio de Janeiro. As convenções conhecidas como "Convenção do Clima" e "Convenção da Preservação da Biodiversidade" e que estão no estágio de implementação, se encarregam de estabelecer as linhas de ação para que sejam atingidas as metas previstas. Estas metas são, em resumo, evitar e/ou diminuir mudanças climáticas de origem antrópica e a preservação das espécies existentes.

Nesta análise mais ampla, a oferta de água se apresenta como um fator fundamental tanto para a manutenção dos ecossistemas naturais como também para os ecossistemas produtivos identificados como produtores de alimentos e fibras através de atividades humanas. Qualquer modificação na oferta natural de água em decorrência de mudanças climáticas poderá trazer profundas oscilações tanto no equilíbrio dinâmico dos ecossistemas naturais como na produtividade agrícola com sérias consequências econômicas e sociais.

Nos ecossistemas naturais, a sustentabilidade da biosfera depende da produção primária, ou seja, da produção fotossintética, a qual produz a energia necessária para a manutenção dos processos vitais da própria flora e da fauna associada. A produtividade primária sofre oscilações com o tempo, decorrentes das flutuações climáticas, porém dentro da média da variabilidade dos fenômenos meteorológicos o sistema permanece em um estado de equilíbrio dinâmico resultante das interações entre a atmosfera, a biosfera e a litosfera. De forma geral a sustentabilidade é mantida ao longo de séculos ou milênios, uma vez que as formações geológicas do ecossistema e a energia solar são práticamente constantes nesta escala de tempo. Porém, qualquer variação na intensidade das forças que determinam e mantêm este estado de equilíbrio dinâmico, pode alterar a produtividade primária pela modificação da estrutura da biosfera em qualidade (biodiversidade) e pela quantidade (biomassa), e deslocar o ecossistema para outro estado de equilíbrio dinâmico. Alterações deste tipo ocorreram em conseqüência das variações climáticas naturais nas glaciações durante as quais a fauna e a flora migraram e os ecossistemas terrestres e costeiros sofreram grandes modificações. O equilíbrio dinâmico atual atingido pelos ecossistemas são fortemente dependentes das condições climáticas que associadas ao solo determinam a produtividade primária. Neste aspecto, a água é um fator limitante para o desenvolvimento da flora e conseqüentemente da fauna associada.

Nos chamados ecossistemas produtivos, especialmente aqueles relacionados com a produção agrícola e florestal, a análise da sustentabilidade poderá ser feita tomando-se por base o balanço hídrico das bacias hidrográficas. Para uma determinada bacia hidrográfica, a sustentabilidade produtiva com reflexos na sustentabilidade social e econômica poderá ser analisada também pela capacidade da produção primária. Neste caso, porém, o enfoque deve ser a biomassa comercializada ou seja os grãos, fibras, proteínas, frutos, flores, madeiras, etc. A possibilidade da manutenção da sustentabilidade desses ecossistemas de produção, dentro de uma escala de tempo de décadas ou séculos dependerá de avanços tecnológicos, de mudanças de estruturas sociais e institucionais, bem como da implementação de mecanismos de proteção do recursos naturais renováveis centrados na conservação do solo, dos recursos hídricos e da biodiversidade.

A experiência histórica tem evidenciado que dependendo das tecnologias utilizadas, a produtividade desses ecossistemas de produção agrícola pode se deteriorar rapidamente. A migração da cultura do café no Brasil é um exemplo típico. A queda da produtividade dos solos Amazônicos cultivados com pastagem é outro exemplo a ser lembrado. No entanto, existem ecossistemas produtivos menos frágeis, cuja produtividade foi mantida por milênios, como é o caso das terras inundadas ao longo do rio Nilo. Nesses ecossistemas produtivos, a água é um fator limitante, o qual pode ser minimizado pelo uso de tecnologias apropriadas entre as quais se destacam o armazenamento superficial, manejo adequado dos recursos de águas subterrâneas, técnicas de irrigação e drenagem e técnicas de *reúso* de água. No entanto, é óbvio que, sem água, não poderá haver produção de alimentos.

Numa análise mais pontual, a água é também um fator limitante para o desenvolvimento sustentável, uma vez que a vida animal e vegetal não se desenvolvem na sua ausência. Para o homem em particular, a sobrevivência é impossível, uma vez que necessita de um consumo contínuo e constante para a manutenção dos seus processos vitais, com uma demanda mínima da ordem de 2 litros de água por pessoa, por dia. Por outro lado, nas estruturas urbanas, a demanda de água é bem maior, havendo uma necessidade de oferta da ordem de 100 a 200 litros de água por pessoa, por dia, para que sejam atingidos os níveis de higiene exigidos pela sociedade moderna. A água doce é também fundamental para as atividades industriais e para produção de energia.

Pelo exposto, pode-se evidenciar que, para a manutenção de um desenvolvimento sustentável nos níveis local e regional, é necessário que sejam preservados os recursos hídricos tanto em quantidade como em qualidade. As futuras gerações terão as mesmas necessidades fundamentais que as nossas para a sua manutenção, embora provavelmente venham desenvolver técnicas mais adequadas para o manejo e a utilização dos recursos hídricos.

Na análise do problema é fundamental a identificação dos fatores que fazem com que a água seja ou venha a ser um fator limitante para que se atinja o desenvolvimento sustentável como o definido neste trabalho, isto é, que a sua oferta seja assegurada tanto para a geração atual como para as futuras.

As ações que devem ser tomadas para se atingir o objetivo acima exposto e também melhorar a oferta atual de água em qualidade e quantidade são, entre outras, as seguintes:

1) Aprofundar os estudos científicos e tecnológicos sobre os recursos hídricos do país, tanto para águas superficiais como subterrâneas.
2) Desenvolver amplo programa de educação ambiental com foco centrado nos recursos hídricos e sua importância para a saúde, para o meio ambiente e para a produção.
3) Estabelecer mecanismos que permitam um aprimoramento contínuo e constante da legislação face à realidade da gestão da demanda e da oferta de recursos hídricos.

4) Aprimorar a estrutura institucional envolvida no manejo, utilização e fiscalização dos recursos hídricos.

5) Fazer com que os projetos que envolvem o manejo de recursos hídricos tais como construção de represas, saneamento básico, fornecimento de água e navegação fluvial, levem em consideração suas influências e interações com outros setores do meio ambiente e da sociedade.

6) Evitar a todo custo a contaminanção das águas subterrâneas por substâncias tóxicas e metais pesados.

7) Estabelecer facilidades para a formação de recursos humanos na ciência e na técnica de preservação e utilização dos recursos hídricos.

8) Aumentar a cooperação internacional com instituições mais avançadas que as brasileiras com respeito ao conhecimento de hidrologia básica e aplicada.

Variações da quantidade e da qualidade dos recursos hídricos

Tanto a quantidade como a qualidade das águas sofrem alterações em decorrência de causas naturais ou antrópicas. Entre as causas naturais que alteram o clima e, conseqüentemente, a disponibilidade de água, destacam-se as flutuações sazonais com período de um ano e outras com ciclos de médio e longo prazo, tais como o "El Niño" e os períodos glaciais, além de outras variações climáticas naturais. Outras causas sem um ciclo determinado podem ser classificadas como "catástrofes".

Entre as ações humanas que podem alterar o balanço hídrico, destacam-se em escala local e regional o desmatamento, a mudança do uso do solo, os projetos de irrigação e a construção de barragens. Na escala planetária, destaca-se a mudança climática global decorrente da alteração das características químicas da atmosfera com gases que promovem o "efeito estufa".

Causas naturais

A quantidade e a qualidade dos recursos hídricos, que escoam pelo canal principal de uma bacia hidrográfica em condições naturais, dependem do clima e das características físicas e biológicas dos ecossistemas que a compõem.

A interação contínua e constante entre a litosfera, a biosfera e a atmosfera, acabam definindo um equilíbrio dinâmico para o ciclo da água, o qual define em última análise, as características e as vazões das águas. Este equilíbrio depende basicamente:

- **da quantidade e distribuição das precipitações:** a quantidade de água proveniente das precipitações em uma bacia hidrográfica apresenta variações temporais e espaciais;
- **do balanço de energia:** a quantidade da água que é perdida através da evapotranspiração, depende da energia solar disponível, da natureza da vegetação e das características do solo;
- **da geomorfologia:** regula o tempo de permanência da água que depende da inclinação das secções transversais e longitudinal da bacia hidrográfica;
- **da natureza e dimensão das formações geológicas:** controla o armazenamento da água no solo, no subsolo e determina o fluxo de base dos afluentes e do canal principal;
- **da vegetação natural que cobre a área:** controla o balanço de energia, a infiltração da água, a evapotranspiração e a vazão final;
- **da interação das espécies:** a atividade dos ciclos biogeoquímicos depende da interação dos organismos vivos, incluindo a microfauna e a microflora.

Qualquer modificação nos componentes do clima ou da paisagem alterará a quantidade, a qualidade e o tempo de residência da água nos ecossistemas e, por sua vez, o fluxo da água e suas características no canal principal do rio.

Alguns exemplos brasileiros nos quais os recursos hídricos ainda são controlados pelas condições naturais.

- Bacia Amazônica

Um exemplo típico são as águas dos rios Solimões e Negro, formadores do Amazonas. O rio Solimões, proveniente da região Andina, possui água com pH aproximadamente 7, sendo rico em nutrientes, apresentando uma coloração amarelada em decorrência dos sedimentos que transporta. O rio Negro, proveniente de áreas cobertas por vegetação, porém com solos predominantemente arenosos, possui pH 4,5, é pobre em nutrientes e apresenta cor escura devido, às substâncias húmicas que transporta, as quais são produzidas pela decomposição incompleta da biomassa nos solos arenosos.

Do ponto de vista quantitativo dos recursos da Amazônia, pode-se afirmar que a quantidade das chuvas e a sua distribuição estão intimamente ligadas à cobertura vegetal formada na maior parte da região por ecossistemas florestais.

Pensava-se que as florestas fossem simples conseqüência das condições climáticas. Hoje, porém, existem fortes evidências (Salati, 1985), de que os níveis das precipitações são em parte controlados pela floresta. As condições da região, cortada pelo Equador e recebendo os ventos alísios quentes e úmidos que vêm do Atlântico, geraram condições básicas para o desenvolvimento da floresta tropical úmida. À medida, porém, em que a floresta foi se desenvolvendo, as condições iniciais foram se alterando havendo um controle da radiação solar, do tempo de residência da água e do balanço hídrico através da evapotranspiração da floresta. Desta forma, o equilíbrio dinâmico da água que hoje existe na região é aquele definido pela interação da biosfera com a atmosfera. A Bacia Amazônica, hoje, com 6.112.000 km^2, recebe uma precipitação média da ordem de 2.460 mm/ano. A vazão do Rio Amazonas na foz é calculada em 209.000 m^3/ s e a evapotranspiração equivale à 1.382 mm/ano, ou seja, 56% da água da chuva volta à atmosfera pela ação das florestas.

Estudos sistemáticos do balanço hídrico em bacias modelo, do fluxo de vapor d'água através de radiossondagens e do fracionamento isotópico de água, evidenciaram que parte das precipitações é proveniente da recirculação do vapor d'água na região (Salati & Marques, 1984). As estimativas existentes indicam que mais de 50% das precipitações são provenientes dessa recirculação do vapor d'água. O desmatamento poderá assim produzir mudanças no regime de precipitações com diminuição dos recursos hídricos de superfície (Salati & Nobre, 1991).

Modelos desenvolvidos mais recentemente (Lean et alii, 1996), indicaram que um desmatamento em grande escala poderá diminuir a precipitação e aumentar a temperatura da região.

• Região semi-árida do Nordeste Brasileiro

A região semi-árida do Nordeste Brasileiro com uma área de 1.000.000 km^2, recebe em média 700 mm/ano de chuva, o equivalente à precipitação média da Europa Central. Por que é, então, que no Nordeste Brasileiro a situação chega a ficar crítica com a falta de recursos hídricos?

É um caso típico, no qual a quantidade e a qualidade dos recursos hídricos ficam definidas pelas condições do clima, da geologia e da geomorfologia (Campos, 1971; Cruz, 1967; Ferreira de Melo, 1968; Ferreira de Mello et alii, 1969; Gat, et alii, 1968; Geyn, & Kreyzing, 1973; Leal, 1966; Leal, 1975; Matsui, 1978; Rebouças et alii, 1967; Rebouças & Marinho, 1972; Rebouças, 1973; Salati et alii, 1971; Salati, et alii, 1971; Salati, et alii, 1974; Salati, et alii, 1980; Santiago, 1971; Schoff, 1967; Siqueira, 1967; Stolf et alii, 1977; Stolf et alii, 1978; Strang, 1972; Teixeira & Oliveira, 1962). As precipitações na região caem num período curto e 90% se perdem por evapotranspiração. Os 10% restantes formam os rios que correm em curtos períodos e uma pequena fração se infiltra reabastecendo os reservatórios subterrâneos. A quantidade e a qualidade das águas subterrâneas depende da formação geológica. Nas formações cristalinas que cobrem 52% de Nordeste semi-árido, as águas são armazenadas nas fendas das rochas. As águas são relativamente novas com tempo de residência de 30 a 300 anos, com máximo de até 2.000 anos. A salinidade varia de 350 a 25.000 ppm de sólidos totais dissolvidos. Os sais predominantes são cloretos de sódio e magnésio. A salinidade média é da ordem de 2.000 ppm correspondendo a 750 ppm em Cl^-. Os poços perfurados têm vazão baixa com média de 4.000 litros/hora.

As bacias sedimentares, que correpondem a 48% do Nordeste semi-árido, possuem águas subterrâneas de melhor qualidade e os poços, vazões maiores. Os principais reservatórios subterrâneos são formados por arenitos e calcáreos. As águas subterrâneas desta formação são mais antigas, como por exemplo as águas do arenito Açu, nas proximidades de Mossoró, que têm mais de 100.000 anos, com uma salinidade variando de 400 a 1000 ppm para sólidos totais dissolvidos com concentração de Cl^- variando de 40 a 400 ppm. A salinidade para as formações calcáreas é normalmente maior.

Os estudos desenvolvidos na região procurando determinar a causa desta salinidade, evidenciaram que grande parte é proveniente de uma concentração progressiva dos sais que formam os núcleos de condensação das águas de chuva e aerosóis. Os núcleos de condensação e os aerosóis são formados na atmosfera sobre os oceanos e arrastados para o interior do continente pelos ventos e posteriormente dão formação às nuvens que geram as precipitações. A grande perda de água por evapotranspiração faz então com que haja uma concentração dos sais, os quais são lixiviados para os depósitos subterrâneos. O equilíbrio dinâmico atual existente, que leva às concentrações médias acima indicadas, reflete o balanço de sais trazidos à região pelas chuvas e a quantidade que sai da região através das águas superficiais (rios que correm para o oceano) e pela descarga subterrânea. Este equilíbrio poderá ser alterado caso sejam bloqueadas todas as saídas de água através de barragens consecutivas sem sangramento dos açudes e também sejam bloqueados os fluxos subsuperficiais. Esta mesma situação crítica é atingida nas áreas irrigadas quando não existe um sistema de drenagem adequado. A salinização dos solos nos projetos de irrigação do Nordeste semi-árido é um fenômeno freqüente e bem conhecido.

Baseado nos trabalhos acima citados, Salati, (1983), fez um resumo do balanço de água e salinidade do Nordeste semi-árido, indicando que a captação e armazenamento direto da água de chuva seria uma solução importante para minimizar o abastecimento de água para consumo.

• Região do Pantanal

Outro exemplo no qual as condições naturais controlam a disponibilidade de água e especialmente a vazão dos rios é o da bacia do Rio Paraguai. Os estudos do balanço hídrico indicam que apenas 8% do total de precipitação passa pela parte inferior do canal principal do Rio Paraguai, perto de Porto Murtinho (Ponce, 1995; Hamilton, 1996).

Como resultado deste balanço hídrico, concluiu-se que aproximadamente 92% da precipitação acima do local de medida são perdidos através de evaporação de água nas superfícies abertas, evaporação do solo, evaporação direta da água retida pela vegetação e pela transpiração das plantas. Estes valores indicam que o atual equilíbrio dinâmico do balanço hídrico depende da geomorfologia e da vegetação.

As interações entre o rio e as zonas sujeitas à inundação são complexas. O Pantanal recebe água do rio Paraguai e, ao mesmo tempo, o rio recebe água dessas zonas sujeitas a inundação, dependendo do ritmo e da posição da precipitação local. Os níveis de água no rio Paraguai, e nos outros grandes afluentes, controlam os níveis de água nas zonas sujeitas à inundação, mesmo nas áreas situadas longe do canal principal. Não há informação confiável sobre a situação do lençol de água, mas é razoável supor que os níveis dos lençóis de água também sejam controlados pelo nível do rio. As áreas inundadas do Pantanal também servem como um sistema de transporte para a água que vai do Norte ao Sul.

Os projetos para permitir a navegabilidade para grandes comboios no Rio Paraguai, necessitarão de obras de engenharia que modificarão as características do leito do rio em alguns trechos. Estas obras poderão alterar fortemente a disponibilidade de água e, conseqüentemente, a ecologia do Pantanal acima de Porto Murtinho (Salati & Klabin, 1997).

Variações sazonais

As variações sazonais da precipitações se destacam entre as causas controladoras da oferta de água a curto prazo. No Brasil, tendo em vista as dimensões continentais da variação de latitude indo de aproximadamente 5° N à 35° S, são encontrados climas variados e, conseqüentemente, regimes de precipitação distintos com grande variabilidade. Assim, enquanto na Amazônia existem regiões com precipitações acima de 3.000 mm/ano, no Nordeste Brasileiro são encontradas áreas com precipitações abaixo de 300 mm/ano.

O período de chuva também apresenta grande variabilidade, sendo que enquanto em algumas regiões, especialmente a central do país, predominam as chuvas de verão (outubro-março), em outras predominam chuvas no período correspondente ao inverno no hemisfério sul, ou seja, com máximas ao entorno do mês de julho.

A bacia do rio Amazonas apresenta uma situação curiosa, com uma área de aproximadamente 6 milhões de km^2 e recebendo uma precipitação média da ordem de 2.460 mm/ano, faz com que o rio Amazonas apresente na sua foz a formidável vazão média de 209.000 m^3/s. Porém, como parte dos afluentes são provenientes do hemisfério sul e parte do hemisfério norte, o regime do rio apresenta variações características. O canal principal formador do Amazonas, o Apurimac - Ucayale e seu principal afluente, o Marañon, são provenientes da região Andina, e os afluentes da margem direita localizam-se no hemisfério sul, recebendo as precipitações maiores no período do verão (outubro-março). Por outro lado, os afluentes da margem esquerda com suas cabeceiras no hemisfério norte, recebem as precipitações máximas no período de maio-julho. (Salati, 1985).

Esta situação faz com que, embora no alto Amazonas (Solimões) existam fortes flutuações no nível das águas com oscilações acima de 10m, a variação de vazão do baixo Amazonas, medida em

Óbidos, é relativamente moderada, não passando de 4 a relação entre as vazões máximas e mínimas. (Sternberg, 1975; Sioli, 1984).

A variabilidade das precipitações, refletindo-se nas quantidades extremas de água de superfície disponível através dos rios que formam os canais de escoamento dos ecossistemas, pode ser verificada de exemplos de outras regiões. Observa-se que as variações máximas estão relacionadas com as características e dimensões da bacia hidrográfica considerada e das precipitações.

Segundo os dados obtidos no Projeto PIRACENA (1998), em estudos realizados na bacia hidrográfica do rio Piracicaba, a variação de vazão do rio Piracicaba medida no distrito de Artemis (Figura 1), com uma área de drenagem de 11.040 Km^2, para o período de 1943 a 1992 foi de uma máxima absoluta de 556,77 m^3 / s e uma mínima absoluta de 25,99 m^3 / s, sendo que a relação entre a máxima e a mínima foi de aproximadamente 22.

Nesta mesma bacia, encontramos para o rio Corumbataí, afluente do rio Piracicaba, uma variação de vazão, medida na sua foz, com uma área de drenagem de 1.648 Km^2, para o período de 1973 a 1991; uma vazão máxima absoluta de 92,77 m^3 / s e uma vazão mínima absoluta de 6,17 m^3 / s, sendo que a relação entre a máxima e a mínima foi de aproximadamente 15.

Uma variação de vazão ainda maior é encontrada para o rio Camanducaia, também localizado na bacia do Piracicaba. As vazões medidas na sua foz, com uma área de drenagem de apenas 928 km^2, para o período de 1943 a 1991, apresentaram valores máximo e mínimo absolutos de 72,37 m^3 / s e 2.21 m^3 / s, respectivamente, sendo que a relação entre a máxima e a mínima foi de aproximadamente 33.

O fenômeno do "El Niño"

Além dessas variações dentro do ano, decorrentes das alterações da declinação do sol para as diversas latitudes do planeta, existem outras causadas por variações climáticas, cujas causas fundamentais não estão totalmente conhecidas.

Algumas variações climáticas de médio e longo prazos e as conseqüentes variações do balanço hídrico, possuem oscilações cíclicas com períodos variáveis. Estas encontram-se relacionadas às oscilações das atividades solares e às alterações dos parâmetros astronômicos da translação do planeta.

Um dos fenômenos cíclicos, porém com variabilidade grande no período de ocorrência é conhecido como o fenômeno do "El Niño". Hoje é um fenômeno meteorológico bem conhecido e que responde a um modelo físico já estruturado. Tem sido muito útil para o entendimento da modelagem climática, tendo possibilitado aos estudiosos o melhor entendimento das forças que determinam o clima no planeta.

O fenômeno "El Niño" é um fenômeno antigo, porém, aparentemente, o seu período tem mudado para freqüências menores nas últimas décadas, sendo o período atual com um intervalo da ordem de 5 anos.

Figura 1: Medições fluviométricas na bacia do rio Piracicaba

As informações atuais indicam que o "El Niño" se inicia com um enfraquecimento dos ventos alísios que sopram de Leste para Oeste e que arrastam as águas superficiais da região Leste do Pacífico para as regiões à Oeste. Isto faz com que na faixa equatorial, o Oceano Pacífico apresente um desnível de aproximadamente 0,50 m, com um declive na direção Oeste-Leste. Esta diferença de pressão força as águas frias e ricas em nutrientes a aflorarem nas costas da faixa equatorial da América do Sul.

Com a diminuição da intensidade dos ventos alísios, esta situação que seria normal é rompida e as águas quentes acabam predominando numa grande faixa equatorial do Oceano Pacífico com temperaturas de até 5°C acima da temperatura normal. Estes efeitos afetam diretamente as correntes atmosféricas de altitude (*Jet Stream)* que se deslocam no sentido Leste-Oeste, fazendo com que o *Jet Stream* normal do Pacífico desloque-se para o sul, atingindo a costa da Califórnia e que o *Jet Stream* polar desloque-se para norte.

Estas pequenas oscilações nas correntes atmosféricas têm enorme influência através de vários sistemas de retroalimentação, alterando os padrões do clima de diversas regiões. Assim, foram detectados neste último "El Niño" (1997-1998), acidentes meteorológicos que causaram enchentes no Peru, secas na Austrália, seca e fogo nas florestas da Indonésia, enchentes no Equador, chuvas torrenciais na Califórnia, tornados na Flórida, enchentes na Virgínia e tempestades de gelo no Canadá.

No Brasil, os estudos realizados por Nobre (1998), indicam que as variações de precipitação e as conseqüências sobre as temperaturas e o balanço hídrico em várias partes do país, estiveram relacionados com o aparecimento do "El Niño". Os estudos também indicaram diminuição da precipitação na Bacia Amazônica e enchentes nas regiões Sul do país.

Catástrofes naturais

Além destas variações climáticas anuais e aquelas com ciclos que se superpõem, mas que estão dentro de uma média, existem outras que afetam o balanço hídrico e que, pelas suas dimensões, devem ser tratadas de forma independente.

Algumas das causas destas variações catastróficas já estão incluídas na somatória das causas anteriores, porém em alguns casos, outros fatores são importantes para suas conseqüências finais.

No caso brasileiro, estas catástrofes, com conseqüências para os recursos hídricos, são de pouca importância, tendo em vista que elas estão ligadas à passagem de furacões, ocorrências de terremotos e maremotos, bem como de atividades vulcânicas. Indiretamente, as atividades vulcânicas podem ter conseqüências para o Brasil, pois que o degelo rápido de neve em algumas áreas da região andina, pode contribuir para as vazões da bacia Amazônica.

No Brasil, as chamadas "catástrofes", estão ligadas às chuvas intensas que caem e afetam algumas regiões num certo período, porém, estas deveriam ser tratadas dentro da variabilidade natural. As chamadas "catástrofes" que afetam, especialmente as comunidades urbanas como as enchentes de São Paulo e do Rio de Janeiro, são realmente mais devidas a causas antrópicas, pela impermeabilização dos solos e propostas equivocadas no manejo dos recursos hídricos, sem levar em consideração os conhecimentos das variabilidades climáticas naturais de médio e longo prazo.

Variações antrópicas

Variações locais e regionais

Qualquer atividade humana que altere os fatores básicos que determinam o balanço hídrico, acaba por influir na disponibilidade dos recursos hídricos de uma bacia hidrográfica.

No Brasil, existem casos já evidentes onde o antropismo melhora a oferta de recursos hídricos, alterando o tempo de residência das águas de superfície nos ecossistemas. É o caso específico da construção de açudes no Nordeste Brasileiro e do sistema de represas nos complexos de hidroeletricidade como no rio Tietê, rio Grande e rio Paraná.

Por outro lado, o uso da terra com remoção da cobertura vegetal e com a implantação de uma agricultura sem controle da erosão, normalmente degrada os recursos hídricos, pois aumenta o escorrimento superficial carregando solos que promovem o assoreamento dos rios, lagos e represas. Em especial, estas atividades antrópicas, associadas ao desenvolvimento industrial, à agroindústria e à urbanização, degradam a qualidade dos recursos hídricos, como fica evidente pela análise dos resultados, especialmente do estado de São Paulo, onde as informações estão disponíveis no relatório da CETESB (1995).

Como exemplo da degradação da qualidade dos recursos hídricos causada por atividades antrópicas, observa-se pela Tabela 1, as grandes variações das concentrações para alguns parâmetros de qualidade de água, para o mês de setembro/1994 no rio Tietê, nos pontos de monitoramento da CETESB; a jusante da barragem de Ponte Nova, no município de Biritiba-Mirim (Código do local: TE1010) e no município de Pirapora do Bom Jesus (Código do local: TE2050). Assim, para o Oxigênio Dissolvido (mg / l) observa-se uma variação de 6,1 a 0,3; para a Demanda Bioquímica de Oxigênio (mg / l) uma variação de 5 a 25; para a Turbidez (UNT) uma variação de 12 a 25 ; para os Coliformes Totais e Fecais (NMP/100 ml) uma variação de 2,3E+03 a 5,0E+06 e de 2,0E+00 a 5,0E+05, respectivamente; para Fosfato Total (mg / l) uma variação de 0,035 a 3,100; para Nitrogênio Total (mg / l) uma variação de 0,99 a 29,02 e para a Condutividadae Específica (µS / cm) uma variação de 31 a 602 (CETESB, 1995).

Estas variações também podem ser observadas no rio Jundiaí (Tabela 1) para o mês de setembro/ 1994 nos pontos de monitoramento da CETESB em Campo Limpo (Código do local: JU2020) e no município de Salto, próximo à sua foz (Código do local: JU2050). Assim, para o Oxigênio Dissolvido (mg / l) observa-se uma variação de 7,0 a 0,0; para a Demanda Bioquímica de Oxigênio (mg / l) uma variação de 1 a 137; para a Turbidez (UNT) uma variação de 27 a 20 ; para os Coliformes Totais e Fecais (NMP/100 ml) uma variação de 2,3E+05 a 8,0E+06 e de 3,0E+04 a 3,0E+06, respectivamente; para Fosfato Total (mg / l) uma variação de 0,072 a 4,500; para Nitrogênio Total (mg / l) uma variação de 1,31 a 17,05 e para a Condutividade Específica (µS / cm) uma variação de 81 a 530 (CETESB, 1995).

Mudanças globais de origem antrópicas

Entre as variações de origem antrópica, as preocupações maiores estão relacionadas com as possíveis mudanças climáticas globais. As informações científicas acumuladas até o presente, indicam que as concentrações dos gases que podem produzir o aquecimento da atmosfera, conhecidos como gases de "efeito estufa", estão aumentando de forma contínua e constante na atmosfera terrestre. Estes gases são: o gás carbônico, o metano, os óxidos de nitrogênio e os clorofluorcarbonos (CFCs).

As evidências científicas da possibilidade das mudanças climáticas globais são as seguintes (Houghton, et alii 1996):

As concentrações dos gases de "efeito estufa" aumentaram desde a era pré-industrial 1750 até 1992, em 30% para o gás carbônico; 145% para o metano; 15% para os óxidos de nitrogênio. Os CFCs estão controlados a médio e longo prazo pelo Tratado de Montreal. Estes aumentos que foram acelerados nas últimas décadas estão ligados, principalmente, às atividades antrópicas (uso de combustíveis fósseis, mudanças do uso da terra e atividades agrícolas).

Os gases acima indicados têm a propriedade intrínseca na sua estrutura molecular de absorver radiação infra-vermelha.

As oscilações climáticas do passado estão ligadas às variações das concentrações do metano e do gás carbônico na atmosfera.

Tabela 1 - Resultados obtidos pela CETESB (1995), para alguns parâmetros de qualidade de água, para o mês de setembro/1994 nos rios Tietê e Jundiaí, antes e após passar por uma região com atividades agrícolas e urbanas intensas

Parâmetros	Rio Tietê		Rio Jundiaí	
	TE1010	TE2050	JU2020	JU2050
O.D (mg/l)	6,1	0,3	7,0	0,0
DBO (mg/l)	5	25	1	137
Turbidez (UNT)	1,2	25,0	27,0	20,0
Coli Total (NMP/100 ml)	2,3E+03	5,0E+06	2,3E+05	8,0E+06
Coli Fecal (NPM/100 ml)	2,0E+00	5,0E+05	3,0E+04	3,0E+06
Fosf. Total	0,035	3,100	0,072	4,500
N. Total (mg/l)	0,99	29,02	1,31	17,05
Cond. Esp. (µS/cm)	31	602	81	530

FONTE: Cetesb, 1994.

Os modelos climáticos desenvolvidos até o momento para a escala planetária, indicam um aumento de temperatura caso as concentrações dos gases continuem a aumentar na atmosfera. Mesmo mantendo as condições atuais, a inércia do sistema implicará em alterações climáticas.

Já existem evidências de influências de ações antrópicas sobre a variabilidade do clima.

De forma geral, existe um consenso de que, caso não sejam tomadas providências adequadas, o Planeta passará por modificações climáticas de origem antrópica nas próximas décadas. Desta forma, as flutuações climáticas do futuro teriam dois componentes: um devido às causas naturais e o outro superposto devido às ações antrópicas.

As conseqüências destas variações climáticas de origem antrópica para disponibilidade dos recursos hídricos são várias, dependendo da região do Planeta considerada.

São previstas diminuição dos estoques de água das geleiras, aumento da umidade do ar em algumas regiões, aumento do número de tufões e furacões e variações da quantidade e qualidade de água potável nas regiões litorâneas em decorrência da alteração do nível do mar.

O principal problema científico a ser enfrentado na próxima década, será o desenvolvimento de modelos climáticos que permitam estimar com precisão razoável as variações climáticas regionais, uma vez que os modelos climáticos globais apresentam as simulações com resultados concordantes de forma geral.

No caso específico do Brasil, os estudos necessitam ser aprofundados e, em especial, para a região crítica do Nordeste semi-árido. Para o caso da Amazônia, o trabalho terá um desafio ainda maior, porque aquela região está sujeita a dois conjuntos de ações antrópicas que podem modificar o clima: o desmatamento de responsabilidade nacional e as mudanças climáticas globais cujos principais responsáveis são os países desenvolvidos.

Variações da qualidade e quantidade dos recursos hídricos globais

É muito difícil avaliar, claramente, a situação da qualidade da água em nível global, em virtude da falta de bons programas de monitoramento, particularmente nos países em desenvolvimento. O Programa GEMS-Água (*Global Environment Monitoring System*), do PNUMA, do final dos anos 70, pretendia estabelecer uma rede de monitoramento global que permitisse uma avaliação da evolução da qualidade da água no mundo, mas a falta de recursos para manter e ampliar as estações de monitoramento nos países em desenvolvimento impediu o alcance deste objetivo. A informação disponível, entretanto, nos permite afirmar que o problema da qualidade da água é mais sério do que se pensava anteriormente, em virtude da poluição causada pelos metais pesados, nitratos e micropoluentes orgânicos (Rebouças, 1995). O problema é mais grave nos países em desenvolvimento, pela falta de sistemas adequados de monitoramenro e controle, e atinge muitos rios e lagos próximos a grandes centros urbanos, regiões costeiras e também os aqüíferos subterrâneos. Isto significa que, se no futuro, padrões de qualidade mais rígidos não forem adotados, algumas fontes de água, em uso hoje, não poderão mais ser utilizadas.

Atualmente, no mundo, menos de 4% dos esgotos domésticos sofrem tratamento adequado, antes de serem descarregados nos rios, lagos ou oceanos, provocando sérios problemas de poluição das águas (Bakkes et alii, 1997). Pesticidas, metais pesados e até nutrientes em excesso afetam a saúde humana e os ecossistemas e podem inviabilizar o uso da água para a irrigação e para reciclagem. Um estudo recente da União Européia demonstra a crescente contaminação dos rios, lagos e aqüíferos subterrâneos da Europa (Ocidental e Oriental) por resíduos químicos e biológicos (EEA, 1995).

A água e o desenvolvimento sustentável

A água é um fator limitante para o desenvolvimento sustentável

O conceito do desenvolvimento sustentável, já discutido, prevê que os recursos naturais renováveis sejam utilizados de forma tal que não limitem sua disponibilidade para as futuras gerações. Portanto, um dos maiores desafios a enfrentar, no futuro, para alcançar o desenvolvimento sustentável será minimizar os efeitos da escassez da água (sazonal ou não) e da poluição, particularmente nos países em desenvolvimento, bem como controlar os excessos, evitando inundações.

Sem dúvida nenhuma, entre os fatores que limitam o desenvolvimento sustentável, está a substância fundamental para os processos vitais: a água. A evidência está no próprio desenvolvimento da história, sendo que as principais civilizações que tiveram maior desenvolvimento, floresceram nos vales onde a disponibilidade de água era abundante e com características especiais.

Assim, o desenvolvimento da agricultura e da urbanização com conseqüências na estrutura social ao longo da história da humanidade, está estreitamente ligado à oferta de recursos hídricos (Whitmore et alii, 1990).

Na Mesopotâmia, numa área de 55.260 km², a disponibilidade de água dos rios Tigre e Eufrates possibilitou o desenvolvimento de uma das mais antigas civilizações; a população da região cresceu de 25.000 habitantes no ano de 4.100 a.C para 1.480.000 habitantes no ano 800 d.C. Em 1982, a população nesta área atingia 7.673.000 habitantes.

Ao longo do rio Nilo, numa área de aproximadamente 27.300 km², a civilização egípcia, também prosperou pela oferta de água; assim, no período que vai de 4.100 a.C. para 100 d.C., a população aumentou de 350.000 para 5.200.000 habitantes. Em 1983, a população nesta área atingia 44.343.000 habitantes.

Na bacia do México, em torno da atual cidade do México, com 6.670 km², a uma altitude de 2.240m acima do nível do mar, a população aumentou no período de 1.150 a.C. à 100 d.C. de 5.000 para 145.000 habitantes. Em 1985, a população nesta área atingia 18.100.000 habitantes.

Nas áreas baixas da atual Península de Yucatan, com uma área de 22.715 km², a civilização Maia prosperou, sendo que a população cresceu no período de 1.000 a.C a 300 d.C., de 161.000 à 1.020.000 habitantes. Em 1970, a população nesta área atingia 48.700 habitantes.

No caso brasileiro, também o estabelecimento das povoações que vieram a se transformar em grandes cidades, foram estabelecidas em locais onde a oferta de água era abundante em qualidade e quantidade, inclusive como meio de transporte – colonização pelas Bandeiras e colonização Amazônica.

Hoje, a disponibilidade de água é ainda mais um recurso limitante não apenas pela sua quantidade, mas especialmente pela sua qualidade. É o que acontece, por exemplo, na região metropolitana de São Paulo, na região metropolitana do Rio de Janeiro e de outras capitais nas quais pela poluição hídrica, diminuiu-se a oferta de água para fins de uso urbano e industrial. No caso específico de São Paulo, a contaminação do rio Tietê e de seus tributários é preocupante às autoridades que hoje buscam tecnologias e recursos para recuperar a qualidade das águas da região.

No caso específico da cidade do Rio de Janeiro, vários problemas limitam o desenvolvimento pela qualidade das águas. A contaminação e a degradação da baía de Guanabara é caso gritante a pedir atenção urgente das autoridades. A contaminação das águas das praias do Rio de Janeiro por esgoto urbano com índice crescente de coliformes fecais, afeta drasticamente uma grande fonte de renda da cidade, o turismo, bem como contamina a população local. Há ainda a considerar a qualidade de água fornecida à cidade do Rio de Janeiro proveniente do rio Paraíba que corre por áreas densamente povoadas e industrializadas antes de ser captada para o abastecimento daquela cidade.

Este quadro se repete de forma mais ou menos semelhante para outras cidades litorâneas, onde a água, tanto dos rios, como das praias vem sendo contaminada pelos resíduos de um programa de turismo e um desenvolvimento urbano sem controle. Caso típico disso, é encontrado no litoral norte do estado de São Paulo, onde os dados da CETESB indicam contaminação das águas aumentando o número de praias condenadas para os banhistas (CETESB, 1995).

Problemas socioeconômicos relacionados à escassez de água

As secas periódicas no Nordeste Brasileiro e as migrações que elas provocaram dão uma idéia do que pode acontecer no futuro, em nível mundial, com um agravante: no Brasil, a migração foi interna, mas quando se tratar da migração da população de um país para outro vizinho ou para regiões desenvolvidas, os problemas vão se multiplicar. No início dos anos 80, uma prolongada seca na Etiópia, associada à degradação ambiental (desmatamento das nascentes, erosão e empobrecimento dos solos) provocou fome generalizada à população. As dramáticas cenas mostradas pela televisão, na época, provocaram na comunidade internacional, inclusive artistas e músicos famosos, uma onda de solidariedade e cooperação para a remessa de alimentos. Mas grande parte da população afetada migrou para o vizinho Sudão, em busca desesperada por comida e água, o que provocou o aparecimento de graves tensões com as populações locais, em virtude do aumento da competição pelos recursos já escassos. Estas tensões quase provocaram um conflito entre os dois países, que fez com que o PNUMA criasse mais uma classificação para refugiados (além dos de guerra e políticos): os refugiados ambientais.

Para vencer este desafio, vamos enfrentar os custos crescentes do desenvolvimento de novas fontes de suprimento de água e dos desperdícios, particularmente na irrigação e no abastecimento doméstico, que são estimulados pelos subsídios e incentivos distorcidos, ainda em vigor em muitos países, particularmente os em desenvolvimento. Precisaremos enfrentar, também, a degradação dos solos em áreas irrigadas e a poluição das águas e seu impacto sobre a saúde humana. Com relação a este último ponto, são impressionantes os dados comprovados de melhoria da saúde, inclusive com significativa redução da mortalidade infantil, quando se leva a uma comunidade, água em quantidade suficiente e de qualidade adequada.

No futuro, os usuários da água para fins doméstico e industrial vão competir cada vez mais com a agricultura irrigada, particularmente em algumas regiões da Ásia e da África. Para se produzir uma tonelada de grãos são necessárias mil toneladas de água, e para uma tonelada de arroz, duas mil toneladas de água. Além disso, sistemas de irrigação mal planejados e/ou mal operados podem provocar a salinização e degradação dos solos. De acordo com a FAO (Organização das Nações Unidas para a Agricultura e Alimentação), a produção de alimentos está cada vez mais dependente da agricultura irrigada e a necessidade de alimentar uma população crescente deverá pressionar mais os recursos hídricos do que os solos (Alexandratos, 1995). A melhoria da eficiência dos sistemas de irrigação é, portanto, um dos requisitos prioritários para se atingir o desenvolvimento sustentável.

As grandes cidades, particularmente as megalópoles e as que estão crescendo rapidamente nos países em desenvolvimento, vão exigir, cada vez mais, enormes esforços para reduzir o déficit crônico de abastecimento de água e esgotamento sanitário adequado. Muitas, como a Cidade do México, vão necessitar implantar um cuidadoso gerenciamento dos aqüíferos subterrâneos. Os violentos distúrbios provocados pela falta de água em Delhi (Índia), em maio de 1993, são um bom exemplo do que poderá ocorrer nas nossas mega cidades num futuro próximo, se medidas urgentes não forem tomadas.

O Banco Mundial (1993), reconhecendo a gravidade da crise da água, resolveu adotar os seguintes procedimentos para contribuir com a melhoria do gerenciamento dos recursos hídricos em nível global: a) incorporar as questões relacionadas com a política e o gerenciamento dos recursos hídricos nas conversações periódicas que mantém com cada país e na formulação da estratégia de ajuda aos países onde as questões relacionadas com a água são significativas; b) ajudar os governos a formular leis e regulamentos para lidar com definição de preços, organizações monopolistas, proteção ambiental, e outros aspectos do gerenciamento dos recursos hídricos; c) apoiar as medidas para o uso mais eficiente da água; d) apoiar os esforços governamentais para descentralizar a administração da água e encorajar a participação do setor privado, as corporações públicas financeiramente autônomas e as associações comunitárias no abastecimento de água aos usuários; e) encorajar a participação dos usuários da água no planejamento, projeto, construção, gerenciamento e arrecadação das taxas dos projetos financiados pelo Banco; f) dar prioridade à proteção, melhoria e recuperação da qualidade da água e à redução da poluição das águas através de políticas como o princípio do "poluidor-pagador"; g) assegurar que investimentos envolvendo reassentamento sejam evitados ou minimizados, mas, quando for necessário, sejam restaurados ou melhorados os meios de vida anteriores; h) apoiar programas de treinamento para introduzir reformas nos sistemas de gerenciamento de água.

O então diretor do Departamento de Meio Ambiente do Banco Mundial, Mohamed El-Ashry, declarou numa reunião de especialistas em gerenciamento de recursos hídricos em 1993: "Nos níveis mais altos de Governo, deve-se reconhecer que a água e as bacias hidrográficas precisam ser gerenciadas como recursos naturais valiosos para atender múltiplos usos, ao invés de apenas insumos para atividades setoriais específicas" (Banco Mundial, 1993/1994).

No futuro próximo, a água para conservação de ecossistemas receberá mais atenção como tema sócio-político. Será portanto imprescindível que os novos projetos para atender a demanda de água sejam planejados e administrados dentro de uma perspectiva de sustentabilidade econômica, social e ambiental (Biswas, 1996). A solução vai exigir tanto a exploração cuidadosa de novas fontes quanto medidas para estimular o uso mais eficiente da água. Uma destas medidas é estabelecer políticas que considerem a água como um bem escasso com valor econômico, e não como uma dádiva da natureza, de uso gratuito.

O grande desafio é fazer com que a comunidade internacional reconheça a escassez da água como uma poderosa e crescente força de instabilidade social e política, e atribua à crise da água a prioridade devida na agenda política internacional.

Algumas tecnologias para disponibilizar água para promover o desenvolvimento sustentável

Transposição de bacias

A solução para o déficit de água em uma determinada região é o transporte de água de outras bacias hidrográficas. Existem fatores positivos e negativos a serem considerados nesses programas.

No Brasil existem duas situações que vem merecendo análise especial. De um lado, o Nordeste semi-árido apresenta ótimas condições para o desenvolvimento da agricultura, tendo em vista a disponibilidade de energia solar, o que permite excelente crescimento vegetativo durante o ano todo e baixa umidade relativa na atmosfera, que limita o desenvolvimento, especialmente das doenças das plantas. Esta região é limitada pela falta de água nos momentos necessários às atividades agrícolas e com uma regularização certa que permitam investimentos mais seguros para agroindústria. Os exemplos excelentes de agricultura irrigada do Vale do São Francisco evidenciam a potencialidade da região.

Por outro lado, a região Amazônica apresenta uma das maiores taxas de precipitação do Planeta com maior volume de água doce lançado nos oceanos. Somando-se a bacia Amazônica e a Tocantins-Araguaia, observa-se a existência de um reservatório dinâmico de água com uma vazão média de 221.000 m^3 / s.

Os ecossistemas amazônicos, no entanto, têm características naturais que dificultam a implantação de uma agricultura sustentável. Os principais fatores limitantes são os solos, o excesso de precipitação, a alta umidade relativa do ar que propicia o desenvolvimento de pragas e moléstias para as culturas homogêneas.

Nesta visão, o desenvolvimento de atividades florestais na Amazônia, incluindo especialmente, as áreas já desmatadas e o desenvolvimento da agricultura no Nordeste, poderá ser uma solução de médio e longo prazo. Haveria a necessidade para se atingir estes objetivos, o estudo de transporte de água da região Amazônica para o Nordeste. Existem indicações de que o rio São Francisco e as possíveis interligações das bacias dos afuentes da margem direita do Amazonas seriam uma possibilidade. Do São Francisco as águas poderiam atingir as áreas mais necessitadas e com maior potencial de agricultura do Nordeste semi-árido.

É uma situação complicada e complexa que depende de estudos profundos do desenvolvimento dos modelos adequados e análise das conseqüências ecológicas. É um investimento, no entanto, que deveria ser feito pelo menos para que as futuras gerações não critiquem a atual pela inércia e pela falta de criatividade.

Técnicas de purificação de águas em grande quantidade

É importante também salientar que, especialmente nas regiões mais densamente povoadas, deve-se estudar a possibilidade do *reúso* de água para finalidades específicas. Assim, por exemplo, existem técnicas de sistemas naturais de simples instalação e de baixos investimentos que permitem a purificação de grandes volumes de água. Tem sido possível a transformação de qualidade de água de rio Classe 3 para rio Classe 2, com a utilização de técnicas de *wetlands* construídas.

Um exemplo de utilização de *wetlands* construídas para tratamento de grandes volumes de água é o estudo realizado por Manfrinato (1989), no rio Piracicaba (SP). Neste estudo foram analisadas as eficiências de dois sistemas de *wetlands* construídas para o pré-tratamento das águas do rio Piracicaba (SP) durante o período de junho/1986 a junho de 1987. Os parâmetros analisados foram os mais relevantes para a caracterização das águas para abastecimento público (Tabela 2).

O primeiro processo estudado utilizava uma combinação de plantas aquáticas flutuantes, (principalmente a ***Eichornia crassipes***) e solos filtrantes cultivados com arroz.

O canal de plantas flutuantes totalizava uma área de 4.320 m^2 e de solos filtrantes 2.014 m^2. A vazão de operação no canal de plantas aquáticas foi de 40 l/s, com um tempo de residência de 27,5 horas e no solo filtrante 20 l/s, equivalente a 99 l/s/ha.

O segundo processo estudado foi uma seqüência de dois solos filtrantes cultivados com arroz, totalizando uma área de 410 m^2. A vazão de operação foi de 2 l/s, sendo que a taxa de aplicação de 49 l/s/ha de solos filtrantes.

Os resultados obtidos indicaram que para a maioria dos parâmetros estudados os dois sistemas de tratamento foram eficientes durante todo o ano para enquadrar as águas do rio Piracicaba dentro dos padrões exigidos para um rio Classe 2, cujas águas podem ser utilizadas para abastecimento público após tratamento convencional. Nas Tabelas 2 e 3 encontram-se os resultados obtidos para alguns dos parâmetros estudados, para os dois sistemas de tratamento.

Concluiu-se também que na maioria dos meses em estudo, as águas do tratamento global dos dois processos atingiram os limites exigidos pelos critérios de potabilidade, sendo que para seu consumo, bastaria uma simples cloração.

Estes estudos serviram de base para projetos maiores, sendo que hoje dois projetos encontram-se em desenvolvimento: um pela SABESP na região metropolitana de São Paulo para recuperação das águas do Rio Cotia disponibilizando 1,7 l/s de água para abastecimento e o outro pela SANEPAR na região metropolitana de Curitiba para recuperação do rio Palmital disponibilizando 0,5 a 1 m^3 / s de água para abastecimento.

Quando os recursos hídricos são de qualidade razoável, isto é, nos poucos poluídos, as técnicas de *wetlands* permitem produzir água para o abastecimento público. Uma experiência foi feita para abastecimento para a cidade de Analândia (SP), com apoio do Fundo Nacional do Meio Ambiente (FNMA), com a produção de 54.000 litros/hora com qualidade que atinge os valores exigidos para potabilidade pela Portaria nº. 36/GM do Ministério da Saúde.

Autodepuração dos rios

Nas regiões de planalto, onde os rios apresentam corredeiras e saltos, existe um potencial de autodepuração destes corpos d'água. Existem poucos trabalhos que estudam detalhadamente e quantificam o valor da autodepuração dos rios no Brasil, sendo que a dificuldade está em se conhecer com precisão as cargas pontuais e difusas, tanto na qualidade como na quantidade, para que se possa fazer um balanço de massa adequado dentro de um modelo de qualidade de água.

Salati, (1996), desenvolveu um trabalho na bacia hidrográfica do rio Corumbataí localizada no estado de São Paulo, procurando conhecer a capacidade de regeneração daquele rio (Figura 2). O rio Corumbataí é um rio típico da região de planalto, apresentando várias corredeiras e saltos com um desnível da sua nascente à sua foz de 400 m e um comprimento de 120 km.

Para a estimativa do valor do poder de autodepuração deste rio foram analisados vários parâmetros de qualidade de água em diferentes trechos do rio em um período que não houve precipitação na bacia hidrográfica, admitindo-se, desta forma, que inexistia uma contribuição difusa sendo conhecidas as cargas remanescentes pontuais urbanas e industriais expressas em kg.DBO / dia.

Tabela 2 - Resultados obtidos para alguns dos parâmetros estudados para análise de eficiência do sistema experimental para o pré-tratamento da água do rio Piracicaba utilizando canal com plantas aquáticas flutuantes e solos filtrantes.

Parâmetros	Rio Tietê	Entrada do sistema	Saída do sistema	Padrões Classe 2
Cor	ppm PtCo	193	34	-
Turbidez	UNT	57	28	100
DBO	mg / I	4,97	1,2	5
Coli Total	NMP/100 ml	2,41E+06	6,76E+03	5000
Coli Fecal	NMP/100 ml	2,57E+05	2,72E+02	1000
N-Amoniacal	mg / I	0,91	0,20	0,5
Fósforo	mg / I	0,15	0,10	-

FONTE: Manfrinato, 1989.

Este trabalho permitiu o conhecimento da taxa global de autodepuração da bacia hidrográfica do rio Corumbataí, sendo esta da ordem de 89,1%. Caso não houvesse esta capacidade de regeneração do rio, o município de Piracicaba, que está situado na parte baixa da bacia, teria sérios problemas com o abastecimento público devido à qualidade da água, pois atualmente é abastecido em 60% com as águas do rio Corumbataí.

Neste trabalho, no entanto, não foram quantificadas as eficiências para cada um dos mecanismos que contribuem para a autodepuração, tais como: mecanismos de transformações químicas e biológicas, os fluxos gasosos entre o corpo d'água e a atmosfera, as oxidações químicas e biogeoquímicas, fotossíntese, sedimentação, entre outros.

Desta forma, uma linha importante de trabalho a ser desenvolvida, será a de se estudar os mecanismos de autodepuração acima citados e as suas eficiências naturais e verificar as possibilidades de maximização daquelas eficiências no sentido de ser utilizado o próprio fluxo da água no sistema natural, o máximo de rendimento.

Isto é importante porque, mesmo que sejam tratadas as fontes pontuais, sempre que um rio passa por uma região com atividades agrícolas e urbanas existirá uma contribuição pontual de difícil controle e uma difusa incontrolável, ou seja, sempre haverá necessidade de uma autodepuração dos rios para se obter uma qualidade de água melhor nos corpos receptores.

Gestão do suprimento e da demanda

Para enfrentar os enormes desafios da escassez da água no futuro, as principais ferramentas com que contamos são a gestão do suprimento e a gestão da demanda.

A gestão do suprimento de água inclui políticas e ações destinadas a identificar, desenvolver e explorar de forma eficiente novas fontes de água, enquanto a gestão da demanda inclui os mecanismos e incentivos que promovem a conservação da água e a eficiência do seu uso. Em outras palavras, a gestão do suprimento trata de políticas e ações relativas à quantidade e qualidade da água desde sua captação até o sistema de distribuição.

A gestão da demanda trata do uso eficiente ou da redução do desperdício da água pelos seus usuários (Banco MundiaL, 1994). Em outras palavras, a gestão da demanda trata essencialmente da redução do uso e da perda da água.

O nível de importância das gestões do suprimento e da demanda vai depender do nível de desenvolvimento do país e do grau de escassez da água. Quanto maior for a competição pelo uso da água e maior for o aumento do custo do metro cúbico para atender aos aumentos de consumo, maior será a importância da gestão da demanda. Comparando o suprimento e a demanda atuais e futuros, o objetivo dos planejadores deve ser determinar qual a combinação ideal entre as alternativas de gestão de suprimento e de demanda dos pontos de vista social, ambiental e econômico (Dziegielewski, 1992).

Gestão do suprimento

O Banco Mundial publicou, logo após a Conferência do Rio de Janeiro de 1992 (CNUMAD), o relatório "Gerenciamento de Recursos Hídricos", que define a política do Banco para seu futuro envolvimento nesta área (Banco Mundial, 1993). O relatório afirma que "a água é um recurso cada vez mais escasso e que necessita de um cuidadoso gerenciamento econômico e ambiental", e recomenda que os países em desenvolvimento adotem, com urgência, uma política integrada de gerenciamento dos recursos hídricos, que considere os aspectos intersetoriais dos usos da água. Esta política deve criar condições favoráveis para que as agências internacionais de desenvolvimento, os órgãos governamentais, o setor privado, as organizações não governamentais, as comunidades e os consumidores possam contribuir para a melhoria do gerenciamento dos recursos hídricos.

O Banco Mundial alerta, ainda, para a perspectiva difícil do aproveitamento de novas fontes de suprimento a partir de águas superficiais para atender à demanda crescente, em virtude dos custos de construção cada vez maiores, da acirrada oposição dos ambientalistas e dos limitados recursos disponíveis. Uma análise realizada em 1992, pelo Banco Mundial, para financiamento de projetos de abastecimento de água para fins domésticos mostrou que o custo de cada metro cúbico de água dos futuros projetos tende a ser duas ou três vezes maiores que o custo do metro cúbico dos projetos que estão sendo desenvolvidos atualmente. Isto porque as fontes de águas superficiais disponíveis estarão cada vez mais distantes, exigindo obras de grande porte e tecnologicamente mais complexas, como transposição de

BACIA DO RIO CORUMBATAÍ

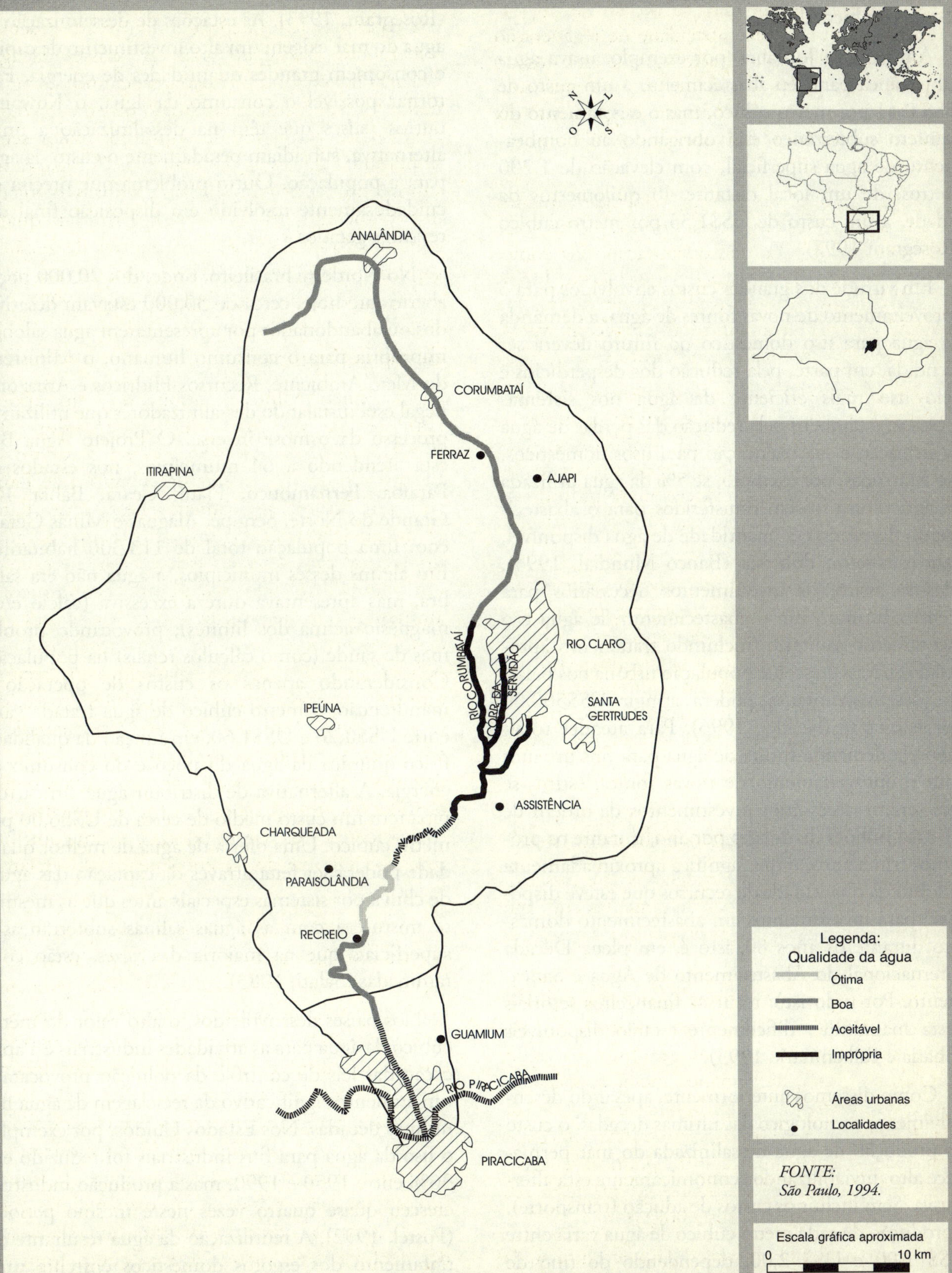

Figura 2: Condição dos principais corpos d'água na bacia

bacias, o que implica em maior impacto sobre o meio ambiente e, consequentemente, maior oposição dos ambientalistas.

Amman, na Jordânia, por exemplo, usava água subterrânea para seu abastecimento a um custo de US$ 0,41 por metro cúbico, mas o esgotamento do aqüífero subterrâneo está obrigando ao bombeamento de água superficial, com elevação de 1.200 metros, de um local distante 40 quilômetros da cidade, a um custo de US$1,33 por metro cúbico (Rosegrant 1997).

Em virtude dos grandes custos envolvidos para o aproveitamento de novas fontes de água, a demanda de água para uso doméstico no futuro deverá ser atendida, em parte, pela redução dos desperdícios e pelo uso mais eficiente da água nos sistemas urbanos, e também pela redução das perdas de água na irrigação e sua realocação para usos domésticos. No Marrocos, por exemplo, se 5% da água utilizada na agricultura fossem transferidos para o abastecimento doméstico, a quantidade de água disponível, para este setor, dobraria (Banco Mundial, 1994). Mesmo assim, os investimentos necessários para atender futuramente o abastecimento de água e o esgotamento sanitário (incluindo tratamento apropriado) para a crescente população urbana nos países em desenvolvimento, poderá atingir US$500,00 por habitante (Seckler, 1996). Para atender totalmente a demanda futura de água para fins urbanos com o aproveitamento de novas fontes, estima-se que seriam necessários investimentos da ordem de 11 a 14 bilhões de dólares por ano, durante os próximos trinta anos, o que significa aproximadamente o dobro da quantidade de recursos que esteve disponível para investimentos em abastecimento doméstico durante os anos 80, isto é, em plena Década Internacional do Abastecimento de Água e Saneamento. Por tudo isto, recursos financeiros setoriais desta magnitude, dificilmente estarão disponíveis (Bhatia e Falkenmark, 1993).

Como dissemos anteriormente, apesar do desenvolvimento tecnológico das últimas décadas, o custo da produção de água dessalinizada do mar permanece alto, inviabilizando economicamente esta alternativa. Sem incluir os custos de adução (transporte), a produção de cada metro cúbico de água varia entre US$ 1,00 e US$ 2,00, dependendo do tipo de tecnologia empregada, custo da energia e da quantidade de sais dissolvidos na água (Frederick, 1993). Este custo ainda é muito alto comparado com o aproveitamento de fontes alternativas de água, exceto para grande parte das áreas áridas do mundo (Rosegrant, 1993). As estações de dessalinização de água do mar exigem um alto investimento de capital e consomem grandes quantidades de energia. Para tornar possível o consumo da água, o Kuwait e outros países que têm na dessalinização a única alternativa, subsidiam pesadamente o custo da água para a população. Outro problema que precisa ser cuidadosamente resolvido é a disposição final dos resíduos gerados.

No Nordeste brasileiro, onde, dos 70.000 poços abertos até hoje, cerca de 30.000 estavam desativados ou abandonados por apresentarem água salobra, imprópria para o consumo humano, o Ministério do Meio Ambiente, Recursos Hídricos e Amazônia Legal está instalando dessalinizadores que utilizam o processo da osmose inversa. O Projeto Água Boa está atendendo a 64 municípios, nos estados da Paraíba, Pernambuco, Piauí, Ceará, Bahia, Rio Grande do Norte, Sergipe, Alagoas e Minas Gerais, com uma população total de 113.300 habitantes. Em alguns desses municípios, a água não era salobra, mas apresentava dureza excessiva (cálcio e/ou magnésio acima dos limites), provocando problemas de saúde (como cálculos renais) na população. Considerando apenas os custos de operação e manutenção, o metro cúbico de água tratada varia entre US$0,26 e US$1,60, em função da qualidade físico-química da água do poço e do consumo de energia. A alternativa de distribuir água em carros-pipa tem um custo médio de cerca de US$6,00 por metro cúbico. Uma oferta de água de melhor qualidade poderá ser feita através da captação das águas de chuva por sistemas especiais antes que as mesmas se misturem com as águas salinas subterrâneas e superficiais que na maioria das vezes, estão contaminadas (Salati, 1983).

Nos países desenvolvidos, o alto valor do metro cúbico da água para as atividades industriais e a aplicação das leis de controle da poluição provocaram um aumento significativo da reciclagem da água nas últimas décadas. Nos Estados Unidos, por exemplo, o uso da água para fins industriais foi reduzido em 36% entre 1950 e 1990, mas a produção industrial cresceu quase quatro vezes neste mesmo período (Postel, 1992). A reutilização da água resultante do tratamento dos esgotos domésticos enfrenta uma grande resistência da população. Na Califórnia, que apresenta o maior índice de reutilização dos Estados Unidos, mas que não chega a 1% do total de suprimento do estado, esta água tem sido usada para refrigeração industrial, recarga de aqüíferos subterrâneos, barreira contra a intrusão de água salina e irrigação de parques, campos de golfe e alguns tipos de agricultura (Frederick, 1993). A liderança mundial em reutilização de água é de Israel, que usa 70% dos seus esgotos tratados para irrigar 19.000 hectares de lavouras. A previsão é que, no início do próximo século, Israel atenda mais de 16% de sua demanda com a reutilização de água de esgotos domésticos, que seria usada em grande parte na agricultura, para liberá-la para outros fins não agrícolas (Postel, 1992).

A produção de energia nas represas hidrelétricas provoca uma perda de água pela evaporação que pode ser significativa em função da área da represa e da sua localização: temperatura, condições de vento e umidade. As perdas anuais de água por evaporação, nos Estados Unidos, variam de 0,5 metro, para represas situadas no nordeste daquele país, a 1,0 metro em represas em regiões mais áridas do sudoeste. Na represa de Aswan, no Egito, as perdas estimadas pela evaporação chegam a quase 3,0 metros por ano, o que equivale a 11% da capacidade do reservatório (Gleick, 1993).

As usinas hidrelétricas geraram, em 1990, mais de 2 milhões de gigawatts/hora de eletricidade, aproximadamente 20% de toda a energia elétrica gerada em nível mundial e 7% da energia primária comercial global. Nas Américas do Sul e Central, que desenvolveram somente 10% do seu potencial de geração de energia elétrica, 70% da demanda é atendida pelas represas hidrelétricas, enquanto a América do Norte, que já desenvolveu 60% de seu potencial, atende somente 20% de sua demanda com represas hidrelétricas (Gleick, 1993). Durante os anos 80, a produção de enegia elétrica cresceu 20%, mas a construção de novas represas hidrelétricas diminuiu sensivelmente nos países industrializados, que já tinham explorado grande parte do seu potencial de produção restando, apenas, áreas cuja exploração implicaria em grandes impactos ambientais e elevados custos de construção. Neste período, a geração de energia elétrica cresceu 50% na Ásia e mais que dobrou em partes da América Latina e China (Gleick, 1993).

Devido aos crescentes custos de construção de represas e da infra-estrutura relacionada (tubulações, canais, estações elevatórias), além da preocupação com a geração de impactos ambientais e sociais (realocação de comunidades afetadas pelas áreas inundadas), o aproveitamento de novas fontes de água foi consideravelmente reduzido a partir do final dos anos 70.

Os empréstimos para irrigação, provenientes das maiores agências de desenvolvimento internacionais, Banco Mundial, Banco de Desenvolvimento da Ásia, Agência para o Desenvolvimento Internacional dos Estados Unidos (USAID) e o Fundo de Cooperação Econômica do Japão (OECF) atingiram seu valor máximo no final dos anos 70, mas caíram em quase 50% (Tabela 3) durante a década seguinte (Rosegrant, 1997).

O ritmo de crescimento anual das áreas irrigadas nos países desenvolvidos foi de 2,57% entre 1970 e 1982 e diminuiu sensivelmente para 0,66% entre 1982 e 1994. Para os países em desenvolvimento, o ritmo de crescimento anual foi de 1,90% e 1,51%, respectivamente.

A exploração sustentável de aqüíferos subterrâneos é uma alternativa com enorme potencial para muitos países em várias regiões do mundo, inclusive na América Latina. O maior problema que os países em desenvolvimento enfrentam para uma gestão adequada dos seus aqüíferos subterrâneos é o desconhecimento parcial ou total do volume de água disponível e da velocidade de recarga do aqüífero. Precisaremos, portanto, de maiores investimentos para a avaliação do potencial de aqüíferos subterrâneos (incluindo geometria, limites, continuidade e características hidráulicas) e da velocidade de recarga (incluindo variabilidade espacial e temporal), que permitirão a exploração sustentável dessas reservas de água, a um custo, por metro cúbico, invariavelmente menor que as alternativas de aqüíferos superficiais disponíveis (Rosegrant, 1997).

Gestão da demanda

Em virtude dos custos, cada vez mais elevados, envolvidos no aproveitamento de novas fontes, uma grande parte da demanda futura de água deverá ser atendida pela redução dos desperdícios e pela maior eficiência dos usos atuais. Por volta de 2010, o aumento da eficiência nos usos da água vai se constituir na maior fonte adicional do Sul da Califórnia (Dziegielewski, 1992). Especialmente nos países em desenvolvimento, isto só será conseguido através de uma completa reforma nas políticas atuais de uso da água. A grande dificuldade para adotar estas reformas está nas práticas centenárias e convicções

Tabela 3 - Área irrigada, 1970-1994 (em mil ha).

Ano	Países desenvolvidos	Países em desenvolvimento	Total
1970	44.046	123.285	167.331
1975	49.964	137.559	187.563
1980	58.414	150.634	209.048
1982	59.733	154.574	214.307
1985	61.975	161.186	223.161
1990	65.568	175.411	241.009
1994	64.605	184.944	249.549

Fonte: Manfrinato, 1989.

culturais e religiosas que tratam a água como um bem livre da natureza e nos interesses enraizados que se beneficiam dos sistemas de subsídios existentes e da sua distribuição sem levar em consideração o aproveitamento integrado e isento dos recursos hídricos existentes.

A eficiência de sistemas de irrigação individuais nos países em desenvolvimento são muito baixas, variando de 25% a 40% no México, Paquistão, Filipinas e Tailândia. Mas os ganhos que poderíamos obter com a melhoria da eficiência não serão tão grandes, pois parte da água "perdida" volta ao leito do rio, diretamente ou através do lençol subterrâneo. Assim, a eficiência média dos sistemas de irrigação da bacia do rio Nilo, no Egito, é de 30%, mas a eficiência total da bacia como um todo é de aproximadamente 80% (Keller, 1992).

No nível das bacias hidrográficas, as perdas de água são as seguintes: a) pela evaporação nas superfícies dos corpos de água e evapotranspiração das plantas; b) quando a água atinge oceanos, mares interiores ou aqüíferos salinos; c) pela poluição dos aqüíferos superficiais ou subterrâneos por substâncias tóxicas ou por sais em quantidade tal que torne a água imprópria para o uso (Seckler, 1996). Alguns autores consideram uma quarta possibilidade, quando, por exemplo, a água permeia para um aqüífero subterrâneo mais profundo e continua disponível, mas sua recuperação é economicamente inviável (Rosegrant, 1997). Neste último caso, quanto mais baixo for o preço da água cobrado aos usuários, maiores serão as perdas deste tipo. Em outras palavras, se no futuro for agravada a escassez e aumentar o preço da água cobrado aos usuários, aqüíferos subterrâneos que não estão sendo aproveitados hoje, poderão se tornar viáveis.

A missão da gestão da demanda é gerar poupança de água e ganhos econômicos, aumentando a utilização da água antes dela ser perdida (por atingir o mar, por exemplo), reduzindo a poluição das águas e viabilizando o aproveitamento de fontes atualmente inviáveis.

Os instrumentos para a gestão da demanda incluem: a) desenvolvimento de condições favoráveis, com mudanças legais e institucionais nas condições em que a água é fornecida e usada (reforma dos sistemas de outorga de água, privatização de instalações e legislação relativa às associações de usuários da água); b) incentivos de mercado, que influenciem o comportamento dos usuários para a conservação da água (revisão dos preços e redução dos subsídios para o consumo doméstico, taxas usuário-pagador e poluidor-pagador, mercado para outorgas de água etc.); c) outros instrumentos, como restrições, cotas, licenças e controles da poluição; d) intervenções diretas, como programas de conservação, detecção de vazamentos e programas de reparos e investimentos para a melhoria da infra-estrutura (Bhatia, Cestti, and Winpenny, 1995).

Conflitos sobre o uso dos recursos hídricos escassos tendem a aumentar no futuro, seja dentro de um mesmo país, entre os usos doméstico, industrial e agrícola, ou entre países dentro de uma mesma bacia hidrográfica. Estes conflitos poderão ser amenizados sempre que a gestão da água utilizar a bacia hidrográfica como unidade de planejamento, e a distribuição da água puder ser acordada entre os próprios usuários. Portanto, o estabelecimento de agências de bacias eficientes, com legislação adequada, mecanismos de cobrança pelo uso da água (baseados nos conceitos usuário-pagador e poluidor-pagador) e mecanismos apropriados de monitoramento e controle, são dos maiores desafios para que se possa alcançar o desenvolvimento sustentável. As agências de bacias deverão ser financeiramente independentes para que possam gerar os recursos necessários como contrapartida para os financiamentos das obras de melhorias, decididas pelos usuários como prioritárias, e pagar os empréstimos posteriormente. Agências de bacias com estas características já estão em funcionamento com excelentes resultados, há muitos anos na Europa (algumas inclusive internacionais), e em algumas partes dos Estados Unidos (como a Tenessee Valley Association).

O Brasil, através da Lei 9.433 de 08/01/1997, instituiu sua nova Política Nacional de Recursos Hídricos, adotando os seguintes princípios básicos: a) da bacia hidrográfica como unidade de planejamento; b) dos usos múltiplos da água; c) do reconhecimento da água como um bem finito e vulnerável; d) do reconhecimento do valor econômico da água, que serve de base para a instituição da cobrança pelo uso dos recursos hídricos (princípio do usuário-pagador); e) da gestão descentralizada e participativa (envolvimento dos usuários no processo de tomada de decisão). Além da outorga de direito de uso da água e da cobrança pelo seu uso, a Lei 9.433 prevê a elaboração de um Plano Nacional de Recursos Hídricos, o enquadramento dos corpos d'água em classes de uso, e a implantação do Sistema Nacional de Informações sobre os Recursos Hídricos, para prover os gestores, usuários e a sociedade civil com os dados necessários para melhor participarem no processo decisório.

A melhoria dos sistemas de distribuição de água em áreas urbanas, com a redução das perdas e vazamentos, juntamente com a redução dos desperdícios em residências, prédios públicos e estabelecimentos comerciais, pode significar a recuperação de uma quantidade considerável de água, capaz, em muitos casos, de adiar, por vários anos, a necessidade de ampliação dos sistemas atuais. Em Manila (Filipinas), em 1995, somente 42% do total de água produzida eram realmente vendidos para os usuários, o que significa que 58% da água suprida à cidade era "não contabilizada", perdida em vazamentos durante a distribuição e consumidos por prédios públicos e usuários ilegais (Ebarvia, 1995). A média de água não contabilizada em projetos de distribuição urbana financiados pelo Banco Mundial, em países em desenvolvimento, é de 36%, enquanto que, em sistemas eficientes e bem operados de distribuição, varia entre 10 e 15%. No Rio de Janeiro, em 1990, este índice estava próximo dos 50%, mas como apenas cerca de 20% dos usuários legais tinham seu consumo medido por hidrômetros (o consumo era estimado pela área da construção), grande parte da água não contabilizada resultava do consumo real ser maior que o estimado (prédios com alta densidade de ocupação) e de vazamentos internos (o usuário não tinha motivação para gastar consertando os vazamentos, porque no fim do mês continuaria pagando exatamente o mesmo valor estimado na conta de água). Uma experiência feita pela companhia de águas, com a instalação de hidrômetros, em uma área da Zona Sul da cidade, onde a pressão da água distribuída, era bem maior que a média, resultou na redução, em cerca de três meses, do consumo *per capita* de água de 750 para 330 litros por habitante. Até casos onde a cisterna do prédio de apartamentos não tinha bóia e o ladrão estava ligado diretamente à canalização de águas pluviais foram encontrados, graças ao medidor de vazão, e corrigidos.

Em Jacarta (Indonésia) as perdas de água por vazamentos somente na rede de distribuição foram estimadas em 41%, sendo que cerca de metade destas perdas poderiam ser eliminadas de forma custo-efetiva (Bhatia e Falkenmark, 1993).

A eliminação dos subsídios e a cobrança do preço real pela água servida à população, contribui de forma decisiva para a redução dos desperdícios internos (quando o sistema tem medição individual) e para tornar viável, economicamente, a redução dos vazamentos a um nível aceitável. Isto não impede que seja estabelecida uma "tarifa social" mais baixa para pequenos volumes consumidos em áreas de população de baixa renda.

As experiências dos Estados Unidos e Japão demonstram que o aumento do preço cobrado pela água e as taxas de efluentes (que cobram também pelo seu volume) contribuíram para promover investimentos em reciclagem e conservação da água, e que resultaram numa significativa redução na quantidade consumida pelas indústrias, por unidade de produção.

Na área da irrigação, a cobrança pelo uso da água pode criar incentivos para a sua conservação e para a utilização de tecnologias mais avançadas, como a irrigação por gotejamento e sistemas controlados por computador, já utilizados em larga escala em países em desenvolvimento.

A implantação da gestão da demanda nos casos de aqüíferos subterrâneos tem sido difícil e, em muitos casos, extremamente cara, particularmente nos países em desenvolvimento. A questão principal está em como reduzir os efeitos negativos da retirada excessiva de água sem impor taxas desnecessárias e reprimir o uso adequado das valiosas reservas subterrâneas (Rosegrant, 1997). No Sul da Califórnia (EUA), onde a gestão das águas subterrâneas foi evoluindo ao longo do tempo de forma pragmática e descentralizada, os resultados foram a eliminação da retirada excessiva e o estancamento da intrusão da água salina, com o represamento de águas superficiais e a importação de água de outras bacias para recarregar os aqüíferos subterrâneos (Blomquist, 1995).

Para atingir uma exploração racional dos aqüíferos subterrâneos, podemos usar os mesmos instrumentos empregados para a gestão das águas superficiais: a) controles baseados na quantidade da água extraída (licenciamento de poços e bombas de recalque e outorga de uma cota anual de extração); b) cobrança pela água extraída; c) possibilidade de vender parte da cota para outros usuários (Rosegrant, 1997).

À medida que aumentar a renda, nos países em desenvolvimento, poderão surgir demandas de água para fins ambientais, como aconteceu nos países mais desenvolvidos. Na Califórnia, as demandas ambientais incluem preservação de rios em áreas intocadas, proteção de peixes e outras espécies em perigo de extinção, e prevenção da intrusão salina, e já representam 28% do total do suprimento da água.

Águas internacionais: cooperação ou conflito?

A escassez de água será um sério desafio ao desenvolvimento no futuro, pois em muitas regiões a demanda de água para indústrias e abastecimento doméstico estará competindo cada vez mais com a demanda para produção agrícola. As análises globais preliminares confirmam que a escassez da água está afetando áreas cada vez mais extensas, particularmente na Ásia Ocidental e África. Este fato poderá resultar em sérios problemas de segurança regional, conflitos e migrações em larga escala. A gestão integrada da água no nível das bacias hidrográficas, a determinação adequada e seu custo são as principais medidas para aliviar este problema (Bakkes, *et alii* 1997).

A escassez de água, que já foi motivo para muitas guerras no passado, pode, cada vez mais, agir como catalisador no conjunto de causas ligadas a qualquer conflito futuro. Em 1989, em discurso perante o Congresso dos Estados Unidos sobre a importância fundamental da água para seu país, o então Ministro das Relações Exteriores do Egito, e posteriormente Secretário Geral das Nações Unidas, Boutros Boutros-Ghali afirmou: "A segurança nacional do Egito está nas mãos de oito países africanos da bacia do Nilo". A questão mais importante do próximo século para muitos países poderá ser o controle dos recursos hídricos.

Um documento elaborado pela UNESCO e pela Organização Meteorológica Mundial, intitulado *A Água no Mundo: Há o Bastante?*, divulgado ao final do I Fórum Mundial sobre Água, realizado em Marraquesh (Marrocos), em 21 e 22 de março de 1997, conclui que "a diminuição dos recursos hídricos, associada a uma maior demanda por água potável, ameaça transformar essa matéria em uma explosiva questão geopolítica, já que aproximadamente 200 bacias hidrológicas se localizam em áreas de fronteiras de vários países". Muitos especialistas prevêem que as guerras do próximo século serão pela posse da água, e não pelo petróleo ou motivos políticos (IRC, 1997).

Exemplos de conflitos internacionais importantes e que se arrastam por várias décadas, com lento progresso nas negociações, marcadas vez por outra por grandes retrocessos, são os das bacias do Tigre-Eufrates (Turquia, Síria e Iraque), do rio Jordão (Israel, Jordânia e Síria) e do rio Ganges (Índia e Bangladesh). A International Law Association formulou, em 1996, alguns princípios para balizar as disputas internacionais pela água (incluídos nas *Helsinki Rules*), que embora não tenham sido aprovados em nível internacional, têm sido usados em disputas atuais: a) consulta prévia; b) prevenção de danos significativos; c) divisão eqüitativa da água; d) não-discriminação e não-exclusão; e) provisão de resolução de disputas.

Os recursos hídricos internacionais (rios, lagos e aqüíferos subterrâneos compartilhados por dois ou mais países) são umas das poucas possibilidades futuras de desenvolvimento, através do seu gerenciamento integrado, fato que reforça a necessidade de cooperação crescente entre estes países, na medida em que a água for se tornando mais escassa.

Bibliografia

ALEXANDRATOS, N. *World Agriculture: Towards 2010 - An FAO Study*. Food and Agricultural Organization of the United Nations (FAO) and John Wiley & Soons, Chichester, New York/ Singapore, Brisbane, 1995.

AYIBOTELE, N. B. The world's water: Assessing the resource. In: *Keynote paper at the International Conference on Water and the Environment: Development Issues for the 21st. Century*. Dublin, 1992.

BAKKES, J., VAN WOERDEN, J. et alii. The Future of the Global Environment: A Model-based Analysis Supporting UNEP's First Global Environment Outlook. In: *Netherlands Institute of Public Health and the Environment (RIVM) and United Nations Environment Programme (UNEP), UNEP/DEIA/TR/97-1*. Nairobi, 1997.

BATHIA, R.; CESTTI, R.; WINPENNY, J. Water conservation and realocation: Best practice cases in improving economic efficiency and environmental quality. In: *A World Bank - Overseas Development Institute Joint Study*. Washington D.C., World Bank, 1995.

BHATIA, R. & FALKENMARK, M. Water resource policies and the urban poor: Innovative approaches and policy imperatives. In: *Water and Sanitation Currents, United Nations Development Programme - World Bank Water and Sanitation Program*. Washington D.C., World Bank, 1993.

BISWAS, Asit K. Agua para el Mundo en Desarrollo en el siglo XXI: temas e implicaciones. In: *Ingnieria Hidráulica en México*, vol. XI, n. 3, septiembre-diciembre de 1996.

BLOMQUIST, W. Institutions for managing grounwater basins in Southern California". In: *Water quantity/quality management and conflict resolution: Institutions, processes, and economic analysis*. Wetsport, Ed. A. Dinar and E. T. Loehman, 1995.

CAMPOS, M. M. Levantamento preliminar de teores de trítio em águas do Nordeste Brasileiro. In: *Relatório do IPR*, Belo Horizonte, 1971.

COMPANHIA DE TECNOLOGIA DE SANEAMENTO AMBIENTAL. RELATÓRIO DE BALNEABILIDADE DAS PRAIAS PAULISTAS - 1994. 111 p. (Série Relatórios). São Paulo, 1995.

COMPANHIA DE TECNOLOGIA DE SANEAMENTO AMBIENTAL. RELATÓRIO DE QUALIDADE DAS ÁGUAS INTERIORES DO ESTADO DE SÃO PAULO – 1994. 217 p. (Série Relatórios). São Paulo, 1995

CRUZ, W. *Alguns aspectos da circulação e salinização de água subterrânea em rochas cristalinas do Nordeste do Brasil.* Sudene, Dept. Recursos Naturais, 9 p. também em série: Brasil, SUDENE. Hidrologia, 49, Recife 1974: 56-70. 1967

CRUZ, W.B. & MELLO, F.A. Ferreira de. *Estudo geoquímico preliminar das águas subterrâneas do Nordeste do Brasil.* Recife, Sudene, HG-19, 1968.

DZIEGIELEWSKI, B. & BAUMANN, D. The Benefits of Managing Urban Water Demands. In: *Environment.* USA, vol. 34, n. 9, nov. 1992.

EBARVIA, M. *Water supply and demand conditions in Metro Manila.* Manila, University of the Philippines, Mimeo. 1995.

EUROPEAN ENVIRONMENT AGENCY. *Environment in the European Union: Report for the Review of the Fifth Environmental Action Programme.* Copenhagem, 1995.

FOOD AND AGRICULTURE ORGANIZATION OF THE UNITED NATIONS. *Faostat database. Land use domain.* Updated October 8, 1996.

FREDERICK, K. D. Balancing water demands with suplies: The role of management in a world of increasing scarcity. In: *World Bank Technical Paper* n. 189, Washington D.C, World Bank, 1993.

GAT, J. R.; MAZOR, E.; MERCADO, A. *Potential Application of Isotope and Geochemical Techniques to the Hydrological Problems of Northeastern Brazil.* Rep. to the Brazilian Atomic Energy Commision, 1968.

GEYH, H.A. & KREYSING, K. Sobre a idade das águas subterrâneas no polígono das secas do Nordeste Brasileiro. In: *Rev. Bras. Geosci*, 3:53-59, 1973.

GLEICK, P. H. Human Population and Water: Meeting Basic Needs in the 21st. Century. In: *Conference on Population, Natural Resources, and the Environment.* Washington D.C., March 13 -14, 1996.

GLEICK, P. H. *Water in crisis: A guide to the world's fresh water resources.* New York, Oxford University Press, 1993.

HAMILTON, S. K.; Sippel, S. J.; Melack, J.M. Inundation patterns in the Pantanal wetland of South America determined from passive microwave remote sensing. In: *Archiv fur Hydrobiologie*, 137, 1-23, 1996.

HOUGHTON, J.T.et alii. *Climate Change - 1995. The Science of Climate Change.* Cambridge University Press, 1996.

IRC. The world's water: Is there Enough? World Water Day for 1997. In: *Water Newsletter.* Netherlands, International Water and Sanitation Centre, n. 247, Feb. 1997.

KELLER, J. Implications of improving agricultural water efficiency on Egypt's water and salinity balances In: *Roundtable on Egyptian water policy.* Cairo, Ed. M. Abu-Zeid and D. Seckler,1992.

KEPLER, O. et alii. *A Quantitative Assessment of Regional and Global Water Resources for the Period 1990-2050.* Bilthoven, National Institute of Public Health and the Environment, 1996.

LEAL, J. M. *Estudo Geológico e Hidrogeológico da Bacia Hidrográfica do Rio Pajeú*, 23 p. Recife, Sudene, 1966.

_________. *Bacia Representativa do Riacho do Navio.* Recife, 8 p. Sudene, 1975.

LEAN, J. et alii. The Simulated Impact of Amazonian Deforestation on Climate Using Measured ABRACOS Vegetation Characteristics. In: *Amazon Deforestation and Climate.* Edited by J. H. C. Gash et alii, 1996.

MANFRINATO, E.S. *Avaliação do Método Edafo-fitodepológico para o Tratamento Preliminar de Águas.* 98 p. Escola Superior de Agricultura "Luiz de Queiroz" da Universidade de São Paulo. Dissertação de Mestrado. Piracicaba, 1989

MATSUI, E. *Origem e dinâmica de salinidade da água do Nordeste Brasileiro.* Piracicaba, Univ. of São Paulo. PhD. Thesis, 1978.

MELLO, F.A. Ferreira de et alii. *Preliminary isotope survey of water sources in northeastern Brazil.* (unpublished), 1969.

NOBRE, C. *Informações pessoais sobre o fenômeno El Niño.* ao Professor Eneas Salati, 1998

PONCE, V.M. *Impacto Hidrológico e Ambiental da Hidrovia Paraná-Paraguai no Pantanal de Mato Grosso.* San Diego State University, 1995.

POSTEL, S. Last oasis: Facing water scarcity. In: *Worldwatch Environmental Alert Series.* New York, W. W. Norton, 1992.

RASKIN, P.; Hansen E.; Margolis R. Water and Sustainability: A Global Outlook. In: *Polestar Series Report.* Stockholm Environment Institute, n. 4. Boston, 1995.

REBOUÇAS, A. C. Hidrologia das Secas. Série: Brasil, SUDENE, Hidrogeo. 40:126. 1972

REBOUÇAS, A. C. *Le probème de l'eau dans la zone semi-arido du Brésil.* Strasbourg, Université Louis Pasteur, Thèse de Docteur ès Sciences Naturelles. 1973.

REBOUÇAS, A. C. Water's crisis: Myth and reality. In: *Conferência Internacional Solutions 95.* Edmonton, 1995.

ROSEGRANT, M. W. Water Resources in the Twenty-First Century: Challenges and Implications for Action. In: *Food, Agriculture and the Environment Discussion.* International Food Policy Research Institute. paper 20, 1997.

SALATI, E. et alii. Estudo preliminar das concentrações de 18O e D em águas do Nordeste Brasileiro. *Boletim Científico BC-002.* CENA/USP/ CNEN. 30 p, 1971.

SALATI, E.; LEAL, J. M.; CAMPOS, M. M.. Environmental isotopes used in a hydrogeological study of northeastern Brazil. In: *Isotope Techniques in Groundwater Hydrology.* Vienna, Proc. Symp. 1974. p. 258-83, 1974.

SALATI, E. *Alguns Aspectos da Problemática da Agricultura no Nordeste Brasileiro.* Fundação Salim Farah Maluf. p. 1-25, 1983.

SALATI, E. et alii. Utilization of Natural Isotope in the Study of Salination of the Waters in the Pajeú River Valley, Northeast Brazil. In: *Aride-*

zone Hydrology; Investigations with Isotope Techniques. Vienna. 1980.

SALATI, E. & Marques, J. Climatology of Amazon region. In: *The Liminology and landscape-ecology of a migth river and its Basin*. Ed. Harold Sioli. p. 85 -126, 1984.

SALATI, E. The Climatology and Hydrology of Amazon. In: *Amazônia Key Environments*. Pergamon Press. p. 18 - 48, 1985.

SALATI, E. ; NOBRE, C.A. Possible Climatic Impacts of Tropical Deforestation. In: *Climatic Change*. 19: 177-196, 1991.

SALATI, E. & Klabin, I. Algumas Observações Sobre a Avaliação dos Impactos Ambientais e Hidrológicos do Projeto da Hidrovia Paraguai-Paraná. In*: O Projeto de Navegação da Hidrovia Paraná-Paraguai - Relatório de uma Análise Independente*. USA, National Headquarters. p. 107-121, 1997.

SALATI, Eneida. *Diagnóstico Ambiental Sintético e Qualidade da Água do Rio Corumbataí como Um Subsídio para o Planejamento Regional Integrado da Bacia Hidrográfica do Rio Corumbataí*. São Carlos. 200 p. Tese de Doutorado apresentada à Escola de Engenharia de São Carlos da Universidade de São Paulo, 1996.

SANTIAGO, M. M. F. *Fracionamento isotópico da água durante a evaporação*. Escola Politécnica da Universidade de São Paulo. Tese de M.S. São Paulo, 1971.

SECKLER, D. The new era of water resource management: From dry to wet water savings. In: *Research Report*. Sri Lanka, International Irrigation Management Institute, 1996.

SHIKLOMANOV, L. A. Global Water Resources. In: *Nature and Resources*. Paris, Unesco, vol. 26. p. 34-43, 1990.

SHOFF, S. L. *Flushing ancient sea water from precambrian roks in the upper Paraiba basin*. Recife, Sudene, 1967.

SIQUEIRA, L. Contribuição da Geologia à Pesquisa de Água Subterrânea no Cristalino. In: *Água Subterrânea*, Recife, 2(9): 1-29, 1967.

SIOLI, H. The Amazon and its main affluentes: hydrography; morphology of the river courses and river types. In: *The Amazon: Limnology and Landscape Ecology of a Mighty Tropical River and its Basin*. Ed. H. Sioli. or W. Jonk Publishers, 1984.

STERNBER, H.O. *The Amazon River of Brazil*. Geocr. zt., Beih, Erdk. Wissen 40. Franz Steiner, Wiesbaden, XII + 77. p. 1975.

STOLF, R. *Balanço de Água e Cloro no Açude Quebra -Unhas (PE) utilizando as variações naturais das concentrações de 18O, D e CI*. Piracicaba, Escola Superior de Agricultura "Luiz de Queiroz" da Universidade de São Paulo, 1977. Dissertação de mestrado. 122 p. São Paulo, 1977

STOLF, R. et alii. Water budget of a dam in the semi-arid region of the northeast of Brazil basead on oxygen 18 and chlorine contents. In: *Isotopes in Lake Studies*, Vienna, 1977.

STOLF, R. et alii. Water and Salt Balance of an Artificial Reservoir in the Semi-árid Region of the Northeast Brazil using Natural Variations of 180 and D. In: *Lake Dinamics*. Agência Internacional de Energia Atômica, 1978.

THE WORLD COMMISSION ON ENVIRONMENT AND DEVELOPMENT. *Our Common Future*. Oxford University Press, 1987.

WHITMORE, T.M. et alii. Long-term Population Change. In: *The Earth as Transformed by Human Action*. Cambridge University Press, 1990.

WORLD BANK. *World Development Report 1992*. New York, Oxford University Press, 1992.

WORLD BANK. *Environment Bulletin*. Washington, 1993.

WORLD BANK. *A strategy for managing water in the Middle East and North Africa*, Washington D.C., 1994.

WORLD BANK. *Environment Bulletin*, Washington, 1994.

WORLD BANK. *Water Resources Management*. Washington, World Bank's Publications, 1993.

Eneas Salati

fbds@ax.apc.org.br

Engenheiro Agrônomo – Escola Superior de Agricultura Luiz de Queiroz da USP

Doutor em Agronomia – ESALQ/USP

Livre Docente em Física e Meteorologia – Instituto de Física da USP

Professor Titular do Centro de Estudos Ambientais da UNESP, campus de Rio Claro – CEA/UNESP.

Diretor Técnico da Fundação Brasileira para o Desenvolvimento Sustentável - FBDS.

Coordenador Científico da Cooperação Brasil/Alemanha do CNPq.

Foi diretor do Instituto Nacional de Pesquisas da Amazônia – INPA, do Instituto de Física e Química de São Carlos da USP – IFQSC/USP e do Centro de Estudos Nucleares na Agricultura – CENA/USP.

Adviser de meio ambiente para o Banco Mundial e Banco Interamericano de Desenvolvimento – BID.

Linhas de Pesquisa:
Hidrologia Isotópica
Climatologia

Eneida Salati

salati@nutecnet.com.br

Engenheira Civil – Escola Engenharia Piracicaba

Mestre em Agronomia – Centro de Energia Nuclear na Agricultura da USP

Doutora em Engenharia Ambiental – Escola de Engenharia de São Carlos da USP

Diretora proprietária do Instituto de Ecologia Aplicada.

Coordenadora, pelo Consórcio JPE/EPAL/TAHAL do programa "Diagnóstico Limnológico e Ecológico do Reservatório de Guarapiranga" – SMA/SP.

Coordenadora do Projeto Caracterização Limnológica do Rio do Peixe – UHE Barra Bonita – CRHEA/EESC/USP.

Linhas de Pesquisa:
Limnologia
Tratamento de água
Planejamento e gerenciamento de recursos hídricos

Haroldo Mattos de Lemos

brasilpnuma@domain.com.br

Engenheiro Mecânico – Escola Politécnica da Pontifícia Universidade Católica do Rio de Janeiro

Mestre em Engenharia Sanitária – Instituto Internacional de Hidráulica e Engenharia Ambiental da Universidade Tecnológica de Delft, Holanda

Professor Adjunto do Depto. de Hidráulica e Saneamento da Escola de Engenharia da Universidade Federal do Rio de Janeiro.

Presidente do Instituto Brasil Pnuma.

Secretário Executivo no Brasil do Programa Internacional Geosfera-Biosfera.

Foi Secretário de Coordenação dos Assuntos do Meio Ambiente do Ministério do Meio Ambiente, dos Recursos Hídricos e da Amazônia Legal.

Foi Vice-Diretor do Programa das Nações Unidas para o Meio Ambiente – PNUMA, Nairobi, Quênia.

03

Águas Atmosféricas

Pedro L. da Silva Dias
José A. Marengo

Introdução

O Brasil possui diferenciados regimes de precipitação em função da vasta extensão territorial, que vai desde a região equatorial até latitudes subtropicais, e da complexidade topográfica. De norte a sul encontra-se uma grande variedade de climas com distintas características regionais. No Norte do País observa-se um clima equatorial chuvoso, praticamente sem estação seca. A estação chuvosa no Nordeste, com baixos índices pluviométricos, restringe-se a poucos meses, caracterizando um clima semiárido. As regiões Sudeste e Centro-Oeste sofrem influência de sistemas tropicais e de latitudes médias, com estação seca bem definida no inverno e estação chuvosa de verão, caracterizada pela alta freqüência de chuvas convectivas. O Sul do Brasil, dada a posição latitudinal, passa por maior influência dos sistemas de latitudes médias, sendo os eventos frontais mais freqüentes e causadores de chuvas durante o ano todo.

A seguir, é apresentada uma descrição do regime de chuvas no Brasil, com ênfase na distribuição espacial e temporal, além da discussão sobre os mecanismos físicos responsáveis pela formação da chuva no País, e a variabilidade interanual. Neste texto, o termo "águas atmosféricas" refere-se à precipitação pluvial, além do balanço de umidade nas diversas regiões do País.

Distribuição geral da chuva no Brasil

A distribuição espacial e temporal de chuva no Brasil e na América do Sul foi apresentada em mapas climáticos por Hoffmann (1975), Ratisbona (1976). Mais recentemente, e com melhor resolução espacial, podem ser destacados os trabalhos de Horel et alii. (1989), Figueroa e Nobre (1990), Rao e Hada (1990), Quadro et alii. (1994), Marengo (1991, 1995b) e Rao et alii (1996), que apresentam a distribuição espacial e temporal de chuva no Brasil. Baseadas nestes trabalhos, segue uma descrição da distribuição espaço-temporal média da chuva no País. A Figura 1 mostra a precipitação média anual e as Figuras 2a e 2b (Rao e Hada, 1990) mostram os trimestres mais chuvosos e mais secos, respectivamente.

Região Norte

A Região Norte apresenta significativa heterogeneidade espacial e sazonal da pluviosidade. Esta é a região com maior total pluviométrico anual, sendo mais alta no litoral do Amapá, na foz do rio Amazonas e no setor ocidental da Região, onde a precipitação excede 5.000 mm/ano. A Figura 1 indica que na Região Norte são encontrados quatro núcleos de precipitação abundante.

O primeiro máximo de precipitação anual está localizado no noroeste da Amazônia, com chuvas acima de 3.000 mm/ano. Este centro é associado à condensação do ar úmido trazido pelos ventos de

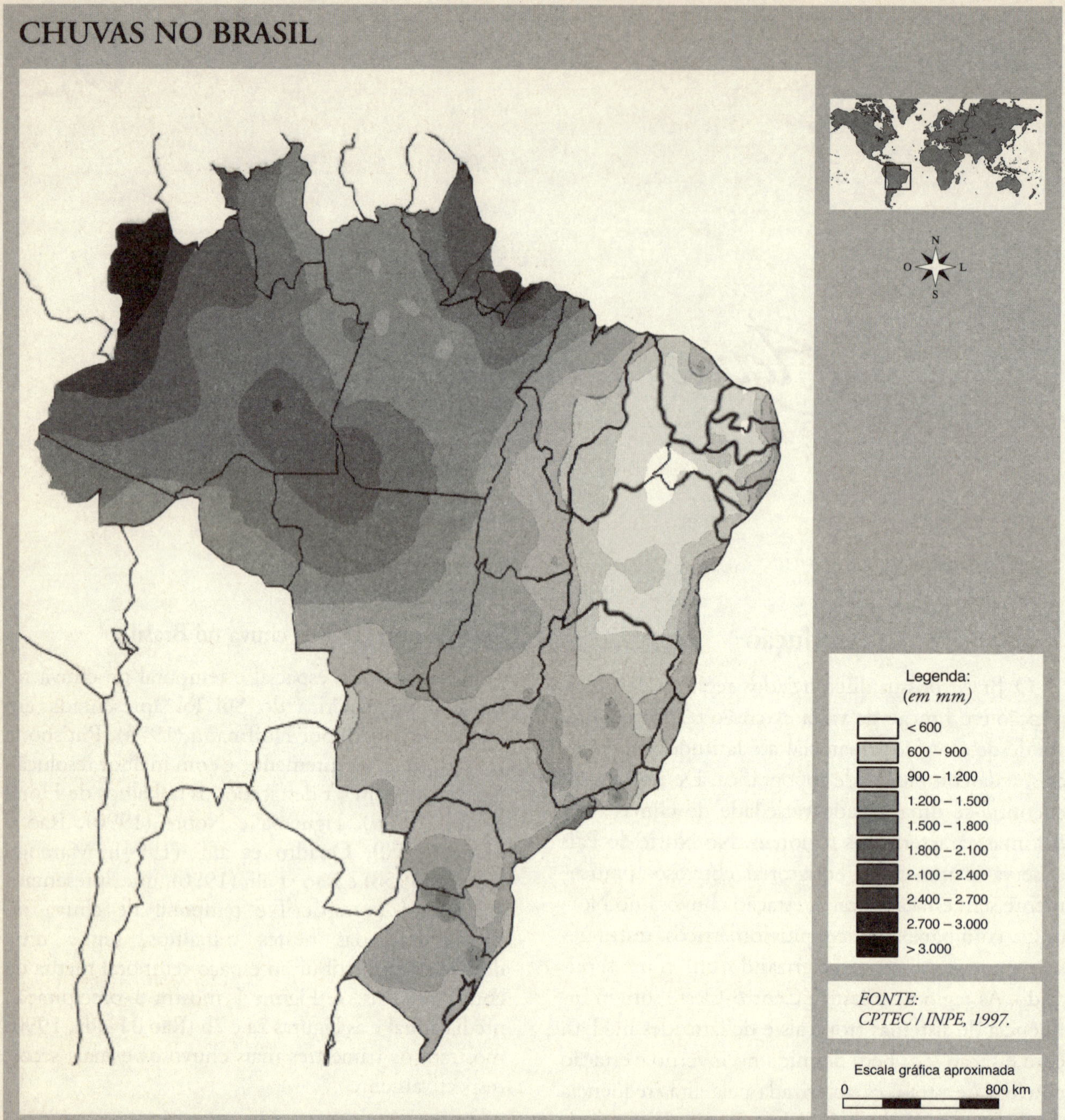

Figura 1: Precipitação média anual no Brasil

leste da Zona de Convergência Intertropical (ZCIT), que sofrem levantamento orográfico sobre os Andes (Nobre et alii, 1991). A chuva no noroeste da Amazônia pode ser entendida como resposta à flutuação dinâmica do centro quase-permanente de convecção nesta região (Marengo & Hastenrath, 1993), ocorrendo principalmente no trimestre abril/maio/junho (Figura 2a). O segundo centro, é localizado na parte central da Amazônia, em torno de 5ºS, com precipitação de 2.500 mm/ano, em uma banda zonalmente orientada, estendendo-se até a parte central da Amazônia, onde a estação chuvosa ocorre no trimestre março/abril/ maio (Marengo, 1995b; Figueroa & Nobre, 1990). O terceiro centro localiza-se na parte sul da região Amazônica onde o máximo ocorre no trimestre janeiro/fevereiro/março e o quarto centro, na parte leste da bacia Amazônica, próximo a Belém, com precipitação anual superior a 4.000 mm e com máxima acumulação no trimestre

MESES MAIS CHUVOSOS NO BRASIL

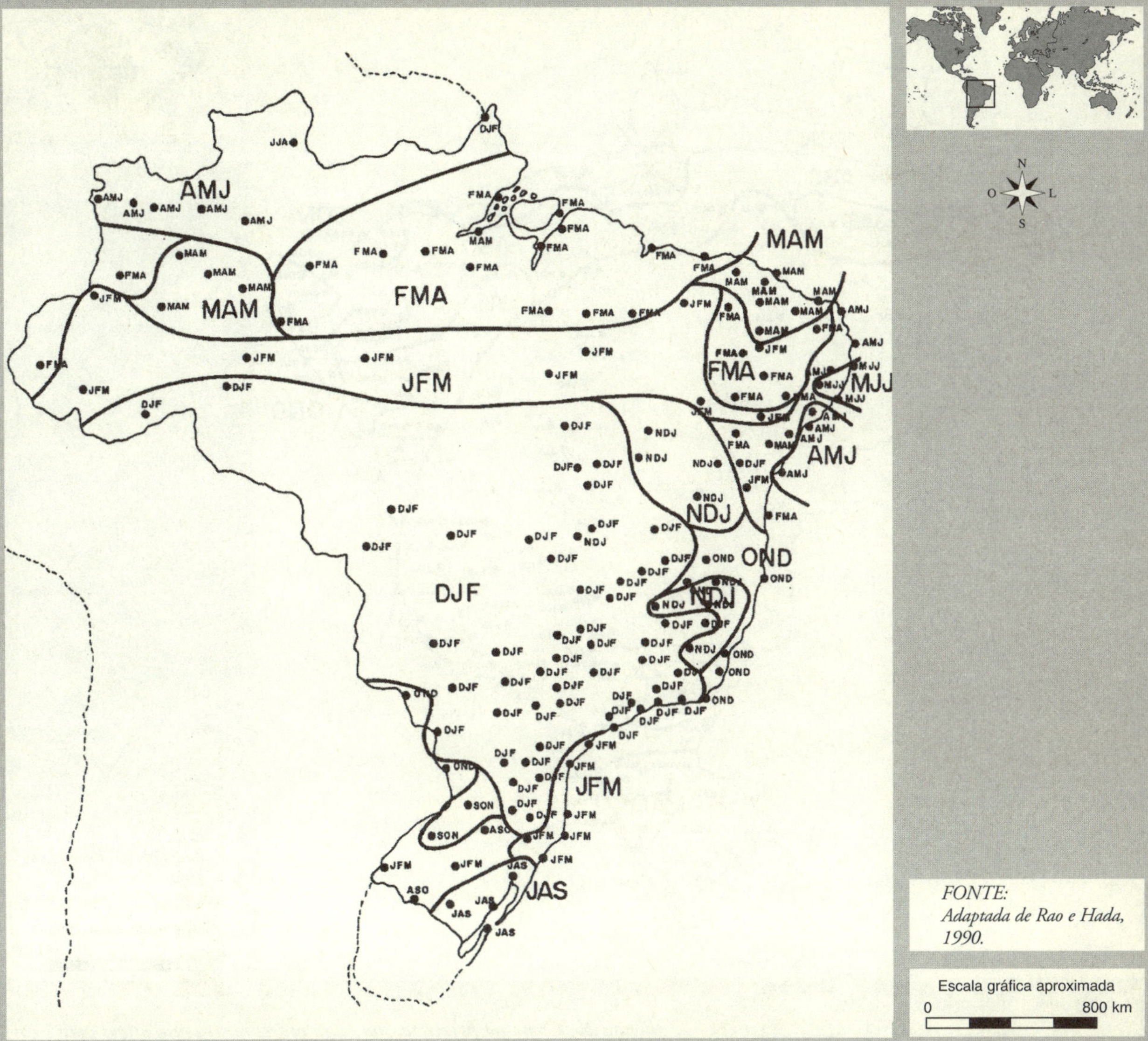

Figura 2a: Os três meses mais chuvosos. As letras correspondem aos meses consecutivos do ano com maior acumulação pluviométrica

fevereiro/março/abril. Este centro de máximo secundário deve-se, possivelmente, às linhas de instabilidade que se formam ao longo da costa, durante o fim de tarde, forçadas pela circulação de brisa marítima (Kousky, 1980), conforme discutido na Seção 1.3.5.

Os trimestres mais secos na Região Norte mudam progressivamente de setembro/outubro/novembro no extremo norte, para agosto/setembro/outubro, numa longa faixa latitudinal desde o oeste da Região Nordeste, para julho/agosto/setembro no vale da bacia Amazônica, sobretudo a oeste, e junho/julho/agosto na parte sul.

Segundo Rao & Hada (1990), estações localizadas no Hemisfério Norte (HN), como Oiapoque (3°N, 60°W), exibem o máximo de chuvas durante o inverno austral (junho/julho/agosto) e mínimo durante o verão austral (dezembro/janeiro/fevereiro).

Região Nordeste

O Nordeste (NE) brasileiro apresenta alta variedade climática, podendo-se observar desde o clima semi-árido no interior do NE, com precipitação acumulada inferior a 500 mm/ano (Figura 1), até o clima chuvoso, observado principalmente na costa leste, com precipitação acumulada anual superior a 1.500 mm (Kousky & Chu, 1978). A parte norte da

MESES MENOS CHUVOSOS NO BRASIL

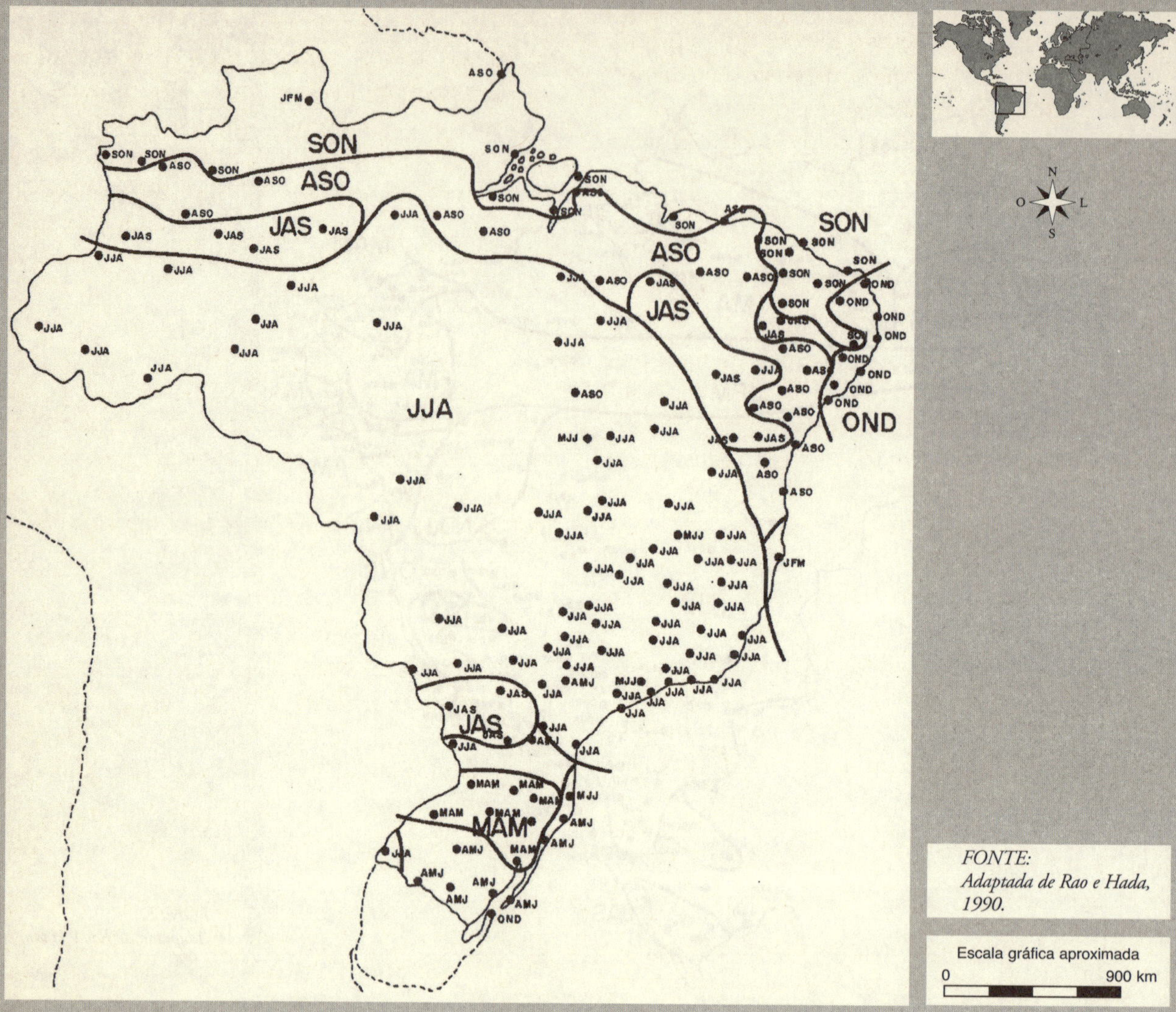

FONTE: Adaptada de Rao e Hada, 1990.

Figura 2b: Como na figura 2a, mas para os três meses consecutivos mais secos

região recebe entre 1.000 e 1.200 mm/ano (Rao et alii, 1996; Hastenrath & Heller, 1977).

Diferentes regimes de chuvas são identificados no NE. A estação chuvosa principal (acima de 60% do total anual) no norte da Região ocorre de março a maio (Figura 2a). No Sul e sudeste, as chuvas ocorrem principalmente durante o período de dezembro a fevereiro e no leste a estação chuvosa é de maio a julho.

A estação seca, na maior parte da Região, é observada de setembro a dezembro (Rao et alii. 1993). O trimestre mais seco ocorre entre agosto e outubro numa faixa orientada no sentido noroeste/sudeste desde o extremo oeste do Nordeste. A estação mais seca no leste do Nordeste ocorre entre outubro e dezembro. No sul do Nordeste, o trimestre mais seco passa para julho/agosto/setembro e finalmente junho/julho/agosto, em todo o interior da Bahia. O litoral da Bahia apresenta grande variedade no regime de chuvas: o trimestre mais seco ocorre em janeiro/fevereiro/março no extremo sul, justamente no período de maior acumulação de chuvas logo ao sul. De Salvador para o norte, o trimestre mais seco ocorre entre agosto e outubro. Grande variabilidade também é encontrada na distribuição do trimestre mais chuvoso no litoral da Bahia, podendo variar desde o trimestre outubro/novembro/dezembro no extremo sul, até abril/maio/junho, ao norte de Salvador. O forte contraste no regime de chuvas no litoral no Nordeste apresenta aplicações turísticas (seco no sul, durante o início do ano) e agrícolas que vêm sendo eficientemente exploradas.

Ramos (1975) e Kousky (1979) mostram a distribuição espacial das chuvas no mês no qual a precipitação média mensal atinge o máximo e histogramas da distribuição anual de precipitação para 5 estações pluviométricas representativas. Há algumas áreas que apresentam máximos secundários de precipitação, tais como as partes central e costeira do Bahia: Remanso, por exemplo, localizada em uma das partes mais secas do NE, apresenta um máximo principal em dezembro e um secundário em março.

A existência de diferentes regimes de precipitação em distintas regiões do NE indica que mais de um mecanismo dinâmico é responsável pela chuva (Seção sobre início e fim da estação chuvosa e veranicos).

Região Sul

A distribuição anual das chuvas sobre o sul do Brasil é bastante uniforme. Ao longo de quase toda a Região Sul, a média anual da precipitação varia de 1.250 a 2.000 mm (Figura 1). Somente algumas áreas encontram-se fora desse limite pluviométrico. Acima de 2.000 mm incluem-se o litoral do Paraná, o oeste de Santa Catarina e a área em torno de São Francisco de Paula, no Rio Grande do Sul. Valores abaixo de 1.250 mm restringem-se ao litoral sul de Santa Catarina e ao norte do Paraná (Nimer,1989).

O sul do Brasil também apresenta grande variabilidade no que concerne a distribuição do trimestre mais seco e mais chuvoso. A complexidade orográfica e o posicionamento latitudinal explicam esta variabilidade (Seção sobre mecanismos físicos de produção de chuvas). O litoral da Região Sul apresenta um evidente máximo de precipitação de inverno (julho/agosto/setembro) enquanto o interior do Rio Grande do Sul apresenta um máximo principal de verão (janeiro/fevereiro/março) mas com chuvas significativas de inverno. Portanto, encontra-se no Rio Grande do Sul uma distribuição anual de chuvas favorável à prática de atividades agrícolas complementares no decorrer do ano. O trimestre mais seco no Rio Grande do Sul tende a ocorrer no trimestre abril/maio/junho. Santa Catarina também apresenta grande variabilidade no trimestre mais chuvoso: desde janeiro/fevereiro/março no litoral, a setembro/outubro/novembro no oeste. Entretanto, o trimestre mais seco ou ocorre entre março/abril/maio no sul ou junho/julho/agosto, mais ao norte. O período mais seco no litoral catarinense ocorre preferencialmente no trimestre abril/maio/junho. O Paraná apresenta menor variação do trimestre mais úmido (em geral dezembro/janeiro/fevereiro) exceto no litoral (janeiro/fevereiro/ março) e extremo oeste (outubro/novembro/dezembro). O trimestre mais seco varia de junho/julho/agosto a julho/agosto/setembro de sul para norte. Entretanto, a diferença da precipitação no trimestre mais seco e mais chuvoso não é particularmente acentuada, sobretudo na região central e de topografia mais alta, viabilizando culturas agrícolas de inverno.

Regiões Sudeste e Centro-Oeste Sul

O Sudeste e o Centro-Oeste, devido ao posicionamento latitudinal, caracterizam-se por serem regiões de transição entre os climas quentes de latitudes baixas e os climas mesotérmicos, de tipo temperado das latitudes médias (Nimer, 1989).

Em geral, a precipitação distribui-se uniformemente nessas regiões (Figura 1), com a precipitação média anual acumulada variando em torno de 1.500 e 2.000 mm. Dois núcleos máximos são registrados na região do Brasil Central e no litoral da Região Sudeste, enquanto uma relativa escassez de chuvas ao longo do ano no norte de Minas Gerais. O trimestre mais seco ocorre de forma bastante uniforme em toda a região (junho/julho/agosto). A precipitação no trimestre mais seco é da ordem de apenas 30 mm em grande parte do Brasil Central. O trimestre mais chuvoso também ocorre de forma bastante uniforme no período de dezembro/janeiro/fevereiro, exceto na parte leste que apresenta o máximo de precipitação um pouco antes (aproximadamente 1 mês). O litoral da Região Sudeste apresenta, principalmente no litoral norte de São Paulo, acumulações anuais da ordem de 3.500 a 4.000 mm, com máximo de verão, mas sem uma estação seca bem definida.

Início e fim da estação chuvosa e "veranicos"

As datas de início e fim da estação chuvosa podem ser definidas de diversas formas. Uma possível caracterização do início da estação chuvosa (Sugahara, 1991) baseia-se na chuva acumulada a cada 5 dias (qüinqüídeos) através dos seguintes critérios: a) primeira ocorrência de um qüinqüídeo com 10 mm e b) não seguido por 3 qüinqüídeos com acumulação inferior a 15 mm/qüinqüídeo. O final da estação chuvosa (Sugahara, 1991) pode ser definido como o qüinqüídeo a partir do qual ocorrem três qüinqüídeos consecutivos com precipitação inferior a 15 mm/qüinqüídeo, não seguido de um qüinqüídeo com mais de 10 mm.

Kousky (1988) determinou o início e final da estação chuvosa no Brasil via sensoriamento remoto (satélite) usando um critério de valores mínimos de Radiação de Onda Longa Emergente (ROLE), acumulados a cada qüinqüídeos, para o período 1979-1987. Vale lembrar que a ROLE tem sido extensivamente usada como indicador de chuvas e nebulosidade, especialmente em áreas tropicais, onde flutuações de ROLE são fortemente controladas pela convecção profunda, responsável por grande parte da precipitação. Baixos valores de ROLE, sobretudo inferiores a 240 W/m^2, são indicativos de nuvens profundas que apresentam maior probabilidade de ocorrência de precipitação. Entretanto, nuvens do tipo cirrus, não precipitantes, por serem muito altas, também apresentam baixo valor de ROLE e portanto podem levar a uma superestimativa da precipitação. Apesar de existirem limitações inerentes à análise da precipitação via ROLE, trata-se de uma metodologia de sensoriamento remoto que supre deficiências inerentes aos sistema de observação na superfície (principalmente a densidade espacial e temporal).

O qüinqüídeo que marca o início da estação chuvosa foi definido por Kousky (1988) pelos seguintes critérios: a) ROLE média inferior a 240 Wm^{-2}, b) pelo menos 10 dos 12 qüinqüídeos anteriores com ROLE média superior a 240 Wm^{-2} e c) ao menos 10 dos 12 qüinqüídeos posteriores apresentando ROLE média inferior a 240 Wm^{-2}. O qüinqüídeo que caracteriza o final da estação chuvosa foi definido por Kousky (1988) através dos seguintes critérios: a) ROLE média superior a 240 Wm^{-2}, b) ao menos 10 dos 12 qüinqüídeos antecedentes com ROLE média inferior a 240 Wm^{-2} e c) ao menos 10 dos 12 qüinqüídeos posteriores com ROLE média superior a 240 Wm^{-2}. A Tabela 1 mostra as datas aproximadas do início e fim da estação chuvosa nas 5 regiões do Brasil.

Tabela 1 - Início e final da estação chuvosa no Brasil

Região	Início	Final
Norte	Agosto-Dezembro	Junho
Nordeste	Fevereiro	Maio
Centro-Oeste	Setembro	Maio
Sudeste	Setembro-Outubro	Abril
Sul	Julho	Novembro

FONTE: Kousky, 1998.

Sugahara (1991), baseado em dados de ROLE e dados pluviométricos do Dapartamento de Águas e Energia do Estado de São Paulo (DAEE) mostra que o início da estação chuvosa no estado de São Paulo coincide com o início na região oceânica vizinha e no Brasil Central (final de setembro e início de outubro) e que o final ocorre em meados de abril. O Alto Amazonas apresenta o início da estação chuvosa cerca de 6 qüinqüídeos antes de São Paulo e o início ocorre na Bolívia cerca de 2 qüinqüídeos antes. O sul do Nordeste apresenta o início da estação chuvosa com cerca de 5 qüinqüídeos de atraso com relação ao estado de São Paulo. Os resultados obtidos por Sugahara concordam, grosso modo, com os de Kousky (1988).

Marengo et alii (2001) usaram dados pluviométricos da Amazônia (fornecidos pela Agência Nacional de Energia Elétrica, ANEEL) com maior resolução espacial, para mapear o início, fim e extensão da estação chuvosa. A estação chuvosa tem início de meados ao fim de setembro no oeste da Amazônia, no fim de setembro e início de outubro no sudoeste, no início de setembro na Amazônia central, e de meados de novembro a início de dezembro próximo à foz do rio Amazonas. No leste da Amazônia o início da estação chuvosa ocorre entre meados e início de outubro. Em geral, estas datas concordam com as estimativas de Sugahara (1991), via ROLE. Paiva et alii (1996) apresentam um estudo sobre a caracterização do início da estação chuvosa em Minas Gerais, também baseado em dados pluviométricos. Os resultados também concordam, em linhas gerais, com as estimativas via ROLE. A caracterização da estação chuvosa no leste do NE via ROLE, entretanto, apresenta significativa diferença com relação à estimativa baseada em dados pluviométricos diretamente observados. A discrepância ocorre em função da pequena espessura e alta eficiência das nuvens precipitantes nesta região, em geral com topo localizado em torno de 3.000 a 5.000m da superfície e, portanto, com ROLE relativamente alta.

Uma característica da estação chuvosa no Brasil é a presença de períodos secos ou "veranicos" dentro da estação chuvosa. Os veranicos caracterizam-se por altas temperaturas máximas além de um estresse hidrológico causado pelo grande consumo de umidade do solo podendo produzir perdas de produtividade agrícola ou mesmo frustrar toda ou grande parte da produção.

Em virtude da grande irregularidade climática

que afeta o norte do Nordeste, os veranicos podem afetar profundamente as condições socioeconômicas locais. Melo et alii (1997) estudaram os veranicos no Rio Grande do Norte para conhecer a freqüência destes períodos sem chuva, e identificaram a ocorrência nestes períodos secos entre abril e junho. Estudos de probabilidade de ocorrência e freqüência de veranicos foram feitos por Damião & Rao (1997) para a Paraíba, e por Souza & Aquino (1997) para Alagoas.

Os veranicos que ocorrem em outras regiões do País também podem levar a prejuízos significativos, tanto no setor agrícola como causar dificuldades no gerenciamento de recursos hídricos para o abastecimento urbano e produção de energia elétrica. Vários estudos foram realizados sobre a freqüência de ocorrência de veranicos no Brasil como o de Feitz et alii (1997) para Mato Grosso, Júnior & Bastos (1997) para o Piauí, Sugahara (1991), Mariano et alii (1997) e de Sousa et alii (1997a) para São Paulo, de Sousa et alii (1997b) e Souza et alii (1997) para Bahia, e mais recentemente Marengo et alii (2001) para Amazônia.

Mecanismos físicos de produção de chuva

A Zona de Convergência Intertropical

A variabilidade espacial e temporal da Zona de Convergência Intertropical (ZCIT) é decisiva na caracterização das diferentes condições de tempo e de clima em diversas áreas da Região Tropical. Sua influência sobre a precipitação nos continentes africano, americano e asiático tem sido aceita e mostrada em vários trabalhos como Hastenrath & Heller (1977), Lamb (1978), Sika & Gadgil (1985), Moura & Shukla (1981), Chung (1982), Citeau et alii (1988 e 1988), entre outros. No caso específico do norte do nordeste brasileiro, Uvo (1989) apresenta um estudo bem detalhado da variabilidade da ZCIT e sua importância nas precipitações no setor norte do Nordeste do Brasil.

A ZCIT está inserida numa região onde ocorre a interação de características marcantes atmosféricas e oceânicas: i) zona de confluência dos ventos alísios (ZCA); ii) zona do cavado equatorial; iii) zona de máxima temperatura da superfície do mar; iv) zona de máxima convergência de massa; e v) zona da banda de máxima cobertura de nuvens convectivas, todas interagindo próximo à faixa equatorial. Apesar dessa interação, as características não se apresentam, necessariamente, ao mesmo tempo, sobre a mesma latitude. Hastenrath & Lamb (1977) mostram que durante os meses de verão no Hemisfério Norte (junho/julho/agosto), a zona de confluência dos alísios surge sobre o cavado equatorial e as regiões de máxima cobertura de nuvens, precipitação e convergência de massa são quase coincidentes, localizando-se, aproximadamente, a 3° ao sul da ZCA. Nos meses de dezembro/janeiro/fevereiro, a zona de máxima cobertura de nuvens, precipitação e convergência de massa localiza-se ao norte da ZCA.

Diferentes estudos já apontaram a importância da ZCIT no regime de chuvas das regiões Norte e nordeste do Brasil (Moura & Shukla 1981) e na Amazônia (Marengo 1992). É interessante observar que o ciclo anual de variação da posição da ZCIT na Região Norte do Brasil sofre uma súbita descontinuidade no início da estação chuvosa na parte oeste do continente e no Brasil Central, como conseqüência do início da monção sul-americana.

A Zona de Convergência do Atlântico Sul (ZCAS)

A Zona de Convergência do Atlântico Sul (ZCAS) é convencionalmente definida como sendo uma faixa de nebulosidade persistente, orientada no sentido noroeste-sudeste, associada a um escoamento convergente na baixa troposfera, que se estende desde o sul da Amazônia ao Atlântico Sul-Central por alguns milhares de quilômetros, bem caracterizada nos meses de verão. A ZCAS ganhou alto destaque nos últimos anos, como um eficiente sistema meteorológico produtor de chuvas intensas, e merece um especial destaque dada a complexidade de sua estrutura e a polêmica em torno dos mecanismos de formação, manutenção e destruição.

O estudo observacional feito por Kodama (1992, 1993) mostrou diversas características comuns entre a ZCAS, a Zona de Convergência do Pacífico Sul (ZCPS) e a Zona Frontal de Baiú, chamadas, de uma forma geral, de Zonas de Convergência Subtropical (ZCST). Essas características comuns seriam: (i) estendem-se para leste, nos subtrópicos, a partir de regiões tropicais específicas de intensa atividade convectiva; (ii) formam-se ao longo de jatos sub-tropicais em altos níveis e a leste de cavados semi-estacionários; (iii) são zonas de convergência em uma camada inferior úmida, espessa e com intenso gradiente horizontal de temperatura (i.e., um ambiente altamente baroclínico); (iv) estão localizadas na fronteira de massas de ar tropical úmida, em regiões de forte gradiente de umidade em baixos níveis, com geração de instabilidade convectiva por processo de advecção diferencial de temperatura.

Streeten (1968, 1973) e Taljaard (1972) parecem ser as primeiras referências na literatura especializada a mencionarem essa importante estrutura dinâmica. A ZCAS é facilmente identificada no campo de ROLE (Satyamurty et alii 1980; Kousky, 1988; Aceituno 1988; Carvalho et alii, 1989; Kodama, 1993; Figueroa et alii, 1995 e Nogues-Peagle & Mo, 1997) pelo baixo valor de radiação emitida para o espaço. A ZCAS é responsável pela ocorrência de tempestades severas e períodos prolongados de chuvas que provocam enchentes e deslizamento de encostas, com grandes perdas de vidas humanas e prejuízos econômicos significativos. Estudos observacionais indicam uma evidente associação entre períodos de enchentes de verão na região sudeste e veranicos no sul com a permanência da ZCAS por períodos prolongados na região sudeste (Casarin & Kousky, 1986; Silva Dias, 1988, Silva Dias et alii, 1991; Araujo et alii, 1988; Quadro, 1994). Estudos recentes de Nogues-Paegle & Mo (1997) confirmam aos resultados de Casarin & Kousky (1986) que sugerem uma alternância de fases de atividade da ZCAS durante o verão, com o posicionamento alternado entre a Região Sul e Sudeste. Possíveis conexões entre a ZCAS e anomalias de TSM no Atlântico foram sugeridas por Nobre (1988).

A Alta da Bolívia

A circulação geral da alta troposfera sobre a América do Sul durante o verão tem sido bastante estudada nas últimas décadas (Kousky e Kayano, 1981; Kruels, 1975; Silva Dias et alii, 1983; Santos, 1986; Carvalho, 1989; Jones & Horel, 1990; Figueroa et alii, 1995; Lenters & Cook, 1995; Tanajura, 1996). Esta região possui uma característica muito particular por apresentar um anticiclone em altos níveis troposféricos (200 mb), durante os meses de verão, associado com a forte convecção da região Amazônica e Brasil Central. Este anticiclone foi denominado de Alta da Bolívia (AB), pois situa-se, em geral, sobre a região do altiplano boliviano durante o verão. Durante a época de inverno, ocorre a desintensificação da AB, com o seu desaparecimento durante a estação seca no Brasil Central como uma característica semi-permanente do escoamento de ar superior. A localização geográfica da AB apresenta variação intra-sazonal e interanual, associada com a convecção na Amazônia. Santos (1986) observou que, durante anos menos chuvosos na região Amazônica, os centros da AB eram menos intensos.

A manutenção do núcleo quente associado à Alta da Bolivia não deixa de provocar alguma polêmica. Alguns autores, como Schwertdfeger (1976) sugerem que a transferência de calor sensível entre a superfície e o ar e a liberação de calor latente (provocado pelas intensas tempestades) no altiplano Boliviano sejam os mecanismos relevantes. Entretanto, estudos dinâmicos, como o de Silva Dias et alii. (1983), mostram que a circulação anticiclônica na alta troposfera deve ficar a sudoeste da fonte de calor (quer associada ao calor sensível ou ao calor latente). Nas condições típicas da América do Sul, é pouco provável que a fonte de calor no altiplano boliviano exerça um papel muito significativo no processo de formação e manutenção da AB, sobretudo ao se considerar a quantidade total de precipitação integrada na área do altiplano, em comparação com a precipitação observada na região amazônica e Brasil Central (Lenters & Cook, 1995).

Estudos recentes de Grimm e Silva Dias (1995a, b) mostram que a AB também pode ter sua origem nas anomalias do escoamento divergente na alta troposfera em regiões remotas como, por exemplo, no Oceano Pacífico Sul, na região da ZCPS. A AB pode exercer algum controle sobre a evolução da precipitação sobre o Brasil e adjacências. Talvez seja por esta razão que existe na literatura alguma contradição sobre o relacionamento da AB com as chuvas de verão: é a AB que sustenta a convecção na Amazônia/ Brasil Central ou o contrário? Na realidade, os dois processos parecem atuar simultaneamente. A alta estabilidade dinâmica da AB favorece a manutenção da convecção que, por sua vez, sustenta o núcleo quente, indispensável para a manutenção da AB. Por outro lado, o núcleo quente pode ser gerado por subsidência induzida por convecção remota (p.ex., na região da ZCPS) e neste caso a AB inicialmente inibe a formação de precipitação sobre o Brasil. Porém, com o aquecimento da superfície e eventuais forçantes sinóticas (p.ex., penetração de frentes frias durante o verão), este tipo de AB (remotamente induzida) pode sustentar convecção profunda a leste do centro da circulação anticiclônica (onde, dinamicamente apresenta escoamento divergente em altitude, favorecendo a organização da convecção profunda).

Sistemas sinóticos transientes

Um interessante estudo sobre a penetração de sistemas frontais e organização da convecção foi realizado por Oliveira e Nobre (1985), utilizando 5 anos (1977/1981) de imagens de satélites meteorológicos. Estes sistemas frontais provocam a organização e formação de uma banda de nuvens orientada no sentido NW/SE. Nos meses de verão, as frentes ficam estacionadas na região da ZCAS, intensificando o regime de precipitação da região (época chuvosa). No inverno, as frentes deslocam-se mais rapidamente e freqüentemente vêm acompanhadas de ar frio (sem muita chuva). As massas de ar frio podem chegar até a Amazônia causando o fenômeno conhecido por friagem, às vezes acompanhado de chuva leve, de origem estratiforme baixa, em plena Amazônia. A mais perigosa conseqüência da entrada de massa de ar frio do sul é a ocorrência de geadas nas regiões produtoras de café no Sul e Sudeste do Brasil (Hamilton & Tarifa 1978; Fortune & Kousky 1983; Marengo et alii, 1997a e b).

Durante o período no qual a ZCIT atua sobre o NE podem ocorrer distúrbios de escala sinótica com deslocamento para oeste, que guardam alguma semelhança com as perturbações associadas às chamadas ondas de leste, amplamente estudadas sobre o Caribe, Atlântico Equatorial Norte e Pacífico. A análise espectral utilizada por Neiva (1975) para investigar os distúrbios de leste no Atlântico Sul, em análises operacionais do campo de vento em pontos de grade (produzidas pelo então National Meteorological Center/NMC da NOAA - EUA) mostraram periodicidade da ordem 4 a 6 dias nos níveis de 700 e 500 mb (aproximadamente 3.000 e 5.800 m acima do nível do mar), com comprimento de onda da ordem de 6.000 km e velocidade para leste de cerca de 11° /dia. Yamazaki & Rao (1977), através de uma análise de imagens de satélite, sugerem que a elevada pluviosidade durante o inverno em algumas regiões da costa do NE relacionam-se com os distúrbios de leste que podem ser originados na África, ao sul do equador. Kousky & Kayano (1981) sugerem que oscilações de vento com periodicidade de 3 a 5 dias, nos baixos níveis na Amazônia, relacionam-se com ondas de leste que afetam a região. Espinoza (1996), analisando distúrbios ondulatórios no Atlântico Tropical também obteve evidências da influência de ondas de leste no Atlântico Tropical. Os eventos de fortes chuvas ocorridas especialmente na faixa litorânea leste e norte do NE foram associados às perturbações ondulatórias de leste no inverno de 1994 sendo que a máxima precipitação foi observada entre a passagem do cavado e da crista associados à perturbação de leste (Mota, 1997).

O desenvolvimento de ciclones (ciclogênese) também exerce importante influência na organização da precipitação na região Sul do Brasil. Satyamurti et alii (1990) e Gan & Rao (1991) fizeram um estudo climatológico sobre a ocorrência de ciclogênese na América do Sul e mostraram que a costa sul do Brasil/Uruguai também apresenta alta freqüência de formação de ciclones, sobretudo no inverno e primavera. Perturbações ondulatórias no escoamento de ar superior estão sempre presentes na ocorrência de ciclogênese, caracterizando um comportamento mais clássico, associado à instabilidade baroclínica do escoamento em latitudes médias. Mas a intensidade dos ciclones que afetam o sul do Brasil e sobretudo o rápido crescimento desses sistemas sinóticos, sugerem que a liberação de calor latente no processo de formação de chuva exerça um importante papel na energética (Bonatti & Rao, 1987). O gradiente de temperatura da superfície do mar ao longo da costa sul do Brasil no inverno, provocado pela confluência da corrente das Malvinas (fria) com a corrente do Brasil (quente) também contribui para a intensificação dos ciclones e, sobretudo, para a orientação da trajetória desses sistemas ao longo da costa (Saraiva & Silva Dias, 1996). É interessante que observar a ciclogênese não é restrita ao extremo sul do Brasil: ocorrem eventos na região Sudeste do Brasil, com significativa influência sobre Minas Gerais, sul de Goiás, Rio de Janeiro e Espírito Santo. As frentes frias associadas aos ciclones podem influenciar remotamente a formação de chuvas na região Central de Leste do Brasil.

Sistemas de Mesoescala

As Linhas de Instabilidade (LIs) que ocorrem na Amazônia (Sun e Orlanski, 1981 a e b) são responsáveis pela formação de chuvas próximo à costa dos estados do Pará e Amapá, bem como de precipitação na Amazônia Central, durante a estação seca. Cavalcanti (1982) realizou um estudo climatológico e observou que a formação destas linhas posiciona-se ao sul ZCIT, sendo o período de maior freqüência na época em que a ZCIT está mais organizada. Molion (1987) descreve a influência destas LIs na distribuição de chuva da Amazônia Central, observando que durante à noite, e devido à diminuição do contraste térmico oceano-continente, as LIs praticamente se dissipam, para revigorarem-se no dia seguinte, com o aquecimento da superfície, contribuindo significativamente para a variabilidade diurna da precipitação da bacia Amazônica. O estudo realizado por Cohen et alii. (1989) mostra que as LIs contribuem com cerca de 45% da chuva do período chuvoso. Estas linhas são caracterizadas por apresentarem grandes aglomerados de nuvens cumulonimbi e são formadas devido à circulação de brisa marítima, podendo propagar para o interior do continente (denominadas LIP - Linhas de Instabilidade Progagantes) ou não (LIC - Linhas de Instabilidade Costeiras). Devido a suas dimensões, as LIs na região amazônica são facilmente observadas por imagens de satélites. De acordo com Cohen et alii (1989), as LICs constituem 62% dos casos observados, sendo o restante (38%) compreendido de LIPs. Essas LIs podem atingir o extremo oeste da Amazônia, com velocidade de deslocamento entre 12 e 15 m / s (aproximadamente 13 graus de longitude por dia). O comprimento e a largura médios destas LIs é de aproximadamente 1.500 km e 170 km, respectivamente, sendo que o período de maior freqüência de ocorrência acontece entre abril e agosto (Cohen et alii, 1989). Cohen et alii (1995) estudaram a penetração de LIs na região da Amazônia Central, nos meses de abril/maio de 1987. Neste período as LICs compreenderam 23% dos casos, sendo o restante de LIPs.

Linhas de instabilidade típicas de latitudes médias também são observadas no Brasil, causando significativa precipitação (Silva Dias & Lima, 1982; Silva Dias, 1987; Abdoulaev et alii, 1994). Essas linhas podem se formar paralelamente ou perpendicularmente às frentes frias. As linhas perpendiculares às frentes freqüentemente estão associadas ao escoamento de noroeste que precede a entrada de frentes frias na região Sul/Sudeste. É possível que forçantes orográficas não muito intensas participem do processo de formação de linhas que se deslocam de noroeste para sudeste, partindo do Mato Grosso do Sul (Silva Dias, 1987).

Os Complexos Convectivos de Mesoescala – CCMs – devem sua definição a Maddox (1980) tendo, portanto, uma história relativamente recente na Meteorologia. O CCM é um sistema meteorológico que possui uma espessa cobertura de nuvens frias, constituída basicamente pelos topos e bigornas dos cumulonimbi, com forma aproximadamente circular (diâmetro da ordem de algumas centenas de quilômetros) e tempo de vida relativamente mais longo do que um sistema convectivo isolado, isto é, no mínimo 6 horas. Machado & Rossow (1993) mostram que a medida que um sistema convectivo desse tipo atinge a fase madura, forma-se uma grande quantidade de stratus e de cirrus, atingindo, aproximadamente, 80% da área total. Velasco & Fritsch (1987) adaptaram a técnica objetiva de classificação dos CCMs introduzida por Maddox (1980) e mapearam as regiões de ocorrência na América do Sul e as diversas características associadas. CCMs são responsáveis por significativa parcela da precipitação que ocorre no Sul do Brasil e pela formação de tempestades severas. Conforme relatado em Velasco & Fritsch (1987), o ciclo de vida do CCM é tal, que o horário de máxima extensão ocorre de madrugada (ainda no Paraguai ou Argentina), na grande maioria dos casos observados. O hábito noturno é uma das características mais marcantes do CCM tanto subtropical, nos dois hemisférios, como aqueles observados na região tropical. O fim do CCM ocorre, em sua grande maioria, por volta do meio-dia subseqüente. Pode-se notar que o tempo de vida mais freqüente está entre 10 e 20 horas. Estudos observacionais sobre a ocorrência de precipitação significativa associada a MCCs podem ser encontrados em Silva Dias (1987), Figueiredo & Scolar (1996) e Duquia & Silva Dias (1994). Uma simulação numérica de um CCM sobre a América do Sul foi realizada por Rocha et alii (1994).

O sistema do tipo nuvem vírgula (invertida no hemisfério sul) ou, simplesmente, "nuvem vírgula" é um distúrbio de escala subsinótica (da ordem de centenas de quilômetros) que se forma em baixos ou médios níveis da troposfera, dentro da massa de ar frio, na retaguarda de um sistema frontal ou zona baroclínica (Dereczynski & Hallak, 1996). Esses sistemas, típicos de inverno, podem provocar chuvas intensas mesmo quando se formam sobre o continente. A escala horizontal das nuvens vírgula varia entre 500 e 1.500 km e deslocam-se para leste com velocidade de aproximadamente 8 m/s. Tais distúrbios formam-se em níveis médios ou baixos, causando redução da pressão à superfície, onde se verifica um cavado ou até mesmo uma baixa pressão bem definida. O ciclo de vida de uma nuvem vírgula, desde sua fase nascente até a dissipação, é de aproximadamente dois dias. Sistemas do tipo vírgula afetam sobretudo o sul do Brasil. Os processos dinâmicos de formação de nuvens vírgula na América do Sul foram discutidos por Bonatti & Rao (1987).

Circulações regionais e influência da topografia

O estabelecimento de um escoamento de norte do lado leste dos Andes, é uma situação climatológica típica de verão na América do Sul (Virji, 1981). Gandú & Geisler (1992) e Figueiroa et alii (1995) mostram que os Andes exercem um papel fundamental no estabelecimento do escoamento de norte, em baixos níveis, na encosta leste, na presença de fontes de calor na Amazônia, típicas no período de verão. O *jato em baixos níveis* (JBN) transporta umidade da Amazônia para as férteis terras no norte da Argentina e também contribui como fonte de umidade dos CCMs que se formam no Paraguai.

Sugahara et alii (1994) mostraram num estudo sobre a ocorrência de jatos na América do Sul, com dados em 8 verões, que o escoamento de norte adquire características de um JBN (com velocidade superior a 8 m/s e cisalhamento vertical de no mínimo 2 m / s entre 850 e 700 mb) em aproximadamente 30% dos dias. Na média dos dias com jato em baixos níveis, a velocidade máxima atinge 13 m / s em 850 mb. Comparando os dias com jato com aqueles sem jato, através da diferença no campo de ROLE, Sugahara et alii (1994) mostram que a convecção é intensa e concentrada nos dias com jato na região onde tipicamente ocorrem os CCMs subtropicais. Na região da Amazônia não aparece nenhum sinal de diferença em ROLE nos dias com e sem jato. Porém, a convecção é menos intensa em dias com jato na região da ZCAS.

Os dados de ROLE, no entanto, mostram um sinal significativo de que a intensidade da convecção Amazônica pode não ter uma relação com a intensidade do JBN. Na composição do campo de pressão à superfície em dias com jato e sem jato, Sugahara et alii(1994) mostram que a Baixa do Chaco é mais intensa e organizada em dias com jato e a tendência da pressão nos dias anteriores à ocorrência do jato indicam a passagem de um distúrbio ondulatório de latitudes médias. Gandú & Geisler (1992) e Figueroa et alii (1995) por outro lado mostram que a Baixa do Chaco pode também ser uma resposta dinâmica à fonte de calor no sul/sudeste da Amazônia e no Brasil Central. Conclui-se, então, que apesar de estar dinamicamente ligada à convecção Amazônica, a Baixa do Chaco é também modulada por sistemas baroclínicos transientes que afetam a intensidade do jato de norte em baixos níveis, independentemente da organização e intensidade da convecção tropical. Por outro lado, a relação do jato com a ZCAS parece ser de uma correlação negativa, isto é, o jato sobre o Paraguai é intenso nos dias em que a ZCAS está enfraquecida ou ausente na região Sudeste. Paegle (1987) apresenta o jato noturno de baixos níveis como um importante mecanismo para iniciar a convecção ao longo da costa leste dos Andes dada a sua contribuição para o transporte de umidade.

A brisa fluvial é um mecanismo físico no qual o ar, devido ao contraste térmico entre água-terra, move-se em direção da terra durante o dia e vice-versa à noite. Imagens de satélites mostram que as nuvens na região amazônica formam-se preferencialmente sobre a terra durante o dia, com movimentos de subsidência na área dos rios (Cutrim et alii, 1995). Oliveira & Fitzjarrald (1993) comprovam a existência desta circulação fluvial no Amazonas, nos baixos níveis (até 1.500-2.000 m), com sentido floresta/rio durante a noite e início da manhã, revertendo o sentido (rio/floresta) durante a tarde e início da noite. Observações radiométricas, realizadas a bordo de aeronaves instrumentadas durante o experimento ABLE-IIb (*Amazon Boundary Layer Experiment IIb*), indicam uma variação térmica entre rio/floresta de -3ºC à 12ºC durante o dia (i.e., o rio é mais frio que a floresta neste período) e +6ºC à 12ºC à noite (Oliveira & Fitzjarrald, 1993). Certamente estas influências são mais intensas nas regiões em que a largura do rio é considerável, tais como próximo a Manaus (confluência sos rios Negro e Solimões), Santarém (rios Tapajós e Amazonas) e Belém (rios Tocantins e parte sul da foz do rio Amazonas). Molion e Dallarosa (1990) argumentam que a brisa fluvial possa ter significativo impacto na variabilidade espacial de mesoescala da pluviometria da região.

Molion e Dallarosa mostram que, considerando-se 4 postos pluviométricos (1978-1988) próximos à Manaus, o menor índice anual (1.843 mm) foi o da estação instalada em uma ilha no rio Negro, sendo o maior índice (2.303 mm) na localidade distante cerca de 100 km. Portanto, sugere-se que a brisa fluvial observada ao longo dos grandes rios amazônicos pode ter uma significativa influência sobre o regime pluviométrico da região. Uma importante conseqüência desta afirmação reside no fato de a maior parte das estações pluviométricas amazônicas estar localizada nas vizinhanças dos grandes rios. Logo, é possível que a precipitação total na região amazônica esteja sendo subestimada nos estudos baseados em dados pluviométricos convencionais.

Tempestades severas

A documentação sistemática de tempestades no Brasil é muito recente e ainda incompleta. Alguns resultados de pesquisas estão publicados nas revistas internacionais, mas, muito conhecimento sobre o tema está restrito às publicações científicas brasileiras e anais de congressos.

Os danos causados por tempestades não são bem conhecidos. Na bacia Amazônica, Nelson et al (1994), ao examinarem imagens temáticas do LANDSAT detectaram grandes áreas desmatadas na floresta amazônica madura, em zonas afastadas da civilização. Essas áreas, são desmatadas na forma de trilhas, caracterizadas por árvores derrubadas aproximadamente no mesmo sentido, caracterizando o processo de desmatamento, associadas a ventos muito fortes. Permanece incerta a origem dessas tempestades, pois elas podem estar associadas a sistemas convectivos isolados às linhas de instabilidade de longa duração (microexplosões de nuvens cumulonimbis).

Microexplosões também provocam precipitações de alta intensidade e com fortes ventos em outras regiões do Brasil, sobretudo no Sul e Sudeste. Alguns episódios mais recentes, como o de Itu (Massambani et alii, 1992, Menezes & Silva Dias, 1996) e de Ribeirão Preto, foram recentemente estudados por Silva Dias et alii (1996) e Menezes (1998). Há fortes indícios de que também tenham ocorrido tornados associados a estes sistemas. Silva Dias & Grammelsbacher (1996) discutem a situação sinótica associada a um caso de tornado nas vizinhanças da cidade de São Paulo em abril de 1991.

O ciclo hidrológico atmosférico

Os estudos sobre o balanço de umidade na região amazônica foram inicialmente realizados com observações de precipitação, vazões dos rios e dados de algumas poucas estações do radiossondagem (Marques et alii, 1977; 1979a, 1979b, 1980a, 1980b; Chu, 1984; Marengo et alii 1995a). Para a Amazônia, Molion (1975) e Salati (1987) mostraram que na média, 50% da água associada à precipitação é reciclada de volta para a atmosfera por evapotranspiração.

O balanço hídrico na Amazônia é difícil de ser determinado com precisão devido à falta de continuidade espacial e temporal de medidas da precipitação, medidas simultâneas de vazões, etc. O balanço de água na Amazônia foi determinado por diversos métodos meteorológicos por Molion (1975), Villa Nova et alii (1976), e Lettau et alii (1979). Marques et alii (1980) estimaram o balanço de água usando a divergência do fluxo de vapor de água com medidas aerológicas obtidas por balões de sondagem atmosférica. Na média, a precipitação da bacia é de 11,9 x 10^{12} m^3/ano (Villa Nova et alii 1976), a descarga do Amazonas em Óbidos e 5,5 x 10^{12} m^3/ano (Oltman 1967), e a evapotranspiração, estimada segundo o método do Penman, foi estimada por Marques et alii (1980) como sendo da ordem de 6,4 x 10^{12} m^3/ano. O balanço de umidade na Amazônia indica um papel fundamental da evapotranspiração (3 a 3,5 mm/dia). Estimativas recentes da evapotranspiração, baseada em dados dos experimentos ABLE IIb e FLUAMAZON, mostram médias da ordem de 5 mm/dia (Nobre et alii, 1991). Durante episódios intensos de precipitação, a convergência de umidade pode contribuir com 70 a 80% da precipitação total. Em escalas de tempo mensal ou maior, a evapotranspiração média é responsável por 55% da precipitação.

Souza (1991) utilizaram os dados aerológicos do experimento ABLE-2b (13 abril-13 maio 1987), junto com as estimativas da precipitação na bacia amazônica. A partir deste dados foram calculados os campos do fluxo de vapor de água atmosférico (Q), bem como sua divergência na região. A metodologia de cálculo é detalhada em Souza (1991) e a Tabela 2 mostra os principais resultados.

Tabela 2 - Estimativas de balanço do vapor de água na região para o período do ABLE 2b.

Taxa de precipitação (mm/mês)	295,8
Divergência do Fluxo (mm/mês)	187,7
Taxa de evapotranspiração (mm/mês)	108,1

Estudos sobre o balanço hidrológico na Amazônia também foram realizados com dados meteorológicos em pontos de grade do European Center for Medium Range Weather Forecasting – ECMWF – ou dados do First Garp Global Experiment – FGGE – (Ferreira, 1987; Matsuyama, 1992; Oki et alii, 1995, Rao et alii, 1996). Rao et alii (1996) também usaram dados do ECMWF no periodo 1985-89 e os resultados sugerem que: a) a Amazônia é a principal fonte de umidade para Brasil Central no período setembro/fevereiro, e b) o fluxo do vapor de água do

Atlântico equatorial, associado com os ventos alísios, é a principal fonte de umidade para a bacia Amazônica. Porém, a variabilidade interanual dos fluxos de umidade e as associacões com o fenômeno "El Niño/La Niña" ainda não foram detalhadamente estudadas. Os estudos realizados com os dados do FGGE-IIIb (Ferreira, 1987; Matsuda, 1988 e Matsuyama, 1992) para o período 1979 levam à conclusão de que durante a estação chuvosa na Amazônia, o fluxo de umidade através dos Andes é pequeno, comparado com o fluxo de entrada pelo Atlântico.

Variabilidade temporal de precipitação

A variabilidade temporal das chuvas no Brasil é apresentada nesta seção, cobrindo escalas temporais desde o ciclo diurno até a variabilidade interanual (i.e., de um ano para outro). A variabilidade interdecadal é discutida no final desta seção, assim como as mudanças climáticas. Neste capítulo também são encontradas discussões sobre as variações de curto período que determinam a existência de períodos secos durante a estação chuvosa (veranicos, seção sobre variabilidade interdecadal e mudanças climáticas), a variabilidade das datas de início e fim da estação chuvosa nas diferentes regiões do Brasil, o efeito do Pacífico e Atlântico tropical no clima do Brasil em escalas intra-estacionais e interanuais; o efeito da interação solo/planta/atmosfera no clima, e uma introdução ao fenômeno "El Niño/ La Niña", a ser discutido em detalhe na seção "El Niño"/Oscilação Sul: Impactos climáticos e econômicos na hidrologia do Brasil, dada a sua importância como forçante da variabilidade climática e impacto social/econômico.

Variabilidade diurna

Um dos estudos pioneiros sobre a variabilidade diurna da precipitação no Brasil foi realizado por Kousky (1980) com base nos dados pluviométricos da década de 60. Kousky (op.cit.) desenvolveu um modelo conceitual da evolução diurna da precipitação ao longo da costa leste e norte do Brasil. Neste modelo, a faixa bem próxima à costa apresenta precipitação no período da madrugada/manhã, associada à convergência da brisa terrestre. A cerca de 50-100 km da costa surge uma banda com máximo de precipitação diurna, associada à penetração da brisa marítima. A linha de convergência induzida pela brisa marítima propaga-se continente adentro, levando à formação de um máximo de precipitação vespertino/noturno a cerca de 200-400 km da costa. Kousky (op. cit.) também explora a influência da topografia na variabilidade diurna da precipitação: o Vale do São Francisco favorece a intensificação da precipitação no período noturno, em função da convergência do escoamento noturno em direção ao rio, enquanto o pico de precipitação diurno tende a ocorrer nas regiões altas, como nas serras do Nordeste. Prates et alii (1994) mostra que as anomalias pluviométricas na região do Vale do São Francisco têm sua origem na complexa interação entre a circulação de vale e o efeito da umidade do solo espacialmente variável, em função da distribuição desigual de chuvas na região.

Santos & Silva Dias (1984) e Santos (1986) exploram o sinal da variabilidade diurna com dados da rede do INMET de um curto período no verão de 1979 na região Norte, Central e parte da região Sudeste, complementando a análise realizada por Kousky (1980). São observadas zonas orientadas no sentido paralelo à costa, com máximo diurno na costa norte, máximo noturno no leste da Amazônia, máximo diurno na parte central da Amazônia e outra região de máximo noturno do extremo oeste da Amazônia.

A alternância do horário de máxima precipitação na Bacia Amazônica é consistente com a propagação para oeste das linhas de instabilidade formadas ao longo da costa pela brisa marítima (a ser discutido adiante), mecanismo proposto inicialmente por Kousky (1980) e estudado por Cohen et alii (1995), Silva Dias & Ferreira (1992), Sun & Orlanski (1981) e Garstang et alii (1990). A rede regular de observações meteorológicas de ar superior na parte equatorial do Brasil normalmente produz apenas uma observação diária, exceto durante alguns períodos, em geral curtos, de medidas especialmente realizadas em experimentos meteorológicos como o ABLE-IIb (Garstang et alii, 1990) e o FLUAMAZON (Nobre et alii, 1991). A análise dos dados de radiossondagem do ABLEII-b mostra o deslocamento de leste para oeste da convergência de massa em baixos níveis, acompanhada de divergência em altitude (Silva Dias, 1988), em fase com o campo de precipitação.

Dada a complexidade do tratamento de dados horários de precipitação, além da baixa densidade de estações pluviométricas com alta taxa de amostragem, muitos estudos sobre a variabilidade diurna na nebulosidade convectiva foram geralmente realizados com dados de satélites meteorológicos.

Um dos trabalhos pioneiros é o de Minnis et alii (1984) que, com base em dados de ROLE de baixa resolução espacial (2,5° latitude por 2,5° longitude), mostrou estruturas coerentes com os estudos de Kousky sobre a região Amazônica. Minnis et alii também sugerem que a região da ZCAS apresente um máximo de precipitação no final da tarde/início da noite e que as regiões oceânicas adjacentes à ZCAS tenham máximo noturno/matutino de precipitação. Mais recentemente, Negri et alii (1994) produziram uma climatologia regional da precipitação na região Amazônica durante a estação úmida (janeiro/maio) com 3 anos de dados obtidos duas vezes por dia com um sensor de microondas à bordo de um satélite (SSM/I). Eles observaram a preferência por chuvas matutinas sobre as áreas oceânicas adjacentes e bandas alternadas de máximos matutinos/vespertinos no interior do continente. Estes resultados são portanto concordantes com os obtidos diretamente com os dados pluviométricos, dando suporte mais sólido aos modelos conceituais de variabilidade diurna da precipitação na região costeira. Em adição, os estudos baseados em dados de satélites meteorológicos indicam que o intenso sinal de variabilidade diurna da precipitação ao longo dos Andes (provocado pelo escoamento montanha acima no período da tarde/início da noite e montanha abaixo durante a noite e início da manhã) pode provocar a propagação para leste de uma perturbação no escoamento, na forma de ondas de gravidade, que pode influenciar a variabilidade diurna da precipitação da parte oeste da Amazônia e do Brasil Central, induzindo máximos noturnos secundários (Rotunno et alii, 1988 e Garreaud & Wallace 1997, 1998). No caso da Amazônia, é possível que haja alguma interferência entre o sinal propagante para leste, originado nos Andes, e as linhas de instabilidade que se deslocam para oeste, excitadas pela convecção associada à brisa marítima.

A variabilidade diurna da precipitação em São Paulo foi analisada por Silva Dias (1987) com a composição de estimativas via radar durante o Experimento Meteorológico II do Projeto RADASP II (Silva Dias et alii, 1982). Fica evidente neste estudo que a precipitação de verão responde diurnamente ao escoamento associado à topografia da Serra de Botucatu, da região de São Carlos e do vale do Tietê.

Variabilidade intra-sazonal (20-60 dias)

No início da década de 70, Madden & Julian (1971, 1972) aplicando análises espectral e espectral cruzada nos dados diários de radiossondagem de quase 10 anos de algumas estações no Pacífico tropical oeste, detectaram e documentaram oscilações com período de 40 a 50 dias, daqui em diante referidas como oscilação de Madden & Julian (OMJ). Uma excelente revisão sobre o assunto é encontrada em Madden & Julian (1994). Estas oscilações caracterizam-se pelo deslocamento para leste de uma célula zonal de grande escala termicamente direta, que causa variações na convecção tropical. Consistente com o esquema da OMJ, vários estudos documentaram uma propagação para leste das anomalias de ROLE relacionadas com as OMJ, estendendo-se desde o Oceano Índico até o Pacífico Equatorial Central e com influência sobre a América do Sul (Weickmann, 1983; Weickmann et alii, 1985; Kayano & Kousky, 1992; Kousky & Kayano, 1993 e 1994).

Sobre a América do Sul, a OMJ tem sido relacionada às variações na posição e intensidade da ZCAS (Casarin & Kousky, 1986; Kousky & Kayano, 1993, 1994). O estudo pioneiro de Casarin & Kousky (1986) sugere que a posição e intensidade da ZCAS possam sofrer alguma modulação pela fase da OMJ. Períodos nos quais a ZCAS encontra-se estacionária, freqüentemente associados a enchentes e deslizamentos de encostas na região Sudeste, parecem associados à OMJ. Silva Dias et alii (1988) mostram que o episódio das enchentes do Rio de Janeiro, em fevereiro de 1988, associado ao estacionamento da ZCAS, foi precedido por significativas alterações no posicionamento da ZCPS com antecedência de alguns dias, compatível com o modelo conceitual proposto por Casarin & Kousky (1986). As enchentes de março de 1991 em São Paulo também estiveram associadas ao estacionamento e intensificação da ZCAS, precedidos por modificações substanciais no posicionamento e intensidade da ZCPS (Silva Dias et alii, 1991).

No setor da América do Sul, Kousky & Kayano (1994) discutiram os aspectos regionais da OMJ conforme refletidos numa seqüência temporal de padrões anômalos da circulação em 250 hPa e ROLE, determinada através de uma análise empírica das funções ortogonais. Em alguns espaços de tempo existe uma razoável similaridade entre os padrões de

ROLE regionais e globais determinados em análises distintas. Kayano & Kousky (1992) formularam índices para o monitoramento das OMJ obtidos através do padrão hemisférico. Estes índices são calculados projetando-se os campos de ROLE em cada qüinqüídio na seqüência de padrões do primeiro modo estendido. Assim, para este modo, obtêm-se séries temporais, correspondentes a cada padrão da seqüência. Exemplos de como utilizar estes índices são apresentados por Kayano & Kousky (1992).

A variação intra-sazonal da precipitação em São Paulo ocorre como uma parte da variação atmosférica de grande escala, envolvendo não somente as flutuações das características atmosféricas importantes do setor da América do Sul, tais como a ZCAS, o jato subtropical, a Alta da Bolívia, mas também do Hemisfério Norte, como a ZCIT e o campo de vento no Atlântico Tropical. A variação intra-sazonal observada no estado de São Paulo é compatível com a OMJ (Sugahara, 1991).

Variabilidade interanual associada a interações atmosfera-oceano

O fenômeno "El Niño"-Oscilação Sul (ENOS) sobre o Pacífico Equatorial (discutido no item sobre a influência do Pacífico Tropical) e o gradiente meridional de anomalias de TSM sobre o Atlântico tropical (discutido no item sobre a influência do Atlântico Tropical) modulam conjuntamente uma grande parte da variância interanual do clima sobre a América do Sul. A combinação das circulações atmosféricas anômalas induzidas pelas distribuições espaciais de TSM sobre os oceanos Pacífico Equatorial e Atlântico Tropical afetam o posicionamento latitudinal da Zona de Convergência Intertropical (ZCIT) sobre o Atlântico, influenciando a distribuição da pluviometria sobre a bacia do Atlântico e norte da América do Sul (item sobre interação Pacífico-Atlântico). Apesar da variabilidade interanual das TSM e ventos sobre o Atlântico Tropical ser significativamente menor do que aquela observada sobre o Pacífico Equatorial, essa variabilidade exerce profunda influência na variabilidade climática sobre a América do Sul, em nivel global (Ropelewsky & Halpert, 1989) e sobre a região Nordeste do Brasil (Hastenrath, 1984; Nobre & Shukla, 1996; Alves et alii 1997; Rao et alii, 1993), Amazônia (Marengo, 1992; Marengo et alii, 1998), Sul e Sudeste de Brasil (Kiladis e Diaz, 1986, Diaz & Studzinsky, 1994; Grimm, 1997a e b; Nery et alii, 1997).

Influências do Pacífico Tropical

A costa peruana é normalmente caracterizada por águas muito frias com temperatura ao redor de 15-17ºC. Porém, desde o século passado já havia observações de correntes oceânicas anômalas que traziam águas quentes (temperatura da ordem de 20-22ºC) para a costa peruana. A substituição das águas normalmente frias por quentes costuma ocorrer logo após o Natal, dando origem à denominação "El Niño" ("O Menino Jesus", em espanhol) a este fenômeno natural.

Existem registros de ocorrência do "El Niño" desde a época do descobrimento das Américas. Francisco Pizarro, por volta de 1527, já relatava a ocorrência da inversão das correntes oceânicas e da temperatura da água na costa do Peru. Em 1877, Gilbert Walker tentou associar aquele fenômeno oceânico local com outros parâmetros atmosféricos de escala global. Entretanto, uma explicação mais clara e correta do mecanismo só surgiu em 1969, graças a J. Bjerknes. Hoje, sabe-se que o "El Niño" caracteriza-se por um aquecimento anormal das águas do Pacífico tropical centro-leste, em meados do ano e que se alastra para leste em direção à costa da América do Sul, atingindo principalmente o Peru.

Os ventos normalmente observados no Pacífico Equatorial sopram de leste para oeste (os chamados ventos alísios) empilhando a água na costa da Ásia (o nível do mar no Pacífico oeste é cerca de 70 cm mais alto que na costa das Américas). Uma camada de água quente (temperatura da ordem de 28ºC) com cerca de 100 m de espessura é normalmente mantida no oeste do Pacífico. Essa camada vai progressivamente diminuindo de espessura para leste, até que na costa do Peru seja praticamente inexistente, predominando águas frias (temperatura da ordem de 15ºC), que surgem das profundezas oceânicas (Figura 3). Um pouco antes do surgimento das águas quentes no Pacífico Central, os ventos alísios perdem intensidade, podendo até inverter de direção em algumas regiões do Pacífico Equatorial. A diferença do nível do mar entre a parte leste e oeste diminui e a camada de água quente que se encontrava no Pacífico Oeste desloca-se para leste, eventualmente atingindo a costa do Peru.

O aquecimento das águas superficiais no Pacífico Central interfere no regime de ventos sobre toda a região equatorial do Pacífico. As nuvens que normalmente produzem chuvas abundantes na parte oeste do Oceano Pacífico, nas vizinhanças da Indo-

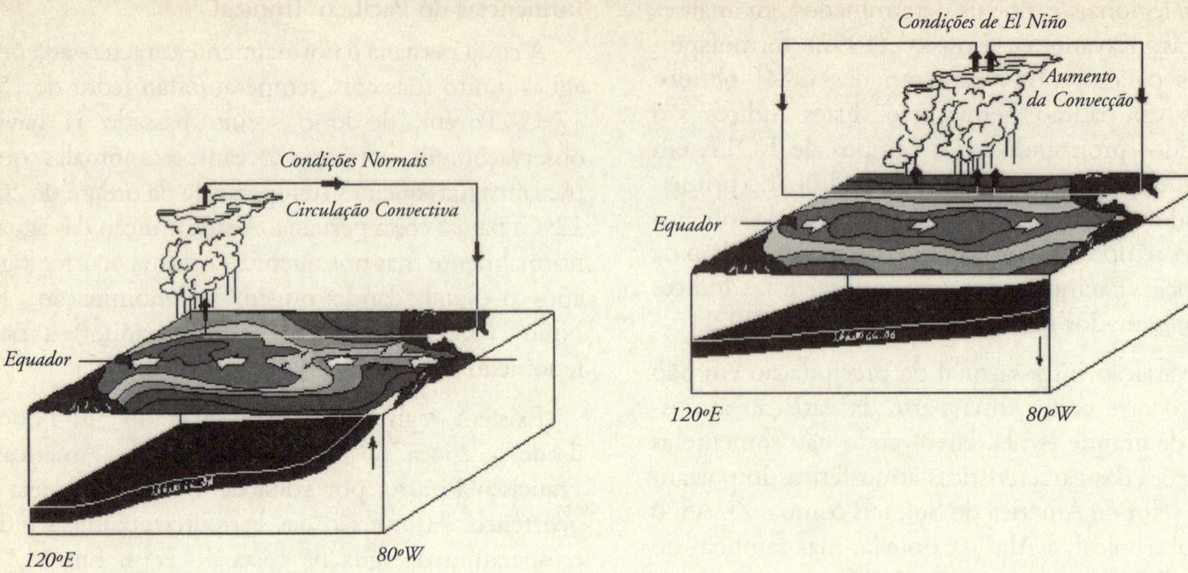

Figura 3 - Evolução do Oceano Pacífico e das nuvens de uma situação normal para o "El Niño". A cor azul representa a interface entre a água fria e quente. A cor vermelha indica a presença de águas superficiais quentes.
FONTE: homepage do CPTEC/INPE, 2002: www.cptec.inpe.br

nésia, deslocam-se para leste, para o Pacífico Central e, posteriormente, para a costa oeste da América do Sul, trazendo as chuvas ao deserto peruano (Figura 3). A mudança de posição das chuvas no Pacífico provoca alterações nas condições climáticas de várias regiões continentais ao redor do planeta, devidas à grande quantidade de energia envolvida no processo de formação da chuva (Figura 4a).

Grandes secas na Índia, no Nordeste do Brasil, na Austrália, Indonésia e África podem ser decorrentes do fenômeno, assim como algumas enchentes no Sul e Sudeste do Brasil, no Peru, Equador e no Meio Oeste dos Estados Unidos (Figura 4a). Em algumas áreas, observam-se temperaturas mais elevadas que o normal (como é o caso das regiões Central e Sudeste do Brasil, durante a estação de inverno), enquanto em outras ocorrem frio e neve em excesso (Fig. 4a). Portanto, as anomalias climáticas associadas ao fenômeno "El Niño" podem ser desastrosas e provocar sérios prejuízos socioeconômicos e ambientais.

Durante os episódios de "La Niña", os ventos alísios no Pacífico são mais intensos que a média climatológica. O Índice de Oscilação Sul (um indicador atmosférico que mede a diferença de pressão atmosférica na superfície, entre o Pacífico Ocidental e o Pacífico Oriental) apresenta valores positivos, o que indica a intensificação da pressão no Pacífico Central e Oriental, em relação à pressão no Pacífico Ocidental. Em geral, o episódio começa a se desenvolver em meados do ano, atinge sua intensidade máxima no final daquele mesmo ano e dissipa-se cerca de 6 meses depois. Em geral, as anomalias climáticas associadas ao fenômeno "La Niña" são inversas àquelas observadas no "El Niño", mas o fenômeno não é estritamente linear, como pode ser observado na Figura 4b que mostra o impacto climático no verão e inverno.

O fenômeno "El Niño" é cíclico, mas não possui um período estritamente regular, reaparecendo no intervalo de 2 a 5 anos. Entretanto, podem existir períodos nos quais o "El Niño" ocorre com fraca intensidade, como na década de 20/30 e em meados no século XVIII. Também pode ocorrer o fenômeno contrário ao "El Niño", isto é, o aquecimento anormal do Pacífico Oeste e resfriamento das águas superficiais na parte central do Pacífico, eventualmente atingindo a costa do Peru. Este fenômeno é denominado "La Niña" e ocorre com menor freqüência que o "El Niño". Outros nomes como "El Viejo" ou "anti-El Niño" também foram usados para se referir a este resfriamento, mais o termo "La Niña" ganhou mais popularidade.

O início do episódio "El Niño" de 1982/83 foi anômalo. O aquecimento da TSM ocorreu inicialmente no Pacífico Central e depois se estendeu para a costa da América do Sul. Essa diferença foi analisada por Wang (1995). O episódio de 1986/1987 foi analisado por Kousky (1987). A convecção se intensificou no Pacífico Equatorial Central durante o período de setembro a novembro de 1986, próximo à região de anomalias positivas de

FENÔMENO "EL NIÑO"

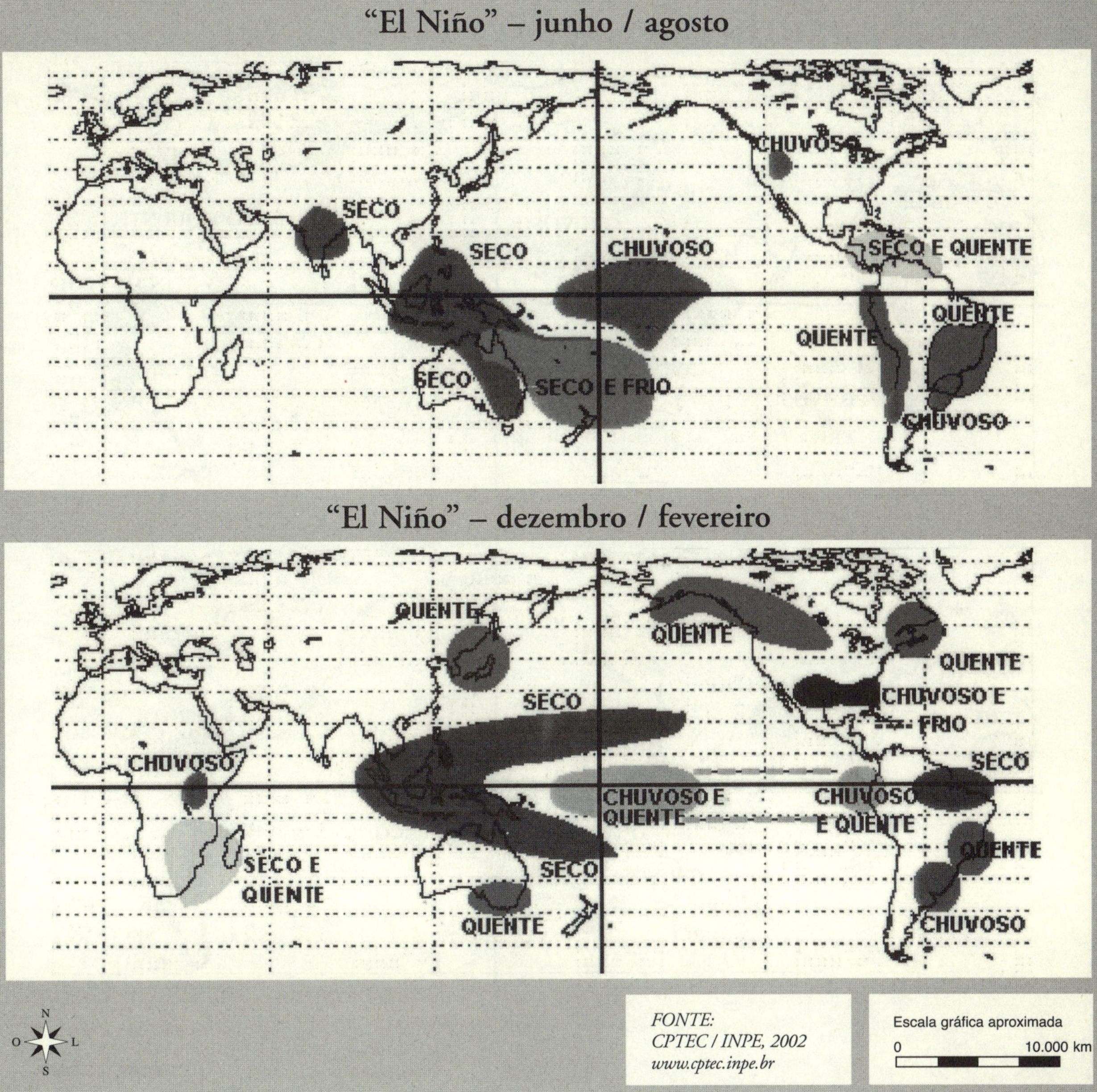

Figura 4a: Caracterização das anomalias associadas ao evento "El Niño" no inverno e verão

TSM. Em novembro, a maioria dos índices usados para monitorar a Oscilação Sul indicava que um episódio quente iria ocorrer. Contudo, as condições clássicas de "El Niño", caracterizado por anomalias positivas de TSM ao longo da costa oeste da América do Sul, ainda não haviam surgido de forma evidente. Essas condições só apareceram em janeiro de 1987, como documentado em Kousky (1987). Entre as características globais, analisadas em Kousky (1987), foi observado que ventos de oeste mais fortes que o normal se desenvolveram sobre a América do Sul subtropical em maio de 1987. O forte episódio de 1997/98 é discutido em detalhes no item "El Niño" 1997/98.

Das anomalias de TSM no Pacífico, de 1985 a 1995, destacam-se os períodos de "El Niño" de 1986/87 e de 1990/94. Nesse período estendido, nota-se que o máximo de anomalias positivas ocorreu em 1991/92, com um máximo também próximo da costa da América do Sul. Um segundo máximo ocorreu no fim de 1994. As anomalias

FENÔMENO "LA NIÑA"

"La Niña" – dezembro / fevereiro

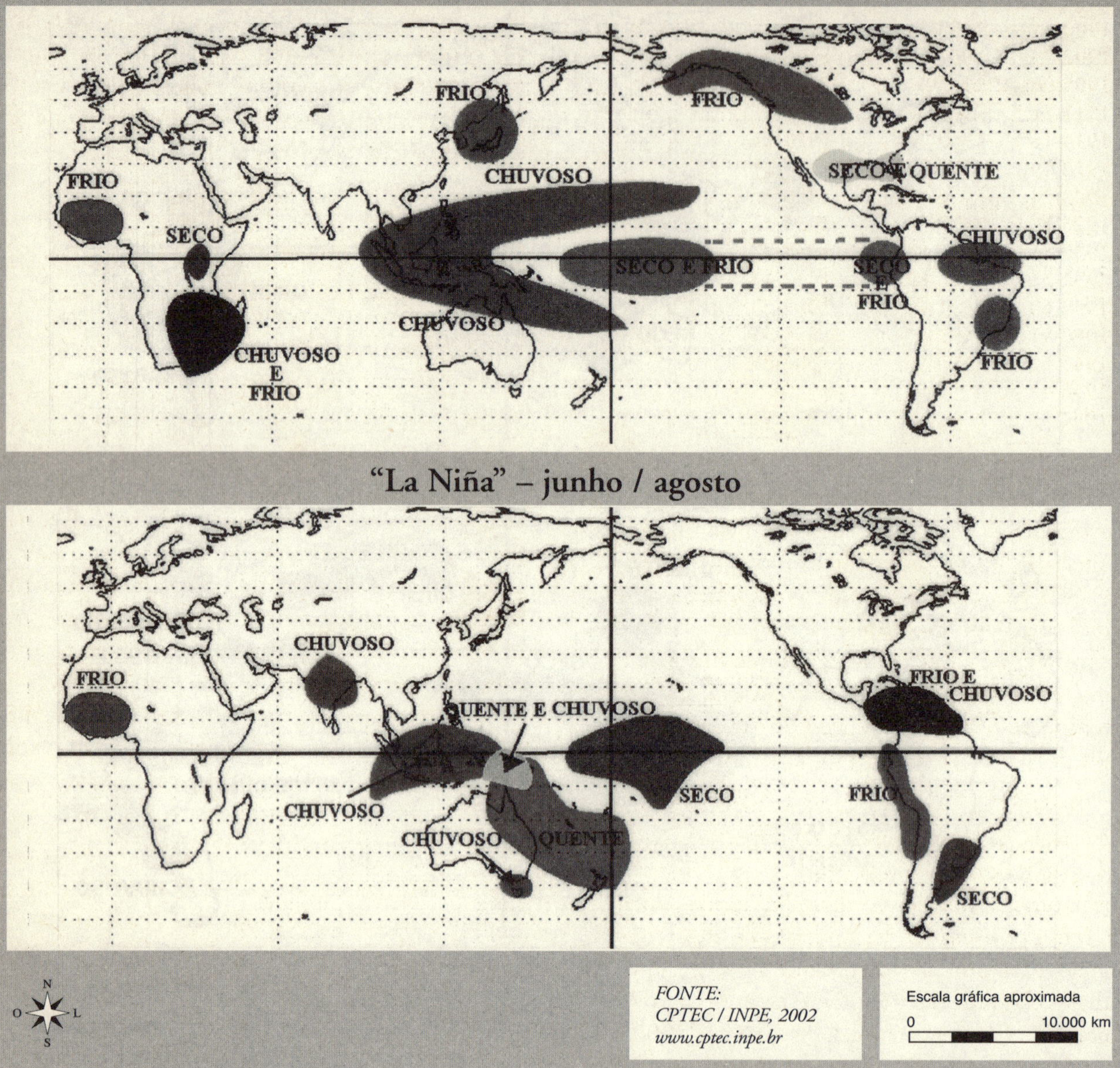

Figura 4b: Caracterização das anomalias associadas ao evento "La Niña" no inverno e verão

positivas de TSM em 1990 e início de 1991 foram fracas e ocorreram apenas no Pacífico Central. No início de 1994 houve um período de normalidade no Pacífico Central e até de temperaturas abaixo da média próximo à costa oeste da América do Sul. Foram observadas anomalias negativas de TSM em 1988/89, o que caracterizou um episódio "La Niña". Também foram observadas anomalias negativas em 1985 (continuação do episódio de 1984) e em 95/96, considerado como um episódio fraco de "La Niña".

No intenso e mais recente episódio brasileiro de "La Niña", ocorrido em 1988/89, o resfriamento das águas superficiais foi mais lento, ou seja, demorou dois meses para que a TSM do Pacífico diminuísse 3,5° C. Em 1998, o Pacífico Tropical também apresentou um resfriamento similar em magnitude, mas em apenas um mês.

Tabela 3 - Anos de "El Niño" e "La Niña" no período de 1900-1998. Fonte: NOAA-CDC

El Niño	El Niño (cont.)	La Niña	La Niña (cont.)
1900-01	1953-54	1903-04	1975-76
1902-03	1957-58	1906-07	1988-89
1905-06	1963-64	1908-09	1995-96
1911-12	1965-66	1916-17	
1914-15	1969-70	1920-21	
1918-19	1972-73	1924-25	
1923-24	1976-77	1928-29	
1925-26	1977-78	1931-32	
1930-31	1982-83	1938-39	
1932-33	1986-87	1942-43	
1939-40	1991-62	1949-50	
1940-41	1992-93	1954-55	
1941-42	1994-95	1964-65	
1946-47	1997-98	1970-71	
1951-52		1973-74	

Nos últimos 15 anos, foram apenas três ocasiões em que o "El Niño" foi sucedido pela "La Niña" (Tabela 3). O episódio intenso de "El Niño" de 1982/83 foi seguido de um evento fraco de "La Niña" em 1984/ 85, e um "El Niño" menos intenso, ocorrido em 1986/87, foi seguido de um forte "La Niña" em 1988/89. O "El Niño" longo, mas pouco intenso, de 1991/94 foi seguido de em episódio fraco de "La Niña" em1995/96.

"El Niño" e "La Niña" são oscilações normais, previsíveis das temperaturas da superfície do mar, nas quais o homem não pode interferir. São fenômenos naturais, variações normais do sistema climático da Terra, que existem há milhares de anos e continuarão existindo. É interessante observar que há indícios claros de que já houve época em que o fenômeno "El Niño" era habitual: há cerca de 2500-3000 anos o clima era caracterizado pelo que hoje normalmente é observado em condições de "El Niño".

As anomalias climáticas que ocorrem sobre a América do Sul são associadas principalmente ao deslocamento da célula de Walker (Figuras 4a e 4b), do fortalecimento do jato subtropical e de um possível trem de ondas que se estende do Pacífico até o sul da América do Sul. O deslocamento da célula de Walker, para leste, tem influência sobre o NE do Brasil e parte da Amazônia, regiões que ficam sob a ação do ramo descendente dessa célula (Kousky et alii, 1984). O fortalecimento do jato subtropical ocorre devido ao forte aquecimento na região do Pacífico Equatorial, que provoca um aumento do gradiente de temperatura Norte-Sul. A intensificação da convecção na região do Pacífico Central também leva a uma intensificação do transporte de *momentum* em altos níveis, da região tropical de liberação de calor latente para latitudes mais altas. Por conservação de momento angular, a corrente de ar dirigida em direção aos pólos adquire componente de oeste, intensificando a corrente de jato subtropical (Cavalcanti, 1985).

Maiores detalhes sobre o impacto regional do fenômeno ENOS sobre o clima braileiro são fornecidos no *"El Niño Oscilação Sul: Impactos climático e Econômicos na Hidrologia do Brasil".*

Influência do Atlântico Tropical

As relações entre os padrões anômalos de TSM do Atlântico com o clima do NEB foram inicialmente abordadas no artigo de Serra (1941). Existem fortes evidências observacionais, teóricas e resultados de modelos de circulação geral da atmosfera, de que as condições oceânicas e atmosféricas sobre a Bacia do Atlântico Tropical influem fortemente na variabilidade interanual do clima sobre as Américas (Nobre & Shukla, 1996; Hastenrath; & Heller, 1977; Moura & Shukla, 1981; Hastenrath, 1984; Mechoso & Lyons, 1988, Chu, 1984; Hastenrath, 1990; Mechoso et alii, 1990; Nobre and Shukla, 1996; Alves et alii, 1997; Diaz et alii, 1997).

Particularmente sobre o Brasil, as regiões mais significativamente influenciadas pelas circulações atmosféricas e oceânicas do Atlântico Tropical são: a) o leste da Amazônia (Molion, 1987; Nobre & Shukla, 1996; Marengo 1992); b) a região do Nordeste do Brasil (Namias, 1972; Hastenrath & Heller, 1977; Markham & McLain, 1977; Moura & Shukla, 1981; Hastenrath, 1984; Hastenrath, 1990; Hastenrath & Greischar, 1993; Mechoso et alii 1990; Alves et alii, 1993, 1997; Rao et alii, 1993; Nobre & Shukla, 1996); c) o extremo sul do Brasil e Uruguai (Diaz & Studzinski, 1994; Diaz et alii, 1998; Grimm, 1997a e b).

O espectro de freqüências dos processos oceânicos e atmosféricos sobre o Atlântico é largo, englobando a variabilidade intra-sazonal, interanual e interdecadal das correntes oceânicas e do campo de temperatura das camadas superiores do mar. Além disso, as oscilações de freqüência decadal, detectadas nos campos atmosféricos de vento e precipitação sobre o Atlântico Tropical, são possivelmente induzidas pelas condições de contorno oceânicas com variação lenta do ambiente marinho. Além disso, o ciclo anual dos ventos e do calor sensível armazenado nas camadas superiores do Atlântico Tropical sofre forte influência dos sistemas de monção dos continentes circunjacentes, fazendo com que a variabilidade interanual dos ventos e da temperatura da superfície do mar sobre o Atlântico sejam moduladas pelo ciclo anual do aquecimento solar (Hastenrath, 1984). O padrão espacial predominante do ciclo anual e da variabilidade interanual das TSM e ventos à superfície sobre o Atlântico apresenta uma estrutura norte-sul mais pronunciada do que a estrutura leste-oeste. A estrutura norte-sul das anomalias de TSM observadas no Atlântico é conhecida como o ***dipolo do Atlântico Tropical*** (Hastenrath & Heller, 1977; Moura & Shukla 1981; Nobre & Shukla 1996; Uno et alii, 1998).

O padrão dipolo no Atlântico Tropical propicia a ocorrência de gradientes meridionais de anomalias de TSM, os quais impactam fortemente na posição latitudinal da ZCIT, modulando a distribuição sazonal de precipitação pluviométrica sobre o Atlântico equatorial, parte norte do Nordeste do Brasil, até a parte central da Amazônia (Nobre & Shukla, 1997). Em anos nos quais a TSM sobre o Atlântico Tropical Sul (entre a linha do equador e 15°S) está mais alta que a média de longo período durante março-abril-maio (MAM) e o Atlântico Tropical Norte (entre 12°N e 20°N) está menos aquecido do que a média, há formação de um gradiente meridional de anomalias de TSM no sentido de norte para sul. Nessa situação observa-se, concomitantemente, pressão no nível do mar (PNM) mais baixa do que a média sobre o Atlântico Sul e mais alta do que a média sobre o Atlântico Norte, os alísios de sudeste mais fracos do que a média e os alísios de nordeste mais intensos do que a média, o eixo de baixa pressão à superfície e confluência dos ventos alísios deslocado mais para sul, relativamente ao seu posicionamento médio, e totais pluviométricos acima da média sobre o norte do Nordeste (Hastenrath & Heller, 1977).

Existem algumas evidências observacionais de que o padrão espacial das anomalias pluviométricas que causam seca ou inundações sobre o Nordeste do Brasil têm escala espacial muito maior do que o próprio Nordeste, englobando também o Atlântico Equatorial até a parte central da Amazônia (Molion, 1987; Nobre & Shukla, 1996). Além disso, o excesso ou deficiência de precipitação ao sul do equador está associado não somente ao deslocamento latitudinal anômalo da ZCIT, mas principalmente à duração do período da incursão da ZCIT ao sul do equador (Nobre & Shukla, 1996). Em anos chuvosos sobre o Nordeste, nos quais também chove acima da média sobre a Amazônia e Atlântico Equatorial, a ZCIT permanece ao sul de suas posições latitudinais médias até abril, enquanto em anos de seca a ZCIT retorna ao Hemisfério Norte já em março. Além disso, há evidências observacionais de que os mecanismos responsáveis pelo deslocamento latitudinal da ZCIT estejam associados a uma cadeia de processos de interação entre o oceano e a atmosfera, envolvendo o acoplamento lateral com distúrbios atmosféricos extra-tropicais de ambos hemisférios. Estes distúrbios contribuem para o aparecimento de anomalias de TSM ao norte e ao sul do equador com sinais opostos, formando um gradiente meridional de anomalias de TSM, responsável pelo deslocamento e permanência da ZCIT mais para o sul ou para o norte.

Baseado nos vários trabalhos empíricos e de modelagem numérica sobre a forte influência da TSM tropical, particularmente do Atlântico Tropical e Pacífico Equatorial sobre o norte do Nordeste, foram desenvolvidas fórmulas estatísticas de regressão múltipla com a finalidade de elaborar prognósticos quantitativos dos desvios pluviométricos sobre o norte do Nordeste durante a estação chuvosa de março-abril-maio (Hastenrath, 1990; Ward & Folland, 1991). Mais recentemente, mostrou-se viável o uso de modelos de circulação geral da atmosfera forçados com condições de contorno prescritas para simular e prever anomalias pluviométricas sazonais sobre o Nordeste, com dois a três meses de antecedência da estação chuvosa. Entre os centros que têm utilizado MCGAs para elaborar previsões experimentais dos desvios pluviométricos sobre o Nordeste está o Centro de Previsão de Tempo e Estudos Climáticos - CPTEC/INPE, no Brasil. Os resultados de previsões de anomalias climáticas sazonais são promissores, provido que os campos de TSM fornecidos aos MCGAs com previsões das condições de contorno para o período da previsão não se desviem exageradamente dos campos observados. Desta forma, o elo mais fraco na elaboração de previsões sazonais de anomalias pluviométricas sobre o Atlântico Equatorial, Nordeste do Brasil e Amazônia é a previsão das TSM sobre os oceanos tropicais, principalmente no Atlântico, independentemente da utilização dos métodos de regressão múltipla ou modelagem numérica global como ferramentas de previsão atmosférica.

Interação Pacífico-Atlântico

Nas seções anteriores foram discutidas as relações entre anomalias de TSM no Pacífico e chuvas no Brasil, além do dipolo de TSM no Atlântico e o impacto nas chuvas no Nordeste do Brasil, e o efeito da TSM do Atlântico Subtropical na variabilidade interanual de chuva na região Sul e Sudeste do Brasil. Variações interanuais de chuva nas regiões do setor Atlântico como a Amazônia e Nordeste parecem sofrer os efeitos de "El Niño" (Hastenrath et alii 1987). Anos secos nestas regiões podem ocorrer quando o "El Niño" não é identificado. Portanto, há outros fatores, além de Oscilação Sul/"El Niño" que podem afetar as chuvas nestas regiões. Grande parte da variabilidade do Oceano Atlântico Tropical é independente da Oscilação Sul.

O Atlântico pode, em algumas ocasiões, apresentar variações de TSM que se assemelham à Oscilação Sul em vários aspectos devido ao fato das variações anuais do Pacífico e do Atlântico serem similares. A variabilidade interanual no Pacífico e Atlântico relaciona-se com deslocamentos da ZCIT. A Oscilação Sul possui uma componente adicional que o Atlântico não apresenta: o deslocamento leste-oeste da convergência sobre o Pacífico Tropical do oeste. Para explicar o que acontece com a variabilidade no Atlântico Tropical, mudanças na circulação global da atmosfera devem ser consideradas. Fatores similares devem afetar o Pacífico e esse é um possível motivo de a freqüência de episódios "El Niño" oscilar na escala de tempo decadal.

Baseados em dados de TSM do Pacífico e Atlântico, os estudos de Robertson & Mechoso (1997) mostram que para os rios Uruguai e Paraná, evidências estatisticamente significativas de uma componente quasi-decadal nas vazões desses rios, relacionada com alterações da TSM do Atlântico, além de máximos interanuais em escalas do tempo do fenômeno ENOS. Ou seja, o ENOS influencia a variabilidade do rio Uruguai com anomalias positivas de TSM no Pacífico associadas com maiores vazões, e na escala decadal maiores vazões relacionam-se com anomalias negativas de TSM no Atlântico Tropical. Comportamento semelhante é observado nos rios da Amazônia Central e Sul (Marengo, informação pessoal). Isso mostra que ambos oceanos mostram um efeito no setor Atlântico, onde o Pacífico domina a escala interanual e o Atlântico a escala inter-decadal. Como comparação, o Atlântico não tem um efeito importante na variabilidade de chuvas e vazões no setor Pacífico-costa ocidental de América do Sul. Sobre a interação Pacífico-Atlântico, Diaz et alii (1998) indicam que existem relações significativas entre anomalias de chuva no sul de Brasil e TSM nos Oceanos Pacífico e Atlântico. Existem também associações entre ENSO e chuvas no Uruguai, e associações de TSM na parte sudeste do Atlântico e anomalias de chuva na região. Quando anomalias de TSM nos dois oceanos são consideradas simultaneamente, as associações com anomalias de chuva são, em alguns casos fortes e em outros mais fracas.

Influência da interação solo-vegetação-atmosfera

Num estudo sobre tendências de chuvas e vazões de rios nas regiões Leste e Sul do Brasil, além da Amazônia (Marengo, 1995a; Marengo et alii, 1998), foi detectado um importante efeito de memória da bacia devido à variabilidade de umidade de solo que pode afetar a variabilidade interanual de vazões. Nas bacias de grande extensão, como na Amazônia, as séries temporais de vazões-cotas podem apresentar uma grande autocorrelação serial que pode violar as hipóteses básicas dos testes de avaliação de tendências, como o de Mann-Kendall. Devido à grande capacidade de armazenamento de umidade nas bacias, as vazões e cotas podem apresentar o impacto de uma maior memória da bacia, o que aumenta a correlação dentro da série temporal.

Estudos sobre a evapotranspiração em regiões climáticas do Brasil indicam substancial sensibilidade ao tipo de vegetação existente (Salati, 1987; Salati & Nobre, 1991; Marques et alii, 1977; 1979 a e b e 1980 a e b). Alguns dados disponíveis na literatura especializada estão condensados na Tabela 4. É interessante notar a alta taxa de evapotranspiração da floresta Amazônica mesmo durante a estação seca. Este resultado indica que as raízes profundas das árvores buscam a umidade nas camadas mais profundas do solo. A Tabela 4 também evidencia a significativa diferença na evapotranspiração na pastagem e na floresta, o que pode causar a formação de uma circulação tipo brisa (Fisch, 1996 e Fisch et alii, 1996) através do impacto no fluxo de calor sensível (maior durante o dia na pastagem). As informações disponíveis não permitem concluir se a intensidade dessa circulação tipo brisa é suficiente ou não para produzir contrastes de precipitação. Entretanto, o Experimento de Grande Escala da Atmosfera/Biosfera da Amazônia – LBA –, a ter início em 1998/99 e com duração de vários anos, deverá produzir dados que permitam determinar a influência dos contrastes térmicos existentes entre a pastagem e a floresta.

A Tabela 4 também mostra claramente que culturas agrícolas são extremamente eficientes do ponto de vista da reciclagem da água. Em particular, plantações de eucaliptus parecem produzir taxas de evapotranspiração extremamente altas. Dada a grande extensão de áreas cobertas por culturas de alto potencial de evapotranspiração, é possível que exista um sinal detectável no campo da precipitação. Entretanto, ainda não existem estudos que tenham abordado este problema, do ponto de vista observacional ou de modelagem numérica.

Uma hipótese apresentada por Hodnett et alii (1996) é baseada nas observações de armazenamento de umidade de solo em Marabá (PA), com dados do experimento ABRACOS (Anglo Brazilian Amazon Climate Observation Study). Alguns registros pluviométricos mostram que uma estação seca mais intensa ou longa pode afetar o fornecimento de água para o solo na estação seca seguinte. Desde que a geração de vazões em bacias tropicais e dominada pelo fluxo base, uma estação seca longa demais pode afetar a recarga do fluxo no rio pela umidade armazenada nos níveis mais profundos do solo. Em Manaus (AM), onde a estação seca é curta e não muito intensa, o efeito de memória da bacia é desprezível.

O mecanismo de realimentação entre a atmosfera e a umidade do solo depende da estação do ano (Rocha & Silva Dias, 1994). No caso de uma estação seca severa, a umidade do solo pode estar quase completamente exaurida no final da seca. Deste ponto em diante existem duas possibilidades: i) uma realimentação negativa da atmosfera, com a circulação de grande escala se ajustando de tal forma que haja uma compensação do fluxo de umidade de forma a não alterar a próxima estação chuvosa e ii) uma realimentação positiva da atmosfera no sentido de atrasar o início da estação chuvosa. Do ponto de vista local, considerando a importância da evapotranspiração no balanço de água, a segunda hipótese é bastante plausível no contexto da variabilidade da precipitação sazonal no Nordeste e Centro Oeste. Por outro lado, uma estação chuvosa mais seca que o normal deve limitar a capacidade de rearmazenamento de umidade do solo, i.e., o solo poderia não atingir a capacidade máxima de retenção de umidade no final da estação chuvosa. Nesse caso é possível ocorrer um mecanismo de realimentação positiva entre a umidade do solo e a atmosfera no sentido de provocar uma estação seca mais severa que o normal ou eventualmente mais longa.

Estudos de modelagem numérica sobre o impacto da umidade do solo sobre a variabilidade cli-

Tabela 4 - Evapotranspiração (E) e Radiação líquida (Rn) expressos em mm/dia medidos em regiões climáticas da floresta tropical, cerrado e caatinga e em culturas agrícolas em diferentes estações do ano.

	Estação seca			Estação úmida		
	E	Rn	E/Rn	E	Rn	E/Rn
Floresta Tropical (Amazônia Central)[1]	3,9	4,4	0,9	3,5	3,9	0,9
Pastagem (Amazônia Central)[2]	2 - 3	4	0,2 - 0,8	3,5	3,9	0,9*
Cerrado (Centro-Oeste)[3]	1,5	4,4	0,6	2,6	4*	0,65*
Outras Culturas[3]						
Arroz				4,3		
Girassol				5,6		
Soja				5,4		
Trigo				4,4		
Eucalipto				6,0		

1 Shuttleworth (1988 a e b).
2 Wright et alii 1992, Bastable et alii 1993.
3 Miranda e Miranda 1992 e Miranda et alii. 1996.
* Valores Aproximados.

mática no Brasil estão em fase inicial. Estes estudos são hoje possíveis com a capacidade de processamento existente no CPTEC e em outras instituições de ensino e pesquisa, particularmente na USP, onde estão sendo realizados estudos sobre o impacto da umidade do solo no clima regional (Rocha & Silva Dias, 1994).

Resultados de modelagem climática de impacto de desmatamento no ciclo hidrológico da Amazônia.

Experiências baseadas em modelos climáticos sugerem que mudanças de grande escala na cobertura de vegetação da Amazônia possam afetar o clima regional (Dickinson, 1987; Shuttleworth et alii, 1991; Potter et alii, 1975). Estudos de sensibilidade indicam que os cenários climáticos representados pelos modelos dependem da parameterização de processos de interação solo-vegetação-atmosfera. Estudos de Lean e Warrilow (1989), com o modelo climático do UKMO (*United Kingdom Meteorological Office*), e Nobre et alii (1991), com o modelo do COLA (Center for Ocean Land Atmosphere Studies), apresentam reduções de até 20% na chuva em simulações de floresta tropical completamente substituída por pastagem. Trabalhos mais recentes utilizaram representações mais realísticas da biosfera (Nobre et alii, 1991, Henderson-Sellers et alii, 1993; Pitman & Henderson-Sellers, 1993, Hahmann & Dickinson, 1997). Os resultados (Tabela 5) apresentam aumentos na temperatura e reduções da evapotranspiração e redução da precipitação foi observada em grande parte da Amazônia. Eltahir & Bras (1993, 1994) estudaram a sensibilidade do clima da região ao desmatamento e obtiveram aumentos de até 10% na precipitação em faixas de 250 km de desmatadas, num modelo de mesoescala. Dirmeyer & Shukla (1994) usaram o modelo COLA e concluíram que as mudanças na precipitação são dependentes da variação do albedo entre a floresta e a pastagem. Polcher & Laval (1994 a e b) e Polcher (1995) usaram o modelo do LMD (*Laboratoire de Meteorologie Dinamique*) em experimentos de desmatamento na Amazônia e na África, e determinaram que o modelo produz reduções na evaporação e aumentos na temperatura de superfície do solo, o que contrasta com um incremento na convergência de umidade. Mais recentemente, Walker et alii (1995), Sud et alii (1996 a e b) estudaram o impacto do desmatamento da Amazônia no clima regional, e concluíram que ocorre diminuição da evapotranspiração, ROLE e fluxos de calor sensível, portanto aquecendo e secando a camada limite planetária. Há também uma redução na precipitação que é consistente com uma menor convergência de umidade próximo à superfície. Hahmann & Dickinson (1997) e Zeng et alii (1996) usaram o modelo CCM (Community Climate Model) do NCAR (National Center for Atmospheric Studies) e apresentam um mecanismo de retroalimentação entre a circulação atmosférica regional e o ciclo hidrológico na bacia. Um desmatamento contínuo sugere que a substituição das florestas por pastagens possa sustentar um clima mais seco na região. A Tabela 5 apresenta um resumo dos resultados de experimentos sobre simulações de desmatamento na Amazônia, usando diferentes modelos de clima.

O efeito do desmatamento também pode influenciar a formação de nuvens rasas (Cutrim et al., 1995; Silva Dias & Regnier, 1995). Como as nuvens rasas são responsáveis por significativa parcela do transporte vertical de calor e umidade acima da camada limite atmosférica, supõe-se que o efeito do desmatamento na precipitação possa se manifestar através de sua influência inicial na população das nuvens rasas.

Variabilidade interdecadal e mudanças climáticas

Séries históricas de chuva e vazões de rios desde o início do século foram analisados pelo teste de Mann-Kendall (Lettenmaier et alli, 1991; 1994; Marengo, 1995) e utilizadas para determinar a presença de tendências com os respectivos índices de confiabilidade. A importância do estudo da variabilidade em vazões de rios está no fato de que esta encontra-se diretamente ligada ao gerenciamento de águas e ao uso dos recursos hídricos, o que, por sua vez, afeta assentamentos humanos, a disponibilidade de água tanto no ambiente urbano quanto agrícola, o desenho de sistemas de irrigação, a geração de energia hidrelétrica, e diversas outras atividades.

Trabalhos anteriores utilizaram dados de rios como indicadores da variabilidade interanual do clima no norte da Amazônia (Marengo et alii, 1997; Marengo, 1995 a; Marengo et alii, 1993, Marengo, 1992; Richey et alii, 1989, Molion & Moraes, 1987).O desmatamento, como resultado das atividades humanas na Amazônia, aumentou rapidamente nas recentes décadas e há evidências de que modifica as características termodinâmicas da baixa atmosfera (seção imediatamente anterior). Entre-

Tabela 5 - Comparação entre simulações de diferentes modelos de clima sobre desmatamento na Amazônia. Os resultados mostram diferenças entre o desmatamento e o clima do presente. ΔE é a mudança na evapotranspiração (mm/dia), ΔT é a mudança de temperatura. ΔP é a mudança na precipitação (mm/dia). ΔC é a mudança na convergência de umidade ($\Delta C = \Delta P = \Delta E$)

Experimento	ΔE (mm/dia)	ΔT (K)	ΔP (mm/dia)	ΔC (mm/dia)
CCM, BATS				
Dickinson, Henderson Sellers (1988)	-0.5	+3.0	0.0	+0.5
Dickinson et alii (1992)	-0.7	+0.6	-1.4	-0.7
Henderson Sellers et alii (1993)	-0.6	+0.5	-1.6	-1.0
Hahmann, Dickinson (1997)	-0.4	+0.8	-0.8	-0.4
Zeng et alii (1996)	-2.0		-3.1	-1.1
UKO GCM				
Lean, Warrilow (1991)	-0.6	+2.0	-1.3	-0.7
Lean, Warrilow (1993)	-0.6	+1.9	-0.8	-0.3
Lean et alii (1996)	-0.8	+2.3	-0.4	+0.4
COLA GCM, SiB, SSiB				
Shukla et alii (1990), Nobre et alii (1991)	-1.4	+2.5	-1.8	-0.4
Dirmeyer (1992)	-1.4	+1.3	-1.8	-0.4
Dirmeyer , Shukla (1994)	-0.4		-0.7	-0.3
Sud et alii (1990)	-1.2	+2.0	-1.5	-0.3
GLA GCM, sib				
Sud et alii (1996a)	-0.2		-0.3	-0.1
Sud et alii (1996b)	-1.0	+3.0	-0.7	+0.3
Walker et alii (1995)	-1.2		-1.5	-0.3
LMD GCM, SECHIBA				
Polcher, Laval (1994a)	-2.7	+3.8	+1.0	+3.7
Polcher, Laval (1994b)	-0.4	+0.1	-0.5	-0.1

tanto, apesar de os resultados de modelagem numérica estimarem uma diminuição de 15 a 30% da precipitação sobre a Amazônia, caso a região seja toda desmatada, até o presente momento, não há evidência observacional conclusiva de uma mudança climática na região diretamente provocada pelo desmatamento.

Na parte sul da Amazônia, onde o desmatamento é mais intenso, a atividade convectiva não apresentou grande variação nas últimas décadas. É interessante ressaltar os resultados de Dias e Clarke (1995), que indicam uma tendência negativa de precipitação sobre boa parte do norte da Amazônia e da bacia do rio Xingu. Eles basearam seus resultados em séries de dados de precipitação que, em muitos casos, chegaram a 15 anos de registro, e as tendências negativas encontradas não apresentaram significância estatística. Tardy et alii (1994) mostraram que entre 1910 e 1990 a chuva e vazões do rio Amazonas têm diminuído sistematicamente, porém basearam seus resultados somente em dados de precipitação em Manaus e nas vazões do rio Amazonas em Óbidos. Entretanto, essa última série de dados não é necessariamente homogênea (Marengo et alii, 1998). Um trabalho recente de Chu et alii (1995) mostrou um aumento sistemático da convecção sobre o norte da Amazônia desde 1975, que poderia indicar um aumento de chuva na região. A variabilidade dos registros de rios sobre a parte noroeste da bacia Amazônica, que compreende as bacias dos rios Negro e Solimões não apresentam aumentos ou reduções sistemáticas nos registros de vazões. A análise da vazão de outros rios na região Amazônica (rios Uatuma, Jamari, Araguari, Curua-Una, Tocantins e Xingu) não apresenta tendências unidirecionais (Marengo et alii, 1998).

No Atlântico Tropical e no Nordeste brasileiro, Wagner (1996) estudou tendências decadais nos mecanismos que controlam o gradiente meridional de TSM na região. Wagner detectou um aquecimento sistemático do Atlântico Tropical Sul, observado principalmente nos meses de verão (fevereiro/março), enquanto que a TSM no Atlântico Norte aumenta no inverno (agosto/setembro) e diminui no verão. Como conseqüência do incremento do gradiente meridional de

TSM no verão, a ZCIT se desloca mais para o sul e a chuva no norte do Nordeste tende a incrementar no período de estudo 1951-90. Historicamente a região NE sempre foi afetada por grandes secas ou grandes cheias.

Tabela 6 - Anos de seca no Nordeste Brasileiro dutrante os últimos 4 séculos (Magalhães e Rebouças 1988), atualizado para 1998.

Séculos			
XVII	XVIII	XIX	XX
1603	1711	1804	1900
1614	1721	1809	1902
1692	1723-24	1810	1907
	1736-37	1816-17	1915
	1744-46	1824-25	1919
	1754	1827	1932-33
	1760	1830-33	1936
	1772	1845	1941-44
	1776-77	1877-79	1951
	1784	1888-89	1953
			1958
			1970
			1979-80
			1981
	1790-94	1891	1982-83
		1898	1986-87
			1991-92
			1997-98

Relatos de secas na Região podem ser encontrados desde o século XVII, quando os portugueses chegaram à região (Tabela 6). Estatisticamente, acontecem de 18 a 20 anos de seca a cada 100 anos. Kane (1989) indicou que para o Nordeste, de 29 anos de "El Niño", durante 137 anos, no período 1849-1985, só 12 foram associados com secas na região.

Em outras bacias do Brasil, as registros do rio Paraíba do Sul em Resende, Guaratinguetá e Campos, do rio Parnaíba em Boa Esperança (região Sudeste); e do São Francisco em Juazeiro (região Nordeste), apresentam tendências climáticas que não são comprovadas por análise de chuva nas bacias desses rios (Marengo 1995). Portanto, é pouco provável que o clima esteja mudando significativamente nestas regiões. É possível que as variações observadas sejam provocadas pelo gerenciamento regional da água.

A variabilidade da precipitação diária na cidade de São Paulo durante o período 1933-1986 (Xavier et alii 1994) mostra que: a) fraca tendência a aumento de precipitação mensal nos meses de fevereiro e maio, b) acumulações superiores a 30 mm/dia aumentaram nos meses de fevereiro e maio, c) acumulações inferiores a 2 e 5 mm/dia diminuíram de forma mais significativa em fevereiro, mas ocorrem também em outros meses do ano e d) acumulações inferiores a 2 mm/dia diminuíram de forma significativa em todos os meses do ano. No caso da cidade de São Paulo é possível que o efeito urbano tenha contribuído significativamente para a mudança na distribuição da intensidade da precipitação (Xavier et. alii, 1992).

Recente relatório do Painel Intergovernamental de Mudanças Climáticas (IPCC 1996, p. 158), indicam que é muito difícil separar a componente humana da componente climática nas tendências observadas em dados de rios. A falta de dados de alta qualidade de precipitação e cotas/vazões em muitas regiões tornam difícil o estudo da variabilidade e mudanças climáticas. Não só há muitas variáveis naturais, mas também a população muda o meio ambiente, o que na América Latina está acontecendo num ritmo muito acelerado.

"El Niño"/Oscilação Sul: impactos climáticos e econômicos na hidrologia do Brasil

A variabilidade climática causa sérios transtornos à economia e freqüentemente provoca impactos sociais significativos. Entender essa variabilidade do clima, suas causas, impactos e sobretudo sua previsibilidade, é objetivo de uma significativa parcela da comunidade científica que se dedica às ciências atmosféricas e oceânicas. Acredita-se, hoje, que o fenômeno "El Niño"/"La Niña" - Oscilação Sul (ENOS) seja responsável por significativa parcela da variação do regime de chuvas e temperatura em diversas regiões do globo, incluindo o Brasil. O impacto da Oscilação Sul/"El Niño" no Brasil é detalhado nesta seção.

Impactos regionais

Marengo (1991, 1992, 1995a) e Marengo e Hastenrath (1993), Marengo et alii (1997) estudaram as variações do nível do rio Negro de longo prazo e como conseqüência da variação anual da precipitação relacionada a extremos do ENOS (Figura 5). A vazão do rio Amazonas, no posto de Óbidos, e a cota do rio Negro, em Manaus, mostram valores maiores que a média durante os episódios de "La Niña" ocorridos em 1975/76 e

1988/89 (Grimm et alii, 1998a). Grandes desvios negativos nos níveis do rio Negro foram observados durante 1925-26, 1935-36, 1966-67 1979-80, 1983 e 1992, períodos que coincidem com a ocorrência de fortes eventos "El Niño" (fase quente do ENOS), o que evidencia a influência do fenômeno, mas as correlações não são muito altas. Os exemplos mais representativos são as secas que afetaram a Amazônia durante os eventos extremos "El Niño" nos anos 1925, 1983 e, mais recentemente, em 1997/98, os quais mostraram a forte dependência do balanço hídrico superficial da região com a circulação de grande escala (Aceituno, 1988; Buchman et alii, 1989; Marengo, 1992; Marengo & Hastenrath, 1993; Grimm et alii, 1998a; Mechoso & Perez-Iribarren, 1992).

O evento do "El Niño"/Oscilação de Sul de 1982-1983 foi um dos mais intensos e afetou o tempo e clima da América do Sul de várias maneiras. No caso da região Amazônica, o episódio provocou um período extremamente seco (janeiro/fevereiro) durante a estação chuvosa na Amazônica Central. O desvio percentual da precipitação neste período com relação ao valor climatológico aproximou-se de até 70% na área de Manaus (AM), com um valor menor (da ordem de 20%) na parte leste, próximo ao Oceano Atlântico. Este comportamento foi devido ao deslocamento do ramo descendente da célula de Walker para a região Amazônica, inibindo a formação de atividades convectivas (Nobre e Rennó, 1985; Nobre & Oliveira, 1987). Este período (janeiro/fevereiro 1982/83) foi caracterizado por apresentar o menor índice pluviométrico nos últimos 50 anos. Em Manaus (AM), por exemplo, o total mensal de precipitação foi nulo, época em que a normal climatológica é superior a 300 mm (Nobre & Oliveira, 1987).

Molion & Carvalho (1987) analisaram a descarga fluvial de rios na Amazônia e correlacionaram suas vazões com o evento ENOS 1982/83. Os resultados obtidos para os rios Trombetas e Ji-Paraná indicaram que as correlações são positivas, sugerindo que o Indice da Oscilação Sul possa ser um preditor da variabilidade de chuva nesta região. Richey et alii (1989) também mostraram que variabilidade interanual do regime de precipitação e descarga fluvial dos rios está associada com eventos de ENOS e possui escala de tempo de 2-3 anos.

Hastenrath & Greischar (1993) examinaram séries históricas de precipitação em uma rede de estações bem distribuídas sobre o Nordeste Brasileiro e não encontraram tendências significativas para condições mais úmidas ou secas. Entretanto, outros trabalhos mostram que a precipitação nessa região é bastante sensível a extremos de temperatura da superfície do mar no Pacifíco Equatorial associados ao ENOS (Ropelewski & Halpert, 1989), assim como as anomalias de temperatura da superfície do Atlântico (discutidas na seção Influências do Atlântico Tropical), associadas ao dipolo de anomalias de temperatura da superfície do mar do Atlântico (Moura & Shukla, 1981; Uvo et alii, 1996). Em alguns anos, particularmente aqueles nos quais a fase quente do fenômeno ENOS coincide com a época da estação chuvosa sobre o Norte do Nordeste (de fevereiro a maio), a influência do Pacífico Equatorial é mais evidente, provocando chuvas abaixo do normal.

A fase fria do ENOS (La Niña) apresenta uma certa tendência de maior freqüência de frentes frias na região Nordeste, principalmente no litoral da Bahia, Sergipe e Alagoas, o que contribui para chuvas acima do normal. Entretanto, essas chuvas só ocorrem se, simultaneamente ao La Niña, as condições atmosféricas e oceânicas sobre o Oceano Atlântico se mostrarem favoráveis, isto é, com TSM acima da média no Atlântico Tropical Sul e abaixo da média no Atlântico Tropical Norte.

Análises apresentadas por Alves et alii (1997) mostram que na estação chuvosa, o setor norte do Nordeste tende a apresentar anomalias de precipitação próximas ou acima da média climatológica em anos com predomínio de anomalias negativas de TSM na bacia do Oceano Pacífico equatorial. As influências do episódio de 1986/87 sobre o NE do Brasil começaram em abril de 1987, quando houve uma abrupta diminuição das chuvas no semi-árido, como documentado em *Climanálise* (1993). Nesse período, houve chuva abundante no NE em março, porém abaixo da média em abril e maio. No NE houve um extenso período de seca, de 1990 a 1993. A precipitação na estação chuvosa do NE foi 28% abaixo da média em 1990 e 13% abaixo da média em 1991 (*Climanálise*, 1993). Em 1992, as precipitações ficaram 30% abaixo da média em março, 34,7% abaixo da média em abril, e 87% abaixo da média em maio (*Climanálise*, 1993) As precipitações na estação chuvosa de 1993 ficaram 63% abaixo da média (*Climanálise*, 1993). Ressalta-se que durante este período de El Niño estendido, as anomalias no Pacífico Equatorial foram mais intensas em 1992.

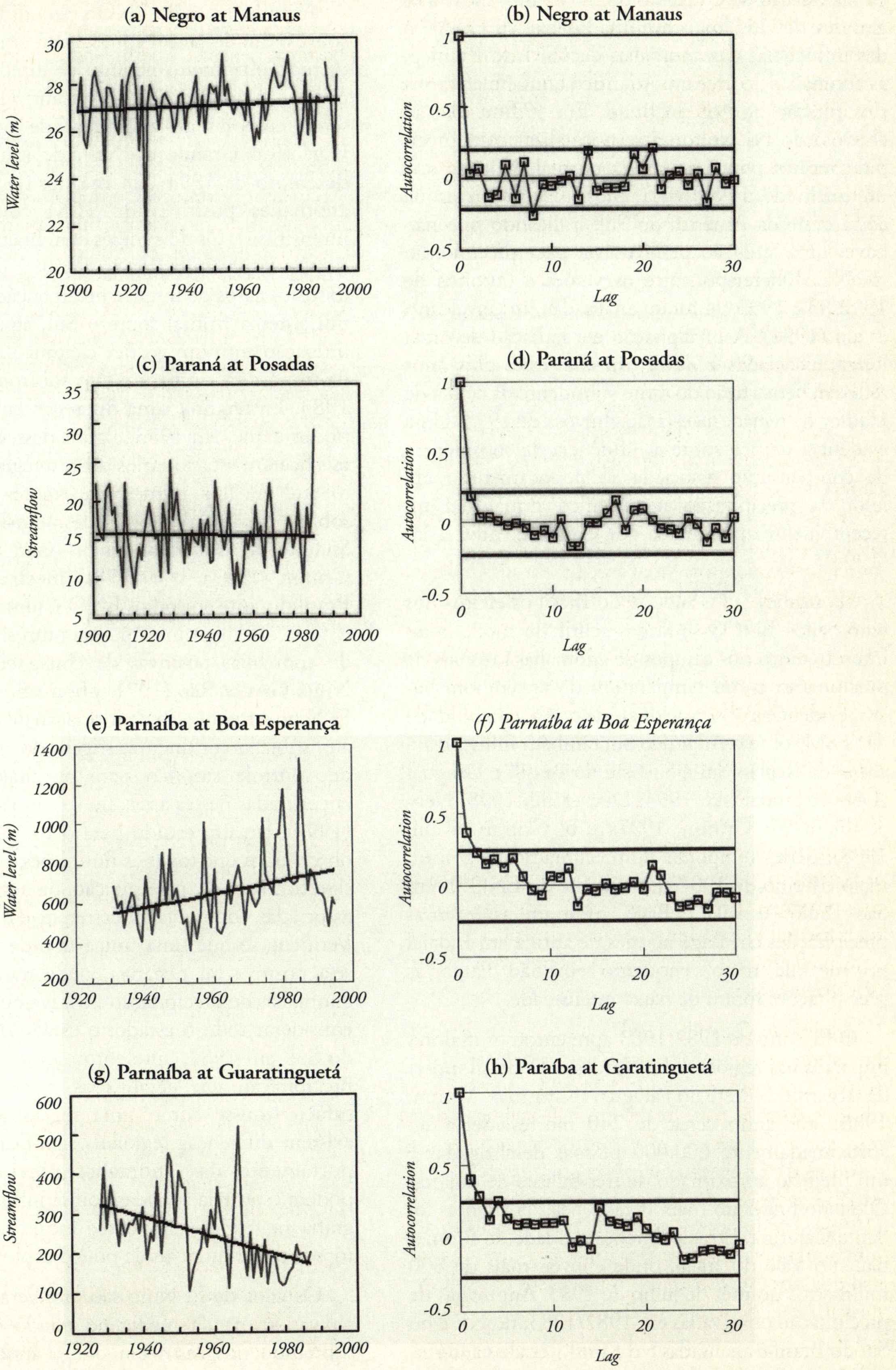

Figura 5 - Tendências e autocorrelação da vazão em várias bacias hidrográficas no Brasil. (Marengo et alii 1998)

A série temporal de anomalias de precipitação para a estação de Quixeramobim (Ceará), mostra os grandes desvios, mais acentuados em 1993. Além das influências das anomalias de TSM do Pacífico, as anomalias do Oceano Atlântico também afetam a precipitação no NE do Brasil. Em 1994 a estação chuvosa do NE voltou a se normalizar com precipitações um pouco acima da normal. Nota-se que no início de 1994 havia anomalias negativas na costa oeste da América do Sul, indicando que não havia uma situação desfavorável para precipitação no NE. Diferenças entre os verões e outonos de 1992/93 e 1993/94 foram analisadas em Cavalcanti et alii (1996). A precipitação e a radiação de onda longa, associadas à ZCIT, durante esses dois anos refletem bem a ação do ramo subsidente da célula de Hadley na região, na estação chuvosa de 1993. Uma evidência teórica sobre a influência da subsidência de compensação associada ao deslocamento para leste da precipitação no Pacífico Equatorial foi recentemente apresentada por Gandu & Silva Dias (1998).

Na regiões Sul e Sudeste do Brasil os efeitos dos fenômenos ENOS se fazem sentir de modo mais intenso, tanto nos campos de anomalias sazonais de precipitação como temperatura do ar, embora hajam evidências observacionais de que a variabilidade das TSM sobre o Atlântico Sul também influencia o clima da Região Sul e Sudeste do Brasil, e Uruguai (Diaz & Studzinski, 1994; Diaz et alii, 1998; Nery et alii, 1997; Grimm, 1997a e b; Grimm et alii, 1998). Séries temporais de precipitação para abril, maio e junho de 1987 (fase quente do ENOS), em São Paulo, Indaial e Bagé, mostram as intensas precipitações em Bagé no mês de abril e em Indaial no mês de maio, enquanto em São Paulo as precipitações foram de baixa intensidade.

O El Niño de 1982/1983 apresentou os maiores impactos nas regiões Sul e Nordeste do Brasil, norte da Argentina e leste do Paraguai (Kayano & Moura, 1986), causando cerca de 240 mortes, deixando aproximadamente 600.000 pessoas desabrigadas e um prejuízo aproximado de três bilhões de dólares. O estado brasileiro mais afetado pelas enchentes foi Santa Catarina, principalmente a cidade de Blumenau, no Vale do Itajaí, onde choveu mais de 800 milímetros no mês de julho de 1983. Anomalias de precipitação observadas em 1982/1983, no NE e no Sul do Brasil e analisadas em Kousky et alii (1984) e Kousky & Cavalcanti (1984), ocorreram novamente em 1986/1987 e durante o ENOS estendido de 1990 a 1994.

As influências do ENOS estendido (1990-1994) sobre o Sul do Brasil começaram em abril de 1992, quando o primeiro período de intensa precipitação ocorreu na região Sul. Cavalcanti (1996) mostra a série temporal de anomalias de precipitação em Bagé (Rio Grande do Sul), de junho de 1991 a dezembro de 1993 (em meados de 1991 é que as anomalias positivas de TSM começaram a se intensificar). Os dois meses com maiores desvios positivos de precipitação são abril/92 e maio/93. Em todos os casos de intensa precipitação foi observado um sistema frontal sobre o Sul, algumas vezes em interação com um vórtice ciclônico nos altos níveis da troposfera, ou com o jato subtropical, como em 1983. Entretanto, uma diferença entre os dois períodos é que, em 1983, alguns desses sistemas frontais ficaram estacionários sobre a região sul, enquanto em 1992, o número de frentes que passaram sobre a região Sul e foram desintensificadas sobre o Sudeste do Brasil foi maior (Gan e Rao, 1991). Grimm (1997a, b e 1998a) mostra que o sul do Brasil durante episódios ENOS, junto com Uruguai e norte de Argentina apresenta um sinal consistente de anomalias positivas de chuva em casos de El Niño. Gan & Rao (1991) observaram que nos anos El Nino a freqüência de formação de ciclones é mais alta sobre o continente, sugerindo um mecanismo de controle sinótico para as altas precipitações encontradas nesses anos, no sul do País. Nery et alii (1997), em um estudo para o Rio Grande do Sul, observaram que todas as flutuações interanuais mais significativas da precipitação da região, estiveram associadas com as fases extremas da Oscilação Sul. Verificou-se que uma única fase da Oscilação Sul, seja positiva ou negativa, pode resultar tanto em anomalias de precipitação positiva ou negativa ao se considerar todo o estado; o estado do Rio Grande do Sul, em 1982, apresentou anomalia positiva de precipitação em geral, mas o norte do estado caracterizou-se como uma região seca. Portanto, existem diferenças regionais significativas no comportamento das anomalias pluviométricas que podem estar relacionadas com a influência da topografia no regime de ventos locais, sendo este um tópico de pesquisa ainda pouco explorado no Brasil.

Os anos de El Niño são, em geral, associados a chuvas acima da média no estado de São Paulo, sobretudo nos casos em que a anomalia da temperatura da superfície do Pacífico é maior (Sugahara 1991). Mas nem todos os El Niños correspondem a chuvas acima do normal como, por exemplo, os casos de 1940, 1941, 1951, 1953, 1963 1969 e a primavera de 1987, conforme mencionado no parágrafo anterior. No interior do estado de São Paulo, na maior parte dos El Niños chuvosos, o impacto foi maior no período de agosto a novembro. Mesmo em anos de El Niño com chuva abaixo da média no primeiro semestre do ano, os meses de setembro e novembro tendem a apresentar mais chuva do que a média. O caso específico do El Niño de 1982-1983 foi diferente, pois as chuvas permaneceram bem acima da média durante toda a estação chuvosa, com significativo impacto no período de outono. Há, sobretudo no caso da região da Grande São Paulo e vizinhanças, uma certa tendência a ocorrerem chuvas acima da média no período de maio/junho. Xavier et alii (1994). Os estudos indicam que na Serra da Mantiqueira (isto é, a zona norte e noroeste da Grande São Paulo) há maior probabilidade de chuvas acima da média (de 2,5 a 5 vezes acima da média). Entretanto, como o mês de maio é normalmente mais seco (cerca de 70 mm no mês), o impacto pode não ser muito significativo. É sempre conveniente lembrar que os desastres de maio/junho de 1983 (com chuvas cerca de 8 vezes acima da média no extremo norte/noroeste da Grande São Paulo) foram excepcionais, não caracterizando o comportamento padrão em anos de El Niño. O trabalho de Xavier et alii (1994) não indica a existência de anomalia significativa de precipitação associada ao fenômeno La Niña.

Com relação à hidrologia de São Paulo (Governo do Estado de São Paulo, 1997), vários gráficos são apresentados a seguir mostrando as relações entre a Anomalia de TSM (El Niño) e o Índice de Vazão (Figuras 6 e 7). A anomalia de TSM é definida na região Niño1+2+3, cobrindo ampla região no Pacífico Equatorial. Pode-se notar que o desvio da vazão normalizada é sempre positivo nos casos extremos do fenômeno El Niño, em todos os postos de medição, exceto em Edgard de Souza no rio Tietê (Figura 6b) onde as correlações são bem mais baixas, dado que a área de drenagem é bem menor que nos demais casos. O rios Ribeira e Paranapanema (Figura 7) apresentam correlações mais altas com os eventos quentes do Pacífico.

O impacto do fenômeno La Niña em São Paulo é bem menos caracterizado que o El Niño, conforme ilustrado nas Figuras. 6 e 7. O impacto pode ser positivo ou negativo na vazão dos rios exceto em algumas bacias mais ao sul do País (Figura 5). De acordo com as avaliações das características de tempo e clima, de eventos de La Niña ocorridos no passado, observa-se que o La Niña mostra maior variabilidade, enquanto os eventos de El Niño apresentam um padrão mais consistente. Nas regiões Sul e Sudeste os principais impactos do fenômeno La Niña são:

- passagens rápidas de frentes frias sobre a região Sul, com tendência de diminuição da precipitação nos meses de setembro a fevereiro, principalmente no Rio Grande do Sul, além do centro-nordeste da Argentina e Uruguai;
- temperaturas próximas da média climatológica ou ligeiramente abaixo da média sobre a região Sudeste, durante o inverno.

Em alguns lugares, como no Sul do Brasil, durante o forte evento de La Niña de 1988/89, a estação chuvosa de setembro a dezembro de 1988 teve um mês de muita seca, mas nos demais meses da estação teve chuva normal, ou ligeiramente acima da média. Durante o episódio fraco de 1995/96, o esfriamento do Pacífico não foi tão intenso, mas o período chuvoso de setembro a dezembro de 1995, mostrou durante todos os meses, chuvas abaixo da normal climatológica

Em outras regiões do Brasil, como no Brasil Central e interior da região leste, o impacto do ENOS (tanto a fase quente como fria) é extremamente variável, não havendo períodos longos com anomalias persistentes no tempo e no espaço (Rao & Hada, 1990). Entretanto, no trabalho de Grimm et alii, (1998b) observa-se que existem alguns indícios de tendências discerníveis no impacto nas regiões mais ao sul do Centro-Oeste, com anomalias positivas de precipitação durante o ano de ocorrência da fase quente, principalmente no inverno, e com máxima consistência no verão (coerente com o impacto observado nas regiões sul e sudeste). Esses resultados são consistentes com o aumento de vazão dos rios cuja bacia de drenagem cobre a região sul do Centro-Oeste (Figuras. 6 a 9). As regiões mais ao norte do Centro-Oeste se assemelham mais ao regime típico da região Norte i.e., apresentam anomalias secas durante o ano de início do El Niño embora na parte leste apareçam indícios de anomalias positivas no verão que segue o início do episódio Niño. O sinal mais consistente de seca aparece no oeste da Região Centro-Oeste, no verão. Em geral, no ano que segue o início da fase quente, a maioria da região tente a apresentar chuvas acima

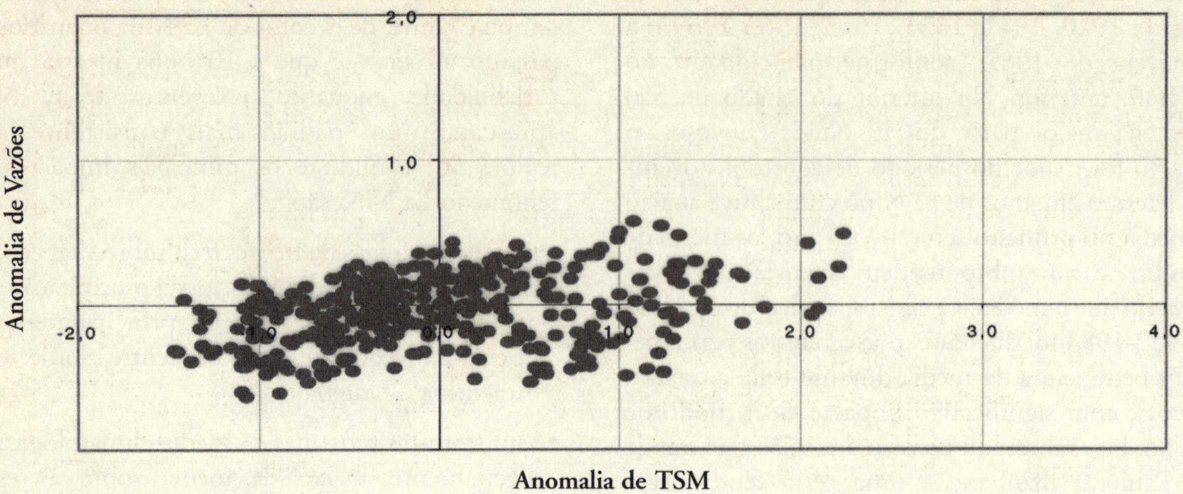

(a)

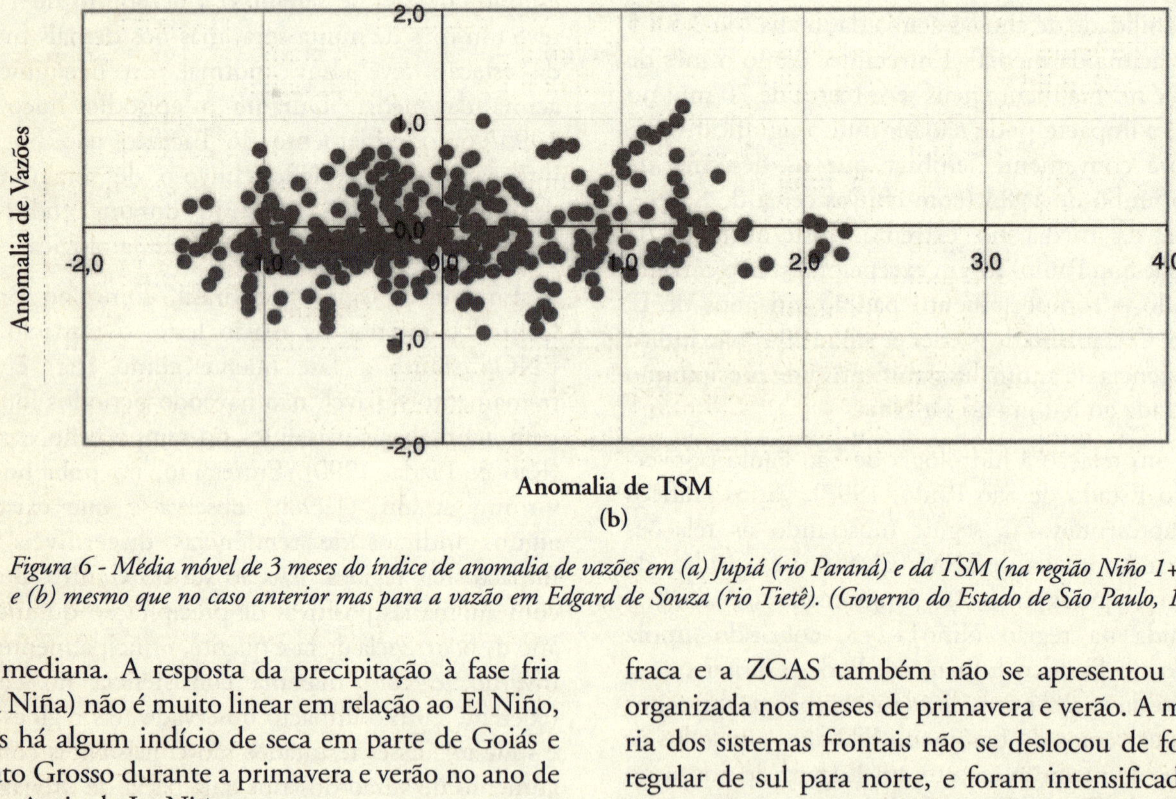

(b)

Figura 6 - Média móvel de 3 meses do índice de anomalia de vazões em (a) Jupiá (rio Paraná) e da TSM (na região Niño 1+2+3) e (b) mesmo que no caso anterior mas para a vazão em Edgard de Souza (rio Tietê). (Governo do Estado de São Paulo, 1997)

da mediana. A resposta da precipitação à fase fria (La Niña) não é muito linear em relação ao El Niño, mas há algum indício de seca em parte de Goiás e Mato Grosso durante a primavera e verão no ano de ocorrência da La Niña.

Durante os anos de 1991 a 1993, dentro do período do episódio El Niño estendido de 1990 a 1994, os sistemas meteorológicos que atuam sobre o Brasil tiveram comportamento anômalo. A ZCIT apresentou-se muito fraca e não se deslocou para sul entre fevereiro e abril, como normalmente ocorre. Os vórtices ciclônicos em altos níveis, que atuam no verão na região NE, também não causaram precipitação. A convecção associada à Alta da Bolívia foi fraca e a ZCAS também não se apresentou bem organizada nos meses de primavera e verão. A maioria dos sistemas frontais não se deslocou de forma regular de sul para norte, e foram intensificados e bloqueados na região Sul do Brasil pelo jato subtropical, o que causou enchentes em algumas localidades do Sul. No inverno de 1993, houve ocorrência de neve em algumas regiões do Sul. Essas ocorrências não são comuns e acontecem somente em alguns invernos e em regiões serranas. Temperaturas mínimas em Chapecó (SC), no inverno de 1993, são mostradas em Cavalcanti (1996). Entretanto, as regiões Sudeste e Centro-Oeste apresentaram anomalias positivas de temperatura média diária durante os anos

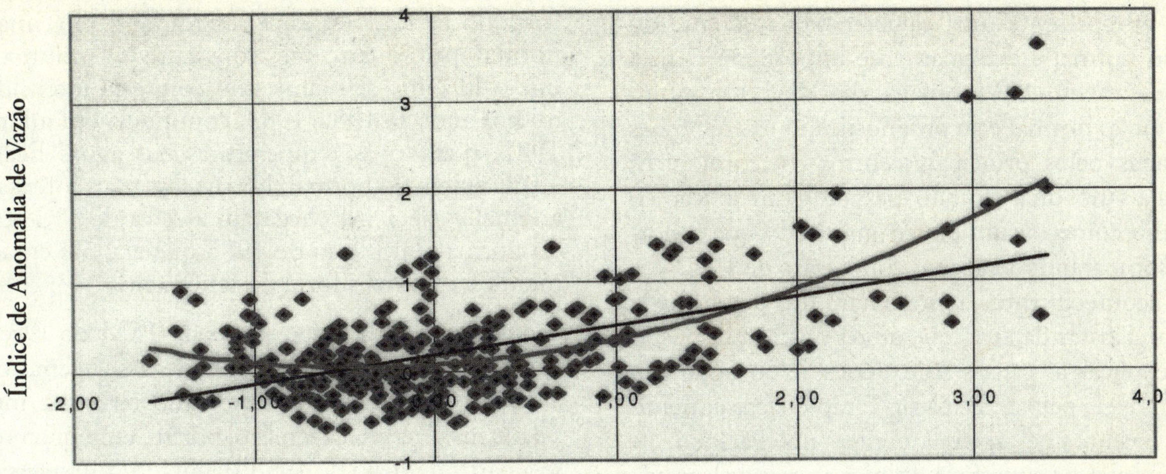

(a)

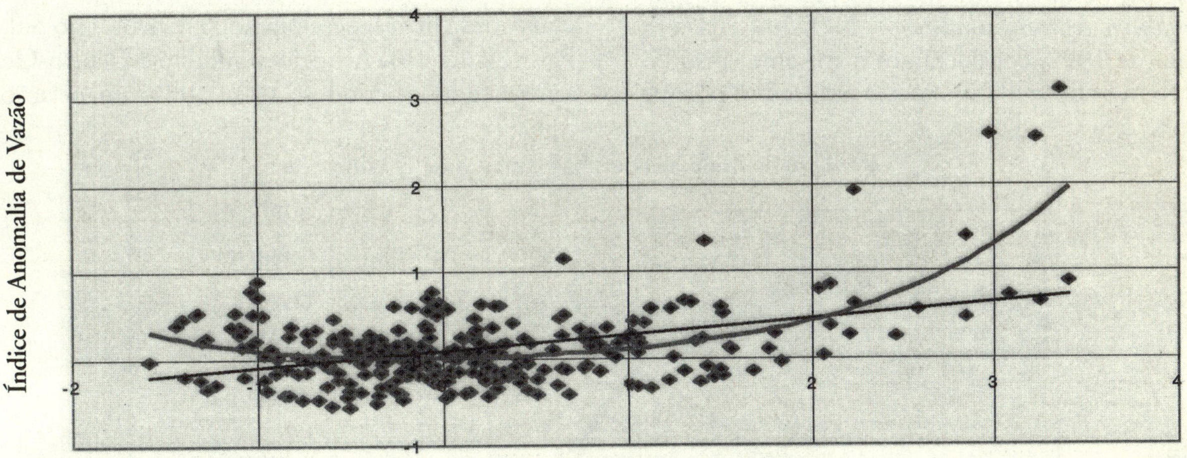

(b)

Figura 7 - Média móvel de 3 meses do índice de anomalia de vazão em (a) Capivara (rio Paranapanema) e da TSM (na região Nino1+2+3 (b) mesmo que no caso anterior, mas para a vazão em Funil (rio Ribeira). As curvas indicadas na figura representam o ajuste linear e exponencial aos dados. FONTE: Governo do Estado de São Paulo, 1997.

de 1991 a 1994. A série de anomalias de temperatura em Franca (SP), de junho de 1991 a dezembro de 1993 é mostrada em Cavalcanti (1996). Foram observados valores positivos de anomalias em praticamente todos os meses.

Análises da influência do ENOS no Brasil e das anomalias climáticas associadas necessitam ser continuamente realizadas. A posição da anomalia mais intensa no Pacífico Equatorial parece ter uma influência na posição das anomalias de precipitação na América do Sul. Investigações das influências de La Niña sobre o Brasil são ainda objeto de pesquisa e também necessitam análises mais detalhadas.

El Niño 1997/98

Os resultados das previsões climatológicas realizadas no final de 1996 e início de 1997 já indicavam que os anos de 1997 e 1998 seriam marcados pela atuação do fenômeno El Niño/Oscilação Sul (ENOS). O evento ENOS começou a ser observado em fevereiro de 1997, com o aquecimento das águas do Oceano Pacífico Equatorial. Em novembro de 1997 as anomalias de temperatura da superfície do mar (TSM) alcançaram aproximadamente 4°C acima do valor normal na região do Niño 1 + 2, e 3,7°C na região do Niño 3, o que representa um recorde, desde 1950 (Figura 8).

Em comparação com casos anteriores, o evento 1997/98 apresenta uma característica diferente do padrão normal e extremamente importante: a taxa de crescimento da anomalia de TSM foi muito superior ao normal e ao prognosticado nas previsões realizadas pelos principais centros meteorológicos mundiais no final do ano passado. Em adição, o episódio começou um pouco mais cedo que o normal, comparando-se apenas com o caso de 1972/73. Esses acontecimentos, representam um desafio para os especialistas da área, que ainda buscam respostas para explicar as causas atmosféricas e/ou oceânicas responsáveis pela antecipação e rápido crescimento deste evento de águas quentes no Pacífico. A temperatura da superfície do mar atingiu valores da ordem de 4 a 5ºC acima da média próximo à costa do Peru em junho de 1997, mantendo-se alta até o final do ano.

Alguns pesquisadores do *National Oceanic and Atmospheric Administration* – NOAA – já em meados de 1997, consideraram o corrente episódio como o mais forte El Niño neste século, isso porque as águas do Oceano Pacífico Equatorial, na altura da costa do Peru, já estavam a cerca de 4°C acima do normal, pelo quarto mês consecutivo. A última vez que o El Niño se manifestou com esta intensidade foi nos anos de 1982/1983, com início em julho de 1982, quando as temperaturas das águas ficaram 1,0°C acima do normal. Na sua fase mais intensas as anomalias de TSM chegaram a cerca de 5°C acima do normal em junho de 1983 que era, até então, a manifestação mais forte do fenômeno.

As previsões a longo prazo da TSM do Oceano Pacífico equatorial, disponibilizadas em setembro de 1997, indicavam que o fenômeno teria sua intensidade máxima em dezembro, porém, enfraquecendo-se a partir de maio de 1998 (Figura 9). É interessante comparar a Figura 9 com as observações mostradas na Figura 8. Observa-se que, em linhas gerais, foram corretas as previsões realizadas em setembro de 1997.

No Brasil, o fenômeno El Niño de 97/98 provocou fortes chuvas, ocasionando enchentes no Sul do País (Figura 10). As regiões Sudeste e Centro-Oeste apresentaram períodos irregulares com relação à

Evolução da Anomalia de TSM em anos de El Niño

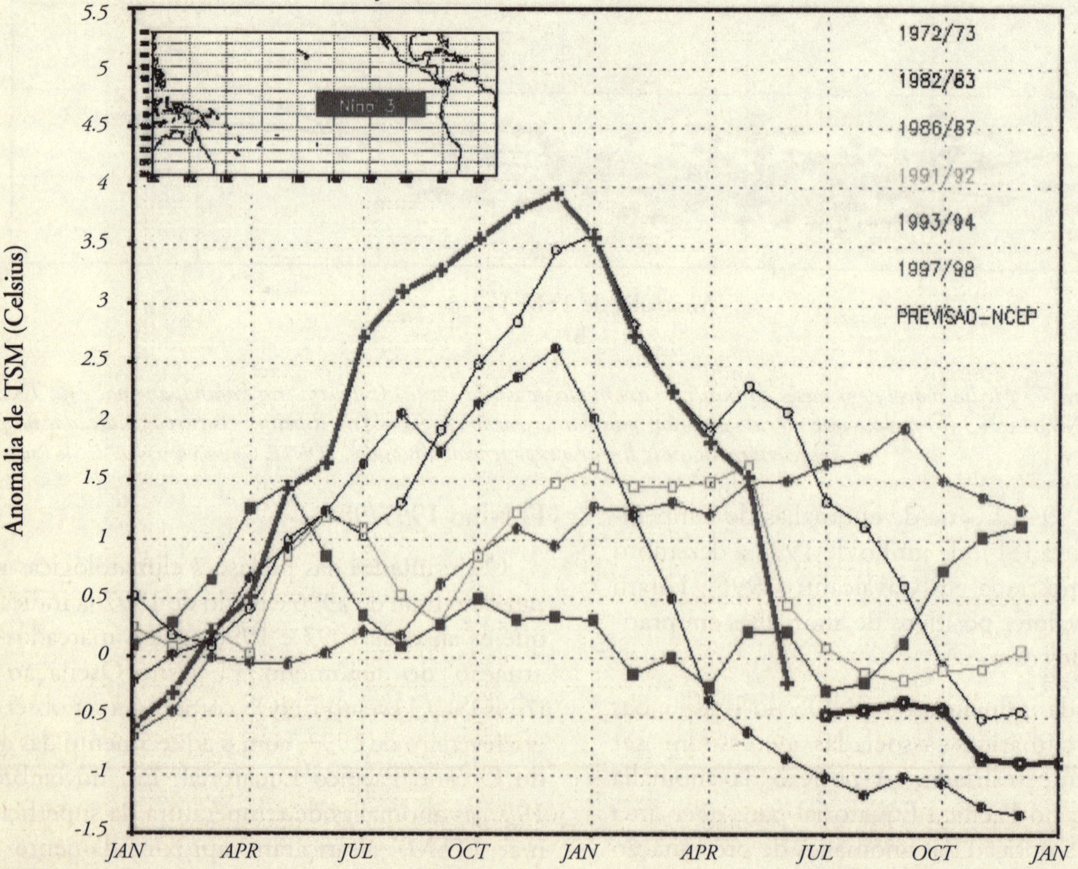

Figura 8 - Anomalias de TSM na região Niño3 (indicada no canto esquerdo superior) para os principais episódios quentes do Pacífico desde 1970. A previsão fornecida pelo NCEP também está indicada na figura.

FONTE: CPTEC/INPE - www.cptec.inpe.br

distribuição de chuvas (veranicos) e temperatura do ar (acima da média). Na região Norte a estiagem baixou o nível dos rios, a cerca de 9 metros abaixo do normal, ocasionando racionamento de energia em alguns pontos da região.

A região Nordeste teve um comportamento irregular das anomalias pluviométricas. Os indicadores da qualidade da estação chuvosa no NE, baseados na TSM do Atlântico apresentaram indícios de uma situação favorável para chuvas no início do ano o que levou às anomalias positivas observadas da Figura 10 em janeiro de 1998. Entretanto, logo houve uma inversão deste comportamento favorável, prevalecendo a influência negativa do Pacífico nos meses seguintes.

O início da estação chuvosa em algumas regiões

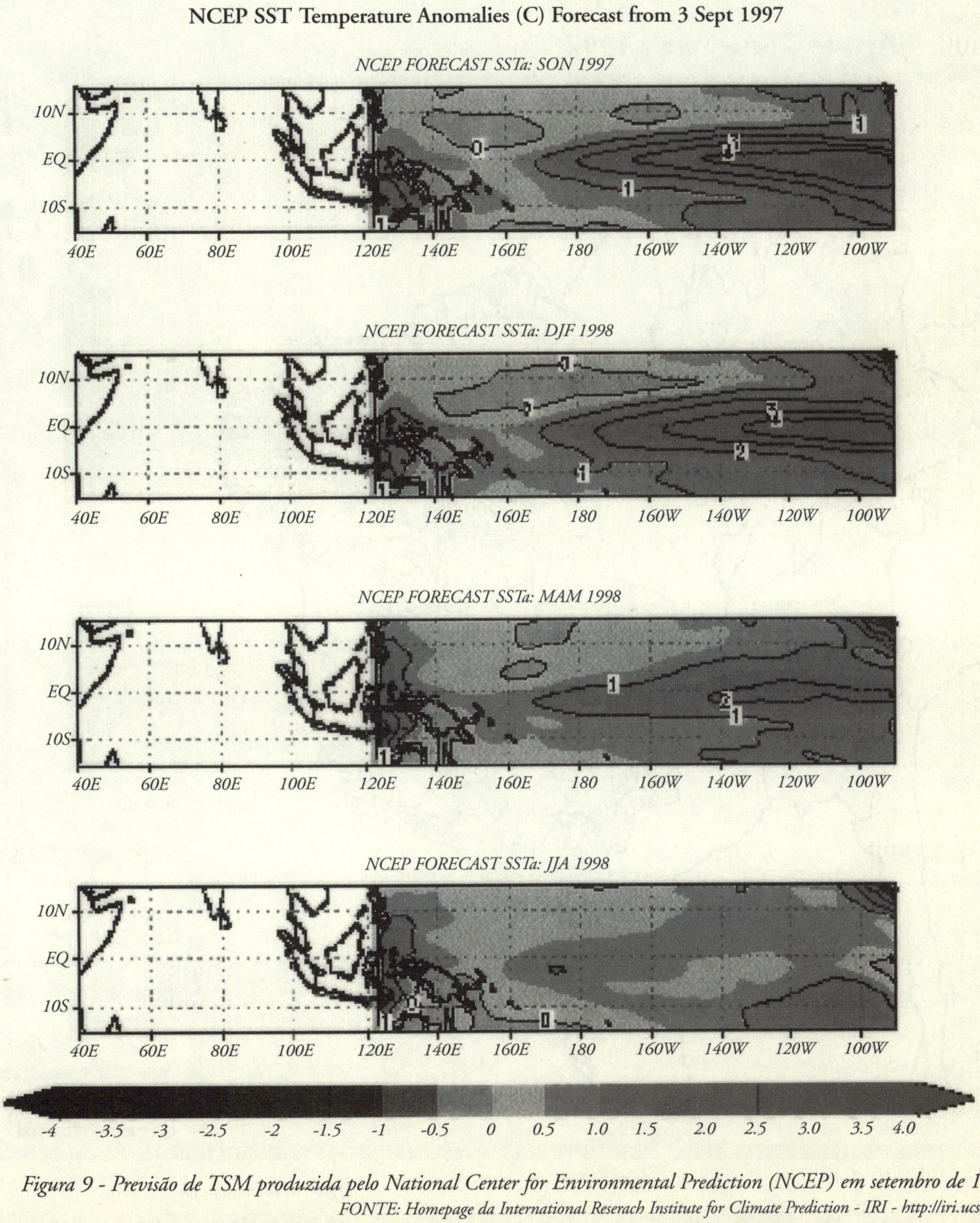

Figura 9 - Previsão de TSM produzida pelo National Center for Environmental Prediction (NCEP) em setembro de 1997.
FONTE: Homepage da International Reserach Institute for Climate Prediction - IRI - http://iri.ucsd.edu.

do estado de São Paulo ocorreu no mês de setembro um pouco antes do período normal (sobretudo na região litorânea, oeste e sul), conforme tipicamente observado nos anos caracterizados pelo fenômeno El Niño. As chuvas acima da média no período de maio/junho de 1997 (figuras disponíveis do home-page do CPTEC – www.cptec.inpe.br) também indicam um comportamento típico. O inverno relativamente quente de 1997 na região Sudeste também foi característico.

Os prognósticos climáticos realizadas pelos centros americanos, europeus e pelo Centro de Previsão de Tempo e Clima (CPTEC) do INPE apontavam para um significativo impacto no

ANOMALIA DE PRECIPITAÇÃO

Julho – Agosto – Setembro / 1997

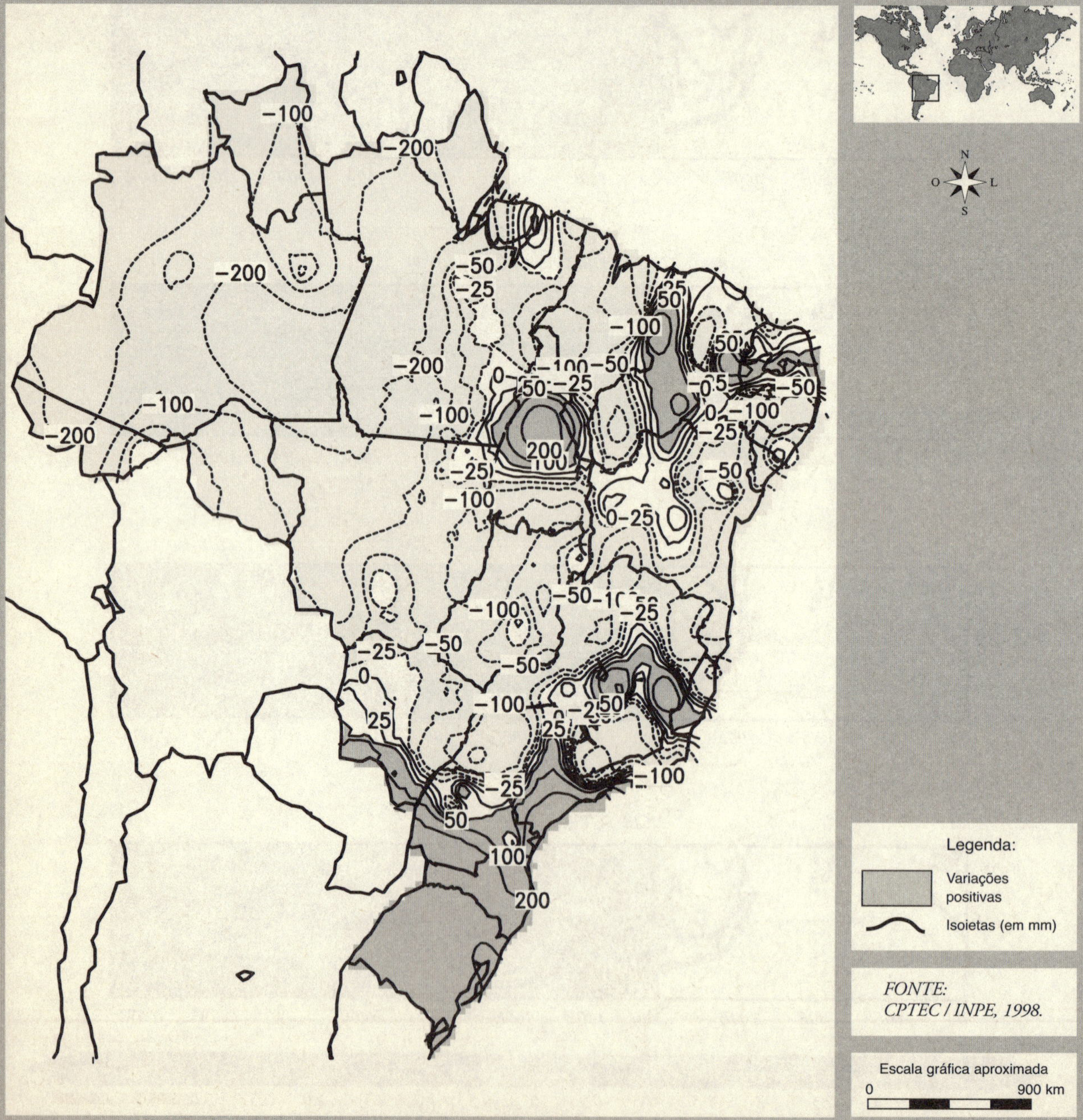

Figura 10a: Anomalias de precipitação no Brasil

clima de algumas regiões brasileiras, principalmente no norte do Nordeste, leste da Amazônia (ambos com chuvas abaixo da média) e no extremo sul do Brasil (chuvas acima da média). A Figura 11 mostra o prognóstico de chuvas para o trimestre dezembro/1997 – janeiro/fevereiro-1998 produzido em outubro de 1997 pelo CPTEC. As observações indicadas na Figura 11 mostram que qualitativamente foi possível prever a evolução das anomalias pluviométricas com vários meses de antecedência. A Figura 12 mostra a previsão da anomalias pluviométrica para o trimestre março/abril/maio de 1998, disponibilizada em fevereiro de 1998. A seca do Nordeste foi

ANOMALIA DE PRECIPITAÇÃO

Dezembro / 1997 – Janeiro e Fevereiro / 1998

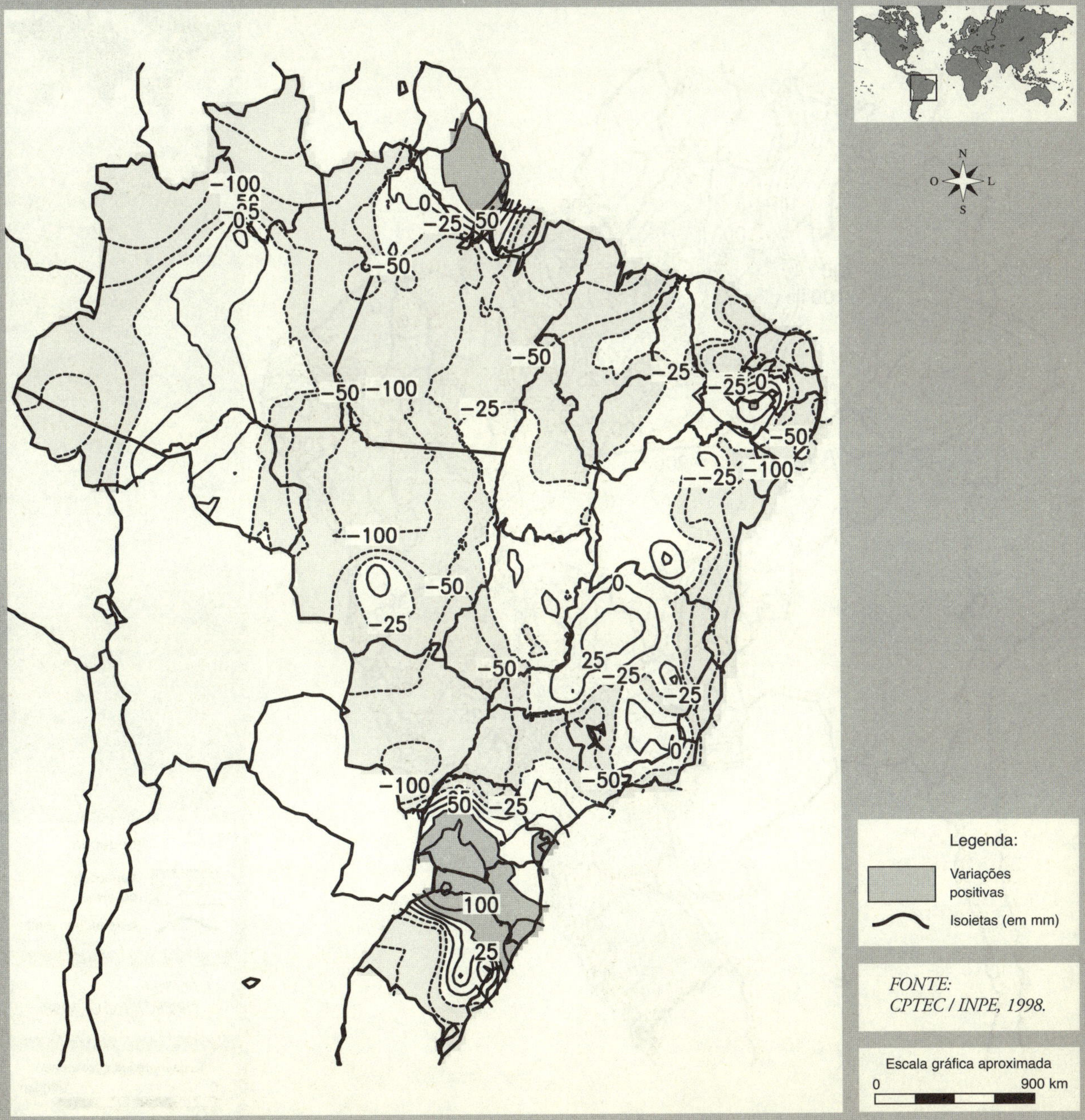

Figura 10b: Anomalias de precipitação no Brasil

realisticamente prevista pelo modelo do CPTEC assim como as chuvas acima do normal no extremo sul do Brasil.

A evolução das anomalias de TSM no Atlântico Tropical entre dezembro/97 e janeiro/98 fizeram com que alguns modelos prognósticos estatísticos fornecessem indícios de precipitação normal ou mesmo acima do normal para o norte do NE brasileiro. Essas informações geradas por modelos estatísticos estavam em desacordo com as previsões dinâmicas, realizadas pela maioria dos modelos climáticos (inclusive do CPTEC/INPE) que capturaram a forte influência das anomalias quentes no Pacífico.

ANOMALIA DE PRECIPITAÇÃO

Março – Abril – Maio / 1998

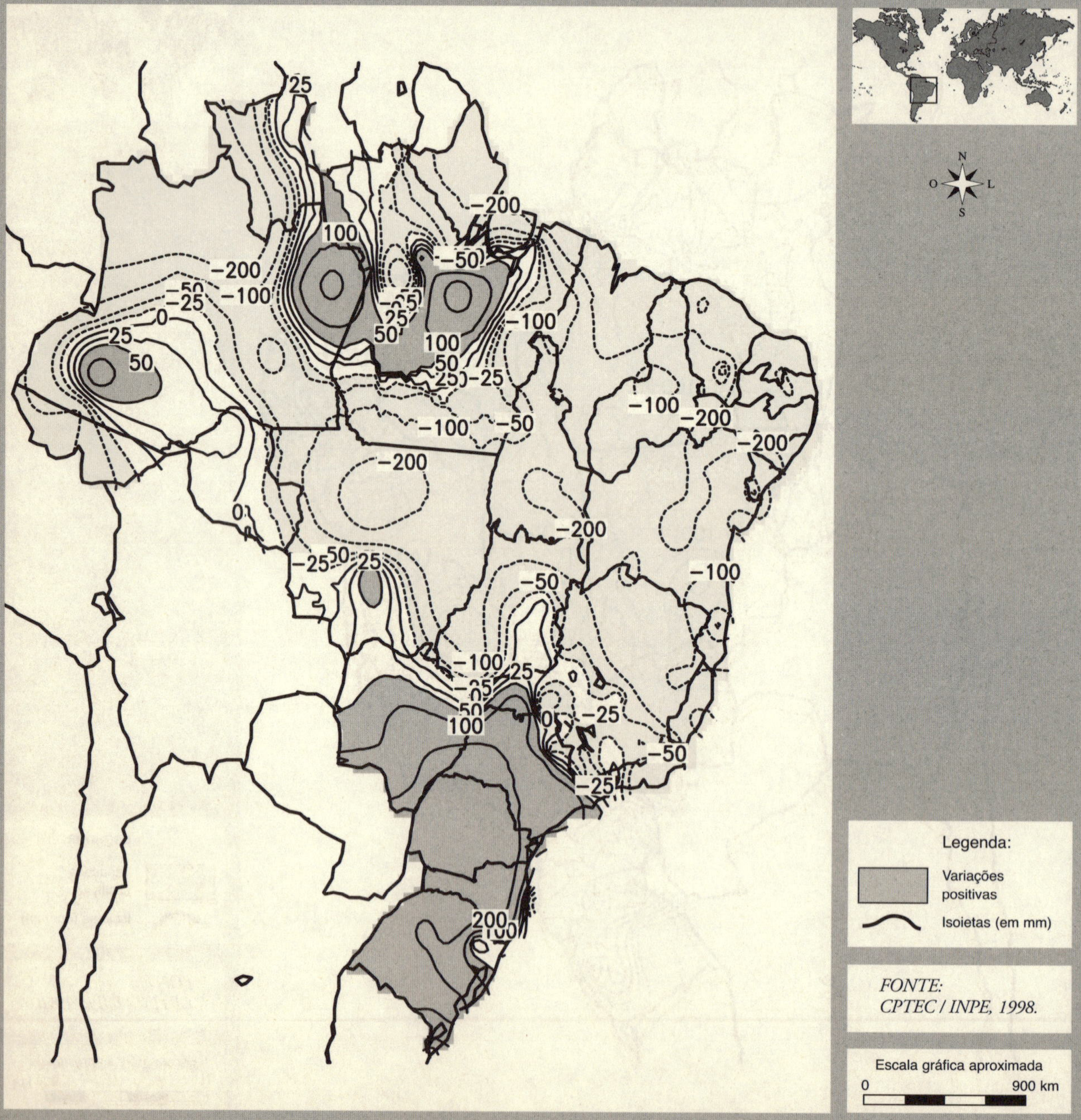

Figura 10c: Anomalias de precipitação no Brasil

Durante o ano de 1998, após a rápida desintensificação do fenômeno El Niño, em maio e junho, observou-se um súbito resfriamento das águas do Pacífico Equatorial Central. Esse resfriamento continuou em julho, porém um novo episódio do fenômeno La Niña ainda não estavae totalmente caracterizado. As previsões indicam que todas as condições do La Niña deveriam acontecer até o final desse ano: águas mais frias no Pacífico Equatorial Central e Oriental ao longo do Equador, ventos alísios mais fortes e intensificação da pressão atmosférica na parte oriental do oceano e enfraquecimento da pressão na porção ocidental.

ANOMALIA DE PRECIPITAÇÃO

Outubro – Novembro – Dezembro / 1998

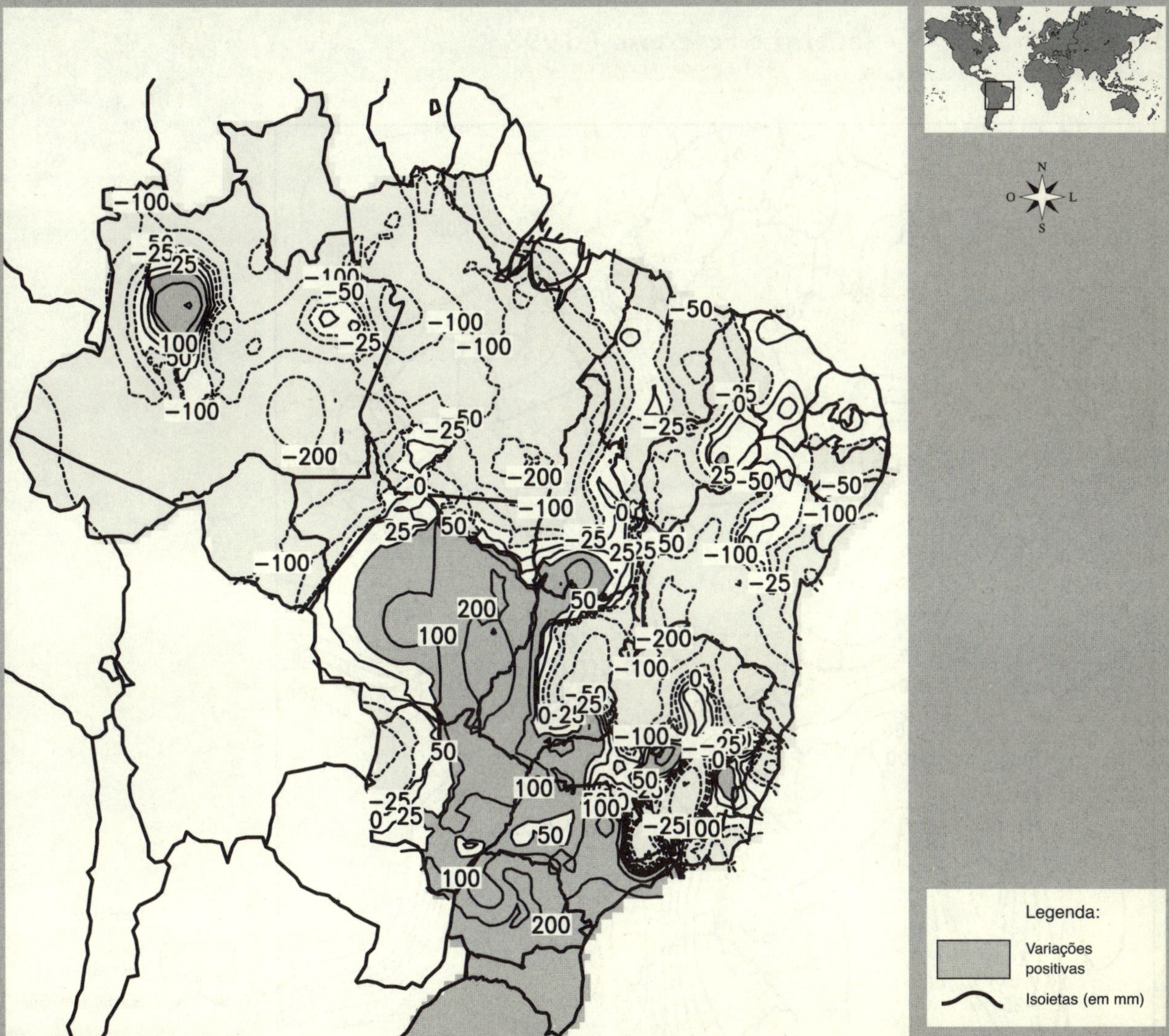

Figura 10d: Anomalias de precipitação no Brasil

Impactos Econômicos do ENOS

Um efeito econômico imediato das secas a enchentes é o aumento do preço dos alimentos. Na quebra da safra brasileira provocada pelo El Niño de 1982/83, os preços agrícolas subiram 40% em poucas semanas. Em segundo lugar, as maiores culturas brasileiras, como o café, a laranja, a soja e o cacau, podem sofrer com as inundações e as secas prolongadas e os problemas de infra-estrutura que o El Niño costuma trazer, principalmente no sistema rodoviário.

O El Niño de 1987 atingiu de forma intensa o norte do Nordeste, numa época em que ainda não havia um eficiente sistema de monitoramento e alerta sobre o fenômeno. Neste episódio, a perda na produção de grãos no Ceará foi da ordem de 75%. Cinco anos depois, o governo cearense foi alertado com meses de antecedência, através dos esforços da

PREVISÃO DE ANOMALIA DE PRECIPITAÇÃO

Dezembro / 1997 – Janeiro e Fevereiro / 1998

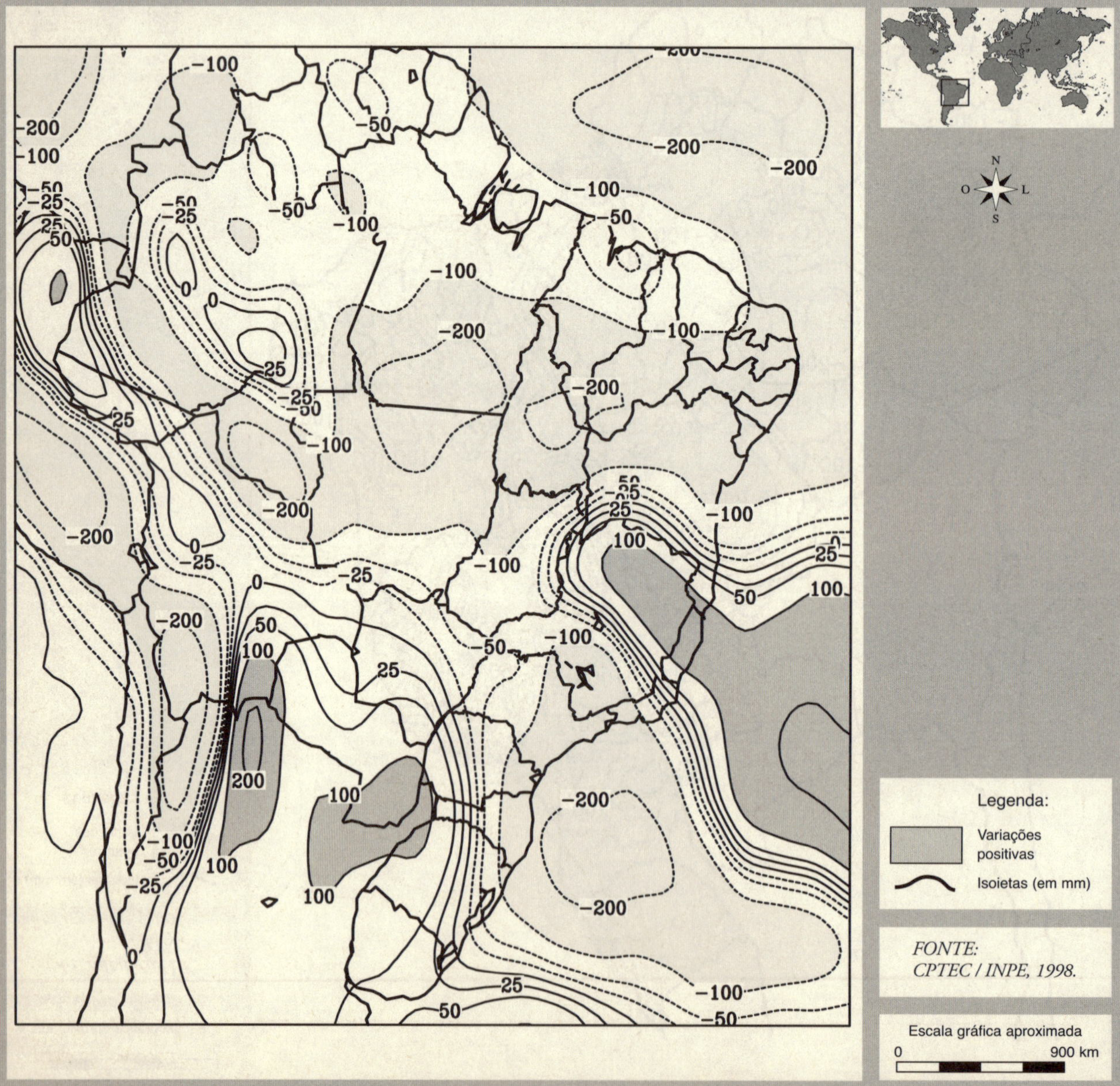

Figura 11: Previsão da anomalia pluviométrica no período dezembro de 1997 a fevereiro de 1998, produzido em outubro de 1997

FUNCEME e do INPE, os agricultores anteciparam o plantio e, como resultado, a seca trazida pelo El Niño 1991-92 ceifou apenas 18% da plantação.

Partes de Blumenau em Santa Catarina, foram praticamente arrasadas por uma enchente associada ao evento de 1983. No Nordeste, a seca matou os rebanhos e destruiu as colheitas. Em plena recessão, a safra nacional diminuiu em cerca de 10%. Em 1983, o El Niño pode ter interferido até no altíssimo índice de inflação, que chegou a 211% pelo IGP, o dobro do ano anterior.

No episódio de 1997/1998, choveu excessivamente na região Sudeste/Centro-Oeste no mês de maio de 1997, época em que normalmente inicia-se o período seco. O inverno seguinte caracterizou-se por anomalias quentes e seca severa no Norte e Centro-Oeste do País. Em outubro de 1997, observaram-se as maiores anomalias positivas de precipi-

PREVISÃO DE ANOMALIA DE PRECIPITAÇÃO

Março – Abril – Maio / 1998

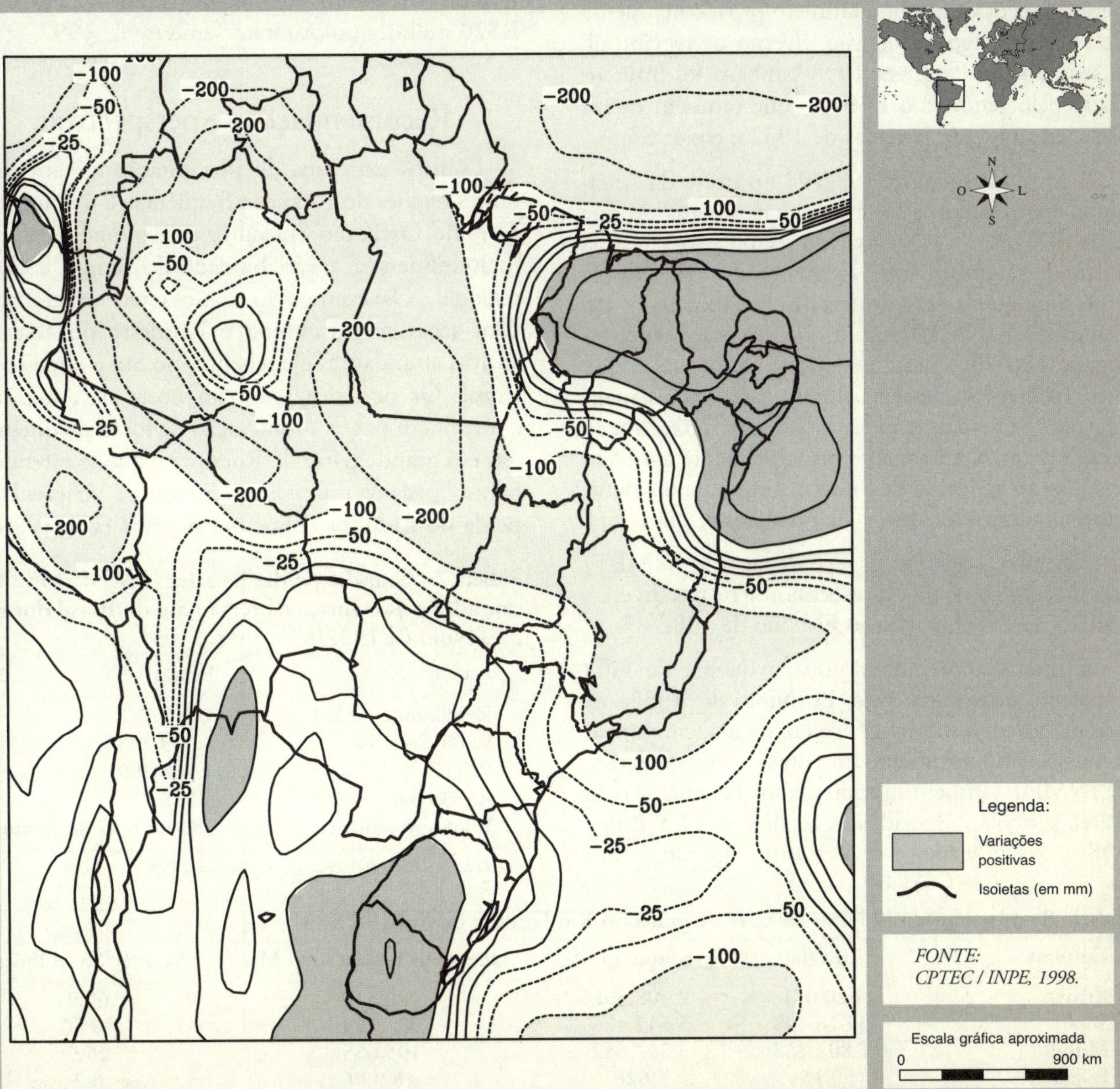

Figura 12: Previsão da anomalia pluviométrica no período março a maio de 1998, disponibilizada em fevereiro de 1998

tação na região Sul, recebendo chuvas até 300% acima do normal no noroeste do Rio Grande do Sul chuvas de até 300%. Houve inundações localizadas nas bacias dos rios Uruguai e Iguaçu. As maiores enchentes desse século (1911, 1983) foram nos episódios El Niño de maior intensidade. O El Niño de 1997/98 apresentou praticamente a mesma intensidade de 1983, sendo que a sua formação foi a mais rápida de todos os episódios mais recentes. Grandes extensões da Amazônia receberam chuvas abaixo da média desde setembro de 1997. Esta estiagem teve repercussões adversas na geração de energia elétrica (redução) no nível de reservatórios e aumento na demanda da energia termelétrica, e no aumento do número de queimadas durante o período seco. O El Niño também provocou a perda de 25% do trigo colhido no inverno na região Sul. A seca do Nordeste em 1998 também foi influenciada pelo fenômeno El Niño que também esteve associado às secas extremas de 1932 e em 1983.

A forte estiagem de 1997/98 no norte da Amazônia e em Roraima foi muito mais intensa do que a de 1982/83. Os totais de precipitação em Boa Vista, de setembro 1997 até março de 1998, foi de 30,6 mm e o número de dias de chuva foi de 17 em 7 meses. O INMET indica que a normal climatológica (1961/90) neste período do ano é de 397,1 mm (portanto, choveu somente 8% no normal). Devido principalmente à baixa precipitação e à secura do ar, as queimadas principalmente agrícolas levaram ao acúmulo de fumaça, aumentando significativamente a incidência de infecções respiratórias.

Nas tabelas seguintes (preparadas pelo INMET) são mostrados os prejuízos econômicos nas diversas regiões do Brasil devido ao El Niño de 1982/83.

É interessante indicar que na quebra da safra brasileira provocada pelo El Niño de 1983, os preços agrícolas subiram 40% em média, em poucas semanas, principalmente por causa da especulação. O INMET também indicou alguns benefícios para a área agrícola, associados ao fenômeno El Niño de 1983: o inverno foi bastante quente, com temperatura acima da média, fazendo com que as culturas de café não fossem prejudicadas com geadas ou temperaturas abaixo da média. A produção de hortaliças e hortifrutigrangeiros foi recorde. Entretanto, no caso El Niño de 1997/98, somente no Rio Grande do Sul, os prejuízos provocados pelos temporais e enchentes até novembro 1997 representaram prejuízos da ordem de R$20 milhões, em função dos danos as casas e ruas de 200 cidades atingidas.

O El Niño também afeta empresas produtoras de fertilizantes, com a desvalorização de suas ações nas bolsas de valores. Como indicou a *Folha de São Paulo* de 22 setembro 1997, a indústria de fertilizantes IAP informou ter registrado prejuízo de R$20 milhões no primeiro semestre de 1997.

Recomendações e perspectivas

Eventos extremos de precipitação afetam diferentes regiões do País com freqüência e o fenômeno El Niño/Oscilação Sul talvez seja o fenômeno que mais influencia a variabilidade do tempo e clima regional. Os eventos El Niño estão relacionados com secas na Amazônia e Nordeste do Brasil e chuvas abundantes e enchentes no Sul e Sudeste do Brasil. Os períodos secos no norte da Amazônia contribuem para a proliferação de focos de queimadas em grande parte de Roraima e que se estendem para a borda da floresta na Amazônia e Venezuela. A perda do gado, os danos nas reservas ecológicas da

Tabela 7 - Grandes perdas na safra (TM) de 1982/83, causadas pelas chuvas na região Sul do Brasil durante o El Niño de 1982/83.

Estado	Perdas
Rio Grande do Sul	1.693.777
Santa Catarina	1.629.298
Paraná	1.568.700
Região Sul	4.888.775
Valor aproximado	780 milhões de dolares

FONTE: Berlatto 1992; Gasquez e Magalhães, 1987.

Tabela 8 - Impacto do El Niño na safra de grãos do Rio Grande do Sul 1982/83

Culturas	Área (ha)	produção (TM)	Quebra da produção (TM)	Valor (US$ Milhões)
Arroz	620.671	2.308.598	486.316	60.9
Soja	3.616.498	5.642.476	993.794	184.6
Milho	1.803.788	3.717.642	195.655	25.9
Feijão	50.154	7.628	18.000	6.2
Total	6.090.699	11.676.344	1.693.775	277.6

FONTE: IBGE/ EMATER, RS.

Tabela 9 - Produção de milho e feijão (TM) na região Nordeste durante o El Niño 1982/83

Ano	Feijão	Milho
1982	729.183	1.132.792
1983	227.585	310.233

FONTE: CONAB.

Amazônia, e o efeito da fumaça na população de cidades como Manaus, Boa Vista e Rio Branco indicam o grande impacto do El Niño na região Norte. O impacto da fase oposta do fenômeno El Niño, i.e., o La Niña, tem impacto não tão bem definido mas em geral o efeito é oposto, causando secas na região Sul e favorecendo a precipitação acima da média na região Norte, e norte do Nordeste. Outras regiões do País, como no Centro Oeste, o impacto não é espacial e temporalmente tão consistente como no Sul e Norte mas há alguma tendência discernível, sobretudo na fase quente (El Niño), mostrando continuidade com relação ao regime das regiões vizinhas ao Norte e Sul.

O transporte de água nos rios também e afetado pelo fenômeno El Niño na região Amazônica. Os baixos níveis afetam o comércio e também as atividades de exploração de petróleo. Os níveis de reservatórios para geração de energia elétrica, como Balbina, podem diminuir ao ponto de afetar a produção e distribuição de energia elétrica. No Nordeste, a previsão de uma estação chuvosa deficiente afeta a economia e agricultura regional, com sérios impactos sociais. O impacto do El Niño na vazão de rios no sul do País também é bastante evidente, conforme relatado. Há, também, algum indício de perturbações positivas na vazão de rios cuja bacia de drenagem cobre a região Centro-Oeste.

A evolução do episódio El Niño de 1997-98 evidenciou a sua grande influência climática, sendo considerado o evento mais forte do Oceano Pacífico equatorial nos últimos 150 anos. Seus efeitos afetaram o clima do País desde meados de 1997, haja vista as temperaturas amenas durante o último inverno e as altas temperaturas em dezembro e início de janeiro no Sul e Sudeste, as chuvas excessivas no Sul em outubro e novembro de 1997 e a forte estiagem em partes da Amazônia. O final prematuro da estação chuvosa no Nordeste Brasileiro em maio de 1997 já pode ter sido um efeito da evolução do fenômeno El Niño assim como as chuvas acima do normal nos meses e maio e junho na região Sudeste.

O impacto da variabilidade da precipitação em outras escalas temporais, desde a diurna até a intrasazonal (30-60 dias) também é bastante significativa. Entretanto, o impacto em atividades produtivas não vem sendo devidamente explorado. Em particular, o caráter prognóstico na escala intrasazonal necessita ser melhor avaliado.

Alterações de mais longo período, na escala interdecadal ou decadal também estão presentes nos dados pluviométricos. Existem particularmente alguns indícios de que esta escala da variabilidade climática esteja associada ao impacto do Oceano Atlântico. Porém, nosso conhecimento da dinâmica da variabilidade da temperatura da superfície do mar no Atlântico está muito aquém do estado da arte no que concerne ao Oceano Pacífico. Portanto, especial esforço se deve dedicar aos estudos sobre a variabilidade do Atlântico e impacto no clima brasileiro.

A previsão de tempo e clima passou por uma profunda transformação no Brasil a partir dos anos 80, com a utilização de novas técnicas de modelagem numérica da atmosfera, superando o estágio em que os prognósticos se apoiavam fundamentalmente na existência de uma rede de observações e em modelos conceituais de evolução do tempo. No contexto desses avanços científicos e tecnológicos surgiu o CPTEC/INPE, que coloca o Brasil em posição de destaque no cenário mundial. O conceito de centros regionais de Meteorologia, fortemente voltados para aplicações, também evoluiu significativamente na década de 90. A FUNCEME (Fundação Cearense de Meteorologia) foi a pioneira no desenvolvimento de aplicações no gerenciamento de recursos hídricos e na agricultura meteorológicas. O Ministério da Ciência e Tecnologia, através do programa de Monitoramento de Recursos Hídricos e Meteorológicos deu suporte à criação de outros centros de monitoramento e análise para atendimento da demanda regional de informações meteorológicas como o Sistema Meteorológico do Paraná-SIMEPAR, o Centro Integrado de Meteorologia e Recursos Hídricos de Santa Catarina-CLIMERH e outros que estão sendo organizados no Rio de Janeiro, Minas Gerais e outros estados.

Em recente relatório ao Congresso, elaborado por uma comissão criada pelo Senado para avaliar o impacto de El Niño, indicam-se providências imediatas por parte do Poder Executivo no sentido de reordenar as suas ações nessa área, redefinindo o papel das diversas instituições que atuam nesse importante campo de atividade como a previsão de tempo e clima, reconhecendo ao CPTEC/INPE o papel de núcleo principal e fonte das informações básicas de previsão de tempo e clima no País, pela capacitação que já alcançou e pelas condições técnicas e recursos de que dispõe (inclusive o supercomputador mais poderoso instalado na América Latina), ao qual devem-se integrar os diversos órgãos setoriais de Meteorologia, a saber: a Diretoria de Eletrônica e Proteção ao Vôo – DEPV – a Diretoria de Hidrografia e Navegação – DHN – a Agência Nacional de Águas e Energia Elétrica – ANEEL – o Instituto Nacional de Meteorologia-INMET, além dos organismos estaduais de Meteorologia e recursos hídricos dos estados.

Atenção especial merece, nesse particular, o INMET, órgão da estrutura do Ministério de Agricultura a Abastecimento, no sentido de voltar-se para a pesquisa aplicada em agrometeorologia, uma vez que a previsão das condições de tempo têm, necessariamente, um caráter específico quanto às aplicações na agricultura. A adequação da época de plantio à previsão de tendência climática, a mudança das épocas de plantio e colheita e recomendações quanto ao tipo apropriado de culturas, são providências que o País carece, embora disponha de recursos técnicos com capacitação. Com isto, os agricultores brasileiros, principalmente os das regiões mais diretamente afetadas pela variabilidade climática, estão sem a devida proteção que poderia ser oferecida pela disseminação de informações e orientações adequadas e operativas para evitar prejuízos. Em adição, é indispensável haver uma maior utilização das informações hoje disponíveis pelo setor elétrico, de forma a otimizar a produção e minimizar os prejuízos causados por grandes enchentes.

Cabe aqui enfatizar o importante papel reservado à disseminação de informações dirigidas à população em geral, mas também para segmentos específicos, por exemplo no caso da agricultura em especial, como também para populações localizadas em áreas vulneráveis, utilizando-se regularmente dos meios de comunicação de massa, a Internet e canais específicos e privilegiados para alcançar públicos-alvo em situações especiais. Os planos de Defesa Civil devem contemplar um melhor entrosamento com os serviços operacionais de Meteorologia.

Bibliografia

ABDOULAEV, S.; STAROSTIN, A.; CASARIN, D. P. Estudo preliminar das linhas de convecção observadas no Rio Grande do Sul. VIII *Congresso Brasileiro de Meteorologia, Anais*, 2, 301-304. SBMET, 1994.

ACEITUNO, P. On the functioning of the Southern Oscillation in the South American sector. Part I. Mon. Wea. Rev. 116, 505-524. 1988.

ALVES, J. M. B.; REPELLI, C. A.; MELLO, N. G. A pré-estação chuvosa do setor norte do Nordeste Brasileiro e sua relação com a temperatura dos oceanos adjacentes. *Revista Brasileira de Meteorologia*, 8, 22-30. 1993.

ALVES, J. M. B.; SOUZA, E. C. de; REPELLI, C. A.; VITORINO, M.; e FERREIRA, N. Episodios de La Niña na bacia de oceano Pacifico Equatorial e a distribuicão sazonal e intrasazonal das chuvas no setor norte do Nordeste Brasileiro. *Revista Brasileira de Meteorologia*, 12, 63-76. 1997.

BASTABLE, H. G.; SHUTTLEWORTH, W. J.; DALLAROSA, R. L. G.; FISCH, G.; NOBRE, C. A. Observations of Climate, surface radiation and albedo over cleared and undisturbed Amazonian forest. *Int. J .of Climatology*, 13, 783-796. 1993.

BONATTI, J. P. and RAO, V. B. Moist Baroclinic Instability in the Developmet of North Pacific and South American Intermediate-Scale Disturbances. *J. Atmos.* Sci., 44, 2657-2667. 1987.

BUCHMANNN, J.; PAEGLE, J.; BUJA, L.; and DICKINSON, R. E. Further FGGE Forecasts for Amazon Basin Rainfall. *Mon. Wea. Rev.*, vol.117, n. 5. May 1989.

CARVALHO, A. M. G.; DIAS, P. L. SILVA; NOBRE, C. A. Upper tropospheric vorticity and OLR structure over tropical South America. *Third International Conference in Southern Hemisphere*. Buenos Aires, 1989.

CARVALHO, A. M. G. *Conexões entre a circulação em altitude e a convecção sobre a América do Sul.* Dissertação de mestrado – INPE. São José dos Campos, 116 p. , 1989.

CASARIN, D. P. & KOUSKY, V. E. Anomalias de

precipitação no sul do Brasil e variações na circulação atmosférica. *Rev. Bras. Met.*, 1, 83-90. 1986.

CAVALCANTI, I. F. A. Um estudo sobre interações entre sistemas de circulação de escala sinótica e circulações locais. *Relatório Técnico INPE* 2492 - TDL/097. 113 p, 1982.

CAVALCANTI, I. F. A. Casos de intensa precipitação nas regiões sul e sudeste do Brasil no período de inverno de 1979-1983. INPE-3743-RPE/498, 1985.

CAVALCANTI, I. F. A.; NOBRE, P.; e TROSNIKOV, I. Simulação de verão e outono de 92/93 e 93/94 com o modelo de circulação geral da atmosfera do CPTEC/COLA. VIII *Congresso Brasileiro de Meteorologia*. Campos do Jordão (S.P.), 6-13 Novembro, 1996.

CHU, P. S. Time and space variability of rainfall and surface circulation in the northeast Brazil - tropical Atlantic sector. *J. Meteorol. Soc. Japan*, 62, 363-370. 1984.

CHU, P. S.; YU, P.; HASTENRATH, S. Detecting climate change concurrent with deforestation in the Amazon basin: which way has it gone? *Bull. Amer. Met. Soc.*, 75, 579-583. 1995.

CHUNG, J. C. Correlations between the Tropical Atlantic trade winds and precipitations in northeast Brazil. *Journal of Climatology*, 2(1) : 35-46. 1982.

CLIMANÁLISE. *Boletim de Monitoramento e Análise Climática*, vol. 8 (5). 1993.

COHEN, J. C. P.; DIAS, M. A. F. SILVA; NOBRE, C.A. Aspectos climatológicos das linhas de instabilidade na Amazônia. *Climanálise - Boletim de Monitoramento e Análise Climática*, 4, 34 - 40. 1989.

COHEN, J. C. P.; DIAS, M. A. F. SILVA; NOBRE, C.A. Environmental conditions associated with Amazonian Squall Lines: a case study. *Monthly Weather Review*, 123, 3163 - 3174. 1995.

CUTRIM, E.; MARTIN, D.; RABIN, R. Enhancement of cumulus clouds over deforested lands in Amazonia. *Bull. Amer. Met. Soc.*, 76, 1801-1805. 1995.

DAMIÃO, C.; RAO, T. V. Determinação da precipitação esperada para o nível de probabilidade de 50%, estação de cultivo e veranicos de diferentes localidaes do estado da Paraíba. *Anais do X Congresso Brasileiro de Agrometeorologia*. Piracicaba, SP. p. 92-95, 13-18 julho 1997.

DERECZYNSKI, C. e HALLAK, R. Sistemas do tipo nuvem vírgula. *Climanálise Especial*, 23, 183-187. 1996.

DIAS de PAIVA, E. M. C. and R. CLARKE time trends in rainfall records in Amazonia. *Bull. Amer. Soc.* 75, 579-583.

DIAZ, A. and STUDZINSKI, C. D. S. Rainfall anomalies in the Uruguay-Southern Brazil region related to SST in the Pacific and Atlantic Oceans using cannonical correlation analysis. *VIII Congresso Brasileiro de Meteorologia - SBMet.* Belo Horizonte, 2, 42-45. 1994.

DIAZ, A.; STUDZINSKI, C. D. S.; MECHOSO, C. R. Relationships between precipitation anomalies in Uruguay and Southern Brazil and sea surface temperature the Pacific and Atlantic Oceans. *J. Climate.* 11, (2), 251-271. 1998.

DICKINSON, R. Climate, vegetation and human interactions in the Amazon. *The Geophysiology of Amazonia*, R. E. Dickinson, Ed., Wiley, 1-9. 1987.

DIRMEYER, P. and SHUKLA, J. Albedo as a modulator of climate response to tropical deforestation. *J. Geophys. Res.*, 99, 20863-20877. 1994.

DUQUIA, C. G. & DIAS, M. A. F. SILVA. Complexo convectivo de mesoescala: um estudo de caso para o oeste do Rio Grande do Sul. *VIII Congresso Brasileiro de Meteorologia - SBMET. Anais*, 2, 610-612. 1994.

ELTAHIR, E.; BRAS, R. On the response of the tropical atmosphere to large-scale deforestation. *Quart. J. Roy. meteor. Soc.*, 119, 779-783. 1993.

ELTAHIR, E.; BRAS, R. *Sensitivity of regional climate to deforestation in the Amazon basin.* Advances in Water Resources. 17: (1-2), 101-115. 1994.

ESPINOZA, E.S. *Distúrbios nos ventos de leste no Atlântico Tropical.* INPE, São José dos Campos, Dissertação de mestrado. 123 p. 1996.

FIETZ, C.; URCHEI, M.; FRIZZONE, J.; FOLEGATTI, M. Probabilidade de ocorrência de períodos secos e chuvosos na região de

Dourados-MS. *Anais do X Congresso Brasileiro de Agrometeorologia*. Piracicaba, SP. 101-104. 1997.

FISCH, G. *Camada Limite Amazônica: aspectos observacionais e de modelagem*. Tese de doutorado, INPE, (INPE-6123 – TDI/584), 171 p. 1996.

FISCH, G.; CULF, A. D.; NOBRE, C. A. Modelling convective boundary layer growth in Rondônia. In: *Amazonian Deforestation and Climate*. J. H. C. Gash, C. A. Nobre, J. M. Robert and R. L. Victoria (eds.). John Wiley & Sons, Chichester, UK., 425-435 1996.

FERREIRA, N. J. *Large scale feature of the atmospheric water vapor over the Amazon region*. Tese de Doutoramento, University of Wisconsin, Madison, EUA, 207 pp. 1987.

FIGUEIREDO, J. C. e SCOLAR, J. Estudo da trajetória dos sistemas convectivos de mesoescala na América do Sul. *VII Congreso Argentino de Meteorologia e VII Congreso Latinoamericano e Ibérico de Meteorologia*, Buenos Aires, Argentina, Setembro, 1996, 165-166. 1996.

FIGUEROA, N. and Nobre, C. Precipitation distribution over central and western tropical South America. *Climanálise*, 5, 36 - 40. 1990.

FIGUEIROA, N.F.; SATYAMURTY, P.; DIAS, P. L. SILVA. Simulations of the summer circulation over the South American region with an eta coordinate model. *J. Atmos. Sci.*, 52, 1573 - 1584. 1995.

FORTUNE, M. and KOUSKY, V.E. Two severe freezes in Brazil: Precursors and synoptic evolution. *Mon. Wea. Rev.*, 111, 181-196. 1983.

GAN, M. A. and RAO, V. B. Surface cyclogenesis over South America. *Mon. Wea. Rev.*, 19 (5): 1293-1302. 1991.

GANDÚ, A.W. and GEISLER, J.E. A primitive equation model study of the effect of topography on the summer circulation over tropical South America. *J. Atmos. Sci.*, 48, 1822-1836. 1992.

GANDU, A.W. and DIAS, P.L. SILVA. Impact of Tropical Heat Sources on the South American Tropospheric Upper Circulation and Subsidence. *Journal of Geophysical Research*, 103, 6001-6015. 1998.

GARREAUD, R. and WALLACE, J. M. The diurnal march of convective cloudiness over the Americas. *Mon. Wea. Rev.*, 125, 3157-3171. 1997.

GARREAUD, R. and J. M. WALLACE. Summertime incursions of mid-latitude air into subtropical and tropical South America. *Mon. Wea. Rev.*, 126, 10, 2713-2733. 1997.

GARSTANG, M.; ULANSKI, S.; GRECO, S.; SCALA, J.; SWAP, R.; FITZJARRALD, D.; BROWELL, E.; SHIPMAN, M.; CONNORS, V.; HARRIS, R.; TALBOT, R. The Amazon Boundary Layer Experiment - a meteorological perspective. *Bulletin of American Meteorological Society*, 71, 19-32. 1990.

GOVERNO DO ESTADO DE SÃO PAULO. "*Fenômeno El Niño: O que é e como Prevenir seus Impactos*". Fundação de Amparo à Pesquisa de São Paulo. 60 pp, 1997.

GRIMM, A. M. e DIAS, P. L. SILVA. Use of Barotropic models in the study of the extratropical response to tropical heat sources. *Journal of the Meteorological Society of Japan*, 73, 4, 765-780. 1995a.

GRIMM, A. M. e DIAS, P. L. SILVA. Analysis of tropical-extratropical interactions with influence functions of a barotropic model. *Journal of Atmospheric Sciences*, 52, 20, 3538 - 3555.1995b.

GRIMM, A. M. El Niño impact on rainfall over southern Brazil. In: *extended abstract of the Seventh Conference on Climate Variations*. Feb. 2-7, 1997. Long Beach. California, USA. pp. 109-113. , 1997a.

GRIMM, A. M. Dynamical mechanisms of the El Niño impact on rainfall over southern Brazil in the austral spring. In: *extended abstract of the Seventh Conference on Climate Variations*. Feb. 2-7, 1997. Long Beach. California, USA. pp. 114-118. 1997b.

GRIMM, A. M.; FERRAZ, S. E. T.; GOMES, J. Precipitation anomalies in Southern Brazil associated with El Niño and La Niña events. *J. Climate*. 11, 2863-2880. 1998a.

GRIMM, A. M.; CARDOSO, A. O.; FERRAZ, S. E. T.; SORIANO, B . Há impacto significativo de eventos El Niño e La Niña no Centro-Oeste do Brasil? *A ser publicado nos Anais do X Congresso Brasileiro de Meteorologia* e *VIII Congresso da Federação Latino-Americana* e *Ibérica de Sociedades de Meteorologia*, Brasília, outubro de 1998, Sociedade Brasileira de Meteorologia. 1998b.

HAHMANN, AN.; DICKINSON, R. E. RCCM2-BATS model over tropical South America: Applications to tropical deforestation. J CLIMATE 10: (8) 1944-1964. 1997.

HAMILTON, M. G. and TARIFA, J. R. Synoptic aspects of a polar outbreak leading to frost in tropical Brazil, July 1972. *Mon. Wea. Rev.*, 106: (11) 1545-1556. 1978

HASTENRATH, S. Interannual variability and annual cycle: mechanisms of circulation and climate in the tropical Atlantic. *Mon. Wea. Rev.*, 112, 1097-1107. 1984.

HASTENRATH, S. Prediction of Northeast Brazil rainfall anomalies. *J. Climate*, 3, 893-904. 1990.

HASTENRATH, S.; HELLER, L. Dynamics of climatic hazards in Northeast Brazil. *Quartely Journal of the Royal Meteorological Society*, 103 (435): 77-92. 1977.

HASTENRATH, S.; CASTRO, L. C. and ACEITUNO, P. The Southern Oscillation in the tropical Atlantic sector. *Contrib. Atmos. Phys.*, 60, 447-463. 1987.

HASTENRATH, S. Diagnostic and prediction of anomalous river discharge in Northern South America. *J. Climate*, 3, 1080-1096. 1990.

HASTENRATH, S. and GREISCHAR, L. Further work of Northeast Brazil rainfall anomalies. *J. Climate*. 6, 743-758. 1993.

HENDERSON-SELLERS, A.; DICKINSON, R.; DURBIDGE, T.; KENNEDY, P.; McGUFFIE, K.; PITMAN, A. Tropical deforestation: modeling local to regional scale climate change. *J.Geophys.* Res., 98, 7289-7315. 1993.

HODNETT, M.; OYAMA, M.; TOMASELLA, J.; MARQUES FILHO, A. Comparisons of long-term soil water storage behaviour under pasture and forest in three areas of Amazonia. In: *Amazonian Deforestation and Climate*. Eds. J. Gash, C. Nobre, J. Roberts, and R. Victoria. pp. 57-78. 1996.

HOFFMANN, J. A. *Climatological Atlas of South America OMM-UNESCO*, Printed in Cartagraphia, Budapest, Hungary. 1975.

HOREL, J.; HAHMANN, A.; GEISLER, J. An investigation of the annual cycle of the convective activity over the tropical Americas. *J. Climate*, 2, 1388-1403. 1989.

IPCC. Observed climate variability and change, pp. 137-181 In: Climate Change 1995 - *The Science of Climate Change*. Eds. J. Houghton, L. B. Meira Filho, Callander, N. Harris, A. Kattemberg, K. Maskell. Cambridge University Press, 1996.

JUNIOR, A. S.; BASTOS, E. Precipitação provável para o Município de Urucuí, no cerrado Piauense, utilizando a função de distribuição Gama. *Anais do X Congresso Brasileiro de Agrometeorologia*. 13-18 Julho, Piracicaba, S. P. 110-113. 1997.

JONES, C. and HOREL, J. A Circulação da alta da Bolívia e a atividade convectiva sobre a América do Sul. *Revista Brasileira de Meteorologia*, 5, 379-387. 1990.

KAYANO, M. T. and KOUSKY, V. E. Sobre o monitoramento das oscilações intrasazonais. *Rev. Bras. Met.*, 7. 593-602. 1992.

KAYANO, M. T. and MOURA, A. D. O El Niño de 1982-83 e a precipitação sobre a América do Sul. *Revista Brasileira de Geofísica*, 4(1-2): 201-214. 1986.

KILADIS, G. N.; DIAZ, H. F. An analysis of the 1877-78 episode and comparison with 1982-83 *Mon. Wea. Rev.*, 14: (6) 1035-1047. 1986.

KODAMA, Y-M. Large-scale common features of sub-tropical precipitation zones (the Baiu Frontal Zone, the SPCZ, and the SACZ). Part I: characteristics of subtropical frontal zones. *J. Meteor. Soc. Japan*, 70, 813-835. 1992.

KODAMA, Y-M. Large-scale common features of sub-tropical precipitation zones (the Baiu Frontal Zone, the SPCZ, and the SACZ). Part II: Conditions of the circulations for generating the STCZs. *J. Meteor. Soc. Japan*, 71, 581-610. 1993.

KOUSKY, V. E. Frontal influences on Northeast Brazil. *Mon. Wea. Rev.*, 107, 1140-1153. 1979.

KOUSKY, V. E. Seasonal climate summary: The global climate for December 1986-February 1987: El Niño returns to the tropical Pacific. *Mon. Wea. Rev.,* 115: (11) 2822-2838. 1987.

KOUSKY, V. E. Pentad outgoing longwave radiation climatology for the South American sector. *Rev. Bras. Meteo.*, 3, 217-231. 1988.

KOUSKY, V. E. and KAYANO, M. T. Real-time monitoring of intraseasonal oscillations. *Proc. Eighteennth Annual Climate Diagnostics Workshop*. 1-5 November 1993, Boulder-CO, 1993.

KOUSKY, V.E. and CHU, P.S. Flucutuations in annual rainfall for Northeast Brazil. *J. Meteor. Soc. Japan*, 56, 457-465. 1978.

KOUSKY, V. E. and KAYANO, M. T. Principal modes of outgoing longwave radiation and 250-mb circulation for the South American sector. *J. Climate*, 7, 1131-1143. 1994.

KOUSKY, V. Diurnal rainfall variation in Northeast Brazil. *Mon. Wea. Rev.*, 108, 488-498. 1980.

KOUSKY, V. E. e KAGANO, M. T. A climatological study of the tropospheric circulation over the Amazon region. *Acta Amazônica*, 11(4): 743 - 758. 1981.

KOUSKY, V.; KAGANO, M.; CAVALCANTI, I. "A review of the Southern Oscillation: oceanic-atmospheric circulation changes and related rainfall anomalies". *Tellus*, 36A, 490-504. 1984.

KOUSKY, V. E. The global climate for December 1986-February 1987: El Niño returns to the Tropical Pacific. *Mon. Wea. Rev.*, 115, 2822-2838. 1987.

KOUSKY, V. E; CAVALCANTI, I. F. A. Eventos Oscilação Sul / El Nino. Características, evolução e anomalias de precipitação. *Ciência e Cultura*, vol. 36(11):1888-1899. 1984.

KRUELS, R.; FRAEDRICH, K.; RUPRECHT, E. An Aerological Climatology over South America. *Met. Rdsch.*, 28, 17-24. 1975.

LAMB, P. Large-scale tropical Atlantic circulations patterns associated with Subsaharan weather anomalies. *Tellus*, 30, 240-251. 1978.

LENTERS, J.; COOK, K. H. Simulation and diagnosis of the regional summertime precipitation climatology of South America. *J. Climate*, 8, 2988-3005. 1995.

LETTAU, H.; LETTAU, K.; MOLION, L. Amazonia's hydrologic cycle and the role of atmospheric recycling in assessing deforestation effects. *Mon. Wea. Rev.*, 107, 227-238. 1979.

LETTENMAIER, D.; HOOPER, E.; WAGONER, C.; FARIS, K. Trends in stream quality in the continental United States, 1978-87. In: *Water Resour. Res.*, 27, 327-329. 1991.

LETTENMAIER, D.; WOOD, E.; WALLIS, J. Hydro-climatological trends in the continental United States, 1948-88. *J. Climate*, 7, 586-607. 1994.

MACHADO, L. A. T. and ROSSOW, W. B. Structural characteristics and radiative properties of tropical cloud clusters. *Mon. Wea. Rev.*, 121, 3234-3259. 1993.

MADDEN, R. A. and JULIAN, P. R. Detection of a 40-50 day oscillation in the zonal wind in the tropical Pacific. *J. Atmos. Sci*, 28, 702-708. 1971.

MADDEN, R. A. and JULIAN, P. R. Description of global-scale circulation cells in the tropics with a 40-50 day period. *J. Atmos.* Sci, 29, 1109-1123. 1972.

MADDEN, R. A. and JULIAN, P. R. Observations of the 40-50 day tropical oscillation - a review. *Mon. Wea. Rev.*, 122, 814-837. 1994.

MADDOX, R. A. Mesoscale convective complexes. *Bull. Am. Meteorol. Soc.* 61, 1374-1387. 1980.

MARENGO, J. *Extreme climatic events in the Amazon Basin and their associations with the circulation of the global tropics*. Ph. D. Thesis, Department of Meteorology, University of Wisconsin-Madison. 147 pp. available from Department of Atmospheric and Oceanic Sciences, University of Wisconsin-Madison, Madison WI 53706. 1991.

MARENGO, J. Interannual variability of surface climate in the Amazon basin. *Int. J. Climatol.*, 12, 853-863. 1992.

MARENGO, J. Variations and Change in South American Streamflow. *Clim. Change*, 31, 99-117. 1995a.

MARENGO, J. Interannual variability of deep convection in the tropical South American sector as deduced from ISCCP C2 data. *Int. J. Climatol*, 15, 995-1010. 1995b.

MARENGO, J.; DRUYAN, L.; HASTENRATH, S. Observational and modelling studies of Amazonia interannual climate variability. *Clim. Change.*, 23, 267-286. 1993.

MARENGO, J.; HASTENRATH, S. Case studies of extreme climatic events in the Amazon basin. *J. Climate*, 6, 617-617. 1993.

MARENGO, J.; CORNEJO, A.; SATYAMURTY, P.; NOBRE, C. and SEA, W. Cold waves in the South American continent. The extreme event of June 1994. *Monthly Weather Review*, 125: (11), 2759-2786. 1997a.

MARENGO, J.; NOBRE, C. and CULF, A. Climatic impacts of Friagens in forested and deforested areas of the Amazon basin. *J. Applied Meteor.*, 36, 1553-1566. 1997b.

MARENGO, J.; TOMASELLA, J.; UVO, C. Trends in streamflow and rainfall in tropical South America Amazonia, Eastern Brazil and Northwest Peru. *J. Geoph. Res.*, 103, (D2), 1775-1783. 1998.

MARENGO, J.; LIEBMANN, B.; KOUSKY, V. E. Onset and end of the rainy season in the Brazilian Amazon Basin. *J. Climate*, 14: (5) 833-852. 2001.

MARIANO, Z.; SANTOS, R.; SOUSA, S. de; PEREIRA, A.; TOMASELLI, J. Simulação de ocorrência de dias secos na região de Presidente Prudente-SP. *Anais do X Congresso Brasileiro de Agrometeorologia.* 13-18 Julho 1997, Piracicaba, S. P.. 113-115, 1997.

MARKHAM, C. G. and McLAIN, D. R. Sea surface temperature related to rain in Ceara, northeastern Brazil. *Nature*, 265, 320-325. 1977.

MARQUES, J.; SANTOS, M. dos; VILLA NOVA, N.; SALATI, E. Precipitable water and water wapor flux between Belem and Manaus. *Acta Amazônica*, 7, 355-362. 1977.

MARQUES, J.; SANTOS, M. dos; SALATI, E. O armazenamento atmosférico de vapor d'água sobre a região Amazônica. *Acta Amazônica*, 9, 715-721. 1979a.

MARQUES, J.; SANTOS, M. dos; SALATI, E. O campo de fluxo de vapor de água sobre a região Amazônica. *Acta Amazônica*, 9, 701-713. 1979b.

MARQUES, J.; SALATI, E.; SANTOS, M. dos Cálculo de evapotranspiração na bacia Amazônica através do método aerológico. *Acta Amazônica*, 10, 357-361. 1980a.

MARQUES, J.; SALATI, E.; SANTOS, M. dos A divergência do campo do fluxo de vapor d'água e as chuvas na região Amazônica. *Acta Amazônica.* 10, 133-140. 1980b.

MASSAMBANI, O.; CARVALHO, L. M. V. e VASQUEZ, M. A. Tornado ou Microexplosão? Um Diagnóstico via Radar do Evento de Itú - SP. *Anais, VII Congresso Brasileiro de Meteorologia*, V2, pp. 763-768. 1992.

MATSUDA, K. Problem notes about the FGGE "main" IIIb data sets of ECMWF and GFDL. *Tenki*, 35, 5-19. 1988.

MATSUYAMA, H. The water budget in the Amazon River Basin during the FGGE Period. *J. Meteor. Soc. Japan*, 70, 1071-1083. 1992.

MECHOSO, C. R.; LYONS, S.; SPAHR, J. The impact of sea surface temperature anomalies on the rainfall in northeast Brazil. *J. Climate*, 3, 812-826. 1990.

MECHOSO, C. R. and LYONS, S. On the atmospheric response to SST anomalies associated with the Atlantic warm event during 1984. *J. Climate*, 1, 422-428. 1988.

MECHOSO, C. R. and IRIBARREN, G. Perez. Streamflow in Southeastern South America and the Southern Oscillation. *J. Climate*, 5, 1535-1539. 1992.

MELO, M.; BRISTOT; SANTOS, M; PINHEIRO, J. Probabilidade do início e fim da estação chuvosa e também de veranicos para a cidade de Natal-RN, Brasil. *Anais do X Congresso Brasileiro de Agrometeorologia.* 13-18 de Julho 1997, Piracicaba. S. P. 89-91, 1997.

MENEZES, W. F. e DIAS, M. A. F. SILVA. Simulação Numérica de um Caso de Tempestade Severa Ocorrida na Cidade de Itú no Ano de 1991. *Anais, do IX Congresso Brasileiro de Meteorologia*, 6-13. 1996.

MENEZES, W. F. *Tempestades Severas: Um Modelo para Latitudes Subtropicais.* Tese de Doutoramento, Instituto Astronômico e Geofísico da Universidade de São Paulo. pp. 174. , 1998.

MINNIS, P and HARRISON E. F. Dirunal variability of regional cloud and clear sky radiative parameters derived from GOES data 2: November 1978 cloud distributions. *J. Clim. Appl. Meteorol.* 23: (7) 1012-1031. 1994.

MIRANDA, A. C. e MIRANDA, H. S. Impactos de Processos Ecológicos: estresse hídrico. In: *Alternativas de Desenvolvimento dos Cerrados. Manejo e conservação dos recursos naturais renováveis*. Funatura e Ibama, Brasília D. F. 1992.

MIRANDA, A. C.; MIRANDA, H. S.; LLOYD, J.; GRACE, J.; McINTYRE, J. A.; MEIR, P.; RIGGAN, P.; LOCKWOOD, R. and BRASS, J. Fluxes of CO2 over a cerrado sensu stricto in Central Brazil. In: *Amazon Climate and Deforestation*. pp. 473-504, Eds. J. H. C. Gash, C. Nobre, J. Roberts, R. Victoria, John Wiley and Sons. 1996.

MOLION, L. *A climatonomic study of the energy and moisture fluxes of the Amazon basin with consideration on deforestation*. Ph.D. Dissertation, Department of Meteorology, University of Wisconsin – Madison, 190 pp. 1975.

MOLION, L.; Moraes, J. Oscilação Sul e descarga de rios na América do Sul tropical. *Rev. Bras. Eng.*, Caderno de Hidrologia, 5(1), 53-63. 1987.

MOLION, L. C. B. Climatologia Dinâmica da região Amazônica: mecanismos de precipitação. *Revista Brasileira de Meteorologia*, 2(1): 107-117. 1987.

MOLION, L. C. B. On the Dynamic Climatology of the Amazon Basin and Associated Rain Producing Mechanism, in the Geophysiology of Amazonia, ed. R. Dickinson, John Wiley & Sons. 1987.

MOLION, L. C. B. e CARVALHO, J. C. Southern Oscillation and river discharge of selected rivers of tropical South America. *Conference of Geophysical Fluid Dynamics with special emphasis on "El Niño"*. Ministério da Ciência e Tecnologia e Centro Latinoamericano de Física. São José dos Campos, 13-17 July 1987. p. 343-354. 1987.

MOLION, L. C. B. e DALLAROSA, R. L. G. Pluviometria da Amazônia: são os dados confiáveis? *Climanálise*, 5(3): 40 - 42. 1990.

MOTA, G. V. *Estudo observacional de distúrbios ondulatórios de leste no nordeste brasileiro*. IAG/USP. Dissertação de mestrado, 93p. 1997.

MOURA, A. D. e SHUKLA, J. On the dynamics of the droughts in Northeast Brazil: observations, theory and numerical experiments with a general circulation model. *J. Atmospheric Science*, 38 (12): 2653-2673. 1981.

NAMIAS, J. Influence of northern hemisphere general circulation on drought in northeast Brazil. *Tellus*, 24, 336-342. 1972.

NEGRI, A. J.; ADLER, R. F.; NELKIN, E. J. Regional rainfall climatologies derived from special sensor microwave imager (SSM/I) data. *B. Am. Meteorol. Soc.*, 75: (7) 1165-1182. 1994.

NEIVA, E. J. F. *An investigation of wave-type disturbances over the tropical South Atlantic Ocean*. Monterrey, 58p. M.Sc. Thesis. Naval Post Graduate School. 1975.

NELSON, B. W.; KAPOS, V.; ADAMS, J. B.; OLIVEIRA, W. J.; BRAUN, O. P. G. and AMARAL, I. L. Forest disturbance by large blowdowns in the Brazilian Amazon. *Ecology*, 75, 3, 853-858. 1994.

NERY, J.; VARGAS, W.; MARTINS, M. L. Variabilidade interanual da precipitação do Rio Grande do Sul. *Revista Brasileira de Meteorologia*, 12, 49-62. 1997.

NIMER, E. Climatologia no Brasil. 2ª.ed. Fundação IBGE. Rio de Janeiro, 421p. 1989.

NOBRE, C. A. Ainda sobre a Zona de Convergência do Atlântico Sul: A importância do Oceano Atlântico. *Climanálise*, 3(4): 30-33. 1988.

NOBRE, C. A. e OLIVEIRA. A precipitation and circulation anomalies in South America and the 1982-83 El Niño/Southern Oscillation episode. *Conference of Geophysical Fluid Dynamics with special emphasis on "El Niño"* – Ministério da Ciência e Tecnologia e Centro Latinoamericano de Física. São José dos Campos, 13-17 July 1987, 325 - 328. 1987.

NOBRE, C.A. e RENNÓ, N. O. Droughts and floods in South America due to the 1982-1983 El Niño/Southern Oscillation episode. *Relatório Técnico INPE 3408* - PRE/677, 4p.

1985.

NOBRE, C.; SELLERS, P.; SHUKLA, J. Amazonian deforestation and regional climate change. *J. Climate*, 4, 957-988. 1991.

NOBRE, C. A.; GASH, J. C.; HUTJES, R.; JACOB, D.; JANETOS, A.; KABAT, P; KELLER, M.; MARENGO, J.; McNEAL, J. R.; SELLERS, P.; WICKLAND, D.; WOFSY, S. *The Large Scale Biosphere-Atmosphere Experiment in Amazonia (LBA). Concise Experimental Plan.* Compiled by the LBA Science Planning Group. Staring Center – DLO, Wageningen,The Netherlands. 1996.

NOBRE, P. and SHUKLA, J. Variations of sea surface temperature, wind stress, and rainfall over the Tropical Atlantic and South America. *J. Climate*, 9, 2464-2479. 1996.

NOGUES-PAEGLE, J.; MO, K. M. Alternating wet and dry conditions over South America during Summer. *Mon. Wea. Rev.*, 125, 279-291. 1997.

OKI, T.; MUSIAKE, K.; MATSUYAMA, H.; MASUDA, K. Global atmopsheric water balance and runoff from large river basins. *Hydrological Processes*, 9, 655-678. 1995.

OLIVEIRA, A. e NOBRE, C. A. Meridional penetration of frontal system in South America and its relation to organized convection in the Amazon. *Relatório Técnico INPE 3407* - PRE/676, 4 p. 1985.

OLIVEIRA, A. P. de and FITZJARRALD, D. R. The Amazon river breeze and the local boundary layer: I - Observations. *Boundary Layer Meteorology*, 63, 141-162. 1993.

OLTMAN, R. Reconnaissance investigations of the discharge and water quality of the Amazon. In: *Atas do Simp. sobre Biota Amazônica.* Rio de Janeiro, CNPq, Vol. 3, pp. 163-185. 1967.

PAEGLE, J. Interactions between convective and large-scale motions over Amazonia. In: *The geophysiology of Amazonia: Vegetation and Climate Interactions.* R. Dickerson ed., Wiley Intersciences, 347-390. 1987.

PAIVA, C. M.; SEDIYAMA, G.; FERREIRA, P.; SOARES, P. A.; EUCLIDES, H. Estudo da estação chuvosa na bacia do Rio Doce-MG. pp. 722-725. *IX Congresso Brasileiro de Meteorologia.* Campos de Jordão, Novembro 1996.

PITMAN, A.; HENDERSON-SELLERS, A. Preliminary Assessment on the Control Simulation Phase of PILPS: The Project for Intercomparison of Land-Surface Parameterization Schemes. In: *World Climate Research Programme. Global Energy and Water Cycle Experiment (GEWEX).* 12 pp. 1993.

POLCHER, J. Sensitivity of Tropical convection to land surface process. *J. Atmos. Sci.*, 52, 3143-3161. 1995.

POLCHER, J. and LAVAL, K. The impact of African and Amazonian deforestation on tropical climate. *J. Hydrology*, 155, 389-405. 1994a.

POLCHER, J. and LAVAL, K. A statistical study of the regional impact of deforestation on climate in the LMD GCM. *Climate Dynamics*, 10, 205-219. 1994b.

POTTER, G.; ELLSAESSER, H.; MAcCRACKEN, M.; LUTHER, F. Possible climatic impact of tropical deforestation. *Nature*, 258, 697-698. 1975.

PRATES, J. E. e DIAS, M. A. F. SILVA. Efeito do contraste de vegetação em circulações locais no Estado de Minas Gerais *VIII Congresso Brasileiro de Meteorologia e II Congresso Latino Americano e Ibérico de Meteorologia* – Belo Horizonte, 18 a 25 de outubro de 1994.

QUADRO, M. F. L. *Estudo de episódios de zonas de convergência do Atlântico Sul (ZCAS) sobre a América do Sul.* Dissertação de mestrado, INPE, São José dos Campos (SP), 97 pp. 1994.

RAO, V. B.; HADA, K. Characteristics of rainfall over Brasil. Annual variations and connection with the Southern Oscillation. *Theor. Appl. Climatolt.*, 42, 81-91. 1990.

RAO, V. B.; LIMA, M. C. and FRANCHITO, S. H. Sesasonal and interannual variations of rainfall over eastern Northeast Brazil. *J. of Climate*, 6, 1754-1763. 1993.

RAO, V. B.; CAVALCANTI, I.; HADA, K. Annual variation of rainfall over Brazil and water vapor characteristics over South America. *J. Geophys. Res.*, 101, 26539-26551. 1996.

RAMOS. Precipitation characteristics in the Northeast Brazil dry region. *J.Geophys.Res.*, 80,

1665-1678. 1975.

RATISBONA, L. R.: The climate of Brazil. Climates of Central and South America. *World Survey of Climatology*, Vol. 12, W. Scwerdtfeger, Ed., Elsevier, 219-294. 1976.

RICHEY, J.; NOBRE, C. A.; DESER, C. Amazon river discharge and climate variability: 1903 to 1985. *Science*, 246, 101-103. 1989.

ROBERTSON, A.; MECHOSO, C. R. Interannual and decadal cycles in river flows oh southeatsren South America. *Submitted. J. Climate,* 1997.

ROCHA, R. P.; CAETANO NETO, E. S. e INNOCENTINI, V. Simulação do sistema de mesoescala de 06/06/89 ocorrido sobre o sul do Brasil. *VIII Congresso Brasileiro de Meteorologia, SBMET, Anais*, 2, 276-280. 1994.

ROCHA, H. R. and DIAS, P. L. SILVA The Energy Balance in Central-Northeast Brazil and the Meteorological Systems. *An. Acad. Bras. Ci.*, 66, 101-108. 1994.

ROPELEWSKI, C., HALPERT, M. Precipitation patterns associated with the high index phase of the Southern Oscillation. *J. Climate,* 2, 268-283. 1989.

ROTUNNO, R; KLEMP, J. B.; WEISMAN, M. L. A theory for strong long lived squall lines. *J Atmos.* Sci. 45, (3) 463-485. 1988.

SALATI, E. The forest and the hydrological cycle, In Dickinson R.E. eds. *The Geophysiology of Amazonia*, Wiley, New York., 273-296. 1987.

SALATI, E. and Nobre, C. Possible climatic impacts of tropical deforestation. *Clim. Change*, 19, 177-196. 1991.

SANTOS, I. de A. e SILVA, DIAS, A variação diurna na alta troposfera na América do Sul através de diferentes esquemas de análise objetiva. *III Congresso Brasileiro de Meteorologia, 3 a 7 dezembro l984, Belo Horizonte/MG, Anais do Congresso* , vol. 2, pp. 238-245. l984.

SANTOS, I. A. Variabilidade da circulação de verão da alta troposfera na América do Sul. *Dissertação de Mestrado - USP. São Paulo*, 97p. 1986.

SARAIVA, J. B. e DIAS, P. L. SILVA Ciclogênese no litoral sul do Brasil: Estudo de Caso. *IX Congresso Brasileiro de Meteorologia*, Campos do Jordão, 6 a 13 Novembro de 1996, 779-782. 1996.

SATYAMURTY, P.; SANTOS, R. P. and Lemes, M. A. M. On the stationary trough generated by the Andes. *Mon. Wea. Rev.*,108, 510 - 519. 1980.

SATYAMURTI, P.; FERREIRA, C. da C. and GAN M. A. Cyclonic Vortices over South America. *Tellus*, 42A, 194-201. 1990.

SCHWERTDFEGER, W. The atmospheric circulation over central and South America. In: *Climates of Central and South America.* Elsevier, Amsterdam, 1 - 12. 1976.

SERRA, A. B. The general circulation over South America. *Bull. of the Am. Meteorol. Soc.*, 22, 173-179. 1941.

SHUKLA, J.; NOBRE, C.; SELLERS, P. Amazonia deforestation and climate change, *Science*, 247, 1322-1325.

SHUTTLEWORTH, W. J. Evaporation from Amazonian rainforests. *Phil. Trans. R. Soc. Lond.*, B233. 321-346. 1990. 1988a.

SHUTTLEWORTH, W. J. Macrohydrology-the new challenge for process hydrology. J. Hydrol. 100, 31-56. 1988b.

SHUTTLEWORTH, W. J.; GASH, J.; ROBERTS, C.; NOBRE, C.; MOLION, L.; RIBEIRO, N. Post-deforestation Amazonian climate: Anglo-Brazilian research to improve prediction. J. Hydrol., 129, 71-86. 1991.

SIKKA, D. R.; GADGIL, S. On the maximum cloud zone and the ITCZ over indian longitudes during the Southwest monsoon. *Tropical Ocean-Atmosphere Newsletter* sv (31):4-5. 1985.

SILVA DIAS, M. A. F. and LIMA, M. A. Displacement of squall lines with respect of envirionmental winds profiles (In Portuguese). Proceedings of the *II Congresso Brasileiro de Meteorologia.* 18-22 Outubro 1982, Pelotas, Rio Grande do Sul, v.2, 411-431. 1982.

SILVA DIAS, M. A. F.; CALHEIROS, R. V.; DIAS, P. L. SILVA e ANTONIO, M. A. Experimento Meteorológico I do Projeto RADASP II: Procedimentos gerais e medidas. *II Congresso Brasileiro de Meteorologia*, 18-22 de outubro de 1982, Pelotas RS, Brasil, Anais V.2, 4ll-43l. 1982.

SILVA DIAS, M. A. F. Sistemas de mesoescala e previsão de tempo a curto prazo. *Rev. Bras.*

Meteor., 2,133-150. 1987.

SILVA DIAS, M. A. F. e GRAMMELSBACHER, E. A. A Possível Ocorrência de um Tornado em São Paulo no dia 26 de abril de 1991: Um estudo de Caso. *Revista Brasileira de Meteorologia*, V6, No.2, 513-522. 1991.

SILVA DIAS, M. A. F. e R. N. FERREIRA Aplication of a Linear Spectral Model to the Study of Amazonian Squall Lines During GTE/ABLE-2b. *J.Geophys. Res.*, 97, No. D18, 405-419. 1992.

SILVA DIAS, M. A. F. and P. REGNIER Simulation of mesoscale circulation in deforested areas of Rondonia in the dry season. In Amazon Deforestation and Climate, eds. J.C.H. Gash, C.A. Nobre, J.M. Roberts and R. Victória. *John Wiley & Sons*, Chichester, UK, p. 531-548. 1995.

SILVA DIAS, M. A. F.; CARVALHO, L. M. V. e GOMES, A. M. Um Caso de Tempestade Severa em Ambiente Ciclônico em Grande Escala. *Anais, IX Congresso Brasileiro de Meteorologia*, pp .47-54. 1996.

SILVA DIAS, P. L.; SCHUBERT, W. H. and DeMARIA, M. Large-scale response the tropical atmosphere to transient convection. *J. Atmos. Sci.*, 40, 2689-2707. 1983.

SILVA DIAS, P. L. As anomalias globais observadas em fevereiro e a previsão de médio a longo prazo. *Climanálise*, 3(2), 32-33. 1988

SILVA DIAS, P .L.; P. CAPLAN e KOUSKY, V. E. As chuvas intensas de fevereiro de 1988: circulação global e previsibilidade. In: *Anais do V Congresso Brasileiro de Meteorologia*, 5, Rio de Janeiro, 1988, Sociedade Brasileira de Meteorologia, V.2, p.IX, 6-10. 1988.

SILVA DIAS, P. L.; ETCHICHURI, P.; SCOLAR, J.; PEREIRA FILHO, A. J.; SATYAMURTI, P.; SILVA DIAS, M. A. F.; GRAMMELSBACHER, I. e GRAMMELSBACHER, E. As Chuvas de Março de 1991 na Região da Grande São Paulo. *Climanálise*, Vol.6, Nº 5, 44-59. 1991.

SOUSA, S.; FRIZZONE, J.; PEREIRA, F.; SANTOS, C.; CAMPECHE, L.; COELHO FILHO, M.; FOLEGATTI, M. Simulação da ocorrência de veranicos en Piracicaba e seu efeito em duas epocas de plantio de milho. *Anais do X Congresso Brasileiro de Agrometeorologia.* 13-18 Julho 1997, Piracicaba, SP. 119-122. 1997a.

SOUSA, S.; PEREIRA, F.; SANTOS, C.; CAMPECHE, L.; COELHO FIILHO, M.; FOLEGATTI, M. Simulação da ocorrência de veranicos en Cruz das Almas-BA e seu efeito em diferentes epocas de plantio de fumo. *Anais do X Congresso Brasileiro de Agrometeorologia.* 13-18 Julho 1997, Piracicaba, SP. 116-118. 1997b.

SOUZA, J.; AQUINO, L. X Frequência quinzenal de precipitação pluvial em Alagoas. *Anais do X Congresso Brasileiro de Agrometeorologia.* 13-18 Julho 1997, Piracicaba, SP. 98-100. 1997.

SOUZA, P. F. de S. Spatial and temporal variability of the atmospheric components of the hydrological cycle of Amazonia during the meteorological experiment GTE/ABLE-2b. *Dissertação de Mestrado, Instituto Nacional de Pesquisas Espaciais, São José dos Campos, SP, Brasil*, 101pp. 1991.

STREETEN, N. Some aspects of high latitude Southern Hemipshere summer circulation as viewed by ESSA 3. *J. Appl. Meteor*, 7, 324-332. 1968.

STREETEN, N. Some characteristics of satellite observed bands of persistent cloudiness over the Southern Hemisphere. *Mon. wea. Rev.*, 101, 486-495. 1973.

SUD, Y.; SELLERS, P.; MINTZ, Y.; CHOU, Y.; WALKER, G.; SMITH, G. W. Influence of the biosphere on global circulation and hydrologic cycle- a GCM simulation experiment. *Agric. For. Meteor.*, 52, 133-180. 1990.

SUD Y.; YANG, R.; WALKER, G. : Impact of in situ deforestation in Amazonia on the regional climate: General circulation model simulation study. *J. Geophys. Res.* 101, 7095-7109. 1996a.

SUD, Y.; WALKER, G.; KIM, J-H; LISTON, G.; SELLERS, P.; LAU, W. Biogeophysical consequences of a Tropical Deforestation Scenario: A GCM simulation study. *J. Climate*, 9, 3226-3247. 1996b.

SUGAHARA, S.; ROCHA, R. P.; RODRIGUES, M. L. Condições atmosféricas de grande escala associadas a jato de baixos níveis na América do Sul. *VIII Congresso Brasileiro de Meteorologia, SBMET, Anais*, 2, 573-577. 1994.

SUGAHARA, S. Flutuações interanuais, sazonais e inatrasazonais da precipitação no estado de São Paulo. *Tese de Doutorado. Departamento de Meteorologia. IGA/USP.* 140 pp. 1991.

SUN, W. Y.; ORLANSKI, I. Large mesoscale convection and sea breeze circulation. Part I: Linear stability analysis. *Journal of Atmospheric Science*, 38, 1675-1693. 1981a.

SUN, W. Y.; ORLANSKI, I. Large mesoscale convection and sea breeze circulation. Part II: nonlinear numerical model. *Journal of Atmospheric Science*, 38, 1694-1706. 1981b.

TALJAARD, J. J. Synoptic meteorology of the Southern Hemisphere. Meteorology of the Southern Hemisphere. Meteor. Monogr., No. 35, *Amer. Meteor. Soc.*, 139-211. 1972.

TANAJURA, C. Modeling and Analysis of the South American Summer Climate. *Ph.D., Thesis. Department of Meteorology, University of Maryland.* 160 pp. 1996.

TARDY, Y.; MORTATTI, J.; RIBEIRO, A.; VICTORIA, R.; PROBST, J. L. Fluctuations de la pluviosite, de lcoulements et de la temperature sur le bassin d lAmazone et oscilations du climat global au cours du siecle coul. *C. R. Acad. Sci. Paris*, serie II, p. 955 a 960. 1994.

UVO, C. B. A Zona de Convergência Intertropical (ZCIT) e sua relação com a precipitação da Região Norte do Nordeste Brasileiro. *Dissertação de Mestrado, Instituto Nacional de Pesquisas Espaciais*, 1989. 1989.

UVO, C. B.; REPELLI, C.; ZEBIAK, S.; KUSHINIR, Y. The relationships between Tropical Pacific and Atlantic SST on Northeast Brazil monthly precipitation. *J. Climate*, 11,4, 551-562. 1998.

VELASCO, I. e FRITSCH, J. M. Mesoscale convective complexes in the Americas. *J. Geophys.* Res., 92, D8, 9591-9613. 1987.

VILLA NOVA, N.; SALATI, E.; MATSUI, E. : Estimativa da evapotranspiração na bacia Amazônica. *Acta Amazônica*, 6, 215-228. 1976.

VIRJI, H. A preliminary study of summertime tropospheric circulation patterns over South America estimated from cloud winds. *Mon. Wea. Rev.*, 109, 596-610. 1981.

XAVIER, T. M. B. S.; XAVIER, A. F. S. e SILVA Dias, M. A. F.: Evolução da Precipitação Diária num Ambiente urbano: O Caso da Cidade de São Paulo. *Rev. Brasileira de Meteorologia*, Vol. 9, 44- 53. 1994.

XAVIER, T. M. B. S.; SILVA DIAS, M. A. F. e XAVIER, A. F. S. Tendências da Pluviometria na Grande São Paulo e a Influência dos Processos de Urbanização e Indusgtrialização. *Anais, VII Congresso Brasileiro de Meteorologia*, V1, 220-224. 1992.

YAMAZAKI, Y. & RAO, V. B. Tropical cloudiness over the South Atlantic Ocean. *J. Meteor. Soc. Japan*, 55,205-207. 1977.

WAGNER, R. Decadal-scale trends in mechanisms controlling meridional sea surface temperature gradients in the tropical Atlantic. *J. Geophys. Res.*, 101, 16683-16694. 1996.

WALKER, G.; SUD, Y.; Atlas, R. Impact of the ongoing Amazonian deforestation on local precipitation: A GCM simulation study. *Bull. Am. Met. Soc.*, 76, 346-361. 1995.

WANG, B. Interdecadal changes in El Nino onset in the last four decades. *Journal of Climate*, Vol.8 (2):267-285. 1995.

WARD, M. N and FOLLAND, C. K. Prediction of seasonal rainfall in the north Nordeste of Brazil using eigenvectors of sea surface temperature. Int. J. Climatololgy, 7, 711-743. 1991.

WEICKMANN, K. M. Intraseasonal circulation and outgoing longwave radiation modes during northern hemisphere winter. *Mon. Wea. Rev.*, 111, 1828-1858. 1983.

WEICKMANN, K. M.; LUSSKY, G. R. and KUTZBACH, J. E. Intraseasonal (30-60 day) fluctuations of outgoing longwave radiation and 250 mb streamfunction during northern winter. *Mon. Wea. Rev.*, 113, 941-961. 1985.

WRIGHT , I. R.; GASH, J. C. H.; ROCHA, H. R. da; SHUTTLEWORTH, W. J.; NOBRE, C. A.; MATELLI, G. T.; ZAMPARONI, C. and CARVALHO, P. R. A. Dry season micrometeorology of an central amazonian ranchland. *Quartely Journal of the Royal Meteorological Society.*, 118: 1083-1099. 1992.

ZENG, N.; DICKINSON, R. E.; ZENG, X. Climatic impact of Amazon deforestation-A mechanistic study. *J. Climate*, 9, 859-883. 1996.

Pedro Leite da Silva Dias

pldsdias@model.iag.usp.br

Bacharel em Matemática Aplicada – Instituto de Matemática e Estatística da USP

Mestre em Ciências Atmosféricas – Colorado State University, EUA

PhD em Ciências Atmosféricas – Colorado State University, EUA

Pós-Doutorado – National Center for Atmospheric Research, EUA

Professor Doutor do Depto. de Ciências Atmosféricas do Instituto Astronômico e Geofísico da USP.

Coordenador do Laboratório de Meteorologia Aplicada a Sistemas de Tempo Regionais do IAG/USP.

Coordenador do Projeto Temático sobre Poluição Atmosférica em São Paulo, Fapesp.

Membro do Sciences Steering Committee do Lange Scale-Biosphere-Atmosphere Interaction in Amazonia (LBA), participando ativamente dos experimentos e modelagem.

Foi Diretor e fundador do Centro de Previsão do Tempo e Estudos Climáticos, CPTEC/INPE.

Linhas de Pesquisa:

Dinâmica atmosférica tropical
Interação com sistemas de latitudes médias
Mecanismos de controle da formação de precipitações
Previsão de tempo e clima

José Antonio Marengo Orsini

marengo@cptec.inpe.br

Meteorologista – Universidad Nacional Agraria La Molina, Peru

Mestre em Hidrologia – Universidade Nacional Agraria La Molina, Peru

Doutor em Meteorologia – Unviersity of Winsconsin, EUA

Pós-Doutorado – NASA/GISS, EUA

Pós-Doutorado – Florida State University, EUA

Pesquisador Chefe da Área de Estudos de Clima do Centro de Previsão do Tempo e Estudos Climáticos do Instituto Nacional de Pesquisas Espaciais, CPTEC/INPE.

Professor de Pós-Graduação do INPE.

Membro do Comitê do LOW LEVEL JET-VAMOS.

Membro do Comitê Científico do Experimento LBA.

Linhas de Pesquisa:

Previsão de tempo e clima
Mudanças climáticas
Meteorologia agrícola
Dinâmica e variabilidade do clima
Meteorologia tropical

04

Águas Subterrâneas

Aldo da C. Rebouças

Introdução

A partir da década de 60, a denominação de "águas subterrâneas" para as águas do subsolo é considerada mais apropriada, desde que a abordagem evoluiu do objetivo tradicional de determinação das reservas de água disponíveis no subsolo, das vazões de produção das obras de captação ou dos poços tubulares, para uma análise mais abrangente das suas condições de uso e proteção. Neste caso, tornou-se necessário considerar os principais tipos de água que ocorrem abaixo da superfície da Terra, tais como: água do solo, da camada não saturada do subsolo e da sua zona saturada.

Por sua vez, a rocha que tem porosidade e permeabilidade passou a ser chamada de *aqüífera*, independente de estar ou não saturada. Quando a camada aqüífera em apreço apresenta grande espessura saturada, a sua função principal poderá ser de produção de água, a qual poderá ser extraída por meio de poços tubulares escavados, túneis ou qualquer obra de captação. Quando a camada aqüífera apresenta grande espessura não saturada, torna-se possível praticar recarga artificial com excedentes de águas de enchentes ou de estações de tratamento – ETAs ou de ETEs – para *réuso* urbano ou industrial não potável, ou para constituir estoques de regularização da oferta de água, durante os períodos de escassez ou do pico de demanda de água potável. A água subterrânea da zona saturada constitui o manancial subterrâneo propriamente dito, objeto dos estudos hidrogeológicos tradicionais.

Nos domínios das terras emersas – continentes e ilhas em geral – a quase totalidade das águas subterrâneas representa a parcela do ciclo hidrológico que ocorre "escondida" na sua superfície.

Efetivamente, uma fração da água que infiltra na superfície das terras emersas, vai constituir a umidade do solo, a qual é suporte fundamental da biomassa vegetal da Terra e interface atmosfera/litosfera. Por sua vez, o excedente de água infiltrada no solo percola em profundidade, alimentando a umidade do subsolo – rocha/sedimento – não saturado. Solo e subsolo não saturados são sede dos processos de filtração e bio-geoquímicos de interação água/rocha que proporcionam a autodepuração da parcela da água que percola mais profundamente e vai alimentar a sua zona saturada.

Finalmente, a água subterrânea da zona de saturação do subsolo circula lentamente – velocidades da ordem de cm/dia – sob a ação do gradiente hidráulico. Uma parcela desses fluxos deságua na superfície dos terrenos, formando as fontes, olhos de água, abastece os poços e outras obras de captação. Outra parcela dos fluxos de água subterrânea da zona saturada deságua nos rios, tornando-os perenes durante os períodos em que as precipitações atmosféricas – chuva, neve, neblina, principalmente – são relativamente escassas, ou descarregam diretamente nos lagos e oceanos.

Súmula histórica

Ao longo dos milhões de anos do seu infindável começo, o homem subsistiu catando alimentos, caçando animais selvagens, capturando aves e peixes. Há cerca de 50 mil anos surgiu o *Homo sapiens sapiens* – o homem que sabe que sabe. Com o crescimento das massas de gelo durante o último Grande Período Glacial – cujo auge foi atingido há cerca de 20.000 anos e terminou há 10.000 anos, o homem que sabe que sabe foi obrigado a ocupar as zonas mais quentes da Terra. Esse processo engendrou a formação das primeiras grandes civilizações do mundo, como a sumeriana, a minóica, a chinesa e a do harrapan no vale do Indo.

Desde o início, a captação da água subterrânea tornou-se uma das importantes possessões dos povos primitivos, face à escassez ou irregularidade das chuvas nessas áreas. Certamente que, inicialmente, as obras de captação eram simples buracos d'água, como faziam o cavalo selvagem e o lobo.

Entre 10.000 e 5.000 a.C., estabeleceram-se grandes colônias na Mesopotâmia, a terra "Entre os Rios", a qual ocupa a área aluvial plana entre o Tigre e o Eufrates, onde hoje se situa o Iraque.

Juntamente com a área ao norte e a oeste, que se alonga acompanhando a curva do Tigre em direção às costas da Síria, do Líbano e do norte de Israel, forma o que tem sido chamado de "Crescente Fértil". No seu extremo sul, há pântanos e brejos, enquanto que no norte, o suprimento de água é irregular e a precipitação pluvial pequena.

Com o decorrer do tempo, as necessidades de sobrevivência induziram desenvolvimentos extraordinários do conhecimento, tais como: meios para se levantar grandes pesos, utilização de rolos, roldanas e roda, desenvolvimento de técnicas agrícolas, criação da cerâmica, demonstrações de grande engenhosidade, seja para drenar os pântanos do sul, irrigar suas terras, construir casas de tijolos de barro, seja para mitigar os efeitos da escassez de água e alimentos, na parte norte.

Desde pelo menos 8.000 a.C., as escavações feitas para extração de água subterrânea para consumo, passaram a ser revestidas de pedra e betume, como é o caso do "cacimbão" mais antigo até agora descoberto na cidade fortificada de Jericó.

O povo sumério controlava a área meridional entre o Tigre e o Eufrates e, muito antes de 3.000 a.C., havia drenado os pântanos, irrigava a terra, cultivava o trigo, usava carros de rodas e vivia em casas de tijolos. Em conseqüência, vangloriava-se de ser superior ao povo semítico nômade do norte, que morava em tendas e cavernas e não cultivava o trigo.

A perfuração de poços profundos com varas de bambu teve início em cerca de 5.000 a.C. na China. Porém, as galerias e túneis horizontais ou "canates" de até centenas de quilômetros de comprimento, construídos pelos povos antigos nas rochas fraturadas – calcários, arenitos e/ou vulcânicas – do Oriente Médio, ainda representam as obras mais espetaculares de captação de água subterrânea.

A origem dessas construções está perdida na antigüidade, porém, os registros arqueológicos indicam que em 800 a.C. a cidade de Nínive era abastecida de água captada por um sistema de galerias. Os Medas capturaram a cidade de Amadã, em 626 a.C., destruindo os "canates" que a abasteciam.

A construção de "canates" foi introduzida no Egito em 500 a.C., no período de decadência das dinastias egípcias e domínio estrangeiro, possibilitando a irrigação de cerca de 300 mil hectares de terras férteis. Para celebrar o grande sucesso dessa realização, os egípcios construíram o templo de Âmon, em Tebas, e Dario I foi oficialmente reconhecido faraó do Egito.

Personificação, amplitude cósmica, metáforas provocantes, nada falta à idéia da água subterrânea como um fluido vivo, místico, mítico, espiritual da Terra. Efetivamente, desde a mais remota antigüidade as águas subterrâneas captadas de poços escavados e de nascentes – como águas que surgem puras e cristalinas do subsolo – são vistas de formas místicas numerosas e diversas.

Diversos códigos antigos prescreviam severas penalidades a quem danificasse captações de água, utilizadas para abastecimento das populações e recomendavam práticas higiênicas, muitas das quais são ainda consideradas apropriadas. Entre os documentos mais famosos, destacam-se o Código de Manu, na Índia; o Código do rei Hamurábi da Babilônia, 1792-1750 a.C.; o Talmud, dos hebreus; o Alcorão, dos muçulmanos.

Numerosas passagens do *Gênesis* ressaltam a importância da água subterrânea captada por poços escavados, tais como: Capítulo 25:11. "Depois da morte de Abraão, Deus abençoou Isaac, seu filho, o qual habitou junto ao poço"... O capítulo do *Gênesis* é uma verdadeira cartilha de água subterrânea..."e Isaac escavou novamente os poços que tinham sido cavados no tempo do seu pai Abraão "...

Tales de Mileto, há cerca de 2.500 anos, fiel às mitologias ancestrais e à observação, já ressaltava as propriedades purificadoras da água subterrânea. Basta visitar essas regiões para se ter uma dimensão da importância da água subterrânea para abastecimento dos povos antigos.

As imagens místicas e míticas da água subterrânea continuaram a florescer ao longo de toda a Idade Média e a Renascença na Europa, até que toda a perspectiva medieval foi substituída pela idéia cartesiana do mundo como uma máquina.

Entrementes, a santificação das fontes foi amplamente utilizada pela Igreja Católica, desde os seus primórdios, para integrar a forte crença pagã associada às águas que surgem do subsolo no interior de grutas, ou formam nascentes, bicas, olhos de água, ou são captadas pelos poços escavados e perfurados surgentes.

A hidromitologia ancestral renasceu no século XVIII, quando o geólogo escocês James Hutton sustentava que os processos biológicos e geológicos estão interligados, e considerava a analogia entre as condições de ocorrência da água subterrânea e o sistema circulatório de um animal. Até hoje, na linguagem geral referente à água subterrânea fluente, ainda são comuns as denominações de "veias d'água" e outras figuras associadas ao sistema circulatório de um animal.

Desde os primórdios das civilizações antigas, a importância da água subterrânea era reconhecida como fonte de abastecimento das populações das zonas áridas e semi-áridas.

A partir da Revolução Industrial, a sua importância passou a ser, também, reconhecida na Europa, à medida que as demandas de água cresciam de forma rápida, para abastecimento das nascentes atividades industriais e crescimento acelerado dos centros urbanos.

Nos Estados Unidos, a utilização da água subterrânea foi a base do desenvolvimento da maior economia de todos os tempos já implantada em região de perto de 3 milhões km^2 de clima semi-árido, árido, com um coração desértico.

No Brasil, a captação da água subterrânea para abastecimento das populações vem sendo realizada desde os primórdios dos tempos coloniais, conforme atestam os "cacimbões" existentes nos fortes militares, conventos, igrejas e outras construções dessa época.

A sua importância para abastecimento das populações e rebanhos na região semi-árida do Nordeste, foi reconhecida desde os primórdios da ocupação dessa área.

Entretanto, pelo fato das regiões economicamente mais desenvolvidas do Brasil terem abundantes recursos de água fluindo na superfície, desenvolveu-se uma cultura tecnológica que tem dado preferência às obras de captação nos rios, mesmo no Nordeste semi-árido, onde os cursos de água têm regime de fluxo temporário.

A indiscutível visibilidade dessas obras, geradora de prestígio político, engendrou o conceito ou preconceito, ainda dominante, de que a água subterrânea é um recurso apenas satisfatório para abastecimento dos rebanhos e, eventualmente, das populações nas áreas assoladas pelas secas, dos habitantes das periferias urbanas, ou como solução de emergência ou complementar de abastecimento de atividades econômicas dos setores mais prósperos da economia (Rebouças, 1996).

Condições de ocorrência

As condições de ocorrência das águas subterrâneas numa região resultam ser muito variadas, à medida que dependem da interação de fatores climáticos – muito irregulares no espaço e no tempo – e de fatores geológicos, cuja variabilidade também é muito grande e depende da escala do estudo da área em apreço.

Com uma área de 8.511.965 km^2, o território brasileiro estende-se entre as latitudes de 5º Norte e 34º Sul e longitudes de 35º e 74º Oeste. No conjunto de países de dimensões continentais, do qual fazem parte o Canadá, Estados Unidos da América, China e Austrália, o Brasil é o único de clima tropical dominante. Efetivamente, em apenas cerca de 10% de sua área tem-se condição climática tropical semi-árida e 7% situam-se abaixo do Trópico de Capricórnio.

Neste quadro, mais de 90% do território brasileiro recebe uma abundante quantidade de chuvas (entre 1.000 e 3.000 mm/ano). As condições de

CHUVAS NO BRASIL

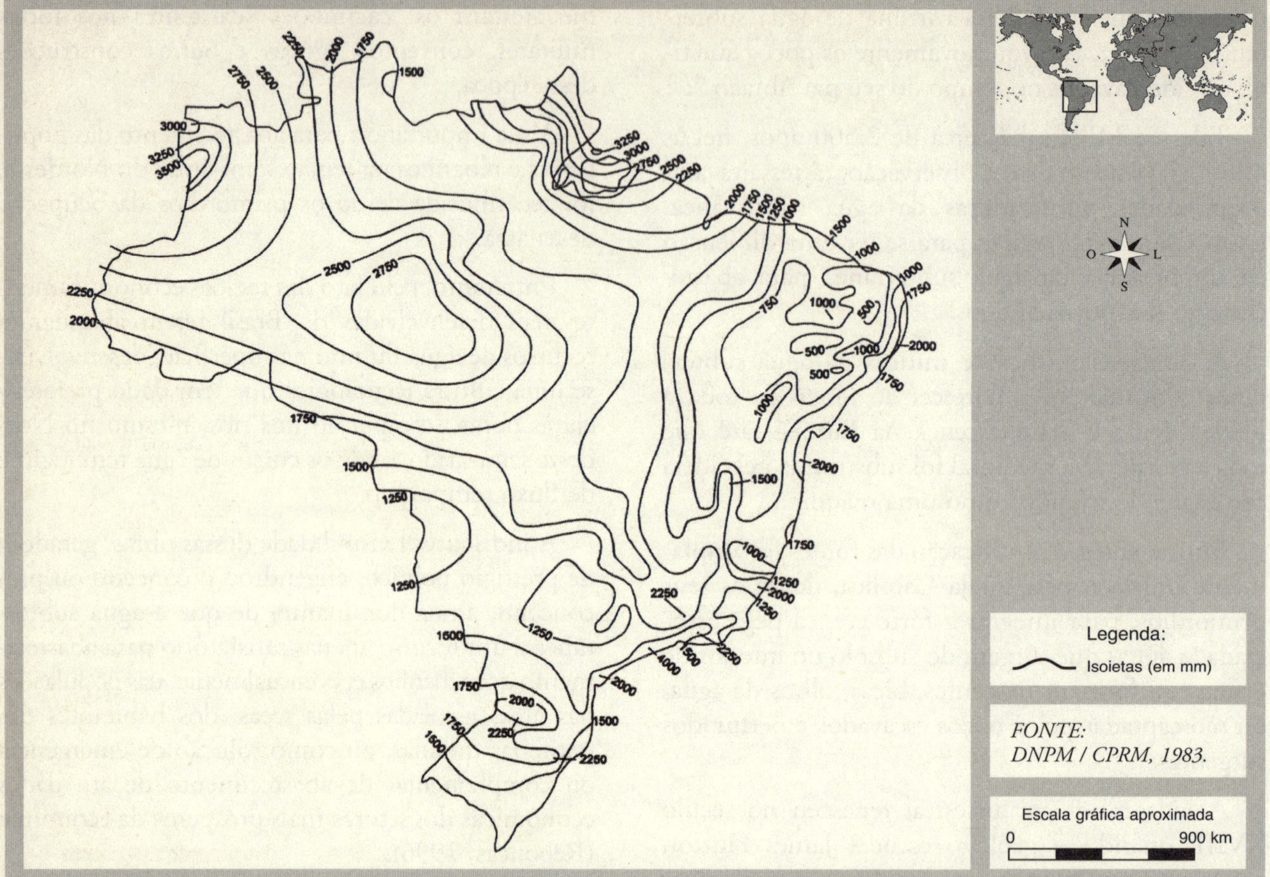

Figura 1: Distribuição das chuvas no Brasil

clima semi-árido ficam restritas ao sertão da região Nordeste, cuja pluviometria é muito irregular e fica entre 500 e 800 mm/ano (Figura 1).

A interação desse quadro climático com as condições geológicas dominantes sobre cerca de 4 milhões km² de extensão de rochas cristalinas com espesso manto de alteração e quase outro tanto de rochas sedimentares (Figura 2) engendra importantes excedentes hídricos que alimentam uma das mais extensas e densas redes de rios perenes do mundo. A exceção é representada pelos rios temporários que nascem nos domínios das rochas do embasamento geológico subaflorante – 400.000 km² – do contexto semi-árido da região Nordeste.

A interação de fatores climáticos e hidrogeológicos condiciona as formas de recarga, armazenamento, circulação, descarga, influenciam substancialmente a qualidade das águas subterrâneas e determinam as características dos tipos de obras, dos materiais que deveriam ser empregados para revestimento, filtros, os meios de construção e os tipos das captações – poço escavado ou tubular, túnel ou galeria.

Em função dos quadros hidrogeológicos dominantes no Brasil, os corpos rochosos com características relativamente favoráveis à circulação e ao armazenamento de água subterrânea – *os aqüíferos* – podem ter extensões que variam entre alguns quilômetros quadrados até milhões de quilômetros quadrados; podem ter espessuras de alguns metros até centenas de metros; podem ocorrer na superfície ou se encontrarem à profundidades de até milhares de metros; podem estar encerrados entre camadas relativamente pouco permeáveis; podem ter porosidade/permeabilidade intergranular ou de fraturas; podem fornecer água de excelente qualidade para consumo ou ter águas relativamente salinizadas, e assim por diante.

GEOLOGIA DO BRASIL

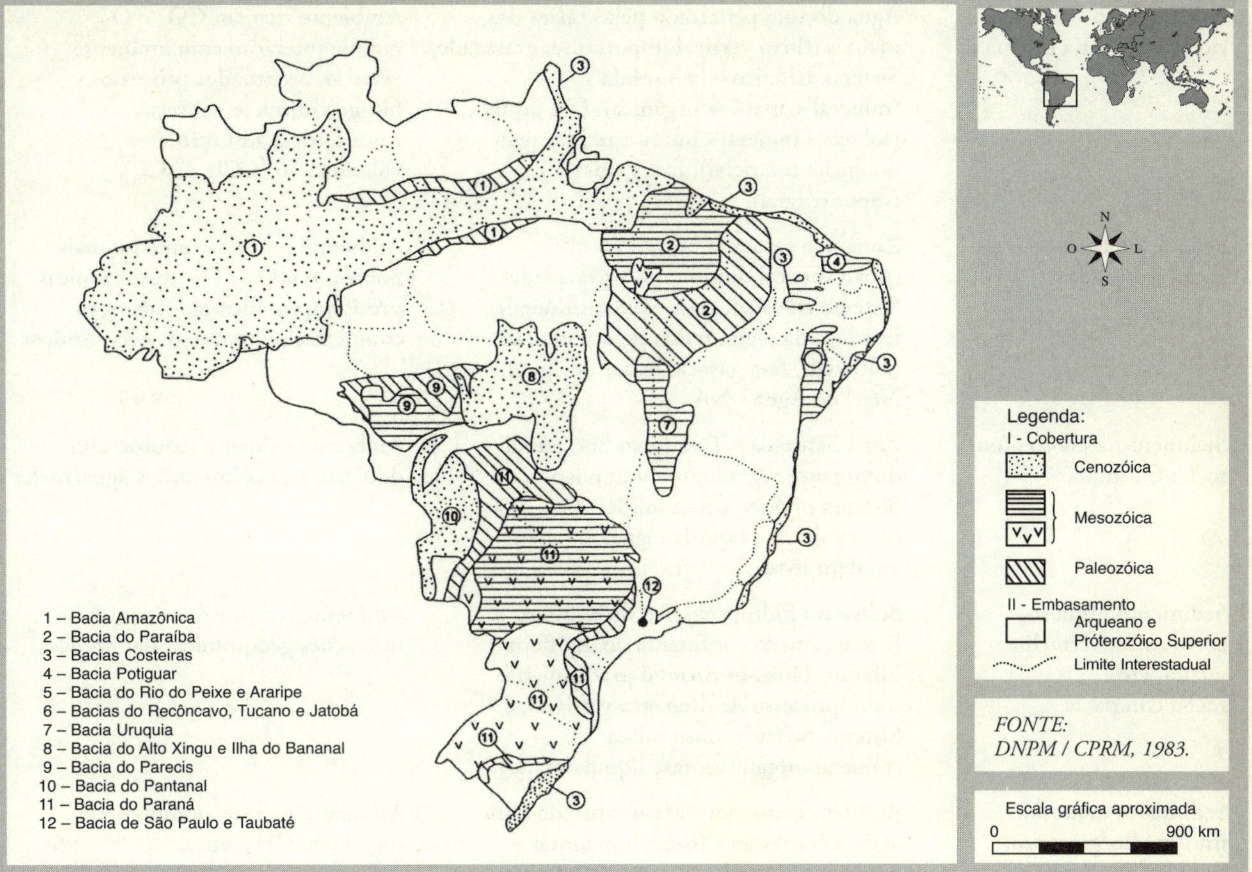

Figura 2: Principais domínios geológicos do Brasil

Do perfil geológico ao hidrogeológico composto

A crescente necessidade de uso e proteção do binômio solo/água subterrânea ou superficial exigiu que a hidrogeologia evoluísse do seu escopo físico-hidráulico para uma abordagem geoquímica-bioquímica sistêmica. Em conseqüência, torna-se cada vez mais necessário o conhecimento do perfil hidrogeológico composto do subsolo da área em apreço, conforme ilustra a Tabela 1.

Nestas condições, quando uma obra de captação das águas subterrâneas – poço escavado (cacimbão) ou tubular profundo, galeria, túnel – é construída sem atender características técnicas mínimas necessárias de uso e proteção, poderá se transformar num foco de contaminação do solo-subsolo e águas subterrâneas.

A definição do perfil geológico – características e espessuras dos tipos litológicos atravessados pela perfuração – constitui uma das tarefas básicas mais importantes do estudo hidrogeológico. Por sua vez, o perfil hídrico indica a distribuição vertical da água (fluido essencial) nesse perfil geológico e as forças que engendram os seus fluxos, enquanto o perfil geoquímico, assinala as interações hidro-bio-geoquímicas.

Do poço ao sistema de fluxos subterrâneos

Até a década de 50, o termo água subterrânea tinha um significado meramente utilitário, referindo- se à água da zona saturada do subsolo, capaz de abastecer um poço ou outra forma de captação, para atendimento de uma determinada demanda. Por sua vez, os estudos hidrogeológicos tinham uma abrangência relativamente limitada ao local onde se implantava a obra de captação – poço escavado, galeria, túnel ou poço tubular profundo – necessária à sua locação e avaliação da sua produtividade.

Tabela 1 - Do perfil geológico ao hidrogeológico composto

perfil geológico	perfil hídrico	perfil bio-geoquímico
Solo argiloso - arenoso, rico em matéria orgânica.	Água do solo penetrado pelas raízes das plantas (fluxo vertical importante, gravidade). Sistema trifásico - fase sólida (mineral + matéria orgânica), fase líquida (soluções mineral+ húmica retidas pelo potencial matricial), fase gasosa (vapor d'água).	Ambiente rico em CO_2 e O_2, grande interação com ambiente externo, acentuados processos bio-geoquímicos, filtração, troca iônica, adsorção, volatilização (CCl_4, C_2Cl_4).
Sedimento arenoso e/ou rocha fraturada.	Zona não saturada ou vadosa (fluxo vertical dominante > gravidade). Sistema trifásico - fase sólida (mineral), fase líquida (água retida pelo potencial matricial), fase gasosa (vapor de água). Nível de Água - NA	Ambiente progressivamente mais pobre em CO_2 e O_2, trocas iônicas, precipitação, filtração, adsorção, complexação, processos geoquímicos
Sedimento arenoso e/ou rocha fraturada	Zona Saturada - Tem fluxo horizontal dominante > gradiente hidráulico. Sistema bifásico - fase sólida (mineral), fase líquida (água), aqüífero livre.	Ambiente oxidante redutor, alta diluição, lentas interações água/rocha
Sedimento argiloso, cores cinza, vermelha escura, e/ou rocha compacta	Substrato hidrogeológico do aqüífero livre e camada confinante do aqüífero inferior. Fluxo horizontal praticamente nulo (processo de drenança vertical). Sistema bifásico - fase sólida (mineral+orgânica), fase líquida (água).	Ambiente redutor dominante, interações geoquímicas das argilas.
Sedimento arenoso, fino/médio/grosseiro.	Aqüífero confinado. Meio saturado com água sob pressão - (fluxo horizontal > gradiente hidráulico). Sistema bifásico - fase sólida (mineral), fase líquida (água).	Ambiente redutor dominante (N_2, H_2S, CH_4, etc.).
Embasamento Pré-cambriano.	Substrato hidrogeológico impermeável Fluxo praticamente nulo. Sistema bifásico.	Ambiente redutor dominante

FONTE: Rebouças, 1996.

A partir da década de 60, a rápida evolução dos computadores e a crescente necessidade de uma abordagem das condições de uso e proteção das águas subterrâneas – quantidade e qualidade – engendraram a realização de análises e avaliações cada vez mais abrangentes e complexas, considerando-se a extensão da unidade aqüífera onde eram implantadas as obras de captação.

Progressivamente, percebeu-se que a camada aqüífera se comportava, efetivamente, como um sistema, com zona de recarga ou de entradas, zona de descarga ou de saídas, as quais se relacionavam obedecendo a leis físicas e matemáticas.

Além disso, percebeu-se que, ao se extrair água de uma camada aqüífera, as perturbações hidráulicas assim engendradas determinavam o desenvolvimento de intercâmbios das águas de camadas aqüíferas vizinhas, através das formações confinantes, as quais são, comparativamente, muito menos permeáveis. Essa percepção fez a abordagem evoluir da unidade aqüífera ou hidro-estratigráfica para o sistema de fluxos subterrâneos.

A partir da década de 70, houve a percepção de que os processos físicos de filtração, químicos e micro-biológicos de transformação da qualidade das águas – os quais se verificam no solo propriamente dito, na zona não saturada do subsolo, nos intercâmbios entre camadas aqüíferas através dos termos relativamente menos permeáveis confinantes – são os determinantes fundamentais das suas características quantitativas e qualitativas (Figura 3).

Em conseqüência, a denominação de água subterrânea passou a compreender toda a água que ocorre abaixo da superfície de uma determinada área – água do solo, água da zona não saturada, água da zona saturada, água de camadas aflorantes muito permeáveis (aqüífero livre), água de camadas encerradas entre outras relativamente menos permeáveis (aqüífero confinado), água de camadas relativamente argilosas (aqüitardes), água de camadas muito argilosas (aqüicludes) –, daí a denominação atual mais freqüente de águas subterrâneas.

Por sua vez, os fluxos subterrâneos nos aqüíferos, livres ou confinados, percorrem trajetórias mais ou menos longas, dirigindo-se dos setores de potenciais hidráulicos mais elevados para aqueles, comparativamente, mais baixos. Nas condições específicas de aqüífero livre, isto significa que os fluxos se realizam dos setores de colinas para os vales (Figura 4).

Desta forma, configuram-se fluxos subterrâneos locais, os quais percorrem pequenos trajetos no subsolo, descarregando nas imediações das áreas onde ocorreram as infiltrações ou recargas. Essas águas têm, regra geral, característica hidro-carbonatada, tendo em vista ainda conservarem a influência marcante da sua origem atmosférica ou meteórica (rica em CO e CO_2). Entretanto, os compostos carbonatos são os primeiros a desaparecer da composição química de uma água, tendo em vista o seu nível relativamente mais baixo de solubilidade.

Outros fluxos percorrem caminhos mais longos, constituindo um sistema de dimensão intermediária ou regional. A composição dessas águas reflete as interações químicas água/rocha, resultando serem elas, regra geral, da classe sulfatada no sistema de fluxos intermediário. No sistema de fluxos regionais,

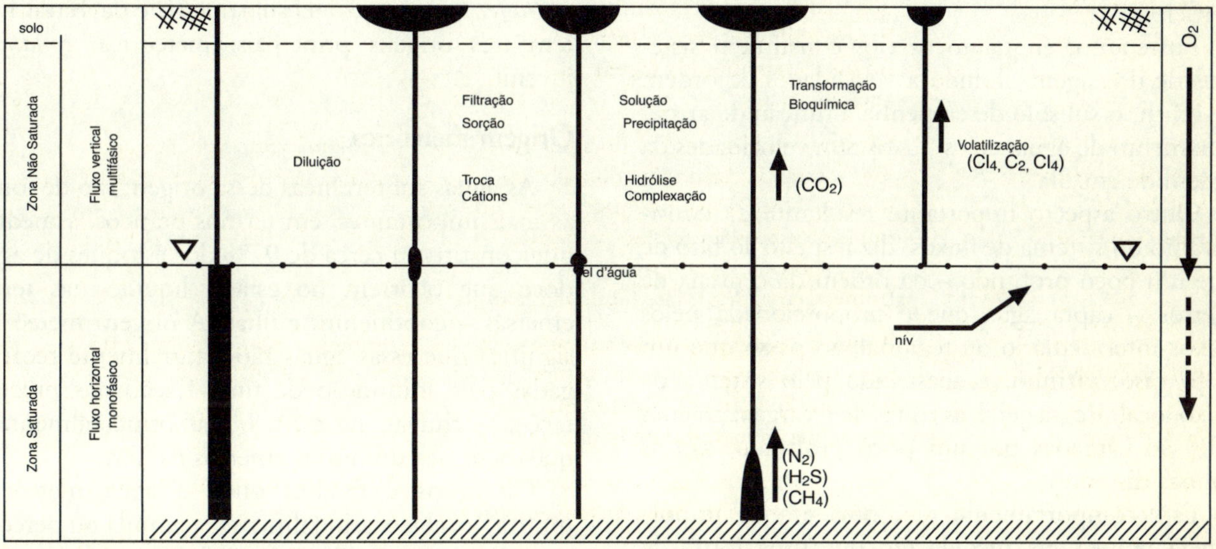

Figura 3 - Processos geoquímicos do subsolo
FONTE: Golwer, 1983.

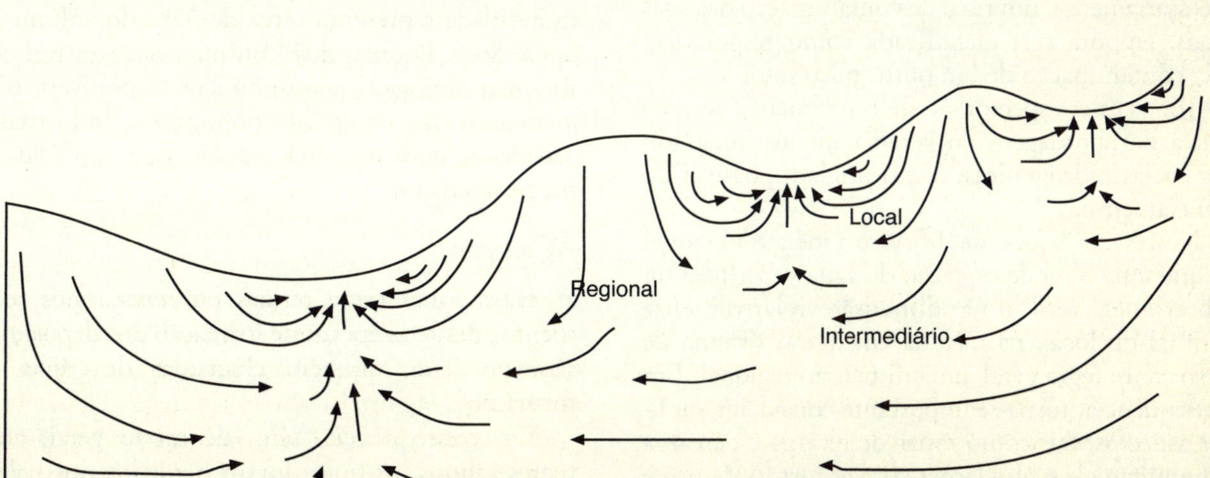

Figura 4 - Sistemas de fluxos subterrâneos em bacias hidrográficas
FONTE: Töth, 1963.

a composição dominante tende a ser do tipo cloretada, tendo em vista terem estes constituintes, comparativamente, os maiores índices de solubilidade química.

As águas subterrâneas no gerenciamento de bacias

A abordagem hidrogeológica que evolui do "poço" ao "sistema de fluxos subterrâneos" vai ser a base da inserção das águas subterrâneas no gerenciamento integrado de bacias hidrográficas como unidades de planejamento. Efetivamente, muito embora não haja uma coincidência física rigorosa entre divisores de água superficial e subterrânea, o sistema de fluxos no subsolo tende a configurar a compartimentação que é imposta pelo sistema de drenagem de superfície.

Entretanto, enquanto os rios constituem sistemas de drenagem, fluindo a velocidades da ordem de km/h, o subsolo desempenha a função de armazenamento de água, cujos fluxos têm velocidades da ordem de cm/dia.

Outro aspecto importante resultante da consideração do sistema de fluxos, diz respeito ao fato de que um poço profundo – da ordem da centena de metros – capta água que é proporcionada pelos fluxos intermediário ou regional, ao passo que um poço raso, vizinho, é abastecido pelo sistema de fluxo local. Regra geral, as zonas de recarga das águas que são captadas por um poço profundo, são as colinas distantes.

Este comportamento tem uma grande importância prática, na medida em que uma fonte de contaminação localizada nas proximidades de um poço profundo bem construído, não representa, necessariamente, um risco de contaminação das suas águas, embora seja identificada como responsável pela contaminação de um outro poço raso.

Todos esses aspectos são de fundamental importância na abordagem do gerenciamento integrado das bacias hidrográficas, como unidades básicas de planejamento.

Nestas condições, modifica-se a idéia tradicional de que uma obra de captação de água superficial ou subterrânea tem uma dimensão relativamente pontual ou local, na medida em que o sistema de fluxos tem, regra geral, uma dimensão regional. Em conseqüência, torna-se importante considerar variados aspectos, tais como zonas de recarga e descarga dos aqüíferos e suas relações com as formas de uso e ocupação do meio físico, deposição inadequada de resíduos, implantação de obras hidráulicas nos rios, controle de enchentes.

Vale ressaltar que a imagem, ainda freqüente até no meio técnico em geral, da ocorrência das águas subterrâneas formando veias d'água, rios subterrâneos e outras figuras visíveis na superfície, corresponde à feições hidrogeológicas particulares e excepcionais.

Estas feições podem ocorrer, local e ocasionalmente, nos domínios hidrogeológicos constituídos por rochas fraturadas – arenitos, rochas vulcânicas, rochas cristalinas do embasamento geológico –, sendo que, nas rochas calcárias as águas que infiltram nas suas fissuras e fraturas, podem gerar ampliações por dissolução ou feições *cársticas*.

Origens das águas subterrâneas

As águas subterrâneas representam a parcela da *hidrosfera* que ocorre na subsuperfície da Terra. Elas têm três origens principais: meteórica, *conata* e juvenil.

Origem meteórica

As águas subterrâneas dessa origem são de longe as mais importantes, em termos práticos, à medida que constituem cerca de 97% dos estoques de água doce que ocorrem no estado líquido nas terras emersas – continentes e ilhas. A origem meteórica significa que essas águas são naturalmente recarregadas pela infiltração de uma fração das precipitações – chuvas, neves, neblinas principalmente – que caem nos domínios emersos da Terra.

Os poros e fissuras onde a água meteórica infiltra, local e ocasionalmente, acumula ou percola, tem dimensões milimétricas. Porém, ocorrem em tão grande número que o subsolo estoca cerca de 10,5 milhões km^3 de água subterrânea doce. Esta quantidade representa cerca de 97% do volume de água doce líquida dos continentes, acessível aos meios tecnológicos e econômicos disponíveis, para abastecimento seguro de populações, indústrias e atividades agro-pecuárias, desde que captadas de forma adequada.

Águas *conatas*

Estas águas estão retidas ou *conatas* nos sedimentos desde as épocas de formação dos depósitos e são, por isso, também chamadas de "água de formação".

Em conseqüência, têm, de modo geral, altos teores salinos, os quais foram herdados dos paleoambientes marinhos de formação dos depósitos em apreço, ou resultantes dos longos períodos de interações água/matriz rochosa, ou refletem a ausência de recargas abundantes mais recentes que poderiam ter produzido uma progressiva diluição dos constituintes em solução.

As águas de formação representam um volume de água subterrânea estimado em 53 milhões de km^3, que estão estocados na litosfera, em geral a profundidades superiores aos 4.000m. Vale salientar que, em função das condições geotectônicas dominantes na área, pode-se ter águas subterrâneas *conatas* a pequenas profundidades, resultantes do jogo de falhas que comandou a formação de blocos aqüíferos isolados ou cativos, nos quais a infiltração de água mais nova torna-se praticamente desprezível.

Nestas condições, as reservas de água subterrânea têm sido classificadas, em termos práticos, em renováveis, pouco renováveis e não renováveis ou fósseis. Contudo, esta classificação é de certa forma artificial, pois, em absoluto, não existe água subterrânea desconectada do Ciclo Hidrológico. As águas subterrâneas de formação integram-se ao gigantesco mecanismo de circulação das águas da Terra, tendo em vista os mecanismos geológicos relacionados com a Tectônica de Placas.

Por sua vez, toda forma de extração de água subterrânea, afeta os potenciais hidráulicos naturais dos sistemas aqüíferos, alterando os fluxos subterrâneos e induzindo recarga direta ou indireta em setores aqüíferos praticamente não realimentados nas condições naturais de ocorrência.

Origem juvenil

A quantidade de água de origem juvenil, ou seja, que é gerada pelos processos magmáticos da Terra é estimada em cerca de 300 metros cúbicos por ano. Esta parcela integra-se ao gigantesco mecanismo de circulação das águas da Terra por meio dos mecanismos geológicos de circulação de massas e energias, relacionados com a Tectônica de Placas. Entretanto, a quantidade de água de origem juvenil é insignificante, comparativamente aos volumes de água subterrânea de origem meteórica.

Reservas de águas subterrâneas renováveis

As águas subterrâneas de origem meteórica, que geralmente ocorrem até profundidades médias da ordem de 750 metros – 4,2 milhões de km^3 –, participam ativamente do mecanismo de renovação das águas da Terra – O Ciclo Hidrológico – resultando numa contribuição da ordem de 13.000 quilômetros cúbicos por ano à descarga dos rios (Tabela 2).

Uma outra importante parcela dos estoques de água subterrânea – estimada em 5,3 milhões de quilômetros cúbicos – circula lentamente na litosfera a profundidades entre 750 e 4.000 m. Os seus tempos de retorno são, regra geral, de dezenas de milhares e até milhões de anos, muito longos em relação à vida útil dos projetos de utilização, cujos horizontes são, em média, de dezenas de anos.

Regime pluviométrico e recarga dos aqüíferos

Dois são os fatores fundamentais determinantes da importância das águas subterrâneas de uma área. Os fatores geológicos, que regulam as condições de ocorrência – aqüífero livre, confinado ou intermediário –, as características hidrodinâmicas das rochas aqüíferas da área em apreço – porosidade / permeabilidade intergranular ou primária, de fissuras ou secundária –, a extensão, espessuras e profundidades das camadas aqüíferas, entre outros aspectos.

Por sua vez, a quantidade e o regime de ocorrência das precipitações determinam as taxas e os processos de recarga.

Denomina-se *infiltração* o mecanismo de penetração da água meteórica que atinge a superfície do terreno, sob a ação da gravidade. Nesse processo, uma fração da água que infiltra vai reconstituir a umidade do solo – 65 mil quilômetros cúbicos –, a

Tabela 2 - Contribuição dos fluxos subterrâneos à descarga dos rios (km^3/ano).

Continentes/ Recursos	Europa	Ásia	África	A. Norte	A. Sul	Austrália/ Oceania	ex-URSS	Total Mundo
Escoamento superficial	1.476	7.606	2.720	4.723	6.641	1.528	3.330	27.984
Contribuição subterrânea	845	2.879	1.464	2.222	3.736	483	1.020	12.689
Descarga total média rios	2.321	10.485	3.808	6.945	10.377	2.011	4.350	40.673

FONTE: World Resources Institute, 1991.

qual é a base do desenvolvimento da biomassa natural ou cultivada.

Outra fração da água infiltrada percola verticalmente no subsolo, na medida em que a força da gravidade ou o próprio peso da água superem as forças de adesão e a capilaridade do subsolo em apreço. Quando essa água de percolação encontra um meio relativamente menos permeável, acumula-se, progressivamente, para formar o manancial subterrâneo propriamente dito.

Este mecanismo de recarga forma estoques de água doce líquida que são acessíveis aos meios tecnológicos e financeiros disponíveis, para abastecimento doméstico, industrial e irrigação, principalmente.

Considerando que o sistema está em equilíbrio, isto é, as descargas devem igualar as recargas de origem meteórica das águas subterrâneas, as taxas de infiltração podem ser avaliadas com base nos trechos de recessão dos hidrogramas dos rios.

Vale ressaltar que a magnitude da recarga que é proporcionada pelo excedente hídrico (P menos Etp), depende das condições de infiltrabilidade do solo e de suas relações de proporcionalidade com a intensidade das chuvas. A infiltrabilidade é, regra geral, imposta pela característica de permeabilidade do solo, relevo, cobertura vegetal, pelas formas de uso e ocupação do território em apreço, bem como pelas condições de ocorrência dos corpos aqüíferos, entre outros fatores. De forma geral, as taxas de recarga são maiores nas regiões planas bem arborizadas, nos aqüíferos livres, e mais lenta e limitada nas regiões de relevo acidentado, sem cobertura vegetal e sujeitas a práticas de uso e ocupação que favorecem a formação de enxurradas, como também nos sistemas aqüíferos confinados.

A infiltrabilidade tem a dimensão de uma permeabilidade, a qual é referida em m/s, cm/s, ou m/dia, cm/dia, mm/dia. Por outro lado, a intensidade de precipitação tem a dimensão de uma altura de lâmina de água por unidade de tempo, sendo referida, quase sempre, em termos de mm/ano, mm/mês, mm/dia, mm/hora.

Para efeito de avaliação comparativa ou de proporcionalidade considera-se, em geral, a dimensão de mm/dia. Neste caso, quando a intensidade de precipitação é superior à permeabilidade do terreno – ambas expressas em mm/dia – a recarga será fraca, predominando o escoamento superficial, o qual engendra enxurradas, provoca enchentes nos rios e induz intensivos processos de erosão do solo.

Ao contrário, quando a intensidade das chuvas é muito inferior a permeabilidade do solo da área em questão, poderá ocorrer uma abundante infiltração. Esta taxa infiltrada poderá resultar em recarga efetiva, após ter atendido ao *déficit* de umidade das zonas do solo e subsolo não saturados, as quais estão situadas acima da zona aqüífera saturada.

Em termos de infiltrabilidade, deve-se considerar que, por exemplo, numa região de solos praticamente impermeáveis – $K = 10^{-7}$ m/s ou 8,64 mm/dia –, uma chuva com intensidade superior a este valor tem pouca chance de infiltrar, devendo engendrar abundante escoamento superficial, com formação de enxurradas e enchentes dos rios. Ao contrário, numa área com solos de permeabilidade $K= 10^{-5}$ m/s ou 864 mm/dia, a mesma chuva poderá engendrar uma boa taxa de infiltração.

Portanto, quando a pluviometria é intensa, comparativamente muito superior à infiltrabilidade do solo da área em questão, as taxas de recarga poderão ser praticamente nulas. Por outro lado, nos anos de pluviometria média as taxas de recargas poderão ser, comparativamente, maiores, à medida que tende a haver uma melhor distribuição das chuvas, resultando numa maior compatibilidade entre a infiltrabilidade dos solos e a intensidade das precipitações.

Durante os anos secos, as taxas de infiltração poderão ser muito variáveis, à medida que as chuvas tendem a ser mais intensas e se alternam com períodos secos, durante os quais poderá ocorrer *déficit* de umidade do solo.

Considerando o quadro pluviométrico dominante no Brasil, tem-se sobre cerca de 90% do território – pluviometria entre 1.000 e 2.750 mm/ano relativamente bem distribuída – uma intensidade média entre 2,7 e 7,5 mm/dia. Nestas condições, poderá ocorrer recarga até mesmo nos setores com solos praticamente impermeáveis, cuja infiltrabilidade é de 8,64 mm/dia.

Entretanto, na zona semi-árida do Nordeste – encerrada na isoíeta de 750 mm/ano – essa pluviometria é mal distribuída, com períodos de chuvas muito intensas separados por intervalos secos. Nesta área, não somente poderá não ocorrer infiltração, pois a intensidade das chuvas poderá superar a capacidade de infiltração do solo, como o pouco que se infiltrou poderá ser consumido pelos processos de evapotranspiração (ETp) durante os longos períodos secos.

Evolução das recargas e paleogeografia

Outro fator importante a considerar é a evolução do balanço pluviometria e evapotranspiração ao longo dos tempos geológicos, que resulta ou não em excedente hídrico para recarga na área em apreço. No plano mundial, a localização de importantes aqüíferos em regiões sob condições de *déficit* hídrico desde cerca de 10.000 anos, fim da última Grande Idade de Gelo, afetou os aqüíferos livres do Texas (EUA), cujo tempo de renovação de suas águas atinge 2.000 anos, dos aqüíferos confinados da Arábia Saudita (33.000 anos), Argélia e Tunísia (70.000 anos), Egito e Líbia (6.000 anos), Austrália (20.000 anos) e outros contextos geográficos (Rebouças, 1994b)

No Brasil, os registros geológicos indicam que, desde o Período Terciário pelo menos (início há 66 milhões de anos), as condições de clima úmido têm sido dominantes. Como resultado, as condições de recarga dos seus aqüíferos confinados foram comparativamente muito melhores, o que é representado pelos tempos de renovação bem inferiores – 4.000 anos no aqüífero São Sebastião na Bahia, 7.500 anos no aqüífero Açu na Bacia Potiguar e 1.000 anos nos aqüíferos Serra Grande-Cabeças na Bacia Parnaíba-Maranhão. As recargas relativamente abundantes que vêm ocorrendo desde o Terciário (66 milhões de anos), engendraram as possibilidades de obtenção de água doce subterrânea nessas bacias sedimentares, até profundidades de milhares de metros.

Nestas condições, mesmo naquelas bacias – Amazônica, Parnaíba-Maranhão, Araripe, Potiguar, Recôncavo-Tucano-Jatobá e faixa sedimentar costeira – que foram afogadas pelas transgressões marinhas durante o Período Cretáceo (entre 144 e 66 milhões de anos), as abundantes recargas que vêm ocorrendo desde o Período Terciário, pelo menos, lavaram as águas marinhas então infiltradas nos aqüíferos, até profundidades variáveis entre 500 e 1.000 m (Rebouças, 1994).

Vale ressaltar que, no caso da Bacia Geológica do Paraná, os seus mais importantes sistemas aqüíferos – Botucatu ou Guarani, rochas vulcânicas da Formação Serra Geral e sedimentos do Grupo Bauru/ Caiuá – foram formados em ambiente continental dominante, desde pelo menos o Triássico (245 milhões de anos) e nunca foram afogados pelo mar.

Por outro lado, as condições climáticas foram sempre relativamente úmidas. Como resultado, os aqüíferos sempre receberam abundantes recargas – com tempo de renovação de 300 anos apenas – o que possibilita a obtenção de água doce até profundidades da ordem de 2.000m, tanto nos seus sistemas aqüíferos livres – sedimentos do Grupo Bauru/ Caiuá – como confinado – Botucatu ou Guarani.

Portanto, na definição das condições hidrogeológicas de uma região, torna-se indispensável integrar dados de distribuição e intensidade das precipitações, formas de uso e ocupação do meio físico, história paleogeográfica do seu quadro geológico, características de porosidade/permeabilidade e formas de ocorrência das formações aqüíferas, dentre outros aspectos, analisados nas dimensões de suas bacias hidrográficas, como unidades básicas de planejamento e gerenciamento dos recursos hídricos (Rebouças, 1994).

Níveis do conhecimento e províncias hidrogeológicas

Os níveis do conhecimento hidrogeológico no Brasil são relativamente limitados sobre a maior parte do território, conforme mostra a Figura 5. Na realidade, a tendência observada é mundial, na medida em que os níveis de conhecimento refletem as densidades demográficas e os graus de escassez das águas de superfície, em relação às demandas que são impostas pela população e atividades econômicas. Assim é que os maiores níveis de conhecimento são encontrados nas áreas com densidades demográficas mais elevadas, em especial, nos domínios metropolitanos. Na região Nordeste, o melhor nível geral reflete os trabalhos desenvolvidos pela SUDENE durante as décadas de 60-80. Esses esforços resultaram no Inventário Hidrogeológico Básico do Nordeste, cujos mapas – 34 folhas na escala 1:500.000 – foram impressos em cores, nos padrões preconizados pela UNESCO.

Na década de 70, o estado de São Paulo deu início a um amplo estudo das suas águas subterrâneas, destacando a sua importância como fonte de abastecimento não controlado das indústrias e população das cidades. O desmantelamento das equipes de especialistas formados pela SUDENE, a partir da década de 1970, possibilitou o desenvolvimento de levantamentos similares nos estado de Minas Gerais, Rio Grande do Sul e Paraná.

A combinação de fatores geológicos, geomorfológicos e climáticos no Brasil resulta na configuração de 10 províncias hidrogeológicas (Figura 6).

Estas províncias podem ser agrupadas em cinco domínios hidrogeológicos principais:

Embasamento geológico com espesso manto de rocha alterada

Uma extensão de 4 milhões km^2 de rochas pertencentes ao embasamento geológico de Idade Pré-

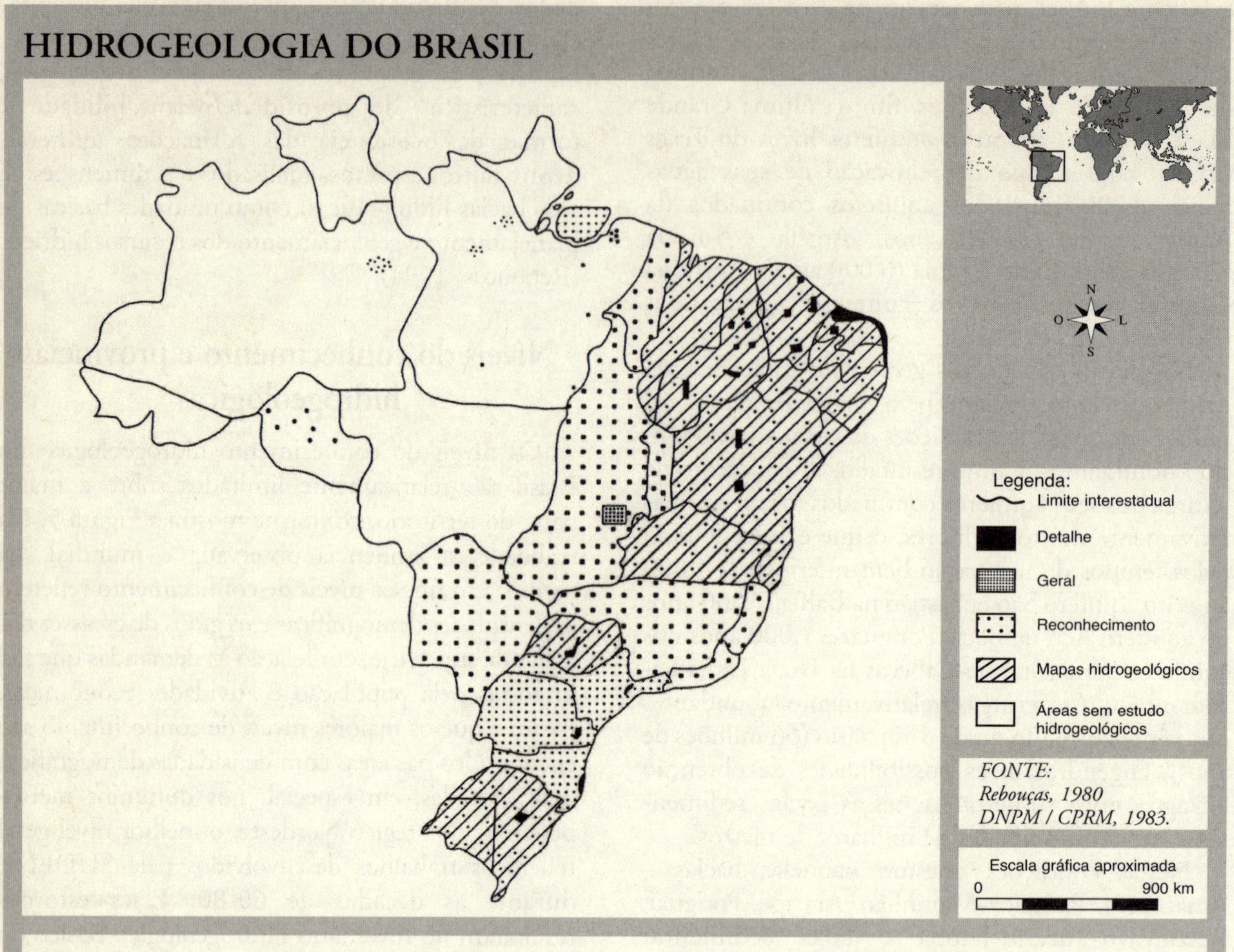

Figura 5: Níveis do conhecimento hidrogeológico no Brasil

cambriana. Este domínio compreende os aqüíferos formados no manto das rochas cristalinas e metamórficas – entre 10 e mais de 100 m de espessura. Local e ocasionalmente, as potencialidades hidrogeológicas deste setor são sensivelmente ampliadas pela ocorrência de zonas de rochas fraturadas em profundidade.

Este contexto compreende as Províncias Hidrogeológicas do Escudo Setentrional (1), do Escudo Central (3), do Escudo Oriental de Sudeste (6b), do Escudo Meridional (8) e da Província Centro-Oeste (9), a qual é formada pelas Coberturas Proterozóicas (9 a, 9b, 9c, e 9d) – Figura 6.

Nestes contextos, os poços bem locados e construídos captam águas subterrâneas das zonas de rochas fraturadas associadas ao manto de intemperismo relativamente mais espesso.

As vazões mais freqüentes situam-se entre 5 e 50 m^3/h e as águas são de excelente qualidade para consumo, salvo a presença local e ocasional de teores de ferro ligeiramente superiores aos limites de potabilidade.

Nos setores urbanos e metropolitanos localizados nestas províncias hidrogeológicas, os poços são utilizados para abastecimento de condomínios residenciais, indústrias, hotéis, postos de serviço e setores comerciais, como forma de mitigar os efeitos dos constantes racionamentos ou rodízios dos sistemas de abastecimento público de água, ou como solução econômica, tendo em vista que o investimento de um poço – entre R$ 20.000,00 e R$ 100.000,00 – são amortizados entre 20 e 30% da vida útil de 20 a 30 anos dos mesmos. Em termos de abastecimento doméstico, torna-se possível atender concentrações humanas entre 500 e 5.000 habitantes por poço (Rebouças, 1996).

Figura 6: Províncias hidrogeológicas do Brasil

Embasamento geológico subaflorante

Este domínio compreende uma extensão de 600.000 km^2 de rochas cristalinas e metamórficas pertencentes ao substrato geológico de Idade Pré-cambriana, as quais são subaflorantes sobre cerca de 400.000km^2 na zona semi-árida do Nordeste. Este domínio corresponde à Província Hidrogeológica 6a da Figura 6, onde as melhores possibilidades de captação de água subterrânea ficam restritas às zonas fraturadas nas quais se desenvolveu o leito de riachos. Esse condicionamento, geológico-estrutural e hidrográfico configura o "chamado riacho fenda", critério fundamental de locação de poços neste contexto hidrogeológico, a partir dos trabalhos pioneiros de Ebert (1961) e Siqueira (1967).

Os poços mais produtores locados nessas zonas aqüíferas são aqueles que atravessam várias fraturas, as quais funcionam como "condutores hidráulicos". Quando a fratura é produtora, registra-se uma subida do nível de água no furo. Ao contrário, quando a fratura está seca, verifica-se uma queda do nível, podendo ser necessário adicionar água para continuar o trabalho de perfuração. As captações realizadas nessas zonas aqüíferas tem logrado vazões muito variáveis, entre menos de 1 e mais de 10 m^3/h. Os poços com vazão de teste superior a 0,5 m^3/h são, regra geral, considerados como positivos.

Entretanto, o fator hidrogeológico mais limitante dessa província hidrogeológica é representado pela ocorrência de água com altos teores de sólidos totais dissolvidos (STD), superior a 2.000 mg/l em 75% dos casos (Rebouças, 1973 e 1996). Essa característica é engendrada pela evaporação intensa, a qual provoca a concentração progressiva de sais nas águas dos açudes mal dimensionados ou não utilizados de forma racional na região, nos aluviões

Diagnóstico hidrogeológico da região metropolitana de São Paulo

A Região Metropolitana de São Paulo (RMSP) é formada por 39 municípios, cobrindo, aproximadamente, 8.051 km^2, cuja população é de 16 milhões de pessoas. O sistema de fluxos subterrâneos faz parte da bacia hidrográfica do Alto Tietê, sendo que entre 23 e 43% das chuvas que caem (média de 1.520 mm/ano) se infiltram no manto de alteração das rochas cristalinas do embasamento geológico (6.599 km^2) e nos depósitos areno-sílticos da Bacia Sedimentar de São Paulo (1.452 km^2). Os poços nas zonas aqüíferas no substrato Pré-cambriano – manto de alteração e fraturas subjacentes – têm profundidades mais freqüentes entre 100 e 150 m, com condutividade hidráulica variável entre 10^{-1} e 10^{-5} cm/s. O pacote sedimentar de Idade Terciária ocupa blocos afundados do embasamento, com espessura média de 100 m e condutividade hidráulica variando entre 10^{-2} e 10^{-6} cm/s. As reservas de água subterrânea são estimadas em 18 bilhões m^3, as quais são recarregadas a uma taxa de 3 bilhões m^3/ano, sendo cerca de 600 milhões m^3/ ano ou 18 m^3/s explotáveis do manto de alteração/ zonas fraturadas do embasamento geológico subjacente, e 200 milhões m^3/ano ou 7m^3/s, dos terrenos sedimentares. Estima-se que cerca de 7.000 poços estejam em operação na RMSP, funcionando entre seis horas/dia (15%), até 24 horas/dia (45%), produzindo um volume da ordem de 200 milhões m^3/ano, ou seja, 25% das disponibilidades. As águas são de boa qualidade para consumo doméstico e industrial, a exceção do ferro cujos teores são, freqüentemente, superiores a 1ppm. Os problemas de contaminação da água subterrânea ainda são pontuais, resultantes da construção descontrolada dos poços, os quais, regra geral, tem má qualidade técnica e são abandonados sem medidas de proteção. Em termos econômicos, os poços bem construídos representam investimentos entre US$ 20.000,00 e 40.000,00 resultando em custos de produção da água entre 10 e 40 centavos de dolar por m^3, considerando-se uma vida útil de 20 anos para os poços, 5 anos para as bombas e juros de 12% ao ano. Atualmente, a água subterrânea na RMSP é utilizada por mais de 95% das indústrias e por condomínios privados, hotéis, hospitais, clubes esportivos, centros de natação, postos de gasolina, entre outros, como forma de redução da conta d'água mensal, ou para evitarem os constantes rodízios de falta de água do serviço público (Rebouças et alii, 1994).

Aqüífero fissural

O aqüífero fissural, das rochas cristalinas de um modo geral, caracteriza-se por possuir elevada anisotropia e heterogeneidade, sendo por isso, totalmente descontínuo no espaço. Como as fraturas tendem a se fechar em profundidade, caracteriza-se um intervalo mais produtivo dos poços que é, em média, de 60 m no Nordeste semi-árido do Brasil. O principal fator que condiciona a acumulação/circulação de água subterrânea nessas zonas aqüíferas, é o grau de fraturamento da rocha, resultante da deformação tectônica rúptil. Por sua vez, o esforço tectônico tracional engendra rupturas abertas, enquanto o compressivo ou cisalhante gera fraturas fechadas. Outro fator importante a considerar é a cronologia dos eventos, pois, um elemento estrutural gerado por esforços compressivos, poderá ser aberto num estágio tectônico posterior, e vice-versa. O tipo litológico tem importância secundária, na medida em que, em função do tipo, tamanho e textura ou fábrica dos constituintes minerais das rochas, estas reagem de forma diferenciada à ação dos esforços. Por outro lado, rochas de forte xistosidade (predominância de minerais lamelares) tais como as ardósias e filitos apresentam uma maior quantidade de fraturas, porém, estas são mais fechadas, enquanto rochas de baixa xistosidade (predominância de minerais granulares) como os gnaisses e migmatitos orientados, apresentam menor número de fraturas, porém essas são mais abertas. Portanto, a pesquisa de água subterrânea no aqüífero fissural deve levar em conta os aspectos estruturais, texturais e tectônicos das rochas, sobretudo quando o manto de alteração é pouco espesso e descontínuo, como ocorre no semi-árido da região Nordeste. Além do método convencional de "locação de poço" a partir da interpretação geotectônica de pares estereoscópicos de foto-aéreas verticais, seguida de controle de campo, pode-se utilizar, ainda, método geofísico de prospecção, principalmente quando ocorre uma cobertura de rocha alterada ou de sedimentos. Dentre os métodos mais utilizados destacam-se o da eletroresistividade – sondagem elétrica vertical ou caminhamento – e o eletro-magnético de baixa freqüência – VLF (Costa, 1986).

Mecanismo de salinização das águas do Nordeste

O mecanismo de concentração cíclica por evaporação dos componentes dissolvidos nas águas das chuvas, é o principal fator de salinização das águas superficiais, subterrâneas e do binômio água/solo na zona semi-árida do Nordeste. Com efeito, as análises químicas de amostras de água de chuva coletadas durante um ano hidrológico, ao longo de um perfil Leste-Oeste de 1.100 km, que se estende de Recife até Araripina, indicam que entre 7 e 12 ton/km^2/ano de sais diversos caem da atmosfera, sendo 60-70% dos teores de sólidos totais dissolvidos (STD) de NaCl. Vale ressaltar que esses valores situam-se nas ordens de grandeza encontradas noutros contextos semi-áridos do mundo sob influência dominante de ventos marinhos.

Nos setores geográficos com balanço P-Etp = positivo, tal como ocorre onde a pluviometria (P) é superior a 1.000 mm/ano, os excedentes hídricos diluem e transportam para fora do contexto hidrográfico em questão, os sais que precipitam da atmosfera. Onde, porém, o balanço P-Etp = negativo, os sais precipitados da atmosfera ficam na área, processando-se sua concentração cíclica pelos mecanismos de evaporação. Efetivamente, os casos de ocorrência de águas salinizadas são mais graves nestes contextos hidrológicos, afetando as águas dos açudes, das planícies aluviais e até as águas subterrâneas das zonas aqüíferas associadas.

Os açudes são, regra geral, pouco utilizados e muitos, raramente, extravasam (sangram). Nestes casos, eles se transformam em verdadeiros "tanques de evaporação", resultando que a relação entre a superfície do seu espelho de água – área de perdas por evaporação – e de sua bacia contribuinte – área de produção de escoamento de alimentação – pode ser utilizada como índice de risco de salinização. Desta forma, verifica-se que muitos açudes apresentam índices situados entre 0,01 e 0,09, cuja média, comparativamente, corresponde ao índice de 0,05 do Mar Morto. Por sua vez, estudos hidroquímico-isotópicos (Santiago, 1984) comprovaram que o mecanismo de evaporação representa a principal saída da água dos açudes pouco ou não utilizados, engendrando a sua salinização.

Portanto, a falta de um uso racional das águas superficiais e subterrâneas da zona semi-árida do Nordeste representa um sério risco de degradação da sua qualidade e de impacto ambiental. A perdurarem as condições atuais de uso, "o sertão vai virar mar"... conforme vaticina o cancioneiro popular (Rebouças, 1973 e 1996).

mal drenados e até nas águas subterrâneas das zonas de rochas fraturadas associadas aos aluviões e coberturas sedimentares argilosas.

As zonas aqüíferas das rochas cristalinas são, comparativamente, reservatórios alimentados por águas que são submetidas a processos de concentração cíclica climática, antes, durante e depois de infiltradas no solo. Por sua vez, em muitas circunstâncias, as zonas aqüíferas são setores de descarga dos fluxos subterrâneos provenientes dos domínios hidrográficos de montante. Como resultado, as águas que se infiltram nas zonas aqüíferas das rochas fraturadas, já chegam sensivelmente influenciadas pelos intensos processos de concentração salina por evaporação.

Vale salientar que o teor máximo permissível (VMP) pelos padrões de potabilidade é de 1.000 mg/l. A ocorrência de hipertensão arterial anômala na população a zona semi-árida, vem sendo atribuída à utilização de águas com teores de sólidos totais dissolvidos (STD) superiores ao VMP do padrão de potabilidade vigente.

Contudo, a experiência mostra que é possível, mediante uma locação criteriosa ou manejo adequado, captar águas menos salinizadas. Por exemplo, a água do poço locado no setor montante da zona fraturada, apresenta, comparativamente, menor salinidade do que aquela do poço locado no seu setor de jusante. Ademais, como a realização de bombeamento indutor de renovação das águas acumuladas na zona aqüífera fraturada ou com a aplicação de métodos de dessalinização, pode-se torná-las adequadas ao consumo humano.

A alternativa de dessalinização vem sendo utilizada, ultimamente, com relativo sucesso, como parte do programa do Governo Federal denominado de "Água Boa". Entretanto, devido à falta de dados de monitoramento sistemático, ainda não se dispõe de uma avaliação da evolução de qualidade da água que é produzida pelos poços e submetida ao processo de dessalinização. Da mesma forma faltam dados sobre a eficiência dos equipamentos, das condições de uso e dos efeitos do descarte das salmouras no ambiente, em geral, e nos corpos de água, em particular.

Grandes bacias geológicas

As rochas sedimentares ocorrem preenchendo bacias geológicas que ocupam domínios continentais atuais – Amazonas, Parnaíba-Maranhão e Paraná –,

Barragens subterrâneas e enrocamentos

Essas metodologias são utilizadas como alternativas de manejo para uso e conservação das águas dos aluviões dos riachos intermitentes. Embora seu emprego nas zonas semi-áridas e áridas do mundo remonte à antigüidade, só ultimamente vem despertando grande interesse no Nordeste. Vale ressaltar que, tanto a barragem subterrânea como o enrocamento superficial, têm uma tríplice função: 1) reter os fluxos de água subterrânea dos aluviões; 2) reter os sedimentos que são transportados pelas enxurradas na área em apreço e; 3) principalmente, proteger as águas acumuladas nos depósitos aluviais dos processos de salinização climática, quando ficam expostas a intensa evaporação.

Uma barragem subterrânea, como o nome indica, é um estrutura enterrada, construída no leito de um riacho, com o objetivo de bloquear o fluxo de água subterrânea que ocorre no aluvião, mesmo quando, aparentemente, o riacho em apreço secou. Para tanto, abre-se uma vala transversal ao leito do riacho seco, até o substrato do seu manto aluvial – rocha do embasamento geológico ou rocha sedimentar relativamente pouco permeável. Nesta vala é construído um maciço de pedras arrumadas, material silto-argiloso compactado, ou com auxílio de lona plástica impermabilizante. Essa estrutura deverá ter a capacidade de reter, parcialmente, os fluxos de água subterrânea do depósito aluvial, mantendo-a disponível por um maior tempo no setor de montante. Contudo, torna-se necessário realizar um bom manejo dessa água, para se evitar as perdas por evaporação e conseqüente processo de salinização climática do binômio solo/água do setor em apreço. Para tanto, instalam-se poços para bombeamento da água acumulada e acionam-se dispositivos para manter a água fluindo e controlar a profundidade do nível da água subterrânea, possibilitando a prática de atividades agrícolas, principalmente frutíferas. Por sua vez, o seu coroamento superficial deverá reter os sedimentos que são carreados pelas enxurradas durante os períodos de chuvas intensas, induzindo um progressivo crescimento do reservatório subterrâneo e da correspondente área agrícola, conforme ilustra a Foto 1.

Por outro lado, o enrocamento é uma estrutura mais superficial que é implantada nos setores hidrográficos onde se verifica intenso transporte de sedimentos pelas enxurradas que se formam durante os períodos de chuvas intensas. Embora de execução, comparativamente mais simples e barata do que a construção de um açude, a implantação de uma barragem subterrânea, ou enrocamento, requer a observação de critérios técnicos para escolha do local. No caso da barragem subterrânea, a situação mais adequada implica na existência de pelo menos 2 m de espessura de depósito aluvial sobre uma extensão de pelo menos um quilômetro à montante do barramento, predominância de sedimentos arenosos e que os solos daquela área não estejam salinizados. A época mais propícia para construção de uma barragem subterrânea, ou de um enrocamento, é no fim do período de estiagem, quando o depósito aluvial se acha praticamente seco, facilitando a sua construção (Costa, 1998; Rebouças & Tucci, 1998).

Foto 1 – Enrocamento para retenção de sedimentos transportados pelas enxurradas e cultura de frutíferas numa barragem subterrânea (Sec. Ciência, Tecnologia e Meio Ambiente-Diretoria de Recursos Hídricos -PE)

bacias costeiras – Potiguar, Paraíba-Pernambuco, Alagoas-Sergipe – estruturas de afundamento tectônico tipo graben – Recôncavo-Tucano-Jatobá, Araripe –, ou formam recobrimentos sub-horizontais – depósitos correlatos, sedimentos do Grupo Barreiras. Os depósitos têm idades que vão do Siluriano (438 milhões de anos) ao Terciário (1,6 milhão de anos). Esses contextos hidrogeológicos ocorrem sobre uma extensão total de aproximadamente 3 milhões km^2 e são formados por seqüências alternadas de arenitos, folhelhos, siltitos e misturas em proporções variadas, com espessuras totais máximas entre 2.000 e 5.000 metros.

Os sedimentos da Bacia Geológica do Amazonas formam uma das Províncias Hidrogeológicas (2) referidas na Figura 6. O sistema aqüífero mais importante é formado pelos depósitos arenosos da Formação Alter do Chão (Cretáceo) e coberturas Terciárias (Figura 7). As vazões dos poços melhor construídos variam entre 200 e 400 m^3/h e são utilizados para abastecimento do consumo doméstico nos centros urbanos mais importantes – Manaus, Santarém, Belém – e pelas indústrias.

Apesar da grande abundância de água nos rios e igarapés da região, a alternativa técnico-econômica de utilização das águas subterrâneas ainda se apresenta como, comparativamente, a mais viável (Tancredi, 1996).

A Província Hidrogeológica (4) é formada pela Bacia Geológica Sedimentar Parnaíba-Maranhão (Figura 6). Esta unidade encerra importantes sistemas aqüíferos confinados representados pelas formações arenosas Serra Grande (Siluriano- 438-408 milhões de anos), Cabeças (Devoniano- 408-360 milhões de anos), Poti-Piauí (Carbonífero-360-286 milhões de anos). Esses aqüíferos estão separados por camadas não menos importantes que a de predominância argilosa (Figura 7).

Embora estes depósitos tenham sido afogados pela grande transgressão marinha no Cretáceo – 144 até 66 milhões de anos –, as abundantes recargas de origem pluviométrica que ocorreram depois, proporcionaram uma progressiva lavagem ou diluição das águas salgadas, resultando que, atualmente, o poço Violeta que atravessou os três sistemas aqüíferos principais, com profundidade de 3.000 metros, jorra água doce.

Regra geral, os milhares de poços já perfurados nessa província hidrogeológica, com profundidades entre 50 e 1.000m, têm logrado produzir água doce. Porém, devido à falta de isolamento das camadas confinantes – Pimenteiras, Longá, Pedra de Fogo –, onde, local e ocasionalmente, pode ocorrer níveis de depósitos salgados, tem se verificado uma progressiva degradação da qualidade das águas de alguns poços, sobretudo no que se refere aos teores em sulfato e cloretos. Vale salientar, ainda, que em função da compartimentação tectônica que aconteceu ao longo da história geológica regional, podem ocorrer setores aqüíferos com água salgada, local e ocasionalmente.

Entretanto, estes casos são passíveis de solução, mediante um bom estudo hidrogeológico da área de interesse do projeto em questão, e à medida que a construção do poço seja feita obedecendo as especificações técnicas disponíveis (ABNT N° 588/90 e ABNT nº 1.290/90). A observação destas normas técnicas torna-se indispensável à uma obra de engenharia geológica que deve ter por objetivo o uso e proteção do manancial subterrâneo, qualidade, produtividade e garantia do abastecimento.

Portanto, agir no desconhecimento desses fatores ou não levá-los em consideração pode acarretar prejuízos no desenvolvimento das alternativas de uso das águas subterrâneas, para abastecimento doméstico, industrial ou irrigação.

Água subterrânea mais barata na Amazônia

A cobertura de sedimentos continentais – Terciário – e a Formação Alter do Chão, lacustre e fluvial do Cretáceo, representam os aqüíferos mais importantes na Bacia Geológica do Amazonas. A captação das águas subterrâneas destes depósitos vem sendo, livremente, realizada pelas indústrias e, ultimamente, vem despertando o interesse das companhias de abastecimento de água. Em Belém, Santarém e Manaus, as espessuras variam entre 200 e 600 m. As vazões dos poços melhor construídos variam entre 50 e 450 m^3/h. As águas são de excelente qualidade, sendo consumidas sem necessidade de tratamento prévio. Os cálculos de custo de produção das águas subterrâneas para abastecimento de Santarém, por exemplo, consideraram profundidades dos poços variando entre 40 e 300 m, vazões entre 15 e 320 m^3/h e, que a água captada no rio Tapajós, necessita, tão somente, de clarificação e desinfecção. Neste caso, verifica-se que o m^3 de água subterrânea tem um custo entre 38% a 42% mais baixo do que a captação da água superficial (Tancredi, 1996).

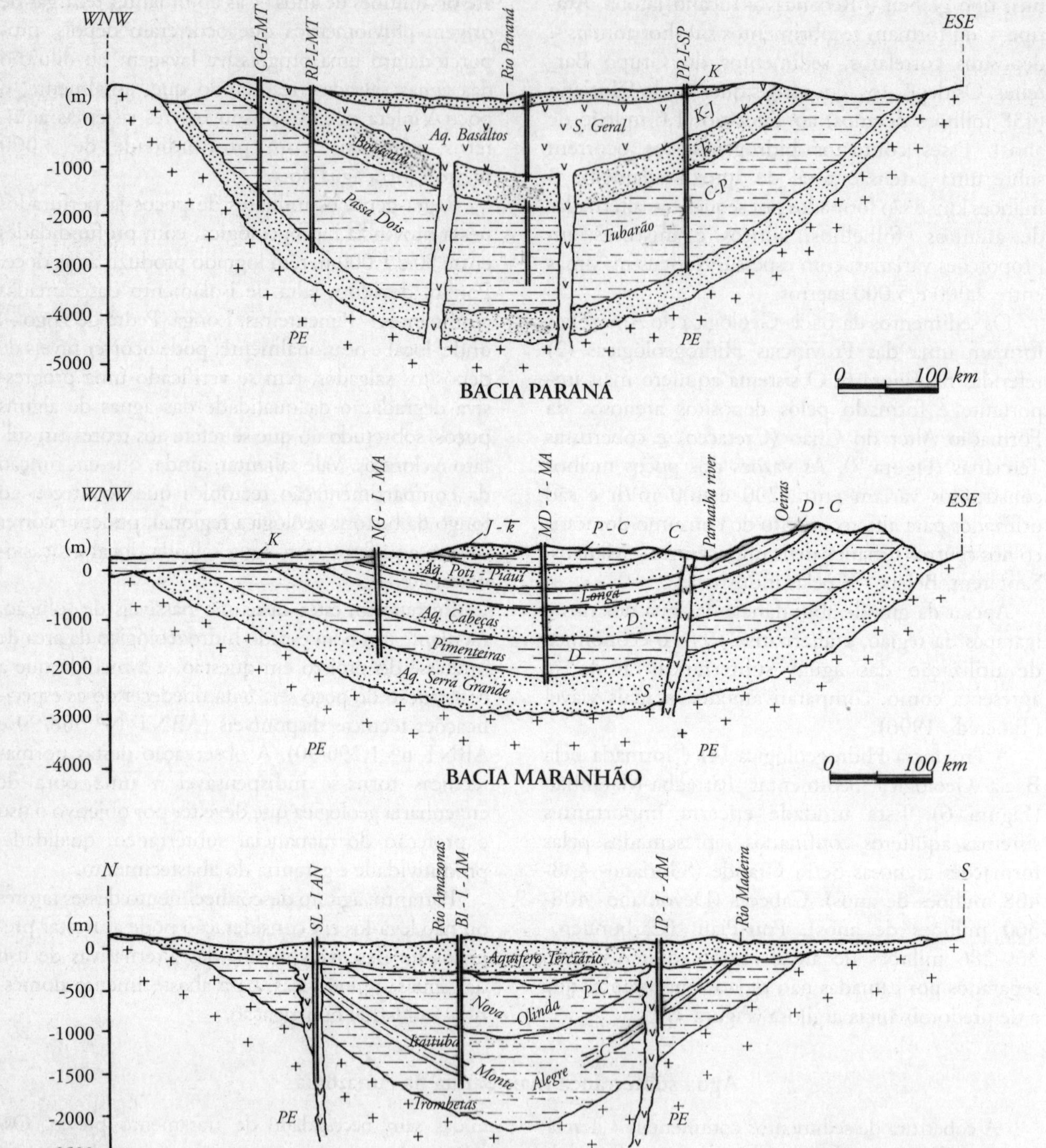

Figura 7 - Principais aqüíferos das Bacias Geológicas FONTE: *Rebouças, 1988.*

A Bacia Geológica do Paraná forma a Província Hidrogeológica (7) mais importante do Brasil e, quiçá, do mundo, não somente pelas suas dimensões, como pelo fato de compreender as regiões mais desenvolvidas e populosas da América do Sul (Figura 6). Esta província hidrogeológica tem três importantes sistemas aqüíferos – Botucatu-Pirambóia – também chamado de Guarani, Basaltos da Formação Serra Geral e os sedimentos do Grupo Bauru (Figura 7).

Alguns milhares de poços já perfurados têm profundidades entre 300 e 1.000m, extraindo água do sistema aqüífero Botucatu ou Guarani, para abastecimento doméstico, indústrias, centros de recreação e atividades agrícolas. Os poços bem construídos têm logrado vazões entre 50 e 1.000m^3/h, com predominância dos valores situados entre 100 e 500 m^3/h, ou seja, suficiente para abastecer entre 10 mil e 50 mil pessoas por poço.

A qualidade das águas é, geralmente, adequada para consumo humano, industrial e irrigação. Local e ocasionalmente pode-se ter a produção de água mais rica em constituintes inorgânicos, tais como, carbonatos, sulfatos, fluoretos e cloretos.

Nas zonas aqüíferas dos basaltos da Formação Serra Geral e os níveis aqüíferos dos sedimentos do Grupo Bauru, entre 15 mil e 20 mil poços extraem água para abastecimento doméstico, industrial e

O Piauí na Problemática das Secas

O Estado do Piauí, 250.934 km^2, tem 83% da sua superfície no contexto da Bacia Geológica Sedimentar do Parnaíba, um dos domínios mais promissores de águas subterrâneas do Brasil. Os aqüíferos mais importantes da Bacia Geológica do Parnaíba, representados pelas Formações Serra Grande e Cabeças, são explotáveis no território piauiense. Nos seus setores mais favoráveis à produção, várias centenas de poços já foram perfurados, alguns dos quais estão jorrando centenas de m^3/h, há mais de 30 anos, esperando que haja decisão político-administrativa para uso efetivo, tal como ocorre nas regiões de Simplício Mendes, Picos e vale do Gurguéia. Além dos 2.650 km de rios perenes que compõem o sistema hidrográfico do Parnaíba, os aqüíferos mais promissores da Bacia Geológica do Parnaíba representam uma disponibilidade de cerca de 3 bilhões m^3/ano, sendo que os milhares de poços já perfurados, poderiam estar em uso atualmente – para abastecimento doméstico e irrigação, principalmente – extraindo cerca de 5% desse potencial. Se a decisão política é de manter o Piauí à margem dos programas de desenvolvimento de uma economia de mercado, dever-se-ia tomar providências para estancar o desperdício de água que é representado pelas centenas de poços jorrantes (artesianos) sem uso (Rebouças, 1981).

Aqüífero Guarani

O termo Aqüífero Guarani (Rocha, 1997) é a denominação dada ao sistema hidroestratigráfico Mesozóico, constituído por depósitos de origem flúvio-lacustre/eólicos do Triássico (Formações Pirambóia e Rosário do Sul no Brasil, Buena Vista no Uruguai) e por depósitos de origem eólica do Jurássico (Formações Botucatu no Brasil, Misiones no Paraguai e Tacuarembó no Uruguai e Argentina). Sua área de ocorrência, de 1.195.200km^2, extrapola a porção brasileira da Bacia do Paraná com mais de 839.800 km^2 (MS = 213.200 km^2, RS = 157.600 km^2, SP = 155.800 km^2, PR = 131.300 km^2, GO = 55.000 km^2, MG = 51.300, SC = 49.200 km^2 e MT = 26.400 km^2) e estende-se na direção do Paraguai (71.700 km^2), Argentina (225.300 km^2) e Uruguai (58.400 km^2). O aqüífero é confinado pelos basaltos da Formação Serra Geral (Cretáceo) e por sedimentos permo-triássicos de baixa permeabilidade. As reservas de água subterrânea da parte brasileira desse sistema aqüífero são estimadas em 48.000 km^3, sendo as recargas naturais nos 118.000 km^2 de afloramento da ordem de 26 km^3/ano, enquanto as recargas indiretas induzidas pelos potenciais hidráulicos superiores das águas acumuladas nos basaltos e sedimentos do Grupo Bauru/Caiuá, da ordem de 140 km^3/ano, ou seja, um total de 166 km^3/ano. O tempo de renovação de suas águas é de 300 anos, contra 20 mil anos na Grande Bacia Artesiana da Austrália, por exemplo. As águas são de excelente qualidade para consumo doméstico, industrial e irrigação e, em função das temperaturas serem superiores a 30°C em todo o domínio confinado, vêm sendo muito utilizadas para desenvolvimento de balneários. Sobre cerca de 70% da área de ocorrência, onde as cotas topográficas são inferiores aos 500 m, há possibilidade de os poços serem jorrantes. O extrativismo é dominante e o desperdício é flagrante, exigindo medidas urgentes, nos planos nacional e internacional (Rebouças, 1976 e 1994).

pequena irrigação. Os poços têm profundidades e vazões mais freqüentes que variam, respectivamente, entre 100 e 200 m e entre 10 e 50 m^3/h.

Faixa sedimentar costeira

As Bacias Geológicas Costeiras formam um estreita faixa descontínua que se estende ao longo do litoral, do Amapá ao Rio Grande do Sul, configurando a Província Hidrogeológica (10), com setores que vão de 10a até 10i (Figura 6). Esta província é formada pelos domínios continentais de bacias sedimentares oceânicas. Comparativamente, é a província hidrogeológia mais ameaçada pela forma de extração desordenada das águas subterrâneas no Brasil (Figura 8).

Nas áreas urbanas e metropolitanas destes contextos hidrogeológicos costeiros, ademais dos riscos iminentes de poluição sanitária dos poços mal construídos, operados e abandonados sem qualquer medida de proteção, multiplicam-se os casos de degradação da qualidade, seja pela intrusão marinha, seja pela falta de isolamento das águas dos aqüíferos mais rasos que estão conectados aos mangues soterrados pelos processos altamente especulativos e predatórios do desenvolvimento urbano.

Não obstante, os potenciais de água subterrânea das bacias sedimentares costeiras são um dos mais altos e bem alimentados por uma pluviometria

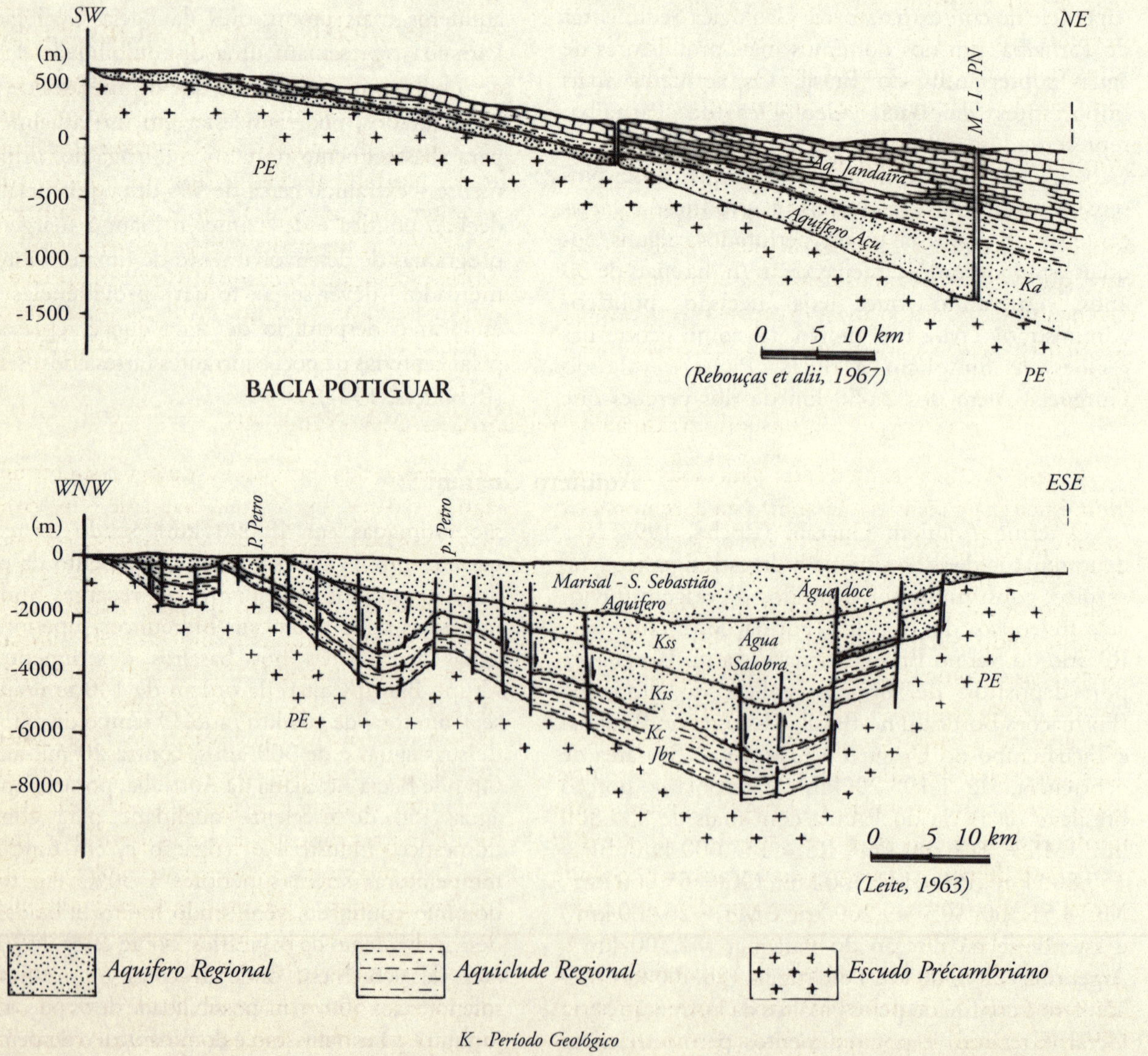

Figura 8 - Principais aqüíferos das bacias costeiras
FONTE: Rebouças, 1988.

média que varia entre 1.000 e 2.000 mm/ano.

Nas principais metrópoles localizadas nessas bacias costeiras, tais como São Luís do Maranhão, Natal, Recife, Maceió e no Recôncavo Baiano, as águas subterrâneas são utilizadas de forma intensiva e desordenada para abastecimento público e consumo industrial, principalmente.

Vale ressaltar que as regiões de Natal (RN), Maceió (AL) e Recôncavo (BA) dispõem de um dos maiores potenciais de água subterrânea doce desta província hidrogeológica, podendo abastecer a totalidade das respectivas demandas, desde que as formas de extração passassem a ser ordenadas e controladas pelos órgãos públicos responsáveis.

Os poços bem construídos nessas áreas têm logrado vazões que variam entre 100 e 400 m^3/h, com capacidades específicas que variam entre 10 e mais de 20 m^3/h/m. Por sua vez, as águas são de excelente qualidade para consumo humano ou industrial, em que pesem as formas empíricas, improvisadas e desordenadas dominantes.

Domínios hidrogeológicos cársticos

No panorama apresentado na Figura 6, vale destacar a Província Hidrogeológica (5), tendo em vista que representa, basicamente, a extensão de terrenos onde ocorre o mais expressivo processo de desenvolvimento cárstico no Brasil. Este fenômeno é sobremaneira importante na sua extremidade leste, correspondente às áreas de ocorrência dos calcários do Grupo Bambuí, de idade Cambriana, os quais ocorrem nas regiões do Jaíbas e Rio Verde, no norte de Minas e Irecê, na Bahia.

Para oeste, estendem-se os recobrimentos dos arenitos Urucúia (Cretáceo), os quais ocorrem em discordância deposicional sobre o substrato metamórfico do Proterozóico Superior, formado por uma seqüência rítmica de quartzitos, filitos e bancos carbonáticos intercalados.

A produtividade dos poços nos carbonatos e rochas pelíticas aqüíferas é muito variada, ficando os valores mais freqüentes entre 10 e 20 m^3/h. Os poços com vazões entre 50 e 150 m^3/h nos sistemas cársticos vêm se tornando muito promissores às atividades de irrigação no norte de Minas.

Potenciais de águas subterrâneas

Vale destacar que uma parcela da água de chuva que se infiltra no terreno vai alimentar a umidade do solo, a qual suporta a biomassa natural ou cultivada. Na faixa de clima tropical úmido, cuja pluviometria varia entre 1.000 e 3.000 mm/ano, esta umidade dá suporte ao desenvolvimento da exuberante vegetação, tal como a Mata Atlântica e Floresta Amazônica. A produção de biomassa nessa faixa pode alcançar mais de 40 ton/ano/ha, contra 10-12

Águas subterrâneas na região da Grande Natal- RN

O uso da água subterrânea para abastecimento doméstico na região da Grande Natal remonta ao século passado, sendo feita por meio de poços escavados (cacimbões). Por sua vez, a extração da água era feita por meio de bombas-pistão movidas por cata-ventos, sendo Natal conhecida nas primeiras décadas deste século como a cidade dos cata-ventos. Os primeiros poços tubulares foram perfurados em 1924. Atualmente o município de Natal tem uma população de 700.000 habitantes e as águas subterrâneas são captadas por meio de 123 poços tubulares com profundidade média de 80 m e produzindo até 200 m^3/h. As demais cidades que compõem a Grande Natal – Extremoz, São Gonçalo do Amarante, Macaíba e Parnamirim – são abastecidas totalmente por água subterrânea. O volume de água bombeado é da ordem de 57 milhões m^3/ano, o que representa 63% do total fornecido pela empresa de abastecimento. Os restantes 37% são captados nas lagoas de Jiqui e Extremoz, localizadas na área, e que são alimentadas por surgências de água subterrânea. As águas são de excelente qualidade em condições naturais, com teores de sólidos totais dissolvidos (STD) inferiores a 100 mg/l. Não obstante o volume explotável ser da ordem de 280 milhões m^3/ano, o qual é realimentado naturalmente pela infiltração de 45% de uma pluviometria média de 1.547mm/ano no período de 1931-1960, as recomendações feitas, e de ser a alternativa mais barata de abastecimento da população, muito pouco vem sendo feito para se evitar ou mitigar a degradação da sua qualidade, devido ao caótico quadro sanitário – rede de esgotamento sanitário insuficiente, coleta e disposição do lixo doméstico precárias, e falta de ordenamento das condições de uso e ocupação do território. Parece que a "vontade política" é que se atinja um nível de degradação que justifique a construção de uma adutora para trazer água de qualidade muito inferior da barragem Armando Ribeiro Gonçalves, localizada a mais de 300 km de distância (Melo, 1995).

Foto 2 - Teste de produção de poço, 240 m³/h, calcário Bambui, Jaíba – MG.

ton/ano/ha, nos contextos de clima temperado (WRI, 1991).

Historicamente, verifica-se que a população rural, nas diversas formas de ocupação do território nacional, fundamentou a sua economia no aproveitamento do potencial hídrico do solo, explorando de forma extensiva, tanto a agricultura como a pecuária.

Contudo, face ao baixo nível tecnológico/organizacional dominante destas condições primitivas de uso e ocupação do campo, tem-se o extensivo desmatamento das bacias hidrográficas, o grande desenvolvimento dos processos erosivos do solo, o empobrecimento das pastagens nativas, a redução das reservas de água do solo, e conseqüente queda progressiva da produtividade das atividades agropastoris.

De fato, um dos maiores problemas ambientais no Brasil é o da erosão dos solos, estimando-se que para cada quilograma de grão produzido se tem cerca de 10 quilogramas de solo perdido. Considerando que a safra de grãos em 1996 – feijão, milho, soja e trigo – alcançou cerca de 61,3 milhões de toneladas, a perda de solo agrícola no Brasil foi da ordem de 600 milhões de toneladas/ano.

Na bacia do rio Paraná, onde são desenvolvidas as mais modernas atividades agrícolas do Brasil, o transporte de material em suspensão pelo fluxo dos rios é extremamente elevado, resultando numa perda anual de 20 toneladas por hectare. Somente no estado de São Paulo, perdem-se anualmente cerca de 200 milhões de toneladas de solo. Este material vai assorear os rios, as represas e aumentar, substancialmente, os custos de tratamento das águas para consumo.

Tem-se, ainda, que considerar os impactos da poluição difusa engendrada pelo uso intensivo de insumos químicos na agricultura. O Brasil ocupa o 5º lugar na lista mundial dos maiores consumidores de pesticidas e herbicidas, utilizando perto de 200.000 ton-métricas por ano, cuja aplicação, praticamente, não é controlada.

Como conseqüência social, teve-se a intensa migração da população com destino urbano. Vale ressaltar, ainda, que estas formas desordenadas de uso e ocupação do território em geral, têm engendrado o agravamento dos efeitos das secas ou enchentes que atingem as populações e suas atividades econômicas ou de subsistência, tanto no meio urbano como rural.

No meio urbano, esse quadro social é especialmente agravado pela favelização das áreas de alto risco – encostas dos morros e várzeas dos rios –, lançamento de 90% dos esgotos domésticos e 70% dos efluentes industriais não tratados nos corpos de água utilizados para abastecimento, não coleta do lixo doméstico produzido – cerca de 90.000 ton/dia –, deposição de 76% desse volume de forma inadequada, e grande desperdício da água disponível.

Nestas condições, não somente as cidades do Brasil têm problemas de abastecimento de água, de contaminação de mananciais superficiais e subterrâneos, mas existe um enorme problema nas áreas rurais, um problema que, até certo ponto, tem sido negligenciado.

Em termos de recursos hídricos, deve-se ter em conta que a agricultura é a atividade que consome mais água, entre 70-80% da demanda total da sociedade moderna. Urge, portanto, que as atividades agrícolas sejam desenvolvidas levando-se em conta as necessidades de uso e proteção dos solos e de controle dos seus impactos nas águas, tanto em termos quantitativos como qualitativos.

Vale ressaltar que casos recentes mostram a viabilidade de se obter eficiência de até 80% da água utilizada por meio de práticas de irrigação localizada, em contraste com os cerca de 37% de eficiência dos métodos tradicionais (FAO, 1994).

Destaca-se, no quadro das reservas de água subterrânea (Tabela 3), que os volumes estocados na bacia do Paraná correspondem, grosso modo, a 50% do total do Brasil.

Por sua vez, os potenciais de águas subterrâneas, expressos em termos de capacidade específica, ou seja, a vazão que poderá ser obtida de um poço, por cada metro de rebaixamento do seu nível de água, são apresentados na Figura 9.

Verifica-se, assim, que as potencialidades de água subterrâneas são muito variadas no território nacional. Os domínios mais promissores, onde as capacidades específicas são superiores a 10 $m^3/h/m$ e atingem valores intermediários (5-10 $m^3/h/m$) correspondem a setores das bacias sedimentares.

Isto significa que, com o rebaixamento de 50 metros do nível estático do poço em questão, podem-se lograr vazões entre 250 e 500 m^3/h, ou seja, a possibilidade de abastecer até 50 mil pessoas por poço, com uma taxa *per capita* de 200 l/dia.

Nos contextos de rochas do embasamento geológico com espesso manto de alteração, a capacidade específica varia entre 1 e 5 $m^3/h/m$. Isto significa a possibilidade de abastecer entre 200 e 1.000 pessoas por poço.

Apenas no contexto de rochas cristalinas do semi-árido da região Nordeste, os potenciais são muito baixos. Ademais, a qualidade das águas é o fator limitante mais importante, à medida que os teores de sólidos totais dissolvidos (STD) são superiores a 2.000 mg/l em 75% dos casos.

Em termos gerais, os recursos de águas subterrâneas representam uma disponibilidade da ordem de 5.000 m^3/*per capita*/ano. Isto significa, na prática, que 80% das comunidades urbanas do Brasil poderiam ser abastecidas pelas águas subterrâneas.

No estado de São Paulo, mais de 70% das suas cidades e 95% das suas indústrias já são abastecidas por poços. Na Grande São Paulo, não obstante a

ÁGUAS SUBTERRÂNEAS DO BRASIL

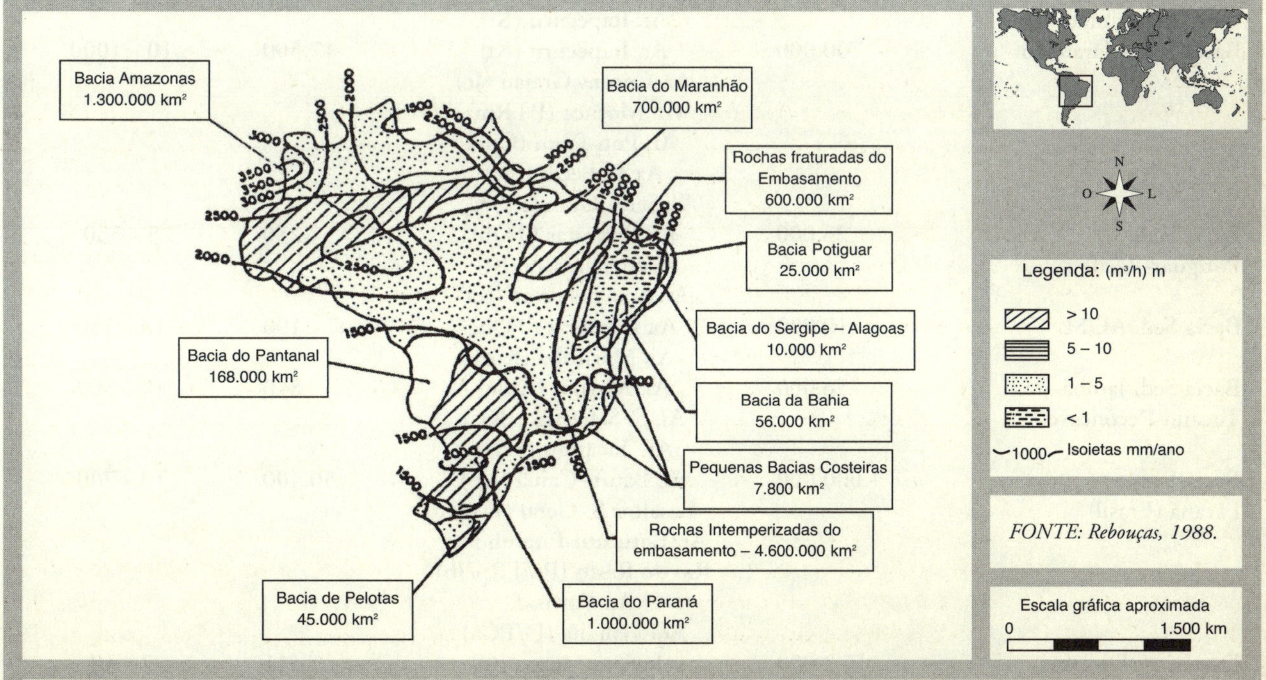

Figura 9: Potenciais de águas subterrâneas do Brasil

rede de abastecimento de água atender cerca de 90% da população, estima-se que 7 mil poços estejam em operação, para abastecer condomínios residenciais, hotéis, hospitais, indústrias e serviços comerciais.

Esse quadro se repete nas demais áreas metropolitanas do Brasil e nas suas principais cidades, onde o uso desordenado das águas subterrâneas pela população que é, em tese, servida por redes públicas de água, representa uma alternativa de solução dos problemas engendrados pelas freqüentes faltas de água e uma forma de reduzir a sua conta mensal. Na realidade, o uso desordenado das águas subterrâneas representa uma alternativa econômica altamente promissora, à medida que um poço é amortizado num prazo entre 30 e 50% da sua vida útil.

As reservas de água subterrânea dos aqüíferos do Brasil, são apresentadas na Tabela 3.

As variadas funções dos aqüíferos

Na abordagem do gerenciamento efetivamente integrado dos recursos hídricos – águas superficiais e subterrâneas –, os aqüíferos podem desempenhar variadas funções (Rebouças, 1996). Entre as mais aplicadas nos casos de gerenciamento integrado, destacam-se:

Função produção

Corresponde á sua função mais tradicional de produção de água para consumo humano, industrial ou irrigação. Neste particular, estima-se que cerca de 300 milhões de poços foram perfurados no mundo durante os últimos 25 anos e que mais de 50% da sua população consome exclusivamente água subterrânea. Por sua vez, dos 270 milhões de hectares irrigados no mundo, cerca de um terço é abastecido por poços. A grande maioria dos poços é do tipo tubular profundo, com diâmetros entre 100 e 200 mm e profundidades entre 50 e 200 m (UNESCO, 1992).

Tabela 3 - Reservas de água subterrânea e intervalo de vazão de poços no Brasil

Domínio aquífero	Área (km^2)	Sistema aquífero principal	Volume de água (km^3)	Interv. vazão poço (m^3/h)
Substrato aflorante	600.000	Zonas fraturadas (PE)	80	<1-5
Substrato alterado	4.000.000	Manto rocha alterada e/ou fraturas (PE)	10.000	5 - 10
Bacia Sed. Amazonas	1.300.000	Ar. Barreiras (TQb) Ar. Alter do Chão (K)	32.500	10 - 400
Bacia Sed. São Luís-Barreirinhas	50.000	Ar. São Luís (TQ) Ar. Itapecuru (Ki)	250	10 - 150
Bacia Sed. Maranhão	700.000	Ar. Itapecuru (Ki) Ar. Cordas-Grajaú (Jc) Ar. Motuca (PTRm) Ar. Poti-Piauí (Cpi) Ar. Cabeças (Dc) Ar. Serra Grande (Sdsg)	17.500	10 - 1000
Bacia Sed. Potiguar-Recife	23.000	Ar. Barreiras (TQb) Calc. Jandaíra (Kj) Ar. Açu-Beberibe (Ka)	230	5 - 550
Bacia Sed. AL/SE	10.000	Ar. Barreiras (TQb) Ar. Marituba (Km)	100	10 - 350
Bacia Sed. Jatobá-Tucano-Recôncavo	56.000	Ar. Marizal (Kmz) Ar. S. Sebastião (Kss) Ar. Tacaratu (SDt)	840	10 - 500
Bacia Sed. Paraná (Brasil)	1.000.000	Ar. Baurú-Caiuá (Kb) Basaltos S. Geral (Jksg) Ar. Botucatu-Piramboia - Rio do Rasto (Pr/TRp/Jb) Ar. Furnas/ Aquidauana (D/PCa)	50.400	10 - 700
Depósitos Diversos	773.000	Aluviões, dunas (Q)	411	2 - 40
Totais	8.512.000		112.000	

FONTE: Rebouças, 1988.

Na Primeira Conferência Mundial da Água, realizada em Mar del Plata, em 1977, calculava-se que aproximadamente 70% das comunidades carentes de abastecimento de água potável poderiam ser atendidas de forma mais barata pelo manancial subterrâneo. Não obstante, durante a Década Internacional da Água Potável e Saneamento – 1980-90 –, pouco progresso foi feito neste sentido, continuando-se a privilegiar os projetos cada vez mais caros de captação, adução e tratamento da água dos rios ou lagos.

O capítulo 18 da Agenda 21, resultante da UNCED - Rio 1992, foi consagrado à água, destacando-se a necessidade de implementação do gerenciamento integrado dos recursos hídricos – superficial e subterrâneo – no nível das bacias hidrográficas.

Porém, há falta de conhecimento sobre as águas subterrâneas. Por sua vez, a cultura tecnológica dominante de gestão de recursos hídricos tem confundido, com relativa freqüência ou conveniência dos tomadores de decisão, o conceito de uso integrado com o de uso múltiplo de reservatórios de água superficial ou barragens.

A simples comparação entre a vazão do poço (l/s) com a vazão do rio (m^3/s) tem servido de argumento para dar pouca importância à água subterrânea da bacia hidrográfica em apreço. Contudo, nesta forma de avaliação esquece-se que, muito embora a vazão de cada poço seja relativamente muito pequena, pode acontecer que a maioria da população e indústrias da área em apreço esteja se auto-abastecendo do manancial subterrâneo, tal como ocorre na bacia do rio Piracicaba, no estado de São Paulo.

Nos Estados Unidos, a utilização das águas subterrâneas é relativamente controlada nos níveis federal e estaduais. Perfuram-se em média 400.000 poços por ano nas últimas décadas, para irrigação de aproximadamente 13 milhões de hectares, abastecimento de 39% dos serviços municipais de água, 75% da população rural e abastecimento de indústrias.

Cerca de dois terços do volume anual de 300 milhões de m^3 são extraídos nos estados da Califórnia, Texas, Nebraska, Idaho, Kansas, Arizona e Flórida. A cidade de Tucson – Arizona (população de 400.000) depende inteiramente de água subterrânea (USGS, 1992).

Na Comunidade Econômica Européia, a utilização das águas subterrâneas é controlada. O atendimento dos serviços públicos é prioritário, abastecendo em média 75% dos sistemas. Em alguns países, tais como Dinamarca, Suécia, Bélgica, Alemanha, Áustria, chega a ser superior a 90% (OECD, 1989).

Na cidade do México o volume extraído dos poços é da ordem de 50 m^3/s, abastecendo cerca de 80% da demanda dos quase 20 milhões de habitantes (Garduño & Arreguin-Cortes, 1994).

Na Austrália, 60% do país dependem totalmente das águas subterrâneas, e sobre mais 20% o seu uso é preponderante. A perfuração de poços é controlada, estimando-se que cerca de 400.000 estejam em operação fornecendo aproximadamente 3 bilhões de m^3/ano. O uso preponderante é para abastecimento público e/ou irrigação nas regiões Sudeste e sudoeste (Harbermehl, 1985).

A utilização racional das águas subterrâneas permanece sendo a base da riqueza no Centro e Oeste Americano, em Israel, na Austrália e em outras regiões áridas do mundo, sinalizando que a escassez periódica ou falta de água nos rios dessas áreas não foi fator impeditivo à obtenção de uma qualidade de vida decente, na medida em que a indústria da água subterrânea está tecnologicamente mais avançada e que houve investimento público e privado para geração dos conhecimentos hidrogeológicos e tecnológicos necessários (Garduño & Arreguin-Cortes, 1994).

No Brasil, não havendo controle da utilização das águas subterrâneas, tanto em nível federal como estadual, fica difícil caracterizar o seu nível de utilização. Vale ressaltar que, conforme os dados do último censo, cerca de 61% da população se auto-abastece com água subterrânea, sendo 43% por meio de poços tubulares, 12% por meio de fontes ou nascentes e 6% por meio de poços escavados ou cacimbões – IBGE (1991). Cidades como São Luís (MA), Natal e Mossoró (RN), Maceió (AL) e cerca de 76% das cidades do estado de São Paulo, 90% das cidades do Paraná e Rio Grande do Sul, são abastecidas por poços.

Função ambiental

A hidrogeologia evoluiu do enfoque naturalista tradicional, dominante até a década de 40, para um enfoque hidráulico quantitativo até a década de 60. A partir de então, a percepção de que urbanização, industrialização e atividades agrícolas com uso intensivo de insumos químicos modernos poderiam afetar a qualidade das águas em geral, desenvolveu-se a hidroquímica.

Na década de 80, surgiu a necessidade de uma abordagem multidisciplinar integrada, resultando no quadro atual de desenvolvimento de uma geohidrologia ambiental que compreende várias especialidades, tais como: hidrogeologia, hidrogeoquímica, microbiologia subterrânea, modelação matemática de fluxo, transporte de massa no subsolo insaturado e saturado, gestão de sistemas e balanço energético-ambiental.

A percepção de que os processos de degradação da qualidade da água dos rios e lagos também podem atingir o manancial subterrâneo, é relativamente recente – década de 70 nos Estados Unidos e Canadá e década de 80 na Comunidade Econômica Européia.

Entre os agentes antrópicos – elementos ou compostos químicos inorgânicos e orgânicos sintéticos perigosos – mais comumente detectados no solo, subsolo e/ou águas subterrâneas, destacam-se:

1) os contaminantes inorgânicos não metálicos, tais como, fósforo, selênio, nitrogênio, enxofre, flúor;
2) os metais tóxicos, tais como, mercúrio, cromo, cádmio, chumbo, zinco;
3) os compostos orgânicos sintéticos do grupo BTEX – benzeno, tolueno, etilbenzeno e xileno –, compostos aromáticos, fenóis, organoclorados diversos, voláteis, mais densos ou menos densos do que a água, formando soluções multifásicas, tais como DNAPLs – Dense Non Aqueous Phase Liquids, LNAPLs – Light Non Aqueous Phase Liquids –, hidrocarbonetos, entre outros. Estes contaminantes têm origem industrial e afetam a saúde pública em teores muito baixos, isto é, da ordem de partes por bilhão (ppb) até partes por trilhão (ppt), com efeitos tóxicos, mutagênicos ou carcinogênicos (Fetter, 1993).

Como resultado, na década de 80 desenvolveu-se uma verdadeira paranóia sobre estas fontes pontuais ou difusas, efetivas ou potenciais de degradação da qualidade das águas subterrâneas, de tal forma que um recurso dantes valorizado pela sua característica natural de potabilidade, passou a ter qualidade suspeita até prova em contrário. Esta situação resultou, em grande parte, da falta de conhecimento dos processos bio-físico-geoquímicos ambientais de atenuação que ocorrem "escondidos" no subsolo, e da pressão do mercado, tanto de equipamentos como científico e profissional.

Atualmente, os fatores que podem afetar a qualidade das águas subterrâneas já começam a ser tratados nas suas devidas dimensões, na medida em que já se tem um melhor conhecimento dos processos que regulam os seus impactos no solo/subsolo e águas subterrâneas (Fetter, 1993).

Função transporte

Neste caso o aqüífero é utilizado como *pipeline* para transportar água entre zonas de recarga artificial ou natural e áreas de extração excessiva. Esta função vem sendo praticada com sucesso na Austrália, Centro-Oeste Americano, Norte da África e Oriente Médio, tendo em vista assegurar a extração dos volumes de águas subterrâneas definidos pelas variáveis de decisão (Cohen,1985).

Função estratégica

Corresponde ao gerenciamento integrado das águas superficiais e subterrâneas de áreas metropolitanas, inclusive mediante práticas de recarga artificial com excedentes da capacidade das estações de tratamento, os quais ocorrem durante os períodos de menor consumo, com infiltração de águas pluviais e esgotos tratados. Estes volumes infiltrados serão bombeados para atender picos sazonais de demandas, períodos de escassez relativa e situações de emergência resultantes de acidentes naturais, tais como avalanches, enchentes, ou acidentes que reduzem a capacidade do sistema básico de abastecimento de água da metrópole em questão (OECD, 1989).

Entretanto, a filosofia básica é que a utilização das águas subterrâneas não deve ser vista como uma panacéia, mas como uma alternativa ou um complemento às águas superficiais.

Em geral, o uso conjunto de águas superficiais e subterrâneas, no sentido que se dá atualmente a tal designação, proporciona os melhores resultados, tanto em termos de quantidade, qualidade e custos. Esta função vem sendo utilizada com sucesso em várias cidades importantes da Europa (Londres, Paris, Barcelona, Bruxelas, entre outras) e Estados Unidos (Nova Iorque, Los Angeles, Miami, entre outras).

Função filtro

Corresponde à utilização da capacidade filtrante e de depuração bio-geoquímica do maciço natural permeável. Para tanto, os poços são implantados a distâncias adequadas de rios perenes, lagoas, lagos ou reservatórios, para extrair água naturalmente clarificada e purificada, reduzindo substancialmente os custos dos processos convencionais de tratamento. Ademais, a eficiência do tratamento engendrado pela passagem da água através do maciço natural é relativamente superior e ainda se evitam os gastos de água tratada para retrolavagem dos filtros lentos convencionais. Esta função é amplamente utilizada nos países mais desenvolvidos da Comunidade Econômica Européia (OECD, 1989).

Função energética

Corresponde à utilização da água subterrânea aquecida pelo gradiente geotermal, como fonte de energia elétrica ou termal. Outra função energética também usada, consiste em injetar água artificialmente aquecida no aqüífero – proveniente de sistemas de ar condicionado, processos industriais –, que é bombeada quando se faz necessário, reduzindo o consumo de energia térmica ou elétrica convencional.

A utilização e/ou reutilização de águas subterrâneas aquecidas vem sendo uma alternativa energética muito empregada nos Estados Unidos, Japão, Rússia, situando-se o nível de eficiência da conservação da temperatura de águas injetadas nos aqüíferos entre 70 e 80%. O hidrotermalismo de alta entalpia produz cerca de 5.708 MW de energia elétrica, destacando-se: EUA – 2.770, Filipinas – 894, México – 700, Itália – 545, Nova Zelândia- 293-, e o de baixa entalpia produz 11.605 MW de energia termal, destacando-se: Japão – 3.321, China – 2.143, Hungria – 1.276, EX-URSS – 1.133, USA- 463 (Huttrer & Freeston, 1990).

O hidrotermalismo de baixa entalpia do Brasil é uma fonte potencial de energia de grande importância no contexto das fontes de energia não convencionais, tendo em vista que cerca de 100.000 km^3 de águas quentes estão estocados nas nossas bacias sedimentares, e ao alcance dos meios tecnológicos de captação (Rebouças, 1978).

Função estocagem e regularização

Corresponde à utilização do aqüífero para estocar excedentes de água que ocorrem durante as enchentes dos rios, correspondentes à capacidade máxima das estações de tratamento durante os períodos de baixa demanda, ou referentes ao *reúso* de efluentes domésticos e/ou industriais tratados. Esta função é amplamente utilizada no Centro - Oeste Americano, Califórnia, Israel, Austrália, Espanha e outros contextos de clima árido ou semi-árido (Margat, 1998).

Valoração econômica das águas subterrâneas

Nos últimos vinte anos assistiu-se a profundas mudanças no escopo das Ciências Hidrogeológicas, na medida em que a água subterrânea evoluiu de sua condição tradicional de "**bem livre**" para um recurso de reconhecido **valor social e econômico em nível internacional.**

Com efeito, desde os tempos pré-históricos a água subterrânea vem sendo extraída como um **bem livre** para auto-abastecimento doméstico/industrial, nos contextos semi-áridos e áridos da Terra.

Atualmente, a água subterrânea é utilizada de forma intensiva, em todos os contextos climáticos, sendo que mais da metade da população mundial se abastece com água extraída do manancial subterrâneo (UNESCO, 1992).

A partir da Conferência de Mar del Plata em 1977, a água subterrânea foi internacionalmente reconhecida como reserva de **valor estratégico** para abastecimento doméstico, em especial nas regiões em desenvolvimento ou emergentes.

Não obstante a crescente importância alcançada como fonte de abastecimento público, predominou a abordagem extrativista, com base apenas nas experiências que estão sendo conduzidas em outros países ou regiões, cujas realidades hidrogeológicas, sociais, econômicas e culturais são por vezes muito diferentes.

Somente a partir da abordagem feita pela Comissão Econômica das Nações Unidas para a Europa, em 1989, é que a percepção do seu **valor econômico** foi alcançada no plano internacional, para abastecimento público, industrial e agrícola em todas as faixas climáticas e independente do nível de desenvolvimento da região ou país em apreço.

A Lei nº 8.987 de 13/02/95, abrindo o setor de saneamento básico à iniciativa privada, cria uma perspectiva de crescente utilização das águas subterrâneas, na medida em que esta alternativa é relativamente a mais barata, não obstante ser menos fotogênica, para abastecimento de 80% de nossas cidades.

Mesmo nas áreas metropolitanas a sua utilização vem sendo crescente, como recurso principal para abastecimento de loteamentos situados fora do alcance técnico-econômico da rede de distribuição, ou como forma de se livrar dos problemas engendrados pelos freqüentes rodízios, falta de água ou aumentos da conta de água.

Na Grande São Paulo, por exemplo, 95% das indústrias têm poços, bem como hospitais, hotéis e condomínios de luxo. Em todas a cidades mais importantes do Brasil (população superior a 50.000 habitantes), a utilização do manancial subterrâneo é uma forma de proteção contra as freqüentes falta de água ou como forma de reduzir a conta de água.

Basta lembrar que o prazo de amortização dos

custos de um poço varia entre um terço e metade da sua vida útil.

Fatores de competitividade

Vários são os fatores relevantes que explicam a crescente importância das águas subterrâneas como fonte de abastecimento doméstico, industrial ou agrícola, quando comparadas aos mananciais ditos de superfície, tais como rios, lagos, lagoas, barragens. Entre os pontos mais relevantes destacam-se:

- a notável capacidade de armazenamento dos aqüíferos faz com que quantidade e qualidade não sejam afetadas pela variabilidade sazonal ou interanual das fontes de recarga, tais como períodos de estiagem, secas ou enchentes;
- a potabilidade natural e a maior proteção da qualidade – proporcionada pelas baixas velocidades de infiltração e pelos processos bio-físico-geoquímicos que se desenvolvem no solo e na zona não saturada – dispensam os investimentos com estações de tratamento. Por sua vez, em função das baixas velocidades dos fluxos, os aqüíferos apresentam um maior período de utilização como manancial de água potável, enquanto não se adotam medidas corretivas ou mitigadoras dos impactos engendrados por fontes potenciais ou efetivas de contaminação;
- a forma extensiva de ocorrência das águas subterrâneas resulta na possibilidade de captação no local onde ocorrem as demandas, dispensando estações de recalque e adutoras. Ademais, a sua captação não interfere com o desenvolvimento das formas de ocupação da área em apreço, tais como urbanização, construção de indústrias ou atividades agrícolas;
- os prazos de execução das obras de captação são relativamente pequenos, da ordem de dezenas de dias até alguns meses, contra dezenas de meses até alguns anos no caso da captação de rios e lagos;
- os investimentos são relativamente pequenos - variando entre uma dezena e centenas de milhares de unidades de capital – contra centenas de milhões no caso de captação, adução e tratamento das águas de um rio. Ademais, a aplicação dos recursos financeiros para construção de novos poços pode ser realizada na medida em que cresce a demanda de água, não onerando a coletividade atual em benefício dos futuros usuários;
- os mananciais subterrâneos não sofrem os processos de assoreamento, nem perdem grandes volumes de água por evaporação, tal como ocorre nos rios, lagos e barragens, de modo especial nos contextos de clima árido ou semi-árido.

A globalização da economia tornou-se o principal fenômeno neste final de século, possibilitando uma análise comparativa dos custos de obtenção da água de qualidade adequada ao uso em questão, segundo as diferentes alternativas tecnológicas utilizadas na escala mundial.

Como a captação da água subterrânea pode, em geral, ser feita na área onde se configura a demanda, a análise comparativa considera os custos de captação das diferentes alternativa, conforme mostra a Tabela 4.

Tabela 4 - Custos internacionais da água pelas diferentes tecnologias disponíveis (não incluem transporte).

Tecnologias	Custos (US$ por mil m³)
Captação de rio (só armazenamento)	$ 123 - $ 246
Destilação	$ 645 - $ 1.085
Congelamento	$ 368 - $ 633
Eletrodiálise (STD* 2.000 e 5.000 mg/L)	$ 276 - $ 537
Reúso de esgoto doméstico (AWT)**	$ 200 - $ 485
Reúso de esgoto (tratamento secundário***)	$ 77 - $ 128
Osmose reversa (água salobra)	$ 120 - $ 397
Captação água subterrânea artificialmente recarregada	$ 118 - $ 138
Captação de água subterrânea naturalmente recarregada	$ 88

FONTE: Rogers, 1987.
** STD- sólidos totais dissolvidos,*
*** AWT – American Water Treatment,*
**** redução de nitrogênio, fósforo, filtração e adsorção por carvão ativado.*

Portanto, a captação de água subterrânea é, comparativamente, a alternativa tecnológica mais barata para se atender a uma determinada demanda.

Outro aspecto importante a considerar nessa análise é que os custos da água, segundo a solução alternativa selecionada, devem ficar dentro dos parâmetros aceitáveis pelo mercado (*the willingness of the consumers to pay*), conforme mostram os dados da Tabela 5.

Portanto, em função da competitividade que é imposta pelo mercado global, a água deve ser avaliada de maneira integral: como elemento vital da sociedade e da biodiversidade e recurso de valor econômico para o desenvolvimento, além de seus valores quanto a aspectos culturais e espirituais. Uma matéria-prima que tende a escassear, tanto em quantidade quanto em qualidade, tornando-se, portanto, cada vez mais cara.

Tabela 5 - Custos aceitáveis da água segundo os usuários.

Usuários	Custos aceitáveis (US$ por mil m³)
Residencial e comercial	$ 300- $ 600
Industrial	$ 150 - $ 300
Agricultura de alto valor (flores)	$ 100 - $ 150
Frutas e hortaliças	$ 3 - $ 100
Outra agricultura irrigada	$ < 3

FONTE: Rogers, 1987.

Inserção da água subterrânea no Sistema Nacional de Gerenciamento

No Período Colonial a água subterrânea era captada livremente, por meio de poços escavados e nascentes, para abastecimento doméstico e animal. A partir da chegada da Corte Portuguesa no Brasil, em 1808, a perfuração de poços passou a ser autorizada nas Províncias de São Paulo e Rio Grande do Sul, para prospecção de carvão, petróleo, produção de água para fabricação de cerveja e uísque "bourbon", principalmente. Nas Províncias do Nordeste, afetadas pelas secas, a autorização foi dada para abastecimento das populações.

No Período Imperial, 1822-1889, a perfuração de poços para qualquer uso passou a depender de autorização central.

Com a República, 1889, o uso das águas, em geral, ficou livre de qualquer controle federal ou estadual. A Lei de Direito da Água do Brasil – o Código de Águas – só foi promulgada em 10 de julho de 1934, ou seja, quase meio século depois, para atender aos reclamos das nascentes companhias hidrelétricas, fundamentalmente.

A partir de então, investimentos públicos vêm sendo feitos para instalação, operação, manutenção de redes básicas de obtenção de dados pluviométricos, fluviométricos e hidroclimáticos. Com investimentos públicos são realizados os estudos de avaliação dos potenciais de água dos rios de interesse das empresas públicas ou privadas (concessionárias) de geração de energia elétrica, abastecimento doméstico ou industrial, navegação, irrigação e usos múltiplo diversos.

Regra geral, os planos diretores das bacias hidrográficas compreendem um balanço entre ofertas de água e demandas, e um plano de obras, o qual inclui a construção de barragens, canais, adutoras e outros tipos de projetos ditos estruturantes, de indiscutível visibilidade e polêmica necessidade.

Por outro lado, a captação das águas subterrâneas vem sendo feita a custo e risco da iniciativa privada, cujos resultados são, local e ocasionalmente, levantados e sistematizados por determinados órgãos públicos federais ou estaduais, como forma de se estabelecer o conhecimento hidrogeológico de uma área ou região.

A partir de então, engendra-se um processo de permuta de informações, buscando-se reduzir os riscos financeiros da forma extrativista tradicional das águas subterrâneas.

Contudo, apesar de seus mais de 60 anos, os dispositivos do Código de Águas que disciplinam o uso das águas subterrâneas nunca foram, efetivamente, aplicados, resultando no extrativismo privado e público não controlado, ainda vigente.

Como resultado, qualquer indústria, proprietário urbano ou rural, pode perfurar um poço na sua propriedade sem nenhum controle federal, estadual ou municipal e, freqüentemente, sem tecnologia apropriada.

Em conseqüência, o risco de contaminação, interferência ou de sobre-extração de água dos aqüíferos é efetivo. As situações reais já engendram sérios prejuízos nas áreas urbanas, distritos industriais e, mais recentemente, em alguns perímetros irrigados.

A Constituição Federal de 1988 muito pouco modificou o texto do Código de Águas de 1934. Uma das poucas alterações feitas foi a extinção do domínio privado das águas, ou seja, todos os corpos d'água, a partir de outubro de 1988, passaram a ser de domínio público. Uma outra modificação foi o estabelecimento de apenas dois domínios públicos no Brasil: i) o domínio da União (art. 20), para os rios ou lagos que banhem mais de uma unidade federada, que sirvam de fronteira entre essas unidades, ou de fronteira entre o território do Brasil e o de um país vizinho ou dele provêm ou para ele se estendem; e ii) como bens dos estados (art. 26), as águas superficiais ou subterrâneas, fluentes, emergentes e em depósito em seus territórios, ressalvadas neste caso as decorrentes de obras da União.

Na estruturação da Administração Federal, ocorrida em 1995, foi criado o Ministério do Meio Ambiente, dos Recursos Hídricos e da Amazônia Legal e, neste, a Secretaria Nacional de Recursos Hídricos (SNRH), cabendo-lhe, entre outras, as seguintes atribuições: planejamento, coordenação, supervisão e controle das ações relativas aos recursos hídricos; formulação e execução da política nacional dos recursos hídricos. Vale ressaltar que a denominação recursos hídricos restringe a ação da SNRH às águas de valor ou importância econômica.

As ações desta Secretaria culminaram com a Lei nº 9.433, de 8 de janeiro de 1997, que instituiu a Política Nacional de Recursos Hídricos e criou o Sistema Nacional de Gerenciamento de Recursos Hídricos. O seu texto proclama, com muita clareza, os princípios básicos praticados hoje em todos os países que avançaram na gestão de seus recursos hídricos, tais como: 1) adoção da bacia hidrográfica como unidade físico-territorial de planejamento; 2) usos múltiplos integrados da água (não confundir com uso múltiplo de reservatórios); 3) reconhecimento da água como um bem natural finito e vulnerável; 4) reconhecimento do seu valor econômico, indutor do uso racional; 5) gestão descentralizada e participativa.

Todavia, embora muito se fale de gestão integrada, a Lei 9.433/97 coloca em destaque as águas superficiais, sem considerar a sua real indissociabilidade com as águas subterrâneas no ciclo hidrológico. Como resultado, a inclusão da água subterrânea neste diploma legal ficou sendo meramente "cartorial", na medida em que apenas institucionaliza o extrativismo empírico e improvisado vigente. Título I, Capítulo IV, Seção III, art. 12 – Estão sujeitos a outorga pelo Poder Público os seguintes usos de recursos hídricos, II: – extração de água de aqüífero subterrâneo para consumo final ou insumo de processo produtivo. No Título III – Das Infrações e Penalidades, art. 49: constitui infração das normas de utilização de recursos superficiais ou subterrâneos, V perfurar poços para extração de água subterrânea ou operá-los sem a devida autorização; art. 50, IV: embargo definitivo, com revogação da outorga, se for o caso, para repor *incontinenti*, no seu antigo estado, os recursos hídricos, leitos e margens, nos termos dos art. 58 e 59 do Código de Águas ou tamponar os poços de extração de água subterrânea.

Desta forma, a abordagem extrativista tradicional da água subterrânea deverá ser rapidamente substituída pelo planejamento/gerenciamento integrado das condições de uso e conservação das águas disponíveis – atmosféricas, superficiais ou subterrâneas - na bacia hidrográfica ou na unidade física-territorial em questão.

Vale salientar que esta situação é compulsória, na medida em que é imposta pelos novos paradigmas da Globalização Econômica e Desenvolvimento Sustentável, expressos na Agenda 21 e pelo mercado dito mais desenvolvido, pois é nele que a competição ocorre com maior agudeza.

Em conseqüência, é necessário considerar o cadastramento, monitoramento, constituição e operação de base de dados de pontos de água, tais como: poços tubulares profundos e rasos, poços escavados, galerias, fontes ou nascentes e outros tipos de obras de captação, bem como poços de petróleo, de recarga de aqüíferos, poços de águas termais e minerais, poços de pesquisa e outras formas de acesso do subsolo.

Da mesma forma, não faz sentido separar outorga e outros instrumentos de gerenciamento das águas superficiais daquelas consideradas como subterrâneas. Por sua vez, o preceito do usuário-pagador deve ser entendido como um instrumento de gerenciamento e não, somente, de arrecadação de recursos financeiros aos cofres de determinadas repartições públicas.

Efetivamente, o novo paradigma da globalização significa que, caso não acompanhem ou suplantem certos níveis de eficiência, qualidade e produtividade mundiais, os indivíduos tornam-se profissionalmente obsoletos, as empresas perdem a competitividade e vão à falência, os países amargam o subdesenvolvimento e a insuportável dependência externa do insumo mais estratégico do mundo moderno: o conhecimento.

Conclusões e recomendações

O Brasil possui grandes potenciais de águas subterrâneas, seja como potencial localizado na forma de umidade do solo que suporta uma exuberante biodiversidade, seja como água que flui no subsolo. A produção potencial de biomassa natural ou cultivada do nosso solo pode atingir níveis superiores a 40 ton/hectare/ano. As reservas de água subterrânea moveis são estimadas em 112.000 km^3, sendo que cerca de 5.000 m^3/hab/ano poderiam ser extraídos de forma racional.

Não obstante, a sociedade brasileira exibe um caótico quadro sanitário, sobretudo vexatório nas áreas urbanas onde já vivem mais de 75% da nossa população atual. Na realidade, temos crise de água, como temos crise de saúde, educação, habitação, transporte, administração, entre outras. Todas essas situações são atribuídas à falta de "vontade política". Entretanto, salvo melhor juízo, a conclusão é de que estes problemas resultam, basicamente, de "vontade política" que favorece, desde os primórdios do período colonial, o interesse de uns poucos, em detrimento das necessidades básicas da coletividade.

É preciso entender que no paradigma da globalização econômica-financeira, como fator competitivo dos mercados, as águas subterrâneas representam um insumo econômico mais importante do que o petróleo, na medida em que água é um recurso insubstituível.

A recomendação é que, as águas subterrâneas, notável patrimônio nacional que vem sendo rapidamente apropriado pelos setores econômicos dominantes do mercado, sejam protegidas jurídica e institucionalmente, nos níveis federal, estaduais e nos municipais.

Outra recomendação é que o poder público passe a investir seriamente no conhecimento das águas subterrâneas no Brasil, única forma de exercer o seu direito de outorga de forma responsável.

Finalmente, os crescentes níveis de percepção da sua vulnerabilidade às formas desordenadas de extração, onde poços mal construídos ou abandonados, sem qualquer medida de proteção, constituem os principais focos de poluição do manancial subterrâneo no meio urbano, estão trazendo de volta a sabedoria de um velho ditado: *mais vale prevenir do que remediar a qualidade dos solos e a água subterrânea contaminada.*

Bibliografia

BRASIL-DNPM/CPRM- Departamento Nacional da Produção Mineral/Cia de Pesquisas de Recursos Minerais, *Mapa Hidrogeológico do Brasil.* Esc. 1: 5000.000, 1983

COHEN, P., *Groundwater development in the United States of America*, Itl. Ass. of Hydrogeologists, Memoires of the 18th Congress, Vol. XVIII, Part 1 p. 17-30, 1985.

COSTA, W. D., *Análise dos fatores que atuam no aqüífero fissural* – Área Piloto dos Estudos da Paraíba e Rio Grande do Norte. Tése Doutorado, Inst. Geoc. – Universidade de São Paulo. p. 207, 1986.

COSTA, W. D., *Presa subteránea: una opcion para el semiarido*, In 4o Cong. Lainoamericano de Hidrologia Subteránea - ALHSUD, Anales, pp, 553-542, Montevideo, Uruguai, 1998.

ENGELEN, G.B., *A system approach to water quality*. Quality of Ground Water Proceed. Intl., 1981.

EBERT, H., *O embasamento cristalino do Nordeste como eventual base de abastecimento com Águas Subterrâneas.* Estudo baseado no levantamento hidrogeológico de uma parte do Cariri Paraibano. Relatório Inédito SUDENE- Recife, 1961.

FAO-, *Água na Agricultura*, Roma, Rel. Técnico, 18 p., 1998.

FETTER, C.V., *Contaminant Hydrogeology*, 458 p. Macmillian., 1993.

GARDUÑO, H.; ARREGUIN-CORTES, *Efficient Water Use*, UNESCO-ROSTLAC, 378 p. Mexico, 1994.

HABERMEHL, M. A, *Groundwater in Australia*, Itl. Ass. of Hydrogeologists, Memoires of the 18th Congress, Vol. XVIII, Part 1 p. 31-52, 1985.

IBGE – Inst. Bras. Geog. Estatística, *Censo Demográfico Nacional*, 1991.

JOHNSTON, R. C., *Sources of water supplying pumpage from regional aquifer systems of the United States*, Hydrogeology Journal, Vol. 5. No 2, p. 54-63, 1997.

MARGAT, J., *Consequences de L'Interdependence des eaux de surface et des eaux souterraines sur l'evolution des ressources en eau.* UNESCO/PHI. Itl. Conf.: Water: A looming crisis? P. 85-89, 1998.

MELO, J. G., *Impactos do desenvolvimento urbano nas águas subterrâneas de Natal/RN.* Tése Doutorado, Inst. Geoc. Universidade São Paulo, 196p, 1995.

OECD- Org. for Economic Co-operation and Development, Water Resource Management: Integrated Policies. 200 p, 1989.

REBOUÇAS, A. C., *Le problème de l'eau dans la zone semi-aride du Brésil-* Evaluation des ressources, orientation pour la mise en valeur. Thèse d'État, Université Louis Pasteur, Strasbourg, France, 285 p, 1973.

REBOUÇAS, A C., *Ação Programada de Recursos Hídricos.* Pub. Esp. CNPq, Brasília, 1978.

REBOUÇAS, A C., *Água na região Nordeste: desperdício e escassez.* Rev. Instituto Estudos

Avançados USP, 11 (29), p. 127-154, 1997.

REBOUÇAS, A C.; TUCCI, C., *Barragens em arco romano invertido,* Relatório Interno, CNPq, Brasília, 1998.

REBOUÇAS, A. C., *Diagnóstico do Setor Hidrogeologia no Brasil,* PADCT-MCT, Caderno Técnico ABAS, No 3, 46 p. São Paulo, SP, 1996.

REBOUÇAS, A. C. ; RICOMINI, C.; ELLERT, N.; DUARTE, U.; MELLITO, K. M.; SENF, L. A; SOUSA, J. C. S., *Diagnóstico hidrogeológico da RMSP.* Uso e Proteção. Anais 8o Cong. Bras. Águas Subt. P. 93-103, Recife, 1994.

REBOUÇAS, A C., *Gestão sustentável dos grandes aqüíferos,* Anais 8o Cong. Bras. Águas Subterrâneas – ABAS, p. 131-140. Recife, 1994b.

REBOUÇAS, A. C., *Groundwater in Brazil,* III World Congress on Water Resources, v. 7. p.3384-3389, Mexico, 1979.

REBOUÇAS, A C., *Groundwater in Brazil, Episodes,* Vol. 11, No 3. p. 209-214, 1988.

REBOUÇAS, A C., *O Piauí na Problemática das Secas. I Ciclo de Conferências sobre os aspectos da problemática Piauiense e as perspectivas de solução,* Anais, p 7-38, Fund. Univ. Fed. do Piauí, 1981.

REBOUÇAS, A C., *Recursos Hídricos Subterrâneos da Bacia do Paraná: Análise de Pré-viabilidade.* Tése Livre Docência – Inst. Geoc. Universidade de São Paulo. 138 p, 1976.

ROCHA, G.A., *O Grande Manancial do Cone Sul. Rev. Instituto de Estudos Avançados* – Univ. de São Paulo, Vol. 11 No 30, p. 191-212, 1997.

ROGERS, P., Assessment of water resources: technology for supply. Resources and world development. p. 611-623, 1987.

SANTIAGO, M. M. F.; REBOUÇAS, A C.; FRISCHKORN, H., *Modelos de balanço isotópico e químico para avaliação de perdas de água por evaporação de fluxo subterrâneo de açudes.* Brasília, 4o Cong. Bras. Águas Subterrâneas, Anais, p. 514-527, 1986.

SEQUEIRA, L., *Aspectos Hidrogeológicos do Cariri Paraibano* SUDENE, Bol Rec, Naturais Vol. 1 No 1, 1963.

SYMP. STUDIES IN ENVIROMENTAL SCIENCES, Netherlands. Vol. 17, p. 1-15.

TANCREDI, A. C. F. N. S, *Recursos Hídricos Subterrâneos de Santarém* – Fundamentos para Uso e Proteção, Tése Doutorado, Univ. Fed. Pará, 153 p, 1996.

TÓASSON, j. & SMARASON, Ó. B., *Developments in Geothermal Energy,* IAH, International Ass. Hydrogeologisits, Memoires of the 18th Congress. p. 189-211, 1985.

TÓTH, J. , *A theoretical analysis of groundwater flow in small drainage basins.* J. Geophysical Res., 68, (16) 4765-4812 p, 1963.

UNESCO – *United Nations Educational and Scientific Organizations, Ground Water,* Paris, 1992.

WRI - World Resources Institute, *World Resources-*1990-1991. Chap. 10 Fresh water, p. 161-178. Oxford/UNESCO, 1990.

Aldo da Cunha Rebouças

aldoreb@osite.com.br

Geólogo – Escola de Geologia de Recife da Universidade Federal de Pernambuco

Mestre em Hidrogeologia – Université Strasbourg, França

Doutor em Planejamento de Recursos Hídricos – Université Strasbourg, França

Pós-Doutorado – Stanford University, EUA

Livre Docente – Instituto de Geociências da USP

Professor Titular do Depto. de Geologia Econômica e Aplicada do Instituto de Geociências da USP.

Pesquisador Associado do Centro de Pesquisas de Águas Subterrâneas (CEPAS) do IG/USP, do qual foi fundador e diretor.

Consultor de instituições públicas e privadas, empresas e organismos internacionais.

Foi fundador e presidente da Associação Latino Americana de Hidrologia para o Desenvolvimento e da Associação Brasileira de Águas Subterrâneas.

Linhas de Pesquisa:

Hidrogeologia
Gestão ativa de aqüíferos
Planejamento de recursos hídricos
Hidrogeologia ambiental

05

Ecossistemas de Águas Interiores

José Galizia Tundisi
Takako Matsumura Tundisi
Odete Rocha

Introdução

A principal fonte de águas doces no planeta localiza-se no escoamento de águas da superfície. O escoamento global anual é de 44.500 km^3 por ano. A distribuição destas águas superficiais é extremamente desigual na Terra; mais da metade do escoamento ocorre na Ásia e América do Sul. Portanto, o Continente Sul Americano e o Brasil apresentam uma das maiores reservas de águas interiores do planeta. A disponibilidade de água no Brasil é de cerca de $71 \times 10^3 m^3$ por pessoa, uma das mais altas em todo o mundo. (Shiklomnov, 1993) Estas reservas têm uma enorme importância ecológica, econômica e social. Em função destes dados, águas interiores no Brasil, tem um papel relevante no desenvolvimento sustentado. Uma avaliação da qualidade e quantidade das reservas de águas no Brasil, distribuição no território, flutuação temporal, e os principais impactos decorrentes das atividades humanas, é portanto essencial.

Os objetivos desta revisão são os seguintes: descrever os principais sistemas aquáticos continentais do Brasil, com ênfase em origem, morfometria, área, volume, ciclo hidrológico; apresentar algumas características fundamentais da biota aquática e suas adaptações; examinar as interações entre sistemas aquáticos, geomorfologia, e mecanismos de funcionamento e diferenciação de águas interiores; analisar as interferências humanas nestes sistemas e caracterizar principais impactos; propor programas de pesquisa científica e de aplicações que integrem várias abordagens e promovam uma visão sistêmica e abrangente.

O Continente Sul Americano é dominado por grandes rios, extensas regiões de várzeas a eles associadas, áreas alagadas pantanosas e lagos rasos. As três principais bacias hidrográficas do continente contribuem com 13% do total de sólidos suspensos descarregados por todos os rios nos oceanos. (Meybeck 1995). Das seis mais importantes bacias hidrográficas da América do Sul (Magdalena, Orinoco, Amazonas, São Francisco, Paraná e Uruguai), quatro delas ocupam grande parte do território do Brasil, localizam-se e interagem na floresta tropical úmida, cerrado, e regiões semi-áridas. Os rios Amazonas e Paraná recebem contribuições de energia e materiais de diferentes áreas geológicas o que resulta em *"águas brancas"* (com sedimentos dos Andes), *"águas pretas"* (como aquelas que resultam de rios passando através de densa vegetação) e *"águas vermelhas"* (com contribuições de argila, solos da bacia do Paraná superior) ver Tabela 1.

Todos estes rios têm uma grande importância ecológica, econômica e social drenando alguns, vastas áreas com escassa população (menos de 1 habitante por km^2 – Amazonas) outros com grande concentração populacional (superior a 400 habitantes por km^2). As interações destes rios com as populações locais, o uso destes recursos e os impactos das atividades humanas são de extrema relevância para os

Tabela 1 - Características gerais dos principais rios sul americanos

Rio	Descarga m^3/s	Área da bacia hidrográfica 10^6 km^2	Comprimento (km)	Drenagem $l / s \times km^2$	Sólidos totais dissolvidos (taxa de transporte de massa) 10^6 ton / ano	Sólidos totais em suspensão (taxa de transporte de massa) 10^6 ton / ano
Amazonas	175.000	6,3	6.577	28,0	290	900
Paraná	15.000	2,8	4.000	5,3	38,3	80
Orinoco	36.000	1,0	2.150	32,7	30,5	150
São Francisco	3.760	0,63	2.900	6,0	-	6
Magdalena	6.800	0,26	1.316	26,5	20	220
Uruguay	4.600	0,24	-	16,0	6	11(?)

FONTE: Tundisi 1994.

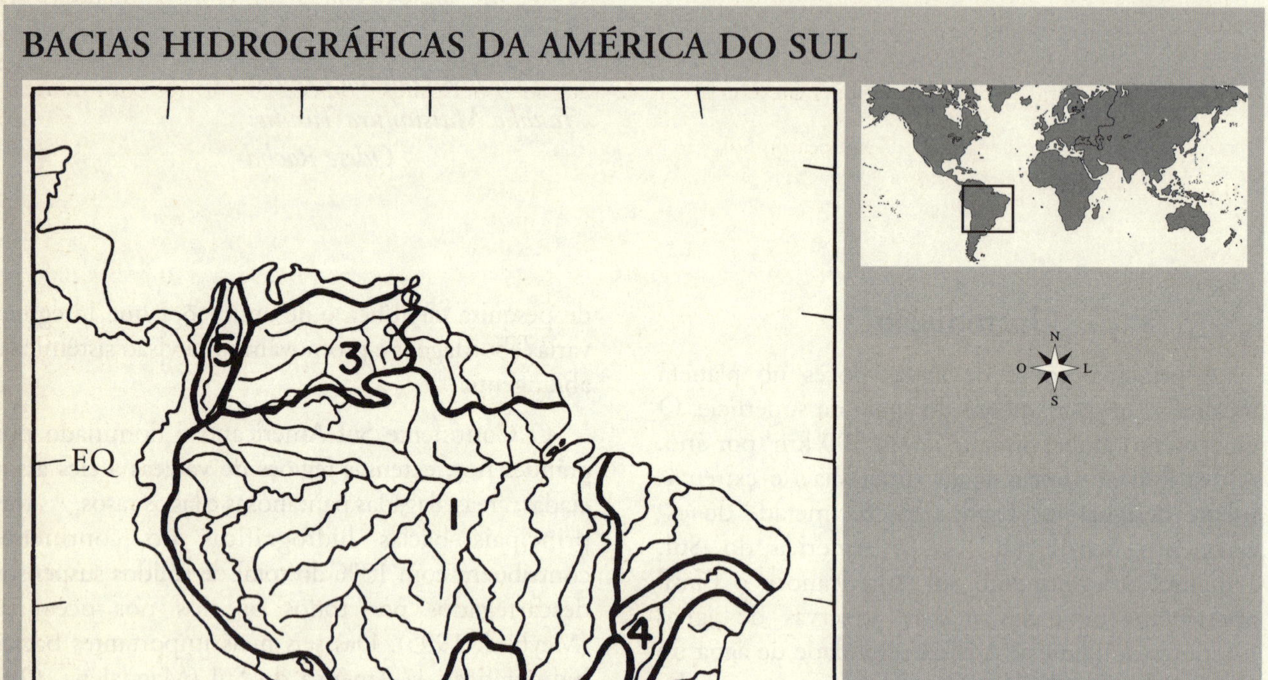

Figura 1: Principais bacias hidrográficas da América do Sul

futuros usos múltiplos dos recursos de água doce no Brasil. A Figura 1 mostra as principais bacias hidrográficas da América do Sul.

A Tabela 2 mostra uma comparação entre os principais rios sul americanos e os rios de outros continentes.

A bacia Amazônica

Características gerais e ciclo hidrológico

Esta bacia é caracterizada pelo rio Amazonas, seus tributários e os lagos de várzea que interagem com os rios. As flutuações no nível da água, são uma importante função de força que dirige o funcionamento ecológico, hidrológico, físico, químico e biológico do sistema (Figura 2). Durante o período de nível baixo da água, a região da várzea é seca, com apenas lagos permanentes remanescendo. Durante os períodos de enchentes e de nível alto dos rios, todo o sistema sofre inundação. Os rios e a várzea do Amazonas constituem um complexo de canais, rios, lagos, ilhas, depressões, permanentemente modificadas pela sedimentação e transporte de sólidos em suspensão, influenciando também a sucessão da

Tabela 2 - Comparação entre principais características dos rios sul americanos e dos rios de outros continentes.

América do Sul			
Rio	1	2	3
Amazonas	212,5	5.711	6.437
Orinoco	17	870	2.151
Paraná	16	2.278	3.998
Tocantins	10,2	896	2.700
Magdalena	7,5	238	1.600
Uruguay	3,9	230	1.612
São Francisco	2,8	665	2.900
Total	269,9	10.888	21.398
Relação2/1 = 40.3			

África			
Rio	1	2	3
Congo	39,7	3.968	4.700
Zambezi	7,1	1.280	3.500
Niger	6,1	110	4.200
Nilo	2,8	2.944	6.650
Senegal	0,9	338	1.633
Total	56,7	9.630	20.683
Relação 2/1 = 169.8			

América do Norte			
Rio	1	2	3
Missouri	17,3	3.184	6.020
St. Lawrence	14,1	1.274	4.000
Mackenzie	7,9	1.784	4.241
Columbia	7,3	660	1.954
Yukon	5,1	921	2.654
Frazer	3,2	235	1.360
Nelson	2,3	1.059	2.570
Móbile/Tombigbee	1,6	107	598
Susquehanna	1,1	71	710
Total	59,9	9.295	24.107
Relação 2/1 = 155.1			

Ásia			
Rio	1	2	3
Yangtze	21,8	1.920	5.980
Brahmaputra	19,8	924	2.900
Ganges	18,7	1.047	2.506
Yenisei	17,4	2.560	5.540
Lena	15,5	2.396	4.400
Irrawaddy	13,5	424	2.100
Ob	12,5	2.455	5.410
Mekong	11	793	4.000
Amur	11	1.822	4.444
Indus	5,6	916	2.900
Kolyma	3,8	637	2.513
Sankai	3,6	117	1.957
Godavari	3,6	294	1.440
Hwang-Ho	3,3	665	4.845
Pyasina	2,5	189	1.056
Krishna	2,0	304	1.120
Indigirka	1,8	355	1.725
Salween	1,5	276	2.400
Tigris-Euphrates	1,4	535	1.900
Yana	1	243	1.067
Total	171,3	18.872	60.203
Relação 2/1 = 110.1			

Europa			
Rio	1	2	3
Danúbio	6.2	806	2850
Pechora	4.1	322	1809
Dvina	3.5	355	726
Neva	2.6	279	
Reno	2.2	143	1312
Dneper	1.7	496	2200
Rhone	1.7	94	816
Pó	1.4	69	648
Vístula	1.1	194	1084
Total	24.5	2758	11445
Relação 2/1 = 112.5			

1 = Descarga média (1.000m³ / s); 2 = Área de drenagem (1.000km²); 3 = Comprimento (km)

FONTE: Neiff et al, 1994.

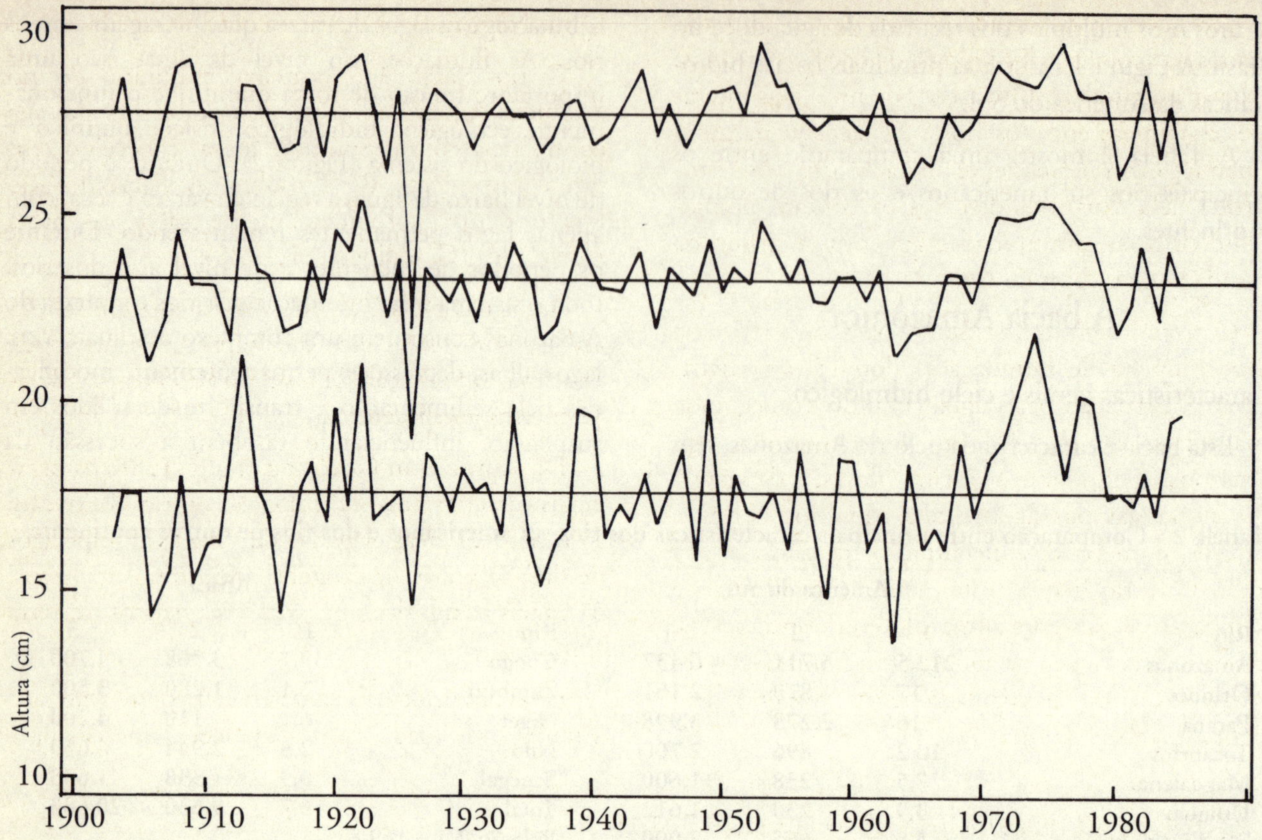

Figura 2 – Variação do nível hidrométrico das águas do rio Negro em Manaus.
FONTE: Tundisi, 1994.

vegetação terrestre pela constante modificação, remoção e deposição de material nos solos. Junk et al (1989) definem da seguinte forma as várzeas: *floodplains*. "Várzeas são áreas periodicamente inundadas por fluxo lateral de rios em lagos ou por precipitação direta em água subterrânea; o ambiente físico-químico resultante, produz uma resposta morfológica, anatômica, fisiológica, fenológica e etológica da biota a qual também responde com estruturas de comunidade muito características". Portanto, certas similaridades entre os componentes da biota terrestre e das comunidades dos lagos, pode ser esperada, devido a esta resposta a inundação.

Os vários mecanismos da interação entre os rios e a várzea amazônica, foram estudados por muitos autores, entre os quais se destacam, Melack (1984), Sioli (1984), Junk (1997) Melack & Fishes (1988).

A climatologia da região e suas relações com o sistema hidrológico, tem sido consistentemente estudada por Salati & Marques (1984).

Melack (1984) realizou um estudo intensivo sobre os lagos de várzea caracterizando-os de acordo com a forma. O número de lagos em cada categoria, foi determinado a partir de imagem de radar o que permitiu uma excelente caracterização morfológica. (Tabela 3).

Tabela 3 - Número de lagos da várzea em cada categoria morfométrica

Forma	Total	Bacia Superior	Bacia Superior/Média	Bacia Média/Inferior	Bacia Inferior
Redondo oval	5.020	600	1.450	2.080	890
Diques	1.520	480	860	170	10
Dendritico	830	50	170	570	40
Crescente	140	20	60	50	10
Ferradura	280	220	50	10	0
Composto	270	80	80	100	10

Total para a bacia Amazônica; bacia superior; fronteira do Peru com o Brasil, até o rio Jataí; bacia superior/média: rio Jupurá a Manaus; bacia média/inferior: Manaus a rio Trombetas; Bacia inferior: rio Tapajós a rio Xingu.
FONTE: Melack, 1984.

Três mecanismos fundamentais devem ser enfatizados na ecologia e limnologia da bacia Amazônica e seus tributários : as flutuações de nível e as interações dinâmicas entre os rios e os lagos; a natureza dinâmica e em permanente alteração dos lagos produzida pela dinâmica dos rios; o contato permanente entre as comunidades aquáticas e a floresta inundada. (ver capítulo 6)

O termo várzea é utilizado para caracterizar a área completa de inundação; "florestas de várzea" sofrem inundação pelas águas brancas com grande quantidade de material em suspensão dos rios Amazonas, Solimões e Madeira; "florestas de igapó" são inundadas por águas pretas dos rios Negro e Tapajós, com baixa concentração de cálcio e pH ácido. "Terra firme" está acima do limite de inundação e sustenta uma floresta específica, e característica. A área total das várzeas inundáveis do Amazonas é de aproximadamente 300.000 km^2 Figura 3. Tabela 4.

O rio Negro

O rio Negro é o principal tributário do rio Solimões-Amazonas (Rio Amazonas) e da sua confluência com o Solimões até as cabeceiras tem um comprimento de 1.500km. A bacia do Rio Negro ocupa aproximadamente 10% da bacia Amazônica (Goulding et al, 1988).

As "águas pretas" do Rio Negro apresentam pH ácido (3.8–5.8), são de baixa produtividade primária. A flutuação de nível do Rio Negro é de 9-12 metros anualmente.

De acordo com Goulding et alii (1988) as principais características morfológicas do rio Negro são: 1) canais, 2) áreas alagadas de várzea; arquipélagos de rios; 3) praias; 4) cataratas e substratos rochosos; 5) canais dendríticos ou "rias"; 6) bancos de terra firme.

Uma das principais características deste sistema é a floresta inundada, com adaptações especiais para

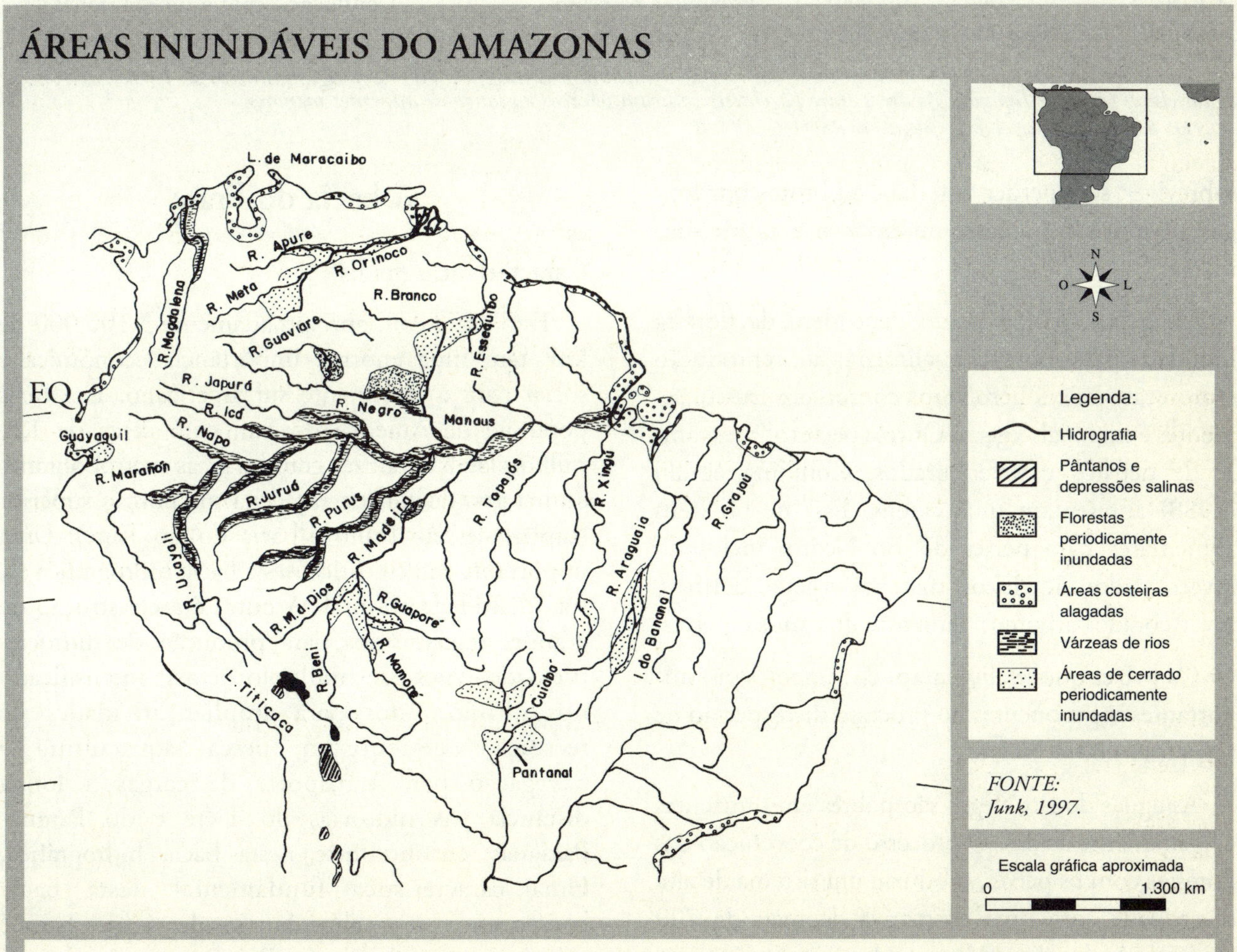

Figura 3: Áreas inundáveis da região amazônica

Tabela 4 - Áreas de várzea dos principais rios amazônicos no território brasileiro, excetuando-se o delta do rio Amazonas e o Bananal no rio Araguaia. As áreas incluem os rios e os lagos de várzea.

Rio	km²	km²	De	Para
Amazonas	87.600	(107.700)	Fronteira do Brasil - Peru – Colômbia	Estuário do Rio Xingú
Negro	11.600	(29.000)	Fronteira do Brasil - Venezuela	Confluência com o rio Amazonas
Branco	3.300	(4.200)	Boa Vista	Confluência com o rio Negro
Icá	2.500	(3.300)	Brasil - Colômbia	Confluência com o rio Amazonas
Jutaí	5.200	(8.200)	Próximo à nascente	Confluência com o rio Amazonas
Juruá	19.700	(27.900)	Fronteira do Brasil - Peru	Confluência com o rio Amazonas
Japurá	4.000	(7.100)	Fronteira Brasil - Colômbia	Confluência com o rio Amazonas
Tefé	1.400	(1.800)	Próximo à nascente	Confluência com o rio Amazonas
Javari	3.700	(9.100)	Fronteira do Brasil - Peru	Confluência com o rio Amazonas
Iriri	1.600	(2.600)	Próximo à nascente	Confluência com o rio Xingú
Madeira	9.800	(12.800)	Confluência rio Mamoré - rio Beni	Confluência com o rio Amazonas
Uatuma	3.300	(4.600)	Próximo à nascente	Confluência com o rio Amazonas
Tapajós	4.500	(13.600)	Confluência rio Juruena - rio Teles Peres	Confluência com o rio Amazonas
Xingú	8.500	(17.700)	Confluência rio Culuene - rio Sete de Setembro	Confluência com o rio Amazonas
Araguaia	4.800	(5.100)	Jusante da Ilha do Bananal	Confluência com o rio Tocantins
Tocantins	8.800	(9.200)	Próximo à nascente	Confluência com o rio Amazonas
Purus	21.100	(40.600)	Fronteira do Brasil - Peru	Confluência com o rio Amazonas
Coari	1.700	(2.800)	Próximo à nascente	Confluência com o rio Amazonas
TOTAL	203.100	(307.300)		

Os canais dos rios ocupam 10% da área total dos rios de águas brancas mas, até 90% em algumas áreas de várzea de rios de águas claras (ex.: rio Tapajós). As áreas entre parênteses indicam várzeas ao longo de afluentes menores.

FONTE: Junk, 1995; e mapas geomorfológicos do RADAM - BRASIL.

sobreviver, sem perder as folhas, ou brotos por longos períodos com parte de troncos e raízes submersas.

Os peixes do rio Negro dependem da floresta inundada para sobreviver: alimentação, reprodução e proteção. Peixes herbívoros consomem frutos, sementes e material vegetal. Outros peixes alimentam-se de detritos e invertebrados. Goulding et alii (1988) apresentam uma extensa lista de 66 itens alimentares para peixes do rio Negro, incluindo invertebrados, aquáticos, material vegetal, detritos, invertebrados arbóreos, sementes de frutos e peixes.

Os peixes que se alimentam de sementes são importantes componentes no processo de dispersão de vegetação no rio Negro.

As águas do rio Negro são pobres em nutrientes e ligeiramente ácidas. O processo de coevolução das florestas com os peixes, produziu um sistema de alta diversidade com uma estimativa de mais de 700 espécies. A alta diversidade pode ser atribuída, em parte, a esta interação flora-fauna dos peixes.

A bacia do Prata

Características gerais

Esta bacia com aproximadamente 3.100.000 de km² tem uma enorme importância econômica e social para o continente sul americano. É a mais populosa da América do Sul, com cerca de 120 milhões de habitantes, grandes áreas metropolitanas e uma grande concentração na sua porção superior (capital de São Paulo e bacia do rio Tietê). Uma importante característica desta bacia hidrográfica é a sua identidade cultural. A outra é a construção de grandes reservatórios para produção de hidroeletricidade, cujos usos múltiplos tem se intensificado nos últimos anos para ampliar atividades de recreação, de turismo, pesca, aquacultura e navegação para transporte de cargas a longa distância. As hidrovias do Tietê e do Paraná-Paraguay encontram-se nesta bacia hidrográfica. Uma característica fundamental desta bacia hidrográfica é a abundância de água. Isto é principalmente devido ao Rio Paraná que flui no sentido norte-sul e que também foi regulamentado por grandes reservatórios como Jupiá, Ilha Solteira, Porto Primavera, Itaipú e Yaciretá (Paraguay-Argentina). Reservatórios constituem uma importante alteração ecológica no sistema de rios, e podem ser considerados como focos no processo de planejamento e no gerenciamento da bacia do Prata (Cordeiro, 1998). Além do aproveitamento múltiplo deve-se considerar a preservação destes ecossistemas como uma base fundamental no desenvolvimento sustentável (Agostinho, 1994).

As Figuras 4 e 5 mostram as características essenciais da bacia do Prata, principais rios e rede hidrográfica, e também a precipitação. A Figura 6 retirada de Neiff (1994) mostra o nível hidrométrico do Rio Paraná em Corrientes durante a década 1980-1990. Esta flutuação do nível hidrométrico e os pulsos são fundamentais para o funcionamento do sistema ocorrendo extensas alterações na estrutura biológica do sistema durante períodos de inundação, principalmente nas lagoas marginais.

BACIA DO PRATA

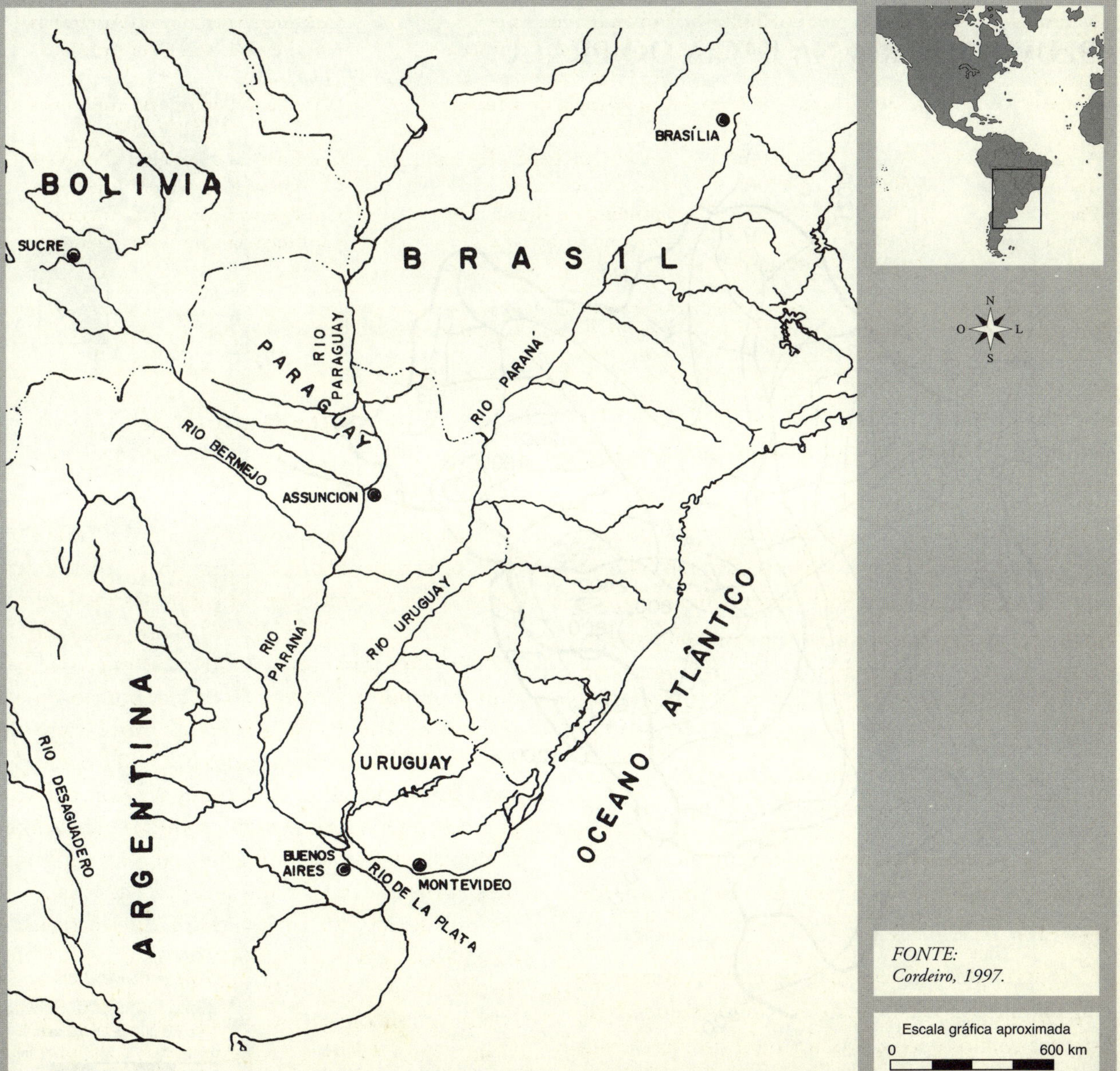

FONTE:
Cordeiro, 1997.

Figura 4: Principais características da bacia do Prata

O Rio Paraná e o seu maior tributário o Rio Paraguay é o mais importante da Bacia do Prata. Flui no sentido Norte-Sul, por mais de 4.000km, determinando ao longo do seu curso um gradiente geológico, hídrico, biótico e de produtividade (Bonetto, 1994).

Outro rio de importância neste sistema é o Uruguay que também flue no sentido Norte-Sul por mais de 1.000km desde as suas cabeceiras no Brasil.

O Rio Paraná, formado pelos Rios Parnaíba e Grande, apresenta em muitas regiões em seu curso, extensas planícies de inundação com lagos, canais, ilhas fluviais, principalmente no Médio Paraná, (depois da confluência com o Rio Paraguay) e no baixo Paraná onde estas planícies atingem 56 km de largura. Também vários tributários do Rio Paraná, nos Estados de São Paulo, Paraná e Mato Grosso, apresentam planícies de inundação; estas planícies do Rio Paraná e de seus tributários, tem considerável importância na biodiversidade regional, nos ciclos biogeoquímicos e no repovoamento dos principais rios e tributários.

O último trecho do Rio Paraná, não represado em território brasileiro, com cerca de 230 km de comprimento e 20 km de largura, tem uma grande importância ecológica e econômica, pela diversidade

PLUVIOMETRIA NA BACIA DO PRATA

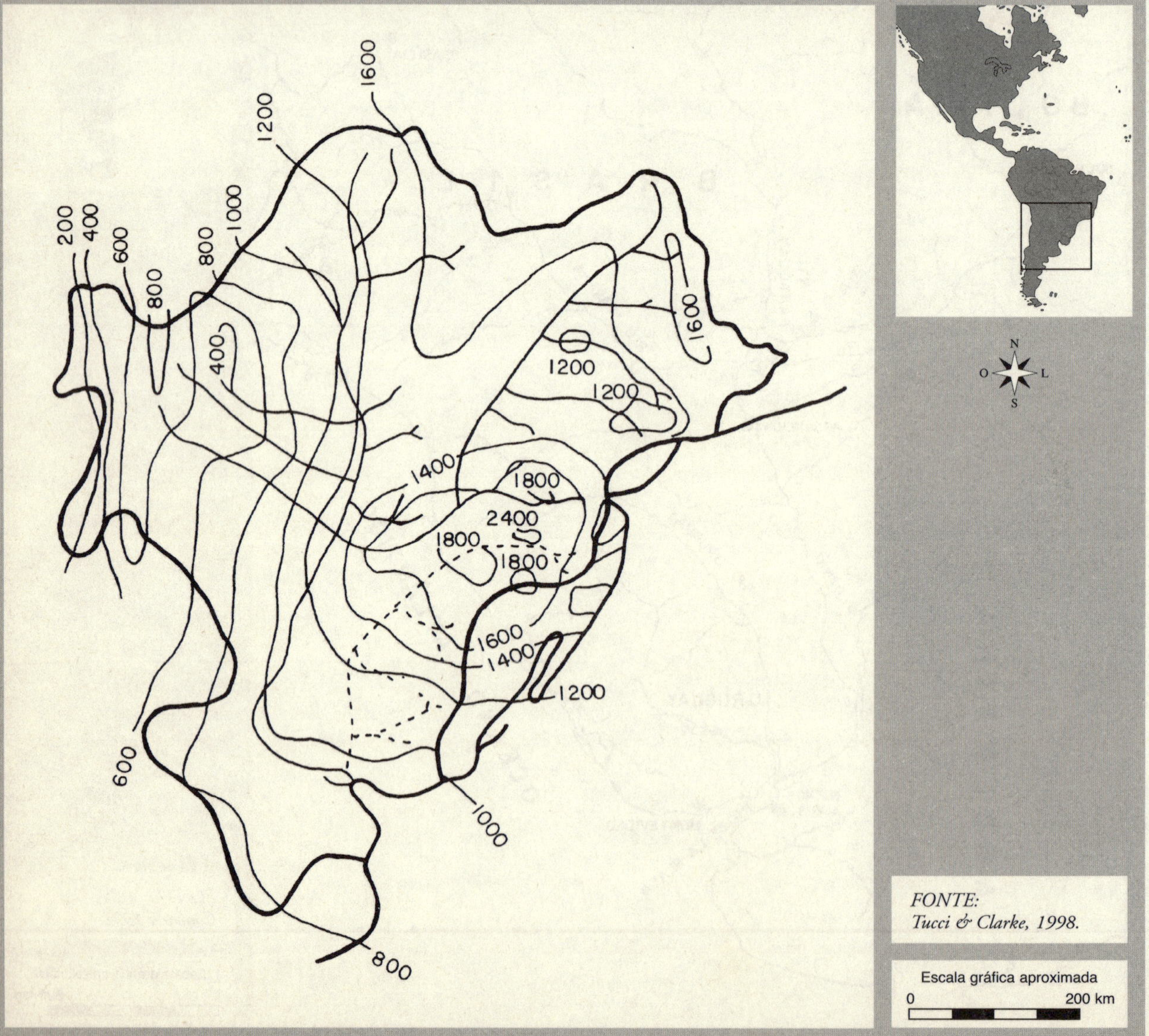

FONTE:
Tucci & Clarke, 1998.

Figura 5: Precipitação na bacia do Prata, em mm.

biológica e por se constituir em um ecossistema fundamental para a manutenção da biota, principalmente grandes peixes migradores (Agostinho et alii, 1996).

Estas áreas de inundação com flutuações hidrométricas acentuadas, tem grande importância, nos vários rios da Bacia do Prata, especialmente nos Rios Paraná e Paraguay. (ver tabela 5)

Impactos e problemas de gerenciamento da bacia do Prata

Em uma macroescala os seguintes problemas, apresentados e discutidos por Cordeiro (1998) ocorrem na Bacia do Prata:

Erosão – A erosão causada pela atividade agrícola, atinge 20 toneladas por ha por ano em regiões com solo basáltico, sendo um dos problemas mais sérios da bacia. Está produzindo uma rápida sedimentação dos reservatórios, destruindo solos adaptados ao reflorestamento, e aumentando os custos da drenagem do Rio da Prata na extremidade sul. O aumento da atividade e a expansão da fronteira agrícola, são as causas principais da erosão em larga escala que também produz substanciais alterações no sistema aquático com diminuição da produção primária e prejuízos à biota em geral. Como resultado desta erosão, a sedimentação altera

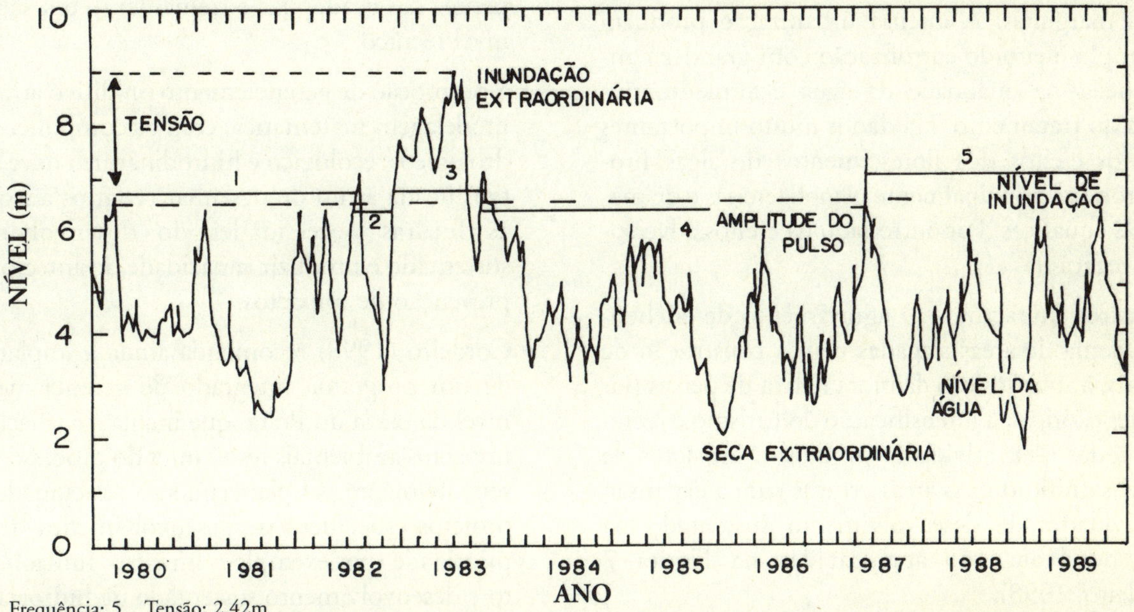

Frequência: 5 Tensão: 2.42m
Sazonalidade: moderada, fase de inundação no verão e fase de seca no inverno.

Figura 6 – Variação do nível hidrométrico no Rio Paraná.
FONTE: Neiff, 1994.

Tabela 5 - Concentração média de Fósforo e Nitrogênio no Paraná Superior, Paraguay e Bermejo

	Paraná superior	Paraguay	Bermejo
Concentração de fósforo (µg P 1-1)			
Fósforo total	46	118	1300
Fósforo particulado (% TP)	32 (63)	40 (38)	1.087 (94)
Fósforo dissolvido (% TP)	16 (37)	58 (62)	70 (6)
Fósforo solúvel reativo (% DTP)	10 (72)	45 (74)	65 (92)
Fósforo nos sedimentos (mg P g-1)	1,37	1,13	0,25
Concentração de nitrogênio (µg N 1-1)			
Nitratos	257	109	263
Ammonium	89	122	103
Nitrogênio inorgânico (IN)	346	230	366
Razão N/P	41	6	> 7< 7

FONTE: Bonetto, 1994.

substancialmente o fluxo de água, produzindo grandes ilhas interiores e interferindo com o regime hidrológico e a navegação.

Outra causa importante, do ponto de vista qualitativo e quantitativo para o aumento da erosão, é o desmatamento principalmente nas cabeceiras da bacia do Prata. Por exemplo o estado de São Paulo, tem hoje, menos de 2% das matas primárias que tinha no início do século!

Poluição e contaminação – O aumento rápido das atividades agrícolas e industriais; o uso e o despejo intensivo dos agrotóxicos e substâncias tóxicas em geral nos sistemas aquáticos tem produzido amplas modificações pela alteração da biota e a contaminação dos sedimentos dos rios, represas e lagoas marginais. A intensa urbanização produziu um amplo efeito de eutrofização com grandes conseqüências na qualidade da água e aumento nos custos do tratamento. Há dados muito importantes sobre os efeitos dos florescimentos de algas fitoplanctônicas principalmente cianobactérias e de macrofitas aquáticas. Por outro lado há efeitos adversos na navegação.

Outros impactos – O agravamento de enchentes; a perda de áreas alagadas com a construção de represas; a substituição da biota nativa de peixes por espécies exóticas; a intensificação do turismo e recreação; todas estas atividades produzem impactos de grande significado. As áreas críticas para a expansão de atividades de desenvolvimento sustentado na bacia do Prata, são apresentadas na Figura 7 (Cordeiro, 1998).

Tundisi (1994) apresentou as seguintes conclusões sobre o manejo integrado da bacia do Prata, discutido em seminário em São Carlos, Itaipú e Yaciretá em agosto de 1992.

- O gerenciamento da Bacia do Prata com foco nas bacias hidrográficas, reservatórios, necessita uma integração do banco de dados, e uma interação efetiva entre pesquisa, desenvolvimento e gerenciamento.
- A integração entre componentes biogeofísicos, econômicos e sociais é fundamental em uma macroescala (bacia do Prata) e a uma escala sub-regional e local.
- A operação e o funcionamento de um sistema de gerenciamento com foco em represas, pode ser otimizada pela organização de uma rede de instituições que intercambiem banco de dados, novas idéias e soluções locais.
- O monitoramento integrado da qualidade da água, ar, solo, saúde humana e dos impactos de contaminação na saúde humana é um tópico essencial para o desenvolvimento sustentado. Experiências a jusante e a montante devem ser consideradas bem como o desenvolvimento de tecnologias adequadas.
- Participação da comunidade em níveis local e regional deve ser incentivada.
- O treinamento de recursos humanos deve ser considerado em vários níveis, levando-se em conta as experiências existentes e a capacidade instalada e promovendo-se a integração entre os componentes das academias e treinamento em serviço a nível técnico.
- A promoção de gerenciamento preditivo através da modelagem matemática, com os componentes hidrológicos, ecológico e hidrodinâmico deve ser intensificada a fim de desenhar cenários adequados às futuras necessidades do desenvolvimento sustentado e produzir capacidade de antecipação e prevenção de impactos.
- Cordeiro (1998) recomenda ainda a implantação de um programa integrado de gerenciamento à nível da bacia do Prata, que inclua a avaliação dos impactos ambientais resultantes do processo de desenvolvimento. O planejamento relacionado com projetos específicos de desenvolvimento deve ter prioridade (por exemplo o impacto, funcionamento e desenvolvimento sustentado de hidrovias).

A bacia do Rio São Francisco

Principais características

O Rio São Francisco nasce no estado de Minas Gerais, na serra da Canastra a uma altitude de 1.600 m e desloca-se 2.700 km para o Nordeste.

O rio desloca-se, em grande parte no semi-árido do Nordeste, tendo uma grande importância regional dos pontos de vista ecológico, econômico e social. Atualmente, os grandes aproveitamentos hidroelétricos, a irrigação, navegação, suprimento de água, pesca e aquicultura constituem os principais usos deste rio e de suas barragens (Figura 8). A bacia hidrográfica do São Francisco tem, aproximadamente 640.000 km^2, estende-se por regiões com climas úmido, semi-árido, e árido; a bacia pode ser subdividida em quatro principais sub-bacias Alto, Médio, Sub-Médio, Baixo São Francisco (Simpson, 1998 no prelo). Muitos tributários do Rio São Francisco são perenes, bem como o próprio São Francisco. No Médio São Francisco há tributários temporários na margem direita, onde predomina também a caatinga como vegetação. Na parte mais baixa do médio São Francisco a agricultura irrigada é predominante com fruticultura de exportação e produção hortícola. (ver Tabela 6)

Os principais reservatórios do Rio São Francisco, Sobradinho, Itaparica, Paulo Afonso e Xingó produzem energia hidrelétrica e se transformam em pólos regionais de desenvolvimento, com a intensificação de usos múltiplos nos últimos 10 anos: aquacultura, irrigação, suprimento de água, turismo e recreação, pesca comercial e pesca esportiva. Os dados para a represa de Xingó, indicam um reservatório pouco eutrofizado, mas com evidências claras de efeitos ambientais resultantes dos usos das bacias hidrográficas, principalmente na qualidade da água.

A vegetação da bacia do baixo São Francisco é predominantemente cerrado e mata Atlântica. O baixo São Francisco tem clima úmido, porém com tributários que provêm do semi-árido.

A descarga anual do Rio São Francisco é de 94.000.000 mil m^3. O fluxo varia de 2.100 a 2.800 m^3/s com cerca de 3.000 m^3/seg próximo à foz. Estes fluxos são naturais, ocorrendo atualmente regularizações através dos reservatórios, para otimização dos usos das cheias.

Planos de desenvolvimento

O Rio São Francisco tem uma enorme importância regional, e pode ser considerado como um dos

Tabela 6 - Vale do São Francisco. Características dos principais rios

Rio	Margem do São Francisco	Estação	Período de registro (ano)	Distância da foz ao oceano (1)	Área de drenagem (km^2)	Vazão média anual (m^3/s)	Vazão específica média ($l/s/km^2$)
São Francisco	-	Três Marias	38-82	2.221	49.750	707	14,21
		Pirapora	38-81	2.050	61.880	768	12,41
Das Velhas	Direita	Várzea da Palma	38-75	2.025	25.940	292	11,25
São Francisco	-	Barra do Jequitaí	63-78		90.990	1.015	11,15
Jequitaí	Direita	Jequitaí	67-75	2.001	6.811	46	6,75
São Francisco	-	Cach. da Manteiga	59-81		107.070	1.132	10,57
Paracatu	Esquerda	Porto Alegre	52-75	1.926	41.709	436	10,45
São Francisco	-	São Romão	53-81	1.893	153.702	1.520	9,89
Urucuia	Esquerda	Barra do Escuro	55-75	1.866	24.658	251	10,18
São Francisco	-	São Francisco	43-81	1.830	182.537	2.082	10,4
		Januária	34-70	1.750	191.700	2.168	11,31
		Manga	32-81	1.645	200.789	2.050	10,21
Verde Grande	Direita	Boca da Caatinga	72-75	1.625	30.174	19	0,62
Carinhanha	Esquerda	Juvenilia	64-78	1.586	15.832	150	9,47
São Francisco	-	Carinhanha	27-81	1.586	251.209	2.207	8,79
Corrente	Esquerda	Pto. Novo	77-84	1.447	31.120	251	8,07
São Francisco	-	Morpará	47-79	1.234	344.800	2.421	7,02
Grande	Esquerda	Boqueirão	33-79	1.178	(65.900)	262	3,98
São Francisco	-	Barra	25-77	1.178	421.400	2.652	6,29
		Juazeiro	29-79	759	510.800	2.731	5,35
		Pão de Açúcar	26-79	171	608.900	3.001	4,93
		Traipu	38-79		622.600	2.980	4,79

FONTE: PLANVASF, Relatório da Etapa I.
Nota: (1) Ou da estação, quando está no Rio São Francisco. Simpson, 1997.

principais fatores de desenvolvimento do Nordeste. Através de inúmeros planos de desenvolvimento, um conjunto de idéias de grande porte foi sendo construído, de tal forma que um **plano integrado de desenvolvimento**, envolvendo agências de governo federal, governos estaduais, iniciativa privada foi ge-

DESENVOLVIMENTO SUSTENTÁVEL NA BACIA DO PRATA

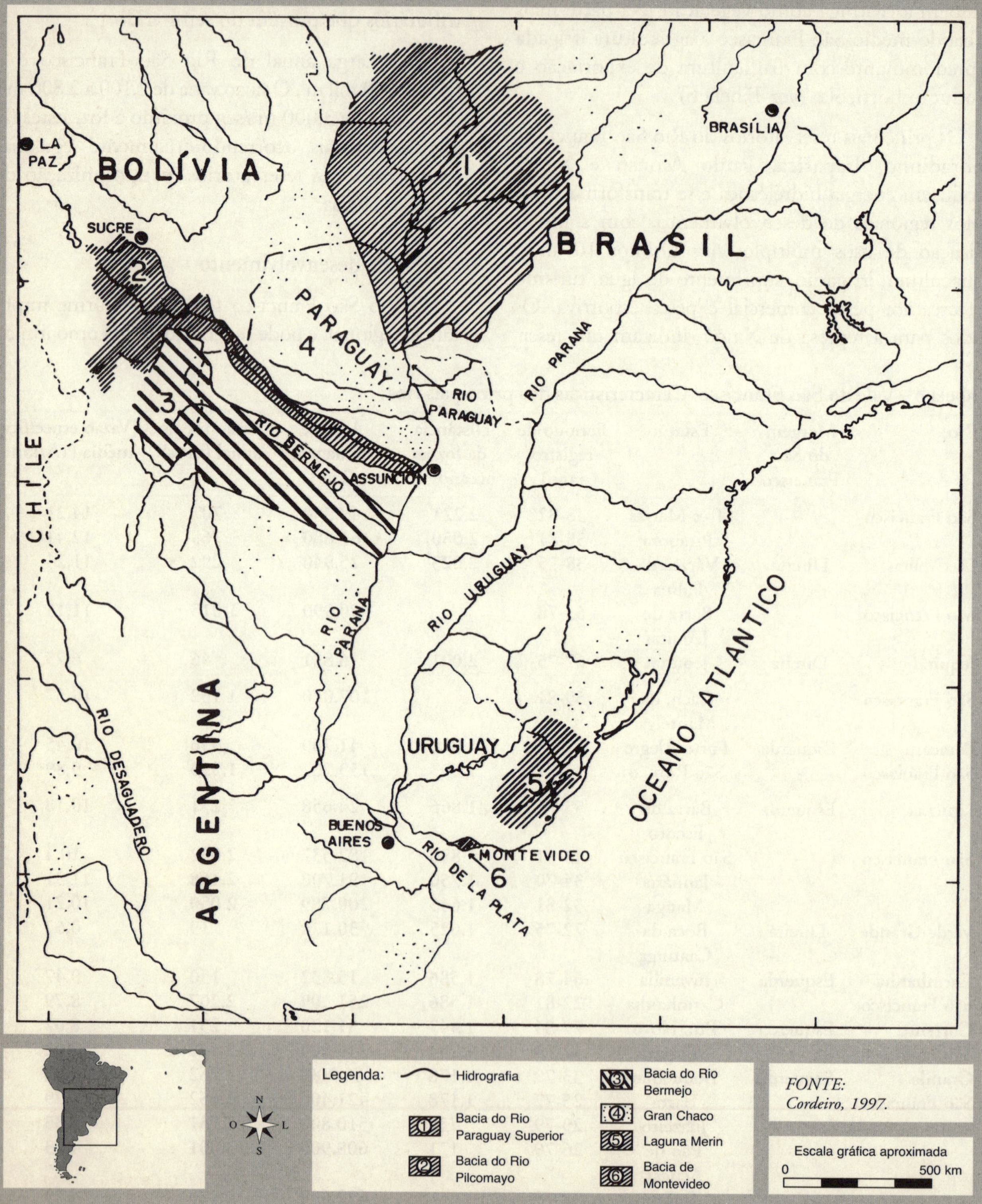

Figura 7: Áreas críticas para o desenvolvimento sustentável na bacia do Prata

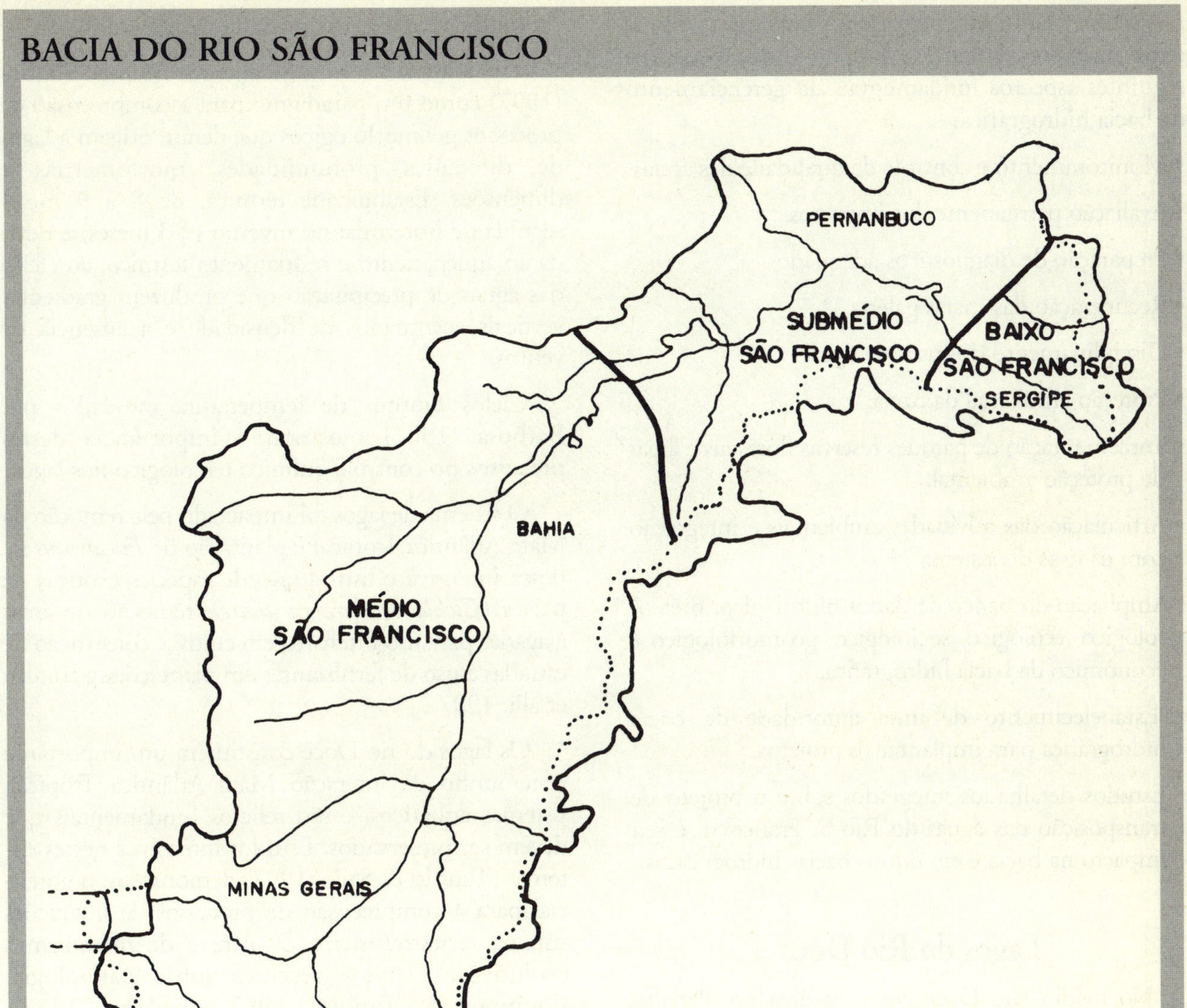

Figura 8: A bacia hidrográfica do Rio São Francisco

rado. Este plano, que incorpora várias idéias e projetos anteriores, enfatiza e propõe a promoção dos seguintes aspectos fundamentais do gerenciamento da bacia hidrográfica:

- Monitoramento e controle da qualidade das águas.
- Avaliação permanente dos impactos.
- Preparação de diagnósticos adequados.
- Recuperação das matas galeria.
- Disciplinamento dos usos da água.
- Proteção ambiental da bacia.
- Implementação de parques reservas florestais e áreas de proteção ambiental.
- Articulação das atividades ambientais e integração com os usos do sistema.
- Ampliação do banco de dados hidrológico, meteorológico, ecológico, sociológico, geomorfológico e econômico da bacia hidrográfica.
- Estabelecimento de uma autoridade de bacia hidrográfica para implantar os projetos.
- Estudos detalhados integrados sobre o projeto de transposição das águas do Rio S. Francisco, e seu impacto na bacia e em outras bacias hidrográficas.

Lagos do Rio Doce

No médio Rio Doce em uma área no planalto sudeste do Brasil, conhecida como as "terras baixas interplanálticas" do médio Rio Doce, encontram-se 150 lagos não conectados com o Rio Doce, formando portanto um verdadeiro sistema lacustre natural. A vegetação original das bacias hidrográficas era constituída por Mata Atlântica Tropical, presentemente substituída por extensas plantações de *Eucalyptus sp.* A origem deste sistema de acordo com Pflug (1969), Meis & Moura (1984), Meis & Tundisi (1997), está relacionada com períodos de intensa precipitação e seca os quais sucessivamente, modelaram a paisagem, produzindo barramentos nos afluentes do Rio Doce, dando origem aos lagos do atual sistema. Fases de deposição e de erosão de sedimentos, formaram ao redor dos lagos colinas côncavas ou convexas as quais são importantes quantitativamente para o transporte e deposição de sedimentos nos lagos.

Os lagos, atualmente representam redes hidrográficas seccionadas. As dimensões variam desde pequenos lagos com 1-2 km^2 até lagos com 28km^2 e profundidade de aproximadamente 30 metros.

Este sistema foi considerado por Meis & Tundisi (1997) como um paradigma a compreensão de processos geomorfológicos que deram origem a lagos de diferentes profundidades, morfometrias e dimensões. Estabilidade térmica, de 8 a 9 meses seguida de isotermia, no inverno (2-3 meses) é devida ao aquecimento e resfriamento térmico, ao efeito das águas de precipitação que produzem gradientes verticais acentuados de densidade e à ausência de ventos.

Ciclos diurnos de temperatura estudados por Barbosa (1981) mostram a importância destes processos no controle químico e biológico nos lagos.

O sistema de lagos foi impactado pela remoção da Mata Atlântica Tropical e plantação de *Eucalyptus sp,* pesca intensiva e introdução de espécies exóticas de peixes (*Cichla occelaris-tucunaré),* remoção de áreas alagadas para uso intensivo em cultivo, construção de estradas e uso de fertilizantes em plantações. (Tundisi et alii, 1997).

Os lagos do rio Doce constituem um importante testemunho da interação Mata Atlântica Tropical, sistemas aquáticos, e são relictos fundamentais que devem ser preservados. Estudos intensivos nestes sistemas (Tundisi & Saijo, 1997) demonstram o potencial para a compreensão de processos de interações sistema terrestre/sistema lacustre e de mecanismos evolutivos. Estudos recentes sobre palinologia. (Dumont & Tundisi, 1997; Spadano, 1998), demonstraram os efeitos de várias mudanças climática no funcionamento dos lagos.

Áreas alagadas e pântanos

Características gerais

Os grandes sistemas de águas interiores do continente sul americano incluem muitas áreas de transição tais como: várzeas, lagos rasos permanentes ou temporários, e pântanos em grandes deltas internos. Áreas alagadas periodicamente são comuns em todos os sistemas de grandes rios da América do Sul. O total de áreas alagadas nas regiões tropicais e subtropicais do Brasil é de aproximadamente 1.000.000 km^2, considerando-se todos os tipos (temporários e permanentes) e todas as regiões. A estas áreas alagadas interiores deve-se também adicionar as extensas regiões de mangue que se estendem até 30° latitude - sul. Estas regiões alagadas costeiras, com lagos permanentes, pântanos de águas doces e salobras, formam importantes sistemas de transição entre as águas interiores e os sistemas marinhos, sendo áreas de maior produtividade primária e regiões de reprodução *nursery grounds* para peixes e crustáceos, além de funcionarem como recipientes de matéria orgânica dissolvida e particulada que tem como origem as próprias matas de mangue e a Mata Atlântica nas elevações adjacentes. (Figura 9)

As áreas alagadas têm um importante papel econômico, sendo nessas áreas que se reproduzem e desenvolvem elevadas biomassas de peixes, répteis, pássaros e mamíferos, e também macrofitas aquáticas emersas e submersas. A exploração desta vasta biodiversidade, tem sido intensificada, e em muitos casos atinge níveis extremamente elevados. Por outro lado, o cultivo de certos organismos dessas regiões tais com capivara (*Hydrochoerus hydrochaeris*) ou o jacaré (*Caiman crocodilus jacare*), ou certas espécies de peixes, é uma possibilidade extremamente interessante que fornece alternativas para o uso destas regiões como suprimento de alimento ou biomassa para várias finalidades.

A exploração, conservação e recuperação da fauna e flora dessas regiões alagadas depende de estudos biológicos fundamentais que proporcionam a base científica fundamental, para o conhecimento da reprodução, alimentação, fisiologia e comportamento das espécies. Além disso, constituem a base para estudos sobre processos evolutivos e sobre os mecanismos evolutivos de adaptação a ambientes de estresse.

Recentemente, o uso de áreas alagadas para a remoção de resíduos orgânicos tem sido utilizada no Brasil com resultados muito estimulantes como sistemas de tratamento de água, para pequenas comunidades, o uso das macrofitas aquáticas destas áreas alagadas tem sido efetivo na remoção de material em suspensão e nutrientes inorgânicos (E. Salati, comunicação pessoal).

Uma característica geral destas áreas alagadas que

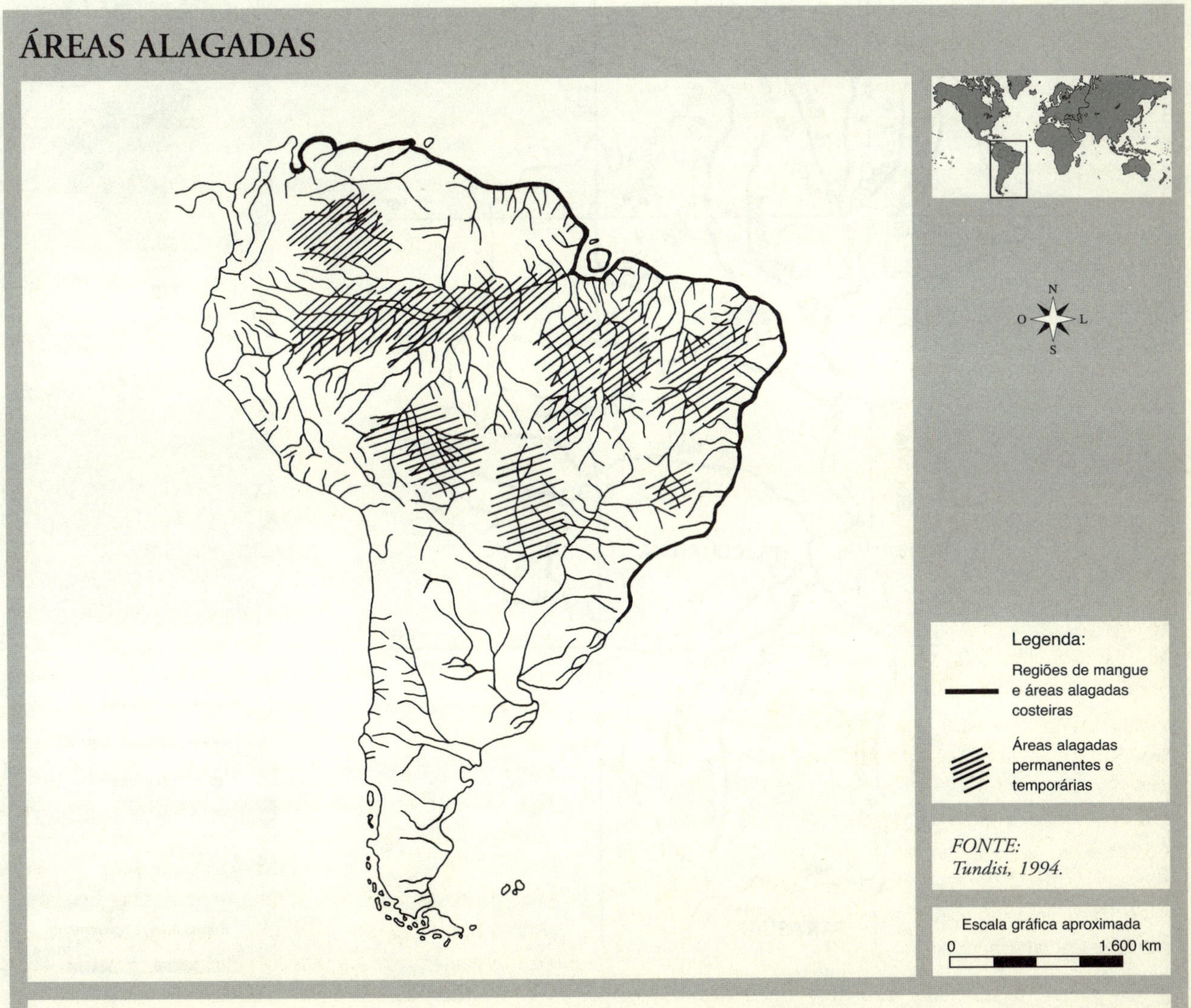

Figura 9: Áreas alagadas – permanentes e temporárias – na América do Sul

é também fundamental como função de força é a flutuação do nível hidrométrico que pode ser de alguns metros ou centímetros e que causa alterações fundamentais na biologia das espécies, na composição química da água, e no comportamento de vertebrados e invertebrados.

As áreas alagadas têm importantes funções:

- são geralmente regiões de maior biodiversidade
- tem geralmente alta capacidade de denitrificação, e portanto, funcionam como sistemas de redução da concentração de nitrogênio
- são núcleos ou centros ativos de evolução (Margalef, 1991, 1997).

O Pantanal

Localizada no centro da América do Sul, esta grande área alagada, das cabeceiras da Bacia do Prata, tem aproximadamente 150.000 km² constituindo-se em um complexo de lagos rasos, temporários ou permanentes, áreas alagadas, depressões inundadas e um vasto número de canais, rios, e outros sistemas alagados. Este é um dos sistemas continentais mais importantes dos pontos de vista ecológico, econômico e social. A declividade da região é muito baixa 0.5-3.0 m / km do leste ao oeste, e 0.3-2.5 m / km do norte ao sul. (Figuras10 e 11)

Neste sistema hidrológico peculiar, muitas ca-

PANTANAL

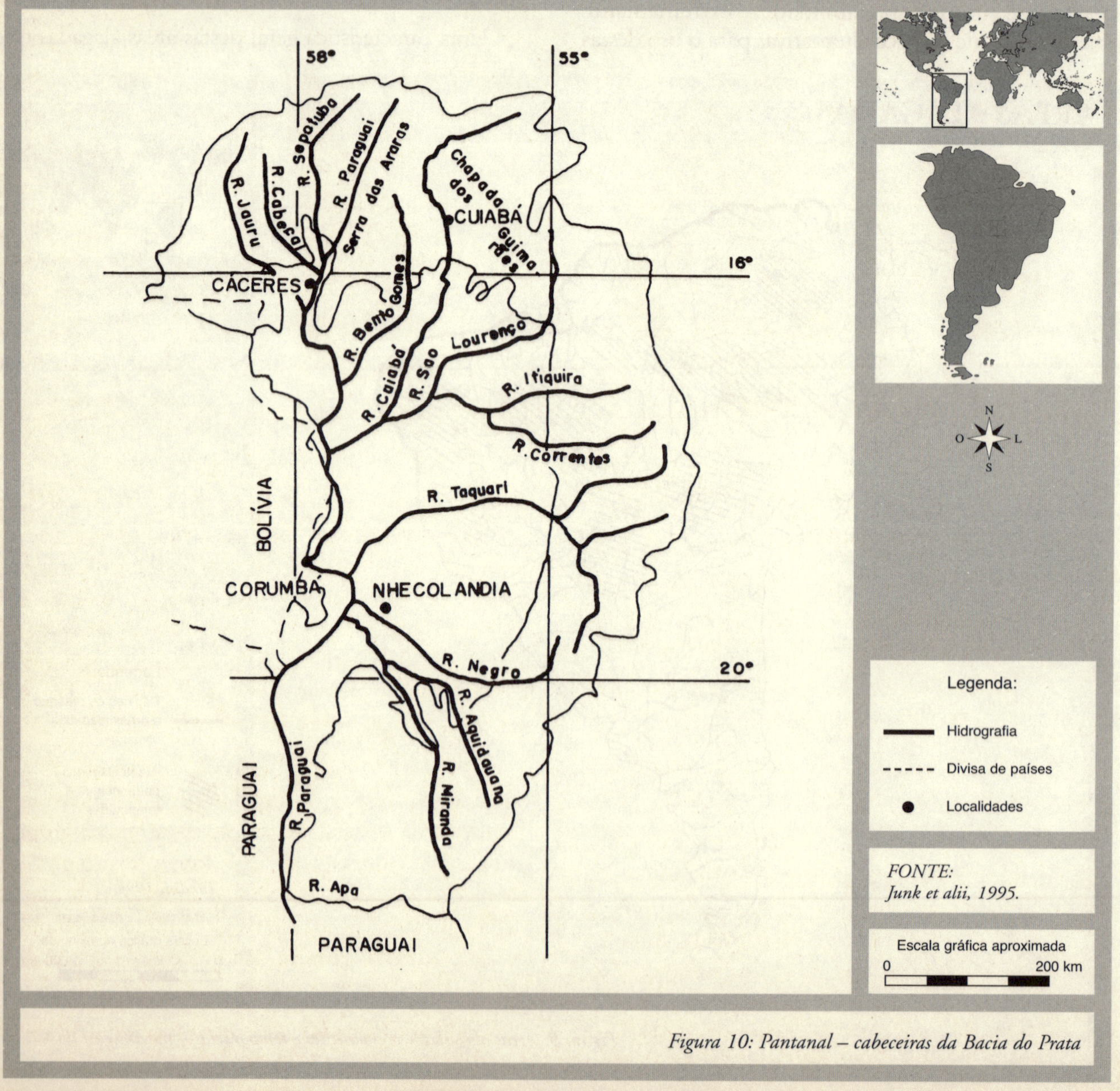

FONTE:
Junk et alii, 1995.

Figura 10: Pantanal – cabeceiras da Bacia do Prata

LAGOS DO PANTANAL

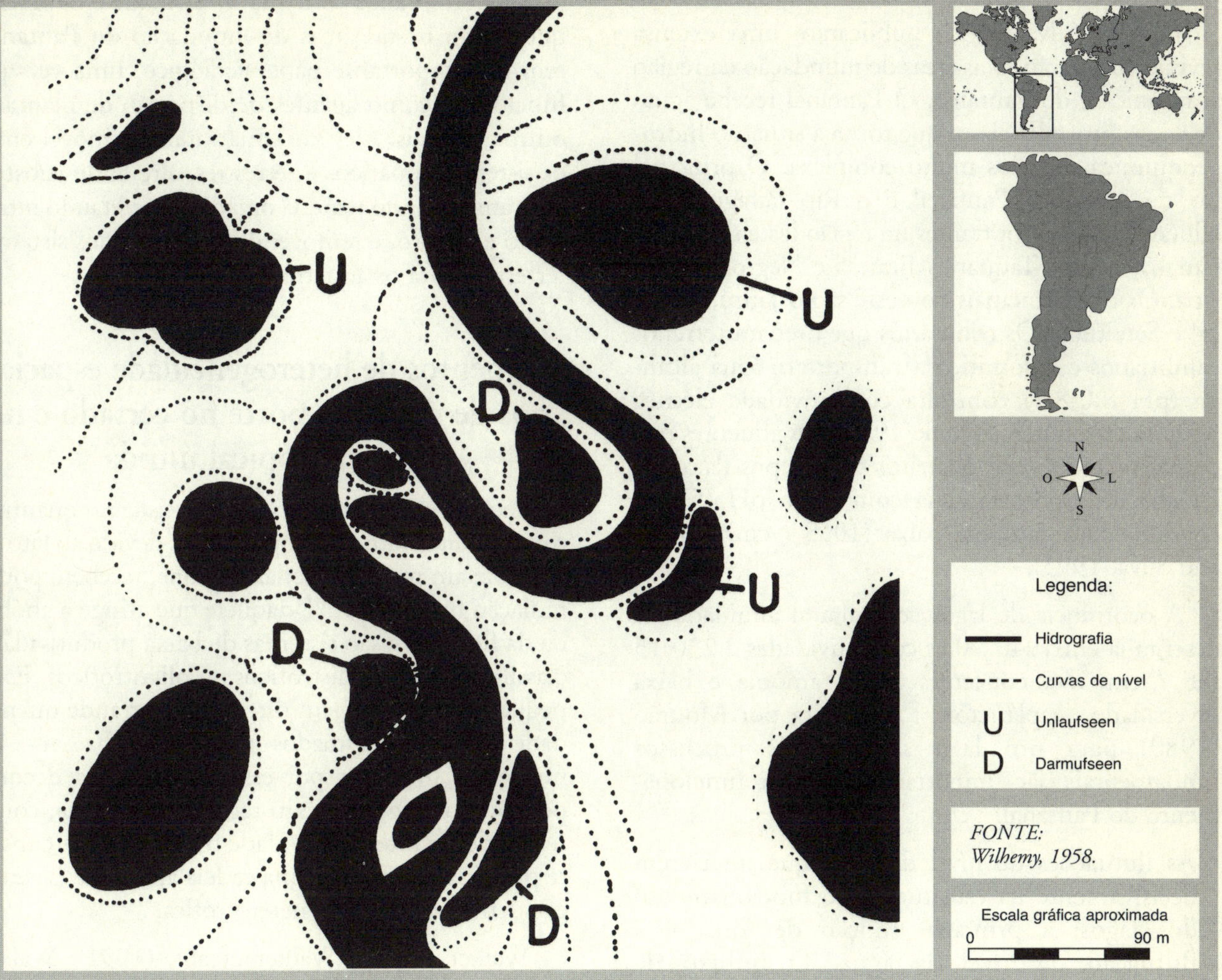

Figura 11: Tipos característicos de lagos do Pantanal

racterísticas da região são fundamentais:

a) A variação do nível da água é de 6 a 8 metros. Há um grande transporte de sedimentos dos rios para áreas adjacentes.

b) Existe uma profunda diminuição da transparência durante o período de inundação.

c)Muitas áreas inundadas, rasas, permanecem secas durante o período de águas baixas.

A grande quantidade de biomassa exposta nesta situação, decompõe-se rapidamente. De acordo com estudos de Adamoli (1981), Ab'Saber (1988) a depressão do alto Paraguay foi formada durante períodos pós-Cretáceo, por processos erosivos. No Quaternário o Rio Paraguay e seus tributários, depositaram extensivamente, sedimentos na depressão. (Figura 10)

Os solos podem ser classificados como a) hidromórficos - solos lateriticos; b) solos hidromórficos - verticais; c) solos salinos. As análises de vegetação baseadas em imagens de radar e com amostragens e observação, mostraram quatro tipos de vegetação: savanas, savanas estépicas, floresta sazonal semidecídua e floresta sazonal decídua.

Clima tropical semi-úmido, e topografia dominada por algumas áreas de plateau, produziram um complexo de tipos de vegetação com quatro grupos principais: a) matas galeria, ao longo dos rios e dos acúmulos quaternários de sedimento; b) densa vegetação diversificada de baixa altitude - 150m; c) floresta sazonal semidecídua, localizada em solos férteis com densa mata e material em decomposição.

O material que se decompõe no solo durante períodos de seca, contribuí extensivamente para o enriquecimento da água de inundação durante o período de cheias.

Junk & Silva (1995) publicaram uma extensa revisão comparando as áreas de inundação da região amazônica e do Pantanal. O Pantanal recebe águas de várias procedências o que torna a situação hidrogeoquímica dos rios muito complexa. O principal rio que drena o Pantanal é o Rio Paraguai. Os afluentes mais importantes na região leste são o Rio Cuiabá, os rios Taquari, Miranda e Negro e o Rio Apa. Os rios principais no oeste são o Jaurú, Cabaçal e Sepotuba. Os tributários que drenam terrenos cambrianos e dolomiticos, transportam água alcalina (pH 8,0-8,5) com alta condutividade elétrica 340µS / cm (Furch & Junk, 1980). Os afluentes que drenam regiões com quatzitos dos grupos Paraná e Cuiabá, transportam água com baixo pH (5,4) e condutividade também baixa (10µS / cm^2). (Junk and Silva, 1995).

A ocorrência de lagos com alta alcalinidade foi descrita já em 1940. Altas condutividades 2.230 13 mS / cm, alta concentração de amônia e baixa diversidade de plâncton, foi descrita por Mourão (1989) para um lago salino. Três processos fundamentais são importantes para o funcionamento do Pantanal:

- As flutuações de nível da água que interferem decisivamente na estrutura e no funcionamento dos lagos; a principal função de força é a flutuação de nível da água. O influxo de nutrientes durante estes períodos de inundação é alto. As fontes são o material em decomposição da vegetação aquática e terrestre, fezes de animais e serrapilheira acumulada. Esses nutrientes produzem, uma rápida biomassa de macrófitas aquáticas, *Eichchornia azurea*, *Ludwigia spp.*, *Pistia stratioides*, *perifiton* e *fitoplâncton*. O material detrítico favorece a alimentação dos detritívoros e peixes plantívoros.
- As variações nictemerais nos lagos. Existem muitas variações durante períodos de ciclos diurnos, o que interfere com os mecanismos de estratificação de densidade, oxigênio dissolvido e pH. Portanto, superpostos aos ciclos sazonais de flutuação de nível, estão os ciclos mictemerais.
- A importância do mosaico para a manutenção da diversidade, e sustentação de biomassa. O estudo de Schaller mostrou que este mosaico e sua manutenção, permitem sustentar populações naturais de vertebrados e populações introduzidas.

O papel dos grandes vertebrados no Pantanal

Os vertebrados com alta diversidade e biomassa, que vivem nestas áreas de inundação do Pantanal, tem um importante papel ecológico, uma vez que funcionam como agentes de dispersão de plantas e outros animais. Eles são uma interface móvel entre os sistemas aquáticos e terrestres, alterando substrato, transportando matéria orgânica, excretando nitrogênio e fósforo, e removendo biomassa dos sistemas terrestres para os aquáticos e vice-versa.

Elementos de heterogeneidade espacial: rios de pequeno porte no cerrado e na floresta tropical úmida

Pequenos rios na Amazônia são sistemas quantitativa e qualitativamente importantes, devido ao fato de que coletam muito material alóctone, recebem pouca radiação (cerca de 10% daquele que atinge a abóbada da floresta) e são sistemas de baixa produtividade classificadas como distróficos ou oligotróficos. Estes pequenos rios, recebem diretamente grande quantidade de detritos, estimados em 6-10 ton / ha x ano. Os nutrientes liberados por esses rios, com a decomposição por fungos, ficam retidos no sistema, como resultado de intensa atividade biológica, que consiste principalmente por uma cadeia alimentar baseada em detrito e atividade heterotrófica.

Walker (1985); Walker et alii, (1991); Walker (1995), realizaram observações intensivas sobre a rede alimentar destes pequenos rios amazônicos; a base da cadeia alimentar é de detrito. Apesar da baixa produtividade os rios suportam considerável biomassa e diversidade de peixes, crustáceos, pássaros e grande predadores répteis. A cadeia alimentar baseia-se em bactérias, fungos e algas. Vários compartimentos relativos a cadeia de detritos foram determinados. Os principais decompositores são fungos e não bactérias. Estes rios com baixo pH, (3,5-5,0) e baixa condutividade (5-20 μS_{20} / cm^2), são, importantes para o funcionamento de todo o sistema amazônico. Os grandes rios recebem continuamente todo o material biológico e os nutrientes resultantes da decomposição permanente que ocorre nesses sistemas. Igualmente importantes, como elementos da heterogeneidade espacial, são os pequenos rios e riachos de forma dendrítica no cerrado. A Figura 12 mostra o padrão dendrítico destes pequenos rios e seus tributários próximo à represa do Lobo (Broa) Município de Itirapina, Estado de São Paulo. São rios com baixo pH, e baixa concentração de nutrientes, condutividade entre 5 e 20 µS / cm. As matas galerias ao longo destes rios são extremamente importantes na manutenção da heterogeneidade espacial e no fluxo de matéria orgânica para estes sistemas. A comunidade perifitica nestes rios é importante, crescendo em substrato arenoso ou em macrofitas emersas ou submersas dos gêneros *Pontederia* sp ou *Ludwigia* sp ou *Mayaca fluviatilis* (submersa). Principais funções de força no cerrado, estão relacionadas com o clima: períodos de precipitação e seca e períodos de vento.

Muitos destes rios do cerrado são oligotróficos.

A construção de reservatórios e seus impactos

As principais bacias hidrográficas do Brasil foram reguladas pela construção de reservatórios, os quais isoladamente ou em cascata, constituem um importante impacto qualitativo e quantitativo nos principais ecossistemas de águas interiores. Os reservatórios de grande porte ou pequeno porte são utilizados para inúmeras finalidades: hidroeletricidade, reserva de água para irrigação, reserva de água potável, produção de biomassa (cultivo de peixes e pesca intensiva), transporte (hidrovias) recreação e turismo. O número

RIOS E RIACHOS DO CERRADO

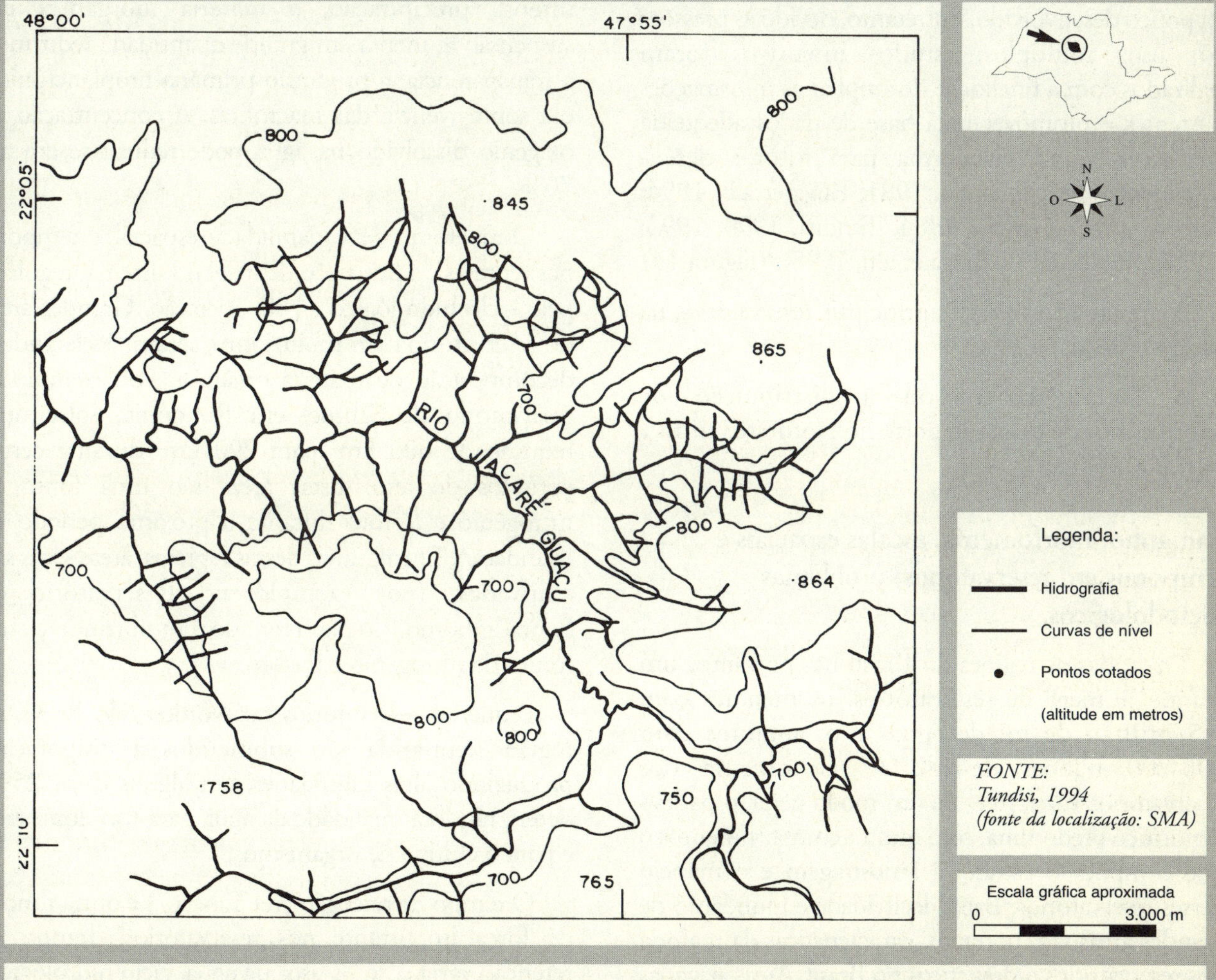

Figura 12: Padrão dendrítico de rios do cerrado

total de reservatórios do planeta com barragem superior a 15m é apontado na Figura 13.

Inicialmente, a construção de hidrelétricas e a reserva de água para diversos fins foi o principal propósito. Nos últimos vinte anos, os usos múltiplos desses sistemas diversificaram-se, ampliando a importância econômica e social desses ecossistemas artificiais e, ao mesmo tempo, produzindo e introduzindo novas complexidades no seu funcionamento e impactos. (Tundisi, 1994; Tundisi et alii, 1993; Straskraba & Tundisi, no prelo; Tundisi, no prelo).

Esta grande cadeia de reservatórios tem, portanto, um enorme significado econômico, ecológico, hidrológico e social; em muitas regiões do País esses ecossistemas foram utilizados como base para o desenvolvimento regional. Em alguns projetos houve planejamento inicial e uma preocupação com a inserção regional; em outros casos, este planejamento foi pouco desenvolvido. Entretanto, devido às pressões por usos múltiplos, estudos intensivos foram realizados com a finalidade de ampliar as informações existentes e promover uma base de dados adequada que sirva como plataforma para futuros desenvolvimentos (Arcifa et alii, 1981; Paiva et alii, 1994; Barrow, 1987; Garzon, 1984, Tundisi, 1990, 1993; Tundisi et alii, 1991; Braga et alii, 1998). (Figura 14)

A Figura 15 mostra os principais reservatórios na bacia do Prata.

A Figura 16 mostra a distribuição de reservatórios de pequeno porte no Nordeste (entre 1 e 10.000.000 m^3).

Tamanho, morfometria, escalas espaciais e temporais em reservatórios; problemas metodológicos.

Em todas as regiões do Brasil há, portanto, um grande número de reservatórios: os menores com 1,5 milhão de m^3 de água, e os maiores com 100-200 bilhões de m^3. A morfometria dos reservatórios varia, mas, de um modo geral, o padrão dendrítico predomina, com muitos compartimentos o que complica o estudo, a amostragem e o manejo desses reservatórios. Baixa declividade e inundação de grandes áreas são, portanto, características da maioria dos reservatórios hidrelétricos no Brasil. Áreas alagadas associadas a esses reservatórios, são fatores de heterogeneidade espacial e são importantes compartimentos a considerar. Estas áreas alagadas podem ser utilizadas como região de reprodução para peixes, podem funcionar como sistemas tampão para a eliminação de Nitrogênio (por denitrificação) e Fósforo (por incorporação na biomassa). Nestes grandes sistemas, tal como naqueles do Amazonas, São Francisco ou do estado de São Paulo, a variabilidade horizontal pode ser considerada em uma escala macrogeográfica. Os principais tributários contribuem com muitas fontes de material dissolvido e particulado, produzindo grande variabilidade espacial.

A esta variabilidade espacial sobrepõe-se uma variabilidade temporal produzida por alterações climatológicas principalmente precipitação e ventos e o sistema operacional das represas, o que depende de seu uso. A descarga do reservatório, é também uma função de força fundamental que atua, tanto a jusante quanto a montante. Precipitação e vento estabelecem padrões climatológicos fundamentais. Durante intensa precipitação, a matéria inorgânica em suspensão aumenta em grande quantidade reduzindo a transparência, a produção primária fitoplanctônica, e a sobrevivência das macrofitas. A concentração de oxigênio dissolvido na água pode reduzir-se em até 70%.

Outra fonte de variabilidade espacial e temporal nas represas é a flutuação de nível no sistema, regulada pelo ciclo hidrológico e pela operação. Grandes áreas do reservatório com muitos km^2, secam, acelerando a decomposição de matéria orgânica. Por exemplo, o reservatório de Samuel em Rondônia, sofre uma redução de 600 km^2 para 200 km^2 durante certos períodos do ano. Estas áreas são uma fonte de nitrogênio e fósforo durante o próximo período de inundação. Em algumas dessas represas, áreas secas são cultivadas, (por exemplo no Reservatório de Sobradinho no Rio São Francisco) produzindo outras fontes de nitrogênio e fósforo.

Pequenos reservatórios no Nordeste do Brasil, na região semi-árida são submetidos à evaporação, produzindo altas salinidades, em alguns casos 25%, deteriorando a qualidade da água para uso doméstico e para o cultivo de organismos.

O tempo de retenção (ver Tabela 7) é outra função de força importante nos reservatórios. Tempo de retenção varia com os usos da água, ciclo hidrológico, reserva necessária de água. Muitos reservatórios tem tempo de retenção de 10-30 dias. Entretanto, em algumas represas esse tempo de retenção pode ser de até 3 anos (Tundisi et alii, 1998).

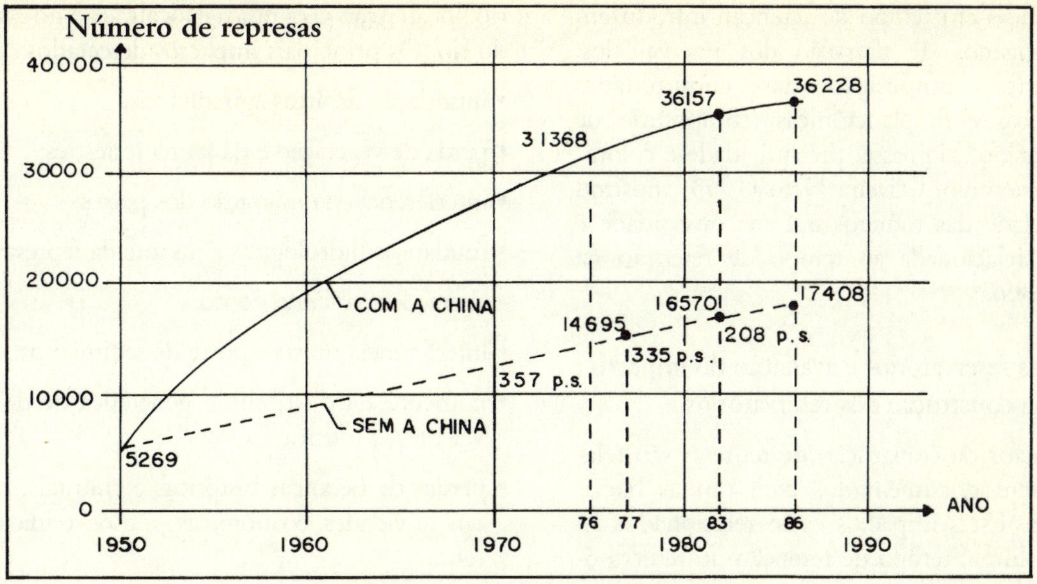

Figura 13 – Número total de reservatórios do planeta com barragem superior a 15m
FONTE: Pircher, 1992.

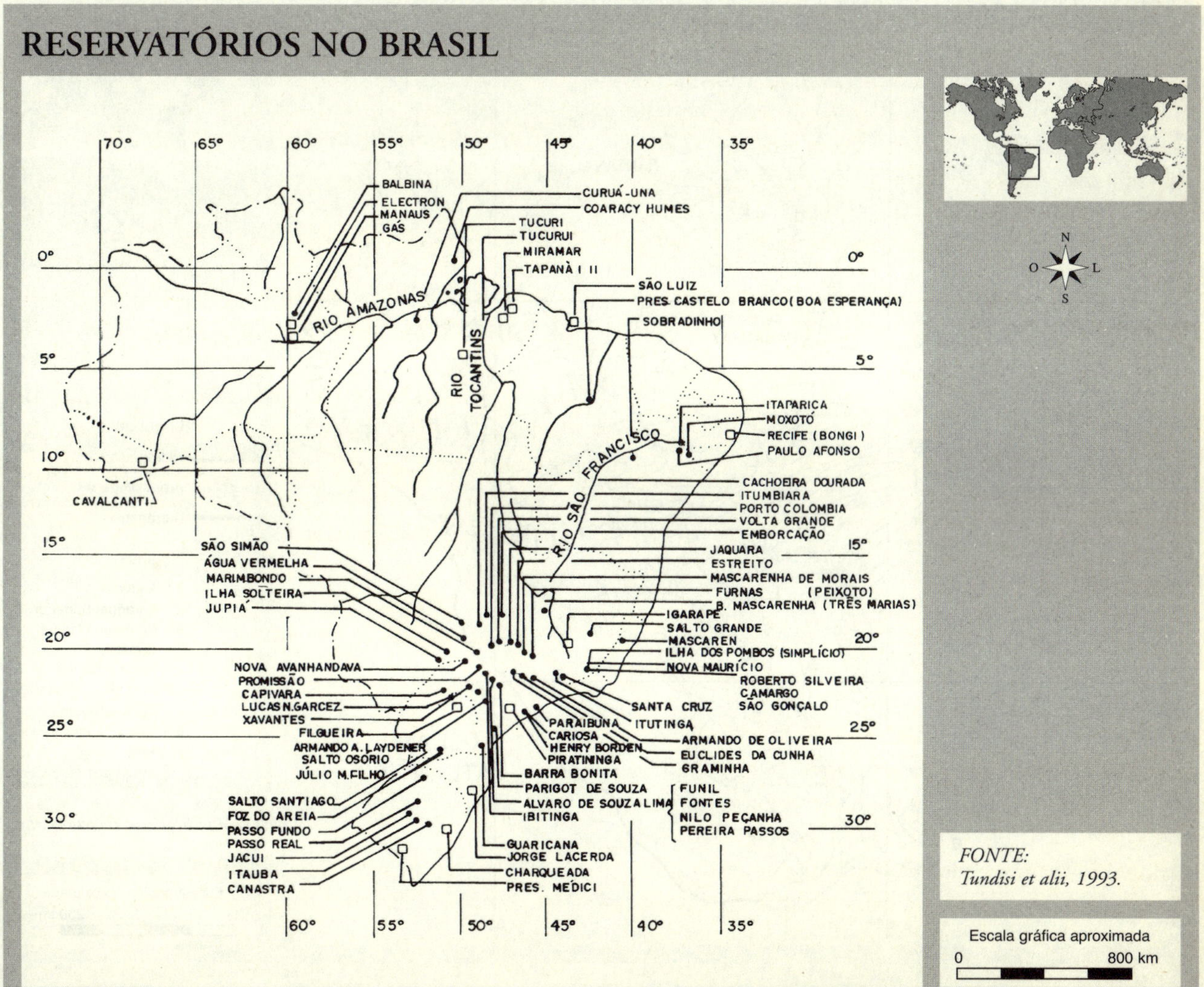

Figura 14: Principais reservatórios no Brasil

As diferenças em tempo de retenção introduzem novos mecanismos de alteração dos reservatórios, principalmente composição das comunidades zooplanctônicas e fitoplanctônicas (composição de espécies, sucessão, biomassa, produtividade e colonização). Por exemplo, Oliveira Neto (1993) mostrou que a densidade das rotíferos e a sua diversidade é diretamente relacionada ao tempo de retenção na represa do Lobo.

Impactos dos reservatórios e avaliação do impacto ambiental na construção dos reservatórios

Os impactos da construção de represas são relativamente bem documentados para muitas bacias hidrográficas. Estes impactos estão relacionados ao tamanho, volume, tempo de retenção do reservatório, localização geográfica e localização no *continuum* do rio. Os principais impactos detectados são:

- inundação de áreas agricultáveis;
- perda de vegetação e da fauna terrestres;
- interferência na migração dos peixes;
- mudanças hidrológicas a jusante da represa;
- alterações na fauna do rio;
- interferência no transporte de sedimentos;
- aumento da distribuição geográfica de doenças de veiculação hídrica;
- perdas de heranças históricas e culturais, alterações em atividades econômicas e usos tradicionais da terra;

RESERVATÓRIOS NA BACIA DO PRATA

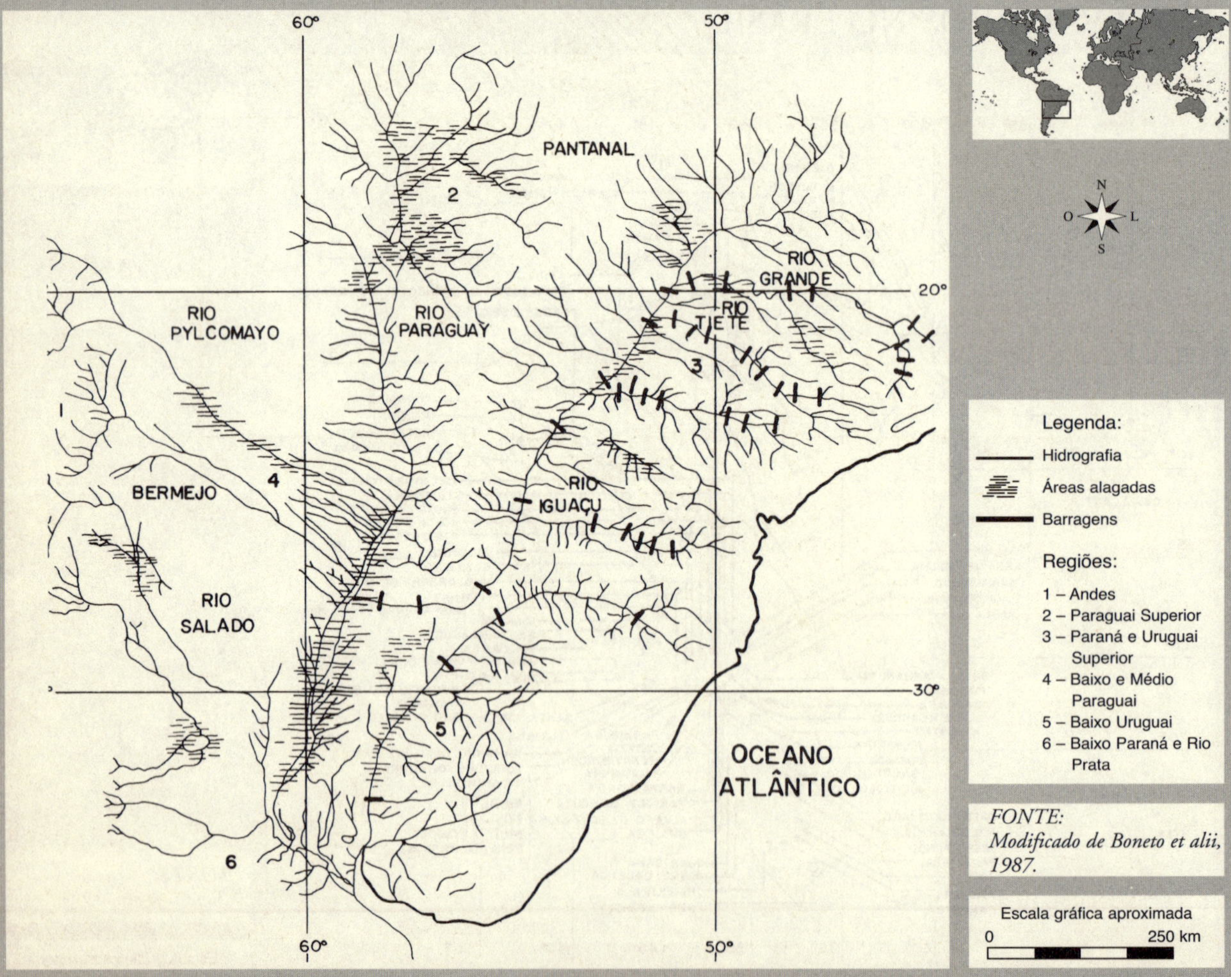

Figura 15: Principais reservatórios na bacia do Prata

GEOLOGIA E RESERVATÓRIOS DA REGIÃO SEMI-ÁRIDA

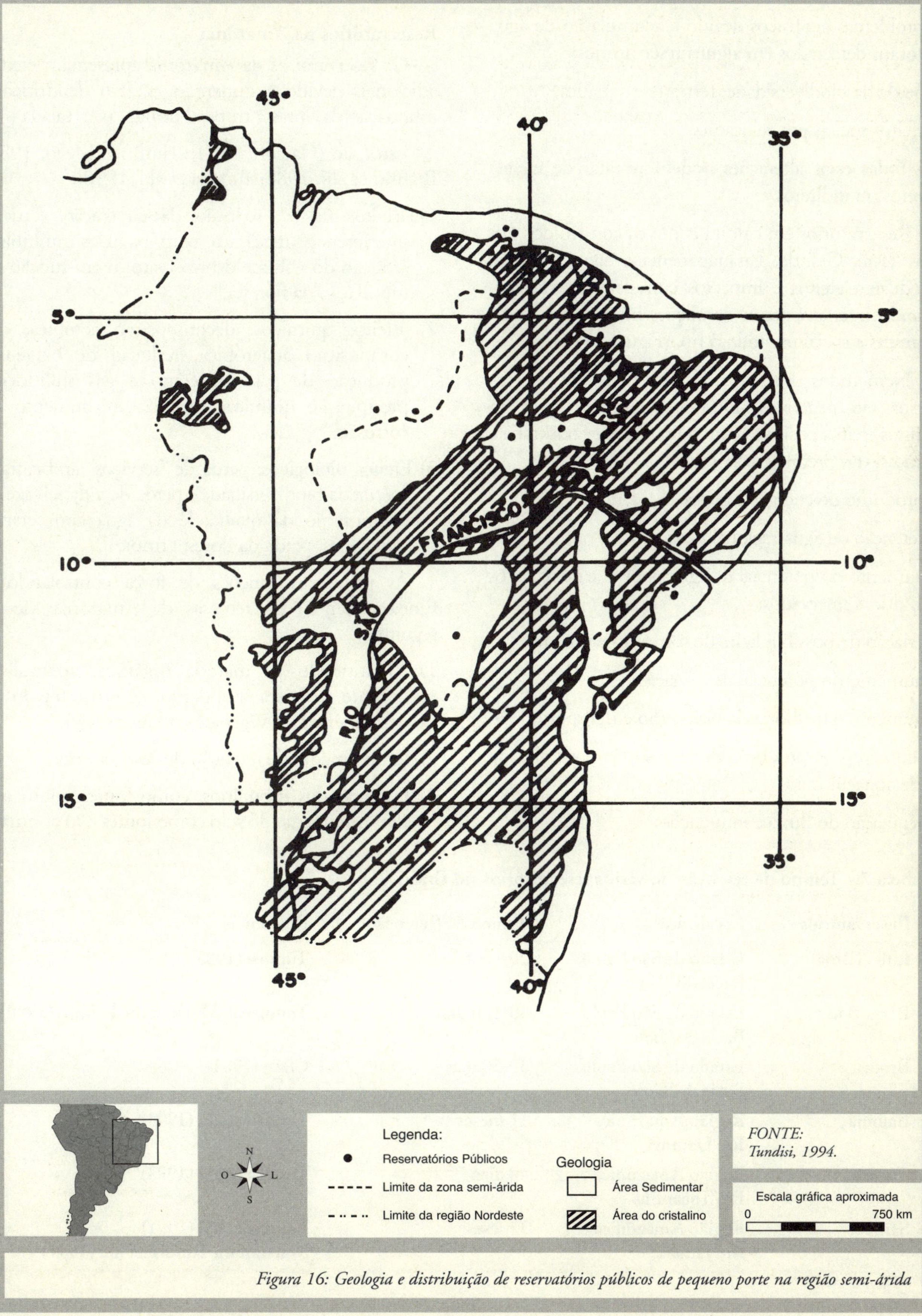

Figura 16: Geologia e distribuição de reservatórios públicos de pequeno porte na região semi-árida

- problemas de saúde pública, devido à deterioração ambiental;
- problemas geofísicos devido a acumulação de água foram detectados em alguns reservatórios;
- perda da biodiversidade, terrestre e aquática;
- efeitos sociais por relocação.

Todas estas alterações podem resultar de efeitos diretos ou indiretos.

Reservatórios em cascata como os construídos nos rios Tietê, Grande, Paranapanema e São Francisco, produzem efeitos e impactos cumulativos, transformando inteiramente as condições biogeofísicas, econômicas e sociais de todo o rio. (Figura 17)

Nem todos os efeitos da construção de reservatórios são negativos. Deve-se considerar também muitos efeitos positivos com o listado por Straskraba e Tundisi (no prelo):

- produção de energia: hidroeletricidade;
- retenção de água regionalmente;
- aumento do potencial de água potável e de recursos hídricos reservados;
- criação de possibilidades de recreação e turismo;
- aumento do potencial de irrigação;
- aumento e melhoria da navegação e transporte;
- aumento na produção de peixes e na possibilidade de aquacultura;
- regulação do fluxo e inundações;
- aumento das possibilidades de trabalho para a população local.

Reservatórios na Amazônia

Os reservatórios da Amazônia apresentam efeitos adicionais devido à dimensão, padrão dendrítico e inundação da floresta tropical úmida. (ver Tabela 8)

Estes são (Garzon, 1984); (Junk & Mello, 1987; Branski et alii, 1988; Tundisi et alii, 1998):

1) Efeitos físicos: redução da circulação vertical, interferência mecânica com os usos múltiplos, redução do volume do reservatório em função da inundação da floresta.
2) Efeitos químicos: decomposição aeróbica, decomposição anaeróbica, redução de oxigênio, produção de gases (metano e gás sulfídrico), precipitação química, eutrofização, aumento da corrosão.
3) Efeitos biológicos: perda de "serviços" ambientais, (perda da biodiversidade), perda de vida selvagem; deterioração da qualidade da água com efeitos biológicos, perda da floresta tropical.

As principais funções de força controlando o funcionamento das represas da Amazônia são as seguintes:

1) Quantidade de matéria orgânica, acumulada durante e após a inundação, como resultado da permanência da vegetação no reservatório.
2) Tempo médio de retenção do reservatório.
3) Entradas dos tributários, como fontes pontuais e usos e ocupação do solo como fontes não pontuais.

Tabela 7 - Tempo de retenção de vários reservatórios no Brasil

Reservatórios	Localização	Tempo de Retenção	Referência
Lobo (Broa)	Estado de São Paulo Bacia do Tietê	20-60 dias	Tundisi (1983)
Barra Bonita	Estado de São Paulo Bacia do Tietê	30-180 dias	Tundisi & Matsumura Tundisi (1990)
Brotas	Estado de São Paulo Bacia do Tietê	30-50 dias	Claro (1981)
Balbina	Região Amazônica Rio Uatumã	11 meses	Tundisi et alii (1993)
Tucuruí	Região Amazônica Rio Tocantins	40 dias	Tundisi et alii (1993)
Samuel	Região Amazônica Rio Jamari	3 meses	Tundisi et alii (1991) Matsumura Tundisi et alii (1991)

FONTE: Bonetto, 1994.

O estudo realizado nos três reservatórios amazônicos: Samuel, Balbina e Tucuruí, mostrou que existe uma gradação na concentração de carbono orgânico total resultante do estágio de degradação da biomassa nas várias represas. A "evolução" ou "envelhecimento" dos reservatórios do Amazonas, depende da capacidade de "digestão" e degradação da matéria orgânica acumulada. Neste caso, Tucuruí encontra-se em fase mais avançada do que Balbina e Samuel, e, portanto, sua estabilização já incorpora menor concentração de carbono orgânico total presente, seja em matéria particulada ou em matéria dissolvida.

Alterações ocorrem na composição química da água durante o desenvolvimento do processo. Também alterações na composição de espécies, na biomassa de fitoplâncton, zooplâncton e peixes são características das diferentes fases dos reservatórios. Por exemplo no caso do fitoplâncton, a comunidade que era dominada por *Euglenophyceae* deslocou-se para *Chlorococcaceae* e *Desmidiaceae* nos estágios ulteriores do envelhecimento do sistema. O grande acúmulo de M.O.D. - matéria orgânica dissolvida no sistema, no início da inundação, produz um aumento na biomassa de *Euglenophyceae* cujos organismos são, em parte, dependente desta concentração de M.O.D. com crescimento mixotrófico. A cadeia alimentar tem como sistema de suporte estas M.O.D. a M.O.P. (matéria orgânica particulada), de tal forma que nestas fases iniciais, que podem durar alguns meses ou até anos, o sistema tem seu funcionamento baseado em material alóctone dependendo menos de material autóctone; isso, mesmo considerando-se o rápido crescimento de macrofitas e perifiton, os quais sem dúvida contribuem com material autóctone o que podem ser importantes na alimentação de macroinvertebrados. O estabelecimento de uma cadeia alimentar cuja base é o detrito orgânico acumulado é um ponto fundamental neste processo de alteração qualitativa e quantitativa pelos quais passa o reservatório. Nos vários estágios pelos quais passa o sistema, a atividade heterotrófica de bactérias é extremamente importante. Esta atividade, medida indiretamente pela fixação do carbono no escuro, mostra oscilações que dependem evidentemente da circulação da água, do grau de estratificação e do acúmulo de matéria orgânica dissolvida e particulada. Em alguns casos verifica-se intensa fixação de carbono no escuro, (50%) indicando atividade heterotrófica importante no sistema.

A taxa de decomposição, de matéria orgânica, depende, em grande parte, do tempo médio de retenção do reservatório. Tempos de retenção médios de 40 dias como é o caso de Tucuruí, são

Tabela 8 - Reservatórios existentes e reservatórios planejados para a Amazônia.

Projeto	Rio	Coordenadas	Área da represa (km²)	Bacia hidrográfica (km²)	Área de drenagem (km²) Área da bacia/ área da represa	Contribuição à bacia hidrográfica
Couracy Nunes	Araquari	00°53'N 51°15'W	23.1	30.800	1.333,33	24.200
Curuá-Una	Curuá-Una					
Tucuruí	Tocantins	03°55'S 49°41'W	2.160	767.000	355,09	691.200
Balbina	Uatumã	01°55'S 59°28'W	2.360	70.600	29,92	19.260
Samuel	Jamari	08°45'S 63°25'W	579	29.700	51,30	15.280
Manso	Manso	14°52'S 55°48'W	427	10.890	25,50	9.364
Cachoeira	Trombetas	01°03'S 57°03'W	918	133.930	145,89	50.560
Jiparaná	Jiparaná	09°44'S 61°52'W	957	73.900	77,22	47.300
Karanaô	Xingu	03°07'S 51°46'W	1.225	509.000	415,51	477.000
Barra do Peixe	Araguaia	16°17'S 52°37'W	1.020	382.000	374,51	17.310
Couto Magalhães	Araguaia	17°10'S 53°08'W	4.420	382.000	8.642,53	5.170

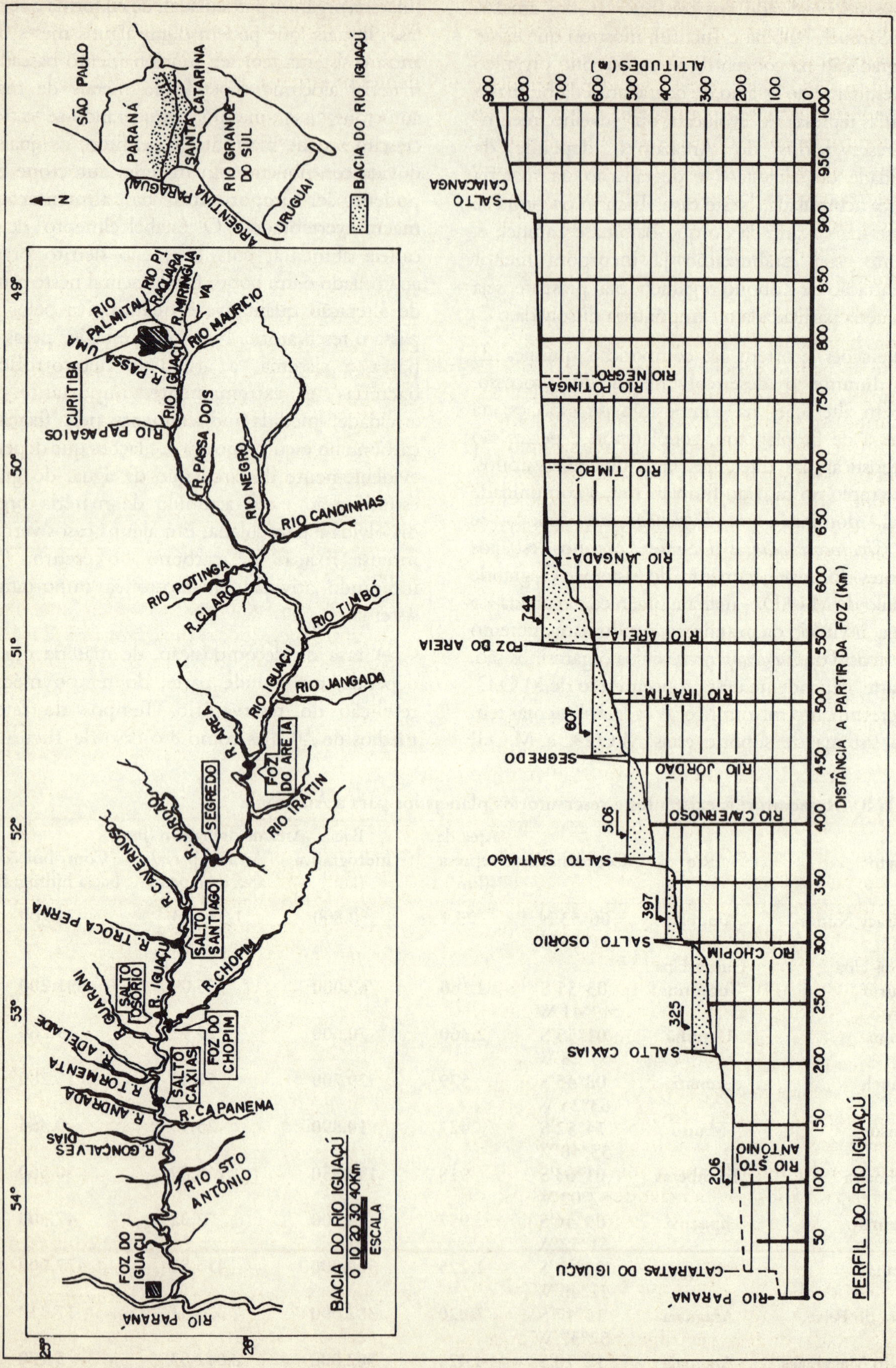

Figura 17 – Mapa e perfil do Rio Iguaçu e seus grandes reservatórios
FONTE: Agostinho et alii, 1998.

favoráveis à mais rápida perda de oxigênio a jusante e também a um menor período de acúmulo de matéria orgânica. Desta forma, a concentração de M.O.D. e M.O.P. na represa vai depender deste fluxo no compartimento principal e das relações deste compartimento com os braços do reservatório. Os dados de carbono orgânico total apresentados para os três reservatórios evidenciam estas fases diferenciadas em que se encontram em função da degradação e acúmulo de matéria orgânica dissolvida e particulada.

Um dos aspectos mais importantes, do ponto de vista das represas da Amazônia como ecossistema, diz respeito ao padrão dendrítico que ocorre nestes reservatórios, o que é acentuado, nos casos de Balbina e Tucuruí. Este padrão dendrítico introduz complexidades espaciais no sistema e nos mecanismos de transporte do reservatório que se traduzem em intercâmbios diferenciados entre os compartimentos (braços) e o corpo principal do sistema. Os braços do reservatório funcionam como coletores de matéria orgânica e material em suspensão o que é agravado, em grande parte, pela ocupação desordenada e rápida do solo, principalmente no caso do reservatório de Tucuruí.

Há necessidade de um conhecimento aprofundado das interrelações entre o corpo principal do sistema e os braços (compartimentos) do ponto de vista de circulação e é muito provável que tempos de retenção bastante elevados ocorram nesses braços do sistema. Deve-se ainda considerar o processo de estratificação das represas. As temperaturas da água (29°C, 30°C) estabelecem um gradiente térmico de alguns graus centígrados (2°C, 3°C) o que é suficiente para produzir estratificações térmicas relativamente estáveis. Estas estratificações produzem também gradientes químicos verticais como atestam os dados de fósforo total, nitrogênio total e amônio obtido, no perfil vertical. Esta concentração de matéria orgânica e inorgânica a certas profundidades hipolimnéticas, ficou mais evidente nos reservatórios de Samuel e Balbina. Anoxia, a partir de certas profundidades, mostrou-se comum nesses dois reservatórios evidenciando processos de decomposição resultantes desse hipolimnio anóxico.

Deve-se ainda considerar que os efeitos hidrológicos diretos na limnologia destas represas da Amazônia (entradas de água via tributários e escoamento superficial, acoplamento dos tempos de retenção com o ciclo hidrológico) são reforçados por efeitos indiretos relacionados com a quantidade de matéria orgânica dissolvida e o material em suspensão particulado, o que produz pulsos adicionais e permanentes no sistema.

A noção destes reservatórios como sistema determinísticos deve ser alterada para a inclusão de componentes estocásticos produzidos pelo sistema hidrológico e decomposição de matéria orgânica em ciclos sucessivos.

Por outro lado, com relação às comunidades zooplanctônicas é importante salientar que as represas da Amazônia, pelo menos nos estágios iniciais, não apresentam predação excessiva sobre esta comunidade, devido aos efeitos do represamento da comunidade de peixes e sua depleção por falta de oxigênio dissolvido, pulsos de matéria orgânica e outros eventos que reduzem a atividade dos predadores do zooplâncton nestes estágios iniciais.

Em resumo as represas da Amazônia como ecossistema apresentam as seguintes características fundamentais:

1) Padrão morfométrico acentuado com morfometria dendrítica e compartimentos (braços) que funcionam como coletores de matéria orgânica e material em suspensão;
2) tempos de retenção variados entre os compartimentos e o corpo principal do reservatório;
3) pulsos hidrológicos acentuados resultantes das entradas pelos tributários e escoamento superficial – acentuado pelo desmatamento – com entrada de material em suspensão em grande quantidade no sistema; e também resultantes das aberturas de comportas e vertedouros, os quais acentuam mecanismos de transporte horizontal;
4) também pode-se acentuar a existência de pulsos de matéria orgânica resultantes de períodos progressivos de decomposição e acúmulo e crescimentos explosivos de fitoplâncton e zooplâncton associados com a queda de folhas e material particulado, e matéria orgânica dissolvida. A duração desses pulsos depende do sistema de operação iniciado logo após o fechamento da barragem;
5) estratificação térmica e química com hipolimnio anóxico e grande concentração de matéria orgânica e inorgânica no hipolimnio;
6) processos estocásticos resultantes do sistema hidrológico e biológico, regulados pelo sistema de operação.

As represas da Amazônia e a biodiversidade

A inundação de grandes áreas na Amazônia produz perdas muito grandes na biodiversidade considerando-se a diversidade animal e a vegetal.

Além desta perda que pode incluir, no caso da comunidade vegetal, espécies importantes de valor comercial, principalmente as de valor farmacológico, deve-se considerar mudanças estruturais e funcionais muito importantes nos sistemas aquáticos devido à substituição do regime lótico pelo regime lentico, sendo que nesta há uma deterioração evidente da qualidade da água.

As perdas à jusante devidas à descarga de água com pouca ou nenhuma oxigenação, são também apreciáveis.

A diversidade perdida pela inundação das represas da Amazônia é insubstituível. A implantação de reservas junto aos reservatórios é uma prática importante que deve ser estimulada, uma vez que, além do impacto regional inicial produzido pela represa, deve-se considerar que a ocupação do solo após o enchimento e funcionamento da represa, é outro fator de perda da diversidade. Por exemplo, próximo a Represa de Tucuruí ocorreram grandes desmatamentos resultantes da ocupação imediatamente posterior à construção e enchimento do reservatório.

Deve-se levar em conta o fator biodiversidade para a estimativa das perdas produzidas pela represa; um cálculo econômico deve sempre considerar o valor econômico das espécies de importância farmacológica, o preço da madeira nobre perdida. De cálculo mais difícil, entretanto é a estimativa da perda das funções ecológicas representadas pelo mosaico de vegetação e áreas inundadas naturais (wetlands), as matas galeria ao longo dos rios e as interações entre os componentes da biota. Estimativas econômicas desta funções só poderão ser realizadas após a sua avaliação e a medida das mesmas, por especialistas. Isto reforça a idéia de que os estudos prévios à inundação devem ser feitos não só com muita antecedência, mas devem dar ênfase a processos e não se limitarem à descrição e listagem de espécies. Este é um ponto fundamental na avaliação da perda da biodiversidade. Mais do que a perda de inúmeras espécies, os cálculos devem considerar também e, mais importante, a perda da função nos ecossistemas.

É claro que a inundação produz um sistema aquático que pode, também atingir altos valores de biodiversidade. Sem dúvida isto também deve ser levado em conta. A inundação da floresta tropical úmida produz um rico e variado substrato no qual se desenvolve uma abundante e variada biomassa de perifiton, constituindo-se este, a base de uma rede alimentar importante e que tem valor comercial pois permite a exploração do camarão (*Machrobrachium amazonium*) e a perda do tucunaré (*Cicchla occelaris*). Entretanto é preciso atentar para o grau de sustentabilidade deste sistema (Tundisi et alii, 1993).

Isto é um ponto fundamental: as represas da Amazônia, como todo ecossistema de represa, passam por um processo de enorme instabilidade e, também, por profundas alterações temporais resultantes de modificações no nível da água, aumento da oxigenação, perda de matéria orgânica a jusante. Estas alterações podem modificar as redes alimentares temporárias que se formam e, portanto, define-se um sistema com pouca sustentabilidade. Por exemplo o *trophic upsurge* que ocorre em represas, imediatamente após o fechamento, tem uma duração de tempo limitada pois resulta nesta perda da sustentabilidade do sistema, após a reorganização das redes alimentares (Straskraba et alii, 1993).

As populações de peixes apresentam uma alta biomassa e produtividade durante o período de maturação da primeira geração que se reproduz no reservatório. O macrobentos serve como uma fonte importante de alimentação neste caso. As alterações produzidas na rede alimentar são produto das modificações no tempo que ocorrem entre os componentes funcionais da rede alimentar.

Portanto, uma avaliação econômica da perda da biodiversidade pela construção de represas da Amazônia, deve ser considerada como parte fundamental da perda de processos, funções e serviços. Isto deve ser contrastado com as mesmas características do sistema de represas, ou seja, que funções e serviços devem ser avaliados para possibilitar comparações. É claro que o problema da sustentabilidade deve ser considerado como fundamental.

1) A construção de represas da Amazônia, além de produzir inumeras alterações no sistema terrestre, produz um **novo** sistema aquático, o qual passa por periódicas transformações e leva de 10 a 15 anos para estabilizar-se, dependendo do seu **volume, área inundada, tempo de retenção, quantidade de biomassa** existente na área de inundação.

2) Dois pontos são fundamentais quando se considera estas represas:

i) a avaliação do impacto deve incluir estudos profundos anteriores que possibilitem avaliar funções e serviços do ecossistema, além da biodiversidade.

ii) a manutenção de um baixo tempo de retenção é fundamental para a redução da concentração de matéria orgânica no sistema em um período rápido (alguns anos). Igualmente importante é a construção de um reservatório com o menor padrão dendrítico possível. A presença de inúmeros compartimentos, é um fator complicador adicional no funcionamento do sistema, pois produz inúmeras áreas com maior tempo de retenção e facilmente sujeitas à ação da ocupação das zonas marginais. Portanto, quanto menos dendrítico for o reservatório menor a possibilidade de formação de áreas alagadas adicionais artificiais. Isto remete ao fato de que os reservatórios devem ter um padrão menos complexo e ser de menor tamanho para minimizar impactos e melhorar as perspectivas de manejo.

Efeitos gerais das barragens no regime hidrológico e no funcionamento de ecossistemas aquáticos naturais

A construção de barragens em cascata, como é o caso dos principais afluentes do rio Paraná no Estado de São Paulo, produz extensas modificações gerais nos seguintes processos no rios:

i) Alteração do regime hidrológico devido à regulação do fluxo e do nível, e conseqüentemente, modificações na altura das variações hidrométricas. Com isto modificam-se regimes de inundação e áreas alagadas.

ii) Modificações nos ciclos biogeoquímicos. As represas retém fósforo e exportam nitrogênio a jusante. A retenção de fósforo é realizada em função da precipitação de fosfato férrico no sedimento devido à anulação e reoxigenação. Devido a estas alterações, o sistema e o acúmulo de nutrientes modificam-se produzindo um método da eutrofização nos sistemas a jusante. Neste caso, a entrada de nutrientes de montante é reduzida (para o caso do P).

iii) Alterações no sistema de reprodução de peixes e na fauna e flora das áreas de inundação. As modificações no regime hidrológico e na vazão, com as barragens, interferem nos ciclos de reprodução dos peixes, impedindo a migração.

iv) Retenção de sedimentos nos reservatórios a montante, com isto aumentando a capacidade de erosão da água a jusante. A retenção de sedimentos interfere com os ciclos biogeoquímicos e a qualidade da água.

Deve-se ressaltar o **efeito conjunto** das represas em cascata e seus impactos cumulativos.

Processos de sedimentação quaternária – a teoria dos refúgios e os ecossistemas de águas continentais da América do Sul.

A teoria dos refúgios

A maioria dos atuais ecossistemas de águas continentais da América do Sul e particularmente das regiões tropicais e subtropicais do Brasil, teve suas características morfométricas e os principais processos estabelecidos durante as grandes alterações geomorfológicas ocorridas no quaternário. Segundo vários autores como Bigarella & Ab'Saber (1964), períodos secos e chuvosos no pleistoceno produziram padrões de erosão e sedimentação nos períodos glaciais e interglaciais que, com depósitos de aluviões, bloquearam tributários, produzindo vários tipos de padrões morfométricos característicos para rios lagos e áreas alagadas.

Portanto, a base geomorfológica determinou uma série de alterações substanciais no funcionamento dos ecossistemas terrestres e aquáticos, sendo a principal função de força que estabeleceu as características fundamentais do sistema e produziu, em última análise, nos sistemas aquáticos, os processos limnológicos que hoje ocorrem, resultantes das flutuações de nível, padrões térmicos e de circulação, hidrogeoquímica, ciclos biogeoquímicos e respostas da biota. (Figura 18)

A teoria dos refúgios, proposta por vários autores como Ab'Saber (1988), Brown & Ab'Saber (1979), Haffer (1969) e Vanzolini & Heyer (1988), foi um avanço muito importante na compreensão destes processos ecológicos dinâmicos na América do Sul e explica o atual mecanismo de funcionamento dos ecossistemas tropicais e subtropicais no continente, com base nas alterações climáticas durante o quaternário. De acordo com esta teoria, durante as fases úmidas do clima do Pleistoceno mais recente, florestas tropicais de terras baixas, foram reduzidas a trechos isolados, conservando uma maior diversidade de espécies. Recentemente esta teoria foi estendida ao Pantanal e a áreas centrais da América do Sul Tropical. Os trechos isolados com alta diversidade foram depois engolfados pelo rápido crescimento da Floresta Tropical Úmida, em períodos úmidos com as áreas de alta biodiversidade, permanecendo em seus refúgios originais.

Os períodos secos e chuvosos caracterizaram expansões, situações e mudanças nos padrões dos sistemas aquáticos continentais, e, sem dúvida, produziram influências no deslocamento dos grupos humanos de caçadores e coletores que se localizaram nas regiões úmidas de interfaces entre os sistemas terrestres e aquáticos.

Provavelmente esses grupos iniciaram sua dispersão a partir do centro da América do Sul, depois do gradual restabelecimento de lagos, várzeas, áreas alagadas e rios depois do período chuvoso (Bigarella et alii 1965; Meggers et alii, 1988).

Recentes avanços no conhecimento da dinâmica continental

Um conceito recente, e que apresenta uma visão dinâmica da movimentação e sucessão da floresta ao longo dos rios da Amazônia, foi introduzido por Salo et alii (1986), a partir da análise de imagens aéreas de radar, nas regiões de terras baixas do Rio Amazonas, no Peru. Os rios que examinaram apresentam meandros e áreas inundadas de várzea, dando origem a sucessivas florestas do mosaico; as permanentes alterações no padrão de drenagem, os

SEDIMENTAÇÃO NA REGIÃO AMAZÔNICA

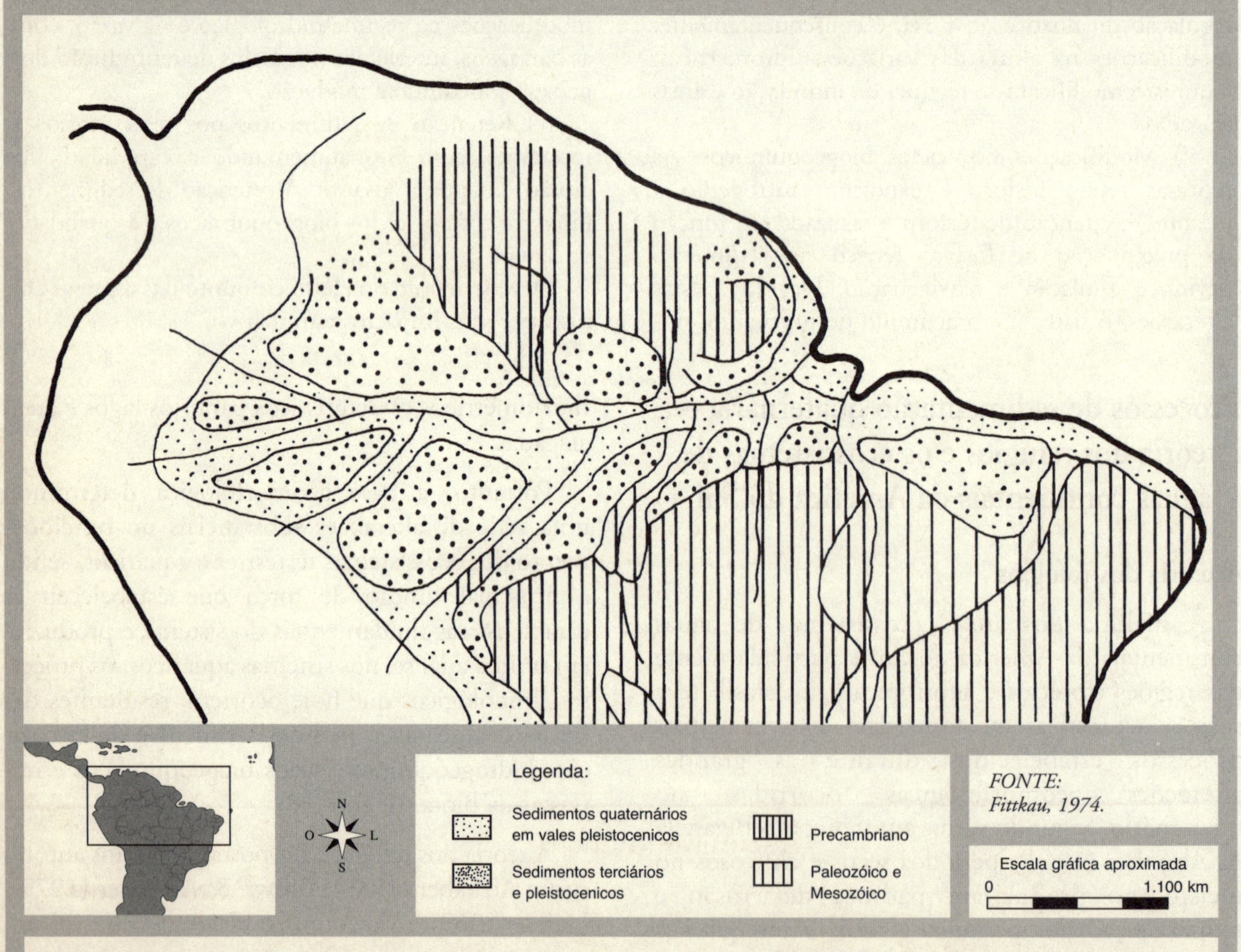

Figura 18: Características dos sedimentos da região amazônica

depósitos de sedimento e as erosões laterais durante os ciclos anuais, produzem tipos diversos de florestas; a grande variabilidade e dinâmica destes sistemas, mostra a importância das perturbações intermediárias na reorganização da biodiversidade e, também, as interações sucessivas e permanentes dos sistemas terrestres e aquáticos nessas regiões de várzea (Kalliola et alii 1991). Figura 19.

Perturbações fluviais e o sistema de pulsos, são causas de contínuas mudanças nas interações rios/florestas/áreas alagadas/várzea, sendo uma das funções de força mais importantes para o aumento da biodiversidade.

A teoria dos refúgios e as recentes adições e novos conceitos da dinâmica dos processos, constituem excelente modelo para compreender as interações rios/várzea/áreas alagadas e sistemas terrestres nas regiões tropicais e subtropicais do Brasil. E também

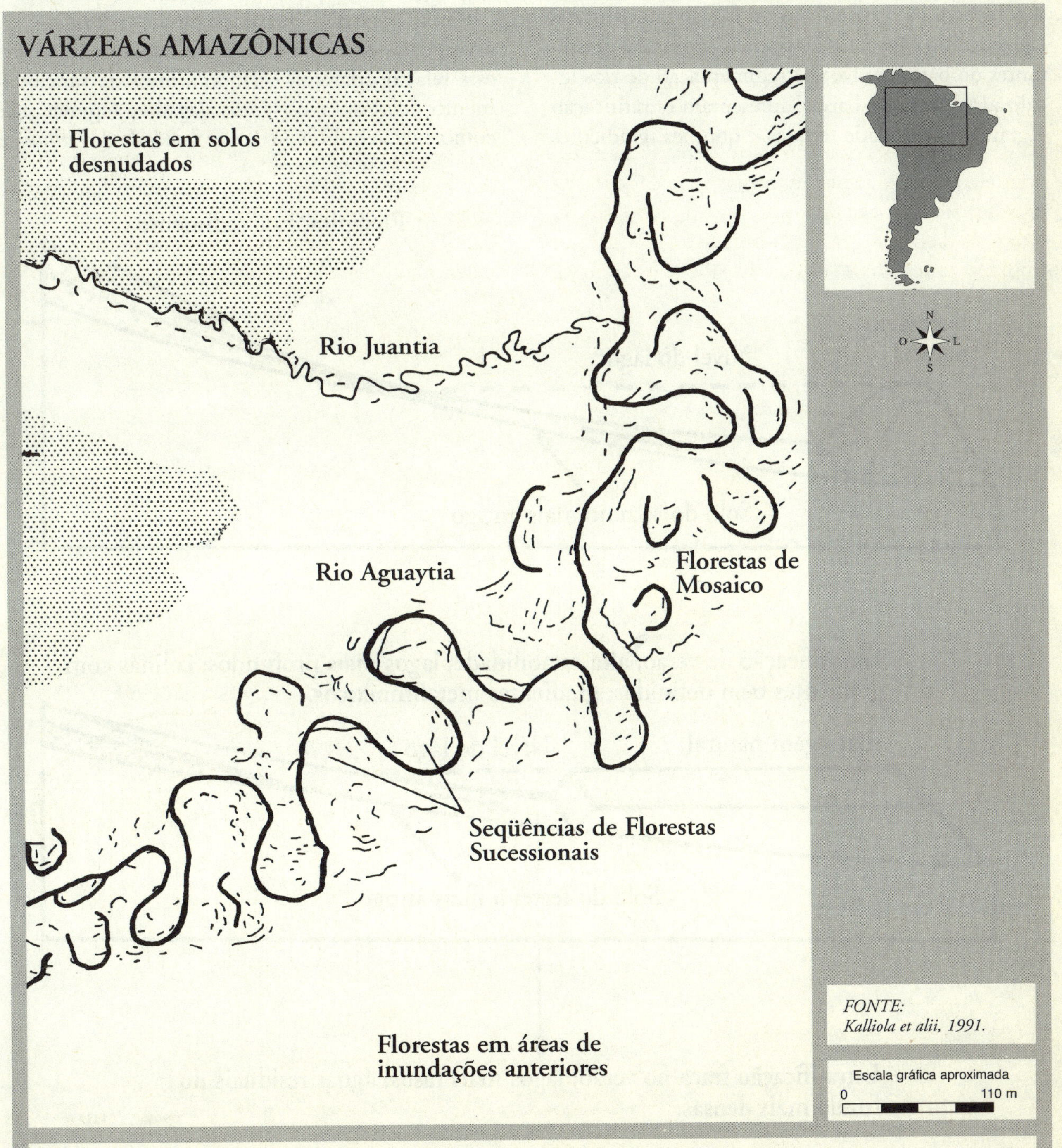

Figura 19: Deslocamentos em rios da Floresta Amazônica como funções de força para o aumento da heterogeneidade espacial

proporcionam uma base teórica fundamental para o estabelecimento de sistemas de conservação e proteção para a Amazônia, Pantanal e Paraná Superior.

Padrões geomorfológicos e funcionamento dos sistemas aquáticos: o exemplo dos lagos do Rio Doce

Meis (1977); Meis e Tundisi (1997) demonstraram a interrelação entre a origem geomorfológica dos lagos e os mecanismos de funcionamento dos lagos do Rio Doce. Os lagos mais profundos, resultantes do barramento, por sedimentação de rios localizados em terras baixas, apresentam estratificação e grande estabilidade térmica e química, gradientes metalimnéticos bem estabelecidos. Os lagos mais rasos, resultantes do barramento de rios localizados em regiões mais altas, apresentam uma estratificação mais fraca e menos estabilidade, com circulação mais constante. (Figura 20)

A biota das águas interiores

A integridade e o funcionamento dos ecossistemas aquáticos depende da interação destes com o sistema terrestre, incluindo-se aí a origem. A diversidade da fauna e flora das águas continentais está relacionada com os mecanismos de funcionamento de rios, lagos, áreas alagadas, represas, tais como o ciclo hidrológico, e a variedade de *habitats* e

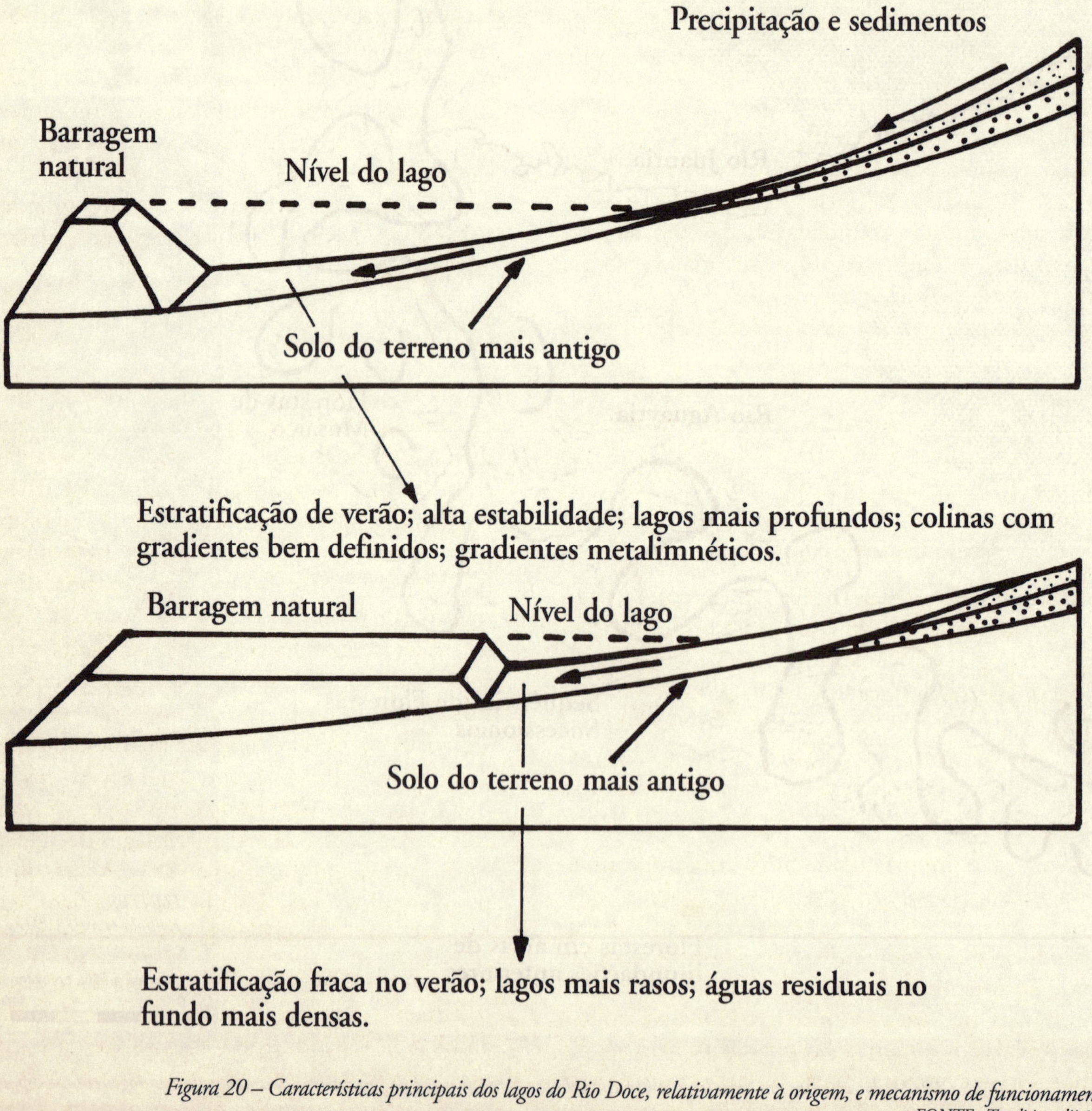

Figura 20 – Características principais dos lagos do Rio Doce, relativamente à origem, e mecanismo de funcionamento
FONTE: Tundisi et alii, 1997.

nichos. A dinâmica dos ecossistemas de águas continentais e das suas floras e faunas depende, portanto, de uma série de fatores interdependentes. A biota de águas interiores é muito mais diversa e rica do que a dos oceanos. As águas doces ocupam 0,0093% do volume total de água do planeta e, no entanto, 12% das espécies animais vivem nas águas interiores (contra 7% que vivem nos oceanos). Cerca de 40% do total de 20.000 espécies de peixes vivem nas águas doces.

A flora e fauna dos ecossistemas aquáticos do Brasil, apresenta inúmeras características relacionadas com o regime hidrológico dos grandes rios e áreas alagadas e de várzeas. O regime hidrométrico tem condições altamente flutuantes produzindo-se pulsos de freqüência e magnitude variadas (ver próximo capítulo). Estes pulsos apresentam períodos de inundação e seca produzindo grandes alterações na estrutura e funcionamento das comunidades aquáticas. (Tundisi et alii, 2000)

Adaptação a pulsos significa apresentar mecanismos de resistência ao dessecamento ou à inundação. No caso de períodos longos de inundação como ocorre nas florestas inundadas no Amazonas, há mecanismos bioquímicos especiais da vegetação para tolerância à inundação. Por outro lado o dessecamento impõe também condições drásticas que produzem respostas da comunidade para resistir à períodos de intensa seca; existem três mecanismos de sobrevivência: deixar o sistema quando as condições são adversas; produzir formas latentes que resistem ao dessecamento; produzir ovos e formas de resistência duráveis que suportam o dessecamento e altas temperaturas no sedimento.

Plantas e animais desenvolvem estratégias para os períodos desfavoráveis durante a seca ou inundação. Estas estratégias incluem a migração de peixes entre o rio e os lagos de várzea, migração de invertebrados terrestres para a abóbada durante o período de inundação ou a produção de ovos de resistência, ou estágios de resistência em esponjas e moluscos. (Junk, 1997).

Uma parte importante da biota aquática, principalmente aquela constituída pelas macrofitas aquáticas, decompõe-se durante períodos de seca, originando uma massa de detritos elevadas que sustenta uma flora microbiana extremamente diversificada e ativa. Algas perifíticas também estão associadas a esta vegetação aquática; estas algas tem papel importante na interação entre os vários componentes do sistema uma vez que ciclos biogeoquímicos fechados ocorrem a partir da interação destas microfitas com as macrofitas e animais herbívoros ou comedores de detritos (Tundisi 1994, Walker 1995).

Grande parte da fauna e flora de rios do semiárido tem mecanismos de adaptação ao dessecamento devido a enorme diversidade de tipos de rios temporários que ocorre na região.

Uma parte da flora e fauna do semi-árido, também está adaptada às flutuações de condutividade/salinidade que ocorrem. Em muitos rios, represas artificiais ou lagos do semi-árido a concentração salina/condutividade aumenta com a evaporação, estimulando mecanismos especiais de controle osmótico devido à maior salinidade.

A fauna de peixes

Um componente importante e fundamental da biota aquática do Brasil são os peixes. Lowe McConell (1991) refere-se a mais de 1.500 espécies de peixes que ocorrem só na Bacia Amazônica. Esta alta diversidade na Bacia Amazônica é atribuída à variabilidade de *habitats*, desde pequenos rios com grande heterogeneidade espacial até grandes rios com canais, lagos e áreas alagadas associadas.

Aproximadamente 85% das espécies pertence à *superordem Ostteariophysi*, sendo dominantes os *caracoóides* e *siluróides*.

As flutuações do nível nos vários grandes rios (Amazonas e tributários, e Paraná e tributários) são uma fonte de variabilidade e fluxo gênico, entre as comunidades dos rios e dos lagos adjacentes. Migrações e isolamento durante períodos de inundação e seca, produzem mecanismos dinâmicos de alteração da estrutura e função nas comunidades com reflexo nos processos evolutivos. As muitas espécies de peixes de grandes rios, estão adaptadas a processos de variação hidrométrica e correntes em grandes rios. A fauna de peixes da biota dos ecossistemas aquáticos do Brasil é fundamentalmente uma fauna de grandes rios com poucas espécies verdadeiramente lacustres ocorrendo. Poucos mecanismos de isolamento gênico ocorrem. Os lagos do vale do Rio Doce são exemplos típicos de ecossistemas aquáticos fragmentados onde isolamento genético pode ter ocorrido até certo ponto. (Tundisi & Saijo, 1997)

Por outro lado a fauna de peixes de represas é totalmente diversa, devido não só às alterações ambientais causadas pela construção da barragem, mas, principalmente pela introdução de espécies exóticas, o que complica relações alimentares e redes tróficas, relações predador-presa e interfere direta e indiretamente nos processos biológicos que ocorrem nos lagos artificiais.

Diferenças importantes ocorrem na diversidade de peixes entre as bacias Amazônica e do Paraná-Paraguay-Uruguay. Enquanto na primeira há estimativas de 1.500 espécies, na bacia do Prata estima-se 550 espécies a maioria no Rio Paraguay, e especialmente no vasto e complexo sistema do Pantanal (Bonetto, 1994). Bonetto (1994) atribui esta diversidade também à ampla variabilidade e heterogeneidade espaciais representada por rios, canais, lagos de várzea, sistemas de lagoas, permanentemente submetidos a períodos de isolamento e contacto. Estes sistemas possibilitam grande diversidade e endemismo e estímulos à especiação.

Grande parte desta fauna de peixes é constituída por iliofagos e detritívoros, alimentando-se de sedimentos e microorganismos.

Como registro importante da fauna de peixes de rios do Brasil deve-se considerar a interação de um grande número de espécies de peixes – mais de 250, segundo Araújo Lima & Goulding (1997) com a floresta inundada. O grande número de espécies de peixes que evoluiu com a floresta tropical úmida constitui uma enorme e importante fauna com alimento diversificado proveniente de sementes e frutos que são uma importante e fundamental interação evolutiva, e um componente estratégico na rede alimentar e no uso da energia produzida pela floresta tropical úmida inundada. O exemplo mais significativo desta fauna é o tambaqui (*Colossoma macropomum*).

Outro componente importante da fauna de peixes do Rio Amazonas são os grandes bagres predadores (Barthem & Goulding, 1997) que ocorrem nos inúmeros canais e águas barrentas dos tributários do Rio Amazonas. Esta fauna tem um enorme interesse do ponto de vista ecológico e econômico; de acordo com estes autores, a Bacia Amazônica tem o maio número de peixes predadores de todos os sistemas de água doce do planeta.

Flora e fauna de reservatórios

A construção de represas produziu grandes alterações na biota de águas interiores do Brasil. As grandes alterações ocorrem principalmente com a fauna de peixes, uma vez que as espécies sul-americanas estão adaptadas a rios com correntes rápidas, migrando para a reprodução. A zona pelágica dos reservatórios é muito pouco utilizada pelos peixes. Além da alteração produzida pela construção de barragens, muitas represas foram repovoadas com espécies exóticas, tornando a rede alimentar a composição das comunidades e a exploração comercial extremamente complexas.

Tentativas para o repovoamento das represas com espécies nativas estão em progresso (Agostinho com pessoal).

Áreas alagadas associadas a represas são fonte da diversidade e aumento da biomassa de espécies de peixes, crustáceos, macrofitas, aves e mamíferos.

Impactos na biodiversidade

A biota das águas interiores está submetida a uma série de variados impactos decorrentes das atividades humanas nas diferentes bacias hidrográficas e estes são :

- Poluição, contaminação e introdução de substâncias tóxicas;
- Introdução de espécies exóticas predadoras;
- Remoção da vegetação ciliar em rios, represas e lagos;
- Construção de represas;
- Atividades excessivas de pesca;
- Aumento do material em suspensão na água devido a atividades agrícolas;
- Uso excessivo de equipamentos de recreação;
- Deterioração da margem de rios, represas e lagos;
- Remoção e destruição de áreas alagadas;
- Eutrofização excessiva;
- Alteração na flutuação do nível da água e interferência no sistema hidrológico;
- Remoção de espécies de grande importância na rede alimentar;
- Aumento de navegação e transporte;
- Desmatamento em geral e perda da vegetação inundável;
- Intensificação das atividades de mineração;
- Alterações nas condições químicas e físicas das águas (qualidade da água) – temperatura, oxigênio dissolvido, pH (por acidificação), nutrientes (por eutrofização).

Conservação e proteção da biota aquática

Inúmeros estudos demonstraram as importantes interrelações entre lagos, represas, rios, áreas alagadas e suas bacias hidrográficas Likens (1984, 1989, 1992, 1992b), (Tundisi, 1994). Portanto, qualquer programa de conservação da biota deve ser baseado no conhecimento destas interações. A manutenção da diversidade regional da biota e da qualidade da água são um desafio importante para o desenvolvimento sustentado dos recursos hídricos e do seu componente biológico. A preservação de áreas de sistemas naturais com alta biodiversidade e espécies endêmicas é fundamental para a recuperação de ecossistemas e para o conhecimento mais profundo de processos de interação entre os componentes abiótico e biótico de sistema.

Futuros estudos

O uso eficiente e racional dos sistemas aquáticos continentais no Brasil depende do desenvolvimento intensivo da pesquisa científica, acoplada às aplicações práticas, possibilitando usos múltiplos. Monitoramento permanente, detecção dos impactos e da deterioração dos sistemas deve promover uma reorientação das pesquisas para resolver problemas que afetam rios, áreas alagadas, lagos e represas. Em futuros estudos devem considerar-se, provavelmente os seguintes temas.

1) *Uma abordagem de ecossistemas* - Dinâmica das áreas alagadas, rios, lagos e represas. Estudos detalhados da dinâmica estacional de fatores hidrológicos, físicos, químicos e biológicos é essencial. É necessário ampliar a pesquisa comparada em lagos de várzea, áreas alagadas e em vários ecossistemas aquáticos.

2) *Interações bacias hidrográficas, lagos e rios* - Há poucas estimativas da contribuição de bacias hidrográficas para os rios, lagos e reservatórios. Estudos comparados em várias bacias hidrográficas, são fundamentais para detectar fontes difusas de poluição, entradas de substâncias tóxicas nos sistemas aquáticos e as respostas de organismos, e dos compartimentos químicos. A pesquisa sobre o comportamento e respostas dos organismos deve incluir possibilidades de detecção rápida e preventiva de efeitos de substâncias tóxicas como pesticidas e herbicidas.

Estudos palinológicos em vários ecossistemas naturais permitirão também detectar mudanças nas

Outros sistemas de interesse ecológico, econômico e social

Regiões de mangue

As regiões de mangue ocupam uma vasta área de distribuição geográfica no Brasil e tem grande importância uma vez que constituem um continuum entre os sistemas de água doce e os sistemas costeiros. Com características peculiares de funcionamento, vegetação resistente à salinidade e água salobra, e adaptações fisiológicas especiais nestas regiões, abrigam vasta fauna de vertebrados e invertebrados, constituindo-se em áreas de reprodução, acúmulo e diversidade de biomassa, e com processos evolutivos para fauna e flora peculiares e característicos. São importantes fontes de matéria orgânica dissolvida ou particulada para os rios e canais dos manguezais como é a água costeira adjacente dependendo dos padrões de circulação e alturas de maré.

São regiões de alta produtividade primária de fitoplâncton (Teixeira et alii, 1965) adaptações especiais da fauna de invertebrados e em especial da zooplanctônica às variações de salinidade (Tundisi & Tundisi, 1968), e de elevado potencial econômico de exploração, incluindo aquacultura (maricultura – ostreicultura, carcinocultura) exploração de madeira e outros produtos. São, entretanto extremamente suscetíveis aos impactos da exploração pelo homem, devido à fragilidade do sistema, baseado fundamentalmente na sustentação do ciclo de matéria orgânica pelas interações sistema terrestre/sistema aquático.

Lagoas costeiras e águas temporárias

Em toda a costa do Brasil, mas principalmente no sul e nordeste ocorrem lagoas costeiras, algumas de águas doces, outras salobras e algumas com salinidade mais elevada > 20%. Estas lagoas tem um papel econômico importante devido às possibilidade de exploração da biomassa e, também como regiões de turismo em geral e turismo ecológico. No Estado do Maranhão, lagoas costeiras nos lençóis maranhenses, constituem um ecossistema de alta importância ecológica dado as suas características de lagoas permanentes e muitas temporárias. Esta região tem alto potencial para exploração do turismo, e para estudos científicos.

Águas temporárias ocorrem em muitas regiões do Brasil e seu estudo e a compreensão científica da composição química e propriedades físicas, é fundamental para a conservação desses ecossistemas.

bacias hidrográficas e seus efeitos nos sistemas aquáticos, ao longo de uma escala de tempo geológico. (Dumont & Tundisi, 1997). A introdução de estudos em bacias hidrográficas em qualquer trabalho de limnologia é essencial. Igualmente importante é o estudo hidrodinâmico de lagos, represas com a finalidade de compreender a distribuição vertical e horizontal dos organismos sua localização temporal, o acoplamento da biota aos estados transientes do sistema, e a distribuição de poluentes e substâncias dissolvidas.

3) *Estudos evolutivos e de biologia experimental* - Estudos comparados com a finalidade de compreender as respostas dos organismos a estresses naturais ou artificiais, são fundamentais com a finalidade de verificar processos evolutivos ou mecanismos reguladores. Por exemplo estudo do comportamento de organismos sob variações nictinerais de temperatura, oxigênio dissolvido, e outras variações rápidas são fundamentais para compreender a organização da biota e suas repostas a diversos fatores.

   Os estudos sobre a biologia de espécies aquáticas são importantes para futuros desenvolvimentos da aquacultura de peixes e outros organismos aquáticos. A tradição de cultivar espécies exóticas deve ser substituída pela tradição de cultivar espécies nativas.

   Estudos biológicos e ecológicos em águas temporárias também são fundamentais. Em muitas regiões do Brasil, lagos e rios temporários apresentam uma fauna e flora variada cuja resposta a fatores de dessecamento pode proporcionar muitas informações sobre processos evolutivos e de organização da biodiversidade.

4) *Aplicações* - Estudos aplicados sobre as relações entre a saúde humana e ecossistemas aquáticos devem ser considerados, principalmente em regiões com lagos e reservatórios urbanos altamente impactados. Interações entre abordagens de engenharia e ecológicas devem ser promovidas com a finalidade de ampliar a abrangência da abordagem na solução de problemas tais como gerenciamento de rios, lagos e represas. Estudos e organização de banco de dados sobre organismos indicadores são também fundamentais.

Entre todos estes aspectos para futuros estudos deve-se considerar dois pontos principais: primeiro, a necessidade de uma forte base teórica, construída a partir de um banco de dados e de trabalhos experimentais com sínteses contínuas; segundo, a necessidade de implementar e desenvolver estudos de longa duração em sistemas aquáticos; perspectivas para futuros estudos deveriam considerar pesquisas científica permanente em ecossistemas selecionados, para acompanhar mudanças e proporcionar uma base sólida para antecipação de impactos e recuperação de sistemas aquáticos. Este último tema, recuperação de sistemas aquáticos é fundamental para o desenvolvimento sustentado. O avanço tecnológico deve ser permanente. O uso continuado de imagens de satélite acopladas à obtenção de dados com equipamento automático é extremamente importante para dar continuidade e aprofundar o conhecimento científico. Outra ferramenta importante é o desenvolvimento de modelagem ecológica e matemática com a finalidade de capacitar melhor as áreas acadêmicas e tecnológicas para realizar predições e prognósticos.

Conclusões

O volume e a diversidade de recursos de águas interiores no Brasil é extremamente elevado o que dá ao país condições excepcionais de aproveitamento e usos múltiplos de recursos hídricos e ao mesmo tempo aumenta a necessidade de programas de conservação, gerenciamento e recuperação de lagos, represas, rios, pântanos, lagoas costeiras e outros corpos de águas interiores. Dentre os fatores que determinam a biodiversidade nos sistemas aquáticos, a origem e os mecanismos de funcionamento são de primordial importância. Esses mecanismos, ajustados aos efeitos das funções de força, morfometria e origem do sistema, são fundamentais na diversidade de *habitats* e nichos ecológicos produzindo variabilidade espacial e temporal e consequentemente, ampliando a diversidade biológica. Programas de gerenciamento, conservação e recuperação dos vários ecossistemas aquáticos serão apresentados no próximo capítulo.

O conjunto de águas interiores no Brasil é, portanto, um complexo sistema de grande potencial de utilização; deve-se ainda considerar a importante contribuição teórica que os estudos de águas interiores podem proporcionar para o incremento do conhecimento de Limnologia Tropical.

Bibliografia

AB'SABER, A. N. O Pantanal Mato-Grossense e a teoria dos refúgios. *Rev. Bras. Geogr.* 50: 9-57, 1998.

ADAMOLI, J. O Pantanal e suas relações fitogeográficas com os cerrados. Discussão sobre o conceito "Complexo Pantanal". *Congresso Nacional de Botânica*, Teresina 1981, Soc. Bras. de Bot. 32: 109-119, 1981.

AGOSTINHO, A. A. Considerações sobre a atuação do setor elétrico na preservação da fauna aquática e dos recursos pesqueiros. In: COAMSE/ELETROBRÁS. *Seminários sobre fauna aquática e o setor elétrico brasileiro - Caderno IV: Estudos e Levantamentos.* Rio de Janeiro. 86 p, 1994.

AGOSTINHO, A. A. & ZALEWSKI,. *A planície alagável do alto rio Paraná: importância e preservação* = Upper Paraná floodplain river: importance and preservation. Maringá EDUEM 100 p.: il.: fig, 1996.

ARAUJO LIMA, C. & GOULDING, M., *So fruitful a fish: Ecology, conservation and aquaculture of the Amazon's tambaqui.* Columbia University Press. pp. 191, 1997.

ARCIFA, M. S., C. G. FROEHLICH & S. M. GIANESELLA-GALVÃO, *Circulation patterns and their influence on physico-chemical and biological conditions in eight reservoirs in southern Brazil.* Verth. Int. Verein. Limnol. 21: 1054-1059, 1981.

BARBOSA, F. A. R., *Variações diurnas (24 horas) de parâmetros limnológicos básicos e da produtividade primária do fitoplâncton na lagoa Carioca, Parque Florestal do Rio DOce-MG,* Brasil, Ph thesis, Univ. Federal de São Carlos. 1981. 207 pp, 1981.

BARROW, C. J., *The environmental impacts of the Tucuruí Dam on the middle and lower Tocantins River Basin, Brazil. Regulated Rivers: research and management.* 1: 49-60, 1987.

BARTHEM, R. & M. GOULDING, *The catfish connection: ecology, migration and conservation of Amazon predators.* Columbia University Press. p. 144, 1997.

BIGARELLA, J. J. & A. N. AB'SABER, *Paläogeographische und Paläoklimatische Aspeckte des Känozoikums in Südbrasilien. Zeitschr.* Für Geomorph. 8: 286-132, 1964.

BIGARELLA, J. J., M. R. MOUSINHO & J. X. SILVA (eds.), Processes and Environments of the Brazilian Quaternary. VII *INQUA Congress, Fairbanks,* Curitiba: Imprensa da Universidade do Paraná. 156 pp, 1965.

BONETTO, A. A., Austral rivers on South America. In: MARGALEF, R. (ed). *Limnology Now: A Paradigm of Planetary problems.* Elsevier Science B. V. p. 425-472, 1994.

BRAGA B. Rocha O. and Tundisi J. G. *Dams and the environment: The brazilian experience. Water Resources development.* Vol. 14, nº 2. pp. 127-140, 1998.

BRANSKI, J. M., J. P. DE AVILA, R. L. L. LOPEZ, A. J. T. GONÇALVES & J. G. TUNDISI, Environmental Impact Assessment for the Porteira Hydroelectric Project Paper presented in the *2nd workshop River Reservoir Basin Ecosystem Approach to Environmental Sound Management of Inland Waters.* Bangkok, Thailand, January 15-21. (UNCRD / UNEP / ILEC), 1998.

BROWN, K. S., A. N. AB'SABER, *Ice-age forest refuges and evolution in the Neotropics: Correlation of paleoclimatological and pedagogical data with modern biological endemins. Paleoclimas 5.* São Paulo: IGEOG-USP. 37 pp, 1979.

CLARO, S. M., *Aspectos limnológicos da Represa do Jacaré-Pepira (Brotas-SP), com ênfase na comunidade zooplanctônica.* MSc. Thesis, Univ. Federal de São Carlos. 206 pp, 1981.

CORDEIRO N. V., Environmental management issues in the Plata Basin. *South American Water Forum.* (no prelo), 1998.

DUMONT, H. J. & J. G. TUNDISI, Preliminary data on the paleolimnology of four lakes. In: TUNDISI, J. G. & SAIJO, Y. (eds.) *Limnological studies on the Rio Doce Valley Lakes, Brazil.* Brazilian Academy of Sciences. p. 457-474, 1997.

FURCH, K. & JUNK, W. J. Water chemistry and macrophytes of creeks and rivers in Southern Amazonia and the Central Brazilian shield. In: FURTADO, J. I. (ed) *Tropical ecology and development,* part 2. The International Society of Tropical Ecology, Kuala Lumpur. pp. 771-796, 1980.

GARZON, C. E., *Water Quality in Hydroelecrtic Projects: Considerations for Planning in Tropical Forest Regions. Technical paper 20. World Bank. Washington, D. C.* 1984.

GOULDING, M., M. L. CARVALHO & E. G.

FERREIRA, *Rio Negro, rich life in poor water: Amazonian diversity and ecology as seen through fish communities.* SPB Academic Publishing, The Hague, The Netherlands. p. 200, 1998.

HAFFER, J. Specification in Amazonian forest birds. *Science* 165 (3889). pp. 131-137, 1969.

JUNK, W. J., J. A. S. N. MELLO, Impactos ecológicos das represas hidrelétricas na bacia amazônica brasileira. In: KOHLHEPP, G & SCHRADER, A. (eds) *Homem e natureza na Amazônia.* Tübinger Geogr. Studien. 95: 367-385, 1987.

JUNK, W. J. & da SILVA, C. J., Neotropical floodplains: a comparison between the Pantanal of Mato Grosso and the large Amazonian river floodplains. In: TUNDISI, J. G., BICUDO, C. E. M. & TUNDISI, T. M. (eds.) *Limnology in Brazil.* Brazilian Academy of Sciences/Brazilian Limnological Society, Rio de Janeiro. pp. 195-217, 1995.

KALIOLA et al. p. 36, 1991.

LIKENS, G. E. *Beyond the shoreline: a watershed-ecosystem approach.* Vert. Internat. Verein. Limnol. 22: 1-22, 1984.

LIKENS, G. E. (ed). *Long-term studies in Ecology. Approaches and Alternatives.* Springer-Verlag. New York. 214 pp, 1989.

LIKENS, G. E. Some applications of the ecosystem approach to environmental problems and resource management. In: *First European Symposium in Terrestrial Ecosystems: Forests and Woodlands. Florence*, Italy. May 1991. 1992a.

LIKENS, G. E., The Ecosystem Approach: Its Use and Abuse. In: KINNE, O. (ed) *Excellence in Ecology* (3). Ecology Institute, W2124 Oldendorf/Luhe, Germany. 1992b.

LOWE McCONELL, R. H. Natural history of fishes in Araguaia and Xingu Amazonian tributaries, serra do Roncador, Mato Grosso, Brazil, Ichthyological Explorations in Freshwaters. Vol. 2. pp. 63-82, 1991.

MARGALEF, R. *Teoria delos sistemas ecológicos.* Publ. Univ. Barcelona, Barcelona, 1991.

MARGALEF, R., *Our Biosphere* Ecology Institute. Oldendorf/Luke. Germany. 176 pp, 1997.

MATSUMURA, Tundisi, T., TUNDISI, J. G., SAGGIO, A. A. Oliveira Neto, & Espindola, E. G. 191. Limnology of Samuel Reservoir (Brazil, Rondonia) in the filling phase. Verh. Internat. Verein. *Limnol.* 24: 1482-1488.

MEGGERS, B. J., DIAS F. O., E. T. MILLER & C. PEROTA, Implications of archaeological distributions in Amazonia. In: VANZOLINI P. E. and HEYER R. W. (editors). *Proceedings of a workshop on neuroptical distribution patterns..* pp. 275-294, 1988.

MEIS, M. R. M., As unidades morfoestratigráficas neoquaternárias do Médio Rio Doce. *An. Acad. Brasil. Ciênc.*, 49(3). 443-459, 1997.

MEIS, M. R. M. & J. R. S. MOURA, Upper Quaternary sedimentation and hillslope evolution: Southeasten Brazilian Plateau. *Am. J. Sci.*, 284(3). 241-254, 1984.

MEIS, M. R. M. & J. G. TUNDISI, Geomorphological and limnological processes as a basis for lake typology. The middle Rio Doce lake system. In: TUNDISI, J. G. & Y. SAIJO (eds.). *Limnological Studies on the Rio Doce Valley Lakes, Brazil.* Brazilian Academy of Sciences. p. 25-48, 1997.

MELACK, J. M., Amazon floodplain lake: shape, fetch, and stratification. Ver. Internat. Verein. *Limnol.* 22. 1278-1282, 1984.

MELACK, J. M. & FISHER, T. R. Denitrification and nitrogen fixation in an Amazon floodplain lake. Verh. Internat. Verein. *Limnol.* 23. 2232-2236, 1988.

MEYBECK, M., *Global distribution of lakes,* 2nd ed. Springer - Verlag Berlin Heidelberg. p. 334, 1995.

MOURÃO, G de M., *Limnologia comparativa de três lagoas (duas "baías" e uma "salina") do Pantanal de Nhecolandia.* MSc tese, Univ. Federal de São Carlos, SP. 135 pp, 1989.

NEIFF, J. J. Large rivers of South America: toward the new approach. verh. Internat. Verein. Limnol. 26. 167-180, 1994.

NEIFF, J. J., IRIONDO, M. H. & CARIGNAN, R. Large tropical south american wetlands: an overview - In: LINK, G. L. & NAIMAN, R. J. (eds) *The ecology and Management of Aquatic-terrestrial Ecotones*: 156-165. Proceedings book, University of Washington, Seattle, 1994.

OLIVEIRA NETO, A. L., *Estudo da variação da comunidade zooplanctônica com ênfase na comunidade de rotíferos, em curtos intervalos de tempo (variações diárias e nictemerais) na Represa do Lobo (Broa),* Itirapina, SP. MSc tese, Univ. de São Paulo. 78 pp, 1993.

PAIVA, M. P., M. PETRERE JR., A. J. PETENATE & F. H. NEPOMUCENO, Relationship between the number of predatory fish species and the fish yeld in large north eastern Brazilian reservoirs. In: COWX, I. G. (ed) *Impacts of the impoundment os the fish fauna and fisheries,* Fishing News Books. 120-129, 1994.

PFLUG, R., Quaternary lakes of Eastern Brazil. *Photogrammetria,* 24. 29-35, 1969.

RADAM-BRASIL, 1982.

SALATI, E. & MARQUES, J., Climatology of the Amazon region. In: SIOLI,H. (ed) *The Amazon-Limnology and landscape ecology of a might tropical river and its basin.* Monographiae Biologicae. Junk Dordrecht. pp. 85-126, 1984.

SALO et alii, 1986.

SHIKLOMNOV. I. A. (ed.). World fresh water resources. In: Gleik H.: *Water in crisis; a guide to the fresh water resources.* Pacific Institute for Studies in Development, Environment and Security. Stokolm Envonmental Institute. pp. 13-23, 1993.

SIMPSON, D. L., The Rio São Francisco river: life line of the northeast. Latin American Water Forum (no prelo), 1998.

SIOLI, H. The amazon and its main affluents: hydrography, morphology of the river courses, and river types. In: SIOLI, H. (ed) *The Amazon - Limnology and landscape ecology of a mighty tropical river and its basin.* Monographiae Biologicae. Junk, Dordrecht. pp. 127-165, 1984.

SPADANO, A. A. L., *Paleoambientes holocenicos do lago Dom Helvécio (Parque Florestal do Rio Doce, Minas Gerais).* Tese de doutorado, Pós-graduação em Geoquímica, U. F. F. 213 pp, 1998.

STRASKRABA, M. & J. G. TUNDISI & A. DUNCAN, (eds.) *Comparative Reservoir Limnology and Water Quality Management.* Kluwer Academic Publishers p. 213-288.

STRASKRABA, M. & J. G. TUNDISI. *Reservoirs Management.* Blackwell Publ., Londres (no prelo), 229 pp.

TEIXEIRA et alii. p. 42, 1965.

TUCCI C. E. M. and R. Clarke R. T. Environmental Issues in the La Plata Basin. *Water Resources Development* vol. 14, nº 2. pp. 157-173, 1998.

TUNDISI, J. G. A review of basic ecological processes interacting with production and standing-stock of phytoplankton in lakes and resevoirs in Brazil. *Hydrobiologia* 100. 223-243, 1983.

TUNDISI, J. G. Key factors of reservoir functioning and geographical aspects of reservoir limnology. Chaiman's overview. *Arch. Hydrobiol. Beih. Ergeb. Limnol.* 33. 645-646, 1990.

TUNDISI, J. G. Regional approaches to river basin management in the La Plata: An overview. In: *Environmental and Social dimensions of Reservoir Development and Management in the La Plata River Basin.* UNCRD Research Report Series nº 4. 1994a.

TUNDISI, J. G. Tropical South America: present and perspectives. In: R. MARGALEF (ed) *Limnology Now: A paradigm of planetary problems.* Elsevier Science B. V. pp. 353-424, 1994b.

TUNDISI, J. G. Reservatórios como sistemas complexos (no prelo).

TUNDISI, J. G. & T. TUNDISI. p. 42, 1968.

TUNDISI, J. G. & M ATSUMURA-TUNDISI, T. Limnology and eutrophication of Barra Bonita Reservoir, São Paulo State, Southern, Brazil. *Arch. Hydrobiol.* Beih. Ergeb. Limnol. 33. 661-678, 1990.

TUNDISI, J. G. & M ATSUMURA-TUNDISI, T. The Lobbo-Broa ecosystem research. In: TUNDISI, J. G., C. E. M. BICUDO & MATSUMURA-TUNDISI, T. (eds) *Limnology in Brazil. Brazilian Academy of Sciences.* p. 219-243, 1995.

TUNDISI, J. G. & M ATSUMURA-TUNDISI, M. C. CALIJURI & E. M. L. M. NOVO, Comparative limnology of five reservoirs in the Middle Tietê River, S. Paulo State, Brazil. Verh. Int. *Verein. Limnol.* 24. 1489-1496, 1991.

TUNDISI, J. G. & M ATSUMURA-TUNDISI, M. C. CALIJURI, Limnology and management of reservoirs in Brazil. In: M. STRASKRABA, J. G. TUNDISI & A. DUNCAN (eds.) *Comparative Reservoir Limnology and Water Quality Management,* 25-55. Kluwer Academic Publishers. Printed in the Netherlands. 1993.

TUNDISI, J. G. Rocha O. Matsumura-Tundisi; T and B. Braga. Reservoir Management in South America. *Water Resources Development.* Vol. 14, nº 2 pp. 141-155, 1998.

TUNDISI, J. G. & Y. SAIJO, *Limnological Studies on the Rio Doce Valley Lakes, Brazil.* Brazilian Academy of Sciences, 1997.

TUNDISI, J. G., Y. SAIJO & T. SUNAGA, ecological efects of human activities in the middle Rio Doce Lakes. In: TUNDISI, J. G. & Y. SAIJO (eds.) *Limnological Studies on the Rio Doce Valley Lakes, Brazil.* Brazilian Academy of Sciences. p. 477-482, 1997.

TUNDISI, J. G. & MATSUMURA-TUNDISI, T, ROCHA, O., ESPÍNDOLA, E. L., RIETZLER, A. C., IBAÑEZ, M. S., COSTA NETO, P. & POMPEU, M. *Aquatic biodiversity as a consequence of the diversity of habitats and the mechanism of functioning of the systems.* Anais da Academia Brasileira de Ciências (no prelo).

VANZOLINI, P. E. & W. R. HEYER (eds.). *Proceedings of a Workshop on Neotropical Distribution Patterns.* Academia Brasileira de Ciências. 488 pp, 1988.

WALKER, I., On the structure and ecology of the microfauna in the central amazonian forest stream "Igarapé da Cachoeira". *Hydrobiologia,* 122. 137-152, 1985.

WALKER, I. Amazonian streams and small rivers. In: TUNDISI, J. G., C. E. M. BICUDO & MATSUMURA-TUNDISI, T. (eds.) *Limnology in Brazil.* Brazilian Academy os Sciences. P. 168-193, 1995.

WALKER, I., P. A. HENDERSON & P. STERRY, On the patterns of biomass transfer in the benthic of an amazonian blackwater river, as eidenced by P label experiment. *Hydrobiologia,* 215. 153-162, 1991.

José Galizia Tundisi

tundisi@zaz.com.br

Bacharel em História Natural – Faculdade de Filosofia Letras e Ciências Humanas da USP

Mestre em Oceanografia – University of Southampton, Inglaterra

Doutor em Ciências – USP

Livre Docente em Ecologia – Faculdade de Filosofia, Ciências e Letras de Ribeirão Preto, da USP.

Presidente do Instituto Internacional de Ecologia.

Secretário Municipal de Ciência, Tecnologia e Desenvolvimento Econômico de São Carlos.

Vice-Presidente da International Union of Biological Sciences e da International Network on Water and Human Health.

Professor Titular do Depto. de Hidráulica e Saneamento da EESC/USP.

Professor Honorário do Instituto de Estudos Avançados da USP.

Foi Presidente do Conselho Nacional de Desenvolvimento Científico e Tecnológico, CNPq.

Foi Diretor do Centro de Recursos Hídricos e Ecologia Aplicada, CRHEA, da EESC/USP.

Foi Vice-Presidente da Sociedade Internacional de Limnologia, SIL.

Linhas de Pesquisa:

Produção primária e ecologia de fitoplânctons em lagos, represas e estuários
Ciclos biogeoquímicos em lagos e represas
Sistemas de gerenciamento de represas e lagos
Planejamento regional

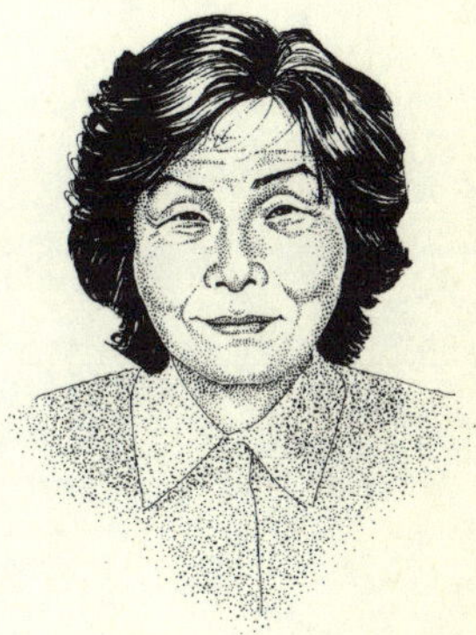

Takako Matsumura Tundisi

tundisi@zaz.com.br

Bacharel e Licenciatura em História Natural – Faculdade de Filosofia, Letras e Ciências Humanas da USP

Doutora em Ciências em Ecologia de Zooplânctons Lacustres – · USP

Pós-Doutorado em Bioquímica de Zooplânctons – University of Southampton, Inglaterra

Titular – Universidade Federal de São Carlos

Professora Titular do Depto. de Ecologia e Biologia Evolutiva atuando na Pós-Graduação em Ecologia e Recursos Naturais e na Pós-Graduação da Escola de Engenharia de São Carlos da USP, no Programa de Ciências da Engenharia Ambiental.

Diretora do Instituto Internacional de Ecologia.

Consultora em instituições públicas e privadas.

Foi assessora da CAPES no Programa de avaliação de bolsas no exterior.

Linhas de Pesquisa:

Eutrofização dos sistemas aqu·ticos
Produção orgânica e biodiversidade
Qualidade da água
Zooplânctons

Odete Rocha

doro@power.ufscar.br

Bióloga – Universidade Federal de São Carlos

Mestre em Zoologia – Instituto de Biociências da USP

Doutora em Zoologia (Limnologia) – University of London, Inglatera

Pós Doutorado em Ecologia (Oceanografia) – University of California, EUA

Titular em Ecologia – UFSCar

Professora Titular do Depto. de Ecologia e Biologia Evolutiva da UFSCar.

Professora Colaboradora do Centro de Recursos Hídricos e Ecologia Aplicada da Escola de Engenharia de São Carlos da USP.

Representante nacional da Área de Ecologia e Meio Ambiente junto a CAPES – Coordenação de Aperfeiçoamento do Ensino Superior.

Linhas de Pesquisa:

Limnologia

Ecologia de comunidades planctônicas

Ecotoxicologia aquática

06

Limnologia de Águas Interiores. Impactos, Conservação e Recuperação de Ecossistemas Aquáticos

José Galizia Tundisi
Takako Matsumura Tundisi
Odete Rocha

Introdução

As interações entre as condições climatológicas, os sistemas aquáticos e a bacia hidrográfica, têm efeito extremamente importante sobre o funcionamento dos processos biogeoquímicos e biofísicos. As comunidades e associações de espécies que ocorrem são resultantes de processos evolutivos complexos e variados e permanente seleção que determinam a diversidade, as flutuações estacionais e interanuais.

Adaptações às alterações hidrológicas, variações de salinidade e condutividade em diferentes latitudes, respostas a pulsos e à freqüência das modificações produzem padrões regionais de fauna e flora consistentes com a origem do sistema, os processos evolutivos e as ações antrópicas. Diferentes sistemas de dispersão regulam a distribuição de organismos, composição das comunidades e a sua variabilidade. Portanto, as funções de força e os processos evolutivos controlam o funcionamento de lagos, rios, represas e áreas alagadas.

No presente capítulo, pretende-se de forma comparativa, sintetizar as principais características limnológicas e o funcionamento dos ecossistemas aquáticos continentais, discutir os principais impactos sobre os ecossistemas naturais e artificiais e apresentar suas conseqüências, propor mecanismos de conservação e recuperação de ecossistemas de uma forma integrada, levando-se em conta os processos biogeofísicos, econômicos e sociais. Discutir-se-ão e apresentar-se-ão aspectos econômicos da recuperação e da degradação ambiental sob o ponto de vista ecológico e da aplicação de novas técnicas de gerenciamento. Esta não é uma revisão exaustiva sobre os processos limnológicos e ecológicos dos ecossistemas aquáticos continentais. No entanto, destacam-se alguns processos fundamentais no funcionamento destes sistemas.

Mecanismos de funcionamento de lagos de várzea e de áreas alagadas

Estes sistemas dependem de períodos de cheia e vazante onde ocorre um aumento do nível de água e a inundação de vastas áreas adjacentes à calha principal. As regiões de várzea mais extensas estão localizadas nos rios Amazonas e Paraná e em inúmeros tributários do rio Amazonas (Figura 1). Durante o período da cheia há um contínuo processo de mistura vertical e horizontal e o enriquecimento progressivo dos lagos com nutrientes de origem fluvial. Os ciclos de C, N e P alteram-se profundamente e os processos internos nos lagos de várzea, modificam estes ciclos.

A Tabela 1 (Tundisi, 1994) mostra algumas características fundamentais dos ciclos de nitrogênio e fósforo nos lagos de várzea.

A circulação vertical nos lagos apresenta processos diferenciados durante períodos de vazante e cheia (Tundisi et alii 1984) e os organismos apresentam características fisiológicas especiais que

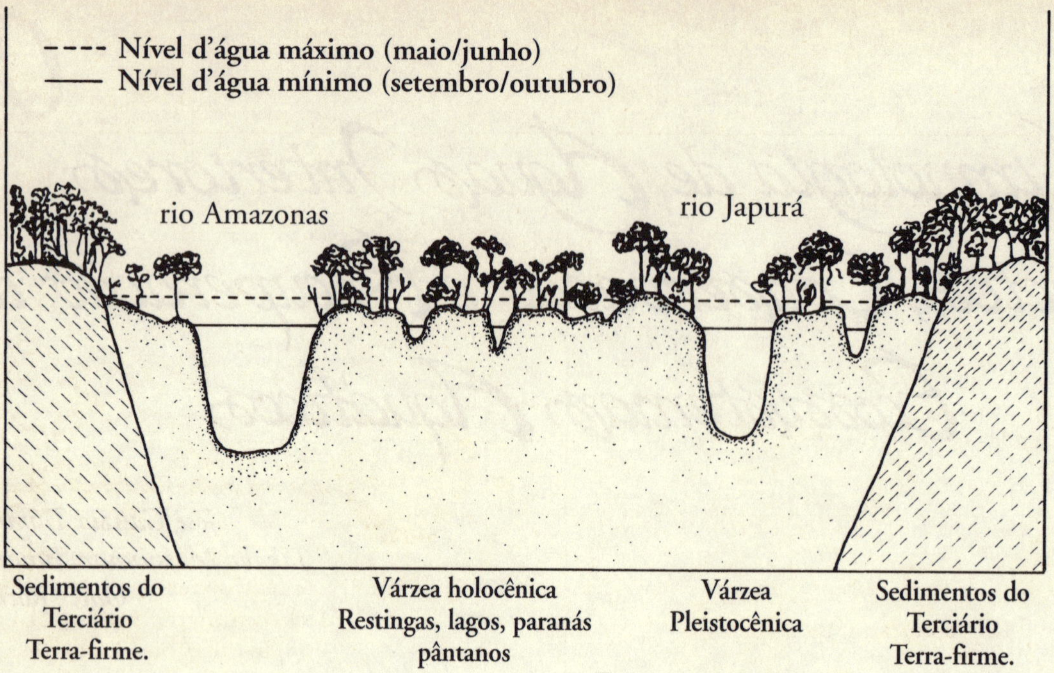

Figura 1 – Características principais das regiões com várzea
FONTE: Ayres, 1995.

Tabela 1 - Entrada de nutrientes, sumidouros/perdas e processos de reciclagem em lagos de várzeas de área alagada.

Fontes	Sumidouros/perdas	Mecanismos de reciclagem
Entrada de N e P por advecção nos rios e absorção de P nos lagos.	Sedimentação.	Decomposição de plantas e animais.
Entrada de N,P por precipitação.	Perda pela vazante.	Metabolismo de plantas e animais.
Fixação de N_2 nos lagos.	Desnitrificação.	Processos nos lagos (variações diurnas, circulação epilimnética, circulaçãototal no lago.)
Drenagem superficial.	Precipitação química nos sedimentos.	

FONTE: Tundisi, 1994.

foram descritas por Junk (1997). As comunidades de peixes são bastante características, e comparações entre composição da fauna de peixes de ambientes lóticos e lenticos foram feitas por Lima et alii (1995). (Figura 2 e Figura 3)

De acordo com Junk & Silva (1995), os grandes sistemas de várzea do Amazonas e do Pantanal apresentam processos abióticos e biológicos similares, pois ambos estão submetidos à principal função de força que é a variação monomodal representada pelo pulso, entrada de grandes volumes de água dos rios no sistema. No entanto, no caso da várzea do rio Amazonas, a amplitude da flutuação é maior, os sedimentos são mais recentes do que os do Pantanal; a alta diversidade de espécies e endemismo no Amazonas é explicada pelo fato de esta região ter um período evolutivo menos conturbado, que não sofreu grandes extinções e perturbações durante períodos de seca, como no caso do Pantanal. Tanto lagos de várzeas como áreas alagadas e pântanos ao longo de rios, são "centros ativos de evolução" (Margalef, 1997) e apresentam inúmeras interfaces onde o sistema de organização e reorganização periódica, enriquece os mecanismos de competição, e o processo de fluxo gênico.

A exploração racional destes ecossistemas, e principalmente a exploração pesqueira depende do conhecimento destas interações e de estudos quantitativos nos lagos de várzea.

Um trabalho abrangente que inclui processos biogeoquímicos, ecológicos e sociais, está sendo realizado em Mamirauá onde um plano de gerenciamento com participação da comunidade foi realizado com muita eficiência, produzindo um paradigma importante no estudo, exploração racional e gerenciamento de áreas alagadas. (Ayres, 1995)

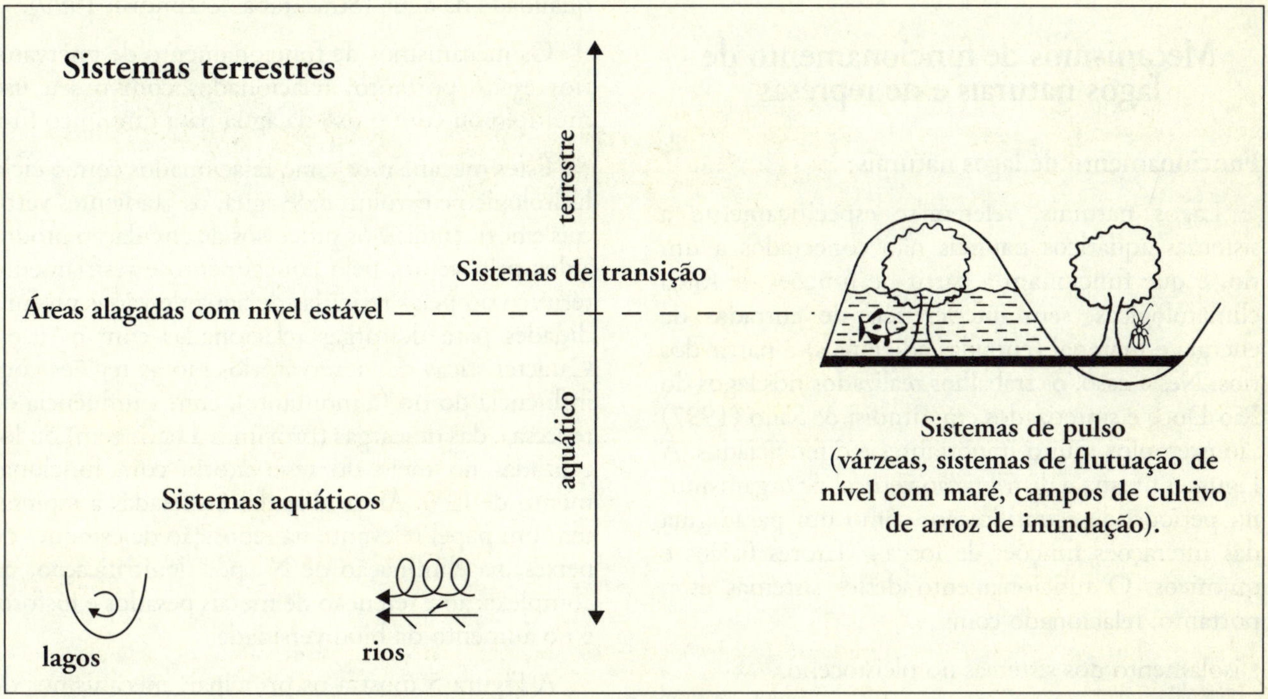

Figura 2 - Os sistemas de pulsos
FONTE: Junk, 1997.

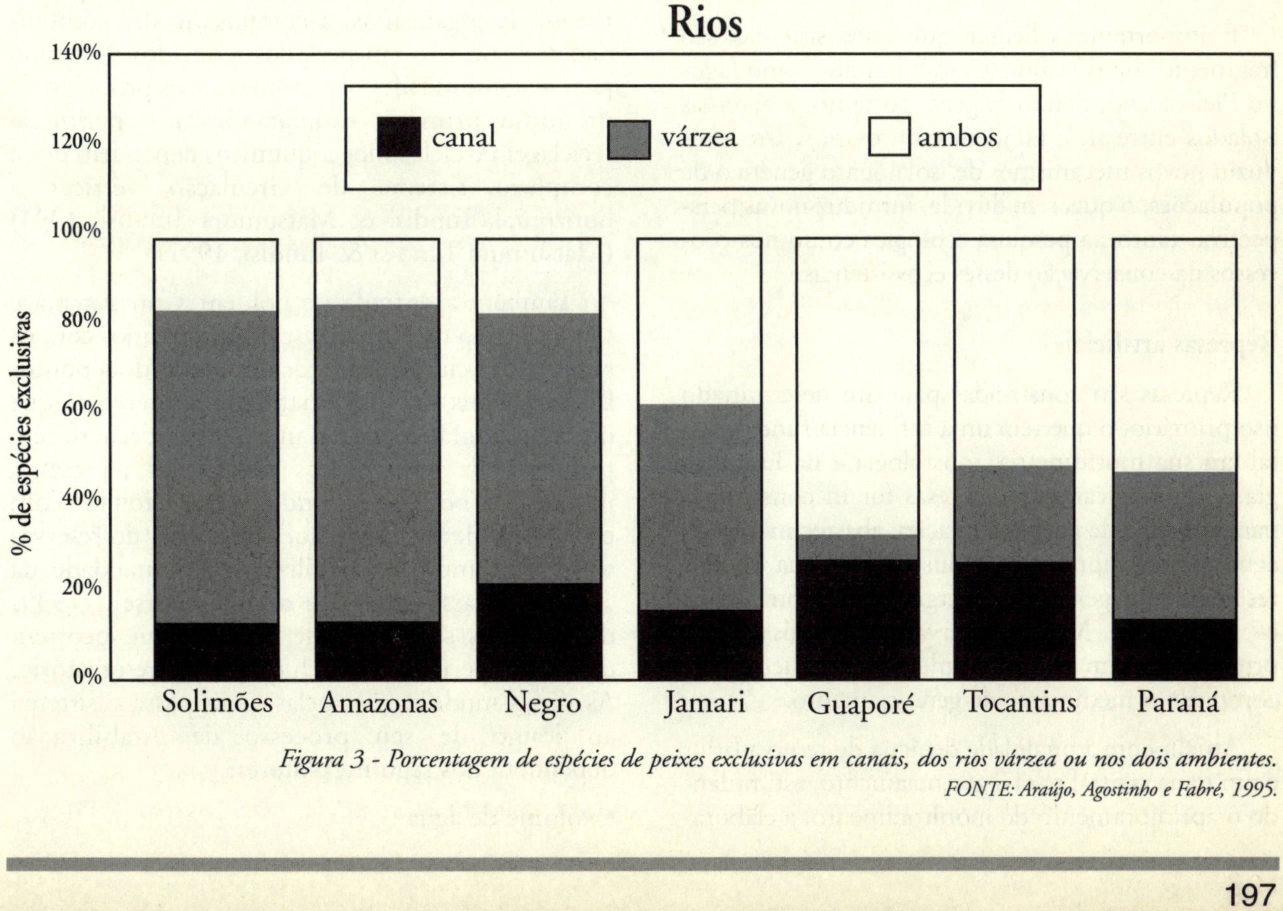

Figura 3 - Porcentagem de espécies de peixes exclusivas em canais, dos rios várzea ou nos dois ambientes.
FONTE: Araújo, Agostinho e Fabré, 1995.

Estudos detalhados sobre espécies de peixes de uso comercial nessas regiões foram publicados recentemente por Bartlem & Goulding (1997).

Mecanismos de funcionamento de lagos naturais e de represas

Funcionamento de lagos naturais

Lagos naturais, referem-se especificamente a sistemas aquáticos naturais não conectados a um rio, e que funcionam a partir de funções de força climatológicas, sem interferência de entradas de energia e material (entradas adicionais) a partir dos rios. Neste caso, os trabalhos realizados nos lagos do Rio Doce e sintetizados em Tundisi & Saijo (1997) são exemplos muito importantes e diferenciados. A Figura 4 mostra a distribuição vertical de organismos no período de estratificação, como um paradigma das interações funções de força – fatores físicos e químicos. O funcionamento destes sistemas está, portanto, relacionado com:

- isolamento dos sistemas no pleistoceno.
- circulação vertical e estratificação vertical.
- distribuição de organismos planctônicos de peixes em função da estratificação.
- interações sedimento/águas.

É importante salientar que estes sistemas são fragmentos de rios, que se estabilizaram como lagos no Pleistoceno, dando origem, portanto, a sistemas isolados entre si, e também com os rios. Isto produziu novos mecanismos de isolamento genético de populações, o que, sem dúvida, introduz novas perspectivas tanto na pesquisa ecológica como nos processos da conservação desses ecossistemas.

Represas artificiais

Represas são construídas para um determinado uso primário, o que tem uma influência fundamental em sua morfometria, morfologia e na limnologia. Cronologicamente, represas foram construídas para controle de cheias, irrigação, abastecimento de água, pesca, suprimento industrial de água e, mais recentemente, geração de energia elétrica (Straskraba et alii 1993). Muitos reservatórios, após o uso primário passam a ter múltiplos usos o que tornou complexo o mecanismo de gerenciamento.

Atualmente a qualidade de água de reservatórios é um tema central para o gerenciamento, estimulando o aprimoramento do monitoramento, a elaboração de um banco de dados, a aplicação de modelos ecológicos e matemáticos e a implantação de sistemas de suporte à decisão, para o controle efetivo da qualidade da água (Straskraba & Tundisi, 1999).

Os mecanismos de funcionamento de reservatórios estão, portanto, relacionados com o seu uso múltiplo ou com o uso da água para um único fim.

Estes mecanismos estão relacionados com o ciclo hidrológico e o volume de água, os gradientes verticais e horizontais e os processos de circulação produzidos pelo vento, pelo aquecimento e resfriamento térmico ou pelas retiradas de água de várias profundidades para descargas relacionadas com os usos. Características dos reservatórios são as regiões com influência do rio (a montante), com a influência da represa e das descargas (próximas à barragem) ou localizadas no meio do reservatório com funcionamento de lago. Áreas alagadas associadas a represas tem um papel relevante na reposição de estoques de peixes, na eliminação de N_2 por denitrificação, na complexação e retenção de metais pesados e fósforo, e no aumento da biodiversidade.

A Figura 5 mostra os principais mecanismos de circulação de represas, e seus principais componentes, produzidos pela ação do vento, retiradas de água das turbinas, ressurgências localizadas, instabilidades térmicas verticais, correntes laterais, correntes de intrusão por densidades diferenciadas. O agrupamento de organismos, a composição das comunidades, a sucessão em períodos reduzidos de tempo para as comunidades planctônicas, e os processos de produção primária fitoplanctônica e perifítica, reciclagem e ciclos biogeoquímicos dependem deste complexo sistema de circulação vertical e horizontal.(Tundisi & Matsumura Tundisi, 1994) (Matsumura Tundisi & Tundisi, 1997)

Também a entrada de poluentes no sistema e sua dispersão na represa, estão relacionados com os sistemas de circulação. Existem ainda dois pontos fundamentais no funcionamento de represas que devem ser enfatizados em uma síntese deste tipo: o primeiro diz respeito aos efeitos das represas a jusante (ver box) e o segundo está relacionado com o processo de estabilização, "evolução" do reservatório no tempo, e estabilização da qualidade da água, biomassa vegetal e animal. Pursell (1939) descreveu a seqüência de eventos que ocorrem durante o período de enchimento do reservatório. As várias modificações pelas quais passa o sistema ao longo de seu processo de estabilização dependem dos seguintes fatores:

- volume de água

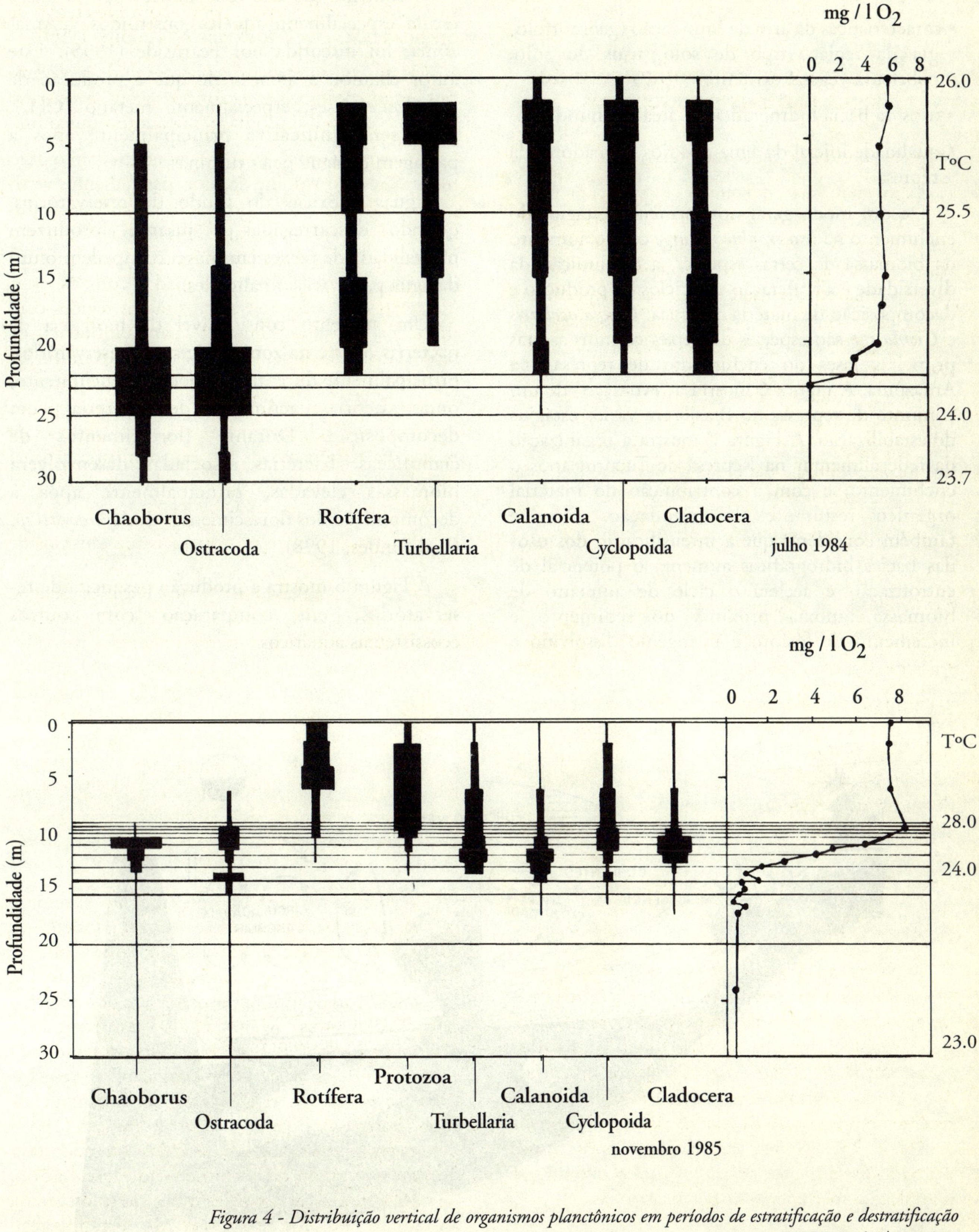

Figura 4 - Distribuição vertical de organismos planctônicos em períodos de estratificação e destratificação

FONTE: Tundisi & Saijo, 1997.

- morfometria da represa
- tempo de retenção
- características da área de inundação (geomorfologia da região, tipo de solo, usos do solo, cobertura vegetal existente)
- usos da bacia hidrográfica na área de inundação
- qualidade inicial da água dos rios formadores da represa

De um modo geral nos primeiros estágios do enchimento há um *trophic upsurge* com o aumento da biomassa de certas espécies, a diminuição da diversidade e a aceleração dos ciclos de produção e decomposição de matéria orgânica. *Cichla ocellaris* e *Cichla spp* são espécies de peixes comuns a estas primeiras fases do enchimento de represas na Amazônia. A Figura 6 mostra a "evolução" de um conjunto de represas no Brasil, em vários estágios de estabilização. A Figura 7 mostra a organização da rede alimentar na Represa de Tucuruí após o enchimento, e com a contribuição do material orgânico resultante da inundação. Deve-se também considerar que a intensificação dos usos das bacias hidrográficas aumenta o potencial de eutrofização e acelera o ciclo de aumento de biomassa, anoxia próxima do sedimento e incremento de fósforo e nitrogênio dissolvido e particulado.

A contribuição dos reservatórios para o efeito estufa, especialmente aqueles construídos na Amazônia, foi discutida por Fearnside (1995). Este autor chamou a atenção de que a produção de *greenhouse* gases, especialmente metano (CH_4), pode ser significativa principalmente após a passagem da água pelas turbinas.

Águas anóxicas do fundo de reservatórios, quando descarregadas a jusante, produzem mortalidade de peixes em massa e impedem o uso da água para várias finalidades.

Um aumento considerável da biomassa de bactérias ocorre na zona pelágica de reservatórios, principalmente durante o período de enchimento, onde ocorre acúmulo de material em decomposição. Durante florescimentos de cianofíceas, bactérias associadas desenvolvem biomassas elevadas, principalmente após a decomposição dos florescimentos de *Mycrocystis sp.* (Lial Sandes, 1998).

A Figura 8 mostra a produção pesqueira de reservatórios, em comparação com outros ecossistemas aquáticos.

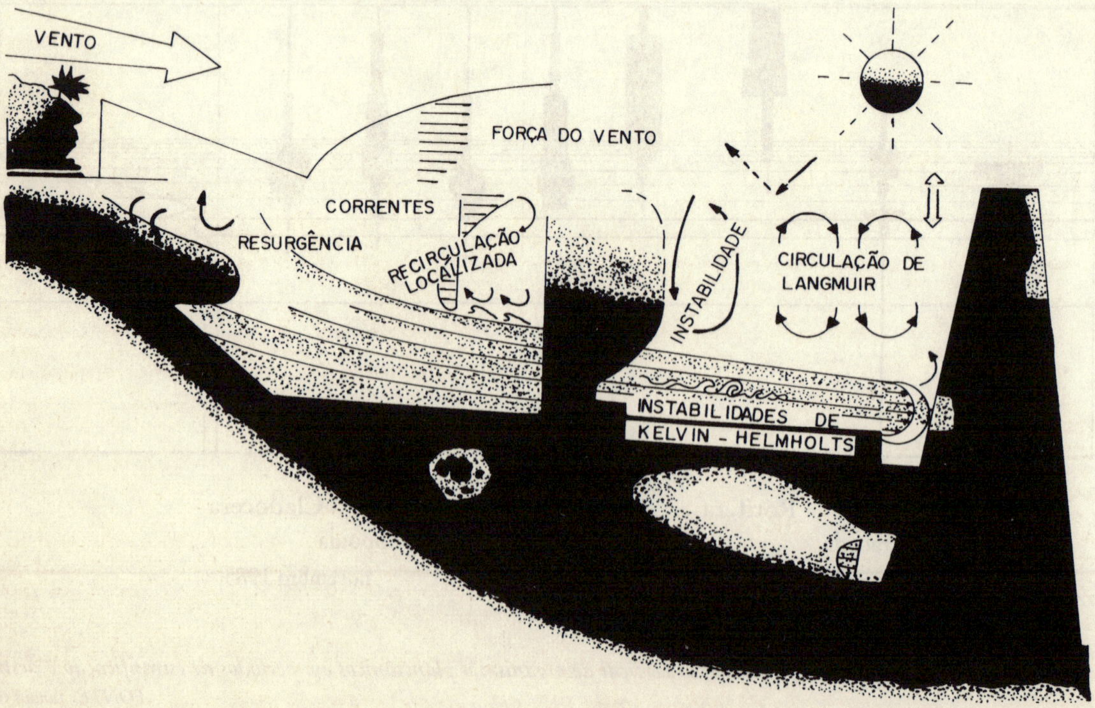

Figura 5 - Circulação em represas.
FONTE: Ford, 1990.

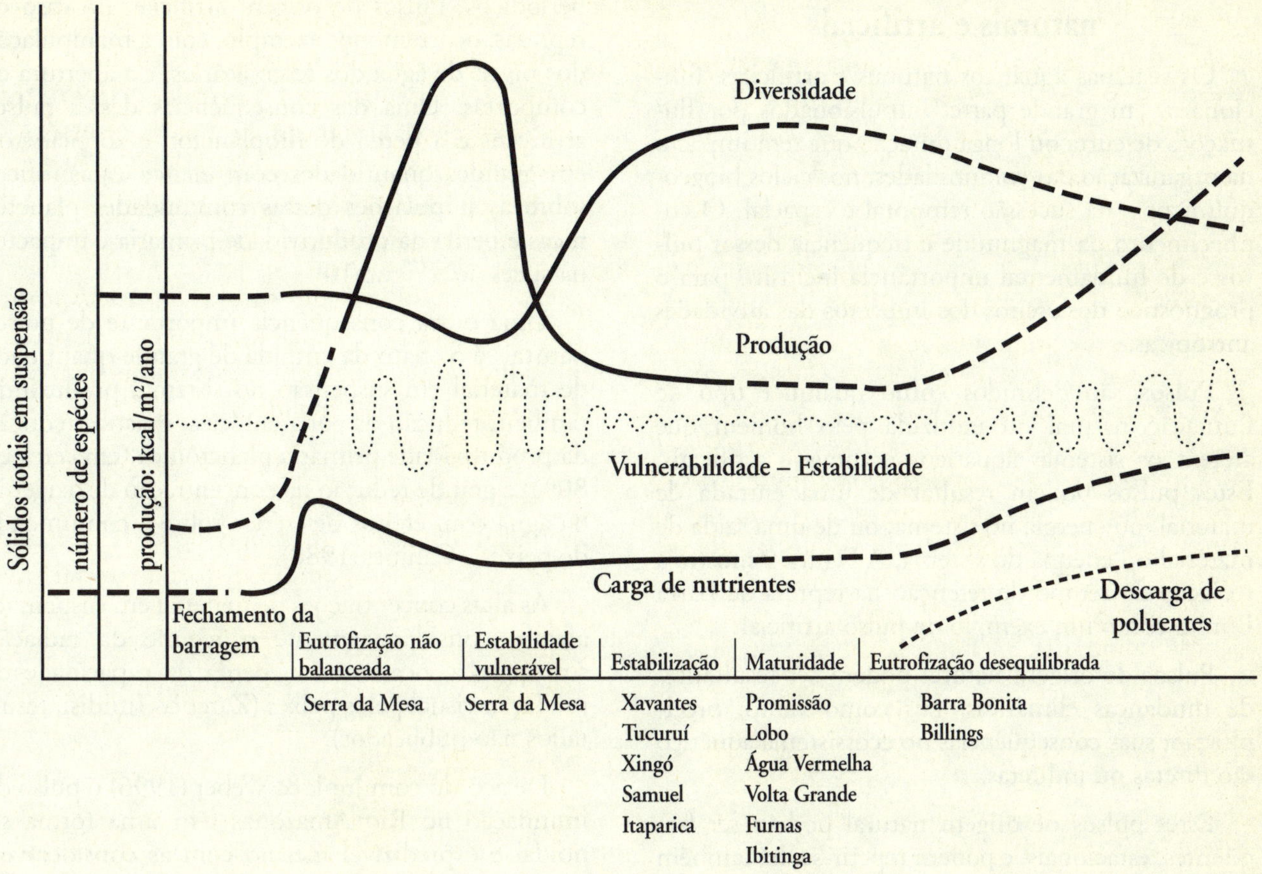

Figura 6 - "Evolução" de represas no tempo em função do fechamento da barragem, descarga de poluentes e eutrofização.
FONTE: Tundisi (modificado de Ballon & Coche).

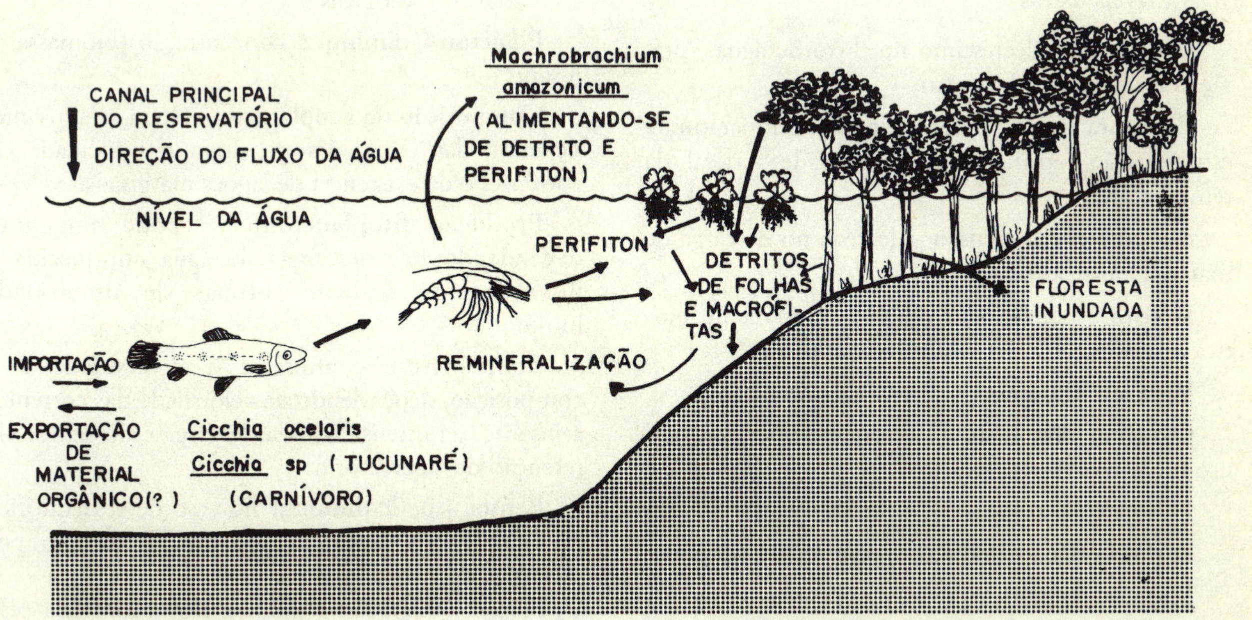

Figura 7 - Rede alimentar modificada na represa de Tucuruí. Rede dependendo de detritos orgânicos.
FONTE: Tundisi et alii, 1993.

Pulsos em ecossistemas aquáticos naturais e artificiais

Os sistemas aquáticos naturais e artificiais, funcionam, em grande parte, impulsionados por flutuações de curta ou longa duração que tem impacto na organização das comunidades, nos ciclos biogeoquímicos e na sucessão temporal e espacial. O conhecimento da magnitude e freqüência desses **pulsos** é de fundamental importância inclusive para o prognóstico dos efeitos dos impactos das atividades antrópicas.

Pulsos são definidos como qualquer tipo de flutuação natural ou induzida pelo homem que afetem os sistemas aquáticos naturais e artificiais. Estes pulsos podem resultar de uma entrada de material, ou energia no sistema, ou de uma saída de material ou energia do sistema. A Figura 9 mostra a variação do tempo de retenção na represa de Barra Bonita como um exemplo de pulso artificial.

Pulsos de origem natural podem ser resultantes de mudanças climáticas, tais como vento, precipitação; suas conseqüências no ecossistema aquático são diretas ou indiretas.

Estes pulsos de origem natural podem ser freqüentes, estacionais, e podem repetir-se; há também pulsos infreqüentes ou ocasionais de grande magnitude e resultantes de fenômenos climatológicos não periódicos. Pulsos de origem artificial, no caso de represas, ocorrem, por exemplo, com a manipulação dos níveis de água dos reservatórios, e a abertura de comportas. Uma das conseqüências desses pulsos artificiais é a perda de fitoplâncton e zooplâncton em grandes quantidades com efeitos catastróficos sobre as populações dessas comunidades planctônicas e perda da produtividade primária e impactos na sucessão. (Figura10)

Uma outra conseqüência importante de pulsos naturais é o efeito da entrada de grande quantidade de material em suspensão no sistema, produzindo também redução da zona eufótica, drástica redução da produtividade primária planctônica (em cerca de 80%) e grande redução da concentração de oxigênio da água com efeitos deletérios sobre a comunidade de peixes. (Calijuri, 1988).

As altas concentrações de material em suspensão, afetam consideravelmente o regime da radiação subaquática, ocasionando perda da capacidade de predação visual pelos peixes (Zaret & Tundisi, resultados não publicados).

De acordo com Junk & Weber (1996) o pulso de inundação no Rio Amazonas tem uma forma sinoidal e é predizível mesmo com as consideráveis variações anuais em amplitude. Com a elevação do

Alterações à jusante produzidas pelas represas

Variáveis físicas

Hidrologia - decréscimo no fluxo de água. Alteração no regime hidrológico.

Estrutura térmica - decréscimo de temperatura e estratificação térmica. Heterogeneidade vertical da temperatura.

Material em suspensão - decréscimo da carga de material em suspensão.

Detrito - composição preponderantemente biótica a jusante.

Variáveis químicas

Oxigênio dissolvido - decréscimo a jusante em uso de reservatórios eutróficos.

H_2O e CO_2 - aumento da concentração

Fósforo - decréscimo na concentração de fósforo

Matéria orgânica - aumenta no caso de reservatórios eutróficos. Diminui quando não há fontes de produção elevada de matéria orgânica na represa.

Variáveis biológicas

Plâncton - diminui a concentração (biomassa) a jusante

Composição do fitoplâncton - altera-se a jusante; depende das condições de fluxo e velocidade de correntes e da existência de lagoas marginais.

Produção fitoplanctônica - pode aumentar, dependendo das descargas de água enriquecida a jusante, em condições ótimas de intensidade luminosa.

Zooplâncton - altera-se a diversidade e a composição, dependendo da velocidade das correntes a jusante, da intensidade da descarga e do tempo de retenção do reservatório.

Bentos - pode diminuir no caso de reservatórios eutróficos com descargas anóxicas. É afetado por variações do nível à jusante.

Peixes - migração à jusante é interrompida pela represa. Há um acúmulo de biomassa logo após a represa.

FONTE: Straskraba, Tundisi & Duncan, 1993.

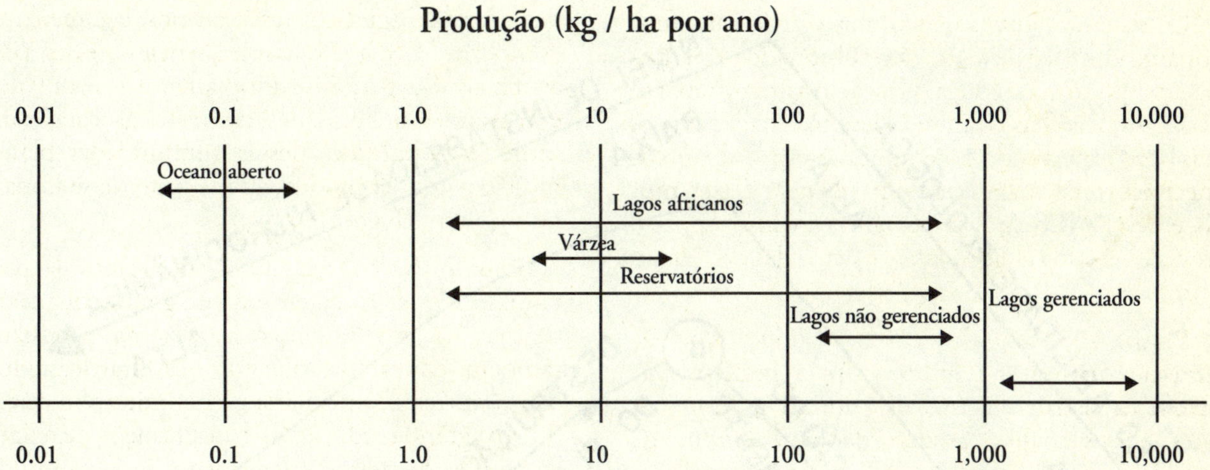

Figura 8 - Produção de biomassa de peixes em sistemas aquáticos (dados comparativos).
FONTE: R. H. Lowe – McConnell, 1987.

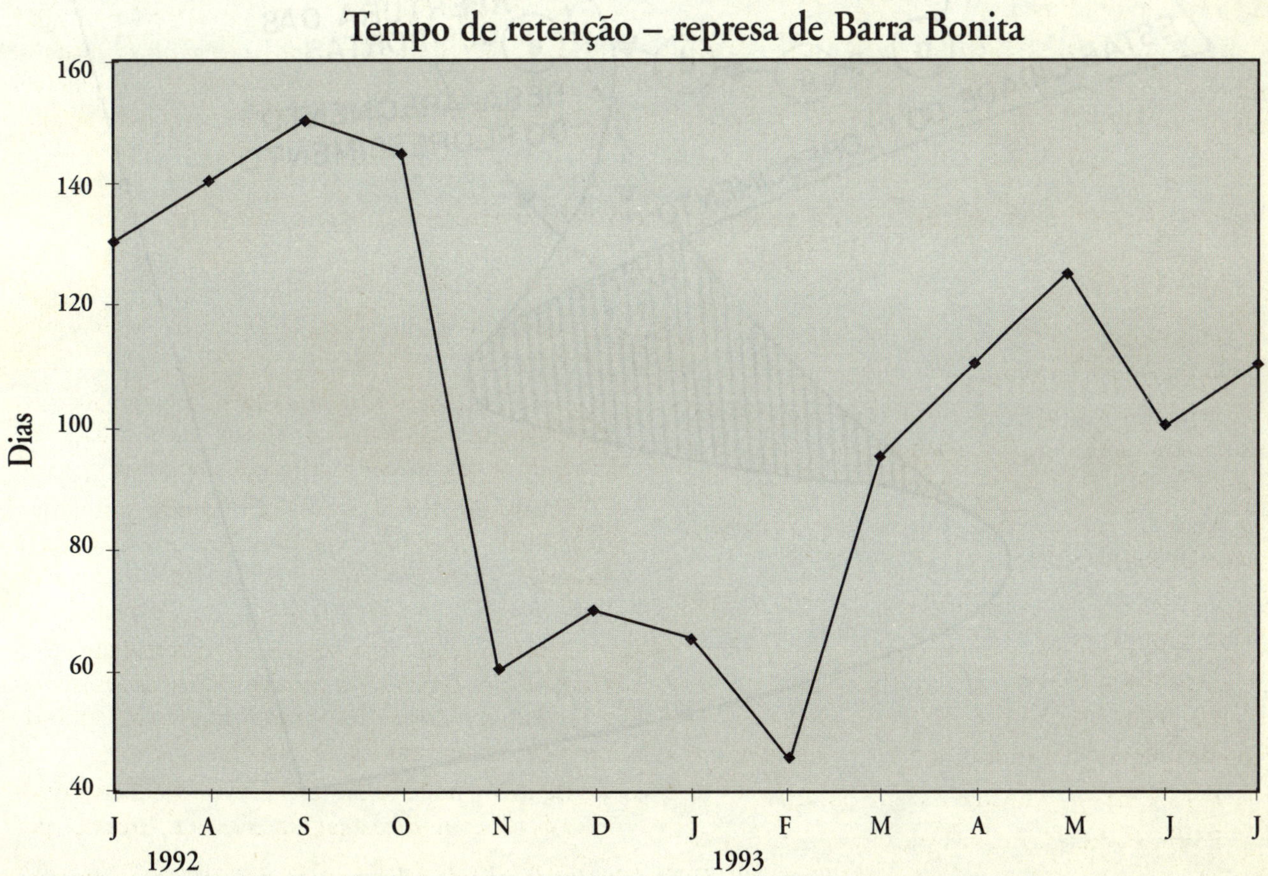

Figura 9 - Tempo de retenção da represa de Barra Bonita.
FONTE: Tundisi et alli (Projeto Temático FAPESP).

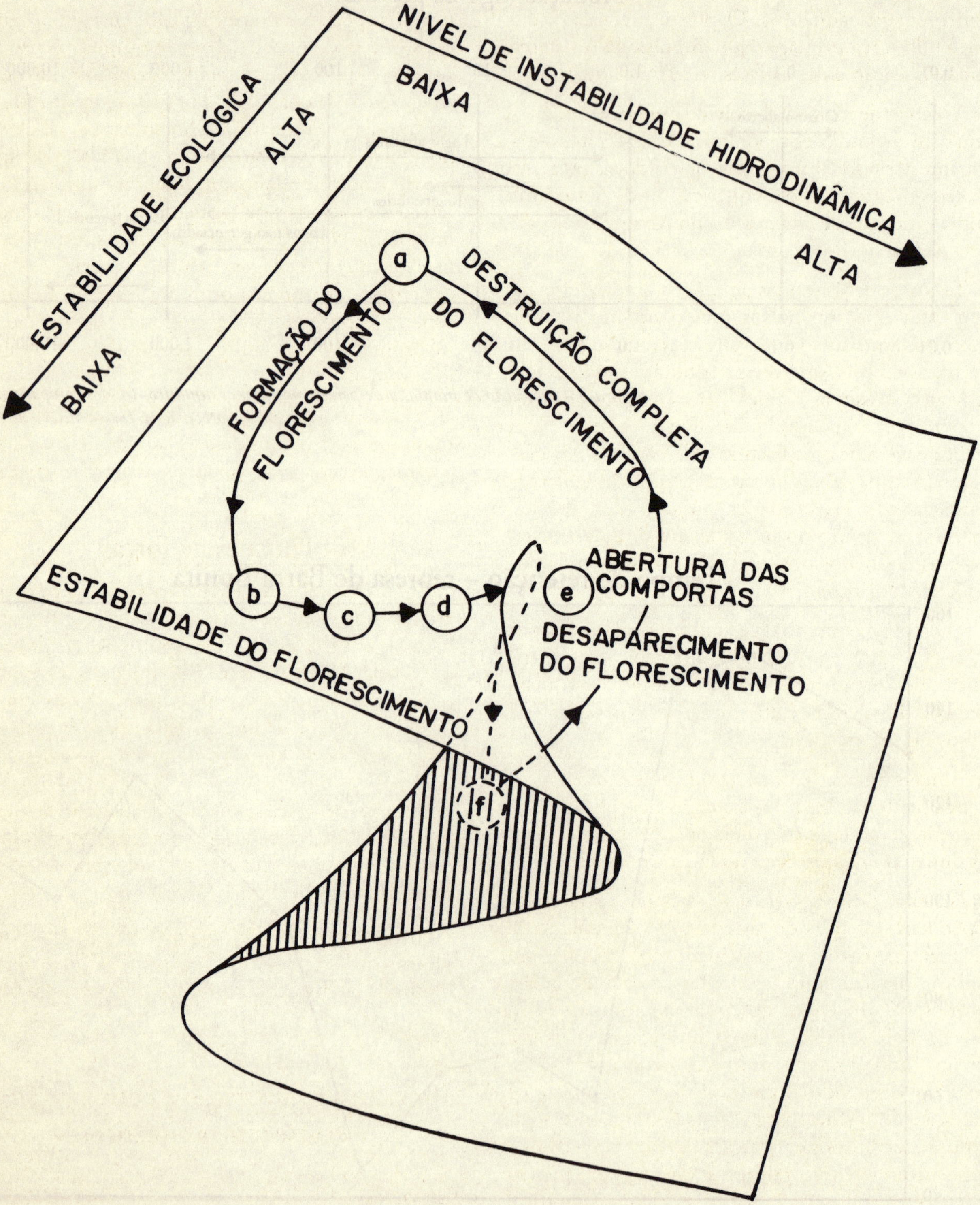

Figura 10 - Teoria da catástrofe aplicada a florescimentos de fitoplâncton em represas.
FONTE: Tundisi, 1998 - original.

nível do rio, há uma inundação que cobre completamente a zona litoral, movendo-a, de forma que todos os *habitats*, na várzea, constituem um gradiente entre regiões permanentemente terrestres e permanentemente aquáticas. O pulso, neste caso, é a função de força principal que impulsiona o sistema para a oscilação entre as fases terrestre e aquática.

As cargas de material dissolvido e em suspensão variam com as condições geoquímicas da bacia hidrográfica, interferindo com a morfometria do sistema, e o funcionamento da biota aquática, produzindo uma ampla variedade de *habitats*, e a uma renovação completa da fauna e flora com reflexos na biodiversidade.

Todos os ecossistemas aquáticos que funcionam com estes tipos de pulsos tem o mesmo tipo de respostas, aproximadas. Nestes sistemas se incluem as várzeas do Rio Amazonas e tributários, o Pantanal de Mato Grosso, as regiões e áreas alagáveis do Rio Paraná e do seus tributários. Por exemplo, Neiff (1996) e Marchese & Escurra de Drago (1992) descreveram uma zonação típica e um aumento da complexidade (diversidade, número de espécies, nichos tróficos) do rio principal em direção aos tributários de menor porte no Rio Paraná como conseqüência dos pulsos.

O desaparecimento da estratificação vertical, por ação do vento, produzindo alterações na distribuição dos organismos, na distribuição vertical do oxigênio dissolvido e nutrientes, é outro exemplo de pulsos no sistema.

A magnitude e freqüência dos pulsos difere geograficamente no caso dos sistemas naturais, principalmente levando-se em conta o gradiente latitudinal e a dimensão dos sistemas aquáticos no Brasil.

No caso dos reservatórios, estes pulsos também dependem dos usos do sistema, da necessidade de descargas permanentes para regulação do nível ou usos da água; quando há uma cascata de reservatórios há um efeito dos pulsos a montante e a jusante. Por exemplo, a liberação de água mais fria próxima ao sedimento, com baixa concentração de oxigênio dissolvido pode ocasionar um pulso de liberação de fósforo para a água sobrejacente a jusante. Reservatórios em cascata são pois suscetíveis a pulsos com efeitos múltiplos que afetam toda a cadeia direta ou indiretamente. A Figura 11 mostra uma cadeia de reservatórios no médio e baixo Tietê, Estado de São Paulo, no qual os pulsos tem efeitos múltiplos.

O conhecimento adequado dos pulsos, suas características (magnitude, duração, origem) permite o estabelecimento de modelos ecológicos e matemáticos que podem prognosticar, até certo ponto, as respostas qualitativas e quantitativas dos sistemas aquáticos e das comunidades. É uma ferramenta muito importante no desenvolvimento de prognósticos que podem evitar danos e otimizar o uso dos sistemas aquáticos e da água, permitindo um controle efetivo da qualidade. Por exemplo a introdução do modelo Protech-C (Reynolds et al, 1998) possibilita predizer variações na qualidade da água, incorporando mudanças hidráulicas, simulando alterações estacionais na biomassa, e incluir variações no volume de lagos e represas. Esta simulações no funcionamento de lagos e represas a partir dos dados existentes, permitem otimizar usos e desenhar cenários apropriados da resposta em função da incorporação dos pulsos ao modelo ecológico. (Tundisi, 1993)

O estudo detalhado dos pulsos e seus efeitos permite um avanço considerável no gerenciamento de sistemas aquáticos continentais naturais e artificiais.

Funções de força

As principais funções de força *driving forces* que atuam nos ecossistemas aquáticos continentais, naturais e artificiais do Brasil, são a seguir descritas na Tabela 2. Estas funções de força, estão evidentemente relacionadas com os pulsos e podem ter causas naturais e artificiais. É também importante caracterizar estas funções de força nos diferentes sistemas como base para a implantação de programas de gerenciamento. A magnitude destas funções de força desencadeia processos biogeofísicos fundamentais nos ecossistemas, interferindo no seu funcionamento. (Tundisi, 1983)

As Tabelas 3 e 4 sintetizam os resultados de nutrientes, clorofila, produção primária e biomassa de fitoplâncton e zooplâncton em lagos e represas.

Impactos, recuperação e conservação de ecossistemas aquáticos

Impactos

Os vastos recursos hídricos do Brasil têm grande significado ecológico, econômico e social. O gerenciamento, conservação e recuperação desses sistemas é, portanto, de importância fundamental com reflexos na economia, na área social e nos usos dos siste-

RESERVATÓRIOS DA BACIA DO TIETÊ

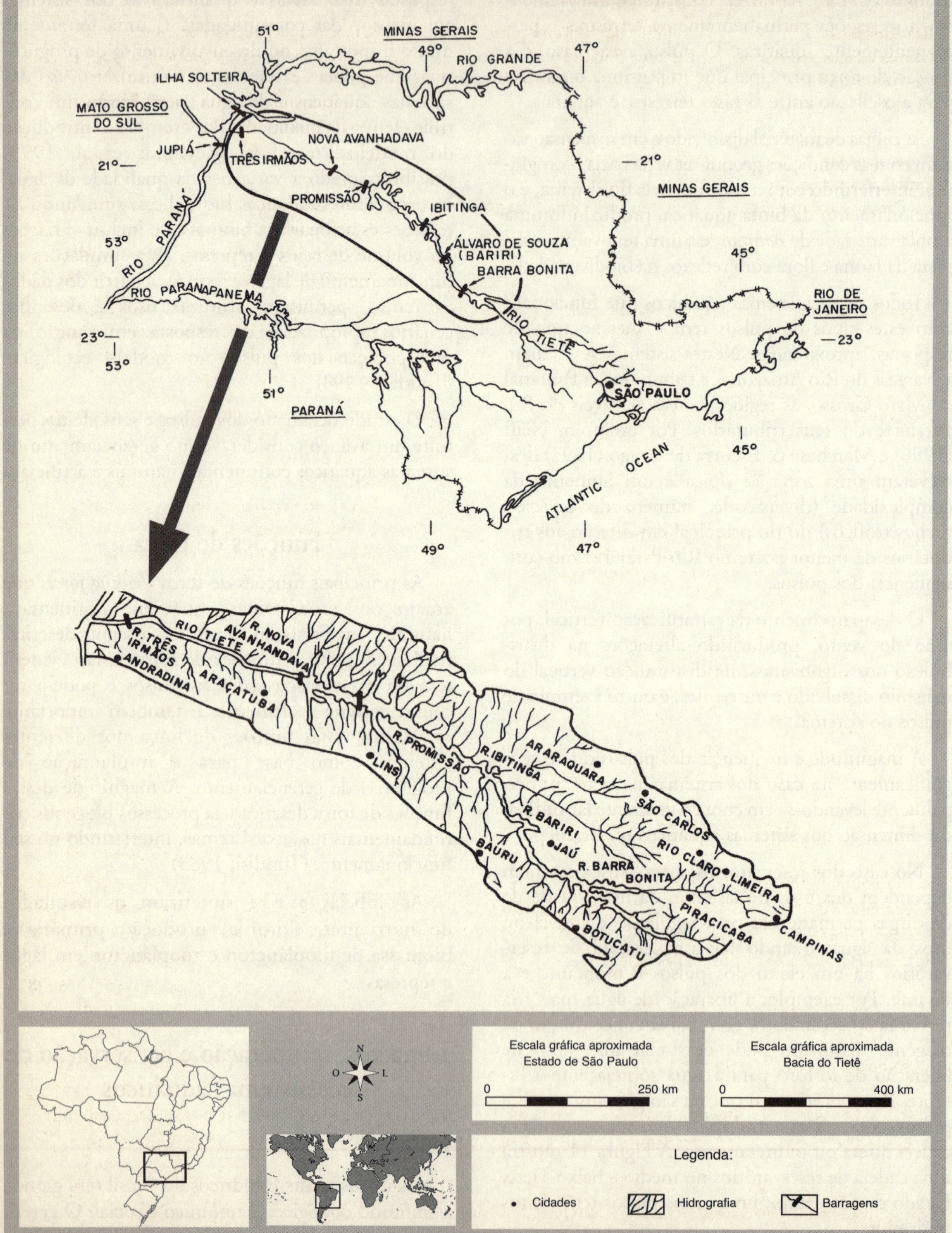

Figura 11: Sequência de reservatórios no médio Tietê, onde os vários sistemas à jusante recebem impactos dos sistemas à montante

Tabela 2 - Principais funções de força em lagos, áreas alagadas e represas e seus efeitos ecológicos.

Sistema	Principal função de força	Efeitos (exemplos de efeitos)
Rio Amazonas (várzea e lagos associados aos tributários)	Flutuações hidrométricas de grande porte (10-15 metros), ventos (estacionais ou diurnos)	Alterações na sucessão de espécies, na biodiversidade e na organização das comunidades. Efeitos na biomassa. Deslocamento da zona litoral. Efeitos fisiológicos em animais e plantas.
Áreas alagadas Pantanal, várzeas do rio Paraná e tributários	Flutuações hidrométricas (2, 5, 7 metros) Ventos (estacionais ou diurnos)	Alterações no ciclo de nutrientes e na biomassa. Turbulência em lagos. Alterações diurnas na estrutura térmica do sistema. Alterações na sucessão, organização das comunidades. Alterações fisiológicas.
Lagos do rio Doce	Radiação solar - aquecimento e resfriamento térmico	Estratificação térmica e destratificação térmica sazonais. Distribuição vertical de organismos. Padrões diurnos circulação vertical.
Represas	Tempo de retenção (usos de águas) Ventos (estacionais ou variações diurnas) Precipitação Eutrofização cultural e entrada rápida de poluentes	Alterações nos padrões de circulação vertical horizontal. Modificações nos ciclos e biogeoquímicos, alterações na distribuição vertical e horizontal de organismos. Gradientes de densidade e temperatura. Efeitos de catástrofe no fito zoo e bactéri plancton (abertura das comportas)

FONTE: Tundisi, 1983.

Tabela 3 - Nutrientes, clorofila e produção primária (Média anual e desvio padrão)

Lago	NIT μg^{-1}	PTD μg^{-1}	Chl a μgl^{-1}	Produção primária mgCm^{-2}h^{-1}	Referências
R. Lagoa Dourada, SP	25,25 (9.48)	2,82 (2.09)	4,22 (0.82)	2,55 (1.58)*	Talamoni (1995), Pompêo (1991)
R. Broa, SP	42,15 (10.25)	7,94 (2.91)	10,05 (2.41)	13,98 (4.84)	Matheus, Tundisi (1998)
R. Monjolinho, SP	204,8 (287.68)	6,80 (8.48)	8,69 (8.50)	-	Nogueira (1990)
R. Pedreira, SP	788,51 (57.24)	5,67 (4.55)	43,70 (3.85)	156,40 (19.36)**	Talamoni (1995)
R. Barra Bonita, SP	656,2 (811.50)	13,31 (3.98)	28,8 (45.92)	214,61 (150.91)	Tundisi et alii. (1990)
R. Paranoá, DF	662,8 (366.01)	32,41 (7.18)	56,9 (21.10)	120,22 (77.18)	Branco (1991) Toledo &Hay (1998)
L. Dom Helvécio, MG	17,80 (18.12)	3,62 (2.97)	2,47 (1.16)	18,85 (8.67)	Okano (1980), Pontes (1980)
L. Emboaba, RS	10,58 (14.93)	4,85 (4.36)	4,47 (3.60)	-	Spohr-Bacchin, M. (1995)
L. Caconde, RS	654,86 (206.64)	25,52 (4.88)	9,41 (3.91)	268,96 (222.04)	Güntzel (unpubl.)
R. Jacaré-Pepira, SP	12,4 (4.99)	1,13 (1.07)	1,71 (0.62)	4,05 (1.39)	Claro (1978), Franco (1982)

NIT = Nitrogênio inorgânico total; PTD = Fósforo total dissolvido.

* Três meses de estudo na represa Lagoa Dourada.

** Estudos de um mês na represa de Pedreira, em dias alternados. Dados transformados em unidades comparáveis, em alguns casos.

FONTE: Rocha e Matsumura Tundisi, 1997.

Tabela 4 - Média anual do fitoplâncton (cel/l) e zooplâncton (ind/m^3) densidade numérica para alguns lagos e represas

Lago/reservatório	Fitoplâncton média + DP	Zooplâncton média + DP	Referências
R. Lagoa Dourada, SP	$5,90 \times 10^4 \pm 4,80 \times 10^4$	$4,80 \times 10^5 \pm 4,20 \times 10^5$	Talamoni (1995), Pompêo (1991)
R. Broa, SP	$1,90 \times 10^6 \pm 2,30 \times 10^5$	$9,90 \times 10^6 \pm 13,10 \times 10^6$	Matsumura-Tundisi & Tundisi (1976)
R. Monjolinho, SP	$1,30 \times 10^5 \pm 2,40 \times 10^5$	$4,10 \times 10^5 \pm 6,40 \times 10^5$	Nogueira (1990)
R. Pedreira, SP	$6,60 \times 10^7 \pm 1,80 \times 10^6$	$1,05 \times 10^6 \pm 3,10 \times 10^6$	Talamoni (1995)
R. Barra Bonita, SP	$1,90 \times 10^7 \pm 6,80 \times 10^6$	$8,50 \times 10^4 \pm 4,90 \times 10^4$	Thematic Project (umpubl, 1994)
R. Paranoá, DF	$4,00 \times 10^7 \pm 2,70 \times 10^7$	$4,30 \times 10^4 \pm 2,60 \times 10^4$	Castelo-Branco (1991)
L. Dom Helvécio, MG	$2,60 \times 10^6 \pm 4,20 \times 10^6$	$2,90 \times 10^3 \pm 2,70 \times 10^2$	Pontes (1995); Matsumura-Tundisi & Tundisi (1986)
L. Emboada, RS	$8,60 \times 10^6 \pm 8,60 \times 10^6$	$6,70 \times 10^5 \pm 3,80 \times 10^5$	Spohr-Bacchin, M. (1995)
L. Caconde, RS	$1,60 \times 10^7 \pm 8,80 \times 10^6$	$1,50 \times 10^5 \pm 8,40 \times 10^4$	Güntzel (unpubl.)
R. Jacaré-Pepira, SP	$2,50 \times 10^5 \pm 2,20 \times 10^5$	$5,30 \times 10^5 \pm 7,10 \times 10^4$	Franco (1982); Claro (1978)

FONTE: Rocha e Matsumura Tundisi, 1997.

mas aquáticos. Este gerenciamento é muito complexo, dependendo de uma forte base de dados e de desenvolvimento de mecanismos de transferência do conhecimento científico básico para a aplicação. Como há grandes diferenças geomorfológicas, ecológicas e antropológicas nas várias latitudes no Brasil, esta ação torna-se evidentemente mais complexa, pois depende de uma base local ou regional de dados e informações científicas compatíveis, com os sistemas regionais.

A exploração dos recursos hídricos para produção de energia, biomassa e irrigação, suprimento da água para os grandes centros urbanos demanda uma forte articulação entre a base de pesquisa e conhecimento científico acumulado, e as ações de gerenciamento e engenharia. Sem esta articulação que leve em conta qualidade e quantidade de água, muito pouco avanço conceitual pode ser realizado. Além disto é preciso levar em conta não somente o sistema aquático, mas a bacia hidrográfica na qual ele se insere e os usos desta unidade-bacia-hidrográfica-rio-lago ou reservatório. Sem este conceito há pouca probabilidade de um gerenciamento efetivo do sistema (Tundisi, 1990; Tundisi, 1994).

Principais impactos

A contínua interferência das atividades humanas nos sistemas aquáticos continentais do Brasil produziu impactos diretos ou indiretos, com conseqüência para a qualidade da água, a biota aquática e o funcionamento de lagos, rios e represas.

Desmatamento - perda da zona tampão entre sistemas terrestres e aquáticos, aumento do material particulado em suspensão na água, perda de florestas riparias e *habitats* para as aves aquáticas, alterações na composição do sedimento dos sistemas aquáticos.

Mineração - Atividades de mineração de ouro, areia e bauxita produziram alterações físicas e químicas extremamente elevadas nos sistemas. Acúmulo de mercúrio tem sido outro problema grave como conseqüência da mineração de ouro (Lacerda, 1993; Lacerda & Solomons, 1998).

Construção de rodovias e ferrovias - Remoção de áreas alagadas e florestas, alteração nos rios e lagos ao longo de obras rodoviárias e ferroviárias.

Despejo de material residual - Material residual proveniente de fontes orgânicas e inorgânicas, resultantes de atividades industriais, agrícolas ou de resíduos domésticos, é outra fonte extremamente importante de poluição e contaminação. Deve-se distinguir entre fontes pontuais e não pontuais de poluentes e contaminação.

Introdução de espécies exóticas - A introdução de espécies exóticas de plantas, peixes e outros organismos produz extensas modificações nas cadeias alimentares, em lagos e reservatórios no Brasil. Por exemplo, a introdução acidental ou proposital de *Cichla occelaris* (tucunaré) alterou profundamente as cadeias alimentares em lagos do rio Doce (Tundisi & Saijo, 1997).

Remoção de espécies críticas - Espécies críticas que têm uma importância fundamental para as cadeias alimentares, ou para a manutenção da biodiversidade sustentada dos ecossistemas aquáticos, podem ser removidas por pressão de pesca, caça ou poluição, produzindo grandes transformações no sistema. A remoção de várias espécies de vegetação riparia, produz muitas alterações no sistema aquático. Por exemplo, a remoção de espécies de vegetação, cujos frutos ou folhas servem de alimento para peixes, pode causar alterações fundamentais na estrutura da comunidade biológica em ecossistemas aquáticos.

Construção de reservatórios - A construção de represas produz inúmeros impactos no sistema, com alterações qualitativas e quantitativas. Como conseqüência destes impactos, os sistemas aquáticos passam por inúmeras alterações e mudanças estruturais e funcionais (ver capítulo anterior).

Conseqüências dos impactos

Os impactos acima descritos, produzem inúmeras alterações nos ecossistemas aquáticos, que causam modificações diretas ou com efeitos indiretos. As avaliações qualitativa e quantitativa destes impactos são parte muito importante dos futuros estudos, diagnósticos, e ações estratégicas na pesquisa ambiental.

Eutrofização - O resultado das inúmeras descargas de água contaminada, poluída, com alta concentração de Nitrogênio e Fósforo, é um processo acelerado de eutrofização cultural (ou seja, produzida pelas atividades humanas). Eutrofização acelera o aumento de matéria orgânica nos sistemas, produz concentrações indesejáveis de fitoplâncton (com predominância de Cianofíceas), e macrófitas aquáticas (geralmente *Eichchornia crassipes* e *Pistia stratioides*) e promove um aumento de doenças de veiculação hídrica. O desenvolvimento das atividades humanas nas bacias hidrográficas, tem aumentado as funções de transferência de sistemas terrestres para sistemas aquáticos, e acelerado os coeficientes de exportação. Perdas de solo, podem atingir 20 toneladas/hec/ano. Acúmulo de Fósforo no sedimento é comum.

Aumento do material em suspensão e assoreamento - O uso inadequado do solo e práticas agrícolas antiquadas, produzem um enorme impacto nos sistemas aquáticos. Há um aumento considerável do material em suspensão na água com as seguintes conseqüências: redução da zona eufótica; redução da concentração de oxigênio dissolvido na água; redução da produção primária fitoplanctônica; mortalidade em massa de macrófitas e mortalidade em massa de peixes. Além disto, ocorre um assoreamento rápido, diminuindo a capacidade de usos dos lagos e represas.

Perda da diversidade biológica - A redução drástica da diversidade biológica em muitos sistemas, produz alterações substanciais nas cadeias tróficas e mudanças na estrutura e função dos sistemas aquáticos. Por exemplo a remoção de macrófitas aquáticas, emersas ou submersas das áreas alagadas, interfere com a capacidade de desnitrificação do sistema.

Alterações no nível da água e no ciclo hidrológico Uma das conseqüências mais drásticas das modificações produzidas pelos impactos, é a diminuição da altura do nível da água com efeitos nos rios, nos lagos adjacentes e lagoas marginais, nas águas subterrâneas e nas florestas ripárias ao longo de rios

Conseqüências da eutrofização em lagos, represas, rios

- Aumento da concentração de Nitrogênio e Fósforo na água (sob forma dissolvida e particulada);
- Aumento da concentração de fósforo no sedimento.
- Aumento da concentração de amônia e nitrito no sistema;
- Redução da zona eufótica;
- Aumento da concentração de material em suspensão particulado de origem orgânica na água;
- Redução da concentração de oxigênio dissolvido na água (principalmente durante o período noturno);
- Anoxia nas camadas mais profundas do sistema próximas ao sedimento;
- Aumento da decomposição em geral do sistema e emanação de odores indesejáveis;
- Aumento das bactérias patogênicas (de vida livre ou agregadas ao material em suspensão);
- Aumento dos custos para o tratamento de água;
- Diminuição da capacidade de fornecer usos múltiplos pelo sistema aquático;
- Mortalidade ocasional em massa de peixes;
- Redução do valor econômico de residências, e propriedades próximas a lagos, rios ou represas eutrofizados;
- Alteração nas cadeias alimentares;
- Aumento da biomassa de algumas espécies de fitoplâncton, macrofitas, zooplâncton e peixes;
- Em muitas regiões o processo de eutrofização vem acompanhado do aumento em geral, das doenças de veiculação hídrica nos habitantes próximos dos lagos, rios ou represas eutrofizadas.

e áreas alagadas.

Perda da capacidade tampão - Áreas alagadas, florestas ripárias, interfaces entre sistema terrestres e aquáticos, são regiões tampão que removem nitrogênio (por desnitrificação) e fósforo (por precipitação e complexação no sedimento e agregado em partículas às raízes de macrófitas). Além disso, precipitam metais pesados e complexam estes elementos. Removem material em suspensão, impedindo seu transporte para os sistemas aquáticos. O desaparecimento destas regiões tampão, por remoção, mortalidade por contaminação excessiva, alteração do regime hidrológico, e outras causas acelera a deterioração dos sistemas aquáticos.

Expansão geográfica de doenças tropicais de veiculação hídrica - A construção de reservatórios, canais, e mudanças no regime dos rios e áreas alagadas, produz muitos impactos relacionados com a expansão de vetores de doenças tropicais como a *esquistossomose,* a *leishmaniose* e doenças entéricas como cólera, amebíase, e outras.

Toxicidade - Há um aumento considerável da toxicidade de todos os sistemas aquáticos no Brasil. Esta contaminação é conseqüência dos usos de pesticidas, herbicidas, poluição atmosférica e também em algumas regiões de chuva ácida. Recentemente Lacerda & Solomons (1998) publicaram uma síntese sobre as contaminações produzidas por mercúrio nos sistemas aquáticos terrestres e também contaminação atmosférica. A Tabela 5 mostra a concentração de mercúrio em tecido muscular de peixes. E a Figura 12 mostra o ciclo do mercúrio nos sistemas terrestres e aquáticos e em represas.

A Figura 13 mostra os principais impactos nos sistemas aquáticos, e as Figuras 14, 15, 16 e 17 mostram impactos nos ciclos da água e os ciclos de sódio e chumbo relacionados com o ciclo da água.

Recuperação de ecossistemas aquáticos

A recuperação de lagos, represas, rios e áreas alagadas demanda um conjunto de ações integradas que envolvem a bacia hidrográfica, o ecossistema aquático e seus componentes, físicos, químicos e biológicos. Esta recuperação tem as seguintes etapas bem definidas:

- diagnóstico inicial do sistema e seu estágio de contaminação ou degradação.
- diagnóstico dos custos e perdas envolvidos com o processo de degradação, e a depreciação em propriedades, perdas da biodiversidade, e perdas de processos.

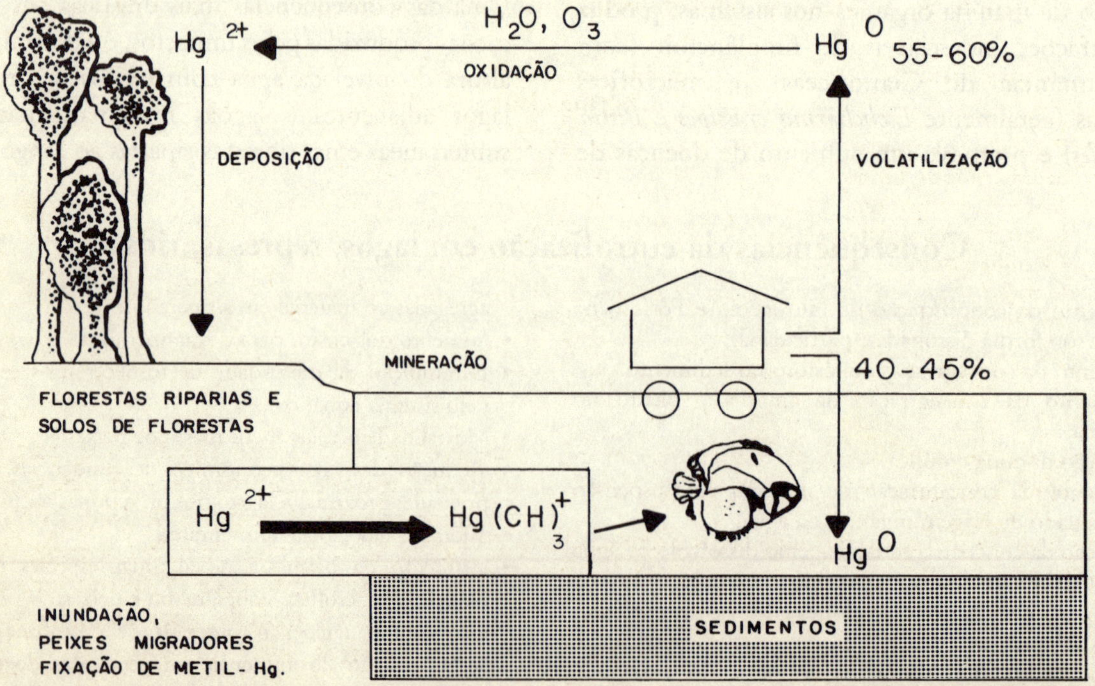

Figura 12 - Ciclo de mercúrio em sistemas aquáticos e terrestres.
FONTE: Lacerda & Solomons, 1998.

Tabela 5 - Concentração de Mercúrio (*g g-1 peso úmido) em tecido muscular de peixes com diferentes hábitos alimentares. Os dados, as áreas de concentrações como eles se apresentam nos artigos originais, foram coletados de diferentes fontes literárias.

Local	Hábito	Conteúdo de Hg	Autores
Rio Madeira, rio acima/contra corrente de Porto Velho, reserva de minério	C NC	0,07-2,89 0,02-0,65	Martinelli et alii. (1988); Malm (1991)
Rio Madeira, rio abaixo/correnteza abaixo da reserva de minério	C NC	0,67-1,47 0,05-1,01	Malm et alii. (1990); Martinelli et alii. (1988)
Região Poconé, mineração e resíduos	C NC	0,06-0,68 <0,04-0,16	Oliveira et alii. (1990); CETEM (1989)
Rio Paraíba do Sul, SE do Brasil	C NC	0,16-0,37 0,01-0,22	Lima et alii. (1990); Pfeiffer et alii. (1989)
Rio San Juan, Choco, Colômbia	C NC	0,66-1,26 0,04-1,87	CODECHOCO (1991)
Região de minério do Rio Teles Pires, sul da Amazonas, Brasil	C NC	0,05-3,82 0,02-0,19	Farid (1991); Akagi et alii. (1994)
Represa Tucuruí, SE do Amazonas, Brasil	C NC	0,99-2,90 0,05-0,60	Aula et alii. (1994)
Distrito de minério Carajás, SE do Amazonas, Brasil	C NC	0,11-2,30 <0,01-0,31	Lacerda et alii. (1994)
Rio Tapajós, SE do Amazonas, Brasil	C NC	0,04-2,58 0,01-0,31	Akagi et alii. (1994); Rodrigues et alii. (1992)
Rio Lerderderg, Victoria, Austrália	C	0,03-0,64	Bycroft et alii. (1982)
Davao del Norte, Filipinas	C	0,05-2,60	Torres (1992)
Rio Negro, Amazonas, Brasil	C NC	?-4,20 0,14-0,35	Malm et alii. (1994); Forsberg et alii. (1994)
Rio Cuyuní, Guyana, Venezuela	C NC	0,07-0,86 <0,03-0,24	Nico and Taphorn (1994)
Rios do Amazonas não contaminados	C NC	<0,17 <0,10	Pfeiffer et alii. (1989)

C = carnívoros;NC = não-carnívoros de várias áreas de mineração

FONTE: Lacerda and Solomons, 1998.

Tabela 6 - Distribuição de Mercúrio em compartimentos bióticos e abióticos da represa de Tucuruí, SE do Amazonas.

Compartimento	Área de concentração de Hg (µg / kg)	Média (quando disponível (µg / kg)
Partículas suspensas	59-300	-
Sedimentos do fundo	37-130	-
Macrofitas aquáticas	30-120	-
Invertebrados aquáticos	11-170	57
Mamíferos aquáticos	7-26	15
Jacaré	1700-3600	1900
Peixes	60-2600	-
Cabelo humano	6-241	65

FONTE: Lacerda & Solomons, 1998.

- avaliação das alternativas para a recuperação e custos da recuperação.

Várias técnicas de recuperação de lagos e represas foram utilizadas e publicações sobre estudos de caso e processos gerais de restauração foram feitas por Vollenweider (1987), Rast et alii (1989), Cairns et alii (1992) Cooke et alii (1993).

Em todas as experiências sobre recuperação de lagos e represas, ficou evidente que cada sistema necessita de um tratamento especial e de sistemas de monitoramento, avaliação e modelagem montados para cada lago, represas, ou área alagada. A tabela retirada de Ryding & Rast (1989) mostra os principais problemas tratados com as técnicas de restauração de lagos.

No Brasil, há um conjunto grande de represas, lagos, rios que necessitam de programas intensivos

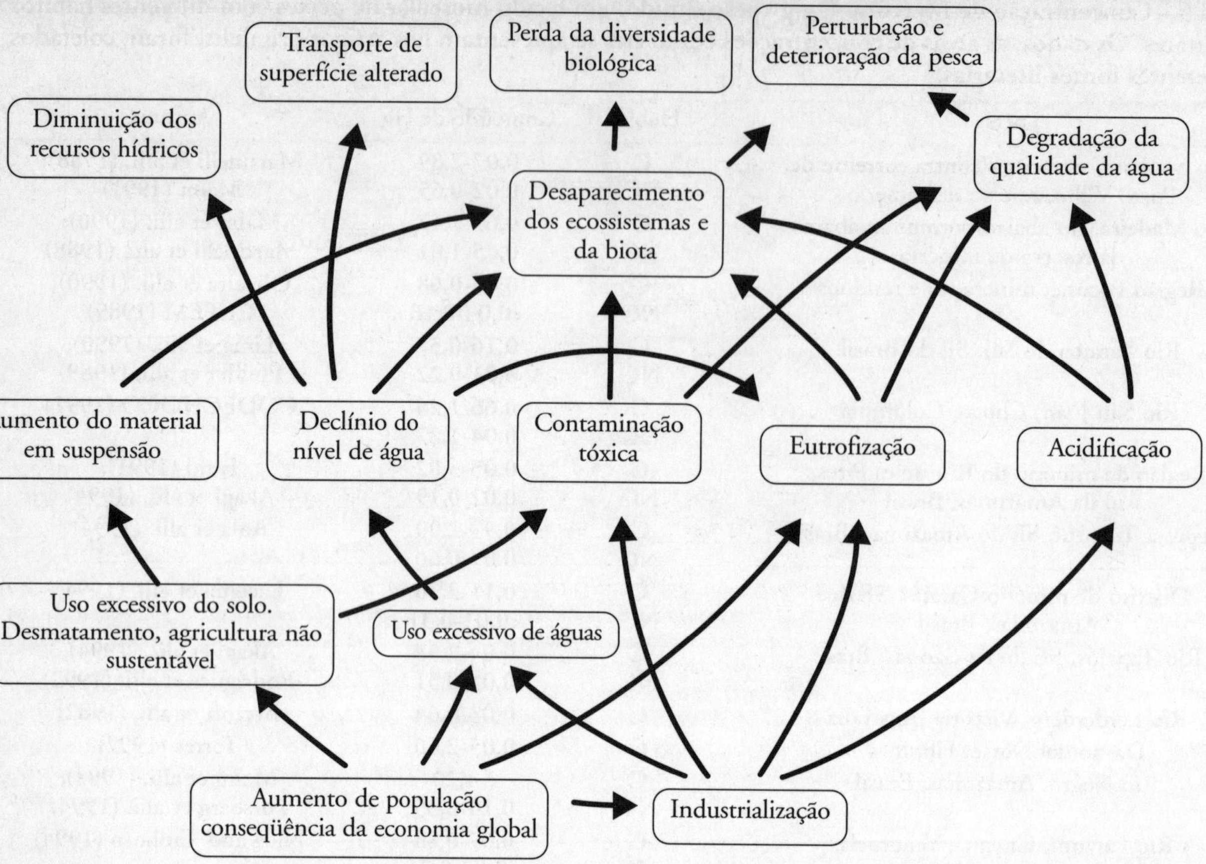

Figura 13 - Principais processos de contaminação e poluição das águas e suas conseqüências.
FONTE: Ilec, 1996.

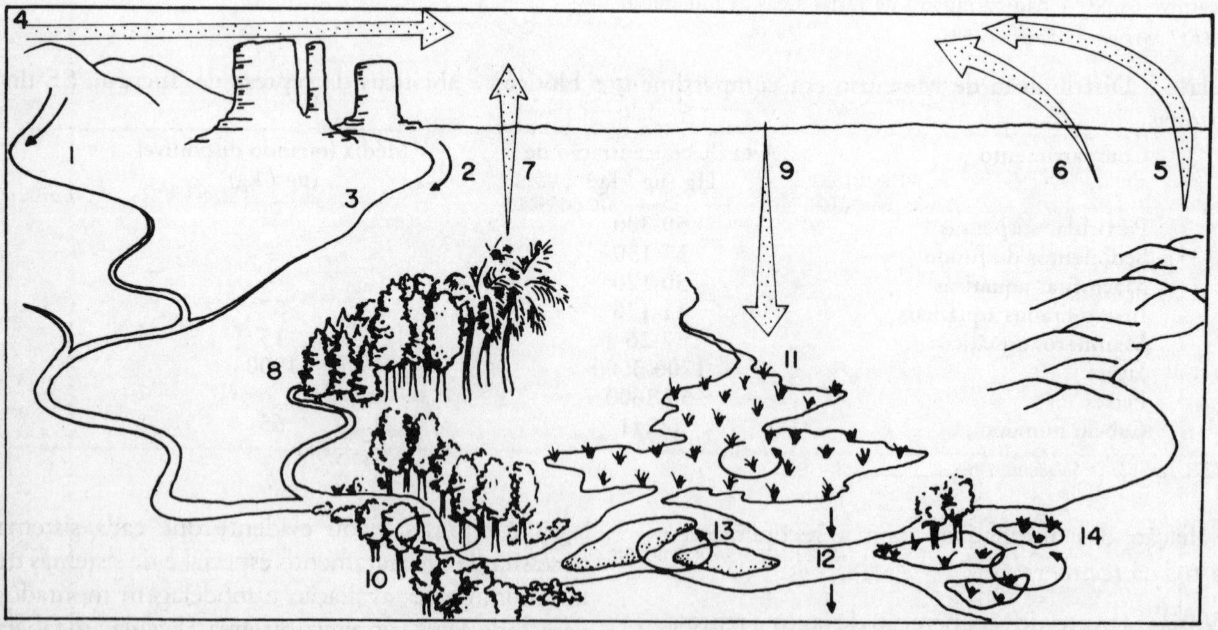

Figura 14 - Esta figura mostra os materiais naturais transportados pelos rios que são de origem diversa e que constituem um desenho básico do ciclo biogeoquímico dos elementos. Erosão mecânica das rochas vulcânicas (2), plutônicas (2), e sedimentares (3), das entradas atmosféricas de origem vulcânica (4), oceânica (5) e terrestre (6 e 7) e da lavagem dos rolos orgânicos (8). Uma vez na rede hidrográfica estes elementos estão submetidos a processos de intercâmbios com os aluviais (10), as zonas úmidas próximas aos rios (11), a atmosfera (12), e a processo internos (13), biológicos, e físicos. Na interface oceano-continente (14) os aportes fluviais estão também submetidos a variados intercâmbios químicos.
FONTE: Meybeck, 1990.

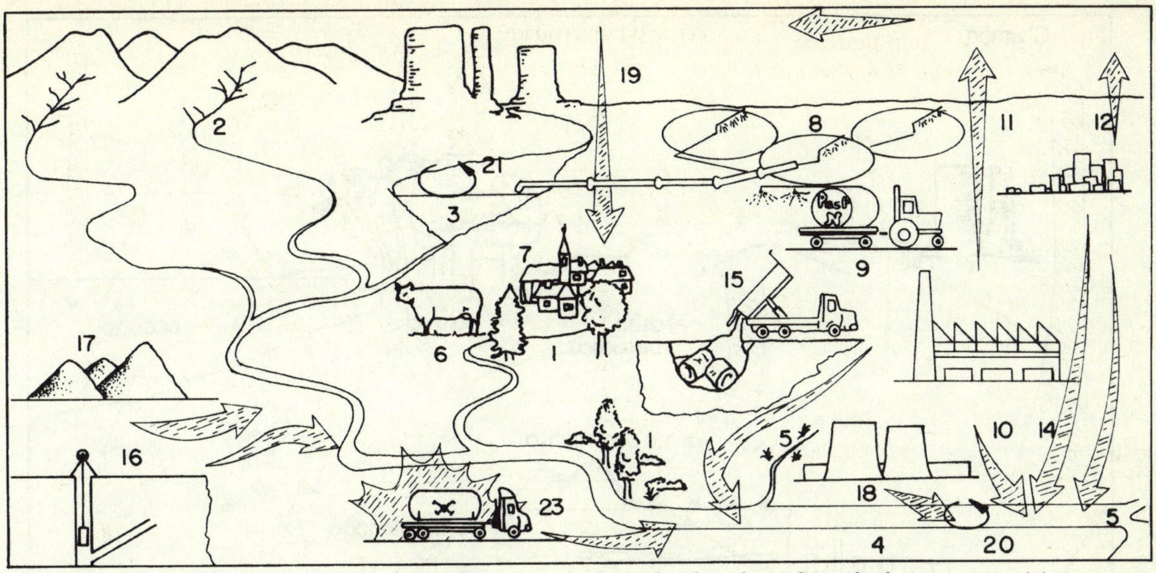

Figura 15 - A contaminação das águas superficiais tem se diversificado, sob os efeitos do desmatamento (1) erosão antrópica (2), a construção de represas (3), a canalização (4), a colmatação de áreas alagadas (5), a agricultura tradicional (6), o tratamento individual de águas servidas (7), têm impactos limitados na qualidade das águas. A agricultura industrial (9) e a irrigação maciça (8) têm grande impacto; as águas residuais são dirigidas para as redes hidrográficas com ou sem depuração das industrias (10), as cidades (14), as minas (16), e as centrais nucleares (18). A contaminação atmosférica (19) procedente de origens múltiplas (11,12, 13) também têm um impacto nas águas superficiais. A eutrofização afeta lagos, represas e rios (20 e 21). As águas pluviais das cidades (22) e os acidentes (23) produzem contaminações de curta duração mas muitas vezes graves. A contaminação das águas subterrâneas pela aquicultura (9) a cidade e a indústria (15) ou a mineração acaba por chegar às águas superficiais.
FONTE: Meybeck, 1990.

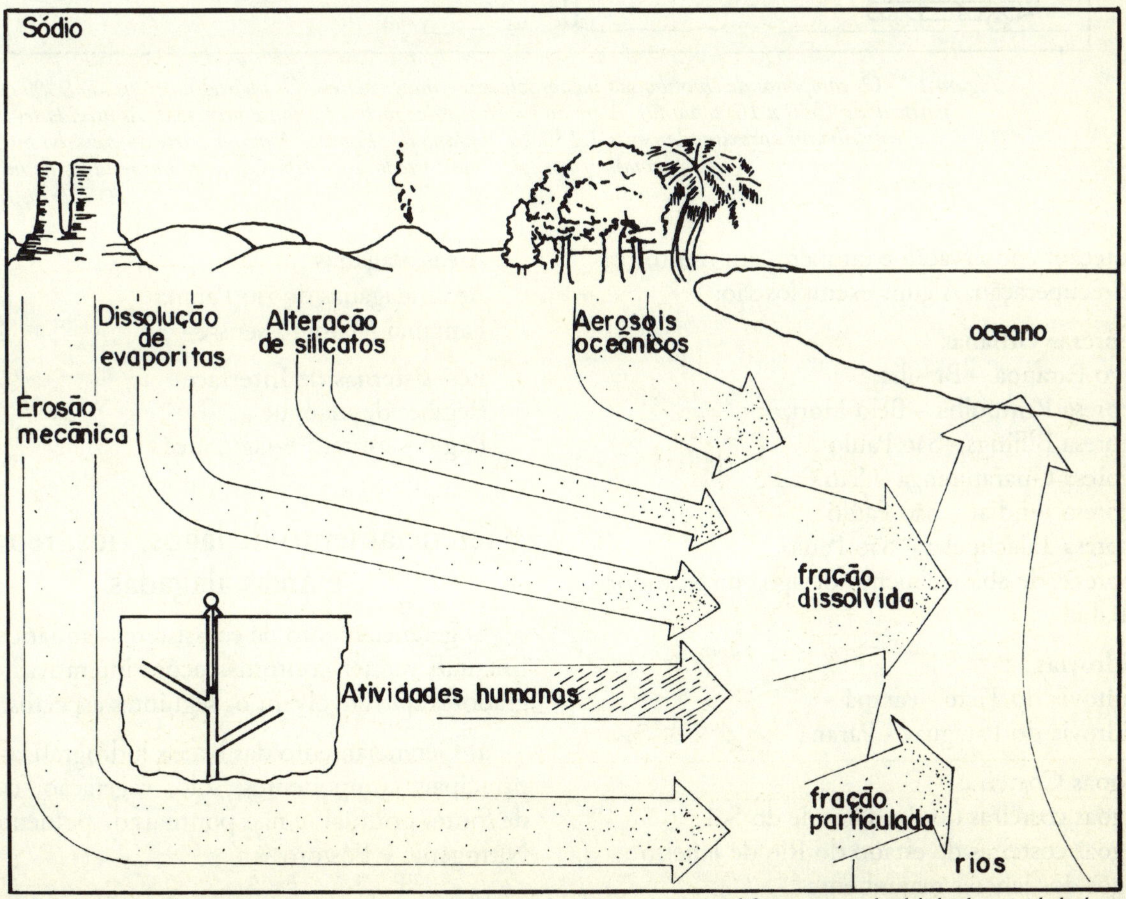

Figura 16 - Os aportes fluviais permitem reconstruir o ciclo externo dos elementos e sua modificação em escala global pelas atividades humanas. Os aportes naturais de sódio são de 385.10^6 ton/ano. A figura mostra os vários componentes do ciclo. Em 1970, o conjunto das atividades humanas aportavam 78.10^6 ton/ano de sódio dissolvido. Em 1990 estes aportes já eram de 150×10^6 ton/ano.
FONTE: Meybeck, 1990.

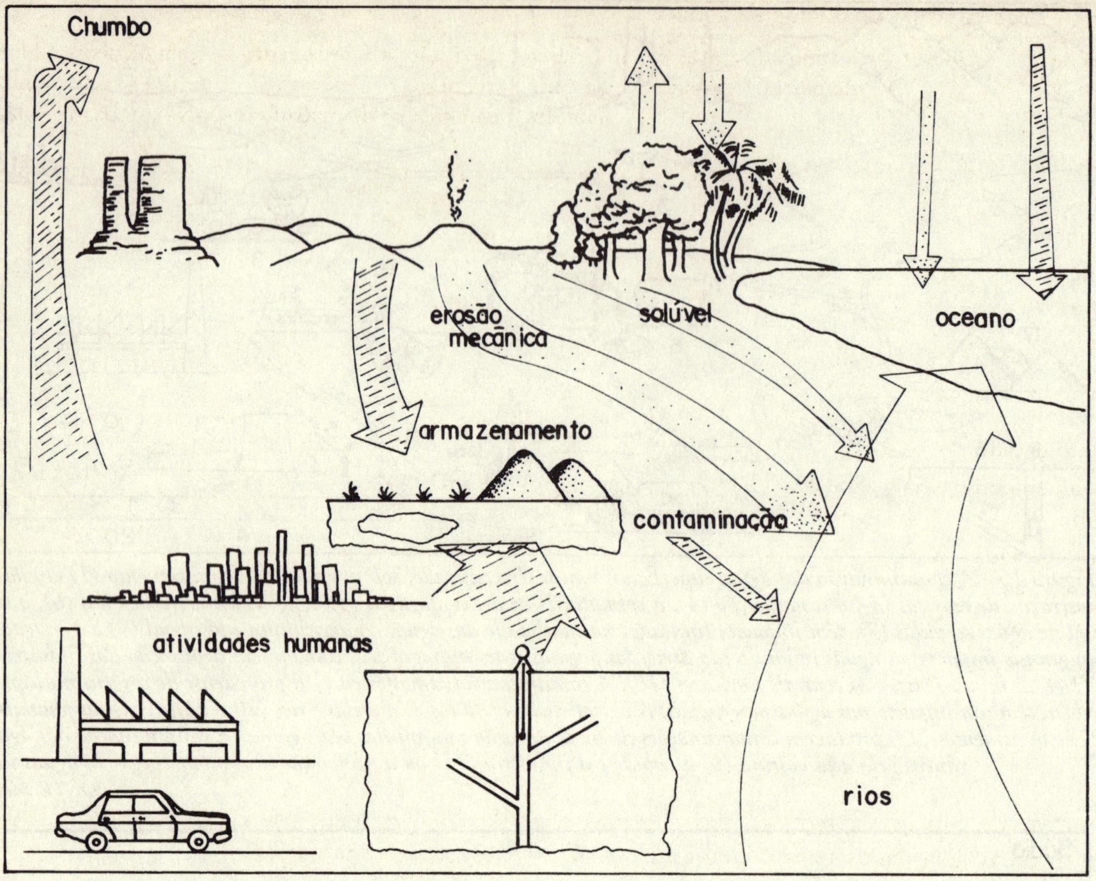

Figura 17 - Os compostos de chumbo são menos solúveis e mais voláteis. Os aportes naturais são 95% em forma particulada (330 x 10³ ton/ano). A erosão mecânica das rochas é a fonte principal. As atividades humanas mobilizam aproximadamente 1.150.10³ ton/ano de chumbo. A maior parte do chumbo mobilizado, permanece nos solos, nos vertedouros e especialmente nos resíduos de mineração.
FONTE: Meybeck, 1990.

de proteção, conservação e também, em muitos casos de recuperação. Alguns exemplos são:

Represas Urbanas
Lago Paranoá – Brasília
Represa Pampulha – Belo Horizonte
Represa Billings - São Paulo
Represa Guarapiranga – São Paulo
Represa Jundiaí – São Paulo
Represa Taiaçupeba – São Paulo
Represas de abastecimento de água de Salvador – Bahia

Hidrovias
Hidrovia do Tietê - Paraná
Hidrovia do Paraguay - Paraná

Lagoas Costeiras
Lagoas costeiras do Rio Grande do Sul
Lagoas costeiras do estado do Rio de Janeiro
Lagos dos lençóis maranhenses

Rios
Rios de cerrado, rios de região costeira

Áreas alagadas
Áreas alagadas do rio Paraná
Pantanal Matogrossensse

Ecossistemas de Interface
Regiões de mangue
Regiões estuarino-lagunares

Gerenciamento de lagos, rios, represas e áreas alagadas

O gerenciamento de ecossistemas aquáticos continentais requer contínuas ações interativas e integradoras que envolvem os seguintes aspectos:

a) Gerenciamento das bacias hidrográficas e seus principais componentes: solo, vegetação, controle de fontes pontuais e não pontuais de poluentes e de Nitrogênio e Fósforo.

b) Gerenciamento *in situ* do sistema aquático e medidas adequadas para conservação, proteção e recuperação. É fundamental centrar o gerenciamento

Tabela 7 - Problemas da qualidade da água

Medida de controle	Odores	Mortalidade de peixes	Algas Tóxicas	Interferência com natação	Redução da pesca comercial	Crescimento excessivo de macrofitas	Água de abastecimento de baixa qualidade	Florescimen-tos excessivo de algas
Dragagem		X			X			X
Aeração hipolimnética	X	X		X			X	
Inutiunção de nutrientes				X	X	X		X
Alteração da circulação	X	X						X
Algicidas			X					X
Biomanipulação			X	X		X		X
Diluição/aumento do fluxo	X	X			X			X
Remoção de águas hipolimnéticas	X	X				X		
Secagem do lago	X					X		X
Coleta de biomassa			X	X				X
Cobertura de sedimentos	X	X						

em controle de processos, redução das entradas e uso de técnicas adequadas para a manipulação *in situ* nos sistemas

c) Elaboração de novas metodologias adequadas a cada sistema, compreendendo as seguintes etapas: monitoramento, integração de monitoramento, controle, uso e tratamento dos resultados, banco de dados, modelagem ecológica e de implantação de sistemas de suporte à decisão com base nesses dados.

A modelagem ecológica é uma das importantes ferramentas do sistema com condições adequadas para prognósticos e alternativas de controle, e recuperação.

Outro tópico fundamental no gerenciamento é a implantação de estudos de impacto ambiental, segundo modelo anexo (Figura 18).

A elaboração de sistemas de suporte à decisão, envolve os processos apresentados na Figura 19.

Existem ainda dois componentes importantes no gerenciamento preditivo que estão expressas nas Figuras 20 e 21.

Um outro componente fundamental do sistema de gerenciamento é a elaboração de soluções gerenciais conservadoras e ao do tipo ecocêntricas em que a capacidade de produzir prognósticos e procurar soluções alternativas é importantíssima.

A Figura 22, retirada de Reynolds (1997), ilustra estas possibilidades.

Futuros estudos

A conservação e recuperação de ecossistemas aquáticos, demandam a existência de um banco de dados diferenciado para cada sistema lacustre e para diferentes "distritos lacustres".

O conhecimento científico de processos e mecanismos de funcionamento é fundamental para promover programas de conservação e recuperação. Estes estudos devem, pois, centrar-se na determinação das funções de forças principais, na avaliação da magnitude dos pulsos e seus impactos, nas condições físicas químicas e biológicas dos vários sistemas aquáticos, nas diferentes situações dinâmicas que se referem às variáveis de estado e no estudo de processos no espaço e no tempo.

Considerando-se que lagos, represas, áreas alagadas, têm uma interação permanente e dinâmica com as bacias hidrográficas às quais pertencem, é fundamental que se conheçam as interações entre estas bacias e os sistemas aquáticos. Por outro lado, é necessário realizar-se um esforço para compreender as interações entre os processos biogeofísicos, econômicos e sociais dada a interdependência desses componentes do sistema. A interação entre estes vários processos deve gerar a implantação de parcerias, as

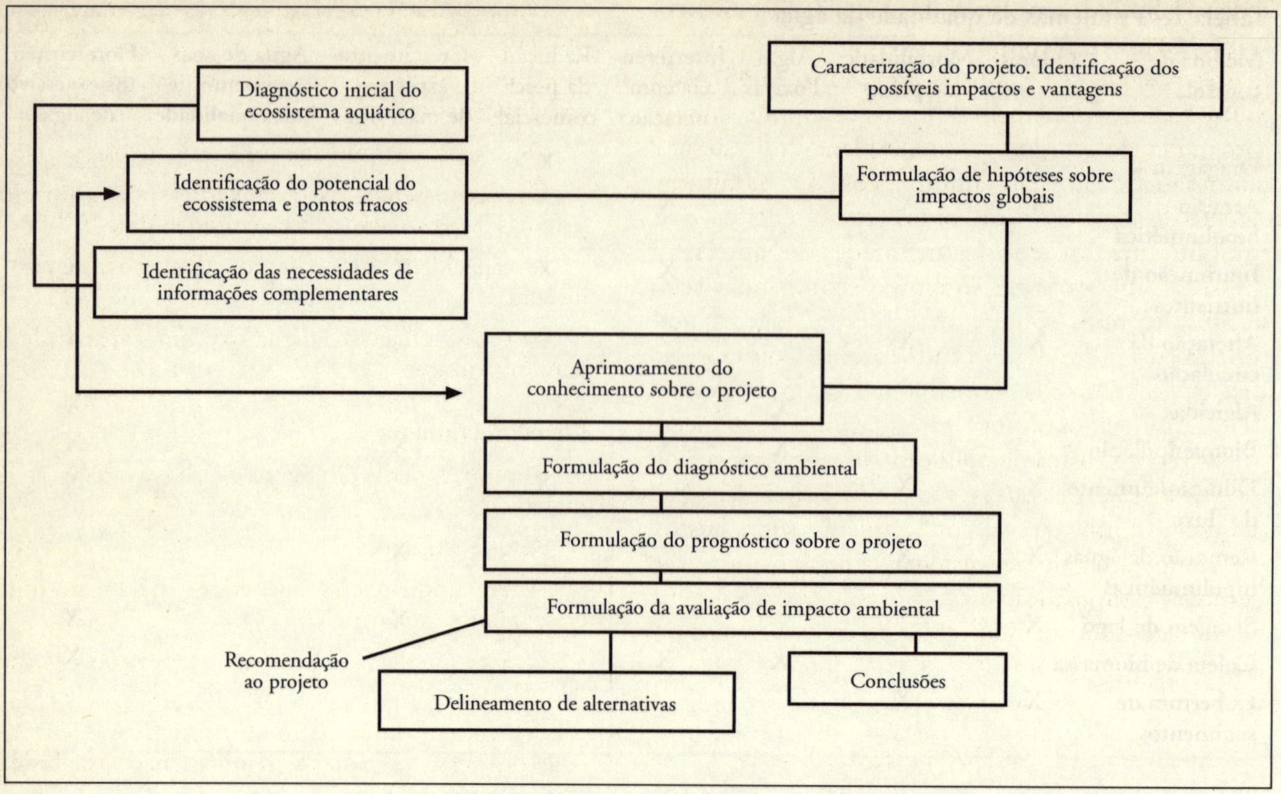

Figura 18 - Esquema para a implantação de estudos de impacto ambiental.

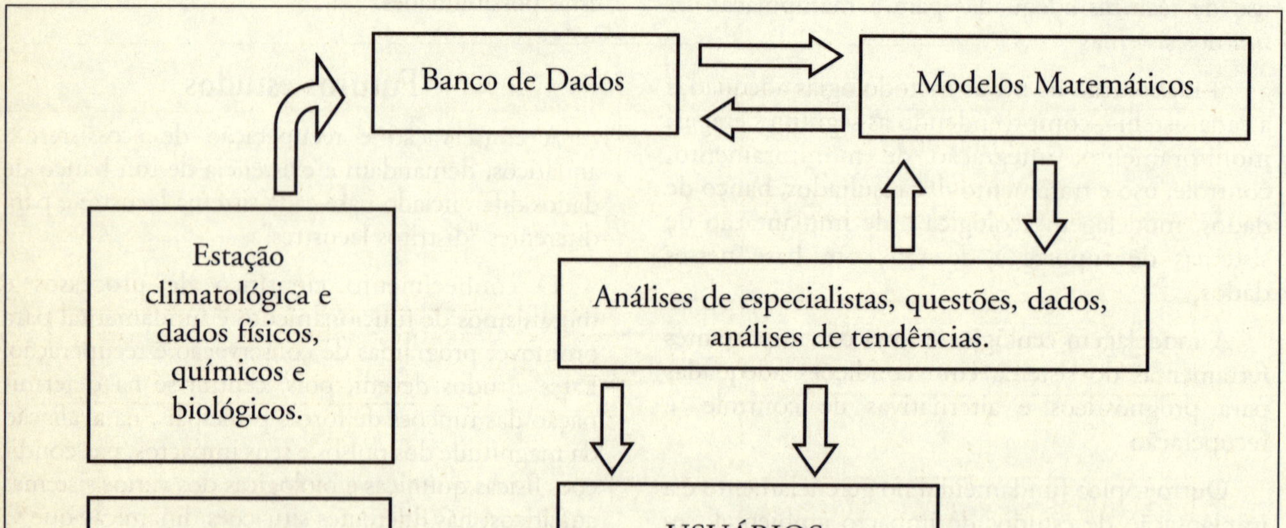

Figura 19 - Principais processos no sistema de suporte à decisão

quais viabilizam programas de recuperação e conservação inclusive do ponto de vista de financiamento destes programas (Tundisi e Straskraba, 1995). Por outro lado, é fundamental que em conjunto com o programa de estudos, sejam implantados sistemas automáticos ou semi-automáticos de monitoramento de variáveis físicas, químicas e biológicas; este monitoramento tem a finalidade de antecipar possíveis alterações no sistema e acompanhar seus efeitos. Estudos sobre indicadores biológicos que possam ser utilizados em cada lago, rio, ou represa, nacionalmente ou regionalmente, também devem ser considerados como prioritários. O conhecimento sobre custos da poluição/eutrofização, custos do tratamento de águas e sua conseqüência deve ser também estimulado. O conhecimento sobre custos da recuperação de ecossistemas aquáticos deve ser também estimulado e estudos nessa direção devem ser apoiados, acoplando teoria de ecossistemas e de ecotecnologias.

Teoria

De ecossistemas

Entradas de energia e reservas de matéria são limitadas.

A informação é reservada em estruturas e em códigos genéticos.

Os ecossistemas são abertos, dissipativos.

Os ecossistemas são regulados por múltiplos sistemas de *feed-back* (reciclagem incluída).

A capacidade homeostática dos ecossistemas é limitada.

Os ecossistemas são adaptativos com capacidade de auto organização

De ecotecnologia

Minimizar perda de energia e fechar a circulação de matéria.

Reter estruturas.

Reter informação genética para permitir crescimento antieutrópico.

Os ecossistemas são sensíveis às entradas externas de material e energia.

Efeitos em uma parte do sistema podem ter conseqüências inesperadas, remotas, não visualizadas de imediato.

Não exceder capacidade homeostática do

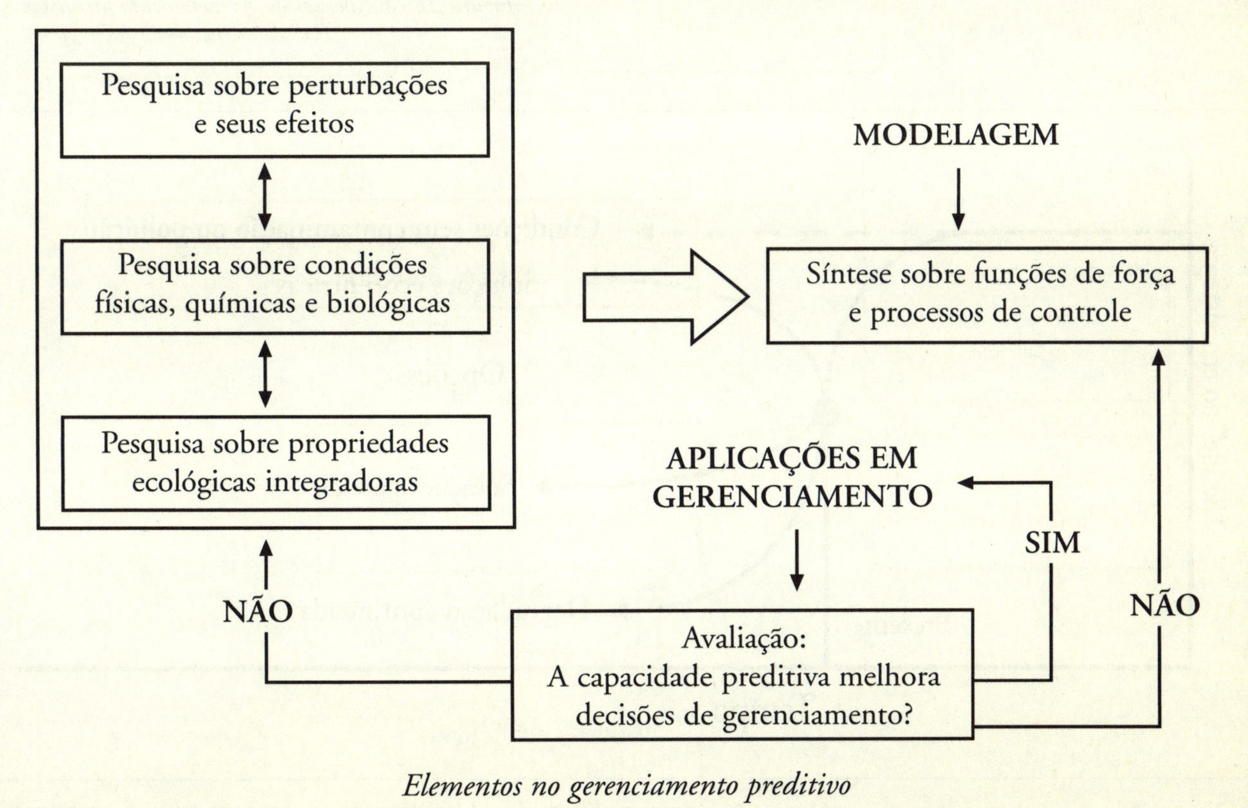

Elementos no gerenciamento preditivo

Figura 20 - Elementos de pesquisa na manutenção da biodiversidade.
FONTE: Freshwater Imperative, 1995.

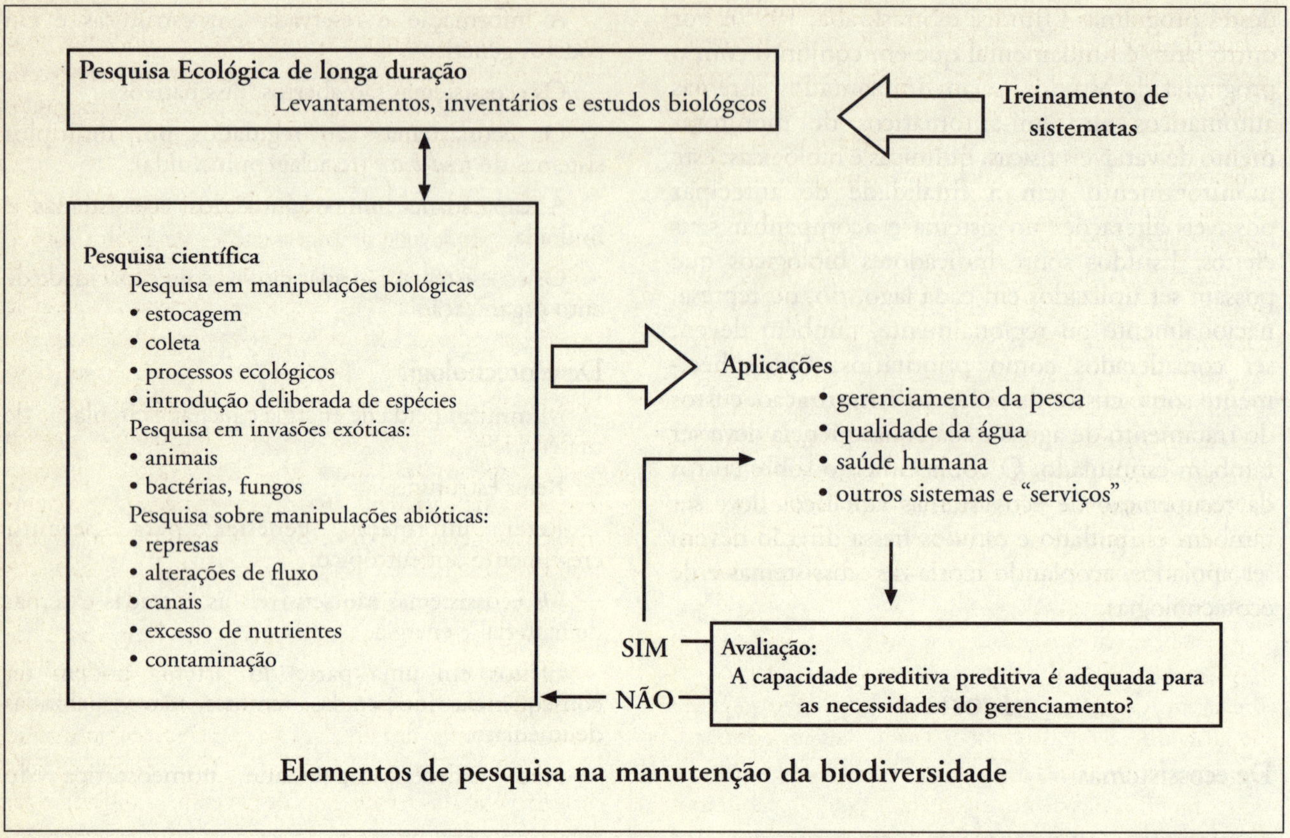

Figura 21 - Elementos no gerenciamento preditivo.
FONTE: Freshwater Imperative, 1995.

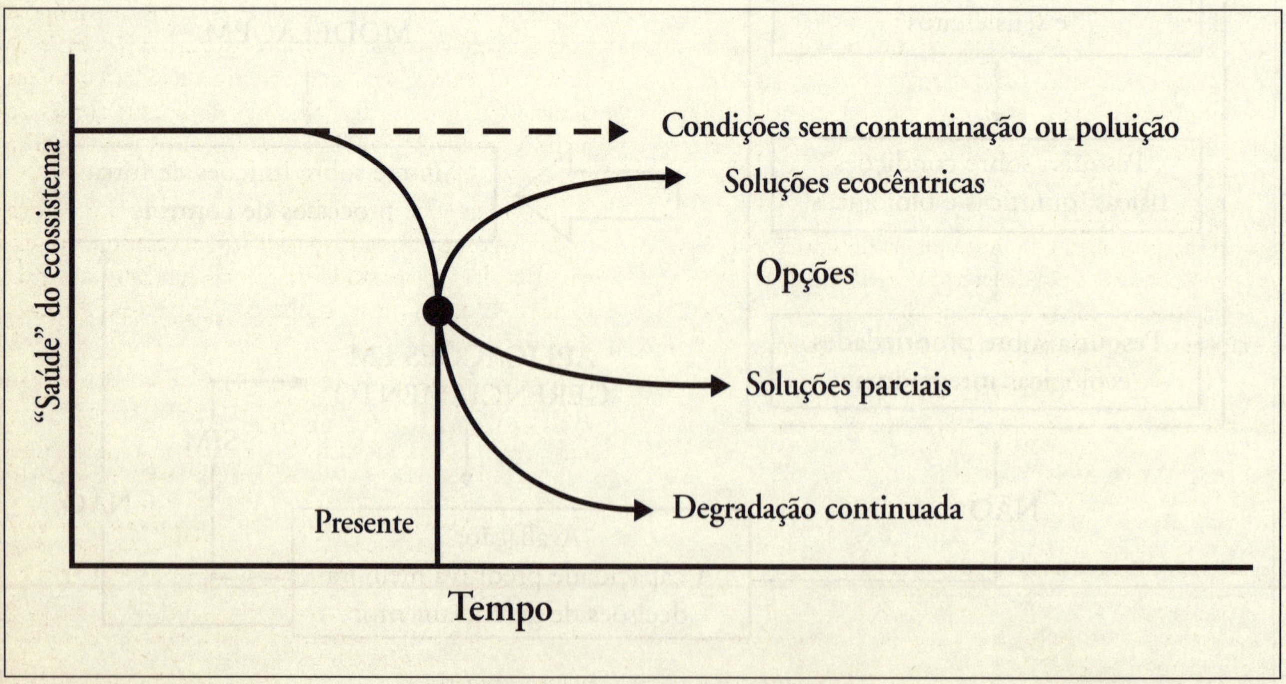

Figura 22 – Opções gerenciais com e sem soluções ecocêntricas.
FONTE: Reynolds, 1997.

Lago Paranoá

F. I. Starling

O lago Paranoá é um reservatório, tipicamente urbano, criado em 1959, à jusante da cidade de Brasília. Seu espelho d'água, localizado a 1.000 metros de altitude, vem sendo utilizado com múltiplos propósitos. Alternativa de recreação para os brasilienses, o lago faz parte do paisagismo da cidade, promove a melhoria do microclima local além de gerar energia e ser uma possível fonte de abastecimento de água para a capital federal.

A sua bacia hidrográfica, com ocupação diversificada, abrange cerca de 1.046 km^2. O lago possui uma área superficial de 38,06 km^2, volume de 498 x 10^{6}m^3, tempo de residência de 299 dias, profundidade média de 1^3 metros e vazão média efluente de 19,8 m^3. Morfologicamente, o reservatório possui uma área central e quatro braços alongados, onde chegam os principais tributários: ribeirões do Gama e Torto, córrego do Bananal e Riacho Fundo. Além dos afluentes principais, o lago recebe águas de drenagens pluviais urbanas e dos efluentes de duas estações de tratamento de esgotos.

Desde o seu enchimento, o lago vem sofrendo os impactos das atividades urbanas desenvolvidas na bacia de drenagem como resultado do exacerbado crescimento populacional da cidade de Brasília, refletindo-se em deterioração da qualidade da água. O acelerado processo de eutrofização, assoreamento e contaminação por organismos patogênicos ao qual o lago esteve sujeito nas décadas de 70 e 80 foram intensivamente monitorados pela Companhia de Água e Esgotos de Brasília (CAESB). Diversos estudos limnológicos, caracterizaram este ecossistema como monomítico quente, com uma circulação anual no período da seca e estratificação na estação chuvosa, tendo o fósforo como fator limitante. O enquadramento do lago como eutrófito/hipertrófico pode ser ilustrado pela ampla dominância de cianobactérias (*Cylindrospermopsis raciborskii* e *Microcystis aeruginosa*) e microzooplâncton (rotíferos e pequenos cladóceros).

A implementação do Programa de Recuperação do lago Paranoá por parte de CAESB, no início da década de 90, teve como principal medida o controle do aporte externo de nutrientes a partir da ampliação e modernização das Estações de Tratamento de Esgotos (ETEs). Como decorrência do tratamentos dos esgotos em nível terciário, utilizando-se o processo biológico para remoção de nitrogênio e fósforo com polimento final, houve uma drástica redução nas cargas de fósforo total aportadas no lago, passando de 418 kg/d em 1992 para 74 kg/d em 1997.

Melhorias significativas na qualidade de água já se fazem evidentes, sendo que as concentrações de Fóforo total e clorofila decaíram respectivamente de 67 e 90 ug/l em 1992 para 38 e 47 ug/l em 1997. A aplicação do algicida sulfato de cobre foi reduzida de 10.2 ton/ano em 1992 para 3.1 ton/ano em 1997. Em 1995, foi detectado no monitoramento limnológico o reaparecimento na comunidade planctônica do microcrustáceo *Daphnia gessneri*, espécie registrada apenas na década de 60. A presença expressiva da alga verde *Bothryococcus braunni* em pontos tradicionalmente dominados por *Microcystis aeruginosa*, a partir de fevereiro de 1996, representa mais um sinal das mudanças neste ecossistema aquático.

Com vistas a acelerar ainda mais o processo de recuperação do Lago Paranoá, estão sendo estudadas medidas complementares de manejo, com destaque para o controle do aporte interno de nutrientes via sedimento e implantação da biomanipulação da cadeia trófica. No entanto, medidas para reversão do elevado grau de assoreamento deverão ser ainda definidas.

A fim de tornar público o programa de despoluição do Lago Paranoá para a população que faz uso deste ecossistema para recreação e lazer, foi intensificado o Programa de Balneabilidade. Este serviço objetiva orientar as áreas próprias para recreação de contato primário, baseado na Resolução nº 20 do CONAMA. Atualmente são monitorados 40 pontos de amostragem e os resultados são divulgados através da mídia. Cerca de 90% do lago está disponível para a prática de esportes aquáticos.

A continuidade do monitoramento limnológico a longo prazo e o planejamento racional do uso e ocupação do solo da bacia do Paranoá, são ferramentas fundamentais para garantir o sucesso do Programa de Recuperação do Lago Paranoá.

Bibliografia do Box

BRABRAND, A., B. A. FAAFENG & J. P. M. Nilssen, 1990. Relative importance of phosphorus supply to phytoplankton production: fish excretion versus external loading. Can J. Fish. Aquatic. Sci. 47: 364-372

CRISMAN, T. L. & J. R. BEAVER, 1990. Applicability of planktonic biomanipulation for managing eutrophication in the subtropics. Hydrobiologia 200/201: 177-185.

GIUSSANI, G.; L. VAN LIERE & B. MOSS (eds.), 1991. Ecosystem Research in Freshwater Environment Recovery. III. International Workshop. Pallanza, Italy, 26-29th September 1990. Memorie Dell'instituto Italiano di Idrobiologia Dott. Marco de Marchi. 362 pp.

GOPHEN, M. 1990.Biomanipulation: retrospective and future development. Hydrobiologia 200/201: 1-11.

LAZZARO, X., 1987. A review of planktivorous fishes; their evolution, feeding behaviours, selectivities and impacts. Hydrobiologia, 146, 97-167.

LAZZARO, X., R. W. DRENNER, R. A. STEIN & J. D. SMITH, 1992. Planktivores and plantation dynamics: effects of fish biomass and planktivore type. Can. J. Fish. Aquat. Sci. 49: 1466-1473.

MARTHA, M. E.; M. J. VANNI; T. E. WISSING, S. A. DAVIS & M. H. SCHAUS. 1995. Regeneration of nitrogen and phosphorus by bluegill and gizzard shad: effec of feeding history. Can. J. Fish. Aquat. Sci. 52: 2327-2338.

SCHINDLER, D. E.; J. F. KITCHELL; X. HE; S. R. CARPENTER; J. R. HODGSON & K. L. COTTINGHAM. 1993. Food web structure and phosphorus cycling in lakes. Transactions of the American Fisheries Society 122: 756-772.

SHAPIRO, J.; V. LAMARRA & M. LYNCH, 1975. Biomanipulation: na ecosystem approach to Lake Restoration. In: P. L. Brezonic & J. L. Fox (eds.), Symposium on Water Quality Management Through Biological Control, Jan. 20-23, 1975, Univ. of Florida, Gainesville, Dept. Env. Eng. Sci. & USEPA: 85-96.

STARLING, F. L. R. M., 1998. Development of Biomanipulation Strategies for the Remediation of Eutrophication Problems in an Urban Reservoir, Lago Paranoá, Brazil. Tese de Ph.D., University of Stirling, Scotland, 225 pp.

STARLING, F. L. R. M.; M. Beveridge; X. Lazzaro & D. Baird, in press. Silver Carp Biomass Effects on the Plankton Community and its Use for Improving Water Quality in Paranoá Reservoir (Brazil). Arch. Hidrobiol.

VANNI, M. & D. L. FINDLAY. 1990. Trophic cascades and phytoplankton community structure. Ecology 71 (3): 921-937.

Manipulações de Cadeias Tróficas (ou Biomanipulação) em Regiões Tropicais

F. I. Starling

A Biomanipulação, definida originalmente como qualquer intervenção em um componente-chave da cadeia alimentar dos ecossistemas lacustres visando promover melhorias na qualidade de suas águas (Shapiro et alii, 1975), representa uma técnica ecológoca de manejo cuja implementação tem sido amplamente testada e recomendada principalmente para auxiliar na recuperaçnao de lagos temperados (Giussani et alii, 1991). No universo de possibilidades de manejo ecológico dos ecossistemas lacustres para redução do seu estado trófico, merece destaque a manipulação das populações de peixes planctófagos (Gophen, 1990). Enquanto em regiões temperadas o manejo dos peixes objetiva reduzir as espécies zooplanctófagas predadoras visuais e consequentemente aumentar as populações do zooplâncton herbívoro de grande porte (*Daphnia*), nos trópicos e subtrópicos a abordagem alternativa de uso direto de peixes fitoplanctófagos filtradores para consumo das algas tem sido considerada como sendo a técnica mais aplicável (lazzaro, 1987; Crisman & Beaver, 1990).

Em recente levantamento da literatura, Starling et alii (*in press*) relacionaram um total de 26 trabalhos envolvendo a avaliação dos impactos da principal espécie herbívora, a carpa prateada (*Hypophthalmichthys molitrix*), em tanques experimentais, viveiros, lagos e represas nas diversas regiões do mundo. Em somente 5 casos (ou 20% do total), a presença desta espécie filtradora esteve associada a deterioração da qualidade da água, sendo que todos estes estudos envolveram a estocagem de elevada biomassa de peixes (2000-12000 peixes/ha) em tanques de piscicultura em regiões temperadas. Por outro lado, a maioria dos estudos (14 deles, representando 54% dos casos) relataram resultados nitidamente positivos, dos quais 64% foram realizados nos trópicos e subtrópicos, 79% referem-se a situações de dominância de microfitoplâncton ou florações de algas cianofíceas, e 71% envolveram a adição de moderada biomassa de peixes (<1.200 peixes/ha; < 70 g/m^3 ou 900 kg/ha).

Através destes exemplos da literatura, além de demonstrado o potencial de emprego destes peixes fitoplanctófagos em regiões tropicais, fica também evidenciado o papel negativo da elevada densidade de estocagem de peixes, devendo ser respeitado um limite máximo de biomassa íctica a ser utilizada. A razão pela qual a abundância dos peixes influencia a qualidade da água independentemente do seu comportamento alimentar e de seus impactos sobre a comunidade planctônica esteve praticamente desconhecida até o início da década de 90, quando surgiu uma série de publicações acerca do papel da excreção de nutrientes pelos peixes (Brabrand et alii, 1990; Vanni & Findlay, 1990; Lazzaro et alii, 1992; Schindler et alii, 1993; Martha et alii, 1995). Com base em medições da taxa de excreção de fósforo pelos peixes em laboratório e estimativas do estoque pesqueiro do ecossistema, fez-se possível demonstrar em vários destes estudos que a contribuição dos peixes ao aporte interno de nutrientes pode exceder a carga externa ao ecossistema e ter importante papel para a manutenção da eutrofização.

Decorrida uma década de estudos do potencial de biomanipulação de um reservatório tropical urbano eutrofizado (lago Paranoá, Brasília-DF) envolvendo medições da taxa de alimentação e excreção dos peixes em laboratório e avaliações dos seus impactos em tanques, limnocurrais e áreas isoladas da própria represa, póde-se concluir que: (1) o controle da proliferação excessiva de espécies exóticas de hábitos bentófagos (tilápias) desacelera a ciclagem interna de nutrientes e contribui para a diminuição da elevada biomassa algas indesejáveis (ciano bactérias) e (2) a estocagem de uma quantidade controlada de carpas prateadas estéreis, consumidoras seletivas do microfitoplâncton (cianobactérias), promove uma redução adicional na abundância total de algas.

Em experimentos pilotos realizados em áreas hipertróficas do lago, foram obtidas reduções da ordem de 35% nas concentrações de fósforo e abundância algal quer pelo controle da superpopulação de tilápias quer pela estocagem das carpas prateadas. A adoção simultânea das duas estratégias de manejo ampliou para 70% as melhorias na qualidade da água, uma vez que a comunidade fitiplanctônica dos limnocurrais passou a estar sujeita simultaneamente ao corte no fornecimento de nutrientes pela remoção das tilápias e à redução de sua biomassa pela ação herbívora da carpa prateada (Starling, 1998). Soma-se a estas melhorias de caráter ambiental, importantes benefícios socio-econômicos à população de baixa renda do Distrito Federal com a futura liberação da pesca profissional de tilápias próprias para consumo humano e aqüicultura de carpas prateadas em tanques-redes.

A despeito desta recentes demonstração do enorme potencial de aplicação da biomanipulação como técnica ecológica alternativa e complementar para auxílio à recuperação de ecossistemas lacustres eutrofizados nos trópicos e subtrópicos, faz-se necessário enfatizar a necessidade premente de controle do aporte externo de nutrientes, como pré-requisito para se almejar sucesso em novos projetos dessa natureza.

ecossistema.

Considerar a capacidade de auto-adaptação no processo de gerenciamento.

Conclusões

A limnologia comparada de ecossistemas aquáticos continentais no Brasil, mostra uma vasta gama de processos diferenciados, em lagos, rios, represas e áreas alagadas. Estes sistemas não só diferem em sua situação latitudinal e longitudinal, mas também estão submetidos a diferentes ações antropicas que alteram processos de funcionamento, produzem impactos diferenciados e formam os sistemas de proteção, conservação e peculiares, para cada região. Os custos da preservação, conservação e recuperação dos sistemas, dos mecanismos de avaliação de impacto, diagnóstico e gerenciamento efetivos, e de uma participação da comunidade no sentido de produzir alternativas para a recuperação e conservação, devem ser atividades prioritárias.

Os estudos devem ser dirigidos para o conhecimento das funções de força, processos, elaborando-se um banco de dados, e implantando-se sistemas de modelagem ecológica que possibilitarão o desenho de soluções qualitativas e quantitativas e a orientação para o desenvolvimento sustentado e o uso de ecotecnologias. Neste último tópico a tabela apresentada por Tundisi e Straskraba (1995) possibilita implementar um arcabouço teórico e algumas propostas de implantação de ecotecnologia e sistemas de controle e gerenciamento.

Bibliografia

AKAGI, H.; KINJO, Y.' BRANCHES, F.; MALM, O.; HARADA, M.; PFEIFFER, W.C.; KATO, H.; Akagi et alii. Methylmercury pollution in Tapajós river basin, Amazon. Environ Sci 3:25-32, 1994.

AULA, I; BRAUNSWEILLER, H.; LEINO, T.; MALIN, I; PORVARI, P.; HATANAKA, T.; LODENIUS, M.; JURAS, A.; Aula et alii, Levels of mercury in the Tucuruí reservoir and its surroundings area in Pará, Brazil. In: Watras C.J., Huckabee, J.W. (eds), Mercury pollution: integration and synthesis. Lewis. Boca Raton, pp 21-40, 1994.

AYRES, J. M. *As matas de várzea do Mamirauá*. MCT/CNPq/Sociedade Civil Mamirauá. 123 p.1995.

BARTLEM, R. & GOULDING, M. *The Catfish Connection*. New York, Columbia University Press, 144 p. 1997.

BYCROFT, B.M.; COLLER, B.A.W.; DEACON, G.B.; COLEMAN, D.J.; LAKE, P.S.; Bycroft et alii. Mercury contamination of the Lerderderg river, Victoria, Australia, from an abandoned golf field. Environ. Pollut. Ser. A 28:135-147, 1992.

CAIRNS, J. et alii. *Restoration of Aquatic Ecosystems: Science, Technology and Public Policy*. Washington D.C., National Academy of Sciences, 1992.

CALIJURI, M. C. Respostas fisiológicas da comunidade fitoplanctônica e fatores em ecossistemas com diferentes estágios de eutrofização. São Carlos, Universidade de São Paulo. Tese de doutorado, 1988.

LIMA, C. A. A.; AGOSTINHO, A. A.; FABRE, N. N. Trophic aspects of fish communities in Brazilian rivers and reservoirs. Limnology in Brazil. Brazilian Academy of Sciences/Brazilian Limnological Society. pp 105-136, 1995.

CETEM, relatório Anual do Projeto Poconé. Centr Tecnol Mineral, Rio de Janeiro, p. 287, 1989.

CODECHOCO, Estudio del impacto ambiental en zonas mineras de los municipios de Taolo, Condoto y Istmina. I. Parte Final. Corporación Nacional para el desarrollo del Choco, Bogota, p 16, 1991.

COOKE, G. D. et alii. *Restoration and Management of Lakes and Reservoirs*. 2. ed. Lewis Publishers, 548 p. 1993.

FARID, L. H.; MACHADO, J. E. B.; SILVA, A. O. Emition control and mercury recovery from mining tailings: Poconé experience. IN: pp 217-224. Proc. Int. *Symp. Environ. Studies on tropical rain forest*, Biosfera Ed, Rio de Janeiro, 1991.

FEARNSIDE, P. M. Hydroelectric dans in the Brazilian Arizon as sources of Greenhouse Gases. In: *Environ*, 22(1): 7-19. 1995.

FORD, D. E.. Reservoir Transport Processes. In: THORNTON et alii. *Reservoir Limnology: Ecological Perspectives*. Wiley-Interscience. p. 15-43, 1990.

FORSBERG, . B.R.; FORSBERG, M.C.S.; PADOVANI, C.R.; SARGENTINI, E; MALM, O.; Forsberg et alii. High levels of mercury in fish and human hair from the rio Negro basin (Brazilian Amazon): natural background or anthropogenic. In: *Environmental mercury pollution and its health effects in Amazon River basin*. Natl Inst Minamata disease and Inst Biophysics of Univ Fed RJ, Rio de Janeiro, pp 33-39, 1994.

JUNK, W. J. *The Central Amazonian Floodplain: Ecology of a Pulsing System.* Springer Verlag, 525 p. 1997.

JUNK, W. J. & SILVA, C. J. da. Neotropical floodplains: a comparison between the Pantanal of Mato Grosso and the large amazonian river floodplains. In: TUNDISI et alii. *Limnology in Brazil.* Brazilian Academy of Sciences/Brazilian Limnological Society. p. 196-217. 1995.

JUNK, W. J. & WEBER, G. E. Amazonian floodplains: a limnological perspective. In: *Verh. Internat. Verein. Limnol.* 26: 149-157. 1996.

LACERDA, L. D. & SALOMONS, Wim. *Mercury from Gold and Silver mining: a chemical time bomb?* 146 p.Springer-Yerlag, 1998.

LACERDA, L. D. et alii. Mercury in the sediments of the Paraíba do Sul River Estuary and Continental shelf . In: *S. E. Brazil. Mar. Poll. Bull* 26: 220-222. 1993.

LACERDA, L. D.; BIDONE, E.D.; GUIMARÃES, A.F.; PFEIFFER, W. C.; Lacerda et alii. Mercury distribution in fish from the Itacaiúnas-Paraupebas River system, Carajás region, Amazon. An. Acad. Brasil Cienc. 66:373-379, 1994.

LIMA, A.C.R., Lima et alii, Riscos e conseqüências do uso do mercúrio: a situação do Rio de Janeiro. In: Hacon, S.; Lacerda, L.D.; Pfeiffer, W.C.; Carvalho, D. (eds) Riscos e conseqüências do uso do mercúrio FINEP/MS/CNPq/IBAMA. Rio de Janeiro, pp 268-272, 1990.

LIMA, C. A. R. M.; AGOSTINHO, A. A.; FABR*f*, N. N. Trophic aspects of fish communities in brazilian rivers and reservoirs. In: TUNDISI et alii. *Limnology in Brazil.* Brazilian Academy of Sciences/Brazilian Society of Limnology. p. 105-136. 1995.

MALM, O. Contaminação ambiental e humana por mercúrio na região garimpeira do rio Madeira, Amazônia. PhD Thesis, Inst. Biofísica, Univ. Fed. Rio de Janeiro, Rio de Janeiro, 1991.

MALM, O.; PFEIFFER, W.C.; SOUZA, C.M.M. Malm et alii, Main pathways of mercury in the Madeira river area, Rondonia, Brazil. Proc Int Conf Heavy metals in the enviroment, Edinburgh 1:515-518, 1990.

MARCHESE, M. & DRAGO, I. Ezcurra de. Benthos of the lotic environments in the Middle Paraná River System: transverse zonation. In: *Hydrobiologia,* 237: 1-13. 1992.

MARGALEF, R. *Our biosphere.* Oldendorf/Luke, Ecology Institute, 176 p. 1997.

MARTINELLI, et alii. Martinelli, L.A.; Ferreira, J.R.; Forsberg, B.R.; Victoria, R.L. Mercury contamination in the Amazon: a gold rush consequence. Ambio 17:252-254, 1988.

MATSUMURA -TUNDISI, T &TUNDISI, J. G. Mixing processes affecting primary production of phytoplankton in Barra Bonita reservoir. In: *Verh. Internat. Verein. Limnol.,* n. 26, p. 536-541. 1997.

MEYBECK, M. La contaminacion de los rios. In: *Mundo científico: La Recherche,* n. 104. p. 780-788. (version en castellano) 1990.

NAIMAN, R. J. et alii. *The Freshwater imperative.* Washington D.C. Island Press. 165p, 1995.

NEIFF, J. J. Large Rivers of South America: toward the new approach. In: *Verh. Internat. Verein Limnol.* 26: 167-180. 1996.

NICO L. G.; TAPHORN, D. C.; Mercury in fish from gold-mining regions in *upper Cuyumi river system,* Venezuela, Fresenius Environ Bull 3: 287-292, 1994.

PFEIFFER, W. C.; MALM, O.; SOUZA, C. M. M.; BASTOS, W. R.; TORRES, J. P.; Pfeiffer et alii, Mercury contamination in goldmining areas of Rio de Janeiro State, Brazil. Proc. Int. Conf. Heavy metals in the enviroment, Geneve 1:222-225. 1989a.

PFEIFFER, W. C.; MALM, O.; SOUZA, C. M. M.; BASTOS, W. R.; LACERDA, L.D.; Pfeiffer et alii, Mercury concentrations in inland waters of Rondônia, Amazon, Brazil. Sci Tot Environ 87/88:233-240. 1989b.

PURCELL, L. T. The ageing of reservoir waters. In: *J. Amer. water works Ass.* 31: 1775-1806. 1939.

RAST, W.; HOLLAND, M.; RYDING, S. O. *Eutrophicaation mangement framework for the policy-maker: MAB Digest 1.* Paris, United Nations Educational, Scientific, and Cultural Organization, 1989.

REYNOLDS, C. S. *Vegetation Processes in the Pelagic: a model for ecosystem theory.* Oldendorf/Luke, Ecology Institute. 372 p, 1997.

ROCHA, O. et alii. Phytoplankton and zooplankton community structure and production relatede to trophic state in some Brazilian lakes and reservoirs. In: *Verh. Internat. Verein. Limnol.,* 26: 599-604. 1997.

RODRIGUES, B. A.; LENZI, E.; LUCHESE, E.B.;

RAUBER, T., Rodrigues et alii. Níveis de concentração de mercúrio do rio Paraná/Baía, Região de Porto Rico. Acta Limnol. Bras. 4:255-260, 1992.

RYDING, S. O. & RAST, W. The Control of Eutrophication in Lakes and Reservoirs. In: *Man and Biosphere Series* 1. Paris/London. UNESCO/Parthenon Publishing, 1989.

SANDES, L. M. A. *Estudos ecológicos em florescimentos de Microcystis (Cyanobacteria-Cyanophyceae) e interações com a flora bacteriana na Represa de Barra Bonita - Médio Tietê/SP*. São Carlos, Universidade de São Paulo. Tese de doutorado, 1998.

STRASKRABA, M. & TUNDISI, J. G. *Reservoir Management*. 208 p, 1999.

STRASKRABA, M.; TUNDISI, J. G.; DUNCAN, A. *Comparative reservoir limnology and water quality management*. W. Junk Dordrecht. 291p, 1993.

TORRES, E.B.; Environmental and health surveillance of mercury use in small scalle gold processing industries in the Philippines. In: *Proc Int Symp Epidemiol Stud Environ Pollut and health effects of methylmercury*, Natl Inst for Minamata Disease, Kumamoto pp 56-65, 1992.

TUNDISI, J. G. A review of basic ecological processes interacting with production and standing-stock of phytoplankton in lakes and reservoirs in Brazil. In: *Hydrobiol.*, p. 223-243, 1983.

TUNDISI, J. G. Comparative limnology of three lakes in tropical Brazil. In: *Verh. Internat. Verein. Limnology*. vol. 22, 1984.

TUNDISI, J. G. Lake Conservation and Management. In: *Proceedings of the 4th International Conference on the Conservation and Management of Lakes. "Hangzhon 90"*. Chinese Academy of Environmental Sciences/ UNEP/ ILEC. 652 p, 1990.

TUNDISI, J. G. The environmental impact assessment of lakes and reservoir. In: *Limnological bases of lake management. Proceedings ILEC/UNEP - International Trainning course*. E Balaton Institute Hungary. 184 p, 1993.

TUNDISI, J. G.; MATSUMURA-TUNDISI, T.; CALIJURI, M. C. Limnology and management of reservoirs in Brazil. In: STRASKRABA, M. et alii. *Comparative reservoir limnology and water quality management*. W. Junk. Dordrecht. p. 25-55, 1993.

TUNDISI, J. G. Tropical South America: present and perspectives. In: MARGALEF, R. *Limnology noax: a paradigm of planetary problems*. Elsevier. p. 353-424, 1994.

TUNDISI, J. G. and MATSUMURA-TUNDISI, T. Plankton diversity in a warm monomictic lake. (Dom Helvecio, Minas Gerais) and a Polymictic reservoir (Barra Bonita): a comparative analysis of the intermediate disturbance hypothesis. In: *An. Acad. Bras. Ci.* 66 (supp. 1), p. 15-28. 1994.

TUNDISI, J. G.; MATSUMURA-TUNDISI, T.; BICUDO, C.E.M. *Limnology Trophic aspects of fish, 1995.*

TUNDISI, J. G. & STRASKRABA, M. Strategies for building partnerships in the context of river basin management. The role of Ecotechnology and ecological engineering. In: *Lakes & Reservoirs: Research and Management*. 1:31-38. 1995.

TUNDISI, J. G. & SAIJO, Y. *Limnological studies on the Rio Doce Valley Lakes, Brazil.* Brazilian Academy of Sciences/University of São Paulo/School of Engineering at São Carlos. 513 p, 1997.

VOLLENWEIDER, R. A. Scientific concepts and methodologyes pertinent to lake research and lake restoration. In: *Schweiz. Z. Hydrol.* 47:129-147, 1987.

Agradecimentos

Os autores agradecem pelo contínuo apoio financeiro para a realização das pesquisas, viagens de estudo, publicações e apoio a bolsistas de Mestrado e Doutorado.

Conselho Nacional de Desenvolvimento Científico e Tecnológico – CNPq. Proc. 402211/82 e 405431/83.

Fundação de Amparo à Pesquisa do Estado de São Paulo. Proc. 1290178 – Iniciativa – Tipologia de represas do estado de São Paulo; 0653-2/85, 1957 – 3/88 e 0612/91 – projeto temático.

Organização dos Estados Americanos – OEA – por contínuo suporte de 1980 a 1984. Universidade das Nações Unidas.

Programa das Nações Unidas para o Meio Ambiente.

ILEC _ International Lake Environment Committee.

PRONEX – Programa de Núcleos de Excelência (MCT)

José Galizia Tundisi

tundisi@zaz.com.br

Bacharel em História Natural – Faculdade de Filosofia Letras e Ciências Humanas da USP

Mestre em Oceanografia – University of Southampton, Inglaterra

Doutor em Ciências – USP

Livre Docente em Ecologia – Faculdade de Filosofia, Ciências e Letras de Ribeirão Preto, da USP.

Presidente do Instituto Internacional de Ecologia.

Secretário Municipal de Ciência, Tecnologia e Desenvolvimento Econômico de São Carlos.

Vice-Presidente da International Union of Biological Sciences e da International Network on Water and Human Health.

Professor Titular do Depto. de Hidráulica e Saneamento da EESC/USP.

Professor Honorário do Instituto de Estudos Avançados da USP.

Foi Presidente do Conselho Nacional de Desenvolvimento Científico e Tecnológico, CNPq.

Foi Diretor do Centro de Recursos Hídricos e Ecologia Aplicada, CRHEA, da EESC/USP.

Foi Vice-Presidente da Sociedade Internacional de Limnologia, SIL.

Linhas de Pesquisa:

Produção primária e ecologia de fitoplânctons em lagos, represas e estuários

Ciclos biogeoquímicos em lagos e represas

Sistemas de gerenciamento de represas e lagos

Planejamento regional

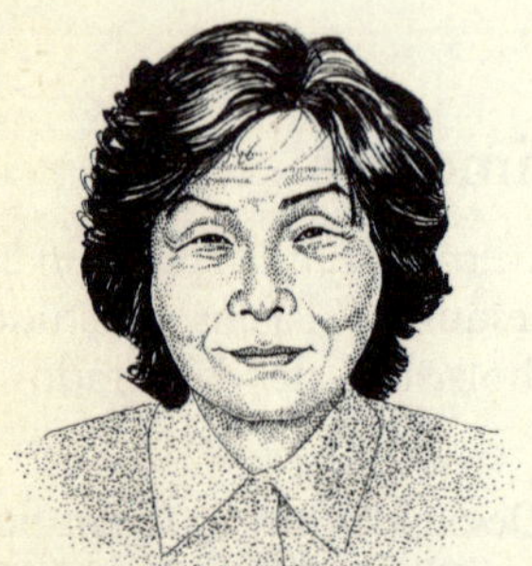

Takako Matsumura Tundisi

tundisi@zaz.com.br

Bacharel e Licenciatura em História Natural – Faculdade de Filosofia, Letras e Ciências Humanas da USP

Doutora em CiÍncias em Ecologia de Zooplânctons Lacustres – USP

Pós-Doutorado em Bioquímica de Zooplânctons – University of Southampton, Inglaterra

Titular – Universidade Federal de São Carlos

Professora Titular do Depto. de Ecologia e Biologia Evolutiva atuando na Pós-Graduação em Ecologia e Recursos Naturais e na Pós-Graduação da Escola de Engenharia de São Carlos da USP, no Programa de Ciências da Engenharia Ambiental.

... Diretora do Instituto Internacional de Ecologia.

Consultora em instituições públicas e privadas.

Foi assessora da CAPES no Programa de avaliação de bolsas no exterior.

Linhas de Pesquisa:

Eutrofização dos sistemas aquáticos

Produção orgânica e biodiversidade

Qualidade da água

Zooplânctons

Odete Rocha
doro@power.ufscar.br

Bióloga – Universidade Federal de São Carlos
Mestre em Zoologia – Instituto de Biociências da USP
Doutora em Zoologia (Limnologia) – University of London, Inglatera
Pós Doutorado em Ecologia (Oceanografia) – University of California, EUA
Titular em Ecologia – UFSCar
Professora Titular do Depto. de Ecologia e Biologia Evolutiva da UFSCar.
Professora Colaboradora do Centro de Recursos Hídricos e Ecologia Aplicada da Escola de Engenharia de São Carlos da USP.
Representante nacional da Área de Ecologia e Meio Ambiente junto a CAPES – Coordenação de Aperfeiçoamento do Ensino Superior.
Linhas de Pesquisa:
Limnologia
Ecologia de comunidades planctônicas
Ecotoxicologia aquática

07

Água, Meio Ambiente e Saúde

Samuel Murgel Branco

Água e meio ambiente

Não há dúvida de que a água constitui elemento indissociável do meio ambiente – tanto do chamado "ambiente natural" quanto dos "ambientes antrópicos", como a cidade, a lavoura e outros ambientes ocupados e modificados pelo homem. A presença da água em maior ou menor quantidade – ou a distribuição das chuvas durante o ano – constitui um dos principais fatores para a caracterização dos diversos ambientes. Oceanos, rios, desertos ou florestas pluviais constituem algumas denominações que prontamente identificam o ambiente ou a paisagem, exclusivamente em relação à presença relativa de água.

O principal papel que a disponibilidade de água desempenha em relação às estruturas e funções dos ambientes – notadamente os ambientes terrestres – diz respeito ao fornecimento da substância em estado líquido para a sobrevivência de plantas e animais. Isso porque todas as substâncias em circulação no meio celular que constitui o ser vivo devem encontrar-se em solução aquosa: desde os elementos minerais que, procedentes do solo, têm que percorrer as raízes e caule em direção às folhas, para a elaboração dos alimentos orgânicos, até à passagem dos alimentos elaborados, das mais variadas composições químicas, de uma para outra célula, de um para outro tecido, vegetal ou animal, no abastecimento de matéria e energia indispensáveis às funções vitais de nutrição, reprodução e proteção do organismo.

Em relação a essa disponibilidade de água, a natureza desenvolveu – através dos processos de "ensaios e erros" característicos da seleção natural – diversos mecanismos e estruturas destinados a promover a economia da água nos seres vivos e nos ecossistemas. Graças, por exemplo, a complicados mecanismos fisiológicos, muitos animais conseguem "dispor parcimoniosamente" de sua água, de modo a poder viver em ambientes extremamente áridos. Tais processos implicam a regulagem hormonal da temperatura e de todo o metabolismo interno, assim como um nível de reabsorção exigentíssimo no sistema renal, e outros mecanismos reconhecidos como os mais complexos da fisiologia animal (Giordan, 1995).

Entre os vegetais, todo o processo de amarelecimento que dá à vegetação dos climas temperados aquela riqueza de coloridos tão apreciada dos poetas e dos artistas plásticos, culminando com a sua queda quase total (apenas certas espécies de pinheiros são poupadas) em presença da neve, constitui também um recurso eficaz para a redução da transpiração através das folhas, na época em que o ar e o solo são destituídos de umidade pelo escasseamento das chuvas em presença do frio intenso. Pela mesma razão, as plantas do deserto, tais como os cactos e muitas eufórbias, possuem suas folhas transformadas total ou predominantemente em espinhos de reduzida superfície evaporativa.

Como se vê, a simples questão da disponibilidade hídrica é responsável pela "fisionomia" dos ecossistemas, diversificando profundamente as paisagens, assim como estabelecendo distintas formas de ocupação e de relacionamento entre as espécies que compõem um ambiente particular. Essas relações são freqüentemente recíprocas, como no caso das florestas amazônicas, em que o grau caracteristicamente alto – e indispensável à sua manutenção – de umidade atmosférica é conseqüência, em grande parte, do mecanismo de transferência ativa, do solo para a atmosfera, de enormes quantidades de água através da transpiração vegetal. Essa transpiração ou evaporação contínua atende a uma finalidade de caráter físico: elevar a concentração de solutos ao nível dos tecidos foliares, para garantir a suficiente pressão negativa (osmótica) capaz de promover a contínua subida da seiva, contendo os sais necessários à alimentação da planta. Mas, segundo os estudos realizados na Amazônia, 50% do retorno de água do solo para a atmosfera é de responsabilidade desse processo (Salati et alii, 1978).

A água e o homem

Com relação ao ser humano, as necessidades biológicas de água não são outras. Mais de 50% das substâncias que compõem o nosso corpo são substituídas a cada ano, o que significa dizer que, em menos de 2 anos, já não possuímos nada do que antes entrava na nossa constituição material (Giordan, 1995). Esse fato, além de suas evidentes implicações filosóficas, sobre a permanência de uma "personalidade" que nos caracteriza durante toda a vida, pode ilustrar, também, a necessidade de água como simples veículo de transporte material, uma vez que toda a entrada e toda a saída de materiais no nosso organismo é efetuada com auxílio da água.

Mas não é só esse o papel da água em relação ao nosso corpo. Quantidades ainda muito maiores são consumidas em benefício da manutenção de nossa temperatura corporal. De modo semelhante ao que sucede em uma vasilha de barro poroso, a água, ao evaporar-se em nossa pele, consome significativas quantidades de energia calorífica, reduzindo a temperatura de toda a sua superfície e, no caso da pele, de todo o sangue que nela circula com particular intensidade, resfriando, conseqüentemente, toda a massa corpórea. É natural, pois, que, dependendo da temperatura ambiente, possa haver grande variação na intensidade dessa atividade transpiratória, o que ocasiona significativas variações na quantidade de água a ser bebida durante o dia por um ser humano adulto, em função do clima regional. É interessante notar, a propósito, que nas crianças, sendo a superfície corporal muito maior em relação ao seu volume (a superfície cresce ao quadrado, o volume ao cubo), suas necessidades de água são proporcionalmente maiores e mais freqüentes, razão porque estão muito mais sujeitas aos efeitos de desidratação, ocasionados por temperaturas mais elevadas, ou por estados patológicos como as diarréias que, associadas às altas taxas de transpiração, podem ocasionar, no verão, quadros muito graves de desidratação, em apenas poucas horas.

Entretanto, o ser humano não se satisfaz apenas com a água que bebe. Ele tem que banhar-se, que lavar suas roupas e utensílios, o chão da casa e do quintal, regar o seu jardim. Há necessidade, ainda, de água para uso público: lavagem de ruas, extinção de incêndios, irrigação de jardins públicos, funcionamento de chafarizes e fontes ornamentais, piscinas etc. Finalmente, há ainda o uso industrial, empregando água quer como matéria-prima, quer na remoção de impurezas, na geração de vapor, ou na refrigeração de sistemas térmicos. Isso sem falar nos enormes volumes empregados na produção de energia (hidrelétrica ou termelétrica), ou na irrigação de áreas de cultivo. Isso tudo – excluída essas últimas parcelas, destinadas à geração de energia e uso agrícola – faz com que uma população como a da região metropolitana de São Paulo, tenha um gasto de 59 m^3 por segundo (SABESP 1997), ou 5 milhões de metros cúbicos por dia, o que representa um consumo médio de 350 litros de água por habitante, por dia.

Tabela 1 - Quadro exemplificativo de consumo de água por algumas indústrias seg. Caracterização Hidrográfica do Estado do Mato Grosso - MT, 1995.

Alimento em conserva	7 a 35 m^3/t
Cerveja	10 a 20 m^3/litro
Refinaria de petróleo	18 litros/litro de óleo cru
Fibras sintéticas	375 a 835 m^3/t
Borracha sintética	83 a 2.800 m^3/t
Lavanderias	20 a 50 m^3/t
Cimento	2 a 3 m^3/t
Alumínio	1340 m^3/t
Aço	75 a 33 m^3/t
Curtume	50 a 125 m^3/t
Laticínio	2 a 7 m^3/m^3
Papel	125 a 1.000 m^3/t
Celulose	200 a 550 m^3/t
Sabão	1 a 2 m^3
Fertilizante	270 m^3/t
Matadouro e frigorífico	2.500 litros/rês abatida

FONTE: Secretaria do planejamento e coordenação geral do Mato Grosso, 1995.

Água e saúde

De todo esse consumo diário *per capita*, apenas 2 ou 3 litros são utilizados, em um país tropical, como bebida ou no preparo de alimentos. Essa parcela – bem como a água destinada à higienização corporal – deve ser objeto da mais rigorosa *padronização de qualidade*, de modo a que não se torne comprometedora da saúde pública. Mais do que isso, talvez: segundo uma prática que vem sendo adotada em quase todo o mundo, a água dita *potável* deve não apenas ser inócua à saúde, como também portadora de substâncias "protetoras" desta última, como é o caso da aplicação de compostos de flúor como preventivos da cárie dentária. Porém, não sendo viável a instalação de diversos sistemas de abastecimento, destinados aos vários usos da água, todo o volume *per capita* recebe igual tratamento, mesmo que, na maior parte dos usos, não seja necessário um elevado grau de qualidade ou, no caso do flúor, este não apresente qualquer utilidade ou benefício, por exemplo, na lavagem de ruas, na extinção de incêndios ou no uso industrial.

Graças à sua extraordinária capacidade de dissolução e transporte das mais variadas formas de matérias seja em solução, seja em fina suspensão, a água representa o elemento ideal nas funções de limpeza de ambientes, constituindo, ao mesmo tempo, o veículo de toda sorte de impurezas. Estas, na formas de substâncias tóxicas ou de microorganismos patogênicos, atingindo o corpo humano externo ou interno, podem transmitir-lhes uma série de estados mórbidos e, naturalmente, indesejáveis. Desde épocas imemoriais, povos como os da Mesopotâmia, do Oriente distante ou do Egito desenvolveram diferentes processos de filtração ou de simples armazenamento como métodos de eliminação de microorganismos patogênicos. É conveniente lembrar, porém, que tais microorganismos não se desenvolvem espontaneamente nos rios ou outros corpos d'água, mas são aí introduzidos graças à prática do emprego da água como elemento de lavagem e destino final de resíduos das habitações ou de áreas contaminadas por excrementos de origem humana. Trata-se, pois, de um verdadeiro círculo vicioso, em que os patogênicos introduzidos nos mananciais a partir de pessoas portadoras de doenças entéricas, retornam ao ambiente domiciliar através dos sistemas de captação de água potável, contaminando populações saudáveis.

Esse processo cíclico foi enormemente intensificado a partir da segunda metade do século XIX, com o início da prática do *tout à l'égout*, iniciado na Inglaterra com a "reforma sanitária" de Chadwick que, em 1847, introduziu o uso generalizado da descarga hidráulica dos vasos sanitários, ligando-os aos sistemas de esgoto que, até então, eram usados quase exclusivamente para o escoamento de águas de chuvas (Lima, 1952). Quase imediatamente a seguir, a França e outros países da Europa e da América adotaram o mesmo sistema.

Datam de então as grandes epidemias de doenças bacterianas de veiculação hídrica, como a febre tifóide e o cólera, que dizimaram populações na Europa, a partir do ano 1850. Por essa época, Pasteur ainda não iniciara seus estudos com bactérias. Foi somente em meados da década seguinte que, ao pesquisar a causa de uma doença que aniquilava as lagartas produtoras de seda, na França, desconfiou que a mesma poderia estar sendo transmitida de um animal a outro por corpúsculos vivos, semelhantes aos que identificara ao microscópio como responsáveis pela fermentação do vinho e da cerveja. Foi necessária mais uma década, ainda, para que os cientistas, a partir de 1876, começassem a associar, com segurança, os microorganismos com a causa de várias doenças.

Ano de descoberta dos principais organismos patogênicos

A partir da comprovação, por Pasteur, de que várias doenças poderiam ser causadas por microorganismos, diversos autores empreenderam o isolamento e identificação dos mesmos, sucedendo-se as seguintes descobertas: antraz, em 1876; gonorréia e lepra, em 1879; estreptococos e estafilococos, produtores de várias infeções, assim como a febre tifóide, em 1880; tuberculose em 1882; difteria em 1883; cólera, pneumonia e tétano, em 1884; bacilo coli em 1886; febre de Malta e meningite, em 1887; gripe (hoje sabe-se que o "bacilo da gripe" é secundário, alojando-se em lesões provocadas por vírus), em 1889; gangrena gasosa, em 1892; peste bubônica, em 1894; disenteria, em 1898; febre paratifóide em 1900, e, finalmente, as doenças provocadas por vírus, a partir de 1898.

FONTE: vários autores.

Com relação à água como transmissora de doenças, (o que já era "intuído" desde a antigüidade), a "era de Pasteur" veio a dividir os sábios da época em dois grandes partidos: os que acreditavam ser as doenças provocadas por substâncias tóxicas dissolvidas (vegetais venenosos ou em decomposição, animais peçonhentos, como aranhas, cobras e sapos existentes nos pauis, ou propriedades resultantes do próprio "apodrecimento" da água, como a crendice popular ainda hoje afirma) e os que, seguindo a linha de Pasteur e Koch, admitiam não ser a água e seus componentes químicos, mas sim microorganismos originários de outros seres humanos – através de suas fezes – os verdadeiros agentes infecciosos. Persistiam, assim, entre os especialistas do abastecimento de água, os debates que, no campo da cirurgia, haviam sido travados entre os que asseguravam que as infeções eram provocadas por "miasmas" existentes naturalmente no ar e os que – como Joseph Lister, desde 1867 – defendiam a idéia da contaminação bacteriana, aconselhando a limpeza e esterilização dos instrumentos.

Pode-se assim perceber como os defensores do princípio do *tout à l'égout* andavam longe de supor, em 1847, que a canalização obrigatória dos efluentes de vasos sanitários – agora com descarga hidráulica – para os esgotos pluviais e, daí, para os rios, pudesse ser responsável, de alguma forma, pela transmissão de doenças. Assim, o que provavelmente determinou o estabelecimento de medidas e o início das pesquisas visando tratar os esgotos sanitários das cidades antes de seu lançamento aos rios, foi o mau cheiro que, pouco a pouco, foi se tornando insuportável na cidade de Londres, a ponto de obrigar os membros do Parlamento a suspender suas sessões e a proceder às lavagens, a toda hora, das cortinas da sala de conferências com solução forte de cloreto de cal.

Em 1885, o pesquisador inglês John Snow demonstrou que a transmissão do cólera se faz através da água, ao estudar um surto epidêmico da doença que, em Londres, afetara exclusivamente a população que se abastecia de um poço contaminado por esgotos, causando a morte de 521 pessoas, num raio de apenas 250 jardas em torno do mesmo.

No Brasil, uma grande influência do espírito positivista, no final do século XIX e início do XX, deve ter retardado bastante a admissão dos microorganismos na água como responsáveis pelas epidemias. É curioso notar como o grande sanitarista que foi Saturnino de Brito – respeitado prosélito de Augusto Comte – opõe restrições, já em 1926 (Brito, 1926) à importância dos patogênicos na água.

Antes disso, já Henri Charles Potel, químico belga que foi o primeiro analista de águas da antiga Repartição de Águas e Esgotos de São Paulo (onde permaneceu até 1923), opunha-se, também, à cloração. Entretanto, em 1922, Geraldo de Paula Souza, então diretor do Serviço Sanitário, afirma num seu relatório: é endêmica a febre tifóide em São Paulo. E ainda: "não é boa a nossa posição em cotejo com a dos grandes centros da Europa e da América". Assim mesmo, só em 1927 é feita, pela primeira vez no Brasil, na cidade de São Paulo, a cloração das águas de abastecimento (Capocchi, 1962); (Duarte, 1982).

O aspecto mais relevante da questão, entretanto, é o da evidente redução da incidência de doenças entéricas nas populações, na medida em que estas foram sendo beneficiadas com o tratamento das águas de abastecimento. Earle B. Phelps – um dos clássicos da literatura sanitária – em seu livro *Stream Sanitation* (Phelps, 1944), apresenta um interessante quadro em que mostra o decréscimo progressivo das mortes ocasionadas por febre tifóide, em diferentes cidades dos Estados Unidos, desde 1901 – época em que começaram a ser generalizadas as instalações de tratamento das águas de abastecimento – até 1920.

Saturnino de Brito e sua "aversão positivista aos microorganismos"

"... a contaminação proveniente da poluição das águas pelas bactérias patogênicas não causa mais aos sábios o mesmo terror que a princípio os dominava e conduzia a conclusões e prescrições dogmáticas... Já se não dá importância soberana às análises bacteriológicas; elas poderão apenas confirmar a necessidade da purificação que a análise química terá indicado..." Adiante, nesse mesmo texto, realiza Saturnino de Brito uma série de cálculos numéricos para demonstrar que o perigo da contaminação não é tão grande, uma vez que "150 litros de esgotos por dia e por habitante contêm não mais que 0,3 grama em peso de micróbios, ou uma fração de 1/800 dos 230 gramas de substâncias poluidoras..."

FONTE: Melhoram. Tietê.

Decréscimo das mortes por febre tifóide nos EUA, com o tratamento de águas

Da tabela apresentada por Phelps, tomamos inicialmente, apenas o caso de Pittsburg, que é o mais documentado: entre 1901 e 1906, a taxa de mortalidade por febre tifóide cresceu de 107,7 para 143, 6. Em dezembro de 1907, parte da cidade começou a receber água filtrada e, com apenas um mês desse benefício, a taxa caiu para 125,4; no ano seguinte (1908) a freqüência foi de 48,9 e prosseguiu decaindo, nos anos subseqüentes, à medida que aos diferentes setores da cidade foi sendo distribuída, também, água filtrada; em 1911 – quando a taxa já se havia reduzido a 25,7 – a parte ainda restante, da cidade, que não recebia água filtrada, passou a ser clorada, o que reduziu, já em 1912, de 25,7 para 13,2. Depois de 1914, quando toda a cidade recebia água filtrada, a taxa de mortalidade por essa doença foi sendo reduzida progressivamente, até 5,6 (em 1920). É igualmente impressionante verificar nessa tabela o decréscimo imediato ocorrido em cada cidade, após o início do tratamento. Assim, a cidade de Cincinnatti, que apresentava uma taxa de 45,4, no ano de implantação do sistema (1907), caiu para 18,2 no ano seguinte, atingindo 3,2 em 1920; em Portsmouth, a taxa de 122,2 existente no ano de implantação (1914) caiu para 28,4 no ano seguinte, chegando a 12 em 1920 - só para citar os casos mais expressivos.

FONTE: Phelps 1944.

Os primeiros sistemas de filtração em areia eram de baixa taxa, ou filtros lentos, como são denominados. Ivanildo Hespanhol demonstrou, em estudos experimentais, que esses filtros são mais eficazes, com relação à remoção de bactérias que os modernos filtros rápidos (Hespanhol, 1969). Assim, à medida que foram ocorrendo as substituições do primeiro pelo segundo sistema (por conveniência de economia de espaço, porém injustificável em pequenas comunidades), e a contaminação dos mananciais foi sendo agravada, foi se tornando cada vez mais imperativa a implantação de sistemas de desinfecção pelo cloro. Atualmente, há uma tendência a substituir o cloro por outros agentes desinfetantes, a fim de não correr o risco de formação de compostos orgânicos potencialmente cancerígenos. Entretanto, é necessário reconhecer dois pontos de fundamental importância com relação ao problema da eliminação do cloro em nossos sistemas de abastecimento: a) a ausência da desinfecção – pelo cloro ou outro agente – levaria fatalmente, com os níveis de contaminação hoje observados nos mananciais das grandes cidades, a desastrosas epidemias de doenças gastrointestinais; b) a aplicação de oxidantes de menor permanência residual, como o ozônio, o ultravioleta etc., seria muito menos eficaz em cidades de "abastecimento intermitente" – como é o caso da totalidade das cidades brasileiras – pois, quando a rede de água cessa de sofrer a pressão da água no seu interior, inicia-se um processo de sucção, tendente a absorver águas contaminadas do solo e esgotos, cujo efeito contaminante só é eliminado se o desinfetante estiver presente, em forma residual, na água da rede.

O Brasil é, na sua generalidade, um país de altos índices de incidência de doenças intestinais transmitidas pela água. Esses índices se refletem nas elevadas taxas de mortalidade, em especial nas taxas de mortalidade infantil.

Vejamos algumas conclusões que podem ser extraídas da publicação *Mortalidade Brasil - 1994* (Brasil, 1997), relativas à freqüência de óbitos por doenças relacionadas com a água, quando cruzadas com informações contidas no *Catálogo Brasileiro de Engenharia Sanitária e Ambiental - CABES XVII* relativo aos anos de 1992/1994 (ABES, 1994), a respeito da situação sanitária de cada comunidade, em relação à disponibilidade de água de abastecimento e esgotos municipais. Antes, porém, é necessário fazer algumas ressalvas a propósito desses dados. Como é do conhecimento comum, os dados estatísticos no Brasil são, em geral, muito precários, seja pela falta de levantamentos e dados reais, ou de sua confiabilidade, seja pela falta de cuidados na elaboração dos referidos "catálogos". No caso do anuário do Ministério da Saúde, o próprio texto já mostra a dificuldade de obtenção de dados confiáveis, baseados nas informações constantes dos atestados de óbito, que, freqüentemente deixam muito a desejar. No caso do catálogo da ABES, a questão é mais grave: trata-se de negligência de seus próprios autores e supervisores. Assim é que, em 27 dados a respeito do número de habitantes com instalações de água potável nas capitais dos estados brasileiros, nada menos de 15 apontam número de beneficiários maior que o número de habitantes da cidade, sugerindo discrepâncias (de até mais que 50%) entre os dados do IBGE e os dados fornecidos pela empresa de saneamento local. Como se isso não bastasse, a capital do Rio Grande do Sul é apontada como possuindo nenhum (zero) habitante com água potável.

Abastecimento de água e coleta de esgotos no Brasil

Lúcio Alves de Macedo pondera que: "Examinando a situação do Saneamento no Brasil, através dos dados disponíveis (ABES, 1991), constatou-se que embora os serviços de abastecimento de água tenham conhecido um grande avanço nas últimas décadas, passando de uma cobertura de 45% para 65% em 1990, cerca de 54 milhões de brasileiros estão à margem dos sistemas públicos de abastecimento de água. Quanto à coleta de esgoto a evolução foi bem mais modesta – 22% para 28% no mesmo período – o que vale dizer que 72% da população não são atendidos por rede de esgotos, representando cerca de 108 milhões de brasileiros que não dispõem de qualquer serviço de coleta de esgotos" (Macedo, 1994). Mas a situação é ainda mais grave quando consideramos diferentes regiões do país. Assim, descreve o mesmo autor: "No Brasil, apenas 40% das famílias têm uma situação de saneamento adequado, mas na região Nordeste esta parcela... é ainda mais baixa: somente 15%. Ao mesmo tempo, em Belo Horizonte foi verificada por Gross et alii (Macedo, idem) uma redução da ordem dos 45% na incidência de moléstias diarréicas em crianças com menos de 6 anos de idade, em conseqüência da melhoria dos sistemas de águas e esgotos; enquanto que na cidade de Osasco, São Paulo, Nakagawa, em 1990, pode-se verificar que, nos setores em que a totalidade da população era abastecida com rede de água e mais de 30% com rede de esgotos, os coeficientes de mortalidade se reduziam de 16,76% NV a 36,80% NV e que a curva decrescente de mortalidade infantil, durante os 15 anos de observação, acompanhou a curva ascendente dos serviços de abastecimento de água (Macedo, idem).

Os dados, tal como se apresentam, não permitem concluir por uma relação muito nítida entre a freqüência de óbitos por infeções intestinais e as condições de saneamento em termos de oferta de água tratada e rede de esgotos. Isso provavelmente reflete a influência de outros fatores ambientais, como a disponibilidade de grandes caudais, seja para o abastecimento, seja para diluição dos esgotos; temperatura média ambiente etc. Os dados ambientais deveriam ser tratados como um todo, e não como fatores independentes. Nota-se, por exemplo, que os mais altos índices de mortalidade de recém nascidos por infeções intestinais ocorrem no norte e nordeste, regiões onde prevalecem mais altas temperaturas médias. A ausência de sistemas de esgotos também parece correlacionável, embora com exceções gritantes, como é o caso de Maceió, com um dos mais altos padrões de saneamento e que apresenta a mais alta porcentagem de mortes de recém nascidos causadas por infeções intestinais. Por outro lado, é possível que a maior parte das afecções desse tipo, causadas por águas de má qualidade, não levem à morte, mas a um depauperamento quase permanente que se reflita no baixo rendimento e na freqüente ausência ao trabalho. Nesse caso, os índices de mortalidade não seriam os mais adequados, o que complica ainda mais o problema, uma vez que, se os atestados de óbitos não são sempre confiáveis, a comunicação às autoridades sanitárias de estados mórbidos é mais problemática, pois depende de atendimento médico do paciente e comunicação, pelo médico, aos serviços de saúde pública.

Avaliação da qualidade

Não basta que uma população disponha de água em quantidade: é necessário que essa água se caracterize por um determinado padrão mínimo de qualidade. Freqüentemente, populações com baixos níveis de qualidade urbana ou habitacional dispõem, entretanto, de mananciais de boa qualidade para seu abastecimento: é o caso de populações ribeirinha dos grandes caudais da região Amazônica (populações indígenas, por exemplo). Mesmo que seus dejetos sejam lançados, individualmente, ao rio próximo, a capacidade deste oxidar e diluir é tão grande, e os centros populacionais tão rarefeitos e distantes, que o rio não chega a oferecer risco sanitário. Se um sistema simples de disposição for adotado, como o da privada seca, o risco de contaminação se reduz ainda mais. A questão começa a se agravar com o adensamento populacional, principalmente quando se faz uso de águas colhidas no lençol freático, a pequena distância dos locais de disposição ou sumidouros. Finalmente – o que pode parecer contraditório –, a coleta dos esgotos, através de rede sanitária, e o seu lançamento sem desinfecção prévia ao rio mais próximo pode tornar a situação crítica: o pretendido "saneamento" agrava a situação e o rio (ou a praia, no caso de balneários) se torna veículo de patogênicos intestinais.

Outro fator que pode comprometer a qualidade da água de um manancial caudaloso é a presença de certas atividade industriais – mesmo artesanais e primitivas – ou extrativas que lancem às águas princípios

Tabela 2 - Ocorrência de óbitos por infecções em relação aos serviços de saneamento básico.

Local	(1) % Inf. Int	(2) %<1Ano	(3) % Abast. água	(4) % Sist. esgoto
Rondônia	2,8	13,0	26,7	0,8
P. Velho	2,4	20,0	50,2	2,9
Acre	2,0	8,0	54,3	10,3
R. Branco	2,3	9,0	100,0	66,4
Amazonas	3,0	9,3	90,2	3,7
Manaus	6,4	13,0	98,4	5,5
Roraima	3,0	10,0	61,5	6,2
Boa Vista	2,8	10,0	84,0	9,1
Pará	2,7	10,7	36,4	2,0
Belém	2,5	9,1	-	- (*)
Amapá	2,3	5,2	62,4	3,1
Macapá	2,3	5,4	84,4	4,4
Tocantins	1,3	7,2	34,3	0,0
Palmas	3,0	12,0	-	- (*)
Maranhão	1,8	9,8	35,0	6,9
S. Luís	3,2	9,7	-	- (*)
Piauí	2,4	12,8	48,3	2,1
Terezina	2,8	9,1	-	- (*)
Ceará	3,4	14,4	37,7	6,8
Fortaleza	4,0	20,0	-	- (*)
R. G. do Norte	2,5	13,6	57,6	7,2
Natal	2,4	10,6	-	- (*)
Paraíba	2,2	9,0	57,8	12,8
J. Pessoa	1,6	9,6	96,9	39,0
Pernambuco	4,1	15,4	65,5	13,5
Recife	3,3	15,9	94,1	64,8
Alagoas	2,9	12,7	44,6	6,8
Maceió	4,3	22,6	88,5	31,5
Sergipe	3,9	14,8	60,4	7,4
Aracaju	5,8	16,5	96,2	26,9
Bahia	3,5	16,5	43,7	5,0
Salvador	2,9	14,2	100,0	21,4
Minas Gerais	1,5	7,3	74,1	49,2
B. Horizonte	1,6	9,3	-	- (*)
Esp. Santo	1,2	5,5	73,3	22,0
Vitória	0,6	4,2	-	- (*)
Rio de Janeiro	8,9	6,5	89,8	54,8
Rio de Janeiro	5,4	5,1	-	- (*)
S. Paulo	8,1	5,5	83,7	67,3
S. Paulo	7,6	6,5	-	- (*)
Paraná	1,7	9,5	80,7	22,2
Curitiba	1,1	7,4	-	- (*)
Sta. Catarina	9,0	6,2	58,9	4,4
Florianópolis	8,3	6,0	-	- (*)
R. G. do Sul	5,1	4,0	69,6	14,0
P. Alegre	3,4	4,3	-	- (*)
M. G. Do Sul	2,3	9,9	78,6	7,3
C. Grande	1,8	7,4	-	- (*)
M. Grosso	1,4	7,7	56,8	6,1
Cuiabá	0,4	1,3	-	- (*)
Goiás	1,0	7,1	60,4	26,1
Goiânia	8,4	5,5	85,5	74,1
Brasília	1,1	5,9	88,1	75,1

Obs.: Os (*) indicam incoerência nos dados do CABES. Em geral, o número de pessoas indicadas como beneficiadas por abastecimento de águas é superior ao número de habitantes mencionados no mesmo catálogo.

Legenda: (1) - Porcentagem de óbitos devidos a infecções intestinais.
(2) - Porcentagem dos óbitos de crianças menores de 1 ano, devidos a infecções intestinais.
(3) - Porcentagem de habitantes servidos por rede de água de abastecimento.
(4) - Porcentagem de habitantes servidos por rede de esgotos.

FONTE: Brasil, 1997; ABES, 1994.

tóxicos. Um exemplo muito generalizado no Brasil é o das lavras artesanais de ouro – o *garimpo* – com emprego do mercúrio como amálgama. Essa prática, que permite o aproveitamento de parcelas do metal que antes eram perdidas, por serem muito imponderáveis, viabilizou a exploração de jazidas antes consideradas pouco produtivas, ou de baixo teor. Em compensação, vem pondo em risco não só a saúde e a vida dos próprios garimpeiros – principalmente na fase da "queima" ou volatilização do mercúrio após a amalgamação, quando o operador, sem nenhuma proteção, inspira significativas quantidades do vapor tóxico – como dos habitantes de toda a região, que se abastecem das águas contaminadas ou dos peixes que ingeriram parcelas desse perigoso material cumulativo. Regiões como a de Poconé, em Mato Grosso, junto ao Pantanal Matogrossense, assim como certos trechos dos rios Madeira, Mutum e outros da Amazônia, onde é praticado o garimpo, já apresentam concentrações preocupantes de mercúrio na água e nos sedimentos (Veiga et alii, 1991).

Tabela 3 - Concentrações de mercúrio em água e sedimentos em regiões de garimpo em Mato Grosso.

Local	Hg em sedimentos (ppm)	Hg em água (ppb)
Tanque dos Padres (Poconé)	0,06 - 0,18	< 0,04
Rio Madeira	0,05 - 0,28	< 0,04 - 0,46
Rio Mutum	0,21 - 19,8	0,20- 8,60

FONTE: Lacerda, 1991.

Os padrões de qualidade de água referem-se, pois, a um certo número de parâmetros capazes de refletir, direta ou indiretamente, a presença efetiva ou potencial de algumas substâncias ou microorganismos que possam comprometer a qualidade da água do ponto de vista de sua estética e de sua salubridade. Do ponto de vista da salubridade, exige-se que a água não contenha patogênicos ou substâncias químicas em concentrações tóxicas ou que possam tornar-se nocivas à saúde pelo uso continuado da água. Do ponto de vista estético, as exigências se referem a aspectos físicos e organolépticos que tornem a água repugnante ao consumidor, induzindo-o a usar águas de melhor aparência porém sem controle de salubridade.

São inúmeros os componentes químicos e as espécies microbiológicas que podem comprometer tanto o aspecto estético, quanto o sanitário propriamente dito. A determinação de cada um deles, por meio de procedimento analítico chega, pois, a tornar-se inviável, se considerarmos o crescente número de produtos sintéticos de uso industrial, agrícola, pecuário ou sanitário que, através dos efluentes dessas atividades, podem atingir um manancial. O mesmo se pode dizer com relação aos patogênicos que, embora ainda não constituam produtos de síntese (apesar de que a chamada "engenharia genética" caminha a passos largos nessa direção), ainda não são todos bem conhecidos: particularmente os vírus. Assim, a análise sistemática de todos os contaminantes possíveis vem se tornando cada vez mais difícil, onerosa e portanto impraticável, especialmente nas regiões de escassos recursos do País que, entretanto, necessitam de águas de boa qualidade para o seu consumo.

Não é por outra razão que a técnica sanitária sempre procurou desenvolver – a par de acurados procedimentos analíticos – processos que se caracterizam como *sintéticos*, por refletir muito mais uma condição de inocuidade ou de impropriedade da água para determinado uso, do que propriamente identificar os fatores condicionantes dessa impropriedade (Branco, 1989 e 1991). Entre os parâmetros sintéticos que se tornaram "clássicos" e de uso generalizado em todo o mundo, podem ser citados o número mais provável de bactérias coliformes e a demanda bioquímica de oxigênio e, de uso mais recente e em fase de generalização, os bioensaios para determinação de toxicidade potencial, cujo uso, entretanto, ainda não foi oficializado no Brasil.

Número Mais Provável de Bactérias Coliformes

Esse parâmetro pretende indicar a "possível presença" de seres patogênicos, de origem entérica, na água, em concentrações que possam causar a contaminação de pessoas que a utilizem. Ao contrário de um método analítico, em que se procuraria identificar e quantificar cada uma das espécies patogênicas presentes, o "teste de coliformes" procura apenas evidenciar, quantitativamente, a presença de certos microorganismos que, sendo de origem intestinal, atestam a presença de fezes na água. O método parte, pois, do princípio de que qualquer patogênico eventualmente transmitido pela água, acha-se inevitavelmente associado às fezes, que constituem a sua origem. Para isso, procurou-se selecionar um tipo de microorganismo que:

1) esteja obrigatoriamente presente, em muito grande número, nos intestinos de todo ser humano;

2) não seja capaz de multiplicar-se no ambiente aquático, ou "extra-intestinal", de modo a que a sua presença não possa indicar outra origem;

3) não seja nem muito mais, nem muito menos resistente que os patogênicos às ações de autodepuração ou de desinfecção da água, de modo a que o seu aparecimento e desaparecimento, no manancial – e na rede de água potável –, seja concomitante com a dos eventuais patogênicos, revelando a eficácia da desinfecção praticada;

4) seja de fácil identificação e contagem em um laboratório de poucos recursos.

A escolha tem recaído, até hoje – embora não faltem objeções, porém não acompanhadas de um substituto mais conveniente – nas chamadas "bactérias do grupo coliforme" que, além de existentes nos intestinos humanos em números que ultrapassam os 50 bilhões por dejeção de um ser adulto,·são exclusivas desse ambiente, apresentando resistência comparável à dos patogênicos intestinais às ações depuradoras. Finalmente, são facilmente identificadas e avaliadas numericamente – sem auxílio de métodos bioquímicos, microscópicos ou de coloração artificial – por apresentarem uma característica singular, de fermentar a lactose, produzindo quantidade mensurável de gás, proporcional, portanto, à concentração de bactérias presente. A água supostamente contaminada é, assim, submetida a vários graus de diluição em água estéril, sendo, cada diluição semeada em tubos de ensaio com um meio de cultura líquido contendo lactose, denominado "caldo lactosado". Hoje dispõem-se de outros processos de identificação e contagem de coliformes, todos de fácil emprego na prática.

A avaliação da "contaminação potencial", através da detecção e contagem de microorganismos que obrigatoriamente indiquem a presença de fezes, embora muito mais simples que o emprego de processos analíticos buscando identificar todos os possíveis patógenos da água, concorre, também, significativamente para a segurança do exame: uma água que, em uma amostra – por muito grande que esta fosse – não apresentasse nenhum patógeno, nem por isso estaria isenta de risco, dada a não homogeneidade da mistura no manancial e a possibilidade de falha no processo analítico, ao passo que o coliforme, indicando *apenas* a presença de fezes, constitui um indicador potencial de qualquer coisa que possa estar associada a esse material de origem intestinal. Além disso, como já foi salientado, o método não exige a instalação de laboratório muito equipado, ou mesmo de bacteriologistas altamente especializados, podendo ser realizado em laboratórios modestos, por um técnico convenientemente treinado, o que permite a generalização do teste mesmo nas mais distantes e precárias instalações de abastecimento de águas de nosso país.

Demanda Bioquímica de Oxigênio

Uma das mais graves conseqüências da poluição das águas provocada pela introdução de esgotos municipais e despejos orgânicos em geral consiste no apodrecimento desses materiais, causando, além do mau cheiro que pode chegar a ser insuportável – como no caso do rio Tâmisa, no século passado onde, como já foi dito, chegou a motivar a suspensão das sessões do Parlamento – um decréscimo dos seus teores de oxigênio dissolvido provocando, entre outros efeitos, a morte de peixes e demais organismos de respiração aquática.

A queda das concentrações de oxigênio, podendo chegar até à sua total ausência, ocasião em que se instalam atividades fermentativas *anaeróbias*, geralmente com forte exalação de maus odores – devidos principalmente à redução biológica de compostos sulfurosos – é motivada pelo consumo das matérias orgânicas por miríades de microorganismos que deles se alimentam e que, proporcionalmente, consomem oxigênio em sua respiração. Pode-se pois dizer que uma certa quantidade de matéria orgânica – ou, mais precisamente, matéria *biodegradável*, passível de ser decomposta biologicamente – constitui um potencial de redução química, provocando um consumo de oxigênio proporcional. A maneira *analítica* de avaliar esse potencial, ou *demanda específica de oxigênio*, consistiria em proceder à identificação de todos os compostos orgânicos componentes desse material e ao procedimento dos cálculos estequiométricos correspondentes, o que permitiria avaliar, com precisão, a quantidade de oxigênio necessária à sua oxidação. Em lugar disso, porém, homens práticos idealizaram um método empírico, ou *sintético*, para tal avaliação: manter uma amostra do material a uma temperatura constante, durante um tempo padrão, e medir, diretamente, o decréscimo do oxigênio dissolvido na água que o contém. Como no caso dos coliformes, esse método, apesar de muito mais simples, atende melhor à finalidade para a qual foi elaborado, pois somente mede as parcelas que realmente são degradadas e que, por conseguinte, são as que realmente provocam o decréscimo das concentrações de oxigênio presentes na água do rio. Como no caso anterior, o *método da DBO* tem, ao longo deste século, sofrido inúmeras críticas e restrições, mas continua oferecendo aos sanitaristas serviços inestimáveis pela sua simplicidade, praticidade e facilidade de aplicação mesmo nos mais modestos laboratórios de águas.

Bioensaios

Uma vez que se disponha, já, de métodos sintéticos que permitam assegurar a ausência de seres patogênicos e de substâncias redutoras capazes de extinguir o oxigênio da água, provocando mau cheiro e destruição de peixes, resta, ainda, o problema da presença de substâncias em concentrações tóxicas, ou seja, capazes de provocar efeitos adversos à saúde humana. De início, é importante considerarmos o significado real e relativo de *substância tóxica.* Já no fim da Idade Média, o alquimista e médico Paracelso chamava a atenção para o fato de que veneno e alimento podem ser a mesma coisa e que o efeito mórbido depende da *quantidade* ingerida ou acumulada. Quando fala na quantidade de veneno capaz de causar um estado mórbido, está se referindo à *dose.* No caso da água, entretanto, é importante considerarmos a *concentração.* Assim, para um peixe que, permanentemente se encontra em contato com a água, concentrações muito baixas de uma substância podem causar influências na saúde, provocando até mesmo a morte. Não é muito diferente, entretanto, com relação ao homem que, diariamente, ingere uma água contaminada quimicamente, ou a utiliza no preparo de seus alimentos: ainda que a substância esteja presente em quantidades muito pequenas, a constância da exposição do organismo leva ao seu eventual comprometimento. Por isso, os testes de toxicidade com substâncias dissolvidas nas águas de abastecimento são necessariamente diferentes dos testes por ingestão, praticados com ratos e outros animais de laboratório em que se procura verificar a *dose* letal, ou capaz de provocar efeitos fisiológicos. O objetivo é verificar os efeitos provocados a médio e longo prazos, por doses subletais fornecidas contínua ou repetidamente durante certo tempo. Dificilmente se poderia obter esse tipo de informação, a partir, simplesmente, de dados analíticos.

Há, ainda, outras razões a serem consideradas, a respeito da aplicação dos testes biológicos, além dos acima referidos bem como dos custos e equipamentos envolvidos. A *toxicidade* de uma água, ou seja, a sua capacidade de provocar estados mórbidos, nem sempre depende da presença de uma única espécie química, mas sim da interação de diferentes espécies e condições físicas e químicas, da qual podem resultar atenuações ou, ao contrário, sinergismos, reduzindo ou acentuando os efeitos tóxicos individuais. Assim, do mesmo modo como seria altamente improvável obter-se uma previsão razoável sobre a demanda de oxigênio provocada por uma mistura de compostos orgânicos componentes dos esgotos, através de determinações analíticas – embora precisas – e cálculos estequiométricos (dada a variação da biodegradabilidade de cada componente, por si só, e em diferentes condições de misturas e de interações), o verdadeiro potencial de toxicidade de uma água só pode ser estimado, com relativo grau de segurança, através de ensaios *sintéticos,* ou empíricos, realizados com seres vivos. Os bioensaios, também denominados *testes biológicos de toxicidade* constituem, assim, a base do *biomonitoramento* da água, definido como "determinação dos efeitos de poluentes tóxicos lançados a um corpo d'água sobre a vida aquática, inclusive com possibilidade de controle sobre a bioacumulação desses poluentes nos tecidos dos organismos vivos" (Porto, 1991). O biomonitoramento é feito selecionando-se e submetendo-se a testes padronizados de exposição organismos representativos de diversos níveis das cadeias alimentares. Existem, na verdade, diversos tipos de testes biológicos de toxicidade, e a sua adaptação às condições brasileiras tem sido objeto de constante pesquisa pela CETESB (Gherardi-Goldstein et alii, 1990).

Além desses testes mais genéricos, realizados com espécies representativas, de preferência, da *biota* local, existem bioensaios específicos, realizados com espécies de microorganismos de conhecida sensibilidade a determinados efeitos mórbidos. Um exemplo é o chamado teste de Ames, em que bactérias selecionadas da espécie *Salmonella typhimurium* são empregadas como "sensores" da presença de substâncias ditas *mutagênicas* ou *genotóxicas* (capazes de "induzir a formação de câncer", ou melhor, aumentar a freqüência de mutações em uma população de seres humanos).

A qualidade estética

Como foi dito, a razão de ser de uma padronização da qualidade da água diz respeito não só a uma preocupação com sua salubridade, porém também com o seu aspecto estético, isto é, com a sua aparência.

O aspecto visual – ou mais amplamente, sensorial – de uma água a ser empregada no consumo humano e, particularmente, para ser bebida, é, naturalmente, o primeiro a chamar a atenção. Independentemente de uma possível relação com a presença ou não de patógenos ou de substâncias tóxicas, o homem oferece forte resistência ao consumo, como bebida, de uma água que foi turvada por chuvas recentes, ou colorida pela presença de substâncias amarelas contidas no húmus formado pela decomposição de folhas em um rio que corta área coberta por espessa vegetação natural. Essa reação pode ser de natureza puramente psíquica, uma vez que outros animais – que dependem muito mais de seus próprios instintos – não se recusam a beber águas nessas condições e o próprio homem beba outras bebidas que apresentem cor e turbidez como características próprias (Branco, 1983).

Por "pouco racional", entretanto, que fosse essa atitude, o direito a uma água de abastecimento com boas qualidades estéticas tem que ser assegurado. Caso contrário, o usuário, em vez de beber a água obtida do sistema distribuidor que, supõe-se, seja segura do ponto de vista de sua salubridade, irá recorrer a águas de melhor aspecto, porém de qualidade sanitária duvidosa. Além disso, a estética deve ser preservada, como um dos valores mais característicos da espécie humana, pelo qual se distingue, provavelmente, de todos os outros animais. Por essas razões, vários dos parâmetros analíticos usuais referem-se, direta ou indiretamente, ao aspecto apresentado pela água quando acumulada num copo, numa banheira, ou numa piscina. A turbidez, por exemplo, medida originariamente por comparação com suspensões padrão de "terra infusória" ou *diatomito*, sempre constituiu um dos parâmetros de referência, sendo o padrão muito mais exigente, por exemplo, nas águas de piscinas – onde a maior altura da coluna d'água a torna muito mais evidente – do que nas águas destinadas à potabilidade. Hoje sabe-se que – pelo menos nas águas sujeitas a contaminação relativamente acentuada – a presença das partículas coloidais responsáveis pela perda da transparência pode, entretanto, estar associada a um maior grau de contaminação por bactérias e vírus, por exercerem, essas partículas, efeito protetor contra a ação do desinfetante utilizado, o que determinou muito maiores exigências com respeito a esse padrão. Alguns dos parâmetros químicos também dizem respeito muito mais a aspectos estéticos do que sanitários propriamente ditos, como por exemplo os teores de ferro em solução, dada a facilidade com que esse metal se precipita, com a elevação do pH da água, provocando a formação de "ferrugem" e precipitando-se sobre as roupas, durante a lavagem.

Por essas razões, a maior parte das instalações e tarefas do tratamento de águas refere-se, normalmente, à remoção de cor e turbidez, o que é realizado ao longo dos decantadores e filtros da estação de tratamento, com emprego de coagulantes e substâncias auxiliares do processo de floculação.

Implicações na saúde do uso agrícola, mineração e geração de energia

O uso intensivo e extensivo de água para a irrigação e geração de energia pode dar origem a inundações temporárias ou permanentes de grandes áreas, constituindo ambientes propícios ao desenvolvimento de vetores biológicos de diferentes doenças, como a esquistossomose, a malária ou o dengue, as quais constituem endemias de grande significado sanitário, social e econômico em diversas áreas do país.

A esquistossomose é provocada por um verme denominado *Schistosoma mansoni*, cujo vetor é representado por caramujos de diferentes espécies do gênero *Biomphallaria*. Esses moluscos vivem permanentemente em lagoas, açudes ou terras alagadas, tendo se expandido em direção às regiões sulinas, a partir de açudes do Nordeste, acompanhando principalmente as culturas de arroz, ao longo do Vale do Paraíba e constituindo, assim, uma típica endemia do ambiente rural. Em geral, a atenção dos sanitaristas, no combate a esse tipo de endemia, é voltado para a ecologia do vetor, o caramujo, tal como em outras doenças transmitidas por invertebrados. Entretanto, é preciso considerar, que, neste caso, há uma diferença muito significativa, com relação à transmissão do agente etiológico: é que o vetor não o transmite diretamente, de homem a homem, por ingestão do seu sangue, mas sim a partir de larvas ciliadas – *miracídios* – introduzidas na água a partir de ovos transportados pelas fezes humanas. Assim sendo – ao contrário do que ocorre com a malária, a dengue e outras moléstias veiculadas por invertebrados aquáticos – o ciclo do parasita pode ser quebrado por medidas de saneamento, tais como a instalação de latrinas, sistemas de esgotos e outras práticas que impeçam o acesso das fezes à água.

Incidência de esquistossomose no Brasil

No Brasil morrem, por ano, cerca de 600 pessoas (1994) com esquistossomose. Deste número, quase 400 óbitos correspondem à região Nordeste e pouco mais de 200 ao Sudeste, sendo pois insignificante o número de mortes, causadas por essa parasitose, em outras regiões do país. Esses números não parecem significativos, em relação a outras causas de óbito. Entretanto, é necessário recordar que a esquistossomose não é, em geral, uma doença causadora de morte: ela é degenerativa, reduzindo muito a disposição e a capacidade para o trabalho e convive muitos anos com o seu hospedeiro. Segundo estimativa de Luis Rey, no ano de 1973 já havia cerca de seis milhões de portadores dessa doença no Brasil e, segundo salientou, não havia perspectivas de redução da sua incidência, uma vez que, cada vez mais, o homem, construindo novas barragens e açudes, amplia extraordinariamente a área ocupada pelos criadouros do caramujo vetor.

FONTE: Brasil, 1997; Rey, 1975.

Malária e dengue são, igualmente, doenças endêmicas muito significativas no Brasil e transmitidas por vetores cujas larvas habitam ambientes aquáticos. A proliferação e distribuição desses vetores está, portanto, relacionada com a presença de água represada em várias formas e, ao contrário da esquistossomose, o próprio vetor adulto é parasita do homem (exoparasita), picando-o e sugando seu sangue. O contágio é, assim, executado diretamente pelo mosquito, inoculando o protozoário (no caso da malária) ou o vírus (no caso da dengue) na circulação sangüínea. O problema é, entretanto, agravado pela possibilidade de existência de *reservatórios*, ou seja, de animais silvestres ou domésticos que podem, também, ser infestados através da picada do mosquito. Assim sendo não existe, praticamente, a possibilidade de controle da endemia por medidas sanitárias, seja através de controle de poluição, seja de aplicação de remédios e combate ao agente etiológico. O controle reside quase exclusivamente no combate sistemático aos mosquitos transmissores, seja através de drenagem de águas estagnadas, seja da aplicação de inseticidas e larvicidas. Esse combate se complica, ainda, pelo fato de constituírem focos de mosquitos pequenas coleções de águas, tais como vasos de plantas domésticas, latas e pneus velhos e plantas epífitas que acumulam água de chuva entre suas folhas (bromélias).

A proliferação de insetos vetores, de larvas aquáticas, depende fundamentalmente da existência, nos corpos d'água, de "condições de estagnação", isto é, áreas rasas, com pouca movimentação da água, e com bastante vegetação que lhe sirva de proteção e alimento. Forattini (1965) chama a atenção para o conceito de *linha de intersecção*, de Hess & Hall, caracterizada como o limite dos três meios: água-ar, água-planta e planta-ar. "Assim" – diz ele – "para o caso de uma folha flutuante, corresponderia ao perímetro onde a mesma secciona a superfície da água; para um caule emergente, seria também o seu perímetro no mesmo nível, e assim por diante". Chama-se *valor de intersecção* o comprimento, em metros, da linha de intersecção, por metro quadrado de superfície líquida e tem sido verificado, na prática, que quanto maior for esse valor, maior será

Incidência da malária no Brasil

A ocorrência de óbitos no Brasil causados por malária, é da ordem de 450 casos por ano, enquanto que a dengue não causou mais que 4 óbitos em 1994. Entretanto, o mesmo que foi dito com respeito à esquistossomose pode ser reafirmado, pelo menos com relação à malária, com a diferença de que esta vem regredindo rapidamente, em lugar de aumentar. Essa doença sempre se caracterizou, desde tempos imemoriais, no Egito, como em toda a região mediterrânea, pela sua ação depauperante, reduzindo a força de trabalho e a combatividade, segundo alguns, dos próprios exércitos macedônios de Alexandre em suas incursões pelo norte da África. Entretanto, o número de doentes em todo o mundo vem decrescendo rapidamente, com a introdução de novos medicamentos e inseticidas eficazes. Esse número chegou a ser de 300 milhões, em todo o mundo, sendo que somente a Índia atingiu a contagem de 100 milhões de casos, com 3 milhões de óbitos por ano. Entretanto, a partir de 1957 já o número de casos notificados se reduzia a 4 milhões, e em 1972 apenas 400 mil casos foram diagnosticados, no primeiro semestre, em 33 países.

FONTES: Brasil, 1997; Rey, 1975.

a quantidade de larvas aquáticas no espelho d'água.

Considerações desse tipo levam a recomendar, como menos prejudiciais do ponto de vista ecológico-sanitário, represas que se caracterizem por um máximo volume de água represada, com mínima superfície de inundação ou, expresso de outra maneira, máxima capacidade geradora por área inundada (Branco, 1987).

Tabela 4 - Relação entre capacidade geradora e área de inundação de algumas das maiores represas do mundo.

Sistema (País)	Capacidade (MW)	Área de inundação (ha)	quilowat/ha
Paulo Afonso (Brasil) I-IV	3.984	1.600	2.490
Pehuenche (Chile)	500	400	1.250
Guavio (Colômbia)	1.600	1.500	1.067
Rio Grande II (Colômbia)	324	1.100	295
Itaipu (Brasil e Paraguai)	12.600	135.000	93
Aguamilpa (México)	960	12.000	80
Sayanskaya (Rússia)	6.400	80.000	80
Churchill Falls (Canadá)	5.225	66.500	79
Grand Coulee (USA)	2.025	32.400	63
Ursa I (Colômbia)	340	6.200	55
Jupiá (Brasil)	1.400	33.300	42
São Simão (Brasil)	2.680	66.000	41
Tucuruí (Brasil)	7.600	243.000	31
Ilha Solteira (Brasil)	3.200	120.000	27
Guri (Venezuela)	6.000	328.000	18
Paredao (Colômbia)	40	2.300	17
Ursa II (Colômbia)	860	54.000	16
Cabora Bassa (Moçambique)	4.000	380.000	11
Three Gorges (China)	13.000	110.000	118
Furnas (Brasil)	1.216	144.000	8
Assuan (Egito)	2.100	40.000	53
Curua-una (Brasil)	40	8.600	5
Samuel (Brasil)	217	57.900	4
Três Marias (Brasil)	400	105.200	4
Kariba (Zimbabwe/Zâmbia)	1.500	510.000	3
Petit-Saut (G. Francesa)	87	31.000	2.8
Sobradinho (Brasil)	1.050	421.400	2
Balbina (Brasil)	250	236.000	1
Babaquara (Brasil)	6.600	600.000	11
Akosombo (Gana)	833	848.200	0.9
Kompienga (Burkina Faso)	14	20.000	0.7
Brokopondo (Suriname)	30	150.000	0.2

FONTE: Goodland, 1992.

Finalmente, atividades de extração de minérios podem contribuir fortemente para a degradação de mananciais, principalmente quando a extração é realizada de forma artesanal, primitiva, a exemplo dos *garimpos*, que proliferam principalmente nas regiões Norte e Centro-Sul, atualmente, extraindo ouro e diamante.

A atividade minerária no Brasil tradicionalmente constituiu um atividade predatória. Basta observar as enormes "crateras" e deformações ocorridas no solo de grandes superfícies do estado de Minas Gerais, desde o período de Brasil-Colônia, em que, a mando do governo português, eram extraídos minérios de ferro, ouro, além de pedras preciosas e semipreciosas. Essa atividade prosseguiu, durante o período Imperial e Republicano, até nossos dias, porém, ultimamente, obedecendo em parte, não só a técnicas mais avançadas de extração, como a dispositivos legais, de proteção ambiental, que determinam, entre outras coisas, a recomposição do terreno e da paisagem depois de esgotada a mina. Essas técnicas e essas medidas, entretanto, só são executadas pelos serviços organizados, de exploração minerária: a exploração garimpeira continua a utilizar métodos primitivos, que degradam e envenenam os cursos d'água onde é executada.

O garimpo é, via de regra, executado à margem de rios. Não só por ser no leito dos rios que se encontram, com maior probabilidade e abundância, os metais e cristais aluvionares, como também porque toda a técnica de extração e separação de rejeitos é baseada no uso da água, em grandes volumes, para a lavagem. Por essa razão, muitas vezes os cursos de pequenos rios são desviados, as margens escavadas, os leitos totalmente deformados. Como conseqüência dessas ações, grandes volumes de terra são transportados pela água, turvando-a e sedimentando nos trechos de menor velocidade do rio, assoreando os leitos.

Com respeito à qualidade resultante da água desses rios, para fins de potabilização, vários tipos de agravos podem ser mencionados. Em primeiro lugar, os danos de ordem estética são evidentes: a água do rio torna-se permanentemente turva, não só durante o período de mineração, mas também após a sua conclusão, uma vez que a remoção da vegetação natural torna o terreno muito mais vulnerável à ação corrosiva das chuvas, à erosão e ao transporte das argilas e outros materiais. Além disso, porém, a própria ocupação da área da bacia pelos acampamentos de garimpeiros – geralmente pessoas dotadas de saúde precária, afetadas por infecções e doenças parasitárias de toda sorte – sem condições mínimas de saneamento, leva, fatalmente, à contaminação do manancial por microorganismos patogênicos, provocando eventuais surtos epidêmicos de febre tifóide, disenterias, hepatites infecciosas etc.

Finalmente, o uso do mercúrio na extração do ouro, como já foi aqui mencionado, representa o mais grave risco sanitário e ambiental. O processo de garimpo de ouro, tal como executado na região de Poconé, em Mato Grosso, não difere muito do método geral empregado em todas as outras minerações de ouro primitivas, existentes no Norte e Centro-Sul do país. Consiste ele em lavra manual ou mecânica, com auxílio de retro-escavadeiras, transporte do material recolhido para as calhas de concentração, onde sofrem o processo de desmonte hidráulico, com auxílio de água sob pressão. A seguir, o material concentrado é encaminhado a moinhos de martelos, e centrífugas, concentrando-se, cada vez mais, o material mais pesado, com remoção dos rejeitos leves com auxílio de grandes quantidades de água. Esse material pesado, contendo certa proporção de ouro, é submetido ao processo de mistura com mercúrio, nos tambores amalgamadores. O ouro, misturando-se ao mercúrio que foi acrescentado no processo, forma o amálgama de ouro, uma espécie de liga forte, pastosa, que se separa facilmente dos outros metais e minerais presentes, os quais não se ligam ao mercúrio. A separação é feita, mais uma vez, por *concentração gravídica,* com emprego de grandes quantidades de água, a qual transporta quantidades consideráveis de mercúrio para o rio. Os materiais não amalgamados, assim como os materiais leves, resultantes das etapas de separação anteriores, são acumulados em *barragens de rejeitos,* que também contêm parcelas do mercúrio. Finalmente, o amálgama é levado às *retortas,* onde é "queimado", com volatilização quase total do mercúrio e vendido à casa compradora, que ainda procede à remoção final de parcelas de mercúrio remanescentes (Farid, 1991).

O mercúrio metálico, liberado no ambiente aquático, sofre a ação bioquímica de bactérias, que o transformam parcialmente em mercúrio orgânico, ou metilmercúrio. Nesta forma, ele se torna facilmente assimilável por outros organismos aquáticos e terrestres, concentrando-se em seus tecidos, uma vez que sua eliminação é precária. Dessa forma, o mercúrio vai sendo concentrado, ao longo dos diferentes níveis das cadeias de alimentação natural. Se o homem constituir a etapa final da cadeia trófica (como freqüentemente sucede), ele estará ingerindo quantidades apreciáveis de mercúrio em formas assimiláveis, as quais se acumulam em seu organismo até atingir, eventualmente, níveis tóxicos.

Os males causados pelo mercúrio ficaram conhecidos como *mal de Minamata,* desde que populações japonesas, habitantes da baía de Minamata, começaram a apresentar sintomas graves, ligados à intoxicação do sistema nervoso central, causados pela presença de metilmercúrio nas ostras, mexilhões e outros frutos do mar, além de peixes pescados nessa baía. Após uma série de pesquisas intensivas, verificou-se que a causa da epidemia relacionava-se com uma indústria que lançava clandestinamente mercúrio metálico nas águas da baía, o qual sofria um processo de transformação em mercúrio orgânico, assimilável, por intermédio da flora bacteriana habitante dos sedimentos orgânicos do fundo da baía. Os sintomas da doença são caracterizados por diversas formas de paralisia, cegueira, convulsões e morte.

Disponibilidade de água potável no Brasil

O Brasil, como tem sido visto ao longo desta obra, é um país rico em recursos hídricos de superfície e subterrâneos, embora não seja homogênea a sua distribuição ao longo de todo o território e, muito menos, de forma proporcional às concentrações de populações que o habitam. Regiões como a Amazônica, por exemplo, dotadas de vazões que correspondem à quinta parte da água que escoa dos continentes em todo o mundo, são, entretanto, habitadas por escassas populações e incipientes atividade produtoras de efluentes poluidores. Ao contrário, as maiores concentrações demográficas e industriais, como as da região metropolitana de São Paulo, localizam-se em bacias de pequenos caudais, com pequenas disponibilidade de água para abastecimento e para a diluição de resíduos.

Assim, por força das circunstâncias, as regiões de maior demanda de água potável são, também, as que menos dispõem de mananciais caracterizados por qualidade compatível com esse uso. Em princípio, qualquer água – mesmo de baixa qualidade – pode ser *potabilizada* mediante tratamento adequado e hoje já existem populações utilizando água do mar dessalinizada para uso doméstico, assim como populações que recorrem ao *reúso* de águas fortemente poluídas e contaminadas por esgotos. Já foi aventada, por exemplo, a hipótese de alimentação de grandes usinas termoeléctricas aquecidas por reações de fissão nuclear, com águas de má qualidade (esgotos, ou corpos receptores de esgotos) e emprego das enormes quantidades de água destilada resultantes da produção de vapor, para fins de abastecimento (Costa Rodrigues, com. pessoal). De qualquer forma, o problema principal se relaciona com o custo da obtenção dessa água potável, uma vez que, na medida em que aumentam o grau de contaminação e a diversidade de substâncias contaminantes presentes, o custo de sua remoção cresce em escala geométrica.

Por essas razões, atualmente as atenções dos sanitaristas estão voltadas – como antes da era do grande desenvolvimento tecnológico em matéria de tratamento – à proteção preventiva da qualidade das águas dos mananciais. O estado de São Paulo, freqüentemente pioneiro (por força da precariedade de sua situação, face à escassez relativa de recursos hídricos e imponência de seu parque industrial) nas ações voltadas à legislação preventiva, elaborou e sancionou, a partir de 1975, uma série de instrumentos legais visando à proteção dos mananciais da região metropolitana de São Paulo. Destacam-se, entre esses instrumentos: a Lei n⁰ 898, de 18 de dezembro de 1975; a Lei n⁰ 1.172, de 17 de novembro de 1976 e o Decreto n⁰ 9.714, de 19 de abril de 1977. As duas leis delimitam as áreas a ser protegidas e estabelecem parâmetros de uso e ocupação do solo nas bacias; o decreto estabelece as competências dos vários órgãos envolvidos, além das

Princípios que nortearam a elaboração das "leis de proteção dos mananciais", em São Paulo

Os princípios que nortearam a elaboração desse conjunto de dispositivos legais, acham-se assim definidos na publicação oficial do órgão de planejamento Empresa Metropolitana de Planejamento da Grande São Paulo S.A. - EMPLASA (EMPLASA, 1984): "Cada rio ou represa possui uma capacidade natural de receber carga poluída até um valor-limite, a partir do qual o tratamento de suas águas torna-se demasiadamente caro ou inviável. As cargas poluidoras geradas na bacia hidrográfica dependem diretamente do conjunto das atividades nela desenvolvidas. Por isso, as leis disciplinaram o uso do solo de modo a garantir que os valores-limites já referidos não sejam ultrapassados, permitindo, no entanto, a máxima ocupação admissível da bacia. As diversas atividades desenvolvidas na bacia geram quantidades diferentes de cargas poluidoras. Assim, comerciários e operários, na sua permanência no local de trabalho, dão origem a cargas poluidoras inferiores às produzidas nas residências. Levando em conta esse fato, a lei atribuiu pesos diferentes às diversas atividades e mediu a ocupação utilizando uma unidade denominada 'ocupante equivalente' (OCEQ). Ao se estabelecer a máxima ocupação possível de uma bacia hidrográfica, medida em número de 'ocupantes equivalentes' (OCEQs), as leis levam em conta:

- que os esgotos produzidos sejam todos tratados com alta eficiência; que as águas de chuvas, ao escoarem na superfície dos solos, transportam para os mananciais parte da carga poluidora neles depositada pela atividade humana".

"Uma vez determinada a máxima população admissível, o passo seguinte é o estabelecimento de regras e diretrizes para:

- ordenar a distribuição dessa população;
- estimular os usos da água e do solo da bacia hidrográfica compatíveis com a potabilização.

Nesse sentido, as leis distinguem áreas de duas categorias, no que se refere às restrições de uso do solo. Uma denominada de 1ª categoria, onde as restrições são maiores, e outra de 2ª categoria, mais permissiva".

FONTE: EMPLASA, 1984.

sanções e procedimentos para aprovação.

Essa legislação, se por um lado não atingiu plenamente os resultados almejados, por outro, além de constituir uma tentativa pioneira a ser evidentemente aperfeiçoada à medida que a experiência o permita, gerou um interesse público – manifestado em diversas áreas públicas e particulares antes desinteressadas, ou desconhecedoras do problema – agindo como uma espécie de "motivador educacional" que culminou com uma série de debates que se estendem até hoje e que, certamente, contribuem para o aperfeiçoamento da legislação. Além disso, houve um processo de "retardamento" do processo de degradação dos mananciais que, caso não contassem com essa legislação, certamente estariam em situação muito mais precária. Os principais pontos que se demonstraram falhos ou pouco satisfatórios, na elaboração e na aplicação das leis, foram:

1) a não destinação das áreas protegidas a um uso compatível. A falta de destino de uma área cuja ocupação é vedada a qualquer uso que gere resíduos, torna-a "livre e propícia à ocupação clandestina", convidando ao estabelecimento de favelas e/ou loteamentos irregulares, cuja desocupação se torna problemática, depois de vendidos os lotes e construídos os edifícios por pessoas que não tinham conhecimento da situação irregular. Em lugar disso, seria preferível que essas áreas tivessem uma ocupação definida, compatível com a proteção do manancial e imediatamente iniciada institucionalmente;

2) alguns usos e ocupações considerados impróprios e por isso proibidos àquela época, são hoje compatíveis, considerados os avanços tecnológicos no campo do tratamento de resíduos, inclusive com o desenvolvimento de metodologias de baixo custo;

3) não houve compreensão do problema por parte de outros setores da administração pública, os quais prosseguiram com seus projetos de melhoramento de serviços públicos nas áreas de proteção (principalmente energia, transporte, abastecimento de água e habitação), induzindo a sua ocupação;

4) vários municípios da região metropolitana sentiram-se prejudicados porque, estando situados em áreas de uso restrito, consideravam-se tolhidos em seu processo de desenvolvimento econômico. Seria necessário, a esse respeito, estudar-se formas de compensação dessa perda;

5) faltou fiscalização e, principalmente, o desencadeamento de um processo maciço de educação das populações regionais, no sentido de despertar seu interesse pela qualidade da água que bebe e as causas de sua deterioração.

Atualmente o Governo do Estado, principalmente através de sua Secretaria do Meio Ambiente, acha-se empenhado na reformulação dessa legislação. Não há dúvida, entretanto, de que a manutenção de uma qualidade das águas compatível com seus usos mais nobres deve ser prioritária e só será possível mediante severas medidas restritivas ao uso da propriedade territorial.

Valor econômico da água potável

O valor econômico da água de abastecimento isenta de impurezas que possam causar danos à saúde de uma população só poderia ser estimado a partir de dados monetários – os mais completos e confiáveis possíveis – a respeito dos danos causados à saúde dessa população pela ausência de um abastecimento nessas condições. Tais dados diriam respeito, essencialmente, a:

1) custo total do tratamento de pessoas que contraíram doenças de veiculação hídrica, tais como: febre tifóide, disenterias, cólera, hepatites etc., envolvendo custos médicos, medicamentos, hospitalização;

2) custos devidos à paralisação ou ao menor rendimento do trabalho, causados pela infecção contraída pelo trabalhador ou pessoa da família a quem seja obrigado a dar assistência.

Já foi vista, pelos dados acima, a precariedade das estatísticas de saúde pública em nosso país. Além disso, os custos de tratamento de uma doença podem variar muito, dependendo do hospital, dos honorários médicos (ou do recurso aos serviços de assistência) e dos medicamentos empregados. Quanto à ausência ao trabalho, também ocorre coisa idêntica: além da inexistência de dados, esse custo varia infinitamente com a natureza e nível do trabalho executado (portanto, nível de salário da pessoa afetada por doença de veiculação hídrica).

Capacitação de recursos humanos no setor

Não existe, no Brasil, uma carreira profissional específica para as atividades relacionadas com a qualidade da água e suas implicações sanitárias. Os serviços de águas tradicionais foram sempre executados por engenheiros civis, no que diz respeito a projetos de captação, tratamento e redes de distribuição de águas e sistemas de esgotos municipais, por químicos e engenheiros químicos no que respeita às operações de tratamento, bem como aos laboratórios de análises e a eventuais farmacêuticos, médicos e biólogos para as tarefas de análises bacteriológicas e microbiológicas em geral. Sua atividade, na parte operacional, era complementada por técnicos sem formação específica (às vezes sem qualquer formação técnica, além do ginásio), em atividades como as de operadores de estações de tratamento, colheita de amostras para análise e como auxiliares de laboratório de análises químicas e bacteriológicas. Até a década de 1950, prevaleciam os conhecimentos empíricos, a respeito do tratamento, principalmente desinfecção e tratamento de esgotos, o que fazia com que a chamada "engenharia sanitária" não fosse mais que uma engenharia civil aplicada ao saneamento e os projetos se baseassem exclusivamente em formulações relacionando parâmetros tais como: vazões, tempo de reação, aeração, concentrações de oxigênio, cloro e outros materiais. As reações se davam no interior de "caixas pretas" e não havia maior interesse em conhecer a sua natureza, ou seja, a natureza do *processo* que conduzia à depuração da água ou do esgoto.

O aumento da complexidade e da composição dos resíduos que tinham acesso à água foi levando, entretanto, gradativamente, à necessidade de abertura dessas "caixas pretas", na medida em que novos componentes foram tornando infrutíferas as formulações baseadas apenas em observações empíricas realizadas com esgotos domésticos "clássicos". Novos conceitos tiveram que ser introduzidos, principalmente originários da química orgânica, da físico-química, da bioquímica, da biologia e da ecologia. O conhecimento e o domínio das reações enzimáticas e da sua cinética tornou-se indispensável ao conhecimento dos mecanismos da estabilização dos substratos orgânicos, assim como a sistemática e a biologia dos microorganismos envolvidos nessas reações. Tudo isso deu origem a uma reorientação dos caminhos e propósitos da engenharia sanitária, no sentido de uma verdadeira engenharia de processos, em lugar de uma engenharia de estruturas e dimensionamentos.

A implantação dos cursos de *engenharia sanitária,* como currículos universitários em nível de pós-graduação e, mais tarde, a sua abertura a qualquer tipo de profissional de nível universitário, como uma pós-graduação em saúde pública, veio a dar a dimensão desejada ao especialista em saneamento de águas. Na verdade, tal tarefa cabe a uma equipe multiprofissional, constituída principalmente de engenheiros, químicos e biólogos, com suas formações específicas encaminhadas a diferentes tarefas em relação à saúde pública, porém nivelados quanto aos seus conhecimentos de epidemiolo-

Saturnino de Brito e os "processos biológicos" de tratamento

Talvez caiba, aqui, recordar mais uma vez a influência do maior de nossos engenheiros sanitaristas, Saturnino de Brito que, entretanto, sendo adepto da filosofia positivista, não acreditava em tais processos. São dele as seguintes afirmações, coligidas pelo engenheiro Manoel Henrique Campos Botelho: "Muitos dos que projetaram obras de acordo com a teoria dominante (a microbiana) não têm tido a coragem bastante para confessar que erraram em teoria ou na prática". Ou, ainda, em pronunciamento de 1909, sobre a escolha de processos de tratamento de esgotos: "Qual será esse processo? Continuará simplesmente um aperfeiçoamento do processo chamado 'biológico' ou resultará de melhor aplicação de processos abandonados depois que a doutrina microbiana daí afastou a atenção dos higienistas? A resposta não pode ser dada de um modo racionalmente decisivo, e isto será bastante para justificar a nossa proposta quanto ao título do tema. Mas, mesmo que a solução provenha do desenvolvimento prático do processo artificial em questão, a denominação de 'biológico' pode ser prudentemente retirada ou substituída pela artificial. Com efeito além das dúvidas ou contestações feitas pelos que estão fora da 'moda cientista' preferindo ver nos organismos quaisquer, maiores ou menores, existentes nas impurezas, um simples fator comum de coexistência biológica, ou de biólise, é mui oportuno lembrar que a doutrina de Hamton, segundo profissionais competentes, atribui a depuração à ação física, quanto à função dos *septic tanks*. A doutrina deste modo nega que o processo de depuração em qualquer sentido da palavra, ou sob quaisquer circunstâncias, seja o resultado de uma ação bacteriana."

FONTE: Botelho, 1988.

gia, hidrologia, técnicas e processos de tratamento (com o enfoque de sistemas e operações unitários), características e propriedades da água, noções de ecologia geral, noções de sociologia aplicada, etc. O trabalho em equipes multiprofissionais é fundamental e deve fazer parte desse treinamento, a fim de que se estabeleça o diálogo indispensável, dele surgindo a linguagem comum característica de trabalhos dessa natureza.

A implantação de tais cursos vem sendo, em parte, desvirtuada por uma falha do conceito de *cursos de pós-graduação*. Tais cursos têm, na verdade, duas conotações distintas que, muitas vezes, são confundidas. Uma, a de curso com objetivos eminentemente acadêmicos, de formação de pesquisadores e professores universitários: nesse caso, é de todo interesse que o curso culmine com a elaboração e defesa de uma tese acadêmica, em que o aluno, sob a orientação de um professor credenciado, não só aprenda os conceitos e práticas da especialidade, mas também a pesquisar novos métodos, aprofundar e criar novos conceitos que lhe permitam produzir avanços na ciência e ensinar o que é fruto de sua própria experiência acadêmica. A outra, porém, igualmente nobre, é a de formar novos profissionais capacitados e experientes a ocupar um lugar no mercado de trabalho profissional, facultando-lhe exercer com proficiência e responsabilidade, as tarefas de preservação da saúde pública. Para esse profissional, em lugar da realização de uma pesquisa orientada e elaboração de uma tese, seria muito mais desejável o aprendizado de trabalhos práticos e elaboração de projetos, que lhe conferissem a experiência profissional, de preferência em equipes multiprofissionais – e com orientação multiprofissional da equipe – de modo a poder enfrentar sua atividade profissional específica como um técnico realmente especializado e experiente.

Quanto à formação de profissionais de nível técnico, esta vem sendo assegurada, progressivamente, pelos cursos ministrados em algumas empresas de saneamento ou de meio ambiente. Em geral, pessoas com formação básica de técnico químico tornam-se excelentes profissionais aptos às tarefas de laboratórios de análises, colheitas de amostras e operação de estações de tratamento de água e esgotos.

Conclusão

Pela sua importância com relação à fisiologia de todos os seres vivos, à manutenção de seu equilíbrio interno assim como do equilíbrio entre os diversos componentes dos ecossistemas, responsável pela estabilidade destes últimos, devem, os recursos hídricos, ser objeto de toda a atenção e medidas de preservação da sua qualidade.

Quanto às comunidades humanas, estas se caracterizam, entre outras coisas, por consumir água em muito maiores quantidades do que as que seriam necessárias às suas funções biológicas, o que multiplica por um fator da ordem de 200 ou mais (dependendo do nível de bem-estar e produtividade da população) a demanda per capita de uma grande cidade.

Conseqüentemente, a água tem que ser, pelo menos em parte, reciclada, isto é, os corpos d'água que constituem fontes ou mananciais para o abastecimento local, recebem, ao mesmo tempo, seus subprodutos e produtos de limpeza na forma de resíduos líquidos, domésticos, municipais e industriais, em proporções variáveis, tanto maiores quanto mais densa a ocupação da área e menos caudalosos os corpos receptores.

Como muitos dos componentes dos líquidos residuários são nocivos à saúde, surge a necessidade da adoção de medidas de vigilância, assim como corretivos a serem adotados para que o homem possa receber água de qualidade compatível com a natureza de suas exigências orgânicas.

A água pode tornar-se um perigoso veículo de doenças, dada a sua grande capacidade dispersora e uso obrigatório generalizado. A história mostra que algumas das mais generalizadas epidemias que já afligiram populações humanas, com exceção da peste bubônica, tiveram sua origem em sistemas de distribuição de água – desde simples chafarizes ou poços, até grandes sistemas de abastecimento público. Por outro lado, a história também mostra que, onde a água de abastecimento público foi sendo saneada, por medidas de tratamento e, principalmente, desinfecção - classicamente pelo cloro – essas epidemias regrediram rapidamente, dando origem à melhor qualidade de vida.

No Brasil, de um modo geral, a situação é, ainda, bastante precária com relação à vigilância e à instalação e funcionamento de sistemas depuradores. Entretanto, essa situação parece ser, em parte, compensada pela abundância de mananciais, justamente nas áreas mais carentes de recursos e menos populosas, o que faz com que não haja necessidade de se recorrer ao uso de águas comprometidas pelo confinamento. Exceção são as regiões secas do Nordeste em que, nos períodos de longas estiagens, as populações têm que recorrer à água de cacimbas, de qualidade inadequada ou duvidosa.

Um diagnóstico mais seguro dessa situação exigiria, entretanto, dados epidemiológicos mais confiáveis. As estatísticas de saúde, no Brasil carecem de precisão e de confiabilidade principalmente porque dependem de um atendimento médico mínimo, que possa – além de socorrer as vítimas de doenças como diarréias e outras infecções intestinais, reduzindo a mortalidade causada direta ou indiretamente por essas doenças – comunicar às autoridades sanitárias a ocorrência de moléstias de caráter epidêmico, fonte insubstituível de dados estatísticos. Ao contrário, nas regiões mais carentes e, provavelmente, mais atingidas por esses problemas sanitários, tais doenças não são, normalmente, atendidas por médicos, mas sim "curadas" com auxílio dos tradicionais remédios caseiros. Além disso, quando há o comparecimento de um médico, este muitas vezes negligencia a comunicação do fato às autoridades sanitárias. Os dados mais confiáveis existentes são os de óbitos por diferentes causas constantes das respectivas certidões, mas estes não refletem com perfeição a situação sanitária, uma vez que a maior parte das afecções de origem hídrica não levam à morte como conseqüência direta.

O exame e a comprovação da qualidade das águas usadas como bebida oferecem dificuldades em conseqüência de sua complexidade, exigindo laboratórios bem equipados e profissionais qualificados, o que não pode ser generalizado no Brasil. Isso sugere a implantação de uma legislação mais coerente com a situação nacional, sem, entretanto, comprometer a sua finalidade. A adoção de um número muito grande de parâmetros de qualidade, de difícil determinação e extremamente específicos torna inviável a realização de exames de qualidade na maior parte do País. Seria recomendável, nesse caso, a adoção de parâmetros *sintéticos* (de preferência aos analíticos), baseados em metodologia empírica, de fácil determinação, tais como a DBO - *Demanda Bioquímica de Oxigênio*, como indicador da presença de matérias redutoras (poluidoras) na água; NMP - *Número Mais Provável de Organismos Coliformes,* como indicador da presença potencial de contaminantes microbiológicos (patogênicos) e os *Testes Biológicos de Toxicidade* (Bioensaios), como indicadores potenciais da presença de substâncias tóxicas ou cancerígenas. Além disso, alguns testes de fácil realização, indicativos da "qualidade estética", como cor, turbidez etc, completariam o quadro de exames obrigatórios, a ser executados em todas as instalações fornecedoras de água potável. Ao lado disso, o procedimento de levantamentos sanitários periódicos, na bacia de captação, permitiria o acompanhamento permanente do uso do solo na área de influência. No caso de suspeita - manifestada através dos resultados dos exames, ou da inspeção da área - amostras seriam encaminhadas a laboratórios mais equipados, para os procedimentos analíticos desejáveis.

Algumas endemias tipicamente tropicais, como a esquistossomose, a malária e a dengue, constituem conseqüência quase inevitável da inundação de áreas terrestres pelo represamento de rios. As duas últimas têm podido ser controladas, graças ao aperfeiçoamento dos métodos de controle químico dos vetores (mosquitos) e dos recursos terapêuticos. Entretanto, a esquistossomose vem se tornando mais e mais freqüente, à medida que novas grandes áreas são inundadas. Essa constitui mais uma razão para a recomendação de se procurar construir barragens somente em vales bem encaixados, com apreciável declive, de modo que a área de inundação seja mínima em relação ao volume represado. Isso porque sendo os caramujos vetores (assim como os mosquitos) animais que vivem de preferência em águas rasa, onde abunda a vegetação aquática, quanto menor for o perímetro da área de inundação menor será a proporção de criadouros. Com relação às áreas de cultivo sob irrigação, idênticas recomendações poderiam ser feitas, no sentido de se procurar umedecer a zona de raízes sem, entretanto, haver empoçamento permanente.

Constituem fonte freqüente de contaminação tóxica das águas por mercúrio, as áreas de mineração de ouro. Além disso, todo processo de mineração, quando realizado por métodos primitivos – o garimpo – provoca deformações do leito dos rios, assoreamento e turvação das águas. Seria recomendável, a esse respeito, a total eliminação da amalgamação como método extrativo de ouro e a modernização dos métodos de exploração mineral de modo a evitar a degradação ambiental em geral, prevendo-se, em todos os casos, a recomposição do terreno original.

Aparentemente, como já foi aqui constatado, a ocorrência de maiores surtos de doenças gastrointestinais de origem hídrica tem sido dificultada pela existência de grandes caudais, que asseguram abundância de águas sanitariamente boas (a cidade de Manaus, por exemplo, até à época em que se iniciou o "surto turístico", conseqüente à instalação do "porto livre", não dispunha de estação de tratamento de águas, ou mesmo de posto de cloração, e seus habitantes bebiam água *in natura,* captada do rio Negro). Essa situação, entretanto, pode tornar-se precária, dependendo do adensamento local das populações. Tendo em vista, por outro lado, que as medidas corretivas, principalmente em águas que recebem maciças cargas poluidoras, são excessivamente onerosas, seria aconselhável que se procedesse, em todo o país, a medidas de zoneamento de modo a estabelecer os usos compatíveis dos solos das bacias hidrográficas, a exemplo das leis de proteção de mananciais em vigência na região metropolitana de São Paulo (naturalmente menos detalhadas, dependendo das circunstâncias). Esse conceito implica, necessariamente, no estabelecimento de restrições ao uso da propriedade particular, o que nem sempre é bem aceito – dada a tradição de domínio absoluto e pleno direito ao uso do solo em muitas regiões do país – mas beneficia, sobremaneira, o interesse público, estando previsto na legislação do País.

O País conta com profissionais altamente qualificados, em nível de pós graduação, para o exercício da vigilância, projetos, execução e operação de instalações voltadas para a qualidade da água. Entretanto, a maioria dos cursos de formação pós-universitária está voltada para a formação acadêmica, sendo recomendável a criação de cursos com enfoque mais tecnológico, visando à formação de profissionais experientes para a execução das tarefas de saneamento. A criação de cursos técnicos para a formação de técnicos-químicos ou técnicos-biólogos com ênfase em saneamento, seria também altamente desejável, para preenchimento das funções de técnicos de laboratórios de águas e operação de estações de tratamento de águas e esgotos.

Bibliografia

ASSOCIAÇÃO BRASILEIRA DE ENGENHARIA SANITÁRIA E AMBIENTAL. *CABES XII - Catálogo Brasileiro de Engenharia Sanitária e Ambiental,* 1994. (Relatório dos anos 1992 a 1994), 1994.

BOTELHO, M.H.C. *Crônicas da Engenharia.* T.A. Queiroz, 1988.

BRANCO, S.M. Poluição: a Morte de Nossos Rios. 2. ed. São Paulo, CETESB/ ASCETESB. 1983.

BRANCO, S.M. Balbina: a demanda energética e a ecologia amazônica. *O Estado de São Paulo,* 16 jan, 1987.

BRANCO, S.M. Considerações sobre a nova legislação brasileira de qualidade de águas. In: *Revista DAE,* 49 (157): 185-187, 1989.

BRANCO, S. M. Aspectos institucionais e legais do controle da poluição. In: *Hidrologia Ambiental.* São Paulo, ABRH / Edusp. p. 349-373. (vol. 3 da coleção ABRH de Recursos Hídricos), 1991.

BRITO, F.S.R. Melhoramentos do Rio Tietê em São Paulo. Seção de Obras d' *O Estado de São Paulo,* 1926.

CAPOCCHI, J. Crônica da cloração das águas e esgotos. *Revista DAE,* 44: 19-27, mar. 1962.

DUARTE, R.G. *Eutrofização da Represa do Lobo: Observações sobre Fatores que Contribuem para a Eutrofização de Represas em Climas Tropicais.* São Paulo, Universidade de São Paulo. Tese de doutorado apresentada à Faculdade de Saúde Pública, 1982.

EMPRESA METROPOLITANA DE PLANEJAMENTO DA GRANDE SÃO PAULO. *Roteiro para Implantação de Projeto.* 1984.

FARID, L.H. et alii. Controle da emissão e recuperação de mercúrio em receptor de garimpo. In: VEIGA et alii. *Poconé: um Campo de Estudos do Impacto Ambiental do Garimpo.* 1991.

FORATTINI. *Entomologia Médica.* 1º vol. São Paulo, Faculdade de Higiene e Saúde Pública da USP, 1965.

FUNDAÇÃO NACIONAL DE SAÚDE. *Mortalidade Brasil.* Ministério da Saúde, 1997.

GHERARDI-GOLDSTEIN, E. et alii. *Procedimentos para Utilização de Testes de Toxidade no Controle de Efluentes Líquidos.* São Paulo, CETESB, 1990.

GIORDAN, A. *Comme un Poisson Rouge dans l'Homme.* Éditions Payot & Rivages, 1995.

GOODLAND, R. et alii. Can hydro-reservoirs in tropical moist florest become environmentaly sustainable? *Journal of the Washington Academy of Sciences* 82 (1): 1-17, 1992.

HESPANHOL, I. *Investigações sobre o Comportamento e Aplicabilidade de Filtros Lentos no Brasil.* São Paulo, Universidade de São Paulo. Tese de doutorado apresentada à Faculdade de Higiene e Saúde Pública, 1969.

LACERDA, L.D. Difusão de mercúrio em uma drenagem afetada por rejeitos de atividade garimpeira em Poconé, Mato Grosso. In: VEIGA et alii. *Poconé: um Campo de Estudos do Impacto Ambiental do Garimpo*, 1991.

LIMA, A. F. *A Evolução dos Métodos de Tratamento de Esgotos.* Recife, Universidade do Recife. Tese de Livre-Docência apresentada à Escola de Engenharia, 1952.

MACEDO, L. A. A. *Influência do Saneamento Ambiental como Fator de Saúde.* São Paulo, Universidade de São Paulo. Tese de doutorado apresentada à Faculdade de Saúde Pública, 1994.

SECRETARIA DO PLANEJAMENTO E COORDENAÇÃO GERAL DO MATO GROSSO. *Caracterização Hidrográfica do Estado do Mato Grosso*, 1995.

PHELPS, E.B. *Stream Sanitation.* John Wiley Sons, 1944.

PORTO, M.F.A. Estabelecimento de parâmetros de controle da poluição. In: BRANCO et alii. *Hidrologia Ambiental.* São Paulo, ABRH/Edusp. (vol. 3 da coleção ABRH de Recursos Hídricos), 1991

REY, L. *Parasitologia.* Rio de Janeiro, Guanabara Koogan, 1975.

SABESP. *Relatório Ambiental Preliminar para as Obras do Sistema Produtor Taquacetuba-Guarapiranga.* São Paulo, 1997.

SALATI, E. et alii. Recycling of water in the Amazon Basin: an isotropic study. In: *Water Ressources Research*, 15: 1250-1258, 1979.

SALATI, E; MARQUES, J.; MOLION, L.B.C. Origem e distribuição das chuvas na Amazônia. In: *Interciência* 3: 200-205, 1978.

VEIGA, M.M. et alii. *Poconé: um Campo de Estudos do Impacto Ambiental do Garimpo.* CETEM / CNPq, 1991.

Samuel Murgel Branco

smbranco@uol.com.br

Bacharel em História Natural – Faculdade de Filosofia, Letras e Ciências Humanas da USP.

Biologista – Laboratório de Hidrobiologia do Depto. de Águas e Esgotos do Estado de São Paulo

Livre-Docente – Faculdade de Saúde Pública da USP

Professor Titular da Faculdade de Saúde Pública da USP, onde é orientador na Pós-Graduação.

Tem se dedicado atualmente à redação de livros paradidáticos para primeiro e segundo graus na Área de Ciências Ambientais e História Natural.

É Assessor do Ministério da Educação.

Consultor independente.

Foi um dos fundadores do Centro de Recursos Hídricos e Ecologia Aplicada da EESC / USP.

Linhas de Pesquisa:

Limnologia sanitária

Ecologia de sistemas aquáticos poluídos

Estabilização biológica de poluentes orgânicos (esgotos e resíduos sólidos)

Qualidade de águas

08

Água e Saneamento Básico - Uma Visão Realista

Ivanildo Hespanhol

Introdução

Como resultado da Conferência de Mar del Plata, realizada em 1977, o período 1981-1990 foi declarado como a "Década Internacional do Abastecimento de Água e Saneamento", visando proporcionar "abastecimento adequado de água segura e saneamento apropriado para todos, até o ano 1990". Com o objetivo de implantar rapidamente o programa, os Países Membros da ONU foram solicitados a preparar seus planos de ação e de investimentos no setor, e estabelecer as próprias metas em função das condições e disponibilidades locais.

Desde o início, se tornou evidente que os objetivos estebelecidos pelos países em estágio de desenvolvimento ou mesmo aqueles em estágio de rápida industrialização, seriam incapazes de ser atingidos na Década da Água. Ainda hoje, praticamente dez anos após o encerramento do programa, constata-se que serão necessárias várias décadas para que os *déficits* de abastecimento de água e saneamento sejam eliminados, principalmente no que tange o setor rural de países em estágio de desenvolvimento.

A evolução, em nível global, (África, Ásia e região do Pacífico, parte oeste da Ásia, América Latina e região do Caribe) da cobertura de água e saneamento no período 1990-1994[1], demonstra estagnação no setor de abastecimento de água urbano e um crescimento relativo no setor rural (Tabela 1). Indica, entretanto, inequivocamente, que o saneamento básico foi totalmente neglicenciado durante o período. Valores já bastante pequenos de cobertura (67% e 20%, de saneamento urbano e rural,

Tabela 1 - Abastecimento de água e saneamento à nível global. Evolução no período 1990-1994[2]

		1990 (população em milhões)			1994 (população em milhões)		
	Setor	Total	Servida	% servida	Total	Servida	% servida
Água	urbano	1.389	1.145	82	1.594	1.315	82
	rural	2.682	1.342	50	2.789	1.953	70
	total	4.071	2.487	61	4.383	3.268	75
Saneamento	urbano	1.389	936	67	1.594	1.005	63
	rural	2.682	536	20	2.789	505	18
	total	4.071	1.472	36	4.383	1.510	34

1 "Water Supply and Sanitation Sector Monitoring Report, Sector status as of 31 December 1994", World Health Organization/ United States Children's Fund Joint Monitoring Programme, WHO/EOS/96.15, WHO, Geneva, 1996.
2 Idem.

respectivamente) foram reduzidos para valores ainda menores (65% e 18%, respectivamente.)

Na América Latina e região do Caribe a situação é relativamente melhor do que no resto do mundo (Tabela 2). Ainda é, porém, bastante alarmante a constatação de que a cobertura de saneamento, no setor rural, se reduziu significativamente no período. É preocupante, também, a substancial redução de cobertura no setor urbano, que decresceu de 90% para 88% em termos de abastecimento de água e de 83% para 73% em termos de saneamento. Essa tendência mostra o estado de desagregação das áreas urbanas na América Latina, principalmente nos grandes conglomerados populacionais. Explica também a expansão da endemia de cólera que atinge, atualmente, toda a América Latina e que parece escapar, cada vez mais, ao controle das autoridades sanitárias.

A situação brasileira

O Brasil não apresenta, infelizmente, condições de destaque, mesmo entre os países da América Latina e região do Caribe (Tabela 3). O abastecimento de água no setor urbano cobre apenas 85%, enquanto que Belize e Cuba atingem 96%, Chile 94%, México 91%, Guiana, 90% e Colômbia 88%. No setor rural a população abastecida com água potável, no Brasil, é de 31%, índice superior apenas aos da Bolívia com 22%, Haiti 23%, Peru, 24% e Nicarágua, com 27%. A situação brasileira é, entretanto, extremamente crítica no que concerne a cobertura de saneamento. No setor urbano, a porcentagem atendida é de apenas 55%, superior apenas aos índices do Haiti, com 42%, da Nicarágua, com 34% e de Belize, com 23%. Na área rural a cobertura brasileira é de apenas 3%, índice inferior aos do Peru, com 10%, e do Haiti, com 16%.

Além disso, a iniqüidade na oferta dos serviços é marcante. De acordo com dados do IBGE, relativos ao Censo Demográfico de 1991 (Tabela 4), as regiões Sul e Sudeste do país, são marcadamente beneficiadas em relação às do Norte, Nordeste e Centro-Oeste. Dados fornecidos pelo mesmo censo atestam, também, que as maiores carências situam-se nas faixas de renda mais baixas, conforme mostrado na Tabela 5.

Ainda que extremamente preocupantes, esses dados não refletem a realidade dos serviços efetivamente prestados, uma vez que não levam em conta o abastecimento intermitente e as correspondentes implicações sociais e de saúde pública, particularmente nas áreas periféricas e bairros de baixa renda, assim como a baixa qualidade da água distribuída. Os dados não refletem, também, o elevado nível de deterioração dos sistemas de abastecimento de água e coleta de esgotos, o reconhecimento e o respeito aos direitos dos usuários, e a generalizada desconsideração à preservação e à conservação dos recursos hídricos, utilizados como mananciais.

Estimativas efetuadas pelo Departamento de Saneamento da Secretaria de Política Urbana, Ministério do Planejamento e Orçamento, demonstram que serão necessários, até o ano 2010, investimentos superiores a quarenta bilhões de reais, ou seja, mais de dois bilhões por ano nesse período, para proporcionar apenas à população urbana do Brasil atendimento completo em abastecimento de água e saneamento.[4]

Água e saneamento na Agenda 21

A Agenda 21 – o plano de metas em termos de ambiente e desenvolvimento para o século XXI – produzida pela Conferência sobre Desenvolvimento

Tabela 2 - Abastecimento de água e saneamento - América Latina e Caribe. Evolução no período 1990-1994[3]

		1990 (população em milhões)			1994 (população em milhões)		
	Setor	Total	Servida	% servida	Total	Servida	% servida
Água	urbano	314	282	90	348	306	88
	rural	126	64	51	125	70	56
	total	440	346	79	473	376	79
Saneamento	urbano	314	262	83	348	254	73
	rural	126	42	33	125	42	34
	total	440	304	69	473	296	63

3 Idem.
4 Ministério do Planejamento e Orçamento, Secretaria de Política Urbana, Departamento de Saneamento, "Saneamento: Modernização e Parceria com o Setor Privado", Série Modernização do Setor Saneamento no. 9, Brasília, D.F., 1977.

Tabela 3 - Abastecimento de água e saneamento. Situação do Brasil em relação a países da América Latina e Caribe[5]

País	Pop. 1994 (x 10^3)	Ano de referência	Abastecimento de água (% população atendida)			Saneamento (% população atendida)		
			Urbana	Rural	Total	Urbana	Rural	Total
Belize	210	1994	96	82	89	23	87	57
Bolívia	6.893	1992	78	22	55	58	16	41
Brasil	146.825	1991	85	31	72	55	3	44
Chile	13.600	1992	94	37	85	82	NA	NA
Colômbia	33.985	1993	88	48	76	76	33	63
Costa Rica	3.192	1992	85	99	92	85	99	92
Cuba	10.960	1994	96	85	93	71	51	66
Rep. Dominicana	7.543	1993	74	67	71	76	83	78
Equador	10.980	1993	82	55	70	87	34	64
El Salvador	5.517	1993	78	37	55	78	59	68
Guiana	808	1992	90	45	61	82	80	81
Haiti	7.035	1994	37	23	28	42	16	24
Honduras	5.493	1994	81	53	65	81	53	65
México	90.027	1993	91	62	83	81	26	66
Nicarágua	4.255	1994	81	27	61	34	27	31
Panamá	2.941	1992	NA	NA	83	NA	NA	86
Peru	22.886	1993	74	24	60	62	10	44
Venezuela	19.502	1990	80	75	79	64	30	58

Tabela 4 - Cobertura de serviços de água e coletas de esgotos por região

Serviço	Brasil	N	NE	SE	S	CO
Água	86,34	67,47	78,26	93,53	90,62	79,71
Esgotos	49,01	1,72	13,22	70,45	17,85	33,27

FONTE: IBGE, 1991.

e Ambiente, (CNUMAD-92, Rio de Janeiro, junho de 1992), voltou a insistir na urgência com que água e saneamento devem ser considerados pelos Países Membros das Nações Unidas.

O capítulo 18 -"Proteção da qualidade e abastecimento de água: aplicação de métodos integrados para o desenvolvimento e gestão dos recursos hídricos", considera, na área programática B - "Abastecimento de água e saneamento", que "aproximadamente 80% de todas as doenças de origem hídrica e mais que um terço das mortes em países em desenvolvimento, são causadas pelo consumo de água contaminada e que, em média, um décimo do tempo produtivo de cada pessoa é sacrificado a essas doenças". Salienta, também, que "em países em desenvolvimento, excretas humanos e esgotos são importantes fatores de deterioração da qualidade da água, e que a introdução de tecnologias adaptadas para a construção de sistemas de tratamento de esgotos traria melhorias significativas, em termos de saúde pública e meio ambiente". Propõe, entre outras, as seguintes atividades, visando à melhoria do atendimento e a proteção da saúde pública dos consumidores:

Tabela 5 - Porcentagem de demanda atendida por faixa de renda.

Faixa de renda	Abastecimento de água	Coleta de esgoto
0 a 2 salários mínimos	68	41
mais de 10 salários mínimos	99	81

FONTE: IBGE, 1991.

- estabelecer áreas de proteção para mananciais de água utilizados para abastecimento público;
- coletar, tratar e dispor excretas e esgotos através de sistemas adequados, tanto em áreas urbanas como rurais;
- construir e expandir, onde necessário, sistemas de tratamento de esgotos e sistemas de drenagem;
- dar maior atenção às áreas rurais e peri-urbanas;

5 Who, op. cit.

Também no Capítulo 21- "Gestão ambientalmente adequada de resíduos líquidos e sólidos", é abordada a necessidade de ampliar os sistemas de coleta, tratamento e disposição de resíduos líquidos e sólidos. Na área programática C - "Promoção do tratamento e disposição ambientalmente adequada de resíduos" é ressaltado que "menos do que 10% dos resíduos urbanos recebem alguma forma de tratamento e apenas uma pequena porção do tratamento proporcionado está de acordo com qualquer padrão aceitável. Deve ser dada prioridade ao tratamento de esgotos e excretas, devido aos riscos à saúde humana que representam". A área programática C - "Ampliação da cobertura dos serviços de saneamento", ressalta que é grande o número de crianças que morrem diariamente de doenças associadas a esgotos. Os impactos são particularmente severos entre as populações pobres de áreas urbanas. Entretanto, os impactos da gestão inadequada de efluentes sobre o ambiente e a saúde, se estendem além das conurbações desprotegidas, resultando na contaminação do ar, solo e água em áreas extensas. Ampliar e melhorar a coleta e disposição de resíduos é ação fundamental para se exercer o controle dessa forma de poluição".

O Capítulo 6 -"Proteção e promoção da Saúde Humana", na área programática A - "Atendimento aos cuidados básicos de saúde, principalmente nas áreas rurais", salienta que atenção especial deve ser dada à implementação de... "políticas amplas e sustentáveis para assegurar água potável e saneamento..." Na área programática B - "Controle de doenças transmissíveis" é ressaltado que "...são indispensáveis medidas de controle de doenças transmissíveis, especialmente no setor de água e saneamento. Essas doenças incluem cólera, doenças diarréicas em geral, leishmaniose, malária e esquistosomose".

Abastecimento e tratamento de água

Em países industrializados do Hemisfério Norte, as tarifas praticadas no suprimento contínuo de água de boa qualidade são substancialmente pequenas em relação às rendas médias auferidas pela população. Nesse sentido, a gestão da saúde pública não necessita ser considerada de maneira crítica no que tange aos aspectos econômicos envolvidos, podendo a água ser fornecida num nível de qualidade no qual os riscos de doenças são mantidos a valores mínimos.

Nos países em estágio de desenvolvimento e, mesmo em grandes regiões menos favorecidas de países em franco estágio de expansão industrial, tais como Brasil e a Índia, a situação é bastante diferente uma vez que [6] :

- o povo é, geralmente muito pobre para pagar pelo abastecimento domiciliar de água segura;
- as agências de financiamento que proporcionam fundos para os sistemas de distribuição requerem evidências dos benefícios de saúde pública, que serão auferidos, uma vez que não podem esperar por retornos econômicos significativos;
- os fundos disponíveis não são, geralmente, suficientes para proporcionar abastecimento adequado, redundando em sistemas de distribuição que não atendem aos requisitos mínimos de qualidade de água distribuída, ou em sistemas de distribuição intermitentes. Se as decisões para otimizar os fundos disponíveis não forem adequadas, incorre-se na situação em que apenas uma parte privilegiada da população recebe água de boa qualidade, enquanto que a vasta maioria não é atendida, ou recebe atendimento precário;
- as doenças transmitidas pela água são muito mais numerosas, mais importantes e mais diversificadas do que nos países temperados, tornando muito mais complexos os efeitos proporcionados por uma distribuição inadequada.

Nos países onde já ocorre desenvolvimento industrial significativo, a condição de proporcionar água segura às populações de grande centros produtivos, se tornou ainda mais crítica, face à poluição dos mananciais de água potável por resíduos industriais. Nesses países, a elevada periculosidade da poluição química, adiciona aos riscos devidos aos organismos patogênicos, os riscos de doenças crônicas, associados à miríade inconspícua de compostos altamente tóxicos, hoje presentes em mananciais de água potável.

Por esta razão, os tomadores de decisão e os engenheiros sanitaristas, devem ter um conhecimento bastante claro das doenças e riscos associados, e as conseqüências que provocam, a curto e a longo prazo, sobre a saúde pública dos consumidores.

A interação entre água e saúde já tinha sido vizualizada por diversos sábios do mundo antigo. É remarcável, por exemplo, a acurácia de Sócrates,

6 Bradley, D.J.," Health Aspects of Water Supplies in Tropical Countries", in:" Water, Wastes and Health in Hot Climates", Ed. Richard Feachem, Michael Mc Garry and Duncan Mara, John Wiley & Sons, 1977.

relacionando a deficiência de iodo na água com a hipertrofia da glândula tiróide, causando o bócio ou papo. Diversos códigos religiosos antigos recomendavam práticas higiênicas, muitas das quais são, ainda, consideradas apropriadas [7].

O celébre estudo epidemiológico de John Snow,[8] analisando a epidemia de cólera ocorrida em Londres em 1854, foi a primeira contribuição científica para a compreensão do relacionamento água-doença. Um número superior a 700 mortes ocorreu na Rua James Parish, em um período de aproximadamente 17 semanas. O estudo detalhado de Snow demonstrou que a maior parte das vítimas tinha coletado água na bomba do poço situado na Rua Broad e, posteriormente, que um vazamento da linha de esgotos que passava junto ao poço, drenava a casa de número 40 da mesma rua, local identificado como o da ocorrência do primeiro caso de cólera. Remarcavelmente, o estudo epidemiológico de John Snow antecipou a teoria de Pasteur, da propagação de doenças através de micróbios, em uma década e a de Koch, da identificação dos organismos causadores de doenças, em três décadas.

Algumas décadas depois, ou seja, em 1892, uma séria epidemia de cólera ocorreu em Hamburgo e Altona, duas cidades contíguas da Alemanha, que captavam água no Rio Elba para abastecimento público. Nesta erupção, Koch conseguiu isolar o *Cholera vibrio* das águas do rio. Os esgotos de ambas as cidades, eram, igualmente, despejados, sem nenhum tratamento, em pontos diversos do mesmo rio.

As águas captadas pela municipalidade de Altona, situada à jusante de Hamburgo, eram, pelo fato de serem mais poluídas, tratadas através de filtros lentos de areia, o que não era feito em Hamburgo. Em um período inferior a um mês,18.000 habitantes de Hamburgo contraíram a doença e 8.000 morreram. A taxa de mortalidade em Hamburgo foi de 13,4/1.000 e em Altona de apenas 2,3/1.000. Quase todos os casos que ocorreram em Altona foram associados a pessoas que viviam na área limítrofe entre as duas cidades, mas que se abasteciam através do sistema de distribuição de Hamburgo.

Subseqüentemente aos estudos epidemiológicos de Snow, Budd demonstrou a disseminação da febre tifóide através de sistemas de distribuição de água e, quase no final do século XIX, um tipo diferente de relacionamento de organismos patogênicos com a água foi demonstrado por Mason, em relação à filariose e por Ross em relação à malária. Eles verificaram que ambas as infecções são transmitidas por mosquitos, cujas larvas vivem e são dependentes da água. Quase paralelamente, verificou-se, também, que a oncocercose e a esquistosomose dependem de invertebrados de água doce para a sua propagação.

Essas infecções, que são transmitidas por insetos, caramujos, ou qualquer outro organismo de sangue frio, ou que podem se desenvolver no solo, representam um fator de risco ainda maior em países tropicais, onde a temperatura elevada favorece os estágios de desenvolvimento fora do hospedeiro humano, dos quais eles necessitam para adquirir formas infectivas. Outro agravante das características desses países, inclusive o Brasil, é a pobreza dos habitantes das zonas rurais e áreas periféricas dos grandes centros urbanos, que não têm condições para pagar por sistemas adequados de água potável.

O binômio clima-pobreza, prevalecente em grande parte do território brasileiro, principalmente nas regiões Norte e Nordeste, leva a considerar que é necessário adotar uma visão bastante ampla para abordar o problema de doenças associadas à água e as possíveis soluções que necessitam ser implementadas.

Doenças infecciosas e tratamento de água

As doenças infecciosas associadas à água podem ser classificadas de acordo com os modos de propagação. Esta classificação é a mais utilizada por engenheiros sanitaristas, pelo fato de permitir uma avaliação direta dos efeitos das melhorias, ou ações corretivas que são implementadas.

Esta classificação engloba quatro categorias básicas:

1) com suporte na água – quando os organismos patogênicos são carreados passivamente na água que é consumida por uma pessoa (ou animal), causando infecção.

   Exemplos típicos são o cólera e a febre tifóide (cujos agentes etiológicos são o *Vibrio cholera e* a *Salmonella typhi,* respectivamente*)*, que têm dose infectiva bastante baixa e são facilmente transmitidas através de sistemas de distribuição de água.

7 Mc Junkin, F.E.,"Water and Human Health", National Demonstration Water Project, U.S. Agency for International Development, Contract nº AID/DSAN-C-0063, Knowledge Synthesis Project, Environmental Health Information Activity, U.S.A., 1983.

8 Snow, J., "On the Mode of Communication of Cholera", John Churchill, London, 1849

As medidas preventivas preconizadas são a melhoria da qualidade da água através, principalmente, de desinfecção adequada, e evitar que consumidores utilizem fontes opcionais de água, que posssam estar contaminadas;

2) associadas à higiene – infecções causadas por falta de água e que podem ser controladas com disponibilidade de água e melhoria de hábitos de higiene.

São características as doenças de pele tais como a tinha e a sarna e as dos olhos tais como o tracoma. Incluem-se, também, algumas doenças diarréicas, como a disinteria bacilar (*Shigella spp.*)

O controle é proporcionado através da provisão de quantidade suficiente de água para banho, lavagem de mãos e de utensílios de cozinha. A quantidade deve ser proporcionada em adição à água disponível para bebida. O mero acesso à disponibilidade de água e ensinamento de preceitos básicos de higiene pessoal reduzem a transmissão de doenças incluídas nessa classe.

Não se pode, entretanto, adotar o argumento falacioso de que quantidade de água é importante e que qualidade significa pouco. Como economicamente e, inevitavelmente, apenas um sistema de abastecimento de água por comunidade é viável, este deve prover tanto água para fins potáveis como água para higiene pessoal. Uma água que é microbiologicamente segura satisfaz a ambas as condições, o que, mesmo com grandes quantidades de água insegura, não se consegue satisfazer;

3) de contato com a água (ou com base na água) – infecções transmitidas por um animal invertebrado aquático que vive na água, ou que passa uma parte de seu ciclo de vida em moluscos aquáticos ou outros animais aquáticos, podendo causar infecção através de contato com a pele.

Essas infecções não são passivamente transmitidas de pessoa a pessoa, através da água. As larvas ou ovos que atingem a água não são imediatamente infectantes ao homem, mas são imediatamente infectantes a espécies invertebradas específicas, principalmente moluscos e crustáceos. As larvas se desenvolvem nesses hospedeiros intermediários que, após um período de dias ou semanas, expelem outros tipos de larvas na água. Essas são imediatamente infectantes ao homem através de ingestão com a água, ou através de contacto com a pele.

No Brasil, assim como em muitos outros países, a mais importante das infecções com base na água é a esquistosomose. Existem três espécies de esquistosomas: *Schistosoma mansoni, Schistosoma haematobium, e Schistosoma japonicum*, ocorrendo respectivamente na África, América do Sul e América Central, inclusive na região do Caribe, na África, no Oriente Médio, na Ásia Oriental e nas Filipinas. O *S. haematobium* infesta os vasos sangüíneos ao redor da bexiga, enquanto os outros invadem o sistema venoso dos intestinos. A doença resulta não propriamente dos vermes adultos que se desenvolvem, mas de seus ovos e da reação do paciente a eles. Os ovos que não escapam através da urina ou das fezes, produzem micro-nódulos inflamatórios nas vísceras. Muitos se transportam dos intestinos para o fígado, onde se desenvolvem granulomas semelhantes. Os vermes adultos vivem por muitos anos e as fêmeas produzem centenas ou mesmo milhares (no caso do *S. japonicum*) de ovos por dia. Os ovos expelidos por uma pessoa infectada produzem, na água, larvas ciliadas (miracídios) que perecem se não encontrarem, dentro de um determinado período, um molusco específico (como os do gênero *Biomphalaria*, preferidos pelo *S. mansoni).* Uma vez infectado, o molusco produz um segundo tipo de larvas (cercárias), que são capazes de invadir o homem através da penetração de sua pele molhada, ou submersa, nas águas que as contêm.

A experiência vivida em vários países demonstrou que a implementação de sistemas de distribuição de água potável reduz, consideravelmente, a incidência da esquistosomose. O abastecimento de água deve, entretanto, ser acompanhado de outras ações não estruturais, entre as quais a conscientização dos grupos de risco, de educação sanitária, particularmente sobre as características de transmissão da doença, de isolamento de açudes e reservatórios contaminados e de provisão de medicamentos quimioterápicos. Drogas modernas tais como o Praziquantel, a Oxamniquine e o Metrifonate têm apresentado resultados significativos, sem a ocorrência de efeitos colaterais que caracterizavam os medicamentos utilizados anteriormente [9].

9 WHO, "Control of Tropical Diseases - Schistosomiasis", World Health Organization, Geneva, 1993.

4) associadas a vetores desenvolvidos na água - infecções transmitidas por organismos patogênicos, através de insetos desenvolvidos na água ou que picam nas proximidades da água.

No Brasil, as infecções associadas a vetores desenvolvidos na água são a malária, a febre amarela e a dengue.

A malária, maleita ou paludismo é uma infecção intermitente aguda e crônica, provocada por um protozoário do gênero *Plasmodium* que contém aproximadamente cinqüenta espécies. Dessas, as que transmitem malária ao homem são o *P. Falciparum*, (o mais comum e o mais perigoso), *o P. Vivax*, o *P. Ovale* e o *P. Malariae.* Os mosquitos do gênero *Anopheles* (380 espécies das quais 60 são capazes de transmitir a doença) são os únicos transmissores de malária ao homem[10]. Os protozoários são transmitidos de pessoa a pessoa, através da picada da fêmea do mosquito.

Muito pouco, além de controlar o desenvolvimento de mosquitos através da aplicação de inseticidas, de drenar áreas inundadas e de evitar a saturação de terrenos agrícolas por irrigação excessiva, pode ser exercido por engenheiros sanitaristas, para o controle da malária.

As ações básicas para o combate às endemias são a provisão de dignóstico nos estados iniciais da doença e a aplicação de medicamentos do grupo cloroquina, que são efetivos e de custo bastante baixo.

A febre amarela, uma infeção aguda transmitida por um vírus, é prevalecente nas regiões tropicais e subtropicais, principalmente na América do Sul e África. Ocorrem dois cenários de transmissão do vírus da febre amarela: a febre urbana ou clássica, na qual a transmissão é feita pessoa a pessoa, através do mosquito *Aëdes aegypti*, e a febre amarela silvestre, na qual o homem se infecta acidentalmente, em um ciclo florestal, no qual o mamífero hospedeiro é geralmente um macaco e o mosquito transmissor, qualquer uma das diversas espécies florestais.

A dengue, infecção aguda com características semelhantes às da gripe é, também, provocada por um vírus, o qual é transmitido também pelo *Aëdes aegypti.* Ocorre com características endêmicas na Índia, Japão, Sul do Pacífico e América do Sul. Em áreas com prevalência acentuada de dengue, pode ocorrer a dengue hemorrágica, que, geralmente leva a índices elevados de mortalidade. A dengue hemorrágica é, possivelmente, causada pela superimposição de uma cepa do vírus em uma pessoa que já possua anticorpos de uma outra cepa, provocando danos à medula óssea e conseqüente redução da capacidade de coagulação sangüínea.

Tanto a febre amarela como a dengue podem ser efetivamente controladas, principalmente nas áreas urbanas, evitando-se a retenção de água em vasos, pneus, vasilhames, etc., que proporcionam locais apropriados para o desenvolvimento do *Aëdes aegypti.* Nas áreas rurais a provisão de água potável também reduz significativamente os casos de febre amarela e dengue, pelo fato de evitar contatos diretos com áreas de proliferação de mosquitos. As vacinas de vírus vivos, atualmente existentes, são bastante efetivas no controle da febre amarela, uma vez que proporcionam imunidade ativa, sem a ocorrência de doença clinicamente detectável.

A provisão de água segura e de sistemas, mesmo simplificados, de saneamento básico, reduzem dramaticamente a incidência das doenças infecciosas acima discutidas.

Os trabalhos de Edwin Chadwick na Inglaterra e de Lemuel Shattuck nos Estados Unidos e de outros, motivaram, em seus respectivos países, através da implementação de serviços de água e saneamento, verdadeiras revoluções sanitárias, na segunda metade do século XIX. As doenças, associadas a saneamento precário e a ambientes insalubres e densamente habitados, decaíram em número, mesmo sem o concurso da medicina curativa, imunizações ou quaisquer outras intervenções planejadas. Paralelamente, verificou-se um considerável aumento na esperança de vida ao nascer.[11, 12]

Apesar disso, o esforço desenvolvido há quase 150 anos nesses dois países não encontrou vontade política e decisão institucional para ser repetido na maioria dos países em desenvolvimento, ou mesmo entre os em adiantado estado de industrialização,

10 WHO, "Control of Tropical Diseases - Malaria", World Health Organization, Geneva, 1993.

11 McKeown, T. and Record, R.G., "Reasons for the Decline of Mortality in England and Wales during the Nineteenth Century", Population Studies, 16(2), pp.94-112, 1962.

12 Wain, H., "A Story of Preventive Medicine, Charles C. Thomas, Springfield, vol III, 407 pp., 1970.

inclusive no Brasil. A Tabela 6[13] mostra as taxas de morbidade e mortalidade associados às doenças transmitidas pela água. Os dados apresentados são, de uma maneira geral, subestimados, uma vez que se baseiam em informações enviadas pelos próprios Países Membros das Nações Unidas, à Organização Mundial da Saúde. Essas doenças não devem, como já mencionado, ser atribuídas exclusivamente ao consumo de água não potável. Com exceção da oncocercose (também conhecida como dracunculíasis ou cegueira dos rios, causada pelo *Dracunculus medinensis*, ou verme da Guiné e prevalecente na Índia, Paquistão e diversos países da África) que é transmitida exclusivamente pela água, a propagação pode ser efetuada através de outras rotas de infecção.

Em nível mundial, o controle da transmissão de doenças infecciosas em sistemas de abastecimento de água, públicos ou privados, é efetuado através da desinfecção com cloro. Em países nos quais os tomadores de decisão são conscientes dos problemas de saúde pública associados a abastecimento de água, estabeleceu-se o dilema entre prover água microbiologicamente pura e a crescente preocupação com os efeitos dos subprodutos da cloração. Na última edição de suas diretrizes para a qualidade da água potável, publicada em 1989,[14] a Organização Mundial da Saúde relaciona e estabelece valores diretrizes máximos, vinte e três subprodutos da desinfecção com cloro, entre os quais o 2-4-6-triclorofenol, o bromodiclorometano e o clorofórmio, compostos classificados como trihalometanos e comprovadamente carcinogênicos. A concentração dos subprodutos da desinfecção, pode ser efetivamente controlada pela eliminação do potencial de formação de trihalometanos através da utilização de sistemas de carvão ativado granular, ou efetuando-se a operação unitária de coagulação através da aplicação de sulfato de alumínio associado a polímeros catiônicos de elevado peso molecular, a valores de pH entre 4,5 e 6,5.[15]

No que concerne à remoção de patogênicos, a desinfecção é inquestionavelmente a operação unitária mais importante no tratamento de águas para abastecimento público[16]. Apesar de que se disponha atualmente de diversas outras técnicas de desinfecção, algumas das quais consideravelmente sofisticadas, ainda se considera, em nível mundial, a aplicação de cloro e seus produtos, como a metodologia de desinfecção mais adequada, tanto dos pontos de vista técnico e econômico-financeiro, como sob o aspecto cultural.

A Figura 1 evidencia, qualitativamente, os riscos associados à desinfecção da água[17]. Os riscos relativos às doenças transmissíveis, de origem hídrica, são elevados quando a cloração não é efetuada, caindo para índices muito baixos quando as concentrações de cloro aplicadas são adequadas. Este é um fato suportado pela experiência auferida durante mais de um século. Note-se que os riscos, tanto microbiológicos como os provocados pela formação de sub-produtos da cloração podem ser reduzidos praticando-se uma cloração controlada, isto é, reduzindo-se as dosagens de cloro aplicada à água e aumentando-se o tempo de contacto, de maneira que o produto dosagem x tempo de contato se mantenha constante.

Doenças crônicas e tratamento de água

O desenvolvimento da tecnologia de tratamento de águas, ocorrido na segunda metade deste século, levou à aceitação indiscriminada da idéia de que os mananciais que recebem efluentes industriais contendo micro-poluentes sintéticos, orgânicos e inorgânicos, poderiam ser convenientemente tratados, permitindo a produção de uma água absolutamente segura. Independentemente dos níveis de poluição desses mananciais, acreditava-se que os processos e operações unitárias de coagulação-floculação, sedimentação, filtração e desinfecção, seriam suficientes para tornar a água segura para abastecimento doméstico, eliminando os agentes etiológicos causadores das doenças contagiosas transmitidas pela água, que eram, naquela época, a principal preocupação de saúde pública associada ao abastecimento público.

Entretanto, como conseqüência da revolução química, que logo após a Segunda Guerra Mundial,

13 Galal-Gorchev, H., "Disinfection of Drinking-water: Balancing Microbial and Chemical Risks", Proceedings of the "Seminar on Drinking-water Quality", Pattaya and Bangkok, 14-17 June, 1994.

14 WHO, "Health Guidelines for the Use of Wastewater in Agriculture and Aquaculture - Report of a Scientific Group Meeting", Technical Report Series no.778, World Health Organization, Geneva, 1989

15 Hespanhol, I., "Remoção de Compostos Orgânicos de Águas de Consumo Humano", Revista DAE 123, pp.41- 48, São Paulo, 1979.

16 Hespanhol, I. e Azevedo Netto, J.M., "Usos do Cloro na Engenharia Sanitária e Ambiental- Novas Tecnologias de Aplicação e Quantificação dos Impactos Associados", in: Anais do 11º. Congresso Brasileiro de Engenharia Sanitária e Ambiental, Fortaleza, Ceará, 1981.

17 Morris, J.C., "Conference Summary", in: Water Chlorination-Environmental Impacts and Health Effects, vol.2, Eds. Jolley, R.L., Gorchev, H., Hamilton, D.H., Ann Harbor Science, Ann Harbor, Michigan, 1978.

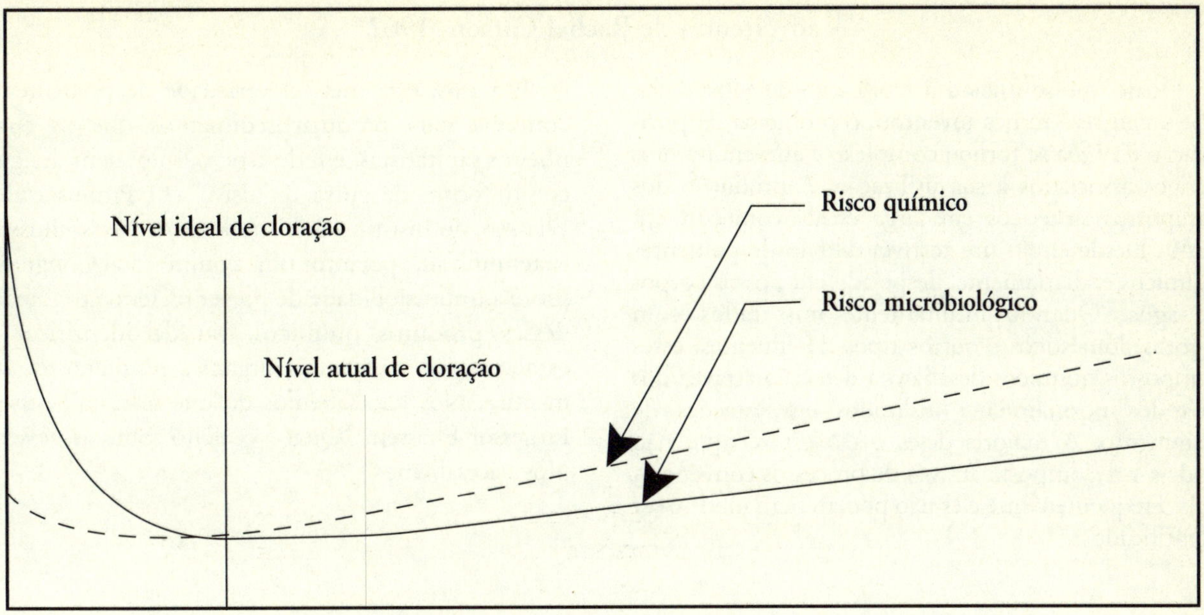

Figura 1 - Riscos e benefícios da cloração da água[18].

introduziu na sociedade, no ambiente e nos corpos de água superficiais e subterrâneos milhares de compostos orgânicos sintéticos, surgiram os riscos de doenças crônicas, associados às concentrações muito baixas de micropoluentes, orgânicos e inorgânicos, que não são absolutamente removidos através de sistemas convencionais de tratamento, como os acima mencionados.

Em 1960, Hueper[19] advertiu:" É óbvio que, com o aumento rápido da urbanização e industrialização... e a crescente demanda dos recursos hídricos disponíveis em lagos, rios e águas subterrâneas, os riscos de câncer, oriundos do consumo de água contaminada, crescerão consideravelmente no futuro próximo". A reação da sociedade face a essa nova ameaça à saúde pública, foi, no início, bastante lenta. Ainda hoje, infelizmente, muitos países não tomaram consciência da gravidade que os micropoluentes orgânicos representam para a saúde pública dos consumidores de sistemas públicos de água.

Apenas em 1962, com a publicação do livro de Rachel Carlson, *Silent Spring*[20], chamando a atenção para a presença de compostos orgânicos sintéticos nos mananciais de água potável e seus efeitos crônicos sobre a saúde pública (ver Box) é que os cientistas e tomadores de decisão começaram a analisar as possíveis conseqüências e as medidas adicionais que deveriam ser tomadas, para evitar efeitos danosos à saúde pública de consumidores de água captada em mananciais, que recebem efluentes industriais.

Tabela 6 - Taxas globais de morbidade das principais doenças relacionadas à água[21]

Doenças	Número por ano	
	Casos de doenças	Mortes
Cólera* (1993)	297.000	4.971
Febre Tifóide	500.000	25.000
Giardíase	500.000	Baixo
Amebíase	48.000.000	110.000
Doenças diarréicas (idades ≤ 5)	1.600.000.000	3.200.000
Oncocercose **	2.600.000	-
Esquistosomose	200.000.000	200.000

* - No ano de 1991 foram reportados 595.000 casos e 19.295 mortes, por cólera.

** - Dados relativos a um período de comunicação.

18 Idem

19 Hueper, W.C., "Cancer Hazards from Natural and Artificial Water Pollutants", Proceedings of the Conference on Physiological Aspects of Water Quality, U.S. Public Health Service, Washington, D.C., 1960.

20 Carson, R, "Silent Spring", A Fawcett Premier Book, Fawcett Publications, Inc., Greenwich, Conn., 1962

21 Gabal – Gorchev, H. op. cit.

A advertência de Rachel Carson, 1962[22]

Desde que se iniciou a fabricação de substâncias que a natureza nunca inventou, o problema da purificação da água se tornou complexo e aumentaram os perigos associados à sua utilização. A produção dos compostos sintéticos em larga escala começou em 1940. Desde então um terrível dilúvio de poluentes químicos é, diariamente, despejado em nossos corpos de água. Quando intimamente misturados com esgotos domésticos e outros tipos de efluentes, esses compostos químicos desafiam a detecção através dos métodos normalmente utilizados em estações de tratamento. A maioria deles é tão estável que não pode ser decomposta através de processos convencionais. Freqüentemente eles não podem nem mesmo ser identificados.

Em rios, esta incrível variedade de poluentes se combina para produzir sedimentos que os engenheiros sanitaristas, em desespero, só podem designar como "borra de graxa repulsiva". O Professor Rolf Eliassen, do Instituto de Tecnologia de Massachusetts, testemunhou, perante um comitê do Congresso, sobre a impossibilidade de prever o efeito combinado desses produtos químicos, ou de identificar as características da matéria orgânica resultante de sua mistura."Nós não sabemos do que se trata", disse o Professor Eliassen. "Qual é o efeito sobre as pessoas? Nós não sabemos".

O próprio Congresso Americano, "preocupado com a presença de contaminantes orgânicos na água potável e a errática – e freqüentemente ineficiente – supervisão governamental dos serviços públicos de abastecimento de água" aprovou, em 1974, o *Safe Drinking Water Act*, através da Lei Pública 93-523.

Esta legislação requereu que a Agência de Proteção Ambiental Americana (USEPA), adotasse uma regulamentação provisória, baseada na estabelecida em 1962 pelo United States Public Health Service e que essa regulamentação fosse "completamente revisada, após uma detalhada avaliação, pela Academia National de Ciências, dos níveis de exposição humana e das características toxicológicas dos contaminantes presentes na água distribuída à população".[23] Padrões provisórios para água potável foram estabelecidos em 1975 e revisões foram efetuadas em 1976, 1979, 1980 e 1986. Toda vez que evidências científicas ou estudos epidemiológicos específicos se tornam disponíveis, em relação a um determinado parâmetro, uma nova revisão é efetuada e os valores numéricos correspondentes são convenientemente modificados. Por exemplo, baseado em dois estudos sobre os efeitos do arsênio sobre a saúde pública[24, 25], a USEPA está considerando a redução da concentração máxima de arsênio, permitida em água potável, de 0,050 mg/l para 0,020 mg/l.

A avaliação efetuada pela Academia National de Ciências, publicada em 1980,[26] pôs em evidência, não apenas os elevados riscos associados aos micropoluentes orgânicos, mas também, a quase absoluta ineficácia dos sistemas de monitoramento utilizados para garantir que águas extraídas de manancias poluidos por efluentes de grandes parques industriais, possam ser utilizadas como fontes de água potável. Uma das mais importantes conclusões da Academia foi que apenas 10%, em peso, dos compostos orgânicos **presentes na água potável**, foram identificados até o presente e, entre esses, apenas alguns tiveram suas características toxicológicas determinadas. Como conseqüência dessa insegurança, vem ocorrendo um aumento significativo do número de parâmetros necessários para regulamentação. Em 1925, o Serviço de Saúde Pública dos Estados Unidos regulamentava um número inferior a 10 parâmetros. Em 1974, quando a vigilância da qualidade da água potável foi atribuída à USEPA, esse número já era superior a 20 e hoje está próximo a

22 Carson, R. op. cit.

23 AWWA - American Water Works Association, "Water Quality and Treatment - A Handbook of Community Water Supplies", Ed. Frederick W. Pontius, 4th. ed., McGraw-Hill, Inc, New York, 1990.

24 Pontius, F.W., Chen, C.-J., and Brown, K.G., "Health Implications of Arsenic in Drinking Water", J. AWWA, vol. 86(9), September 1944.

25 Pontius, F.W., "Crafting a New Arsenic Rule", J. AWWA, vol. 86(9), September, 1994.

26 National Research Council, "Drinking Water and Health", vol.2, pp. 252-253, National Academy Press, Washinton D.C., 1980.

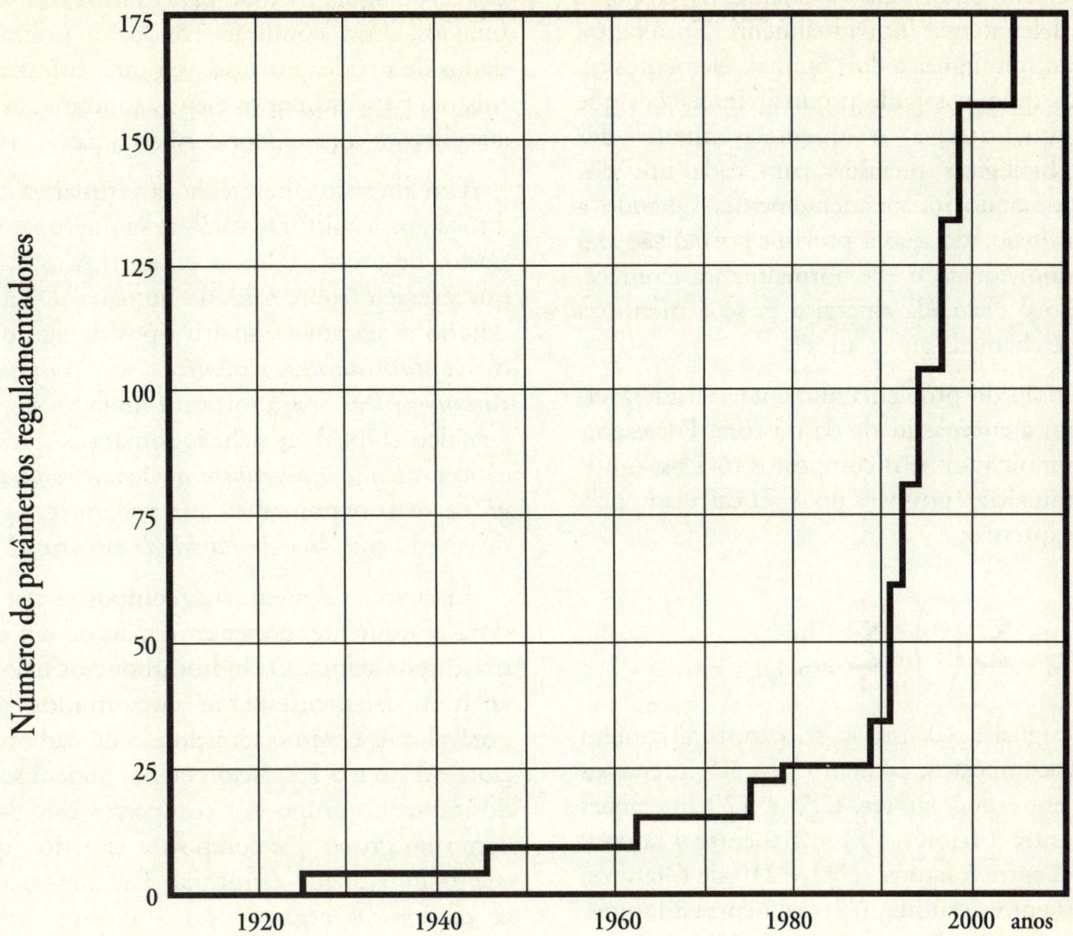

Figura 2 - Número de parâmetros para água potável regulamentados pelo governo dos EUA

130 (Figura 2)[27]. A tendência provável é que, em torno do ano 2020, aproximadamente 200 parâmetros estarão sendo regulamentados, o que não assegurará, absolutamente, que se disporá de uma água tão segura como aquela disponível em 1925, que era caracterizada por uma quantidade irrisória de parâmetros.

Os diversos efeitos adversos que podem ser causados pela presença de pequenas doses de compostos químicos na água podem ser resumidos nos seguintes :

tóxicos: causando efeitos danosos a quaisquer sistemas biológicos, injuriando seriamente qualquer função biológica, ou produzindo a morte.

Esses efeitos podem resultar de condições agudas (exposição de curto prazo a uma dosagem elevada), condições crônicas (exposição de longo termo a doses muito baixas), ou condições subcrônicas (doses e períodos de exposição intermediários);

neurotóxicos: exercendo um efeito destrutivo ou tóxico no tecido nervoso.

carcinogênicos: causando ou induzindo crescimento descontrolado de células anômalas, vindo a provocar tumores malignos;

mutagênicos: causando alterações hereditárias do material genético das células;

teratogênicos: causando deformações congênitas não hereditárias (defeitos de nascimento) em fetos.

Mistura de compostos tóxicos

A análise dos efeitos de centenas de micropoluentes orgânicos sobre a saúde dos consumidores

27 EPA - Environmental Protection Agency, "Guidelines for Water Reuse", Technology Transfer Manual no. EPA/625/R-92/004, Washington, D.C., September 1992.

de água é, em geral, feita isoladamente, como se cada um deles atuasse individualmente. Entretanto, a exposição simultânea a dois ou mais elementos ou compostos químicos pode produzir interações que diferem quantitativa e qualitativamente das respostas biológicas previstas para cada um dos produtos atuando independentemente. Quando a resposta é maior do que a prevista por adição das respostas individuais, o que normalmente acontece, a interação é chamada sinérgica e, se é menor, a interação é chamada antagônica[28].

A extensão do problema aumenta consideravelmente com a complexidade da mistura. Por exemplo, na combinação de **n** compostos tóxicos, o número de interações possiveis pode ser calculado pela seguinte expressão:

$$\sum_{i=j}^{i=n} \binom{n}{i} = \sum_{i=2}^{i=10} \frac{n!}{i!(n-1)!}$$

Se **n** é igual a 10, isto é, se a mistura contém apenas 10 compostos, existem $\binom{10}{2} = 45$ interações possíveis entre dois fatores, $\binom{10}{3} = 120$ interações possíveis entre 3 fatores, $\binom{10}{4} = 210$ entre 4 fatores, $\binom{10}{5} = 252$ entre 5 fatores, $\binom{10}{6} = 210$ de 6 fatores, $\binom{10}{7} = 120$ entre 7 fatores, $\binom{10}{8} = 45$ entre 8 fatores, $\binom{10}{9} = 10$ entre 9 e apenas uma com 10 fatores, ou seja, um total de 1.013 interações. O mesmo resultado pode ser obtido fazendo-se, na equação acima, a somatória com n=10 e variando i de 2 a 10.

Cada um desses compostos, representando a combinação sinérgica dos 10 elementos originalmente presentes, provoca efeitos superiores à somatória dos efeitos provocados pelos elementos individuais que integram cada uma das combinações.

Em termos de avaliação dos riscos associados, a situação se torna, evidentemente, extremamente complexa, uma vez que seria praticamente impossível identificar e estimar os efeitos tóxicos de 1. 013 compostos. Verifica-se portanto, que a identificação dos poucos compostos e elementos conhecidos e os que integram as legislações relativas à qualidade da água potável não é garantia suficiente de qualidade, mesmo se esses compostos se apresentarem em concentrações iguais ou inferiores às permitidas.

A falta de estudos toxicológicos e a complexidade das misturas podem complicar ou impedir a aplicação de qualquer método para estimar os riscos combinados. Essa condição conduz à utilização dos dados de toxidez intrínsecas a cada componente da mistura para estimar os efeitos combinados levando a avaliações com menor confiabilidade.

Um método que facilita a estimativa de riscos associados a misturas consiste em agrupar os compostos de acordo com as características dos efeitos que exercem sobre a saúde humana. Dentro desse critério destacam-se quatro tipos de agrupamento: os ***contaminantes sistêmicos***, os ***contaminantes carcinogênicos***, que provocam mutação do material genético (DNA) de células somáticas, provocando câncer, os ***que apresentam a mesma resposta biológica*** e os contaminantes que podem ser agrupados de acordo com sua ***similaridade estrutural***.

Existem, evidentemente, compostos que podem, simultaneamente, pertencer a mais de um dos quatro grupos acima. Os hidrocarbonetos halogenados voláteis, freqüentemente encontrados na água potável, tais como o tetracloreto de carbono, o tricloroetileno e o 1,2-dicloroetano, podem ser incluídos tanto no grupo dos compostos carcinogênicos como no grupo dos compostos clorados, que possuem similaridade estrutural. Da mesma maneira, os compostos organo-fosforados e os carbamatos podem ser incluídos no grupo dos compostos carcinogênicos (e também dos teratogênicos) e no grupo dos contaminantes que apresentam efeitos biológicos similares.

As características sinérgicas básicas de alguns desses grupamentos são as seguintes:

Efeito sinérgico dos contaminantes sistêmicos

Contaminantes sistêmicos são os compostos químicos que atacam órgãos específicos ou que causam danos ao sistema nervoso periférico, provocando, em cada caso, sempre a mesma resposta tóxica. Por exemplo, compostos contendo mercúrio e cádmio provocam alterações das funções renais, causando necrose dos rins.

O Índice de Risco (IR), associado à mistura de **k** compostos tóxicos pertencentes a um mesmo grupo sistêmico pode ser expresso como:

$$R = \sum_{i=1}^{n} \frac{\Sigma i}{AL_i}$$

28 Foran, J.A.,Fink, L.E., "Regulating Toxic Substances in Surface Water",171pp., Lewis Publishers, 1993.

Onde $\sum_i$ é a concentração do i-ésimo tóxico presente na mistura e AL_i é a concentração máxima admisssível. Quando IR≥1 a mistura deve ser considerada da mesma maneira do que quando a concentração de um determinado composto é ultrapassada, isto é, é superior à concentração máxima admissível (o que na verdade, ocorre quando k = 1).

Se diversos grupos sistêmicos estão presentes, cada um deles provocando uma resposta específica, isto é, afetando órgãos diferentes, o índice de risco deve incluir a somatória dos efeitos de cada um dos grupos, ou seja:

$$IR_T = \sum_{i=1}^{m} IR_j$$

onde IR_T representa o índice de risco total e **m** o número de grupos sistêmicos, cada um dos quais implicando em respostas específicas associadas a índices de riscos IR_j. Da mesma maneira, se $IR_T \geq 1$, deve-se proceder a tratamentos adequados para eliminar os compostos correspondentes, até que se obtenha $IR_T \leq 1$.

Efeitos sinérgicos da mistura de compostos carcinogênicos

A água de abastecimento pode conter uma grande variedade de compostos potencialmente carcinogênicos a seres humanos, entre os quais o benzeno, o cloreto de vinila, o tetracloreto de carbono, o 1-2-dicloroetano, o tricloroetileno, o clorofórmio e outros trihalometanos e um grande número de compostos orgânicos voláteis.

O potencial para a exposição simultânea a mais de um composto carcinogênico é marcante em águas oriundas de mananciais que recebem resíduos industriais. Nesse caso específico, os riscos associados devem ser considerados aditivos. Por exemplo, quando se assume como aceitável um nível de risco de ocorrência de câncer igual a $1x10^{-5}$ (isto é, a concentração do poluente pode causar um caso adicional de câncer a cada 100.000 pessoas expostas), e o risco associado à exposição simultânea de dois compostos carcinogênicos é assumido como aditivo, as concentrações permitidas de cada um deles é determinada através da formula[29] :

$$\frac{C_1}{C_{R1}} + \frac{C_2}{C_{R2}} \leq 1$$

onde C_1 e C_2 são as concentrações dos compostos carcinogênicos 1 e 2 medidas na água e C_{R1} e C_{R2} são as concentrações máximas permitidas, para os mesmos compostos, associadas aos riscos de $1x10^{-5}$. O mesmo conceito é aplicado para a ocorrência simultânea de mais de dois compostos carcinogênicos, devendo a somatória, ser sempre inferior à unidade.

A utilização do critério aditivo reduz consideravelmente as concentrações permitidas de compostos carcinogênicos, em relação às concentrações permitidas quando ocorre exposição de cada um deles, isoladamente. Por exemplo, a concentração permitida de dois compostos com o mesmo potencial cancerígeno, ocorrendo simultaneamente, seria exatamente a metade para cada um deles, do que seria se ambos ocorressem isoladamente.

Diversos estados americanos, entre os quais os de Wiscosin, Minnesota e Nova Iorque já incluem, em suas legislações, critérios para estimar o efeito sinérgico de compostos carcinogênicos.

No estado de Nova Iorque, a aplicação do modelo de doses aditivas é utilizado para regular as concentrações de Aldicarbe e Carbofuran, compostos normalmente presentes na água potável local e cujas concentrações máximas permitidas são, respectivamente, 7 e 15 μg/l, quando encontrados isoladamente. As concentrações permitidas em conjunto são determinadas através da equação[30] :

$$\frac{C_A}{7} + \frac{C_C}{15} \leq T$$

onde C_A e C_C são as concentrações detectadas de Aldicarbe e Carbofuran. Se T≤1, nenhuma ação é tomada. Porém, se T≥1 devem ser instaladas unidades de carvão ativado para a remoção desses compostos, até que obtenha T≤1. Nessa situação, os custos adicionais de tratamento são alocados às indústrias que introduzem os poluentes no manancial correspondente.

29 U.S. Environmental Protection Agency, "Technical Suport Document for Water Quality-based Toxics Control". EPA/505/2-90-001, 145 pp., Washingto, D.C.,1991.

30 National Research Council, "Drinking Water and Health", vol. 9: Selected Isues in Risk Assessment", Safe Drinking Water Committee, Board on Environmental Studies and Toxicology, Commision on Life Sciences, 268 pp., National Academy Press, Washington, D.C., 1989.

Efeitos sinérgicos de contaminantes que apresentam a mesma resposta biológica.

O conceito de "similaridade", formulado por Weiss[31], em associação a aditivos utilizados em alimentos, tem sido empregado para efetuar estimativas numéricas de toxidez de diversas substâncias encontradas na água. Esse conceito reflete a extensão com que diversos agentes atuam, em conjunto, sobre determinados órgãos, provocando sempre, respostas similares. Os compostos organo-fosforados e os carbamatos, por exemplo, são classificados como compostos anticolinesterase. Quando encontrados na água "potável", mesmo em doses muito pequenas, estimulam os nervos colinérgicos (produtores de acetilcolina) dos sistemas nervosos central e periférico, provocando sempre as mesmas respostas biológicas de diversos órgãos e funções (ver Box).

O conceito de "similaridade" está associado à resposta tóxica ou nível de exposição que diversos compostos podem provocar quando simultaneamente presentes na água. A presença de poucos agentes com baixa similaridade de efeitos leva a uma resposta tóxica menor e vice-versa. Na Figura 3 o eixo dos **x** representa o número de compostos químicos presentes na mistura e o eixo dos **y**, o número de compostos que apresentem "similaridade" de atuação tóxica sobre órgãos ou sistemas específicos. O eixo dos **z** mostra a toxidez acumulada, a qual cresce exponencialmente com o aumento de compostos com "similaridade".

A necessidade de atualizar o conceito de tratamento de água no Brasil

No Brasil, a grande maioria das estações de tratamento de água emprega a metodologia genericamente

Toxidez dos compostos anticolinesterase[32]

A Acetilcolina é um neurotransmissor encontrado, com certa freqüência, em diversas partes do sistema nervoso humano. Concentrações elevadas de Acetilcolina provocam efeitos tóxicos nos músculos lisos, no coração e nas glândulas exócrinas. Níveis tóxicos no sistema nervoso central também provocam tensão, ansiedade, insônia, dores de cabeça, instabilidade emocional, pesadelos, apatia, confusão e esquecimento generalizado. Outros efeitos incluem redução do batimento e possível parada cardíaca e contrações musculares, que em estágio avançado podem levar à paralisia.

A enzima Acetilcolinesterase, naturalmente sintetizada no sistema nervoso central, regula a produção da Acetilcolina, provocando, através de um mecanismo de hidrólise, a sua decomposição, quando ocorrem níveis elevados.

Diversos compostos químicos, muito dos quais fartamente encontrados em mananciais de água potável e classificados como anticolinesterases, têm a propriedade dupla de estimular a produção de acetilcolina e de destruir a acetilcolinesterase, causando, nos dois casos, o aumento das concentraçõs da acetilcolina, até que níveis tóxicos sejam atingidos. Entre esses, os mais comuns são os compostos organofosforados e os carbamatos (ésteres do ácido carbâmico), amplamente utilizados na formulação de pesticidas.

Toxinas produzidas por algas cianofíceas (presentes em quantidades elevadas, no reservatório Billings, inclusive no braço do Taquacetuba), também possuem efeito anticolinesterase.

Todos os efeitos acima relacionados podem ser provocados por uma única dose de qualquer agente anticolinesterase que consiga atravessar a barreira sangue-cerébro e tenha acesso ao sistema nervoso central, atuando como sinapse do sistema nervoso periférico. Doses únicas, muito pequenas, podem ser toleradas sem o aparecimento de efeitos, mas a exposição repetida, mesmo de concentrações muito reduzidas, provocam uma inibição cumulativa de Acetilcolinesterase, levando a concentracões tóxicas de Acetilcolina.

Se uma pessoa sobrevive a um ataque agudo por um composto anticolinesterase a recuperação é completa. Entretanto, seqüelas crônicas envolvendo o sistema nervoso central (tais como esquecimento, pesadelos, e alterações encefalográficas) podem persistir por longos períodos de tempo.

31 Weiss, B., "Emerging Challenges to Behaviorial Toxicology"", in: Neurobehaviorial Toxicology, Ed. Z. Annau, John Hopkins University Press, Baltimore, 1986.
32 National Research Concil op. cit.

designada de "tratamento convencional". A Resolução CONAMA No. 20, de 18 de junho de 1986 (que estabelece a classificação das águas no território nacional), também refere-se a "tratamento convencional", sem no entanto acrescentar qualquer definição ou significado da expressão.

Na prática da engenharia sanitária nacional se convencionou chamar de "tratamento convencional" os sistemas constituídos das operações e processos unitários de coagulação floculação, sedimentação, filtração, desinfecção com cloro e equilíbrio de carbonatos.

Sistemas com essas características são utilizados para a remoção de cor, partículas suspensas, principalmente as coloidais, que conferem turbidez às águas e, através da desinfecção, de organismos patogênicos, caracterizados em função do grupo coliforme. Uma porcentagem muito pequena de substâncias orgânicas naturais ou sintéticas, associadas a partículas que conferem turbidez, podem ser removidas através de adsorção aos flocos formados durante as operações de coagulação-floculação. Alguns metais pesados, tais como o ferro e o manganês, que apresentem pequena solubilidade aos níveis de pH normalmente utilizados, são também removidos, embora em porcentagens pequenas.

Entretanto, não se pode admitir, absolutamente, que esses sistemas convencionais de tratamento sejam capazes de remover porcentagens significativas de metais pesados e compostos orgânicos sintéticos e alguns naturais, como por exemplo os ácidos húmicos e fúlvicos.

Elementos extremamente tóxicos tais como o mercúrio, o cádmio e o chumbo apresentam solubilidade mínima a valores de pH bastante altos, (em torno de 9,0) e só podem ser removidos em sistemas especialmente projetados para essa finalidade. Da mesma maneira, não são removidos os micro-

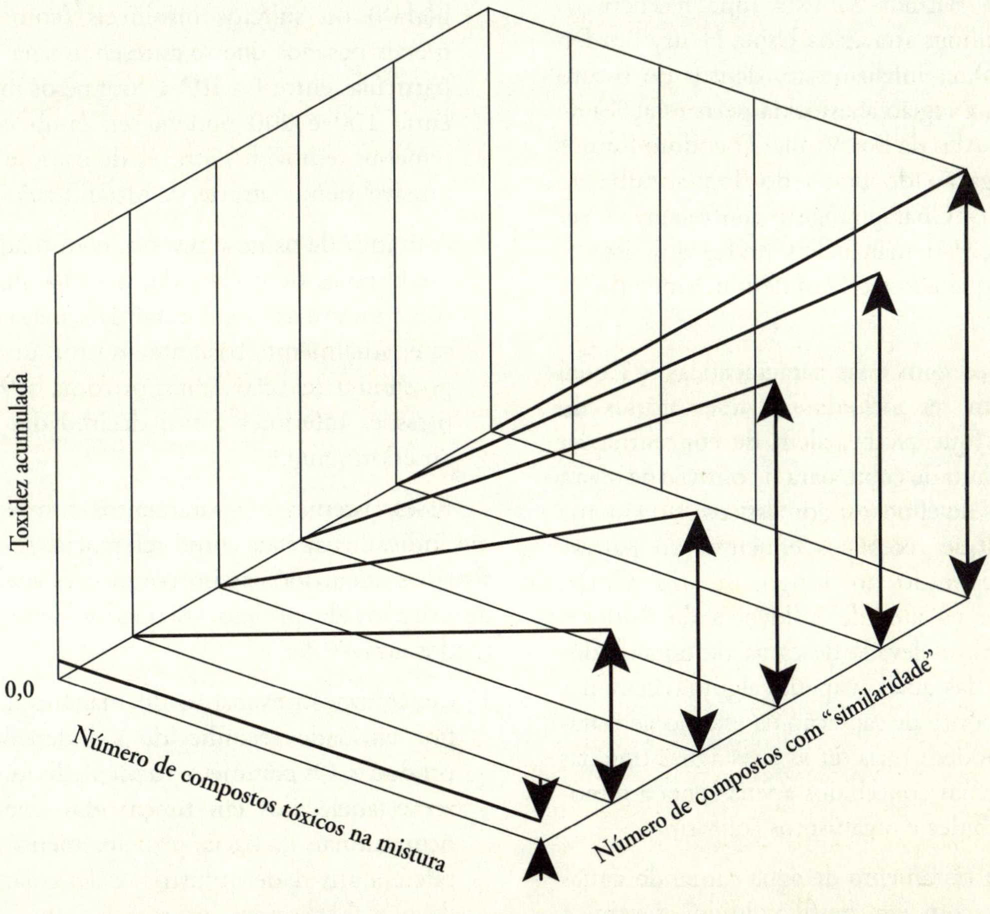

Figura 3 -Efeito da "similaridade" na toxidez de misturas de compostos tóxicos.[33]

33 Idem.

poluentes orgânicos sintéticos, tais como os organofosforados e organo-clorados, compostos benzênicos, fenólicos, ésteres do ácido ftálico, aromáticos polinucleares, e outros, notadamente presentes em mananciais que recebem efluentes industriais.

Torna-se mandatório, portanto, se o objetivo é fornecer água segura aos consumidores dos sistemas públicos de distribuição, que o conceito de "tratamento convencional" seja adaptado às verdadeiras características da maioria dos mananciais hoje disponíveis.

O caso da Região Metropolitana de São Paulo merece, dentro desse contexto, uma consideração especial. Mananciais como a Represa Billings, que, durante aproximadamente 60 anos recebeu os efluentes domésticos e industriais de praticamente toda a bacia do Alto Tietê, e que abastece, entre outras, a região de Santo André, São Bernardo e São Caetano - ABC (através do rio Grande, hoje isolado da Billings, mas ainda extremamente poluído, principalmente por metais pesados), alguns municípios da Baixada Santista (que recebem os efluentes da Billings através da Usina Henry Borden e rio Cubatão) e, infelizmente, dentro de futuro próximo, toda a região abastecida pelas estações de tratamento do Alto da Boa Vista e Theodoro Ramos (através da ligação do braço do Taquacetuba ao reservatório do Guarapiranga), continuam a ser considerados como mananciais protegidos, isto é, como aqueles que não recebem nem mesmo efluentes domésticos.

Reservatórios com essas características, na qual devem também ser incluídos os reservatórios do Guarapiranga (que recebe, além de concentrações maciças de sulfato de cobre para o controle de algas, elevadas cargas de efluentes domésticos) e o sistema Baixo Cotia (que recebe os efluentes do parque industrial localizado ao longo do rio Cotia, principalmente na área de influência da Rodovia Raposo Tavares, e elevada descarga de esgotos domésticos, uma das quais, a apenas algumas centenas de metros do ponto de captação da estação de tratamento), não podem mais ter as suas águas tratadas através de sistemas concebidos apenas para a remoção de cor, turbidez e organismos coliformes.

Estações de tratamento de água captando águas de mananciais com esse perfil poluidor devem, a curto prazo, serem complementadas pelas seguintes processos unitários de tratamento:

1) colunas de carvão ativado granular, com os respectivos sistemas de regeneração, ou, preferivelmente, com sistemas de carvão biologicamente ativados, visando à remoção de micropoluentes orgânicos, principalmente os não polares, com elevados pesos moleculares, e o potencial de formação de trihalometanos. É importante salientar que a aplicação direta de carvão ativado em pó, como efetuado em algumas estações de tratamento de água não é recomendada, devido à baixa eficiência que proporciona. Além disso, essa prática só é recomendável para aplicações intermitentes, quando ocorrem manifestações esporádicas de compostos orgânicos ou compostos que provocam sabores ou odores às águas;
2) sistemas de precipitação química para a remoção de metais pesados através de hidróxido de cálcio ou pelo processo de sulfetos solúveis (utilizando NaHS) ou sulfetos insolúveis (com FeS). Os metais pesados que se apresentam na água com partículas entre 1 a 10A e com pesos moleculares entre 100 e 200 podem ser, também, eficientemente removidos através de osmose reversa e, possivelmente, através de ultrafiltração;

   A prática de osmose reversa, com o advento das membranas de poliamida, que, há alguns anos, substituíram as membranas de acetato de celulose é, atualmente, bastante atrativa, uma vez que possibilita rejeição salina próxima a 99%, com pressões inferiores a um décimo das utilizadas anteriormente.[34]

Esses sistemas de tratamentos complementares são indicados apenas como referência. A escolha de sistemas adequados assim como o estabelecimento de critérios de projeto adequados devem ser efetuados através de:

1) caracterização exaustiva do manancial, efetuada por entidade reconhecida e independente do produtor. Os parâmetros a ser analisados deverão ser estabelecidos em função das características ocupacionais da bacia, principalmente no que se refere à atividade industrial e agrícola. Pelo fato de não fornecerem informação adequada sobre

34 Wilf, M., "History of Development of Reverse Osmosis Technology for Water Desalination", Hydronautics, Membrane Technology Conference, San Diego, 1995.

as reais características poluidoras, os parâmetros sub-rogados (tais como o Carbono Orgânico Total ou o Carbono Total Halogenado) poderão ser incluídos apenas como referência, mas não como indicadores da qualidade das águas. Deverão ser tomadas, durante pelo menos um período hidrológico completo, amostras compostas na superfície e profundidade da coluna líquida e nos sedimentos;

2) construção e operação de um sistema piloto composto das operações e processos unitários de tratamento, considerados necessários, em função da caracterização das águas do manancial. A operação das unidades piloto fornecerá as características do efluente final, o qual deverá ser compatível com a qualidade de água préestabelecida. Não sendo compatível, devem ser modificadas as características operacionais do sistema e/ou acrescentadas novas operações e processos unitários até que se obtenha água segura para abastecimento humano. Os dados levantados no sistema piloto proporcionarão, também, elementos para a estimativa dos custos de operação e manutenção da estação de tratamento em escala real.

   Como não se dispõe ainda, no Brasil, de legislação adequada para estimar efeitos sinérgico de micropoluentes orgânicos, sugere-se que os efeitos tóxicos desses compostos sejam considerados como aditivos, conforme especificado no item relativo à mistura de compostos carcinogênicos;

3) monitoramento contínuo do manancial e do efluente tratado na estação projetada de acordo com os critérios e parâmetros de projeto, obtidos na operação da unidade piloto. Essa vigilância permanente deverá ser efetuada por órgão autônomo e independente, com competência legal para atuar sobre o produtor quando os padrões de qualidade não estiverem sendo atendidos.

Vigilância sanitária da qualidade da água

O controle da qualidade de qualquer produto, inclusive de águas de abastecimento público deve, necessariamente, ser efetuado através de dois instrumentos. O primeiro deles, caracterizado como "controle operacional", é efetuado pelo próprio produtor e visa à adaptação sucessiva do processo produtivo para o atendimento de padrões de qualidade pré-estabelecidos. No caso da produção e distribuição de água potável, as companhias estaduais ou municipais, efetuam, em seus próprios laboratórios, este tipo de controle, que tem a finalidade de adaptar as operações e processos unitários que compõem as suas estações de tratamento à variação constante das águas brutas dos mananciais que operam, para o contínuo atendimento dos padrões fixados pela Portaria 36/GM, do Ministério da Saúde, que estabelece os padrões de potabilidade de água para abastecimento público no território nacional. O segundo instrumento designado "controle legal" deve ser efetuado por uma entidade absolutamente distinta, autônoma e independente que, com laboratórios e corpo técnico próprio, efetue, rotineiramente, a atividade de monitoramento, e que possa verificar se o produtor está, efetiva e consistentemente atendendo aos padrões estabelecidos pela legislação correspondente. Em se tratando de águas de abastecimento público, objeto intimamente associado à saúde dos consumidores, principalmente das classes menos favorecidas, o órgão que exerce o controle legal, deverá ter competência para atuar sobre o produtor de água potável, impondo as sanções cabíveis e exigindo, na forma da lei, as medidas consideradas adequadas para o atendimento dos padrões estabelecidos.

Na grande maioria dos países, com exceção de alguns poucos onde já foram institucionalizadas as agências de proteção ambiental, o controle legal da qualidade de água para consumo humano, ou como se convencionou chamar no Brasil, a vigilância sanitária da água potável, é atribuição inalienável dos Ministérios de Saúde ou, por delegação, das Secretarias Estaduais de Saúde. No Brasil, infelizmente a vigilância da água potável distribuída não é efetuada adequadamente, acarretando uma elevada insegurança com relação à sua potabilidade, particularmente quando os mananciais recebem efluentes industriais e as águas são tratadas através de sistemas convencionais.

Nesse sentido merece, uma vez mais, relatar o que ocorre na Região Meteropolitana de São Paulo: A Lei Estadual nº 118, de 29.06.73, que autorizou a constituição da CETESB, conferiu-lhe a atribuição de "efetuar o controle da qualidade das águas destinadas ao abastecimento público e outros usos, assim como o das água residuárias" (art. 2, inciso 2). Sendo a CETESB uma companhia de economia mista, a prestação de serviços de controle de qualidade, não poderia ser efetuada graciosamente, o que redundou no estabelecimento de um pagamento, como forma compensatória dos serviços de controle da qualidade da água produzida pela SABESP e distribuída na Região Metropolitana de São Paulo.

Esta situação absolutamente esdruxula, senão imoral, na qual a entidade fiscalizada pagava à entidade fiscalizadora pela fiscalização efetuada, perdurou durante um certo período, até serem incluídos, no orçamento da própria CETESB, recursos adequados para efetuar o controle da água distribuída, isentando-se a SABESP do pagamento correspondente.

Apesar de possuir competência técnica para tanto, a CETESB deixou de efetuar o controle legal dentro dos critérios de continuidade acima mencionados, passando este a ser feito pelo próprio produtor da água, ou seja, a SABESP, gerando uma situação absolutamente insustentável, tanto do ponto de vista institucional, como em termos de proteção da saúde pública dos consumidores da água distribuída à população da Região.

Cabe mencionar, ainda, que a Resolução SS 178 de 26.06.1996 da Vigilância Sanitária do Estado de São Paulo, estabelece os procedimentos do programa de vigilância da qualidade para consumo humano no estado de São Paulo e dá outras providências. Os procedimentos incluídos nessa resolução, orientam os sistemas de abastecimento públicos de água potável a efetuarem os seus respectivos cadastramentos junto à Vigilância Sanitária do Estado, apresentar seus próprios planos mensais e semestrais de amostragem e efetuar, eles próprios, o controle da qualidade da água que produzem.

Institucionaliza-se, portanto, dessa maneira, dentro do próprio estado, a prática, já bastante difundida no Brasil, de se outorgar ao produtor de água potável, a competência legal, para que ele próprio exerça a vigilância sanitária da água que produz.

Coleta e tratamento de esgotos e excretas

Em 1950, a primeira reunião do grupo de especialistas em saneamento ambiental da Organização Mundial da Saúde[35], definiu saneamento ambiental

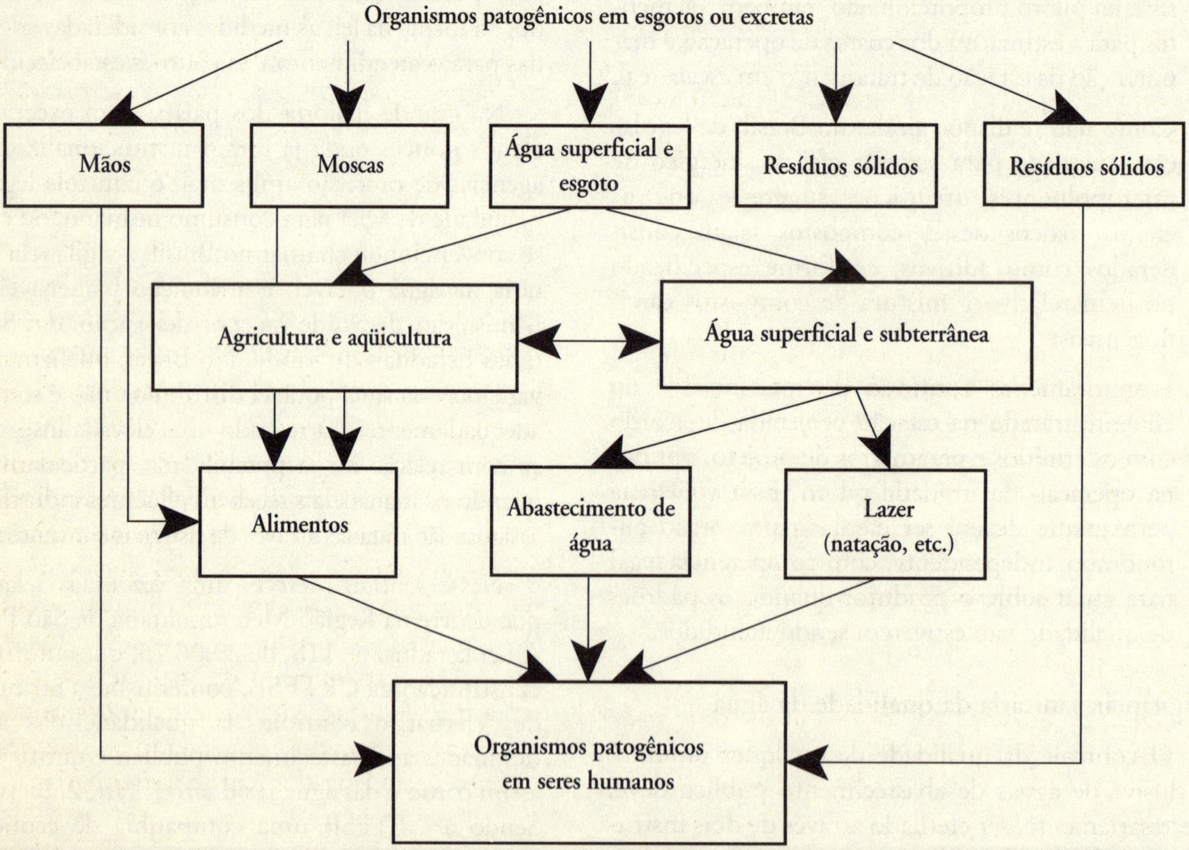

Figura 4 - Rotas de transmissão de organismos patogênicos encontrados em esgotos e excretas.[36]

35 WHO, "Expert Committee on Environmental Sanitation: Report on the First Session", WHO Technical Report Series, nº.10, Geneva, 1950.

36 Franceys, R. Pickford, J. and Reed, R. "A guide to the development of on site sanitation". World Health Organization, Geneva, 1992.

como a provisão de sistemas e controle adequados dos seguintes serviços: "abastecimento de água potável, disposição de excretas e esgotos, coleta de lixo, controle de vetores transmissores de doenças, drenagem urbana, habitação salubre, suprimento de alimentos, condições atmosféricas adequadas e segurança no ambiente de trabalho. " Essa conceituação, foi, com o tempo, crescendo em complexidade. Hoje, a definição não estaria completa se não incluísse proteção contra a radiação, a ameaça dos produtos químicos sintéticos e a degradação social, principalmente nos países em estágio de desenvolvimento. Nesse sentido, saneamento ambiental, ou saneamento básico, como se convencionou chamar no Brasil e em outros países do continente americano, é um conceito dinâmico, que deve ser continuamente adaptado ao meio ambiente real, estabelecendo as características ambientais mínimas, que possibilitem qualidade de vida adequada para o trabalho e o desenvolvimento social.

Não é possível, nem desejável, separar as doenças relacionadas com a água daquelas afetadas pela falta de saneamento básico adequado. É evidente que diversas doenças incluídas nas categorias "com suporte na água", "de higiene" e "de contato com a água", relacionadas anteriormente, dependem do acesso de esgotos ou excretas humanas à água, de maneira que a linha de transmissão pode ser interrompida através da disposição adequada de excreta e efluentes líquidos assim como a a proteção dos mananciais utilizados para abastecimento.

Algumas infecções, tais como as provocadas por helmintos (*Ascaris lumbricoides, Necator americans, Ancylostomus duodenalis*, etc.), que podem penetrar a pele em contato com solos úmidos, não são totalmente controladas através de provisão de água potável, e só podem ser removidas através de instalações sanitárias adequadas. As possíveis rotas de transmissão são mostradas na Figura 4.[37]

Opções tecnológicas

De uma maneira genérica, o número de possibilidades de tratamento é praticamente ilimitado. Cada caso requer uma avaliação específica, que leve à proposição de sistemas que sejam viáveis dos pontos de vista técnico e econômico-financeiro e que sejam culturalmente aceitos.

O primeiro aspecto a ser analisado é associado às possibilidades de veiculação hídrica ou "a seco" e se o tratamento ou disposição deve ser efetuado no próprio local, ou seja, centralizado. Essa escolha depende das características do sistema de abastecimento de água local (e, portanto, do consumo *per capita*) e da densidade populacional da área considerada. A Figura 5[38] mostra que os sistemas de disposição ou tratamento centralizados são economicamente viáveis apenas em áreas de densidade populacional elevada, enquanto que os de disposição local, tanto "a seco" como de veiculação hídrica são compatíveis com áreas rurais ou áreas periféricas de baixa densidade populacional. No Brasil, mesmo em áreas de renda relativamente baixa, mas com densidade populacional compatível, empregam-se os sistemas de veiculação hídrica, com tratamento centralizado. Os sistemas "a seco", de disposição de excretas centralizados, não são culturalmente aceitos no Brasil. São, porém, largamente aceitos em Taiwan, Coréia e algumas áreas do Japão, onde as excretas são utilizados como fertilizantes agrícolas[39]

O sistema condominial de coleta de esgotos domésticos (ver Box), desenvolvido pelo Engenheiro José Carlos de Melo[40], é um exemplo de adaptação criativa de sistemas convencionais, permitindo expandir a cobertura a áreas menos privilegiadas. Esse sistema teve a sua implantação iniciada em Recife, na década de 80, expandindo-se rapidamente a diversas cidades da Nordeste brasileiro e, posteriormente a outros locais, entre os quais o estado de Santa Catarina e a Baixada Fluminense no estado do Rio de Janeiro. Além de apresentar custos muito menores do que os tradicionais, o sistema condominial é fortemente fundamentado na participação comunitária, na qual os proprietários dos lotes se encarregam da manutenção dos coletores prediais e da vigilância do uso adequado do sistema, impedindo, por exemplo, que resíduos sólidos sejam lançados nas bacias sanitárias.

37 Idem.
38 Veenstra, S., Alaerts, G.J. and Bijlsma, M., "Technology Selection", chapter 3, in:"Water Pollution Control-A Guide to the use of Water Quality Management Principles, Eds. R.Helmer and I. Hespanhol, United Nations Environment Programme, Water Supply & Sanitation Collaborative Council, World Health Organization, E&FN Spon, London, 1997.
39 Mara, D.D., Cairncross, S., "Guidelines for the Safe Use of Wastewater and Excreta in Agriculture and Aquaculture-Measures for Public Health Protection", World Health Organization, United Nations Environment Programme, Geneva, 1989.
40 Melo, J.C.R., "O Sistema Condominial", Revista Engenharia Sanitária, nº. 24(2), pp. 237-238, 1985.

O desafio do saneamento urbano

Os desafios de saúde ambiental que o saneamento urbano de países em desenvolvimento enfrentam, aumentaram em complexidade, face aos conceitos de desenvolvimento sustentado impostos pela sociedade, a partir de meados da década de 80. A "agenda antiga", que previa a provisão de serviços de saneamento adequados para todas as residências, foi substituída pela "agenda nova" que exige a gestão sustentada dos efluentes urbanos e a proteção da qualidade de recursos hídricos vitais para as gerações atual e futuras[41]. Nesse sentido o conceito de saneamento básico deve ser ampliado para o conceito mais amplo de saneamento ambiental, evitando-se, em adição à provisão de sistemas adequados de coleta e disposição de esgotos e excretas, a contaminação de corpos de água e manguezais pelo lançamento de resíduos líquidos e sólidos, a contaminação do lençol freático devido à ausência de sistemas de coleta de esgotos e disposição inadequada de resíduos sólidos e o assoreamento e a redução do fluxo de escoamento em canais de drenagem, pelo lançamento de resíduos em terrenos baldios e margens de cursos de água. O saneamento deve, portanto, desvincular-se de sua conotação atual de mero executor de obras públicas e se constituir em ação integrada direcionada à preservação da qualidade ambiental.

O nível a que cada uma das "agendas" vêm sendo aplicadas depende do estágio de desenvolvimento local, como mostrado na Tabela 7[42], embora se possa constatar que ambas as "agendas" coexistem na maioria das cidades de países em desenvolvimento e mesmo em algumas cidades modernas do mundo industrializado.

A cidade de Buenos Aires, por exemplo, situada em um país de renda *per capita* média, trata apenas 2% de seus esgotos, e não controla adequadamente a descarga de efluentes industriais no sistema de coleta público, permitindo a introdução de poluentes químicos que afetam os sistemas de tratamento e aumentam os riscos tóxicos dos corpos receptores.

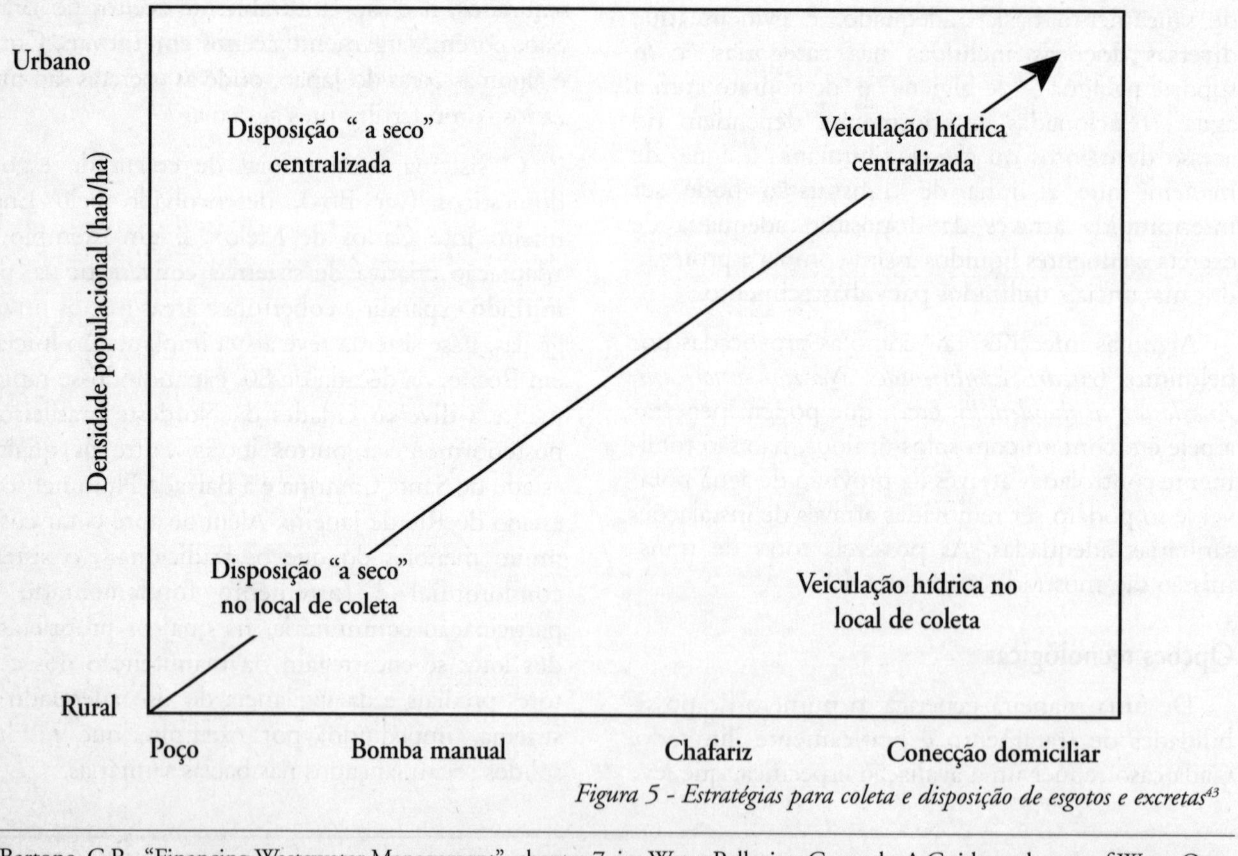

Figura 5 - Estratégias para coleta e disposição de esgotos e excretas[43]

41 Bartone, C.R., "Financing Wastewater Management", chapter 7, in: Water Pollution Control - A Guide to the use of Water Quality Management Principles, Eds. Helmer, R. and Hespanhol, I., United Nations Environment Programme, Water Supply & Sanitation Collaborative Council, World Health Organization, E&FN Spon, London 1997.

42 Bartone, C.R., Bernstein, J., Leitmann, J. And Eigen, J, "Toward Environmental Strategies for Cities: Policy Considerations for Urban Environmental Management in Developing Countries", Urban Management Programme Policy Paper no.18, The World Bank, Washington, D.C., 1994.

43 Veenstra, S.; Alaerts, G. J. and Bylma, M. op. cit.

A Região Metropolitana de São Paulo, que iniciou na década de 80, a implementação do Sistema Sanegran – Saneamento da Grande São Paulo, constituído basicamente de coletores tronco, interceptadores, emissários e três grandes estações de tratamento (Barueri, ABC e Suzano) ainda sofre, por falta de gestão adequada, dos mesmos problemas que as demais capitais e grandes cidades da América Latina. A construção da estação de tratamento do ABC, por exemplo, uma das unidades previstas no Sistema Sanegran, teve um atraso de aproximadamente 20 anos, o que custou algumas dezenas de milhões de dólares de prejuízo, devido, principalmente, à obsolescência das estruturas inicialmente construídas. Mesmo com a entrada em operação das estações Parque Novo Mundo e São Miguel, integrantes do Projeto Tietê em implementação, a capacidade de tratamento de esgotos na Região Metropolitana de São Paulo, ficará limitada a uns meros 45%. Cabe considerar, ainda, que apro-

O sistema condominial de coleta de esgotos domésticos[44]

O sistema condominial é constituído por coletores de diâmetros reduzidos (de 50 a 100 milímetros) assentados à pequena profundidade. Os coletores prediais se constituem na base do "condomínio" passando pelo fundo dos lotes, onde se conectam diretamente às latrinas. O custo total dos sistemas condominiais é equivalente a 20 a 30% do custo dos sistemas convencionais, no qual os coletores prediais são independentes e se conectam aos coletores secundários, que passam pela frente dos lotes.

As famílias podem escolher entre permanecer no sistema tradicional, ou se integrar ao sistema condominial. Ocorrendo a integração, a família paga uma taxa de ligação, que pode ser financiada pela companhia local, e uma pequena tarifa mensal. No sistema tradicional a família paga o custo inicial do coletor predial, mais a parcela correspondente ao coletor secundário e uma tarifa mensal. Nesse caso os custos são aproximadamente três vezes maiores do que os do sistema condominial.

Cada família é responsável pela manutenção dos coletores prediais, enquanto que a municipalidade se responsabiliza pelos coletores secundários e coletores tronco. A redução de custos operacionais proporcionada, redunda em tarifas substancialmente reduzidas para os proprietários dos lotes que integram o sistema condominial.

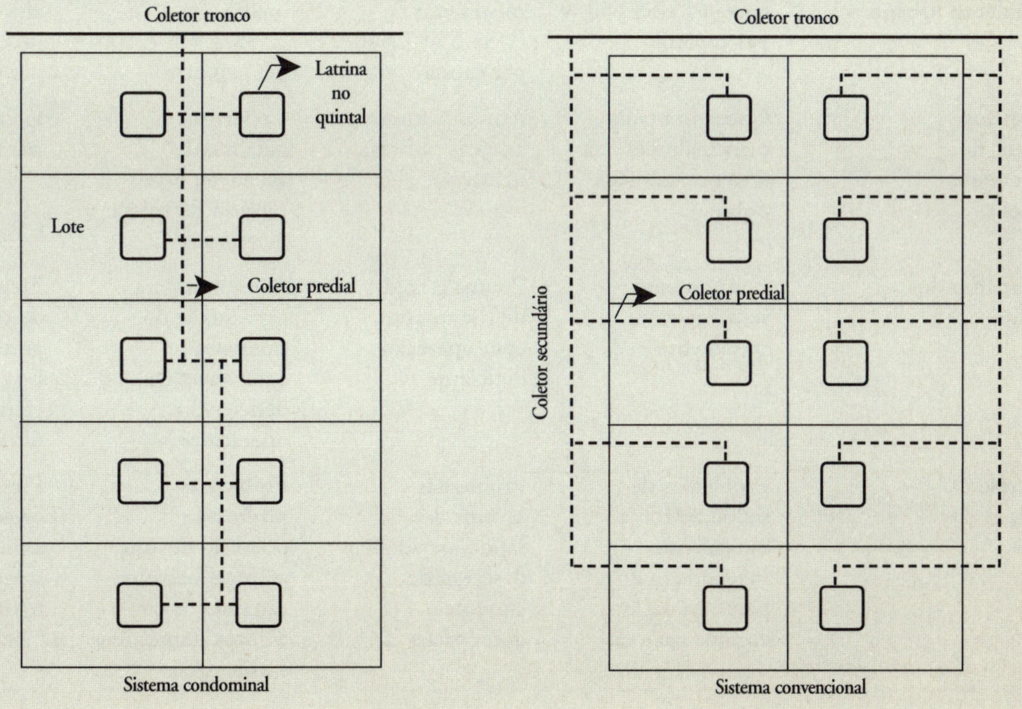

44 Melo, J.C.R., op. cit.

ximadamente 15% dos esgotos gerados na região ainda não são coletados e que as águas do rio Pinheiros, que cruzam uma das áreas mais nobres de São Paulo, se manterão com aproximadamente 90 % de esgotos até o ano 2003, se não ocorrerem outros atrasos no desenvolvimento do Projeto Tietê.

O panorama demonstra, inequivocamente, embora não se tenha absolutamente satisfeito a "velha agenda", que nenhuma consideração, mesmo conceitual, foi extendida à "nova". Nenhuma ação foi tomada até o presente com relação ao controle do nível trófico dos reservatórios da Região Metropolitana de São Paulo e no médio Tietê. Os reservatórios das Usinas Hidrelétricas de Barra Bonita e Bariri, que recebem todo o impacto dos esgotos gerados na Região Metropolitana de São Paulo, atingiram níveis tróficos elevadíssimos, tornando suas águas impróprias para abastecimento público, lazer e pesca comercial. Além disso, grande parte dos mananciais da Região Metropolitana de São Paulo, continuam recebendo esgotos e lixo domésticos. Com a suspensão do bombeamento do rio Pinheiros em Pedreira, a Represa Billings cessou de receber esgotos industriais, mas o adensamento urbano às suas margens e a correspondente descarga de resíduos líquidos e sólidos continua, sem controle adequado, o mesmo ocorrendo com a Represa de Guarapiranga. No Sistema Baixo Cotia, a situação ambiental é extremamente grave devido à descarga conjunta de esgotos domésticos e industriais de toxicidade elevada.

Evidencia-se, portanto, o contraste entre o nível de renda da região (que se situa entre média alta e alta) e das tarifas de água e esgoto praticadas (equivalentes às dos países industrializados), e o nível precário da tipologia sanitária-ambiental oferecida à sua população.

Reúso de água

A Agenda 21 dedicou importância especial ao *reúso*, recomendando aos países participantes da CNUMAD, a implementação de políticas de gestão dirigidas para o uso e reciclagem de efluentes, integrando proteção da saúde pública de grupos de risco, com práticas ambientais adequadas.

No Capítulo 21- "Gestão ambientalmente adequada de resíduos líquidos e sólidos", Área Programática B - "Maximizando o *reúso* e a reciclagem

Tabela 7 - Tipologia Econômica-Ambiental do Saneamento Urbano.[45]

Problemas de saneamento urbano	Países de renda baixa (≤ US$ 650 per capita)	Países de renda média baixa (US$ 650-2.500 per capita)	Países de renda média alta (US$ 2.500-6.500 per capita)	Países de renda alta (≥ US$ 6.500 per capita)
Acesso aos serviços de saneamento básico	Cobertura baixa, principalmente na área urbana mais pobre	Acesso mínimo às áreas pobres urbanas	Cobertura geralmente aceitável; nível elevado de coleta de esgotos	Cobertura adequada
Tratamento de esgotos	Praticamente sem nenhum tratamento	Poucas estações de tratamento, com operação deficiente	Aumentando a capacidade de tratamento; ocorrência de deficiências operacionais	Elevados níveis de tratamento; grandes investimentos efetuados nos últimos 30 anos
Contrôle da poluição das águas	Problemas de saúde devido a saneamento inadequado e presença de esgotos nas ruas	Problemas severos de saúde, devido à descarga de efluentes domésticos	Problemas severos de poluição devido ao nível baixo de tratamento de esgotos domésticos e industriais	Preocupação básica com amenidades e substâncias tóxicas

45 Bartone, C. R. Berstein, J., Leitmann, J. And Eigen, J. op. cit.

ambientalmente adequadas", estabeleceu, como objetivos básicos: "vitalizar e ampliar os sistemas nacionais de *reúso* e reciclagem de resíduos", e "tornar disponíveis informações, tecnologia e instrumentos de gestão apropriados para encorajar e tornar operacional, sistemas de reciclagem e uso de águas residuárias".

A prática de uso de águas residuárias também é associada, e suportiva, às seguintes áreas programáticas incluídas nos capítulos 14 - "Promovendo a agricultura sustentada e o desenvolvimento rural", e 18 - "Proteção da qualidade das fontes de águas de abastecimento - Aplicação de métodos adequados para o desenvolvimento, gestão e uso dos recursos hídricos", visando à disponibilidade de água "para a produção sustentada de alimentos e desenvolvimento rural sustentado" e "para a proteção dos recursos hídricos, qualidade da água e dos ecossistemas aquáticos".

Embora não exista, no Brasil, nenhuma legislação relativa, e nenhuma menção tenha sido feita sobre o tema na nova Política Nacional de Recursos Hídricos (Lei nº 9.433 de 8 de janeiro de 1997), já se dispõe de uma primeira demonstração de vontade política, direcionada para a institucionalização do *reúso*. A "Conferência Interparlamentar sobre Desenvolvimento e Meio Ambiente" realizada em Brasília, em dezembro de 1992, recomendou, sob o item Conservação e Gestão de Recursos para o Desenvolvimento" (Parágrafo 64/B), que se envidasse esforços, em nível nacional, para "institucionalizar a reciclagem e *reúso* sempre que possível e promover o tratamento e a disposição de esgotos, de maneira a não poluir o meio ambiente".

Necessidade de *reúso*

Nas regiões áridas e semi-áridas, a água se tornou um fator limitante para o desenvolvimento urbano, industrial e agrícola. Planejadores e entidades gestoras de recursos hídricos procuram, continuadamente, novas fontes de recursos para complementar a pequena disponibilidade hídrica ainda disponível. No polígono das secas do nosso Nordeste, a dimensão do problema é ressaltada por um anseio, que já existe há 75 anos, para a transposição do rio São Francisco, visando ao atendimento da demanda dos estados não riparianos da região semi-árida, situados ao norte e a leste de sua bacia de drenagem. Diversos países do Oriente Médio, onde a precipitação média oscila entre 100 e 200 mm por ano, dependem de alguns poucos rios perenes e pequenos reservatórios de água subterrânea, geralmente localizados em regiões montanhosas, de difícil acesso. A água potável é proporcionada através de sistemas de dessalinação da água do mar e, devido à impossibilidade de manter uma agricultura irrigada, mais de 50% da demanda de alimentos são satisfeitos através da importação de produtos alimentícios básicos.

O fenômeno da escassez não é, entretanto, atributo exclusivo das regiões áridas e semi-áridas. Muitas regiões com recursos hídricos abundantes, mas insuficientes para atender a demandas excessivamente elevadas, também experimentam conflitos de usos e sofrem restrições de consumo, que afetam o desenvolvimento econômico e a qualidade de vida. A Bacia do Alto Tietê, que abriga uma população superior a 15 milhões de habitantes e um dos maiores complexos industriais do mundo, dispõe, pela sua condição característica de manancial de cabeceira, vazões insuficientes para a demanda da Região Metropolitana de São Paulo e municípios circunvizinhos. Esta condição tem levado à busca incessante de recursos hídricos complementares de bacias vizinhas, que trazem, como conseqüência direta, aumentos consideráveis de custo, além dos evidentes problemas legais e político-institucionais associados. Esta prática tende a se tornar cada vez mais restritiva, face à conscientização popular, arregimentação de entidades de classe e ao desenvolvimento institucional dos comitês de bacias afetadas pela perda de recursos hídricos valiosos.

Nessas condições, o conceito de "substituição de fontes", se mostra como a alternativa mais plausível para satisfazer a demandas menos restritivas, liberando as águas de melhor qualidade para usos mais nobres, como o abastecimento doméstico. Em 1985, o Conselho Econômico e Social das Nações Unidas, estabeleceu uma política de gestão para áreas carentes de recursos hídricos, que suporta este conceito: "a não ser que exista grande disponibilidade, nenhuma água de boa qualidade deve ser utilizada para usos que toleram águas de qualidade inferior" [46]

As águas de qualidade inferior, tais como esgotos, particularmente os de origem doméstica, águas

46 United Nations. "Water for Industrial Use", Economic and Social Council, Report E/3058STECA/50, United Nations, New York, 1958.

de drenagem agrícola e águas salobras, devem, sempre que possível, ser consideradas como fontes alternativas para usos menos restritivos. O uso de tecnologias apropriadas para o desenvolvimento dessas fontes, se constitui hoje, em conjunção com a melhoria da eficiência do uso e o controle da demanda, na estratégia básica para a solução do problema da falta universal de água.

Formas potenciais de *reúso*

Através do ciclo hidrológico a água se constitui em um recurso renovável. Quando reciclada através de sistemas naturais, é um recurso limpo e seguro que é, através da atividade antrópica, deteriorada em níveis diferentes de poluição. Entretanto, uma vez poluída, a água pode ser recuperada e *reusada* para fins benéficos diversos. A qualidade da água utilizada e o objeto específico do *reúso*, estabecerão os níveis de tratamento recomendados, os critérios de segurança a serem adotados e os custos de capital e de operação e manutenção associados. As possibilidades e formas potenciais de *reúso* dependem, evidentemente, de características, condições e fatores locais, tais como decisão política, esquemas institucionais, disponibilidade técnica e fatores econômicos, sociais e culturais. A Figura 6 apresenta esquematicamente os tipos básicos de usos potenciais de esgotos tratados, que podem ser implementados, tanto em áreas urbanas como em áreas rurais[47].

Usos urbanos

No setor urbano, o potencial de *reúso* de efluentes é muito amplo e diversificado. Entretanto, usos que demadam água com qualidade elevada, requerem sitemas de tratamento e de controle avançados, podendo levar a custos incompatíveis com os benefícios correspondentes. De uma maneira geral, esgotos tratados podem, no contexto urbano, ser utilizados para fins potáveis e não potáveis.

Usos urbanos para fins potáveis

A presença de organismos patogênicos e de compostos orgânicos sintéticos na grande maioria dos efluentes disponíveis para *reúso*, principalmente naqueles oriundos de estações de tratamento de esgotos de grandes conurbações, com pólos industriais expressivos, classifica o *reúso* potável como uma alternativa associada a riscos muito elevados, tornando-o praticamente inaceitável. Além disso, os custos dos sistemas de tratamento avançados que

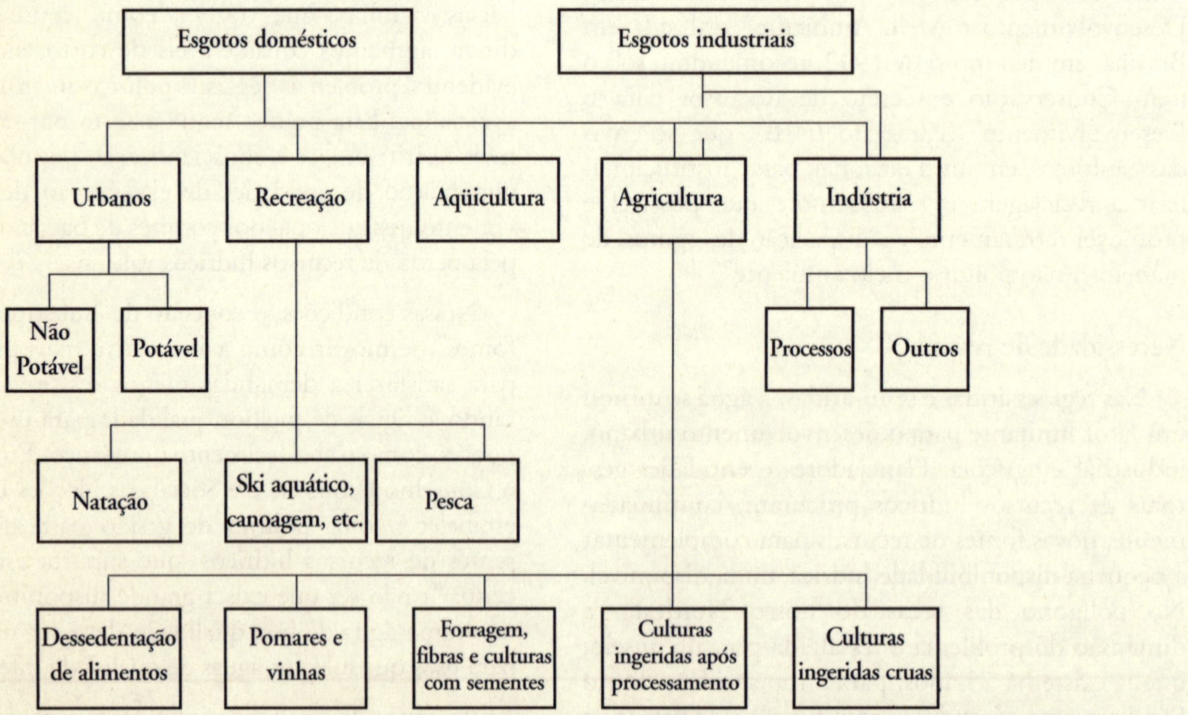

Figura 6 - Tipos de reúso.[48]

47 Hespanhol, I.,"Esgotos como Recurso Hídrico - Parte I: Dimensões Políticas, Institucionais, Legais, Econômico-financeiras e Sócio-culturais", Engenharia, Instituto de Engenharia de São Paulo, nº.523, ano 55, São Paulo, 1997.
48 Idem.

seriam necessários, levariam à inviabilidade econômico-financeira do abastecimento público, não havendo, ainda, face às considerações anteriormente efetuadas, garantia de proteção adequada da saúde pública dos consumidores.

Entretanto, caso seja imprescindível implementar *reúso* urbano para fins potáveis, devem ser obedecidos os seguintes critérios básicos:

Utilizar apenas sistemas de *reúso* indireto

A Organização Mundial da Saúde não recomenda o *reúso* direto, vizualizado como a conecção direta dos efluentes de uma estação de tratamento de esgotos a uma estação de tratamento de águas e, em seguida, ao sistema de distribuição.

Como *reúso* indireto, compreende-se a diluição dos esgotos, após tratamento, em um corpo hídrico (lago, reservatório ou aqüífero subterrâneo), no qual, após tempos de detenção relativamente longos, é efetuada a captação, seguida de tratamento adequado e posterior distribuição. O conceito de *reúso* indireto implica, evidentemente, que o corpo receptor intermediário, seja um corpo hídrico não poluído, para, através de diluição adequada, reduzir a carga poluidora a níveis aceitáveis. A prática do *reúso* para fins potáveis, como vem se pretendendo efetuar em São Paulo, na qual água altamente poluída por efluentes, tanto domésticos como industriais, é revertida, sem nenhum tratamento, para outro manancial, também extensivamente poluído por esgotos domésticos e por elevadas concentrações de cobre, utilizados para controle de algas, não se classifica, portanto, como *reúso* indireto.

Utilizar exclusivamente esgotos domésticos

Devido à impossibilidade de identificar adequadamente a enorme quantidade de compostos de alto risco, particularmente micropoluentes orgânicos, presentes em efluentes líquidos industriais, mananciais que recebem, ou receberam, durante períodos prolongados, esses efluentes, são, *a priori*, desqualificados para a prática de *reúso* para fins potáveis. O *reúso*, para fins potáveis, só pode ser praticado, tendo como matéria-prima básica, esgotos exclusivamente domésticos.

Na República da Namíbia, por exemplo, que vem tratando esgotos exclusivamente domésticos para fins potáveis, os esgotos industriais são coletados em rede separada e tratados independentemente. Além disso, um controle intensivo é efetuado pela municipalidade, para evitar a descarga, mesmo acidental, de efluentes industriais ou compostos químicos de qualquer espécie, no sistema de coleta de esgotos domésticos[49].

Empregar barreiras múltiplas nos sistemas de tratamento.

Os elevados riscos associados à utilização de esgotos, mesmo domésticos, para fins potáveis, exigem cuidados extremos para assegurar proteção efetiva e permanente dos consumidores. Os sistemas de tratamento a serem implementados, devem ter unidades de tratamento suplementares, além daquelas teoricamente necessárias. É recomendável, quando possível, reter os esgotos já tratados em aqüíferos subterrâneos, por períodos prolongados, antes de se encaminhar a água para abastecimento público.

No caso da República da Namíbia, acima referido, esgotos exclusivamente domésticos, coletados na cidade de Windhoek, são inicialmente tratados na *Gammams Sewage Treatment Works*, que consta de grades, caixas de areia, decantadores primários e sistema de lodos ativados, seguido de lagoas de maturação. O efluente da estação de Gammams é encaminhado à *Goreangab Reclamation Plant*, para a fase de potabilização dos efluentes domésticos tratados. Esta estação consta de pré-ozonização, coagulação-floculação em primeiro estágio, flotação com ar dissolvido, adsorção em carvão ativado em pó, coagulação-floculação em segundo estágio, sedimentação, filtros rápidos de areia, ozonização, de-aeração e reciclagem de ozona, adsorção em carvão ativado granular, cloração ao *breakpoint*, correção de pH com cal e armazenamento da água potável em lençol freático, por longos períodos, de onde é, posteriormente, removida através de poços e introduzida no sistema de abastecimento público de Windhoek.

Esse sistema vem operando desde outubro de 1968, e os estudos epidemiológicos realizados até o presente, demonstraram que as doenças transmissíveis prevalecentes no país (doenças diarréicas e Hepatite A) não são associadas à água reciclada, que abastece a cidade.

49 Van der Merwe, B., Peters, I.,Menge, J.,"Namibia Case Study", in: Health, Agricultural and Environmental Aspects of Wastewater and Excreta Use, Report of a Joint WHO/FAO/UNEP/UNCHS Regional Workshop, Harare, Zimbabwe, World Health Organization, Geneva, 1994.

Adquirir aceitação pública e assumir responsabilidades pelo empreendimento. Os programas de *reúso* para fins potáveis devem ser, desde a fase de planejamento, motivo de ampla divulgação e discussão com todos os setores da população concernente. Para a implementação, deve haver aceitação pública da proposta de *reúso*. Por outro lado, as responsabilidades técnica, financeira e moral, que cabem às entidades encarregadas do planejamento, implementação e gestão do sistema de *reúso*, devem ser explicitamente reconhecidas e assumidas.

Usos urbanos para fins não potáveis

Os usos urbanos não potáveis envolvem riscos menores e devem ser considerados como a primeira opção de *reúso* na área urbana. Entretanto, cuidados especiais devem ser tomados quando ocorrre contato direto do público com gramados de parques, jardins, hotéis, áreas turísticas e campos de esporte. Os maiores potenciais de *reúso* são os que empregam esgotos tratados para:

- irrigação de parques e jardins públicos, centros esportivos, campos de futebol, quadras de golfe, jardins de escolas e universidades, gramados, árvores e arbustos decorativos ao longo de avenidas e rodovias;
- irrigação de áreas ajardinadas ao redor de edifícios públicos, residenciais e industriais;
- reserva de proteção contra incêndios;
- sistemas decorativos aquáticos tais como fontes e chafarizes, espelhos e quedas d'água;
- descarga sanitária em banheiros públicos e em edifícios comerciais e industriais;
- lavagem de trens e ônibus públicos.

Os problemas associados ao *reúso* urbano não potável são, principalmente, os custos elevados de sistemas duplos de distribuição, dificuldades operacionais e riscos potenciais de ocorrência de conexões cruzadas. Os custos, entretanto, devem ser considerados em relação aos benefícios de conservar água potável e de, eventualmente, adiar ou eliminar a necessidade de desenvolvimento de novos mananciais, para abastecimento público.

Diversos países da Europa, assim como os países industrializados da Ásia, localizados em regiões de escassez de água, exercem extensivamente a prática de *reúso* urbano não potável. Entre esses, o Japão vem utilizando efluentes secundários para diversas finalidades. Em Fukuoka, uma cidade com aproximadamente 1,2 milhões de habitantes, situada no sudoeste do Japão, diversos setores operam com rede dupla de distribuição de água, uma das quais com esgotos domésticos tratados em nível terciário (lodos ativados, desinfecção com cloro em primeiro estágio, filtração, ozonização, desinfecção com cloro em segundo estágio), para uso em descarga de *toiletes* em edificios residenciais. Esse efluente tratado, é também utilizado para outros fins, incluindo irrigação de árvores em áreas urbanas, para lavagem de gases, e alguns usos industriais, tais como resfriamento e desodorização[50]. Diversas outras cidades do Japão, entre as quais Oita, Aomori e Tóquio, estão fazendo uso de esgotos tratados ou de outras águas de baixa qualidade, para fins urbanos não potáveis, proporcionando uma economia significativa dos escassos recursos hídricos localmente disponíveis [(51,52,53)].

Usos industriais

Os custos elevados da água industrial associados às demandas crescentes, têm levado as indústrias a avaliar as possibilidades internas de *reúso* e a considerar ofertas de companhias de saneamento para a compra de efluentes tratados, a preços inferiores aos da água potável dos sistemas públicos de abastecimento. A "água de utilidade" produzida através de tratamento de efluentes secundários e distribuída por adutoras que servem um agrupamento significativo de indústrias, se constitui, atualmente, em um grande atrativo para abastecimento industrial a custos razoáveis. Em algumas áreas da Região Metropolitana de São Paulo o custo da água posta à disposição da indústria está em torno de oito reais por metro cúbico, enquanto que a água de utilidades apresenta um custo marginal por metro cúbico pouco superior a quatro reais. Este custo varia, evidentemente, com as condições locais, tanto em termo dos níveis de tratamento adicionais necessários, como aqueles relativos aos sistemas de distribuição. A proximidade de estações de tratamento de

50 Sano, K., Miura, T.,"Dual Water Supply System Using Reclaimed Wastewater in Fukuoka City" Sewage Works in Japan, pp. 96-100, 1990.
51 Narumi, S., "Reuse of Treated Effluents for Moat Restoratation in Ooita City", Sewage Works in Japan, pp. 36-43, 1987.
52 Gonohe, K., "Reuse of Treated Eflluents in Aomori City:The Snow Drain System", Sewage Works in Japan, pp.17-24, 1987.
53 Matzusaki, S., "Reuse of Effluent from Sewage Treatment Plants in Tokyo", Sewage Works in Japan, pp.54-66, 1987.

esgotos das áreas de grande concentração industrial contribui para a viabilização de programas de *reúso* industrial, uma vez que permite adutoras e custos unitários de tratamento menores.

Os usos industriais que apresentam possibilidade de ser viabilizados em áreas de concentração industrial significativa são basicamente os seguintes:

- torres de resfriamento;
- caldeiras;
- construção civil, incluindo preparação e cura de concreto, e para compactação do solo;
- irrigação de áreas verdes de instalações industriais, lavagens de pisos e alguns tipos de peças, principalmente na industria mecânica;
- processos industriais.

Dentro do critério de estabelecer prioridades para usos que já possuam demanda imediata e que não exijam níveis elevados de tratamento, é recomendável concentrar a fase inicial do programa de *reúso* industrial, em torres de refrigeração.

Esgotos domésticos tratados têm sido amplamente utilizados como água de resfriamento em sistemas com e sem recirculação. Os esgotos apresentam uma pequena desvantagem em relação às águas naturais, pelo fato de possuírem temperatura um pouco mais elevada. Em compensação, a oscilação de temperatura é muito menor nos esgotos domésticos do que em águas naturais.

Embora corresponda à apenas 17% da demanda de água não potável pelas indústrias, o uso de efluentes secundários tratados, em torres de resfriamento, tem a vantagem de requerer qualidade independente do tipo de indústria, e a de atender, ainda, a outros usos menos restritivos, tais como lavagem de pisos e equipamentos, e como água de processo em indústrias mecânicas e metalúrgicas. Além disso, a qualidade de água adequada, para resfriamento de sistemas semi-abertos, é compatível com outros usos urbanos, não potáveis, tais como irrigação de parques e jardins, lavagem de vias públicas, construção civil, formação de lagos para algumas modalidades de recreação e para efeitos paisagísticos. Os sistemas de tratamento para *reúso* em unidades de resfriamento semi-abertos, por exemplo, são relativamente simples, devendo produzir efluentes capazes de evitar corrosão ou formação de depósitos, crescimento de microorganismos, formação excessiva de escuma e delignificação de torres de resfriamento, construídas em madeira. Outras indústrias, que podem ser consideradas nas fases posteriores na implementação de um programa metropolitano de *reúso*, incluem água para produção de vapor, para lavagem de gases de chaminés, e para processos industriais específicos, tais como manufatura de papel e papelão, indústria têxtil, de material plástico e produtos químicos, petroquímicas, curtumes, construção civil, etc. Essas modalidades de *reúso*, envolvem sistemas de tratamento avançados e demandam, conseqüentemente, níveis de investimento elevados.

Reúso e conservação devem, também, ser estimulados nas próprias indústrias, através de utilização de processo industriais e de sistemas de lavagem com baixo consumo de água, assim como em estações de tratamento de água para abastecimento público, através da recuperação e *reúso* das águas de lavagem de filtros e de decantadores.

Na Região Metropolitana de São Paulo existe um grande potencial para uso de efluentes das estações de tratamento de esgotos em operação, para fins industriais. A estação de tratamento de esgotos de Barueri poderia abastecer, com efluentes tratados, uma área industrial relativamente importante, distribuida em Barueri, Carapicuíba, Osasco, e o setor industrial, ao longo do rio Cotia, nas imediações da rodovia Raposo Tavares. Da mesma maneira, a estação de Suzano poderia abastecer indústrias concentradas nas regiões de Poá, Suzano e, eventualmente, de Itaquaquecetuba e Mogi das Cruzes.

Usos agrícolas

Face às grandes vazões envolvidas, (chegando a até 80% do uso consuntivo, em alguns países), especial atenção deve ser atribuída ao *reúso* para fins agrícolas. A agricultura depende, atualmente, de suprimento de água a um nível tal que a sustentabilidade da produção de alimentos não poderá ser mantida, sem o desenvolvimento de novas fontes de suprimento e a gestão adequada dos recursos hídricos convencionais. Esta condição crítica é fundamentada no fato de que o aumento da produção, não pode mais ser efetuado através da mera expansão de terra cultivada. Com poucas exceções, tais como áreas significativas do Nordeste brasileiro, que vêm sendo recuperadas para uso agrícola, a terra arável, em nível mundial, se aproxima muito rapidamente de seus limites de expansão. A Índia já explorou praticamente 100% de seus recursos de solo arável, enquanto que Bangladesh dispõe de apenas 3% para expansão lateral. O Paquistão, as Filipinas e a Tailândia, ainda têm um potencial de expansão de aproximadamente 20%[54]. A taxa global de expansão de terra arável diminuiu de 0,4% durante a década 1970-1979 para 0,2%, durante o período 1980-1987. Nos países em vias de desenvolvimento e em estágio de industrialização acelerada, a taxa de crescimento também caiu de 0,7% para 0,4%[55, 56].

Durante as duas últimas décadas, o uso de esgotos para irrigação de culturas aumentou, significativamente, devido aos seguintes fatores:

- dificuldade crescente de identificar fontes alternativas de águas para irrigação;
- custo elevado de fertilizantes;
- a segurança de que os riscos de saúde pública e impactos sobre o solo são mínimos, se as precauções adequadas são efetivamente tomadas;
- os custos elevados dos sistemas de tratamento, necessários para descarga de efluentes em corpos receptores;
- a aceitação sócio-cultural da prática do *reúso* agrícola;
- o reconhecimento, pelos órgãos gestores de recursos hídricos, do valor intrínseco da prática.

Estima-se que, na região do Alto Tietê, a jusante do Reservatório de Ponte Nova, até às imediações de Guarulhos, poder-se-ia, com o atendimento da demanda agrícola através dos esgotos coletados dos municípios da região, dispor de aproximadamente 3 metros cúbicos por segundo adicionais, de água de boa qualidade, para abastecimento público.

Na região da influência da Estação de Tratamento de Esgoto - ETE - Suzano, por exemplo, existe uma grande área de uso agrícola, irrigada com água de qualidade elevada. Esta área se concentra, particularmente ao longo do rio Taiaçupeba e dista, aproximadamente, 8 quilômetros da ETE Suzano. É muito provável, entretanto, que a elevada concentração de efluentes industriais recebidos na ETE Suzano, torne os seus efluentes incompatíveis para o *reúso* agrícola.

A aplicação de esgotos no solo é uma forma efetiva de controle da poluição e uma alternativa viável para aumentar a disponibilidade hídrica em regiões áridas e semi-áridas. Os maiores benefícios dessa forma de *reúso*, são os associados aos aspectos econômicos, ambientais e de saúde pública.

Benefícios econômicos do *reúso* agrícola

Os benefícios econômicos são auferidos graças ao aumento da área cultivada e ao aumento da produtividade agrícola, os quais são mais significativos em áreas onde se depende apenas de irrigação natural, proporcionada pelas águas de chuvas. Um exemplo notável de recuperação econômica, associada à disponibilidade de esgotos para irrigação é o caso do Vale de Mesquital, no México, onde a renda agrícola aumentou de quase zero no início do século, quando os esgotos da cidade do México foram postos à disposição da região, até aproximadamente 4 milhões de dólares americanos por hectare, em 1990[57]

Estudos efetuados em diversos países demonstraram que a produtividade agrícola aumenta significativamente em sistemas de irrigação com esgotos adequadamente administrados. A Tabela 8 mostra os resultados experimentais efetuados em Nagpur, Índia, pelo Instituto Nacional de Pesquisas de Engenharia Ambiental (NEERI), que investigou os efeitos da irrigação com esgotos, sobre as culturas produzidas[58].

Efluentes de sistemas convencionais de tratamento, tais como lodos ativados, têm uma concentração típica de 15 mg/litro de N total e 3 mg/litro de P total, proporcionando, portanto, às taxas usuais de irrigação em zonas semi-áridas (aproximadamente 2 metros por ano), uma aplicação de N e P de 300 e 60 kg/ha/ano, respectivamente. Essa aplicação de nutrientes reduz, substancialmente, ou mesmo elimina, a necessidade do emprego de fertilizantes

54 World Bank/UNDP/ICID, "Irrigation and Drainage Research - A Proposal for an Internationally Supported Program to Enhance Research on Irrigation and Drainage Technology in Developing Countries", vol.I, World Bank/UNDP in collaboration with ICID, Washington, D.C., 1990.

55 FAO, "World Agricultural Statistics", FAO Statistical Pocket Book, Food and Agricultural Organization od the United Nations, Roma, Italy, 1987.

56 FAO, "Production 1988, FAO Yearbook", vol.42, Food and Agricultural Organization of the United Nations, Roma, Italy, 1987.

57 CNA, "Información General de los Districtos de Riego 03 e 100, Alfajayuacan", Gerencia Estatal, Pajuca, Hidalgo, México, Comision Nacional de Aguas, Cidade do México, 1993.

58 Shende, G.B.,"Status of Wastewater Treatment and Agricultural Reuse with Special Reference to Indian Experience and Research and Development Needs", in: M.B. Pescod and A. Arar,Eds., Proceedings of the FAO Seminar on the Treatment and Use of Sewage Effluents for Irrigation, Nicosia, Cyprus, 7-9 October, Butterworths, London, 1985.

Tabela 8 - Aumento da produtividade agrícola (ton/ha/ano) possibilitada pela irrigação com esgotos domésticos[59]

Irrigação efetuada com	Trigo 8 anos(a)	Feijão 5 anos(a)	Arroz 7 anos(a)	Batata 4 anos(a)	Algodão 3 anos(a)
Esgoto bruto	3,34	0,90	2,97	23,11	2,56
Efluente primário	3,45	0,87	2,94	20,78	2,30
Efluente de lagoa de estabilização	3,45	0,78	2,98	22,31	2,41
Água + NPK	2,70	0,72	2,03	17,16	1,70

(a) - Número de anos para cálculo da produtividade média.

comerciais. Além dos nutrientes (e dos micronutrientes, não disponíves em fertilizantes sintéticos), a aplicação de esgotos proporciona a adição de matéria orgânica, que age como um condicionador do solo, aumentando a sua capacidade de reter água.

O aumento de produtividade não é, entretanto, o único benefício, uma vez que se torna possível ampliar a área irrigada e, quando as condições climáticas permitem, efetuar colheitas múltiplas, praticamente ao longo de todo o ano[60].

A prática de aqüicultura fertilizada com esgotos ou excretas também representa uma fonte de receita substancial em diversos países, entre os quais Bangladesh, India, Indonésia e Perú. O sistema de lagoas, operando há muitas décadas em Calcutá, é o maior sistema existente atualmente, utilizando apenas esgotos, como fonte de alimentos para a produção de peixes. Dados de 1987[61], indicam uma área total de lagoas com aproximadamente 3.000 hectares, e uma produção anual entre 4 a 9 ton/hectare, que supre quase que exclusivamente o mercado local. Outros elementos sobre os benefícios econômicos da aqüicultura fertilizada com excretas ou esgotos, podem ser encontrados na literatura especializada[62, 63, 64].

Benefícios ambientais e à saúde pública

Sistemas de *reúso* adequadamente planejados e administrados, trazem melhorias ambientais e de condições de saúde, entre as quais:

- evita a descarga de esgotos em corpos de água;
- preserva recursos subterrâneos, principalmente em áreas onde a utilização excessiva de aquíferos provoca intrusão de cunha salina ou subsidência de terrenos;
- permite a conservação do solo, através da acumulação de "humus" e aumenta a resistência à erosão;
- contribui, principalmente em países em desenvolvimento, para o aumento da produção de alimentos, elevando, assim os níveis de saúde, qualidade de vida e condições sociais de populações associadas aos esquemas de *reúso*.

Apesar disso, alguns efeitos detrimentais podem ocorrer em associação com o uso de esgotos na irrigação. Um efeito potencialmente negativo é a poluição, particularmente por nitratos, de aqüíferos subterrâneos, utilizados para abastecimento de água. Isso ocorre quando uma camada insaturada, altamente porosa se situa sobre o aqüífero, permitindo a percolação de nitratos. Entretanto, ocorrendo uma camada profunda e homogênea, capaz de reter nitratos, a possibilidade de contaminação é bastante pequena. A assimilação de Nitrogênio pelas culturas, reduz a possibilidade de contaminação por nitrato, mas isso depende das taxas de assimilação pelas plantas e das taxas de aplicação de esgotos no solo.

O acúmulo de contaminantes químicos no solo é outro efeito negativo que pode ocorrer. Depen-

59 Idem.

60 Bartone, C.R., Arlosoroff, S., "Irrigation Reuse of Pond Effluents in Developing Countries", Wat. Sci. Tech., nº. 19 (12), pp.289-297, 1987.

61 Edwards, P., "Reuse of Human Excreta in Aquaculture - A Technical Review", UNDP and World Bank Water and Sanitation Programme, World Bank, Washington, D. C., 1992.

62 Bartone, C.R., "Reuse of Wastewater in the San Juan de Miraflores Stabilization Ponds: Public Health, Environmental and Socio-Economic Implications", PAHO Bulletin, 19 (2), pp. 146-164, Washington, D.C., 1985.

63 Bartone, C.R., Moscoso, J., Nava, H., "Reuse of Waste Stabilization Effluents for Fishculture: Productivity and Sanitary Quality Results", in: Charles R. O'Melia, Ed., Environmental Engineering, Proceedings of the 1990 Speciality Conference, Arlington, Virginia, 8-11 July 1990, American Society of Civil Engineers, New York, 1990.

64 Ikramullah, M., "Ïntegrated Duck-weed based Aquaculture and Rural Enterprise Promotion Project", presented at the Regional Workshop on Health, Agricultutal and Environmental Aspects of Wastewater and Excreta Use", World Health Organization, New Delhi, India, 2-6 May, 1994.

dendo das características dos esgotos, a prática da irrigação por longos períodos, pode levar à acumulação de compostos tóxicos, orgânicos e inorgânicos, e ao aumento significativo de salinidade, em camadas insaturadas[65]. Para evitar essa possibilidade, a irrigação deve ser efetuada com esgotos de origem predominantemente doméstica. A necessidade de um sistema adequado de drenagem, deve ser também considerada, visando minimizar o processo de salinização de solos irrigados com esgotos. Da mesma maneira, a aplicação de esgotos por períodos muito longos, pode levar à criação de *hábitats*, propícios à proliferação de vetores transmissores de doenças, tais como mosquitos e algumas espécies de caramujos. Nesse caso, devem ser empregadas técnicas integradas de controle de vetores, para proteger os grupos de risco correspondentes.

Estratégias para planejamento

O uso de esgotos, particularmente no setor agrícola, constitui-se em um importante elemento das políticas e estratégias de gestão de recursos hídricos. Muitos países, situados em regiões áridas e semiáridas, tais como os do norte da África e do Oriente Médio, consideram esgotos e águas de baixa qualidade, como parte integrante dos recursos hídricos nacionais, equacionando a sua utilização junto a seus sistemas de gestão, urbanos e rurais. Uma política criteriosa de *reúso*, transforma a problemática poluidora e agressiva dos esgotos, em um recurso econômico e ambientalmente seguro.

No Brasil, os governos estaduais e federal devem iniciar, imediatamente, processos de gestão para estabelecer bases políticas, legais e institucionais para o *reúso*, tanto em relação aos aspectos associados diretamente ao uso de afluentes, como aos planos estaduais ou nacionais de recursos hídricos. Linhas de responsabilidade e principios de alocação de custos, devem ser estabelecidos entre os diversos setores envolvidos, ou seja, companhias responsáveis pela coleta e tratamento de esgotos, os usuários que se benificiarão dos sistemas de *reúso*, e o estado, ao qual compete o suprimento adequado de água, a proteção do ambiente e da saúde pública. Em adição, e para assegurar a sustentabilidade, deve ser dada atenção adequada aos aspectos organizacionais, institucionais e sócio-culturais do *reúso*.

O planejamento de programas e projetos de *reúso* requer uma análise sistemática dos fatores básicos intervenientes. Na Tabela 9 é apresentada uma matriz sistemática para apoiar a caracterização de condições básicas e a identificação de possibilidades e limitações, orientando a fase de planejamento dos projetos de *reúso*[66].

As medidas de contrôle governamentais, sobre sistemas de uso de esgotos na agricultura, serão efetivamente aplicadas, se for efetuada uma escolha cuidadosa das áreas e os tipos de culturas que podem ser irrigadas com esgotos. A decisão de pôr efluentes tratados à disposição de fazendeiros, para irrigação irrestrita, elimina as vantagens de poder definir os locais adequados, escolher as técnicas de irrigação apropriadas, estabelecer as culturas permitidas, e de controlar os riscos sobre a saúde e os impactos ambientais. A maior segurança contra riscos de saúde e impactos ambientais adversos, é conseguida através da imposição da seleção e restrição de culturas, em áreas não abertas ao acesso do público em geral.

De uma maneira geral, os procedimentos adotados na preparação de planos para irrigação com esgotos, são similares àqueles utilizados para a maioria das formas de planejamento da utilização de recursos hídricos, isto é, de acordo com as oportunidades, características das demandas locais, e as principais dimensões físicas, econômicas e sociais da área de projeto.

O sucesso de planos de *reúso*, depende da maneira e profundidade com que as ações e atitudes seguintes, forem efetivamente implementadas:

- critérios adotados para avaliar as alternativas de *reúso* propostas;
- escolha de estratégias de uso único ou uso múltiplo dos esgotos;
- provisões gerenciais e organizacionais estabelecidas para administrar os esgotos e para selecionar e implementar o plano de *reúso*;
- importância dada às considerações de saúde pública, e aos riscos correspondentes;
- Nível de apreciação da possibilidade de estabelecimento de um recurso florestal, através de irrigação os com esgotos disponíveis.

A adoção de uma mistura de estratégias para o uso dos esgotos, traz a vantagem de permitir maior flexibilidade, maior segurança econômica e melhor

65 Foster, SS.D., Gale, I.N., and Hespanhol, I., "Impacts of Wastewater Use and Disposal on Groundwater", Technical Report WD/94/95, British Geological Survey, Keyworth, Notthingham, 1994.
66 Biswas, A.K., "The Role of Wastewater Reuse in Planning and Management", in: A.K. Biswas and A. Arar, Eds., Treatment and Reuse of Wastewater, Butterworths, London, 1988.

eficiência do uso dos esgotos disponíveis ao longo do ano, enquanto que a estratégia de uso único, pode levar a sobras sazonais que são, normalmente, condenadas à disposição improdutiva.

As dimensões legais e regulatórias

O uso de esgotos, principalmente para a irrigação de culturas, é associada aos dois aspectos legais seguintes:

- estabelecimento de um *status* legal para os esgotos, e a delineação de um regime legal: para a sua utilização. Essa nova condição deve levar: ao desenvolvimento de uma nova legislação ou à complementação de legislação existente, estabelecendo

Tabela 9 - Matriz para análise de projetos de irrigação com esgotos[67]

Natureza do problema
- Quais os volumes de esgotos produzidos e qual é a distribuição sazonal?
- Onde os esgotos serão produzidos?
- Quais são as características dos esgotos que serão produzidos?
- Quais são as alternativas de disposição possíveis?

Viabilidade legal
- Que usos se pode fazer dos esgotos, de acordo com a legislação existente, se disponível?
- Se não existem legislações estaduais ou federais, que uso se pode fazer dos esgotos dentro das diretrizes da Organização Mundial da Saude (OMS) e da Organização para Alimentos e Agricultura (FAO)?
- Quais são os direitos dos usuários dos recursos hídricos e como esses poderiam vir a ser afetados pelo *reúso*?

Viabilidade técnica
- A qualidade dos esgotos tratados disponíveis é adequada para irrigação restrita ou irrestrita?
- Quanto de terra está disponível ou é necessária para os projetos de irrigação?
- Quais são as características do solo nesta terra?
- Quais são as práticas de uso da terra? Elas podem ser modificadas?
- Que tipos de culturas podem ser consideradas?
- A demanda de água pelas culturas é compatível com a variação sazonal dos esgotos disponíveis?
- Que técnicas de irrigação serão utilizadas?
- Se a recarga de aqüíferos é uma das possibilidades para o uso dos esgotos, as características hidrogeológicas são adequadas?
- Qual seria o impacto dessa recarga na qualidade das águas subterrâneas?
- Existem problemas adicionais de saúde ou de ambiente, que necessitam ser considerados?

Viabilidade política e social
- Quais foram, no passado, as reações políticas a problemas de saúde e ambientais que, eventualmente tenham ocorrido em possível conexão com o uso de esgotos?
- Qual é a percepção pública da prática do uso de esgotos?
- Qual é a atitude de grupos de influência em áreas onde esgotos têm possibilidade de ser utilizados?
- Quais são os benefícios potenciais do *reúso* para a comunidade?
- Quais são os riscos potenciais?

Viabilidade econômica
- Quais são os custos de capital envolvidos?
- Quais são os custos de operação e manutenção?
- Qual é o valor da taxa de retorno?
- Quais são os custos de implantação dos sistemas de agricultura irrigada com esgotos, isto é, custos de transporte de água para a área de plantio, instalação de equipamentos de irrigação, infra-estrutura, etc.?
- Quais são os benefícios do sistema de irrigação com esgotos?
- Qual é a relação custo/benefício do projeto de irrigação com esgotos?

Viabilidade operacional
- São os recursos humanos e a capacidade operacional locais adequados para as atividades de operação e manutenção dos sistemas de tratamento, irrigação, recarga de aquíferos, operação agrícola e contrôle de aspectos de saúde e ambiente?
- Caso contrário, quais são os programas de treinamento que devem ser implementados?

67 Idem.

normas, padrões e códigos de prática, associados ao *reúso*; à criação de uma nova instituição ou delegação de poderes a uma instituição existente; à atribuição de competências às agências locais e nacionais, associadas ao setor, e às bases para o inter-relacionamento e cooperação mútua entre elas;

- garantir os direitos dos usuários, principalmente com relação ao acesso e apropriação dos esgotos, incluindo a regulamentação pública de seus usos. A legislação deve incluir também a posse da terra, sem a qual os direitos sobre o uso dos esgotos não teriam nenhum valor.

A delineação de um regime legal para o uso de esgotos deve considerar os aspectos seguintes[68]:

- a definição do que é esgoto;
- a quem pertence os esgotos;
- um sistema de licenciamento para uso de esgotos;
- proteção de outros usuários, que possam ser adversamente afetados pela diminuição de vazões de retorno, aos mananciais que utilizam;
- restrições, visando à proteção do meio ambiente e da saúde pública, com relação ao uso planejado para os esgotos, condições de tratamento e qualidade final dos esgotos tratados, e condições para a localização de estações de tratamento de esgotos;
- alocação de custos e estabelecimento de tarifas para os esgotos;
- mecanismos de aplicação de leis e regulamentos;
- disposição de lodos gerados nos sistemas de tratamento de esgotos;
- delegação de poderes a uma instituição, ou criação de uma nova instituição, ou elaboração de arranjos institucionais para a administração da legislação sobre *reúso*;
- a interface entre o regime legal estabelecido para *reúso*, e o regime legal para a gestão de recursos hídricos, principalmente a legislação sobre água e controle da poluição ambiental, e a legislação relativa ao abastecimento de água e coleta de esgotos, incluindo as instituições responsáveis.

Em nível operacional, as ações regulatórias são aplicadas através de diretrizes, normas ou padrões e códigos de prática, que possuem as seguintes características:

Diretrizes

Uma das múltiplas funções da Organização Mundial da Saúde é a de propor regulações e de fazer recomendações relativas a assuntos internacionais de saúde pública e de saúde ambiental[69]. As diretrizes para o uso seguro de esgotos, produzidas como parte dessa função, são baseadas em pesquisas científicas e estudos epidemiológicos, proporcionando informação básica e orientação para a tomada de decisões que envolvem riscos à saúde pública e ao ambiente.

Diretrizes não são estabelecidas com a finalidade de aplicação direta e absoluta em todos os países. Elas são de natureza meramente orientativa, direcionadas para o estabelecimento de uma base de riscos aceitáveis e, como tal, proporcionam uma referência comum, para o estabelecimento de normas e padrões, no âmbito nacional[70].

O Grupo Científico sobre Diretrizes para o Uso de Esgotos em Agricultura e Aqüicultura, reunido em Genebra, Suíça, em 1989,[71] estabeleceu os critérios básicos para a proteção dos grupos de risco, associados a esquemas de *reúso* agrícola e recomendou as diretrizes mostradas na Tabela 10. Esses critérios e diretrizes, foram estabelecidos com base em um longo processo técnico e científico preparatório e na evidência epidemiológica, disponível até então.

O uso de esgotos para fertilizar lagoas para a produção de peixes, está associado a um grande número de infecções causados por organismos patogênicos, incluindo a invasão da carne por bactérias e alta concentração microbiana no trato digestivo e no fluido intra-peritonial dos peixes.

Devido à pequena disponibilidade de dados, tanto experimentais como de campo, relativos a efeitos sobre a saúde, da aqüicultura fertilizada com esgotos ou excretas, o Grupo Científico recomendou as seguintes ***diretrizes preliminares***:

- média geométrica inferior a 10^3 coliformes fecais

68 Who. "Legal Issues in Water Resources Allocation, Wastewater Use and Water Supply Management". Report of a Consultation of the FAO/WHO Working Group on Legal Aspects of Water Supply and Wastewater Management, Geneva, 22-27 September, World Health Organization, 1990.

69 WHO, "Basic Documents", 38th Edition, World Health Organization, Geneva, 1990.

70 Hespanhol, I. And Prost, A., "WHO Guidelines and National Standards for Reuse and Water Quality", Water Research, 28(1), pp.119-124, London, 1994.

71 Who. "Health guidelines for the use of Wastewater in Agriculture and Aquaculture. op. cit.

por 100 ml nas lagoas, para prevenir a invasão de bactérias na carne dos peixes. O mesmo valor diretriz deve ser mantido em lagoas nas quais se produzem vegetais aquáticos comestíveis (macrófitas), uma vez que esses são, em alguns países, comidos crus. Essa concentração pode ser obtida, abastecendo as lagoas com esgotos tratados, com concentrações máximas de 10^3 a 10^4 coliformes fecais por 100 ml, assumindo-se que a diluição na própria lagoa seja de uma ordem de magnitude;

- ausência total de ovos de trematodos, para evitar infecção por helmintos tais como *clonorchiasis, fascialopsis e schistomiasis.* Esta condição pode ser obtida através de tratamento em lagoas de estabilização em série, pois ovos desses helmintos, são facilmente removidos por sedimentação;
- manter padrões elevados de higiene durante a limpeza dos peixes, antes do cozimento, evitando a contaminação da carne pelo líquido intra-peritonial;
- as características químicas dos efluentes, utilizados para irrigação, são também de grande importância. Diversos parâmetros químicos são extremamente importantes para a agricultura, no que concerne à produtividade e qualidade das culturas, à manutenção da capacidade produtiva do solo, assim como à proteção do ambiente e da saúde

Tabela 10 - Diretrizes microbiológicas recomendadas para uso de esgotos na agricultura[72] *

Categoria	Condições de *reúso*	Grupos de risco	Nematodos intestinais (1) (Nº ovos/litro) (2)	Coliformes fecais (Nº /100ml) (3)	Sistema de tratamento recomendado para atingir a qualidade microbiológica
A	Irrigação de culturas a ser ingeridas cruas, campos esportivos, parques públicos (4)	Operários, consumidores, público	≤ 1	≤ 1.000	Lagoas de estabilização em série ou tratamento equivalente
B	Irrigação de cereais, culturas industriais, forragem, pastos e árvores (5)	Operários	≤ 1	n.a	Retenção em lagoas de estabilização por 8 a 10 dias ou remoção equivalente de helmintos e coliformes fecais
C	Irrigação localizada de culturas da categoria B, se não ocorrer exposição de trabalhadores e do público	Nenhum	n.a.	n.a.	Pré-tratamento requerido pela técnica de irrigação aplicada, mas não menos do que tratamento primário

* - Em casos específicos, fatores epidemiológicos, socioculturais ou ambientais devem ser levados em consideração e essas diretrizes modificadas de acordo.

1 - *Ascaris, Trichuris, Necator americans e Ancilostomus duodenalis*

2 - Média aritmética durante o período de irrigação

3 - Média geométrica durante o período de irrigação

4 - Um valor diretriz mais restritivo (200 coliformes fecais por 100 ml) é apropriado para gramados públicos, tais como os de hotéis, com os quais o público tenha contato direto.

5 - No caso de árvores frutíferas, a irrigação deve cessar duas semanas antes dos frutos serem colhidos, e frutos não devem ser colhidos do chão. Irrigação por sistemas de aspersores não deve ser utilizada.

72 Idem.

dos consumidores. Essas variáveis são, principalmente, os sólidos dissolvidos totais, a condutividade elétrica, o índice de adsorção de sódio, íons específicos, elementos – traço e metais pesados. Uma discussão dos aspectos químicos associados à irrigação, particularmente com esgotos é encontrada na literatura especializada [73, 74].

Padrões e códigos de prática

Padrões são imposições legais promulgados através de leis, regulamentos, ou posturas técnicas. São estabelecidos em nível nacional, adaptando diretrizes às prioridades e levando em consideração as limitações e características técnicas, econômicas, sociais e culturais locais. São estabelecidos pela autoridade nacional competente, adotando critérios de risco/ benefício. Isso significa que padrões assim produzidos, não se baseiam meramente em características relativas à saúde ou ao ambiente, mas integram uma base ampla de aspectos e conseqüências econômicas e sociais. A qualquer época os padrões podem ser alterados ou complementados, sempre que novas evidências científicas ou novas tecnologias se tornarem disponíveis, ou em resposta às mudanças de prioridades e tendências nacionais.

Em muitos países, os padrões são complementados por códigos de prática, que proporcionam orientação para a construção, operação, manutenção e monitoramento de sistemas de *reúso.*

Assim como os padrões, os códigos de prática devem ser elaborados de acordo com as condições locais, mas os seguintes elementos básicos, são freqüentemente incluídos:

- arranjos institucionais;
- culturas permitidas sob a política de seleção e restrição de culturas;
- tratamento dos esgotos e qualidade do efluente tratado;
- sistema de distribuição de esgotos para irrigação;
- metodologia de irrigação;
- operação e manutenção;
- controle da exposição humana;
- monitoramento e vigilância;
- relatórios;
- sistema tarifário;
- multas e penalidades.

Aspectos institucionais

Os sistemas de *reúso*, estabelecidos em nível nacional, envolvem a responsabilidade de diversos ministérios. Para uma operação adequada e minimização de conflitos administrativos, os seguintes ministérios devem ser integrados, desde a fase de planejamento:

- Agricultura – planejamento e coordenação geral do projeto; gestão das terras pertencentes ao governo; instalação e operação da infra-estrutura de irrigação; controle do mercado;
- Recursos Hídricos – integração dos projetos de *reúso* no planejamento e gestão de recursos hídricos, em nível nacional;
- Fazenda e Planejamento – avaliação econômico-financeira dos projetos, análises de custo/benefício, financiamento, estabelecimento de critérios para subsídios, etc;
- Saúde – vigilância da qualidade do efluente tratado, de acordo com os padrões estabelecidos; proteção da saúde dos grupos de risco e vigilância da ocorrência de doenças associadas ao sistema de *reúso*; responsabilidade pela área de controle de exposição humana, promovendo vacinação, controle de anemia e doenças diarréicas, e educação sanitária;
- Obras Públicas e Companhias de Água e Saneamento – coleta e tratamento de esgotos.

De acordo com condições nacionais específicas, outros ministérios e entidades, públicas ou privadas, tais como os do meio ambiente, de desenvolvimento rural, cooperativas rurais, etc., poderão ser envolvidos nas fases de projeto e operação de esquemas de *reúso* agrícola.

Os países que pretendem institucionalizar atividades de *reúso*, se beneficiarão enormemente com a criação de um corpo executivo, com as caracterís-

73 FAO, "Water Quality for Agriculture", FAO Irrigation and Drainage Paper nº.29, Rev.1, Food and Agriculture Organization of the United Nations, Rome, 1985.

74 Chang, A.C., Page, A.L., Asano, T., and Hespanhol, I., "Developing Human Health-Related Chemical Guidelines for Reclaimed Wastewater and Sewage Sludge Applications in Agriculture",in: Proceedings of the Second International Symposium on Wastewater and Sludge Applications in Agriculture", IWQA, Iraklio, Crete, 1995.

ticas de um comitê técnico, integrado pelos ministérios ou secretarias competentes, e sob a égide de um ministério ou secretaria líder (Agricultura ou Recursos Hídricos), que assumiria a responsabilidade pelo desenvolvimento do setor e pelo planejamento e gestão do empreendimento. A responsabilidade desses comitês inter-agências estaria associada à implementação das seguintes atividades básicas:

- desenvolver uma política nacional ou regional para *reúso* e administrar a sua implementação;
- definir as competências inerentes a cada ministério, secretarias estaduais e agências envolvidas, e os arranjos para a colaboração mútua;
- analisar e avaliar os projetos de *reúso* propostos, principalmente sob o ponto de vista de saúde pública e meio ambiente;
- coordenar a promoção e a aplicação da legislação nacional e os correspondentes códigos de prática;
- estabelecer uma política de desenvolvimento de recursos humanos para o setor.

Em países que contam com uma administração federal, os arranjos para colaboração inter-agências, são ainda mais importantes em níveis regionais ou estaduais. Enquanto que a estrutura geral das políticas de *reúso* e os padrões, são definidos em nível nacional, os comitês regionais ou estaduais se encarregariam de sua interpretação e adaptação, levando em conta as características e condições locais.

No México por exemplo, que possui uma das maiores áreas agrícolas irrigadas com esgotos do mundo (156.000 hectares, com planos para expandir para um total de 237.000 hectares, abrangendo 17 distritos de irrigação, em 6 estados), a Comissão Nacional de Águas, CNA, vinculada ao Ministério de Agricultura e Recursos Hídricos, administra os recursos hídricos do País e, como tal, é a instituição encarregada pelo planejamento, administração e controle de todos os sistemas de *reúso* de água, em nivel nacional. Outras entidades governamentais tais como o Ministério da Saúde, o Ministério de Desenvolvimento Urbano e Ecologia e o Ministério de Desenvolvimento Social também participam, de acordo com os interesses específicos de seus campos de atividades. Em nível regional, os governos estaduais tambem se integram na administração de sistemas locais. No Vale de Mesquital, por exemplo, o estado de Hidalgo colabora com as agencias locais do CNA para a operação e manutenção dos distritos de irrigação e para atividades de monitoramento, vigilância e ações legais. No Vale de Mesquital, ocorre ainda participação muito forte do setor privado, administrando pequenas unidades de irrigação integradas em sistemas cooperativos.

Embora se possa vir a desenvolver legislação nacional relativa a *reúso*, é pouco provável que no Brasil se estabeleça um projeto único, nacional, devido às nossas dimensões geográficas e características regionais distintas. Nas condições brasileiras, os projetos de *reúso* deverão ter dimensões estaduais ou municipais, com as respectivas secretarias efetuando as atividades de planejamento e gestão, suportadas pelas companhias estaduais de saneamento, no que tange à coleta e tratamento de esgotos. Da mesma maneira que no nível federal, as secretarias da agricultura, planejamento, obras, meio ambiente etc., deverão integrar a estrutura organizacional e gerencial dos planos e projetos de *reúso* regionais, cabendo (como deveria acontecer também com os sistemas públicos de abastecimento de água potável) às secretarias de saúde fazer o controle de qualidade dos efluentes utilizados para irrigação.

Aspectos econômicos e financeiros

A avaliação econômica dos projetos de *reúso*, deve ser baseada nos custos incrementais e nos benefícios proporcionados pelo empreendimento. Uma metodologia adotada em diversos projetos, é a de ajustar os custos marginais e os benefícios ao valor presente, a uma taxa de desconto real e projetar o sistema de maneira que a relação benefício/custo seja superior à unidade. Outra possibilidade é a de determinar a taxa interna de retorno do projeto, e de verificar se esta é competitiva[75].

A avaliação financeira pode ser efetuada, por comparação, com um dos seguintes possiveis cenários, cada um dos quais configurado com diferentes custos e benefícios:

- ausência de agricultura;
- agricultura sem irrigação (apenas água de chuva);
- irrigação com água de fonte alternativa, sem apli-

75 Forero, R.S.,"Institutional, Economic and Socio-Cultural Considerations", in: WHO/FAO/UNCHS/UNEP Regional Workshop for the Americas on Health, Agriculture and Environmental Aspects of Wastewater Use, 8-12 November 1993, Instituto Mexicano de Tecnologia de Aguas (IMTA), Jiutepec, Mexico, 1993.

cação de fertilizantes;

- irrigação com água de fonte alternativa, com aplicação de fertilizantes.

Os custos, benefícios e recuperação de custos, em sistemas de *reúso* agrícola, possuem as seguintes características básicas:

Custos

Os seguintes custos devem ser considerados em projetos de *reúso* em irrigação[76]:

- custos de sistemas de tratamento, incluindo a área e preparação do terreno, projetos, serviços de engenharia, construção, materiais e equipamentos;
- custos de irrigação, incluindo os sistemas de transporte, de reservatório e de distribuição de esgotos;
- custos de campo, associados ao desenvolvimento institucional das fazendas, incluindo instalações e treinamento, medidas para proteção da saúde e instalações sanitárias para os trabalhadores;
- custos de operação e manutenção, incluindo custos adicionais de energia, mão-de-obra, roupas especiais para os trabalhadores, complementação de fertilizantes, se necessário, custos de administração e de *overhead*, testes e monitoramento.

Apenas custos marginais devem ser incluidos na avaliação financeira. Por exemplo, apenas os custos adicionais, necessários para atingir os padrões locais de efluentes para *reúso*, devem ser considerados. Os custos associados a sistemas de tratamento para proteção ambiental (que deveriam ser implementados, independentemente do *reúso*) não devem ser levados em consideração na avaliação econômica. Da mesma maneira, os custos de irrigação, de implantação e desenvolvimento institucional das fazendas a serem considerados, são unicamente os associados ao uso de esgotos, isto é, aqueles que podem ocorrer em adição aos eventuais custos inferidos pelo uso de qualquer outra fonte convencional de água.

Benefícios

Não há dificuldade para a avaliação dos benefícios diretos. Em sistemas de agricultura ou aqüicultura, eles podem ser estimados diretamente em termos de aumento da produtividade ou da produção, economia no uso de fertilizantes comerciais, economia no uso de água, etc. Por outro lado, os benefícios indiretos são difíceis de ser adequadamente quantificados.

Entre os muitos benefícios indiretos que atraem a atenção dos avaliadores econômicos e tomadores de decisão, capazes de visualizar as vantagens ambientais, de saúde e sociais do *reúso* agrícola, estão os seguintes:

- aumento do nível nutricional das populações mais pobres, através do aumento da produção de alimentos;
- aumento da disponibilidade de empregos e assentamentos populacionais nas áreas rurais;
- redução de danos ao ambiente;
- proteção de recursos subterrâneos contra depleção;
- proteção dos recursos de água de boa qualidade contra a poluição;
- controle da erosão, redução da desertificação, etc.

Os benefícios indiretos são "elementos não monetários" e, infelizmente, não são levados em consideração na avaliação econômica de projetos de *reúso*. Entretanto, as melhorias ambientais motivados pelo *reúso*, principalmente em termos de preservação de recursos hídricos, e o incentivo proporcionado para a construção de sistemas de coleta de esgotos urbanos, são extremamente relevantes. Esse benefícios são tão importantes, que tornam meramente subsidiárias as análises de custo/benefício como elemento de decisão para a implementação de projetos de *reúso*, principalmente em países em desenvolvimento, ou em rápido estágio de industrialização, como é o caso do Brasil.

Recuperação de custos

A adoção de uma política tarifária adequada, é de fundamental importância para a sustentabilidade de sistemas de *reúso*. A base de custos incrementais, que aloca apenas os custos marginais associados ao *reúso*, é um critério aceitável em países em desenvolvimento, onde os projetos de *reúso* são considerados como benefícios sociais. A cobrança, na forma de taxas ou tarifas, baseada nos volumes de esgotos tratados distribuídos, é utilizada em muitos países. Quando os volumes são muito grandes, e a rede de distribuição cobre áreas muito extensas, servindo

76 Papadopoulos, I, "Wastewater Management for Agricultural Production and Environmental Protection ion the Near East - A Manual". Agricultural Research Institute, Nycosia, Cyprus, 1990.

um número muito grande de usuários, como é o caso do Vale do Mesquital, no México, a cobrança é efetuada por meio de taxas, em função das áreas individuais irrigadas.

Subsidiar sistemas de *reúso* pode ser necessário, nos estágios iniciais de implantação dos sistemas, principalmente quando os custos associados são muito elevados. Essa possibilidade poderá encorajar o interesse dos agricultores, despertado pela permissão de utilizar esgotos tratados. De maneira a determinar a necessidade de suporte governamental para o esquema de recuperação de custos, é necessário investigar a capacidade e o interesse dos agricultores em pagar pelos serviços. A melhor maneira de exercer a cobrança é através da imposição das taxas e/ou tarifas, imediatamente após o término da colheita.

A influência religiosa e sociocultural

A aceitação pública do uso de esgotos na agricultura e aqüicultura é influenciada por fatores religiosos e socioculturais. Nas Américas, África e Europa, por exemplo, há uma forte objeção ao uso de excreta como fertilizante, enquanto que em algumas partes da Ásia, notadamente na China, Japão e Indonésia, a prática é efetuada regularmente e considerada como econômica e ambientalmente recomendável.

Na maioria dos países, entretanto, não há objeção cultural ao uso de esgotos, principalmente tratados. O uso de esgotos é, normalmente bem aceito, onde outras fontes de água não são facilmente disponíveis, ou por razões econômicas.

A prática do *reúso* agrícola é adotada em diversos países Islâmicos, uma vez demonstrada que as impurezas (*najassa*) foram removidas. Isso acontece, entretanto, mais por razões econômicas do que por preferência cultural. De acordo com os éditos do *Alcorão*, a prática do *reúso* pode ser aceita do ponto de vista religioso, somente se a água impura é transformada em água pura (*tahur*) através dos métodos seguintes: auto-purificação, adição de água pura em quantidade suficiente para diluir as impurezas, remoção das impurezas pela passagem do tempo e remoção das impurezas por efeitos físicos[77].

Devido à grande variabilidade de crenças culturais, dogmas religiosos, e do comportamento humano em geral, a aceitação ou rejeição da prática de *reúso* em uma determinada cultura, não implica em sua aceitação ou rejeição de maneira indiscriminada. Um levantamento completo do contexto sociocultural e crenças religiosas locais é sempre necessário, como etapa preliminar para a implantação de projetos de *reúso*[78].

Informação e participação pública

Para uma ampla aceitação de projetos de *reúso*, é de importância fundamental envolver ativamente o público, desde a fase de planejamento, até a implementação definitiva do projeto.

Esse relacionamento deve ser iniciado nas primeiras fases do empreendimento, através de contactos com os usuários potenciais, da formação de um comitê consultivo e da realização de seminários para discutir possíveis modalidades de *reúso*. A troca contínua de informações entre os representantes do público e as autoridades, garante que a adoção de um determinado programa de *reúso* atenderá às verdadeiras necessidades dos usuários, assim como os objetivos comunitários associados à saúde, à segurança e ao ambiente.

A aceitação de sistemas de *reúso*, depende do nível de sucesso com o qual as agências governamentais conseguem transmitir ao público alvo: uma idéia clara e completa do programa que se pretende implementar; um conhecimento adequado da qualidade dos esgotos tratados, e de como ele será utilizado; confiabilidade na capacidade de gestão da agência encarregada dos serviços e na adequabilidade dos sistemas de tratamento propostos; certeza de que o sistema envolve riscos mínimos de saúde e de degradação ambiental e; segurança na sustentabilidade do abastecimento e na adequabilidade dos esgotos tratados para os tipos de cultura estabelecidos nos programas de *reúso*.

A Tabela 11 sugere uma série de mecanismos para contatar, educar e informar o público, durante as diversas fases de implementação de programas de *reúso*.

Monitoramento e avaliação

Conforme mencionado anteriormente, os projetos e programas de *reúso* devem ser coordenados por comitês inter-agências, sob a égide de um ministério líder. Esta entidade deve ser, também, encarre-

77 Farroq, S. and Ansari, Z.I., "Water Reuse in Muslim Countries - An Islamic Perspective", Environ. Manag., 7(2), pp. 119-123, 1983.
78 Cross, P., "Existing Practices and Beliefs in the Utilization of Human Excreta, in: Health Aspects of Night Soil and Sludge Use in Agriculture and Aquaculture. Part 1, IRCWD Report no. 04/85, International Reference Centre for Waste Disposal, Dübendorff, 1985.

Tabela 11 - Mecanismos para a participação do público[79]

Objetivo	Mecanismo
Educação e informação	Artigos de jornais, programas de radio e TV, palestras, visitas de campo, exibições, programas escolares, filmes, brochuras e boletins, relatórios, cartas, conferências.
Acompanhamento	Reuniões públicas, audiências públicas, pesquisa de opinião e questionários, programas de perguntas e respostas.
Interação e diálogo	Seminários, grupos de trabalho especiais, entrevistas, grupos consultivos, contatos informais, discussão em grupos.

gada de monitorar e avaliar o desenvolvimeno do projeto e deve ter a competência legal para exigir o atendimento da legislação correspondente.

O monitoramento das atividades de projetos de *reúso* compreende dois tipos básicos: monitoramento para controle do processo e monitoramento legal.

O primeiro visa proporcionar dados para o controle e otimização do sistema, de maneira a garantir desempenho adequado. Inclui o monitoramento das estações de tratamento, sistemas de distribuição e equipamentos de irrigação, aspectos ambientais (tais como salinização, águas de drenagem, níveis do lençol freático, etc.), aspectos agrícolas (tais como produção e produtividade) e problemas de saúde (tais como o desenvolvimento de vetores de doença e problemas de saúde, associadas ao uso de esgotos). Além de proporcionar elementos para o controle de todo o processo, este nível de monitoramento gera informação para revisão e aperfeiçoamento do projeto e para atividades de pesquisa e desenvolvimento. A responsabilidade deste tipo de monitoramento cabe à agência encarregada da operação do sistema (por exemplo, uma companhia estadual de saneamento), que seja parte integrante do comitê inter-agências.

O monitoramento legal é necessário para a verificação do atendimento dos regulamentos estabelecidos na legislação vigente de *reúso* e não deve ser efetuado pela mesma agência encarregada do monitoramento de controle. A responsabilidade por esta fase do monitoramento deve ser outorgada a outra agência do comitê, que possua competência legal para exigir o atendimento aos padrões de qualidade, códigos de prática e outros elementos da legislação pertinente. Esta responsabilidade é geralmente outorgada aos Ministérios ou Secretarias da Saúde, uma vez que os problemas de saúde, são de importância fundamental em sistemas de *reúso*.

Para que atinjam seus objetivos básicos, os programas de monitoramento devem ser efetivos em termos de custos (apenas dados considerados necessários devem ser coletados e analisados); ter cobertura adequada (monitorando apenas setores representativos do sistema); ser confiável (com amostragem representativa, análise acurada, com controle de qualidade analítica adequada, processamento apropriado dos dados e preparação de relatórios concisos e eficientes) e deve estar disponível a curto prazo, de maneira a proporcionar aos responsáveis pela operação e aos tomadores de decisão, informações atualizadas, que permitam a adoção de medidas rápidas e seguras, principalmente em situações de emergência.

Aspectos técnicos do *reúso* – medidas para proteção dos grupos de risco

Os grupos de risco associados a sistemas de *reúso* agrícola são os seguintes: consumidores de culturas, carne e leite originários de campos irrigados com esgotos, operários agrícolas e suas famílias, manuseadores/transportadores de colheitas, e populações localizadas nas proximidades de campos irrigados através de sistemas de aspersores.

A saúde pública dos grupos de risco é protegida através da aplicação de quatro medidas básicas: tratamento dos esgotos, seleção e restrição de culturas, técnicas de aplicação dos esgotos e controle da exposição humana.

Tratamento dos esgotos

Os métodos de tratamento de esgotos foram inicialmente concebidos como resposta à preocupação pelos efeitos negativos causados pela descarga de efluentes no ambiente. Os objetivos primários do tratamento eram a remoção de sólidos suspensos e flotáveis, a remoção de compostos orgânicos biodegradáveis e a remoção de organismos patogênicos. Em agosto de 1973, a Agência de Proteção Am-

79 EPA – Environmental Protection Agency. op. cit.

biental dos Estados Unidos publicou a definição de tratamento secundário, incluindo três parâmetros característicos: DBO de 5 dias, sólidos suspensos e pH[80]. O padrão coliformes, que havia sido incluído na versão original, foi exluído em julho de 1973[81], provavelmente devido à preocupação com os riscos ambientais e de saúde pública associados à desinfecção através de compostos de cloro.

Os critérios de tratamento para *reúso* agrícola são, entretanto, distintos daqueles estabelecidos para a descarga de efluentes líquidos em corpos de água. É extremamente benéfico que os efluentes tratados contenham concentrações significativas de matéria orgânica e o máximo possível dos nutrientes e micronutrientes contidos no esgoto bruto. Portanto, os critérios de tratamento para *reúso* agrícola devem ser associados à manutenção da DBO até um máximo de aproximadamente 100 miligramas por litro, manutenção de nutrientes e eliminação de organismos patogênicos em níveis estabelecidos pela legislação local, se disponível, ou de acordo com as diretrizes da Organização Mundial da Saúde, (Ver Tabela 10), em caso contrário.

A Tabela 12[82], sumariza a informação disponivel sobre a remoção de bactérias e helmintos presentes em esgotos domésticos por diversos sistemas de tratamento, indicando onde as diretrizes da Organização Mundial da Saúde, para irrigação irrestrita, (categoria A, na Tabela 10) podem ser atendidas.

Esgotos brutos contêm de 10^7 a 10^9 coliformes por 100 mililitros necessitando, portanto, ser tratados através de sistemas que permitam uma remoção de 4 a seis unidades $\log_{10}$ para atingir as diretrizes para *reúso* irrestrito, o que pode ser obtido apenas através de desinfecção, lagoas de estabilização e reservatórios de acumulação. Nota-se, também, que a remoção de ovos de helmintos, não pode ser atendida através de sistemas convencionais de tratamento, tais como os sistemas de lodos ativados, filtros biológicos ou desinfecção.

A análise da Tabela 12, leva a concluir que, em países de clima predominantemente quente, como o Brasil, a tecnologia mais adequada para tratamento de efluentes para uso agrícola são as lagoas de estabilização[83, 84]. Lagoas em série constituídas por unidades anaeróbias, facultativas e de maturação, com tempos de detenção hidráulicos médios de 10 a 30 dias (dependendo da temperatura) podem ser projetadas para atender às diretrizes da Organização Mundial da Saúde, tanto para coliformes fecais como para helmintos.

As Tabelas 13[85] e 14[86, 87], indicam a segurança com a qual lagoas de estabilização em série atendem às diretrizes para *reúso* irrestrito. A Tabela 14 mostra, também, as remoções significativas de DBO e sólidos suspensos proporcionados por sistemas de lagoas em série.

Uma discussão mais ampla sobre a adequabilidade de sistemas de tratamento de esgotos para *reúso* agrícola pode ser encontrado na literatura especializada[88, 89].

Seleção e restrição de culturas

O tratamento, completo ou parcial dos esgotos, se constitui na opção tecnológica de primeira escolha como medida protetora em sistemas de *reúso* agrícola.

80 Code of Federal Regulations, Title 40, Part 35, Appendix A, September 1973

81 Metcalff & Eddy, Inc.,"Wastewater Engineering:Treatment, Disposal and Reuse", Second Edition, Mc Graw-Hill, New York, 1979.

82 Feachem, R.G., Bradley, D.J.,Ganelick, H., Mara, D.D., "Sanitation and Disease - Health Aspects of Wastewater Management", World Bank Studies in Water Supply and Sanitation 3, John Wiley & Sons, 1983.

83 Mara, D.D., "Sewage Treatment in Hot Climates", Chicester, John Wiley & Sons, 1976.

84 Arthur, J.P., "Notes on the Design and Operation of Waste Stabilization Ponds in Warm Climates of Developing Countries", Technical Paper no.7, The World Bank, Washington,D.C., 1983.

85 Bartone, C. R.; Arlossoroff, S. op. cit.

86 Mara, D.D.; Pearson, H. W.; Silva, S. A. "Brazilan Stabilization Pond Research Suggest Low Cost Urban Application". World Water, 6 (7), 1963.

87 Mara, D.D., Silva, S.A., "Removal of Intestinal Nematode Eggs in Tropical Waste Stabilization Ponds", Journal of Tropical Medicine and Hygiene, 1986

88 Wegelin, M., "Surface Water Treatment by Roughing Filters - A Design, Construction and Operation Manual", Water and Sanitation in Developing Countries (SANDEC), Swiss Federal Institute for Environmental Science and Technology, Dübendorff, Switzerland, 1997

89 Hespanhol, I., "Health and Technical Aspects of the Use of Wastewater in Agriculture and Aquaculture", Chapter 10, in: Socioeconomic and Environmental Issues in Water Projects - Selected Readings, Ed. Fritz Rodrigues, The Economic Developing Institute of the World Bank, The World Health Organization, 1994.

Tabela 12 -Remoção de organismos patogênicos em sistemas de tratamento de esgotos[90].

Tratamento	Remoção (log_{10}) Bactérias	Helmintos	Vírus	Cistos
Sedimentação primária:				
Simples	0 - 1	0 - 2	0 - 1	0 - 1
Com coagulantes	1 - 2	1 - 3[f]	0 - 1	0 - 1
Lodos ativados[a]	0 - 2	0 - 2	0 - 1	0 - 1
Filtro biológico[a]	0 - 2	0 - 2	0 - 1	0 - 1
Lagoa aerada[b]	1 - 2	1 - 3	1 - 2	0 - 1
Valo de oxidação[a]	1 - 2	0 - 2	1 - 2	0 - 1
Desinfecção[c]	2 - 6[f]	0 - 1	0 - 4	0 - 3
Lagoa de estabilização[d]	1 - 6[f]	1 - 3[f]	1 - 4	1 - 4
Reservatórios de acumulação[e]	1 - 6[f]	1 - 3[f]	1 - 4	1 - 4

a Incluindo decantador secundário.
b Incluída lagoa de sedimentação.
c Cloração ou ozonização.
d A eficiência depende do número de unidades em série e outros fatores ambientais.
e A eficiência depende do tempo de detenção.
f Com projeto e operação adequados as diretrizes para irrigação irrestrita podem ser atendidas.

Tabela 13 -Concentração de coliformes fecais em lagoas de estabilização em série, com tempo de detenção de 25 dias[91]

Sistemas de lagoas	Número de lagoas em série	Coliformes fecais no afluente (NMP/100 ml)
Melbourne, Austrália	8 -11	100
Extrabes, Brasil	5	30
Cogolin, França	3	100
Amman, Jordânia	9	30
Lima, Peru	5	100
Tunis, Tunísia	4	200

Por outro lado é a que envolve os maiores custos, tanto de capital como de operação e manutenção. Deve-se, portanto, considerar alternativas associadas a sistemas de tratamento simplificados. No Vale do Mesquital, por exemplo, onde são utilizados aproximadamente 80 metros cúbicos por segundo de esgotos oriundos da cidade do México, o tratamento é proporcionado apenas por reservatórios naturais de acumulação, localizados ao longo dos rios e canais que transportam e distribuem os esgotos às áreas irrigadas. Como medida protetora complementar foi implementada uma política rígida de seleção e restrição de culturas, estabelecendo aquelas que podem ser irrigadas com esgotos e impondo sanções aos agricultores que irrigam culturas proibidas.

Dentro desse critério, as culturas permitidas são aquelas incluídas na categoria B (ver Tabela 10), na qual a proteção é necessária apenas para trabalhadores agrícolas, ou seja, cereais, culturas industriais (algodão, sisal, etc.), culturas alimentícias que sofrem processamento industrial como por exemplo as que são enlatadas, culturas forrageiras (alfafa, aveia forrageira, capim elefante, etc.), pastagens e árvores frutíferas. Alguns vegetais podem ser incluídos nessa categoria se não são ingeridos crus (tais como batatas e ervilhas) ou se crescem em estacas, bem acima do solo (como alguns tipos de feijão, tomates e os *chilies*). Nesse caso, é necessário assegurar que a irrigação não seja efetuada por sistemas de aspersores, que as culturas não sejam contaminadas por contato com o solo irrigado, e que a manipulação desses alimentos não provoque riscos à saúde, antes do cozimento.

As políticas de seleção e restrição de culturas são efetivas quando:

- a sociedade obedece às leis ou ocorre efetiva aplicação da legislação;

90 Feachem, R. G., Bradley, D. J.; Ganelick, H.; Mara, D. D. op. cit.
91 Bartone, C. R.; Arlossoroff, S. op. cit.

Tabela 14 - Desempenho de um sistema de lagoas de estabilização em série no Nordeste do Brasil (Temperatura média de 26º C)[92, 93]

Amostra coletada no	Tempo de detenção (dias)	DBO5 (mg/l)	Sólidos suspensos (mg/l)	Coliformes fecais (NMP/100ml)	Ovos de helmintos (ovos/litro)
Esgoto bruto	-	240	305	$4,6 \times 10^7$	804
Efluente da:					
lagoa anaeróbica	6,8	63	56	$2,9 \times 10^6$	29
lagoa facultativa	5,5	45	74	$3,2 \times 10^5$	1
lagoa de maturação 1	5,5	25	61	$2,4 \times 10^4$	0
lagoa de maturação 2	5,5	19	43	450	0
lagoa de maturação 3	5,8	17	45	30	0

- um órgão público controla a alocação dos esgotos aos agricultores;
- os projetos de irrigação são subordinados a uma administração central, forte e atuante;
- ocorre uma demanda adequada das culturas permitidas dentro da política de seleção e restrição e que essas sejam disponíveis no mercado, a preços acessíveis;
- existe pequena pressão de mercado sobre as culturas excluídas na política de seleção e restrição (aquelas da Categoria A).

Técnicas de irrigação

A aplicação de esgotos tratados pode ser efetuada através dos seguintes métodos básicos de irrigação:

- por inundação ou por canais laterais, molhando praticamente toda a superfície do solo;
- por sulcos, molhando apenas uma pequena parte da superfície do solo;
- por aspersores, fazendo com que o solo e as culturas sejam molhados de maneira semelhante ao que ocorre durante chuvas;
- por irrigação subsuperficial, na qual apenas uma pequena porção do solo é molhada, mas permitindo a saturação do subsolo;
- por irrigação localizada (gota a gota, exsudação em mangueiras plásticas e *bubbler*), na qual a água é aplicada a cada planta, individualmente, a uma taxa ajustável.

Cada um desses métodos de irrigação implica em diferentes riscos de saúde pública para os grupos de risco, diferentes custos e diferentes eficiências no uso da água aplicada. A Tabela 15[94] relaciona todos esses fatores e serve como base para levantar os benefícios e custos associados a cada método de irrigação.

Controle da exposição humana

Os métodos para minimizar a exposição humana se constituem em medidas que devem ser implementadas pelas autoridades responsáveis pela operação e vigilância dos projetos de *reúso* e são estabelecidas em função dos grupos de riscos.

Essas medidas mitigadoras são as seguintes:

1) Operários rurais e suas famílias e manuseadores de culturas

Os riscos potenciais são associados principalmente às infecções parasitárias causadas por helmintos e as medidas protetoras básicas são as seguintes:

- prover imunização contra febre tifóide e hepatite A e B;
- prover quimioterapia, principalmente para infecções intensas de helmintos em crianças e controle de anemia;
- prover instalações médicas adequadas para o tratamento de doenças diarréicas;
- promover campanhas de educação sanitária;
- estimular padrões elevados de higiene pessoal e alimentar;
- exigir uso de calçados e de luvas apropriadas para reduzir a infeção por helmintos.

2) Consumidores

92 Mara, D. D.; Pearson, H. W.; Silva, S. A. op. cit.
93 Mara, D. D.; Silva, S. A. op. cit.
94 Mara, D. D.; Cairncross, S. op. cit.

Tabela 15 - Fatores que afetam a escolha do processo de irrigação e as medidas protetivas requeridas quando se utilizam esgotos[95]

Método de irrigação	Fatores que afetam a escolha	Medidas protetivas necessárias
Inundação	Menores custos Não é necessário nivelamento preciso de terreno	Proteção completa para operários agrícolas, consumidores e manuseadores de culturas
Sulcos	Custo baixo Nivelamento pode ser necessário	Proteção para operários agrícolas Possivelmente necessária para consumidores e manuseadores de culturas
Aspersores	Eficiência média do uso da água	Algumas culturas da categoria B, principalmente árvores frutíferas são excluídas Distância mínima de 100 metros de casas e estradas
Subsuperficial ou localizada	Custos elevados Elevada eficiência do uso da água Alta produtividade agrícola	Filtração para evitar entupimento de orifícios (exceto no caso de irrigação por *bubbles*)

- cozer carne e vegetais e ferver o leite;
- prover vigilância sanitária da carne, onde há risco de ocorrência de teníases (*Taenia solium e T. saginata);*
- cessar a aplicação de esgotos pelo menos duas semanas antes de liberar os plantéis nas pastagens, onde há risco de cisticercose (*Cysticercosis bovis e C. cellulosae);*
- cessar a irrigação de árvores frutíferas duas semanas antes da colheita e não permitir que frutas sejam colhidas do chão;
- promover campanhas de educação sanitária;
- estimular padrões elevados de higiene pessoal e alimentar;
- colocar sinais indicativos e de advertência ao longo do perímetro das áreas irrigadas com esgotos.

3) Populações vivendo nas proximidades dos campos irrigados

Não existe, até o presente, evidência epidemiológica de que aerossóis originados na irrigação com aspersores impliquem em riscos significativos de infecção. Entretanto, visando proporcionar uma margem razoável de segurança e de minimizar problemas de odor deve-se manter uma uma distância mínima de 100 metros entre os campos irrigados e casas e estradas.

Para os planejadores de sistemas de *reúso* agrícola o tratamento dos esgotos se apresenta como a medida mais direta e visível, secundada apenas pela seleção e restrição de culturas. Entretanto, ambas são relativamente difíceis de ser implementadas de uma maneira completa, a primeira limitada por custos elevados e a segunda pela falta de mercados adequados para determinadas culturas e por restrições legais e institucionais. Por outro lado, a experiência tem demonstrado que a aplicação de medidas isoladas proporcionam proteção limitada aos grupos de risco. A política de restrição de culturas, por exemplo, protege os consumidores mas proporciona pequena proteção aos operários rurais e suas famílias. Da mesma maneira, o controle da exposição humana tem se mostrado, pelas dificuldades operacionais e culturais que implica, muito pouco efetivo, notadamente em termos de proteção de operários agrícolas.

As medidas protetoras adequadas devem, portanto, ser aplicadas de maneira integrada e otimizada em função das características específicas de cada projeto de *reúso*, procurando proporcionar, aos menores custos de capital e operacionais, o máximo de proteção aos grupos de risco envolvidos.

Ações a serem desenvolvidas em prol do *reúso* no Brasil

A incorporação da filosofia de *reúso* nos planos nacionais de gestão de recursos hídricos e desenvolvimento agrícola, é de fundamental importância para regiões áridas e semi-áridas, e naquelas onde a demanda é precariamente satisfeita, através de transposição de água de bacias adjacentes. O *reúso* implica em redução de custos, principalmente se for considerado em associação

95 Idem.

com novos projetos de sistemas de tratamento, uma vez que os padrões de qualidade de efluentes, necessários para diversos tipos de uso, são menos restritivos do que os necessários para proteção ambiental.

O uso de esgotos tem sido praticado em muitas partes do mundo, por muitos séculos. Sempre que água de boa qualidade não é disponível, ou é difícil de ser obtida, águas de menor valor, tais como esgotos, águas de drenagem agrícola ou águas salobras, são, espontaneamente utilizadas, principalmente em agricultura e aqüicultura. Infelizmente, essa forma de uso não institucionalizado, não planejado e, às vezes, inconsciente, é realizada sem quaisquer considerações para com os aspectos de saúde, de ambiente e de práticas agrícolas adequadas.

As autoridades, principalmente dos ministérios da saúde e da agricultura, devem iniciar uma investigação das práticas de *reúso* vigentes em áreas específicas do Brasil, e tomar medidas, de forma gradual, para atenuar os problemas de saúde e melhorar as práticas agrícolas. Esse levantamento preliminar, proporcionará as bases para uma definição clara das prioridades e para o estabelecimento de estratégias de *reúso* em nível nacional.

Uma vez estabelecidas as grande metas, deverá ser desenvolvida a legislação pertinente e ser implementada uma estrutura institucional, inter-setorial, com capacidade para administrar os componentes tecnológicos de saúde, de meio ambiente, econômico-financeiros e socioculturais, associados ao *reúso*. Esta entidade deverá, também, atribuir responsabilidades e desenvolver capacidade para projetar, operar e manter sistemas de tratamento, sistemas de distribuição e de irrigação, assim como de monitoramento, vigilância e aplicação dos padrões e códigos de prática correspondentes.

Como não existe no Brasil experiência em *reúso* planejado e institucionalizado, é necessário implementar projetos pilotos. Essas unidades experimentais, devem cobrir todos os aspectos das diversas modalidades de *reúso*, principalmente os relativos ao setor agrícola; e deverão fornecer subsídios para o desenvolvimento de padrões e códigos de prática, adaptados às condições e características nacionais. Uma vez concluída a fase experimental, as unidades piloto serão transformadas em sistemas de demonstração, objetivando treinamento, pesquisa e o desenvolvimento do setor.

A gestão do saneamento no Brasil

O modelo institucional e financeiro do saneamento brasileiro vem passando por um longo processo evolutivo, procurando se adaptar às oscilações políticas, econômico-financeiras e empresariais do País.

Os grandes desafios, principalmente os associados à grande expansão urbana das últimas décadas, ao crescente processo de poluição dos recursos hídricos, à precariedade do aporte financeiro, à volatilidade das políticas governamentais e às dificuldades de ordenação institucional, se constituem nos elementos fundamentais que retardam o equacionamento dos problemas de saneamento ambiental no Brasil.

A evolução da políticas nacionais de saneamento

As políticas brasileiras de saneamento básico passaram por um processo de desenvolvimento bastante lento que, de acordo com suas atribuições institucionais e características financeiras podem ser agrupadas em cinco períodos básicos:[96]

Período anterior a 1968 - modelo institucional público-privado

Até o início da década de 30, o Estado brasileiro delegava a prestação de serviços públicos a concessionárias estrangeiras, que operavam transportes ferroviários, produção e distribuição de energia elétrica, transporte urbanos (bondes), telefonia e outras atividades de interesse coletivo, incluído o abastecimento de água e o esgotamento sanitário nos centros urbanos de maior porte.

Em 1934, com a edição do Código de Águas (Decreto nº. 24.643 de 10 de julho de 1934), o governo começou a intervir no setor e, pouco a pouco, as empresas concessionárias foram nacionalizadas e estatizadas. Em 1942, o Governo Federal criou a Fundação Serviço Especial de Saúde Pública (FSESP, hoje Fundação Nacional da Saúde), para implantar sistemas de saneamento básico nos municípios mais pobres das regiões menos desenvolvidas e implementar programas de educação sanitária, além de reformular o Departamento Nacional de Obras de Saneamento (DNOS) e o Departamento Nacional de Obras Contra as Secas (DNOCS).

96 Ministério do Planejamento e Orçamento, Secretaria de Política Urbana, Departamento de Saneamento. "Diagnóstico do Setor Saneamento: Estudo Econômico e Financeiro", Série Modernização do Setor Saneamento, nº 7, Brasília, D.F., 1975.

O Plano Trienal de Desenvolvimento, promulgado pelo Governo Federal para vigorar no período 1963-1965 previa "apoio aos programas de saneamento básico para os quais o orçamento de 1963 reservaria um total de CR$ 30,5 bilhões" (equivalentes a US$ 53 milhões de dólares da época). O Plano Trienal, entretanto, foi muito pouco efetivo, exaurindo-se muito antes de 1964, quando os militares assumiram o poder.

No governo Castelo Branco foi formulado, para o período 1964-1966, o Programa de Ação Econômica do Governo (PAEG), que entre os seus cinco objetivos básicos estabeleceu metas e designou recursos para o abastecimento urbano de água e para esgotamento sanitário. O fator mais importante desse período, foi a criação, através da Lei nº 4.380 de 21 de agosto de 1964, do Banco Nacional da Habitação, que a partir de 1968, passou a abrigar o Sistema Financeiro da Habitação (SFH) e o Sistema Financeiro do Saneamento (SFS). Iniciou-se, então, o Programa de Abastecimento de Água para Pequenas Comunidades, que contou com empréstimo do Banco Interamericano de Desenvolvimento (BID). Porém, o mecanismo financeiro que viria dar suporte a toda a política de saneamento foi criado pela Lei nº. 5.107 de 13 de setembro de 1966: O Fundo de Garantia por Tempo de Serviço (FGTS), que substituiu a estabilidade de emprego de trabalhadores com mais de dez anos de serviço consecutivos na mesma empresa. Mediante o depósito mensal de 8% sobre o salário dos empregados, este instrumento proporcionou a dupla função de fundo indenizatório em caso de demissão e fonte de financiamento da política habitacional de interesse social. Em 1969, como será visto mais adiante, o BNH foi autorizado a aplicar recursos do FGTS em saneamento.

Igualmente importante para o saneamento foi o Decreto Lei nº 200/67, que encarregou o Ministério do Interior de formular e implantar uma política nacional para o saneamento. Esta responsabilidade foi delegada ao BNH, que estabeleceu diretrizes para a aplicação dos recursos federais no setor, que até então eram aplicados de maneira desordenada, por diversos órgãos federais.

Entre 1964 e 1966 foram realizados os estudos para o Plano Decenal de Desenvolvimento Econômico e Social (1967/1976), jamais adotado oficialmente, mas que serviu de base para a definição de políticas públicas, incluindo algumas de caráter institucional e econômico-financeiras para o setor de saneamento.

O governo Costa e Silva, empossado em 15.03.1967 não deu seqüência ao Plano Decenal, elaborando o Programa Estratégico de Desenvolvimento (PED), originalmente previsto para o período 1967-1970 e que foi substituído pelo plano denominado "Metas e Bases para a Ação do Governo", com o início do Governo Médici em 30.10.1969. Todos esses planos continham diretrizes básicas e metas estratégicas para o setor de saneamento.

A Lei nº 5.138, de 26 de setembro de 1967 instituiu uma política nacional para o setor e criou o Conselho Nacional de Saneamento, estabelecendo que a política, "formulada em harmonia com a Política Nacional de Saúde, compreenderá o conjunto de diretrizes administrativas e técnicas destinadas a fixar a ação governamental no campo de saneamento e abrangerá: a) saneamento básico, compreendendo abastecimento de água, sua fluoretação e destinação dos dejetos; b) esgotos pluviais e drenagem; c) controle da poluição ambiental, inclusive lixo; d) controle das modificações artificiais das massas de água e; e) controle de inundações e de erosões. Este Conselho teve atuação bastante limitada, cabendo as atribuições de planejamento, coordenação e controle da Política Nacional de Saneamento ao Ministério do Interior e ao BNH.

Criação do Sistema Financeiro do Saneamento – SFS e da Política Nacional de Saneamento

O Sistema Financeiro do Saneamento iniciou suas atividades em 1968, dispondo exclusivamente de recursos próprios do BNH e das dotações orçamentárias, a fundo perdido, do Governo Federal. Em 1969, a junta militar formada pelos ministros da Marinha, do Exército e da Aeronáutica, que governou o país no período 31.08.1969 a 30.10.1969, editou, com base no Ato Institucional nº 12, o Decreto-Lei nº 949, de 13 de outubro, que autorizou o BNH "a aplicar, nas operações de financiamento para saneamento, além de seus próprios recursos, os do Fundo de Garantia por Tempo de Serviço – FGTS".

A utilização dos recursos do FGTS viabilizou o Sistema e permitiu a criação de diversos programas de financiamento que, em 1971, foram aperfeiçoados e ordenados, definitivamente, sob a égide do Plano Nacional de Saneamento – o Planasa.

O Plano Nacional de Saneamento – Planasa

Em 1971, o Banco Nacional da Habitação instituiu o Planasa, a partir das diretrizes e instrumentos gestados no período 1968-1970, dando uma forma definitiva às políticas federais para o saneamento e permitindo avanços consideráveis no setor.

Além de atuar de forma planejada e coordenada, o Planasa fundamentava-se num conjunto de objetivos permanentes e de princípios básicos.

Os objetivos permanentes foram formulados no sentido de eliminar o *déficit* de saneamento básico em núcleos urbanos, permitir auto-sustentação financeira, instituir uma política tarifária para equilibrar receitas e despesas, promover o desenvolvimento institucional das companhias estaduais de saneamento básico (CESBs) e realizar programas de desenvolvimento tecnológico para alcançar soluções alternativas de baixo custo.

Os princípios básicos visavam à extensão dos serviços de saneamento básico a todos os núcleos urbanos e níveis de renda da população, estabelecer um programa dinâmico associado a critérios políticos, técnicos, operacionais e econômico-financeiros para garantir os objetivos sociais desejados, planejar e coordenar o setor em nível nacional, promover a participação da iniciativa privada no setor, através de empresas projetistas, consultores, empreiteiras, etc. e promover a exploração dos serviços de abastecimento de água e de esgotos sanitários através das companhias estaduais transformadas em empresas com carater "caracteristicamente industrial."

O arranjo institucional do Planasa integrava o seguinte conjunto de órgãos e instituições:

- o BNH, órgão central responsável pela coordenação e operação do Sistema Financeiro de Saneamento, análise e aprovação a programações estaduais de investimentos, análise de estudos de viabilidade técnica, os estudos tarifários realizados pelas empresas estaduais e fiscalização das CESBs sob os pontos de vista técnico, contábil e financeiro;
- os governos estaduais que se responsabilizavam pela constituição e controle acionário das CESBs e pela formação dos fundos estaduais de água e esgoto;
- as CESBs, que constituíam a base do sistema, sendo os agentes promotores e executores do Planasa, planejando e executando os investimentos na esfera estadual, a partir da concessão recebida dos municípios;
- os agentes financeiros, instituições bancárias, que eram incumbidos de repassar os empréstimos do BNH/SFS às CESBs e aos Fundos de Financiamento para Água e Esgoto (FAEs);
- os órgãos técnicos eram contratados pelo BNH para auxiliar seus setores técnicos na análise de projetos de engenharia e fiscalização de obras;
- empresas particulares eram encarregadas de elaborar projetos de engenharia, construir obras, produzir equipamentos e materiais;
- aos governos municipais competia conceder a exploração dos serviços às CESBs e, na fase inicial do Planasa, contribuir com recursos financeiros para a formação dos FAEs.

Ao final do ciclo dos governos militares, ou seja, em 1984, o Planasa experimentou uma fase de dificuldades, principalmente em relação à falta de adesão de municípios e a problemas tarifários. Os municípios que se recusaram a aderir eram, geralmente, de médio e grande porte, tais como Porto Alegre, Caxias do Sul e Bagé (RS); Campinas, Ribeirão Preto, São Bernardo do Campo, Santo André, Osasco, Sorocaba, Jundiaí, Bauru, Presidente Prudente, Araraquara e Piracicaba (SP); Juiz de Fora, Uberaba, Uberlândia, Barbacena e Sete Lagoas (MG); Petrópolis, Barra Mansa, Volta Redonda e Rezende (RJ); Cachoeiro do Itapemirim e Colatina (ES).

Em 1984, esses municípios criaram a Associação dos Serviços Municipais de Água e Esgotos (Assemae), integrada por mais de mil municípios que não se filiaram ao Planasa e que, por essa razão, não recebiam financiamento do BNH/SFS.

As medidas para o controle da inflação, que atingia níveis elevadíssimos na decada de 80, levaram à contenção das tarifas e dos preços dos serviços e bens produzidos pelo setor público, fazendo com que as tarifas de água e esgoto deixassem de se situar em níveis adequados.

Passados os períodos de carência dos empréstimos e os primeiros anos de retorno das aplicações, as CESBs e os governos estaduais tiveram dificuldades em saldar os seus compromissos, tornando-se cada vez mais inadimplentes. Dessa maneira, o volume de investimentos do Planasa reduziu-se significativamente no período 1983-1986.

A manutenção de tarifas realistas foi outra dificuldade encontrada. De imediato, observou-se que grande parte da população de baixa renda não disporia de recursos para pagar o preço necessário para água e saneamento, mesmo através da utilização do benefício cruzado.

O Planasa na Nova República

Ao longo do governo da Nova República, o Planasa sofreu diversas e importantes modificações devidas, em grande parte, ao ambiente político criado pela redemocratização, que abriu espaços para a reinvidicação política.

Foi criado em 1985, para tratar das questões urbanas, o Ministério do Desenvolvimento Urbano e Meio Ambiente (MDU), que anexou o BNH, o Planasa, os programas habitacionais do SFH e os assuntos de ambiente, funções desmembradas do antigo Minter.

A reinvidicação da Associação dos Serviços Municipais de Água e Esgotos (Assemae), de que os órgãos municipais autônomos participassem do Planasa, foi atendida. As mesmas condições estabelecidas para os governos e as CESBs passaram a vigorar para os municípios, isto é, o BNH emprestava 50% dos investimentos e as prefeituras arcavam com igual percentual, sendo facultada a criação de fundos municipais de financiamento, nos mesmos moldes dos FAEs.

Em 1985, o BNH criou o Programa de Saneamento para Populações de Baixa Renda (Prosanear), visando estender os serviços de saneamento às áreas urbanas, principalmente as periféricas. O programa, que em 1988 passou a contar com recursos do Banco Mundial no valor de US$ 80 milhões foi direcionado para implementar serviços de abastecimento de água, esgotamento sanitário, drenagem e destinação de resíduos, mediante o uso de tecnologias alternativas de baixo custo e a participação das comunidades beneficiárias.

Por outro lado, a crescente visão democrática do País não se compatibilizava com a estrutura do Planasa, concebido num clima político de autoritarismo, com um modelo centralizado e rígido, insensível às disparidades regionais e a características específicas dos municipios participantes.

As pressões por reformulações mais profundas do Planasa, começaram a se ampliar. Em 16 de outubro de 1985, pela Portaria GM nº 142/85, o MDU criou a Comissão de Reformulação do Sistema Financeiro do Saneamento, composta por representantes do próprio MDU, BNH, DNOS, FSESP, SEPLAN, SEMA, ABES, Assemae e outras entidades.

Face aos desenvolvimentos político-institucionais e econômico-financeiros do período, os problemas do SFS e do Planasa, iniciados no final dos anos 70, agravaram-se na primeira metade da década de 80 e atingiram seu ápice no período 1985-1989, sem que quaisquer medidas relevantes fossem tomadas para solucioná-los.

As políticas de saneamento a partir de 1990

No início do governo Collor (março de 1990), foi extinto o Ministério do Interior e, com com ele, todos os órgãos ligados às questões urbanas e ao saneamento (CNDU, DNOS, EBTU e FSESP). A gestão das questões urbanas ficou restrita ao binômio saneamento e habitação, entregues, respectivamente, às novas secretarias nacionais de Saneamento e Habitação, abrigadas no também recém-criado Ministério da Ação Social. Estranhamente, o Conselho Curador do FGTS, foi deslocado para o Ministério do Trabalho e Previdência Social, e a Caixa Econômica Federal, que incorporou o BNH em 1986, permaneceu na área fazendária, subordinada ao Ministério da Economia, Fazenda e Planejamento.

Essa caótica reordenação institucional fragmentou as responsabilidades pela gestão do setor, inclusive quanto aos recursos do FGTS, face à uma nova reformulação de seu Conselho Curador.

A extinção do Planasa foi ditada pela Resolução nº 076/92 que aprovou a regulamentação referente à unificação das antigas linhas de crédito da área de saneamento (Refinag, Refinesg, Fidren, Prodisan e Finest) em um único programa denominado Programa de Saneamento para Núcleos Urbanos – Pronurb. Ao mesmo tempo, regulamentou o Prosanear e determinou que o Pronurb e o Prosanear fossem operados com os recursos do FGTS, da rubrica "Saneamento", somando-se aos recursos do Banco Mundial associados ao Prosanear.

Apesar de todos os problemas estruturais que o caracterizaram, o Planasa se constituiu em instrumento valioso para a elevação da cobertura e da qualidade dos serviços de saneamento em todo o país. Permitiu que o BNH desse destinação adequada aos recursos do FGTS, e mobilizou recursos externos e dos governos estaduais e canalizou, durante certo período, alocações a fundo perdido da União, para fazer crescer o financiamento dos investimentos.

Mesmo inexistindo critérios que orientassem a distribuição espacial dos investimentos, só instituídos em 1990, o Planasa, diferentemente de muitos outros programas supostamente sociais, não concentrou suas aplicações nas regiões mais desenvolvidas do país. A arrecadação líquida do FGTS no Sudeste, somada a outras fontes de financiamento, permitiu que o Norte e o Nordeste recebessem o dobro da arrecadação líquida do Fundo nessas regiões, enquanto o Sul e o Centro-Oeste tiveram investimentos do mesmo nível de sua arrecadação.

O Pronurb, na condição de sucessor do Planasa, tem o objetivo de atender com saneamento básico (água, esgoto, drenagem e saneamento integrado) à população dos centros urbanos, principalmente dos segmentos de baixa renda.

Entretanto, em função da generalizada inadimplência tanto dos estados quanto das CESBs, do baixo retorno dos empréstimos contratados e da redução da arrecadação líquida do FGTS, o Pronurb vem encontrando dificuldades em promover investimentos compatíveis com o crescimento populacional e a necessidade de reduzir os déficits existentes.

Torna-se necessário, portanto, para alterar significativamente o panorama crítico do setor saneamento, promover ampla reformulação das políticas públicas de saneamento, modernizando o setor para a retomada das inversões dentro de um contexto inteiramente novo.

Tendências atuais

Consolidado o esgotamento do Planasa e o reconhecimento das dificuldades operacionais do Pronurb, as ações se concentram na busca de um novo modelo de institucionalização do setor de saneamento básico.

Em 1989, o XV Congresso Brasileiro de Engenharia Sanitária e Ambiental, ante a necessidade premente de ordenar a prestação de serviços públicos de saneamento básico, teve como tema central a discussão de uma nova política nacional e a reinstitucionalização do setor.

A Consulta Nacional sobre a Gestão do Saneamento Urbano e do Meio Ambiente, coordenado pelo Instituto Brasileiro de Administração Municipal – IBAM, reunida em Brasília entre 10 e 20 de outubro de 1994, elaborou propostas para a melhoria da gestão integrada do saneamento e do ambiente [97].

Diversas ações, projetos de lei e programas, em nível federal, vêm sendo implementados e desenvolvidos, visando promover a reorganização e modernização do setor. Entre esses podem ser destacados:

PLC-199 de 1993

O Projeto de Lei da Câmara, PLC-199 de 1993, dispondo sobre a Política Nacional de Saneamento-PNS, criando o Conselho Nacional de Saneamento-CNS e estabelecendo a Fundo Nacional de Saneamento – FUSAN, foi elaborado coletivamente por entidades atuantes no setor e, após tramitar por cerca de três anos na Câmara dos Deputados, foi aprovado pelo Senado Federal em sessão de 14 de dezembro de 1994. Foi, entretanto, vetado em sua íntegra pelo Presidente da República em 4 de janeiro de 1995. A razão do veto teria sido: a contradição entre os seus expressos propósitos de descentralização e a estrutura centralizada de gerenciamento implícita em sua proposta; o grande número de atribuições e excessivo número de componentes do CNS, tornando-o de díficil operação e; a inviabilidade e potencial inoperância do FUSAN. [98]

PLS-266 de 1996

Encontra-se em tramitação o Projeto de Lei do Senado-PLS nº 266 de 1996, que "estabelece as diretrizes gerais para o exercício do poder concedente e a prestação dos serviços públicos de saneamento básico e dá outras providências".

O capítulo V, "Da Política de Saneamento" estabelece as estruturas básicas de uma nova política de gestão consubstanciada nas seguintes propostas:

"Art.16 A União coordenará a política de saneamento em âmbito nacional, em articulação com os Estados, o Distrito Federal e os Municípios.

"Art.17 A União, no prazo máximo de cento e oitenta dias a contar da sanção desta Lei, formulará a Política Nacional de Saneamento, como instrumento de orientação das suas ações no setor e estabelecerá critérios para aplicação dos recursos públicos administrados pela União em serviços públicos de saneamento.

97 IBAM. "Consulta Nacional sobre a gestão do Saneamento e do meio Ambiente Urbano – Relatório Final". Seminário Nacional, Instituto Brasileiro de Administração Municipal, Centro de Estudos e Pesquisas Urbanas, Núcleo de Meio Ambiente, Brasília, 1994.
98 Ministério do Planejamento e Orçamento, Secretaria de Política Urbana, Departamento de Saneamento. "Diagnóstico do Setor Saneamento: Estudo Econômico e Financeiro", Série Modernização do Setor Saneamento, nº 7, Brasília, D.F., 1975.

"Art.18 Os Estados, o Distrito Federal e os Municípios deverão formular suas Políticas e seus Planos Estaduais, Distritais e Municipais de Saneamento, atendendo às suas peculiaridades regionais e locais e assegurando a compatibilização dos mesmos com a Política Nacional de Saneamento."

Projeto de Modernização do Setor Saneamento – PMSS

Iniciado em 1992, mediante cooperação entre a então Secretaria de Saneamento do Ministério do Bem-Estar Social-SNS/MBES e o Instituto de Pesquisa Econômica Aplicada – IPEA e co-financiado pelo Banco Mundial, o projeto tem por objetivo promover a modernização do setor de saneamento no Brasil e a retomada dos investimentos na área. O PMSS é gerido por um Comitê de Direção que, em janeiro de 1995, passou a ser presidido pela Secretaria de Política Urbana do Ministério do Planejamento e Orçamento, que recebeu dos extintos MBES e Ministério da Integração Regional-MIR, a incumbência de encaminhar a solução das questões urbanas.

O projeto é composto de duas linhas de ação complementares e interdependentes. A primeira é o Componente Institucional que visa principalmente desenvolver estudos aplicados para a reestruturação do setor saneamento, incluindo: a revisão dos atuais modelos institucionais e de financiamento do setor, com a definição de um novo modelo de regulação capaz de estimular um maior grau de competição entre os agentes promotores de saneamento; o desenvolvimento dos instrumentos institucionais (jurídicos, administrativos e técnicos) e o provimento dos equipamentos e consultorias técnicas necessárias à capacitação e à consolidação dos agentes federais envolvidos no setor; e a preparação de um projeto de gerenciamento de demanda por serviços de saneamento e reabilitação dos sistemas existentes.

A segunda linha de ação contempla um Componente de Investimentos e Modernização em três CESBs – a Companhia Catarinense de Águas e Saneamento (Casan), a Empresa Baiana de Saneamento (Embasa) e a Empresa de Saneamento do Mato Grosso do Sul (Sanesul), visando dotá-las, no prazo máximo de cinco anos, de condições técnico-financeiras que assegurem uma política saudável de financiamento dos investimentos. Os resultados desse componente deverão, também, complementar o componente institucional do PMSS e proporcionar um efeito demonstrativo para as demais CESBs.

As principais ações associadas à implementação do PMSS são as seguintes[99]:

1) estudos e pesquisas, visando à produção de diagnósticos e proposições para a situação vigente e de subsidiar a elaboração das propostas da Política Nacional de Saneamento. Mais de trinta estudos já foram elaborados e publicados em oito volumes da primeira parte da Série Modernização do Setor de Saneamento, já divulgada pelo Ministério do Planejamento e Orçamento;

2) assistência técnica a estados e municípios, objetivando proporcionar uma maior eficiência na prestação de serviços, de modo que se possa viabilizar a sua universalização com qualidade e preços adequados. Para concretizar tais benefícios, onze projetos específicos foram iniciados atendendo aos estados do Rio de Janeiro, Pará, Mato Grosso, São Paulo, Rio Grande do Sul, Paraná, Maranhão, Rondônia, Bahia, Santa Catarina e Mato Grosso do Sul e municípios de Recife e Angra dos Reis. Entre esses, os estudos relativos aos Estados do Rio de Janeiro, Pará e Município de Angra dos Reis já foram concluídos e os do Estado de Mato Grosso e município de Recife se encontram em fase de conclusão;

3) legislação e modernização institucional, visando: dotar o setor da legislação básica necessária à reforma institucional que viabilizará a sua modernização; estabelecer as diretrizes gerais para a regulação, a concessão e a permissão para a prestação dos serviços de saneamento; regulamentar a cooperação entre os três níveis de governo, nos programas de saneamento de competência comum, nos termos do Art. 23 da Constituição Federal; e sugerir um modelo de legislação que possa ser adotado em diferentes casos e facilite a institucionalização das reformas necessárias ao âmbito dos estados e municípios;

4) sistema de informações como instrumento de política, visando constituir o Sistema Nacional de Informações sobre Saneamento.

PMSS II

O governo federal iniciou a negociação da se-

99 Idem. op. cit.

gunda etapa do PMSS, visando ao atendimento das regiões Norte, Nordeste e Centro-Oeste.

Esta nova dimensão do plano se associa a projetos de investimento em sistemas de água e esgotos e em desenvolvimento operacional e institucional visando melhorar o atendimento e a qualidade dos serviços nos estados mais carentes do país, segundo critérios de elegibilidade e a ordem de solicitação pelos municípios e estados elegíveis.

Embora o PMSS II esteja ainda em fase de negociação e de obtenção de recursos externos, estão sendo analisados projetos apresentados pelos estados de Piauí, Ceará, Paraíba, Pernambuco e Mato Grosso, além dos municípios de Itabuna e Juazeiro, na Bahia.

O futuro próximo

Os esforços que vêm sendo desenvolvidos através do Projeto de Modernização do Setor de Saneamento já começam a apresentar resultados no sentido de formular estruturas de gestão adaptadas às sensibilidades regionais e compatíveis com as características específicas de cada município. Em conjunção com a iminente aprovação do PLS-266, que vem tramitando no Congresso Nacional, dispor-se-á de dois instrumentos operacionais de extrema utilidade, com potencial para estabelecer e implementar, a curto prazo e de acordo com a conjuntura democrática vigente, uma política de gestão coerente com as necessidades do saneamento ambiental brasileiro.

A política brasileira de privatização

A grande maioria dos serviços públicos de água e saneamento brasileiros é afetada por uma extensa variedade de problemas que geram baixos níveis de desempenho e de produtividade. Esses problemas são de ordem institucional, econômico-financeiros, comerciais, técnicos, operacionais, de recursos humanos e ambientais. Um outro problema que pode ser agregado é o da falta de competividade, pelo fato desses sistemas se constituírem em monopólios naturais.

Uma alternativa para proporcionar serviços de maneira mais eficiente, que vem sendo largamente adotada, tanto em países industrializados como em diversos estágios de desenvolvimento, é a de delegar algumas, ou todas as funções associadas aos serviços de água e esgoto a firmas particulares, companhias de utilidade pública financeiramente autônomas ou a associações de usuários de água.

Contratos de privatização sob diversas modalidades, pricipalmente para sistemas de água já se encontram em franco desenvolvimento na América Latina (Brasil, Chile, Colômbia, Argentina e México), na Ásia (Bangladesh, Indonésia, Nepal, Paquistão, Filipinas e Sri Lanka), na África (Costa do Marfim, Madagascar, Marrocos, Nigéria, Senegal e Tunísia) e Europa (França, Inglaterra, Espanha, Hungria, etc.).[100]

Modalidades de contratos de privatização

Dependendo do nível de envolvimento do setor privado, dos riscos associados a ambas as partes, da autonomia e responsabilidades assumidas, do nível de capital investido, duração do contrato e do relacionamento contratual com o consumidor, podem ser definidas oito opções básicas de privatização de serviços de água e saneamento.[101] Essas opções podem ser agrupadas em duas categorias distintas: aquelas nas quais os ativos permanecem como propriedade pública e, aquelas nas quais pelo menos uma parte dos ativos pertence ou é transferida, temporária ou permanentemente, para o setor privado.

Contratos nos quais os ativos permanecem com o poder público

1) **Contratos de serviços:** Os contratos de serviços, comumente designados no Brasil de "contratos de terceirização" são efetuados para a realização de diversos serviços periféricos. É a forma mais simples de participação do setor privado, uma vez que o poder público mantém a totalidade da responsabilidade pela operação e manutenção do sistema, com exceção dos serviços, geralmente de escopo limitado, que são contratados.

   Todos os investimentos, inclusive em obras, assim como os riscos comerciais continuam, também, como responsabilidade da autoridade

100 Banco Mundial, "Gerenciamento de Recursos Hídricos", Coordenação de Fernando Antônio Rodriguez, Tradução de Henrique Chaves, Ministério do Meio Ambiente, dos Recursos Hídricos e da Amazônia Legal, Secretaria de Recursos Hídricos, Brasília, D.F., 1998.

101 Idelovitch, E., Ringskog, K., "Private Sector Participation in Water Supply and Sanitation in Latin America", The World Bank, Washington, D.C., 1955.

pública. A entidade contratada é responsável apenas pela gestão de suas equipes e dos serviços, objeto do contrato.

Esta modalidade de contrato pode cobrir uma grande variedade de atividades tais como trabalhos de manutenção, reparos de emergência, leitura de hidrômetros, cobrança, construção ou reforma de instalações, e aluguel de equipamentos. A Empresa Municipal de Obras Sanitárias – EMOS, de Santiago do Chile, por exemplo, vem mantendo, desde 1977, diversos contrato de serviços para leitura de hidrômetros, cobrança, manutenção de linhas de distribuição de água e aluguel de veículos. No Brasil, entretanto, essa modalidade de privatização ainda não tem sido amplamente utilizada.

2) **Contratos de operação:** Os contratos de operação, também designados de contratos de gestão, correspondem a arranjos mais amplos, nos quais o setor público transfere a uma companhia privada a responsabilidade total pela operação e manutenção de um determinado sistema, como por exemplo, um sistema municipal de distribuição de água ou estações de tratamento de água ou de esgotos.

Nesta modalidade, o setor público continua com a responsabilidade financeira e deverá prover fundos necessários para os investimentos de capital que se fizerem necessários. Por seu lado a empresa contratada atua, permanentemente, como representante da autoridade pública, mas não possui nenhum relacionamento legal direto com o consumidor.

Os pagamentos pelos serviços são, geralmente, proporcionais a determinados parâmetros físicos tais como volumes de água produzidos ou tratados, aumento da eficiência de sistemas ou de taxas de coleta, ou redução dos índices de água não contabilizada.

Embora o município que trabalha com contratos de operação não se beneficie de investimentos privados, o estímulo gerado pelo pagamento por serviços específicos leva a um aumento generalizado da produtividade, proporcionando, na maioria das vezes, uma melhoria da qualidade dos serviços prestados à população.

No Brasil, os contratos de operação são limitados a um período máximo de 5 anos e são regidos pela Lei das Licitações nº 8.666 de 21.06.1993. Contratos de operação encerrados recentemente no estado de São Paulo envolveram a operação da Estação de Tratamento de Esgotos de Barueri por um consórcio de três firmas de consultoria paulistanas, e as cidades paulistas de Hortolândia e Sumaré, ambas com cerca de 100.000 habitantes e Estiva-Gerbi e Engenheiro Coelho, ambas com 20.000 habitantes[102].

3) **Contratos de *leasing*:** Nos contratos de *leasing* ou de arrendamento a entidade privada aluga as instalações do setor público por um determinado período e assume a responsabilidade pela sua operação e manutenção. A autoridade pública, que se mantém como a única proprietária dos ativos continua com a responsabilidade pelos investimentos em novos projetos, serviço da dívida e políticas de recuperação de custos, enquanto que o operador privado deve financiar o capital de trabalho e substituir os componentes que têm vida econômica curta.

Os contratos podem ter duração relativamente longa, usualmente de cinco a dez anos, mas podendo ser estendidos a um máximo de vinte anos.

A remuneração é contingente à diferença entre as rendas provenientes das tarifas e os custos operacionais, o que estimula a entidade privada a operar com eficiência elevada.

Como os contratos de *leasing* envolvem margens de risco bastante reduzidas, estabelece-se uma estrutura de competição entre operadores privados potenciais, o que favorece a autoridade pública nas fases de licitação ou de renogociação dos contratos.

No Brasil, ainda não foram efetuados contratos de *leasing* em sistemas de água e esgotos. Estes são, entretanto, bastante comuns na França, Espanha, Costa do Marfim e na Guiné.

4) **Contratos de concessão:** Nesta modalidade a entidade privada ou concessionária, assume a total responsabilidade pelos serviços, incluindo as atividades de gestão, de operação e manutenção, assim como os investimentos de capital necessários para a expansão dos serviços. Os ativos permanecem como propriedade do poder público, mas são colocados sob a responsabilidade da

102 Almeida, S. A. S., "A Experiência Brasileira nas Concessões e Parcerias dos Sistemas de Águas e Esgotos", Saneamento' 97, Segundo Fórum, Intitute for International Research, São Paulo, 24 a 26 de março de 1997.

concessionária durante a vigência do contrato, sendo devolvidos, nas mesmas condições, ao final do período de concessão.

Os contratos de concessão demandam prazos de vigência elevados, normalmente entre 15 a 30 anos, para permitir às concessionárias períodos operacionais adequados para recuperar os custos de investimentos. Se parte do investimento não for amortizada durante o período de contrato, a concessionária deverá ser ressarcida, de acordo com os valores pendentes remanescentes.

Pelos serviços prestados, a concessionária é paga diretamente pelo consumidor, com base nas taxas e tarifas previamente estabelecidas. A concessionária retém o balanço líquido da renda auferida durante o período de vigência do contrato. Se os custos operacionais e de capitais excedem as rendas líquidas, o operador privado deve arcar com as perdas correspondentes, o que se constitue no maior risco inerente a esses tipos de contratos.

A cidade de Limeira (SP) administra, presentemente, um contrato de concessão plena, sob o qual todos os seus serviços de abastecimeto e água e coleta e tratamento de esgotos são efetuados por um consórcio privado, integrado por uma empreiteira brasileira (CBPO) e uma empresa francesa (Lyonnaise des Eaux).

Contratos nos quais parte ou a totalidade dos ativos pode se transferir ao setor privado

1) **Concessão de Margem:** Nos contratos de Concessão de Margem (conhecidos internacionalmente pelas siglas *BOT-Build, Operate and Transfer ou BOOT-Build, Own, Operate and Transfer*), uma firma, ou consórcio de firmas privadas, financia, constrói e opera um sistema de água ou esgoto. Uma vez vencido o tempo de vigência do contrato, a posse das instalações é transferida para o poder público.

Nos contratos de margem, o poder público é, geralmente, responsável pela determinação da demanda e, conseqüentemente, do tamanho dos sistemas a serem construídos. Portanto, a demanda deve ser uma das garantias oferecidas pela agência contratante para permitir que as firmas privadas possam definir os níveis de investimento e os custos de operação e manutenção, dando suporte para o estabelecimento do sistema tarifário a ser praticado. Este aspecto é de fundamental importância, tanto na fase de licitação (uma vez que a escolha da firma é feita em função do menor valor da tarifa ofertado) e na fase de operação, para evitar problemas operacionais e financeiros se ocorrer diferença significativa entre a demanda real e a demanda estimada.

Os contratos de concessão de margem estão em franco desenvolvimento em todos os países onde ocorre privatização significativa de sistemas de água e esgotos. No Brasil, essa modalidade de contrato de privatização começa, também, a ser aplicada em larga escala, sendo regida pela Lei das Concessões (nº 8.987 de 13.02.95 e 9.074 de 07.07.95).

Em 9 de outubro de 1995 foi anunciado o Plano de Privatizações do Estado de São Paulo, que

Tabela 16 - Subconcessões de margem no estado de São Paulo[103]

Cidade	Objeto	Prazo (anos)	População ($x10^3$) inicial	final	Investimento (R$ x 10^3)	Tarifa (R$/$m^3$) data	Concessionária
Ourinhos	Esgoto	20	80	112	12,0	0,47 jan. 95	Telar
Ribeirão Preto	Esgoto	20	470	660	30,0	0,30 out. 95	Consórcio REK/ CH2M-Hill
Jundiaí	Esgoto	20	315	470	27,7	0,37 set. 95	A. Veloso
Itu	Esgoto	20	130	250	17,7	0,38 set. 95	CAVO
Jaú	Água	20	120	250	11,0	0,32 jan. 95	Consórcio amafi/Multiservice
Araçatuba	Esgoto	15	141	180	12,0	0,38 jan. 96	Consórcio amafi/Multiservice
Cajamar	Água	14	-	-	1,5	0,36 abr. 96	Consórcio Multiservice/ Hidrogesp/HEK

103 Idem.

estabeleceu um plano de subconcessões de margem totalizando mais de US$ 500 milhões. A Tabela 16 apresenta os elementos básicos de alguns contratos de cidades do estado de São Paulo que tiveram os processos licitatórios, encerrados em 1995 e 1996.

Diversos estados brasileiros desenvolvem atualmente estágios diversos de contratos de concessão de margem, a maioria deles ainda na fase de discussão política ou de preparação de termos de referência para licitação.

O estado do Rio de Janeiro demonstra grande interesse em privatizar o sistema de distribuição de água existente e o sistema de tratamento de esgotos previsto para a região da Barra da Tijuca, na cidade do Rio de Janeiro. Discute-se também, a privatização da Companhia Estadual de Águas e Esgotos (CEDAE), cujo desenvolvimento é apoiado pelos programas de implementação desenvolvidos pelo PMSS.

O estado do Rio Grande do Sul anunciou, em 20 de novembro de 1995 o programa estadual de privatizações que inclu subconcessões de sistemas de abastecimento de água e esgotos na Região Metropolitana de Porto Alegre e diversas outras em municípios do interior gaúcho, entre os quais Santa Cruz do Sul e Venâncio Alves.

Finalmente, os estados de Minas Gerais e do Espírito Santo também preparam contratos de concessão de margem envolvendo sistemas de tratamento de esgotos associados aos programas de preservação da bacia do rio Arruda e da baía de Vitória, respectivamente.

2) **Concessão inversa:** Em países onde existem riscos econômicos ou políticos elevados, o setor privado ou não se interessa por participar em concorrências de contratos de margem ou estabelece condições e tarifas bastante elevadas para participar, podem ser realizados "contratos de margem inversos" (conhecidos internacionalmente como *Reverse BOT Contracts*). Nessa modalidade, o poder público financia e constrói o sistema e estabelece um contrato com uma entidade privada para sua operação durante períodos de tempo bastante longos.

Caso haja interesse por parte da entidade privada em adquirir o sistema, estabelece-se no contrato os critérios e os montantes da amortização anual a ser efetuada ao poder público. Esta condição encoraja o operador privado a praticar padrões elevados de manutenção uma vez que o sistema passará a ser de sua propriedade no futuro.

3) **Empresas de economia mista:** As empresas de economia mista, geralmente sociedades anônimas, podem se constituir em arranjos de consenso nas etapas iniciais de programas de privatização, quando ocorrem resistências políticas ou culturais à transferência total do controle de sistemas de água e esgotos para entidades privadas. Inicialmente, ambas as partes poderão possuir igualdade acionária, transferindo-se, paulatinamente, a participação majoritária para o setor privado.

Podendo emitir ações ou títulos, as companhias de economia mista podem aumentar o capital inicial reduzindo assim a necessidade de endividamento do setor público. Por outro lado, pelo fato de se constituir também em poder público, a capacidade reguladora é exercida com maior eficiência.

A gestão de sistemas de água e esgotos por companhias de economia mista ainda não é praticada no Brasil, mas diversos países da Europa já adotaram essa modalidaade com resultados bastante expressivos. Na Espanha, a *Empresa Municipal de Aguas y Saneamiento de Murcia*, capital da Comunidade Autônoma de Murcia, com aproximadamente 350 mil habitantes, modificou seus estatutos sociais e, a partir de julho de 1989, associou-se à empresa privada Aquagest, formando uma companhia de economia mista. O prazo de vigência do contrato é de cinqüenta anos e, inicialmente, o setor público subscreveu 51% do capital social permanecendo os 49% restantes com a Aquagest.[104, 105]

4) **Privatização total:** A privatização total corresponde à venda completa de todos os ativos, ficando o proprietário privado com a responsabilidade de financiar e administrar todos os serviços e água e esgoto. Esta forma de privatização

104 Espino, J. M., "La Transición de la Empresa de Aguas de Murcia de una Empresa Publica e una Empresa de Economia Mixta", in: Economia del Agua y Sector Privado, pp. 185-198, Banco Mundial, Ministerio de Desarrollo Economico, PNUD, Colombia, 1996.

105 Martin, J. L. H., "Desempeño de la Empresa de Aguas de Murcia: Su Transformación en una Empresa de Economia Mixta", in: Economia de Agua y Sector Privado, pp. 199-207, Banco Mundial, Ministerio de Desarrollo Economico, PNUD, Colombia, 1996.

radical se baseia no conceito de que o estímulo proporcionado pelo mercado de capitais é suficiente para a maximizar a eficiência operacional das empresas de água e saneamento. Uma outra razão é a de maximizar a captação de recursos do setor privado. A Inglaterra, que adotou no final da década de 80, a privatização total da maioria de seus serviços públicos (água e esgotos, gás, eletricidade e ônibus), mantém os preços regulados através de comissões públicas. Apesar da evidente melhora que a privatização trouxe aos serviços públicos, ocorrem severas críticas ao sistema, pelo fato de não terem sido estabelecidos mecanismos para a repassagem dos ganhos de eficiência para os consumidores.

O Estado como ente regulador

À medida que o Estado reduz, através da privatização, suas funções de gestor do setor de água e saneamento, deverá obrigatoriamente assumir e aprimorar as de organismo regulador.

O ente regulador deverá exercer papéis fundamentais, tanto na fase de licitação como durante o período de vigência da concessão.

Durante o gerenciamento do processo concorrencial para a seleção das empresas concessionárias de serviços público, pelo menos os seguintes componentes básicos deverão estar convenientemente estabelecidos:

- o plano de expansão, com especificação dos investimentos previstos das fontes de financiamento, dos critérios de projeções financeiras e dos padrões de qualidade a ser atingidos;
- o plano de tarifas e os critérios para a sua revisão;
- o contrato de concessão;
- o regulamento dos usuários;
- os estatutos da empresa concessionária;
- o levantamento dos ativos fixos.

Na fase de vigência da concessão o ente regulador deverá exercer a permanente vigilância das empresas concessionárias de serviços para assegurar o cumprimento das cláusulas contratuais estabelecidas, particularmente no que tange à estrutura tarifária e manutenção da qualidade dos serviços prestados à população.

Recomendações

A baixa cobertura de água e saneamento no Brasil, mesmo em relação aos países mais pobres da América Latina e região do Caribe, exige uma tomada de decisão política que permita o início da reversão dessa situação ainda neste século. Os recursos necessários estimados em 40 bilhões de dólares para regularizar até o ano 2010 apenas o setor urbano, não poderão ser alocados sem que, no nível mais elevado do planejamento nacional, seja dada prioridade à provisão adequada de serviços de água e saneamento à sociedade brasileira. Recursos adicionais deverão ser alocados, no mesmo nível de prioridade, ao segmento rural, para a superação dos índices inaceitáveis de 31% de cobertura de água e 3% de saneamento, este último inferior aos do Peru, que apresenta 10% e do Haiti, com 16%.

No plano institucional, os esforços para prencher o vácuo estabelecido pela extinção do Planasa em 1992 e para contornar as dificuldades operacionais do Pronurb, começam a apresentar resultados bastante promissores. As atividades da Secretaria de Política Urbana do Ministério do Planejamento e Orçamento e do Instituto de Pesquisas Econômicas Aplicadas, na elaboração do Projeto de Modernização do Setor Saneamento, já delineiam estruturas de gestão e de financiamento compatíveis com as características regionais e situações específicas de municípios brasileiros e, certamente, proporcionarão o suporte necessário para equiparar o setor de água e saneamento aos níveis técnico, sociocultural e político que o Brasil ocupa na América Latina.

A iniciativa privada, cuja participação começa a se consolidar no Brasil, principalmente através das diversas modalidades de contratos de concessão, caracteriza-se como mais um fator potencial para a modernização do setor de água e saneamento. Não há dúvidas de que o setor privado, adequadamente controlado pelo estado, na função de ente regulador, se constitui em fonte poderosa de recursos financeiros adicionais e agente promotor do desenvolvimento tecnológico, do aumento da eficiência operacional e da melhoria dos serviços de água e saneamento.

A provisão de serviços de água e saneamento não poderá ser quantificada meramente em termos estatísticos. Muito embora os índices de atendimento sejam preocupantes, eles não refletem a realidade dos serviços efetivamente prestados, uma vez que não levam em conta o abastecimento intermitente e as conseqüentes implicações sociais e de saúde pública, particularmente nas áreas periféricas e bairros de baixa renda, assim como a qualidade da água distribuída. Os índices de cobertura não refletem, também, o elevado nível de deterioração dos sistemas de abastecimento de água e coleta de esgotos, a falta de reconhecimento e de respeito aos direitos dos usuários, e a generalizada desconsideração à preservação e conservação dos recursos hídricos utilizados como mananciais. Há que considerar, ainda, a iniqüidade na oferta dos serviços, que contempla privilegiadamente as regiões Sul e Sudoeste do país e, de uma maneira genérica, as faixas de rendas mais elevadas.

O conceito tradicional de saneamento básico, deve evoluir para o conceito de saneamento ambiental associando-se à política de recursos hídricos, com o objetivo básico de articular as ações das companhias estaduais de saneamento com os planos e programas dos comitês de bacias hidrográficas. Deve, portanto desvincular-se de sua conotação atual de mero executor de obras públicas e integrar a função de sanear com o objetivo de preservação da qualidade ambiental.

A qualidade da água de abastecimento, particularmente nos grandes centros urbanos, onde os mananciais são poluídos por concentrações significativas de efluentes industriais, como é o caso da Represa Billings e do Sistema Baixo Cotia, na Região Metropolitana de São Paulo, deve merecer consideração especial por parte das autoridades da saúde pública. Com a finalidade de produzir água efetivamente segura é necessário evoluir do conceito tradicional de tratamento convencional e proprocionar uma proteção adicional contra a incidência de doenças crônicas provocadas, principalmente, por concentrações muito pequenas de compostos orgânicos sintéticos e metais pesados. Os sistemas que tratam águas captadas nesses mananciais devem ser dotados imediatamente de unidades independentes de carvão ativado. Estudos de tratabilidade, em plantas piloto ou modelos reduzidos, deverão ser efetuados concomitantemente, visando identificar a necessidade de instalar operações ou processos unitários adicionais.

Face à grande quantidade de elementos e compostos existentes em mananciais intensamente poluídos por resíduos industriais, como os acima referidos, torna-se necessário estabelecer novos limites máximos numéricos para aqueles que exibem efeito sinérgico, quando presentes simultaneamente na água. Nesse sentido, deve ser implementado o art.8 da Portaria 36 (Ministério da Saúde, de 19.01.1990) que propõe que *verificados tais efeitos, comprovadamente prejudiciais à saúde, os limites estabelecidos deverão ser avaliados*. Por ocasião dessa revisão deve-se também acrescentar que a Portaria 36 é aplicável somente a mananciais que não recebem efluentes domésticos e industriais, ou seja, os que se enquadrem dentro do conceito tradicional de "mananciais protegidos". Para os demais, outros parâmetros devem ser estabelecidos com base em monitoramentos específicos, direcionados para o tipo e nível da poluição existente.

A vigilância da qualidade da água servida à população não pode, absolutamente, ser efetuada pelo proprio produtor. Ela deve possuir as características de controle legal e deve ser oficialmente delegada a uma entidade distinta, autônoma e independente, com poderes para atuar sobre o produtor, sempre que a água distribuída não for absolutamente segura e/ou quando forem detectadas quaisquer irregularidades nos sistemas de produção e de distribuição de água, que possam vir a comprometer esta qualidade. A prática hoje vigente em diversos estados brasileiros, inclusive no estado de São Paulo, sob a qual companhias estaduais de saneamento exercem simultaneamente as funções de produtor e fiscal da qualidade do próprio produto, deve ser denunciada e considerada ilegal. Tradicionalmente, a vigilância da qualidade da água dos sistemas públicos é atribuição inalienável dos ministérios de saúde, e por extensão, às secretarias estaduais de saúde, aos quais cabe garantir que a água distribuída à população é segura e não venha a se constituir em um risco adicional de saúde pública.

O uso de esgotos, particularmente no setor agrícola, se constitui em um importante elemento das políticas e estratégias de gestão de recursos hídricos. Muitos países, situados em regiões áridas e semiáridas, tais como os do norte da África e do Oriente Médio, consideram esgotos e águas de baixa qualidade, como parte integrante dos recursos hídricos nacionais, equacionando a sua utilização junto a seus sistemas de gestão urbanos e rurais. Uma política criteriosa de *reúso*, transforma a problemática poluidora e agressiva dos esgotos, em um recurso econômico e ambientalmente seguro.

É recomendável que os governos estaduais e federais iniciem processos de gestão para estabelecer bases políticas, legais e institucionais para o *reúso*, tanto em relação aos aspectos associados diretamente ao uso de afluentes, como aos planos estaduais ou nacionais de recursos hídricos. Linhas de responsabilidade e princípios de alocação de custos, devem ser estabelecidos entre os diversos setores envolvidos, ou seja, companhias responsáveis pela coleta e tratamento de esgotos, os usuários que se beneficiarão dos sistemas de *reúso*, e o Estado, ao qual compete o suprimento adequado de água, a proteção do ambiente e da saúde pública. Em adição, e para assegurar a sustentabilidade, deve ser dada atenção adequada aos aspectos organizacionais, institucionais e socioculturais do *reúso*.

Como não existe no Brasil, experiência em *reúso* planejado e institucionalizado, é necessário implementar projetos pilotos. Essas unidades experimentais, devem cobrir todos os aspéctos das diversas modalidades de *reúso*, principalmente os relativos ao setor agrícola, e deverão fornecer subsídios para o desenvolvimento de padrões e códigos de prática, adaptados às condições e características nacionais. Uma vez concluída a fase experimental, as unidades piloto serão transformadas em sistemas de demonstração e de referência, objetivando treinamento, pesquisa e o desenvolvimento do setor.

Bibliografia

AMERICAN WATER WORKS ASSOCIATION. Water *Quality and Treatment - A Handbook of Community Water Supplies*. 4. ed. New York, McGraw-Hill, 1990.

BRADLEY, D.J. Health Aspects of Water Supplies in Tropical Countries. In: *Water, Wastes and Health in Hot Climates*. Ed. Richard Feachem et alii, 1977.

CHANG, A.C. et alii. Developing Human Health-Related Chemical Guidelines for Reclaimed Wastewater and Sewage Sludge Applications in Agriculture. In: *Proceedings of the Second International Symposium on Wastewater and Sludge Applications in Agriculture*. Crete, IWQA, 1995.

FEACHEM, R.G. et alii. Sanitation and Disease – Health Aspects of Wastewater Management. In: *World Bank Studies in Water Supply and Sanitation*, n. 3. John Wiley & Sons, 1983.FRANCEYS, R.; PICKFORD, J.; REED, R. *A Guide to the Development of On-site Sanitation*. Geneva, World Health Organization, 1992.

FOSTER, S.D.; Gale, I.N.; Hespanhol, I. Impacts of Wastewater Use and Disposal on Groundwater. In: *Technical Report* WD/94/95. Notthingham, British Geological Survey, 1994.

FRANCEYS, R.; PICKFORD, J.; REED, R. *A Guide to the development of On-site Sanitation.* Geneva, World Health Organization, 1992

HESPANHOL, I. Esgotos como Recurso Hídrico - Parte I: Dimensões Políticas, Institucionais, Legais, Econômico-financeiras e Sócio-culturais. In: *Engenharia - Instituto de Engenharia de São Paulo*, n.523. São Paulo, 1997.

HESPANHOL, I. & PROST, A. WHO Guidelines and National Standards for Reuse and Water Quality. In: *Water Research*, 28(1). London. p.119-124, 1994.

MCJUNKIN, F. E. Water and Human Health. In: *National Demonstration Project*. USA, Agency for International Development, 1983.

WORLD HEALTH ORGANIZATION. Health Guidelines for the Use of Wastewater in Agriculture and Aquaculture - Report of a Scientific Group Meeting. In: *Technical Report Series* n.778. Geneva, 1989.

Ivanildo Hespanhol

ivanhes@usp.br

Engenheiro Civil – Escola de Engenharia de São Carlos da USP

Engenheiro Sanitarista – Faculdade de Saúde Pública da USP

Doutor em Saúde Pública – FSP/USP

MSc em Engenharia Sanitária – University of California, Berkeley, EUA

PhD em Engenharia – University of California, Berkeley, EUA

Livre Docente – EPUSP

Professor Titular do Depto. Engenharia Hidráulica e Sanitária da EPUSP, responsável por cursos de Pós-Graduação nas áreas de Tratamento de Águas de Abastecimento e Residuárias, Gestão da Qualidade da Água, Tratamento Avançado e Reúso; e por cursos de graduação em Ciências Ambientais e Gestão de Recursos Hídricos.

Engenheiro Consultor de companhias estaduais, indústrias, empresas de consultoria e universidades.

Consultor da Organização Panamericana de Saúde, assessor da Fapesp, Finep e CNPq.

Foi membro do corpo técnico científico da Organização Mundial de Saúde junto ao Urban Environmental Health Unit, Division of Environmental Health, Genebra.

Linhas de Pesquisa:

- *Engenharia sanitária e ambiental*
- *Recuperação e reúso de recursos*
- *Gestão da qualidade da água*
- *Tratamento avançado de águas de abastecimento e resíduos industriais*
- *Caracterização e mitigação de impactos ambientais*
- *Tecnologia apropriada para países em estágio de industrialização*

09

Água na Agricultura e Pecuária

Dirceu D'Alkmin Telles

Introdução

Em todas as partes do mundo o uso agrícola da água ocupa um lugar de destaque. A Tabela 1 apresenta a evolução, em âmbito mundial, do uso da nos últimos 100 (cem) anos notando-se que atualmente 70% da água é destinada ao aproveitamento agrícola.

O inter-relacionamento do uso da água na agricultura e na pecuária deve ser enfocada, principalmente, segundo quatro aspectos:

- uso na agricultura irrigada;
- uso na dessedentação de animais
- uso de águas residuárias na agricultura
- efluentes agrícolas e da pecuária

O Brasil possui, segundo Christofidis (1997) baseado em dados de 1996 do MMARHAL - Ministério do Meio Ambiente dos Recursos Hídricos e da Amazônia Legal, uma superfície cultivada de cerca de 55 (cinqüenta e cinco) milhões de hectares, não considerando as pastagens naturais.

A irrigação além de exigir grandes volumes de água é um uso do tipo consuntivo. Cerca de 98% (noventa e oito por cento) do volume retirado com essa finalidade é transferido diretamente para a atmosfera através da evapotranspiração das culturas. Os demais 2% (dois por cento) são transformados em matéria orgânica, portanto nada retorna logo a jusante.

Na dessedentação dos animais, há retorno parcial de água para o manancial do qual foi retirado, o maior prejuízo se dá no aspecto qualidade, já que 60 a 70% (sessenta a setenta por cento) retorna sob a forma de urina e de outros dejetos.

Tabela 1- Evolução do consumo de água em âmbito mundial (km³/ano)

Ano tipo/uso	1900	1920	1940	1960	1980	2000*	2020**
Doméstico	-	-	-	30	250	500	850
Industrial	30	45	100	350	750	1350	1900
Agrícola	500	705	1000	1580	2400	3600	4300
TOTAL	530	750	1100	1960	3400	5450	7050

(-) Sem dados
(*) Estimativa
(**) Previsão
FONTE: PADILLA, 1999.

De acordo com dados levantados pelo IBGE em 1995, a população pecuária brasileira é constituída de um rebanho de 238 (duzentos e trinta e oito) milhões de cabeças.

A utilização na irrigação de águas residuárias, de esgotos sanitários, apesar das crescentes preocupações sanitárias, é pratica comum principalmente nos chamados cinturões verdes das grandes e médias cidades brasileiras. Recentemente com a crescente escassez de recursos hídricos e com o avanço do conhecimento técnico-científico esta prática, desde que devidamente controlada, tende a ganhar impulso.

Os efluentes líquidos provenientes de áreas agricultadas podem conter substâncias poluentes oriundas do mau ou do excessivo uso de insumos agrícolas.

Efluentes originários de concentrações de criadouros de animais (urina e fezes) contêm substâncias com alto poder de poluição dos corpos d'água de jusante.

Principais usos da água na Agricultura e Pecuária

Descrição dos principais usos

Reconhecidamente os principais usos da água na agricultura e pecuária são a irrigação das plantações e a dessedentação dos animais.

Embora as condições climáticas sejam bastantes variadas no Brasil, em virtude de sua dimensão continental, a irrigação vem cada vez mais sendo utilizada. No nordeste, no chamado Polígono das Secas, os totais anuais de precipitação são insuficientes para suprir as necessidades hídricas das plantas, sendo impossível a implantação de uma agricultura racional sem o emprego da irrigação. Nas regiões Sudeste e Centro-Oeste as quantidades de água precipitada são suficientes para abastecer as plantas em suas exigências, todavia, a irregular distribuição dessa chuva, cria períodos de estresse hídrico, que afeta sensivelmente a produtividade agrícola. VIEIRA (1989), classifica a irrigação como obrigatória, quando as condições climáticas o determinam, como é o caso do Nordeste Brasileiro, onde sem o emprego da irrigação não há agricultura e, como suplementar, quando embora as chuvas sejam suficientes para satisfazer as necessidades hídricas das plantas, a irregular distribuição dessa água durante o ano afeta sensivelmente o seu metabolismo, causando queda da produtividade e da qualidade das safras.

A pecuária, extensiva ou intensiva, demanda água para a dessedentação dos animais. Em projetos de criação intensiva, face ao grande aumento da produtividade decorrente da utilização de técnicas modernas de manejo de animais confinados, esta demanda se destaca. Animais criados extensivamente também necessitam de água para suas necessidades globais de metabolismo e, durante os períodos de estiagem, são severamente prejudicados pela escassez do líquido.

Irrigação

Segundo Carvalho et al. (1976), a irrigação no Brasil apresenta características diferentes no Nordeste e no Sul. Ainda que tenham surgido nas duas regiões simultaneamente, no inicio, a irrigação desenvolveu-se com características bem diferenciadas. Enquanto no Nordeste as iniciativas nasceram do poder público, no Sul a iniciativa foi predominantemente particular. Em 1974 o Brasil dispunha de 1.500.000 ha de área com infra-estrutura de irrigação, dos quais apenas 3,5% pertenciam a projetos públicos. Do total, 1.200.000 ha localizavam-se na região Sul,.

TELLES (1993) afirma que, a irrigação no Brasil pode ser dividida em três grupos: Irrigação "Obrigatória" no Nordeste, Irrigação "Facilitada" no Rio Grande do Sul e Irrigação "Profissional" nas regiões Sudeste, Centro-Oeste e parte da Sul.

A falta de chuvas induz à obrigatoriedade da irrigação para viabilizar a agricultura do Nordeste. Tal irrigação, que em 2001 representava cerca de 27% do total brasileiro, inicialmente foi conduzida pelo governo, no sentido da implantação de distritos de irrigação, que tinham como ênfase o aspecto social de fixação do homem no campo. Este enfoque mostrou-se ineficiente e o fracasso foi geral. A iniciativa privada foi aos poucos se associando aos empreendimentos, obtendo excelentes resultados, direcionando a exploração para a fruticultura de exportação e para o abastecimento de agroindústrias locais. Dessa forma, surgiram extensas áreas irrigadas por gotejamento e microaspersão na região de Mossoró no Estado do Rio Grande do Norte, onde a fruticultura irrigada produz melão, acerola e manga para a exportação. No Vale do São Francisco áreas irrigadas produzem uvas de excelente qualidade e outros produtos destinados à agroindústria. Outros produtos irrigados de destaque no Nordeste: frutas cítricas, mamão, café, grãos e coco.

A irrigação "facilitada" que desenvolve-se no Rio Grande do Sul, é assim chamada devido à existência de extensas áreas planas próximas a abundância de recursos

Foto 1 - Irrigação por inundação (foto do autor).

Foto 2 - Irrigação por sulcos (foto do autor).

Foto 3 - Irrigação por aspersão convencional (foto do autor).

Foto 4 - Irrigação por pivô central.

hídricos facilitando sobremaneira a implantação de tabuleiros para a irrigação do arroz. Nesta área está cerca de 40% da irrigação do País, utilizando o método de inundação, porém com baixo nível tecnológico.

A chamada irrigação "profissional" é aquela na qual o agricultor investe em moderna tecnologia de irrigação, visando o aumento da produtividade agrícola ou a obtenção de duas ou mais colheitas no ano. É praticada em cerca de 40% da área total irrigada do País. Se desenvolve principalmente nas regiões Sudeste e Centro-Oeste, no cultivo de cereais, cana-de-açúcar, frutas e hortaliças, e em significativas superfícies no Nordeste e no Sul. Predomina a irrigação por aspersão mecanizada (pivô central, sistemas autopropelidos e de montagem direta), com pequenas áreas de aspersão convencional e de irrigação localizada (gotejamento e microaspersão). Estas distribuições estão, resumidamente apresentadas na Tabela 2.

Em 2001 Christofidis, atualizando dados fornecidos pela Secretaria de Recursos Hídricos do Ministério do Meio Ambiente, Recursos Hídricos e Amazônia Legal – MMARHAL, contabilizou cerca de 2.950.000 hectares irrigados no Brasil. A região Sul se destacou como a mais irrigada com cerca de 1.217.000 ha, seguida da Sudeste com mais de 919.000 ha. A Nordeste com mais de 512.000, depois a Centro-Oeste com aproximadamente 212.000 e finalmente a região Norte com 8.000 hectares irrigados.

Os 2.950.000 hectares irrigados representam apenas 5,4% da área cultivada no País em 1996.

A Tabela 3 detalha ao nível de Estados, os elementos coletados, incluí os métodos de irrigação, áreas plantadas e faz comparações entre eles.

Os métodos de irrigação por superfície (geralmente de baixa eficiência) são os mais usados, abrangendo 56 % da superfície irrigada no Brasil. O pivô central cobre cerca de 19 %, a aspersão convencional mais de 17 % e a irrigação localizada (microaspersão e gotejamento) em torno 7 %.

Tendências

A partir de 1970, como resposta dos programas de incentivo à irrigação e, de 1982 com a consolidação da fabricação de equipamentos nacionais (autopropelido, pivô central e de irrigação localizada) houve incrementos consideráveis nas áreas irrigadas por sistemas mecanizados e automatizados. Sucessivos planos financeiros interferiam fortemente no mercado de equipamentos de irrigação. Houve um crescimento na venda de pivôs centrais. Avançou também a instalação de equipamentos de irrigação localizada (gotejamento e microaspersão) que são os mais eficientes com menores consumos de água e de mão de obra Isto aconteceu principalmente nas regiões Centro-Oeste e Sudeste. A aspersão convencional continuou predominando em pequenas instalações na irrigação de hortaliças e de viveiros de mudas.

Tabela 2 - Distribuição regional no Brasil de: condicionantes, ênfase na exploração, principais culturas irrigadas e sistemas de irrigação.

Região	Condicionante	Ênfase na exploração	Principais culturas	Sistemas de irrigação
Norte	Drenagem obrigatória	Empresarial (jari)	Arroz	Inundação
Nordeste	Irrigação obrigatória	"Profissional" e social	Frutas tomate arroz cana de açúcar	Localizada aspersão/pivô superfície montagem direta
Centro - Oeste	Irrigação suplementar e obrigatória	"Profissional" grandes produtores	Cereais frutas arroz	Pivô localizada superfície
Sudeste	Irrigação suplementar	"Profissional" pequenos e médios produtores	Feijão e tomate frutas e citros hortaliças cana-de-açúcar	Pivô localizada aspersão montagem direta
Sul	Irrigação suplementar e drenagem	"Facilitada"	Arroz e pastagem	Inundação

FONTE: Telles, 1993.

No início da década de 90 a CODEVASF (Companhia de Desenvolvimento do Vale do São Francisco) implantou uma política de emancipação dos seus perímetros públicos irrigados. A emancipação consiste na passagem da administração do perímetro, inclusive os sistemas de irrigação e de drenagem, às Associações de Usuários. O DNOCS (Departamento Nacional de Obras Contra as Secas) tem iniciativa semelhante.

Em meados dos anos 90 houve uma queda generalizada na venda de equipamentos de irrigação e diversas empresas do setor fecharam suas portas ou diminuíram sensivelmente sua atividades. A partir de 1997-98 começou uma reversão no processo. No ano de 1999 e no presente 2000 os vendedores de Pivô Central conseguem resultados animadores na Bahia, região de Guaíra –SP e do cerrado. Está também em crescimento a utilização da irrigação na cultura de café acompanhando

Tabela 3 - Áreas plantadas (1996), áreas irrigadas e métodos de irrigação (1999) e porcentagens.

Estado Região	Superf. ha	Aspers. ha	Pivô ha	Localiz. ha	Totais ha	Região %	País %	Área plantada x 1.000 ha	Irrig/Plant %
Paraná	23,225	12,200	23,160	11,344	69,929	5.7	2.4	7,745.7	0.9
Rio G. Sul	965,640	25,650	-	16,460	1,007,750	82.8	34.2	7,393.1	13.6
Sta. Catarina	114,890	19,445	283	5,248	139,866	11.5	4.7	3,138.4	4.5
Região Sul	**1,103,755**	**57,295**	**23,443**	**33,052**	**1,217,545**		**41.3**	**18,277.2**	**6.7**
% região	90.7	4.7	1.9	2.7					
Esp. Santo	12,200	36,950	12,060	8,236	69,446	7.6	2.4	800.0	8.7
Minas Gerais	104,881	73,535	87,950	34,590	300,956	32.7	10.2	4,450.5	6.8
Rio Janeiro	43,108	31,440	210	5,442	80,200	8.7	2.7	345.2	23.2
São Paulo	77,820	104,210	254,360	32,010	468,400	51.0	15.9	6,900.0	6.8
R. Sudeste	**238,009**	**246,135**	**354,580**	**80,278**	**919,002**		**31.2**	**12,495.7**	**7.4**
% região	25.9	26.8	38.6	8.7					
Alagoas	8,140	450	-	370	8,960	1.7	0.3	585.2	1.5
Bahia	46,780	51,216	48,845	29,889	176,730	34.5	6.0	3,800.0	4.7
Ceará	32,028	30,222	17,502	4,748	84,500	16.5	2.9	2,316.0	3.6
Maranhão	24,751	11,490	3,240	6,262	45,743	8.9	1.6	1,874.8	2.4
Paraíba	7,100	21,210	2,450	1,990	32,750	6.4	1.1	1,059.1	3.1
Pernambuco	31,640	42,200	9,400	7,740	90,980	17.7	3.1	1,419.8	6.4
Piauí	12,000	6,340	1,250	6,010	25,600	5.0	0.9	1,500.0	1.7
Rio G. Norte	2,900	3,402	1,700	13,148	21,150	4.1	0.7	632.4	3.3
Sergipe	1,380	10,540	190	14,300	26,410	5.1	0.9	1,041.6	2.5
R. Nordeste	**166,719**	**177,070**	**84,577**	**84,457**	**512,823**		**17.4**	**14,228.9**	**3.6**
% região	32.5	34.5	16.5	16.5					
Dist. Federal	467	4,251	6,800	542	12,060	5.7	0.4	222.7	5.4
Goiás	12,105	30,800	74,430	3,765	121,100	57.0	4.1	2,662.8	4.5
M. Grosso	4,108	2,780	3,795	2,967	13,650	6.4	0.5	3,121.8	0.4
Mato G. Sul	42,950	3,925	13,828	4,997	65,700	30.9	2.2	1,738.3	3.8
R. C. Oeste	**59,630**	**41,756**	**98,853**	**12,271**	**212,510**		**7.2**	**7,745.6**	**2.7**
% região	28.1	19.6	46.5	5.8					
Acre	520	140	-	20	680	0.8	0.0	120.4	0.6
Amapá	1,440	300	-	170	1,910	2.2	0.1	3.5	54.6
Amazonas	1,000	700	-	120	1,820	2.1	0.1	75.9	2.4
Pará	6,550	150	-	280	6,980	7.9	0.2	965.7	0.7
Rondônia	1,820	420	-	170	2,410	2.7	0.1	801.4	0.3
Roraima	5,100	350	-	210	5,660	6.4	0.2	27.4	20.7
Tocantins	65,900	1,460	390	1,140	68,890	78.0	2.3	220.4	31.3
Reg. Norte	**82,330**	**3,520**	**390**	**2,110**	**88,350**		**3.0**	**2,214.7**	**4.0**
% região	93.2	4.0	0.4	2.4					
BRASIL	**1,650,443**	**525,776**	**561,843**	**212,168**	**2,950,230**			**54,962.1**	**5.4**
% do País	**55.9**	**17.8**	**19.0**	**7.2**					

FONTE: Christopidis, 2001.

os bons resultados obtidos no Espírito Santo. A irrigação localizada do tipo "tripa" de baixo nível técnico mas de custo baixo vem se impondo.

Projetos

Autoridades governamentais brasileiras têm anunciado a realização de inúmeros estudos e projetos de irrigação. A experiência tem mostrado que não há garantias sobre a execução ou não de tais projetos. Os mais citados são:

Projeto de transposição de águas do rio São Francisco - De acordo com CARVALHO (1994), esta questão é citada desde 1847. Em 1994 foi apresentado uma nova alternativa, a ser realizada em 40 anos, que propõe a transposição de 280 m^3/s de água do rio São Francisco, para o desenvolvimento do semi-árido nordestino. Haverá ênfase para a irrigação de 800.000 hectares nos Estados de: Pernambuco, Paraíba, Rio Grande do Norte e Ceará. Na 1ª etapa, a ser executada em 20 anos, serão desviados 50 m^3/s para: alimentar 43.000 hectares em 34 perímetros de irrigação propiciando a criação de 190.000 empregos diretos e indiretos, gerando uma produção anual de 215 milhões de dólares, além de propiciar o abastecimento de água para 6.000.000 de pessoas distribuídas em 220 municípios. A partir de Cabrobó - PE, as águas serão recalcadas para vencer o desnível geométrico de 160 metros até atingir o divisor de águas, através de 4 estações de bombeamento, 14 barragens e 30 quilômetros de canais. A partir do divisor, as águas caminharão naturalmente, através de 2.400 quilômetros de leitos naturais e de canais artificiais.

Fruticultura irrigada no Nordeste - O Presidente da República lançou em 1997 um conjunto de projetos para irrigar 1.000.000 hectares na região Nordeste. O projeto está baseado nos resultados obtidos na fruticultura irrigada na região de Petrolina e Juazeiro, às margens do rio São Francisco. Visa tanto a exportação, como o consumo interno e a industrialização. Participam da iniciativa grandes empresas como, a Pérsico Pizzaniglio (Fazenda Milano com 3.000 hectares), a O.A.S. (Fazenda Curuça), VARIG, American Express, Bompreço e a Valexport. Outro exemplo favorável a iniciativa está em Mossoró no Rio Grande do Norte, onde o Grupo MAISA pratica a irrigação localizada em: melão, maracujá, acerola, caju, graviola, manga e outras culturas. Abastece, seus mais de 1.000 hectares, com água subterrânea. O seu sucesso leva outros grupos a investir na irrigação em frutas no Vale do rio Açu.

Emancipação de perímetros de irrigação - A CODEVASF e o DNOCS vêm implantando a emancipação de seus perímetros públicos de irrigação no Nordeste, a maioria deles implantados sob a forma de colonização e fortemente apoiados em benefícios sociais. A emancipação consiste na passagem progressiva da administração total dos perímetros aos irrigantes.

Distrito de irrigação do Jaíba - Iniciado em 1988 prevê uma área irrigada de 100.000 hectares, nos municípios de Jaiba e Matias Cardoso no norte de Minas Gerais, região do semi-árido do Nordeste junto ao rio São Francisco. Em 1993 haviam 4.000 hectares irrigados em módulos de 5 hectares, explorados sob a forma de colonização. A próxima etapa pretende atingir 25.000 ha com lotes de 20 a 50 ha através da participação de empresas. O projeto conta com um bombeamento de 80 m^3/s, duas estações de recalque, a primeira com uma altura geométrica de 17,5 metros e a segunda com 19 metros. Um canal adutor, com nove quilômetros de extensão, conduz a água para os canais secundários e, estes para todo o projeto. Participam do projeto a CODEVASF, o Governo de Minas Gerais que é proprietário da área, o Banco Mundial, a RURALMINAS

Foto 5 - Irrigação por localizada (foto do autor).

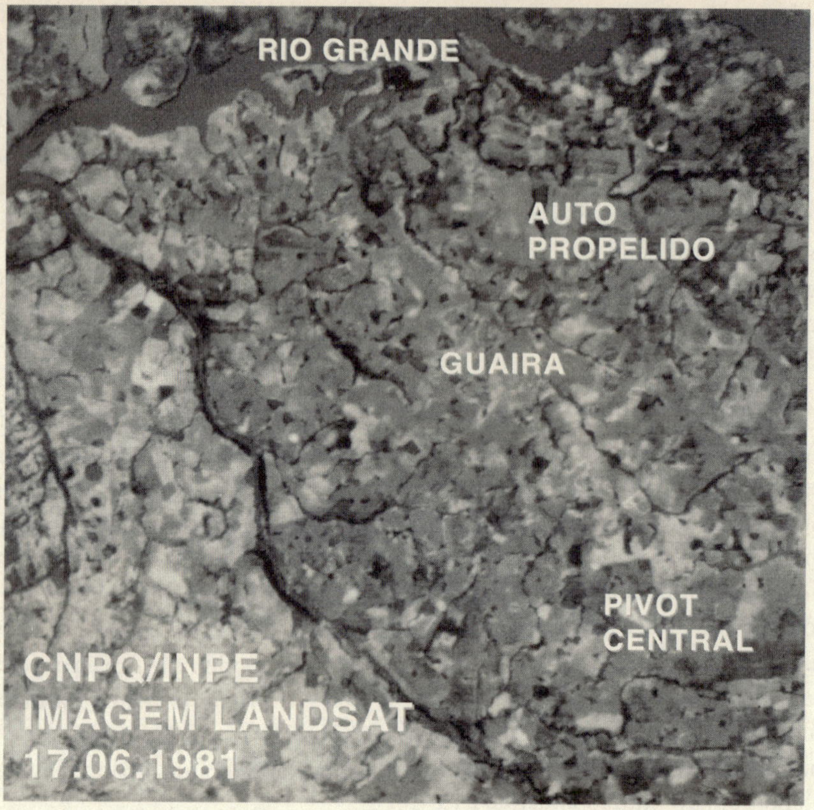

Foto 6 - Imagem do satélite de áreas irrigadas - Guaíra.

Gráfico 1 - Métodos de irrigação no Brasil

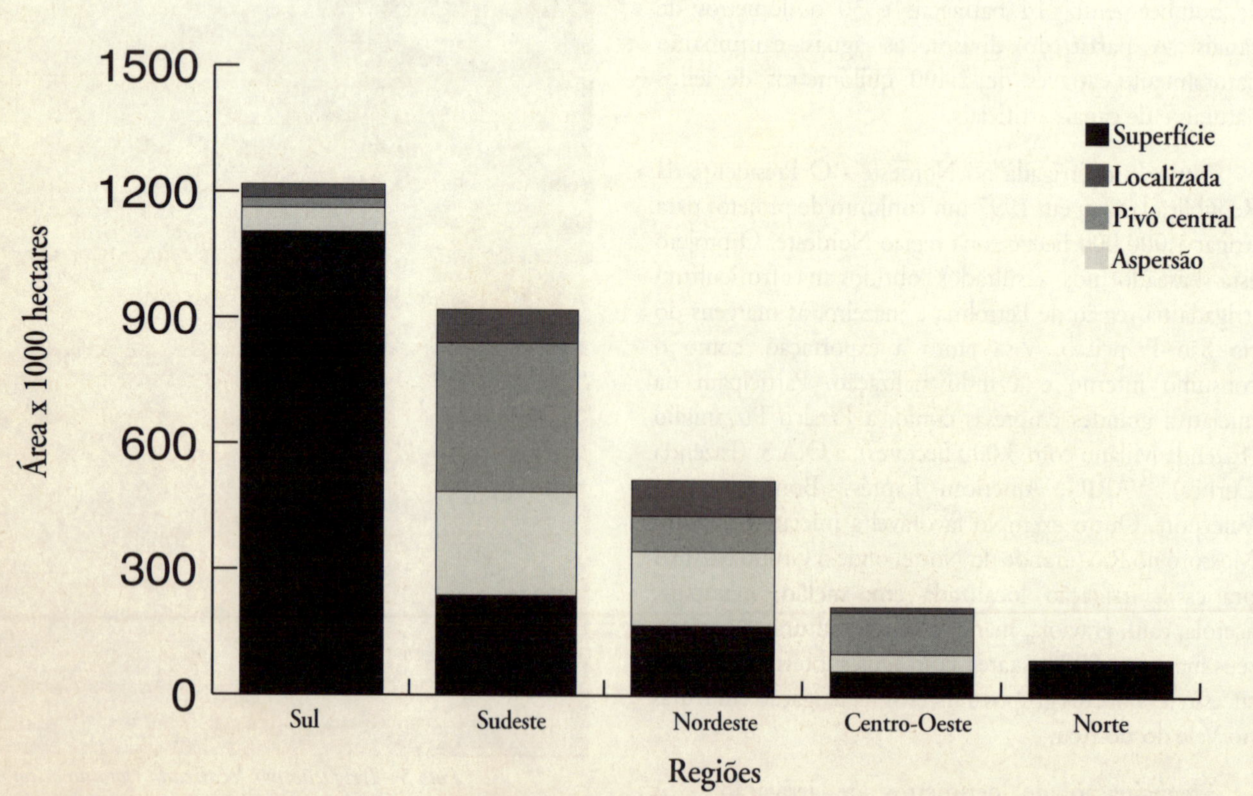

e a EPAMIG. Se destina, prioritariamente, à fruticultura irrigada (banana, manga e limão e outros), às hortaliças e a agroindústria (tomate industrial e cebola). O grupo Agro-industrial Karambi já está operando na região, no município de Itacarambi.

Canoas I e II - A CESP tem compromisso de construir sistemas de recalque e 40 km de canais na margem direita do complexo energético de Canoas, na região do médio rio Paranapanema, oeste do Estado de São Paulo. O objetivo é irrigar 7.000 hectares nos municípios de Cândido Mota, Palmital e Ibirarema, abrindo possibilidades de se triplicar a capacidade produtiva do solo. Está previsto que os agricultores deverão se agrupar numa associação que ficará responsável pela administração do sistema de irrigação. A implantação do projeto faz parte de uma compensação aos agricultores, devido à inundação de suas terras pelo lago do reservatório das usinas hidroelétricas de Canoas I e Canoas II. O projeto envolve financiamento do Banco Mundial. A construção das barragens ainda não foi iniciada e desta forma, a execução dos canais e das adutoras do projeto de irrigação foram postergadas.

Platô de Neópolis - Situado no Estado de Sergipe, localizada a uma distância de 3 quilômetros do rio São Francisco e afastado 92 km de Aracaju, projeta uma superfície irrigada de 10.432 hectares Foi iniciado em 1991 pelo Governo Estadual que providenciou a infra-estrutura do sistema de irrigação destinado à fruticultura, principalmente citros (55% do projeto) devendo ser complementado e explorado por médias e grandes empresas. São abrangidos os municípios de: Neópolis, Santana do São Francisco, Japoatã e Pacatuba. Sistemas de

Gráfico 2 - Áreas irrigadas e percentuais. Brasil - 2.629.415 ha

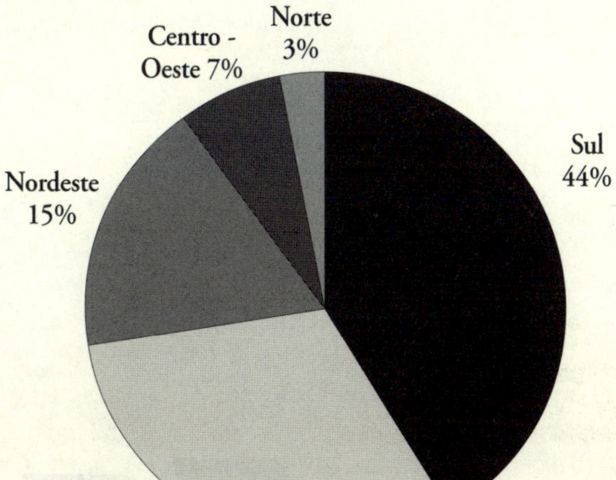

irrigação adotados : gotejamento e microaspersão. Dados técnicos do projeto: altura de recalque 111 metros (com a construção reservatório de Xingó esta altura poderá ser consideravelmente reduzida), vazão de 3,74 m^3/s na adutora principal, canal principal com 15 quilômetros de extensão, 37 km. de canais secundários e 57 reservatórios com capacidades de 1.000 a 10.000 m^3.

Canal de irrigação do noroeste paulista – Projeto do Consórcio Intermunicipal de Desenvolvimento Agro-Industrial em cooperação com o DAEE, visa implantar 2 (dois) canais de irrigação no Estado de São Paulo, beneficiando a região noroeste do Estado. O primeiro canal, que tem uma extensão de 140 quilômetros, sai da Usina Hidroelétrica de Ilha Solteira no rio Paraná e vai até o município de Jales. O segundo, com 150 quilômetros de extensão, liga o município à Usina Hidroelétrica de Água Vermelha no rio Grande. Cada canal terá um custo total de US$ 30 milhões, incluindo: obras civis, desapropriações, suprimento de energia elétrica e rede de distribuição secundária de água (até as propriedades). De acordo com o projeto serão beneficiados 15 municípios. Estimativas do projeto indicam a ampliação da área irrigada na região de 1.500 para 20.000 hectares em 10 anos. Haverá uma geração de 160.000 empregos e uma produção anual de frutas de 8.000.000 toneladas.

Pecuária

A pecuária, tanto a extensiva como a intensiva, demanda água para a dessedentação dos animais. Em projetos de criação intensiva, face ao grande aumento da produtividade decorrente da utilização de técnicas modernas de manejo de animais confinados, esta demanda se destaca. Animais criados extensivamente também necessitam de água para suas necessidades globais de metabolismo e, durante os períodos de estiagem, são severamente prejudicados pela escassez do líquido.

Para suprir as necessidades de água dos animais os criadores se utilizam de tanques-bebedouros e, em alguns casos para animais mais sensíveis, chuveiros para aliviar o calor. Usam também água para limpeza e asseio dos estábulos, pocilgas e etc.

De acordo com dados de 1999 (Tabela 4), o gado bovino que representa a maior parte da população (72%) do conjunto de todos os rebanhos do país, exerce um peso maior sobre o consumo de água Distribui-se, principalmente, pela região Centro-Oeste mas tem grande expressão nas regiões Sul, Sudeste e Nordeste. O suíno vem em segundo lugar com 14% da população. Em terceiro o ovino com 6%.

A nossa população de animais é de 228 milhões de cabeças (IBGE, 1999). Os bovinos predominam com 164 milhões distribuídos pelo País com maior concentração na região Centro-Oeste (57 milhões). A seguir vêm os suínos, os ovinos e os caprinos com respectivamente cerca de: 31, 14 e 8 milhões em todo o País.

O suíno possui uma grande concentração no Estado de Santa Catarina (4,8 milhões de cabeças) onde se encontra a terça parte deste rebanho da região Sul.

As criações de ovinos são distribuídas pelo Rio Grande do Sul e em Estados do Nordeste.

Os caprinos, por sua versatilidade e capacidade de adaptação aos mais diversos ambientes, sobretudo à seca, espalhou-se pelo Nordeste com expressiva participação no rebanho total.

Perspectivas das atividades.

Não são viáveis expansões nas fronteiras agrícolas nas regiões Sul e Sudeste. A região Centro-Oeste, que atualmente possui mais de 7,7 (sete virgula sete) milhões de hectares cultivados, poderá, na próxima década, passar dos 10 (dez) milhões. Na região Nordeste o crescimento da agricultura está diretamente vinculado à irrigação e à disponibilidade de água. A falta de infra-estrutura inviabiliza a potencial expansão das atividades agrícolas na região Norte.

Em 2010, o Brasil deverá atingir uma superfície de 58 (cinqüenta e oito) milhões de hectares cultivados.

Há potencial para a expansão da agricultura irrigada país. A indefinição de uma política agrícola e a falta de garantia de preços mínimos para os produtos são os maiores empecilhos para o desenvolvimento da agricultura, principalmente a irrigada que exige maiores investimentos. As maiores possibilidades se apresentam em irrigação de frutas e na região do cerrado.

O preço da carne no mercado mundial é o grande sinalizador para possíveis expansões na pecuária brasileira. Potencial existe, principalmente para os bovinos nas regiões Centro-Oeste e Norte. Na região Nordeste, poderão crescer os rebanhos de caprinos e de ovinos desde que a água seja disponibilizada. A pecuária intensiva poderá ser incrementada nas regiões Sul e Sudeste.

No ano de 2010, caso as tendências se mantenham, deveremos ter uma pecuária com cerca de 250.000.00 de cabeças

Determinação de demandas

Irrigação

A prática da irrigação se constitui no maior usuário de águas no País. Os montantes demandados por esta atividade devem ser cuidadosamente avaliados.

A avaliação das demandas da área irrigada depende, basicamente dos seguintes aspectos:

- características morfológicas e pedológicas;

Gráfico 3 - Rebanhos do Brasil

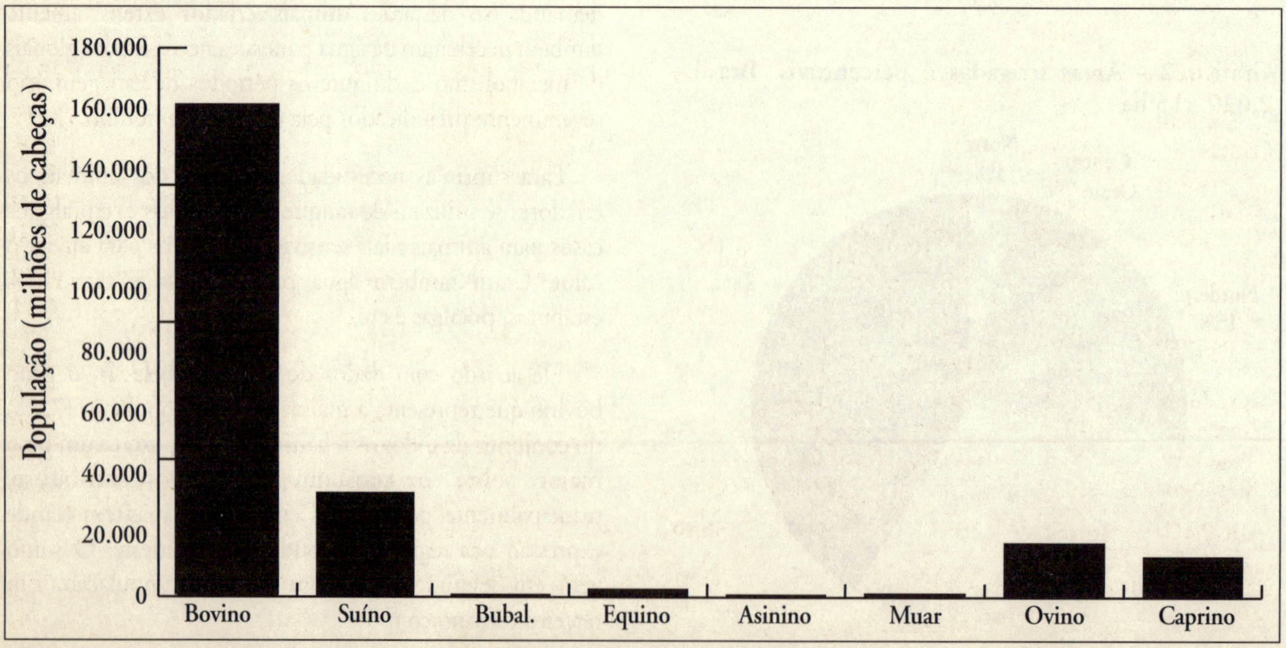

- evapotranspiração potencial;
- tipo de cultura e de seu estágio de desenvolvimento
- chuva efetiva;
- método de irrigação e sua eficiência.

Quando às características morfológicas e pedológicas da área a ser irrigada, estas definem a capacidade de armazenamento de água no solo, as condições de drenagem e percolação profunda e sinalizam os níveis de eficiência que poderão ser obtidos com cada método de irrigação.

O conhecimento da evapotranspiração potencial média da área irrigada e os coeficientes culturais correspondentes às culturas selecionadas, são variáveis do projeto e portanto devem ser estudados caso a caso. Um aspecto muito importante a ser analisado na avaliação do tipo de cultura a ser explorada é o nível de garantia no fornecimento d'água exigido.

A chuva efetiva é elemento básico para a determinação da real demanda de água no processo de irrigação. É parâmetro de difícil determinação e conhecimento. Blaney e Criddle propuseram um método rudimentar para o cálculo da chuva efetiva mensal, que pode ser adotado em situações de indisponibilidade de valores

Tabela 4 - Efetivo dos rebanhos por Estados e Regiões - 1999 (em milhares de cabeças).

Estado Total Região	Bovino	Suíno	Bubal.	Eqüino	Asinino	Muar	Ovino	Caprino	Total	%
Parana	9473	4217	66	482	3	60	570	79	14950	6,56
Rio G. Sul	13664	4140	82	515	2	8	4870	74	23355	10,25
Sta. Catarina	3053	4814	17	134	0	3	208	29	8258	3,62
Região Sul	**26190**	**13171**	**165**	**1131**	**5**	**71**	**5648**	**182**	**46563**	**20,43**
Esp. Santo	1882	278	1	71	2	15	28	15	2292	1,01
Minas Gerais	20082	3011	22	952	30	172	123	90	24482	10,74
Rio Janeiro	1866	194	4	89	2	15	18	26	2214	0,97
São Paulo	13069	1913	56	539	7	87	233	73	15977	7,01
R. Sudeste	**36899**	**5396**	**83**	**1651**	**41**	**289**	**402**	**204**	**44965**	**19,73**
Alagoas	815	105	2	46	8	24	75	46	1121	0,49
Bahia	9171	1971	15	650	375	329	2809	3464	18784	8,24
Ceará	2168	1006	1	135	196	76	1555	773	5910	2,59
Maranhão	3966	1885	59	165	146	98	150	325	6794	2,98
Paraíba	886	116	0	50	62	25	308	458	1905	0,84
Pernambuco	1420	363	7	108	85	62	623	1177	3845	1,69
Piauí	1756	1401	1	150	202	39	1369	1485	6403	2,81
Rio G. Norte	755	123	0	37	56	20	361	296	1648	0,72
Sergipe	937	88	0	67	10	15	88	8	1213	0,53
R. Nordeste	**21874**	**7058**	**85**	**1408**	**1140**	**688**	**7338**	**8032**	**47623**	**20,89**
Dist. Federal	110	106	0	6	0	0	8	3	233	0,10
Goiás	18297	1114	29	457	6	41	112	23	20079	8,81
M. Grosso	17243	771	24	268	4	54	185	27	18576	8,15
Mato G. Sul	21576	639	17	340	4	42	368	28	23014	10,10
R. C. Oeste	**57226**	**2630**	**70**	**1071**	**14**	**137**	**673**	**81**	**61902**	**27,16**
Acre	930	179	3	22	1	4	43	6	1188	0,52
Amapá	77	17	149	3	0	1	2	1	250	0,11
Amazonas	826	284	43	10	0	1	56	12	1232	0,54
Pará	8863	1317	446	224	20	71	115	61	11117	4,88
Rondônia	5442	460	12	120	1	15	71	17	6138	2,69
Roraima	481	74	0	29	0	0	0	7	591	0,26
Tocantins	5813	251	13	161	16	59	52	19	6384	2,80
Reg. Norte	**22432**	**2582**	**666**	**569**	**38**	**151**	**339**	**123**	**26900**	**11,80**
BRASIL	**164621**	**30837**	**1069**	**5830**	**1238**	**1336**	**14400**	**8622**	**227953**	
% do Total	**72,22**	**13,53**	**0,47**	**2,56**	**0,54**	**0,59**	**6,32**	**3,78**		

FONTE : IBGE Pesquisa Pecuária Municipal, 1999.

locais confiáveis.

As questões associadas ao método de irrigação escolhido e a eficiência esperada na aplicação do mesmo, são os pontos críticos na determinação da demanda hídrica para irrigação.

Considerando que a concessão de outorga e a cobrança pelo uso da água são ferramentas de gestão hídrica capazes de disciplinar e melhorar a eficiência na utilização de recursos hídricos, o poder público, no ato da outorga, deve priorizar a melhoria na eficiência, sinalizando para os usuários a necessidade de diminuir perdas e melhorar as técnicas de irrigação.

Christofidis (1997) apresenta valores regionais de demandas específicas médias que foram utilizados juntamente com estudos do autor, nos cálculos das vazões médias anuais demandadas pela irrigação brasileira. (Tabela 5)

Em 1999 havia uma demanda estimada em mais de 950 metros cúbicos de água, por segundo, para atender à irrigação em nosso País.

As regiões Sul e Sudeste do Brasil demandam cada, cerca de 30 % da água usada na irrigação. A região Nordeste vem a seguir com 27%. Seguem a Centro-Oeste com 9% e a Norte com 3,5%.

Dessedentação de animais

A água é de fundamental importância para os animais. São muitas suas funções no organismo animal, podendo ser destacadas:

- controle da temperatura do corpo;
- transporte de nutrientes;
- eliminação de resíduos;
- participação em reações químicas.

Para suprir as necessidades de água dos animais, os criadores utilizam tanques - bebedouros e, em alguns casos para animais mais sensíveis, chuveiros para aliviar o calor.

Na Tabela 6 são apresentadas as estimativas dos consumos de água por cabeça, estado, região e para todo país. O gado bovino absorve 88,4% do total da água utilizada no Brasil na dessedentação de animais, que é de

Gráfico 4 - Demandas de águas para irrigação, por estado e região

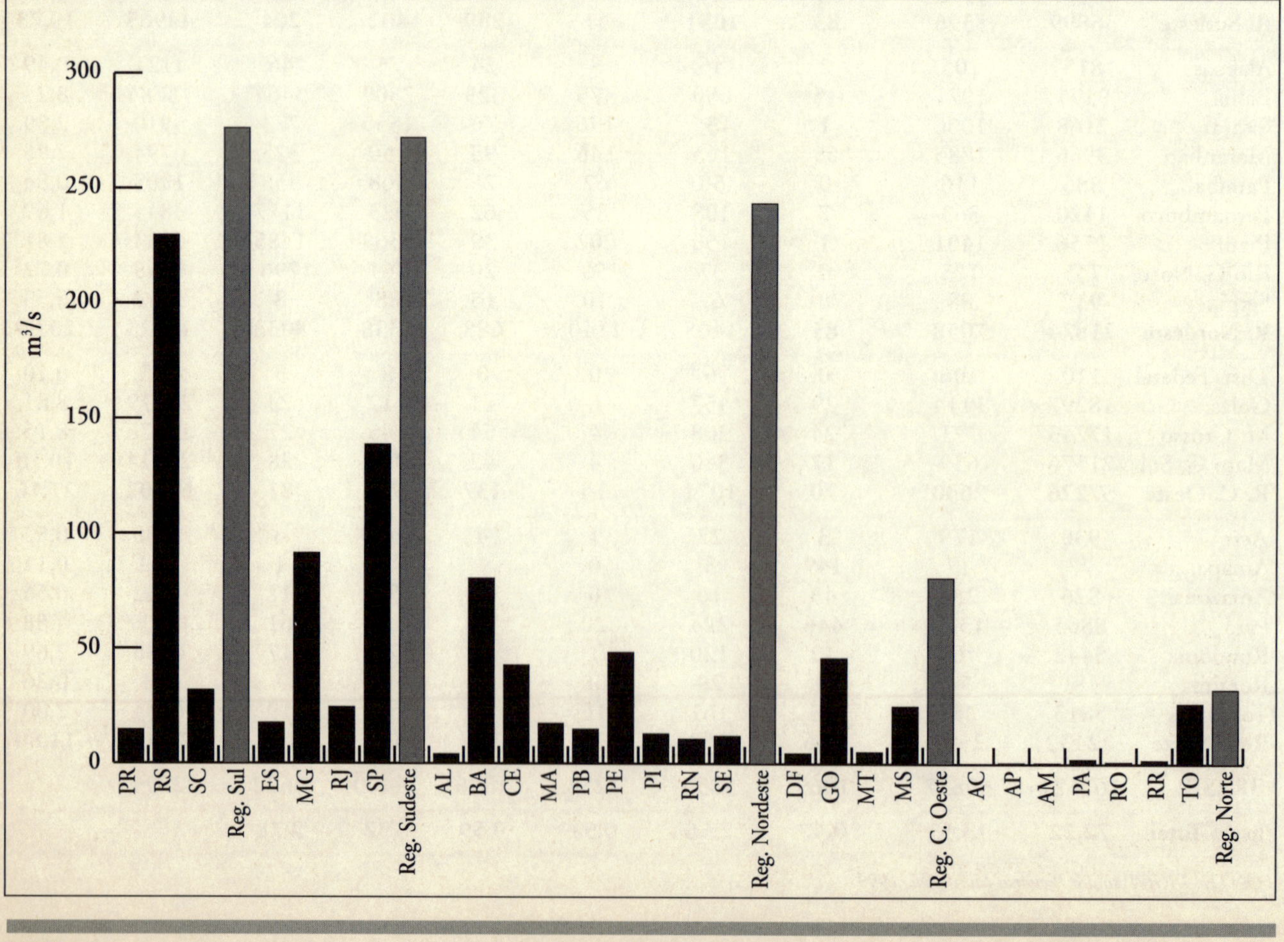

107,74 m^3/s. A região Centro-Oeste é responsável por um terço do total. A seguir, pela ordem, Sudeste (21,7%), Sul (17,1%), Nordeste (16%) e Norte (13,2%).

Perspectivas nas demandas sem a racionalização

Até o ano 2010 a agricultura irrigada deverá crescer no Centro-Oeste e nos Estados de Minas Gerais, Tocantins e Rondônia, nestes dois últimos dependendo de melhoria na infra-estrutura viária, energética e de armazenamento. Pode-se esperar um acréscimo de 250 a 300.000 hectares irrigados nestas regiões. Para a região Nordeste as expectativas dependem da construção de grandes obras hidráulicas de iniciativa governamental. Caso se confirme, pelo menos parcialmente esses projetos poderemos ter no Nordeste, uma adição de uns 100.000 hectares irrigados. Nas regiões Sul e Sudeste o crescimento deverá ser mínimo através de sistemas de irrigação localizada. Devemos atingir 2010 com uns 3.600.000 de hectares irrigados no Brasil. Os possíveis resultados de políticas de racionalização de uso da água ainda não deverão ser significativos, então as demandas de água para irrigação terão, praticamente, os mesmos padrões de eficiência atuais. Desta forma, naquela data, as demandas para

Tabela 5 - Áreas irrigadas e estimativas das demandas de água para irrigação, por estado, região e no Brasil - 1999

Estado Região	Área irrigada hectares	Demanda específica l/s.ha	Vazão demandada m^3/s	% Demanda Total
Paraná	69,929	0.209	14.62	1.61
Rio Grande do Sul	1,007,750	0.228	229.77	25.39
Santa Catarina	139,866	0.228	31.89	3.52
Região Sul	**1,217,545**		**276.27**	**30.52**
Espirito Santo	69,446	0.253	17.57	1.94
Minas Gerais**	300,956	0.304	91.49	10.11
Rio Janeiro	80,200	0.304	24.38	2.69
São Paulo	468,400	0.296	138.65	15.32
Região Sudeste	**919,002**		**272.09**	**30.06**
Alagoas**	8,960	0.455	4.08	0.45
Bahia	176,730	0.455	80.41	8.88
Ceará	84,500	0.507	42.84	4.73
Maranhão**	45,743	0.380	17.38	1.92
Paraíba**	32,750	0.455	14.90	1.65
Pernambuco	90,980	0.532	48.40	5.35
Piauí	25,600	0.507	12.98	1.43
Rio Grande do Norte	21,150	0.507	10.72	1.18
Sergipe**	26,410	0.455	12.02	1.33
Região Nordeste	**512,823**		**243.73**	**26.93**
Distrito Federal**	12,060	0.380	4.58	0.51
Goiás**	121,100	0.380	46.02	5.08
Mato Grosso**	13,650	0.380	5.19	0.57
Mato Grosso do Sul**	65,700	0.380	24.97	2.76
Região Centro Oeste	**212,510**		**80.75**	**8.92**
Acre**	680	0.304	0.21	0.02
Amapá**	1,910	0.304	0.58	0.06
Amazonas**	1,820	0.304	0.55	0.06
Pará**	6,980	0.304	2.12	0.23
Rondônia**	2,410	0.380	0.92	0.10
Roraima**	5,660	0.304	1.72	0.19
Tocantins**	68,890	0.380	26.18	2.89
Região Norte	**88,350**		**32.28**	**3.57**
BRASIL	**2,950,230**		**905.12**	**100.00**

FONTE: Cristhofidis, 1997.
(**) Demandas específicas estimadas no presente estudo.

irrigação estariam como a apresentada na Tabela 7.

Em 2010, poderemos ter uma demanda de água para irrigação de 1.130,4 m^3/s.

Se o crescimento da pecuária for semelhante ao previsto, em 2010 estaremos com um rebanho de 250.000.00 de cabeças. Como os possíveis resultados de políticas de racionalização de uso da água ainda não deverão ser significativos, então as demandas de água para a pecuária terão, praticamente, os mesmos padrões atuais, atingindo 120,0 m^3/s.

Desperdício de água na irrigação - uso racional

Causas de desperdício

A grande maioria dos sistemas de irrigação em operação em nosso País não foi implementado com base em um projeto adequado.

A irrigação por superfície, que é reconhecidamente um método de baixa eficiência na aplicação da água, predomina em cerca de 56% da nossa área irrigada.

Tabela 6 - Estimativa de consumo de água para dessedentação de animais -1999 (m^3/s)

	Bovino	Suíno	Bubalino	Eqüino	Asinino	Muar	Ovino	Caprino	Total
Cons. l / dia	50,00	12,50	50,00	50,00	50,00	50,00	10,00	10,00	
Estado Região									
Parana	5,48	0,61	0,04	0,28	-	0,03	0,06	0,01	6,51
Rio G. Sul	7,91	0,60	0,05	0,30	-	-	0,54	0,01	9,41
Sta. Catarina	1,77	0,70	0,01	0,08	-	-	0,02	-	2,58
Região Sul	**15,16**	**1,91**	**0,10**	**0,66**	-	**0,03**	**0,62**	**0,02**	**18,50**
Esp. Santo	1,09	0,04	-	0,04	-	0,01	-	-	1,18
Minas Gerais	11,62	0,44	0,01	0,55	0,02	0,10	0,01	0,01	12,76
Rio Janeiro	1,08	0,03	-	0,05	-	0,01	-	-	1,17
São Paulo	7,56	0,28	0,03	0,31	-	0,05	0,03	0,01	8,27
R. Sudeste	**21,35**	**0,79**	**0,04**	**0,95**	**0,02**	**0,17**	**0,04**	**0,02**	**23,38**
Alagoas	0,47	0,02	-	0,03	-	0,01	0,01	0,01	0,55
Bahia	5,31	0,29	0,01	0,38	0,22	0,19	0,31	0,39	7,10
Ceará	1,25	0,15	-	0,08	0,11	0,04	0,17	0,09	1,89
Maranhão	2,30	0,27	0,03	0,10	0,08	0,06	0,02	0,04	2,90
Paraíba	0,51	0,02	-	0,03	0,04	0,01	0,03	0,05	0,69
Pernambuco	0,82	0,05	-	0,06	0,05	0,04	0,07	0,13	1,22
Piauí	1,02	0,20	-	0,09	0,12	0,02	0,15	0,17	1,77
Rio G. Norte	0,44	0,02	-	0,02	0,03	0,01	0,04	0,03	0,59
Sergipe	0,54	0,01	-	0,04	0,01	0,01	0,01	-	0,62
R. Nordeste	**12,66**	**1,03**	**0,04**	**0,83**	**0,66**	**0,39**	**0,81**	**0,91**	**17,33**
Dist. Federal	0,06	0,02	-	-	-	-	-	-	0,08
Goiás	10,58	0,16	0,02	0,26	-	0,02	0,01	-	11,05
M. Grosso	9,98	0,11	0,01	0,16	-	0,03	0,02	-	10,31
Mato G. Sul	12,49	0,09	0,01	0,20	-	0,02	0,04	-	12,85
R. C. Oeste	**33,11**	**0,38**	**0,04**	**0,62**	-	**0,07**	**0,07**	-	**34,29**
Acre	0,54	0,03	-	0,01	-	-	-	-	0,58
Amapá	0,04	-	0,09	-	-	-	-	-	0,13
Amazonas	0,48	0,04	0,02	0,01	-	-	0,01	-	0,56
Pará	5,13	0,19	0,26	0,13	0,01	0,04	0,01	0,01	5,78
Rondônia	3,15	0,07	0,01	0,07	-	0,01	0,01	-	3,32
Roraima	0,28	0,01	-	0,02	-	-	-	-	0,31
Tocantins	3,36	0,04	0,01	0,09	0,01	0,03	0,01	-	3,55
Reg. Norte	**12,98**	**0,38**	**0,39**	**0,33**	**0,02**	**0,09**	**0,04**	**0,01**	**14,24**
BRASIL	**95,26**	**4,49**	**0,61**	**3,39**	**0,70**	**0,75**	**1,58**	**0,96**	**107,74**
% Cons.Total	**88,42**	**4,17**	**0,57**	**3,15**	**0,65**	**0,70**	**1,47**	**0,89**	

FONTE: autor e IBGE, 1995.

Gráfico 5 - Consumo de água pela pecuária, em m^3/s

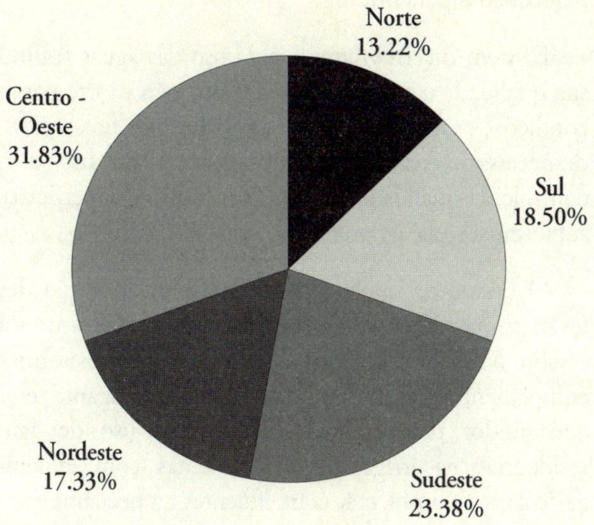

São comuns os vazamentos de água nas tubulações, nos canais de alimentação e de distribuição de água nos projetos de irrigação. A manutenção, quando existe, é praticada desordenadamente.

Os agricultores, em sua maioria absoluta, não dominam os conceitos que regem a boa técnica de irrigar. Operam seus sistemas de irrigação de forma empírica. Preferem fornecer água em excesso no intuito de irrigar melhor.

Os agricultores praticam a irrigação sem o devido treinamento. Não têm informações adequadas para desenvolver sua prática de forma controlada.

A ação do vento prejudica a distribuição da água, principalmente nos sistemas de aspersão.

Como ainda não chegou ao campo a Política Nacional de Recursos Hídricos e não há cobrança pelo uso da água, os agricultores não se preocupam em economiza-la.

Valores médios de eficiência dos métodos de irrigação

Variam consideravelmente em função de diversos fatores (Ver Tabela 8).

Métodos de menor consumo de água

Os métodos de irrigação do tipo localizada, principalmente o gotejamento e a microaspersão, são os de menor consumo de água pois permitem colocar, junto ao sistema radicular da planta e com grande eficiência, apenas a quantidade de água necessária. São os métodos mais eficientes na distribuição e aplicação da água.

Inovações tecnológicas

Os equipamentos e processos de automatização incorporados aos sistemas de irrigação (gotejamento, microaspersão e pivô central), que permitem operar e controlar totalmente a aplicação da água e de fertilizantes podem ser considerados como as maiores inovações tecnológicas do setor. Estes sistemas de irrigação chegam a ser ligados e desligados a partir de informações das condições da planta, do solo e do clima, atendendo a sofisticados objetivos.

A agregação da ferirrigação, injeção dosada de fertilizantes na água de irrigação, e de irrigação em ambientes de estufa, de custos elevadíssimos para as nossas condições, são inovações tecnológicas que vêm sido adotadas onde o recurso hídrico é escasso ou caro. A Tabela 9 mostra a eficiência desses procedimentos.

Uso racional da água

Para regiões com deficiências hídricas o combate às causas de desperdício, a utilização de métodos de menor consumo e a adoção de inovações tecnológicas permitirão a racionalização do uso da água na agricultura e reduções consideráveis em seu consumo

Tabela 7 - Estimativas de áreas irrigadas e de demandas para irrigação em 2010

Região	Área irrigada (1.000 ha)	Demanda específica (l/s.ha)	Vazão demandada m^3/s	% Demanda Total
Sul	1.300	0,226	293,8	26,00
Sudeste	1.100	0,297	326,7	28,9
Nordeste	600	0,472	283,2	25,1
Centro-Oeste	500	0,380	190,00	16,8
Norte	100	0,367	36,70	3,2
Total	3.600		1.130,4	

Perspectivas de demandas, para 2010, considerando resultados obtidos com a racionalização

Logicamente, as medidas indicadas para a racionalização na utilização dos recursos hídricos, começarão a ser aplicadas nas regiões onde existam deficiências ou conflitos entre usuários.

Caso as políticas de racionalização no uso da água sejam bem sucedidas, até o ano de 2010 não devemos esperar ao nível nacional, tanto na agricultura irrigada como na dessedentação de animais reduções superiores a 5% nas demandas de água.

A política de racionalização poderá até 2010, reduzir em 5% as demandas para irrigação e na dessedentação de animais, que ficariam respectivamente nos 880 (agricultura irrigada) e 108 m^3/s (pecuária).

A questão da qualidade da água na agricultura.

A qualidade da água defini-se por uma ou mais características físicas, químicas ou biológicas. Usos específicos podem ter diferentes requisitos de qualidade. O conceito de qualidade da água refere-se às suas características que podem afetar a adaptabilidade para um, ou mais usos específicos Assim águas de um manancial consideradas como de boa qualidade para determinado sistema de irrigação ou cultura podem ser inadequadas para outras.

Existem diversos "guias" para uso das águas segundo sua qualidade e aplicação. Porém isso não ocorre para as condições e especificidades da agricultura de nosso país. É desnecessário reafirmar a importância do uso e do controle da qualidade dos recursos hídricos superficiais e subterrâneos, na agricultura irrigada no Brasil.

O exame da qualidade de água para irrigação deve levar, principalmente, em consideração: a) efeitos no solo e sobre o desenvolvimento da cultura; b) efeitos sobre os equipamentos; c) efeitos na saúde do irrigante e do consumidor de produtos irrigados, d) uso de águas residuárias na irrigação, e) problemas com efluentes agrícolas e f) problemas com efluentes da pecuária.

Efeitos no solo e sobre o desenvolvimento da cultura

Salinidade

A presença de sais em excesso (salinidade), oriundos do próprio solo ou da água, reduzem a disponibilidade da água para as plantas a tal ponto que, afetam seus rendimentos.

As culturas não respondem da mesma forma à salinidade: algumas produzem rendimentos aceitáveis a

Tabela 8 - Eficiência média dos métodos de irrigação na aplicação da água.

MÉTODO	CONDICIONANTE	EFICIÊNCIA MÉDIA
Sulcos de infiltração	Sulcos longos e/ou solos arenosos	0,45
Sulcos de infiltração	Solo e comprimento adequados	0,65
Inundação (tabuleiros)	Solo arenoso - lençol profundo	0,40
Inundação (tabuleiros)	Solo argiloso - lençol superficial	0,60
Aspersão convencional	Sob ação de vento	0,50
Aspersão convencional	Com ventos leves ou sem	0,75
Autopropelido/montagem direta	Sob ação de vento	0,50
Autopropelido/montagem direta	Com ventos leves ou sem	0,75
Pivô central	Vento/condições razoáveis	0,75
Pivô central	Em condições favoráveis	0,85
Microaspersão	Condições razoáveis	0,80
Microaspersão	Em condições favoráveis	0,90
Gotejamento	Condições razoáveis	0,85
Gotejamento	Em condições favoráveis	0,95
Tubos perfurados	Perfuração manual	0,65
Tubos perfurados	Em condições favoráveis	0,80

FONTE: Diversas e autor.

níveis altos de salinidade e outras são sensíveis a níveis relativamente baixos. A tolerância à salinidade de algumas plantas pode ser observada na Tabela 10.

Infiltração

Teores relativamente altos de sódio, ou baixos de cálcio no solo e na água, reduzem a velocidade com que a água de irrigação atravessa o solo (infiltração). Esta redução pode alcançar tal magnitude, que as raízes das plantas não recebem água suficientemente e como conseqüência um mau desenvolvimento e produção da cultura.

Os fatores da qualidade da água que podem influir na infiltração são os teores totais de sais e, o teor de sódio em relação aos teores de cálcio e magnésio.

A relação de adsorsão de sódio - RAS da água é expressa por:

$$RAS = Na/[(Ca+Mg)/2]^{1/2}$$

Na = teor de sódio na água de irrigação (meq/l)
Ca = teor corrigido de cálcio na água de irrigação (meq/l)
Mg = teor de magnésio na água de irrigação (meq/l)

A infiltração, em geral, aumenta com a salinidade e, diminui com a redução desta, ou, com o aumento no teor de sódio em relação ao cálcio e magnésio (RAS). Desta forma, para avaliar o efeito final da qualidade da água, devem-se considerar estes dois fatores.

Toxicidade

Os problemas de toxicidade surgem quando certos constituintes (íons) do solo ou da água são absorvidos pelas plantas e, acumulados em seus tecidos em concentrações suficientemente altas para provocar danos e, reduzir seus rendimentos. A magnitude destes danos depende da quantidade de íons absorvidos e da sensibilidade das plantas. As culturas perenes são as mais sensíveis. Os danos se manifestam como queimaduras nas bordas das folhas e clorose na área internervural e, se a acumulação de bons chegar a ser suficientemente elevada, produz-se redução significativa nos rendimentos. As culturas anuais são mais tolerantes e, por conseguinte, não são afetadas por concentrações baixas destes elementos. Por outro lado, todas as culturas sofrerão danos e chegarão a morrer, se as concentrações forem suficientemente altas.

Os íons de maior toxicidade são: o cloreto, o sódio e o boro. Os problemas de toxicidade, freqüentemente, complicam e complementam os problemas de salinidade e de infiltração.

Cloreto

A toxicidade provocada pelo cloreto contido na água de irrigação é a mais freqüente. Os danos começam a se manifestar nas pontas das folhas caminhando ao longo das bordas seguindo até a necrose. Pode-se utilizar análise foliar para confirmar a toxicidade. A sensibilidade das culturas ao cloreto é variável. As fruteiras, por exemplo, começam a mostrar sintomas de dano à concentração de 0,3% de cloreto, em base de peso seco. A toxicidade do cloreto também pode ocorrer por absorção direta através das folhas das culturas irrigadas por aspersão.

Sódio

A toxicidade do sódio é mais difícil de diagnosticar

Tabela 9- Eficiência do uso da água em diferentes sistemas de produção de tomate irrigado

Sistemas de Produção	Rendimento Potencial do Tomate t/ha	Consumo de água em 1000 m³/ha	Eficiência de uso da água em kg tomate / m³ água	Custo do Investimento Específico US$ / ha
Irrigação gravitária	50	15.000	3,3	0
Fertirrigação em campo aberto (*)	100	8.000	12,5	2.500
Fertirrigação em estufa (**) (Almeria – Espanha)	250	7.000	35,7	250.000
Fertirrigação em estufa (**) (Holanda)	600	7.500	80,0	500.000

FONTE: Padilla, 1999.
*(*) Irrigação localizada com injeção dosada de fertilizantes na água de irrigação.*
*(**) Irrigação localizada com injeção dosada de fertilizantes na água de irrigação. Cultura em estufa.*

que a do cloreto. Os sintomas típicos do sódio aparecem em forma de queimaduras ou necroses ao longo das bordas. Entre as culturas sensíveis encontram-se as fruteiras de folhas caducas, os citros, as fruteiras de caroço, o abacateiro e os feijões. Para as culturas arbóreas, o limite tóxico na folha é atingido em concentrações acima de 0,25 a 0,50% de sódio em base de peso seco.

Boro

O boro é um elemento que em quantidades relativamente pequenas é essencial para o desenvolvimento das plantas porém se torna tóxico

Tabela 10 - Tolerância à salinidade das culturas e seu rendimento potencial em função da salinidade do solo ou da água (CEes e CEa em dS/m).

	Rendimento potencial									
Culturas	100%		90%		75%		50%		0%	
	CEes	CEa	CEes	CEa	Ces	Cea	CEes	CEa	CEes	CEa
Extensivas										
Algodoeiro	7,7	5,1	9,6	6,4	13,0	8,4	17,0	12,0	27,0	18,0
Sorgo	6,8	4,5	7,4	5,0	8,4	5,6	9,9	6,7	13,0	8,7
Trigo	6,0	4,0	7,4	4,9	9,5	6,3	13,0	8,7	20,0	13,0
Soja	5,0	3,3	5,5	3,7	6,3	4,2	7,5	5,0	10,0	6,7
Caupi	4,9	3,3	5,7	3,8	7,0	4,7	9,1	6,0	13,0	8,8
Arroz	3,3	2,2	3,8	2,6	5,1	3,4	7,2	4,8	11,0	7,4
Amendoim	3,2	2,1	3,5	2,4	4,1	2,7	4,9	3,3	6,6	4,4
Cana-de-açúcar	1,7	1,1	3,4	2,3	5,9	4,0	10,0	6,8	19,0	12,0
Milho	1,7	1,1	2,5	1,7	3,8	2,5	5,9	3,9	10,0	6,2
Feijão	1,0	0,7	1,5	1,0	2,3	1,5	3,6	2,4	6,3	4,2
Hortaliças										
Beterraba	4,0	2,7	5,1	3,4	6,8	4,5	9,6	6,4	15,0	10,0
Abobrinha	3,2	2,1	3,8	2,6	4,8	3,2	6,3	4,2	9,4	6,3
Tomateiro	2,5	1,7	3,5	2,3	5,0	3,4	7,6	5,0	13,0	8,4
Pepino	2,5	1,7	3,3	2,2	4,4	2,9	6,3	4,2	10,0	6,8
Espinafre	2,0	1,3	3,3	2,2	5,3	3,5	8,6	5,7	15,0	10,0
Repolho	1,8	1,2	2,8	1,9	4,4	2,9	7,0	4,6	12,0	8,1
Batata	1,7	1,1	2,5	1,7	3,8	2,5	5,9	3,9	10,0	6,7
Milho doce	1,7	1,1	2,5	1,7	3,8	2,5	5,9	3,9	10,0	6,7
Pimentão	1,5	1,0	2,2	1,5	3,3	2,2	5,1	3,4	8,6	5,8
Alface	1,3	0,9	2,1	1,4	3,2	2,1	5,1	3,4	9,0	6,0
Cebola	1,2	0,8	1,8	1,2	2,8	1,8	4,3	2,9	7,4	5,0
Cenoura	1,0	0,7	1,7	1,1	2,8	1,9	4,6	3,0	8,1	5,4
Forrageiras										
Agropiro alto	7,5	5,0	9,9	6,6	13,0	9,0	19,0	13,0	31,0	21,0
Cevada forrageira	6,0	4,0	7,4	4,9	9,5	6,4	13,0	8,7	20,0	13,0
Azevém	5,6	3,7	6,9	4,6	8,9	5,9	12,0	8,1	19,0	13,0
Ervilhaca	3,0	2,0	3,9	2,6	5,3	3,5	7,6	5,0	12,0	8,1
Alfafa	2,0	1,3	3,4	2,2	5,4	3,6	8,8	5,9	16,0	10,0
Capim mimoso	2,0	1,3	3,2	2,1	5,0	3,3	8,0	5,3	14,0	9,3
Milho forrageiro	1,8	1,2	3,2	2,1	5,2	3,5	8,6	5,7	15,0	10,0
Fruteiras										
Tamareira	4,0	2,7	6,8	4,5	11,0	7,3	18,0	12,0	32,0	21,0
Grape-fruit	1,8	1,2	2,4	1,6	3,4	2,2	4,9	3,3	8,0	5,4
Laranjeira	1,7	1,1	2,4	1,6	3,3	2,2	4,8	3,2	8,0	5,3
Pessegueiro	1,7	1,1	2,2	1,5	2,9	1,9	4,1	2,7	6,5	4,3
Ameixeira	1,5	1,0	2,1	1,4	2,9	1,9	4,3	2,9	7,1	4,7
Amoreira	1,5	1,0	2,0	1,3	2,6	1,8	3,8	2,5	6,0	4,0
Morangueiro	1,0	0,7	1,3	0,9	1,8	1,2	2,5	1,7	4,0	2,7

FONTE: Telles, 1995.

quando ultrapassa certos níveis. A sua toxicidade pode afetar praticamente todas as culturas, porém a gama de tolerância é muito ampla. Os sintomas geralmente aparecem como manchas amarelas ou secas, nas bordas e ápices das folhas mais velhas.

Os sintomas de toxicidade na maioria das culturas aparecem quando a concentração foliar de boro excede 250 a 300 mg/kg de matéria seca. No entanto, nem todas as culturas sensíveis acumulam boro em suas folhas. As fruteiras de caroço (pessegueiro, ameixeira, amendoeira, etc.) e algumas rosáceas (macieira, pereira e outras) são facilmente afetadas por boro, mas não acumulam boro suficiente em suas folhas para que a análise foliar permita um diagnóstico confiável.

Outros problemas

Altas concentrações de Nitrogênio que provocam o excessivo crescimento vegetativo, o retardamento na maturação das culturas e sua tendência ao acamamento.

Manchas nas folhas e nos frutos que são devidos à aplicação de água com altos teores de bicarbonato, gesso ou ferro por aspersão associadas às águas de pH anormal.

Efeitos sobre os equipamentos

A capacidade que uma água possui, seja para remover, seja para depositar carbonato de cálcio, é muito importante para a durabilidade do material usado e ao funcionamento dos equipamentos de irrigação.

Certas águas apresentam uma tendência a corroer quimicamente os tubos de distribuição de água, os rotores da bomba ou ainda alargar os orifícios dos aspersores. Essas águas são ditas agressivas ou corrosivas.

Outras águas apresentam a propriedade de depositar uma escama de cal e de sílica, bem como de outros materiais dentro das tubulações. Tal tipo de água é incrustante tendo como conseqüência a redução do volume de água que passa pelas tubulações, a incrustação dos rotores da bomba e o entupimento dos orifícios dos microaspersores ou gotejadores.

Tanto a corrosão como a incrustação podem ser bastante prejudiciais para a irrigação, por isso é sempre conveniente fazer uma análise dessas propriedades da água para definir o material dos equipamentos e o sistema de irrigação mais adequados. Esta característica da água pode ser definida pelo Índice de Saturação (I) que determina o equilíbrio de carbonato.

O Índice de Saturação é definida por:

$$I = pH - pHs$$

pH - potencial hidrogeniônico real da amostra a 25° C

pHs - é a concentração de íons de hidrogênio associada com o equilíbrio do carbonato. Em outros termos, o pHs é considerado como o valor de pH que a água teria caso não formasse nem dissolvesse escamas.

$I > 0$, positivo, indica uma água super-saturada de carbonato de cálcio, portanto, incrustante.

$I = 0$, significa que a água está em equilíbrio com relação ao $CaCO_3$ e não forma nem dissolve escamas.

$I < 0$, negativo, indica uma água sub-saturada de $CaCO_3$ dissolvendo escamas, portanto, corrosiva ou agressiva.

Efeitos sobre a saúde

As regiões nas quais existem os riscos de enfermidades transmissíveis por vetores tais como: malária, filariose linfática, encefalites, esquistossomose e outras, conhecem bem o impacto que podem ter os projetos de irrigação na proliferação de vetores e na saúde humana.

Direta ou indiretamente, a qualidade da água pode fomentar a presença de vetores de doenças nas seguintes formas:

- criando condições que favoreçam a presença de água livre nos campos (em tempo e extensão);
- exigindo o uso de métodos de irrigação que necessitam maior tempo de aplicação, ou maior área;
- modificando a flora ou a fauna aquática, e
- influindo diretamente na composição das populações dos vetores.

Os problemas de infiltração derivados da qualidade da água ocasionam o prolongamento do tempo durante o qual as águas de irrigação e de chuva permanecem sobre o solo. Este prolongamento fomenta a proliferação de vetores e é, muitas vezes, suficiente para completar seu ciclo biológico.

O desenvolvimento de plantas aquáticas nos drenos, estimulado pelo excesso de fertilizantes nitrogenados, ou nos de irrigação, onde se misturam as águas de irrigação com o escoamento de outros campos ou com as águas residuais, favorecem a proliferação de vetores como insetos e caracóis.

O uso de pesticidas e inseticidas químicos no controle

de vetores podem dar lugar à maior degradação da qualidade da água e criar problemas em seu uso para outros fins. Exemplo disto, são os danos aos peixes cultivados, ou a deterioração das águas domésticas, as quais em muitos países em desenvolvimento é captada diretamente das águas de irrigação, com o mínimo ou nenhum tratamento prévio.

Os caracóis são bastante tolerantes à qualidade das águas usadas na irrigação. O cálcio favorece o desenvolvimento dos caracóis enquanto que os valores baixos de pH os inibem. Os caracóis têm preferência por águas que contém sedimentos e também pelas contaminadas, até certo nível, por substâncias orgânicas. Quando esta contaminação se deve aos resíduos domésticos, o risco da esquistossomose é evidente nas regiões endêmicas.

Uso de águas residuárias na irrigação

A utilização de corpos d'água, que recebem efluentes domésticos, na irrigação é pratica antiga e freqüente junto aos centros urbanos. Isto se deve por existirem áreas adequadas ao cultivo agrícola no perímetro urbano, com recursos hídricos disponíveis em corpos d'água próximos e ainda "enriquecidos" com nutrientes provenientes de lançamentos de esgotos sanitários. Dentro de normas restritas e controladas apresenta resultados significativos em ganho de produtividade, como apresenta a Tabela 11.

Quando se estuda o uso de efluentes domésticos na irrigação, deve-se primeiro avaliar suas características microbianas e bioquímicas segundo as normas de saúde pública, tendo em consideração o tipo de cultura, o solo, o sistema de irrigação e a forma em que se consumirá o produto. Somente depois de verificar que estas águas reúnem as condições especificadas pelas normas de saúde, deve-se considerar a avaliação em termos de seus componentes químicos.

O uso de águas residuárias provenientes de esgotos sanitários pode acarretar doenças de veiculação hídrica, principalmente quando aplicada no cultivo de verduras que são consumidas *in natura*.

O uso de efluentes domésticos é considerado, em determinadas condições, como "forma de tratamento e de despoluição das águas".

No Brasil o aspecto sanitário de água de irrigação está diretamente ligado, principalmente com duas doenças: a esquistossomose e a verminose. A contaminação por esquistossomose ocorre, principalmente, com o agricultor irrigante que mantém contato com a água. A verminose ataca os usuários através de produtos irrigados consumidos in natura (verduras), nos quais a água de irrigação entra em contato direto com o produto.

A Organização Mundial de Saúde - OMS, chegou à conclusão de que o tratamento primário das águas residuárias é suficiente para a irrigação de culturas que não são de consumo humano direto. O tratamento secundário e, provavelmente, a desinfeção e filtração são considerados necessários quando estas águas forem utilizadas na irrigação das culturas para consumo direto. (Tabela 12)

Alguns países dispõem de Normas para o uso de efluentes em termos de suas características bacteriológicas e do tratamento necessário. A irrigação com essas águas pode contaminar o ar, os solos, as plantas e áreas vizinhas aos campos irrigados. A magnitude desta contaminação depende do tratamento destas águas, das condições climáticas predominantes, da cultura irrigada e do próprio sistema de irrigação.

A irrigação subterrânea (tubulações perfuradas enterradas) e a irrigação por gotejamento são os métodos mais seguros e os que apresentam menos riscos de contaminação.

Tabela 11- Dados comparativos de produtividades (t/há) agrícolas com usos de diferentes tipos de água de irrigação

Água de irrigação	Água + N. P. K.	Efluente Primário	Efluente de Lagoa de estabilização	Efluente Secundário
Cultura				
Trigo	2,70	3,45	3,45	S.D.
Batata	17,16	20,78	22,31	S.D.
Algodão	1,71	2,30	2,41	S.D.
Sorgo	9,10	8,70	S.D.	8,60
Milho	8,10	8,90	S.D.	8,60
Girassol	1,90	2,20	S.D.	2,30

FONTE: BASTOS, 1999.

Tabela 12 - Tratamentos recomendados pela OMS para reaproveitamento de águas residuárias na irrigação.

	Culturas consumidas indiretamente	Culturas consumidas cozidas	Culturas consumidas cruas
Critério de saúde	1 + 4	2 + 4	3 + 4
Tratamento primário	x x x	x x x	x x x
Tratamento secundário	x x x	x x x	x x x
Filtragem em areia ou método equivalente		+	+
Desinfecção		+	x x x

Critério de Saúde
1. *Livre de sólidos grandes: eliminação significativa de ovos de parasitas.*
2. *Igual ao item 1, porém com eliminação significativa de bactérias.*
3. *Não permite mais de 100 organismos coliformes em 100 ml, em 80% das amostras.*
4. *Não permite elementos químicos que deixam resíduos indesejáveis nas culturas.*

Observação: Para satisfazer os requisitos de saúde os elementos marcados com xxx são essenciais; além disso podem ser necessários, às vezes, os tratamentos marcados com +.
Os critérios recomendados pela OMS para as atividades recreativas são igualmente aplicáveis ao pessoal irrigante ou a outros que possam ter contato direto com os efluentes.

FONTE: Telles, 1995.

A irrigação por sulcos, em condições adequadas, pode ser aplicada, para não contaminar o ar ou a parte superior das plantas.

A irrigação por aspersão tem maior potencial de provocar a contaminação microbiana do ar e das culturas devido à ação do vento.

Problemas com efluentes agrícolas

A prática agrícola moderna pressupõe o envolvimento de inúmeros produtos químicos, sejam nutrientes ou defensivos agrícolas. A agricultura irrigada intensifica a utilização das terras e de elementos químicos.

A procura de alta produtividade no meio agrícola tem gerado sérios problemas de qualidade das águas superficiais, principalmente devido à perda de nutrientes (Nitrogênio e Fósforo), largamente utilizados no aumento da fertilidade do solo. Devido aos ciclos hidrogeoquímicos, seus compostos sofrem alterações de natureza e apresentam dinâmicas diferentes. O Nitrato é o composto de nitrogênio mais importante. Sua característica principal é a elevada solubilidade na água. Desta maneira, ele é facilmente transportado pelo escoamento, seja ele superficial, sub-superficial ou de percolação em direção ao lençol freático. A conseqüência direta deste fenômeno é a sobrecarga de nutrientes nos corpos d'água.

PINHEIRO et al (1993) observaram que houve uma contribuição externa de 30,4 kg/dia de nitratos na bacia hidrográfica do rio Save (1.150 km^2), no sudoeste da França em 1989.

A drenagem agrícola é uma técnica recomendada para eliminar ou aliviar os riscos da salinização dos solos. Os excessos de sais devem ser afastados pêlos drenos agrícolas. Esse procedimento pode alterar e degradar os recursos hídricos superficiais e subterrâneos de jusante.

Um dos principais problemas de áreas irrigadas é a qualidade dos seus fluxos de retorno (águas de drenagem, sub-superficial e subterrânea). Estudos desenvolvidos por BASSO (1995) detectaram a perda de 3,5 toneladas de sais, por hectare irrigado, lançados pelo perímetro de Bardenas nos rios Arba e Riguel ma Espanha durante o ano hidrológico 1991-92.

Tanto a drenagem superficial das águas de chuvas intensas como a drenagem do perfil do solo podem conduzir concentrações indesejáveis de restos ou excedentes daqueles produtos químicos ou de suas embalagens.

Os pesticidas são os mais perigosos pois são fonte de poluição e de toxidez para a vida aquática. Esses pesticidas empregados no combate às pragas são classificados segundo seu uso biológico em: inseticidas, larvicidas, formicidas, herbicidas e etc. A degradação da qualidade das águas pêlos pesticidas pode ocorrer de forma direta e indireta. Um exemplo de forma direta é a introdução do larvicida diretamente na água de irrigação. A forma indireta é a mais comum. O pesticida atinge o solo e é carregado pelas águas de chuva, ou pela drenagem agrícola, para os riachos, rios, lagos etc, ou então para o lençol subterrâneo.

Os pesticidas são, normalmente, de três tipos: os

inorgânicos, os clorados e os organofosforados. Os inorgânicos são tóxicos às plantas, ao homem e aos insetos. Os clorados não biodegradáveis são os mais persistentes no meio ambiente. Os organofosforados, embora mais tóxicos, são pouco persistentes, permanecendo no solo e na água no máximo por algumas semanas.

Uso de insumos agrícolas e riscos de poluição

A utilização inadequada dos defensivos e de corretivos provoca grandes inconvenientes à saúde do homem. Um desses inconvenientes está relacionado com o problema de poluição dos recursos hídricos. Rios e lagos, próximo a áreas onde se desenvolvem culturas agrícolas são agredidas pêlos insumos principalmente devido a não observância de cuidados com o manejo dos produtos.

Os insumos agrícolas podem contaminar os cursos d' água de forma direta ou indireta. Na forma direta, o defensivo entra em contato com a água dos cursos, geralmente por meio de despejos, enquanto na forma indireta este contato é feito por intermediário de ação de outros fatores. Na maioria da vezes os defensivos não são encontrados isoladamente, mas sim acompanhados de seus respectivos solventes, que podem também ser altamente tóxicos.

As quatro formas mais comuns de degradação dos cursos d'água por insumo agrícolas são: despejos ou aplicação direta; ação dos ventos; escoamento artificial; infiltração e percolação.

A principal decorrência da agressão a água por defensivos e corretivos agrícolas é, sem dúvida, a alteração de suas características iniciais, pois o poluente, principalmente orgânico, atuam sobre o oxigênio dissolvido, diminuindo sua quantidade, fazendo com que a água perca o seu poder de oxidação e tirando a condição de sobrevivência dos seres que nela habitam tais como peixes, crustáceos e microorganismos. Para sobrevivência dos microorganismos é necessária uma quantidade de oxigênio dissolvido em torno de 1mg/l, ou até menos, os peixes necessitam de 3 a 4 mg/l. Além do oxigênio dissolvido, os poluentes atuam, sobre o pH da água, podendo torna-la extremamente ácida ou alcalina, impossibilitando a sobrevivência de determinadas espécies que requeiram um pH mais neutro.

Apesar da agressão se verificar na água, os principais objetos de estudo de toxicidade, são os peixes e os microorganismos, isso porque o acumulo de produtos tóxicos se dá principalmente na cadeia alimentar, por onde chega até o homem. Nos organismos vivos, os produtos tóxicos acumulam-se principalmente nas vísceras e gorduras. O fato de acumulo dar-se nos peixes, torna-se importante indicador de ocorrência de contaminação da água, quando ocorre um alto índice de mortalidade destes seres. Coincidentemente, as ocorrências de mortalidade de peixes se dá no período do verão, quando as chuvas são mais freqüentes e o uso de defensivos também, por ser a época propícia para os plantios.

A contaminação por um determinado produto está relacionado com a sua toxidade, ou seja a capacidade de causar danos à seres viventes. A maneira utilizada para se expressar a toxidade é através da dose capaz de levar à morte uma quantidade equivalente a 50 % dos indivíduos utilizados num determinado teste, que é denominado DL 50, ou, dose letal 50%. (Tabela 13)

De todos os meios hídricos, os que sofrem maior alteração de suas características devido à contaminação por defensivos agrícolas, são os lagos e lagoas, isso porque devido ao excesso de nutrientes em suas águas, geralmente nitrogênio e fósforo provenientes dos adubos químicos utilizados em larga escala na agricultura, pode ocorrer o fenômeno da eutrofização.

A eutrofização é um fenômeno provocado pelo desenvolvimento de microorganismos presentes na água, geralmente as algas diatomáceas, popularmente conhecidas como "algas azuis". Este fornecimento de nutrientes para estes seres é grande e o desenvolvimento deles não é absorvido pêlos seres consumidores. Com isso ocorre um afloramento destas algas, formando uma

Tabela 13 - Classificação toxicológica das substâncias químicas, de acordo com sua DL 50.

Classificação toxicológica		
Substância química	DL 50 oral (mg/kg)	Doses letais para o homem
Extremamente tóxica	5	algumas gotas
Altamente tóxica	5 - 50	algumas gotas a uma colher de chá
Medianamente tóxica	50 - 500	uma colher de chá a duas colheres de sopa
Pouco tóxica	500 - 5000	duas colheres de sopa a dois copos
Levemente tóxica	5000	dois copos a um litro

FONTE: Radaelli, 1997.

camada superficial no lago ou lagoa, que impede a penetração da luz que seria absorvida para a realização da fotossíntese, pelas próprias algas, reduzindo-se assim o conteúdo do oxigênio presente nessa água levando a morte dos peixes e outros organismos. Além disso, o excesso de fósforo na água, pode provocar o aparecimento de lodo no fundo. Com o passar do tempo, o volume de lodo no fundo, o material proveniente da decomposição da vegetação das margens além dos aguapés que ficam na superfície, das taboas e o material proveniente das erosões vão ocasionar o assoreamento deste lago formando um terreno pantanoso e consequentemente o desaparecimento do mesmo.

Outro problema que pode ser ocasionado pelo uso exagerado de adubos químicos é o arraste dos nitratos para os cursos d'água. Os nitratos, consumidos em grandes quantidades, superior a 300 mg/kg, podem no processo digestivo, ou até mesmo durante o preparo de alimentos, transforma-se em nitrito, altamente tóxico ao ser humano, que pode causar a metemoglobina, dificuldade do sangue em absorver oxigênio, além de ser cancerígeno e ainda pode causar mal formação fetal em gestantes.

Sem duvida nenhuma as regiões que sofrem maior risco de contaminação por defensivos agrícolas, são áreas de mananciais, por estas estarem presentes principalmente nas regiões agrícolas, por isso é necessário um controle intenso nestas regiões.

A forma mais usual de análise da presença de insumo agrícolas na água, é através da cromatografia, fazendo-se ou não o tratamento das amostras, dependendo da quantidade do produto na água.

Problemas com efluentes da pecuária

Dejetos de animais: efluentes de criadouros em regiões de concentração

O poder poluente dos dejetos de suínos, em volume, é de 10 a 12 vezes superior ao de esgoto humano, sendo, em alguns aspectos, 100 vezes mais forte, como é o caso da demanda bioquímica de oxigênio - DBO. Os produtores de suínos mantêm os seus animais confinados e a concentração de grande número de animais em pequenas áreas traz, como conseqüência, uma produção muito grande em volume de dejetos no mesmo lugar.

O Estado de Santa Catarina possui aproximadamente 220.000 propriedades rurais, sendo que, destas, 60.000 têm na suínocultura sua principal fonte de renda. Do total de 3,5 milhões de cabeças de rebanho catarinense, 3 milhões (86%) estão concentradas em uma área de 30.000 km^2, abrangendo 60 municípios no Oeste Catarinense. Nesta região a demanda bioquímica de oxigênio eqüivale à de uma população de 300.000.000 de habitantes. (Tabela 14)

Ao que parece, os produtores e demais pessoas envolvidas no desenvolvimento e na expansão da suinocultura não aperceberam das conseqüências em termos de volume e de potencial de população dos dejetos acumulados em pequenas áreas.

Apesar do trabalho marcante da Extensão Rural em Santa Catarina, no aspecto de melhoria da qualidade de vida concentrada na atividade de saneamento básico, constata-se que ainda será necessário fazer muita coisa e de forma muito rápida. Os resultados dos exames bacteriológicos realizados em 1.665 amostras coletadas na região, revelaram que 84% estão contaminados por coliformes, representando um grande perigo para saúde pública, tanto no meio rural quanto no meio urbano (Tabela 15).

A contaminação dos mananciais por dejetos de suínos é de longe o maior problema com efluentes da pecuária. Deve portanto ser enfrentado imediatamente, principalmente naquelas regiões com maior concentração de animais. O uso de esterqueiras para armazenamento dos dejetos e posterior distribuição nas lavouras constitui-se numa boa opção de manejo desse material pois, além de evitar a contaminação direta dos mananciais, promove uma melhoria das condições físicas e da fertilidade do solo, resultando em melhores colheitas.

Tabela 14 - Volume de dejetos e poder poluente em DBO de suínos em Santa Catarina.

Especificações	Volume em litros de dejetos produzidos por dia	Poder poluente de DBO
1 cabeça de suíno	10 a 12 pessoas	100 pessoas
Município de Concórdia (250.000 suínos)	2,5 milhões de pessoas	25 milhões de pessoas
Oeste catarinense (3.000.000 suínos)	30 milhões de pessoas	300 milhões de pessoas

FONTE: Santa Catarina, 1994.

Tabela 15 - Resultados das análises de água de corpos d'água na região oeste do estado de Santa Catarina.

Região	Número de amostras	Potáveis		Contaminadas	
		Número	%	Número	%
S.M. d'Oeste	159	16	10	143	90
Chapecó	525	142	27	383	73
Concórdia	716	69	10	647	90
Joaçaba	128	26	20	102	80
Videira	137	16	12	121	88

FONTE: Santa Catarina, 1994.

Procedimentos de controle

Cadastro de usuários

Em 1988 foi desenvolvido pela Secretaria Nacional de Irrigação, já extinta, a metodologia para a realização do CNI - Cadastro Nacional de Irrigantes. No ano seguinte o levantamento foi implantado com algum sucesso em alguns Estados: Ceará, Sergipe, Rio Grande do Norte, Paraíba e Piauí.

No período 1991/93 o levantamento cadastral foi ativado no Estado de São Paulo pelo D.A.E.E. da Secretaria de Recursos Hídricos, seguindo a metodologia do CNI, alcançando 3.787 dos 30.000 irrigantes presumidamente existentes em seu território. O trabalho foi desenvolvido em 3 (três) etapas: Bacia do Piracicaba (cobrindo toda a bacia); do Capivarí (parcial) e do Alto Tietê também parcialmente. Em todos os casos foram seguidas 6 (seis) fases:

1- Planejamento Geral: Preparo de plantas geográficas em escalas convenientes, coleta de informações sobre os censos agropecuários da área, contatos com órgãos e entidades afins, quantificação das necessidades de material, mão de obra e serviços.

2- Treinamento de Monitores e Cadastradores: estudo da metodologia, seleção de monitores, obtenção de manuais e formulários, treinamento de monitores e dos cadastradores.

3- Levantamento de campo: montagem da equipes, fornecimento de material incluindo a obtenção ou confecção de fichas para o cadastramento, cadastramento local com entrevista de propriedade em propriedade, recepção, verificação e acertos nas fichas preenchidas.

4- Processamento de dados: recebimento centralizado, análises de consistência, processamento, análise pela SERPRO, *feed-back* com o campo, emissão de listagens por espelhos".

5- Análise dos resultados: montagem de programas, elaboração de quadros estatísticos, localização em planta, análise da agricultura da região e do significado da irrigação.

6- Elaboração de relatórios arquivamento eletrônico com cópia de segurança, elaboração de relatórios parciais e final.

Resultados obtidos em São Paulo.

- Os irrigantes foram, em geral, receptivos ao cadastramento. Uma "promessa" de que receberiam uma outorga provisória de direito de uso da água pode ter contribuído para a reação fosse tão positiva.

- Os equipamentos de irrigação foram adquiridos e estão sendo utilizados quase sempre sem projeto ou assistência de um técnico especializado.

- A maioria absoluta das propriedades irrigadas levantadas não faz controle do uso da água.

- Praticamente todos os sistemas de irrigação cadastrados estão superdimensionados e há uma tendência generalizada em usar água em excesso.

- Menos de 5% (cinco por cento) dos irrigantes receberam algum tipo de treinamento em irrigação.

- Mais de 60% (sessenta por cento) dos responsáveis pela irrigação têm apenas o primeiro grau de ensino.

- Os cadastradores fizeram algumas restrições à utilização dos manuais e tabelas fornecidos.

- D.A.E.E. implantou um pequeno banco de dados do Cadastro de Irrigantes.

- Custo aproximado de cada ficha cadastral levantada: US$ 60,00.

Restrições ao cadastramento realizado em São Paulo.

- Apenas 12,6% do total provável de propriedades irrigadas foi cadastrada.

- Sendo a irrigação um processo dinâmico é necessário que o levantamento cadastral seja repetido periodicamente.

- Durante o cadastramento de áreas irrigadas, não foram efetuadas medições das vazões captadas.

- Infelizmente o cadastramento de áreas irrigadas, em São Paulo, não foi acompanhado da implantação de um Sistema de Informações Geográficas.

- Há informações de que o cadastramento no Estado de São Paulo está sendo retomado com os aprimoramentos necessários entre os quais o da efetiva medição da vazão captada por cada usuário e da implantação e operação de sistemas de informações geográficas, através das ações de Comitês de Bacia.

Sensoriamento remoto

Certos fatos relativos à utilização da irrigação devem ser observados. A irrigação demanda quantidades ponderáveis de água. Com o aumento do número de irrigantes numa região, há a necessidade de racionalização da distribuição da água e do acompanhamento da expansão da fronteira agrícola irrigada. Além disso, o monitoramento constante das áreas irrigadas é de interesse de todos que atuam no campo de irrigação, como entidades de financiamento, de planejamento, de prestação de serviço, etc.

O processo normal de controle dessas áreas é através de cadastramentos. A metodologia normalmente utilizada para o cadastramento baseia-se essencialmente na aplicação de questionário e visitas a campo. Este processo, além, de altamente oneroso e demorado, normalmente não tem acuidade suficiente para acompanhar uma atividade tão dinâmica como é o caso de áreas irrigadas. Estas áreas são normalmente cultivadas mais de uma vez no ano agrícola definido, como é o caso da agricultura não irrigada. Além disto, baseia-se essencialmente em dados fornecidos pelo agricultor, o que pode levar a erros devidos ao caráter subjetivo inerente nestas informações.

Para um monitoramento adequado é necessário um sistema dinâmico de coleta de informações que possa identificar a cultura e calcular a área irrigada de forma rotineira e econômica.

As técnicas de sensoriamento remoto foram levadas em consideração para o levantamento de áreas irrigadas., por se mostrarem adequadas e econômicas. Para este trabalho de sensoriamento foram escolhidos satélites com periodicidade de rotações favoráveis.

Noções de Sensoriamento Remoto

O sensoriamento remoto pode ser entendido como o conjunto de técnicas que possibilitam a extração, a distância, de informações sobre alvos de interesse. Isto é conseguido pela detecção, quantificação e análise de energia refletida, absorvida, transmitida ou emitida pêlos alvos.

Embora, o espectro eletromagnético abranja uma ampla faixa de comprimento de onda, desde os raios cósmicos até a região de rádio e ultra-baixas freqüências, somente determinadas porções deste espectro são consideradas como área de sensoriamento remoto.

Ao se tratar de aplicações de sensoriamento remota à agricultura, é interessante ressaltar alguns aspectos de interação da energia solar com a planta. A reflectância e a transmitância das folhas é relativamente baixa na porção do visível do espectro eletromagnético devido a absorção pelos pigmentos foliares.

Como a estrutura interna das folhas varia consideravelmente entre espécies, as diferenças de reflectância foliar entre diferentes espécies são freqüentemente maiores na região do infravermelho que na do visível. Esse diferente comportamento de reflectância ao longo do espectro eletromagnético e sua análise é o que genericamente se denomina análise espectral. Assim, uma cultura em pleno vigor é, facilmente diferenciada de solo exposto ou cultura clorótica. Entretanto, a distinção feita somente com base espectral entre culturas sadias de milho e soja já é menos perceptível.

Existem, duas outras características fundamentais que são imprescindíveis numa analise de dados de sensoriamento remoto: a configuração espacial; e o comportamento temporal/sazonal dos alvos . Estes três aspectos: espectral, espacial e temporal/sazonal são fundamentais na análise de áreas irrigadas.

A energia proveniente dos objetos pode ser captada por dispositivos denominados sensores. Como por exemplos, tem-se o filme fotográfico na fotografia aérea, o detetor no sistema LANSAT e a antena no caso do radar. Os sensores podem captar a energia numa espectral relativamente ampla.

Experiência de sensoriamento em áreas irrigadas no Estado de São Paulo.

O INPE e o DAEE utilizaram a técnica de sensoriamento remoto nas áreas irrigadas das regiões de Itatiba e Guaíra (SP).

A operacionalização de uma metodologia de cadastramento de áreas irrigadas, através de técnicas de sensoriamento remoto, no Brasil requer ainda uma ampla fase de pesquisa e experimentação.

Conflitos pelo uso da água envolvendo irrigantes

No Brasil já não são raros os casos de disputa pela água com a participação de irrigantes. Não se dispõe de um registro destas questões. Relaciona-se a seguir alguns casos, apenas para ilustração.

Na Secretaria de Recursos Hídricos do MMARHAL, tem-se noticias de conflitos em:

Minas Gerais, na região do rio Verde Grande ao norte do Estado, conflito entre irrigantes ao longo de toda bacia. A bacia tem pequena capacidade de produção de escoamento superficial, contrapondo-se à abundância de terras aptas à irrigação.

Município de Maracatu - MG, córrego Vereda do Engenho Velho ou Curral Queimado. Conflito entre irrigantes.

Rio Gorutuba - MG. : Perímetro de Irrigação de Gorutuba da CODEVASF. O projeto está impondo restrições aos demais usos.

Rio Salitre (BA): conflito entre irrigantes. Este rio é afluente do rio São Francisco na altura das cidades de Juazeiro e Petrolina.

Projeto Mirorós da CODEVASF, rio Verde - Ba. Conflito entre irrigantes.

Região oeste da Bahia, Rio Das Fêmeas : conflito entre irrigantes e a geração de energia elétrica.

No Estado da Bahia na região de Barreiras. Há noticias de morte de agricultor.

Região do Distrito Federal - PADEF, Rio Preto: conflito entre irrigantes (muitos pivôs centrais para pouca oferta natural de água).

Rio Piranhas-Açu (divisa entre Paraíba e Rio Grande do Norte) : conflito entre irrigantes.

Rio Jaguaribe - CE : conflito entre irrigantes, é necessário a SRH/CE fazer reuniões para distribuir entre os irrigantes as cotas d'água permitidas.

Nos Estados de Rio Grande do Sul, Paraná e Santa Catarina, situados no sul do país, inúmeros conflitos tanto com referência à quantidade como com à qualidade da água.

No Estado de São Paulo, o DAEE conhece e em alguns casos foi chamado a intervir em:

- Município de Guaíra, região de grande concentração de pivôs centrais, ao norte do Estado, no ribeirão do Jardim que além de abastecer a cidade atende a muitos irrigantes. Em setembro de 1994 o irrigante, proprietário da Fazenda Cascavel, reclamou oficialmente contra a construção de barragem efetuada pela Destilaria Guaíra que, inviabilizou o prosseguimento da irrigação.

- Município de Barretos, também ao norte do Estado. A Secretaria Municipal denunciou, em 1994, que um irrigante efetuou barramento e retirada de água do córrego do Barreiro, afluente do rio Velho, de forma a prejudicar a captação de águas por parte de agricultores de jusante.

- Município de Casa Branca, nordeste do Estado. A Secretaria da Justiça e da Defesa da Cidadania do Estado oficiou em junho de 1996, a Diretoria do Pardo-Grande do DAEE, sobre ameaças de vizinhos que não desejam a retirada de 15 m^3/hora de água do córrego do Aterradinho, por 24 famílias de assentados para atender à irrigação de 12 hectares de feijão.

- Município de Araçatuba, região noroeste do Estado. o DAEE recebeu incumbência da Justiça do Estado para solucionar disputa entre irrigantes onde aconteceu, inclusive, um caso de morte.

Cobrança pelo uso da água

Como sabemos a irrigação é uma grande consumidora de água. Por outro lado, entre nós, os processos e os irrigantes desperdiçam muita água. Uma das principais causas dos desperdícios de água na agricultura é que o seu uso não é cobrado. Com a introdução da cobrança pelo uso da água é de se esperar um uso racional da água, com redução no consumo.

Neste sentido, vem sendo implantado em nosso país a Política Nacional de Recursos Hídricos. A Lei no 9433 de 08 de janeiro de 1997 institui a Política e o Sistema Nacional de Gerenciamento de Recursos Hídricos. São seus fundamentos:

- a água é um bem de domínio público;
- a água é um recurso natural limitado, dotado de valor econômico;
- o uso prioritário dos recursos hídricos é o consumo humano e a dessedentação dos animais;
- deve ser propiciado o uso múltiplo das águas;
- a bacia hidrográfica é a unidade territorial para o gerenciamento dos recursos hídricos;
- a gestão deve ser descentralizada e com a participação do poder público, dos usuários e da comunidade.

São objetivos principais da Política:

- assegurar a atual e às futuras gerações a necessária disponibilidade de água em padrão de qualidade;
- a utilização racional e integrada dos recursos hídricos. racionalizacão dos usos dos recursos hídricos.

A Lei estabelece que o serão instrumentos para sua operacionalização:

- Planos de Recursos Hídricos;
- Enquadramento dos cursos da em classes;
- Outorga de direitos de uso e de derivação dos recursos hídricos;
- Cobrança pelo uso da água;
- Compensação aos municípios que tenham áreas inundadas para a viabilização da utilização múltipla da água;
- Sistema de informações sobre recursos hídricos no País.

A cobrança terá como base a vazão captada e o lançamento de efluentes nos corpos d'água.

Baseado em um estudo denominado: "Racionalização de uso da água de irrigação nos municípios de Guaira e Casa Branca - SP", desenvolvido pelo IPT para o DAEE, TELLES (1993) fez simulações dos efeitos da cobrança pelo uso da água na irrigação, obtendo os seguintes resultados:

- Cultura do feijão; Município de Guaíra - SP; Sistema de irrigação : Pivô Central; Lâmina bruta = 543 mm; Período das secas; Custo de produção = 500 US$/hectare (Tabela 16)

- Cultura do tomate industrial; Município de Guaíra - SP; Sistema de irrigação: Pivô Central; Lâmina bruta = 600 mm; Período das secas; Custo de produção = 3000 US$/hectare (Tabela 17).

Tabela 16 - Reflexos da cobrança da água no custo de produção do feijão irrigado.

Custo por m³ de água (em centavos de US$)	Reflexo da cobrança no custo de produção (%)
0,1	0,9
0,3	2,7
0,5	4,5
0,7	6,3
0,8	7,3
1,0	9,0
1,2	10,9
1,5	13,6
2,0	18,1
3,0	27,2

FONTE : Telles, 1993.

Comparando-se os valores percebe-se que:

Culturas diferentes, sofrem diferentes reflexos para custos iguais de m³ de água.

Culturas de custo de produção maior, mesmo consumindo mais água, podem sofrer menores impactos pela cobrança do uso da água.

Nos exemplos, a cobrança de 0,6 e de 2,5 centavos de US$ por m³ de água utilizado, acarretariam um aumento de 5% nos respectivos custos de produção.

As cobranças de 1,1 e de 5,0 centavos de US$ por m³ de água captado, trariam aumentos de 10% nos respectivos custos de produção do feijão e do tomate industrial.

Tabela 17 - Reflexos da cobrança da água no custo de produção do tomate industrial.

Custo por m³ de água (em centavos de US$)	Reflexo da cobrança no custo de produção (%)
0,1	0,2
1,0	2,0
1,5	3,0
2,0	4,0
2,5	5,0
3,0	6,0
4,0	8,0
5,0	10,0
6,0	12,0
7,0	14,0
8,0	16,0
9,0	18,0
10,0	20,0

FONTE: Telles:, 1993.

Diversos estados brasileiros estão com projetos referentes à cobrança pelo uso da água em andamento. O Estado de São Paulo encaminhou à Assembléia Legislativa o Projeto de Lei respectivo e o Departamento de Águas e Energia Elétrica - DAEE, tem proposta de preços unitário básico e máximo (Tabela 18).

A seguir (Tabelas 19 a 22) são apresentados valores a cobrar e pagos pelo uso da água no Brasil e na França.

Valor econômico da água

A cobrança pela utilização dos recursos hídricos deverá induzir o uso racional da água, atribuindo-lhe valor econômico e estimulando cada industrial, serviço

Tabela 18 - Proposta de preços unitários básico e máximo para o Estado de São Paulo (em reais).

Item	Unidade	Preço unitário básico	Preço unitário máximo
captação	m^3	0,01	0,05
consumo	m^3	0,02	0,10
lançamentos			
- de DBO	kg	0.10	1,00
- de DQO	kg	0,05	0,50
- de RS	litro	0,01	0,10
- de Cl	kg	1,00	10,00

DBO demanda bioquímica de oxigênio
DQO demanda química de oxigênio
RS resíduos sólidos CL cloro
FONTE: DAEE, 1998.

Tabela 19 - Preços pagos pelo uso da água, pelos irrigantes do perímetro irrigado Itacarambi-MG, parte do projeto Jaiba

Sistema de Irrigação	Manutenção dos canais R$ / ha . mês	Consumo R$ / 1000 m^3
Sistemas não pressurizados	4,85	14,34
Sistema pressurizado	4,85	30,43

FONTE: O Estado de São Paulo, 1997.

Tabela 20 - Preços a pagar pelo uso da água, para a bacia do rio Vaza-Barris (Bahia e Sergipe)

Usos	Preço de demanda R$ / m^3	Preço de demanda R$ / kg DBO
Abastecimento urbano	0,247	
Abastecimento industrial	1,300	
Irrigação	0,500	
Diluição de esgotamentos sanitários		0,020
Diluição de efluentes industriais		0,205

FONTE: Carrera-Fernandez, 1999a.

Tabela 21 - Preços a pagar pelo uso da água, para a bacia do Pirapama - PE

Usos	Preço de demanda x 10^{-3}R$ / m^3	Preço de demanda x 10^{-3}R$ / kg DBO
Abastecimento humano	16,8	
Abastecimento industrial	88,5	
Irrigação	88,6	
Diluição de esgotamentos sanitários		26,2
Diluição de efluentes industriais		88,8

FONTE: Carrera-Fernandez, 1999b.

Tabela 22 - Preços a pagar pelo uso da água pela Agência Adour Garrone (França) Ano de 1994. Em francos franceses por m³

Tipo de Captação	Captação Até 50 x $10^6 m^3$	Captação Acima de 50 x $10^6 m^3$	Consumo x 10^{-3}R$ / kg DBO
Superficial	0,0428	0,00738	0,1287
Subterrânea		0,1542	
Irrigação		0,0250	

FONTE: Secretaria de recursos, saneamento e obras do Estado de São Paulo, 1997.

municipal de saneamento ou irrigante, a adotar medidas para evitar perdas e desperdícios e também constituir receitas que possam viabilizar financiamentos para a aplicação em projetos e obras hidráulicas e de saneamento.

Com os preços unitários propostos (Tabela 18), o DAEE fez uma estimativa de faturamento do Estado de São Paulo (Tabela 23), com a cobrança pelo uso da água em seus principais setores usuários.

Tabela 23 - Estimativa de faturamento anual com a cobrança da água no Estado de São Paulo.

Usuário	Valor da Arrecadação Anual (em milhões de reais)
urbano	267,60
indústria	164,80
agricultura irrigada com as seguintes participações	12,02
- hortaliças	8,44
- amendoim	0,14
- arroz	0,15
- cana-de-açúcar	0,28
- feijão	2,41
- laranja	0,45
- milho irrigado	0,16
- soja irrigada	0,00
TOTAL	434,32

FONTE: D.A.E.E., 1998.

Neste estudo foram adotados, como limites os seguintes valores percentuais sobre o faturamento dos usuários: 8,0 % para o abastecimento urbano, indústria 0,5 % e 1,0 % para agricultura irrigada

Nas Tabelas 24 e 25 são apresentadas as receitas obtidas, no ano de 1994, respectivamente por uma agência de bacia francesa e em toda a França, com a cobrança pelo uso da água.

Tabela 24 - Receita obtida pela Agência Adour Garrone (França) pela cobrança pelo uso da água em 1994. Em 10^6 francos franceses

Cobrança	Receita	%
1- Sistemas públicos	116,5	58,93
Captação	66,14	33,33
Consumo	50,81	25,60
2- Indústria	38,90	19,60
Captação	27,04	13,63
Consumo	7,86	3,96
Extração de areia	4,00	2,02
3 Irrigação	11,50	5,79
4- Energia elétrica	31,10	15,67
5- Ações locais	0,20	0,10
TOTAL	198,45	100,00

FONTE: Secretaria de recursos, saneamento e obras do Estado de São Paulo, 1997.

Tabela 25 - Receita obtida em 1994 em toda França pela cobrança pelo uso da água e da poluição. Em 10^6 francos franceses

USUÁRIO	ÁGUA	(%)	POLUIÇÃO	(%)	TOTAL	(%)
Coletividade	1859	82,0	573	46,4	2432	69,5
Agricultura	75	3,3	0	0,0	75	2,1
Industria (*)	333	14,7	661	53,6	994	28,4
TOTAL	2267	100.0	1234	100,0	3501	100,0

*FONTE: Secretaria de recursos, saneamento e obras do Estado de São Paulo, 1997 (*) Inclui energia elétrica.*

Conclusões e Perspectivas

No Brasil os principais usos da água na agricultura e pecuária são a irrigação de cultivos agrícolas e a dessedentação de seus rebanhos.

O uso da água para irrigação se expande por uma área de 2.950.000 hectares, destacando-se a região Sul com 1.217.000, a Sudeste com 919.000 e a Nordeste com 513.000 hectares. Não há uma política oficial definida mas apenas declarações de intenções, as mais recentes se referem à transposição de águas do rio São Francisco para atender alguns estados nordestinos. A irrigação do tipo localizada (microaspersão, gotejamento e por tubos perfurados) vem se mostrando promissora para o cultivo de frutas finas e a principal responsável pelo crescimento ainda que moderado, da superfície irrigada que vem acontecendo no país. A restrição nas disponibilidade de energia elétrica e de água podem estancar o crescimento da irrigação no País.

Atualmente a demanda total de água para irrigação é da ordem de 905 m^3/s, sendo que 30% deste valor é aplicado na região Sul e outros 30% na Sudeste e 27% na Nordeste. O quadro da aplicação agrícola da água mostra índices de eficiência muito baixos. Entre as principais causas desta ineficiência estão: a implantação de sistemas de irrigação sem projeto adequado; a predominância da irrigação por superfície que é de baixo rendimento no aproveitamento hídrico; os irrigantes são despreparados; a falta de controle no processo e o fato de que o uso da água não ser cobrado. Medidas destinadas à promoção da racionalização do uso da água na irrigação vêm sendo discutidas e, juntamente com a introdução da cobrança pelo uso poderão melhorar os citados índices. As necessidades de água para o setor deverão atingir 1130 m^3/s em 2010. Caso se consiga algum sucesso com programa de racionalização do uso este valor poderá ser reduzido para 1000 m^3/s.

O rebanho brasileiro é composto de 228 milhões de cabeças. Em termos panorâmicos o rebanho se encontra, bem distribuído espacialmente, pelas regiões Centro-Oeste, Nordeste, Sul e Sudeste. Os bovinos predominam com 164 milhões, seguidos dos suínos com 31 milhões. A nossa pecuária se desenvolve sem planos ou programas governamentais eficientes. Há tendência de expansão da pecuária intensiva em detrimento da extensiva. Os preços da carne, no mercado internacional, regulam o desenvolvimento da pecuária nacional. Com o advento do Mercosul e a conseqüente concorrência direta da carne argentina, o segmento deverá enfrentar sérios problemas. Os rebanhos de ovinos e caprinos poderão ser ampliados na região Nordeste, se houver disponibilização de água.

A demanda nacional de água para a dessedentação de seus rebanhos atinge 107,7 m^3/s. Os Estados de Mato Grosso do Sul e de Minas Gerais com cerca de 13 m^3/s cada são os maiores consumidores, seguidos por Goiás com 11 m^3/s e pelo Rio Grande do Sul com 9 m^3/s. As demandas hídricas para o setor deverão atingir 120 m^3/s em 2010. Caso se consiga algum sucesso com programa de racionalização do uso este valor poderá ser reduzido para 108 m^3/s.

Praticamente não existem levantamentos e nem controle da qualidade da água utilizada quer seja na dessedentação de animais, quer na irrigação das culturas. São conhecidos alguns casos de salinização do solo em pequenas parcelas de perímetros irrigados na região Nordeste, provavelmente tendo como uma das causas o uso de água com alto teor salino. Nem mesmo a qualidade das águas captadas em corpos d'água que atravessam regiões urbanizadas, que recebem seus esgotos muitas vezes inclusive de hospitais e, quase sempre sem nenhum tratamento, e são aproveitadas na irrigação de olerícolas é controlada. O risco da transmissão de doenças de veiculação hídrica é considerável nestas condições.

Efluentes de zonas de concentração de suínos, como a do oeste do Estado de Santa Catarina, onde são criadas cerca de 3 (três) milhões de cabeças, comprometem seriamente a qualidade do recurso hídrico remanescente e consequentemente sua utilização à jusante. Na região, cerca de 84% dos postos de amostragens de qualidade da água estavam contaminados em 1994. Não se tem resultados de políticas concretas adotadas para sanar o problema.

As indústrias processadoras da cana de açúcar, usinas ou destilarias, lançam indiscriminadamente, por todo país, seus efluentes conhecidos como restilo, vinhoto ou vinhaça, nos corpos de água adjacentes, comprometendo a qualidade da água. São responsáveis pela degradação: altas concentrações de matéria orgânica e de potássio, temperaturas elevadas e a presença de excedentes químicos nos efluentes industriais. Problemas desta natureza ocorrem nos Estados produtores mas, em alguns deles, os órgãos controladores vêm obtendo sucesso na repressão a esta irregularidade.

É insipiente o controle sobre o uso dos recursos hídricos, principalmente nos segmentos de irrigação e de dessedentação dos rebanhos. Cadastros estáticos de irrigantes foram parcialmente desenvolvidos, destacando-se neste aspecto, algumas iniciativas na região Nordeste e no Estado de São Paulo. Para que a pretendida implantação da cobrança pela utilização dos recursos hídricos seja viável será necessário, inicialmente a implantação de um adequado sistema de controle do seu uso.

Em agosto de 2000 foi finalmente criada pelo Governo Federal a ANA – Agência Nacional das Águas a quem caberá a coordenação central da Política e do Sistema Nacional de Recursos Hídricos. Está previsto a constituições de ANAs regionais que desenvolverão o gerenciamento racional dos recursos hídricos em suas áreas de atuação.

O Governo Federal e alguns Estados e acabam de desenvolver estudos e têm propostas iniciais, de metodologias e valores a serem cobrados pelo uso da água. Há previsão que a cobrança se efetive, ainda que parcialmente, a partir do ano 2005.

Bibliografia

BASSO, L.A. *A qualidade das águas de drenagem e rios receptores do perímetro de irrigação de Bardenas - Espanha.* In: Congresso Brasileiro de Engenharia Agrícola. XXIV. SBEA/UFV. Viçosa – MG, 1995.

BASTOS, R. K. X. *Fertirrigação com águas residuárias.* In: Fertirrigação: citrus, flores, hortaliças. FOLEGATTI, M. V. (coord) Livraria e Editora Agropecuária, Guaiba – RS, 279-291p, 1999.

BRASIL. *Lei 9.433, de 8 de janeiro de 1997.* Brasília – DF, 1997.

CARRERA-FERNANDEZ, J. *Estudo de cobrança pelo uso da água na bacia hidrográfica do rio Pirapama.* Relatório Final. Companhia Pernambucana de Meio Ambiente (CPRH) / Environment Resources Management (ERM). Recife – PE, 1999a.

CARRERA-FERNANDEZ, J. *Estudo de cobrança pelo uso da água na bacia hidrográfica do Vaza-Barris.* Relatório Final. Secretaria de Recursos Hídricos do Ministério do Meio Ambiente (SRH/MMA). Brasília. – DF, 1999b.

CARVALHO, J. F.; OLIVEIRA, C. A. & ANDRADE, E.P. A. *Programa Nacional de Irrigação* . In Anais do III Seminário Nacional de Irrigação, Vol. III: 283-327, Fortaleza - CE. 1976.

CARVALHO, J.O. *Projeto de transposição de águas do rio São Francisco.* In: Economia do Nordeste (revista), v. 25, no 3, p 305 - 330, Fortaleza – Ceará, 1994.

CHRISTOFIDIS, D. *Água e irrigação no BRASIL.* In : Fórum Interamericano de Gestão dos Recursos Hídricos. (mimeografado) SRH/MMARHAL. nov. 1997. Fortaleza - CE . 10 p, 1997.

CHRISTOFIDIS, D. *Os recursos hídricos e a prática da irrigação no Brasil e no mundo.* In: Irrigação e Tecnologia Moderna (Revista ITEM) n° 49, 1° tri 2001, p8-13, Brasília – DF, 2001.

COMITÊ DAS BACIAS HIDROGRÁFICAS: RIOS PIRACICABA, CAPIVARÍ E JUNDIAÍ. *Implantação, Resultados e Perspectivas.* Artes Brasil. Campinas - SP. 76p, 1996.

DAEE. *Plano Estadual de Recursos Hídricos: Primeiro Plano do Estado de São Paulo* - Síntese. Departamento de Água e Energia Elétrica, São Paulo - SP, 97p. 1990.

DAEE. *Cobrança pelo uso da água.* Palestra apresentada por Luiz Fernando Carneseca em 16/04/98. In: II Semana Tecnológica da Informação e Automação. FATEC/SP. São Paulo. SP,. 1998.

EMBRAPA. *Atlas do meio ambiente do Brasil.* Empresa Brasileira de Pesquisa Agropecuária. 2ª ed. Rev. Aum. Terra Viva. Brasília - DF. 160p. 1996.

GAZETA MERCANTIL. *Grandes empresas instalam-se em Sergipe.* (Jornal) 17/03/95, São Paulo - SP. 1995.

IBGE. *O Brasil em números.* vol. 4. IBGE. Rio de Janeiro - RJ. 212 p. 1995.

IBGE. *Produção da pecuária municipal de 1999* www.sidra.ibge.gov/bda/tabela acesso em 15/10/2001.

INPE. *Relatório de projeto de cadastramento de áreas irrigadas no Estado de São Paulo, através de dados de sensoriamento remoto.* INPE - 3543 - RTR / 077. INPE., São José dos Campos - SP - 22 p, 1985.

LAROUSSE CULTURAL, *Brasil de A/Z.* Editora Universo. São Paulo. SP, 1988.

LUCAS JÚNIOR, J. *Uso de biodigestores de fluxo ascendente com leito de lodo no tratamento de águas residuárias de pocilgas.* In Congresso Brasileiro de Engenharia Agrícola, XXIV. SBEA, 1995, FCAVUNESP, Jaboticabal - SP. 14p, 1995.

O ESTADO DE SÃO PAULO. *CESP construirá canal artificial de 40 quilômetros.* (Jornal) Caderno Cidades 16/08/93, São Paulo –SP, 1993.

O ESTADO DE SÃO PAULO. *Projeto Jaíba leva irrigação a 25 mil hectares no semi-árido.* (Jornal) Suplemento Agrícola, 13/08/97, p. G 12-14, São Paulo –SP, 1997.

PADILLA, W. *El uso de la fertirrigacion en cultivos de flores en latinoamerica.* In: Fertirrigação: citrus, flores, hortaliças. FOLEGATTI, M. V. coord. Livraria e Editora Agropecuária, Guaiba – RS. p.355-392, 1999.

RADAELLI, J.E. *Práticas agrícolas e o risco de contaminação dos cursos d'água* - (Mimeografado) Monografia de Curso de Capacitação em Tecnologias Ambientais - FATEC - SP. São Paulo,. 1997.

SECRETARIA DE RECURSOS, SANEAMENTO E OBRAS DO ESTADO DE SÃO PAULO. *Elaboração de estudo para implementação da cobrança pelo uso dos recursos hídricos do estado de São Paulo.* Relatório Final em CD-ROM. DAEE / CNEC / FIPE. São Paulo – SP, 1997.

SANTA CATARINA. *Manual de uso, manejo e conservação do solo e da água.* 2 ed. rev. atual. e ampl. EPAGRI. Florianópolis - SC. 384p, 1994.

TELLES, D. A. *O Setor de Irrigação como Usuário dos Recursos Hídricos.* (Mimeografado) Palestra proferida na Faculdade de Engenharia Civil - UNICAMP, disciplina IC 116 - Seminário sobre Recursos Hídricos Campinas - SP, 16p. 1993.

TELLES, D. A. *A qualidade da água na agricultura.* Boletim Técnico - FATEC/SP, n 2, set/95. São Paulo - SP. 16p. 1995.

TELLES, D. A. *Determinação das demandas de água para irrigação* : Evapotranspiração de referências no Estado de São Paulo. Tese de Doutorado. Escola Politécnica / USP. São Paulo - SP. 1996.

TELLES, D. A. *Irrigação: princípios, métodos e dimensionamento.* In: Manual de Hidráulica. AZEVEDO NETTO et. Alli. 8a edição atualiz. Editora Edgard Blücher. São Paulo – SP. p. 605-650. 1998.

TELLES, D. A. et al. *Estimativa de áreas irrigadas com utilização de imagem de satélite.* In: Congresso Nacional de Irrigação e Drenagem, VII, ABID 1986, Brasília - DF. - 24 p. 1986.

VEJA. *O vale da fartura.* Revista semanal 22/09/93, p.64-65, Editora Abril, São Paulo – SP, 1993.

VIEIRA, D. B. *As técnicas de irrigação.* Editora Globo. São Paulo – SP. 263p, 1989.

Dirceu D'Alkmin Telles

datelles@fatecsp.br

Doutor em Engenharia Hidráulica - EPUSP

Professor Convidado do Programa de Pós - Graduação da EPUSP

Professor e atual Diretor da Faculdade de Tecnologia de São Paulo - FATEC-SP

Consultor das principais empresas e consórcios nacionais

Ex-Presidente da Associação Brasileira de Irrigação e Drenagem - ABID

Membro do Comitê da Bacia Hidrográfica do Alto Tietê - São Paulo

Ex-Membro da Câmara Setorial de Agricultura Irrigada - São Paulo

Linhas de pesquisa:

- *Evapotranspiração*
- *Irrigação*
- *Qualidade das águas*
- *Recursos Hídricos*

10

Água na Indústria

Gil Anderi da Silva
Reinaldo Augusto Gomes Simões

Introdução

A água tem sido talvez e desde sempre a maior fonte de inspiração para artistas (pintores, poetas, compositores) e para filósofos. Isto se deve à sua natureza e características peculiares.

Estas mesmas características, além de fazerem da água um componente essencial à vida no planeta, têm atraído também pesquisadores cientistas e tecnólogos no sentido de melhor conhecer e aproveitar este que é, sem dúvida, o maior bem natural disponível para a Humanidade.

A importância desta dádiva se espalha por todos os aspectos das atividades no planeta:

- é essencial a todas as formas de vida;
- é fonte de energia para o Homem, seja na forma de vapor, seja na forma de hidroeletricidade;
- é meio de transporte e
- é usada de inúmeras maneiras pelos mais diversos segmentos industriais.

Destes poucos exemplos de aplicações da água, sem dúvida o mais significativo em termos de volume utilizado é o uso industrial da água (Figura 1). Em razão de suas diferentes e anômalas propriedades a água tem uma diversificada gama de usos na indústria, tais como:

- matéria-prima e como reagente: obtenção de hidrogênio, de ácido sulfúrico, de ácido nítrico, de soda e inúmeras reações de hidratação e de hidrólise;
- como solvente – de sólidos, líquidos e gases;
- lavagem de gases e sólidos – para retenção de materiais contidos em misturas nesses estados;
- como veículo de suspensão de materiais – como por exemplo nas operações de flotação;
- em operações envolvendo transmissão de calor:
- agente de resfriamento de massas reagentes que se aqueceram por reações exotérmicas;
- uso de vapor d'água ou de água quente como agente de aquecimento;
- como fonte de energia, por meio da geração de vapor d'água.

A água é o único líquido inorgânico encontrado na natureza e é também o único composto químico que ocorre naturalmente nos três estados físicos: sólido, líquido e vapor.

Na Tabela 1 são apresentados os valores de algumas propriedades da água, úteis em cálculos relativos ao seu uso industrial.

A água é considerada como um recurso natural renovável (regenerado naturalmente). Além disso, o ciclo hidrológico ou ciclo natural da água permite, em princípio, que a disponibilidade deste recurso não represente problema em um futuro previsível.

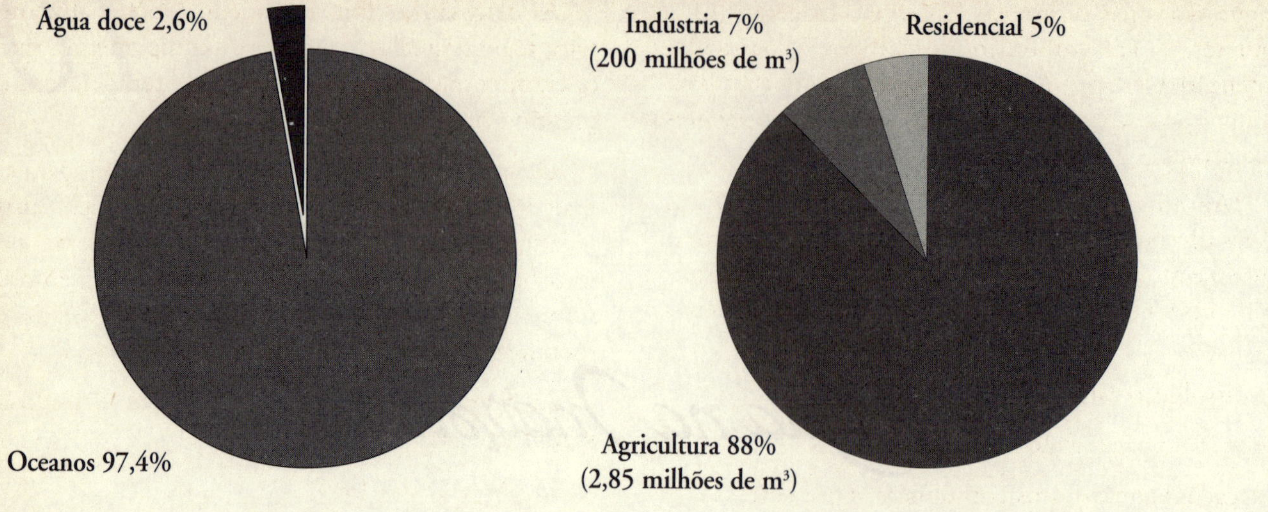

Figura 1 - Disposição e consumo de água no mundo.

Tabela 1 - Propriedades da água.

Ponto de congelamento	0ºC
Densidade do gelo a 0ºC	0,92 g/cm^3
Densidade da água a 0ºC	1,00 g/cm^3
Calor de fusão	80 cal/g (335 J/g)
Ponto de ebulição	100ºC
Calor de vaporização	540 cal/g (2.260 J/g)
Temperatura crítica	347ºC
Pressão crítica	217 atm (22,0 MPa)
Condutividade elétrica específica a 25ºC	1 x 10^{-7}ohm^{-1}-cm^{-1}
Constante dielétrica, 25ºC	78
Calor específico	4,179 J/(g)(ºC)
Viscosidade da água líquida a 25ºC	0,8937 cP
Condutividade térmica a 25ºC	5,30 cal/h.cm.ºC

Pelo menos em relação à *quantidade* de água!

O ciclo da água na natureza pode ser, de certa forma, assemelhado a um enorme e contínuo destilador. A água no estado líquido, presente na superfície do planeta – hidrosfera – evapora graças à energia solar e o vapor formado ascende às camadas atmosféricas, podendo formar nuvens carregadas de umidade. Estas, em contato com correntes de ar frio podem condensar, originando as chuvas (ou neve), retornando assim à superfície terrestre. Observe-se que o já citado caráter de recurso renovável se refere ao balanço global de água, uma vez que a "mineração" de água a partir de fontes subterrâneas, quando feita em vazão superior à da renovação natural, significa que, pelo menos localmente, o recurso é não renovável.

Qualidade das águas naturais

Impurezas nas águas naturais e problemas no seu uso industrial

A água pura é um líquido insípido, inodoro e incolor, representado pela fórmula química H_2O e que não é encontrável na natureza. Isto se deve, principalmente, ao fato de praticamente todas as substâncias serem, em maior ou menor grau, solúveis na água que é, por isso, considerada como o solvente universal. Desta forma, a impurificação da água por contato com outras substâncias é extremamente fácil.

A impurificação das águas naturais pode ocorrer em qualquer fase do ciclo, tanto no estado de vapor em contato com a atmosfera, quanto no estado líquido, seja no movimento descendente (chuva ou neve), seja no contato com a crosta e, infelizmente cada vez mais, em decorrência das atividades antropogênicas. A natureza das impurezas (qualidade e quantidade) depende das características das regiões onde se formam as nuvens e das regiões nas quais a água líquida é precipitada e dos ambientes percorridos pela água e daquele no qual se localiza sua fonte.

As impurezas presentes nas águas podem se encontrar dissolvidas ou em suspensão. As impurezas dissolvidas podem ser provenientes de gases, líquidos ou sólidos solúveis. As impurezas em suspensão podem ser sólidos particulados ou colóides.

De maneira geral, pode-se dizer que a água tem capacidade de absorver todos os componentes do ar atmosférico. Os principais gases encontrados na água são o gás carbônico (CO_2) e o oxigênio (O_2). Destes, o gás carbônico deve merecer particular atenção, uma vez que é componente importante na interação da água com outros compostos presentes na crosta.

Ao atingir a superfície da Terra e penetrar em suas diversas camadas, a água vai interagindo com o meio e modificando a composição química do líquido. Esta interação pode ocorrer de três maneiras distintas:

- dissolução direta;
- ação do gás carbônico dissolvido e
- reações entre outros componentes presentes.

Desta forma, são incorporadas à água diversas impurezas tanto na forma de materiais dissolvidos, tais como bicarbonatos, sulfatos, cloretos de cálcio, magnésio, sódio, etc. quanto na forma de materiais em suspensão.

As impurezas presentes na água podem modificar significativamente suas propriedades. A natureza das contaminações (qualidade e quantidade) depende das características das regiões onde se formam as nuvens e das regiões nas quais a água líquida é precipitada.

Os principais problemas causados pelas impurezas presentes nas águas naturais, quando do seu uso industrial, são a corrosão e as incrustações. Para melhor entendimento dos efeitos negativos das impurezas é conveniente conceituar, em linhas gerais esses dois fenômenos.

As incrustações são resultantes da deposição de materiais sólidos nas paredes dos equipamentos (principalmente de caldeiras) que estão em contato com a água. Os materiais que se depositam podem ser sólidos em suspensão ou materiais resultantes da precipitação de sais solúveis presentes na água, que é o caso mais freqüente.

As incrustações podem ser bastante prejudiciais pelo fato de terem baixa condutividade térmica, o que pode provocar:

- redução da eficiência térmica do equipamento em virtude dos gases de combustão saírem em temperatura mais alta;
- superaquecimento do material de construção das caldeiras, provocando redução de sua resistência mecânica com o conseqüente risco de deformações ou mesmo de ruptura.

A corrosão é um fenômeno potencialmente sempre presente nas operações de equipamentos que operam com água em condições de temperatura e pressão acima das normais.

De uma forma simplista, a explicação para a maior parte das corrosões provocadas pelo uso industrial da água parte da presença no sistema, de íons hidrogênio. Considerando que a água sempre sofre alguma dissociação, é proposto o seguinte mecanismo para explicar este tipo de corrosão.

A dissociação iônica da água, ocorre segundo a seguinte reação:

$$H_2O \leftrightarrow 2H^+ + OH^-$$

Em presença do ion hidrogênio (H^+) o metal constituinte da parede do equipamento tende a se dissolver, ou seja, a passar para a solução em sua forma iônica, de acordo com a seguinte reação:

$$Me \leftrightarrow Me^+ + e$$

onde Me é um metal genérico, por exemplo o ferro, e *e* é um elétron.

Em seguida, o cátion metálico combina-se com o ânion hidroxila (OH^-) formando um hidróxido metálico, conforme a reação:

$$Me^+ + OH^- \leftrightarrow MeOH$$

e o elétron presente neutraliza o cátion hidrogênio, formando hidrogênio elementar:

$$e + H^+ \rightarrow 1/2H_2$$

A reação global resultante é a seguinte:

$$H_2O + Me \rightarrow MeOH + 1/2H_2$$

A intensidade desta reação depende do metal considerado e das condições (temperatura, pressão, etc.) do sistema.

Desta forma, a intensidade da corrosão provocada pela interação da água com equipamentos industriais vai depender do material de construção do equipamento, das impurezas presentes na água usada e das condições de operação do sistema.

Como foi visto anteriormente, a água pura pode ser um fator causador de corrosão. Na temperatura ambiente, o seu pH é próximo de 7, situação na qual ela se encontra levemente ionizada. Mesmo em condição de baixa ionização a água reage, ainda que lentamente, com o ferro, provocando a corrosão dos equipamentos. Esta reação torna-se mais intensa à medida que o pH diminui, que é o que ocorre com o aumento de temperatura, situação na qual a dissociação da água aumenta. Desta forma, qualquer impureza que leve ao abaixamento do pH do sistema ou à presença de íons hidrogênio, será uma fonte potencial de intensificação da corrosão.

O controle deste tipo de corrosão deve ser feito através da correção do pH da água, sendo que a faixa recomendada é de pH entre 8,5 e 9,0; observe-se que este valor deve ser atingido quando a água estiver na temperatura de trabalho. A correção pode ser feita por meio da adição de uma substância alcalina à água.

A seguir são apresentadas as impurezas mais comumente encontradas nas águas naturais.

Sólidos em suspensão

São de natureza variada e podem ser provenientes da drenagem superficial ou da disposição de resíduos industriais, urbanos ou agrícolas nas fontes de água natural.

Gases dissolvidos

O oxigênio absorvido da atmosfera aparece com freqüência como impureza, dissolvido nas águas naturais. Este oxigênio, pode se tornar um dos principais fatores causadores de corrosão. Este tipo de oxigênio não reage diretamente com o ferro metálico, nas condições usuais de operação dos equipamentos. No entanto, tem ação altamente prejudicial ao reagir com o ferro na forma ferrosa (Fe^{+2}) resultante de reações do ferro metálico com outras impurezas; esta reação leva o ferro à indesejável forma férrica (Fe^{+3}). A corrosão provocada pelo oxigênio dissolvido nas águas deve ser prevenida através da eliminação deste elemento nos tratamentos prévios.

O gás carbônico (CO_2), também está presente, na forma dissolvida, em praticamente todas as águas naturais; a origem pode ser pela absorção direta da atmosfera ou resultante de reações com componentes da crosta ou ainda da decomposição de matéria orgânica presente na água.

Este gás, também denominado anidrido carbônico pelo fato de, em presença de água, formar o ácido carbônico, é considerado, por essa razão um dos agentes de corrosão. A reação de equilíbrio para a formação do ácido carbônico é a seguinte:

$$CO_2 + H_2O \leftrightarrow H_2CO_3$$

Sais solúveis

Em sua quase totalidade são provenientes do contato das águas com depósitos minerais da crosta.

Sais de sódio

Os sais de sódio, por serem altamente solúveis, não representam, em geral, problema de contaminação, exceto nos casos em que ocorrem em concentrações muito altas.

As formas mais freqüentes de ocorrência do sódio nas águas naturais são: cloreto (NaCl), carbonato (Na_2CO_3), bicarbonato ($NaHCO_3$), hidróxido (NaOH), sulfato (Na_2SO_4) e nitrato ($NaNO_3$).

O cloreto de sódio (sal comum) é um composto que se encontra largamente difundido, de forma que praticamente todas as águas contêm algum teor do mesmo. Apesar de não ser corrosivo, na presença de sais de magnésio, particularmente o sulfato de magnésio, forma o cloreto de magnésio que é potencialmente corrosivo. A reação do cloreto de sódio com o sulfato de magnésio é representada pela seguinte equação:

$$2NaCl + MgSO_4 \rightarrow MgCl_2 + Na_2SO_4$$

O bicarbonato de sódio é um sal muito solúvel e freqüentemente encontrado em concentrações elevadas em águas naturais. Este, é um dos sais mais importantes em relação ao uso da água em caldeiras uma vez que, por aquecimento, o bicarbonato de sódio passa a carbonato de sódio, segundo a seguinte reação:

$$2NaHCO_3 \rightarrow Na_2CO_3 + H_2O + CO_2$$

Em temperaturas superiores a 100ºC (água superaquecida) o carbonato de sódio formado é hidrolisado segundo a reação:

$$Na_2CO_3 + H_2O \rightarrow 2NaOH + CO_2$$

formando gás carbônico e o hidróxido de sódio que é altamente corrosivo.

Sais de metais alcalino-terrosos (cálcio e magnésio)

Os metais alcalino-terrosos, particularmente o cálcio e o magnésio, ocorrem com freqüência em muitas águas naturais. Como será visto posteriormente, são eles que conferem dureza às águas. As formas mais freqüentes de ocorrência desses metais são: bicarbonatos, sulfatos, cloretos e silicatos.

Além dos problemas decorrentes da dureza da água, os metais alcalino-terrosos podem provocar problemas de incrustação e corrosão quando do uso da água em caldeiras.

O bicarbonato de cálcio – $Ca(HCO_3)_2$ – dissolvido na água, se decompõe com o aumento de temperatura decorrente da operação da caldeira, segundo a seguinte reação:

$$Ca(HCO_3)_2 \rightarrow CaCO_3 + CO_2 + H_2O$$

O carbonato de cálcio formado tem baixa solubilidade e precipita depositando-se nas paredes do equipamento, originando a incrustação.

O sulfato de cálcio – $CaSO_4$ – tem sua solubilidade diminuída com o aumento de temperatura, precipitando-se facilmente nesta condição e também provocando incrustações.

O cloreto de magnésio é um sal solúvel que, quando presente como impureza nas águas pode provocar corrosão. O mecanismo é o da formação do ácido clorídrico, pela reação de hidrólise do cloreto de magnésio, segundo a seguinte equação:

$$MgCl_2 + 2H_2O \rightarrow Mg(OH)_2 + 2HCl$$

O hidróxido de magnésio formado é insolúvel e precipita, enquanto que o ácido clorídrico produzido ataca o ferro formando o cloreto ferroso e liberando hidrogênio, conforme a reação:

$$Fe + 2HCl \rightarrow FeCl_2 + H_2$$

Finalmente, o cloreto ferroso reage com o hidróxido de magnésio formado na primeira reação, produzindo hidróxido ferroso e cloreto de magnésio que reinicia o ciclo:

$$FeCl_2 + Mg(OH)_2 \rightarrow Fe(OH)_2 + MgCl_2$$

Como se observa, neste ciclo de reações, o ferro é deslocado e o cloreto de magnésio, responsável pelo início da corrosão é regenerado o que faz com que uma pequena quantidade inicial desse composto, presente na água como impureza, possa provocar danos significativos caso não sejam tomadas as providências devidas.

Sílica

Sílica (SiO_2) proveniente de drenagem superficial ou de depósitos minerais da crosta é outra impureza significativa nas águas naturais. Esta impureza merece consideração especial, uma vez que muitas vezes pode ser encontrada nas três formas: em suspensão, na forma de partículas (caso de arraste de areias); na forma coloidal e dissolvida. Quando presente e não controlada, pode provocar problemas de incrustação decorrentes da formação de silicatos insolúveis, por reação com outros sais presentes no sistema.

Ácidos livres

Algumas águas naturais podem conter ácidos clorídrico e sulfúrico, provenientes de resíduos industriais, drenagem de minas, etc. Quando isto acontece, devem ser tomadas medidas para prevenir a corrosão potencialmente provocada por estas águas.

Outras impurezas

Outras impurezas que podem ocorrer nas águas naturais são matéria orgânica e óleos provenientes de resíduos industriais e urbanos.

Quando ocorrem, estas impurezas podem provocar problemas relacionados principalmente às propriedades organolépticas das águas.

Merece citação também a contaminação microbiológica das águas, que é um dos problemas importantes enfrentados pelos responsáveis por abastecimento público de água, e que também é relevante no suprimento de alguns segmentos industriais, bastando-se citar como exemplo a indústria de alimentos.

Propriedades das águas industriais

As impurezas presentes nas águas naturais podem modificar significativamente suas propriedades. A qualidade de uma dada água é determinada por algumas características físicas, químicas e biológicas consideradas relevantes.

As principais propriedades, ou as mais usualmente empregadas para especificar a qualidade das águas são: turbidez, cor, odor, alcalinidade, salinidade, dureza, teor em sílica, gases dissolvidos, oxidabilidade e reação da água.

A seguir, comentaremos as principais características que determinam a qualidade das águas naturais quanto à sua utilização industrial, tanto por influírem no seu comportamento como por afetarem os produtos resultantes dos processos nos quais participam.

Características organolépticas

Usualmente, são consideradas, quando necessário, a cor o sabor e o odor das águas. As impurezas que conferem odor e sabor às águas são de origem e natureza tão variadas e, normalmente encontram-se presentes em quantidades tão pequenas que são de difícil detecção e medida.

Dureza

A dureza é uma das principais propriedades relacionadas à qualidade de uma água. Ela é uma característica das águas naturais, vinculada à presença de sais alcalino-terrosos dissolvidos na água. Nas águas naturais, os principais elementos alcalino-terrosos que conferem dureza são o cálcio e o magnésio. O estrôncio ocorre ocasionalmente e o bário muito raramente. Os sais dos elementos alcalino-terrosos reagem com os sabões dificultando a formação de espuma. Observe-se que existem outras substâncias que reagem com os sabões sendo, portanto, indicadores de dureza; entre elas podem ser citadas: ferro, alumínio, ácidos orgânicos e minerais e alguns outros metais.

A principal conseqüência da dureza em uma água é a não formação de espuma na reação com os sabões. Isto significa que as águas usadas em operações industriais de lavagem, nas quais são empregados (indústria têxtil, lavanderias, etc.) devem atender especificações relativas à dureza. Outra conseqüência bastante indesejável apresentada pelas águas duras é a tendência à formação de incrustações quando usadas para a produção de vapor nas caldeiras.

Em função dos ânions que, combinados com o cálcio ou com o magnésio, conferem dureza à água, existem dois tipos de dureza: temporária e permanente.

A **dureza temporária** é devida aos bicarbonatos e pode ser eliminada pelo aquecimento da água até a temperatura de ebulição, quando estes sais se decompõem, formando os respectivos carbonatos que são insolúveis na água e se precipitam, fazendo desaparecer a dureza. A reação de decomposição do bicarbonato de cálcio é representada pela seguinte equação:

$$Ca(HCO_3)_2 \rightarrow CaCO_3 + H_2O + CO_2$$

A **dureza permanente** é devida à ocorrência dos íons sulfato, cloreto, nitrato ou silicato. Denomina-se **dureza total** à soma das durezas temporária e permanente.

A unidade internacional mais usada, atualmente, para medir a dureza é o miliequivalente (meq) que corresponde a meio íon-grama de cálcio (20,04 g) ou de magnésio (12,16 g) por metro cúbico de água, ou íon miligrama/litro. Em alguns países está sendo introduzida a medida da dureza na forma de partes de $CaCO_3$ por milhão (ppm). Antigamente, eram usados padrões regionais para a medida da dureza, os quais eram expressos em graus hidrotimétricos (°H). Os diferentes graus hidrotimétricos têm diferentes definições. Na Tabela 2 são apresentadas as diferentes definições vigentes.

Tabela 2 – Definições dos diferentes graus hidrotimétricos.

°H alemão	**10 mg de cal viva (CaO)/l de água**
°H americano	**1 "grão"[a] de calcário ($CaCO_3$)/ U.S. *gallon*[b] de água ou 17,2mg/l**
°H francês	**10 mg de calcário ($CaCO_3$)/l de água**
°H inglês	**1 "grão" de calcário ($CaCO_3$)/ *Britishgallon*[c] de água ou 14,3mg/l**

a medida de massa que corresponde a 64,8 mg
b medida de volume que corresponde a 3,7851
c medida de volume que corresponde a 4,5461

Na Tabela 3 é apresentada uma classificação para as águas, de acordo com sua dureza.

Tabela 3 – Tipos de água segundo a dureza.

Tipo de água	Dureza (meq)
Muito moles	**0 a 1,5**
Moles	**1,5 a 3,0**
Moderadamente duras	**3,0 a 6,0**
Duras	**6,0 a 10,0**
Muito duras	**>10,0**

Alcalinidade

Esta propriedade tem, para as águas, o mesmo conceito tradicional que para os outros compostos químicos, ou seja, refere-se ao teor de equivalentes ao íon hidroxila presentes no meio, podendo portanto sua medida ser indicada através do pH.

Para as águas naturais de uso industrial é corrente a expressão da alcalinidade através do TA (Título Alcalimétrico), que corresponde ao volume de ácido sulfúrico necessário para neutralizar a amostra da água em consideração.

Salinidade total

Esta propriedade dá uma medida do teor de sais solúveis existentes na água. O método de determinação da salinidade total consiste na evaporação da amostra, a 110°C, até massa constante; o resíduo seco desta evaporação é calcinado e é medida a massa restante. A diferença entre as duas massas corresponde à salinidade devida às impurezas orgânicas e a massa residual final (após a calcinação) corresponde à salinidade devida às impurezas minerais, ou seja, aos sais inorgânicos. O resultado é expresso, em geral, em miligramas ou em gramas por litro de água.

Turbidez

É o inverso da transparência e dá uma medida da quantidade de materiais em suspensão. A medida da turbidez é feita por meio de aparelhos – turbidímetros – que dão a leitura direta da intensidade de turbidez da amostra.

Teor de sílica

Como foi dito anteriormente, muitas águas naturais podem conter sílica, tanto na forma de partículas em suspensão, quanto na forma coloidal e no estado iônico, em solução. A determinação do teor de sílica é feita por métodos analíticos convencionais.

Tratamento de águas para uso industrial

O grande número de impurezas presente nas águas naturais leva à necessidade de, na maioria dos casos de uso industrial dessas águas, fazer-se um tratamento prévio visando ao atendimento das especificações adequadas a cada uso particular. Considerando a variada gama de usos, é também muito ampla a lista de especificações e, portanto, é grande o número de processos de tratamento uma vez que os métodos adotados para o tratamento industrial devem ser adaptados para cada caso particular, tanto em função das impurezas e das características peculiares da água, bem como em função das exigências de cada uso.

Aqui serão apresentados os tipos de tratamento mais comumente empregados na indústria, levando-se em conta também a freqüência dos processos aos quais se destinam. Não serão abordados aqui os processos usados no tratamento de água das redes públicas, uma vez que os mesmos são tratados em outro capítulo. Observe-se que, em muitos casos as indústrias usam, ao menos parcialmente, água da rede pública.

Como foi visto anteriormente, as impurezas presentes nas águas naturais podem estar em três formas: partículas em suspensão, partículas coloidais e materiais dissolvidos (gases ou sólidos). De maneira geral pode-se dizer que os sistemas de tratamento de água industrial compõe-se de operações que visam a remoção das três formas de impurezas.

A seguir, são descritas as operações e processos mais comuns usados no tratamento de águas naturais para uso industrial.

Sedimentação

Este processo, que tem o objetivo de remover as partículas em suspensão e as partículas coloidais, consiste de duas etapas: floculação e filtração.

A floculação consiste na adição de agentes coagulantes, em torno dos quais se aglutinam as partículas dispersas na água, sedimentando em seguida. Os agentes coagulantes são eletrólitos como sulfato de alumínio – $Al_2(SO_4)_3$ – ou sulfato de ferro - $Fe_2(SO_4)_3$. As partículas coloidais, carregadas eletricamente, têm sua carga neutralizada quando em contato com os coagulantes; os flocos formados, arrastam consigo as outras partículas em suspensão, quando de sua sedimentação.

Após a sedimentação, a água decantada é filtrada para remoção das partículas residuais. Quando necessário, são usados, como auxiliares de filtração, hidróxidos metálicos que removem óleos e matéria húmica eventualmente presente na água em tratamento.

Remoção de impurezas solúveis

Os sais solúveis, presentes como impurezas indesejáveis nas águas naturais devem ser removidos no tratamento para uso industrial. As principais impurezas deste tipo são os sais de cálcio e magnésio e a sílica solúvel.

Abrandamento da água

O abrandamento (correção da dureza) das águas, consiste na remoção dos cátions cálcio e magnésio e pode ser feito por 3 rotas:

- térmica;
- precipitação química e
- troca iônica.

Método térmico

O método térmico aplica-se apenas à correção da dureza temporária (provocada pela presença dos bicarbonatos) e consiste no aquecimento da água até a sua ebulição, situação na qual os bicarbonatos de cálcio e de magnésio decompõe-se em carbonato, gás carbônico e água, de acordo com a seguinte reação:

$$Ca(HCO_3)_2 \rightarrow CaCO_3 + CO_2 + H_2O$$

Após a ebulição, o carbonato de cálcio é removido do sistema.

Precipitação química

Os processos de correção da dureza das águas por precipitação química baseiam-se no uso de reagentes contendo ânions que formem sais pouco solúveis com o cálcio ou magnésio.

Processo da cal-barrilha

O mais comum destes processos é o que usa a combinação dos reagentes cal – $Ca(OH)_2$ – e barrilha – $Na_2(CO_3)$.

Este processo faz uso da cal para promover a precipitação dos sais que conferem a dureza temporária às águas (bicarbonatos de cálcio e de magnésio) e da barrilha para a correção da dureza permanente (outros sais, como sulfatos, nitratos, cloretos).

As reações químicas que ocorrem com a cal podem ser representadas pelas seguintes equações:

$$Ca(HCO_3)_2 + Ca(OH)_2 \rightarrow 2CaCO_3 + 2H_2O$$

$$Mg(HCO_3)_2 + Ca(OH)_2 \rightarrow MgCO_3 + CaCO_3 + 2H_2O$$

No caso do magnésio, por ser o carbonato de magnésio ainda relativamente solúvel, ele reage com a cal, precipitando o hidróxido de magnésio, conforme a seguinte reação:

$$MgCO_3 + Ca(OH)_2 \rightarrow Mg(OH)_2 + CaO_3$$

As reações que ocorrem na correção da dureza permanente, com o uso da barrilha, são do seguinte tipo:

$$CaCl_2 + Na_2CO_3 \rightarrow CaCO_3 + 2NaCl$$

$$CaSO_4 + Na_2CO_3 \rightarrow CaCO_3 + Na_2SO_4$$

$$MgSO_4 + Na_2CO_3 + Ca(OH)_2 \rightarrow Mg(OH)_2 + CaCO_3 + Na_2SO_4$$

O carbonato de cálcio e o hidróxido de magnésio precipitados são removidos do sistema.

Condicionamento com fosfatos

Este tipo de tratamento é usado complementarmente aos processos já descritos, com a finalidade de remover traços de íons de cálcio remanescentes na água. A eficiência deste processo está baseada no fato de que o fosfato de cálcio é menos solúvel do que o carbonato de cálcio, favorecendo assim, a remoção do cálcio. Os fosfatos comumente usados para esta finalidade são: ortofosfato de sódio, fosfato trissódico e hexametafosfato de sódio. As reações que ocorrem no caso do uso do ortofosfato de sódio são as seguintes:

dureza temporária:

$$3Ca(HCO_3)_2 + 2Na_3PO_4 \rightarrow Ca_3(PO_4)_2 + 6NaHCO_3$$

dureza permanente:

$$3CaSO_4 + 2Na_3PO_4 \rightarrow Ca_3(PO_4)_2 + 3Na_2SO_4$$

Remoção da sílica solúvel

Como foi visto anteriormente, a sílica ocorre nas águas naturais tanto em suspensão, na forma coloidal, como na forma solúvel.

A remoção da sílica dissolvida é mais difícil e deve ser feita através de reações químicas. O reagente mais usado é o óxido de magnésio, com o qual a sílica forma silicatos insolúveis que são removidos do sistema após sua precipitação.

Troca iônica

Este processo consiste em uma reação química através da qual os íons móveis presentes em um sólido com estrutura aberta em forma de uma rede, são trocados equivalentemente por íons de mesma carga, presentes na água.

Os primeiros materiais usados industrialmente para a troca iônica foram as zeólitas naturais, que são minerais constituídos por silicatos hidratados de alumínio e de outros metais alcalinos ou alcalino terrosos, em geral sódio ou cálcio, tendo estrutura adequada à troca iônica. Atualmente, são usados para a troca iônica resinas de materiais poliméricos entre os quais se destacam as resinas de poliestireno-divinilbenzeno.

O processo de troca iônica mais comumente usado no tratamento de águas é o da troca dos cátions cálcio e magnésio presentes nas águas pelo cátion sódio presente na resina. Nos processos de troca iônica é feita sempre a regeneração da resina após sua saturação. No caso citado, das resinas sódicas, a regeneração é feita pelo tratamento da resina saturada em cátions cálcio e magnésio com uma solução de cloreto de sódio. Desta forma, ocorre nova troca iônica, regenerando a estrutura da resina com os cátions de sódio, passando os de cálcio e magnésio para a solução, que é descartada.

O processo de troca com uma resina sódica pode ser representado pela seguinte equação química:

$$CaSO_4 + 2NaR \rightarrow CaR_2 + Na_2SO_4$$

Nesta equação representamos os sais de cálcio e de magnésio, presentes na água, pelo sulfato de cálcio e a resina sódica por NaR, sendo R o radical trocador catiônico.

Na etapa de regeneração da resina, ocorre a seguinte reação:

$$CaR_2 + 2NaCl \rightarrow 2NaR + CaCl_2$$

É possível também tratar-se águas contendo os cátions cálcio e magnésio, com as chamadas resinas ácidas que são resinas nas quais o cátion trocável é o H^+. O processo é semelhante ao que ocorre com as resinas sódicas, com a única diferença residindo na troca do sódio pelo hidrogênio na reação do processo. Nestes casos, a regeneração é feita tratando-se a resina saturada com uma solução de ácido sulfúrico.

Degaseificação

Os processos de degaseificação consistem na remoção dos gases solúveis presentes na água na forma de impurezas indesejáveis. Estes tipos de impurezas são responsáveis pela corrosão que ocorre nos equipamentos nos quais a água é usada industrialmente. Os principais gases que podem ocorrer como impurezas nas águas são: oxigênio, gás carbônico, sulfeto de hidrogênio, etc.

Os métodos usados para a remoção de gases dissolvidos podem ser físicos e químicos.

Os métodos físicos podem ser o aquecimento da água ou a sua pulverização em equipamentos adequados.

No caso do oxigênio, pode ser usado um método físico baseado na variação da solubilidade do oxigênio em água e da temperatura; considerando que esta solubilidade diminui com o aumento da temperatura, o processo consiste em se promover o fluxo da água em uma coluna de bandejas, em contracorrente com vapor d'água, provocando o aumento da temperatura e a conseqüente remoção do oxigênio que é arrastado pela corrente de vapor.

Os métodos químicos fazem uso de reagentes químicos específicos que se combinam com a impureza cuja remoção se deseja.

No caso em que a impureza a ser removida seja o oxigênio, podem ser usados agentes redutores como o sulfito de sódio ou a hidrazina com os quais o oxigênio reage, sendo os produtos da reação removidos do sistema. As reações químicas que ocorrem são as seguintes:

com sulfito de sódio:

$$2Na_2SO_3 + O_2 \rightarrow 2Na_2SO_4$$

com hidrazina:

$$N_2H_4 + O_2 \rightarrow 2H_2O + N_2$$

Tratamento de efluentes aquosos

Métodos

A indústria utiliza métodos vários e distintos para tratamento de seus despejos, mesmo em um determinado tipo de processo industrial. Nota-se que, além do método, o porte das estações de tratamento de efluentes (ETEs.) varia conforme a empresa, a região e o país. Por exemplo, as estações européias tendem a ser menores e mais compactas que as americanas ou brasileiras, tanto por uma questão de concepção de processo, como de disponibilidade da água ou de ambos os fatores.

Em suma, para a definição do método e a construção da estação é essencial conhecer-se o efluente, a água que o receberá e as condições em que se deseja disponibilizar os despejos. Para definir o primeiro, além das análises físico-químicas, químicas e biológicas, precisa-se ter bem dimensionado o volume ou carga total dos despejos (que é função do tamanho da unidade e do tipo do processo), conhecer-se as legislações federal, estadual e municipal, e adaptar a unidade ao local (área) em que a estação será construída.

A experiência mostra que sempre há diversas opções e combinações para a escolha do processo de tratamento e da combinação de suas fases. O fator determinante é sempre a relação custo-benefício que, porém, não pode ser computada no presente, mas considerar as mudanças ambientais, sociais e econômicas por um período ideal de 2 décadas ou mais, ou seja, pela vida útil da unidade. Posteriormente à montagem e partida desta, o trabalho de tratamento do efluente leva a empresa ou entidade consciente a evoluir a estação de tratamento, devendo esta ser considerada como uma unidade dinâmica. Isto se dá tanto pelas características da área de tratamento de efluentes, que alteram-se por sua própria natureza (como, por exemplo, o ecossistema da bacia de tratamento biológico) como pelas demandas sociais e ecológicas, que nem sempre podem ser corretamente previstas.

No Brasil, utilizam-se mais comumente os seguintes métodos de tratamento dos despejos.

Métodos físicos

Pode-se afirmar que estes métodos nunca são utilizados sozinhos, mas sim como pré-tratamento grosseiro que prepara o líquido para as fases seguintes de refinamento. Sua finalidade é separar os sólidos de maior dimensão e os líquidos imiscíveis em água (que portanto podem ser segregados, por constituírem uma fase não aquosa de volume também considerável).

Os sólidos podem flutuar no líquido (cavacos), manter-se em suspensão (fibras, areia fina), formar depósitos (areia grossa, partículas de metal). Para os mesmos, as tradicionais grades, peneiras estáticas, as peneiras rotativas, caixas de sedimentação e, em alguns casos, filtros de areias de alta gramatura. Estes elementos separadores são importantes principalmente para a proteção de equipamentos a jusante, como válvulas, bombas, agitadores e a própria tubulação, contra entupimentos e desgaste por abrasão. No Brasil, sua manutenção e limpeza são quase sempre feitas manualmente, dentro da rotina de trabalho da estação.

Os líquidos imiscíveis são basicamente óleos e gorduras, constituídos por matéria orgânica flutuante ou precipitante, às vezes sob forma de espumas, a serem separados em flotadores, decantadores e tanques de remoção. São separados nestes tanques separadores cujo dimensionamento é simples e segue basicamente o princípio de diminuir a velocidade do fluxo a valores abaixo de 0,4 m/s.

Métodos físico-químicos

Denominam-se estes tratamentos àqueles que passam pela neutralização, acerto da temperatura, diminuição de cor e turbidez e pela floculação do efluente. O primeiro processo finaliza-se no acerto do pH pela adição de um ácido ou uma base, cujos sais servirão posteriormente, e inclusive, para a alimentação e para a garantia do equilíbrio nutricional dos organismos da bacia biológica, no caso desta existir. Este processo não é controlado manualmente, mas através de dispositivos automáticos, dada sua propensão à variabilidade permanente.

Outros reagentes a ser adicionados nesta fase são os floculantes (sulfato de alumínio, cloreto férrico, polímeros) que induzem a decantação ou flotação mais eficiente do efluente. Esta primeira facilita a retirada de partículas em suspensão que, quando agregadas pelo floculante, formam conglomerados mais densos que a meio líquido. A flotação é menos comum, forma flocos menos densos, que sobem à superfície do líquido. Ambos podem requerer auxílio mecânico na separação dos sólidos: no caso do decantador, a utilização de placas ou módulos tubulares aceleradores. No flotador, arraste por ar comprimido injetado pelo fundo do tanque.

Entretanto, para vários processos industriais (em especial os orgânicos) estes métodos são insuficientes para a remoção completa das impurezas, especialmente no tocante à DBO (Demanda Bio-Química de Oxigênio) e à cor. Como os equipamentos destas etapas provocam o aumento do tempo de residência do efluente no sistema, consegue-se também nesta fase o acerto da temperatura do líquido. Nos processos em que correntes distintas são liberadas para a ETE, muitas vezes com temperaturas bem diferentes entre si, o acerto do equilíbrio entre elas e a temperatura ambiente é promovido pelo aumento do tempo de residência no chamado tanque de equalização.

Métodos biológicos

Estes métodos tiveram grande expansão no Brasil nas últimas duas décadas, com avanços significativos em seus efeitos purificadores e desempenho. Baseiam-se na otimização artificial e controlada da degradação que naturalmente ocorreria no corpo receptor do efluente (rio, lago ou mar). Como este último não poderia dar conta da carga efluente excessiva gerada pelo homem, que desequilibra o ecossistema pela extrapolação da carga nutriente, faz-se então a contenção do líquido e a aceleração do processo bioquímico, de forma a degradar o fluido a ser descarregado para níveis agora toleráveis ao depositário em suas condições naturais.

Normalmente, inicia-se o processo com um meio habitado por microorganismos aeróbios, que consomem oxigênio e, em geral, requerem algum dispositivo mecânico de aeração. Estes seres são, principalmente, bactérias, fazendo também parte do meio e da cadeia alimentar outros organismos, como os rotíferos e os protozoários. Em alguns processos industriais de alta carga poluidora e conteúdo decantado considerável, recorre-se a bacias ou tanques cultivados com seres anaeróbios que, em ausência de oxigênio ou ar, degradam por fermentação e hidrólise as substâncias dissolvidas, suspensas ou agregadas, transformando-as em ácidos inorgânicos mais simples. Em seguida, outras espécies degradam estes ácidos, liberando gases como metano, sulfídrico, amônia e outros mais elementares. A finalidade é a decomposição em substâncias mais simples, de menor impacto ambiental.

Para compor os meios de cultura utilizados para estas degradações, pode-se utilizar culturas naturais da região em que a ETE está instalada, mas desenvolvidas por um processo de seleção natural que toma semanas ou meses. Atualmente, existem empresas no mercado que desenvolvem tais organismos, muitas culturas que vêm do exterior e requerem adaptação não muito complicada às condições ambientais locais. Já existem organismos em pesquisa capazes de degradar compostos bastante tóxicos, como alguns para organoclorados específicos, mas suas culturas ainda não estão suficientemente elaboradas para terem aplicação industrial de porte.

Entre os métodos aeróbios, as bacias de aeração promovem o contato do efluente líquido com os microorganismos agregados em um lodo ativado. A mistura e a aeração são feitas por agitadores mecânicos, aspersores ou por insuflação de ar ou oxigênio. O lodo, que vem a ser os organismos que cresceram e se multiplicaram, consumindo os compostos originais com potencial poluidor, é posteriormente separado em um tanque de decantação e é enviado a filtros, que diminuem seu teor de umidade e peso, seguindo então para o tanque de degradação anaeróbia ou para aterros sanitários. Parte do lodo é retornada do decantador para a bacia de aeração com finalidade de retro-alimentar o meio. O líquido resultante está, muitas vezes, pronto para ser despejado no ambiente, contendo os sais mais simples e de menor energia (nitratos, sulfatos, carbonatos, gás carbônico) que podem ser assimilados pelo curso de água receptor. A carga poluidora pode ser assim reduzida em até 95% dos teores iniciais, ou mais.

Nos processos industriais em que a vazão a ser tratada, bem como a carga poluidora, não são tão altas, pode ser mais econômica a utilização de um filtro biológico, um dispositivo semelhante a um filtro de pedras (os mais modernos são preenchidos por peças de polímero injetado), no qual são também cultivados microorganismos. O efluente é aspergido na superfície das pedras superiores através de braços mecânicos. Como o líquido passa lentamente pelo leito filtrante, entrando em contato com a cultura sob presença do ar que permeia as porosidades, ocorre a degradação das substâncias indesejadas, sendo o líquido resultante escoado pela parte inferior do tanque. Normalmente, este equipamento é um tanque cilíndrico, como os filtros de areia industriais. Devido às suas características e ao meio sólido que preenche o equipamento, desenvolvem-se neste ambiente organismos maiores que os da bacias de aeração: além das bactérias e demais seres citados, aparecem até vermes, insetos e suas larvas.

Muitas vezes, após o tratamento nas bacias ou filtros biológicos, cargas poluidoras ainda altas requerem que o líquido seja enviado às lagoas de aeróbias, anaeróbias e mistas. Outras vezes, estes recursos são utilizados em lugar das bacias de aeração, como o caso das lagoas aeradas, nas quais o efluente sofre depuração aeróbia pelo contato da superfície da lagoa, necessariamente rasa, com o ar ambiente ou por contato forçado pelos já citados aeradores mecânicos, aspersores ou injeção de ar ou oxigênio. Outro tipo de aeração, mais natural, é aquele possibilitado por algas fotossintéticas que liberam oxigênio na água. O lodo gerado nestas lagoas não é separado, mas vai ao fundo delas onde, na ausência de oxigênio e luz suficientes, pode passar por um processo anaeróbio de digestão. Estas são as chamadas lagoas mistas ou facultativas, em que ambos os processos de metabolismo acontecem. Estas lagoas, por permitirem processos mais naturais e lentos, requerem grandes áreas disponíveis e regularidade nas descargas de efluentes, uma vez que, se desequilibrado seu ecossistema, podem exalar maus odores às vizinhanças, levando-se tempo para a retomada das condições adequadas. O tempo de residência nas lagoas chega a semanas, dependendo das condições climáticas. Em vista de nosso clima e da disponibilidade de espaço, é um método que tem sido aplicado no Brasil em condições relativamente baratas. Todavia, conforme se explicou, nem todos os efluentes são a ele adequados.

Além das lagoas aeradas e das mistas, pode-se ter lagoas exclusivamente anaeróbias. Estas são aplicáveis quando a quantidade de lodo é muito grande e em alta carga poluidora. Além dos casos industriais, são utilizadas para o tratamento de esgotos domésticos em diversas cidades brasileiras. O processo anaeróbio pode ser também realizado em tanques fechados, em que o lodo permanece isolado do ar ambiente. É semelhante à degradação que ocorre nos aterros sanitários para resíduos sólidos, lembrando-se que as reações químicas envolvidas liberam gases em grande volume, os quais devem ser eliminados para a atmosfera e na forma de queima, devido ao metano presente em maior parcela.

Novas tecnologias avançadas

Novas tecnologias para o tratamento dos efluentes aquosos estão, gradualmente, tornando-se disponíveis e mais competitivas. Apesar de ainda não serem corriqueiras ou consagradas em nosso país, sua tendência é tomarem uma parte do mercado dos métodos tradicionais, especialmente graças a maior facilidade de importação de equipamentos e aos representantes de fabricantes estrangeiros que vem se estabelecendo em nosso país.

Entre as modernas técnicas de separação, tem-se:

Troca iônica

As chamadas resinas de troca iônica permitem remover por substituição seletiva íons dissolvidos indesejados por outros, como sódio, cloro ou hidroxila, de menor impacto no processo ou no uso da água em questão. Estes íons podem estar presentes em concentração bem baixa e as resinas são de comprovada tecnologia, confiáveis, estáveis e de fácil regeneração. Seu uso industrial mais tradicional é na desmineralização da água para alimentação de caldeiras de alta pressão.

Eletrodiálise

Baseia-se na propriedade eletroquímica das substâncias, em presença de um catodo e de um anodo mergulhados no líquido e sujeitos a uma corrente elétrica contínua, migrarem para um ou outro elemento, conforme sua carga elétrica, na forma de íons. Pode-se desta forma segregar compostos dissolvidos do meio líquido. Na forma em que se aplica na prática, a separação dos compostos é feita por membranas catiônicas ou aniônicas imersas no líquido. Será uma importante forma de purificação da água para *reúso*, porém ainda apresenta problemas técnicos como o tamanho das membranas e o consumo de energia elétrica.

Osmose reversa

É, basicamente, a separação de sólidos dissolvidos das moléculas de água, através de membranas poliméricas de acetato de celulose. Estas membranas permitem apenas às moléculas de água, de menor tamanho, passarem por suas microporosidades, indo constituir, então, a chamada *água recuperada*. Este método apresenta como vantagens o baixo consumo de energia (apenas nos motores das bombas), equipamento simples e operação descomplicada. Suas limitações se manifestam quando há presença de colóides na água ou em caso de precipitação de sais na mesma, bloqueando as membranas. O processo já vem sendo utilizado há tempos no tratamento da água de alimentação para caldeiras de alta pressão, purificação da água para a indústria eletrônica e, principalmente no exterior, para a dessalinização da água de abastecimento público e industrial. É uma das alternativas para o aproveitamento futuro das águas subterrâneas do Nordeste seco Brasileiro. Grande parte das pesquisas publicadas hoje fora do Brasil versa sobre esta tecnologia.

Ultrafiltração

Neste processo, o elemento filtrante consiste de uma membrana, através da qual é bombeada a água a ser tratada. A pressão hidrostática impele as moléculas pequenas, como as da água e de outras substâncias de baixo peso molecular, conseqüentemente, pequenas. Estas membranas são fabricadas em resinas de policarbonato, olefinas substituídas e complexos de polieletrólitos, tendo manuseio mais fácil que as membranas para osmose reversa, já que podem ser manipuladas a seco e resistem a solventes orgânicos, temperatura e pH. Seu potencial de separação vai depender do limite de peso molecular, pH, temperatura, forma, tamanho e flexibilidade da membrana.

Como usos industriais para os equipamentos de ultrafiltração, tem-se a recuperação de tintas de bases (*primers*) solúveis aplicadas por eletrodeposição na indústria automobilística. Em países desenvolvidos, também se usa na indústria de laticínios, para recuperar proteínas (que serão adicionadas à ração animal) do soro de queijo, na concentração de emulsões de óleo em máquinas refrigeradas a líquidos, separação de colóides, emulsões e produtos químicos da indústria têxtil, separações biológicas, esterilização e estabilização de cervejas e vinhos e, finalmente, na concentração de organismos para análise da poluição da água. Como se vê, é grande o potencial de aplicação da ultrafiltração, especialmente nas indústrias alimentícias.

Ultracentrifugação

Método que ainda não teve aplicação no tratamento de efluentes, consiste na utilização da força centrífuga em alta intensidade, obtida a partir de altas rotações. É a única forma de se conseguir coeficientes de sedimentação elevados suficientemente para a separação de frações subcelulares, como das proteínas. Tradicionalmente, as ultracentrífugas têm sido mais utilizadas na pesquisa médica (virologia e câncer) e na biotecnológica. Na indústria, os rotores para ultracentrifugação têm sido utilizados na indústria de perfumaria e de semicondutores. Seu potencial de aplicação estende-se à indústria de alimentos (separação de bactérias, vírus e proteínas) e na análise de águas relativas à biomassa, pesticidas e minerais. Estes equipamentos podem funcionar tratando-se lotes, em modo descontínuo (batelada) ou em processo contínuo, e tendem a aumentar de tamanho no mercado.

Separação magnética

Baseando-se na geração de um campo magnético de alta intensidade, são usados para concentração ou purificação de substâncias dissolvidas na água. Por exemplo, na recuperação de materiais metálicos (especialmente os ferrosos), como já acontece em alguns países para tratamento do esgoto público. Além da purificação da água, esta técnica permite o beneficiamento de diversos produtos industriais, tais como o caolim, minérios de ferro, molibdênio, platina, titânio, tungstênio e urânio; separação entre enxofre e carvão, remoção de cinzas e de partículas metálicas do efluente gasoso de moinhos na fabricação do aço. Na medicina: separação de células do sangue, enzimas, catalisadores, em aplicações diagnósticas ou terapêuticas.

Adsorção

Consegue-se com este método a separação de moléculas dissolvidas em líquidos, principalmente a água, mesmo em baixa concentração, ou gases. São diversos os materiais concebidos para realizar a adsorção, sendo o carvão ativado o mais utilizado, na forma de leito ou pulverizado. O processo de fabricação do leito de adsorção dispõe o material de forma a obter-se uma elevada superfície de contato. Muitas vezes as partículas são atraídas sem reação química, num fenômeno essencialmente físico explicado pelas forças de Van der Waals ou pela porosidade. Entre os cuidados que se deve tomar para a escolha do equipamento de adsorção, teríamos o tipo de impureza, o material de fabricação do leito, a área superficial, os contaminantes que acompanham a impureza, a temperatura da solução, o tempo de contato e o tempo de uso do adsorvente (que se satura com o uso, mas, em diversos casos, pode ser regenerado).

Melhorias de processos de fabricação

Várias são as fontes que geram efluentes aquosos em um processo industrial, quando a água entra em contato com materiais do processo, em operações de transferência de massa (difusão de substâncias entre correntes líquidas), de lavagem (dissolução de substâncias), troca térmica por contato direto e ejetores de vapor ou água, tratamento de água e descarga de caldeiras, descargas de torres de resfriamento e outros processos.

Hoje em dia, três fatores estão determinando a pressão tanto para redução do consumo de água bruta, como da descarga de efluentes aquosos pela indústria: a proteção ambiental, o custo crescente dos tratamentos (a montante e a jusante) e, cada vez mais extensa, a diminuição da disponibilidade da água. Além das medidas tradicionais, o *reúso* da água utilizada pela unidade industrial pode chegar a baixar em até 50%, ou mais, as vazões das águas de alimentação e de descarga.

Deve-se lembrar que isto implica não somente a redução do consumo de água, mas também a diminuição da carga poluente liberada. Tradicionalmente, classificam-se as abordagens para reduzir a utilização de água pela indústria em quatro tipos:

- substituição de resfriamento a água pelo ar;
- aumento dos estágios de lavagem ou extração para aumentar a eficiência global;
- melhorias no controle da descarga das torres de resfriamento;

• otimização da eficiência energética visando a redução da demanda de vapor (reduz tanto a alimentação quanto a descarga da caldeira e as perdas de condensado);

• redução da perda de água pelo tratamento da água para a caldeira;

• melhoria do controle da descarga da caldeira.

Até pouco tempo atrás, a disponibilidade da água, mesmo em nosso país tão bem sortido por algumas das maiores bacias do planeta, era vista como infinita: despejavam-se os poluentes e a carga térmica livremente. Numa fase seguinte, quando os dejetos passaram a incomodar as populações que se acercavam das fábricas, buscou-se o tratamento "fim de tubo". Ocorria a redução de consumo apenas quando se passava por período de seca anormal ou o custo do tratamento, via reagentes utilizados, ficava muito elevado. Entretanto, a pressão da opinião pública, a legislação e a fiscalização cada vez mais rigorosas e o aumento do custo da água provocaram a busca da otimização.

Além da redução do consumo nos vários pontos de utilização da fábrica, a tendência mais recente tem sido a reutilização das correntes já utilizadas, porém ainda aproveitáveis, que no momento anterior seguiam direto para o tratamento dos efluentes líquidos.

Como afirma Byers (1995), "a epítome da reutilização da água é a descarga zero". O efluente zero é, em geral, uma referência a uma unidade que não descarrega nada nos corpos de águas superficiais. O autor cita, entre os riscos e limitações em se fechar um balanço de águas de uma unidade industrial:

• problemas de manutenção: aumento da concentração de sais provoca incrustrações, em especial nas superfícies de troca térmica;

• redução da confiabilidade da planta: vazões reduzidas e paradas na unidade tornam a água suscetível a alterações em sua qualidade, afetando outras partes do processo;

• presença de compostos indesejáveis: a menor quantidade do solvente acarreta concentração de produtos indesejáveis, tais como solventes orgânicos e metais pesados;

• ultrapassagem dos limites de concentração para os efluentes, conseqüência do próprio processo de reutilização da água, muitas vezes excedendo os limites anteriores à implantação das modificações.

A opção pela descarga zero será a correta nos seguintes casos:

• quando implantação de planta nova em área com disponibilidades, tanto de água como de corpos receptores do efluente, limitadas: quando a única opção para a aprovação do projeto é a descarga zero;

• quando a legislação torna-se tão rigorosa a ponto da qualidade da água bruta disponível aproximar-se daquela do efluente.

Da mesma forma, esta opção nunca deve ser escolhida quando a qualidade do produto depende da presença de constituintes a nível de "traços de concentração", em geral o caso de indústrias farmacêuticas, de alimentos e de bebidas, e eletrônica.

Assim, a prática de uso e de tratamento final da água tem buscado cada vez mais eficiência devido tanto a escassez cada vez maior do recurso nas zonas industriais como pelo maior rigor da legislação. Em nível mundial, a ênfase atual, que as indústrias no Brasil terão de adotar mais cedo ou mais tarde, é no uso eficiente e no *reúso*. Para atingir estes objetivos, novos negócios e novas melhorias de processo surgirão na próxima década.

Nota-se a tendência em investimentos no tratamento terciário, incineradores e fornos para regeneração de carvão ativado. Nos Estados Unidos, estudos indicam que as indústrias eletrônicas e de eletrodeposição têm conseguido economizar pela redução da utilização de água desionizada; águas das primeiras lavagens, contendo alta concentração de impurezas, podem ser, entretanto, utilizadas em torres de resfriamento e *scrubbers*, enquanto as águas mais puras das lavagens seguintes podem ser reutilizadas para lavagens. Estas, por sua vez, passam a ter o fluxo de água controlado por dispositivos, em lugar da tradicional válvula deixada aberta.

Nas indústrias de alimentos, reaproveitamento ou reaquecimento do vapor do cozimento ou de outras linhas geram economias, juntamente com a implantação de sistemas em cascata (são relatadas economias da ordem de 65% em volume de águas).

Para se atingir estas metas, a já citada automação tem desempenhado papel importante. Por exemplo, o controle em refinarias via sistemas automáticos de qualidade da água, que permitem liberação do líquido *blowdown*. Além dessa, as tradicionais medidas de otimização do balanço de vapor, minimizando a liberação dos purgadores; unidades de cogeração, em que o vapor é aproveitado em turbinas para a geração de energia elétrica; o uso de unidades de osmose reversa para melhorar a desmineralização de águas para caldeiras. Quanto ao sistema da caldeira, é possível estabelecer metas de aumento dos ciclos de recirculação da água do usual para 15, 20 ou até 50 ciclos, de início pelo reaproveitamento de água tratada, pela melhoria da qualidade desta água, e até pela instalação de dispositivos automáticos de descarga.

Outra tendência nos países desenvolvidos, à qual nossas indústrias precisam se preparar, é o reaproveitamento das águas provenientes do tratamento de esgotos urbanos. No início da década, o Japão reaproveitava 270 milhões de litros por dia de águas provenientes de esgotos, incluindo 80 milhões de l/dia produzidos pela indústria nipônica. No Brasil, não dispomos de estimativas. Um uso mais imediato deste tipo de recurso é a irrigação de lavouras não alimentícias e jardins públicos. Nas indústrias, a utilização mais imediata será nos circuitos de resfriamento (até metade ou mais das necessidades de água de reposição).

Os requisitos de qualidade para estas águas originadas de esgotos implicam em tratamento secundário tradicional, seguido de uma etapa adicional de clarificação, filtração, acerto de pH e desinfecção (cloração). Como, entretanto, a concentração de silicatos, fosfatos, amônia e cloretos é mais elevada que na água natural, faz-se necessária maior freqüência de descarga e, conseqüentemente, maior número de ciclos. Algumas indústrias podem ter restrições para esta utilização dadas estas características: é importante realizarem ensaios e os divulgarem, pois tudo indica que o retorno econômico e o ambiental são promissores. Entre os processos de purificação, a amônia pode ser reduzida a menos de 5 ppm por filtração biológica (nitrificação); abrandamento seguido de filtração permite remover o cálcio, fosfatos, magnésio e sílica.

Reutilização da água

Requer que o nível de contaminação gerado na etapa anterior não interfira no processo posterior. É uma alternativa que afeta o consumo, mas não a carga de contaminação.

Regeneração para reutilização

É a operação envolvendo o tratamento necessário à reutilização da água, já que o reaproveitamento direto não é possível em todos os casos. Vale salientar que, após a regeneração, a água não é utilizada na mesma operação, mas em outra. Exemplos destes tratamentos: filtração, *stripping* por vapor, adsorção em carvão e outros.

Regeneração para reciclagem

É a operação de regeneração da água para remover contaminantes, de forma a permitir a reciclagem da mesma. Neste caso, a água pode ser reaproveitada no mesmo processo em que já foi utilizada. Pode aumentar a quantidade de contaminantes que não foram removidos na reutilização.

A água bruta que alimenta a rede industrial é distribuída pelas várias unidades de processo da fábrica e pelo sistema de utilidades (vapor de aquecimento e água de resfriamento). Todo o efluente destes sistemas, incluindo as perdas que escoam, são mais adiante reunidos em um só fluxo alimentador da unidade de tratamento final.

Deve-se atacar o gasto desnecessário por duas frentes: reduzindo a água por modificações e melhorias em cada subsistema; por estratégias de reaproveitamento. No primeiro caso, pode-se substituir a água de resfriamento por outro meio, por exemplo, o ar; aperfeiçoar o controle da caldeira e otimizar as descargas da torre de resfriamento. No segundo, o líquido saindo de uma operação passa a alimentar as necessidades da mesma (retroalimentação) ou de outra: o *reúso*. Pode ou não ser necessário algum tipo de tratamento intermediário, tais como ajuste de pH, filtração, troca iônica, separação por membrana, *stripping*.

A utilização de modernas técnicas e procedimentos auxilia o gerente da unidade a otimizar o consumo de utilidades, como água e energia. Uma delas, a tecnologia *pinch*, vem sendo utilizada desde o início da década de 80. Esta ferramenta tem como objetivo integrar a troca térmica dentro de uma unidade, permitindo resolver sistemas com múltiplas vazões através de uma solução gráfica. Tradicionalmente, como é usada na maioria dos casos, consiste do cruzamento de temperaturas e entalpias: analogamente, cruzando-se concentrações e massas transferidas, pode-se aplicar o método para o transporte de massa e atingir o ótimo de utilização da água.

Resumidamente, consideram-se as várias operações da unidade industrial que fazem uso da água. Cada uma delas tem diferentes concentrações (que incluem os poluentes), distintas entre si: se entrarem em contato, as substâncias movem-se da corrente de maior concentração para a de menor concentração, levadas pela força motriz, que é a diferença de concentração. O sistema todo é concebido como uma unidade de troca mássica entre as correntes do processo e as correntes de água (Figura 2).

O sistema é então dividido em unidades de operação, aquelas consideradas relevantes na planta, e nas quais devem entrar e sair diversas correntes baseadas em água. Estas unidades seriam, por exemplo (mas não necessariamente), os equipamentos principais da planta de processo. A partir das concentrações máximas das correntes de entrada e saída, desenvolve-se o perfil limitante da concentração de água desta operação. Todos os perfis limitantes das diferentes operações então combinados de forma a englobar toda a fábrica, desenvolvendo-se então a curva composta limitante da mesma (Figura 2). Para o cálculo e o traçado desta curva composta, existem procedimentos gráficos e matemáticos descritos na literatura ou disponíveis em produtos, como programas de computador.

O gráfico tem a pureza (concentração) como eixo vertical (crescente de cima para baixo) e a taxa de vazão mássica como horizontal. As correntes são traçadas no gráfico de forma conjunta, de modo que todas as correntes aquosas de entrada de cada uma das operações relevantes ficam reunidas em uma curva composta que representa a demanda de água para cada requisito de pureza de cada corrente. Da mesma forma, as correntes de saída são traçadas em função da mínima pureza de cada corrente.

Para cada faixa de vazão (Figura 2), a área que separa a curva superior (das fontes) da inferior (das

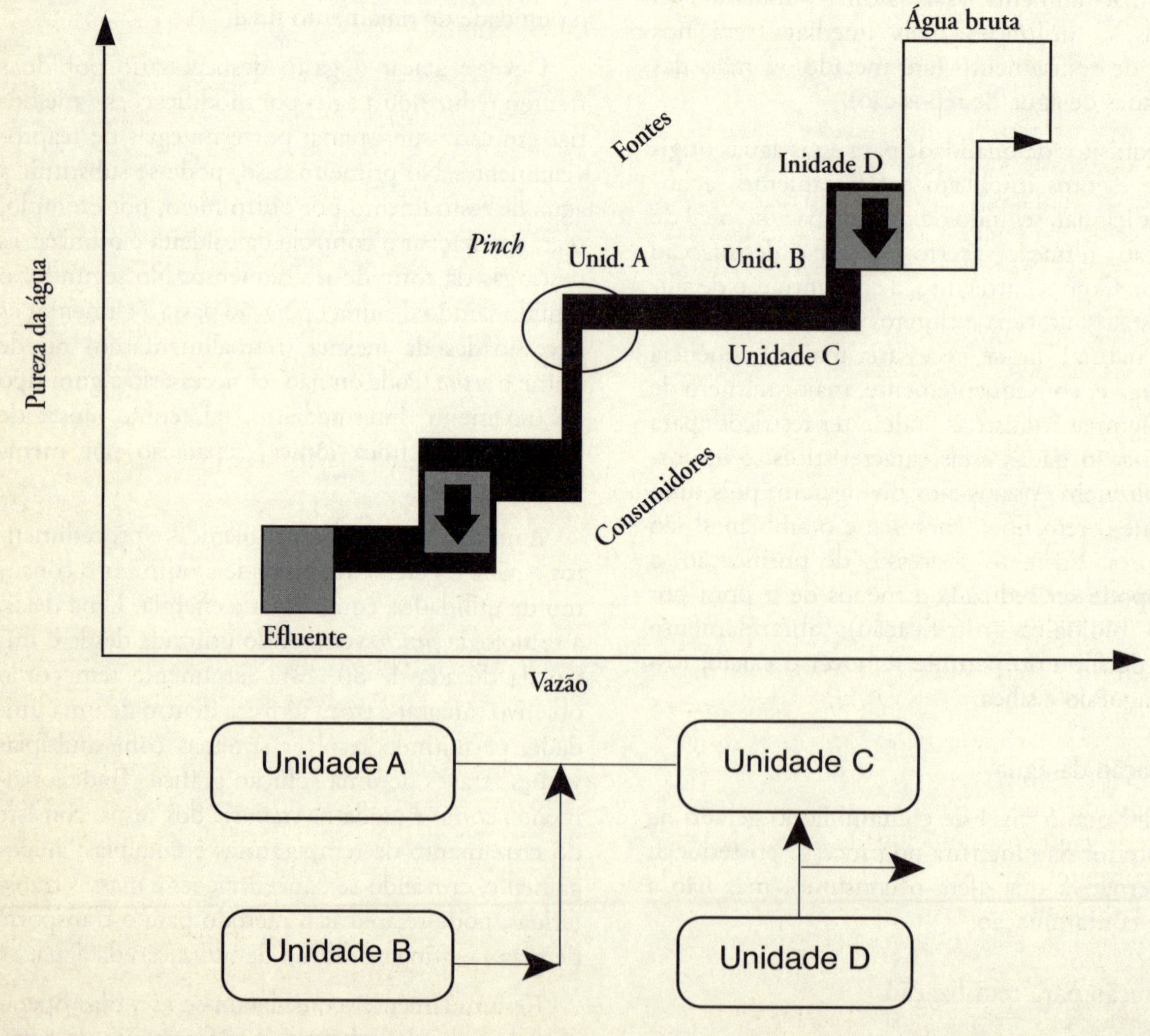

Figura 2 - Esquema de final de um projeto pinch.
FONTE: Dolhe, 1996.

demandas) representa a água potencialmente disponível para *reúso*. Logicamente, se as curvas se tocam – e onde isto acontece estamos aí no chamado ponto de *pinch* – teremos um ponto de limitação de disponibilidade: neste ponto, não mais ocorre a transferência de massa, uma vez que sua força motriz – a diferença de concentrações – é nula. Pode haver troca entre fontes e demandas situadas no mesmo lado (acima ou abaixo) do *pinch*; caso contrário, ter-se-á consumo de água acima da meta: teremos de consumir da corrente pura desnecessariamente, para suprir uma demanda sem oferta, ou enviando para o efluente correntes de fontes que ainda poderiam ser aproveitadas. Os extremos do gráfico nos indicam as metas de água "pura" e de efluente aquoso a serem perseguidas.

Por exemplo, a curva mínima de água "pura" encontra-se com a curva composta tanto no ponto em que a concentração é zero como no chamado ponto de *pinch*, numa região intermediária. Este ponto é aquele em que a oferta e a demanda de água a determinada concentração se tocam, sem se cruzarem. No gráfico, estes dois pontos de contato determinam uma reta, a qual torna-se, para esta técnica, o objetivo a se atingir pela otimização da reutilização da água na indústria. Ela também indica os pontos críticos a serem atacados para a melhoria do uso da água. A partir das informações do gráfico, podem-se misturar correntes ou aproveitar para a alimentação de uma unidade parte de uma corrente excedente: a chamada reutilização.

O resultado final será uma rede de utilização que indica a ordem em que cada processo ou operação vai se utilizar da corrente de água e os pontos das divisões e junções das correntes. A primeira rede calculada é, em geral, mais complexa, mas deve ser simplificada de modo a tornar-se de aplicação viável, por um método evolutivo.

Nem sempre é fácil, entretanto, aplicar a técnica. Por exemplo, o *layout* das instalações não corresponde por escala ao esquema de processo: muitas vezes os equipamentos estão em local extremamente distante um do outro. Uma das limitações deste método seria também a dificuldade de se modelar diversas correntes aquosas entrando e saindo do processo a diferentes concentrações. Outra é que nem todos os processos e operações utilizados na indústria podem ser entendidos como unidades de transferência de massa, tais como trocadores de calor, refervedores, torres de resfriamento e reatores químicos (Dhole et alii, 1996, al melhoraram a técnica para contornar tais problemas). Pode ser necessário, para a otimização, que algum processo seja repartido em duas partes, cada uma com uma alimentação de água de processo distinta (por exemplo, numa coluna de lavagem multi-estágios): isto nem sempre é possível fisicamente.

Enquanto as principais conseqüências da poluição urbana são as doenças infecciosas e parasitárias, os principais perigos oriundos da poluição industrial nas águas consumidas por populações urbanas e rurais são os nitratos, os metais pesados e os pesticidas. Ao final da denominada "década da água" (1981-1990), 4 milhões de crianças morriam anualmente devido às doenças intestinais transmitidas por água de má qualidade, segundo a Unesco. A única forma de reverter este quadro de contínua degradação é a conjunção entre investimento e conscientização, para a promoção do saneamento, da saúde e da educação ambiental, desde o nível local à escala planetária. De nada adianta nosso país ter as maiores e mais bem distribuídas bacias hidrográficas do planeta, se a água doce apresenta-se a cada dia mais contaminada, mesmo nos meandros da Amazônia onde, por exemplo, o mercúrio dos garimpos é despejado sem controle algum.

A nova abordagem pró-ativa da engenharia ambiental prioriza a modificação dos processos para uma produção mais limpa; em segunda opção, a reciclagem de substâncias e resíduos do processo, como o *reúso* da água; em terceira, o tratamento "fim de tubo"; em última opção, o armazenamento do resíduo.

Segmentos industriais e suas particularidades quanto ao uso de água

Têxtil

O processo têxtil inclui as etapas de preparação e fiação (sem despejos industriais), tingimento (cozimento dos fios bobinados em solução de soda e detergente, seguida de lavagem e do tingimento propriamente dito), engomação em fécula fervida ou polímeros (sua lavagem consome de 0,5 a 8 l por kg de tecido, pH de 7 a 9), tecelagem (a seco), chamuscagem (queima de penugens), desengomação (em soluções de álcalis, detergentes e enzimas, com volume relativamente baixo de despejos, porém com alta DBO), cozimento (em vapor, soda cáustica e aditivos químicos), alvejamento com cloro ou peróxido de hidrogênio, mercerização (em solução de soda), secagem (onde a água é totalmente reciclada), estamparia (com despejo de corantes, soda e goma), tinturaria (etapa em alguns casos bastante poluidora, especialmente pela demanda de oxigênio para os produtos redutores), lavagem (com alta carga poluidora, principalmente na fase inicial de ensaboamento), vaporização e acabamento (com a liberação de diversos produtos, tais como uréia, fenóis, triofosfato, amidos e outros).

Avalia-se que a indústria têxtil consome 15% de toda água industrial do mundo, perfazendo da ordem de 30 milhões de m^3 ao ano. É utilizada em todas as etapas de produção de tecidos, principalmente nas fases da tinturaria (onde é consumida metade de toda a água deste setor), no pré-tratamento (41%), limpeza e acabamento. As fases de maior carga contaminante, expressa em DQO, são o pré-tratamento dos tecidos – desengomagem (50%), tinturaria (37%), estamparia (7%) e tingimento (6%). As impurezas dissolvidas ao longo dos processos são constituídas pelos substâncias contidas na matéria-prima, produtos químicos adicionados para facilitar a fiação e tecelagem, corantes. Os contaminantes mais perigosos são os halógenos orgânicos absorvíveis (AOX – fenóis clorados, biofenilos policlorados), os metais pesados contidos nas moléculas dos corantes (Cu, Cr, Co, Ni, Zn, Pb e o TiO_2), o alquilfenol etoxilado (APEO – tóxicos para os peixes) e os hidrocarbonetos voláteis (VHC – especialmente os aromáticos, usados nos espessantes, por serem carcinogênicos).

Há vários produtos hoje proibidos, que foram no passado largamente utilizados pelas indústrais têxteis, tais como: a benzidina, solventes clorados, *varsol* e outros.

A bibliografia traz como parâmetros médios, referente aos EUA e Europa, os valores contidos na tabela 4.

Tabela 4 - Concentrações da poluição na indústria Têxtil.

Parâmetro	mg/l
DBO	30
DQO	26
SS	75
Enxofre	1
Fenóis	0,5
Cr-total	0,5
pH	6 - 9

Entre os contaminantes presentes, as gomas naturais (amido), o PVA e os poliacrilatos (CMC) são facilmente eliminados na fase da degradação biológica com lodos ativados e decantação. Entretanto, é possível reciclar-se quase a totalidade (até 95%) das gomas através da ultrafiltração, que as separam das águas e dos sais.

Outro exemplo de reutilização de um produto e minimização do consumo da água através da ultrafiltração é o caso do índigo, numa eficiência de 93%. O problema da elevação do pH, principalmente nas etapas de mercerização e caustificação, tem como solução a concentração da soda utilizada no processo. É viável a reutilização da água de uma fase do processo em outra, desde que se respeitem os requisitos de qualidade da água de entrada (como a ausência de cor e metais no alvejamento); devido a problemas de padronização das cores é difícil, contudo, reutilizar-se as águas dos tingimentos.

Busca-se eliminar a cor das águas pelo efeito sobre a visibilidade e estética. Como os corantes insolúveis já são eliminados nas etapas de sedimentação, não causam maiores problemas. Alguns solúveis (básicos, muito ácidos e pré-metalizados) são adsorvidos pelo lodo ativado – processo de bioeliminação – e, portanto, eliminados. Restam os corantes reativos, com baixa fixação pela fibra, podendo ser eliminados via redução (hidrossulfito), oxidação (hipoclorito, ozônio, ar úmido), floculação e decantação (polieletrólitos, sulfato de alumínio e sais férricos), osmose reversa, resinas de troca iônica, adsorção em carvão ativado. Alguns destes produtos trazem o inconveniente de odores e formação de organometálicos.

Pensando-se mais além no ciclo de vida do produto, há experiências, mantém no exterior, de reciclagem de tecidos proveniente quer de retalhos de produção, quer do lixo urbano. Esta opção depende da eficácia da separação, seleção e identificação dos tecidos. Os de poliéster, por exemplo, podem ser reciclados para a fabricação de vasilhames

Frigorífica

O principal uso da água se faz nas etapas de lavagem, dentro do processo descrito a seguir.

A primeira etapa do abate de animais, após sua seleção, é a lavagem. No caso dos bovinos, o atordoamento e o abate são seguidos pela lavagem do vômito e pela sangria. No caso dos suínos, segue para a depilagem. Então a esfola (com a retirada dos mocotós, do couro e evisceração).

Os resíduos dos matadouros e frigoríficos tornam-se, na grande maioria dos casos, subprodutos economicamente aproveitáveis. Assim, o couro é vendido para curtumes ou salgado em via úmida e seca. Esta etapa gera resíduos sólidos, vendidos para a fabricação de farinhas e rações, enquanto a salmoura é reaproveitada. Já o sangue, este pode ser reaproveitado para a fabricação de farinhas, albumina ou corantes. Como é processado a seco, causa poucos problemas em relação aos despejos de água. O gotejamento de sangue no piso requer mais um tipo de lavagem, com consumo de água. Por sua vez, partículas de carcaça de tamanho pequeno são secas com vapor e encaminhadas para a fabricação de farinhas e graxas. Ossos duros, ou longos, são cozidos para separação das gorduras e carnes aderidas e então secos, sendo as águas utilizadas descartadas. Chifres e cascos passam por fervura em água para separação dos sabugos, sendo vendidos ou transformados em farinha.

O grau de recuperação dos subprodutos nos grandes frigoríficos é grande. Quanto aos pequenos produtores, muitas vezes não têm escala suficiente para retorno econômico, o que os torna problemáticos quanto à questão ambiental, já que grandes geradores de rejeitos.

Os materiais não recuperáveis economicamente, como o esterco, conteúdos gástricos e intestinais, resíduos gordurosos de operações e do tratamento de água são destinados à formação de adubos compostos e podem ser dissolvidos em água e aspergidos em lavoura, de forma controlada.

O consumo de água por cabeça varia tradicionalmente de 2.500 l no caso de bovinos, 1.200 l para suínos e 25 l para aves. No caso de frangos, as indústrias brasileiras já trabalham com metas de 14 l de água por frango.

O tratamento dos rejeitos aquosos dos frigoríficos é tarefa complexa, variando muito conforme a unidade industrial. São caracterizados por elevados DBO (800 a 32.000 mg/l), sólidos suspensos (até 15 g/l de sedimentáveis) e graxos. Estas altas taxas e a grande formação de lodo obrigam à utilização de processos anaeróbios, como lagoas, cujos parâmetros para dimensionamento preliminar são de 0,2 a 0,4 kg de DBO por m^3 em profundidade de 3,5 a 5,0 m, com entrada junto ao fundo, situada a mais de 1 km de áreas residenciais. Coberturas de PVC ou outros materiais compatíveis podem ser colocadas, com sistema de recolhimento do metano. Deve-se consultar a legislação ambiental para precisar estes parâmetros, entre outros.

Os processos mais moderno de tratamento destas águas passa pelos digestores anaeróbios dotados de misturadores, contactores, degaseificadores, clarificadores, com período de retenção do lodo de 10 dias aproximadamente. Para dimensionamento preliminar, utilizam-se os parâmetros de 1,5 a 3,0 kg de DBO por m^3/dia a 30°C.

Podem-se utilizar processos aeróbios, como lagoas (tempo de detenção de 2 a 10 dias em profundidade 2,4 a 4,5 m), requerendo a utilização de aeradores superficiais ou injeção de ar ou oxigênio. A utilização de lodos ativados é recomendável. Em alguns casos utilizam-se filtros biológicos para altas DBOs.

Os sistemas que permitem a purificação mais completa são os mistos, em que se associam lagoas anaeróbias com aeradas.

Curtumes

Trata-se de um segmento industrial caracterizado, no Brasil, ainda por muitas indústrias tecnologicamente obsoletas, utilizando processos defasados, com custo operacional alto e baixa lucratividade. Nossos rebanhos ainda enfrentam problemas de doenças, parasitas, tratamento deficiente dos animais, fatores que acarretam baixa qualidade do couro produzido. Além do gado bovino, o País produz couro de mamíferos silvestres, répteis, e inicia-se no de aves (como do avestruz).

A indústria de calçados, a maior consumidora de nosso couro, ainda enfrenta os mesmos problemas de defasagem tecnológica (número excessivo de operações), utilizando elevada mão-de-obra, não conseguindo enfrentar a concorrência dos produtores asiáticos de custo muito menor.

O processo de fabricação dos couros já se inicia, após a esfola, com o consumo de água para a lavagem do lado carnal das peles, seguida da imersão em salmoura, para conservação. Segue-se a salga seca, com empilhamento das peças alternadamente com camadas de sal, o que auxilia na desidratação. O próximo uso da água será na fase do *remolho*, que tem como objetivo umectar os couros. No caso dos couros verdes, apenas lava-se a peça para retirar o sangue, enquanto os couros salgados, os seco-salgados e os secos passam por vários banhos ou descansam em molho.

Os pêlos e a epiderme são retirados após o *caleiro*, consistindo de um banho de dezessete horas em solução de sulfato de dimetilamina (menos poluente), ou sulfeto de sódio (que pode gerar H_2S ou H_2SO_4) e cal, em água. A literatura não cita casos de uso do Na_2S no Brasil, mas, em caso de tal, há risco ambiental em tais despejos.

A remoção do sebo e tecido adiposo são feitos na *descarnagem*, via passagem em equipamento de cilindros e facas, não fazendo uso de água. Tampouco na *divisão do couro* em camadas de pele. Já a *purga*, uma limpeza e preparação da pele inchada para o curtimento, consiste de lavagem em água limpa corrente por até uma hora, seguida de lavagem em solução de sais de amônia e enzimas em água, sob agitação em tamborões rotativos, durante até cinco horas. Segue-se a *piquelagem*, etapa prévia ao curtimento ao cromo (para impedir usa precipitação), uma acidificação da pele com ácidos (sulfúrico, clorídrico, láctico ou outros ácidos orgânicos) e cloreto de sódio em tamborões ou tanques.

O *curtimento* propriamente dito tem a finalidade de impedir a putrefação das fibras do couro, consiste da impregnação com tanino (natural ou sintético), cromo (sais de cromo com Cr_2O_3), sais de alumínio, zircônio, formol ou ácido fenossulfônico. Utilizam-se banhos em solução aquosa e estiramento em molduras ou cabides, seguidos de lavagem. Realiza-se o reciclo do tanino e recuperação do cromo utilizados, o último por reação com carbonato de sódio em vapor, e cal. A presença de cromo trivalente nas estações de tratamento de efluentes não prejudica a atividade biológica dos lodos ativados.

Finalmente, o *acabamento* dos couros constitui-se de diversas operações alternativas: prensagem, lavagem, tingimento com corantes sintéticos ou naturais, engraxamento com óleos sintéticos ou naturais, secagem, lixamento.

Assim, as águas residuárias da indústria de curtumes constituem-se de cal e sulfetos livres, cromo, matéria orgânica diluída ou em suspensão, elevados teores de sólidos dissolvidos totais, DQO e pH. Para reduzir esta carga poluidora, uma das medidas tomadas é a exigência de que os matadouros já entreguem as peles limpas, o que apenas acarreta mera transferência de responsabilidade pelo tratamento.

As principais fontes de carga poluidora, em suma, são as lavagens e o remolho, em termos de volume, e o curtimento em termos de DBO. O volume de água consumido varia, pelos textos clássicos, de 30 a 100 litros por quilograma de pele tratada. Outros poluentes importantes são as substâncias tóxicas (sais de cromo, sulfetos de sódio, cal livre, arsênio), os sabões, que geram espumas, os colóides, que formam depósitos putrefáveis, o ácido titânico (que forma o tanato férrico, que escurece as águas), os sólidos em suspensão, salinidade e pH elevado. Os valores dos mesmos variam muito de curtume para curtume, devendo ser especificados por ensaios em cada unidade.

Uma das formas mais incentivadas de tratamento é a recuperação de produtos, largamente realizada no caso do sebo, rico em ácidos graxos para a indústria, glicerina, fibras e proteínas. Sua separação é feita por decantação após aquecimento em ácido sulfúrico concentrado. Outro subproduto são os pêlos para a indústria de pincéis e escovas, feltros e chapéus. Pelancas são usadas em fabricação de cola ou fertilizantes.

Celulose e papel

São produtos processados muitas vezes por uma mesma unidade industrial, sendo que o papel é obtido em uma etapa posterior à celulose. A matéria-prima, a madeira, é descascada, cortada em toros posteriormente partidos em lascas ou cavacos que são, então, reduzidos a polpa através de vários processos alternativos, como a sulfato (processo *Kraft*), sulfito, soda (todos via digestão química) ou mecânico. As fibras são então alvejadas em maior ou menor grau, conforme a finalidade do produto final, e conformadas em folhas de papel pela passagem em uma série de cilindros rotativos aquecidos, de grande porte e a grande velocidade. Os principais resíduos desta indústria são os restos da madeira, os licores da digestão pelos processos químicos e os resíduos do alvejamento final das fibras.

Água é utilizada, inicialmente, na fabricação da pasta mecânica, lavando as fibras retiradas dos toros por esmeril. Neste processo, as águas ficam contaminadas com a lignina que aderia originalmente as fibras e com celulose. No caso do processo *Kraft*, este problema fica reduzido pela queima nas caldeiras do *licor negro* saído dos cozedores. Entretanto, perdas de água ou solução contaminada tendem a ocorrer nos evaporadores que concentram a solução, no circuito de resfriamento, nos selos de bombas, outros vazamentos e lavagens. Água é também utilizada na lavagem dos toros e dos cavacos e na lavagem da massa cozida (no filtro à vácuo).

O maior volume de despejos deste tipo de indústria é originado no alvejamento das fibras, seguido dos evaporadores e das máquinas de papel e celulose. Em termos de carga poluidora, o licor negro sulfítico (rico em açúcar de madeira). As principais fontes são as descargas dos cozinhadores, dos condensados, dos chuveiros lavadores de gás, da preparação dos ácidos, das perdas de reagentes e das caldeiras de recuperação. Como já visto, o despejo da polpa obtida pelo processo soda contém poucas substâncias, como a lignina, pois seu licor-preto foi previamente concentrado e queimado. Já os despejos do processo semiquímico caracterizam-se pela alta DBO e elevados teores de sólidos suspensos, provenientes da lixívia negra, mais os efluentes dos cozinhadores e condensados.

O que impede que a quantidade dos despejos aquosos da indústria de papel e celulose se torne excessiva é que este é um dos ramos da indústria de processos que mais promove a reutilização da água, superando 300% do consumo efetivo. Vários pontos em diversas fases do processo permitem que se possa realizar esta reutilização, como na preparação da madeira, na obtenção da celulose, peneiração, lavagem, concentração, alvejamento e na máquina de papel. Destaque-se a recuperação do licor, os filtros a vácuo, as operações de múltiplos estágios.

Quanto ao tratamento destes efluentes, usa-se a separação dos efluentes por nível de concentração de sólidos. Os mais concentrados (dos engrossadores, máquina de papel e pátio de madeira) passam por processo prévio de peneiramento e decantação. A sedimentação é feita em períodos de 8 a 12 horas em bacias ou de 3 a 4 horas nos mecanizados tradicionais. Os lodos são secados em leitos ou filtros. O tratamento biológico destes efluentes requer adição de Nitrogênio e Fósforo (5 e 1 kg respectivamente para cada 100 DBO) na forma de amônia e ácido fosfórico, reforçando-se a dosagem deste último especialmente quando há presença de alumínio. Nas indústrias de papel e celulose, devido às elevadas vazões e DBO, é necessário tratamento final por lagoa de estabilização por até um mês. Devido a estes prazos e à grande área requerida, tem-se empregado injeção de ar, oxigênio ou ozona para acelerar a oxidação. São também utilizados processos de lodos ativados e estabilização por contato.

Açúcar e álcool

A indústria do açúcar, característica do Brasil desde quase o início de nossa colonização, e sua congênere alcooleira, destacam-se pelo grande volume de água utilizada no processo. Isto, além da necessidade de extensas plantações próximas, as confina nas zonas rurais. A água é empregada desde a lavagem da cana (para eliminação de terra e cinzas) a uma taxa aproximada de 5 m^3 por tonelada de cana. Para economia da mesma, faz-se uso de procedimentos simples, como, por exemplo, a lavagem inicial da cana pelo líquido que sai das colunas barométricas. Esta água passa por grades, para remoção mecânica de sólidos, e segue para o decantador, o tanque de oxidação e a lagoa de estabilização (onde reside por pelo menos 1 mês, ou menos, quando se faz a a aeração). Ver-se-á que esta é a única água que necessita de tratamento tradicional pois, dadas suas características, não foi tradicionalmente utilizada na irrigação dos canaviais.

Grande quantidade é empregada na fase seguinte, as moendas que extraem o caldo (de onde o bagaço é seco e consumido nas caldeiras, de forma a gerar vapor que move as moendas e gera energia elétrica), na operação chamada *embebição*, em que a água é reabsorvida após a prensagem (num "efeito esponja") para diluir os açúcares e demais substâncias. O caldo sofre então a *defecação*, nome que se dá à clarificação em meio alcalino por leite de cal e enxofre para rebaixar o pH, seguida de aquecimento, decantação e filtração. A água é então retirada por evaporação e cozimento, fase após a qual tem-se uma massa com sacarose em alta concentração e já se cristalizando. Esta água, apesar de evaporada, pode ser contaminada em menor ou maior grau pela solução de sacarose e deve ser reutilizada em outras fases do processo: alimentação da caldeira (apenas dos primeiros evaporadores, mais pura), embebição das moendas, diluição do mel, preparo da cal, filtros e centrífugas.

Nesta fase de evaporação, realizada em uma série de evaporadores de efeito múltiplo, grande quantidade de água também é usada para gerar vácuo, em multijatos ou colunas barométricas funcionando pelo efeito Venturi. Estas águas acabam por arrastar gotículas de solução e se contaminam. Para diminuir tal inconveniente, utilizam-se *separadores de arraste*, que são vasos expansores com defletores internos. Desde que com separação bem feita, estas águas podem circular em circuito fechado. As águas finais são tratadas em lagoas de estabilização. Finalmente, turbinas separam o açúcar e o mel (que é recozido em parte e segue para a fabricação do álcool). O produto é então seco, refinado e armazenado.

Quanto ao álcool, é obtido em paralelo com o açúcar a partir do mel retirado, ou pelo caldo-de-cana, fermentados em dornas sob ação de microorganismos *Saccharomyces*. O líquido fermentado, chamado *vinho*, é centrifugado para recuperação das leveduras e segue para uma série de colunas de destilação, obtendo-se o álcool etílico final em seu azeótropo e a solução residual chamada *vinhoto*, *vinhaça* ou *restilo*. No caso da produção do álcool anidro, é feita a desidratação do mesmo por destilação em presença de benzol e heptana.

Outra fonte de água residual são as lavagens de pisos e equipamentos, durante a operação normal ou em paradas. Estas águas são caracterizadas por DBO e pH bastante variáveis, mais contaminação por outros produtos. Devem ser coletadas, enviadas aos canaviais para irrigação ou para lagoas de estabilização.

A principal ameaça ambiental desta indústria é sabidamente o vinhoto, composto em mais de 90% de água. No Brasil, solucionou-se seu impacto pela aspersão no próprio canavial, tal seu elevado conteúdo fertilizante, principalmente o potássio. Conforme sua composição, é necessário determinada adição de Nitrogênio e Fósforo. Traz como vantagens o aumento da população microbiana do solo, o curioso aumento do pH e o aumento da capacidade de troca iônica. A vinhaça é aplicada por aspersão via caminhão ou distribuição por sulcos, com ou sem complementação (diluição).

Cervejarias

A cerveja é fabricada a partir da fermentação do mosto resultante do cozimento do malte e do lúpulo. Este mosto é decantado e segue para as dornas de fermentação, onde sofre a "baixa" ou a "alta" fermentação (respectivamente, abaixo ou acima de 10ºC). A fermentação do mosto prossegue próxima a 0ºC após a separação parcial da levedura, quando se enriquece de gás carbônico, passa por dias de maturação, filtração, engarrafamento e, finalmente, pasteurização para maior durabilidade. Esta última etapa não é realizada no caso do chope.

Como indústria de bebida, a da cerveja consome grande quantidade de água que faz parte da matéria-prima e da constituição do próprio produto, e para a lavagem dos equipamentos e recipientes. Grande quantidade de água é liberada nas lavagens, nas dornas, nas centrífugas de separação das leveduras. Nas fábricas de malte, são liberadas também grande quantidade de água.

Após a separação da fase sólida dos despejos, as águas sofrem tratamento biológico, por vezes precedido por tratamento químico para decantação com silicato de sódio ou sulfato ferroso e cal. Nitrogênio é necessário como nutriente aos microorganismos.

Conservas

As etapas da fabricação de conservas que se utilizam da água passam pela lavagem da matéria-prima, limpeza dos equipamentos, vapor para esterilização e cozimento. Somem-se as perdas por vazamentos. O tratamento dos efluentes aquosos se dá por uma fase inicial de remoção dos sólidos (cascas, sementes) por peneiramento e por uma sedimentação preliminar para clarificação, por vezes acelerada pela adição de cal, alúmen ou sulfato de ferro e onde se gera muito lodo, que não pode ser lançado diretamente ao receptor do efluente aquoso. Tradicionalmente, a indústria alimentícia lançava seus resíduos sobre o solo, para irrigação por aspersão ou valas, mas dependente da disponibilidade de terrenos para o cultivo de determinadas espécies. O método de tratamento mais utilizado atualmente é o biológico, que pode acontecer por lagoas, bacias aeradas ou filtros biológicos.

Laticínios

O leite e seus derivados adquirem importância cada vez maior na dieta do brasileiro, com a chegada em nosso mercado de grandes grupos multinacionais em ambiente de acirrada concorrência, com domínio econômico intenso a ponto de determinar o preço aos produtores sem margem de negociação, o que lhes limita lucro a muito pouco. A utilização da água se faz nas operações principais de lavagem, geração de vapor e, por fim, ela é liberada como resíduo da fabricação de diversos derivados do leite e na lavagem dos equipamentos e instalações.

Após o recebimento do leite, pode-se fabricar o creme de leite por centrifugação. Neste ponto separa-se o leite para pasteurização ou fabricação de leite condensado, queijo ou iogurte. Na fabricação do queijo, gera-se o soro, mais ácido que os demais derivados e caracterizado por elevada carga orgânica. Água também é liberada na concentração do leite condensado e na fabricação do leite em pó.

O processo de tratamento destes efluentes aquosos passa por gradeamento para remoção de coágulos, bacia de equalização, sedimentação, flotação ou caixa de gordura, floculação por sulfato de alumínio e óxido de cálcio, tratamento biológico por lodos ativados ou oxidação, lagoas de estabilização. Em indústrias de grande porte pode-se necessitar de degradação anaeróbia dos lodos e, nas pequenas com terras disponíveis, pode limitar-se à irrigação, com os devidos cuidados contra odores e insetos. O soro pode necessitar de tratamento alternativo, como aproveitamento como subproduto para alimentação de animais, concentração, secagem, fermentação ou outros tipos de purificação.

Óleos vegetais

O Brasil se tornou um dos maiores produtores mundiais de grãos vegetais. Em conseqüência, foi grande o número de indústrias de extração, beneficiamento e refino dos óleos vegetais que aqui se estabeleceram. Obtêm-se no processo subprodutos como o farelo, resultado da moagem e vendido como ração, e o sabão (borra), retirado na centrifugação.

Resíduos aquosos são gerados em diversas fases do processo, como na acidulação, na extração, nas lavagens e, por fim, nas descargas das torres de resfriamento e caldeira. O tratamento é o biológico convencional, passando por gradeamento para a remoção dos sólidos; caixa de gordura, floculação, flotação e decantação para remoção dos óleos e graxas; biodegradação por lodo ativado, lagoa de aeração e de estabilização, para digestão da matéria orgânica dissolvida na água; finalmente, a utilização de filtros e leitos de secagem para a diminuição da umidade do lodo.

Ferro e aço

Os metais são extraídos de seus minérios, ricos em óxidos e carbonatos, pelo rompimento das ligações químicas com conseqüente liberação dos cátions metálicos. O consumo de água nestas indústrias de grande porte é elevado, ficando na faixa de 100 a 500 m^3 por tonelada de aço, por exemplo. É consumida em diversas fases do processo: sinterização, coqueria, altos-fornos e fornos, lanças, laminação e outras. Um dos principais usos é o de refrigeração de equipamentos, o que em geral se faz por circuito fechado, o que minimiza os impactos ambientais. No Brasil, utiliza-se também água como diluente do minério em forma de lama, para transporte por meio de dutos, desde as minas do interior do país para os portos do litoral, chegando a superar os 300 km de extensão, após o qual a água é separada por decantação.

Quanto aos poluentes deste ramo industrial, há certa contaminação na fase do resfriamento dos gases de coqueria e chaminés. Na laminação, o tratamento é feito por sedimentação e floculação para separar os sólidos e por centrifugação e ultra-filtração para os óleos.

Nas coquerias, água é utilizada para resfriamento do coque e dos gases (170 a 580 l por tonelada de carvão), para recuperar os voláteis (75 a 95 l). Destas águas de lavagem, as águas amoniacais (ricas em Nitrogênio e contendo cianetos e fenóis) são os maiores problemas em termos de tratamento, requerendo sedimentação, extração do fenol líquido por solventes e gasoso por hidróxido de sódio, diluição e oxidação biológica com adição de Fósforo.

Segue-se a sinterização (aglomeração das partículas metálicas em bloco poroso via aquecimento). A água é utilizada para lavagem dos gases carreando sólidos e trata-se por decantação (adensamento) e filtragem. Quanto aos altos-fornos, seus gases são lavados com água para a retirada de finos, óleos, fenóis, amônia e cianetos, além do resfriamento em sistema de aletas ou colunas barométricas a vácuo. A água também participa da fabricação do aço, em lavagem de gases, requerendo clarificação e filtração tradicionais. Quanto ao lingotamento, ela participa basicamente do resfriamento tanto da modelagem como das maquinarias, em circuito fechado ou aberto dotado de permutadores de calor e torres de resfriamento; é realizada também a refrigeração dos lingotes por aspersão direta, onde ela se evapora ou infiltra-se ao solo, dispensando tratamento. Finalmente, a água é também utilizada como solvente, nas soluções de decapagem do aço por ácido sulfúrico, clorídrico, nítrico ou fluorídrico, ou em banhos alcalinos.

Acabamento de metais (Galvanotécnica)

O revestimento com superfícies metálicas de outros metais ou outros materiais tem adquirido importância crescente na indústria atual, para fins de proteção e, cada vez mais, estéticos. A água participa neste processo inicialmente como solvente das soluções ácidas (ácidos sulfúrico e clorídrico) ou alcalinas (carbonatos, fosfatos, silicatos e boratos), mais surfactantes, para limpeza e desoxidação das peças a serem revestidas. Em seguida, também como solvente das soluções para o banho ácido, alcalino ou neutro das peças. Estas soluções dão origem, por extravazamento (já que os tanques têm renovação contínua de água), descarga ou vazamentos, aos efluentes aquosos a serem tratados.

Para economia destas águas, recomenda-se o aumento do tempo de drenagem dos tanques, redução da viscosidade e, para melhorar contato solução-peças, o uso de surfactantes, sopragem de ar e lavagem contra-corrente.

Nestes resíduos é necessário tratar-se, inicialmente, os teores de cianetos via oxidação por cloro livre ou por hipoclorito, obtendo-se cianato (também tóxico), gás carbônico e Nitrogênio. A redução do Cromo se faz via anidrido sulfuroso em meio ácido. Faz-se o ajuste do pH (a cal é mais barata e gera lodo de mais fácil secagem, enquanto o hidróxido de sódio é mais fácil de dosar e produz menos lodo) e, então, precipitam-se os demais cátions sob estado de hidróxidos em pH neutro ou tendendo a básico (7 a 8,5). Segue-se a sedimentação (preferencialmente com floculadores tradicionais), retirada e secagem do lodo. Este é o processo mais tradicional, havendo alternativos (dependendo das vazões e concentrações), como a passagem por resinas de troca iônica.

Petróleo

A contaminação das águas por derivados do petróleo acontece freqüente e intensamente, dada a importância e difusão deste grupo de substâncias em nosso mundo moderno. Os óleos utilizados para queima (aquecimento ou geração de energia), lubrificação, resfriamento e limpeza costumam contaminar os cursos d'água a partir de veículos de transporte naval, marítimo ou aéreo, de indústrias e refinarias de petróleo, de cargas transportadas ou armazenadas, garagens e postos de gasolina. Quando tal ocorre, a imiscibilidade e a menor densidade destes produtos formam uma película superficial.

Inicialmente, deve-se atacar tais problemas pelas técnicas de prevenção de perdas atualmente difundidas na indústria e pela fiscalização dos órgãos públicos. Já nas primeiras fases do refino, muitos são os usos da água. Após a extração, ela é separada do óleo antes do armazenamento inicial. Este óleo cru é posteriormente emulsionado com água e, por meio de processos químicos e eletrostáticos, faz-se a remoção de sais e sólidos suspensos que dissolvem-se na água que é decantada. Não há água nas etapas seguintes (destilação, craqueamento, reforma, polimerização, isomerização e outras). Apenas na chamada secagem, que retira o líquido da gasolina, querosene e outros destilados médios de uso direto, pela passagem em filtros salinos ou leitos de argila absorvente. Entretanto, em todas as fases do beneficiamento do petróleo, grande quantidade de água é utilizada no circuito de resfriamento dos equipamentos e na geração do vapor para fornecimento da energia para os processos.

O tratamento dos despejos envolve principalmente a remoção do óleo e substâncias químicas que vazam no funcionamento normal, em paradas para manutenção, em lavagens, drenagem e descargas para limpeza, chuvas. Dentre estas substâncias, destacam-se os sulfetos, os fenóis, os álcalis e os ácidos, compostos nitrogenados, sulfurados e naftalênicos. As porções maiores dos óleos são retirados nos *separadores*, decantadores específicos para esta indústria. Todavia, as pequenas porções emulsificadas na água requerem o trabalho de floculadores químicos tradicionais, auxiliados pela utilização de polieletrólitos. Faz-se necessária a flotação e a aeração. Aquecimento, centrifugação, filtração com diatomácea e destilação podem ser utilizados para completar o processo de desemulsificação.

Segue-se o tratamento biológico em tanques e lagoas de oxidação, lodos ativados e filtros biológicos, com o objetivo principal de remover o fenol pela ação de microorganismos especialmente selecionados, que atuam com grande eficiência, desde que se respeitem limites de concentração. Isto torna cada vez mais críticos os cuidados para prevenir as liberações de fenóis e contaminantes em geral, uma vez que economiza-se cada vez mais água, ou seja, há menos solvente disponível para acolher os compostos. Previamente, há processos para remoção inicial de parte de fenóis e sulfetos por arraste em vapor.

Petroquímica

A diversificação deste importante ramo industrial é grande, sendo válidos os mesmos princípios a serem seguidos pela refinação do petróleo: evitar as liberações ao máximo, controle dos efluentes, recuperação de substâncias e tratamento eficaz dos despejos inevitáveis. Os principais contaminantes são os ácidos inorgânicos, álcalis, sais alcalinos, compostos nitrogenados (sendo a amônia o principal), compostos tóxicos, fenóis e óleos em geral.

Assim como no petróleo, retiram-se os óleos pelos separadores de óleo padronizados (API) para o petróleo. São também aplicados a sedimentação convencional, o *stripping* por vapor ou inertes para remoção de amônia e gás sulfídrico, a extração com solvente em contacto com a água, a adsorção por carvão ativo e outros adsorventes. Destacam-se também dentre os processos não biológicos a floculação e decantação para remoção de colóides e suspensos; o ajuste do pH; a oxidação química de sulfetos via vapor, ar, ozona ou cloro; a combustão direta, a catalítica e a incineração.

Os processos biológicos são atualmente utilizados em larga escala, mas sua eficácia depende muito do tipo de substâncias e do respeito às concentrações no líquido, muito importante no caso já citado do fenol.

Detergentes

Sua importância não se limita à limpeza de residências e instalações, mas são cada vez mais utilizados em processos químicos, mecânicos e industriais, como componentes de produtos como, por exemplo, dos combustíveis, para a desinfecção hospitalar e quando se necessita da redução da tensão superficial da água. Fazem muito uso a indústria têxtil, alimentos, frigoríficos, curtumes, mecânica em geral e outras.

Classificam-se em aniônicos (de carga elétrica negativa, constituídos por grupos carboxila, sulfato ou sulfônico), os catiônicos (de carga positiva, são os sais quaternários de amônia) e os não-iônicos (principalmente os ésteres e amidas derivados do óxido de etileno). Necessitam estar dissolvidos na água para exercerem todo o seu poder de limpeza e desinfecção).

A característica mais importante quando se fala nos detergentes e sua relação com a água e o meio ambiente é a sua biodegradabilidade, geralmente ligada ao maior comprimento de sua cadeia carbônica. O grau desta propriedade varia muito de produto para produto. A primeira etapa do processo de degradação é a quebra da molécula (biodegradação primária), eliminando suas propriedades tensoativas (conseqüentemente, tem-se a não geração de espumas nos cursos de água), mas mantendo ainda suas características químicas e poluentes. Apenas se completa a degradação na etapa secundária, quando restam água, dióxico de carbono e sais minerais.

O tratamento dos detergentes via biodegradação por oxidação é problemático, por gerarem espuma antes de serem digeridos, impedindo a continuidade do tratamento. Assim, quando não é possível a utilização de detergentes biodegradáveis, faz-se necessário mudar o processo de tratamento para anaeróbio, ou via filtros, ou via lagoas de estabilização sem agitação ou, ao menos, com retirada da espuma gerada na estação de tratamento.

Outros segmentos industriais

É impossível dar cabo, tanto numa obra especializada, quanto menos em um capítulo, de todos os usos e tratamentos da água doce nos diversos segmentos industriais. Tentou-se abordar de forma sintética os principais segmentos em volume, para nosso País. Informações mais detalhadas e referentes a outros usos podem ser obtidas via literatura mais específica.

Consumo industrial de água

A disponibilidade de dados precisos sobre o consumo industrial de água é muito restrita. Este fato se deve a algumas razões principais. Nas considerações que se seguem não iremos considerar a falta de informação devida ao desconhecimento dos dados por parte dos responsáveis, o que, na realidade, acontece algumas vezes.

O receio de disponibilizar a informação é uma das razões que levam à carência destes dados.

Algumas organizações guardam sigilo em relação a este tipo de informação por receio de ações tanto de agências ambientais quanto de empresas públicas fornecedoras, principalmente no momento em que os consumidores passarão a pagar não só pelo consumo, como também pelo uso da água.

Diferenças técnicas significativas entre diferentes empresas de um mesmo segmento e mesmo entre diferentes unidades de uma mesma empresa fazem com que qualquer consolidação de dados seja de validade duvidosa. Neste sentido, podem ser ressaltados os aspectos que se seguem.

- Mesmos produtos obtidos por processos tecnologicamente distintos certamente apresentarão diferentes consumos específicos de água;
- mesmos produtos obtidos a partir de uma mesma tecnologia apresentam, freqüentemente, dife-

renças de processo, de equipamento, de procedimentos operacionais ou até mesmo de escala de produção, que muito provavelmente resultarão em consumos específicos significativamente diferentes. Como exemplo, pode-se citar o caso de uma indústria que usa exatamente o mesmo processo em duas unidades diferentes; em uma delas a estocagem da matéria-prima líquida é feita em tanques cilíndricos horizontais e na outra unidade em tanques cilíndricos verticais. Como há a necessidade da lavagem completa dos tanques após sua exaustão, o que ocorre pelo menos uma vez por dia, verificou-se que na lavagem dos tanques horizontais consome-se muito mais água do que na lavagem dos tanques verticais.

- Em muitos casos o grau de verticalização do complexo industrial dificulta a obtenção da informação relativa ao consumo específico de cada segmento. Como exemplo podem ser citados os casos de unidades integradas de produção de celulose e papel, de leite e derivados, de açúcar e álcool, para os quais torna-se quase impossível discriminar o consumo específico para cada segmento.
- Mesmos produtos obtidos a partir de uma mesma tecnologia e com processo e procedimentos idênticos poderão apresentar diferentes consumos específicos de água em função das diferentes condições ambientais do local das unidades industriais.

Outro fator que afeta a qualidade e a vida útil de dados relativos a consumo específico de água pelo setor industrial é o aspecto econômico relacionado ao custo deste insumo. Atualmente a água é um recurso natural cuja escassez é uma preocupação crescente da humanidade; há quem diga que se houver uma terceira guerra mundial, esta será por causa da água. Já existe legislação que passará a fazer com que o consumidor pague não só pelo seu consumo de água, como também pelo seu uso. A luta pela competitividade já faz com que hoje muitas organizações industriais invistam em programas de conservação de água, com o mesmo nível de intensidade aplicado aos programas de conservação de energia. Esta realidade é, em sua essência, conseqüência do aumento de custo deste recurso que já começa a ser considerado um bem estratégico por muitas nações. É conhecido o caso de uma empresa que desativou uma de suas unidades industriais em razão do aumento do custo da água ter ocasionado uma tal incidência no custo final do produto que inviabilizou a competitividade do produto. Neste quadro, verifica-se cada vez mais que o desenvolvimento tecnológico, associado ao *benchmark*, provoca uma rápida obsolescência de dados relativos ao consumo específico de água pelas indústrias.

Neste quadro, serão apresentados alguns dados relativos ao consumo industrial de água no Brasil, levando em conta as restrições e limitações apontadas acima.

Pólos petroquímicos

O Brasil conta atualmente com três polos petroquímicos localizados em Camaçari (BA); Mauá (SP) e Triunfo (RS). Estes pólos dispõem de centrais produtoras de matérias-primas – ditas de primeira geração – tais como etileno, propeno, benzeno e outras, usadas pelas indústrias *downstream*.

A seguir são apresentados alguns dados relativos ao consumo de água nesses pólos. As informações são apresentadas separadamente para cada pólo, em razão das produções serem diferenciadas qualitativa e quantitativamente.

Pólo de Camaçari

O Pólo Petroquímico de Camaçari localiza-se no município de mesmo nome, a cerca de 40 km de Salvador. Neste pólo existe uma central petroquímica – COPENE – responsável pelo fornecimento de produtos de primeira geração para as empresas *downstream* atuantes no pólo.

A COPENE apresenta um consumo de 4.300.000 t/ano de nafta (matéria-prima de partida) usados para produzir os seguintes produtos:

Tabela 5 COPENE: Consumo de NAFTA

Produto	1000 t/ano
Etileno	1.200
Propeno	575
Benzeno	455
Xileno	373
Butadieno	230
C9+dihidrogenado	150
MTBE	140
Outros	470
Total	3.593

Demanda de água

A água bruta captada pela COPENE é tratada, obtendo-se a água clarificada, que atende às

Tabela 6 - Sistema de Águas no Pólo de Camaçari

Unidade	Capacidade (em m³/hora)		
	Nominal	Operacional	
Captação de água bruta	3.408	3.408	
Clarificação de água bruta	7.300	3.336	
Captação de poços artesianos	434	434	
Filtração de água clarificada	2.200	907	
Desmineralização de água filtrada	2.000	825	
Potabilização de água filtrada	120	82	
	Consumos (em m³/hora)		
Distribuição de águas no Pólo	COPENE	Jusante	Total
Água bruta	65	8	73
Água clarificada	1.205	1.659	2.864
Água filtrada	347	560	907
Água desmineralizada	337	488	825
Água potável	10	72	82
Totais	1.616	2.226	3.842

necessidades de água de refrigeração de todas as empresas do Pólo, além de alimentar as Unidades de Água Potável e Desmineralizada. A Água Potável é distribuída para o Pólo e a Água Desmineralizada, além de ser vendida às empresas do Pólo, alimenta as caldeiras dos sistemas de turbo-geração.

A Tabela 6 mostra as capacidades de captação e tratamento de água e a distribuição entre as empresas do Pólo.

Polo de Mauá

O Pólo Petroquímico de Mauá localiza-se no município de Mauá, a cerca de 30 km de São Paulo. A central petroquímica deste pólo é a PQU – Petroquímica União. A PQU consome 1.500.000 t/ano de nafta, para gerar os seguintes produtos de primeira geração (Tabela 7):

Tabela 7

Produto	1.000 t/ano
Etileno	500
Propeno	250
Benzeno	200
Xileno	70
Butadieno	50
Corrente C4	99
Matéria-prima para Carbon Black	120
Tolueno	75
Total	1.364

Demanda de água

A demanda de água bruta para o Pólo Petroquímico de Mauá é da ordem de 1.260 m³/h. A captação de água bruta é feita no rio Tamanduateí, pela RECAP, numa vazão que depende do regime de chuvas. Em épocas de estiagem, a captação máxima do rio Tamanduateí é da ordem de 500 m³/h e, em épocas de chuva, a captação máxima pode chegar a 945 m³/h. O complemento de água bruta é feito através da aquisição de água potável da SAMA, SEMASA e SABESP.

A RECAP dispõe de duas Unidades de Clarificação, cuja produção, após mistura com a água potável, é distribuída às empresas do Pólo. Cada empresa tem sua própria unidade de desmineralização, para prover suas necessidades de água de caldeira.

A Tabela 8 mostra as capacidades de captação e tratamento de água e a distribuição entre as empresas do Pólo.

Pólo de Triunfo

O Pólo Petroquímico de Triunfo está localizado a cerca de 40 km da Refinaria Alberto Pasqualini, no Rio Grande do Sul, e tem como central petroquímica a COPESUL.

A central consome 1.500.000 t/ano de nafta e os produtos são:

Tabela 8 - Sistema de Águas no Pólo de Mauá

Unidade	Capacidade (em m^3/hora)	
	Nominal	Operacional
Captação de água bruta - RECAP	1.260	1.260
Em regime de chuvas	1.260	950
Em regime de estiagem	1.260	504
Classificação de água bruta - RECAP		
ETA - I	750	600
ETA - II	1.100	500
Total	1.850	1.100
Complementação com água potável		
Em regime de chuvas	-	310
Em regime de estiagem	-	754
Distribuição de água clarificada	Consumos (em m^3/hora)	
RECAP	189	
Petroquímica União	819	
Demais empresas do Pólo	252	

Tabela 9 COPESUL: Consumo de NAFTA

Produto	1.000 t/ano
Etileno	685
Propeno	384
Benzeno	231
Xileno	61
Butadieno	105
Corrente C4	30
Total	1.496

Demanda de água

A demanda de água bruta para o Pólo Petroquímico de Triunfo é da ordem de 1.800 m^3/h. A captação de água bruta é feita no rio Caí, pela COPESUL, que dispõe de uma unidade de clarificação, a partir da qual a água clarificada é distribuída às empresas do Pólo. Cada empresa tem sua própria Unidade de Desmineralização, para prover suas necessidades de água de caldeira.

A Tabela 10 mostra as capacidades de captação e tratamento de água e a distribuição entre as empresas do Pólo.

Outros segmentos

São disponíveis na literatura (Braile, 1979) os valores clássicos de consumo de água nos diversos segmentos industriais. Entretanto, encontram-se defasados, uma vez que houve apreciáveis reduções do consumo pelas fábricas em até 50%, ou mais, nos últimos 20 anos, forçadas pelas pressões econômicas e ambientais. Apresentamos na Tabela 11 os valores mais atualizados dos consumos de água por unidade de diversos segmentos de produto. A relação é bastante ilustrativa, mas obviamente incompleta, dada a dificuldade em se conseguir informações fidedignas a partir da indústria, conforme já mencionado.

Tabela 10 - Sistema de Águas no Pólo de Triunfo

Unidade	Capacidade (m^3/hora)	
	Nominal	Operacional
Captação de água bruta - COPESUL	8.000	1.800
Clarificação de água bruta - COPESUL	6.300	1.800
Distribuição de água clarificada	Consumos (m^3/hora)	
COPESUL	1.170	
Demais empresas do Pólo	830	

Tabela 11 - Consumo de água na indústria

Segmento	Consumo (l de água/Un.) Mínimo	Máximo	Referência	Un.	Produção anual	Un.
Papel e celulose	33	216	-	kg	6.475.000	t
Leite e derivados	-	-	-	-	18.000.000.000	l
Leite pasteurizado	2	4	-	l(1)	-	l
Leite UHT	2	3	-	l(1)	-	l
Leite em pó	2	4	-	l(1)	-	l
Queijos	3	5	-	l(1)	-	l
Manteiga	3	3	-	l(1)	-	l
Iogurte e sobremesas	4	6	-	l(1)	-	l
Cerveja	4,5	12	-	l	9.000.000.000	l
Refrigerantes	1,8	2,5	-	l	12.000.000.000	l
Couro	400	800	600	couro(2)	-	couro(2)
Álcool	1.000	12.000	-	t de cana	13.000.000.000	m^3
Têxtil(3)	80	170	115	kg	300.000.000	kg(4)
Engomagem	-	-	4	kg	-	-
Desengomagem	-	-	22	kg	-	-
Purga	-	-	38	kg	-	-
Alvejamento	-	-	38	kg	-	-
Mercerização	-	-	33	kg	-	-
Tingimento	-	-	130	kg	-	-
Estamparia	-	-	17	kg	-	-
Frigorífico(5)	14	25	20	ave	1.460.000.000	ave
Siderurgia(6)	4.500	81.000	-	t	-	-

(1) Litros de leite processado
(2) Couro inteiro
(3) Algodão
(4) Quilos de fibra
(5) Frangos
(6) Aço

Bibliografia

AZEVEDO NETTO, José M. de. *Técnica de abastecimento e tratamento de água*. São Paulo, CETESB, 1987.

BYERS, Bill. Zero Discharge: A Systematic Approach to Water Reuse. In: *Chemical Engineering*. p. 96-100, 1995.

BRAILE, Pedro Marcio & CAVALCANTI, José Eduardo W.A. *Manual de Tratamento de Águas Residuárias Industriais*. São Paulo, CETESB, 1979.

CHEREMISINOFF, Nicholas P. & CHEREMISINOFF, Paul N. *Water Treatment and Waste Recovery*. P T R Prentice Hall, 1993.

DHOLE, Vikas R. et alii. Make Your Process Water Pay For Itself. In: *Chemical Engineering*. p. 100-103, 1996.

FRANKS, Felix. *Water*. London, The Royal Society of Chemistry, 1983.

GERMAIN, L.; COLAS, L.; ROUQUET, J. *Tratamento de águas*. São Paulo, Polígono, 1972.

GURNHAM, C. Fred. Industrial Wastewater Control. Academic Press, 1965.

HAMILTON, Ru; DOWSON, Dave. Pinch Cleans Up. In: The Chemical Engineer. p. 42-44, 1994.

HART, Edgar. *Reciclagem da Água, um Programa Economicamente Viável e Tecnicamente Inovativo*. In: *Q.T. 2/94*, n. 36.

KWOK, W.F. *Water Quality in Dyeing and Bleaching*. Textile Asia, 1994.

MILLER, R.M. et alii. Modeling and Control of a Chemical Waste Water Treatment Plant. In:

Computers in Chemical Engineering, v. 21. p. S947-S952, 1997.

MUJLIONOV, I. P. et alii. *Fundamentos Teóricos De La Tecnologia Quimica*. Moscu, Editorial Mir, 1979.

NEMEROW, Nelson Leonard. *Industrial Water Pollution*. Addison-Wesley, 1978.

PARKINSON, Gerald & BASTA, Nicholas. Water Suply and Disposal Update. In: *Chemical Engineering*. p. 37-43, 1991.

PORTER, J.J. Textile Dyeing Processes. In: *American Dyestuff Reporter*, 1980.

POWELL, S. T. *Acondicionamiento de aguas para la industria*. México, Editorial Limusa, 1974.

RICHTER, Carlos A. & AZEVEDO NETTO, José M. de. *Tratamento de água*. São Paulo, Editora Edgar Blücher, 1995.

SANIN, Luis B.B. *A Indústria Têxtil* e o Meio Ambiente. In: *XVI Congresso da FLAQT*. Caracas, Calquim.

SHREVE, R. Norris & BRINK JR., Joseph A. *Chemical Process Industries*. McGraw-Hill Kogakusha, 1977.

SMITH, Robin; PETELA, Eric; WANG, Yaping. Water, water everywhere. In: *The Chemical Engineer*. 1994. p. 21-24.

XIKUN, Y. *Treatment of Dyeing Wastewater in China*. Textile Asia, 1990.

__________. *Mcgraw-Hill Encyclopedia Of Science & Technology*, v. 19. 7. ed. McGraw-Hill, 1992.

Gil Anderi da Silva

ganderis@usp.br

Engenheiro Químico – Escola Politécnica da USP
Doutor em Engenharia Química – EPUSP
Pós-Doutorado – Georgia Institute of Technology, EUA
Livre Docente – EPUSP
Professor Associado do Depto. de Engenharia Química da EPUSP.
Coordenador do Grupo de Prevenção da Poluição do DEQ/EPUSP.
Coordenador do Curso de Especialização em Gestão e Tecnologias Ambientais do Programa de Educação Continuada em Engenharia da EPUSP.
Linhas de Pesquisa:
Prevenção da poluição na indústria
Segurança nos processos industriais
Tecnologias de fertilizantes

Reinaldo Augusto Gomes Simões

reinaldosimoes@hotmail.com

Psicólogo – Instituto de Psicologia da USP
Engenheiro Químico – Escola Politécnica da USP
Especialista em Gestão de Qualidade – EPUSP
Mestrando em Prevenção da Poluição – EPUSP
Professor de Gestão de Tecnologias Ambientais e Engenharia de Segurança do Programa de Educação Continuada em Engenharia (PECE) da EPUSP.
É Consultor independente e Auditor do Sistema de Gestão de Meio Ambiente e do Sistema de Gestão de Segurança e Saúde no Trabalho.
Diretor de cursos e seminários da Associação Brasileira de Engenharia Química (ABEQ).
Foi professor de Tratamento de Águas e Efluentes e de Química Industrial na Universidade Regional de Blumenau e de Estatística na PUC/SP.
Linhas de Pesquisa:
Prevenção da poluição na indústria
Segurança nos processos industriais

[illegible] da Silva

[illegible]

[illegible] Augusto Gomes Simões

[illegible]

11

Hidreletricidade

Jerson Kelman
Mario Veiga F. Pereira
Tristão A. Araripe Neto
Paulo R. de Holanda Sales

Introdução

Até quase o final da Idade Média, a população européia ainda realizava laboriosas tarefas; por exemplo, moagem de grãos ou corte de madeira, a partir do esforço humano ou animal. No século XIII difundiu-se o uso das rodas d'água, que atingiu seu ápice no século XVIII, quando, só na Inglaterra, havia mais de 10.000 unidades (Gulliver e Arndt, 1991). A potência de uma roda de água era de 0,1 MW, cerca de 1.000 vezes menor do que uma típica turbina de usina hidrelétrica nos dias de hoje. A roda de água foi o primeiro engenho capaz de realizar trabalho a partir da queda de água, transformando energia hidráulica em energia mecânica. No final do século XIX, a roda de água começou a ser substituída pelo conjunto turbina-gerador, que transforma energia hidráulica em energia elétrica. Como a eletricidade pode ser transportada por fios condutores, passou a ser possível desfrutar o benefício produzido por uma queda de água em outros locais, além de junto à própria queda d'água. No destino final, a eletricidade pode ser transformada em outras formas de energia, inclusive mecânica. A transmissão de energia elétrica por grandes distâncias tornou-se técnica e economicamente viável no início do século XX, causando grande desenvolvimento de usinas hidrelétricas, inclusive no Brasil.

As usinas hidrelétricas aproveitam a diferença de energia potencial existente entre o nível de água de montante e o de jusante. Quando a água cai do nível mais elevado para o menos elevado, dentro de um tubo, esta energia potencial é transformada em energia cinética e de pressão, que por sua vez faz girar a turbina e, junto com ela, o gerador. O giro do gerador produz energia elétrica, que é proporcional ao produto da vazão turbinada pela altura da queda de água. Por esta razão, rios caudalosos, como o Amazonas, mas sem queda d'água, ou rios com grande queda, mas com vazão intermitente, não são vocacionados para aproveitamento hidrelétrico.

Rios de montanha são caracterizados por pequena vazão e grande declividade. Em condições naturais a energia potencial vai sendo dissipada em calor, pelo atrito, à medida que a água escoa. Para evitar este desperdício, empreende-se obras de engenharia para concentrar a diferença de nível de diversas cachoeiras e corredeiras numa única queda, tipicamente da maneira descrita na seqüência. À montante destas cachoeiras e corredeiras, o rio é desviado através de um túnel quase horizontal, usualmente escavado em rocha, até o ponto em que o escoamento alimenta um conduto forçado, quase vertical, que termina no conjunto turbina-gerador. À jusante deste ponto, o escoamento prossegue por um túnel de restituição, novamente quase horizontal, até que o escoamento desviado encontre novamente seu leito original, ou o leito de algum outro rio (no caso de transposição), algumas centenas de metros abaixo do ponto de desvio (Figura 1).

No Brasil, são poucas as usinas hidrelétricas deste tipo, uma vez que a maior parte dos aproveitamentos é localizada no planalto ou na planície, quando os rios são caracterizados por grande vazão e pequena declividade. Nestes casos, a queda é criada pela construção de uma barragem, freqüentemente uma obra de grande envergadura (Figura 2). O rio barrado fica "empilhado" atrás da barragem, criando a desejada queda e também o reservatório de regularização. Uma tomada de água e condutos forçados levam a água do reservatório até a casa de força, situada num nível mais baixo. Na casa de força se localizam os grupos turbina-gerador e o canal de fuga, através do qual a água é reconduzida ao rio ou a um outro curso d'água.

A vazão à jusante da barragem passa a variar menos depois da construção da barragem do que variava antes da construção, porque o reservatório tende a encher em época de cheias, às vezes evitando inundações, e a esvaziar em época de estiagem, às vezes evitando racionamentos. Por isto é chamado de "reservatório de regularização". Como a flutuação de vazão em condições naturais raramente coincide com a flutuação da necessidade de uso da água, inclusive para produção de energia elétrica, a regularização do rio, em geral, é extremamente benéfica. Se o reservatório de regularização estiver cheio, e se a vazão afluente for maior do que a máxima vazão capaz de ser conduzida pelas turbinas, configura-se uma sobra de água, que deve ser escoada através dos vertedores (Figura 3). Existem no Brasil 31 reservatórios construídos pelo Setor Elétrico com volume útil superior a 1 bilhão de metros cúbicos. O Anexo 1 apresenta uma relação dos principais reservatórios.

O Brasil, e poucos outros países, como Canadá, Suécia e Noruega, têm a sorte de possuir numerosos rios com potencial de aproveitamento hidrelétrico. Por esta razão, o parque hidrelétrico brasileiro é um dos maiores do mundo, em termos absolutos e relativos: enquanto em termos mundiais as usinas hidrelétricas são responsáveis pela produção de cerca de 25% da energia elétrica, no Brasil esta cifra tem atingido nos últimos anos 97%. O restante é produzido principalmente por

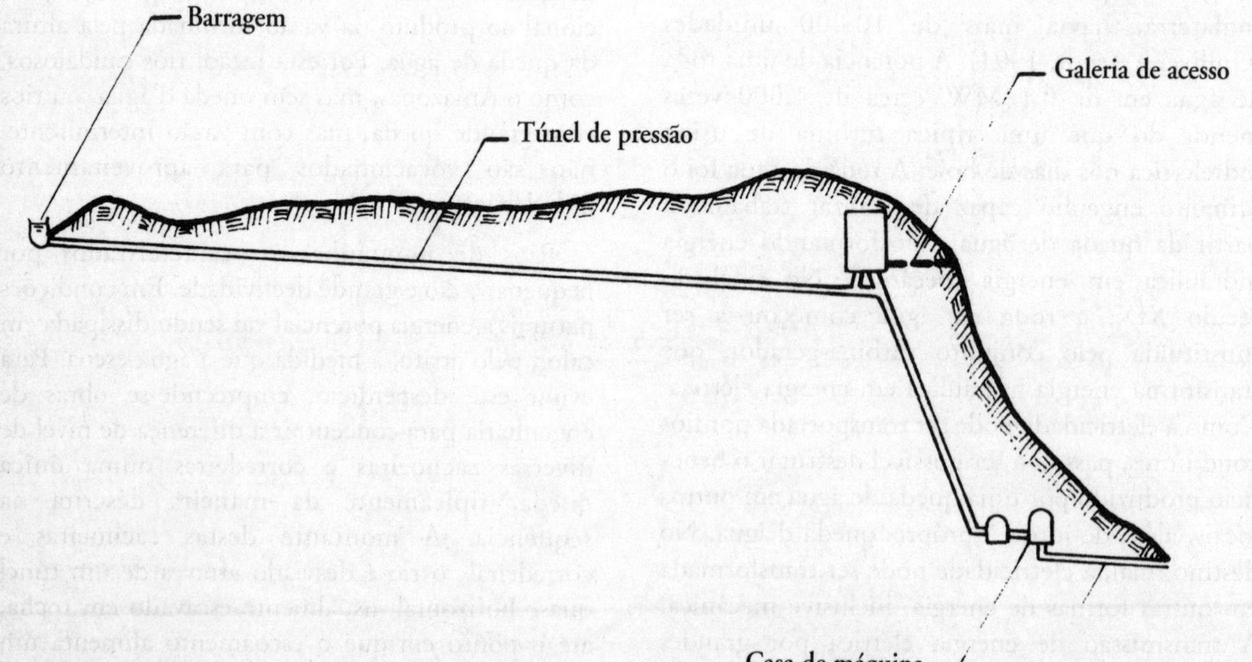

Figura 1 - Típico aproveitamento hidrelétrico em rio de montanha.
FONTE: GCOI, 1997.

usinas termoelétricas, cujas turbinas são acionadas pela queima de combustíveis fósseis ou físseis (usina nuclear é um tipo de usina térmica). Existem usinas que não são nem hidrelétricas nem termoelétricas, por serem acionadas pela energia eólica ou diretamente pela energia solar. Em termos quantitativos, no entanto, estas usinas "alternativas" contribuem com uma porcentagem insignificante do total de energia elétrica produzida, no mundo e no Brasil.

A energia produzida nas usinas hidrelétricas é renovável graças ao ciclo hidrológico: a água de chuva escoa superficialmente ou subsuperficialmente em direção ao mar, ao mesmo tempo em que vai sendo evaporada. O escoamento descendente é acionado pela gravidade, ao passo que a evaporação ascendente, que dá origem às nuvens e às futuras precipitações, é acionada pela energia solar. Já a energia produzida nas usinas termoelétricas é não renovável. Isto é, depende de reservas minerais que são definitivamente deplecionadas pelo uso.

As usinas hidrelétricas não necessitam de combustível porque são "movidas" a água. Por esta razão, o custo de operação e de manutenção de uma usina hidrelétrica é sempre bem inferior ao de uma termoelétrica de mesmo porte. Ocorre o inverso com relação ao custo de implantação: as usinas termoelétricas podem ser instaladas em curto prazo, praticamente em qualquer lugar, de preferência perto dos centros consumidores de eletricidade, com baixo custo de obras civis[1] e de sistema de transmissão. Já as usinas hidrelétricas, só podem ser instaladas junto aos rios, nos locais onde a conjugação de vazão e queda for favorável, em prazo longo (10~8 anos), em geral com alto custo de obras civis e de sistemas de transmissão. A escolha entre as duas alternativas – usina hidrelétrica ou termoelétrica – tem sido feita comparando-se o valor presente do fluxo financeiro de gastos de investimento e de operação. Adotando-se uma perspectiva histórica, a opção hidrelétrica tem prevalecido largamente no Brasil, bem como em todos os países que possuem este recurso natural. No entanto, adotando-se uma perspectiva que privilegie fatos recentes, observa-se uma tendência favorável à construção de usinas termoelétricas. Pode-se alinhavar algumas razões para esta tendência:

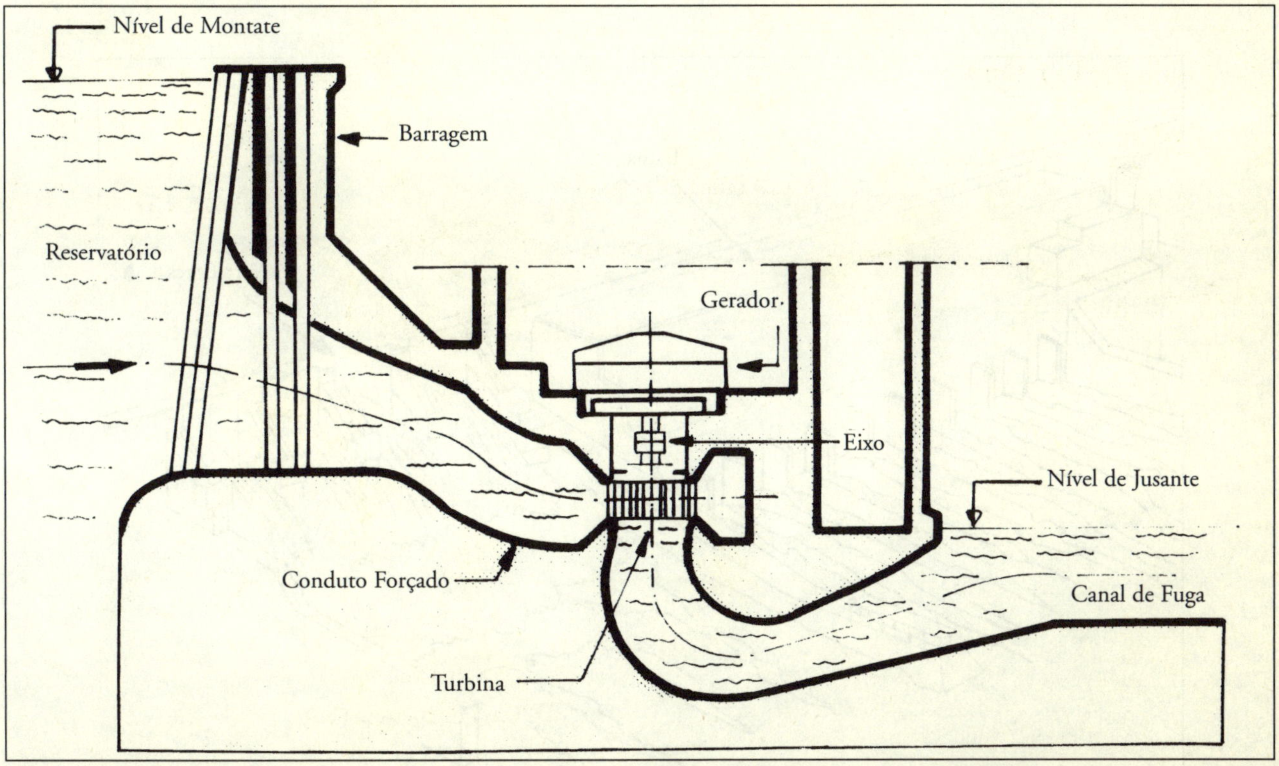

Figura 2 - Típico aproveitamento hidrelético em rio de planalto
FONTE: GCOI, 1997.

1 Usina nuclear, por razão de segurança, é exceção.

- como os locais adequados para construção de hidrelétricas são limitados, cada novo aproveitamento hidrelétrico tende a ser menos atraente que os que o antecederam;
- o custo de produção de energia por turbina a gás natural de ciclo combinado tem diminuído, devido a avanços tecnológicos e maior disponibilidade de gás natural;
- o setor privado tende a preferir projetos de curto período de implantação;
- a construção de novas usinas hidrelétricas continua sujeita a pesadas restrições ambientais;

A restrição ambiental resulta dos inegáveis malefícios causados pela implantação de uma usina hidrelétrica, quase todos de caráter local, tais como re-assentamento de populações ou desflorestamento, para implantação da barragem e do reservatório. A partir dos anos 80, estes prejuízos têm despertado vigorosa ação política de comunidades locais, que se sentem prejudicadas, e de ambientalistas. Por outro lado, os setores beneficiados, por serem de difícil mobilização, em geral não se manifestam. Trata-se do universo de consumidores, localizados por vezes a milhares de quilômetros da usina, que sofreriam racionamentos de eletricidade, caso não fossem construídas novas usinas. Naturalmente, estas novas usinas poderiam ser termoelétricas. Na configuração política dos anos 90 a alternativa termoelétrica causa restrições ambientais menos intensas do que a alternativa hidrelétrica, pelo menos no Brasil. Entretanto, é possível antecipar uma mudança nesta tendência, quando os impactos ambientais das termoelétricas ficarem mais conhecidos.

Energia elétrica no Brasil

A energia elétrica é o serviço público de mais amplo alcance social no país, atendendo a cerca de 92% dos domicílios. Há dois grandes sistemas interligados por linhas de transmissão, um integrado pelas empresas concessionárias das regiões Sul, Sudeste e Centro-Oeste, e o outro por concessionárias da Região Nordeste e parte da Região Norte. Além disto, há um conjunto de mais de 350 sistemas isolados, em sua maioria de pequeno porte e localizados na Região Norte (Amazônia).

Em 1997 as usinas hidrelétricas dos sistemas interligados produziram 225,76 TWh que, adicionados a 84,91 TWh produzidos pela Usina Bina-

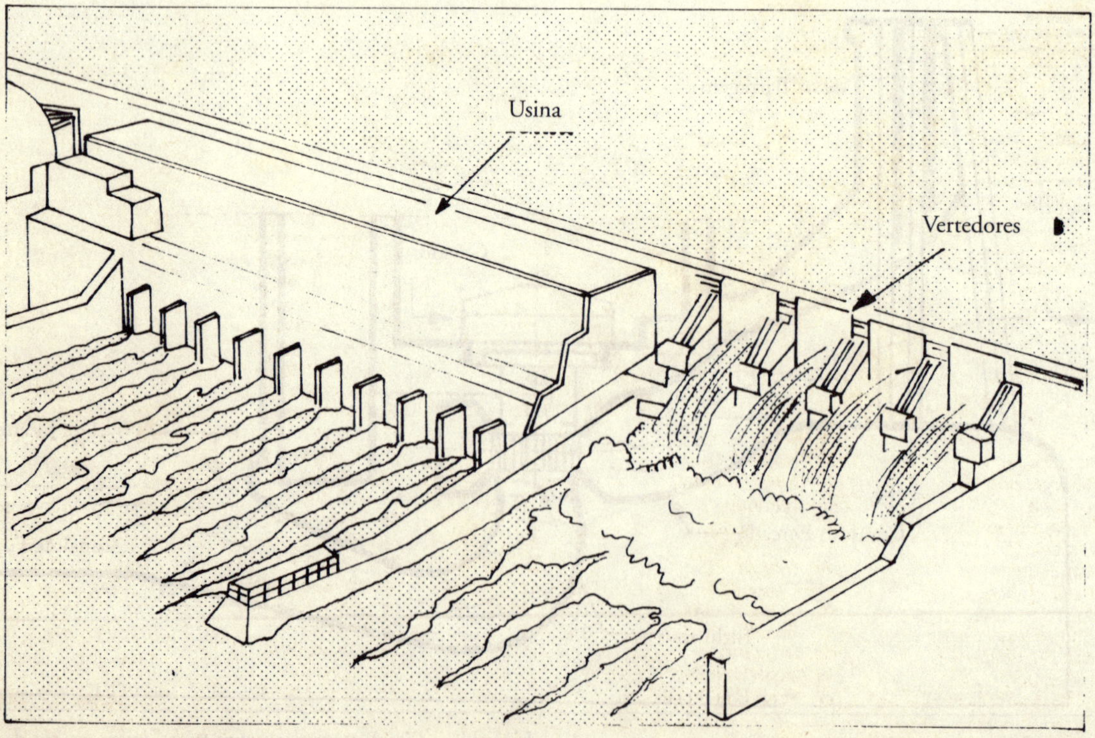

Figura 3 - Vertedores
FONTE: GCOI, 1997.

cional de Itaipu, totalizam 310,67 TWh (97% do total) para atendimento ao mercado nacional. A geração térmica complementar foi de 10,20 TWh (3% do total) (GCOI, 1997). A produção dos sistemas isolados foi de apenas 6,57 TWh, a maior parte (50%) gerada por térmicas movidas a óleo diesel. Esta produção total, incluindo a geração de Itaipu destinada ao mercado nacional, é comparável à da Itália e corresponde a mais de quatro vezes a da Argentina. A capacidade de geração instalada dos sistema interligados era em 1997, de 57.417 MW sendo 53.696 MW (94%) em usinas hidrelétricas e 3.721 MW (6%) em usinas termelétricas. O Anexo 2 apresenta a lista das usinas. A contribuição percentual das usinas hidrelétricas para geração de energia (97%) é maior

Figura 4: Localizações de usinas hidrelétricas no Brasil

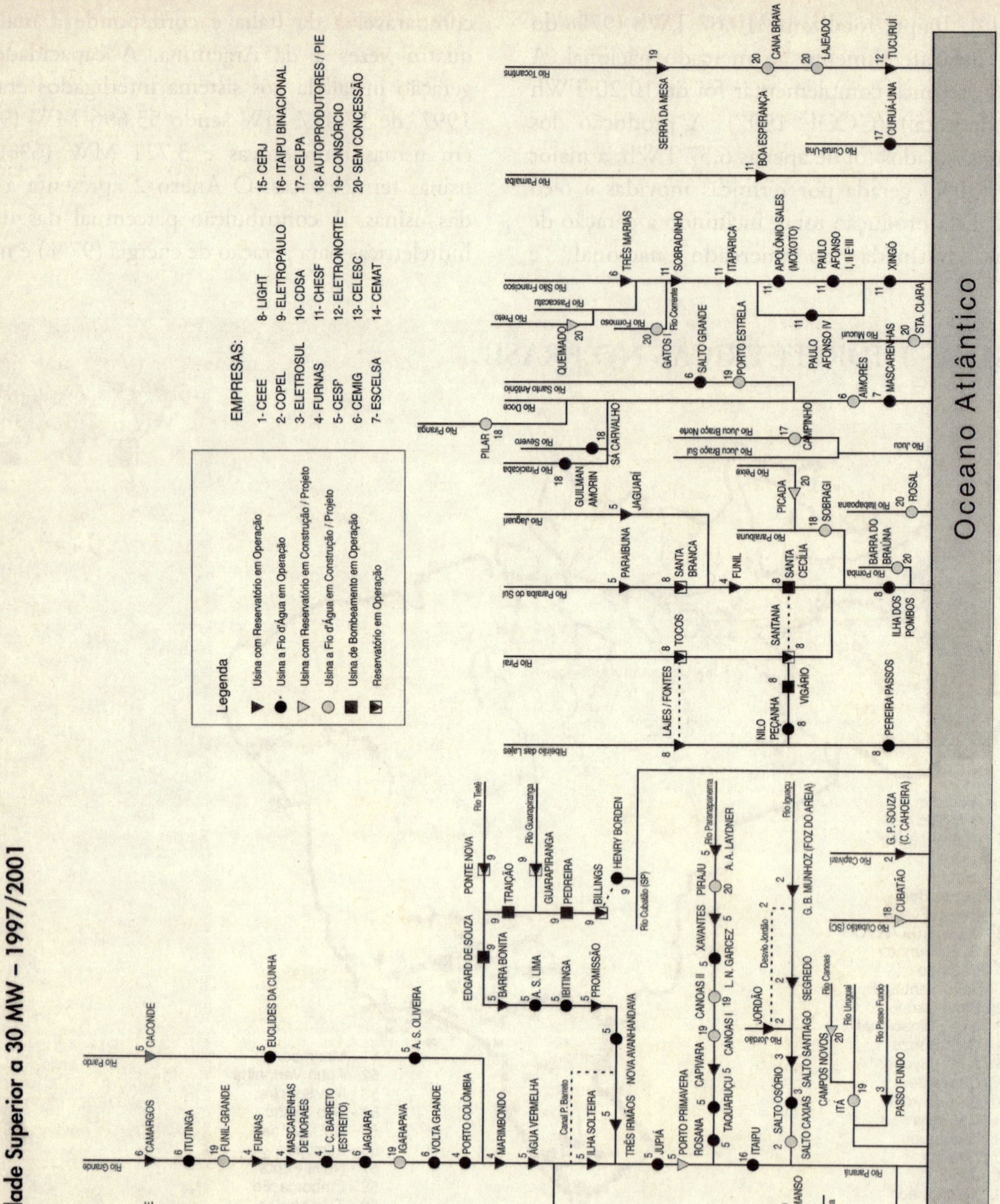

Figura 5 - Representação topológica da localização das usinas
FONTE: GCOI, 1997.

do que o percentual da potência instalada (94%), porque as usinas termoelétricas não são acionadas quando os reservatórios estão cheios. A Figura 4 mostra a localização das usinas com capacidade superior a 30MW e a Figura 5 apresenta a mesma informação, em forma esquemática.

Novas usinas hidrelétricas podem ser construídas em cerca de 1.000 locais já inventariados, isto é, avaliados com base em pesquisa de campo, perfazendo um total de 107.325 MW. Os aproveitamentos inventariados podem ser classificados de quatro maneiras, com respeito ao avanço do correspondente projeto: a) apenas inventariado; b) com estudo de viabilidade; c) com projeto básico; d) em construção. Existe ainda um potencial adicional, estimado em 98.264 MW, identificado através de estudos em escritório, focados em cerca de 3.000 trechos de rios. Muitos aproveitamentos são individualmente identificados no mapa, mas a correspondente estimativa do potencial hidrelétrico não é lastreada em estudos de campo, ao contrário do que ocorre com um aproveitamento inventariado. Portanto, o potencial hidrelétrico brasileiro é de 53.696 MW (em operação, sistemas interligados, 1997) + 817 MW (em operação, sistemas independentes, 1997) + 107.325 MW (inventariado) + 98.264 MW (estimado) = 260.102 MW, dos quais apenas 21% já foram explorados. As Figuras 6 e 7 apresentam a divisão deste potencial, diferenciado por estado de conhecimento e por bacia hidrográfica (Eletrobrás, 1998).

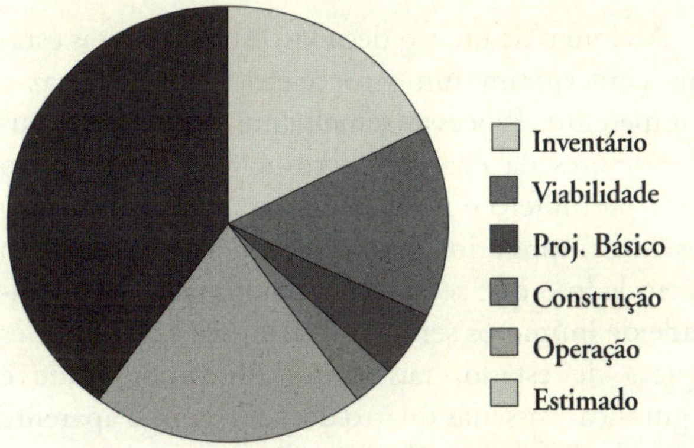

Figura 6 - Potencial hidelétrico. Estado de desenvolvimento.

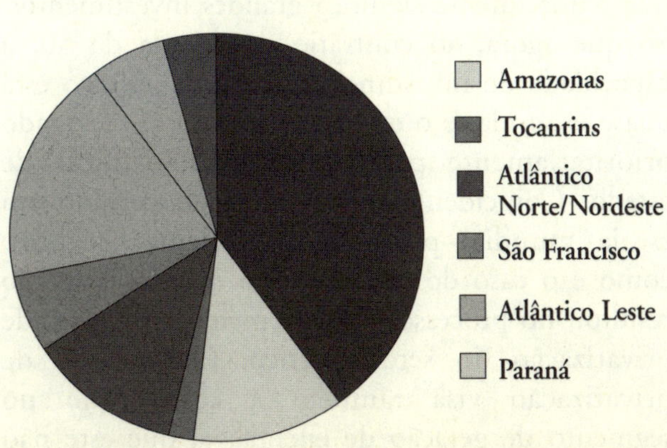

Figura 7 - Potencial hidrelétrico. Bacias hidrográficas.

A opção pelo desenvolvimento do sistema gerador brasileiro, com base na utilização do vasto potencial hidrelétrico do país, determinou algumas características do sistema. As usinas hidrelétricas são construídas onde existem condições de desníveis e afluências que permitam o melhor aproveitamento dos cursos d'água, na maioria das vezes em locais distantes dos principais centros de carga. Em função disto, para atender ao mercado consumidor foi necessário desenvolver um complexo sistema de transmissão, atualmente com mais de 62.000 Km de linhas de transmissão com tensões iguais ou superiores a 230 kV (Figura 8).

A iniciativa privada foi a principal responsável pela produção, transmissão e distribuição de energia elétrica, para atendimento das principais cidades do Brasil, até o final dos anos 40. Cidades de menor porte eram atendidas por empresas municipais ou estaduais. Não havia ligação elétrica entre os diferentes sistemas, que operavam de forma isolada. A partir dos anos 50, ocorreu notável salto no processo de urbanização e de industrialização, induzindo significativo crescimento da demanda por energia elétrica e, por conseqüência, crescimento da necessidade de investimentos no setor. Na época a iniciativa privada, na maior parte constituída por capital estrangeiro, abdicou de realizar esta tarefa, em parte devido ao temor pelas conseqüências econômicas que poderiam advir da onda de nacionalismo que então empolgava o país, em parte devido à indisponibilidade de capital para investimentos na América Latina, já que o principal fluxo de investimentos direcionava-se para a Europa, que passava pela reconstrução do pós-guerra. O Governo Federal e alguns governos estaduais chamaram a si a tarefa, constituindo diversas empresas. Importantes empresas estaduais, CEMIG (1952), COPEL (1955) e CESP (1966) formaram-se através de processos de fusão de pequenas e médias empresas. As primeiras empresas federais formaram-se em torno de aproveitamentos hidrelétricos específicos, a CHESF (1948), no Rio São Francisco, e FURNAS

SISTEMA DE TRANSMISSÃO DE ELETRICIDADE

Figura 8: Sistema de transmissão de eletricidade no Brasil

(1957), no Rio Grande. Em 1961, o Governo Federal criou a ELETROBRÁS, para ser o principal agente financiador e conduzir o processo de reengenharia para produção e distribuição de energia elétrica em escala nacional. Iniciou-se uma fase de grandes investimentos, na construção de usinas e de troncos de transmissão. Com o aumento do grau de interligação entre sistemas elétricos, as empresas geradoras e distribuidoras da região Sudeste e Sul tomaram a iniciativa de criar o Comitê Coordenador para Operação Interligada – GCOI. Posteriormente, a ação do GCOI foi disciplinada por força de legislação, que atribuiu à ELETROBRÁS a condução do comitê executivo. Ainda nos anos 70 implantou-se dentro do GCOI o comitê para operação interligada do sistema Norte-Nordeste, formado pelas empresas geradoras federais CHESF e ELETRONORTE, e pelas empresas distribuidoras da região. Por intermédio do GCOI, passaram-se a fazer, de modo sistemático, estudos conjuntos referentes à operação dos reservatórios, dos sistemas de transmissão, dos sistemas de telecomunicações e referentes à manutenção coordenada das principais instalações.

Ao longo de quatro décadas, estas empresas estatais construíram um setor elétrico forte, capaz e competente. Processo semelhante ocorreu em outros setores da economia, como por exemplo no setor petrolífero e no siderúrgico. Se de um lado o "estado empresário" foi em geral bem sucedido, do outro lado o que se viu foi a deterioração da qualidade de inúmeros serviços relacionados a atividades típicas de estado, tais como educação, saúde e segurança. Passadas quatro décadas, com o aparente controle do processo inflacionário, as projeções são de crescimento da demanda de energia elétrica, o que naturalmente significa grandes investimentos. Só que agora, ao contrário da década de 50, a capacidade de investimento do setor público está quase exaurida, e o que resta deve ser direcionado prioritariamente para as atividades típicas de estado. Coincidentemente, o capital privado em escala mundial procura investimentos seguros, como é o caso do setor elétrico. Esta conjugação resultou no processo, presentemente em curso, de privatização do setor elétrico. O processo de privatização visa também à competição no segmento de geração de energia, já que este não constitui um monopólio natural, ao contrário do que ocorre nos segmentos de transmissão e de distribuição.

O monopólio natural ocorre sempre que for mais econômico prestar o serviço através de uma única empresa, do que por diversas empresas competidoras. Por exemplo, não seria econômico duplicar ou triplicar a rede de dutos e fios que correm ao longo das ruas, apenas para dar ao consumidor a opção de escolha. Serviços públicos com características de monopólio natural, como é o caso da transmissão e distribuição de energia elétrica, são em geral prestados por empresas concessionárias, públicas ou privadas. Tratando-se de um monopólio, cabe ao poder público, que é concedente do serviço, incluir no contrato de concessão os mecanismos regulatórios destinados a evitar abusos da concessionária, seja em termos de tarifas, seja em termos da qualidade do serviço prestado. Por outro lado, o contrato de concessão protege a concessionária da competição predatória, assegurando-lhe estabilidade na prestação do serviço. Mecanismos regulatórios devem ser aplicados a quaisquer empresas concessionárias de serviços públicos, públicas ou privadas, para contrabalançar a ausência de competição. Verifica-se que em países em que as concessionárias são empresas públicas, às vezes a própria empresa acaba por viabilizar a avaliação do serviço, por exemplo através da cessão de funcionários para o órgão regulador. Se esta simbiose é indesejável quando a empresa concessionária é pública, torna-se inaceitável quando a empresa concessionária é privada. Por esta razão, a Lei 9.427/96 criou uma nova agência de regulamentação para o setor, a Agência Nacional de Energia Elétrica (ANEEL).

A privatização de um serviço público resulta quase sempre na descentralização das decisões, o que é, em geral, benéfico. Entretanto, para os segmentos de geração e de transmissão do setor elétrico brasileiro, esta descentralização não é necessariamente benéfica, ao contrário do que ocorre na maior parte dos outros países, em que a preponderância é de usinas termoelétricas. Para entender a diferença, vamos examinar as conseqüências da privatização na situação em que ocorre predominância da termoeletricidade. Neste caso, a escolha da localização e dimensionamento de novas usinas termoelétricas a serem construídas, bem como a operação das existentes é feita, após privatização, de forma totalmente descentralizada pelas empresas privadas, que por sua conta e risco tenham interesse em atender às flutuações da demanda. Os proprietários das usinas termoelétricas faturam de acordo com a produção que consigam imprimir às suas "fábricas de energia", à semelhança dos demais setores industriais. Desta maneira, a indústria de energia elétrica passa a ser regulada pela mão invisível do mercado, em ambiente competitivo, e não por uma administração central.

Ao contrário, num sistema predominantemente hidrelétrico, como o brasileiro, a localização e dimensionamento das novas usinas hidrelétricas a serem construídas, bem como a operação das existentes, deve continuar a ser feita após privatização, de forma coordenada. Qualquer orientação em contrário conduziria a uma situação de uso perdulário do recurso natural. Isto porque as usinas hidrelétricas não podem ser construídas em qualquer lugar, como ocorre com as termoelétricas, e sim nos trechos dos rios que apresentem satisfatórias condições hidrológicas, topográficas e geotécnicas. Nos locais apropriados, elas não podem ser subdimensionadas, sob pena de subutilizar definitivamente um recurso que pertence à Nação, nem podem ser superdimensionadas, sob pena de se tornarem antieconômicas. Como diversas usinas são localizadas seqüencialmente ao longo dos rios, que vão se juntando para formar a bacia hidrográfica, a operação dos reservatórios, isto é, a variação da quantidade de água estocada, modifica a disponibilidade de água para as usinas situadas rio abaixo. A operação dos reservatórios afeta também o abastecimento de água e a diluição de efluentes de cidades e/ou indústrias, a irrigação, a navegação, o controle de enchentes e a recreação. Por estas razões, o planejamento da construção de novas usinas hidrelétricas e a operação das existentes devem ser feitas de modo coordenado, em nível de bacia hidrográfica, contemplando os usos competitivos da água. No que diz respeito a controle de enchentes, o setor elétrico reserva "volumes de espera" em seus reservatórios, para amortecer os picos de cheia há muitos anos. Quanto aos demais usos, é de se esperar que a implantação dos instrumentos previstos na Lei 9433/97 venha criar novos mecanismos de articulação, destacando-se a instituição de comitês de bacia, com atribuições legais bastante abrangentes.

Ao contrário dos demais setores usuários de recursos hídricos, o setor elétrico deve planejar e

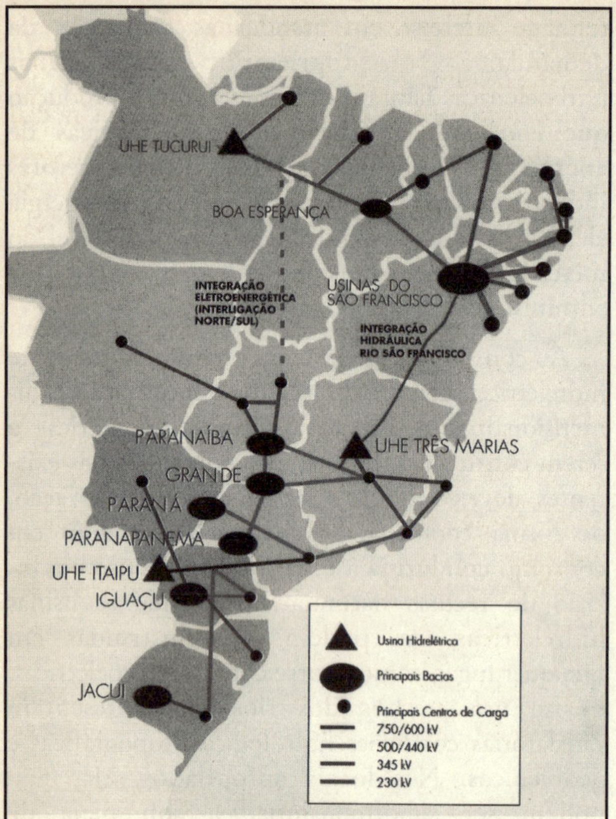

Figura 9 - Integração eletroenergética
FONTE: GCOI

operar seus reservatórios e usinas levando em consideração as interligações elétricas entre usinas pertencentes a diferentes bacias hidrográficas (Figura 9). Isto é, a coordenação deve ser também feita em nível de sistema elétrico, ultrapassando os limites da bacia hidrográfica. Isto porque as estiagens não ocorrem simultaneamente em todas as bacias e quando falta água numa bacia, as outras podem suprir a falha. Portanto, uma usina conectada ao sistema interligado é bem mais útil, em termos de capacidade de atendimento ao mercado, do que uma que atue isoladamente. Por esta razão, ao contrário do que ocorre num sistema termoelétrico, a remuneração de uma usina hidrelétrica não pode ser feita com base na energia que ela produza e sim com base em algum "fator de participação" na produção agregada do sistema hidrelétrico como um todo.

Usinas hidrelétricas

Para uma melhor compreensão do funcionamento de um sistema de usinas hidrelétricas, convém descrever inicialmente as principais características de uma usina/reservatório e, na seqüência, como estas características condicionam a operação de um conjunto de usinas.

Potência e energia

Conforme anteriormente mencionado, a barragem cria diferença de nível entre o espelho de água do reservatório (montante) e o canal de fuga (jusante). Ela forma um reservatório onde a água, constantemente renovada, é captada para a produção de energia elétrica. Um metro cúbico de água pesa 1.000 Kgf. Quando, a cada segundo cai um metro de água de uma altura de 1 metro, produz-se a potência teórica de $[1.000 \text{ Kgf}] \times [1\text{s}]^{-1} [1\text{m}] = 9.8$ KW. Se em cada conjunto turbina-gerador passa a vazão q, "caindo" de uma altura h, produz-se a potência real igual a

$$P = 9{,}8\ \nu q h \qquad (1)$$

onde

P = potência (KW)

ν = rendimento do conjunto turbina-gerador; varia com q e com h; valor típico: 0,85

q = vazão passando pela turbina (m^3/s)

h = queda líquida (m)

Substituindo ν por seu valor típico tem-se

$$P \sim 8{,}3\ qh \qquad (2)$$

A queda líquida h é igual a: (nível energético à montante da tomada d'água, que praticamente coincide com o nível de água do reservatório onde se localiza a tomada d'água) – (nível energético à jusante da turbina, que não coincide com o nível do canal de fuga, porque a velocidade de escoamento não pode ser desprezada) – (perdas hidráulicas, por atrito, no escoamento entre a seção da tomada d'água e a seção localizada a jusante da turbina, no canal de fuga). Isto é,

$$h = C_m - C_j - v_j^2/2g - h_p \qquad (3)$$

onde

C_m = cota do nível de água à montante (m)

C_j = cota do nível de água à jusante (m)

v_j = velocidade do escoamento no canal de fuga (m/s)

h_p = perdas de carga nos órgãos de adução: grades, válvulas, conduto forçado. (m)

Se a cada hora a vazão turbinada e a queda livre não variam significativamente, a energia produzida em T horas é dada por

$$E_T \approx 8{,}3 \sum^{T} q_t h_t \qquad (4)$$

onde

E = energia gerada em t horas (KWh)

q_t = vazão turbinada na hora t (m^3/s)

h_t = queda líquida na hora t (m)

A cota do nível de água à montante depende do estoque de água no reservatório. A relação entre estas duas grandezas é dada pela curva cota X volume, que traduz a característica topográfica da área inundada pela construção da barragem. Esta curva é usualmente calculada antes da construção da barragem, a partir do levantamento topográfico da área a ser alagada.

A cota do nível de água à jusante depende em geral da vazão que estiver escoando pelo canal de fuga: quanto maior a vazão, mais alto estará o nível de água. A relação entre estas duas grandezas é dada pela curva chave do canal de fuga. Esta curva é usualmente determinada experimentalmente, a partir de medições simultâneas de vazão e de nível. Em alguns casos o canal de fuga é "afogado" pelo remanso do reservatório da próxima usina, situada à jusante, quando então o nível do canal de fuga passa a depender também do nível do reservatório da usina de jusante.

Observe-se que o aumento de q pode implicar em diminuição de h devido a: i) aumento de C_j; ii) diminuição de C_m (em reservatórios com volume pequeno, quando comparado a q); iii) aumento de $v_j^2/2g$; iv) aumento de h_p (as perdas de carga por atrito são em geral proporcionais ao quadrado da velocidade de escoamento). Apesar disto, o aumento de q em geral, resulta em aumento do produto qh, do qual depende a potência P (Equação 2).

A vazão turbinada q depende da posição de válvulas ou de palhetas que controlam o fluxo para o interior das turbinas. Na posição de abertura total ocorre o fluxo máximo, que é proporcional à raiz quadrada de h. Tipicamente, só é possível operar com abertura total quando h é pequeno, por exemplo, devido a reduzido estoque de água no, reservatório. Aumentando h, chega-se a uma situação em que a potência produzida com abertura total já se iguala à potência máxima do gerador. A partir daí, para valores maiores de h, o "engolimento da turbina" tem de ser limitado pelo fechamento parcial das válvulas, para que não se ultrapasse a potência do gerador.

Balanço hídrico nos reservatórios

Como ilustrado na Figura 10, a equação de balanço hídrico relaciona os armazenamentos inicial e final com os volumes de entrada e saída de cada reservatório, ao longo do estágio t. Entende-se como estágio t ao intervalo de tempo entre t e t+Δt, onde Δt corresponde à discretização adotada (hora, dia, mês ou ano). O volume final no estágio t (início do estágio t+1) é igual ao volume inicial menos os volumes de saída (turbinamento e vertimento) mais os volumes de entrada (vazões laterais mais os volumes de saída das usinas à montante).

O balanço hídrico é formulado como:

$$V_{t+1}(i) = v_t(i) - u_t(i) - s_t(i) - e_t(i) + a_t(i) + \sum_{m \in M(i)} [u_t(m) + s_t(m)] \quad (5)$$

$$v_{t+1}(i) = \max\{ v_{min}(i), \min\{ v_{max}(i), V_{t+1}(i)\} \} \quad (6)$$

$$s_t(i) = \max\{ 0, V_{t+1}(i) - v_{t+1}(i)\} \quad (7)$$

$$q_t(i) = \max\{ 0, V_{t+1}(i) - v_{t+1}(i) + u_t(i) \} / \Delta t \quad (8)$$

onde:

i = indexa os reservatórios ao longo de um rio

$V_{t+1}(i)$ = variável auxiliar

$v_{t+1}(i)$ = armazenamento final do reservatório i no estágio t (início do estágio t+1)

$v_t(i)$ armazenamento inicial da usina i no estágio t

$v_{min}(i)$ = armazenamento mínimo do reservatório i

$v_{max}(i)$ = armazenamento máximo do reservatório i

$a_t(i)$ = afluência lateral à usina i no estágio t

$s_t(i)$ = volume vertido no estágio t

$e_t(i)$ = volume evaporado no estágio t

$u_t(i)$ = volume meta para turbinamento no estágio t ($q_t(i) = u_t(i)/\Delta t$)

$q_t(i)$ = vazão média efetivamente turbinada no intervalo (t, t+ Δt)

$h_t(i)$ = altura líquida média no intervalo (t, t+Δt)

Δt = intervalo de tempo considerado, mês por exemplo

M(i) = conjunto de usinas/reservatórios localizados imediatamente a montante de i

U(i) = usina i + conjunto de todas as usinas/reservatórios localizados a montante de i

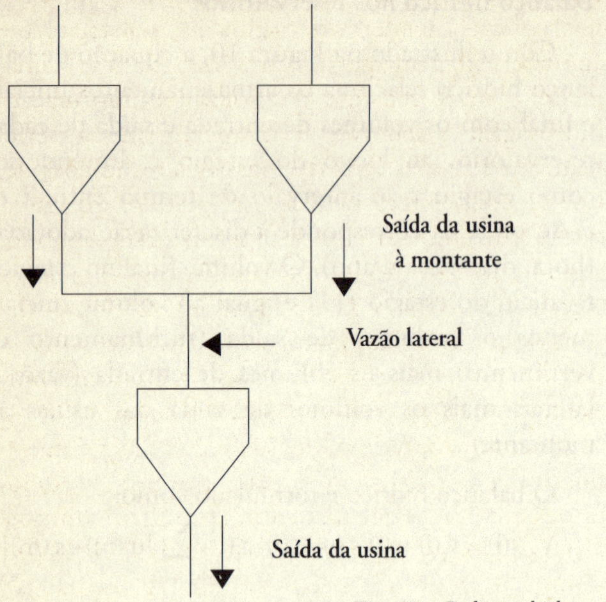

Fig. 10 - Balanço hídrico

O volume evaporado no estágio t, $e_t(i)$ é o produto da taxa de evaporação pela superfície do reservatório, que por sua vez depende do estoque de água ao início e ao final do intervalo Δt, respectivamente $v_t(i)$ e $v_{t+1}(i)$. A taxa de evaporação depende das condições climáticas. A relação entre estoque de água e espelho de água é dada pela curva cota X área, calculada de forma semelhante ao procedimento descrito para a curva cota X volume. Analogamente, a queda líquida no estágio t, $h_t(i)$ depende do estoque de água ao início e ao final do intervalo Δt, respectivamente $v_t(i)$ e $v_{t+1}(i)$.

A diferença $v_{útil}(i) = v_{max}(i) - v_{min}(i)$ é chamada de "volume útil". O volume máximo $v_{max}(i)$ corresponde ao máximo volume operativo, e não ao máximo volume fisicamente possível de ser armazenado no reservatório. Excepcionalmente, quando a aplicação da equação de balanço hídrico resultar numa vazão vertida $s_t(i)\Delta+$ maior do que a capacidade do vertedor, admite-se que $v_{t+1}(i)$ fique entre $v_{max}(i)$ e o volume máximo maximorum (Figura 11).

Energia garantida

A produção energética da usina depende de duas seqüências temporais: a de afluências e a de volumes-meta-de-turbinamento, ambas referentes à própria usina e para todas que lhe ficam à montante. Os volumes-meta-de-turbinamento são limitados superiormente pela capacidade de engolimento do conjunto turbina-gerador. Assim, a produção energética depende de $[a_t(i), t=1, 2,\ldots; j \in U(i)]$ e $[u_t(j), t=1, 2,\ldots; j \in U(i)]$. Em geral, tem-se interesse na produção energética futura e se faz t=0 coincidir com a situação presente. Na impossibilidade de se conhecer as vazões futuras, adota-se freqüentemente a hipótese de que o registro de vazões observadas no passado, a chamada série histórica, dá uma idéia razoável do que pode ocorrer no futuro. Por exemplo, suponha que haja interesse em calcular a "energia firme da usina isolada", definida como a máxima demanda energética que a usina poderia atender sem falhas,

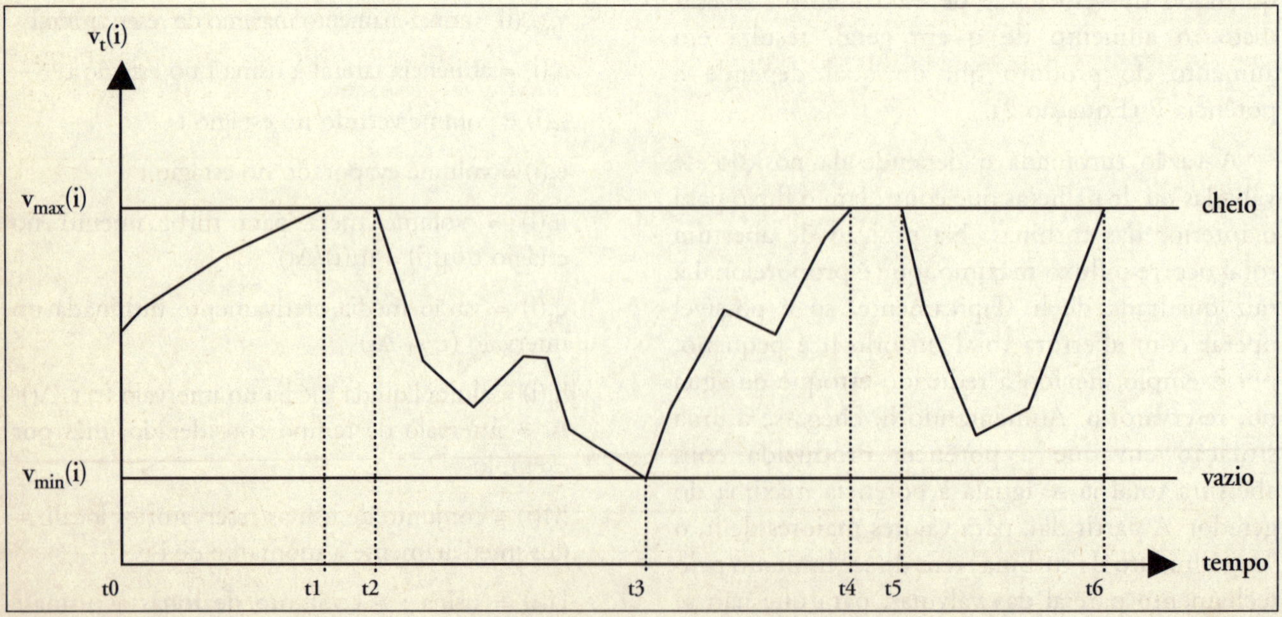

Figura 11 - Evolução do armazenamento do reservatório i.

na hipótese de que: i) não haja usinas/reservatórios a montante; ii) a série histórica de afluências se repita. Por conveniência de notação, seja a série histórica de afluências dada por $[a_{t,h}(i), t=1, 2,...; j \in U(i)]$. Neste caso, a incógnita E_f é o valor da função objetivo, dada por,

max E_f

sujeito a, para qualquer t,

$$V_{t+1}(i) = v_t(i) - E_f / h_t(i) - s_t(i) - e_t(i) + \sum_{j \in U(i)} a_{t,h}(j) \quad (9)$$

$$V_{t+1}(i) \geq 0 \quad (10)$$

$$v_{t+1}(i) = \min\{ v_{max}(i), v_{t+1}(i) \} \quad (11)$$

$$s_t(i) = \max\{ 0, v_{t+1}(i) - v_{t+1}(i)\} \quad (12)$$

A Figura 11 mostra a evolução do armazenamento com o tempo. Observa-se que nos intervalos (t0, t2) e (t3, t6) teria sido possível atender a uma demanda energética superior a E_f. Isto é, o incremento de 1 KWh na demanda energética em qualquer estágio t pertencente a estes intervalos só resultaria em diminuição de vertimento (o reservatório verte nos intervalos (t1, t2), (t4, t5), e a partir de t6). Por outro lado, o incremento de 1 KWh na demanda energética em qualquer estágio t pertencente ao intervalo (t2, t3) resultaria em 1KWh de racionamento. Por esta razão, diz-se que o período (t2, t3) é o período crítico para a usina i.

Apesar de fornecerem subsídios bastantes úteis, os estudos com séries históricas apresentam algumas limitações. A principal é a impossibilidade de se saber a probabilidade de que ocorra no futuro imediato uma situação pior do que as registradas no passado. Por exemplo, seria importante saber qual a probabilidade[(2)] de que no próximo ano não seja possível atender à demanda E_f, por efeito de alguma estiagem particularmente severa. Uma maneira mais eficiente de utilizar a informação hidrológica disponível é imaginar que a série histórica é apenas uma das possíveis realizações de um processo estocástico. Isto é, pode-se imaginar que a natureza "sorteou" a série histórica segundo algum conjunto de leis probabilísticas. Um novo sorteio resultaria em outra série, diferente da histórica, mas igualmente provável. Este tema é tratado em detalhes em diversos livros, como por exemplo, Loucks et alii (1981), e Kelman (1987). Neste contexto, tudo o que se precisa saber é que é possível, a partir do ajuste de um modelo estocástico à série histórica, produzir muitos cenários, todos com igual probabilidade de ocorrência, para as afluências futuras. A Figura 12 ilustra o conceito para o caso em que se trabalhe com apenas três cenários. Na realidade, em estudos reais trabalha-se com centenas e às vezes milhares de cenários.

Pode-se substituir o conceito de "energia firme" pelo de "energia garantida de 95%", E_{95}, através do uso de cenários futuros de afluências. Neste caso, a demanda energética, mantida fixa no tempo, é calculada para que a probabilidade anual de *déficit* seja igual a 5%. Isto é, em 95% dos anos seria possível atender uma demanda igual a E_{95} e em apenas 5% dos anos seria necessário implementar algum tipo de racionamento. Naturalmente, a escolha do nível de confiabilidade é bastante arbitrária. Poderia ter sido, por exemplo, 99% 90% ou 85%. É fácil perceber que quanto maior o nível de confiabilidade, menor a energia garantida correspondente. Isto é, $E_{99} < E_{95} < E_{90} <$

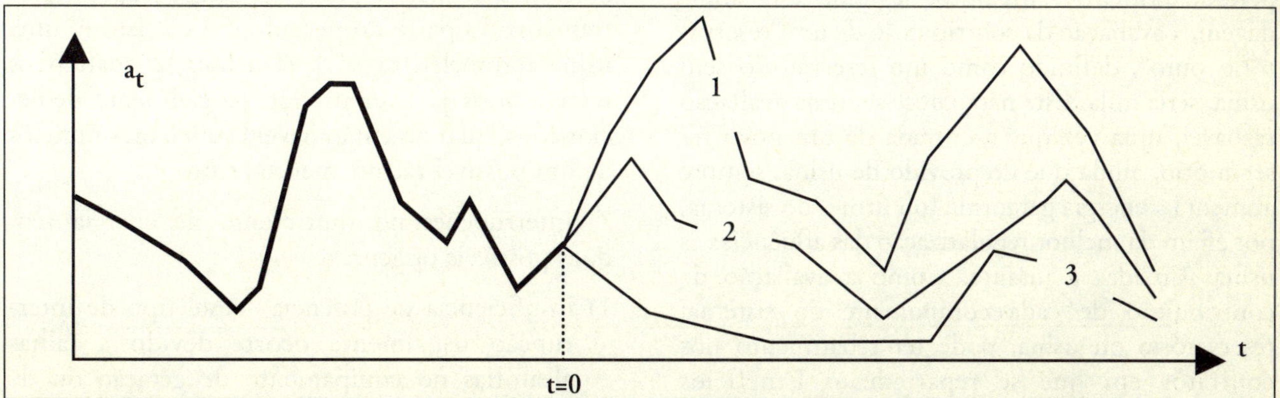

Figura 12 – Cenários de afluências futuras

(2) Esta probabilidade é chamada de "risco de *déficit*".

E_{85}. Quando se utiliza cenário futuros de afluências, ocorrem diversos "períodos secos", cujo conceito é análogo ao de período crítico. Isto é, ao longo de um período seco o incremento da demanda energética em 1 KWh ocasiona aumento do *déficit*, no mesmo instante ou em algum momento no futuro, de 1KWh.

O que se disse para uma usina hidrelétrica pode ser generalizado para um sistema composto por um conjunto de hidrelétricas, bastando que se repita o raciocínio para o reservatório "equivalente". Trata-se de um artifício matemático utilizado para representar a energia potencial da água estocada no conjunto de reservatórios das usinas hidrelétricas em um único reservatório, dito "equivalente", que "armazena" MWh, em vez de m^3 (Terry et alii, 1986). Para cada estágio t, o vetor de vazões afluentes às usinas é agregado num escalar que representa a hipotética energia afluente ao reservatório equivalente.

Os período secos (ou o período crítico) do reservatório equivalente não coincidem necessariamente com os correspondentes períodos secos (ou períodos críticos) de cada reservatório de usina i. Por esta razão, a contribuição de cada usina ao sistema não coincide necessariamente com a sua energia firme (ou garantida) isolada. Observa-se que a geração efetuada pela usina i fora dos períodos secos (ou fora do período crítico) do reservatório equivalente nada vale, já que a disponibilidade de energia, olhando-se o sistema gerador como um todo, suplanta a demanda. Assim, uma maneira de avaliar a contribuição de cada usina à capacidade de produção do sistema hidrelétrico consiste em só se contabilizar a geração de energia que ocorre nos períodos secos (ou no período crítico). Entretanto, segundo esta abordagem, a avaliação da contribuição de um "reservatório puro", definido como um reservatório sem usina, seria nula. Esta não parece ser uma avaliação razoável, uma vez que a entrada de um novo reservatório, ainda que desprovido de usina, sempre aumenta a energia garantida (ou firme) do sistema, por efeito da melhor regularização das afluências às usinas situadas à jusante. Como a avaliação da contribuição de cada componente do sistema, reservatório ou usina, pode ter rebatimento nos contratos em que se repartem os benefícios advindos da geração de energia pelo sistema, convém avaliar a contribuição de cada usina ou reservatório i à capacidade de gerar energia do sistema pelo acréscimo de energia garantida (ou de firme) que o novo componente causa ao sistema, por ocasião de seu ingresso. Para o conjunto de usinas/reservatórios já existentes, pode-se adotar a metodologia que se segue. Seja $E_{95,i}$ a energia garantida do sistema formado por todas as usinas hidrelétricas, com exceção da usina i. Tem-se que $\alpha = E_{95} - E_{95,i}$ é uma medida do acréscimo de energia garantida que a i-ésima usina traz ao sistema. É também chamada de "energia garantida de última adição, para um nível de confiabilidade de 95%".

Como, $\sum \alpha(i) \neq E_{95}$, pode-se repartir a energia garantida total do sistema em parcelas ß(i), definidas por:

$$ß(i) = \frac{\alpha(i)}{\sum_j \alpha(j)} E_{95} \qquad (13)$$

Num sistema predominantemente hidrelétrico, mas com participação de usinas termelétricas, a contribuição destas últimas para a energia total do sistema não coincide com a energia de origem térmica que seria possível gerar continuamente, descontadas as situações de indisponibilidade, programadas ou forçadas. Ao contrário, também o acionamento das termoelétricas depende do balanço hídrico nos reservatórios e, conseqüentemente, a contribuição das termoelétricas também deveria ser calculada pela Equação 13. Em outras palavras, a contribuição de uma usina termoelétrica à energia garantida de um sistema é inferior à sua capacidade máxima de produção de energia. Isto porque, não se conhecendo as afluências futuras, uma usina termoelétrica só virá a ser despachada a plena capacidade após haver transcorrido parte do período crítico. Isto é, uma usina termoelétrica só será acionada quando os reservatórios já tiverem sido parcialmente deplecionados, quando então haverá suficientes indícios de um possível racionamento futuro.

Interrupções no suprimento de energia têm duas possíveis origens:

1) insuficiência de potência – este tipo de interrupção usualmente ocorre devido a falhas aleatórias no equipamento de geração ou de transmissão; não pode ser previsto e usualmente é de curta duração, da ordem de minutos ou, no máximo, de horas;

2) racionamento de energia – este tipo de interrupção ocorre por causa da falta de água nos reservatórios; pode ser previsto com meses de antecedência e tipicamente dura alguns meses.

Em sistemas predominantemente termoelétricos, só existe o tipo (1) de interrupção de suprimento e, conseqüentemente, a maior preocupação reside em assegurar que a probabilidade de interrupção de suprimento de energia na hora de ponta (*loss of load probability*) seja baixa. Ao contrário, em sistemas predominantemente hidrelétricos a preocupação principal é com a interrupção de tipo (2). Tem-se adotado no Brasil o nível de confiabilidade anual de 95%. Entretanto, em conseqüência da severa crise financeira dos últimos anos, os investimentos em geração foram reduzidos, dos necessários US$ 6 bilhões por ano para cerca de US$ 2 bilhões por ano. Conseqüentemente, em 1997 muitas usinas estavam com a construção interrompida e a confiabilidade anual de racionamento para o futuro imediato é superior a 5%, como se vê na Figura 13.

Operação do sistema

Sob o ponto de vista energético, operar um sistema de usinas hidrelétricas significa decidir, ao início de cada estágio, qual é o volume meta de turbinamento, $u_t(i)$. Antes de tratar deste problema, apresentam-se as principais características da operação de um sistema termoelétrico. Embora não se aplique ao caso brasileiro, o exame do caso termoelétrico serve para pontuar as principais diferenças que devem existir entre o arranjo institucional do setor elétrico brasileiro, e arranjos institucionais da maioria dos demais países, de base térmica.

Operação de sistema termoelétrico

A "mão invisível do mercado" funciona num sistema termoelétrico da maneira que se segue. A cada intervalo de tempo, que pode ser por exemplo uma hora ou um dia, cada produtor (gerador) oferece ao mercado o preço unitário para energia pelo qual aceita vender e a quantidade de energia que é capaz de produzir. Os produtores são ordenados de acordo com os preços unitários.

Por conveniência de notação, define-se como produtor número 1 aquele que tiver oferecido o menor preço unitário; produtor número 2 aquele que tiver oferecido o segundo menor preço; e assim sucessivamente, até o último produtor, de número n, que tiver oferecido o maior preço unitário. Para o usuário de número i, sejam a(i) o preço unitário de oferta ($/MWh), b(i) a capacidade de produção (MWh) e c(i) o custo unitário de produção ($/MWh). Por convenção, sejam a(n+1) e c(n+1) iguais ao custo unitário do *déficit* e b(n+1) infinito. Para a demanda d (MWh), tem-se:

$$0 \leq d - \sum_{i=1}^{m-1} b(i) \leq b(m) \tag{14}$$

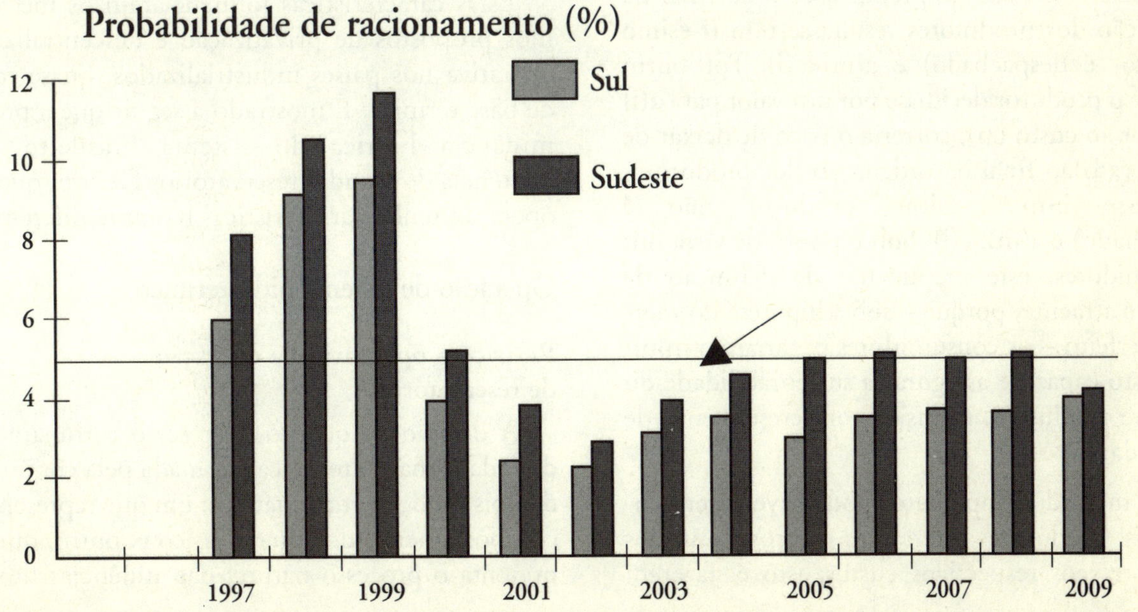

Figura 13 – Probabilidade anual de racionamento energético (avaliação de 1997)

A incógnita na inequação acima é m, que define qual o produtor que fica na "margem". A regra de despacho é muito simples: se i<m o i-ésimo produtor será despachado na sua capacidade máxima b(i). Por outro lado, se i>m o i-ésimo produtor não será despachado, por ter preço unitário superior ao da margem. O produtor da margem, isto é o m-ésimo produtor, produzirá uma quantidade de energia igual a

$$d - \sum_{i=1}^{m-1} b(i)$$

Cada produtor i despachado receberá não o preço unitário que havia ofertado a(i), e sim o "preço unitário marginal" a(m). Isto é, a receita bruta do produtor i despachado (i<m) será a(m)*b(i) e a receita líquida será [a(m)-c(i)]*b(i). Naturalmente, a receita bruta do produtor i não despachado (i>m) será nula. A hipótese básica deste arranjo é de que cada produtor i decide sobre a(i) e b(i) sem conhecimento sobre as decisões dos demais produtores. Isto é, sem conhecimento de qualquer par [a(k),b(k)], para $k \neq i$.

Pode-se provar que sob as condições do chamado "mercado perfeito", a estratégia ótima de cada produtor i é fazer o preço unitário de oferta a(i) exatamente igual ao custo unitário de produção c(i). Intuitivamente, é simples perceber a racionalidade desta decisão: se o produtor i decidisse por um valor para a(i) inferior ao custo c(i), correria o risco de prejuízo, caso ao final da ordenação dos produtores resultasse i<m (i-ésimo produtor é despachado) e a(m)<c(i). Por outro lado, se o produtor decidisse por um valor para a(i) superior ao custo c(i), correria o risco de deixar de lucrar, caso ao final da ordenação dos produtores resultasse i>m (i-ésimo produtor não é despachado) e a(m)>c(i). Sob o ponto de vista dos consumidores, este mecanismo de definição de preços é atraente, porque – sob a hipótese do mercado perfeito – os consumidores pagariam o mínimo custo capaz de assegurar a sustentabilidade do processo produtivo, inclusive com crescimento de demanda.

Em mercados imperfeitos pode haver a tendência dos produtores ofertarem preços unitários superiores aos respectivos custos; isto é, fazerem a(i)>c(i). Esta tendência poderia ser parcialmente corrigida, em defesa dos consumidores, adotando-se um procedimento do tipo leilão, em que os produtores disputariam melhores posições na fila através da oferta de menores preços unitários.

O problema operativo térmico é resolvido colocando as usinas em ordem crescente de custo de produção de um MWh adicional (custo incremental) e ajustando a entrada ou saída destas usinas às variações da demanda. Embora existam fatores adicionais que tornam este problema mais complexo (perdas de energia, limitações nas linhas de transmissão, custos de partida, limites na taxa de variação da produção energética etc.), o problema de operação térmica possui as seguintes características básicas:

- é desacoplado no tempo, isto é, uma decisão operativa hoje não afeta o custo operativo da próxima semana;
- as unidades têm um custo direto de operação, isto é, o custo operativo de uma unidade depende somente de seu próprio nível de geração, e não da produção das outras unidades;
- o despacho econômico não depende do custo de racionamento (supondo, naturalmente, que este custo excede o da térmica mais cara). Como conseqüência, o risco de interrupção de suprimento de um sistema térmico depende somente da capacidade total das térmicas disponíveis, e não da política operativa.

Estas características influenciaram os mecanismos propostos de privatização e descentralização operativa nos países industrializados, quase todos de base térmica. É mostrado a seguir que a predominância hídrica do sistema brasileiro e a existência de grandes reservatórios faz com que sua operação tenha características bastante diferentes.

Operação de sistema hidrotérmico[3]

Restrições operativas na operação de reservatórios

A decisão de quanto deve ser o turbinamento de cada usina hidrelétrica é tomada pela conjunção de dois modelos matemáticos: um que representa o comportamento do sistema físico e, outro, que representa o processo natural das afluências fluviais

3 Esta seção reproduz trechos de Vieira (1997) e Pereira (1998).

ao sistema. A solução obtida com os modelos matemáticos é aplicada ao sistema físico. A Figura 14 apresenta um diagrama deste processo.

O modelo matemático de representação do comportamento do sistema físico pode ser um modelo de simulação ou de otimização. Em geral, o modelo de simulação é empregado no contexto de um estudo de Monte Carlo onde, por exemplo, se deseja averiguar o efeito de uma regra de operação alternativa para um sistema de recursos hídricos existente para o qual são conhecidos tanto a capacidade de acumulação dos reservatórios como as demandas do sistema. Nesta situação, para uma mesma seqüência de afluências são obtidas seqüências de defluências distintas, uma para a regra existente e outra para a regra alternativa. Com estas duas séries de defluências é possível eleger uma ou mais variáveis de desempenho, que pode ser, por exemplo, a vazão média desviada para um projeto de irrigação. A realização deste exercício para um grande número de possíveis seqüências de afluências propiciará a obtenção da distribuição estimada de probabilidades das variáveis de desempenho. Uma análise estatística das variáveis de desempenho permitirá aferir se há ganho ou não com a adoção da regra de operação alternativa. Quando, contudo, há o desejo de identificar uma estratégia de operação ótima para atender um objetivo específico, por exemplo, maximizar a produção de energia elétrica, o ideal é que se identifique as regras operativas pelo uso de um modelo de otimização.

As decisões de operação para um sistema de reservatórios são seqüenciais no tempo e dependem do comportamento aleatório das vazões e das demandas. As decisões de operação, essencialmente o volume de água a ser liberado, devem levar em conta um conjunto de restrições, que podem ser classificadas em dois grupos. Inicialmente, as restrições decorrentes de limitações físicas do sistema devem ser consideradas. São restrições do tipo, "o volume armazenado não pode ser maior que a capacidade do reservatório". Já o segundo grupo de restrições são aquelas decorrentes de uma situação conjuntural. São exemplos de restrições conjunturais as

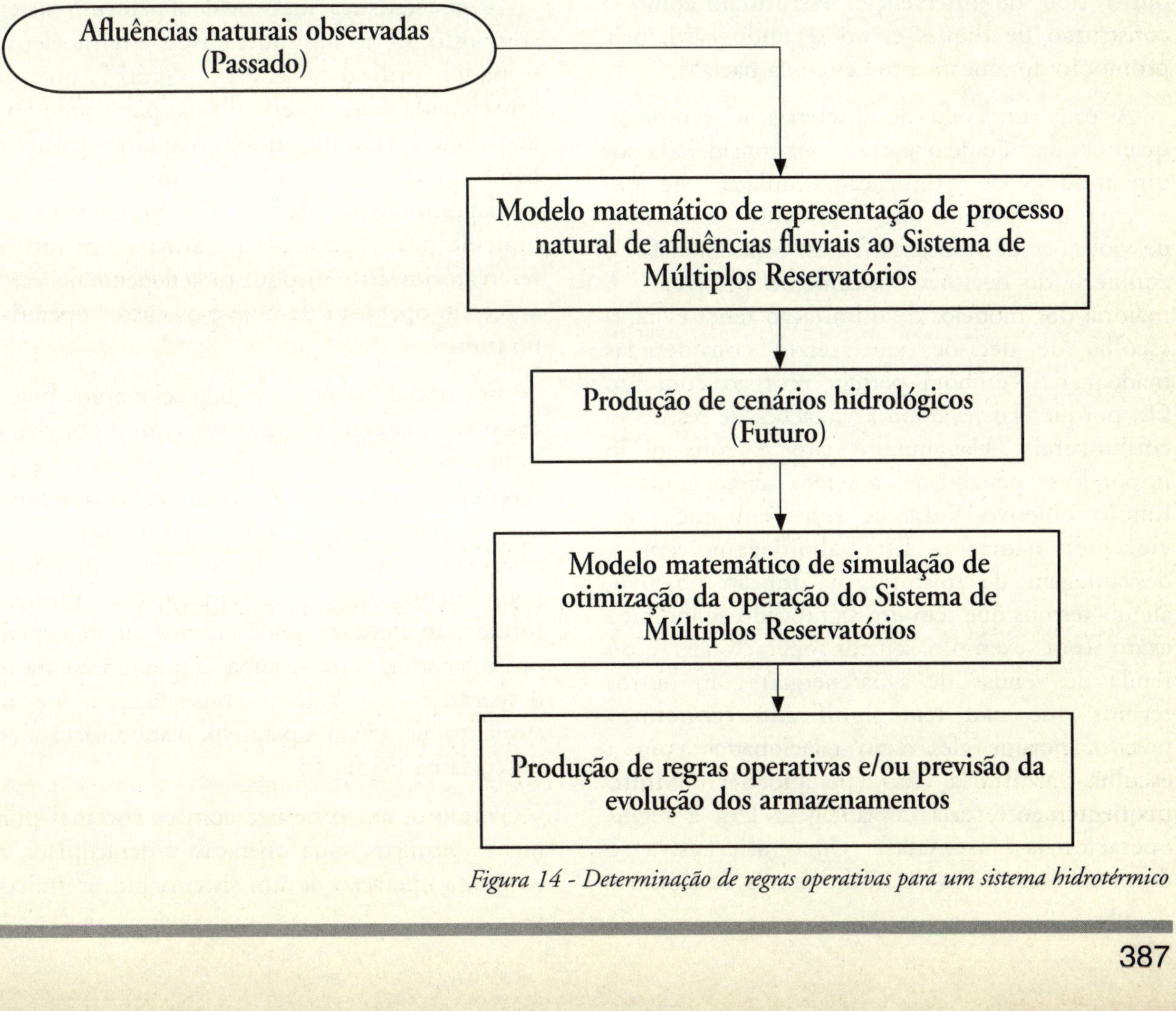

Figura 14 - Determinação de regras operativas para um sistema hidrotérmico

restrições de defluências máximas, que visam proteger populações ribeirinhas de inundações, bem como restrições de defluências mínimas, que visam propiciar uma diluição ambientalmente aceitável de poluentes. Estas restrições são conjunturais no sentido de que o atendimento a elas é condicionado à existência de uma conjuntura favorável, ou seja, há o desejo do operador do sistema de atender a estas restrições, embora nem sempre isto seja possível. Por exemplo, em situações de cheias de grande porte pode ser fisicamente impossível reter no reservatório o volume excedente, que permita a manutenção das vazões defluentes abaixo de uma descarga que não provoque danos à jusante.

Analogamente, a meta de vazão mínima para atender o objetivo de diluição de poluentes pode também ser inviável ante um evento natural de seca na bacia, que supere a capacidade de regularização propiciada pelos reservatórios. Muitas vezes, é economicamente vantajoso para a operação de um sistema de recursos hídricos a eliminação destas restrições. No primeiro caso, pela relocação da população ribeirinha ou algum outro tipo de intervenção estrutural, como a construção de diques e, no segundo caso, pela promoção do saneamento básico da bacia.

A cada intervalo de discretização temporal, qualquer decisão de operação a ser considerada por um modelo de otimização/simulação de um sistema de múltiplos reservatórios deve estar livre de violações de restrições físicas. Seja então Ω_1 o conjunto de decisões "fisicamente possíveis". A maioria dos modelos de otimização tenta evitar a escolha de decisões que sejam consideradas inadequadas, embora pertencentes ao conjunto Ω_1, porque elas levariam a violações de restrições conjunturais. Usualmente isto é conseguido impondo-se penalidades a serem acrescentadas à função objetivo todas as vezes em que estas violações ocorrem. Esta abordagem tem a desvantagem de misturar, na função objetivo, alguns termos que têm um significado econômico exato (por exemplo, custos operacionais e/ou renda de vendas de água/energia) com outros termos que não têm significado econômico preciso, porque eles estão relacionados com a escolha arbitrária das penalidades. Muito freqüentemente, esta desvantagem leva à regras operacionais insensatas. Uma alternativa é diminuir o conjunto decisório através da eliminação das decisões que resultem em qualquer violação das restrições conjunturais, no intervalo de discretização de tempo considerado. O conjunto resultante, Ω_2, está contido em $\Omega_1 (\Omega_2 \subset \Omega_1)$ e, em geral, é relativamente simples de ser determinado.

Mais difícil é diminuir o conjunto de determinações viáveis, a fim de eliminar aquelas que levariam a violações das decisões conjunturais nos intervalos de discretização temporal futuros. Seja, $\Omega_3 (\Omega_3 \subset \Omega_2 \subset \Omega_1)$este conjunto. Se Ω_3 não for um conjunto vazio, dever-se-ia selecionar a melhor decisão entre aquelas que pertencem a ele. Melhor em algum sentido econômico, como por exemplo, o valor da energia produzida pelos aproveitamentos hidrelétricos e/ou o valor das colheitas produzidas nas áreas de irrigação. Esta função objetivo é freqüentemente não-linear, como é o caso da produção de energia nas usinas hidrelétricas, que é proporcional ao produto de duas variáveis decisórias, a vazão turbinada e a altura de queda (função do armazenamento, que é também uma variável decisória).

Custo imediato X custo futuro

A característica mais evidente de um sistema composto por usinas hidrelétricas e termoelétricas é poder utilizar a energia "grátis" que está armazenada nos reservatórios para atender à demanda, evitando, desta maneira, gastos de combustível com as unidades térmicas. Entretanto, a disponibilidade de energia hidrelétrica está limitada pela capacidade de armazenamento nos reservatórios. Isto introduz uma dependência entre a decisão operativa de hoje e os custos operativos no futuro.

Em outras palavras, se deplecionamos hoje as reservas de energia hidrelétrica, com o objetivo de minimizar os custos térmicos, e ocorre uma seca severa no futuro, pode haver um racionamento de custo elevado. Se, por outro lado, preservamos as reservas de energia hidrelétrica através de um uso mais intenso de geração térmica, e as afluências futuras são elevadas, pode ocorrer um vertimento nos reservatórios do sistema, o que representa um desperdício de energia e, conseqüentemente, um aumento no custo operativo. Esta situação está ilustrada na Figura 15.

Portanto, em contraste com os sistemas puramente térmicos, cuja operação é desacoplada no tempo, a operação de um sistema hidrotérmico é um problema acoplado no tempo, isto é, uma decisão operativa hoje afeta o custo operativo futuro.

Como será visto na Figura 15, o operador de um sistema hidrotérmico deve comparar o benefício imediato do uso da água ao benefício futuro de seu armazenamento. Este problema está ilustrado de maneira mais precisa na Figura 16.

A função de custo imediato – fci – mede os custos de geração térmica no estágio t. Observa-se que o custo imediato aumenta à medida que diminui a energia hidro disponível no estágio, isto é, à medida que aumenta o volume armazenado final. Por sua vez, a função de custo futuro – fcf – está associada ao custo esperado de geração térmica e racionamento do final do estágio t (início de t+1), até o término do período de estudo. Esta função diminui à medida que aumenta o volume armazenado final, pois haverá mais energia hidro disponível no futuro. Em termos conceituais, a curva de fcf seria calculada através de simulações operativas do sistema para cada nível de armazenamento no final da etapa t. Como ilustrado na Figura 17, as simulações são realizadas de maneira probabilística, isto é, usando um grande número de cenários hidrológicos.

Na prática, as funções de custo futuro podem ser calculadas por um procedimento recursivo - programação dinâmica estocástica (Kelman 1987, Terry et alii 1986).

O uso ótimo da água armazenada corresponde ao ponto que minimiza a soma dos custos imediato e futuro. Como é mostrado na Figura 18, o ponto de mínimo custo global também corresponde ao ponto onde as derivadas da função de custo imediato e da função de custo futuro com relação ao armazenamento se igualam. Estas derivadas são conhecidas como valores da água.

Em contraste com o caso térmico, onde as usinas têm um custo operativo direto, as hidrelétricas têm um valor indireto, associado à oportunidade de economizar combustível deslocando uma térmica hoje ou no futuro. O uso ótimo da água é obtido quando se equilibram os valores imediato e futuro da água.

O problema de despacho hidrotérmico (sistema composto por termoelétricas e hidrelétricas) para o estágio t é formulado como:

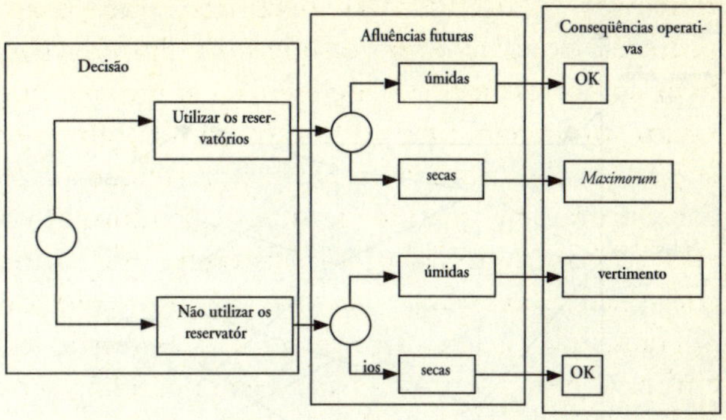

Figura 15 - Processo de decisão para sistemas hidrotérmicos

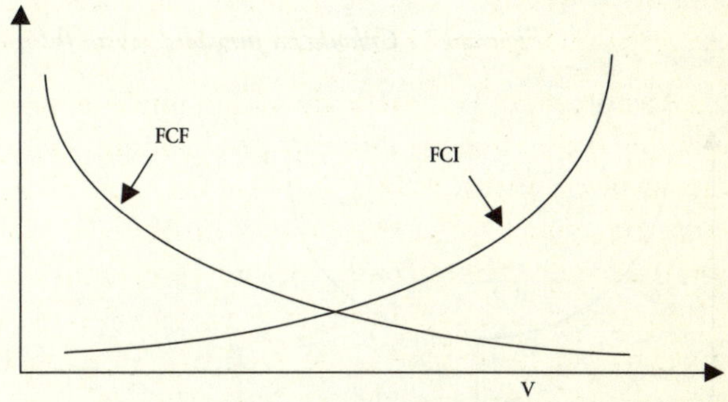

Figura 16 – Funções de custo imediato e futuro x Armazenamento

$$z_t = \text{Min } d - \sum_{j=1}^{J} c_j \times g_t(j) + fcf(v_{t+1})\ T \qquad (15)$$

Sujeito às seguintes restrições operativas:

• balanço hídrico, dado pelas Equações (5) a (8) (16)

• limites na geração térmica: $g_t(j) \leq g^-(j)$ para $j=1,\ldots,j$ (17)

• atendimento à demanda:

$$\sum_{i=1}^{I} nh_t(i)q_t(i) + \sum_{j=1}^{J} c_j\, g_{tj} = d_t \qquad (18)$$

onde

z_t valor presente do custo de operação, no estágio t

c_j custo unitário da j-ésima termoelétrica (\$/MWh)

$g_{t,j}$ quantidade de energia gerada pela j-ésima termoelétrica, no estágio t (MWh)

$g_t^-(j)$ máxima geração da j-ésima termoelétrica, no estágio t (MWh)

v_{t+1} vetor com armazenamentos em todos os reservatórios ao fim do estágio t (m^3)

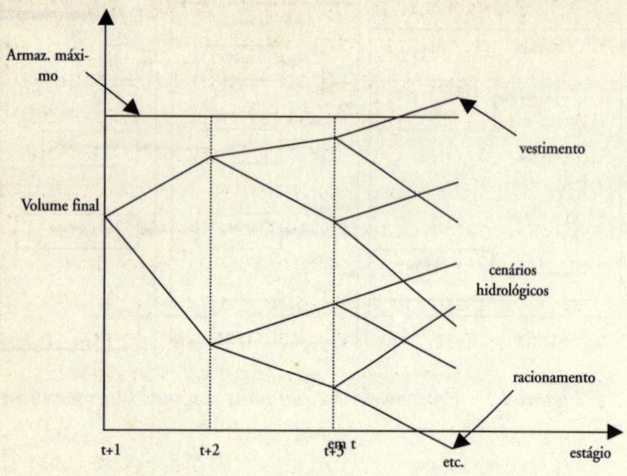

Figura 17 - Cálculo da função de custo futuro.

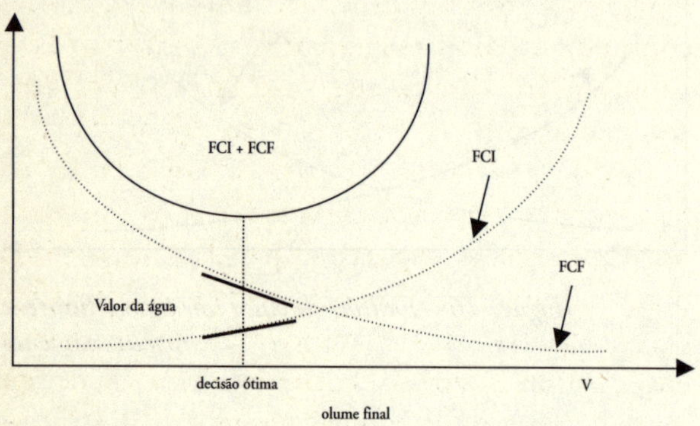

Figura 18 - Uso ótimo da água.

j índice de termoelétrica

J número de termoelétricas

$h_t(i)$ queda líquida da i-ésima hidrelétrica, no estágio t (m)

$q_t(i)$ vazão média turbinada durante o estágio t (m^3/s)

n equação 1

i índice de hidrelética

I número de hidrelétricas

d_t demanda energética ao longo do estágio t (MWh)

Assume-se a existência de uma "térmica" com capacidade infinita e com custo unitário de geração igual ao custo do racionamento, suposto maior do que o custo da térmica mais cara. Em outras palavras, o cálculo da função objetivo e das decisões operativas ótimas depende do custo de racionamento, muito embora este custo afete os consumidores e não as empresas geradoras. Desta forma, a minimização da função objetivo resulta em solução de mínimo custo para a sociedade como um todo, e não especificamente para as empresas de energia elétrica.

O problema (15)-(18) pode ser resolvido através de um algoritmo de otimização chamado de programação dinâmica estocástica. Além da decisão operativa ótima, o algoritmo de otimização calcula os preços sombra, associados a cada restrição. Trata-se da derivada parcial da função objetivo com relação ao lado direito de cada restrição. Em particular, o custo marginal de curto prazo, ou preço *spot* do sistema, é o preço sombra associado à restrição de atendimento à demanda

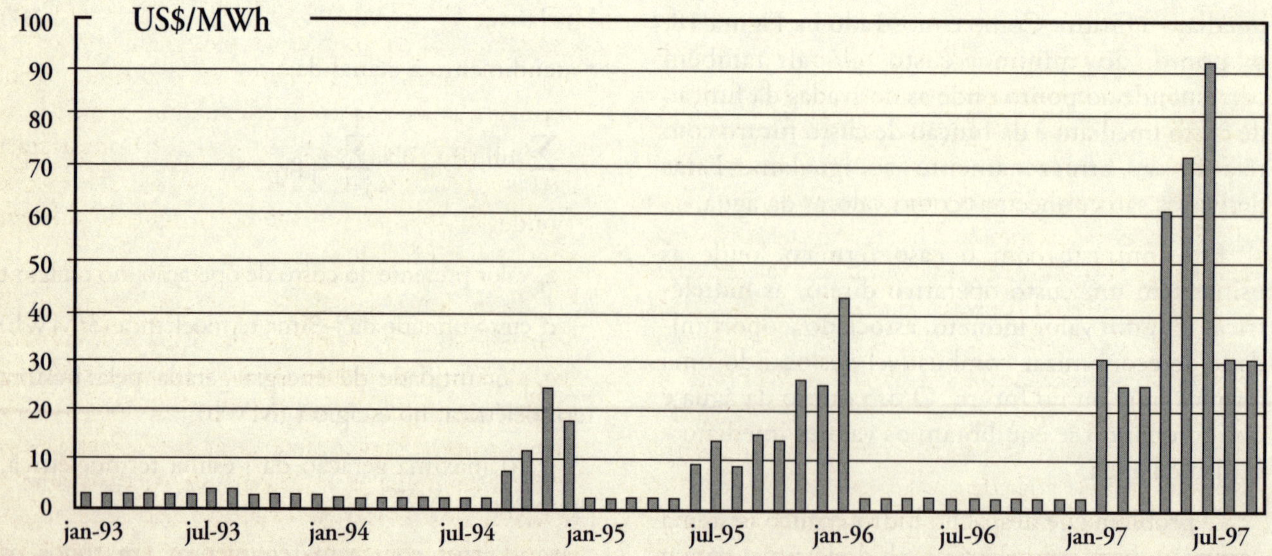

Figura 19 – Variação do custo marginal de curto prazo do sistema brasileiro.

(18). Quantifica o aumento o valor presente esperado do custo operacional, presente e futuro, caso a demanda atual aumentasse de 1 KWh. Por sua vez, o valor da água é o preço sombra associado à equação de balanço hídrico (5). Quantifica a diminuição do o valor presente esperado do custo operacional, caso o estoque de água aumentasse de 1m³. A Figura 19 mostrará a variação do custo marginal de curto prazo para o sistema brasileiro, no período de janeiro de 93 a agosto de 1997.

Pode-se observar que o custo marginal de curto prazo manteve-se perto de zero em 36 dos 56 meses e que a mais longa seqüência de meses úmidos durou 21 meses. Esta volatilidade é típica de sistemas predominantemente hidrelétricos. Como uma usina termoelétrica só deve ser despachada quando seu custo operacional for inferior ao custo marginal de curto prazo, observa-se que são longos os intervalos de tempo em que as usinas termoelétricas simplesmente não são despachadas.

Inserção das hidrelétricas na bacia hidrográfica

Outorga e cobrança de direito de uso da água

A outorga de uso de recurso hídrico é um dos mais poderosos instrumentos para a gestão dos recursos hídricos, entre os previstos na Lei 9.433/97. Qualquer proposta de empreendimento hidráulico numa bacia deve ser examinada pelo poder concedente comparando, para cada trecho de rio, a diferença entre volume outorgável e volume já outorgado. Entretanto, em se tratando de uma nova usina/reservatório hidrelétrico, é necessário que o poder público examine adicionalmente se a nova outorga é aceitável sob a ótica do sistema elétrico interconectado, cuja área de abrangência extrapola a bacia hidrográfica onde se localiza o empreendimento. Em outras palavras, o poder público deverá examinar pedidos de outorga de usinas/reservatórios hidrelétricos avaliando a inserção destes empreendimentos na bacia hidrográfica e no sistema interligado. Portanto, no caso de usina/reservatório do setor elétrico pode-se falar de duas outorgas para utilização de recursos naturais: uma referente ao uso da água e outra referente a exploração de potencial hidráulico.

O proprietário de uma usina hidrelética necessita de água para gerar energia, ou para estocar em reservatório para uso futuro. Trata-se de um usuário, que deverá pagar pela correspondente outorga, já que esta lhe dá a garantia de que o poder público não irá permitir que outros usuários venham a se instalar à montante, de forma não sustentável. Isto é, a outorga de direito de uso da água é a garantia que tem o usuário de que, se necessário for, poderá acionar os canais competentes da repressão caso alguém não autorizado decida "secar o rio".

A cobrança pela outorga de direito de uso da água poderá acarretar alguma dúvida por parte do setor elétrico, que já paga compensação financeira a estados e municípios. Entretanto, é preciso não confundir os dois pagamentos. A outorga dá ao proprietário direito de uso da água. Já a compensação financeira visa a tornar atraente, na ótica de governos locais, a instalação de reservatórios e usinas hidrelétricas. A compensação financeira exerce importante papel político, já que o custo ambiental e social associado à construção de uma hidrelétrica é sempre de abrangência local, em contraposição ao correspondente benefício, que é sempre de abrangência regional. Justifica-se o pagamento da compensação financeira por conta de uso cessante da área ocupada pelo reservatório/usina.

Uma usina hidrelética pode ser a fio de água ou pode estar associada a um reservatório de regularização. Usina a fio de água é aquela que utiliza a água sem alterar o regime fluvial. Isto é, a mesma água que em condições naturais "despencaria" em alguma queda ou corredeira, é forçada a passar por uma tubulação que a conduz até a turbina, o que permite o aproveitamento da energia, que de outra forma seria desperdiçada em atrito. O proprietário da usina a fio de água não é um usuário dos trechos de rio à jusante, já que não retira água do rio, nem altera sua qualidade.

Já no caso de usina com reservatório de acumulação, o proprietário da usina é certamente um usuário dos trechos de rio à jusante, tanto em termos quantitativos quanto qualitativos. Tudo se passa como se o proprietário da usina/reservatório comprasse água nos meses de acumulação e vendesse nos meses de depleção. Ao acumular, o proprietário da usina disputa a prioridade de suprimento com todos os demais usuários. Ao deplecionar – e portanto, ao aumentar o deflúvio para jusante – o proprietário da usina pode estar viabilizando o suprimento de usuários que, de outra forma, deixariam de ser atendidos. É possível que a regulamentação da Lei 9.433/97 venha a permitir a implantação de algum mecanismo de compensação que reconheça o valor econômico dos reservatórios. Tal mecanismo funcionaria como estímulo para expansão da capacidade reguladora. Isto é, como reservatórios são em geral enchidos em época de cheia, quando não há "stress" hídrico e a oferta tende a superar a demanda, e deplecionados nas estiagens, quando a disputa pela água é mais acirrada, é razoável supor que investir na construção de reservatórios possa vir a ser um bom negócio. Entretanto, ocorrem perdas físicas neste processo, devido à diferença entre a evaporação do lago formado pelo reservatório e a evapotranspiração que teria ocorrido na mesma área, caso o reservatório não existisse. Naturalmente, o custo destas perdas será absorvido pelo proprietário da usina/reservatório, uma vez que o volume "comprado" seria maior do que o volume "vendido".

Além disto, a água estocada em reservatórios sofre alterações qualitativas, como por exemplo o acúmulo de algas, que terá efeito sobre a qualidade da água dos trechos de jusante. Neste sentido, embora o proprietário da usina/reservatório não lance qualquer poluente no curso d'água, ainda assim ele é um usuário qualitativo de todos os trechos situados à jusante, devendo este fato influenciar o pagamento pelo direito de uso da água.

Controle de enchentes

Os reservatórios do setor elétrico brasileiro foram planejados e construídos visando unicamente à produção de energia elétrica. Uma das poucas exceções é o reservatório de Três Marias, no rio São Francisco, que foi concebido para atender múltiplas finalidades (navegação, irrigação e produção de energia elétrica). Na grande maioria dos casos, a consideração do amortecimento de cheias na fase de projeto destes reservatórios visava apenas definir condições de segurança das barragens. Entretanto, a instalação destes grandes reservatórios trouxe considerável regularização das vazões dos rios, modificando a freqüência de extravasamentos, por ocasião de fortes chuvas, nos trechos à jusante dos locais de construção das barragens. Antes da construção, extravasamentos freqüentes, às vezes anuais, faziam com que extensas faixas de terra fossem utilizadas apenas precariamente, com cultivos de pequeno valor. Após a construção, os extravasamentos tornaram-se menos freqüentes, o que estimulou a ocupação das várzeas com cultivos de maior valor, e até mesmo com edificações.

O desenvolvimento dos vales à jusante das barragens revestiu de dramaticidade os eventuais extravasamentos fluviais, que anteriormente à construção das barragens eram eventos corriqueiros. O setor elétrico se viu forçado, por pressão social, a operar os reservatórios visando o duplo propósito de gerar energia elétrica e controlar cheias, que são, infelizmente, objetivos conflitantes. Para gerar energia, mantém-se o reservatório o mais cheio possível, de forma a prover água e queda durante futuras estiagens. Para controlar cheias, mantém-se o reservatório o mais vazio possível, para garantir espaço capaz de laminar os grandes picos de descarga.

É difícil achar uma escala comum para comparar objetivos conflitantes. A redução da capacidade de produção de energia hidrelética resulta, a curto prazo, num aumento de produção das termoelétricas, e conseqüentemente num aumento do custo operativo. A longo prazo, novas usinas têm de ser construídas mais cedo, o que resulta em custos adicionais de investimento. Alguns prejuízos causados pelas inundações podem estar associados a valores monetários, como por exemplo perda de propriedade, lucros cessantes e desvio de tráfico. Outros prejuízos são de caráter não-monetário, como por exemplo problemas de saúde pública, e limitação aos deslocamentos. Por esta razão, as conseqüências econômicas do controle de enchentes não entram na função objetivo utilizada para operar otimamente o sistema (Equação 15). Em vez disto, adota-se um volume máximo operativo especial para a época chuvosa, $v_{max;c}(i)$, que deve substituir $v_{max}(i)$ na Equação 11. O "volume de espera", destinado a amortecer enchentes corresponde à diferença $v_{espera}(i) = v_{max}(i) - v_{max;c}(i)$. A Figura 20 apresenta os limites operativos para controle de cheias.

O espaço entre o nível máximo *maximorum* e a crista da barragem é reservado para as oscilações causadas pelas ondas. Quando o nível da água estiver entre o nível máximo operativo e o nível máximo *maximorum*, os vertedores deverão estar na abertura máxima, causando eventualmente danos à jusante. Nesta situação crítica, a prioridade é evitar que a barragem transborde, o que em geral resulta em rompimento, com catastróficos efeitos para jusante. Na época de cheias, quando o nível da água estiver entre o nível máximo operativo-cheias e o nível máximo operativo-normal, os vertedores deverão ser operados para limitar a vazão para jusante a um valor máximo, que não cause danos às benfeitorias feitas nas várzeas

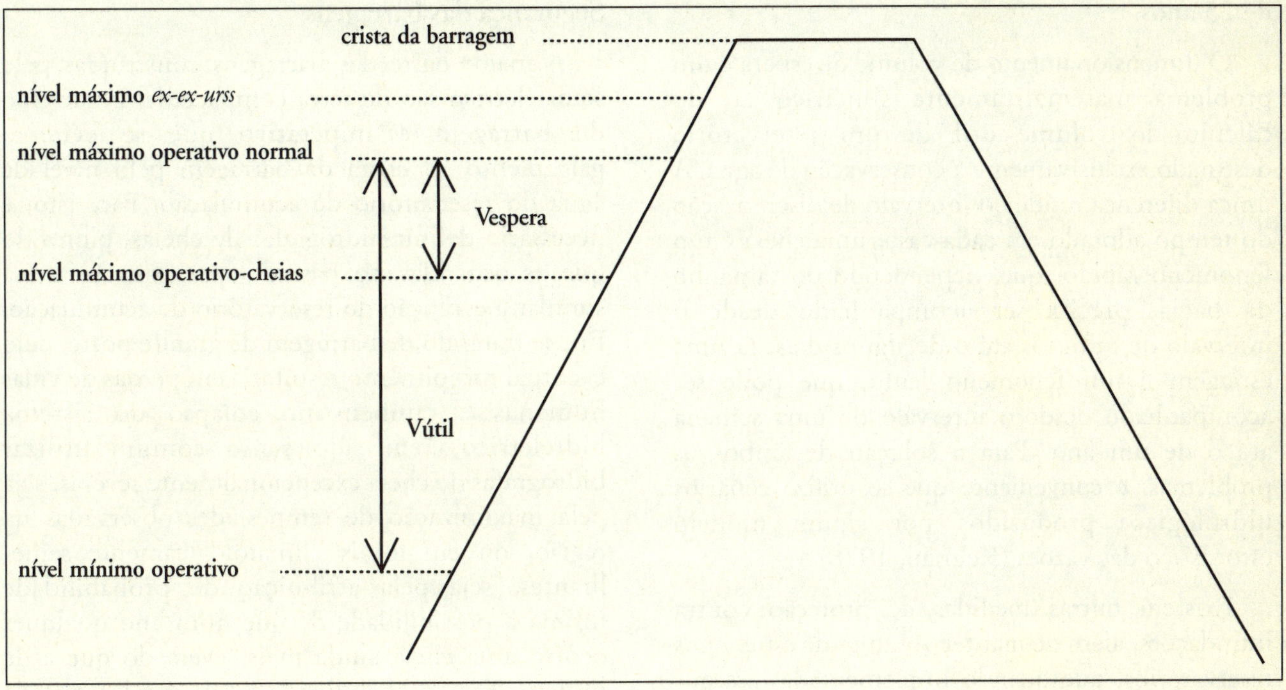

Figura 20 – Limites operativos dos reservatórios.

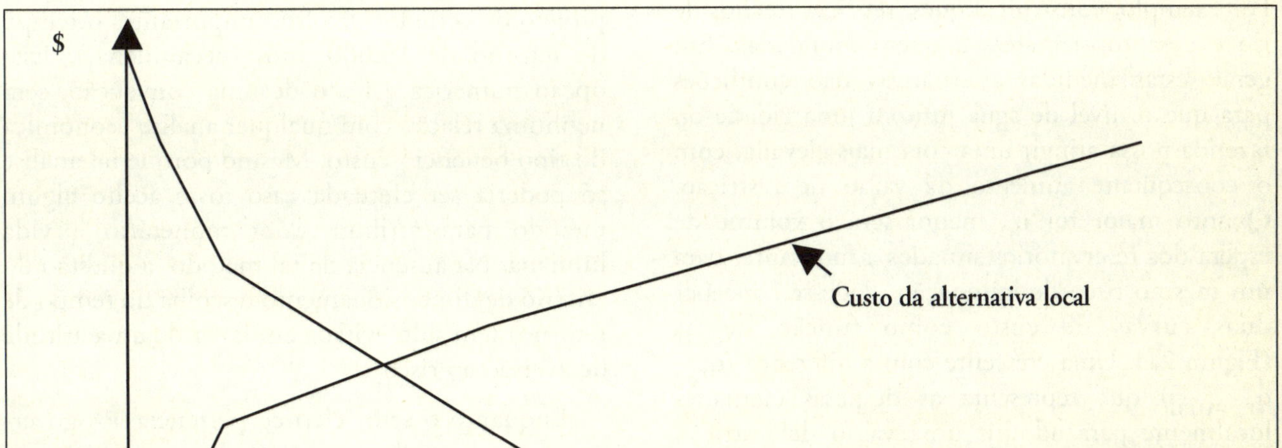

Figura 21 - Custo de controle de cheias como função da vazão de restrição.

localizadas à jusante. Esta vazão máxima é chamada de vazão de restrição, q_r. O correspondente volume de espera é calculado de forma tal que seja p a probabilidade de que num ano qualquer a vazão defluente do reservatório ultrapasse a vazão de restrição. Tipicamente p=0,04, o que implica que o intervalo de tempo médio (tempo de recorrência) para enchentes na várzea é de 25 anos.

O dimensionamento de volume de espera é um problema matematicamente simétrico ao do cálculo do volume útil de um reservatório destinado exclusivamente à conservação de água. A única diferença reside no intervalo de discretização do tempo adotado em cada caso: uma cheia é um fenômeno rápido, que, dependendo do tamanho da bacia, precisa ser acompanhado desde o intervalo de minutos até o de alguns dias. Já uma estiagem é um fenômeno lento, que pode ser acompanhado desde o intervalo de uma semana até o de um ano. Para a solução de ambos os problemas, é conveniente que se utilize cenários hidrológicos produzidos por algum modelo estocástico das vazões (Kelman, 1978).

Existem outras medidas de proteção contra inundações, além de manter volumes de espera nos reservatórios, que quando implementadas asseguram o mesmo risco de ocorrência de inundações. Por exemplo, construir diques, retificar trechos de rio e desapropriar áreas a serem inundadas. Em geral, estas medidas alternativas dão condições para que o nível de água junto a uma cidade ou fazenda possa atingir uma cota mais elevada, com o conseqüente aumento da vazão de restrição. Quanto maior for q_r, menor será o volume de espera dos reservatórios situados à montante, para um mesmo risco de inundação. Pode-se conceber duas curvas de custo como função de q_r (Figura 21). Uma crescente com a diferença (q_r – $q_{r\ atual}$) que representa as despesas efetuadas localmente para admitir uma vazão de restrição maior do que a atual, sem que ocorram danos à área que necessita de proteção. Outra decrescente, que representa as despesas suplementares que deverão ser feitas em escala nacional, ou regional, para compensar o montante de energia elétrica que não será produzido em virtude da exigência de se manter o volume de espera.

Até recentemente, não haviam mecanismos institucionais que permitissem o uso combinado das duas alternativas, no sentido de se adotar para q_r o valor que minimize a soma dos dois custos, o local e o nacional. Com o advento da Lei 9.433/97, é de se prever que o setor elétrico deverá levar este tema para discussão com os demais setores usuários dos recursos hídricos, nos respectivos comitês de bacia hidrográfica.

Segurança das barragens

A maior parte das barragens construídas pelo setor elétrico são de terra compactada. Neste tipo de barragem é imperativo que se evite o galgamento da crista da barragem pelo nível de água do reservatório de acumulação. Para isto, é necessário definir hidrógrafas de cheias, piores do que as ocorridas no passado, para que se possa simular a evolução do reservatório de acumulação. Em se tratando de barragem de grande porte, cujo eventual rompimento resultaria em perdas de vidas humanas e também no colapso do sistema hidrelétrico, tem sido senso comum utilizar hidrógrafas de cheia excepcionalmente severas, seja pela maximização de tempestades observadas na região, ou em locais climatologicamente semelhantes, seja pela atribuição de probabilidade ínfima à possibilidade de que num ano qualquer ocorra uma cheia ainda mais severa do que a de projeto. Esta probabilidade é em geral arbitrada em 10.000^{-1}, o que equivale dizer que se adota para projeto de vertedor de obras importantes o tempo de retorno de 10.000 anos (decamilenar). Esta opção numérica é fruto de uma convenção, sem nenhuma relação com qualquer análise econômica do tipo benefício-custo. Mesmo porque tal análise só poderia ser efetuada caso fosse aceito algum método para atribuir valor monetário à vida humana. Na ausência de tal método, a questão do critério de dimensionamento (escolha do tempo de retorno) tem sido evitada em favor de uma atitude de aversão ao risco.

Enquanto o setor elétrico pertencia aos governos, federal, estaduais ou municipais, a questão era eminentemente política, visto que o setor elétrico disputava recursos com outros setores que quando mal amparados também produzem vítimas, como por exemplo o setor de saúde. Com a passagem da responsabilidade pela construção de novas barragens para a iniciativa privada, o critério de dimensionamento das barragens deve passar a ser uma importante questão para avaliação por parte dos entes reguladores.

Um exercício numérico permite avaliar o nível de segurança adotado pelo setor elétrico, no que diz respeito ao dimensionamento de vertedores. A probabilidade de que haja colapso em pelo menos uma barragem de um conjunto de 10 aproveitamentos hidrelétricos independentes, ao longo do horizonte de 50 anos, adotando-se o critério decamilenar, é de $1- [1-10.000^{-1}]^{(10X50)} = 0,05$. Isto é, 5%. Esta probabilidade sobe para 39% quando se adota o critério milenar. Como subdimensionamento de vertedores é responsável por apenas 30% dos casos de rompimento de barragens (Cole & Krisbamurthy, 1979), a probabilidade de algum colapso é na realidade maior, quando se consideram também os aspectos geológicos e estruturais. Ainda assim, parece razoável afirmar que a adoção do critério decamilenar resulta num nível de segurança satisfatório.

Outro aspecto que deve ser considerado refere-se à possibilidade de que cheias artificiais possam ser criadas pela elevação desnecessária do nível do reservatório, de forma tal que as comportas só sejam abertas quando o nível máximo *maximorum* for atingido. Uma operação deste tipo pode resultar de erro humano, falha mecânica no acionamento das comportas, ato de sabotagem ou de guerra. O importante a ressaltar é que, para um nível máximo normal operativo fixo, quanto maior for a vazão de projeto do vertedor, maior será a proteção contra o colapso da barragem por razões naturais e piores serão as conseqüências de uma operação "equivocada" dos vertedores.

Transposição de bacias

No passado, o setor elétrico protagonizou a transposição parcial da vazão entre bacias hidrográficas. Por exemplo, a Light instalou uma estação de bombeamento em Santa Cecília, no rio Paraíba do Sul, capaz de desviar 160 m^3/s para a bacia do rio Guandu. Trata-se de 2/3 da vazão média no ponto de captação. A água é bombeada a uma altura relativamente pequena, suficiente apenas para vencer o divisor de águas. A partir deste ponto começa a escoar em direção ao mar, através de um conjunto de túneis e condutos forçados, gerando no caminho uma quantidade razoável de energia elétrica. Depois de passar pelas usinas hidrelétricas da Light, parte da vazão desviada, cerca de 47 m^3/s, é captada pela CEDAE, a Companhia de Saneamento do Estado do Rio de Janeiro, para o abastecimento em 1998 de cerca de 8 milhões de habitantes.

Presentemente, a possível transposição do rio São Francisco, à jusante do reservatório de Sobradinho, para as regiões semi-áridas do Ceará, Rio Grande do Norte, Paraíba e Pernambuco tem polarizado as opiniões na comunidade técnica vinculada aos recursos hídricos e na sociedade em geral, razão porque se apresenta uma breve discussão sobre o assunto.

O semi-árido Nordestino recebe em média, a cada ano, uma razoável quantidade de chuva. A disponibilidade anual *per capita* nos estados mencionados é de cerca de 2.100 m^3, que é muito próximo da disponibilidade *per capita* no Reino Unido. O problema é que esta disponibilidade é apenas média, já que toda a precipitação se concentra em três ou quatro meses do primeiro semestre e varia grandemente de ano para ano. Fosse o semi-árido formado por solos profundos, esta má distribuição de chuva não seria problema tão grande, já que o excesso de água da época chuvosa se infiltraria no solo, sendo liberada gradualmente, fornecendo suprimento gradual para as fontes e para os rios. Ocorre, no entanto, que a maior parte do semi-árido se assenta sobre uma capa cristalina quase impermeável, a pequena profundidade. A pouca quantidade de água que infiltra é rapidamente evaporada e/ou transpirada pela vegetação. O excesso de água escoa superficialmente pelos córregos e rios, acabando por se perder no mar. Esta "abundância" só dura a estação chuvosa. Na estiagem os rios secam.

Secularmente, tem-se combatido a má distribuição de chuva através da construção de centenas de milhares de reservatórios, de todos os tamanhos, que no Nordeste são chamados de açudes. Há quem duvide da eficácia dos açudes no combate às secas. Esta descrença, que é equivocada, tem origem nos seguintes fatos:

1) Muitos microaçudes foram construídos sem os necessários cuidados de engenharia, pelas frentes de trabalho mobilizadas, como paliativo social, por ocasião das piores secas. As barragens de terra se dissolvem quando da ocorrência da primeira inundação (vem daí a alcunha de "açudes alka-seltzer") devida à não-construção de estruturas para vertimento, que

demandariam obras de concreto e/ou de pedra;

2) a maior parte dos açudes é pouco profunda e seca sistematicamente todos os anos por causa da forte evaporação, servindo apenas para armazenar o excesso de água dos meses "molhados" para consumo nos meses "secos" (regularização intra-anual). Entretanto, este tipo de açude raso não consegue guardar água dos anos molhados para consumo nos anos secos (regularização plurianual);

3) os açudes "corretamente" dimensionados, isto é, suficientemente profundos para terem capacidade de regularização plurianual, freqüentemente poderiam ser melhor operados. Isto porque em muitos destes açudes faltam as obras complementares de adução (canais e condutos), que permitiriam levar a água do açude para os locais onde ela se faz necessária, seja para abastecimento de localidades, seja para irrigação. Além disto, muitos destes açudes têm sido historicamente operados segundo as necessidades de pequenos grupos que se beneficiam do investimento público como se privado fosse.

Muito ainda pode ser feito na própria região semi-árida para melhorar a confiabilidade de suprimento de água e para isto devem contribuir os programas voltados para o reforço do gerenciamento do recurso hídrico na região, tanto no controle da oferta, quanto no controle da demanda. Entretanto, há que se reconhecer que o temor secular pela ocorrência da seca acaba por inibir uma operação mais arrojada dos açudes. Em outras palavras, há uma compreensível resistência ao deplecionamento dos açudes, motivada pelo desejo de salvar água para enfrentar possíveis situações mais aflitivas no futuro. Por causa disto, a perda de água, seja por evaporação seja por vertimento, é maior do que seria desejável. Caso seja feita a transposição, este temor deixaria de existir, trazendo um ganho sinérgico, devido a futuros deplecionamentos mais arrojados dos açudes. Resta comparar este ganho sinérgico com o custo causado pela transposição, tanto no que diz respeito à instalação e operação do esquema de transposição propriamente dito, quanto ao custo devido à diminuição da disponibilidade hídrica na região doadora. Este último custo tem duas naturezas: i) aumento de custo atendimento da demanda energética; ii) diminuição do potencial de produção agrícola no próprio Vale do São Francisco.

A Lei 9.433/97 sugere o roteiro de como a questão deve ser tratada, tanto do ponto de vista econômico como institucional: o conjunto dos usuários do semi-árido, que seriam beneficiados pela eventual transposição, podem ser representados por um, dois ou três usuários da bacia do São Francisco, dependendo do número final de captações que se adote no projeto de transposição. Assim como os demais usuários da bacia, também estes usuários "agregados" dependerão de outorga do direito de uso da água e estarão sujeitos à respectiva cobrança.

Estrutura do setor elétrico

Estrutura Atual[4]

A implementação de políticas nacionais para o setor elétrico brasileiro é responsabilidade do Ministério das Minas e Energia, tendo como órgão regulador a Agência Nacional de Energia Elétrica (ANEEL), criada pela Lei nº 9.427/96. A Eletrobrás atua como agente do Governo Federal nas funções empresariais de cunho institucional e nas funções de coordenação e integração do setor.

O Sistema Eletrobrás é composto pelos ativos de Furnas, Eletrosul, Eletronorte, Chesf e Nuclen, mais 50% de Itaipu. As 4 primeiras empresas foram incluídas no Programa Nacional de Desestatização. O setor elétrico, na configuração de 1996, é composto pela Eletrobrás, pelas suas 6 empresas controladas, por 28 empresas que operam na área de distribuição (3 municipais e 25 privadas) e por 29 empresas que operam nos segmentos de geração, transmissão e distribuição (26 estaduais e 3 privadas). As funções de integração, fundamentais para a eficiência do setor elé-trico brasileiro, vêm sendo realizadas em con-junto com as empresas, sob a coordenação da Ele-trobrás.

O Grupo de Coordenação de Planejamento do Sistema tem sob a sua responsabilidade a expansão do sistema. Isto é, cabe ao GCPS a decisão quanto à entrada em operação de novas usinas e de troncos de transmissão, em função de previsões de crescimento da demanda por energia elétrica. Esta

4 Esta seção é parcialmente reproduzida de Araripe Neto & Sá Junior (1997).

decisão é o elemento fundamental para a elaboração do cronograma de obras dos novos empreendimentos.

O Grupo Coordenador para Operação Interligada (GCOI), tem sob sua responsabilidade os sistemas interligados das regiões Sul / Sudeste / Centro-Oeste e Norte / Nordeste, o que abrange quase a totalidade da produção de energia elétrica no Brasil.

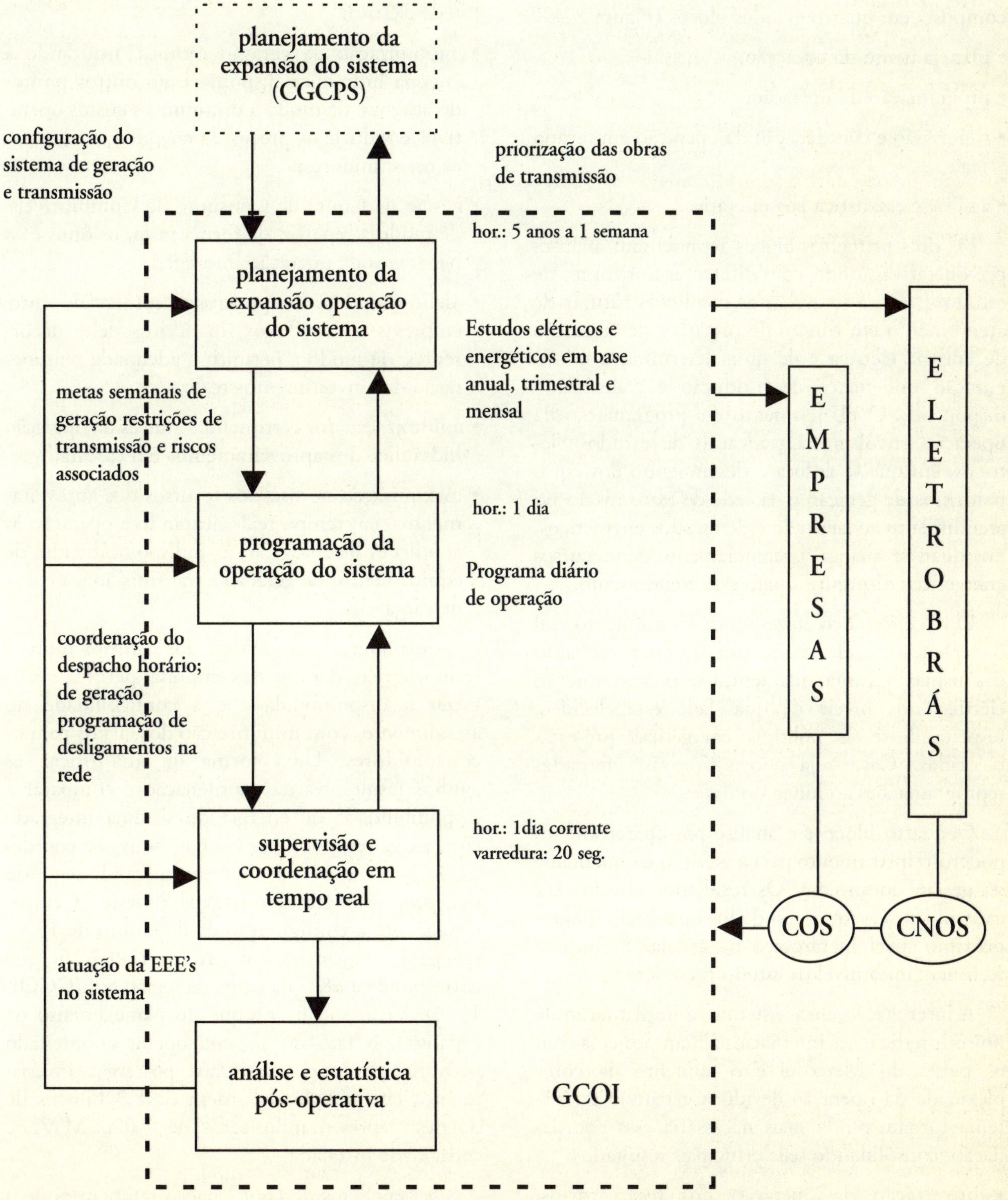

Figura 22 - Cadeia de procedimentos no planejamento da operação eletroenergética.

Os estudos realizados no âmbito do GCOI levam em conta aspectos técnicos e econômicos com horizontes de influência diferenciados, com prazos variando de cinco anos à frente até o instante efetivo da operação do sistema. Por isso, é usual dividir-se o problema da coordenação da operação em uma seqüência de atividades no tempo, decomposta em quatro grandes blocos (Figura 22):

- planejamento da operação;
- programação da operação;
- supervisão e coordenação da operação em tempo real;
- análise e estatística pós-operativa.

Os dois primeiros blocos representam análises pré-operativas, onde, com diferentes horizontes de estudo, procura-se avaliar as condições futuras de atendimento em função de previsões de consumo de energia elétrica e de uma determinada configuração dos meios de produção e transmissão disponíveis. O planejamento e a programação da operação envolvem a realização de estudos elétricos, em que se enfoca o desempenho dos equipamentos de geração e da rede de transmissão no atendimento ao mercado e de estudos energéticos, nos quais se analisa o gerenciamento dos recursos energéticos disponíveis para esse atendimento.

O terceiro bloco corresponde ao momento real da operação, onde se procura ajustar a operação das usinas à carga, mantendo-se o atendimento elétrico nos níveis de qualidade estabelecidos, respeitando-se as políticas energéticas pré-estabelecidas. Caso seja necessário, são efetuadas reprogramações ao longo do dia.

O quarto bloco é a análise pós-operativa, um poderoso instrumento para a aferição da qualidade da gestão do sistema. Os resultados obtidos em cada bloco servem como dados de entrada para o próximo nível hierárquico na cadeia, e também realimentam o nível de estudo precedente.

A interligação entre sistemas, a implantação de novas interligações internacionais em projetos com os países do Mercosul e o aumento da complexidade da operação devido a expansão do sistema tornam ainda mais necessária essa coordenação, consolidando seus principais resultados:

- otimização da operação dos reservatórios, visando manter reservas energéticas capazes de suportar períodos de baixas afluências;
- minimização dos riscos de *deficits* de suprimento de energia, de forma a evitar racionamentos;
- manutenção de níveis adequados de confiabilidade no atendimento elétrico, visando evitar interrupções de suprimento por problemas na rede elétrica;
- minimização da geração térmica, utilizando a energia hidráulica disponível em outros pontos do sistema, de modo a diminuir os custos operativos e reduzir os preços da energia elétrica para os consumidores;
- gestão da Conta de Consumo de Combustíveis, de modo a repartir, de forma justa, os ônus e os benefícios da operação interligada;
- definição dos compromissos comerciais entre empresas e dos fluxos financeiros deles decorrentes, de modo a permitir a adequada remuneração dos investimentos realizados;
- minimização dos vertimentos através da operação hidráulica dos aproveitamentos em cascata;
- maximização do uso dos recursos dos aproveitamentos, em tempo real, ajustando a operação às condições hidrológicas, às indisponibilidades de equipamentos de geração e transmissão e à curva de carga.

A exploração coordenada dos recursos hidro e termoelétricos das diversas empresas permite maximizar a disponibilidade e a confiabilidade no atendimento, com minimização dos custos para os consumidores. Uma forma de quantificar os ganhos resultantes da coordenação é comparar a disponibilidade de energia do sistema integrado com a que seria obtida caso não houvesse coordenação, isto é, com cada empresa operando segundo suas próprias regras. No sistema Sudeste / Centro-Oeste, com a configuração de dezembro de 1996, esse ganho é estimado em cerca de 42,9 TWh, que corresponde a 88% da carga da região Sul (GCOI, 1996). Visto sob o enfoque do planejamento da expansão, o fato do sistema operar coordenado permitiu ao longo dos anos postergar investimentos em geração da ordem de 8,3 bilhões de dólares, representando cerca de 7.000 MW de capacidade instalada.

Os benefícios da coordenação também podem ser avaliados pontualmente, através de ações operativas específicas como dimensionamento e utilização de uma reserva de potência compartilhada entre as empresas, capaz de evitar investimentos de 3,7 bilhões de dólares; o gerenciamento de manutenções, maximizando a disponibilidade de unidades para operação; o controle de cheias, que traz benefícios para toda a sociedade ao minimizar danos causados por enchentes; o enchimento de novos reservatórios sem impactar a disponibilidade para atendimento ao mercado e a supervisão e coordenação da operação, pela qual a ação coordenada do Centro Nacional de Operação dos Sistemas (CNOS) e os centros operativos das empresas, (COS), asseguram a qualidade do serviço para os consumidores.

A otimização da operação hidrotérmica faz parte dos procedimentos de planejamento da operação energética e suas fases estão representadas na Figura 23.

Nos estudos de planejamento da operação energética de longo prazo são determinadas as estratégias mensais de operação. Seu objetivo é estabelecer, a cada mês do horizonte de estudo de

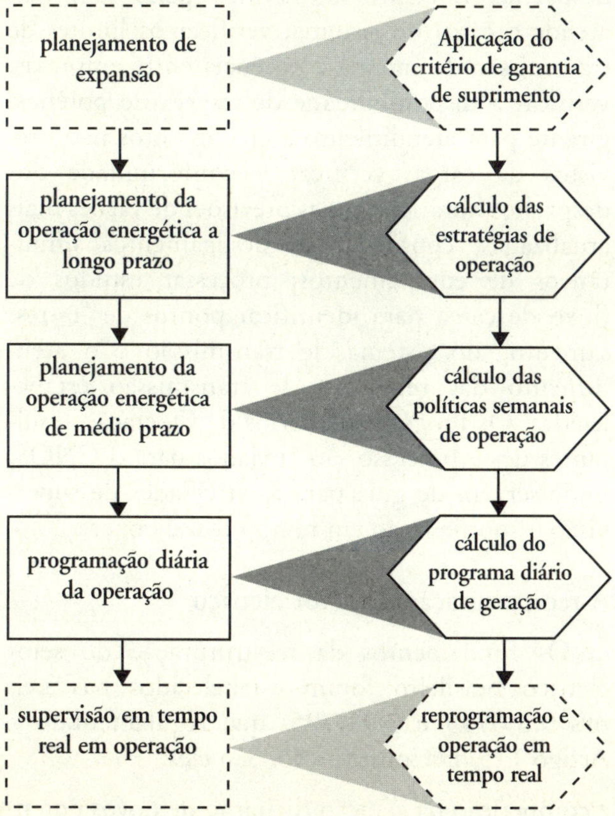

Figura 23 - Fluxo da otimização hidrotérmica na cadeia de procedimentos.

cinco anos à frente, a proporção entre geração termoelétrica e hidrelétrica que deve ser utilizada para o atendimento do mercado de energia, em função do estado do sistema no mês, de modo a minimizar o valor esperado do custo total de operação.

O modelo de otimização empregado é baseado em programação dinâmica estocástica e adota a representação a sistema equivalente como forma de contornar o problema de dimensionalidade causado pelo número de reservatórios do sistema (Terry et alii, 1986). O estado do sistema é representado por uma variável bi-dimensional, que leva em conta a energia armazenada no reservatório equivalente (valor energético agregado da água estocada nos reservatórios do sistema) e a energia afluente no mês anterior (valor energético agregado das afluências hídricas às usinas do sistema, indicativo da tendência hidrológica atual).

A interconexão entre subsistemas equivalentes é tratada por um procedimento iterativo aproximado. A cada iteração faz-se a otimização de cada subsistema, representado por seu reservatório equivalente, seguido de simulações com diversos cenários hidrológicos. Na fase de simulação, admite-se que haja fluxo de energia do subsistema com valor da água mais baixo para o subsistema com valor da água mais elevado. O valor médio deste fluxo energético, para cada estágio, define correções de demanda energética para ambos os subsistemas, iguais e de sinais trocados, na iteração seguinte. A aplicação desse modelo produz as tabelas mensais de decisão, que representam o valor da água para cada estado do sistema a cada mês. A consulta à essa tabela indica, dados o nível de armazenamento e a tendência hidrológica do sistema, qual o valor econômico das reservas estocadas, que define quais as usinas termoelétricas que devem entrar em operação em regime de produção máxima, isto é, aquelas cujo custo de operação for inferior ao valor da água do subsistema.

Além de permitirem estimar diversos parâmetros relevantes para o horizonte de estudo plurianual, como custos esperados de geração térmica, valor esperado dos *deficits* de energia, risco, ou seja, probabilidade de ocorrência de *deficits*, calculados através da simulação da operação do sistema para diferentes cenários hidrológicos futuros, as estratégias de operação servem de *input* para a próxima etapa da cadeia de procedimentos da coordenação.

Nos estudos de planejamento da operação energética de médio prazo, a cada mês são calculadas as políticas semanais de operação para as cinco próximas semanas. O processo inicia-se por uma simulação a subsistemas equivalentes interligados, em que recursos e requisitos previstos são confrontados. Com base nas tabelas de valor da água dos subsistemas, é definido um intercâmbio mensal de energia que busca igualar os valores da água de fim de mês e/ou minimizar os vertimentos turbináveis nos dois subsistemas, sem violar os limites de transmissão recomendados pelos estudos de planejamento da operação elétrica. Os valores da água de fim de mês servem de base para a definição dos despachos das usinas termelétricas em cada região.

Os valores de geração térmica e intercâmbio são definidos em uma simulação a usinas individualizadas, em base semanal, em função de restrições operativas elétricas ou energéticas. Essa simulação semanal, de base heurística, é realizada de forma interativa com os usuários – representantes das empresas do GCOI – que ajustam parâmetros do sistema às restrições de suas usinas e sistemas de transmissão, visando maximizar o nível de armazenamento global do sistema. Seus principais resultados formam a Política Semanal de Operação, que inclui:

- geração média semanal das usinas;
- evolução semanal do armazenamento nos principais reservatórios, em % do volume útil;
- disponibilidade de potência hidráulica em períodos de ponta de carga;
- energia vertida turbinável nas usinas.

Caso ocorram ao longo do mês alterações significativas nos parâmetros operativos do sistema, que justifiquem a redefinição das metas e diretrizes para as próximas semanas, estas são revistas pela equipe de planejamento operativo de médio prazo.

As Políticas Semanais de Operação servem de base para as empresas e para as equipes de coordenação do GCOI na elaboração da programação diária da operação. Essa atividade é executada com uma estreita integração entre as equipes de estudos elétricos e energéticos. O papel da coordenação da operação nessa atividade é: receber e organizar as informações submetidas pelas empresas controladoras de área, analisar a consistência dos despachos horários de geração para o dia seguinte, verificando sua adesão às metas e diretrizes ao planejamento de médio prazo, processar estudos de fluxo de carga para verificar a adequação às restrições do sistema de transmissão.

As informações recebidas e analisadas pelas equipes técnicas da coordenação da operação compreendem:

- restrições da rede elétrica que influenciam o despacho de geração;
- relatório do CNOS sobre o despacho implementado no dia anterior, desvios em relação ao programado e suas justificativas, perdas de elementos da geração ou transmissão ocorridas no curto prazo;
- previsão horária de carga, despacho horário de geração térmica e hidro, desligamentos de equipamentos para manutenção e outra restrições operativas informadas pelas empresas.

O trabalho de coordenação da programação diária consiste em verificar se a combinação dos despachos horários submetidos pelas empresas atende a carga do sistema; verificar os limites de transmissão de energia e potência entre empresas; verificar a disponibilidade de reserva de potência girante para atendimento a crescimentos não previstos da carga; verificar a conformidade dos despachos horários com as previsões de vazões mais atualizadas; coordenar os desligamentos simultâneos de equipamentos; processar estudos de fluxo de carga para identificar pontos de "estressamento" do sistema de transmissão e o atendimento das restrições de transmissão estabelecidas. Os Programas Diários de Operação resultantes desse processo são enviados para o CNOS, onde servem de guia para as atividades de supervisão e coordenação em tempo real da operação.

A reestruturação do setor elétrico

Os fundamentos da reestruturação do setor elétrico brasileiro foram estabelecidos nas Leis n°s 9.897/95 e 9.047/95, que regulamentam o Artigo 175 da Constituição. São eles:

- competição na geração (licitação de novos potenciais hídricos, eliminando a "reserva de mercado" existente);

- livre acesso à transmissão e a definição de uma malha básica cuja expansão está sujeita à licitação;
- direito de escolha dos supridores pelos grandes consumidores;
- tarifas pelo preço (licitado ou de mercado);
- a criação do Produtor Independente de Energia;
- a obrigatoriedade da conclusão dos projetos paralisados.

De acordo com a Medida Provisória 1.531/16, de março de 1998, grande parte das responsabilidades do GCOI serão absorvidas por uma nova entidade, chamada de Operador Independente do Sistema (OIS), que será constituída como uma associação civil, pessoa jurídica de direito privado, com os seguintes objetivos:

- promover a otimização da operação do sistema eletro-energético, visando alcançar o menor custo, observados os padrões técnicos e os critérios de confiabilidade;
- garantir que todos os agentes do setor elétrico tenham acesso à rede de transmissão de forma isonômica;
- incentivar a expansão do sistema a um menor custo, através da sinalização eficiente dos preços de transmissão, com relação à geração e à carga;
- assegurar a expansão do sistema de transmissão a um menor custo.

Serão atribuições do OIS:

- planejar a operação dos sistemas eletro-energéticos interligados;
- programar a operação da geração e da transmissão, operar em tempo real e analisar a pós-operação;
- administrar os serviços de conexão, controle e uso do sistema de transmissão;
- gerir os encargos de transmissão;
- elaborar o planejamento determinativo da transmissão e instruir o processo para autorização ou licitação de novos empreendimentos de transmissão a serem feitos pela ANEEL;
- administrar e normatizar os procedimentos de operação dos sistemas elétricos interligados.

Além destas tarefas, caberá transitoriamente ao OIS a contabilização e a liquidação dos negócios efetuados entre seus associados, referentes a transações com energia elétrica. Os associados do OIS serão entidades juridicamente constituídas, que legalmente tenham concessão, autorização ou permissão para atuar como agente de geração, de transmissão, de distribuição, ou de comercialização de energia elétrica. Haverá um período de transição, em que o GCOI gradualmente passará suas atuais atribuições para o OIS.

A compra e venda de energia por atacado se realizará no âmbito do Mercado Atacadista de Energia Elétrica (MAE), mediante adesão a um Acordo de Mercado, na forma de contrato privado.

No novo arranjo institucional, espera-se que cada usina hidrelética, ou reservatório, receba um "certificado de comercialização", que traduza sua contribuição ao esforço coletivo. O método de cálculo para quantificação deste certificado deverá inspirar-se no conceito de acréscimo de energia garantida que cada componente do sistema hidrelétrico traz ao sistema interligado. Este certificado poderá ser livremente comercializado com empresas distribuidoras de eletricidade e com consumidores livres, sem consideração sobre áreas de concessão. Cada geradora poderá negociar o seu certificado de comercialização, total ou parcialmente, com qualquer empresa compradora. A rede de transmissão ficará em mãos do OIS para assegurar o direito de livre acesso, tanto da geradora quanto do comprador, desde que seja pago o correspondente pedágio (*wheeling*).

A principal vantagem deste arranjo institucional é substituir o procedimento burocrático-contábil na fixação das tarifas de suprimento de energia, que tem sido baseado no conceito de custo histórico, por um mecanismo de mercado. No procedimento burocrático-contábil não há qualquer incentivo para a empresa geradora diminuir seus custos de produção, já que estes são repassados para a tarifa. Por esta razão, o custo final de construção de uma usina hidrelétrica tem sido historicamente superior à correspondente estimativa de custo, realizada na fase de estudo de viabilidade. No novo procedimento, ganhos de eficácia na produção de energia são inteiramente apropriados pela empresa geradora, e a longo prazo, como resultado da competição, são repassados para os consumidores. Além disto, a lei da oferta e procura deverá garantir novos investimentos em geração[5].

A venda de um certificado de comercialização da empresa geradora A para a empresa consumidora B, por um preço livremente negociado, cria um vínculo comercial entre A e B, mas não necessariamente um vínculo elétrico. Isto porque a energia consumida por B será produzida em qualquer usina, e não necessariamente numa usina pertencente a A. A entidade operadora do sistema continuará exercendo o papel, hoje sob responsabilidade do GCOI, de planejar a operação integrada do sistema, visando a minimização da soma do valor presente esperado do custo de produção de energia com o valor presente esperado do custo de racionamento (Equação 15). Estas duas parcelas correspondem respectivamente a 30% e 70% do custo total.

O cálculo do valor presente esperado do custo de produção é relativamente simples, envolvendo apenas os gastos com combustíveis (usinas térmicas), manutenção, administração e comercialização. Por outro lado, não é possível calcular com precisão o valor presente esperado do custo de racionamento, já que as conseqüências da indisponibilidade de energia afetam diferentemente cada empresa compradora. Este valor arbitrário não apenas condiciona significativamente a maneira como as usinas são despachadas, como condicionará também o cálculo dos certificados de comercialização das empresas geradoras.

Não há diferenças entre os arranjos institucionais do setor elétrico, antigo e novo, no que diz respeito à situação de racionamento: admite-se que todos os consumidores serão corta-dos linearmente, com exceções lastreadas em considerações sobre custo social, sem consideração por eventuais diferenças de preços unitários. Assim, todos são irmanados na categoria "consumidores da energia garantida de 95%". Melhor seria que cada empresa compradora de energia pudesse escolher o nível de confiabilidade que lhe fosse adequado, para si própria (caso de consumidor livre) ou para seus clientes (caso de distribuidora de eletricidade). Quanto maior fosse o nível de garantia, maior deveria ser o correspondente preço unitário. Isto porque energias com diferentes confiabilidades são produtos distintos. Assim, o comprador que decida comprar energia com confiabilidade de 99% deveria pagar mais por cada unidade de energia do que o comprador que aceite uma confiabilidade de apenas 90%.

Considerações finais

O setor elétrico brasileiro, formado nas últimas décadas quase que exclusivamente por empresas estatais, tem muitas realizações para mostrar. Trata-se de um setor que soube dar tratamento sistêmico à complexa questão de como planejar e operar um conjunto de usinas hidrelétricas, conectadas hidráulica e eletricamente. Por causa das peculiaridades do parque gerador brasileiro, entre as quais destaca-se a existência de grandes reservatórios e a transmissão de energia a grandes distâncias, o setor foi capaz de desenvolver tecnologia própria. Como resultado, conseguiu oferecer ao consumidor de energia elétrica um serviço de qualidade comparável ao existente nos países do "primeiro mundo".

No final do século, o setor passa por transformações, impulsionadas pela descapitalização do setor público, que resultou no processo de privatização das empresas dessa área. O grande desafio é o de estabelecer "regras do jogo" para as empresas privadas que faça com que elas, buscando a maximização do lucro, acabem por adotar as melhores opções de operação e expansão do sistema, sob a ótica do interesse social.

Independentemente da questão patrimonial, a participação das termoelétricas na produção de energia elétrica deverá aumentar em conseqüência da: oposição de motivação ambientalista à construção de novas usinas e reservatórios; recentes avanços tecnológicos das termoelétricas.

A implementação dos princípios de gestão de recursos hídricos adotados na Lei 9.433/97 deverá aumentar a interação do setor elétrico com os demais setores usuários, no nível da bacia hidrográfica. Neste particular, o desafio para o setor será o de desenvolver metodologia para compatibilizar o planejamento e operação, sob duas óticas não necessariamente coincidentes: a do sistema interligado e a da bacia hidrográfica.

5 À medida que a demanda cresça, aumentará a procura dos compradores por certificados de participação, que lhes assegure o acesso ao recurso energético. A subida do preço destes certificados fará com que novos investimentos no aumento da produção se tornem atraentes.

Anexo1 - Características dos reservatórios

Empresa	Usina	Volume (hm³)			Cota (m)		Canal de fuga (m)
		Máximo	Mínimo	Útil	Máxima	Mínima	
CELG	Cachoeira Dourada	460	460	0	434,12	434,12	401,10
ESCELSA	Mascarenhas	42	42	0	60,75	60,75	39,00
ELETROPAULO	Billings	1.167	1	1.166	747,65	729,15	728,75
	Guarapiranga	197	1	196	737,77	726,15	720,00
	Henry Borden	1	1	0	728,75	728,75	11,50
CESP	Caconde	555	51	504	855	825	750
	E. da Cunha	14	14	0	665	665	573,50
	A. S. Oliveira	25	25	0	573	573	547,60
	A. Vermelha	11.025	5.856	5.169	383,30	373,30	326,40
	I. Solteira	21.060	8.232	12.828	328	314	281,10
	I. Solt.+T. Irmãos	34.432	25.467	8.965	328	323	281,10
	Barra Bonita	3.135	569	2.566	451,50	439,50	428
	A.S.Lima	544	544	0	427,50	427,50	405
	Ibitinga	985	985	0	404	404	382,50
	Promissão	7.408	5.280	2.128	384	379,70	358,70
	N. Avanhandava	2.700	2.700	0	358	358	328
	Jupiá	3.354	3.354	0	280	280	257
	A. A. Laydner	7.008	3.843	3.165	568	559,70	532,20
	Xavantes	8.795	5.754	3.041	474	465,23	398,70
	L. N. Garcez	45	45	0	384,67	384,67	366,60
	Capivara	10.540	4.816	5.724	334	321	285,20
	Três Irmãos	13.372	9.923	3.449	328	323	280
	Taquarucu	677	677	0	284	284	258,50
	Rosana	1.918	1.918	0	258	258	238
	Paraibuna	4.732	2.096	2.636	714	694,60	626,40
	Jaguari	1.236	443	793	623	603,20	557,90
	Canoas I	215	215	0	351	351	333,80
	Canoas II	149	149	0	366	366	351,10
	P. Primavera	20.000	14.400	5.600	259	257	239,20
LIGHT	Lajes	618	102	516	419,50	397,50	92
	Nilo Peçanha	38	38	0	399	399	86,90
	Pereira Passos	17	17	0	86,50	86,50	48,50
	Santa Branca	439	131	308	622	605	577,20
	I. dos Pombos	5	5	0	139,94	139,94	106,10
CEMIG	Camargos	792	120	672	913	899	886,10
	Itutinga	11	11	0	886	886	857,70
	Jaguara	450	450	0	558,50	558,50	512,60
	Volta Grande	2.244	2.244	0	494,60	494,60	467
	Salto Grande	78	78	0	328	328	255,10
	Três Marias	19.528	4.250	15.278	568,30	545	515,70
	Emborcacão	17.190	4.669	12.521	660	615	521,90
	São Simão	12.540	7.000	5.540	401	390,50	328,10
	Nova Ponte	12.792	2.412	10.380	815	775,50	696
	Miranda	1.120	974	146	696	693	625,20
	Igarapava	480	480	0	512	512	494,80
	Funil Grande	350	350	0	808	808	768

Anexo1 - Características dos reservatórios (cont.)

FURNAS	Furnas	22.950	5.733	17.217	768	750	672,90
	M.de Morais	4.040	1.540	2.500	666,12	653,12	622
	Estreito	1.423	1.423	0	622,50	622,50	557,80
	P. Colômbia	1.524	1.524	0	467,20	467,20	443,40
	Marimbondo	5.887	890	4.997	445,73	445,73	382,80
	Itumbiara	17.027	4.573	12.454	520	495	435,60
	Funil	888	283	605	466,50	444	394,30
	Corumbá I	1.500	470	1.030	595	570	518,90
	Serra da Mesa	54.400	11.150	43.250	460	417,30	334,10
ELN/SE	Manso	7.337	4.386	2.951	287	278	225,10
ITAIPU	Itaipu	29.000	29.000	0	220	220	100
CEEE	Ernestina	259	21	238	489,50	482,50	457,35
	Passo Real	3.646	289	3.357	327	300	279,30
	Jacuí	29	29	0	279,89	279,89	182,37
	Itaúba	620	620	0	184	184	92,70
	D. Francisca	335	335	0	94,50	94,50	52,50
COPEL	G. P. Souza	179	23	156	845	822	90,70
	G. B. Munhoz	5.779	2.562	388	607	602	490
	Segredo	2.950	2.562	388	607	602	490
	J. Mesq. Filho	2	2	0	349,27	349,27	287,57
	Salto Caxias	3.573	3.573	0	325	325	259,10
ELETROSUL	Passo Fundo	1.589	185	1.404	598	584	335,50
	Salto Osório	1.124	1.124	0	397	397	324
	Salto Santiago	6.775	2.662	4.113	506	480,90	397
	Ita	5.100	5.100	0	370	370	265,20
CHESF	Sobradinho	34.116	5.447	28.669	392,50	380,50	362,50
	Itaparica	10.782	7.238	3.544	304	299	251,50
	Moxotó	900	900	0	251,50	251,50	230,30
	Plo. Afonso 123	26	26	0	230,30	230,30	146,10
	Plo. Afonso 4	121	121	0	251,50	251,50	135,80
	Xingó	3.800	3.800	0	138	138	19,50
	B. Esperança	5.085	3.173	1.912	304	298	260
ELETRONORTE	Tucuruí	45.500	13.487	32.013	71,93	51,64	8,60
OUTRAS	Monte Claro	8	3	5	148	138,64	101,2
	Passo do Meio	14	3	11	535	526,40	492
	Sobragi	1	1	0	436,50	436,50	360
	Porto Estrela	89	56	33	255	246	204
	Pilar	265	265	0	527,50	527,50	434
	Rosal	11	11	0	555	555	360,70
	Cana Brava	2.300	2.300	0	333	333	287,60

Anexo 2 – Relação das usinas

Empresa / Usina	Tipo	Rio / Estado	Potência (MW) Efetiva	Total
CERJ				
Pequenas Hidros				
Areal	H		2 X 10	20,00
Chave do Vaz	H		1 X 0,7	0,70
Euclidlândia	H		2 X 0,6	1,20
Fagundes	H		2 X 2,4	4,80
Franca Amaral	H		1 X 4,8	4,80
Macabu	H		2 X 2,75	
			2 X 6,0	17,50
Piabanha	H		3 X 2,86	8,58
Tombos	H		2 X 0,85	1,70
Venâncio	H		1 X 0,7	0,70
		Subtotal Hidro		65,48
		Total		65,48
CELG				
Pequenas Hidros				
Mambaí	H		1 X 0,35	0,35
Mosquito	H		1 X 0,36	0,36
Rochedo	H		1 X 4	4,00
São Domingos	H		2 X 6	12,00
		Subtotal Hidro		16,71
Pequenas Termo				
Santa Tereza	D		1 X 0,8	0,80
		Subtotal Termo		0,80
		Total		17,51
CDSA				
Cach. Dourada	H	Paranaíba	2 X 17	
			3 X 54	
			3 X 84	
			2 X 105	658,00
		Subtotal Hidro		658,00
		Total		658,00
CEB				
Pequenas Hidros				
Paranoá	H		3 X 8,5	25,50
		Subtotal Hidro		25,50
Pequenas Termos				
Ter. Brasília	O		2 X 5	10,00
		Subtotal Termo		10,00
		Total		35,50

FONTE: Diretoria de Planejamento – Eletrobrás)

Anexo 2 – Relação das usinas (continuação)

Empresa / Usina	Tipo	Rio / Estado	Potência (MW) Efetiva	Total
CEEE				
Passo Real	H	Jacuí	2 X 75,0	150,00
Jacuí	H	Jacuí	6 X 30,0	180,00
Itaúba	H	Jacuí	4 X 125,0	500,00
Pequenas Hidros				
Bugres	H		1 X 11,50	11,50
Canastra	H		2 X 22,00	44,00
Capigui	H		3 X 1,33	3,99
Ernestina	H		1 X 3,80	3,80
Forquilha	H		1 X 1,10	1,10
Guaritá	H		1 X 1,70	1,70
Herval	H		2 X 0,60	1,20
Ijuizinho	H		1 X 1,00	1,00
Ivaí	H		1 X 0,70	0,70
P. Inferno	H		1 X 1,10	1,10
S. Rosas	H		1 X 1,40	1,40
Toca	H		2 X 0,55	1,10
		Subtotal		902,59
P. Medice A/B	C		2 X 63,0	
			2 X 160,0	446,00
Pequenas Termo				
S. Jerônimo	C		2 X 4,0	
			1 X 9,0	17,0
Nutepa	O		3 X 8,0	24,00
		Subtotal Termo		487,00
		Total		1.389,59
CELESC				
Pequenas Hidros				
Bracinho	H		2 X 7,5	
			1 X 1,5	16,50
Caveiras	H		1 X 0,5	
			1 X 0,6	
			2 X 1,2	3,50
Cedros	H		2 X 3,7	7,40
Celso Ramos	H		2 X 2,3	4,60
Garcia	H		2 X 4,3	8,60
I. Silveira	H		1 X 2,4	2,40
Palmeiras	H		2 X 8,7	17,40
Pery	H		1 X 1,4	
			2 X 1,5	4,40
Piraí	H		3 X 0,25	0,75
R. Peixe	H		2 X 0,3	0,60
Salto	H		3 X 1,7	
			1 X 2,2	7,30
São Lourenço	H		2 X 0,21	0,42
		Subtotal Hidro		73,87
		Total		73,87

Anexo 2 – Relação das usinas (continuação)

Empresa / Usina	Tipo	Rio / Estado	Potência (MW) Efetiva	Total
CELESC / APE				
Pequenas Hidros				
Tigre	H		1 X 2,0	2,00
Santa Maria	H		1 X 0,6	0,60
		Subtotal Hidro		2,60
		Total		2,60
CELTINS				
Pequenas Hidros				
Lages	H		1 X 2,07	2,07
Corujão	H		1 X 0,73	0,73
Agro Trafo	H		1 X 8,00	8,00
		Subtotal Hidro		10,80
		Total		10,80
CEMAT				
Pequenas Hidros				
A. Araguaia	H		2 X 0,28	
			1 X 0,6	1,16
A. Garcas	H		1 X 0,36	0,36
A. Paraguai	H		1 X 0,88	
			1 X 0,8	1,68
Braco Norte	H		2 X 1,28	
			2 X 1,37	5,30
Casca 2	H		2 X 0,72	
			1 X 2,08	3,52
Casca 3	H		2 X 4	
			1 X 3,9	11,90
Culuene	H		3 X 0,59	1,.77
Poxoreo	H		2 X 0,38	0,76
Primavera	H		2 X 1,20	2,40
Torixoreo	H		2 X 1	2,00
		Subtotal Hidro		
Pequenas Termo				
Matupá	D		5 X 0,23	1,15
Pont Lacerda	D		1 X 0,12	
			1 X 0,13	
			1 X 0,15	
			1 X 0,17	
			1 X 0,18	
			1 X 0,23	0,98
		Subtotal Termo		2,13
		Total		32,98

Anexo 2 – Relação das usinas (continuação)

Empresa / Usina	Tipo	Rio / Estado	Potência (MW) Efetiva	Total
CEMAT / APE				
Juba I / II	H		8 X 10,50	84,00
		Subtotal Hidro		84,00
		Total		84,00
CEMIG				
Camargos	H	Grande	2 X 24,0	48,00
Emborcação	H	Paranaíba	4 X 298,0	1.192,00
Itutinga	H	Grande	4 X 13,0	52,00
Jaguará	H	Grande	4 X 106,0	424,00
Nova Ponte	H	Araguari	3 X 170,0	510,00
Salto Grande	H	Santo Antônio	2 X 27,0	
			2 X 24,0	102,00
São Simão	H	Paranaíba	6 X 285,0	1.710,00
Três Marias	H	São Francisco	6 X 66,0	396,00
Volta Grande	H	Grande	4 X 95,0	380,00
Pequenas Hidros				
Anil	H		2 X 1,04	2,08
B. J. Galho	H		1 X 0,36	0,36
Cajuru	H		1 X 7,2	7,20
Dona Rita	H		1 X 1,6	
			1 X 0,81	2,41
Gafanhoto	H		4 X 3,22	12,88
Jacutinga	H		1 X 0,72	0,72
Joasal	H		5 X 1,6	8,00
Machado Min.	H		2 X 0,92	1,84
Marmelos	H		4 X 0,6	
			1 X 1,6	4,00
Martins	H		4 X 1,92	7,70
Paciência	H		3 X 1,36	4,08
Pandeiros	H		3 X 1,4	4,20
Paraúna	H		1 X 1	
			1 X 2,08	
			1 X 1,2	4,28
Peti	H		1 X 5	
			1 X 4,4	9,40
Piau	H		2 X 9,01	18,01
Poco Fundo	H		2 X 2,08	
			1 X 5	9,16
Luiz Dias	H		2 X 0,81	1,62
R. das Pedras	H		2 X 2,32	
			1 X 4,64	9,28
S. Bernardo	H		2 X 1,31	
			1 X 4,2	6,82
S. Marta	H		2 X 0,5	
			1 X 0,48	1,48
S. Morais	H		2 X 1,2	2,39
Sumidouro	H		1 X 2,12	2,12

Anexo 2 – Relação das usinas (continuação)

Empresa / Usina	Tipo	Rio / Estado	Potência (MW) Efetiva	Total
Tronqueiras	H		2 X 1,18	
			1 X 4,27	7,87
Xicão	H		2 X 0,9	1,81
		Subtotal Hidro		4.943,71
Igarapé	O		1 X 131,25	131,52
Pequenas Termo				
Camelinho	E		4 X 0,25	1,00
Formoso	D		2 X 0,18	0,36
		Subtotal Termo		132,61
		Total		5.076,32
CEMIG / APE				
Guilman-amor	H		4 X 35,0	140,00
Sa Carvalho	H		1 X 30,0	30,00
		Subtotal Hidro		170,00
		Total		170,00
COELBA				
Pequenas Hidros				
Alto Fêmeas	H		3 X 3,30	9,90
Correntina	H		2 X 4,50	9,00
		Subtotal Hidro		18,90
Pequenas Termo				
Prado	D		3 X 1,00	3,00
Porto Seguro	D		3 X 2,00	6,00
		Subtotal Termo		9,00
		Total		27,90
ELETRONORTE				
Tucuruí	H	Tocantins	2 X 20,0	
			12 X 350,0	4.240,00
		Subtotal Hidro		4.240,00
		Total		4.240,00

Anexo 2 – Relação das usinas (continuação)

Empresa / Usina	Tipo	Rio / Estado	Potência (MW) Efetiva	Total
CESP				
Caconde	H	Pardo	1 X 41	
			1 X 39	80,00
E. da Cunha	H	Pardo	4 X 27,0	108,00
A. S. Oliveira	H	Pardo	2 X 16,0	32,00
A. Vermelha	H	Grande	6 X 232,7	1.396,20
I. Solteira	H	Paraná	4 X 176,0	
			11 X 170,0	
			5 X 174,0	3.444,00
Barra Bonita	H	Tietê	4 X 35,0	140,00
A. S. Lima	H	Tietê	3 X 48,0	144,00
Ibitinga	H	Tietê	3 X 44,0	132,00
Promissão	H	Tietê	3 X 88,0	264,00
N. Avanhandava	H	Tietê	3 X 115,5	347,40
T. Irmãos	H	Tietê	3 X 161,5	484,50
Jupiá	H	Paraná	3 X 110,8	
			11 X 101,0	1.443,00
A. A. Laydner	H	Paranapanema	2 X 49,0	98,00
Xavantes	H	Paranapanema	4 X 104,0	416,00
L. N. Garcez	H	Paranapanema	4 X 18,0	72,00
Capivara	H	Paranapanema	4 X 160,0	640,00
Taquaru	H	Paranapanema	5 X 111,0	555,00
Rosana	H	Paranapanema	4 X 93,0	372,00
Jaguari	H	Jaguari	2 X 14,0	28,00
Paraibuna	H	Paraíba do Sul	2 X 43,0	86,00
Pequenas Hidros				
Corumbataí	H		1 X 1,7	1,70
Emas Novas	H		1 X 4,6	4,60
Lobo	H		1 X 2,5	2,50
Mogi Guaçu	H		2 X 3,5	7,00
		Subtotal Hidro		10.298,30
		Total		10.298,30
RGE (CNNDEE)				
Pequenas Hidros				
Andorinhas	H		2 X 0,25	0,50
Guaporé	H		2 X 0,3	0,60
Inglês	H		2 X 0,15	0,30
Picada 48	H		2 X 0,1	0,20
Pirapó	H		2 X 0,3	0,60
Saltinho	H		1 X 0,8	0,80
Touros	H		1 X 0,2	0,20
		Subtotal Hidro		3,20
		Total		3,20

Anexo 2 – Relação das usinas (continuação)

Empresa / Usina	Tipo	Rio / Estado	Potência (MW) Efetiva	Total
CHESF				
Sobradinho	H	São Francisco	6 X 175,0	1.050,00
Itaparica	H	São Francisco	6 X 250,0	1.500,00
Moxotó	H	São Francisco	4 X 100,0	400,00
P. Afonso 123	H	São Francisco	3 X 60,0	
			2 X 70,0	
			1 X 77,0	
			3 X 76,0	
			4 X 200,0	1.425,00
P. Afonso 4	H	São Francisco	6 X 410,0	2.460,00
Xingó	H	São Francisco	6 X 500,0	3.000,00
B. Esperança	H	Paraíba	2 X 49,0	
			2 X 63,5	225,00
Pequenas Hidros				
Araras	H		2 X 2,00	4,00
Curemas	H		2 X 1,76	3,52
Funil	H		3 X 10,00	30,00
Pedra	H		1 X 20,00	20,00
		Subtotal Hidro		10.117,52
Camaçari	O		5 X 58,0	290,00
		Subtotal Termo		290,00
		Total		10.407,52
ELETROSUL				
Slt. Santiago	H	Iguacu	1 X 355,0	
			1 X 355,0	
			1 X 355,0	
			1 X 355,0	1.420,00
Salto Osório	H	Iguacu	3 X 182,0	
			1 X 182,0	
			2 X 175,0	1.078,00
Passo Fundo	H	Passo Fundo	2 X 110,0	220,00
		Subtotal Hidro		2.718,00
Alegrete	O	Rio Grande do Sul	2 X 33,0	66,00
Charqueadas	C	Rio Grande do Sul	4 X 18,0	72,00
J. Lacerda IV	C	Santa Catarina	1 X 350,0	350,00
J. Lacerda B	C	Santa Catarina	2 X 125,0	250,00
J. Lacerda A	C	Santa Catarina	2 X 50,0	
			2 X 66,0	232,00
		Subtotal Termo		970,00
		Total		3.688,00

Anexo 2 – Relação das usinas (continuação)

Empresa / Usina	Tipo	Rio / Estado	Potência (MW) Efetiva	Total
COPEL				
G. B. Munhoz	H	Iguacu	4 X 419,0	1.676,00
Segredo	H	Iguacu	4 X 315,00	1.260,00
J. M. Filho	H		2 X 28,8	57,60
G. P. Souzas	H	Capivari	4 X 63,0	252,00
Pequenas Hidros				
Apucaraninha	H		2 X 2,4	
			1 X 4,7	9,50
Cavernoso	H		1 X 0,4	
			1 X 0,8	1,20
Chaminé	H		4 X 4,5	18,00
Chopim I	H		2 X 0,90	1,80
Desv. Jordão	H		1 X 6,50	6,50
Guaricana	H		1 X 18,0	
			3 X 6,00	36,00
Marumbi	H		4 X 2,40	9,60
Melissa	H		2 X 0,40	0,80
Mourão	H		2 X 2,00	
			1 X 3,5	7,50
Pitangui	H		3 X 0,13	
			1 X 0,40	0,79
R. Patos	H		3 X 0,80	
			2 X 0,10	
			1 X 0,60	1,60
S. do Vau	H		1 X 0,90	0,90
São Jorge	H		1 X 1,30	2,30
		Subtotal Hidro		3.342,09
Pequenas Termo				
Figueira	C		2 X 10,0	20,00
		Subtotal Termo		20,00
		Total		3.362,09
EMERSUL				
Pequenas Hidros				
Coxim	H		1 X 0,40	0,40
Mimoso	H		1 X 20	
			1 X 9,5	29,50
São João I	H		1 X 0,40	
			1 X 0,30	0,70
São João II	H		1 X 0,60	0,60
		Subtotal Hidro		31,20
Pequenas Termo				
Corumbá	D		3 X 1,30	3,90
Coxim	D		3 X 0,70	2,10
		Subtotal Termo		6,00
		Total		37,20

Anexo 2 – Relação das usinas (continuação)

Empresa / Usina	Tipo	Rio / Estado	Potência (MW) Efetiva	Total
CPFL				
Pequenas Hidros				
Americana	H		3 X 11,2	33,60
Buritis	H		1 X 1	1,00
Capão Preto	H		2 X 1,76	
			1 X 2	5,52
Chibarro	H		1 X 0,95	
			1 X 0,85	1,80
Dourados	H		1 X 7,0	7,00
Eloy Chaves	H		1 X 8,8	
			1 X 10	18,80
Esmeril	H		2 X 0,66	
			1 X 0,78	2,10
G. Peixoto	H		2 X 0,72	
			1 X 1	
			1 X 1,76	4,20
Jaguari	H		2 X 4,1	
			1 X 6,2	14,40
Lençóis	H		2 X 0,84	1,68
Pinhal	H		2 X 3,5	7,00
Salto Grande	H		2 X 1,2	
			1 X 1,3	3,70
Santana	H		2 X 2,05	
São Joaquim	H		2 X 0,8	
			2 X 1,8	5,20
Socorro	H		1 X 1	1,00
Três Saltos	H		1 X 0,8	0,80
		Subtotal Hidro		111,90
Pequenas Termo				
Carioba	O		2 X 18,0	36,00
		Subtotal Termo		36,00
		Total		147,90
CPFL / APE				
Pequenas Hidros				
Santa Eliza	H		1 X 5,0	5,00
Vale Rosario	H		1 X 4,0	4,00
		Subtotal Termo		9,00
		Total		9,00

Anexo 2 – Relação das usinas (continuação)

Empresa / Usina	Tipo	Rio / Estado	Potência (MW) Efetiva	Total
ELETROPAULO				
Henry Borden	H	Tietê e Tribut.	1 X 40	
			1 X 35	
			4 X 65	
			2 X 66,2	
			6 X 70	887,40
Pequenas Hidros				
Bocaina	H		1 X 0,3	
			1 X 0,6	0,90
Isabel	H		2 X 1,6	3,20
P. Góes	H		2 X 5,5	11,00
Rasgão	H		1 X 11	22,00
Salesópolis	H		2 X 1	2,00
Sodré	H		3 X 0,2	0,60
		Subtotal Hidro		927,10
Piratin. 3/4	O		2 X 135,0	270,00
Piratin. 1/2	O		2 X 100,0	200,00
		Subtotal Termo		470,00
		Total		1.397,10
ELETROPAULO / APE				
Pequenas Hidros				
Docas	H		1 X 9,0	9,00
		Subtotal Hidro		9,00
		Total		9,00
ESCELSA				
Mascarenhas	H	Doce	3 X 41,0	123,00
Pequenas Hidros				
Jucu	H		1 X 0,27	
			1 X 0,35	
			1 X 0,7	
			1 X 0,69	2,01
R. Preto	H		1 X 0,09	
			1 X 0,1	0,19
Rio Bonito	H		2 X 15.3	
			1 X 0,3	30,60
		Subtotal Hidro		123,00
		Total		123,00

Anexo 2 – Relação das usinas (continuação)

Empresa / Usina	Tipo	Rio / Estado	Potência (MW) Efetiva	Total
FURNAS				
Furnas	H	Grande	6 X 164,0	
			2 X 164,0	1,312.00
M. de Moraes	H	Grande	2 X 38	
			2 X 45	
			4 X 51	
			2 X 54	478,00
Estreito	H	Grande	6 X 184,0	1.104,00
P Colômbia	H	Grande	4 X 82,0	328,00
Marimbondo	H	Grande	8 X 186,0	1.488,00
Corumbá I	H	Corumbá	3 X 125,0	375,00
Itumbiara	H	Paranaíba	6 X 380,0	2.280,00
Funil	H	Paraíba do Sul	3 X 74,0	222,00
		Subtotal Hidro		7.587,00
Angra I	N	Rio de Janeiro	1 X 657,0	657,00
St. Cruz	O	Rio de Janeiro	1 X 84,0	
			1 X 84,0	
			1 X 220,0	
			1 X 220,0	608,00
R. Silveira	O	Rio de Janeiro	2 X 16,0	32,00
		Subtotal Termo		1.297,00
		Total		8.884,00
FURNAS / APE				
Muniz Freire	H		3 X 8,5	24,00
		Subtotal Hidro		24,00
		Total		24,00
ITAIPU				
Itaipu	H	Parana	9 X 700,0	
			9 X 700,0	6.300,00
		Subtotal Hidro		6.300,00
		Total		6.300,00
LIGHT				
I. Pombos	H	Paraíba do Sul	2 X 26,0	
			1 X 29,0	
			1 X 39,0	
			1 X 44,0	164,00
Nilo Peçanha	H	Paraíba-Pirai	2 X 48,0	
			4 X 71,0	380,00
P. Passos	H	Lajes-Par-Piraí	2 X 50,0	100,00
Fontes A	H	Lajes-Par-Piraí	1 X 44,0	44,00
Fontes BC	H	Lajes-Par-Piraí	2 X 44,0	88,00
		Subtotal Hidro		776,00
		Total		776,00

Bibliografia

COLE, C.V. & KRISHNAMURTHY, K. Evaluation and Criteria for Spillway Design Flood and Adequacy in Relation to Safety of Dams. In: *International Conference of Large Dams*. India. p. 853-867, 1979.

ELETROBRÁS. Sistema SIPOT. 1998.

GRUPO DA COORDENAÇÃO INTERLIGADA. *Relatório de 1996*. Eletrobrás, 1996.

GULLIVER, John S. & ARNDT, Roger E. *Hydropower Engineering Handbook*. Mcgraw-Hill, 1991.

KELMAN, Jerson. Modelos Estocásticos no Gerenciamento dos Recursos Hídricos. In: *Modelos para Gerenciamento de Recursos Hídricos*. São Paulo, Nobel/ABRH, 1987.

________________. *Cheias e Aproveitamentos Hidrelétricos*. RBE, 1987.

LOUCKS, Daniel P. et alii. *Water Resource System Planning and Analysis*. Prentice-Hall, 1981.

PEREIRA, Mario V. F. *O Mercado Atacadista de Energia e o Novo Marco Regulatório do Sistema Brasileiro*. Comunicação pessoal, 1998

TERRY, L.A. et alii. Coordinating the Energy Generation of the Brazilian National Hydrothermal Electrical Generating Systems, Interfaces. In: *The Institute of Management Sciences*, v. 16, n.1, 1986.

VIEIRA, Ailton M. *Hidrologia Estocástica e Operação de Reservatórios*. Rio de Janeiro, UFRJ. Tese D. Sc. Apresentada à COPPE, 1997.

Jerson Kelman

kelman@ruralrj.com.br

Engenheiro Civil – Universidade Federal do Rio de Janeiro

MSc em Hidráulica – COPPE / UFRJ

PhD em Hydrology and Water Resources – Colorado State Unviersity, EUA

Professor da COPPE / UFRJ.

Consultor do Banco Mundial.

Por mais de 20 anos foi pesquisador do Centro de Pesquisas de Energia Elétrica, CEPEL.

É Consultor do Ministério do Meio Ambiente, dos Recursos Hídricos e da Amazônia Legal; do Programa de Saneamento Ambiental do Paraná (PROSAM) e da Espírito Santo Centrais Elétricas S / A (Excelsa).

Foi Diretor de Estudos e Projetos da Superintendência Estadual de Rios e Lagoas, SERLA, onde foi responsável pelo programa "Reconstrução-Rio".

Ex-Presidente da Associação Brasileira de Recursos Hídricos, ABRH.

Linhas de Pesquisa:

Modelagem hidrológica
Otimização de sistemas hidrotérmicos
Drenagem urbana
Gestão de recursos hídricos

Mario Veiga Ferraz Pereira

mario92@ibm.net

Engenheiro Eletricista (Sistemas) – Pontifícia Universidade Católica do Rio de Janeiro

MSc em Engenharia de Sistemas (Otimização) – COOPE / UFRJ

DSc em Engenharia de Sistemas (Otimização) – COOPE / UFRJ

Consultor na área de planejamento, operação e reestruturação de sistemas elétricos.

Foi Gerente de Projetos do Electric Power Research Institute (EPRI).

Foi professor da PUC / RJ e Coordenador de Projetos do CEPEL / Eletrobrás.

Linhas de Pesquisa:

Expansão e operação de sistemas elétricos em ambientes competitivos
Otimização
Estocástica de grande porte
Gerência de risco

Tristão de Alencar Araripe Neto

tararipe@nos.org.br

Engenheiro Eletricista - Universidade Federal do Rio de Janeiro

MSc em Engenharia de Sistemas - COPPE/UFRJ

MBA em Marketing - COPPEAD/UFRJ

Gerente na área de Marketing e Relacionamentos Institucionais do Operador Nacional do Sistema Elétrico (ONS).

Professor de Marketing na Escola Brasileira de Administração Pública da Fundação Getúlio Varga, (EBAP/FGV/RJ).

Trabalhou ao longo dos últimos 25 anos na Eletrobrás na área de Planejamento Energético da Operação de Sistemas Interligados.

Paulo Roberto de Holanda Sales

deholanda@eletrobras.gov.br

Bacharel em Ciências Estatísticas - Escola Nacional de Estatística

Engenheiro Eletricista - Universidade Estadual do Rio de Janeiro

Mestre em Ciências - COPPE/UFRJ

Doutor em Ciências - COPPE/UFRJ

Engenheiro Eletricista, Assistente da Diretoria de Operações da Eletrobrás.

Professor Adjunto do Depto. de Estatística da UERJ.

Linhas de Pesquisa:

Análise de séries temporais

12

Navegação

Giorgio Brighetti
Sérgio Rocha Santos

A navegação interior

Assistimos, via a ampla e irrestrita comunicação da nossa época, o "fenômeno humano" da explosiva ocupação e transformação do grande ecossistema global do nosso planeta.

A nossa inteligência nos impele à busca de soluções para a logística de sustentação da espécie, e nossa consciência nos leva, igualmente, a nos preocupar com a preservação da nossa propriedade fundamental, a vida, e o ambiente em que ela se desenvolve.

Cada vez mais a logística do abastecimento de insumos para o sustento e desenvolvimento da nossa espécie enfrenta distâncias maiores entre as áreas de produção e as de transformação e consumo, dada a disposição geográfica diversificada das jazidas naturais, das áreas agricultáveis, das comunidades, das zonas industriais etc.

Nesse contexto, o Brasil tem pela frente, ainda, o desenvolvimento de parcelas relevantes de infra-estrutura. Especialmente a infra-estrutura de transportes, a qual carece de corredores ferroviários e de navegação interior.

O País, com grandes extensões entre pólos de produção e de consumo ou de exportação e, com vocação agrícola incontestável, haja vista a fonte de energia abundante que dispomos, a energia solar, terá, em futuro próximo, que investir em transporte pesado. Há ainda que se considerar as imensas jazidas minerais, de que o País dispõe que, cada vez mais, exigirão transporte a custos reduzidos.

As grandes cargas agrícolas, como os grãos, a madeira, os insumos para correção e fertilização de solos, os combustíveis líquidos e liquefeitos, e outros, são cargas de pequeno valor unitário (US$/ton), cujo custo de transporte deve ser o menor possível, sob pena de se inviabilizar o deslocamento da produção, tanto para consumo interno, como para exportação.

Hoje o Brasil já se defronta com sérias limitações de expansão da fronteira agrícola, dada a inexistência de corredores ferro-hidroviários.

Nesse quadro, o transporte por navegação interior se apresenta como a solução de menor custo operacional e, muitas vezes, de custo de implantação até pequeno, quando inserido em projetos de usos múltiplos.

Note-se, além do mais, que em todo o mundo a navegação vem se revelando o modo de transporte de menores impactos no meio ambiente.

De forma lenta, infelizmente, o País vem investindo na construção de eclusas de navegação, junto a obras do setor energético. Na época da realização deste trabalho, por exemplo, foi realizada a ligação entre as hidrovias Tietê e Paraná/Sul, através da colocação em operação da eclusa de Jupiá, eclusa essa cuja construção data do início dos anos 70. Dessa maneira, vagarosamente, vem ocorrendo a expansão do sistema nacional hidroviário.

Os cursos d'água de algum porte, em princípio, são navegáveis. Entretanto, para que possam tornar-se hidrovia, deverão apresentar características adequadas ao transporte de cargas, que sejam economicamente competitivas no mercado nacional e internacional.

Entende-se por navegação interior a movimentação de embarcações através de rios, canais artificiais, lagos naturais ou em reservatórios, inclusive estuários ou regiões lagunares sob influência do mar.

Para que a navegação possa se tornar economicamente viável são necessárias obras que tenham seu custo diretamente relacionado com as dimensões das embarcações. E as embarcações devem ser as maiores possíveis, de maneira que o custo do frete diminua com a grande capacidade de carga das mesmas.

O menor consumo de combustíveis e o menor custo da mão-de-obra por tonelada transportada, além do baixo custo de manutenção das embarcações, são as grandes vantagens do transporte fluvial.

A economia de combustível, que ocorre na navegação, acontece em função do mínimo atrito e resistência ao deslocamento aquático com baixas velocidades.

Em média, são necessários 0,30 HP para deslocar uma tonelada no transporte fluvial, contra 7 HP necessários para transportar 1 tonelada por transporte rodoviário.

Quanto à mão-de-obra, um comboio fluvial de 10.000 toneladas necessita de 12 homens em sua tripulação, contra 278 caminhões e outros tantos motoristas para o transporte rodoviário. Até a década de 70 a relação média entre os custos do transporte fluvial, para o ferroviário e o rodoviário, guardava uma relação de 1:3,5:7, segundo alguns pesquisadores, até 1:5:20. Em função da evolução da tecnologia dos veículos, além da melhoria das vias de transporte, ocorreu uma redução sensível desta relação que hoje está na ordem de 1:2:4.

A evolução da navegação interior

A água sempre teve uma importância vital para o desenvolvimento da humanidade.

Ao longo dos rios desenvolveram-se as grandes civilizações, que fazem parte da história. É o caso dos egípcios, que evoluíram por milhares de anos ao longo do rio Nilo, é também o caso das civilizações dos caldeus, babilônios e assírios, ao longo dos rios Tigre e Eufrates.

O principal uso humano dos rios sempre foi a retirada de água para consumo próprio, para animais e para irrigação, mas é também da época das primeiras civilizações que se tem notícia dos primeiros transportes de carga e pessoas, com embarcações movidas a remo ou vela (Figura 1). Nos trechos mais críticos de rio, onde a profundidade era mínima e as velocidades aumentavam, usava-se o processo da sirga, que consistia em puxar a embarcação com cordas, a partir da margem.

Neste período já se realizavam obras para melhorar as condições de navegabilidade dos rios.

No ocidente podemos constatar a importância dos rios como vias de comunicação, em função do surgimento de centros de comércio importantes como Londres, à margem do Tâmisa, Paris à margem do Sena, Hamburgo no rio Elba, assim como Roma, Amsterdam, Moscou, e muitas outras.

No continente americano surgiram as cidades de Nova Iorque, no rio Hudson; de Sant Louis, no rio Mississipi; Quebec, Toronto e Montreal, ao longo do São Lourenço, e, nos Grandes Lagos, Chicago e Detroit, todas originárias do desenvolvimento para o interior, com vias fluviais como meio de transporte. Na América do Sul, Buenos Aires, Assunção, Porto Alegre, Belém e Manaus também tiveram origem em situação semelhante.

Particularmente, em nosso país, destaca-se o desenvolvimento do interior a partir de São Paulo, iniciado pelos Bandeirantes. Estes, através dos rios Tietê, Paraná e os rios das bacias do Paraguai e Amazônica, na busca de ouro e pedras preciosas, realizaram expedições geradoras de novos povoados e vilas, o que expandiu as fronteiras do Brasil praticamente aos limites atuais. Inúmeras cidades brasileiras tiveram origem nas "bandeiras": Itu, Salto, Porto Feliz, Cuiabá e outras.

Na Europa, o povo que mais utilizou a via fluvial para deslocamentos com fins bélicos foi o povo Vicking. Eles atingiram a região de Moscou, adentrando o rio Elba.

As primeiras obras na Europa de que se tem notícia, com finalidade de melhorar a navegação, datam do século X. Carlos Magno, no entanto, começou a primeira obra significativa antes, no início dos anos 800. Essa obra consistia em um canal visando a interligação das bacias do Reno e Danúbio.

No século XIV surgiu na Europa a primeira eclusa, pequena, com uma operação rudimentar. É

Figura 1 - Embarcação egípcia, 1700 a 1400 a.C.
FONTE: As grandes descobertas (Edição Melhoramentos).

de Leonardo da Vinci o projeto das primeiras portas de busco das eclusas, também denominadas "portas vincianas". Existem referências revelando que em 1503 Leonardo da Vinci projetou (Figura 2) alterações do traçado no Rio Arno, para melhorar condições da navegabilidade entre Florença e Pisa, na Itália.

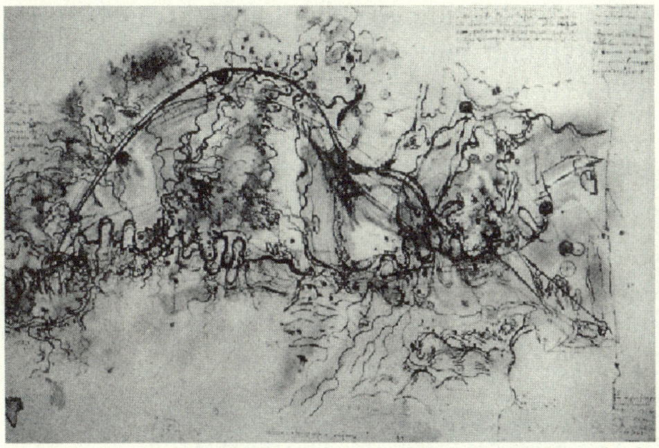

Figura 2 - Retificação do rio Arno - Projetos de Leonardo da Vinci - 1503.
FONTE: Prof. Ignácio Becchi.

No Brasil, uma das primeiras obras para navegação, um canal, realizado junto à foz do rio Ribeira de Iguape, teve conseqüências desastrosas. A região da cidade de Iguape, no litoral sul do estado de São Paulo, apresentava considerável desenvolvimento em função de produção agrícola, como arroz por inundação, e de mineração de metais preciosos, como o ouro. Todo o comércio era efetuado através do Porto de Iguape no Mar Pequeno, e o transporte de cargas se dava através do rio Ribeira de Iguape. Existia, entretanto, um transporte terrestre de 2 km que separava o rio do Porto, pois o rio passava junto à costa, mas desembocava no mar a cerca de 20 km ao norte. A solução escolhida para evitar os transbordos e este transporte terrestre, foi a abertura de um canal artificial de interligação porto-rio, com duas braças de largura e pouco mais de 1 m de profundidade, uma vala, daí o nome de "valo". Entretanto, o desnível existente entre as cotas dos níveis de água do rio e do mar deram origem a um escoamento com alta velocidade, que começou a erodir o "valo" inicial, e esta erosão continuou até a década passada, alargando-o para 200 m e atingindo 10 m de profundidade, o que deu origem ao atual Valo Grande. Como conseqüência, perdeu-se o porto por assoreamento e terras agricultáveis pelo sistema de inundação, pelo rebaixamento do nível da água do rio e do lençol freático.

Com o incremento da indústria metalúrgica no século passado, a navegação fluvial teve grande demanda de cargas, principalmente minérios de ferro e carvão, em grandes volumes e longas distâncias de transporte. Ao mesmo tempo, surgia a ferrovia como um forte concorrente ao transporte hidroviário e com a vantagem de melhor vencer desníveis e poder unir diretamente os pontos de produção e consumo.

Nos EUA surgiram os grandes comboios, com capacidade cada vez maior, constituídos por embarcações não motorizadas, as barcaças ou chatas, que amarradas entre si formavam um conjunto tracionado por um rebocador, com auxílio de cabos. Mais tarde, passou-se a operar de maneira mais eficiente, empurrando o conjunto de chatas, solidário (Figura 3), pela mesma embarcação motorizada, daí por diante denominada empurrador.

Com o desenvolvimento do transporte rodoviário, a navegação fluvial passou a ter um novo concorrente, pois, apesar de mais caro, pode vencer topografias mais severas e pode mover as cargas desde o ponto de produção até o ponto de destino, isto é, realizando transporte porta a porta, sem transbordos.

Ao longo do tempo, foram selecionadas cargas e distâncias que mais se adaptavam a cada meio de transporte, isto é, com custos mais adequados; assim, para produtos perecíveis o transporte rápido é mais adequado, sendo importante muitas vezes o transporte porta-a-porta. Já para produtos não perecíveis e de baixo custo de produção, é econômico o transporte de grandes volumes e, de preferência, por grandes distâncias. Cada meio de transporte ocupou o seu espaço. Atualmente, a integração dos vários meios de transportes adquiriu importância fundamental, e mesmo existindo algum meio de transporte ideal para uma determinada carga, a participação de forma organizada e integrada dos três meios de transporte tem importância vital na minimização dos custos dos fretes.

Recentemente, um novo meio surgiu para o transporte de cargas a granel, de sólidos ou fluidos: os condutos forçados, ou seja, as dutovias ou oleodutos, para petróleo bruto ou refinado, gasodutos, para gás, e minerodutos, para minérios.

Na Europa, neste século, a preferência pelos meios de transporte sofreu modificações, que podem ser apreciadas, em linhas gerais, no gráfico da (Figura 4), que retrata o histórico da Alemanha. Verifica-se a manutenção do volume de carga do transporte hidroviário, uma diminuição no transporte ferroviário e um aumento no transporte rodoviário com incremento do transporte dutoviário.

Embora se disponha, estimativamente, de 450 mil km de vias interiores navegáveis no mundo, são utilizados cerca de 190 mil km como hidrovias, nas quais são transportadas anualmente 2,200 milhões de toneladas de cargas, principalmente carvão, petróleo, combustíveis líquidos, fertilizantes, ferro, aço, cereais a granel e materiais de construção. Deste total, 57% são movimentados pelos EUA, e em segundo lugar vem a Europa Ocidental.

A rede hidroviária européia desenvolve-se nas regiões mais planas da França, Bélgica, Holanda, Alemanha, através dos rios da bacia do Rodano, Sena, Garone, Elba, Danúbio e Reno, entre os principais. Além de um grande número de canais artificiais (10.000 km), num total de 26.500 km de hidrovias interligando estas bacias. Nesta área exis-

Figura 3 - Comboio de empurra, Cia. Meca, hidrovia Tietê/Paraná.
FONTE: CESP.

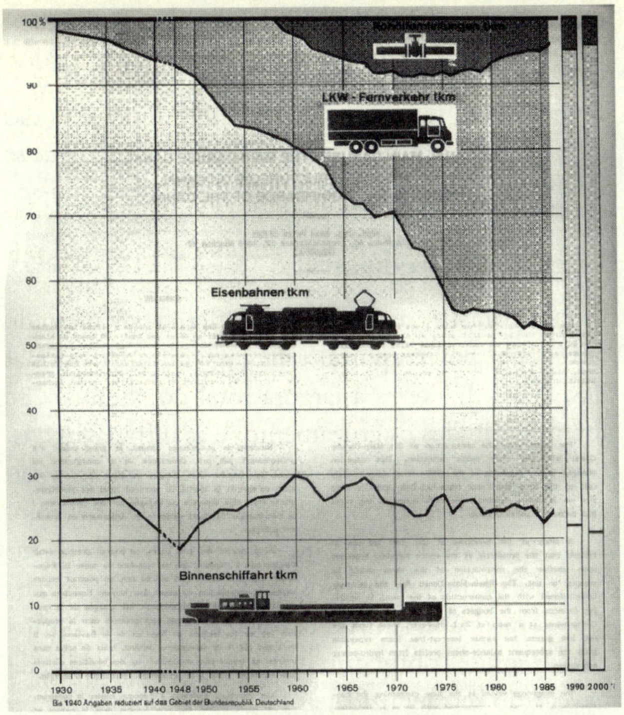

Figura 4 - Gráfico da evolução do uso de modais na Alemanha. FONTE: PIANC.

tem cerca de 700 eclusas e algumas outras obras de transposição de desnível, como elevadores mecânicos e planos inclinados.

Uma das ligações importantes concluída nesta década foi o canal artificial e demais obras para interligar as bacias do Reno e Danúbio, através do rio Main, em 1994, criando uma hidrovia de 3500 km entre o Mar do Norte e o Mar Negro.

Na ex-União Soviética, em função da topografia apropriada, existem grandes hidrovias, inclusive com canais artificiais, que ligam os mares Báltico e Branco, ao Norte, aos Mares Cáspio, Negro e de Asov, no Sul. Os principais rios utilizados são o Volga, Kama, Don, Neva, Svil e Dniefer, além dos rios Jininei, Ietysh, Ohi e Ancora, na região asiática. Tem-se um total de 45 mil km de hidrovias em rios naturais e mais 10.000 km de canais artificiais, com mais de 100 eclusas, transportando cerca de 550 milhões de toneladas de carga por ano.

A rede americana é constituída por mais de 40 mil km de hidrovias formadas, principalmente, pelas bacias hidrográficas do Mississipi, com os rios Mississipi, Missouri, Ohio, Tennesee, Ilinois e Arkansas, além da navegação dos grandes lagos e do canal do São Lourenço, ao Norte, e as hidrovias costeiras do Golfo do México. Foram construídos alguns milhares de km de canais artificiais, no qual se destaca o canal Ten-Tom Big Bee que interliga os rios Tennesee e Tom Big Bee, encurtando a distância para o golfo do México. O transporte anual está estimado em 1 bilhão e 250 milhões de toneladas de carga, com comboios de até 60.000 toneladas no Baixo Mississipi.

A navegação interior no Brasil teve uma série de dificuldades para se desenvolver, em função das condições geográficas e topográficas locais.

Como foi visto na Europa e na Ásia, as grandes civilizações se desenvolveram, de modo geral, nas margens dos rios e estes passaram a ser utilizados como vias de transporte natural, criando-se um hábito ou uma necessidade de se usar a navegação dos rios como meio de transporte e comunicação. Por outro lado, estes rios foram utilizados para conquistar e ocupar outros territórios, para atingirem o mar, ou vindo do mar, para ocupar o interior.

No Canadá e nos Estados Unidos as grandes vias fluviais foram importantes para a sua ocupação, destacando-se o rio São Lourenço, os Grandes Lagos e, principalmente, o rio Mississipi.

Na América do Sul, os rios Amazonas, Orinoco, e as bacias dos rios Paraná/Paraguai e Uruguai também foram importantes vias de penetração.

No Brasil, entretanto, excluindo-se a bacia do Amazonas que, apesar da facilidade de navegação, apresenta obstáculos sérios a sua exploração, dos demais rios de porte, poucos desembocam no mar, em costas brasileiras, e muitos destes, freqüentemente, apresentam desníveis significativos. No Sul, a região lagunar (Patos e Mirim) e os rios Jacuí e o Guaíba, seus formadores. Os rios Jataí, Ribeira de Iguape, Paraíba, Doce e São Francisco também desembocam no mar, mas são navegáveis até pequenas distâncias para o interior.

A ocupação no Brasil iniciou-se pela costa com poucas exceções de penetração para o seu interior, não se utilizando os rios, porque não apresentavam condições de navegabilidade, em função de obstáculos, como corredeiras ou degraus com cachoeiras.

Os únicos rios que a longa data se tem notícia da sua utilização, como vias de penetração são o Tietê-Paraná e seus afluentes, usados pelos Bandeirantes e pelas "Entradas", como já foi mencionado. Mas a continuidade de sua utilização diminuiu cada vez mais neste século, dado o advento das ferrovias, além de ser bacia que corre para o interior, com deságue no mar, em outros países, e com vários obstáculos, normalmente corredeiras. Nestes locais surgiram os primeiros povoados, tais como: Santana de Parnaíba, Pirapora, Itu, Salto, Porto Feliz, Tietê e assim por diante.

No século passado e no início deste, o transporte fluvial em vias naturais, com algum destaque no país, ocorreu nos rios da bacia Amazônica, para abastecimento local, especialmente no período do ciclo da borracha; no Rio Grande do Sul, nos rios que desembocam na Lagoa dos Patos, e no rio São Francisco (Figura 5), como via de comunicação interior, principalmente de passageiros e de intercâmbio de cargas locais entre Pirapora (MG), Petrolina (PE) e Juazeiro (BA).

Mais recentemente os minérios com grandes volumes, como o ferro, passaram a ser explorados. O transporte ferroviário se mostrou mais viável nesse caso, inclusive por falta de tradição em navegação interior ou em função de custos na sua implantação. Antigamente, os minérios procurados eram o ouro, a prata e as pedras preciosas, que não precisavam de sistema de transporte que justificasse o incremento e implantação de uma hidrovia.

Ultimamente, quando associada a aproveitamentos múltiplos dos recursos hídricos de um rio, como o caso dos rios Tietê e Paraná, as hidrovias vêm sendo utilizadas, tornando-se competitivas.

O canal navegável

As características básicas da via navegável moderna devem ser fixadas a partir das dimensões das embarcações-tipo adotadas para a mesma. No que se refere à geometria do canal navegável, destacam-se:

Largura mínima do canal

No Brasil, segundo a moderna técnica de navegação por empurra, a largura mínima normal deverá ser 2,2 vezes a largura total do comboio, se forem proibidos os cruzamentos e as ultrapassagens. Caso contrário (Figura 6), a largura mínima do canal deve ser 4,4 vezes a largura total do comboio. Em casos excepcionais, quando o balizamento for bastante denso em trechos retos, de pequena extensão, como passagem de baixios, entrada de portos etc, e onde obrigatoriamente a velocidade de navegação seja reduzida, as larguras mínimas para o

Tabela 1 - Larguras

Largura da boca	Largura do canal (pés / metros)	
	com cruzamento	sem cruzamento
105/32	300/91,4	185/56,4
70/21,3	230/70	150/45,7
50/15,3	190/58	130/39,6

FONTE: U.S. Army C.E.

Figura 5 - Antiga "Gaiola" no Rio São Francisco.

canal podem ser reduzidas até 1,5 a largura do comboio. Em pontes novas (Figura 7) o vão livre recomendado, depende de estudos específicos, por exemplo: em reservatórios da CESP – Cia. Energética do Estado de São Paulo – tem-se chegado à conclusão de que os vãos livres devem ser maiores que os usuais, sem cruzamento, talvez 3 vezes a largura do comboio-tipo. É usual, também, em estruturas pré-existentes, como antigas pontes, a execução de estruturas-guia auxiliares que permitem o apoio da embarcação na passagem, possibilitando aceitar-se valores do vão livre, próximos da largura do comboio.

O *US Army Corps of Engineers* recomenda uma folga mínima de 40 pés (12,19 m) entre o limite da via e o comboio, se não houver cruzamento, e se houver, essa folga passa a ser de 20 pés (6,10 m), mais uma folga mínima entre comboios em cruzamento de 50 pés (15,24 m).

Para trechos retos, o *US Army Corps of Engineers* (1980) sugere como larguras mínimas:

Seção mínima de canal navegável com cruzamento
considerada prof. mínima de 4,00 m

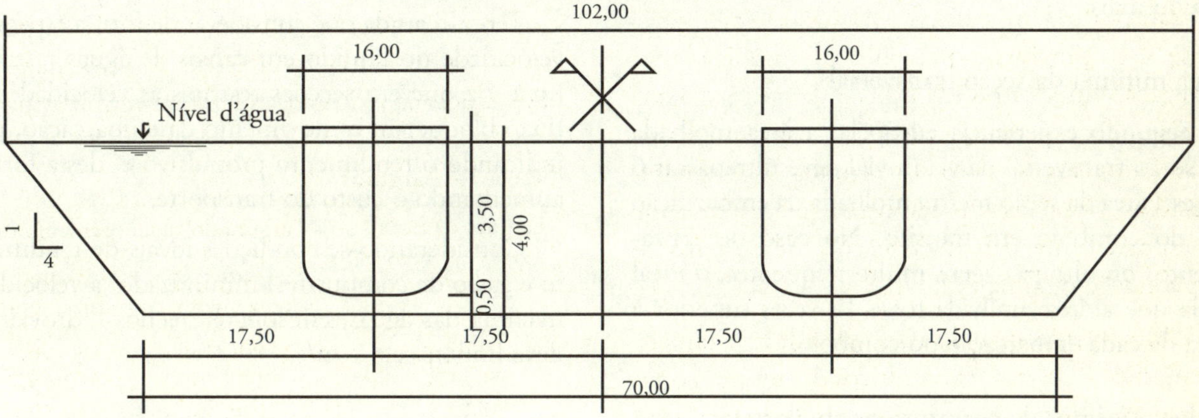

Figura 6 - Seção de canal com cruzamento.

Figura 7 - Passagem sob vão ampliado, 70 m, ponte rodoviária SP-463.
FONTE: CESP.

Profundidade mínima

Na via canalizada, por barragens, as restrições de profundidade ocorrem principalmente nas proximidades jusantes das obras e nos acessos aos portos e locais de transbordo. Estando o fundo em seu estado natural, com irregularidades normais, pode-se admitir uma folga de 0,3 m no fundo (pé do piloto). Em canais artificiais, em locais onde haja grande probabilidade de assoreamento e em seções muito restritas e fundo rochoso é recomendável adotar uma folga de no mínimo 0,5 m, por motivos de segurança. Em trechos longos, para evitar perda muito grande de tempo, conseqüente do percurso em longa extensão, com velocidade reduzida devido ao efeito de aumento de resistência em águas rasas, as folgas nas profundidades são adotadas maiores, 1m ou mais.

Área mínima da seção transversal

Segundo experiência européia, a área molhada da seção transversal da via fluvial deve ultrapassar 6 vezes a área da seção mestra molhada da embarcação ou do comboio em trânsito. No caso de cruzamentos ou ultrapassagens muito freqüentes, o ideal seria que a área molhada fosse 10 vezes superior à área de cada embarcação ou comboio.

Raios mínimos de curvatura e sobrelargura

Sobrelargura é o aumento necessário da via para que a embarcação efetue o seu posicionamento oblíquo em relação à rota para poder descrever a curva.

Considerando-se comboios com sistemas normais de lemes e possibilidades de manobras com auxílio de propulsores, os raios de curvatura não deverão ser inferiores a 10 vezes o comprimento do comboio. Em canais artificiais e, de um modo geral, em águas restritas lateralmente e locais de tráfego com velocidades reduzidas, os raios de curvatura poderão ser inferiores aquele valor, desde que seja conservada em toda a curva uma sobrelargura mínima igual ao quadrado do comprimento do comboio(L), dividido pelo dobro do raio de curvatura(R).

$$S = L^2/2R$$

A redução do raio de curvatura abaixo do valor mínimo indicado corresponderá a uma redução de velocidade.

No que se refere a aspectos dinâmicos e obras existentes na hidrovia, destacam-se:

Velocidade máxima da água

Partindo-se de uma velocidade de cruzeiro da ordem de 12 a 14 km/h para as embarcações em água parada, conclui-se que a velocidade máxima das águas que as embarcações podem vencer na subida, em um trecho restrito, com regime de potência máxima das máquinas, é da ordem de 4 m/s; excepcionalmente, poderão ser vencidas velocidades da ordem de 5 m/s, sem auxílio externo, em um período curto de tempo. Para a descida, a restrição de velocidade prende-se aos problemas de dirigibilidade, sendo em geral aceitas velocidades de fluxo da ordem de metade das velocidades acima.

Ter-se-á ainda que considerar de forma especial a velocidade do líquido em canais de águas restritas, uma vez que em secções restritas as velocidades de fluxo bloqueiam o movimento da embarcação, prejudicando o rendimento propulsivo e, desta forma, aumentando o custo do transporte.

Considerando-se condições ideais de rendimento e gasto de combustível minimizado, a velocidade máxima das águas, em longos trechos hidroviários, deve limitar-se a 2 m/s.

Altura livre sob pontes e sob interferências

A navegação por empurra obriga a cabine de comando do empurrador a alcançar alturas consideráveis para conseguir a visibilidade necessária. O uso sistemático do radar contribui para que haja exigência de maior altura livre. Nos Estados Unidos se adota como altura livre das pontes sobre o nível máximo navegável o valor de 15 m. A altura livre mínima de 7 m, que tem sido adotada em alguns rios no Brasil, parece insuficiente, sendo preferível adotar um valor em torno de 9 a 10 m, se não for possível atingir os 15 m, já preconizados para os grandes rios nacionais.

Hoje em dia tem se disseminado a solução de cabine retrátil no empurrador, passando a ser limitação, a carga sobre o convés.

Largura de vãos de pontes

No que diz respeito à largura dos vãos de pontes, (Figura 7), é recomendável adotar uma certa folga da ordem de 5 m em relação à largura normal do canal, por medida de segurança.

A cultura nacional, pouco experiente na matéria, e o nível pouco desenvolvido da mão-de-obra em atividades de suporte à navegação, leva a recomendação de sempre se prever proteção de pilares ou, no mínimo, a sinalização de segurança superdimensionada.

A eclusa de navegação interior

Concepção

Vários são os sistemas de transposição de desnível usados em navegação fluvial.

Os planos inclinados são constituídos por rampas com trilhos, por onde correm estruturas com truques ferroviários, que, por sua vez, sustentam cubas com água, onde as embarcações flutuam. Grandes desníveis são vencidos por esse sistema, com velocidades baixas, permitindo o trânsito, apenas, de embarcações automotoras sem grande capacidade de carga.

Os elevadores mecânicos *ship lift* são a solução moderna para comboios de até médio porte, ou seja, com capacidade da ordem de 2.000 ton, na transposição de desníveis elevados, acima de 35 ou 40 m. A partir dessas alturas, desde que haja condições de fundação propícias, o custo do elevador mecânico (Figura 8 e Figura 9) pode ser menor que o custo de uma eclusa equivalente.

A navegação interior teria progredido pouco, não fosse a genialidade de povos ancestrais, como os egípcios, que conceberam o fechamento de pequenos canais, tributários do rio Nilo, de forma a inundar para montante o suficiente para a passagem de pequenas embarcações com pequeno calado.

Essas operações, realizadas com comportas de madeira, permitiram às embarcações chegarem ao rio principal, com suas cargas oriundas da agricultura marginal.

A palavra "eclusa" tem primeiramente o significado de comporta, nas línguas ancestrais do Mediterrâneo Oriental.

Com o passar do tempo, no entanto, foi espontânea a concepção complementar de comportas duplas, definindo a eclusa como "um trecho de canal" submetido à variação de níveis, por comportas. Essa concepção foi desenvolvida extraordinariamente na China, e parcialmente na Europa, em épocas medievais.

Na Renascença, na Itália, o gênio de Leonardo Da Vinci projetou a famosa porta de busco, ou porta "Vinciana", onde a compressão predominante diminui a espessura da estrutura, seu peso e seu custo.

Há cerca de 200 anos, na Europa, se desenvolveram as eclusas atuais, sendo que no último século

Figura 8 - Elevador Senkrecht - (Heberwerk na Alemanha).
FONTE: Der Elbe-Seitenkanal.

os Estados Unidos se projetaram na navegação comercial, concebendo grandes comboios de empurra e realizando quase duas centenas de modernas obras de transposição (Figura 10). A eclusa moderna tem dimensões adequadas para o abrigo do "comboio-tipo" da hidrovia.

A eclusa moderna

A eclusa moderna é um sistema de transposição de desnível, na navegação fluvial, que funciona totalmente por gravidade, em função do desnível provocado por aproveitamento, ou seja, barramento, com fins múltiplos ou não.

A eclusa moderna pode ser descrita como uma "caixa de concreto" onde, em geral, com sistemas hidráulicos de enchimento e esvaziamento, realiza-se a variação de níveis (NAs) conveniente à ligação com montante (reservatório) e jusante.

A eclusa moderna é retangular, tem comprimento e largura muito próximas às dimensões do comboio-tipo da hidrovia, sendo dotada de muros de aproximação (Figura 11), chamados muros-guia, a montante e a jusante, de tal forma que a proa dos grandes comboios pode se apoiar à entrada.

A queda hidráulica de uma eclusa é a diferença entre os NAs de montante e jusante. E, são as quedas hidráulicas de trabalho de uma câmara, que definem o tipo, o porte e o custo advindo do sistema de enchimento/esvaziamento.

Observe-se que a definição da queda hidráulica máxima, isoladamente, pode não levar de imediato à concepção do sistema, se por longos períodos ocorrem quedas muito menores, por exemplo, como pode ocorrer em eclusas com NA de jusante variável.

Um sistema hidráulico corretamente concebido, isto é, técnico-economicamente projetado, considerará todas as quedas, suas permanências e suas probabilidades e os tempos de operação cabíveis, de forma a se maximizar a capacidade de tráfego, porém conservando-se custos minimizados àquilo que for necessário e, é claro, observando-se

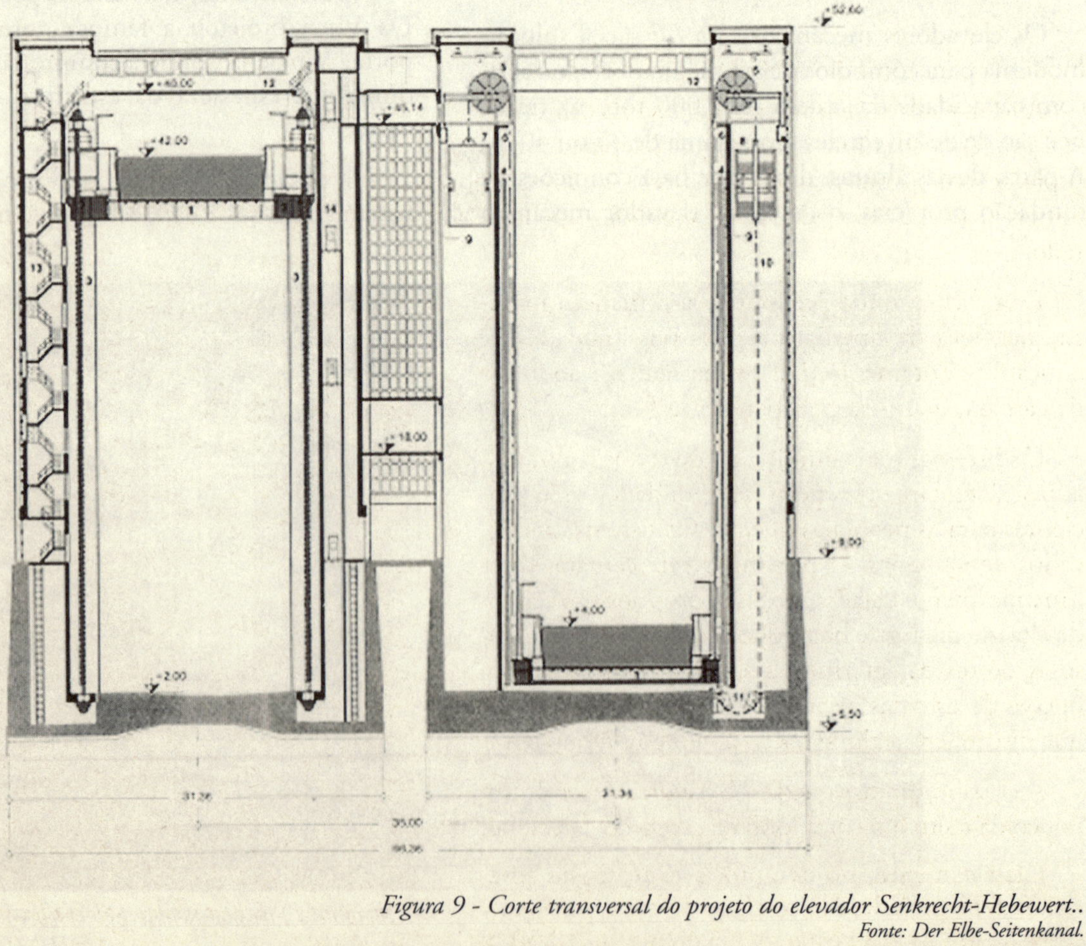

Figura 9 - Corte transversal do projeto do elevador Senkrecht-Hebewert..
Fonte: Der Elbe-Seitenkanal.

Figura 10 - Eclusa moderna nos EUA: eclusa de Chiakamauga, TVA.

condições de segurança inquestionáveis.

A forma básica de uma câmara de uma eclusa fluvial moderna é sempre a de um paralelepípedo, cuja projeção em planta mantém uma relação em geral entre 1:6 a 1:12, dependendo do comboio-tipo adotado.

Essa forma, onde predomina a dimensão longitudinal, leva de imediato a duas possibilidades de adução e esgotamento, por extremidades e ao longo da câmara, quer seja pela parede ou fundo.

Os sistemas mais simples, quase todos realizando adução/esgotamento pelas extremidades, são eficientes para as pequenas quedas. Os sistemas sofisticados de alimentação pelo fundo da câmara, ditos dinamicamente balanceados, são próprios das eclusas de alta queda. Entre baixa queda e alta queda situam-se as de queda intermediária, para as quais se têm opções de sistemas pelas extremidades e de condutos que distribuem a alimentação ao longo da câmara.

A classificação das quedas em valores depende um pouco da cultura técnica local de execução de eclusas.

Classicamente, no entanto, a experiência americana tem considerado os casos de baixa queda até cerca de 4,5 m (15 pés) e média queda até 10,50 m

Figura 11 - Eclusa e muro-guia de Ibitinga, hidrovia Tietê.
FONTE: CESP.

(35 pés) aproximadamente, podendo-se estender os sistemas dessas quedas a 15 m (50 pés) em locais onde a saturação, em termos de tráfego, tenha horizonte distante.

O *Corps of Engineers* entende de baixa queda as eclusas até 10 m e de média queda entre 10 e 15 m.

Acima de 15 m, em qualquer hipótese, no entanto, estaremos diante de uma eclusa de alta queda, com seus problemas peculiares.

Do ponto de vista hidráulico, entre 35 e 40 m está o limite das eclusas de alta queda, bem sucedidas operacionalmente na atualidade.

Navegação fluvial e meio ambiente

A navegação dos rios é o meio de transporte de mercadorias mais antigo, seguramente anterior à tração desenvolvida por terra. Esse fato decorre da simplicidade de se deixar a corrente natural carregar algum tipo de flutuante com a carga a transportar, o que, além de esforço mínimo, não agride o meio ambiente.

Outros meios de transporte ancestrais, como a tração animal, exigiram a execução de trilhas e caminhos muito agressivos ao meio ambiente físico, pois expunham o solo à erosão.

Além de ser a via natural, pronta pela natureza para servir ao transporte, os rios também abastecem as populações e suas culturas agrícolas, o que explica o desenvolvimento das civilizações, mesmo as litorâneas, ao longo dos vales dos rios.

O que talvez privilegie o modo de transporte navegação, fundamentalmente, face aos outros modos terrestres, com relação ao meio ambiente é que a navegação em corrente livre não secciona qualquer ecossistema, uma vez que o rio ou o lago fazem parte de ecossistemas mais amplos. Quanto a ecossistemas menores, as transições margem/água ocorrem com a perfeição de desenvolvimento da escala milenar da natureza.

Quanto às rodovias e ferrovias, a sua inserção, artificial, secciona efetivamente ecossistemas, impõe novas condições aos *habitats* naturais, bem como à evolução de sedimentos, de vazões etc.

Mesmo quando se pensa em terminais de transbordo de carga, a navegação apresenta a característica favorável ao ambiente físico, de os possuir espaçados, ou seja, em pequeno número e distribuídos.

Ao lado das inestimáveis qualidades de pouca interferência ambiental do modo navegação, ocorre um problema importante, principalmente em nosso tempo, onde cargas com enorme potencial poluidor ou contaminante são transportadas. É a rapidez da efetivação de profundos danos ao ambiente aquático, biótico e físico, e mesmo socioeconômico, como no caso do abastecimento humano, quando do acidente hidroviário. E isto ocorre, é claro, dadas as mesmas propriedades do meio líquido, que tanto beneficiam o transporte.

Como qualquer setor da atividade humana, o crescimento é responsável pela progressão da interferência no meio ambiente. Dessa forma, hoje, em alguns pontos de congestionamento hidroviário do mundo se registram óxidos de Enxofre e Nitrogênio em quantidades impróprias no ar, originados no deslocamento de embarcações. Em geral, isso ocorre em áreas de intenso movimento fluvio-marítimo, como, atualmente, em alguns locais da Europa.

Governos europeus, no entanto, têm proposto, como melhor solução para estancar o crescimento da poluição do ar na Europa, a distribuição de cargas privilegiando o modo hidroviário, uma vez que esse modal pode absorver com tranqüilidade novas tecnologias, como por exemplo o uso direto de óleo pesado como combustível e catalisadores na emissão de gases.

Mais além, o menor gasto de combustível por tonelada-quilômetro, realizado pela navegação. Segundo, o *green paper* da EU-Comission/1992 *On the Impact of Transport on the Environment*, a energia específica despendida pelo modo hidroviário é da ordem média de 0,6 MJ por tonelada - quilômetro, enquanto em condições semelhante a ferrovia dispende de 0,6 a 1,0 MJ e os caminhões pesados de 0,96 a 2,22 MJ.

Inúmeros outros impactos ambientais advêm do aumento na navegação interior, por exemplo:

- a regularização e aumento de profundidade em leitos naturais;
- dragagens, derrocamentos, cortes de meandros e outras obras mais localizadas, cuja evolução futura é de difícil previsão;
- dragagens de materiais poluentes ou potencialmente contaminantes e, principalmente seu destino;

- degradação da qualidade da água nos terminais fluviais de crescimento e movimento muito intenso;

A navegação interior, no entanto, interfere muito menos, no ambiente aquático e ecossistemas marginais do que alguns outros usos da água, como por exemplo o uso para geração elétrica em rios de planície.

A navegação interior, não possuindo calado superior a alguns poucos metros: 2,5 m (futuro) no Tietê, 3,5 m (futuro) no Paraná, 2,94 m tornando-se padrão nos EUA, o que decorre das características dos rios, não necessita de *per si* de grandes reservatórios. Apenas barragens, que na prática são móveis, desaparecendo como tal na época das cheias, exercendo a função efêmera de manter a profundidade mínima a montante na estiagem. Esse fato leva, em geral, a pequenas inundações, de áreas naturalmente sujeitas às inundações anuais.

Dessa maneira, não se pensa em "reassentamento" ou "perdas históricas" ou "arqueológicas", em aproveitamentos específicos para a navegação. Tais fatos serão exceção.

Outros fatos importantes merecem destaque, como características de pouca interferência das hidrovias no meio ambiente:

- os barramentos de baixa altura, permitem a passagem dos peixes migratórios pelos próprios vertedores;
- as pequenas profundidades dos reservatórios formados praticamente na estiagem apenas não oneram o aproveitamento de recursos naturais, como da areia e da argila;
- as barragens móveis pouco alteram, dada a sua característica de mobilidade, o transporte de sedimentos;

As eclusas de alta queda, no entanto, estão associadas, em geral, aos aproveitamentos múltiplos, que não descartam a parte hidrelétrica, que, por sua vez, é mais atraente quanto maior a altura de queda. Esse é o caso de todos os aproveitamentos dos rios Tietê e Paraná.

E, dessa forma, as características do reservatório, provocadas por essa altura "hidroelétrico-econômica", têm profunda influência no meio ambiente, desde sismológica, de estratificação de DBO, de temperaturas, de regime de sedimentos a modificação na fauna e flora etc.; as quais nada têm a ver com o uso específico, não consumptivo, da navegação.

As eclusas, em geral, são obras cuja análise com relação ao meio ambiente não é mais importante que a hidrovia como um todo.

A obra em si, a eclusa, pouco altera o meio ambiente local. O conjunto de obras do qual ela faz parte, como por exemplo o barramento, este sim poderá impactar o local.

Certos pontos merecem destaque, no entanto, relativos diretamente à obra e ao ambiente físico:

- a probabilidade de acidentes em uma eclusa é menor, pois trata-se de uma situação operacional sob controle muito severo, uma vez que no mundo todo as eclusas são cercadas de inúmeras precauções; acidentes, no entanto, na eclusa, ou na área de sua implantação, podem ser muito graves, no mínimo afetando o transporte e eventualmente até o reservatório e outros usos; o caso de incêndio em eclusa de embarcações com combustível pode ser extremamente danoso às estruturas, especialmente às metálicas;

- é inevitável que eclusas venham a "consumir" água e energia; e esse fato é tanto mais significativo quanto mais de alta queda for a câmara e, obviamente, quanto menos água se revelar disponível para o uso transporte.

Esses dois fatores, a alta queda e a menor disponibilidade de água, se maximizam à medida que a navegação interior se desenvolve para montante das bacias. No que se refere à energia, é fácil constatar que a potência usada na eclusa cresce com o quadrado da altura, ou seja:

$$P_{ef} = 9{,}81.\eta.Q.H(kw)$$

É a potência efetiva, disponível na queda da vazão Q de altura H, com um rendimento global e perdas representados por η. Mas, a vazão será, em média:

$$Q = \frac{\text{Volume da câmara}}{\text{Tempo de ciclo completo da eclusa}}$$

então:

$$P_{ef} = 9{,}81.\eta \frac{V_{cam}}{T_{ciclo}}.H = 9{,}81.\eta.\frac{A_{cam}}{T_{ciclo}}.H^2$$

Por exemplo, no rio Paraná, em Porto Primavera, a potência média dêspendida, efetiva no maior desnível, será:

$$P_{ef}UPP = 9{,}81.0{,}86.\frac{17m.210m}{5400s}.(22{,}5m)^2 = 2.824kW$$

o que não é tão importante face às potências efetivas úteis do rio Paraná, da ordem de 21 MW, ou seja, pouco mais de 0,1%, mas, que poderia ter o uso alternativo para atender às necessidades de uma comunidade de 4.000 habitantes. É claro que com os vertedores funcionando, a energia na eclusa e mesmo a "perda" d'água para jusante passam a não ter significado.

Há lugares onde essas questões têm de ser consideradas, como por exemplo em canais de ligação entre bacias, como é o caso do Elbe-Seitenkanal, na Alemanha, onde a água é preciosa. A economia de água na eclusa de Uelzen (Figura 12), situada naquela ligação, chega a cerca de 2/3 ou mais de conservação, no ciclo.

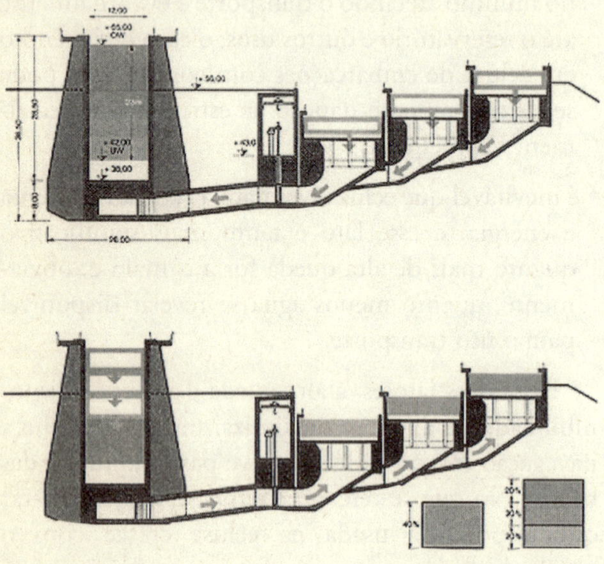

Figura 12 - Eclusa com conservação de água no ciclo - Eclusa de Uelzen, Alemanha.
FONTE: Der Elbe-Seitenkanal.

Ainda com relação ao meio ambiente, é interessante destacar algumas possibilidades de uso da eclusa, a favor de melhores condições:

- a eclusa pode ser projetada para ser usada como vertedor auxiliar, ajudando no escoamento de cheias extraordinárias;
- a eclusa pode ser usada para alívio de aguapé de reservatórios, assim como para passagem da madeira extraída após enchimento, ou ainda para retirada de detritos da superfície, e também de gelo, desde que preparada para tanto;
- as eclusas de alta queda, especialmente, podem enriquecer, com ar emulsionado, o canal de jusante, o que é desejável nas situações de escada de eclusas, por exemplo, ou canais de aproximação que, separados do fluxo principal, impliquem maiores DBOs.
- as eclusas de alta queda também podem incluir a função de escada de peixe, para tanto, se projetando os difusores de jusante, de forma a criar uma zona de atração com velocidades altas.

Finalmente, as eclusas estão sendo desenvolvidas para participarem do controle de intrusão salina, sendo dotadas de dispositivos especiais ou de processos operativos que evitam ou diminuem a passagem da água salobra ou salgada, de jusante para montante.

As bacias hidroviárias brasileiras

O Brasil é dotado de uma significativa rede hidrográfica (Figura 13), não distribuída uniformemente em seu território. Há alguma deficiência de descarga líquida na região Nordeste, devida à não uniformidade das chuvas, e, por outro lado, na região Norte, a bacia Amazônica, que é uma das maiores bacias do mundo em termos de superfície e de extensão de seus rios, produz enormes descargas líquidas, perenemente.

Na região Sudeste, rios que deságuam no mar em território nacional apresentam obstáculos, como cachoeiras e corredeiras a poucos quilômetros da sua foz. Outros rios têm o seu direcionamento para o interior, cruzando países vizinhos, como Paraguai, Argentina e Uruguai, antes de atingirem o mar. Essas situações são desfavoráveis para a integração da navegação fluvial com a marítima.

Para que um curso de água navegável seja "considerado" como uma hidrovia interior, significa que há intenção, ou deliberação de mantê-lo ou dotá-lo de condições atuais ou futuras que possibilitem seu uso como hidrovia. Isso significa integração à infra-estrutura de transportes interiores adotada, isto é, perfeita interligação com os outros modais, ou seja, ferroviário, rodoviário e dutoviário.

Portanto, uma via navegável interior torna-se hidrovia, pelo menos em intenção, mediante ato declaratório do Poder Público. O plano nacional de hidrovias pode ser observado, também, na Figura 13.

As Tabelas 2 e 3, contêm a proposta de classificação e gabaritos das hidrovias do país, que se discutem hoje em dia, visando futura oficialização.

Tabela 2 - Classificação dos rios para navegação, no Brasil.

CLASSE	CARACTERÍSTICAS	PROFS.(m) 75 % DO TEMPO
I/ESPECIAL	com navegação marítima	-
II	grande potencial, boca de 32 m	> 2,5
III	potencial médio, boca de 16 m	> 2,0
IV	menor potencial, boca de 11 m	> 1,5
V	potencial reduzido	-

Tabela 3 - Gabaritos propostos para oficialização (em metros).

CLASSE	CALADO DEFINITIVO	LUZ	LARGURA DE CANAL
I	função das embarcações marítimas		
II	4,5	15,0	128
III	3,5	10,0	64
IV	2,5	7,0	44
V	sem definição		

Notas: boca - largura máxima do comboio
calado definitivo - após obras futuras
luz - distância livre mínima sobre um nível de cheia
largura de canal - largura mínima da via, com cruzamento

A seguir, serão abordadas as características das principais hidrovias brasileiras em operação, inseridas nas respectivas bacias hidrográficas.

Serão apresentadas na seguinte ordem:

- Hidrovias do Sul
- Bacia Paraná Tietê
- Rio Paraguai
- Rio São Francisco
- Rios Tocantins - Araguaia
- Bacia Amazônica

Hidrovias do sul

A navegação interior no Rio Grande do Sul, tanto de cargas como de passageiros, floresceu até a década de quarenta, entrando a seguir em decadência, por diversos motivos, entre eles: deficiências sazonais de calado dos cursos d'água, evolução do porte dos veículos rodoviários, melhoria da malha rodoviária e ferroviária, e a política e legislação trabalhista diferenciada para a navegação interior.

No final da década de 50, a comunidade local e o setor público, percebendo as vantagens da reativação do transporte hidroviário interior, promoveram a elaboração do **Plano Hidroviário do Estado do Rio Grande do Sul**, aprovado pela Resolução 16 do Conselho Hidroviário do Estado, em 29 de março de 1961.

Figura 13 - Barragem móvel de Fandango, para navegação do rio Jacuí, Rio Grande do Sul.
FONTE: AHRSUL.

A partir do início da década de 70 foram executadas com recursos públicos principalmente da União, através dos extintos DNPVN – Departamento Nacional de Portos e Vias Navegáveis – e da PORTOBRÁS – Empresa de Portos do Brasil S.A. –, as obras das barragens eclusadas do Anel de Dom Marco e Amarópolis, no rio Jacuí, e Bom Retiro do Sul, no rio Taquari, além de obras de dragagem e derrocamento nos canais de navegação ao longo daqueles rios.

As obras em questão, juntamente com a barragem eclusada de Fandango, no rio Jacuí (Figura 13), deram novo impulso ao transporte hidroviário do Rio Grande do Sul, tornando-o uma atividade econômica importante para o desenvolvimento do estado.

Apesar das distâncias envolvidas serem relativamente pequenas, pouco mais de 700 km de percurso total, o tráfego chegou a representar, na década passada, grande parte do volume de cargas transportados em todo o sistema de hidrovias interiores do País.

A rede fluvial

A rede fluvial da região sul é constituída por duas bacias. A Bacia da Lagoa dos Patos, também denominada Bacia Oriental, e a Bacia do rio Uruguai.

Da primeira, fazem parte os rios Jacuí e seu principal afluente, o Taquari, mais os rios Gravataí, Sinos e Caí, que formam o Guaíba, além das Lagoas dos Patos e Mirim, interligadas pelo canal de São Gonçalo.

Da outra, a do rio Uruguai, que não possui vias fluviais navegáveis naturalmente no seu trecho em território nacional, mas apenas em seu trecho inferior, um de seus principais afluentes é o rio Ibicuí, que mesmo não apresentando boas condições de navegabilidade, pode se tornar uma hidrovia de interligação, caso venham a ser viabilizados os projetos hidrelétricos entre Argentina e Brasil.

Caracterização socioeconômica

Bacia da Lagoa dos Patos

A bacia da Lagoa dos Patos ocupa uma área de 160.000 km^2 que na sua totalidade abrange cerca de 54% a área territorial do estado do Rio Grande do Sul. Nesta bacia, 11 rios são de interesse para implantação hidroviária.

A área possui uma agricultura bastante desenvolvida, onde predomina o cultivo da soja, do milho, do trigo e do arroz. O setor agropecuário exerce forte influência sobre os setores secundário e terciário.

As atividades industriais estão concentradas nos municípios de: Rio Grande, Gravataí, Canoas, Bento Gonçalves, Caxias do Sul, São Leopoldo, Esteio, Porto Alegre e Novo Hamburgo. No eixo Porto-Alegre-Pelotas há expressiva concentração de indústrias de beneficiamento de arroz. Na região de Caxias do Sul predominam indústrias do vinho, metal-mecânica e de mobiliário; na região de Santa Cruz do Sul, as indústrias do fumo; no Vale dos Sinos, o setor coureiro calçadista e no Vale do Gravataí, o setor metal-mecânico.

Uma forte característica da área é que tanto na estrutura agrária quanto no porte das indústrias, o predomínio é da pequena propriedade.

Os recursos minerais representam a melhor opção de desenvolvimento dessa região, onde já existem atividades de mineração explorando ferro, chumbo, cobre, calcário, calcita, granito, talco, dolomita e carvão.

A bacia do Uruguai, em território nacional, ocupa uma área de 178.235 km^2, situa-se na sua maior parte, cerca de 73%, no Rio Grande do Sul, ficando o restante em território do estado de Santa Catarina.

Na bacia se encontram, principalmente, atividades agropecuárias. As principais culturas da região são a soja, o arroz, o trigo e o milho. Cerca de 80% da produção total de grãos do estado de Santa Catarina estão concentrados nesta bacia e aproximadamente 60% do total da produção do Rio Grande do Sul.

Armadores e embarcações

Um dos fatores que contribuem para o desenvolvimento da navegação interior do Rio Grande do Sul é a quantidade de armadores que operam na bacia. A competitividade entre os mesmos permite que o baixo custo do transporte hidroviário se reflita nos fretes.

São 9 armadores de grande porte, com embarcações de até 5.100 tpb, que transportam grãos, farelo e óleo de soja, milho, trigo, derivados de petróleo, carvão mineral, clínquer, minério de ferro etc. Os armadores pequenos, cerca de 50, transportam areia e cascalho.

A capacidade total da frota é superior a 200.000 tpb, distribuídas por mais de 200 embarcações. Cerca de 70% das embarcações são autopropelidas, contra 30% de chatas sem propulsão própria. Isto se dá, principalmente, em função da formação de ondas na Lagoa dos Patos, que dificultam as operações de comboios de empurra, além da sinuosidade e pouca largura dos canais de navegação das hidrovias do Taquari e Jacuí.

Navegação atual e intermodalidade

A navegação interior é praticada nos rios Jacuí (232 km); Gravataí (9 km); Guaíba (50 km); na Lagoa dos Patos (260 km de Itapoã aos molhes da barra em Rio Grande); e no canal de São Gonçalo (74 km), para embarcações de 2,50 m de calado, e nos dos Sinos, cai para 1,50 m de calado.

A rede ferroviária é toda em bitola métrica, com extensão total de 3.638 km, ligando-se ao Sistema Regional Curitiba em Marcelino Ramos e Lajes. Mantém intercâmbio com as ferrovias da Argentina, em Uruguaiana/Passo de Los Libres e com as ferrovias do Uruguai, em Santana do Livramento/Rivera e Jaguarão/Rio Branco. A ferrovia conta ainda com três terminais portuários de longo curso: o de Rio Grande, marítimo, e os de Porto Alegre e Pelotas, fluviais.

As rodovias integrantes do sistema do porto fluvial alimentador de Estrela, o principal da hidrovia, têm nas BR-285 e 386 os seus grandes corredores, com condições de absorverem a demanda de transporte prevista até o ano 2002.

Perspectivas futuras

O transporte hidroviário que era intenso, movimentando cerca de 50% a 60% das safras agrícolas, atualmente, em 1999, está sofrendo concorrência de outros meios de transportes na movimentação de grãos com destino ao Porto de Rio Grande, principalmente, para o mercado externo.

O Porto de Estrela, além do crescimento vegetativo esperado nas cargas tradicionais, está se aparelhando para uma nova fase, com a implantação de um terminal de contêineres, para movimentação de fumo, móveis, calçados e vinho para a exportação.

Ainda no horizonte de curto prazo, são boas as possibilidades de movimentação de calcário agrícola na rota Cachoeira do Sul - Estrela, tendo já se iniciado o transporte em pequena escala.

Quanto à Cachoeira do Sul, o Governo do estado está implantando no local instalações portuárias de desembarque, pois a região já dispõe de dois terminais privativos para embarque de granéis agrícolas e óleos vegetais. Está prevista também a instalação de equipamentos para descarga de derivados de petróleo.

O aspecto mais negativo na situação atual, e sem grandes perspectivas a curto prazo, é a situação do Terminal de Carvão de Charqueadas. A desativação do Programa de Mobilização Energética e a total falta de uma política governamental para utilização do carvão mineral diminuíram muito a movimentação naquele terminal.

A médio prazo, um dos principais projetos envolve o abastecimento de carvão mineral para a Usina Termelétrica Jacuí, da ELETROSUL – Centrais Elétricas do Sul do Brasil S.A., que consumirá cerca de 1.100.000 toneladas anuais de carvão, a serem fornecidos pelas hidrovias.

A bacia Paraná-Tietê

Situada entre Centro-Oeste, Sudeste e Sul do Brasil, a bacia hidrográfica do rio Paraná, do qual o rio Tietê é tributário, insere-se na região de maior desenvolvimento agroindustrial do país e da América Latina.

No Brasil, a bacia e seu *hinterland* relativo à navegação abrange os estados de São Paulo, Goiás, Minas Gerais, Mato Grosso do Sul e Paraná. Nessa área encontra-se, hoje, mais de 25% da população brasileira, sendo que se arrecada cerca de 75% do ICMS – Imposto sobre Circulação de Mercadorias e Serviços de toda a nação.

O desenvolvimento da navegação na bacia do Paraná, em conjunto com as dos rios Paraguai e Uruguai, vem sendo considerado fundamental para o MERCOSUL (Figura 14), isto é ,a integração de mercados entre Brasil, Argentina, Paraguai e Uruguai.

A bacia do rio Paraná, teve nas últimas décadas, seu potencial hidroenergético enormemente desenvolvido e, dessa forma, a navegação fluvial vem se beneficiando, podendo aumentar calados e tamanho dos comboios, diminuindo-se os custos do transporte fluvial.

O porte da bacia do Paraná permite vislumbrar grandes extensões navegáveis. Atualmente, realizada a integração entre as regiões Norte e Sul do rio Paraná, ou seja, de São Simão a Guaíra, com o Tietê, têm-se já à disposição, mais de 2.000 km de hidrovia, que tendem a crescer, com o desenvolvimento da navegação dos afluentes.

Socioeconomia e cargas atuais

A região de influência da bacia do Paraná e Tietê, tem, na área nacional, forte tradição agrícola.

Os estados de São Paulo, Paraná e, recentemente, áreas do Mato Grosso do Sul e do país vizinho, Paraguai, vêm ampliando áreas de cultura, principalmente com cultivo de soja, trigo e cana-de-açúcar.

A população, na área de influência nacional da hidrovia, talvez chegue a 40 milhões de habitantes, cuja maior parte se encontra nos conglomerados urbanos, em função da enorme industrialização havida, principalmente, no estado e na cidade de São Paulo.

A área da cidade de São Paulo e outras próximas como Campinas, Piracicaba e Sorocaba, formam o complexo industrial transformador de montante da hidrovia Tietê-Paraná, além de, em conjunto com um sem números de outras cidades, várias conurbadas, formarem o maior e mais variado mercado consumidor do País.

Se por um lado, a hidrovia Tietê-Paraná tem papel da maior importância no escoamento da produção das áreas de expansão de fronteira agrícola nos estados do Centro-Oeste, por outro lado, as áreas de cultivo do *hinterland* da hidrovia necessitam de calcário, fertilizantes, combustíveis e produtos semi-industrializados, passíveis de serem transportados via navegação, em geral, com origem em São Paulo e outras regiões de montante do sistema de navegação fluvial. Essas necessidades se completam criando fluxo de carga hidroviável nos dois sentidos.

Em números redondos, atuais, às vésperas do ano 2000, têm-se, os grãos, a soja, o farelo e trigo, com uma participação maior que 30% no conjunto de cargas de jusante para montante da bacia; madeira e gado perfazem mais de 20% da carga na mesma direção; já o calcário e fertilizantes perfazem 40% da carga de retorno, de montante para jusante; os combustíveis formam cerca de 10% e o aço e outros granéis pesados participam com cerca de 15% do total da carga na mesma direção.

Esses volumes adicionados às cargas de materiais de construção, principalmente areia, e a cana-de-açúcar, levará a bacia do Paraná a ter, em 2005, pelas previsões atuais, um fluxo da ordem de 16 milhões de toneladas, cuja maior parte, mais da metade, também circulará pelo rio Tietê.

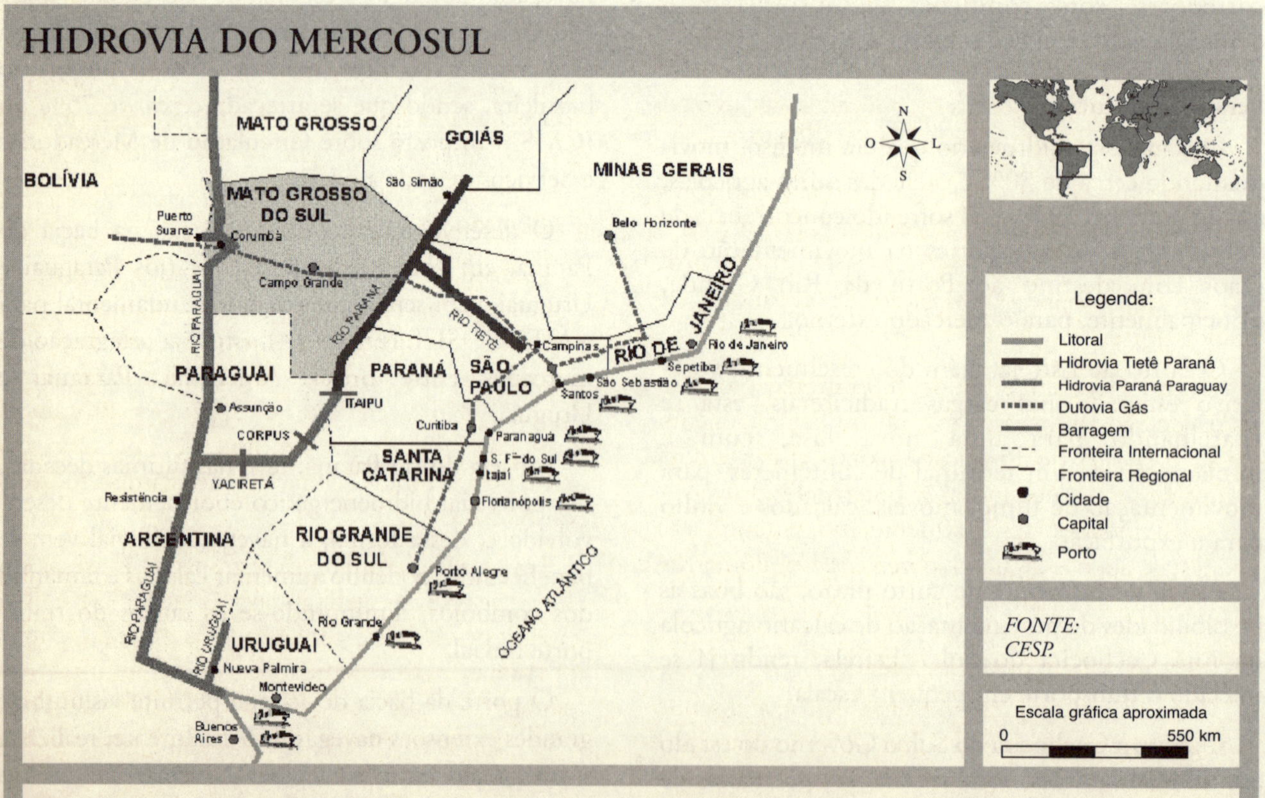

Figura 14: Bacia do Paraná / Paraguai e o sistema hidroviário

Rede fluvial

O rio Paraná, em conjunto com os rios Paraguai e Uruguai (Figura 14) formam um complexo fluvial com inestimável potencial hidroviário na região Sul da América Latina.

O rio Paraná, o curso d'água de maior destaque na área, é formado em território nacional pelos rios Paranaíba e Grande, nas divisas entre os estados de Mato Grosso do Sul, Minas Gerais e São Paulo, e se desenvolve por mais de 4.000 km de extensão, até sua foz, perto do mar, onde suas águas, somadas às do Uruguai vêm a formar o grande deságue no oceano conhecido como rio da Prata.

O grande rio Paraná, com vazões de alguns mil, a várias dezenas de milhares de metros cúbicos, sempre foi uma via fluvial de excelentes condições naturais, com exceção de cerca de 60 km a montante de Guaíra, as "Sete Quedas", hoje afogadas pelo reservatório de Itaipu.

Os maiores afluentes do rio Paraná na margem esquerda são o Iguaçu, o Ivaí, o Paranapanema e o Tietê. Na margem direita destacam-se os rios Dourados, Inhandu Guazu, Verde, Sucuriu, Corumbá e Ivinhema.

Todos esses afluentes têm condições de navegação, pelo menos em dezenas de quilômetros a partir da foz, sendo que alguns já se encontram canalizados por aproveitamentos hidrelétricos, como o rio Paranaíba, o Grande, o Tietê e o Paranapanema.

Desses, no entanto, apenas o rio Tietê tem aproveitamento com fins múltiplos, isto é, junto com o aproveitamento hidroenergético se construiu uma eclusa, garantindo a navegação de comboios de grande porte.

No rio Tietê, em cerca de 700 km, das proximidades de São Paulo à sua foz, no rio Paraná, encontra-se apenas o rio Piracicaba, como afluente com algum destaque, possuidor de potencial hidroviário. As possibilidades desse afluente, no entanto, são modestas, apenas algumas dezenas de quilômetros, até a cidade de mesmo nome.

Navegação atual e intermodalidade

O rio Paraná, em território brasileiro, vem sendo navegado há muitos anos (Figura 15), formando-se especialmente, um corredor de grãos, madeira e gado, voltado para São Paulo, em conexão com as ferrovias que atingiam as suas margens. Essas ferrovias, há muito tempo realizando a intermodalidade, atingem a barranca do rio Paraná em duas localidades, tradicionais quanto ao transbordo de grãos: Porto Epitácio e Porto Panorama.

Figura 15 - Comboio tradicional no rio Paraná.
FONTE: CESP.

A navegação no rio Paraná, se desenvolveu, a corrente livre, com comboios formados por quatro ou seis chatas, de comprimento variando entre 20 a 40 m, com boca, ou seja, largura, da ordem de 8 m. O calado praticado, face à presença de alguns baixios, tem sido de até 1,70 m.

O rio Paraná canalizado, isto é, após o término do aproveitamento de Porto Primavera e de Ilha Grande, respectivamente junto à foz do Paranapanema e ao final do remanso de Itaipu, terá condições de permitir a navegação com o comboio-tipo planejado final para a hidrovia: comprimento mínimo de 200 m, boca de 16 m e calado de 3,5 m. Esse comboio terá capacidade de carga entre 7.000 e 9.000 ton.

Quanto ao rio Tietê, que é o braço paulista do Paraná, sua navegação natural foi incipiente até a década de 50, quando se iniciou a construção dos primeiros aproveitamentos hidrelétricos como Barra Bonita e Bariri, seguidas por Ibitinga e Promissão. Hoje, comboios de grandes dimensões para carga de grãos, por exemplo (Figura 16), navegam na hidrovia consolidada.

Há pouco tempo foram terminadas as usinas e eclusas de Nova Avanhandava (Figura 17) e Três Irmãos, no rio Tietê concluindo-se a ligação com o rio Paraná. E, recentemente o Paraná, foi totalmente integrado: para o sul, através do lago de Jupiá e da eclusa do mesmo nome, na verdade, Usina e Eclusa Engº Souza Dias; para o norte, em direção ao lago de Ilha Solteira, aproveitamento esse, presentemente, desprovido de eclusa.

Figura 16 - Comboio de chatas graneleiras fechadas na hidrovia Tietê.
FONTE: PR Engenharia.

As eclusas do rio Tietê foram realizadas de forma a comportar o comboio-tipo da via, formado por duas chatas de 60 m, com boca de 11 m, que perfazem com o empurrador um comprimento de cerca de 140 m. O calado futuro máximo da hidrovia é de 2,5 m.

O rio Tietê, hoje integrado ao rio Paraná, forma a chamada hidrovia Tietê-Paraná, possibilitando cerca de 2.000 km de navegação, incluídos os afluentes, desde Itaipu, ainda sem eclusas até 1999, a São Simão, no rio Parnaíba, e à Santa Maria da Serra, no Piracicaba, ou à Conchas, no Tietê.

As diferenças de boca, ou seja, largura de comboio-tipo, levam, no momento do início da integração Tietê-Paraná ao uso de um comboio Tietê duplicado, com franca navegação no Paraná e sofrendo desmembramentos nas eclusas do Tietê.

As principais conexões modais na hidrovia Tietê-Paraná ocorrem ou ocorrerão nos seguintes portos fluviais: Porto Guaíra, onde se terá a ferrovia Guarapuava-Cascavel, no Paraná; Presidente Epitácio e Panorama, já servidas por ferrovias com bitola métrica e larga, respectivamente; São Simão e Santa Fé do Sul, esta última também ligação ferroviária; e no Tietê, tem-se Araçatuba, Pederneiras (Figura 18), e Usina Diamante (Figura 19). Finalmente, a montante, em futuro próximo, o terminal intermodal de Artemis, próximo a Piracicaba, e o terminal intermodal de Conchas, no Tietê.

Figura 17 - Canal intermediário entre eclusas de Nova Avanhandava.
FONTE: CESP.

Perspectivas futuras

A navegação no sistema Tietê-Paraná deverá aumentar rapidamente, em futuro próximo, à medida em que se desenvolvam mais áreas agrícolas e se intensifique o intercâmbio internacional na bacia.

A navegação entre o Tietê e o Paraná se fará com embarcações predominantemente do tipo Tietê, uma vez que são essas as dimensões menores das eclusas da hidrovia.

Infelizmente, no início da implantação das obras para navegação no Tietê e no Paraná, à época, o intercâmbio entre os dois rios, o funcionamento como uma só bacia hidroviária, não foi perfeitamente compreendido, prevalecendo uma visão mais particular de cada rio e, daí, dois gabaritos de eclusas tão diferentes, que levam a difícil aproveitamento maximizado, em termos de equipamento naval.

Figura 18 - Porto fluvial de Pederneiras, Rio Tietê.
FONTE: CESP.

Figura 19 - Terminal para cana-de-açúcar, na usina Diamantes, Rio Tietê.
FONTE: CESP.

Novas eclusas deverão ser realizadas na região, após o término de Porto Primavera, no Paraná, o que se dá na época deste livro. Brevemente ter-se-á Santa Maria da Serra, no Piracicaba, e em futuro mais distante Ilha Solteira, Ilha Grande e, finalmente, Itaipu. Essa última exigindo um sistema de transposição para 120 m totais de desnível, realizando, por fim, a grande integração com baixo Paraná e Paraguai.

Rio Paraguai

O rio Paraguai, em função da sua ligação com o mar através do rio Paraná e o estuário do Prata, e das características da sua topografia suave, vem sendo navegado praticamente desde o início da colonização espanhola, originando o aparecimento de várias cidades ao longo do seu curso, tais como Assunción, a capital do Paraguai, Porto Murtinho, Cáceres, Corumbá, no Brasil, e já no rio Paraná, Rosário, Santa Fé e Paraná, na Argentina.

A bacia do rio Paraguai, em território brasileiro, tem cerca de 350.000/km^2 e é constituída, em grande parte, por uma formação de planície interior de muito baixa declividade, área esta conhecida como pantanal, onde um sem número de lagoas perenes e temporárias, em conjunto com encharcamento generalizado do solo, funcionam como um grande reservatório de regulação do rio.

O Pantanal constitui um vasto ecossistema ainda em condições muito próximas das naturais, uma vez que a região tem se mantido isolada do assédio humano em face da dificuldade de acesso.

O rio Paraguai, no entanto, percorre regiões produtoras de minérios e de expansão de fronteira agrícola, de tal sorte que a sua navegação tradicional, em conjunto com a do rio Paraná, tende a se expandir, realizando a integração moderna dos mercados do sul do continente.

Socioeconomia e cargas atuais

As principais cargas são os minérios de manganês e ferro, o cimento – tanto na forma final como na forma de clinquer – , gado e cereais em especial o arroz. No final da década de 80, as cargas transportadas pelo rio somavam cerca de meio milhão de ton/ano.

As características peculiares da bacia do rio Paraguai, incluídas as dificuldades de construção de estradas e ferrovias, na área do pantanal, faz do rio a opção natural de transporte da economia regional. O curso principal, bem como vários afluentes, serve também para o deslocamento das populações assentadas na bacia.

Os mercados consumidores do sul da bacia, em especial na Argentina, demandam os produtos originados a montante, pressionando, dessa forma, o desenvolvimento hidroviário.

A rede fluvial

O regime de cheias do rio Paraguai é de peculiar complexidade, em função da retenção e conseqüente regularização, realizada pelo Pantanal. Dessa forma, apesar da estação chuvosa na bacia ocorrer entre setembro e abril, enquanto em Cáceres as cheias ocorrem de dezembro a janeiro, as cheias em Corumbá se verificam só no outono, com níveis máximos entre maio e julho e mínimos ao final do ano.

O rio Paraguai tem suas nascentes na Chapada dos Parecis, estado de Mato Grosso, Brasil, em uma altitude de cerca de 400 m. Após se desenvolver por cerca de 2.600 km, dos quais 1.700 km encontram-se em território brasileiro, deságua no rio Paraná.

Após percorrer 412 km em território brasileiro o rio torna-se, por 48 km, fronteira entre Brasil e Bolívia, o chamado corredor de Massapeti. A seguir, faz fronteira entre o Brasil e o Paraguai por cerca de 330 km, quando então entra em território paraguaio, onde se encontra o importante afluente Piocomayo, divisa com Argentina. A partir desse ponto o rio Paraguai serve por 378 km de divisa entre o próprio Paraguai e Argentina, quando então encontra o rio Paraná.

Navegação atual e intermodalidade

Entre o rio Apa e Corumbá, totalizando cerca de 600 km, e entre essa cidade e Cáceres, por mais 720 km, o rio Paraguai apresenta boas condições para a navegação fluvial.

Pontos críticos para a hidrovia, acentuados em águas baixas, ocorrem a jusante de Corumbá entre os km 1.338 e 1.343, passo Pima; km 1.322, passo Camila e km 1.285, passo Santa Fé. A montante de Corumbá, entre Descalvado e Cáceres ocorrem trechos ainda mais críticos, com profundidades mínimas inferiores a 1 m.

Em termos de classificação hidroviária nacional, segundo a metodologia da antiga PORTOBRÁS, entre a foz do rio Apa e a do rio Cuiabá considera-se a hidrovia como Classe II e a montante da foz do rio Cuiabá até Cáceres se classifica como hidrovia Classe III.

Ao longo de todo o trecho foi implantada sinalização e balizamento com placas e faróis, serviço esse realizado e mantido pela Marinha do Brasil.

Grande parte da frota comercial, de maior porte, do rio Paraguai pertence ao Serviço de Navegação da Bacia do Prata – SNBP, empresa atualmente vinculada ao Ministério dos Transportes.

As embarcações para composição de comboios são constituídas por chatas com 64 m de comprimento, boca de 10,8 m calado 2,7 m, com capacidade individual de 1.400 toneladas de carga e empurradores de 28 m, com a mesma largura das chatas, com calado de 2 m. A capacidade da frota, no final dos anos 80, era de 46.000 tpb, e da empurra, de cerca de 5.000 BHP.

O comboio-tipo planejado pelo "Plano Nacional de Vias Navegáveis" almeja a formação de bloco de 9 chatas, 3 x 3 x 3, com capacidade total de 12.600 ton. de carga, consideradas as obras de normalização do rio Paraguai. Esporadicamente, no entanto, têm sido realizadas formações maiores, como a 4 x 4 x 4 x 4 da Figura 20, superando 20.000 toneladas de carga.

As peculiaridades da bacia, das quais o Pantanal se coloca como da maior importância, levam a alguns pontos de integração modal na bacia, ou seja, as poucas estradas e ferrovias alcançam o rio em poucos lugares: no Sul, em Porto Murtinho, a ligação intermodal poderá se dar pela proximidade da ferrovia Campo Grande a Ponta Porã; no Centro, na região do Pantanal, em Corumbá, é possível a conexão com a ferrovia, hoje já privatizada, que liga São Paulo à Bolívia, algumas rodovias se entrecruzando nessa região; ao Norte, na região de Cáceres têm-se hoje algumas estradas importantes, como a BR-174 e a 070, porém, em futuro próximo ter-se-á a ferrovia Ferronorte, atualmente em implantação, ligando a área aos mercados do Sudeste.

Perspectivas futuras

A navegação com calado de 2,7 m no rio Paraguai depende de algumas obras, compostas por dragagens, derrocamentos e algumas retificações, in-

Figura 20 - Comboio 4 x 4 x 4 x 4 no rio Paraguai.
FONTE: PR Engenharia.

cluindo corte de meandros, as quais têm por objetivo a obtenção de profundidade mínima, e condições de canal, para o comprimento e largura do comboio-tipo. Essas obras, no entanto, aumentando a secção hídrica, sob o nível d'água atual, têm possibilidade de remodelar os atuais limites de leito móvel do curso d'água, provocando eventuais modificações no ecossistema pantaneiro. Grande dificuldade, no entanto, reside na obtenção, através de estudo confiável, de valores realistas de modificações dos NAs na região do Pantanal.

A polêmica sobre a influência das obras no ecossistema pantaneiro se arrasta por alguns anos, provocando embargos judiciais. Em 1999, pretende-se proceder a minuncioso estudo, incluindo modelo reduzido, de forma a se poder projetar compensações dos rebaixamentos de NAs, dada a abertura de canais por derrocamento. Essas compensações poderiam ser realizadas com a introdução de perdas de carga localizadas ou distríbuidas, usando-se o próprio material resultante dos derrocamentos, entre outras soluções.

Rio São Francisco

O corredor de transporte

O rio São Francisco é o maior rio da área Centro-Nordeste do país, sendo, naturalmente, o eixo principal da ligação entre Minas Gerais, Bahia e Pernambuco.

A sua área de abrangência, em termos de potencial de captação de carga local é imensa, ultrapassando 600.000 km^2, com uma população superior a 5 milhões de habitantes.

O *hinterland* da hidrovia, no entanto, é muito maior, dada a conexão modal ferroviária, a Sudeste, em Pirapora (MG) e a 1.200 km ao Norte, em Juazeiro e Petrolina. Do ponto de vista de acessos aos portos, no Sudeste a integração se dá com Vitória/Tubarão, no Espírito Santo, e no Nordeste existe a possibilidade de integração total com os pontos de Suape e Fortaleza.

A região é caracterizada por desenvolvimento primário, agrícola, sendo que na área de Barreiras, no rio Grande, afluente do S. Francisco, vem se desenvolvendo com destaque o cultivo de grãos, basicamente a soja.

A atividade secundária na região é, principalmente, de indústrias de transformação e extrativismo mineral. Destacam-se os municípios de Pirapora, Montes Claros, Juazeiro e Petrolina, onde se têm distritos industriais e a região de Araripe, em Pernambuco, onde se encontram enormes reservas de gipsita.

O rio São Francisco é tido hoje como interessante alternativa para o transporte da produção agrícola dos cerrados e do oeste baiano, da gipsita, para as áreas de industrialização, bem como dos produtos agroindustriais do pólo Juazeiro/Petrolina para o Sul.

Hoje, algumas centenas de milhares de toneladas são transportadas no rio, por ano, envolvendo os produtos acima.

O desenvolvimento da navegação vem ocorrendo, principalmente, em função da expansão agrícola que ocorre no país nos últimos anos.

A exploração do transporte

A realização do transporte na área vem sendo efetivada tradicionalmente pela FRANAVE – Cia. de Navegação do São Francisco – que é organização estatal, porém, em vias de ser privatizada, em 1999.

Essa empresa possui uma quantidade apreciável de chatas basicamente de até 45 m com 8 m de boca, com calado máximo de 2,5 m. Essas chatas, vide comboio da Figura 21, têm sido melhor aproveitadas através de processos de afretamento para exportadores de grãos.

Até há alguns poucos anos, competia com a FRANAVE a *Cia. Imbirussu Navy*, que paralisou suas atividades na área por volta de 1993. Essa empresa, no entanto, após mudança do grupo detentor do comando, passa por reestruturação, devendo voltar às atividades muito brevemente.

A hidrovia

A hidrovia do São Francisco é basicamente constituída por dois grandes trechos: o reservatório de Sobradinho e o trecho de montante, fora do remanso dessa barragem, que se faz presente com menores profundidades no trecho final de Minas Gerais entre Ibotirama e Pirapora.

No lago de Sobradinho é usual a navegação com calado livre chegando a 2,5 m; com restrições de formação de comboio, apenas para travessia da eclusa da barragem, cujas dimensões são 17 m de largura, por cerca de 130 m úteis de comprimento, realizando 32,5 m de transposição vertical.

À jusante de Sobradinho se atinge Petrolina e Juazeiro, que são os pontos finais do transbordo das cargas na direção Nordeste, e iniciais das que rumam para o sul.

À montante de Ibotirama, na direção de Januária e finalmente em Pirapora, as condições de navegabilidade não são das melhores, ocorrendo bancos de areia móveis e grande variação de profundidade entre estiagens e cheias. Nas estiagens, nessa região, o calado de chatas menores, com 32 m de comprimento, passa de 1,35 m, a menos de 1 m por vezes.

A retenção de Três Marias, barramento importante à montante de Pirapora, na época de águas baixas, acentua os baixios desse trecho. Por vezes, faz-se necessária a abertura extraordinária de comportas, para aumentar níveis nesse estirão, possibilitando a passagem ou até mesmo o desencalhe de embarcações.

Obras nesse trecho foram programadas, e melhorias de fundo e instalação de melhores equipamentos de transbordo também foram planejadas, para os portos de Pirapora, Ibotirama, Petrolina e Juazeiro.

Rios Tocantins-Araguaia

A bacia dos rios Tocantins-Araguaia se desenvolve no sentido sul/norte, na região Central do Brasil e tem todas as características de uma via natural de penetração do desenvolvimento, não fosse a existência de obstáculo no seu trecho médio entre Tucuruí e a confluência dos dois rios, e as corredeiras no rio Araguaia nos primeiros 150 km.

De maneira geral, fora os obstáculos indicados, os rios são navegáveis sem restrições no período das chuvas e apresentam algumas deficiências, especialmente de calado no período de seca.

A região é rica em minerais, a criação de gado é extensiva e grande parte de sua bacia tem solo que se presta para produção de grãos, em especial a soja e o arroz.

A bacia hidrográfica do Tocantins-Araguaia, dada a sua importância para o desenvolvimento da região Central do Brasil, foi escolhida para a implantação de hidrovias em programas governamentais. Em função de ações judiciais, no entanto, propostas por organizações ambientalistas, envolvendo reservas indígenas, o desenvolvimento das

Figura 21 - Comboio graneleiro do rio São Francisco.
FONTE: PR Engenharia.

hidrovias na bacia está sendo retardado. Apesar de estar sinalizada em grande parte com bóias, ainda não foi possível viabilizar o tráfego de comboios de porte.

Rede fluvial

A bacia hidrográfica dos rios Tocantins-Araguaia tem cerca de 776.000 km^2. É uma bacia alongada no sentido sul/norte, é formada pelos rios Tocantins e Araguaia e seu principal afluente é o rio das Mortes.

O rio das Mortes escoa paralelo ao rio Araguaia na sua margem esquerda. Apresenta um leito bem encaixado, com um traçado retilíneo com poucos pontos críticos, isto é, afloramentos rochosos e bancos de areia. Tem oscilações máximas do NA entre os períodos de chuva e estiagem de 4,0 m e declividade média, que varia de 5,27 cm/km a 7,7 cm/km. O transporte de sedimentos é de pequena monta, o que explica a falta de bancos de areia de maior expressão em todo o seu trecho.

O rio Araguaia, na mesma região à montante da confluência com o rio das Mortes, apresenta declividade baixa e é encaixado, com margens estáveis sem bancos de areia, desde a região da Barra das Garças até a foz do rio Claro, e possui alguns afloramentos rochosos. À montante de Registro de Araguaia começam a aparecer os primeiros bancos de areia, observando-se uma mudança em suas características morfológicas. Com a formação dos bancos, o leito sofre um alargamento, mas apresenta um leito maior, retilíneo e um leito menor mais curvilíneo, em função das ilhas.

Após a confluência com o rio das Mortes, no leito maior, retilíneo, observa-se o aumento de ilhas e bancos de areia. Neste trecho o rio apresenta maior mobilidade observando-se restos de canais abandonados, formando lagos marginais alongados. Apesar dos bancos serem instáveis, de maneira geral sempre estão na mesma região. Depois de Santa Maria das Barreiras, passando por Conceição do Araguaia, até Xambioá, na extensão de 273 km aparecem afloramentos rochosos, transversais ao rio, em forma de cordões, ou travessões, de extensão variável. Normalmente, estão submersos em águas altas e nas águas baixas faz-se necessária a navegação através dos "portões", que são brechas abertas pela água nos afloramentos. Estes afloramentos aparecem entre longos estirões, ou seja, trechos de rio de 40 a 50 km sem obstáculos rochosos.

A partir de Xambioá até próximo à sua foz com o rio Tocantins, o rio Araguaia tem o seu mais difícil trecho para a navegação fluvial, que é a existência de quatro corredeiras entre as quais se destaca a de Santa Isabel, que podemos considerar impossível de ser navegada com segurança por comboios de grande capacidade. Os problemas maiores não se referem à falta de calado, no período de estiagem, mas sim ao complexo direcionamento do escoamento que se faz com velocidades elevadas no período de águas médias a altas, além da existência de inúmeros obstáculos distribuídos caoticamente ao longo de todo o trecho.

Para vencer estes obstáculos estavam previstas barragens de aproveitamento múltiplo, que por enquanto se tornam inviáveis por motivos econômicos e ambientais. A solução preconizada, em meados de 1999, é a construção de canais no próprio leito do rio, eliminando os obstáculos e os escoamentos caóticos. Para atenuar as altas velocidades, pretende-se introduzir obstáculos submersos que aumentam a perda de carga. Este é sem dúvida o trecho mais crítico em toda a hidrovia.

Após Marabá, atinge-se o remanso do reservatório de Tucuruí, que é atualmente o maior obstáculo artificial à navegação, pois ainda, até 1999, não foram construídas as duas eclusas que compõem a escada projetada (Figura 22), para a sua transposição.

Atualmente os projetos estão em revisão e recursos já foram liberados para o início das obras, com a construção das duas eclusas e do canal intermediário.

No seu trecho final de 280 km, até próximo a Belém, o rio não apresenta obstáculos relevantes para a navegação durante todo o ano para calado de até 2,50 metros.

O rio Tocantins apresenta obstáculos entre Imperatriz e Estreio e Miracema do Tocantins. Presentemente, estuda-se a barragem de Lajeado, a montante do rio que, embora venha a ser construída inicialmente sem eclusa, deve promover regularização de descargas, melhorando as condições de escoamento do rio e sua navegabilidade.

Na hidrovia Araguaia-Tocantins poderemos ter em breve um total de 2.126 km navegáveis, incluindo os 425 km do rio das Mortes e mais 715 do rio Tocantins, entre sua foz e a cidade de Imperatriz.

Aspectos socioeconômicos

A bacia dos Araguaia-Tocantins, em função de sua extensa área ocupada no sentido sul/norte, pode ser dividida em três regiões de características distintas, em função do seu solo e recobrimento vegetal.

Assim, a norte temos a zona Amazônica com características de mata fechada, com grandes riquezas florestais e minerais, além do seu potencial hidroelétrico.

No sul, uma zona de cerrado com grandes áreas agricultáveis, onde vem se expandindo a fronteira agrícola da produção de grãos, tais como soja, milho e arroz.

Na zona central temos como principal atividade a pecuária extensiva e merece estudos específicos para melhor definir a sua vocação e uso mais adequado.

No total, estimam-se 50.000 hectares agricultáveis e 30.000 hectares de pastagens em toda a bacia.

No final da década de 80, na área de influência das hidrovias (rio das Mortes e Alto Araguaia) colheu-se cerca de 1.000.000 de toneladas de soja e estima-se que o potencial da área seja da ordem de 15.000.000.

Além de ferro, ouro, cobre, manganês e bauxita existentes na região Norte, há grandes depósitos de calcário dolomita, capazes de suprir a necessidade de corretivos de solo para a região.

Integração modal

Na região Sul, não existe um sistema ferroviário que se ligue à hidrovia. Os pontos mais próximos são Goiânia, Anápolis ou Brasília. Ao Norte temos a estrada de ferro de Carajás, que cruza o rio Tocantins em Marabá, e é uma opção para intermodalidade de transporte, viabilizando a alternativa dos portos na região de São Luís.

A Ferrovia Norte-Sul, que está ligada à Ferrovia de Carajás, em Açailândia, no ano de 1999, termina em Imperatriz, mas está em expansão até Estreito.

O sistema rodoviário é pouco desenvolvido, destacando-se a BR 158 (Belém - Brasília), que corre paralela aos dois rios. Essa rodovia, conserva distâncias da ordem de 150 km dos rios Araguaia e Tocantins, com poucas ramificações asfaltadas. No sul da bacia, entre Nova Xavantina, Barra do Garça e Aruanã, a malha rodoviária é mais densa, embora igualmente precária.

Embarcações

O comboio previsto para o sistema Araguaia-Tocantins pode atingir a dimensão de 32 m de largura por 200 m, o que equivale a 4 chatas de 8 metros ou 3 chatas de 10,57 m, na disposição de 4 x 4 x 4 ou 3 x 3 x 3. Evidentemente nos trechos mais difíceis da hidrovia, em especial nas cabeceiras do rio Araguaia e do rio das Mortes, estas barcaças deverão ser desmembradas em comboios menores de 2 x 2

Figura 22 - Obras da eclusa de montante de Tucuruí.
FONTE: PR Engenharia.

ou até 1 x 1, isto é, duas chatas em linha e um empurrador.

Atualmente, existe um comboio experimental construído pela antiga Portobrás e operado pela Cia. Navbel, com duas chatas de 40,0 x 8,0 e calado de 2,0 m e capacidade bruta de 560 toneladas e, com empurrador de 600 cv de potência, com comprimento de 18,5 m, largura de 6,0 m e calado de 1,2 m. Essa mesma Companhia vem construindo chatas com 11 m de largura.

As questões ambientais, até 1999, ainda sob óticas muito restritivas, têm produzido ações de embargo, a tal ponto que em 1997 apenas uma única viagem hidroviária foi feita entre Nova Xavantina e Xambioá.

Perspectivas

A hidrovia Araguaia-Tocantins é uma hidrovia com extenso trecho navegável naturalmente, com necessidade de obras de pequena monta, e dois trechos críticos, que são: as corredeiras entre Xambioá e a confluência dos dois rios, e as obras de transposição em Tucuruí. Estas obras estão com seus projetos executivos em andamento, em 1999.

É a hidrovia com maior perspectiva de evolução rápida no País, em função da sua extensão, possibilidade de impulsionar o desenvolvimento da região Central do Brasil e posição de portos exportadores, que se aproximam do Hemisfério Norte, como Belém e São Luís. Este último fato, implicando em menores fretes para a colocação de produtos nos mercados americano e europeu.

Infelizmente, no entanto, até 1999, organizações ambientalistas, principalmente as internacionais, têm, de forma radical e pouco embasada, por vezes com interesses não perfeitamente claros, conseguido atrasar a realização da hidrovia. Presentemente, esta situação se repete em outras hidrovias do país.

A bacia Amazônica

A bacia Amazônica, uma das maiores bacias hidrográficas do mundo, ocupa mais de 40% do território brasileiro, estendendo-se pelos países limítrofes ao Norte e Noroeste do Brasil, quais sejam: Bolívia, Peru, Colômbia, Venezuela, Guianas e Suriname.

No território nacional, a bacia é dividida entre os estados do Pará, Amazonas, Acre, Rondônia, Amapá e Roraima.

Trata-se, ainda, de uma das poucas áreas do planeta com imensa variedade biótica, formada por enorme quantidade de vegetação, em equilíbrio ecossistêmico próprio, no qual se destaca o papel da água.

Quantidades hídricas de monta inigualável, podem ser observadas na região, tanto na forma de caudalosos e extensos rios como de nuvens e umidade atmosférica.

A vocação natural da Amazônia, no que se refere a modal de transporte é, sem dúvida, a forma hidroviária. Cerca de 18.300 km de rios são potencialmente navegáveis na área, com gabaritos de navegação de porte, sendo que embarcações marítimas, com calado superior a 10 m, podem trafegar todo o ano, pelo Amazonas, por parte do Solimões, além das porções de jusante de alguns grandes tributários.

A densidade de cursos d'água naturalmente navegáveis, característica da região, idêntica a da bacia do Tocantins e Araguaia, é de cerca de 1 km de canal francamente navegável, para cada 200 km^2 de território. Esse valor, mesmo não sendo constante em toda a área, uma vez que parte dos estados de Mato Grosso e Pará menos servida, é expressivo da vocação hidroviária.

Socioeconomia e cargas atuais

A bacia Amazônica, por sua extensão e dificuldades inerentes ao ambiente hostil à penetração humana, tem sido ocupada parcimoniosamente, muitas vezes sob condições econômicas específicas e incentivadas pelo estado, como foi a criação da zona Franca local.

A população na região Norte é superior a 10 milhões de habitantes, segundo o censo de 1991, e se concentra, principalmente em Belém, Manaus, Macapá, Santarém, Porto Velho, Rio Branco, Boa Vista, Castanhal e mais uma dezena de cidades de maior porte.

No passado, a produção extrativista vegetal prevaleceu em toda a região, destacando-se a castanha-do-Pará, a madeira e a borracha, como produtos de maior interesse. A borracha foi, na Amazônia, a maior fonte de divisas obtida no mercado externo, principalmente no início do século, durante o chamado ciclo do látex, ou da borracha.

A situação atual, no entanto, é muito diversa, além dos produtos acima, tradicionais, são exportados: pimenta-do-reino, cacau, tecido de juta, palmito, camarão e peixe. No que se refere a minérios, a região exporta bauxita, do rio Trombetas, caulim e celulose, da área do projeto Jari, minério de manganês, da serra do Navio, alumínio produzido pela Albrás, em Vila do Conde e o minério de ferro, de Carajás, embarcado no porto marítimo de Itaqui, no Maranhão, para onde é levado por ferrovia.

Incluindo todos os modais de transporte, o corredor amazônico transportou, em 1985, 13.755.000 ton de carga, compostas por 41% de granéis sólidos, 26% de granéis líquidos e 33% de carga geral.

Presentemente, no que se refere a minérios, os potenciais estimados na área são os seguintes: 4,6 bilhões de toneladas de bauxita; 18 bilhões de toneladas de hematita; 1 bilhão de toneladas de minério cobre, associadas a 4 milhões de toneladas de manganês e outras tantas de níquel, estanho, cassiterita, ouro fluvial, minérios estratégicos de ocorrência rara, petróleo e gás com potenciais ainda não estimados.

Essas enormes reservas potenciais de minérios, vultosas em valor econômico, levam a cenários futuros de transporte onde a hidrovia, sem dúvida, terá lugar de destaque.

Rede fluvial

A rede fluvial da Amazônia é uma das maiores do mundo, tanto em extensão quanto em volume d'água.

O principal curso d'água é o Amazonas, cuja vazão média anual está estimada em 222.000 m³/s, o que lhe assegura o título de maior rio do mundo em vazão. A parte de montante do Amazonas, em território nacional, denominado Solimões, é o segundo trecho importante da área, em porte e em vazão.

Os principais tributários do Amazonas, com características compatíveis com a navegação fluvial de grande porte são, na margem esquerda, o rio Ica, o Branco, o Negro e o rio Trombetas.

Na margem direita, desenvolve-se maior número de afluentes: o rio Juruá, o Purus, o Mamoré-Madeira, o Tapajós e o Xingu. Esses dois últimos tributários, juntamente com o baixo Amazonas, têm sido considerados em separado, para efeito de administração hidroviária, como Bacia Ocidental, enquanto todo o restante a montante do Tapajós é tratado separadamente como Bacia Oriental.

O regime das águas na bacia Amazônica é, principalmente, função do regime de chuvas e da sua distribuição espacial. Há pequena influência, também, do degelo dos Andes, mais sensível nas regiões de montante.

A porção meridional da bacia Amazônica é, costumeiramente, submetida a maior pluviosidade entre os meses de novembro a abril, enquanto as áreas setentrionais têm chuva nos outros meses, de abril a setembro. Essa alternância, quando não ocorre, é responsável por cheias extraordinárias e agressivas ao meio ambiente.

Figura 23 - Novo comboio da NAVBEL no rio Araguaia.
FONTE: PR Engenharia.

Em determinadas ocasiões, associadas às cheias, pedaços de margens, de volumes consideráveis, são destacados e, muitas vezes, em função da vegetação presente, transformam-se em pequenas ilhas flutuantes. Essas ocorrências podem se transformar em ameaça à navegação e instalações portuárias nas áreas de maior desenvolvimento hidroviário.

As pequenas declividades de linha d'água, predominantemente encontradas na bacia, garantem velocidades adequadas à navegação, em todo os quase 20 mil quilômetros de potencial hidroviário.

Finalmente, cabe observar que o porte da bacia, implica fenomenologia própria, sendo encontradas situações diversas em pontos diferentes dos cursos d'água. Por exemplo: cheias defasadas ao longo do Amazonas, em função dos regimes dos tributários, ou ondas de maré, que levam simultaneamente a alteamentos em alguns lugares e diminuição do nível d'água em outros.

Navegação e embarcações

O Amazonas/Solimões tem extensão total de cerca de 6.500 km, dos quais 3.100 km em território brasileiro, totalmente navegáveis.

A morfologia, sem muitas variações nesse trecho, garante até 11 m de calado nas águas altas e no mínimo 8 m nas águas baixas, o que permite o trânsito de embarcações marítimas.

O trecho do baixo Amazonas, que inclui a sua foz, tem largura da ordem de 150 km, estendendo-se entre Belém e Manaus com cerca de 1.500 km. As marés de sizígia nesse trecho chegam a 4 m de amplitude. O porto de Manaus pode ser observado na Figura 24.

A navegação marítima é franca nesse trecho, havendo alguns estirões, no entanto, onde o canal é sinuoso e exige habilidade nas manobras com grandes navios.

Esse primeiro trecho de jusante tem, no Departamento de Portos e Hidrovias do Ministério dos Transportes, a classificação de Classe I/Especial (Vide quadros 2 e 3).

O trecho seguinte, já Solimões, entre Manaus e Tabatinga, tem 1.600 km, sendo percorrido por embarcações de até 8 m de calado nas cheias, que passa a 4 m na estiagem, entre os meses de julho e outubro. Esse segundo trecho também é considerado Classe I/Especial.

O terceiro trecho, já quase saindo do território nacional tem cerca de 250 km, e permite cerca de 1,50 m de calado a maior parte do tempo, porém, apresenta alguns baixios importantes.

No que se refere aos afluentes, o Trombetas, até porto Trombetas, e o Tapajós, ambos em uma extensão de pouco mais de 100 km a partir do Amazonas, permitem a navegação de vasos oceânicos, obtendo, portanto, a classificação de Classe I/Especial.

No percurso Madeira-Mamoré logo a montante de Porto Velho são encontradas muitas dificuldades em águas baixas, constituídas por algumas formações rochosas no Madeira e por bancos de areia no Mamoré. Além dessas formações, em qualquer período tem-se o problema de troncos e galhos flutuantes arrancados, formando ilhas flutuantes ou encalhados em determinados pontos do curso d'água.

Na margem esquerda, destacam-se o Branco e o Negro. Esse último permitindo navegação oceânica no seu trecho de jusante até o desague do rio Branco, ou seja, por cerca de 300 km.

Quanto ao rio Branco desde o rio Negro até Boa Vista em Roraima, isto é, por cerca de 450 km, apresenta-se na condição de classe II/Grande Potencial.

Com relação aos outros afluentes, na margem direita destacam-se o Juruá, o Purus e o Madeira, todos navegáveis por centenas de quilômetros, na condição de Classe II/Grande Potencial, permitindo calado de 2 m quase todo o tempo.

Entre esses afluentes, o rio Madeira, e o rio Mamoré formam uma notável hidrovia em extensão, desenvolvendo-se por cerca de 2.000 km navegáveis, metade na condição de Classe II e metade na condição de Classe III, ou seja de médio potencial, contando-se com calado de 1,20, pelo menos e largura de comboio de 16 m, a maior parte do tempo.

Quanto às embarcações, ocorre a predominância de pequenos armadores, ou seja, uma quantidade expressiva de proprietários de uma ou duas embarcações pequenas.

Várias empresas operam no trecho principal Amazonas-Solimões, sendo que as maiores são a ENASA – Empresa de Navegação Amazônica – que passa por processo de pré-privatização, e a Di Gregório, privatizada.

Merece destaque o transporte de granéis sólidos,

Figura 24 - Porto de Manaus. FONTE: PR Engenharia.

constituído por soja, que se inicia no rio Madeira e Amazonas à época deste escrito. O transporte percorre o sentido de exportação, de Porto Velho no Madeira a Itacoatiara, no Amazonas, onde se instala um terminal para transbordo para navios oceânicos, com até 60.000 toneladas de capacidade. A Cia. Hermasa, operadora do sistema, prevê, para o ano de 1999, um volume de exportação de 550.000 toneladas de soja.

Bibliografia

BRIGHETTI, G. *Relatório sobre a navegabilidade da hidrovia Araguaia/Tocantins.* Realizado para a Cia. Vale do Rio Doce, 1997.

_____________. *O efeito de rugosidade artificial em canis laterais com alta declividade, para navegação fluvial.* Pesquisa realizada para a consultora Engecorps Ltda., 1997.

CABRAL, B. *O papel das hidrovias no desenvolvimento sustentável da região amazônica brasileira.* Brasília, Senado Federal. (Série Estudos), 1995.

CENTRAIS ELÉTRICAS DE SÃO PAULO. *A hidrovia Tietê - Paraná,* documentos diversos sobre a hidrovia, do arquivo da divisão de fomento, da diretoria de hidrovias, de 1994 a 1998. São Paulo, CESP, 1998.

KOOMAN, IR. C. Navigation Locks for Push Tows. In: *Rijkswatersteaat Comunications* nª 16. Haghe, 1973.

MINISTÉRIO DOS TRANSPORTES, PNVINI – Plano Nacional de Vias Navegáveis Interiores e PRODEST – *Programa de Desenvolvimento do Setor Transportes* (até 1989, com informações atualizadas até 1998), Bacia do rio Paraguai, bacia do rio São francisco, bacia do Tocantins/Araguaia, bacia do Sul: Jacui Uruguai, 1998.

PERMANENT INTERNATIONAL ASSOCIA TION OF NAVIGATION CONGRESS. *Final Report of the International Comission for Study of Locks.* Brussels, 1985.

PERMANENT INTERNATIONAL ASSOCIATION OF NAVIGATION CONGRESSES. Bulletins e Commite's repports. Diversas publicações entre 1980 e 1998.

RAPOLLI, C. C. e BRIGHETTI G. *Estabilização e Manutenção de cursos de água naturais para a implantação de hidrovias.* São Paulo, EPUSP. Relatório de pesquisa de iniciação científica realizado para o CNPq, 1998.

SANTOS, S. R. Os Sistemas de Enchimento de Eclusas e a Permanência dos maiores desníveis. Estudo de caso de baixa e média queda/Santa Maria da Serra, Rio Piracicaba, SP. In: *XII Simpósio Brasileiro de recursos Hídricos.* Vitória, 1997.

SANTOS, S. R. *Projeto hidráulico de eclusas de alta queda.* São Paulo, Universidade de São Paulo. Texto do Concurso de Livre Docência, apresentado e aprovado na Escola Politécnica, 1998.

____________. *Profundidade mínima em eclusas de navegação – estudo em modelo reduzido.* São Paulo, Universidade de São Paulo, s.d. Tese de doutorado apresentada à Escola Politécnica.

SOLVE, T. W. Possibilities to reduce atmospheric pollution from transport in Europe by better use of short sea and inland ship. In: *Pianc* – Bulletin n. 89. Brussels, 1996.

Giorgio Brighetti

brighetti@usp.br

Engenheiro Civil – Escola Politécnica da USP
Doutor em Engenharia Hidráulica – EPUSP
Livre Docente – EPUSP
Professor Titular do Depto. de Engenharia Hidráulica e Sanitária da EPUSP, responsável pelas disciplinas Navegação Interior e Portos Marítimos e Hidráulica Fluvial e Obras Fluviais.
Assessor do Centro Tecnológico de Hidráulica, tendo sido seu diretor por 10 anos.
Foi diretor e membro fundador da Fundação Centro Tecnológico de Hidráulica.
Foi presidente do Comitê Latino Americano da Associação Internacional de Pesquisas Hidráulicas e Vice-presidente da Associação Brasileira de Recursos Hídricos.
Linhas de Pesquisa:
Obras hidráulicas fluviais (barragens, estudos da dissipação de energia, canais de navegação, estabilidade das margens, fixação do leito.

Sérgio Rocha Santos

srsantos@usp.br

Engenheiro Civil – Escola Politécnica da USP
Mestre em Engenharia Hidráulica – EPUSP
Doutor em Engenharia Hidráulica – EPUSP
Livre-Docente – EPUSP
Professor Associado do Depto. de Engenharia Hidráulica e Sanitária da EPUSP.
É Consultor de diversas instituições nacionais e internacionais.
Desde 1973 participa dos mais importantes projetos de Navegação Interior e Hidrelétricas no Brasil, tais como Itaipú, Usina e Eclusa de Porto Primavera, Eclusa de Jupiá, Eclusa de Promissão, Eclusas de Tucuruí, Barragem e Eclusa de Santa Maria da Serra e outras.
Militou no setor privado por mais de 20 anos como engenheiro, chefe de divisão e chefe de departamento, responsável pelo grupo de Navegação da Themag Engenharia.
Linhas de Pesquisa:
Infra-estrutura e impactos ambientais da navegação interior. Eclusas, obras hidráulicas fluviais e marítimas, portos, etc.

13

Problemas e Perspectivas para a Pesca e para a Aqüicultura Continental no Brasil

José Roberto Borghetti
Antonio Ostrensky

Introdução

Há um preceito corrente no país, segundo o qual o brasileiro é um povo que não costuma consumir pescados regularmente. Os poucos dados oficiais confirmam essa teoria. Segundo o IBGE (1997), em uma pesquisa realizada nas 11 maiores capitais brasileiras, o consumo médio per capita de pescado (incluindo os de água salgada e os de água doce) era de apenas 3 kg/habitante/ano. Os dados do IBGE indicam que, entre 1987 e 1996, o consumo per capita de pescado sofreu uma redução de 18,9%, enquanto o consumo de carne aumentou em 10,2% (Tabela 1). Há, entretanto, algumas poucas mas expressivas exceções a esse panorama nacional de consumo per capita de pescado, como é o caso da região amazônica, onde o consumo passa de 70 kg/habitante/ano (Chao & Prang, 1997).

Tabela 1 - Variação do consumo de alimentos de origem animal entre 1987 e 1996.

Ítem	1987	1996	Variação (%)
Carnes	25,5	28,1	10,2
Vísceras	1,6	1,2	-25,0
Pescados	3,7	3,0	-18,9
Aves e ovos	22,2	21,8	-1,8
Laticínios	70,4	59,2	-15,9

FONTE: IBGE, 1997.

Porém, por mais contraditório que os números possam parecer, a década de 90 foi marcada por um grande déficit na balança comercial de pescados no Brasil. Em 1992/1993 exportação e importação de pescado praticamente se equivaliam, ficando na casa de US$ 200 milhões/ano. A partir de 1996, as importações se estabilizaram em um patamar de quase US$ 500 milhões/ano, enquanto as importações caíram para US$ 133 milhões/ano, levando a um déficit de US$ 367 milhões/ano. Em 1999, esse déficit caiu US$ 155 milhões/ano, mas é importante ressaltar que essa queda foi impulsionada pela redução das importações (forçada pela desvalorização do Real, em função de crise econômica internacional) e não propriamente pelo aumento das exportações (Figura 1)

Estatísticas pesqueiras

No período compreendido entre 1970 e 1999, a pesca continental foi responsável, em média, por 21,3% da produção pesqueira nacional. Uma análise mais acurada mostra que vem aumentando a contribuição da pesca continental e, proporcionalmente, diminuindo a contribuição da pesca marinha na produção pesqueira do país. Nos anos 70, a pesca continental contribuía com 17,6% da produção pesqueira total. Durante a década de 90, essa contribuição passou para 24,8%, segundo dados da FAO (2000).

No entanto, esse aumento deve ser encarado com reservas, uma vez que, desde o final da década

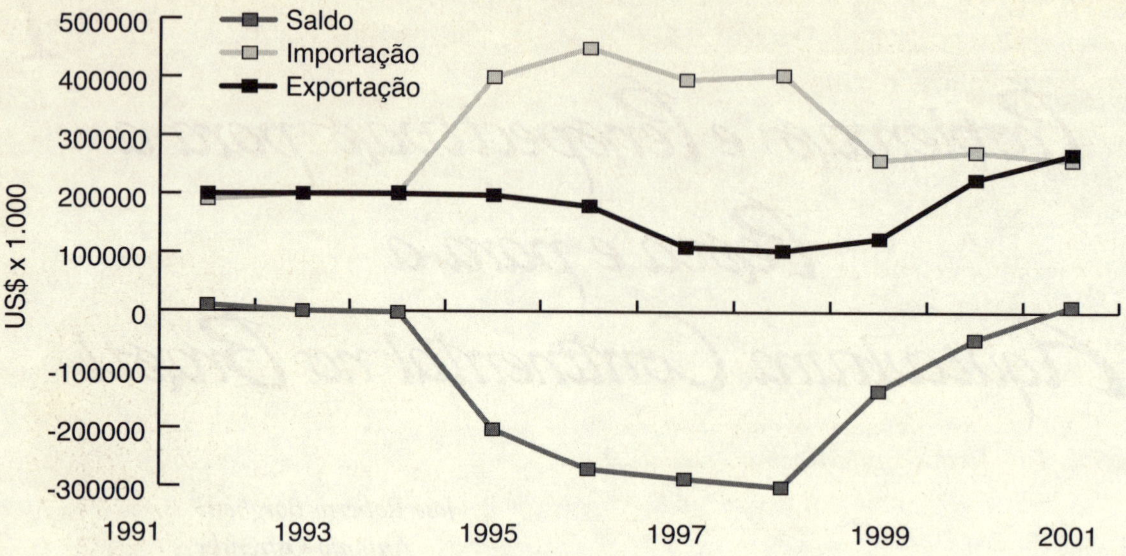

Figura 1 - Balança comercial de pescados no Brasil entre 1992 e 1999, produto negociado FOB (US$ x 1.000).
FONTE: SECEX.

de 80, as capturas marinhas vêm sofrendo quedas sucessivas. Já a pesca continental vem se mantendo em um patamar de 170.000-180.000 toneladas desde o início dos anos 80 (Figura 2). Considerando que a população brasileira, em 1980, era de 119.002.706 habitantes (IBGE, 1987) e que havia chegado a 169.590.693 habitantes, no ano 2000 (IBGE, 2001), ou seja, que houve um aumento populacional de 42,5%, pode-se concluir que a oferta per capIta de pescados de água doce no país sofreu, na realidade, uma redução bastante significativa.

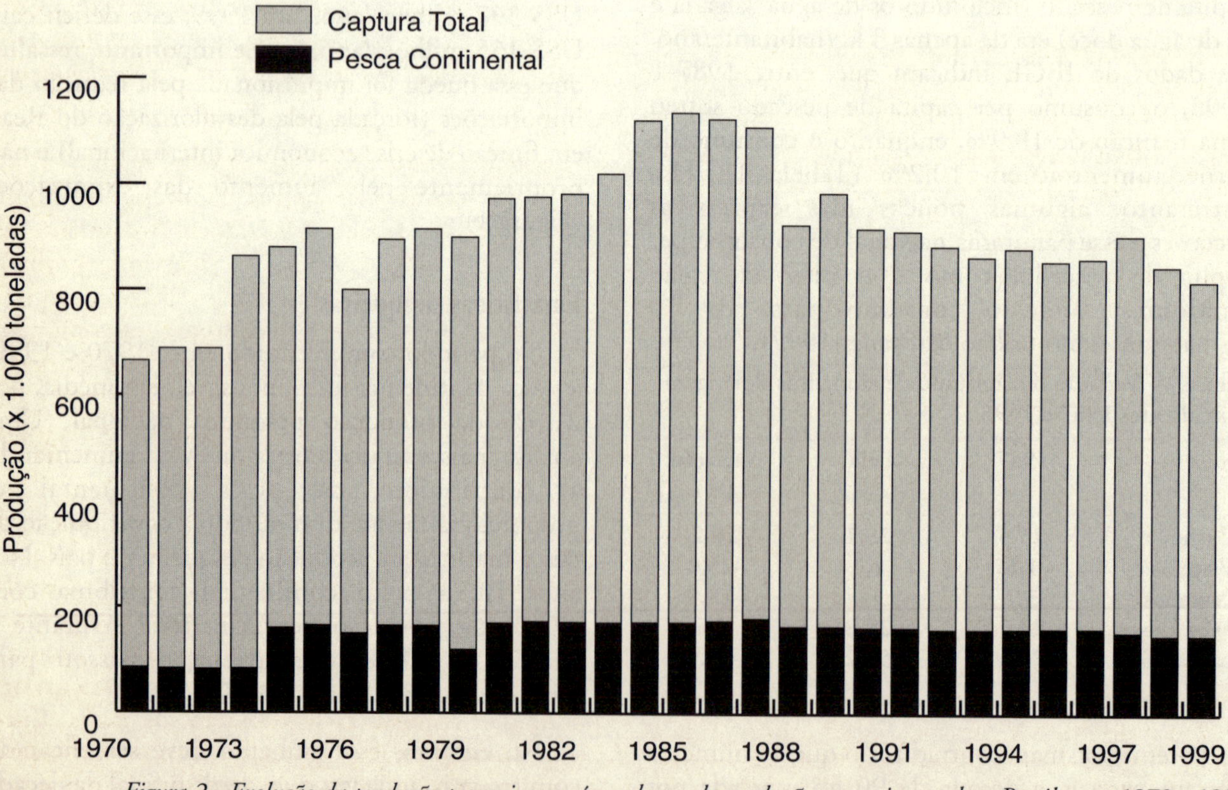

Figura 2 - Evolução da produção pesqueira em água doce e da produção pesqueira total no Brasil entre 1970 e 1999.

Tipos de pesca

A pesca pode ser dividida em comercial ou amadora, conforme definições abaixo:

a) PESCA COMERCIAL: Tem o propósito específico da venda ou industrialização do pescado. Pode ser subdividida em duas modalidades: 1) Pesca empresarial: é a pesca realizada por empresas do ramo, com embarcação própria. 2) Pesca artesanal: é realizada geralmente por pescadores organizados em colônias e cooperativas de pesca (pesca colonizada) ou por pescadores autônomos (Petrere, 1989).

b) PESCA AMADORA: Tem o propósito de lazer ou esporte: 1) Lazer: é a pratica mais simples da atividade, apenas motivada por diversão, sem qualquer característica de organização. O pescado capturado costuma ser direcionado ao consumo próprio ou utilizado para presentear os amigos (jamais para comercialização, o que caracterizaria violação à lei brasileira). 2) Esporte: é a prática da atividade de forma coletiva e organizada, caracterizada pela existência de competições com regulamento, arbitragem e uma premiação próprios. Para que seja praticada a "Pesca Esportiva" é necessário que o promotor da competição tenha autorização da Confederação Brasileira de Pesca e Desportos Subaquáticos e do IBAMA.

Pesca comercial em Água Doce

O desmatamento, o garimpo, a construção de barragens e aterros, a canalização de córregos e rios, a poluição de origem doméstica e industrial e os insumos aplicados à agricultura vêm afetando a pesca continental em praticamente todo o país.

O conhecimento e, conseqüentemente, o gerenciamento de nossas bacias hidrográficas são ainda muito deficientes e esta ignorância acaba acarretando em custos econômicos e sociais elevados. O agravamento do estado de pobreza das populações ribeirinhas é uma das conseqüências mais evidentes e dramáticas.

As estatísticas oficiais são reconhecidamente falhas, uma vez que não há um sistema minimamente padronizado de registro de capturas no país. Mas os dados disponíveis permitem avaliar a grande importância da Região Norte na produção pesqueira continental brasileira. Considerando um universo de 180.000-190.000 toneladas de pescado de água doce capturados, a região Norte seria responsável por 51% desse total, seguida pela Região Nordeste, com um pouco mais da metade (26%). A produção conjunta das demais regiões perfaz os 23% restantes (Figura 3)

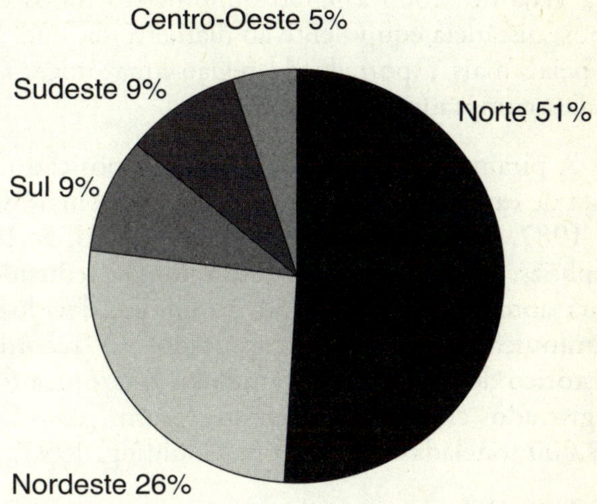

Figura 3. Participação relativa de cada região brasileira na produção pesqueira continental do país

Região Norte

O peixe é tradicionalmente o principal alimento da região amazônica, principalmente da população de baixa renda. Isso significa que a pesca constitui, portanto, uma das atividades de maior expressão social e econômica da região (Diegues, 1996).

Segundo estimativas de Böhlke et al. (1978), 25% das espécies de peixes do mundo estariam concentradas na Bacia Amazônica. Atualmente há cerca de 1.500 espécies descritas, um número maior do que a soma de todas as espécies de peixes da Europa. Acredita-se, no entanto, que o número real de espécies da Bacia Amazônica possa chegar a 3.000. De acordo com Petrere (1992) o potencial pesqueiro dessa bacia está estimado em 450 mil a 1,5 milhões de toneladas/ano.

A pesca comercial em água doce, tal como ela foi definida anteriormente, está concentrada na Região Norte, principalmente nos estados do Amazonas e do Pará, onde as principais espécies exploradas são: piramutaba, curimatá, jaraqui, tambaqui, matrichã, pirapitinga, tucunaré, dourada, mapará e o camarão de água doce (*Macrobrachium sp*). Dessas, somente a piramutaba e o camarão de água doce sustentam uma pesca inteiramente direcionada para eles. As demais não são capturadas de forma específica.

A piramutaba é um grande predador. Um peixe de couro, que sai da foz do Amazonas e cruza o Brasil rio acima para desovar. Só no percurso de ida viaja de 3.000 a 3.500 quilômetros todos os anos, distância equivalente ao diâmetro da Lua. É o peixe mais exportado da região amazônica. O maior comprador é o Japão.

A piramutaba já ocupou a terceira posição na lista de exportação de pescados do Brasil em 1986 e 1987, chegando a gerar mais de US$ 10 milhões. Porém, em 1994 este valor foi reduzido para aproximadamente US$ 3 milhões, devido à diminuição do volume capturado. O recorde histórico de captura da piramutaba amazônica foi registrado em 1977, quando foram pescadas 28.000 toneladas (Barthem & Goulding, 1997).

Nos últimos anos, observa-se uma tendência de redução no número de barcos que se dedicam exclusivamente à pesca da piramutaba. No entanto, o número total de barcos pesqueiros em geral, vem aumentando. Em Manaus, o número de barcos de pesca regularmente registrados passou de 135, em 1970, para 728, em 1980, e para 1200, no início dos anos 90. Aos números oficiais, devem-se acrescentar, pelo menos, mais 300 barcos clandestinos que diariamente chegam a Manaus para a venda de pescado.

Um dos maiores problemas da pesca na Região Amazônica é que as zonas de capturas estão localizadas em pontos cada vez mais distantes dos grandes centros consumidores e das unidades de conservação, um claro sinal de que têm havido uma redução preocupante dos estoques pesqueiros. Em 1978 a pesca estava concentrada em um raio de 500 km de Manaus. Em 2002, barcos da frota de Manaus realizam deslocamentos de até 3.500 km para conseguir capturar os mesmos volumes.

A introdução e utilização, na Amazônia, de redes de fibra sintética e da malhadeira, ao lado da utilização, ainda que proibida há muito tempo, de métodos predatórios, como o veneno, currais e explosivos, também são fatores de intensificação da pesca. As fibras sintéticas permitem a confecção de redes de arrasto maiores. A malhadeira permitiu a pesca intensiva da mata inundável, área na qual o peixe era relativamente bem protegido antes desse petrecho de pesca. A pesca intensiva e predatória têm provocado uma redução evidente nos estoques pesqueiros.

Outro problema da pesca na região amazônica é a conservação da produção. Grande parte do pescado capturado é conservada por meio de salga e uma porção menor acaba sendo gelada. Na região é comum se encontrar dois tipos de embarcações: barco frigorífico e barco geleiro. O primeiro é utilizado exclusivamente pela pesca industrial, enquanto que o barco geleiro apóia tanto a pesca industrial, como a pesca artesanal de piramutaba. Como o custo do gelo é alto e o pescado deve ser armazenado por períodos que variam de três a até dez dias, é relativamente comum o pescador artesanal perder toda a sua produção em função da má conservação do pescado.

A intensificação desordenada da pesca também influi na oferta diária de peixe. Em Manaus, no período de safra, a oferta diária de peixe (300 t) chega a ser o dobro da demanda diária (150 t), saturando o mercado da cidade em níveis insustentáveis. Tal fato, associado à reduzida capacidade de armazenamento (cerca de 100 t), são responsáveis por uma gigantesca perda de alimentos. Estima-se que no pico da safra até 60 toneladas de peixes se estragam diariamente por problemas de infra-estrutura.

No entanto, o desperdício provocado pela indústria pesqueira não se restringe à falta de infra-estrutura. É relativamente comum os barcos de pesca jogarem na água os peixes capturados quando há outro à disposição com maior valor de mercado. Em média, o desperdício na Região Amazônica é estimado em 30 a 40% do volume total capturado.

Por fim, destaca-se o problema do contrabando de pescado. A cada ano, cerca de 15 mil toneladas de peixes são contrabandeadas para a Colômbia e depois reexportadas para a Europa e Estados Unidos. Cada tonelada desses peixes é vendida pelos ribeirinhos a R$ 300,00, ou simplesmente trocada por açúcar, sal, leite em pó ou bebida alcoólica.

Além da pesca profissional, a Região Norte apresenta um imenso potencial para a exploração de peixes ornamentais. Segundo Chao & Prada-Pedreros (1992), mais de 20 milhões de peixes ornamentais eram exportados anualmente do Brasil. A maior parte desse total era proveniente dos igarapés e igapós da bacia do médio Rio

Negro, na Amazônia, onde pelo menos 131 espécies eram regularmente exploradas. Pelo menos 10.000 ribeirinhos da região dependem da exploração dos peixes ornamentais como fonte principal de renda (Chao, 1995). A exploração sustentável de peixes ornamentais poderia ser uma alternativa para incrementar a renda das comunidades ribeirinhas. A população ribeirinha não pratica a agricultura extensiva mas sim a criação de gado!

Região Nordeste

A Região Nordeste é a segunda maior produtora de pescados de água doce do país. Tal desempenho se deve principalmente aos mais de 70.000 açudes com área superir a 1.000 m^2 existentes na região (Lazzaro et al., 1999a).

Muitos dos rios dessa região são intermitentes e desde o século XIX vêm sendo construídas barragens e represas para acumular água. Os problemas causados pela seca costumam ser tão graves que só com o El Niño de 1997 e 1999, o Estado de Pernambuco perdeu 90% de suas reservas superficiais de água. Um dos grandes problemas é que a evaporação intensa (atingindo até 3m/ano), acaba provocando a salinização dos corpos d´água, tornando-os impróprios ao consumo e até à sobrevivência dos peixes existentes nesses reservatórios.

Durante décadas, o Departamento Nacional de Obras Contra a Seca (DENOCS) desenvolveu programas de peixamento nos reservatórios públicos. Estima-se que mais 100 milhões de alevinos (geralmente espécies omnívoras procedentes de diversas regiões do Brasil e muitas outras exóticas no país) tenham sido transferidos para tais reservatórios (Lazzaro et al., 1999b).

Calcula-se que pelo menos 39 espécies de peixes e 3 de crustáceos foram introduzidas na região (Gurgel & Fernando, 1994). Destas, 14 espécies de peixes e mais o camarão-canela (Macrobrachium amazonicum) conseguiram se adaptar bem à região e são hoje importantes recursos pesqueiros regionais. Muitas dessas espécies, contudo, não conseguem manter populações sustentáveis e precisam ser periodicamente reestocadas para que a atividade pesqueira seja mantida, constituindo o que se poderia considerar um sistema extensivo de piscicultura.

Normalmente, em uma represa de médio ou grande porte o número de espécies é reduzido, ficando entre 4 e 13. As condições nos açudes favorecem o desenvolvimento de espécies de pequeno porte. As espécies mais capturadas são: curimatã, tilápias (*Oreochromis niloticus, Tilapia rendalli*) e traíra (*Hoplyas sp.*).

Por outro lado, como o objetivo primário dos açudes é acumular água para o consumo doméstico, o ideal seria a utilização de espécies carnívoras, que alteram menos a qualidade da água. Já os peixes omnívoros ou iliófagos, promovem uma maior reciclagem da matéria orgânica presente no sistema, possibilitando a ocorrência de blooms de fitoplâncton, o que altera o sabor e a qualidade da água (Starling & Lazzaro, 1999).

A produtividade desses açudes é hoje relativamente elevada, superando, em alguns casos, 110 kg/ha/ano, sendo mais comuns níveis de produtividade de 68 kg/ha/ano (Fonteles Filho & Aves, 1995). A introdução de espécies de tilápias foi o principal fator de aumento da produtividade, que até a década de 60 não passava de cerca de 40 kg/ha/ano. A comercialização da produção é bastante dependente da figura de um intermediário, sem os quais os pescadores não têm como escoar sua produção. As principais formas de comercialização são o peixes fresco, resfriado e, principalmente, salgado.

Região Centro-Oeste

A pesca na Região Centro-Oeste, como um todo, não é muito expressiva, mas é nessa região que se encontra o Pantanal, uma das maiores regiões pantanosas do planeta com mais de 140.000 km^2 do planeta (Alho & Vieira, 1997) e considerada um verdadeiro banco genético de peixes.

Todo o ciclo de vida dos peixes do Pantanal está ligado ao ciclo de inundação anual. Esse é o principal fator que condiciona a grande produção de peixes na região. Já a diversidade de habitats aquáticos cria condições para a existência de um número relativamente elevado de espécies de peixes, que desenvolveram diferentes estratégias de vida e reprodução, otimizando a utilização de tais habitats (Resende et al., 1996; de Lima, 1987).

Só no pantanal foram listadas 263 espécies de

peixes, sendo que mais de 85% pertencem à superordem *Ostariophysi.* Peixes deste grupo possuem um conjunto de ossículos que permitem que os eles se adaptem melhor aos ambientes de águas turvas, onde geralmente vivem. Pertencem a este grupo peixes como o pacu, o dourado, a tuvira, o pintado, a cachara e o cascudo.

A ictiofauna desempenha papel de fundamental importância para o equilíbrio ambiental. Os grandes estoques pesqueiros representam um dos maiores compartimentos de reserva viva de nutrientes e de energia do sistema, com participação na circulação e no fluxo destes elementos. Os peixes, entre outras funções, atuam como dispersores de sementes e constituem a alimentação básica para muitos componentes da fauna, inclusive da própria ictiofauna. As espécies de maior importância para a pesca encontram-se associadas às regiões de maior inundação. Nesses ambientes ocorre a migração reprodutiva dos peixes rio acima, conhecida como "piracema".

A pesca constitui a segunda maior atividade econômica do Pantanal, gerando recursos da ordem de 40 milhões de reais ao ano. As espécies mais capturadas são: surubins (*Pimelodidae*), piau (*Anastomidae*), curimbatá (*Curimatidae*), barbado (*Pimelodidae*), pacu (*Serrasalmidae*).

A pesca é praticada em três modalidades principais: pesca de subsistência, pesca esportiva e a pesca profissional. A pesca de subsistência já é uma pesca tradicional no Pantanal e constitui importante fonte de proteína para as populações ribeirinhas. A pesca esportiva apresentou um crescimento acentuado a partir da década de 80. Ribeiro & Petrere (1989) estimaram que cerca de 18.000 pescadores esportivos atuavam na bacia em 1988. Atualmente, estima-se que o número de pescadores esportivos tenha subido para 57.000/ano, oriundos principalmente da região sudeste. As espécies mais visadas para pesca são o mapará, o curimatã, o tucunaré e o pirarucu. O setor turístico pesqueiro estruturou-se para oferecer transporte, hospedagem, alimentação e serviços especializados para essa clientela. A pesca esportiva captura mais de 75% de todo o pescado oficialmente desembarcado atualmente no Estado do Mato Grosso do Sul.

Com o aumento da demanda por iscas para a pesca esportiva, surgiu uma nova modalidade de pesca: a captura de animais que servem como iscas vivas (principalmente tuviras, *Gymnotus sp*).

Os pescadores profissionais do Pantanal são organizados em colônias nas cidades de Cáceres, Cuiabá, Rondonópolis, Nobres, Rosário Oeste, Barão de Melgaço e um sindicato em Barra do Bugres, em Mato Grosso. Tais pescadores enfrentam uma forte repressão, principalmente quando a pesca é exercida com redes, o que tem reduzido consideravelmente os níveis de captura nos rios Tocantins, Araguaia, Paraná, Paraguai e seus reservatórios, além de toda a região do Pantanal. Tais rios possuem águas cuja produtividade é inclusive superior às do Rio Amazonas e certamente poderiam produzir mais, através da pesca comercial, do que a produção do Amazonas. Contudo, a tendência nessa região tem sido a de privilegiar a pesca amadora/esportiva, com finalidades turísticas, em detrimento dos próprios pescadores artesanais (Resende, 1998).

Há indícios de que um grave problema ecológico poderia estar ocorrendo lentamente no Pantanal. Como a pesca amadora é direcionada principalmente para os peixes carnívoros, de alto valor esportivo, capturados com isca e anzol, estaria ocorrendo um desequilíbrio entre espécies carnívoras e não-carnívoras.

Outro problema regional que não pode ser negligenciado é o fato de que o aumento brutal da população de jacarés, principalmente no Pantanal, tem causado a redução das populações de peixes locais. A legislação atual é bastante rigorosa com a caça desses animais, mas a pouca efetividade da ação de predadores naturais tem permitido o aumento indiscriminado no número de jacarés, o que poderá levar a desequilíbrios no ecossistema. Ainda que essa seja um idéia polêmica, o manejo sustentável dessas populações pode ser a única forma de se resolver o problema, ao mesmo tempo que possibilitaria o uso dos jacarés como alimento (carne) e na indústria (couro), gerando riqueza e trabalho para a região, bem como poderia contribuir com o aumento das populações de peixes nos rios.

Problemas com a pesca na Região Centro-Oeste não se constituem em um fato novo. Em meados da década de 70 eles já eram evidentes e centros de pesquisa foram criados e/ou direcionaram o seu trabalho para o estudo de formas de exploração racional dos recursos pesqueiros e de aperfeiçoamento das técnicas de beneficiamento do pescado. Enquadram-se neste caso o Centro de Pesquisas do Pantanal Mato Grossense (CEPIPAM), a Empresa Goiana de Pesquisas Agropecuárias e a SUDEPE. Como se pode perceber hoje, a efetividade dos esforços despedidos neste sentido não foi a desejável e, como conseqüência, os problemas e desafios se avolumam.

Regiões Sudeste/Sul

A Bacia do Paraná é constituída pelos principais rios das regiões Sudeste e Sul onde a pesca continental é realizada. A bacia do Paraná possui uma área de 877.000 km^2, com uma vazão de 11.000 m^3/s e um índice pluviométrico médio de 1.385 mm/ano. Pelo menos 600 espécies podem ser encontradas nessa bacia (Bonetto, 1986).

Também é essa a bacia que engloba a maior densidade demográfica do país, o que gera uma gigantesca demanda de água para abastecimento, e também para indústria e para a irrigação, além de uma elevada demanda energética, suprida principalmente com energia hidrelétrica.

Associado à presença de grandes concentrações humanas, a poluição orgânica e inorgânica (causada por efluentes industriais e agrotóxicos) e a eliminação da mata ciliar são fatores responsáveis pela elevação dos níveis de poluição aquática em grandes extensões dos principais afluentes do trecho superior do rio Paraná, tornando-a imprópria para uso do homem e comprometendo a própria vida aquática (Tundisi, 1993). Evidentemente, em um cenário como este a pesca acaba sendo bastante prejudicada.

Entre as principais bacias hidrográficas da América do Sul, a Bacia do Paraná, é a que sofreu maior número de represamentos para geração de energia. Existem mais de 130 barragens na bacia (considerando apenas aquelas com alturas superiores a 10 m), que transformaram o rio Paraná e seus principais tributários (Grande, Paranaíba, Tietê, Paranapanema e Iguaçu) em uma sucessão de lagos. Dos 809 km originais do rio, somente 230 km ainda são de água corrente. Com a construção de Ilha Grande, a última porção lótica do rio irá desaparecer, e os últimos 30 km, ainda em território brasileiro, abaixo do reservatório de Itaipu, também irão desaparecer com a construção do reservatório de Corpus (Argentina/Paraguai).

O baixo número de espécies, associado a um elevado grau de endemismo, são frutos da história geológica do rio Paraná, que apresenta numerosas quedas e elevado caudal (Severi & Cordeiro, 1994). As principais espécies capturadas nessa bacia são o corimbatá, o pintado, o dourado, o barbado, as piaparas, o mandi-guaçu, o jundiá, o peixe-rei , grumatã, piau, pintado/surubim, lambari, cascudos, curimbatá e o tucunaré.

De certa forma, as barragens ao longo dos rios têm contribuído para a autodepuração e retenção de poluentes, sendo constatado melhoria da qualidade da água a jusante das barragens.

Porém, esse "benefício" quase sempre vem associado a uma inevitável alteração na composição das comunidades, com a proliferação excessiva de algumas espécies (as de pequeno porte e sedentárias), e redução, ou mesmo eliminação, de outras (as de grande porte e migradoras), com impactos evidentes sobre a diversidade biológica e a pesca (Silvano & Begossi, 1998). Por exemplo, antes da formação do lago de Itaipu, as cinco espécies de peixes mais comuns na pesca praticada no Rio Paraná entre Guaíra e Foz do Iguaçu eram, pela ordem: cascudo-preto, dourado, pacu, jaú e pintado. Após a formação do lago, houve uma total alteração desse perfil, sendo que as espécies mais abundantes na pesca passaram a ser: armado, corvina, mapará, curimba e barbado.

Esses dados chamam ainda mais a atenção se for observado que a corvina, a segunda espécie mais capturada no lago, não é uma espécie nativa do Rio Paraná, que foi introduzida em outros reservatórios e colonizou novos habitats até chegar ao lago de Itaipu, onde encontrou condições ideais para estabelecer população.

Na prática, o controle da pesca em reservatório tem se revelado muito pouco eficiente. A instalação de estações de alevinagem próximas às represas e o peixamento com espécies exóticas ou autóctones, marcaram as ações da maioria das concessionárias hidrelétricas nas últimas décadas (Mendes dos Santos, 1995; Viana, 1998. Com raríssimas exceções, os resultados dessas práticas ou foram prejudiciais ou inócuos.

A produtividade pesqueira nos reservatórios das regiões Sudeste e Sul é muito baixa (2,5 a

12,0 kg/ha/ano) se comparada à produtividade das represas nordestinas (que pode chegar a 150 kg/ha/ano) (Paiva et al., 1994). Mas, a despeito dessa baixa rentabilidade, a pesca em reservatórios tem uma grande importância social, pela geração de renda e alimentos.

Tendências e prognósticos para a pesca continental

No Brasil, assim como em outros países da América Latina, observa-se uma tendência de valorização da pesca esportiva, em detrimento da pesca artesanal. Os pescadores artesanais e suas comunidades continuam sendo marginalizados econômica e socialmente. Além disso, dependem enormemente da figura do intermediário para conseguir escoar sua produção.

Não é difícil se identificar as causas do declínio ou das dificuldades para expansão da pesca continental no Brasil: aumento dos níveis de poluição; alteração dos cursos hídricos pela instalação de hidrelétricas; desmatamento e perda da vegetação ciliar; aumento indiscriminado da pesca predatória; uso de artes de pesca e de aparelhos primitivos, inadequados para a pesca seletiva.

O pior, é que é impossível se fazer qualquer prognóstico otimista sobre o futuro da atividade. Principalmente porque as questões sociais ligadas à pesca são bastante desfavoráveis, como, por exemplo, as baixas condições de vida, a insalubridade, o elevado grau de analfabetismo e miséria de grande parte dos pescadores artesanais.

A pesca continental é ainda afetada por problemas como: a falta de uma organização institucional, de uma política mais sólida de pesca; a falta de planos, de programas e de mão-de-obra qualificada; a não transferência de tecnologia; a carência de investimentos na produção de insumos e equipamentos; a falta de apoio aos centros tecnológicos de pesca; a falta de recursos para pesquisa; os elevados impostos pagos pela atividade. Dentre as principais ações que o país precisaria adotar para o incremento da pesca continental destacam-se:

- Conscientização das autoridades e do setor privado sobre a necessidade de se contar com uma infra-estrutura adequada de apoio à pesca continental;
- Incentivo à criação de cooperativas de pesca, a fim de facilitar a transferência de tecnologia, maximizar o aproveitamento da produção pesqueira e possibilitar a coleta de informações junto ao setor pesqueiro
- Gerenciamento das bacias em moldes mais holísticos e voltados para a manutenção dos recursos pesqueiros;
- Adoção de medidas para disseminação das técnicas mais apropriadas para a manipulação, conservação e comercialização de produtos oriundos da pesca continental;
- Adoção de programas de capacitação nos mais diversos níveis da cadeia produtiva da pesca continental;
- Integração entre os diversos agentes produtivos do setor privado para otimização da comercialização do pescado;
- Realização de estudos de mercado obtenção de informações relativas a preços, hábitos de consumo e comportamento dos consumidores, ferramentas indispensáveis para se criar mecanismos de adequação da oferta e demanda de pescados de água doce, tornando-os mais competitivos em relação aos produtos provenientes da pesca marinha;
- Elaboração de produtos para a agregação de valores aos produtos pesqueiros.

Porém, historicamente o que se observa é que o país caminha na contra-mão de quase todas as ações que poderiam ser consideradas como ideais. Sem a adoção dessas medidas (reconhecidamente complexas), a tendência é de diminuição contínua dos recursos pesqueiros e de agravamento do quadro social de comunidades que dependem da pesca como meio de geração de renda e de alimentos.

Pesca esportiva

A pesca esportiva está vinculada a um dos setores econômicos que mais crescem no mundo: o turismo, com uma expansão estimada em 57%

somente nos últimos 10 anos.

Atualmente, em função da globalização, que alterou significativamente a estrutura comercial de grande parte do mundo, há uma forte pressão no sentido de se buscar alternativas para driblar os problemas de mercado e criar novas propostas de comércio e serviços.

Segundo a *National Survey of Fishing Hunting and Wildlife* (órgão do Departamento do Interior dos Estados Unidos) foram gastos em 1999 cerca de US$ 38 bilhões em atividades ligadas à pesca amadora, cuja demanda de serviços gerou 890 mil empregos diretos, indicando a importância da pesca amadora como atividade econômica geradora de emprego e renda. No Brasil, estima-se que existam pelo menos trinta milhões de pessoas cujo passatempo predileto é pescar.

Os negócios envolvendo material de pesca crescem igualmente em todo o mundo. Em quatro anos, a Feipesca, uma feira de material de pesca realizada anualmente em São Paulo, tornou-se a quarta maior no mundo em volume de vendas, movimentando mais de 50 milhões de dólares em apenas 5 dias de feira.

No Pantanal do Mato Grosso e no Araguaia os investimentos para receber pescadores de todos os níveis já apresentam resultados animadores. De fevereiro a outubro, luxuosos hotéis flutuantes ou econômicas barracas de camping acolhem pescadores de todo o mundo, que garantem os empregos dos novos profissionais do setor: piloteiros, guias de pesca, agentes de proteção, além de movimentar uma ampla rede de fornecimento de produtos e equipamentos para a pesca esportiva.

O Rio São Benedito, no sul do Pará, é também um exemplo bem sucedido de pesca esportiva e vêm atraindo muitos turistas, principalmente, os turistas americanos, os quais chegam a gastar US$ 5.000 por cinco dias de pesca, para ter o prazer de fisgar alguns peixes esportivos.

Por outro lado, estudos mostram que há pescadores de todos os lugares do mundo querendo pescar no Amazonas, mas o afluxo de turistas é relativamente baixo em função da falta de uma infra-estrutura adequada para recebê-los.

Estes exemplos mostram que não basta possuir potencial para o desenvolvimento da pesca esportiva, mas sim que é necessário haver um grande esforço conjunto de entidades públicas, privadas e organizações não governamentais para transformar esse potencial em atração de turistas e, conseqüentemente, na geração de emprego e renda.

Aqüicultura continental

"Aqüicultura" é um termo relativamente amplo, que pode ser entendido como o cultivo de animais ou vegetais que necessitam dos ambientes aquáticos para o desenvolvimento de parte ou da totalidade do seu ciclo vital. Assim, a aqüicultura engloba os cultivos de peixes, camarões, ostras, mexilhões, rãs e uma série de outros organismos que são praticamente desconhecidos pelos consumidores brasileiros, como as algas, abalones, ouriço do mar, lagostim de água doce, só para citar alguns exemplos.

Apesar dos cultivos de organismos aquáticos serem realizados no Brasil desde o início do século, somente na década de 70 é que a atividade começou a ganhar alguma projeção no cenário nacional.

Assim como na pesca, não há um sistema eficiente de coleta de dados para estimar o potencial produtivo da aqüicultura brasileira. Os dados oficiosos indicam que entre o início dos anos 80 e até o final de 1995, a produção aqüícola nacional ficou estancada na casa das 35.000 toneladas/ano. A partir de 1996, a produção começou a crescer acentuadamente. Em 1996, chegou a 40.000 toneladas; em 1997 saltou para 60.200 toneladas e em 1998 passou de 115.000 toneladas. Segundo a FAO, esses valores seriam suficientes apenas para posicionar o Brasil em uma modesta 26o colocação entre os principais produtores de organismos aquáticos do mundo.

Principais espécies cultivadas no país

Ao contrário das atividade agropecuárias mais tradicionais (bovinocultura, avicultura, suinocultura etc.), que cultivam apenas uma, duas ou, no máximo, três diferentes espécies de animais, pelo menos 56 espécies vem sendo utilizadas, comercial ou experimentalmente, pela aqüicultura continental brasileira (Tabela 2). Esse número pode ser ainda maior, se for levado em consideração que os peixes ornamentais não estão citados nominalmente nessa lista, que alguns grupos são identificados apenas pelo gênero, que há possibilidade de haver problemas de classificação sistemática com outros e que novas espécies começam a ser pesquisadas.

Os peixes são maioria absoluta, em termos de número de ocorrência (51 espécies cultivadas), seguidos pelos crustáceos (2), répteis (2) e anfíbios (1)

O tambaqui (*Colossoma macropomum*) é a espécie cultivada hoje em um maior número de estados, não sendo registrado apenas nos estados do Mato Grosso do Sul e Tocantins. Em segundo lugar ficou a tilápia, presente em 22 estados da Federação, não sendo produzida comercialmente apenas em estados da região Norte. O terceiro peixe com maior distribuição nacional é a carpa comum (*Cyprinus carpio*), que está presente em 20 estados.

Tabela 2 - Principais espécies produzidas, comercial ou experimentalmente no país.

Grupo	Nome científico
Réptil	*Aliggator sp.*
Peixe	*Arapaima gigas*
Peixe	*Aristichthys nobilis*
Peixe	*Astronotus ocellatus*
Peixe	*Astyanax sp.*
Peixe	*Brycon cephalus*
Peixe	*Brycon hilarii*
Peixe	*Brycon Lundi*
Peixe	*Brycon orbignyanus*
Peixe	*Centropomus paralellus*
Peixe	*Cichla ocellaris*
Peixe	*Clarias gariepinus*
Peixe	*Colossoma brachypomum*
Peixe	*Colossoma macropomum*
Peixe	*Crassostrea gigas*
Peixe	*Crassostrea rhizophorae*
Peixe	*Ctenopharingodon idella*
Peixe	*Cyprinus carpio*
Peixe	*Hipostomus sp.*
Peixe	*Hoplias lacerdae*
Peixe	*Hoplias malabaricus*
Peixe	*Hoplosternum sp.*
Peixe	*Hypophthalmichthys molitrix*
Peixe	*Ictalurus punctatus*
Peixe	*Leporinus elongates*
Peixe	*Leporinus macrocephalus*
Peixe	*Lophiosilurus alexandri*
Crustáceo	*Macrobrachium amazonicum*
Crustáceo	*Macrobrachium rosenbergii*
Peixe	*Micropterus salmoides*
Peixe	*Myleus sp.*
Peixe	*Oncorhynchus mykiss*
Peixe	*Oreochromis niloticus*
Peixe	*Oxydoras niger*
Peixe	*Paqui (híbrido)*
Peixe	*Patinga (híbrido)*
Peixe	*Piaractus brachypomum*
Peixe	*Piaractus mesopotamicus*
Peixe	*Plagioscion squamossisimus*
Réptil	*Podocnemis expansa*
Peixe	*Prochilodus cearensis*
Peixe	*Prochilodus linneatus*
Peixe	*Prochilodus margravii*
Peixe	*Prochilodus nigricans*
Peixe	*Prochilodus scrofa*
Peixe	*Pseudoplatystoma corruscans*
Peixe	*Pseudoplatystoma fasciatum*
Anfíbio	*Rana catesbeiana*
Peixe	*Rhamdia quelen*
Peixe	*Salminus maxillosus*
Peixe	*Salmo salar*
Peixe	*Schizodon sp.*
Peixe	*Semaprochilodus sp.*
Peixe	*Tambacu (híbrido)*
Peixe	*Tilápia vermelha (híbrido)*
Peixe	*Triportheus angulatus*

A produção nacional por grupo cultivado

Em 1998 (dados mais recentes sobre a aqüicultura nacional), os peixes, rãs e camarões de água doce (organismos de água doce) foram responsáveis por 79% da produção aqüícola brasileira e por cerca de 63% da receita total gerada. Já os camarões marinhos e mexilhões, principais organismos marinhos cultivados, totalizaram 21% da produção e geraram o equivalente a 37% da receita obtida pelo setor produtivo da maricultura nacional.

O exemplo da piscicultura paranaense

O Paraná é um dos três maiores produtores de peixes de água doce do Brasil e, portanto, pode-se supor que seja um retrato do que ocorre no Brasil. Será mesmo...?

Para exemplificar o atual estágio da piscicultura paranaense, vamos utilizar aqui os dados levantado pela Emater-PR a respeito da safra de 1998. Ainda que não sejam os mais

Tabela 3. Produção, por grupo cultivado, e estimativas de geração de receita para o setor produtivo* (1998).

GRUPO	PRODUÇÃO Quantidade (t)	PRODUÇÃO Participação (%)	PREÇO MÉDIO (R$/kg)	RECEITA Total (R$)	RECEITA Participação (%)
Peixes.	91.334	79,0	2,00	182.668.000,00	62,1
Camarões marinhos.	15.758	13,6	6,50	102.427.000,00	34,8
Mexilhões	7.900	6,8	0,75	5.925.000,00	2,0
Ostras	334	0,3	1,80	601.200,00	0,2
Rãs	245	0,2	7,00	1.715.000,00	0,6
Camarões de água doce	90	0,1	8,50	765.000,00	0,3
TOTAL	115.661	100		294.101.200,00	100,0

(*) Considerando os preços médios de venda obtidos pelos produtores para produtos comercializados vivos ou resfriados.

atuais, eles certamente retratam um situação que não se alterou substancialmente desde então.

Os dados mostram que a piscicultura é uma importante atividade produtiva no Estado do Paraná. Segundo dados, havia, em 1998, mais de 22.000 produtores de peixes no estado. Isso significa que cerca de 5,3% dos produtores rurais do Paraná estavam atuando também na área de piscicultura. A área total destinada à piscicultura ultrapassava 8.100 ha e a área média alagada por piscicultura era de apenas 0,37 ha.

A produção estadual de peixes na safra 97-98 foi de 16.417 t. Deste total, mais de 1/4 (4.535 t) foi comercializado nos 618 pesque-pague cadastrados no próprio estado. O restante foi comercializado vivo em outros estados (principalmente São Paulo), em unidades processadoras ou nas próprias propriedades. No entanto, a maior parte do peixe produzido no estado tinha como destino os pesque-pague.

Uma análise rápida desses dados permite a conclusão de que a piscicultura é uma atividade desenvolvida basicamente por micros ou pequenos produtores rurais no Estado do Paraná.

Considerando que o preço médio obtido pelo piscicultor estadual oscila em torno de R$ 1,20 – 1,40, os recursos gerados com a engorda de peixes (desconsiderando-se os demais elos da cadeia produtiva) girariam por volta de R$ 19.700.000,00 – 23.000.000,00. Ou seja, a receita bruta média obtida por propriedade oscilara entre R$ 893,00 – 1.042,00/ano.

É difícil precisar qual é a rentabilidade média obtida com a atividade, uma vez que a coleta de dados não atinge esse nível de refinamento. Porém, levando-se em conta que produtores razoavelmente capacitados conseguem obter taxas de conversão alimentar de 1,3:1,0 (ou seja, eles utilizariam 1,3 kg de ração para produzir 1,0 kg de peixe); que o preço da ração varia entre R$ 0,60-0,90/kg; que cada alevino de tilápia custe R$0,04/unidade; percebe-se claramente que as margens de lucro do produtor dificilmente chegariam a 40% (considerando ainda que aqui não estão computados custos de mão-de-obra, demais insumos, impostos, depreciação das estruturas relacionadas ao cultivo, energia, etc). Mas, ainda que se exagere e que se considere esse caso, ou seja, de que os produtores consigam obter margens de lucro de 40%, o lucro médio por propriedade estaria hoje chegando no máximo a R$ 357,20 – 416,80 por ano, ou o equivalente a R$ 29,80 – 34,70 mensais. Uma receita dessas não permite, evidentemente, que ninguém viva exclusivamente da piscicultura. Aliás, nesse caso, muitas famílias não poderiam sequer considerar que a piscicultura seria uma atividade complementadora da renda familiar, pois os valores médios obtidos são realmente muito baixos.

Respondendo à pergunta inicialmente formulada, é provável sim que a piscicultura paranaense reflita o que ocorre no restante do país. Infelizmente!

Necessidade de estrutura da cadeia produtiva da piscicultura

É inegável que o setor agropecuário brasileiro vem sofrendo profundas e radicais modificações ao longo dos últimos 20 anos. É possível identificar pelo menos a ocorrência de duas revoluções silenciosas no campo. Saiu definitivamente de cena a esfera estatal e entrou o setor privado, ficou para trás o gerente de fazenda e ganhou espaço o administrador rural.

Por outro lado, o acesso dos produtores à informação e o desenvolvimento de inovações tecnológicas fizeram com que os principais setores da produção agropecuária experimentassem grandes ganhos de produtividade. Como as leis de mercado não podem ser simplesmente revogadas, o aumento da produtividade e da produção (ou seja, da oferta) veio acompanhado por reduções previsíveis do preço pago pelos produtos produzidos pela agricultura brasileira. Esse fenômeno não é exclusivo da aqüicultura e pode ser constatado para os principais produtos comercializados no mercado interno (vide a situação dos produtores de frango, de leite, de trigo, de arroz, etc).

Para se contextualizar a questão da aqüicultura continental no país é necessário se buscar uma explicação para o fato de que, em um dos estados que mais produz peixes no país, os produtores têm sido tão mal remunerados pelo trabalho que desenvolvem. Na verdade, não há uma só razão, mas sim um conjunto de motivos que levou a essa situação:

A piscicultura brasileira vivenciou um boom durante a década de 90 impulsionada pela demanda de peixes geradas pelo surgimento dos pesque-pague;

No entanto, pesque-pague (ou pesqueiros) são estabelecimentos voltados ao mercado de entretenimento ou, em alguns casos, turismo. Como os preços praticados pelos pesque-pague são bastante superiores aos preços do pescado em peixarias ou supermercados, a maioria das pessoas vai até esses locais em busca de diversão, mas não propriamente de peixe para o consumo;

A margem de lucro que os produtores obtinham (e que uma minoria ainda efetivamente obtém), era tão compensadora, que eles nem precisavam se preocupar em se especializar na produção e na comercialização de seus peixes;

Mas, o ingresso de novos piscicultores fez com que a oferta de peixes no mercado aumentasse consideravelmente. Ao mesmo tempo, houve uma certa seleção do mercado em relação aos pesque-pague que prosperaram e os que foram condenados ao fracasso. Na verdade. esse ainda é um processo que ainda está em curso e pode ser explicado por três motivos básicos: 1) Muitos dos próprios donos de pesque-pague não perceberem que a sua atividade também estava sujeita às leis de mercado, ou seja, eles tinham que oferecer uma opção adequada de lazer, à preços competitivos, o que nem sempre ocorre; 2) Com a crise econômica que vem assolando o país, é natural que as pessoas passem a gastar menos com as atividades consideradas supérfluas, para que não faltem recursos para o aquilo que for essencial. Diversão ainda é algo considerado supérfluo; 3) A maior parte dos pesque-pague do país está concentrada na região Sudeste. Os piscicultores dessa região, percebendo a grande demanda por peixes nos pesque-pague, aumentaram sua produção. Com isso, o mercado regional (principalmente o maior, que o do Estado de São Paulo) passou a se auto-abastecer, reduzindo a demanda por peixes de outras regiões;

Com a retração, ou pelo menos, estabilização dos pesque-pague, os produtores do Paraná, Santa Catarina e Rio Grande do Sul, principalmente, começaram a buscar novos mercados para o seus produtos. No entanto, a remuneração obtida na venda de peixes para a indústria é bem menor, além do fato que o pescado deixa de ser utilizado para abastecer um mercado relacionado ao lazer e passa a ser destinado única e exclusivamente ao consumo humano. Como alimento, o peixe cultivado passa a competir diretamente com o pescado proveniente da pesca e, obviamente, passa a competir também com outros tipos de carnes, como a de frango, por exemplo;

Já está provado que o mercado mundial é fortemente dependente da economia norte-americana. Como essa economia passa por uma forte crise, todos os setores agropecuários brasileiros acabam sendo afetados. No caso da aqüicultura, a desvalorização do real e o fato de que muito dos ingredientes utilizados nas rações são cotados em dólares (as chamadas commodities) estão provocando fortes altas no preço das rações, aumentado os custos de produção dos peixes cultivados no país e diminuindo ainda mais as margens de lucro dos produtores;

Além das questões macroeconômicas internacionais, é preciso ressaltar que o sistema tributário brasileiro é bastante perverso com produtor nacional. Todos sabem que a carga tributária, entre impostos diretos e indiretos, tem inviabilizado o próprio setor agropecuário como um todo. Na produção primária, em função do efeito cascata, a carga tributária chega a atingir incríveis 34%, para alguns produtos, a Argentina, por exemplo, tem uma carga tributária de 16%, e o Chile um pouco menos, e 14%. Só por esse aspecto, o Brasil já está perdendo a concorrência.

Nesse cenário sombrio, é fundamental que o produtor de peixes ou qualquer outro organismo aquático passe se preocupar com questões como: qualidade, custos, produtividade e, principalmente, em conhecer e explorar mais profundamente o mercado. Infelizmente, no entanto, o que se vem observando é que o aqüicultura de água doce continua sendo um gerente de fazenda e não um administrador rural. Se não houver uma reestruturação realmente eficiente na cadeia produtiva da piscicultura é provável que a crise se aprofunde, que o setor perca ainda mais competitividade e que a atividade deixe de ser atrativa, principalmente aos pequenos produtores rurais.

Exportar ou morrer!

A frase acima foi dita recentemente pelo presidente Fernando Henrique Cardoso. Pelo que se pode perceber, o próprio presidente crê que a exportação seja o melhor caminho para o setor produtivo nacional, mas, será que no caso da piscicultura isso é possível? Vamos conhecer um pouco o mercado para poder avaliar a questão, tomando, mais uma vez, a tilápia como exemplo.

O Brasil já é o segundo maior produtor de tilápia das Américas. A produção brasileira em 2000 foi de aproximadamente 45.000 toneladas, ficando atrás da produção mexicana, com 102.000 toneladas. Já os Estados Unidos, são os maiores importadores de tilápia no continente americano, importando anualmente mais de 65.000 toneladas de tilápia, o que envolve montantes de aproximadamente US$ 100 milhões/ano.

Historicamente, a Costa Rica tem se destacado como o maior exportador de tilápias da América Latina, mas recentemente foi superada pelo Equador. No entanto, a maior parte da tilápia consumida nos Estados Unidos (o maior importador do continente) é produzida mesmo na China, que domina amplamente o mercado aqüícola mundial. O Brasil, apesar de ser o segundo maior produtor do continente e apresentar, ao lado do Equador e de Cuba, os menores custos de produção, sequer figura entre os grandes exportadores de tilápia das Américas. No mercado norte-americano, os preços da tilápia são bastante atrativos, mas variam conforme a forma de apresentação do produto, tamanho dos peixes, local de comercialização e região do país. Nas figuras abaixo são apresentados os valores relativos ao mercado de tilápias.

Nos EUA, o preço da tilápia viva (para pesca esportiva) pode chegar a US$ 3,52/kg, ou seja, até

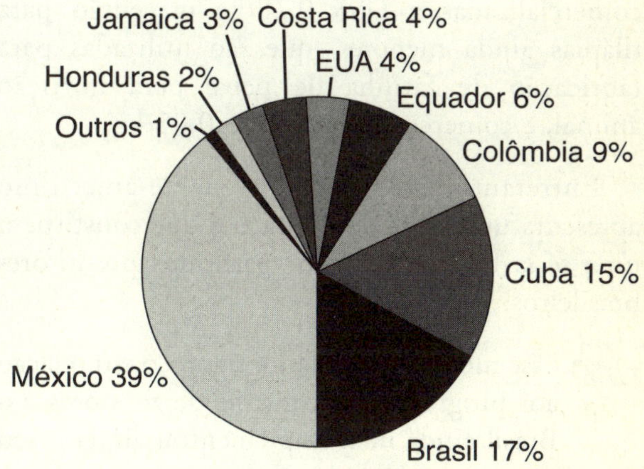

Figura 4. Principais produtores de tilápia das Américas no ano 2000 e percentagem de participação em termos de volumes gerados.
Fonte: América Tilápia Association.

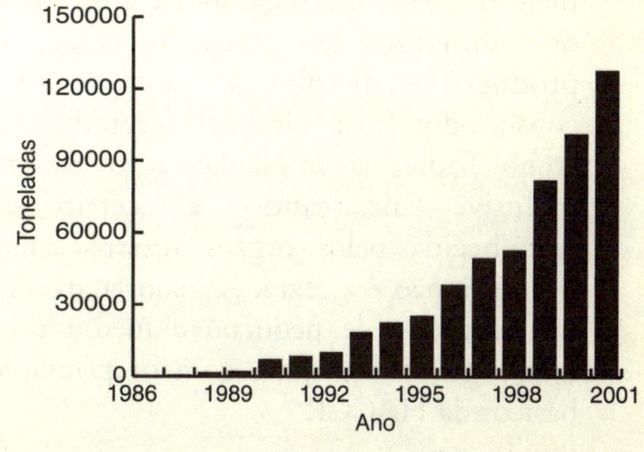

Figura 5: Consumo total de tilápias no mercado norte-americano

quatro vezes mais que o melhor preço conseguido hoje por um produtor paranaense (US$0,88/kg). Essa relação praticamente se mantém quando se analisam as demais formas de comercialização. Por exemplo, o filé de tilápia fresco que lá pode chegar a US$17,59, era vendido pela Sadia, em outubro de 2001, ao equivalente a US$ 5,37, ou seja, 3,2 vezes a mais.

Qualquer um que observe esses números irá concluir que a saída é realmente exportar e que esse seria um negócio ainda melhor que venda de peixes para os pesque-pague em sua fase áurea. Infelizmente, porém, a coisa não é tão fácil assim. O preço do pescado não é o fator mais importante para se conquistar o mercado norte-americano. Caso fosse, os americanos poderiam importar tilápias apenas da Tailândia. Lá, há um bom mercado para tilápias de 140 g, que são comercializadas a US$ 0,28/kg ou então para tilápias ainda menores, que são utilizadas para fabricação de farinha de peixe para nutrição animal, e comercializadas a US$ 0,05/kg.

Entretanto, o mercado norte-americano apresenta uma série de limitações que constituem uma séria barreira à maior parte dos produtores brasileiros:

- Esse mercado é bastante rigoroso em relação aos programas de controle de zoonoses e o Brasil ainda nem implementou ainda o seu programa de controle para produtos aqüícolas;
- O mercado norte-americano exige a aplicação do programa HACCP (*Hazard Analysis and Critical Control Points*) por parte dos exportadores de pescado, como meio de garantir a segurança e a qualidade dos alimentos em todas as etapas de produção e distribuição, até atingir o consumidor final. Grandes agroindústrias, como Sadia, já implantaram o sistema, inclusive alcançando a certificação reconhecida pelos órgãos internacionais. Mas esta não é a regra. A maioria absoluta das empresas de pequeno e médio porte sequer tiveram contato com os princípios básicos da HACCP.
- Ainda é comum no Brasil o uso de adubos orgânicos na produção de peixes. Tais adubos realmente contribuem para redução dos custos de produção, mas o mercado internacional apresenta grandes restrições a peixes alimentados com esterco. Esse é apenas um exemplo de como o produtor pode ter dificuldades para se moldar aos padrões internacionais de qualidade.

Tendências e prognósticos para aqüicultura continental

O objetivo desta análise não foi o de apontar fórmulas mágicas para o desenvolvimento da aqüicultura continental (até mesmo porque fórmulas mágicas não existem neste caso), mas sim o de mostrar que o atual modelo adotado para o desenvolvimento da atividade ou está falido ou está condenado ao mais completo fracasso e isso precisa ser revertido enquanto ainda há tempo.

O crescimento da aqüicultura continental como agronegócio passa obrigatoriamente pela adoção de medidas que visem o aumento da demanda por produtos de origem aqüícola e não apenas pelo aumento da oferta, como historicamente vem sendo estimulado pelo setor público. Sem demanda, não há como viabilizar nenhum tipo de negócio.

O aumento da demanda, tanto no mercado interno como no mercado internacional, deve, por sua vez, envolver campanhas de marketing institucional (que incluem propagandas em revistas, TV, promoções em supermercados, testes de degustação); deve ter como meta o aumento dos valores agregados (com desenvolvimento de novas formas de preparo e de apresentação do produto); deve buscar o incremento do aproveitamento industrial da pele e dos resíduos de pescado, por exemplo.

O ponto chave desse processo de consolidação da aqüicultura e, em especial, da piscicultura deverá estar centrado na conquista do consumidor. É particularmente importante conquistar o consumidor doméstico, uma vez que o mercado internacional tende a passar por períodos de grande instabilidade. Mas, o país pode e deve se preparar tecnologicamente para competir no mercado internacional, onde os preços atuais são bastante atrativos.

Claro que tais ações implicam na necessidade

de pesados investimentos e que o aumento da oferta tende a empurrar os preços para baixo e a diminuir as margens de lucro dos produtores, mas dificilmente haverá outro caminho. Por outro lado, no mundo de hoje, quem determina o preço de venda de qualquer produto é o consumidor e não há como conquistá-lo sem trabalhar adequadamente quatro pontos básicos: marketing, preço, qualidade e regularidade na oferta do produto, isto não é válido somente para a tilápia, mas para toda e qualquer espécie que vier a ser analisada ou produzida.

Tabela 4 - Algumas das principais espécies de peixes de água doce exploradas na pesca artesanal, profissional e/ou esportiva e pela aqüicultura no Brasil

Ilustração / Foto	Nome Vulgar	Espécie	Bacia Hidrográfica	Peso que atinge
	Acará	*Geophagus brasiliensis*	Todas	1 kg
	Apaiarí	*Astronotus ocellatus*	Todas	1 kg
	Armado	*Pterodoras granulosus*	Amazônica, Araguaia-Tocantins e do Prata	7 kg
	Aruanã	*Oskoglossum bicirrhosum*	Amazônica e Araguaia-Tocantins	5 kg
	Bagre	Várias (família *Ariidae*)	Todas	5 kg
	Barbado-branco	*Pinirampus pirinampu*	Amazônica, Araguaia-Tocantins e do Prata	5 kg
	Bicuda	*Boulengerella sp.*	Amazônica e Araguaia-Tocantins	6 kg

	Black-bass	*Micropterus salmoides*	regiões sul e sudeste	3 kg
	Cachara	*Pseudoplatistoma fasciatus*	Amazônica, Araguaia-Tocantins e do Prata	20 kg
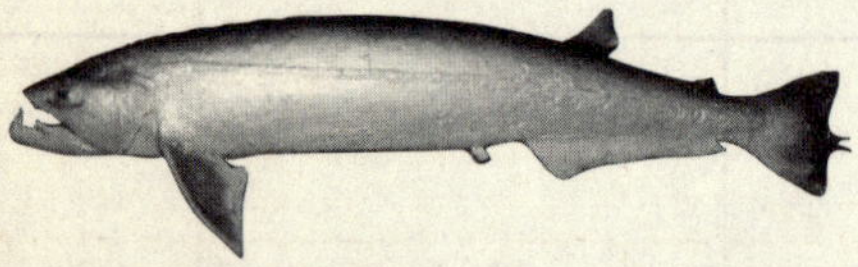	Cachorra	*Raphiodon vulpinus Hydrolycus scomberoides*	Bacia do Prata e Bacia Amazonica	15 kg
	Carpa	*Cyprinus carpio*	Todas	30 kg
	Curimbatá	*Prochilodus lineatus, Prochilodus scrofa e P. platensis*	Todas	7 kg
	Dourada	*Brachyplathystoma flavicans*	Bacia Amazônica	40 kg
	Dourado	*Salminus maxillosus*	Bacia do Prata e Araguaia-Tocantins	20 kg
	Jatuarana	*Brycon sp.*	Bacia Amazônica e Araguaia-Tocantins	8 kg
	Jaú	*Tachysurus hersberg / Paulicea luetkeni*	Todas, menos nas Bacias do Atlântico Sul	130 kg

	Jurupoca	*Hemisorubim platyrhynchos*	Bacia Amazônina, Araguaia-Tocantins e do Prata	3 kg
	Lambari	*Astianax spp.*	Todas	40 g
	Matrinchã	*Brycon sp.*	Bacia Amazônica	5 kg
	Pacu	*Piaractus mesopotamicus*	Todas	20 kg
	Palmito	*Ageneiosus brevifilis*	Bacia Amazônica e Pantanal	3 kg
	Pescada-do-piauí	*Plagioscion squamosissimus*	Todas	10 kg
	Piapara	*Leporinus obtusidens*	Regiões Centro-Oeste, Sul, Sudeste e Nordeste	5 kg
	Piau	*Leporinus sp.*	Todas	2 kg
	Piavuçu	*Leporinus macrocephalus*	Todas	4 kg
	Pintado	*Pseudoplathystoma corruscans*	Bacia do Prata, Rio São Francisco e afluentes	100 kg

	Piracanjuba	*Triurobrycon lundii*	Bacia do Prata	6 kg
	Piraíba	*Brachyplatystoma filamentosum*	Bacia Amazônica	200 kg
	Pirarucu	*Arapaima gigas*	Bacia Amazônica	110 kg
	Piranha	*Serrasalmus piraya / Pygocentrus Sp. / Pigopristis Sp.*	Todas	5 kg
	Pirapitinga	*Piaractus brachypomus*	Bacias amazônica e Araguaia-Tocantins	20 kg
	Piraputanga	*Brycon microlepis Brycon orbygnianus*	Bacia do Rio Paraguai	3,5 kg
	Pirarara	*Phractocephalus hemilliopterus*	Bacia Amazônica	100 kg
	Tabarana	*Salminus hilarii*	Bacias Amazônica e do Prata	2,5 kg
	Tambaqui	*Colossoma macropomum*	Bacia Amazônica	10 kg

	Tilápia	*Oreochromis sp.* *Tilápia sp.*	Todas	5 kg
	Traira	*Hoplias malabaricus*	Todas	4 kg
	Trairão	*Hoplias lacerdae*	Bacia Amazônica	20 kg
	Truta arco-íris	*Oncorhynchus mykiss*	Região Sul e Sudeste, lagoas e alguns rios da Serra da Bocaina e Mantiqueira	3 kg
	Tucunaré	*Cichla spp*	Todas	20 kg

Observação: O tamanho mínimo não se aplica a peixes oriundos da aqüicultura. Nesse caso, há a necessidade de se comprovar a origem do peixe.

Bibliografia

ALHO, C.J.R.; VIEIRA, L.M. *Fish and wildlife resources in the Pantanal wetlands of Brazil and potential disturbances from the release of environmental contaminants.* ENVIRON. TOXICOL. CHEM. 16(1): 71-74, 1997.

BARTHEM, R. & GOULDIG, M. *Os bagres balizadores. Ecologia, migração e conservação de peixes amazônicos. Sociedade Civil* Mamiruá/CNPq. Brasília, Brasil, 130 pp, 1997.

BÖHLKE, J.E.; WEITZMAN, S.E. & MENESES, N.A., *Estado atual da Sistemática de peixes de água doce da América do Sul.* ACTA AMAZÔNICA, 8: 657-677, 1978.

BONETTO, A.A., *The Parana River System.* In: Davies, B.R. e K.F. Walter (eds). *The Ecology of River Systems,* p. 541-556. Dr. Junk Publ. The Netherlands, 1986.

CHAO, N.L. *Saving the rain forest's endangered ornamentals.* TODAY'S AQUAR. 6(6): 4-8, 1995.

CHAO, N.L.; PRANG, G. *Project Piaba - Towards a sustainable ornamental fishery in the Amazon.* AQUARIUM SCI. CONSERV. 1(2): 105-111, 1997.

CHAO, N.L; PRADA-PEDREROS, S. *Diversity and habitat of ornamental fishes in the Rio Negro, Brazil: Exploitation and conservation issues.* PROTECTION OF AQUATIC BIODIVERSITY. PROCEEDINGS OF THE WORLD FISHERIES CONGRESS, THEME-3. Philipp, D.P.; Epifanio, J.M.; Marsden, J.E.; Claussen, J.E. eds. SCIENCE PUBLISHERS, INC, 1992.

DE LIMA, J.A.F. *A pesca no pantanal de Mato Grosso (Rio Cuiaba: Importancia dos peixes migradores).* ACTA AMAZON. 16-17: 87-94, 1987.

DIEGUES, A.C. *Brazil: Environmental Impact Assessments. The view from the other side.*

SAMUDRA-Rep. 16: 3-9, 1996.

FONTELES-FILHO, A.A.; AVES, A.L. *Produção pesqueira e produtividade biológica em açudes públicos do nordeste do Brasil.* BOL. INST. PESCA SAO PAULO 22(2): 1-14, 1995.

GURGEL, J.J.S. & FERNANDO, C.H., *Fisheries in semi-arid Northeast Brazil with special reference to the role of tilapias.* INT. REVUE GES. HYDROBIOL, 79: 77-94, 1994.

IBGE, *Estatísticas Históricas do Brasil* /volume 3. Instituto Brasileiro de Geografia e Estatística. Rio de Janeiro, 1987.

IBGE, *Pesquisas de Orçamentos Familiares. Instituto Brasileiro de Geografia e Estatística.* Diretoria de Pesquisas. Departamento de Índices de Preços, Rio de Janeiro, 1997.

IBGE, *Censo Demográfico 2000.* Instituto Brasileiro de Geografia e Estatística. Rio de Janeiro, 2001.

LAZZARO, X., V. S. OLIVIERA, R. RIBEIRO, A. VASCONCELOS, C. E. ANDRADE, M. MATA, L. WILLADINO, A. ARAÚJO & L. SALES, *"Biologie, écologie et abondance des communautés piscicoles des réservoirs du Pernambouc semi-aride".* Workshop 'Projeto Açudes', UFRPE/IRD/CNPq, Recive-PE, Brasil, 22-24 de noviembre de 1999a, 1999b.

LAZZARO, X., V.S. OLIVEIRA, R. RIBEIRO, M. MATA, L. WILLADINO, M. BOUVY & L. SALES, *"Relations trophiques pélagiques entre poissons et plancton des réservoirs de la région semi-aride du Pernambouc".* Wordkshop 'Projeto Açudes', UFRPE/IRD/CNPq, Recife-PE, Brasil, 22-24 de noviembre de 1999b, 1999a.

MENDES DOS SANTOS, G. *Impactos da hidreletrica Samuel sobre as comunidades de peixes do Rio Jamari* (Rondonia, Brasil). AMAZONIANA 25(3-4):247-280, 1995.

MORAES, A. S.; SEIDL, A. F. *Visitas de pescadores esportivos ao Pantanal sul* (Brasil). VER. ECON. SOCIOL. RURAL, Brasília, v. 36, n. 3, p. 99-115, 1998.

PAIVA, M.P. *Peixes e pesca de águas interiores no Brasil.* Editerra, Brasília, DF., Brasil, 158 pp, 1983.

PETRERE, M. *Pesca na Amazônia*, In: Anais do Seminário Internacional sobre meio ambiente, pobreza e desenvolvimento da Amazônia - SIMDANAZÔNIA. Belém, PRODEPA. p. 72 - 78, 1992.

PETRERE, M. JR. *River fisheries in Brazil: A review.* REGUL. RIVERS: RES. MANAGE. 4(1): 1-16, 1989.

RESENDE, E. K. *Recursos pesqueiros do Pantanal: diagnóstico e propostas de pesquisa.* Corumbá. Corumbá: EMBRAPA-CPAP. 51p. (EMBRAPA-CPAP. Documentos, 09), 1998.

RESENDE, E.K. ; CATELLA, A C.; NASCIMENTO, F.L.; PALMEIRA, S. da S.; PEREIRA, R.A C.; LIMA, M. de S.; ALMEIDA, V.L.L. *Biologia do curimbatá (Prochilodus leneatus), pintado (Pseudoplatystoma corrucans) e cachara (Pseudoplatystoma fasciatum) na bacia hidrográfica do rio Miranda, Pantanal do Mato Grosso do Sul, Brasil.* Corumbá:EMBRAPA-CPAP. 75p. (EMBRAPA-CPAP. Boletim, 1996.

RIBEIRO, M.C.L.B & PETRERE, M., *Viagem de reconhecimento ao rio Tocantins e Alto Araguaia entre 20/11/88 e 08/12/88.* Relatório de Consultoria. PNUD/ELETRONORTE, Brasília, Brasil, 30 pp, 1989.

SEVERI, W. & CORDEIRO, A.A.M., *Catálogo de peixes da Bacia do Rio Iguaçu.* IAP/GTZ. Curitiba, Brasil, 128 pp, 1994.

SILVANO, R.A.M.; BEGOSSI, A. *The artisanal fishery of the River Piracicaba (Sao Paulo, Brazil): fish landing composition and environmental alterations.* ITALIAN JOUR. ZOOL. 65: 527-531, 1998.

STARLING F. & LAZZARO X., *"Control of cyanobacteria blooms by fisheries management and cage aquaculture in tropical lakes and reservoirs".* SUCOZOMA Meeting organized by IFS, 'Interdisciplinary approach to sustainable coastal zone management: SUCOZOMA - a Swedish research programme', Puerto Monte, Chile, 19-23 de abril de 1999, 1999.

TUNDISI, J.G. *Represas do Paraná superior: Limnologia e bases cientificas para o gerenciamento.* 2ª Reunion Argentina de Limnologia, La Plata (Argentina). Boltovsky, A.; Lopez, H.L. eds. pp. 41 52, 1993.

VIANA, J. *The Effects of a Hydroelectric Dam On Fish in An Amazonian River.* SCI. AND ENG. 58(7). Abstract p. 3433, 1998.

José Roberto Borghetti

borghetti@tecpar.br

Biólogo – Pontifícia Universidade Católica do Paraná

Mestre em Aquacultura – Washington University, EUA

Coordenador Nacional do Programa de Desenvolvimento da Aqüicultura do Ministério da Agricultura e Abastecimento.

Professor da Pós-Graduação em Aquacultura da Universidade Federal do Paraná e da Pós-Graduação da PUC/PR.

Professor visitante da Southern Connecticut State University, EUA.

Ex-Superintedente de Meio Ambiente da Itaipu Binacional.

Ex-Assessor do Gabinete Civil da Presidência da República.

Linhas de Pesquisa:
Aqüicultura
Recursos pesqueiros
Ecologia aplicada

Antônio Ostrensky

ostrensk@cce.ufpr.br

Oceanólogo – Fundação Universidade do Rio Grande

Mestre em Ciências Biológicas – Universidade Federal do Paraná

Doutor em Zoologia – UFPR

Professor da UFPR (Nível Adjunto I), onde é orientador da Pós-Graduação na área de aqüicultura, nos cursos de Zootecnia e Recursos Aquáticos Renováveis e Zoologia.

Consultor técnico do Programa Nacional para o Desenvolvimento da Aqüicultura do Ministério da Agricultura e Abastecimento/CNPq, sendo o responsável pela implantação dos Pólos Nacionais de Aqüicultura.

Consultor ad-hoc do Fundo Nacional do Meio Ambiente.

Consultor técnico do Projeto Novas Fronteiras da Cooperação para o Desenvolvimento Sustentável (PNFC/PNUD).

Membro do World Aquaculture Society.

Linhas de Pesquisa:
Produção de peixes e camarões
Manejo de viveiros
Qualidade da água e dos solos

14

Água no Meio Urbano

Carlos E. M. Tucci

A água no meio urbano tem vários aspectos. O primeiro, que qualquer pessoa tem sempre em mente, é o abastecimento da população. No entanto, vários outros aspectos devem ser considerados, principalmente com o aumento e a densificação populacional que o mundo vem sofrendo neste século.

Com o crescimento populacional e a densificação, fatores como a poluição doméstica e industrial se agravaram, criando condições ambientais inadequadas, propiciando o desenvolvimento de doenças de veiculação hídrica, poluição do ar e sonora, aumento de temperatura, contaminação da água subterrânea, entre outros. Esse processo que se agravou principalmente a partir do final da década de 60, mostrou que o desenvolvimento urbano sem qualquer planejamento ambiental resulta em prejuízos significativos para a sociedade.

Atualmente, prevê-se que a crise do próximo século ser a da água, principalmente pelo aumento de consumo e deteriorização dos mananciais existentes, que têm capacidade finita. Isso se deve, principalmente, à contaminação dos mananciais urbanos, através do despejo dos efluentes – domésticos e industriais – e dos esgotos pluviais.

Nesse capítulo, são tratados de forma resumida:

- os principais aspectos do desenvolvimento urbano para caracterizar a sua evolução:
- o escoamento no meio urbano e sua interação com o uso do solo, identificando os principais impactos da urbanização no escoamento e o impacto do escoamento sobre a população que ocupa espaços inadequados;
- os mananciais urbanos e sua proteção frente aos diferentes impactos potenciais;
- as medidas de controle do escoamento no meio urbano.

O abastecimento de água e as medidas de tratamento do esgoto cloacal são tratados em outro capítulo.

Características do desenvolvimento urbano

No início do século, a população urbana compunha cerca de 15% da população mundial. No final desse século, prevê-se que 50% da população mundial estará nas cidades. Nos países desenvolvidos, como os Estados Unidos, a urbanização já atinge 94% da população. Isso é conseqüência natural do desenvolvimento econômico, onde o setor primário representa apenas 2% da economia. Nos países em desenvolvimento existe um acelerado processo de urbanização. Na América Latina e no Caribe, a população urbana cresce a taxas de 3 a 5% ao ano. No ano 2000 é previsto que 6 cidades ultrapassem 10 milhões de habitantes e de 30 a 35 cidades tenham população superior a 1 milhão (Foster, 1990).

O Brasil apresentou, ao longo das últimas décadas, um crescimento significativo da população urbana (Figura 1). A taxa da população urbana brasileira é de 76%. O processo de urbanização acelerado ocorreu depois da década de 60, gerando cidades com uma infra-estrutura inadequada. É previsto que o Brasil tenha, pelo menos, duas cidades com mais de 10 milhões de habitantes no ano 2000, sendo que atualmente, pelo menos 12 possuem mais de 1 milhão. Alguns estados brasileiros já apresentam características de urbanização de países desenvolvidos, como São Paulo, onde 91% da população é urbana.

O desenvolvimento urbano brasileiro tem sido concentrado em regiões metropolitanas, na capital dos Estados e cidades pólos regionais. O País reduziu fortemente o crescimento populacional, chegando, atualmente, a valores de 1,4% ao ano, em média.

Os efeitos desse processo, fazem-se sentir sobre todo o aparelhamento urbano relativo a recursos hídricos: abastecimento de água, transporte e tratamento de esgotos cloacal e pluvial.

O planejamento urbano, embora envolva fundamentos interdisciplinares, na prática é realizado dentro de um âmbito mais restrito do conhecimento. O planejamento da ocupação do espaço urbano no Brasil não tem considerado aspectos fundamentais, que trazem grandes transtornos e custos para a sociedade e para o ambiente.

O desenvolvimento urbano brasileiro tem produzido aumento significativo na freqüência das inundações, na produção de sedimentos e na deterioração da qualidade da água.

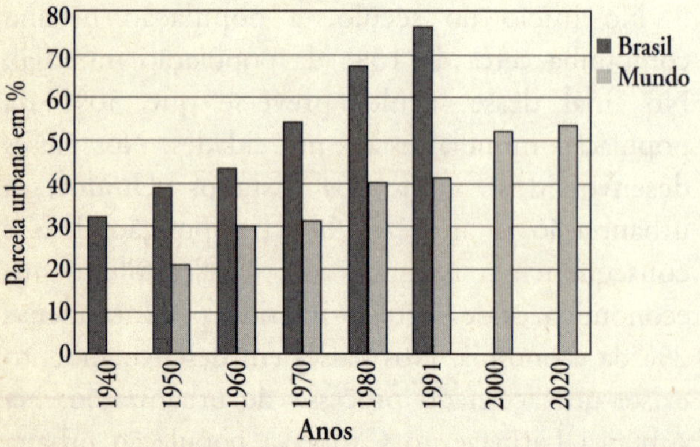

Figura 1 - Evolução da urbanização no Brasil e no Mundo
FONTE: Mega-cities appud Folha de São Paulo 4/2/1996.

À medida que a cidade se urbaniza, em geral, ocorrem os seguintes impactos:

- aumento das vazões máximas (em até 6 vezes, Leopold, 1968) devido ao aumento da capacidade de escoamento através de condutos e canais e impermeabilização das superfícies;
- aumento da produção de sedimentos devido à desproteção das superfícies e a produção de resíduos sólidos (lixo);
- deterioração da qualidade da água, devido à lavagem das ruas, transporte de material sólido e ligações clandestinas de esgoto cloacal e pluvial.

Adicionalmente, existem os impactos causados pela forma desorganizada como a infra-estrutura urbana é implantada, tais como: i) pontes e taludes de estradas que obstroem o escoamento; ii) redução de seção do escoamento de aterros; iii) deposição e obstrução de rios, canais e condutos de lixos e sedimentos; iv) projetos e obras de drenagem inadequados.

Estes impactos têm produzido um ambiente degradado, que, nas condições atuais da realidade brasileira, somente tende a piorar. Esse processo, infelizmente, não está sendo contido, mas ampliado, à medida que os limites urbanos aumentam ou a densificação se torna intensa. A gravidade dessa tendência ocorre, principalmente, nas médias e grandes cidades brasileiras. A importância desse impacto tem sido noticiada pelos jornais e televisão, ao mostrar cenas de enchentes associadas a danos materiais e humanos em diferentes pontos do País.

As ações públicas, em muitas cidades brasileiras, estão indevidamente voltadas para medidas estruturais com visão pontual. A canalização tem sido extensamente utilizada para transferir a enchente de um ponto a outro na bacia, sem que sejam avaliados os efeitos à jusante ou os reais benefícios das obras. Os custos de canais revestidos, freqüentemente utilizados nas áreas mais urbanizadas, são de: US$ 1,7 milhão/km em Porto Alegre, para canais de pequena largura (DEP apud Pedrosa, 1996); a 50,0 milhões/km, para um canal retangular de 17 m de largura e cerca de 7 m de profundidade com paredes estruturadas, no Ribeirão dos Meninos em São Paulo.

O prejuízo público é dobrado, já que além de não resolver o problema, os recursos são gastos de forma equivocada. Esta situação é ainda mais grave quando se soma o aumento de produção de sedimentos (reduz a capacidade dos condutos e canais) e a qualidade da água pluvial (associada aos resíduos sólidos).

Na maioria das cidades, estas condições decorrem do seguinte: i) da falta de planejamento da rede cloacal e pluvial e da ocupação das áreas de risco quando se formulam os Planos Diretores de Desenvolvimento Urbano; ii) do gerenciamento inadequado das obras públicas e privadas em relação ao ambiente.

Impacto no escoamento do desenvolvimento urbano

Tipos de enchentes

As enchentes em áreas urbanas são causadas por dois processos, que ocorrem isoladamente ou de forma integrada:

- *enchentes devidas à urbanização:* o aumento da freqüência e magnitude das enchentes ocorre devido à ocupação do solo com superfícies impermeáveis e rede de condutos de escoamentos. Adicionalmente, o desenvolvimento urbano pode produzir obstruções ao escoamento, como aterros e pontes, drenagens inadequadas e obstruções ao escoamento junto a condutos e assoreamento;
- *enchentes naturais em áreas ribeirinhas:* atingem a população que ocupa o leito maior dos rios. Essas enchentes ocorrem, principalmente, pelo processo natural no qual o rio ocupa o seu leito maior, de acordo com os eventos extremos, em média, com tempo de retorno da ordem de 2 anos (Figura 2).

Impacto no ciclo hidrológico

O desenvolvimento urbano altera a cobertura vegetal, provocando vários efeitos que modificam os componentes do ciclo hidrológico natural. Com a urbanização, a cobertura da bacia é alterada para pavimentos impermeáveis e são introduzidos condutos para escoamento pluvial, gerando as seguintes alterações no referido ciclo:

1) *Redução da infiltração* no solo;

2) o volume que deixa de infiltrar fica na superfície, *aumentando o escoamento superficial.* Além disso, como foram construídos condutos pluviais para o escoamento superficial, tornando-o mais rápido, ocorre redução do tempo de deslocamento. Desta forma as vazões máximas também aumentam, antecipando seus picos no tempo (Figura 2);

3) com a redução da infiltração, o aqüífero tende a diminuir o nível do lençol freático por falta de alimentação (principalmente quando a área urbana é muito extensa), *reduzindo o escoamento subterrâneo.* As redes de abastecimento e cloacal possuem vazamentos que podem alimentar o aqüíferos, tendo efeito inverso ao mencionado;

4) devido à substituição da cobertura natural, ocorre uma *redução da evapotranspiração,* já que a superfície urbana não retém água, como a cobertura vegetal, e não permite a evapotranspiração das folhagens e do solo;

Na Figura 3 são caracterizadas as alterações no uso do solo devido a urbanização e seu efeito sobre o hidrograma e os níveis de inundação.

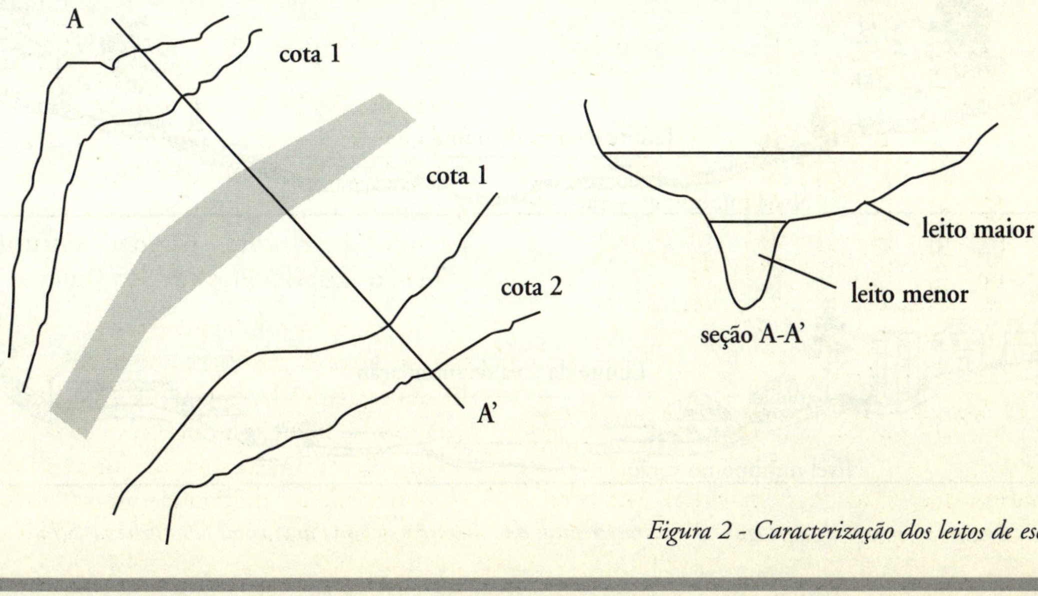

Figura 2 - Caracterização dos leitos de escoamento.

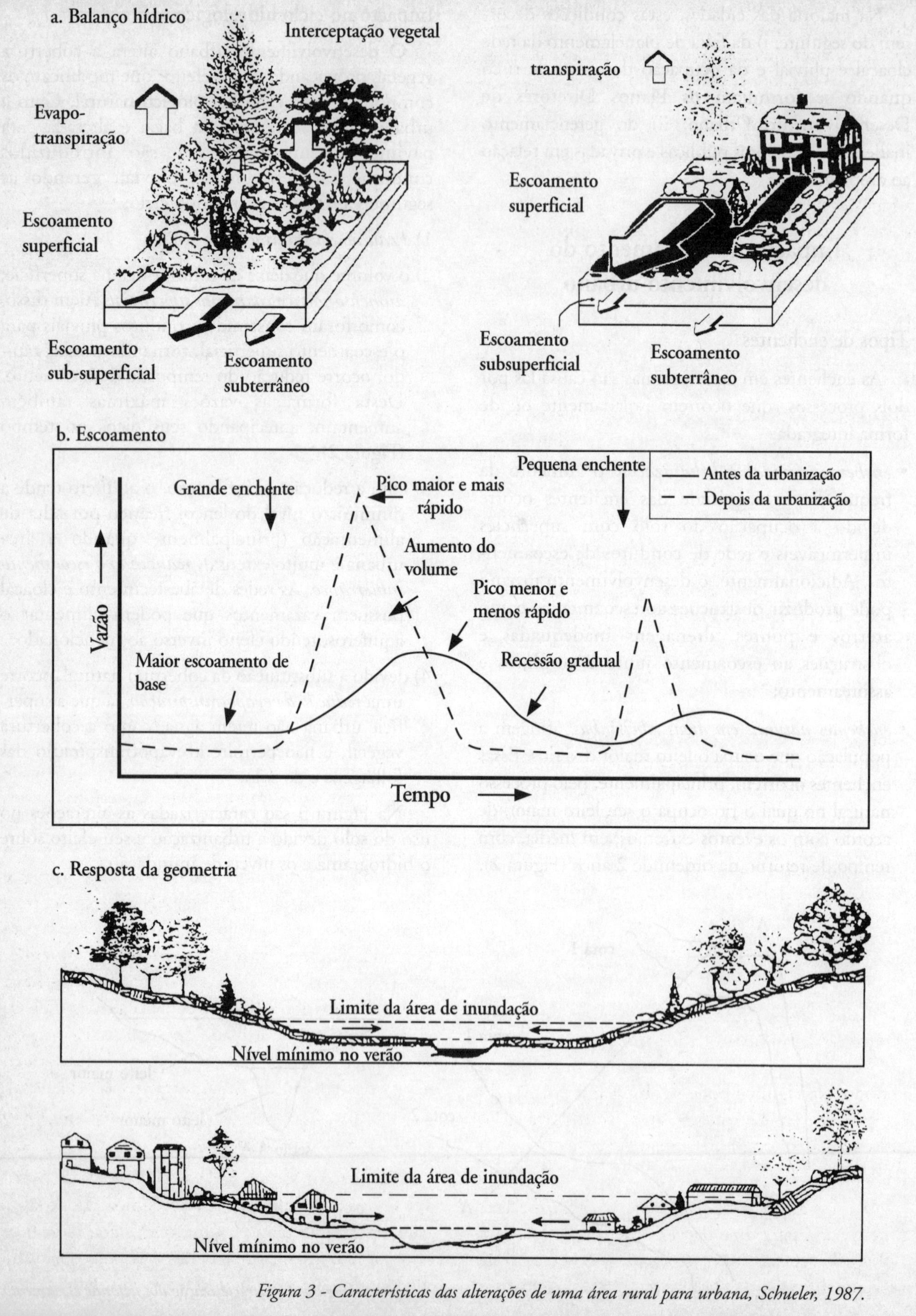

Figura 3 - Características das alterações de uma área rural para urbana, Schueler, 1987.

Estas são as principais alterações no balanço hídrico quantitativo. A proporção com que esses valores se alteram varia de acordo com as condições de cada localidade, em função do tipo de solo, cobertura, geologia, pluviosidade e clima. Na tabela 1, é apresentado um exemplo quantitativo para um clima temperado. Numa localidade onde a cobertura é rochosa e impermeável, provavelmente, as alterações relativas serão menores. No entanto, para bacias onde o escoamento superficial é insignificante o impacto poderá ser maior.

O impacto da urbanização é mais significativo para precipitações de maior freqüência, onde o efeito da infiltração é mais importante. Para precipitações de baixa freqüência (alto tempo de retorno), a relação entre as condições naturais e a urbanização são relativamente menores. A tendência é que, à medida que aumenta o risco, diminua a diferença relativa entre as vazões máximas pré-urbana e urbana. Para uma enchente de risco alto, a proporção da precipitação que infiltra sobre o total precipitado diminui, pois a infiltração tende a ser a mesma, independentemente da precipitação, já que esta é maior que a capacidade de infiltração. Como a rede de pluviais está dimensionada para riscos pequenos, ocorrem alagamentos que funcionam como amortecedores, também observados nas condições naturais das bacias.

Tabela 1 Variação do balanço hídrico com a urbanização num clima temperado, em % da precipitação total.

Elementos dos balanços	Pré-urbano	Urbano
	%	%
Evapotranspiração	40	25
Escoamento superficial	10	43
Escoamento subterrâneo	50	32
Total do escoamento	60	75

FONTE: OECD, 1986.

Yoshimoto e Suetsugi (1990) apresentaram resultados do aumento da urbanização numa bacia na vizinhança de Tóquio, durante um extenso período. Na Figura 4 pode-se observar a variação do tempo de concentração, área impermeável e hidrograma ao longo dos anos de desenvolvimento da bacia.

O impacto quantitativo sobre a vazão máxima foi estimado para uma bacia de 1 mi^2, por Leopold (1968). O referido autor estabeleceu o aumento da vazão média máxima de cheia com base no aumento

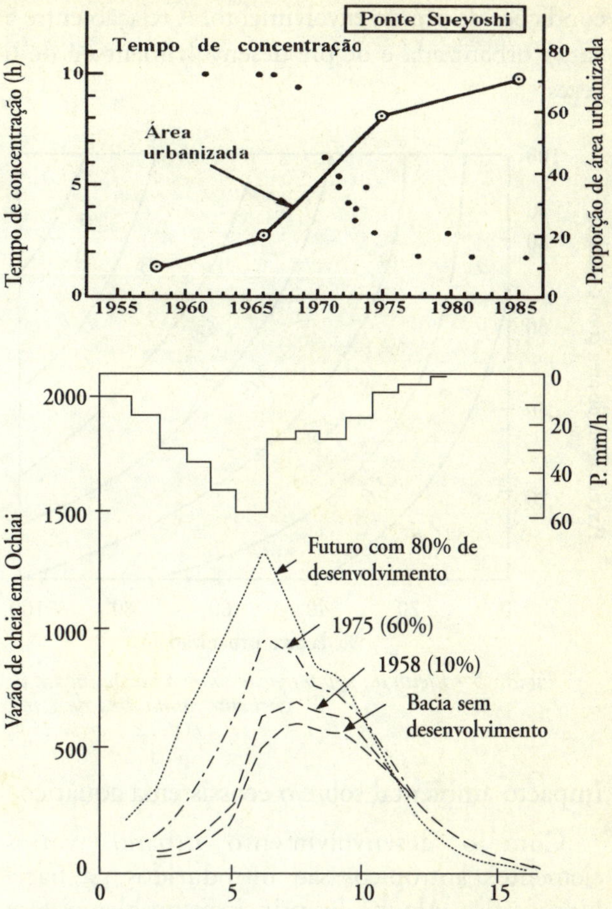

Figura 4 - Resultados da evolução urbana na bacia Tsurumi
FONTE: Yoshimoto e Suetsugi, 1990.

da percentagem de área impermeável e de condutos, conforme a Figura 5. Pode-se observar que o aumento da vazão máxima de uma bacia urbanizada pode chegar, para valores limites superiores, a seis vezes a vazão máxima natural. Para avaliar o impacto da urbanização na região metropolitana de Curitiba, Tucci (1997) utilizou os dados de bacias rurais e urbanas. Na Figura 6 é apresentada a relação entre a vazão média de enchente e a área da bacia para postos localizados no rio Iguaçu e seus afluentes. Nessa figura, o ponto que se distancia da tendência, na parte superior, se refere a bacia do rio Belém, com 42 km^2, 100% urbanizados, com cerca de 60% de áreas impermeáveis. Os dois pontos um pouco acima da reta são de duas outras bacias (Palmital, 7% e Atuba, 15% de áreas impermeáveis), que estão em processo de urbanização.

Nas demais bacias, pode-se considerar desprezível o nível da urbanização, se comparado com a bacia total. Utilizando a função ajustada com base nos rios não urbanizados, pode-se estimar qual seria a vazão média de cheia para o rio Belém, em condições de pré-desenvolvimento. A relação entre a vazão urbanizada e de pré-desenvolvimento é de 6 vezes.

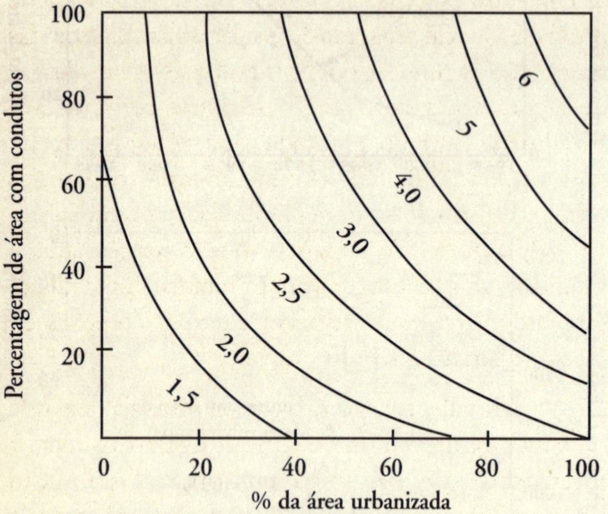

Figura 5 - Efeito da urbanização sobre a vazão média de enchente numa área de 1 mi²
FONTE: Leopold, 1968.

Impacto ambiental sobre o ecossistema aquático

Com o desenvolvimento urbano, vários elementos antrópicos são introduzidos na bacia hidrográfica. Alguns dos principais problemas são:

Aumento da Temperatura

As superfícies impermeáveis absorvem parte da energia solar, aumentando a temperatura ambiente, e produzindo *ilhas de calor* na parte central das cidades, onde predomina o concreto e o asfalto. O asfalto, devido à sua cor, absorve mais energia solar do que as superfícies naturais e o concreto. À medida que a sua superfície envelhece, tende a escurecer e aumentar a absorção de radiação solar.

Com isso, ocorre um aumento da emissão de radiação térmica, que volta para o ambiente, gerando o calor. A elevação da temperatura também cria condições de movimento de ar ascendente, podendo aumentar das precipitações. Silveira (1997) mostra que a parte central de Porto Alegre apresenta maior índice pluviométrico que a sua periferia, atribuindo essa tendência à urbanização. Como, na área urbana, as precipitações críticas de baixa duração são as mais intensas, esses condições contribuem para agravar as enchentes urbanas.

Aumento de Sedimentos e Material Sólido

Durante o desenvolvimento urbano, o aumento dos sedimentos produzidos pela bacia hidrográfica é significativo, devido à limpeza de terrenos para novos loteamentos, construção de ruas, avenidas e rodovias, entre outras causas. Na Figura 7 pode-se observar a tendência de produção de sedimentos de uma bacia, nos seus diferentes estágios de desenvolvimento.

As principais conseqüências ambientais da produção de sedimentos são:

1) assoreamento da drenagem, com redução da capacidade de escoamento de condutos, rios e lagos urbanos. A lagoa da Pampulha é um exemplo de

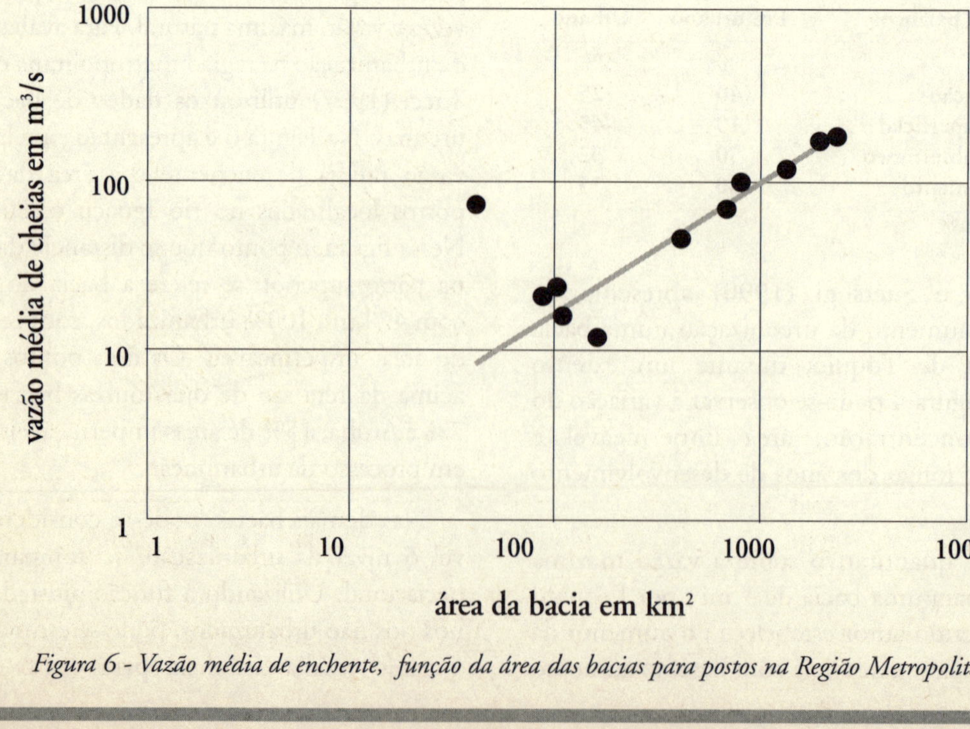

Figura 6 - Vazão média de enchente, função da área das bacias para postos na Região Metropolitana de Curitiba.

lago urbano que tem sido assoreado. O arroio Dilúvio, em Porto Alegre, devido à sua largura e pequena profundidade, durante as estiagens, tem depositado no canal a produção de sedimentos da bacia e criado vegetação, reduzindo a capacidade de escoamento durante as enchentes;

2) transporte de poluentes agregados ao sedimentos, que contaminam as águas pluviais.

À medida que a bacia é urbanizada e a densificação consolidada, a produção de sedimentos pode se reduzir (Figura 8), mas pode gerar um problema ainda mais grave, que é a produção de lixo. O lixo obstrui ainda mais a drenagem e cria piores condições ambientais. Esse problema somente é minimizado com a adequada freqüência da coleta e a educação da população, com a aplicação de multas pesadas.

Qualidade da Água Pluvial

A qualidade da água do pluvial não é melhor que a do efluente de um tratamento secundário. A quantidade de material suspenso na drenagem pluvial é superior à encontrada no esgoto *in natura*. Esse volume é mais significativo no início das enchentes.

Os esgotos podem ser combinados (cloacal e pluvial num mesmo conduto) ou separados (rede pluvial e cloacal separadas). No Brasil, a maioria das redes é do segundo tipo. Somente nas áreas antigas de algumas cidades existem sistemas combinados. Atualmente, devido à falta de capacidade financeira para ampliação da rede cloacal, algumas prefeituras têm permitido o uso da rede pluvial para transporte cloacal, o que pode ser uma solução inadequada, à medida que esse esgoto não é tratado. Além disso, este procedimento inviabiliza algumas soluções de controle quantitativo do pluvial.

A qualidade da água da rede de pluviais depende de vários fatores: limpeza urbana e sua freqüência; intensidade da precipitação e sua distribuição temporal e espacial; época do ano e tipo de uso da área urbana. Os principais indicadores da qualidade da água são os parâmetros que caracterizam a poluição orgânica e a quantidade de metais. Na Tabela 2, são apresentados os valores dos parâmetros típicos medidos para algumas cidades.

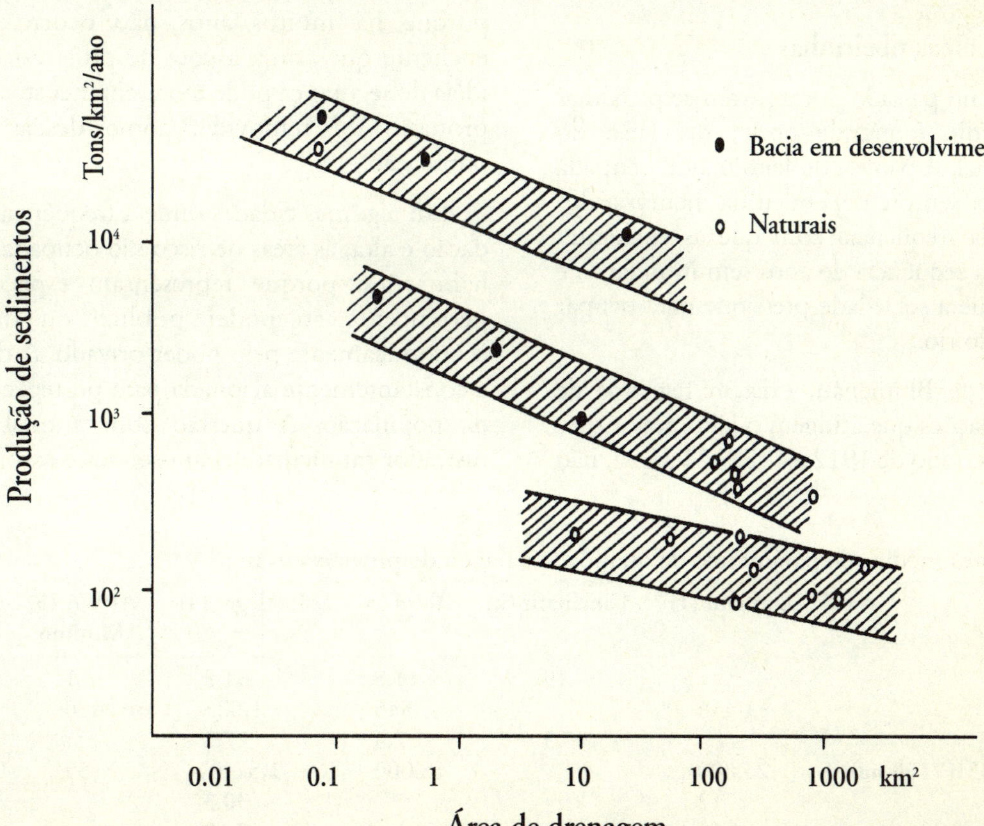

Figura 7 - Relação entre área de drenagem, produção de sedimentos e atividade de construção
FONTE: Wolman et alii, 1967.

Contaminação de aqüíferos

As principais condições de contaminação dos aquíferos urbanos são:

1) aterros sanitários contaminam as águas subterrâneas pelo processo natural de precipitação e infiltração. Deve-se evitar que sejam construídos aterros sanitários em áreas de recarga, procurando escolher superfícies com baixa permeabilidade. Os efeitos da contaminação nas águas subterrâneas devem ser examinados quando da escolha do local do aterro;
2) grande parte das cidades brasileiras utilizam fossas sépticas como destino final do esgoto. Este conjunto tende a contaminar uma parte superior do aqüífero. Essa contaminação pode comprometer o abastecimento urbano de água quando existe comunicação entre diferentes camadas dos aqüíferos através de percolação e de perfuração inadequada dos poços artesianos;
3) a rede de condutos pluviais pode contaminar o solo através de perdas de volume no seu transporte e até por entupimento de trechos da rede, que pressionam a água contaminada para fora do sistema de condutos.

Enchentes em áreas ribeirinhas

As cidades, no passado, localizavam-se próximas a rios de médio e grande porte, para uso do transporte fluvial. A parcela do leito maior, ocupada pela população, sempre dependeu da memória dos habitantes e da freqüência com que as enchentes ocorriam. Uma seqüência de anos sem inundação é motivo para que a sociedade pressione para ocupar o leito maior do rio.

Na cidade de Blumenau, existem registros de cotas de inundações que atingem o leito maior desde 1852. No período de 1912 a 1982 (71 anos), não ocorreu nenhuma enchente com cota superior a 13,00 m. Nos anos mencionados a seguir, ocorreram cotas muito superiores à mencionada: em 1852, 16,50 m; em 1880, 17,10 m; em 1911, 16,90 m (71 anos); 1983, 15,34 m e, em 1984, 15,50m. No período de baixas enchentes, houve grande ocupação do vale de inundação, o que resultou em significativos prejuízos com a enchente de 1983, representando 16% do PIB de Santa Catarina na época. A Cia. Hering, fundada no ano da maior enchente, 1880, manteve na memória o nível dessa enchente (17,10 m), e sempre buscou espaços em cotas acima da mencionada, não sofrendo com as inundações posteriores. As informações sobre as enchentes existem, mas é necessário utilizá-las tecnicamente para o planejamento da cidade.

Outro exemplo é a cidade de Porto Alegre. A grande enchente deste século foi em 1941, e atingiu grande parte do centro da cidade e algumas áreas ribeirinhas. Em 1967, ocorreu uma enchente de menor porte, mas, depois dessa data, não houve nenhuma cheia importante. Na década de 70, foi construído um sistema de diques de proteção para a cidade. A necessidade desse sistema vem sendo questionada por parte significativa da população, porque há muitos anos não ocorre nenhuma enchente que atinja a cota de proteção. Essa falsa idéia de segurança pode representar custos altos, se a proteção for removida, como deseja parte da população.

Em algumas cidades onde a freqüência de inundação é alta, as áreas de risco são ocupadas por subhabitações, porque representam espaço urbano pertencente ao poder público ou desprezado economicamente pelo poder privado. A defesa civil é constantemente acionada para proteger essa parte da população. A questão com a qual o administrador municipal depara-se, nesse caso, é que, ao

Tabela 2 - Valores médios de parâmetros de qualidade da água de pluviais em mg/l

Parâmetro	Durham (1)	Cincinatti (2)	Tulsa (3)	P. Alegre (4)	APWA (5) Mínimo	Máximo
DBO		19	11,8	31,8	1	700
Sólidos totais	1.440		545	1.523	450	14.600
PH		7,5	7,4	7,2		
Coliformes (NMP/100 ml)	23.000		18.000	$1{,}5x10^7$	55	$11{,}2x10^7$
Ferro	12			30,3		
Chumbo	0,46			0,19		
Amônia		0,4		1,0		

1.Colson (1974); 2 – Weibel et alii (1964); 3 – AVCO (1970), 4 – Ide (1984); 5 – APWA (1969).

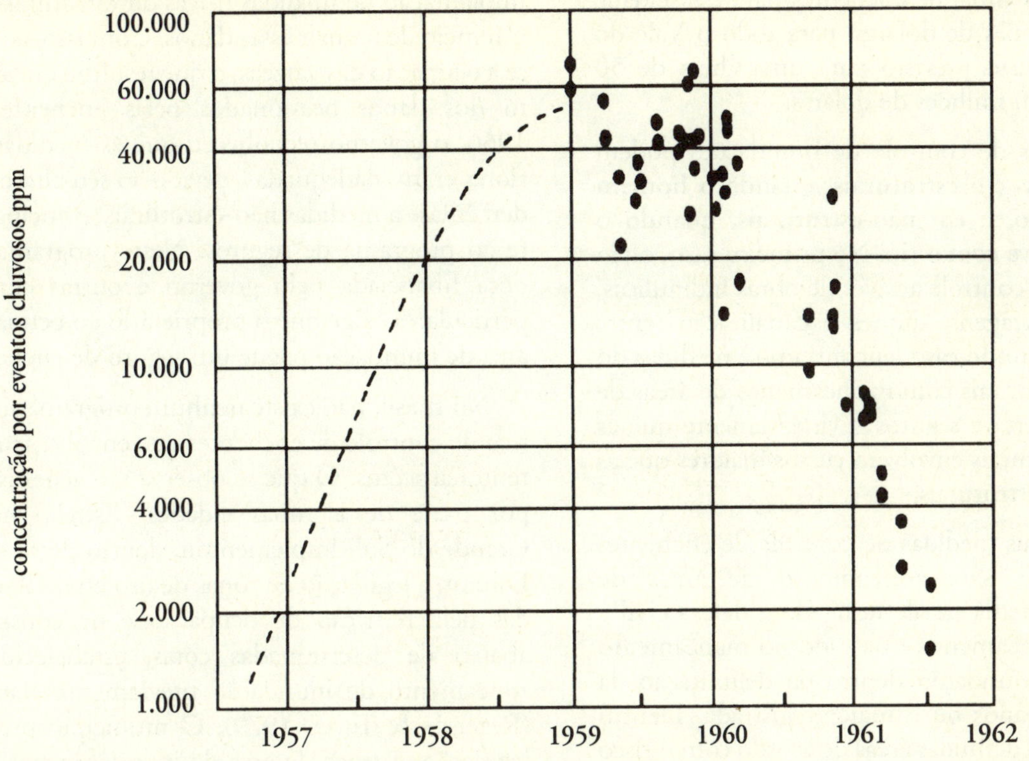

1957 - Início das construções
1959 - Máxima atividade nas construções
1961 - Final das atividades das construções

Figura 8 - Variação da produção de sedimentos em decorrêmcia do desenvolvimento urbano
FONTE: Dawdy, 1967.

transferir essa população para uma área segura, outros vão se alojar no mesmo lugar, como resultado das dificuldades econômicas e das diferenças sociais.

Devido a tais impactos, a população pressiona seus dirigentes para que busquem soluções estruturais, como canalização, barragens, diques etc. Essas obras, em geral, têm um custo que os municípios e, muitas vezes, os estados, não têm condições de arcar. Até 1990, o DNOS – Departamento Nacional de Obras e Saneamento –, em nível federal, atendia parte desses problemas. Com a criação da Secretaria de Recursos Hídricos no governo atual, provavelmente, essa atribuição ficou a cargo desta entidade, pois o artigo 21 da Constituição, diz que "*compete à União*" e, no inciso 28, "*planejar e promover a defesa permanente contra as calamidades públicas, especialmente as secas e as inundações*".

As administrações estaduais, em geral, não estão preparadas técnica e financeiramente para planejar e controlar esses impactos, já que os recursos hídricos são, normalmente, tratados de forma setorizada (energia elétrica, abastecimento urbano e tratamento de esgoto, irrigação e navegação), sem que haja maior interação na administração e seu controle. A regulamentação do impacto ambiental envolve o controle da ação do homem sobre o meio ambiente e não a prevenção e controle de enchentes. Os municípios foram pressionados a estabelecerem o Plano Diretor Urbano, o qual, na sua quase totalidade, não contempla os aspectos de prevenção contra a ocupação dos espaços de risco de enchentes. Observa-se que os Planos Diretores já tratam de aspectos de preservação ambiental do espaço, disseminados pela divulgação da proteção ambiental, mas, por falta de conhecimento e orientação, não se observa nenhum dispositivo de prevenção da ocupação das áreas de risco de enchentes.

O prejuízo médio de inundação, nos Estados Unidos, chegou a cerca de 7 bilhões de dólares anuais (estimativa de 1983, Hudlow et alii, apud NRC, 1991). No Brasil, são raros os estudos que quantificam esse impacto. JICA (1988) estimou em

7% do valor de todas as propriedades de Blumenau o custo médio anual de enchentes para essa cidade e, em 22 milhões de dólares, para todo o Vale do Itajaí. O prejuízo previsto para uma cheia de 50 anos foi de 250 milhões de dólares.

As medidas de controle de inundações podem ser classificadas em **estruturais, quando o homem modifica o rio,** e em **não-estruturais, quando o homem convive com o rio.** No primeiro caso, estão as medidas de controle através de obras hidráulicas, tais como barragens, diques e canalização, entre outras. No segundo caso, encontram-se medidas do tipo preventivo, tais como zoneamento de áreas de inundação, alerta e seguros. Evidentemente que as medidas estruturais envolvem custos maiores que as medidas não-estruturais.

As principais medidas de controle de enchentes não-estruturais são: zoneamento de áreas de inundação, sistema de alerta ligado à defesa civil e seguros. O zoneamento é baseado no mapeamento das áreas de inundação dentro da delimitação da cheia de 100 anos ou a maior registrada. Dentro dessa faixa, são definidas áreas de acordo com o risco e com a capacidade hidráulica de interferir nas cotas de cheia à montante e à jusante. A regulamentação depende das características de escoamento, topografia e tipo de ocupação dessas faixas. O zoneamento é incorporado pelo Plano Diretor Urbano e regulamentado por legislação municipal específica ou pelo Código de Obras. Para as áreas já ocupadas, o zoneamento pode estabelecer um programa de transferência da população e/ou convivência com os eventos mais freqüentes. O sistema de alerta tem a função de prevenir, com antecedência de curto prazo, reduzindo os prejuízos, pela remoção, dentro da antecipação permitida. Além disso, o sistema de alerta é fundamental para os eventos que atingem raramente as cotas maiores, quando as pessoas sentem-se seguras.

A solução ideal deve ser definida para cada caso, em função das características do rio, do benefício da redução das enchentes e dos aspectos sociais de seu impacto. Certamente, para cada situação, medidas estruturais e não-estruturais podem ser combinadas para uma melhor solução. De qualquer forma, o processo de controle inicia pela regulamentação do uso do solo urbano, através de um plano diretor que contemple as enchentes.

Em 1936, nos Estados Unidos, foi aprovada uma legislação, em nível federal, sobre o controle de enchentes, que identificava a natureza pública dos programas de redução de enchentes e caracterizava a implantação de medidas físicas ou estruturais como um meio de reduzir esses danos. Com isso, acelerou-se a ocupação das várzeas, o que resultou em aumento dos danos ocasionados pelas enchentes. Em 1966, o governo reconheceu que as medidas anteriores eram inadequadas, devido ao seu alto custo, e deu ênfase a medidas não-estruturais, principalmente ao programa de seguros. Neste programa, toda obra financiada pelo governo e outras entidades particulares exige que o proprietário ao ocupar uma área de inundação pague um seguro de enchentes.

No Brasil, não existe nenhum programa sistemático de controle de enchentes que envolva seus diferentes aspectos. O que se observa são ações isoladas por parte de algumas cidades. Estrela, no Rio Grande do Sul, implementou, dentro de seu Plano Diretor, a legislação de zonas de uso especial, definidas pela restrição de ocupação e de construções abaixo de determinadas cotas, estabelecidas no zoneamento de inundação previamente elaborado (Rezende & Tucci, 1979). O município prevê, na legislação, a troca de área de inundação por índice de ocupação em zonas valorizadas, como uma forma de adquirir áreas de risco para uso público. O DAEE (1990), com o apoio de várias Associações ligadas a Recursos Naturais, desenvolveu recomendações para artigos da seção de Recursos Hídricos nas leis orgânicas dos municípios, onde, no art. 2, inciso IV, é prescrito que se deve " *proceder ao zoneamento das áreas sujeitas a riscos de inundações,..*" e, no inciso VI, é recomendado o seguinte: " *implantar sistema de alerta e defesa civil, para garantir a saúde e segurança públicas, quando de eventos hidrológicos indesejáveis*".

Como se observa, não existe nenhum programa sistemático, em qualquer nível, para controle da ocupação das áreas de risco de inundação no Brasil. Há, apenas, ações isoladas de alguns poucos profissionais. Em geral, o atendimento à enchente somente é realizado depois de sua ocorrência. A tendência é que o problema fique no esquecimento após cada enchente, retornando na seguinte. Isso se deve a vários fatores, entre os quais estão os seguintes:

- falta de conhecimento sobre controle de enchentes por parte dos planejadores urbanos;
- desorganização, nos níveis federal e estadual, sobre controle de enchentes;
- pouca informação técnica sobre o assunto, em

nível de graduação na Engenharia;

- o desgaste político para o administrador público, resultante do controle não-estrutural (zoneamento), já que a população está sempre esperando uma obra hidráulica;
- falta de educação da população sobre controle de enchentes.

Mananciais urbanos

Os mananciais urbanos são as fontes disponíveis de água, nos quais a população pode ser abastecida em suas necessidades. O manancial deve possuir quantidade e qualidade de água adequada ao seu uso. O uso mais nobre é o consumo de água pela população, o chamado consumo doméstico.

O desenvolvimento urbano envolve duas atividades conflitantes: aumento da demanda de água, com qualidade, e a degradação dos mananciais urbanos por contaminação dos resíduos urbanos e industriais.

A tendência do desenvolvimento urbano é contaminar a rede de escoamento superficial com despejos de esgotos cloacais e pluviais, inviabilizando o manancial e exigindo novos projetos de captação de áreas mais distantes, não-contaminadas, ou o uso de tratamento de água e esgoto mais intensivo, o que envolve custos maiores.

Nesse capítulo, são destacados os aspectos da bacia hidrográfica que envolve o manancial de abastecimento, já que em outro capítulo são abordados os aspectos referentes ao abastecimento (adução, tratamento e distribuição) e esgoto (coleta, tratamento e despejo), além do lixo urbano.

Caracterização dos mananciais urbanos

Os principais mananciais de suprimento de água de uma população são:

- águas superficiais
- águas subterrâneas

Águas superficiais são encontradas na rede de rios da bacia hidrográfica onde a população se desenvolve. Uma seção de um rio define a sua *bacia hidrográfica*. Essa bacia é a área definida pela topografia superficial em que, a chuva ali precipitada, potencialmente contribui com escoamento pela seção que a define. A vazão de um rio varia muito ao longo do ano, portanto, é necessário conhecer essa variabilidade para melhor definir a disponibilidade natural do rio no atendimento da demanda.

A disponibilidade hídrica depende da capacidade de regularização natural do rio ao longo do ano. Poderá existir um parcela do ano em que o rio não atenderá a demanda, sendo necessário regularizar a vazão através de um reservatório. A capacidade máxima de regularização de um reservatório é a vazão média de longo período da bacia, estimada pela média das médias anuais.

A disponibilidade hídrica de uma bacia é avaliada com base na série hidrológica de vazões afluentes através da sua distribuição estatística temporal. Essas vazões dependem das características da precipitação, evapotranspiração (total, variabilidade temporal e espacial) e da superfície do solo, que são os condicionantes naturais.

As funções estatísticas hidrológicas mais utilizadas para avaliação da disponibilidade hídrica são a *curva de permanência e a curva de regularização.* A curva de permanência relaciona a probabilidade de que uma vazão seja maior ou igual durante o ano (ou do período da série). Na Figura 9, a vazão de Q_{75} indica que neste rio 75% das vazões são maiores ou iguais a esse valor. A curva de regularização relaciona vazão, volume necessário para regularizar a referida vazão e o nível de probabilidade da relação (Figura 10).

Geralmente, a demanda urbana pode ser atendida por pequenas bacias hidrográficas. Na região Sul e Sudeste do Brasil, as pequenas bacias (< 500 km^2) têm vazão específica entre 15 e 25 $l/s.km^2$. A demanda usual de cidades médias e grandes é de 200 l/ha.dia. Dessa forma, considerando um valor médio para o intervalo acima, e que seja possível regularizar 70% da média, 1 km^2 poderia abastecer cerca de 6.000 pessoas. Quando o atendimento da demanda é realizado a partir de grandes mananciais, o risco de atendimento, quanto à quantidade, é muito pequeno e pode ser realizado, usualmente, sem regularização.

Águas subterrâneas: são a maior reserva de água doce do globo. Os aqüíferos, onde ficam esses reservatórios, podem ser confinados ou não-confinados. Os primeiros, devido à formação geológica, possuem pressão superior à atmosférica e são alimentados por recargas, em cotas superiores ao ponto de captação. Nos aqüíferos não-confinados, a água não está sob pressão e pode ser alimentada pelo

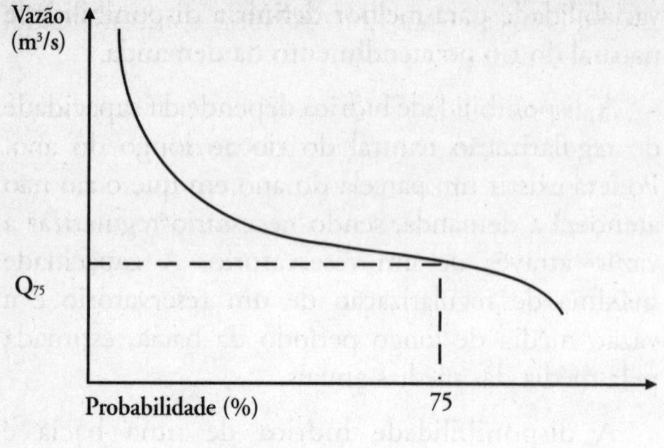

Figura 9 - Curva de permanência de vazões.

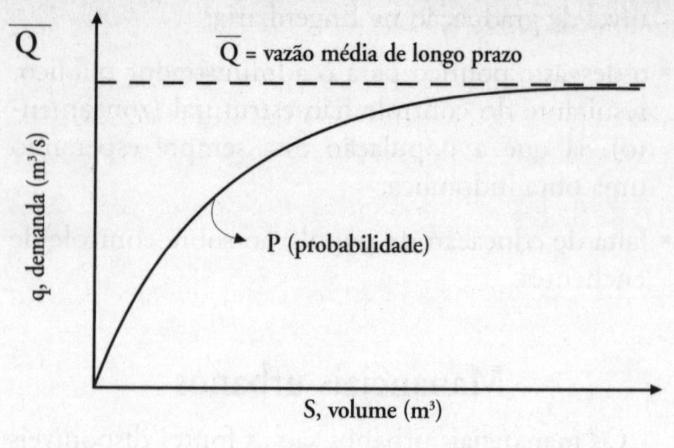

Figura 10 - Curva de Regularização

fluxo local (da mesma forma que pode ser contaminada). A grande variabilidade das condições de solo e geologia fazem com que a capacidade de armazenamento das águas subterrâneas dependa dessas condições, tanto para a sua exploração, quanto para atendimento do abastecimento.

No Rio Grande do Sul, por exemplo, na província hidrogeológica do *Planalto,* existem 80% de chance de que a vazão de um poço seja maior que 2,2 m³/h, enquanto que na província hidrogeológica do *Botucatu Sotoposto ao Basalto a Leste,* essa vazão é 6,7 m³/h. No primeiro caso, seria possível atender 264 pessoas por dia e, no segundo, 804. Existem regiões em que o subsolo é composto apenas por rochas, onde a água escoa apenas pelas fraturas e a disponibilidade é muito baixa.

A vantagem do manancial subterrâneo tem sido a capacidade de atendimento distribuído através de poços, no entanto, no Brasil essa alternativa não tem sido usual para o atendimento a grandes comunidades, devido à demanda alta.

Usualmente, o abastecimento através de água subterrânea tem sido realizado para comunidades menores e distribuídas espacialmente. Essas condições dependem da capacidade de exploração das águas subterrâneas e da contaminação dos aqüíferos.

Contaminação dos mananciais

A contaminação das fontes de mananciais ocorre devida ao desenvolvimento urbano e rural, da seguinte forma:

Esgotos domésticos e industriais: são a principal fonte de contaminação dos mananciais urbanos.

A contaminação das águas subterrâneas ocorre, principalmente, devido ao seguinte:

1) o desenvolvimento da maioria das cidades é realizado com uso de fossa séptica, que contamina o lençol freático, portanto, a tendência é que as águas subterrâneas não-confinadas sejam contaminadas.

2) contamina os aqüíferos confinados, que potencialmente deveriam possuir a melhor qualidade de água, através da perfuração de poços sem cuidados específicos para evitar a ligação entre as camadas do sub-solo;

3) a localização dos depósitos de lixo contamina o aqüífero pela lixiviação dos períodos chuvosos. A localização desses depósitos deve ser cuidadosa, evitando-se áreas de recarga, e seu efluente controlado;

4) o vazamento de rede de esgotos cloacais e pluviais tende a contaminar o aqüífero com o despejo de poluentes provenientes dessas fontes;

5) a contaminação de áreas de recarga;

6) uso de produtos fertilizantes e pesticidas na agricultura, que podem contaminar as águas subterrâneas, após algumas colheitas;

7) despejo de resíduos de cargas industriais sobre áreas de recarga, para depuração de efluentes desse tipo, tende a contaminar águas subterrâneas.

Existe a tendência de utilizar a terminologia "poços artesianos" para poços profundos, mesmo que não-confinados, o que leva à falsa idéia de que estão protegidos contra contaminação. No entanto, mesmo em camadas muito profundas e com baixa percolação, os mananciais podem ser contaminados, após um período longo. Portanto, o monitoramento da qualidade das águas de poços deve ser realizado freqüentemente.

A contaminação das águas superficiais, caracterizada pelos rios urbanos ou que atravessam cidades, ocorre por:

1) despejos de poluentes dos esgotos cloacais domésticos ou industriais;
2) despejos de esgotos pluviais agregados com lixo urbano;
3) escoamento superficial que drena áreas agrícolas tratadas com pesticidas ou outros compostos;
4) drenagem de água subterrânea contaminada que chega ao rio.

Proteção dos mananciais urbanos

Legislação

A Resolução nº 20, de 18/6/86, do Conselho Nacional de Meio Ambiente (CONAMA), classifica as águas doces, salobras e salinas do País. A classificação se baseia fundamentalmente no uso da água. Na Tabela 3 são apresentadas as classes e usos e, na Tabela 4, as condições quanto aos parâmetros de qualidade da água para a classe 2.

A lei n. 8935, de 7/3/89, dispõe sobre os requisitos mínimos para águas provenientes de bacias de mananciais, destinadas ao abastecimento público. Estabelece que os requisitos mínimos devem estar enquadrados na Classe 2 e estabelece como atividades proibidas na bacia:

- industriais: fecularia de mandioca ou álcool, indústrias metalúrgicas que trabalhem com metais tóxicos, galvanoplastia, indústrias químicas em geral, matadouros, artefatos de amianto, processadoras de material radiativo;
- hospitalares: hospitais, sanatórios e leprosários;
- depósitos de lixo;
- parcelamento de solo de alta densidade: lotes, desmembramento, conjuntos habitacionais.

Gerenciamento de bacias de mananciais

As cidades que utilizam intensamente a água, como fonte de vida e desenvolvimento, devem ter um plano básico de controle e preservação de seus mananciais de suprimento tanto para o cenário atual, quanto a médio e longo prazo. A seguir descrevemos alguns dos elementos essenciais para o gerenciamento dessas bacias.

Aspectos institucionais. Para a maioria das cidades, os mananciais representam bacias pequenas ou aqüíferos de pequena extensão, onde a ação envolve o município ou no máximo o estado. As exceções são as regiões metropolitanas, onde a demanda geralmente exige grandes mananciais. O controle sobre a ocupação e a preservação dos mananciais é um processo que deverá, cada vez mais,

Tabela 3 - Classificação segundo normas do CONAMA.

Classe	Uso
Especial	• abastecimento doméstico sem prévia ou com simples desinfecção • preservação do equilíbrio natural das comunidades aquáticas
Classe 1	• abastecimento doméstico após tratamento simplificado • proteção das comunidades aquáticas • recreação de contato primário (natação, esqui aquático e mergulho) • irrigação de hortaliças, que são consumidas cruas, ou de frutas que se desenvolvem rente ao solo ou que sejam ingeridas cruas, sem remoção de películas • criação natural e/ou intensiva (aquicultura de espécimes destinadas à alimentação humana
Classe 2	• abastecimento doméstico, após tratamento convencional • proteção das comunidades aquáticas • recreação de contanto primário (natação, esqui aquático e mergulho) • irrigação de hortaliças e plantas frutíferas • criação natural e/ou intensiva (aqüicultura de espécimes destinadas à alimentação humana)
Classe 3	• abastecimento doméstico após tratamento convencional • irrigação de culturas arbóreas, cerealíferas e forrageiras • dessedentação de animais
Classe 4	• navegação • harmonia paisagística • usos menos exigentes

FONTE: CONAMA,1986.

ficar sob a responsabilidade dos municípios onde a própria ação predatória se inicia. Apenas nas bacias intermunicipais, a tendência será de controle estadual, do comitê de bacia ou mesmo do consórcio de municípios.

Planejamento e preservação de mananciais. Os estudos necessários ao planejamento e controle dos mananciais envolvem:

1) *seleção de potenciais mananciais*: bacias ou aqüíferos inseridos em bacias: considerando os custos dos aproveitamentos, ocupação das bacias e viabilidade de preservação são selecionadas as principais alternativas de mananciais;
2) *avaliação da disponibilidade dos mananciais*: os mananciais são quantificados quanto ao atendimento da demanda atual e cenários futuros do desenvolvimento da comunidade, verificando a necessidade de regularização e os custos envolvidos;
3) *ocupação da bacia e potenciais poluentes*: identificação dos usos atuais e propostos para as bacias dos mananciais, identificando fontes potenciais de poluentes com as cargas atuais e projetadas para os cenários;
4) *quantificação atual e potencial da qualidade da água dos mananciais:* com base nas fontes atuais e potenciais, é estimada a qualidade da água dos mananciais;
5) *seleção dos mananciais*: com base na qualidade potencial dos mananciais, no desenvolvimento urbano previsto, nos custos e na capacidade de controle da ocupação da bacia são selecionados os mananciais para a cidade;
6) *definição do programa de controle do uso do espaço e preservação da bacia:* um programa de conservação da bacia deve ser elaborado, visando preservar as condições de qualidade e quantidade da água, como fonte de manancial. Esse programa poderá conter: ocupação pública de áreas, através de parques, incentivos com impostos de áreas preservadas, reflorestamentos, agricultura sem uso de defensivos químicos, entre outros;
7) *projeto de aproveitamento da água:* Desenvolvimento do projeto de aproveitamento do manancial, dentro dos estágios de desenvolvimento e uso da comunidade;
8) *programa sistemático de monitoramento da qualidade da água nos mananciais selecionados*: Monitoramento da quantidade e da qualidade da água em locais estratégicos para acompanhamento de qualquer alteração que eventualmente possa ocorrer;
9) *mecanismos de controle institucionais da preservação das bacias mananciais:* legislação estadual ou municipal específica de preservação dos mananciais selecionados.
10) *controle do espaço:* o monitoramento do espaço da bacia é essencial devido ao grande número de invasões e loteamentos clandestinos que ocorrem nas cidades brasileiras. Esse processo somente é possível com um forte investimento na educação ambiental da população do município.

Controle do impacto da urbanização

Princípios

Os princípios básicos do controle de enchentes, tanto devido às enchentes naturais da várzea como às causadas pela urbanização, são os seguintes (Tucci & Genz, 1995):

A bacia como sistema: um Plano de Controle de Enchentes de uma cidade ou região metropolitana deve contemplar as bacias hidrográficas sobre as quais a urbanização se desenvolve. As medidas não podem reduzir o impacto de uma área em detrimento de outra, ou seja os impactos de quaisquer medidas não devem ser transferidos.

As medidas de controle no conjunto da bacia: o controle de enchentes envolve medidas estruturais e não-estruturais, que dificilmente estão desassociadas. As medidas estruturais envolvem custos que a maioria das cidades não pode arcar. Além disso, resolvem somente problemas específicos e localizados, sem criar um programa para toda a bacia ou região urbana de interesse. Isso não significa que este tipo de medida é totalmente descartável. A política de controle de enchentes certamente poderá chegar a soluções estruturais para alguns locais, mas dentro da visão de conjunto de toda a bacia, onde as mesmas estão racionalmente integradas com outras medidas preventivas (não-estruturais) e compatibilizadas com o desenvolvimento urbano.

Os meios : os meios de implantação do controle de enchentes são o Plano Diretor Urbano, que estabelece as linhas principais; a Legislação Municipal/Estadual, responsável pelo controle; e o

Manual de Drenagem, que estabelece as normas.

O horizonte de expansão: depois que a bacia ou parte da mesma estiver ocupada, dificilmente o poder público conseguirá responsabilizar aqueles que estiverem ampliando a cheia, portanto, se a ação pública não for realizada preventivamente, através do gerenciamento, as conseqüências econômicas e sociais futuras serão muito mais sérias para todo o município. O Plano Diretor Urbano deve contemplar o planejamento das áreas a serem desenvolvidas e a densificação das áreas atualmente loteadas.

O critério fundamental de não ampliar a cheia natural: a cheia natural não deve ser ampliada pelos que ocupam a bacia, tanto num simples loteamento, como nas obras existentes no ambiente urbano. Isso se aplica a aterros urbanos, construção de pontes, rodovias e, fundamentalmente, impermeabilização dos loteamentos. O princípio é que, nenhum usuário urbano amplie a cheia natural.

O controle permanente: o controle de enchentes é um processo permanente, não basta estabelecer regulamentos e construir obras de proteção, é necessário estar atento às potenciais violações da legislação e à expansão da ocupação do solo nas áreas de risco. Portanto, recomenda-se que:

- nenhum espaço de risco deve ser desapropriado, se não houver uma imediata ocupação pública que evite a sua invasão;
- a comunidade deve ter uma participação ativa, seja definindo seus anseios, participando dos planos e de sua execução, ou obedecendo as medidas de controle das enchentes.

A educação: a educação da população e dos administradores públicos, assim como a de profissionais – engenheiros, arquitetos, agrônomos e geó-

Tabela 4 - Limites dos parâmetros de qualidade da água para Classe 2.

Parâmetro de qualidade da água	Características limites
DBO5 a 20*C (mg/l)	5
OD (mg/l)	≥ 5 em qualquer amostra
Ph	6 a 9
Amônia (mg/l)	≤ 0,02
Arsênio (mg/l)	≤ 0,05
Benzeno (mg/l)	≤ 0,01
Cádmio (mg/l)	≤ 0,001
Cianetos (mg/)	≤ 0,01
Chumbo (mg/l)	≤ 0,03
Cloretos (mg/l)	≤ 250
Cobre (mg/l)	≤ 0,02
Cromo Hex (mg/l)	≤ 0,05
índice de Fenóis (mg/l)	≤ 0,01
Fosfato total (mg/l)	≤ 0,025
Ferro solúvel (mg/l)	≤ 0,3
Mercúrio (mg/l)	≤ 0,0002
Nitrato (mg/l)	≤ 10
Sólidos dissolvidos totais (mg/l)	≤ 500
Sulfetos (mg/l)	≤ 0,002
DDT (*g/l)	≤ 0,002
Aldrin (*g/l)	≤ 0,01
Paration (*g/l)	≤ 0,04
Coliformes fecais /100ml	≤ 1.000 ou pelo menos 80% de um mínimo de cinco amostras mensais colhidas em qualquer mês
cor mg Pt/l	≤ 75
Turbidez UNT	≤ 100
	ausência de corantes artificiais, que não sejam removíveis por processos de coagulação, sedimentação e filtragem convencionais
	ausência de materiais flutuantes, inclusive espumas não-naturais
	ausência de óleos e graxas
	ausência de substâncias que comuniquem gosto ou odor
	ausências de substâncias que formem depósitos objetáveis

FONTE: CONAMA,1986.

logos, entre outros – é fundamental para que as decisões que envolvem toda a comunidade sejam tomadas conscientemente.

A administração: a administração da manutenção e controle é um processo local e depende dos municípios, através da aprovação de projetos de loteamentos, obras públicas e drenagens. Os aspectos ambientais são também verificados na implantação da rede de drenagem.

Controle de cheias nas áreas ribeirinhas

As medidas para controle da inundação podem ser do tipo estrutural e não-estrutural. As medidas estruturais são aquelas que *modificam o sistema fluvial* evitando os prejuízos decorrentes das enchentes, enquanto que as medidas não-estruturais são aquelas em que os prejuízos são reduzidos *pela melhor convivência da população com as enchentes.* O controle de enchentes pode ser obtido pela combinação destas medidas ou isoladamente por uma delas.

Medidas estruturais

As medidas estruturais são obras de engenharia implementadas para reduzir o risco das enchentes. Essas medidas podem ser extensivas ou intensivas. As medidas extensivas são aquelas que agem na bacia, procurando modificar a relação entre precipitação e vazão, como a alteração da cobertura vegetal do solo, que reduz e retarda os picos de enchentes e controla a erosão da bacia. As medidas intensivas são aquelas que agem no rio e podem ser de três tipos (Simons et alii, 1977): i) aceleram o escoamento: construção de diques e polders, aumento da capacidade de descarga dos rios e corte de meandros; ii) retardam o escoamento: reservatórios e as bacias de amortecimento; iii) desvio do escoamento: são obras como canais e desvios.

Estas medidas são as que vêm sendo utilizadas na engenharia, com custos muito altos. Não são apresentadas nesse texto, já que podem ser encontradas em vários livros de hidráulica.

Medidas não-estruturais

As medidas não-estruturais não oferecem uma proteção completa, que exigiria procedimentos contra a maior enchente possível. Esta proteção é física e economicamente inviável, na maioria das situações. A medida estrutural pode criar uma falsa sensação de segurança, permitindo a ampliação da ocupação das áreas inundáveis, o que, futuramente, pode resultar em danos significativos. As medidas não-estruturais, podem minimizar significativamente os prejuízos, com um custo menor. O custo de proteção de uma área inundada utilizando-se medidas estruturais, geralmente, é superior ao de medidas não-estruturais.

As principais medidas não-estruturais são as seguintes:

- instalação de vedação temporária ou permanente nas aberturas das estruturas;
- elevação de estruturas existentes;
- construção de novas estruturas sob pilotis;
- construção de pequenas paredes ou diques circundando a estrutura;
- relocação ou proteção de artigos que possam ser danificados dentro de uma estrutura existente;
- uso de material resistente a água;
- regulamentação da ocupação da área de inundação por cercamento;
- regulamentação do loteamento e código de construção;
- compra de áreas de inundação;
- seguro de inundação;
- previsão de cheia e plano de evacuação;
- incentivos fiscais para uso prudente da área de inundação;
- política de desenvolvimento adequada ao município, evitando prejuízos da inundação.

Zoneamento

Para definição do zoneamento é necessário preparar um *mapa de inundação.* O mapa de inundação é composto de linhas que indicam as áreas atingidas para um determinado risco de inundação. Para construção do mapa e planejamento da ocupação, pode-se utilizar a seguinte seqüência:

1) as cotas para vários tempos de retorno, na seção do rio junto à cidade, são determinadas com base na curva de probabilidade de vazão máxima e transformadas em cotas através da curva de descarga;
2) para cada tempo de retorno (vazão) é determinada a linha de água ao longo da cidade, através do cálculo de remanso;
3) o tempo de retorno é escolhido;

4) para cada seção do posto fluviométrico, é calculada a cota correspondente;

5) utilizando a declividade da linha de água, são determinados os níveis das outras seções ao longo do eixo do rio, dentro da cidade;

6) prolongue a linha da seção do rio, até encontrar a cota topográfica correspondente na margem;

7) os pontos marcados nas margens ao serem ligados, definem a curva correspondente ao tempo de retorno.

O zoneamento é a definição de um conjunto de regras para a ocupação das áreas de maior risco de inundação, visando a minimização de futuras materiais e humanas, em face das cheias.

O *Water Resources Council* (1971) definiu zoneamento por "Zoneamento envolve a divisão de unidades governamentais em distritos e a regulamentação dentro desses distritos de: (a) usos de estruturas e da terra; (b) altura e volume das estruturas; (c) o tamanho e densidade de uso."

O risco de ocorrência de inundação varia com a respectiva cota da várzea, como foi apresentado anteriormente. A delimitação dos distritos do zoneamento depende das cotas altimétricas. O rio possui um ou mais leitos. O leito menor corresponde a seção do escoamento em regime de níveis médios ou de cheias pequenas. Esse leito menor costuma ser definido naturalmente pela média das enchentes (tempo de retorno de cerca de 2 anos). O leito maior é a várzea que sofre inundações com risco superior a 2 anos e tem sido delimitada na cota superior pela cheia de 100 anos.

Para o zoneamento, a seção do rio pode ser dividida em três partes principais:

1) **zona de passagem da enchente:** essa parte da seção funciona hidraulicamente e permite o escoamento da enchente. Qualquer construção nessa área reduzirá a área de escoamento, elevando os níveis a montante dessa seção. Deve-se deixar essa faixa desobstruída;

2) **zona com restrições:** essa é a área restante da superfície inundável que deve ser regulamentada. Essa zona fica inundada, mas devido às pequenas profundidades e baixas velocidades, não contribui muito para o escoamento;

3) **zona de baixo risco:** pequena probabilidade de inundar, mas necessita regulamentação para a convivência da população com as enchentes, na eventualidade dessas cotas serem atingidas.

Previsão em tempo real

O controle de enchentes através de zoneamento, e depois com a existência de diques, ***exige a previsão, em tempo real dos níveis para a cidade.***

Um sistema de alerta de previsão em tempo real envolve os seguintes aspectos:

1) sistema de coleta e transmissão de informações;

2) sistema de processamento de informações;

3) modelo de previsão de vazões e níveis;

4) procedimentos para acompanhamento e transferência de informações para a Defesa Civil e Sociedade;

5) planejamento das situações de emergência através da Defesa Civil.

Os três primeiros itens envolvem o estabelecimento de procedimentos técnicos específicos e a modelagem do local de interesse. Normalmente estas atividades são desenvolvidas por entidades que operam a rede de alerta estadual.

Os próximos dois itens envolvem a transferência dos níveis para a população, através de diferentes condições, que podem ser as seguintes:

1) **nível de acompanhamento**: nível a partir do qual existe um acompanhamento por parte dos técnicos, da evolução da enchente. Nesse momento, é alertada a Defesa Civil da eventualidade da chegada de uma enchente. Inicia-se nesse momento a previsão de níveis em tempo real;

2) **nível de alerta**: a partir do qual as entidades prevêm que a cota inferior e prévia a que pode produzir prejuízos será atingida dentro de um horizonte de tempo da previsão. A Defesa Civil, Administrações municipais passam a receber regularmente as previsões para a cidade;

3) **nível de emergência**: quando é previsto que dentro do tempo de previsão será atingida a cota que produz prejuízos. A população passa a receber as informações. Essas informações são o nível atual e previsto com antecedência e o intervalo provável dos erros, obtidos dos modelos;

As ações de planejamento envolvem:

Emergência: a sociedade local, através da prefeitura, deve organizar a Defesa Civil para os atendimentos de emergência. Esse planejamento estabelecerá procedimentos de evacuação e convivência com a inundação para diferentes partes da cidade, de acordo com faixas de cotas.

O mapa de alerta é preparado com valores de cotas, em cada esquina da área de risco. Com base na cota absoluta das esquinas, deve-se transformar esse valor na cota referente à régua. Isto significa que, quando um determinado valor de nível de água estiver ocorrendo na régua, a população saberá quanto falta para inundar cada esquina. Isto auxilia a convivência com a inundação durante a sua ocorrência.

Para que este mapa possa ser determinado, é necessário obter todas as cotas de cada esquina e realizar o seguinte:

1) para cada cota de esquina, trace uma perpendicular do seu ponto de localização com relação ao eixo do rio;

2) considere a cota da referida esquina como sendo a mesma nesta seção do rio;

3) obtenha a declividade da linha de água. Escolha o tempo de retorno, aproximadamente, pela faixa (mapa de planejamento) em que se encontra a esquina;

4) a cota da régua da esquina será

$$CR = CT \pm D \times Dist$$

onde CR é cota da régua; CT é a cota topográfica da esquina; D é declividade ao longo do rio; Dist é a distância ao longo do rio entre a seção da régua. O sinal será negativo se a esquina estiver à montante da seção da régua, enquanto que será positivo se estiver à jusante.

O valor a ser colocado no mapa é CR. No entanto, caso a população esteja mais acostumada com o valor da régua e não da sua cota absoluta deve-se utilizar o nível da régua, que é

$$NR = CR - ZR$$

onde NR é o nível da régua; CR é a cota da régua e ZR é a cota do zero da régua.

Controle de enchentes em áreas urbanizadas

Quantificação do impacto da urbanização sobre o escoamento

Para que se possa planejar efetivamente o impacto do desenvolvimento urbano é necessário quantificar os impactos decorrentes das alterações da bacia hidrográfica.

A avaliação do impacto da urbanização sobre o escoamento pode ser realizada pelo método racional, em nível de *microbacia urbana (*alguns hectares), dentro do conceito de vazão de projeto (Bidone & Tucci, 1995; Tucci & Genz, 1995).

Para a *macrobacia urbana* existem dificuldades adicionais que são as seguintes: (i) como a bacia se desenvolverá no futuro?; (ii) considerando que o processo de ocupação normalmente ocorre de jusante para montante, como quantificar futuros cenários nos projetos e controle da drenagem?

Os métodos utilizados podem ser os seguintes:

1) **métodos estatísticos**: utilizam-se de dados não-homogêneos de vazão para estimar o impacto da urbanização. Usualmente necessitam de uma grande quantidade de informações em diferentes sub-bacias. A metodologia se baseia na regionalização de vazões máximas (NERC 1975), utilizando, como indicador da urbanização, a parcela urbanizada. Esse tipo de procedimento requer informações que, na maioria das bacias, não existem. Tucci (1996) regionalizou a curva de vazão média das bacias rurais para estimar a vazão média de enchente natural da bacia do rio Belém e comparou com a vazão média de cheia atual (Figura 6).

2) **modelos matemáticos:** determinam a vazão máxima com base na precipitação, já que dificilmente existem dados hidrológicos monitorados ao longo do tempo que permitam determinar, para vários tempos de retorno, a diferença entre os cenários de pré-desenvolvimento e pós-urbanização, principalmente em bacias urbanas brasileiras.

O cálculo é realizado com base no risco (tempo de retorno) da precipitação, o que não é necessariamente o mesmo risco da vazão. No entanto, as técnicas de determinação da distribuição da precipitação e definição dos parâmetros buscam maximizar as condições críticas das cheias (Tucci, 1995), procurando compensar parte dessas incertezas.

Para utilizar os modelos hidrológicos é necessário a estimativa: (1) das áreas impermeáveis e a rede de drenagem da bacia para o cenário de futura urbanização. (2) estimativa dos parâmetros dos modelos com base em dados de bacias brasileiras.

O planejamento urbano é implementado através do plano diretor da cidade e a densidade habitacional é o parâmetro de planejamento para cada subdivisão da cidade (e bacia). Essa densidade é implementada através das seguintes restrições: índice de ocupação e índice de aproveitamento. O primeiro estabelece a área ocupada em planta e o segundo se refere ao *solo criado,* ou seja, a relação entre a área construída e a área do terreno. Para transferir esses elementos para o modelo hidrológico, em bacias-macro urbanas, permitindo a estimativa dos cenários de planejamento urbano, é necessário converter densidade habitacional em áreas impermeáveis. Como no planejamento urbano não são especificados o arruamento e a distribuição das quadras, mas os condicionantes da ocupação, tornou-se necessário estabelecer a relação entre essas variáveis para as macrobacias.

SCS (1975) utilizou a área impermeável e o tempo de concentração da bacia como os indicadores da alteração urbana, para simular os dois cenários em macrobacias urbanas. Nesse modelo, os autores apresentam valores típicos de áreas impermeáveis, de acordo com o tipo de ocupação prevista (residencial, comercial e industrial). Para o tempo de concentração são apresentados fatores de correção, de acordo com a área impermeável e a parcela da bacia com condutos pluviais.

Mota & Tucci (1984) estabeleceram duas curvas que relacionam área impermeável e densidade habitacional para a bacia do arroio Dilúvio, em Porto Alegre. Tucci et allü (1989) estabeleceram essa relação para a cidade de São Paulo, com base em dados de 11 bacias urbanas e, recentemente, Campana & Tucci (1994) apresentaram essa relação, com base nos dados de Curitiba, Porto Alegre e São Paulo. Na Tabela 5 são apresentados os valores da curva ajustada. Os dados utilizados não fazem distinção entre o tipo de concentração urbana, já que abordavam áreas com pelo menos 2 km^2. Essa tabela retrata bacias com predominância da ocupação residencial e declividade média. Pode-se observar, na Tabela 5, que o valor máximo encontra-se em 66,7%. O valor adotado pelo SCS (1975) para áreas residenciais com lotes menores que 500 m^2, típico da ocupação urbana brasileira, é de 65%.

Tabela 5 Densidade habitacional e área impermeável

Densidade habitacional (hab/ha)	Área impermeável (%)
25	11,3
50	23,3
75	36,0
100	50,0
120	58,7
150	64,7
200	66,7

FONTE: Adaptado de Campana & Tucci, 1994.

Para o tempo de concentração, Mota & Tucci (1984) e Tucci et alii (1989) utilizaram um fator de correção baseado no comprimento do canal entre bacias urbanizadas e rurais. Campana (1995) utilizou geoprocessamento para estimar a relação entre o tempo de concentração de uma bacia urbana e rural, através de uma hipotética malha urbana.

Com base nesses elementos, é possível estimar a alteração do hidrograma no cenário futuro de desenvolvimento, previsto nos Planos Diretores de Planejamento Urbano para macrobacias urbanas.

Estes métodos quantitativos são essenciais para estimar as vazões máximas e o volumes para os cenários atuais e futuros do desenvolvimento urbano e avaliar as medidas de controle.

Medidas de controle

As medidas de controle do escoamento podem ser classificadas, de acordo com sua ação na bacia hidrográfica, em:

- ***distribuída ou na fonte***: é o tipo de controle que atua sobre o lote, praças e passeios;
- ***na microdrenagem***: é o controle que age sobre o hidrograma resultante de um ou mais loteamentos;
- ***na macrodrenagem***: é o controle sobre os principais riachos urbanos.

As medidas de controle podem ser organizadas, de acordo com a sua ação sobre o hidrograma em cada uma das partes das bacias mencionadas acima, em:

- **infiltração e percolação:** normalmente, cria espaço para que a água tenha maior infiltração e percolação no solo, utilizando o armazenamento e o fluxo subterrâneo para retardar o escoamento superficial;

- **armazenamento:** através de reservatórios, que podem ser de tamanho adequado para uso numa residência (1-3 m^3) até terem porte para a macrodrenagem urbana (alguns milhares de m^3). O efeito do reservatório urbano é reter parte do volume do escoamento superficial, reduzindo o seu pico e distribuindo a vazão no tempo;
- **aumento da eficiência do escoamento:** através de condutos e canais, drenando áreas inundadas. Esse tipo de solução tende a transferir enchentes de uma área para outra, mas pode ser benéfico quando utilizado em conjunto com reservatórios de detenção;
- **diques e estações de bombeamento:** solução tradicional de controle localizado de enchentes em áreas urbanas que não possuam espaço para amortecimento da inundação.

Medidas de controle distribuído

As principais medidas de controle localizado no lote, estacionamento, parques e passeios são denominadas, normalmente, de controle na fonte (*source control)* e são as seguintes:

- aumento de áreas de infiltração e percolação
- armazenamento temporário em reservatórios residenciais ou telhados.

As principais características do controle local do escoamento são (Urbonas & Stahre, 1993):

- aumento da eficiência do sistema de drenagem de jusante dos locais controlados;
- aumento da capacidade de controle de enchentes dos sistemas;
- dificuldade de controlar, projetar e fazer manutenção de um grande número de sistemas;
- os custos de operação e manutenção podem ser altos.

Esse tipo de sistema tem sido adotado em muitos países através de legislação apropriada, ou como um programa global de controle de enchentes, conforme descrito por Yoshimoto e Suetsugi (1990) para a bacia do rio Tsurumi, onde foram construídos cerca de 500 reservatórios de retenção de 1,3 m^3.

Instalações comerciais, industriais e esportivas, que impermeabilizam o solo numa proporção significativa, devem ser responsabilizadas pela distribuição de volume, evitando que aumente a vazão máxima à jusante; caso contrário, reduz-se a capacidade dos condutos de transportar a cheia, provocando inundação. Em geral, o agente causador do acréscimo da vazão fica à montante do local de sua conseqüência. Sendo assim, se não houver regulamentação e educação sobre o assunto, os impactos se multiplicar-se-ão, como já acontece em grande parte das cidades brasileiras.

Infiltração e percolação: Os sistemas urbanos, como mencionado anteriormente, criam superfícies impermeáveis que não existiam na bacia hidrográfica, gerando impactos de aumento do escoamento, que é transportado através de condutos e canais. Esses dispositivos hidráulicos apresentam custos diretamente relacionados com a vazão máxima, aumentada pela impermeabilização. Para reduzir esses custos e minimizar os impactos a jusante, uma das ações é permitir maior infiltração da precipitação, criando condições, o mais próximos possível, das condições naturais.

As vantagens e desvantagens dos dispositivos que permitem maior infiltração e percolação são (Urbonas & Stahre, 1993):

- aumento da recarga; redução de ocupação em áreas com lençol freático baixo; preservação da vegetação natural; redução da poluição transportada para os rios; redução das vazões máximas à jusante; redução do tamanho dos condutos;
- os solos de algumas áreas podem ficar impermeáveis com o tempo; falta de manutenção; aumento do nível do lençol freático, atingindo construções em subsolo.

A *infiltração* é o processo de transferência do fluxo da superfície para o interior do solo. A *capacidade de infiltração* depende das características do solo e do estado de umidade da sua camada superior, denominada também de zona não-saturada. A velocidade do fluxo de água através da camada não-saturada do solo até o lençol freático (zona saturada) é denominada *percolação.* Esta também depende do estado de umidade da camada superior e do tipo de solo. Determinados tipos de solos apresentam maiores dificuldades de percolação e pequeno volume de armazenamento, o que inviabiliza seu uso, já que poderão: i) manter níveis de água altos por muito tempo na superfície; ii) ter pouco efeito na redução do volume final do hidrograma.

Os principais dispositivos para criar maior infiltração são discutidos a seguir:

Planos de infiltração: existem vários tipos, de acordo com a sua disposição local. Em geral, essas áreas são gramados laterais, que recebem a precipitação de uma área permeável, como residência ou edifícios (Figura 11). Durante precipitações intensas, essas áreas podem ficar submersas, se a sua capacidade for muito inferior à intensidade da precipitação. Caso a drenagem transporte muito material fino, a capacidade de infiltração pode ser reduzida, necessitando limpeza do plano para manter sua capacidade de funcionamento.

Valos de infiltração: são dispositivos de drenagem lateral, muitas vezes utilizados paralelos às ruas, estradas, estacionamentos e conjuntos habitacionais, entre outros (Figura 12). Esses valos concentram o fluxo das áreas adjacentes e criam condições para uma infiltração ao longo do seu comprimento. Após uma precipitação intensa, o nível sobe e, como a infiltração é mais lenta, mantém-se com água durante algum tempo. Portanto, o seu volume deve ser o suficiente para não ocorrer alagamento. Esse dispositivo funciona, na realidade, como um reservatório de detenção, uma vez que a drenagem que escoa para o valo é superior à capacidade de infiltração. Nos períodos com pouca precipitação ou de estiagem, ele é mantido seco. Esse dispositivo permite, também, a redução da quantidade de poluição transportada à jusante.

Bacias de percolação: dispositivos de percolação dentro de lotes permitem, também, aumentar a recarga e reduzir o escoamento superficial. O armazenamento é realizado na camada superior do solo e depende da porosidade e da percolação. Portanto, o lençol freático deve ser baixo, criando espaço para armazenamento. Para áreas de lençol freático alto, esse tipo de dispositivo não é recomendado. As bacias são construídas para recolher a água do telhado e criar condições de escoamento através do solo. Essas bacias são construídas removendo-se o solo e preenchendo-o com cascalho, o que cria espaço para o armazenamento (Figura 13). De acordo com o solo, é necessário criar-se maiores condições de drenagem. Para o solo argiloso com menor percolação, é necessário drenar o dispositivo de saída. A principal dificuldade encontrada com o uso desse tipo de dispositivo é o entupimento dos espaços entre os elementos pelo material fino transportado, portanto, é recomendável o uso de um filtro de material geotextil. De qualquer forma, após algum tempo, é preciso realizar uma limpeza (Urbonas & Stahre, 1993).

Dispositivos hidráulicos permeáveis: existem diferentes tipos de dispositivos que drenam o escoamento e podem ser construídos de forma a permitir a infiltração. Alguns desses dispositivos são:

- *entradas permeáveis na rede de drenagem.* Na Figura 14a, observa-se um filtro, na parte superior da caixa, para evitar entupimento;

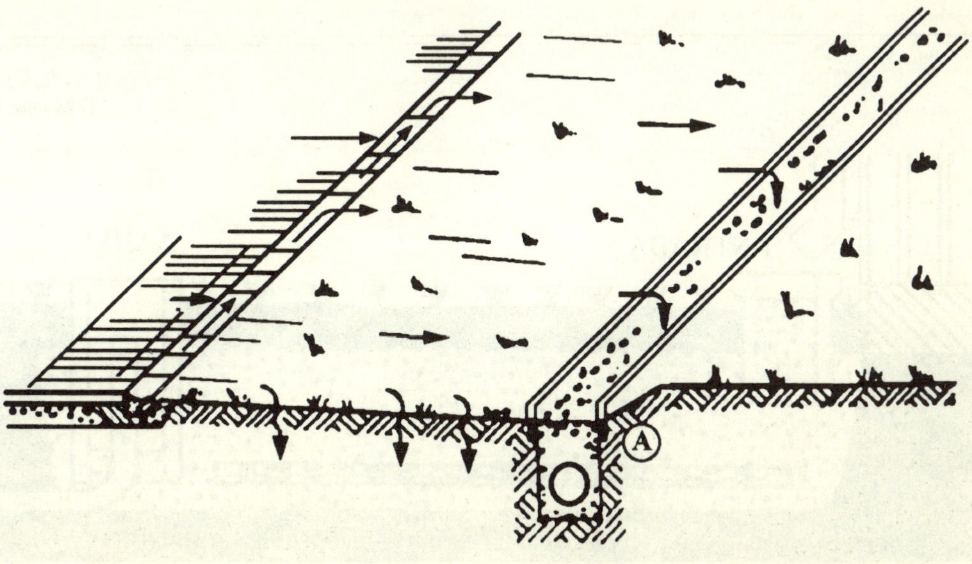

Figura 11 - Planos de infiltração com valo de infiltração.

- *trincheiras ou valas permeáveis* que, a rigor, são um caso especial de bacia de percolação e consistem de uma caixa com cascalho e filtro por onde passa um conduto poroso ou perfurado (Figura 14b);
- *meio fio permeável:* esse dispositivo é utilizado fora do lote ou dentro de condomínios, indústrias ou áreas comerciais (Figura 14c).

Pavimentos permeáveis: podem ser utilizados em passeios, estacionamentos, quadras esportivas e ruas de pouco tráfego. Em ruas de grande tráfego, esse pavimento pode ser deformado e entupido, tornando-se impermeável.

Esse tipo de pavimento pode ser de concreto ou de asfalto, e é construído da mesma forma que os pavimentos tradicionais, com a diferença que o material fino é retirado da mistura. Além dessas superfícies tradicionais, existem os pavimentos construídos com módulos de blocos de concretos vazados.

Quando esses pavimentos são construídos para reter parte da drenagem, é necessário que sua base esteja, pelo menos, 1,2 m acima do lençol freático do período chuvoso. A base é drenada com canos perfurados espaçados de 3 a 8 m. O sistema de drenagem deve prever o esgotamento do volume existente na camada do solo num período de 6 a 12 horas (Urbonas & Stahre, 1993).

As vantagens desse tipo de controle podem ser as seguintes: redução do escoamento superficial previsto com relação à superfície impermeável; redução dos condutos da drenagem pluvial; redução de custos do sistema de drenagem pluvial e da lâmina de água de estacionamentos e passeios. As desvantagens são: a manutenção do sistema para evitar que fique colmatado com o tempo; maior custo direto de construção (sem considerar

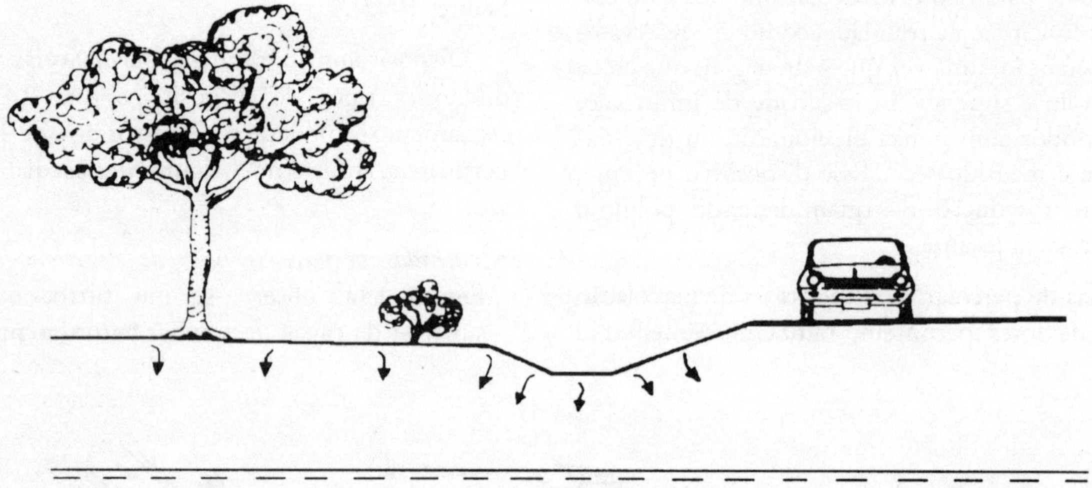

Fig. 12 - Valos de infiltração
FONTE: Urbonas & Stahre, 1993.

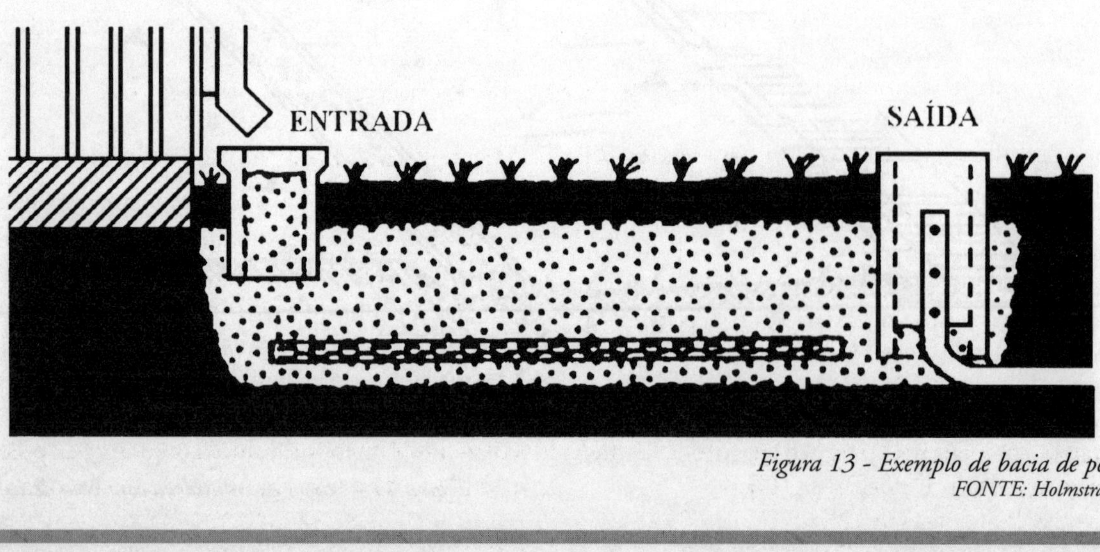

Figura 13 - Exemplo de bacia de percolação
FONTE: Holmstrand, 1984.

o benefício de redução dos condutos); contaminação dos aqüíferos.

Armazenamento: O armazenamento pode ser efetuado em telhados, em pequenos reservatórios residenciais, em estacionamentos e áreas esportivas, entre outros.

Telhados: o armazenamento em telhados apresenta algumas dificuldades, que são a manutenção e o reforço das estruturas. Devido às características de clima brasileiro e ao tipo de material usualmente utilizado nas coberturas, esse tipo de controle dificilmente seria aplicável à nossa realidade.

Lotes urbanos: o armazenamento no lote pode ser utilizado para amortecer o escoamento, em conjunto com outros usos, como abastecimento de água, irrigação de grama e lavagem de superfícies ou de automóveis. Na Figura 15, é apresentado um reservatório desse tipo.

Em regiões com pequena capacidade de distribuição de água, a precipitação nos telhados é escoada diretamente para um poço subterrâneo e, depois, clorada para uso doméstico. A água coletada em telhados de centros esportivos pode ser coletada diretamente para uso de limpeza. Considerando-se uma superfície de 120 m^2, com uma precipitação anual de 1.500 mm, é possível obter-se 360 m^3 por ano, que, distribuídos, representam cerca de 15 m^3 por mês, o suficiente para abastecer uma residência. Evidentemente que, à medida que o reservatório é mantido com água, reduz-se sua capacidade de amortecimento.

Tucci (1997) utilizou como critério o seguinte: i) lotes de tamanho usualmente utilizados nas cidades brasileiras: 300, 400, 500 e 600 m^2. Para esses lotes foram adotadas frentes de 10, 12, 15 e 16 m, respectivamente. A distância adotada é a diagonal do lote retangular. O desnível no lote foi adotado de 1%. Nesse caso, para declividades maiores, existe a tendência do volume diminuir, portanto, os valores obtidos são conservadores; ii) o coeficiente de escoamento (Wilken, 1978) adotado para condições naturais foi de 0,1 (matas, parques e campos de esporte) e para desenvolvimento do lote, 0,5 (edificações com poucas superfícies livres); iii) tempo de retorno de 2. Com base nesses elementos, estimou qual deveria ser o volume necessário para amortecer a urbanização total do lote. Como esses resultados dependem da curva de intensidade-duração e freqüência de cada local, na Tabela 6, são apresentados os valores para diferentes cidades brasileiras com base nos valores da IDF.

Tabela 6 - Volume de detenção em m^3 em função do tamanho do lote para algumas cidades brasileiras. Tempo de retorno de 2 anos.

Cidades	Área do Lote m^2			
	300	400	500	600
Florianópolis	1,14	1,74	2,26	3,08
Aracaju	1,42	2,12	2,73	3,64
Belém	1,79	2,67	3,44	4,58
B. Horizonte	1,66	2,47	3,18	4,22
Caxias Sul	1,36	2,03	2,62	3,48
Cuiabá	1,86	2,77	3,57	4,74
Curitiba	1,63	2,42	3,12	4,14
Fortaleza	2,18	3,25	4,19	5,56
Goiânia	1,86	2,77	3,57	4,74
R. Janeiro	1,2	1,84	2,39	3,26
J. Pessoa	1,19	1,81	2,34	3,16
Maceió	1,04	1,58	2,05	2,78
Manaus	2,01	2,98	3,84	5,09
Natal	1,3	1,94	2,5	3,33
Niterói	1,67	2,49	3,21	4,27
P. Alegre	1,3	1,94	2,5	3,33
P. Velho	2,07	3,09	3,98	5,28
R. Branco	1,74	2,6	3,36	4,47
Salvador	1,15	1,75	2,27	3,09
São Luís	1,43	2,18	2,82	3,83
S. Carlos	1,66	2,49	3,21	4,29
Uruguaiana	1,32	2,01	2,6	3,54
Média	1,54	2,32	2,99	4,00
Desv. Padrão	0,33	0,48	0,61	0,79
Cv	0,21	0,21	0,21	0,20
q (l/m^2)	5,15	5,79	5,98	6,66

FONTE: publicado por Pfastetter, 1957.

Para o lote-padrão mínimo das cidades brasileiras, que é de 300 m^2, observa-se que é necessário, em média, 1,54 m^3 de volume de detenção para um tempo de retorno de 2 anos, variando, em 67% dos casos, entre 1,31 e 1,87 m^3.

A vazão específica para esse tamanho de lote é de 5,15 l/m^2, podendo chegar a 6,66 l/m^2 para lotes de 600 m^2. O aumento do volume por unidade de área, para lotes maiores, é devido à diferença de tempo de concentração entre os dois cenários.

Medidas de Controle no Loteamento

A medida de controle de escoamento na microdrenagem, tradicionalmente utilizada, consiste em drenar a área desenvolvida através de condutos pluviais até um coletor principal ou riacho urbano. Esse tipo de solução acaba transferindo para a jusante o aumento do escoamento superficial, numa velocidade maior, já que o tempo de deslocamento do escoamento é menor do que nas condições preexistentes. Dessa forma, acaba provocando inundações nos

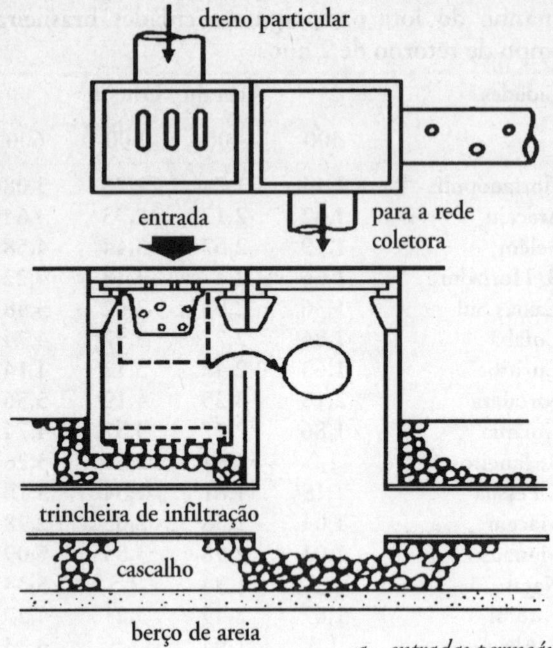

a - entradas permeáveis

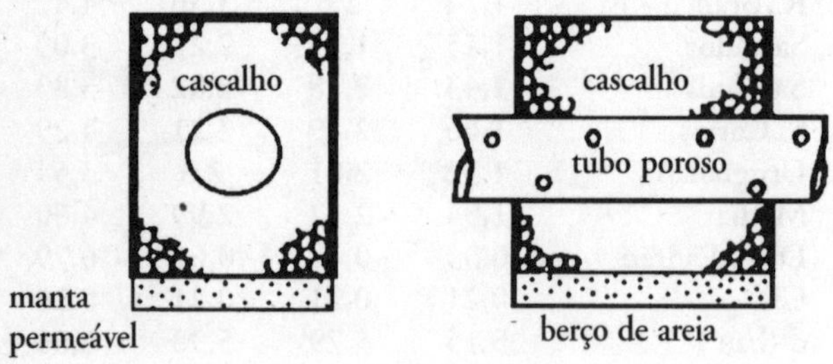

b - trincheiras ou valas permeáveis

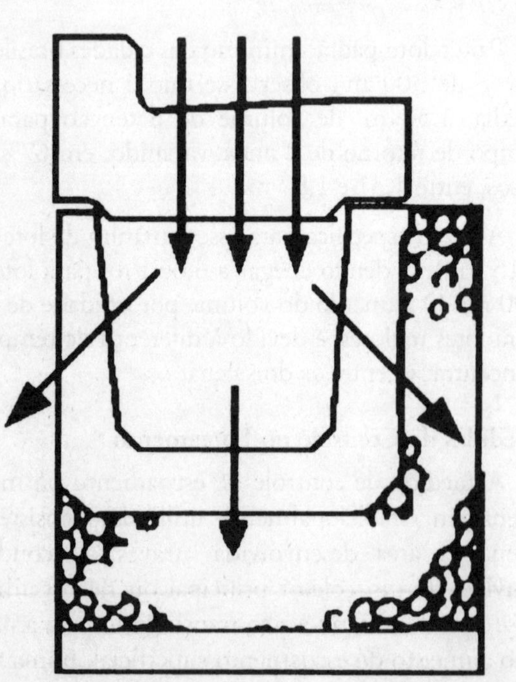

c - meio-fio permeável

Figura 14 - dispositivos hidráulicos permeáveis
FONTE: Fujita, 1984.

troncos principais ou na macrodrenagem.

Como foi apresentado anteriormente, a impermeabilização e a canalização produzem o aumento da vazão máxima e do escoamento superficial. Para que esse acréscimo de vazão máxima não seja transferido à jusante, utiliza-se o amortecimento do volume gerado, através de dispositivos como: tanques, lagos e pequenos reservatórios abertos ou enterrados, entre outros. Essas medidas são denominadas de controle à jusante (*downstream control).*

O objetivo das bacias ou reservatórios de detenção é minimizar o impacto hidrológico da redução da capacidade de armazenamento natural da bacia hidrográfica.

Esse controle tem as seguintes vantagens e desvantagens (Urbonas & Stahre, 1993): custos reduzidos, se comparados a um grande número de controles distribuídos; custo menor de operação e manutenção; facilidade de administrar a construção; dificuldade de achar locais adequados; custo de aquisição da área; a população costuma se opor à construção de grandes reservatórios.

Esse controle tem sido utilizado quando existem restrições por parte da administração municipal ao aumento da vazão máxima devido ao desenvolvimento urbano e, assim, já foi implantado em muitas cidades de diferentes países. O critério normalmente utilizado é que *a vazão máxima da área, com o desenvolvimento urbano, deve ser menor ou igual à vazão máxima das condições preexistentes para um tempo de retorno escolhido.*

Características e funções dos reservatórios

Os reservatórios de detenção são utilizados de acordo com o objetivo do controle desejado:

Controle da vazão máxima: Este é o caso típico de controle dos efeitos de inundação sobre áreas urbanas. O reservatório é utilizado para amortecer o pico à jusante, reduzindo a seção hidráulica dos condutos e mantendo as condições de vazão preexistentes na área desenvolvida.

Controle do volume: normalmente, esse tipo de controle é utilizado quando o escoamento cloacal e pluvial são transportados por condutos combinados ou quando recebe a água de uma área sujeita à contaminação. Como a capacidade de uma estação de tratamento é limitada, é necessário armazenar o volume para que possa ser tratado. O reservatório também é utilizado para a deposição de sedimentos e depuração da qualidade da água, mantendo seu volume por mais tempo dentro do reservatório. O *tempo de detenção*, que é a diferença entre o centro de gravidade do hidrograma de entrada e o de saída, é um dos indicadores utilizados para avaliar a capacidade de depuração do reservatório.

Controle de material sólido: quando a quantidade de sedimentos produzida é significativa, esse tipo de dispositivo pode reter parte dos sedimentos para que sejam retirados do sistema de drenagem.

Esses reservatórios podem ser dimensionados para manter uma lâmina permanente de água (*retenção*), ou secarem após o seu uso, durante uma chuva intensa para serem utilizados em outras finalidades *(detenção)* (Figura 16) A vantagem da manutenção da lâmina de água e do conseqüente volume morto é que não haverá crescimento de vegetação indesejável no fundo, sendo o reservatório mais eficiente para controle da qualidade da água. O seu uso integrado, junto a parques, pode permitir um bom ambiente recreacional. A vantagem de utilização desse dispositivo seco é que pode ser usado para outras finalidades. Uma prática comum consiste em dimensionar uma área com lâmina de água para escoar uma cheia freqüente, como a de dois anos, e planejar a área de extravasamento com paisagismo e campos de esporte para as cheias acima da cota referente ao risco mencionado. Quando a mesma ocorrer, será necessário realizar apenas a limpeza da área atingida, sem maiores danos à montante ou à jusante.

Na Figura 16, são apresentados, de forma esquemática, o reservatório mantido seco e o com lâmina de água. Os reservatórios ou bacias de detenção mantidos secas são os mais utilizados nos Estados Unidos, Canadá e Austrália. São projetados, principalmente, para controle da vazão, com esvaziamento de até seis horas e com pouco efeito sobre a remoção de poluentes. Aumentando-se a detenção de 24 a 60 h, poderá haver melhora na remoção de poluentes (Urbonas & Roesner, 1994). Esse tipo de dispositivo retém uma parte importante do material sólido.

Os reservatórios de detenção com lâmina de água permanente são mais eficientes no controle de poluentes. Nos reservatórios que se mantêm secos, mas que estão ligados diretamente à drenagem, existe uma seção menor para o escoamento durante as estiagens. Nesse caso, é conveniente que o fundo dessa drenagem seja de concreto para facilitar a

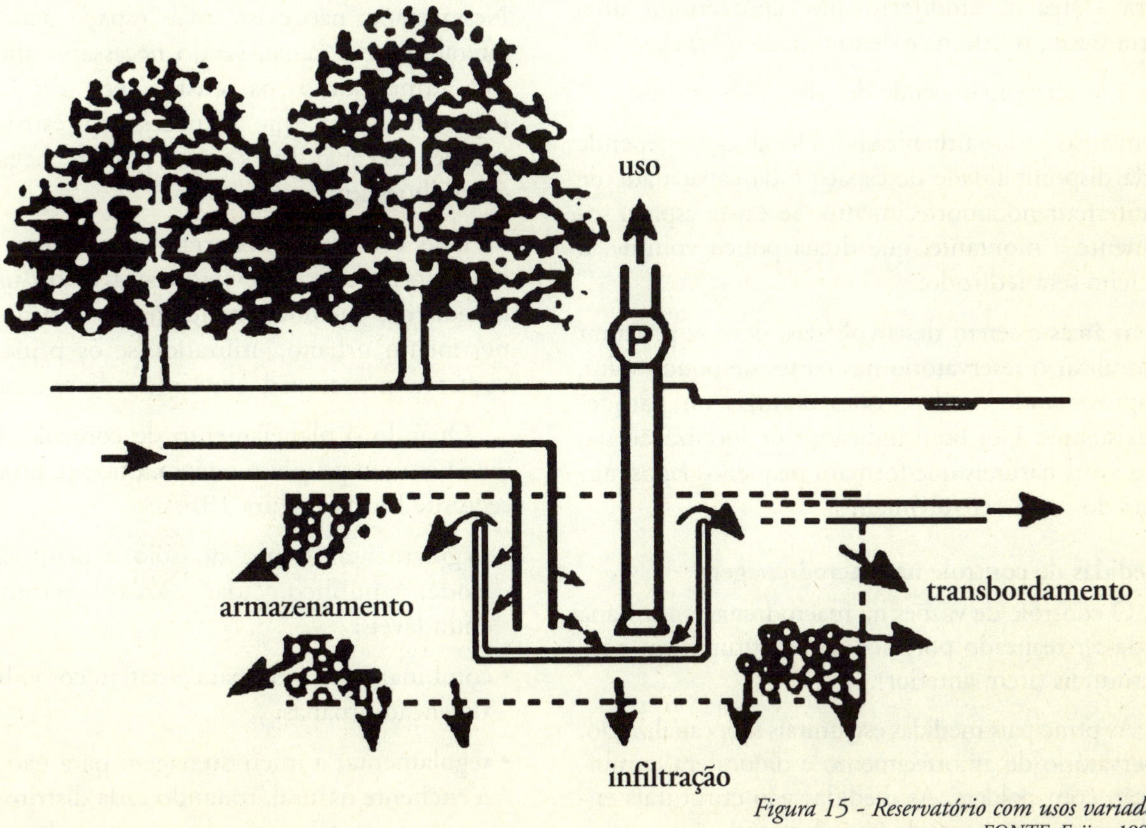

Figura 15 - Reservatório com usos variados
FONTE: Fujita, 1993.

limpeza.

Esse tipo de reservatório pode ter um fundo natural, escavado ou de concreto. Os reservatórios em concreto são mais caros, mas permitem paredes verticais, com aumento de volume. Essa característica é útil onde o espaço tem um custo alto.

ASCE (1985) menciona que as instalações de detenção desse tipo que tiveram maior sucesso foram as que se integraram a outros usos, como a recreação, já que a comunidade, no seu cotidiano, usará esse espaço de recreação. Portanto, é desejável que o projeto desse sistema esteja integrado ao planejamento do uso da área.

Localização

Como já foi mencionado, os reservatórios podem ser abertos ou enterrados, de acordo com as condições para sua localização. Em locais de espaço reduzido ou que seja necessário manter-se uma superfície superior integrada com outros usos, pode-se utilizar reservatórios subterrâneos, no entanto, o custo desse tipo de solução é superior ao dos reservatórios abertos.

Quando a drenagem utiliza a folga de volume do sistema para o amortecimento, ele é chamado de *on-line*. No caso em que o escoamento é transferido para a área de amortecimento, após atingir uma certa vazão, o sistema é denominado *off-line*.

A localização depende dos seguintes fatores:

- em áreas muito urbanizadas, a localização depende da disponibilidade de espaço e da capacidade de interferir no amortecimento. Se existe espaço somente à montante, que drena pouco volume, o efeito será reduzido;
- em áreas a serem desenvolvidas, deve-se procurar localizar o reservatório nas partes de pouco valor, aproveitando as depressões naturais ou parques existentes. Um bom indicador de localização são as áreas naturais que formam pequenos lagos, antes do seu desenvolvimento.

Medidas de controle na macrodrenagem

O controle de vazões na macrodrenagem urbana pode ser realizado por medidas estruturais ou não-estruturais (item anterior).

As principais medidas estruturais são: canalização, reservatório de amortecimento e diques em combinação com polders. As medidas não-estruturais envolvem o zoneamento de áreas de inundações, através da regulamentação do uso do solo com risco de inundação, ocupação com áreas de lazer, seguros contra inundações e previsão em tempo atual, entre outras.

Planejamento no controle da macrodrenagem

O controle do impacto do aumento de escoamento devido à urbanização, na macrodrenagem, no Brasil tem sido realizado através da canalização. O canal é dimensionado para escoar uma vazão de projeto para tempos de retorno que variam de 25 a 100 anos. Considere a bacia da Figura 17. No primeiro estágio, a bacia não está totalmente urbanizada, e as inundações ocorrrem no trecho urbanizado, onde algumas áreas não estão ocupadas porque inundam com freqüência.

Com a canalização desse trecho, as inundações deixam de ocorrer. Nas áreas que, antes, eram o leito maior do rio e sofriam freqüentes inundações, ou existiam favelas ou estavam desocupadas. Essas áreas tornam-se valorizadas pela suposta segurança do controle de enchentes. O loteamento dessas áreas leva a uma ocupação nobre, de alto investimento. Com o desenvolvimento da bacia de montante e o respectivo aumento da vazão máxima, que não é controlada pelo poder público, voltam a ocorrer inundações no antigo leito maior. Nessa etapa, não existe mais espaço para ampliar lateralmente o canal, sendo necessário aprofundá-lo, aumentando os custos em escala quase exponencial, já que é necessário estruturar as paredes do canal. Esses custos podem chegar a US$ 50 milhões/km.

Esse processo, encontrado em muitas cidades brasileiras, pode ser evitado através do uso combinado das medidas mencionadas dentro do planejamento urbano, utilizando-se os princípios de controles mencionados no início deste capítulo.

Quando o planejamento de controle da bacia, ainda está no primeiro estágio, pode-se proceder da seguinte forma (Figura 18):

- regulamentar o uso do solo e ocupação, pelo poder público, das áreas naturalmente inundáveis;
- combinar essas áreas para atuarem como bacias de detenção urbanas;
- regulamentar a microdrenagem para não ampliar a enchente natural, tratando cada distrito ou sub-bacia de acordo com sua capacidade e transfe-

rência a jusante. Nesse caso, é estudada:

- cada sub-bacia, e definido o risco de inundação que o empreendedor deve manter nas condições naturais;
- utilizar os parques e as áreas mencionadas acima para amortecer e preservar os hidrogramas entre diferentes sub-bacias ;
- prever subsídios de impostos para as áreas de inundações e a troca de solo criado por compra de áreas de inundações;
- nenhuma área desapropriada pelo poder público pode ficar sem implantação de infra-estrutura pública, parque ou área esportiva; caso contrário, será invadida.

Wisner & Cheung (1982) apresentaram, conforme Tabela 7, uma comparação entre outras alternativas e o uso de parques para amortecimento. Na

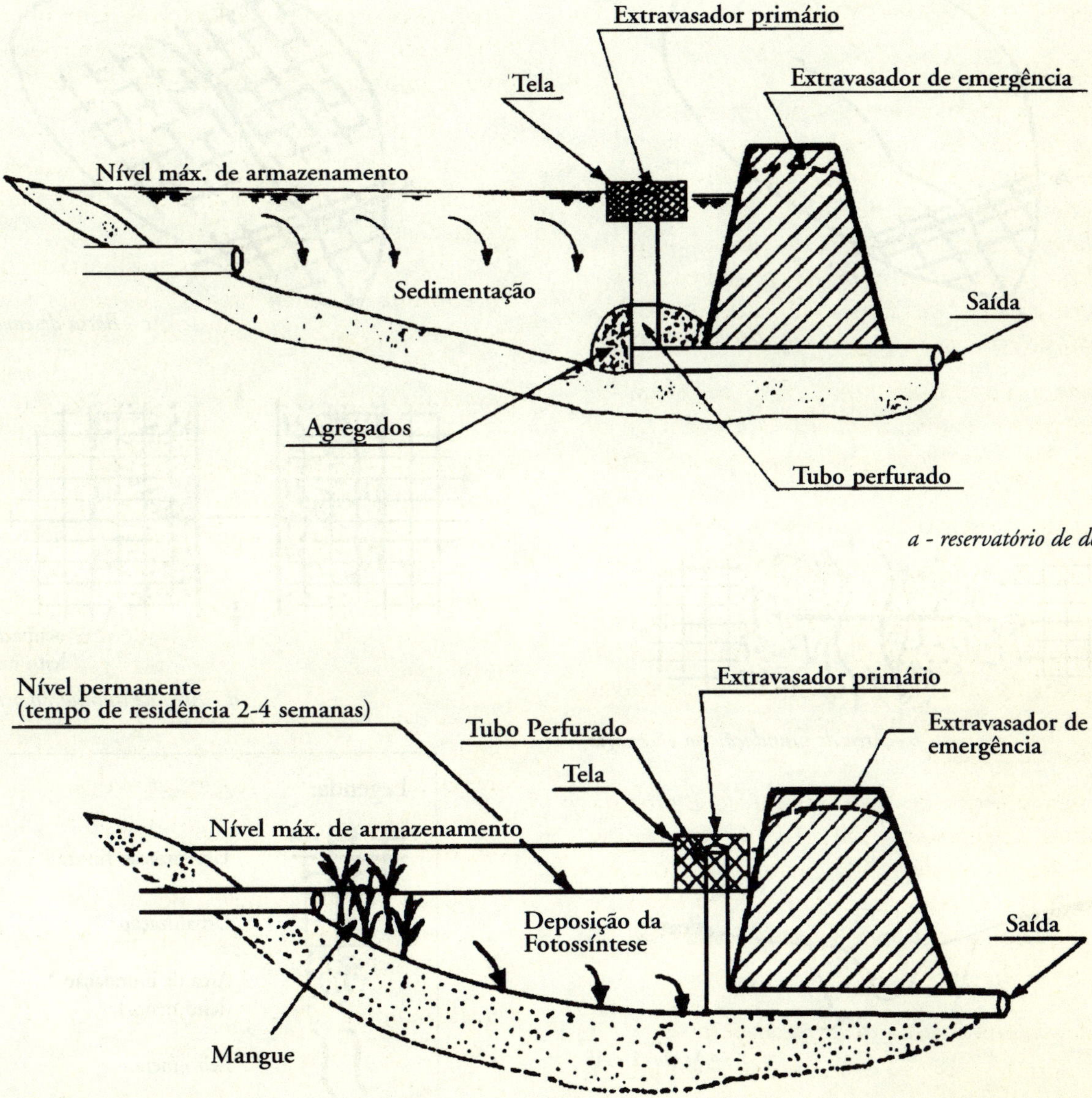

a - reservatório de detenção

b - reservatório de retenção

Fig. 16 - Reservatórios para controle de material sólido
FONTE: Maidment, 1993.

Figura 19, são apresentados o parque e os fluxos numa área urbana.

Quando a bacia encontra-se num estágio avançado de desenvolvimento, a tendência é que as medidas estruturais predominem, com custos altos. No entanto, pode-se minimizar estes custos através do aumento da capacidade de amortecimento na bacia urbana, buscando recuperar, o máximo possível, o amortecimento natural, pela exploração de todas as áreas possíveis. Yoshimoto & Suetsugi (1990) descreveram as medidas tomadas para reduzir a freqüência de inundações no rio Tsurumi, dentro da área da cidade de Tóquio. A bacia foi subdividida em três: retenção, retardo e áreas inferiores, e definida a vazão de controle. Na área de retenção, foram obtidos 2,2 milhões de m^3 para

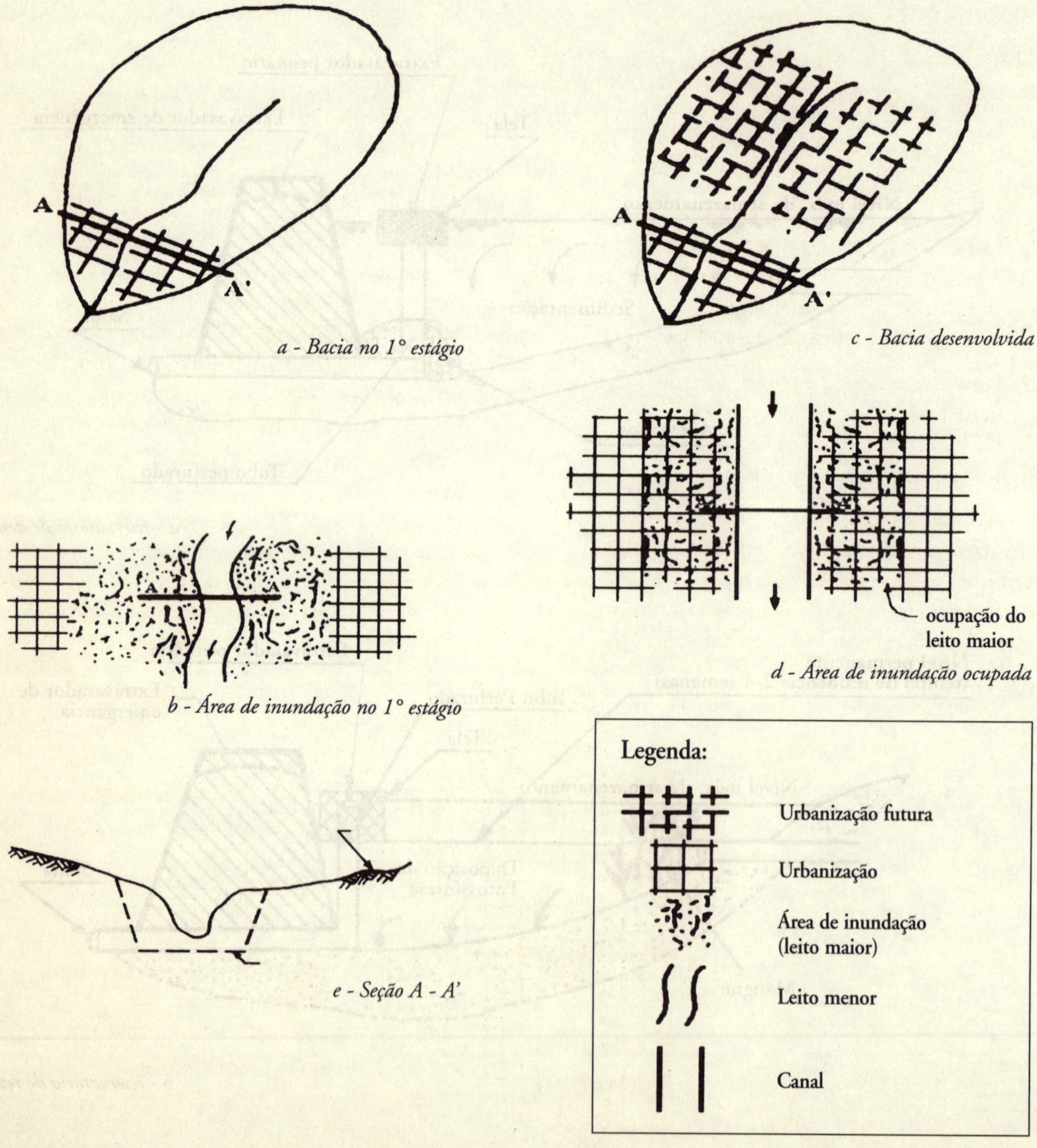

Figura 17 - A ocupação da bacia hidrográfica e suas conseqüências.

amortecimento através de ação municipal, além de outras medidas de retardo. Estas ações reduziram os prejuízos para enchentes recentes.

Plano diretor de drenagem urbana

Esses princípios são normalmente aplicados nos países desenvolvidos. No entanto, a realidade brasileira apresenta características que dificultam a implementação de alguns deles.

Os principais problemas identificados são os seguintes:

1) nas áreas de periferia das grandes cidades, onde o lote tem menor valor agregado, existe uma ponderável implementação de loteamentos clandestinos nas áreas privadas (sem aprovação legal na prefeitura);

2) invasão em áreas públicas (áreas verdes) reservadas pelo Plano Diretor ou de propriedade pública. Devido ao caráter social da população envolvida, a consolidação se dá pela implementação de água e luz nas habitações;

3) as áreas ribeirinhas de risco de enchentes têm sido ocupadas principalmente pela população de baixa renda, tendo como conseqüência freqüentes impactos devido às enchentes;

Como mencionado, as invasões dificultam a regulamentação das áreas de periferia, onde o Plano Diretor é pouco obedecido, no entanto, no restante da cidade o processo de densificação (construção de moradias, comércio e industria) tende a acompanhar a regulamentação, o que permite um controle sobre áreas em que os loteamentos foram implantados.

Bases para o plano diretor de drenagem

Um Plano Diretor de Drenagem Urbana deve buscar: i) planejar a distribuição da água no tempo e no espaço, com base na tendência de ocupação urbana compatibilizando esse desenvolvimento e a infra-estrutura para evitar prejuízos econômicos e ambientais; ii) controlar a ocupação de áreas de risco de inundação, através de restrições na áreas de alto risco e; iii) convivência com as enchentes nas áreas de baixo risco.

Os condicionamentos urbanos são resultado de vários fatores que não serão discutidos aqui, pois parte-se do princípio que os mesmos foram definidos dentro do âmbito do Plano Diretor Urbano. No entanto, devido à interferência que a ocupação do solo tem sobre a drenagem, existem elementos do Plano de Drenagem que são introduzidos no Plano Diretor Urbano ou na legislação de ocupação do solo. Portanto, o Plano de Drenagem Urbana (PDU) deve ser um componente do Plano Diretor de Planejamento Urbano.

Os controles de enchentes são desenvolvidos por sub-bacias e regulamentados em nível distrital. A filosofia de controle de enchentes é: i) *para a macrodrenagem urbana:* reservar espaço urbano para parques laterais ou lineares, nos rios que formam a macrodrenagem, para amortecimento das enchentes e retenção dos

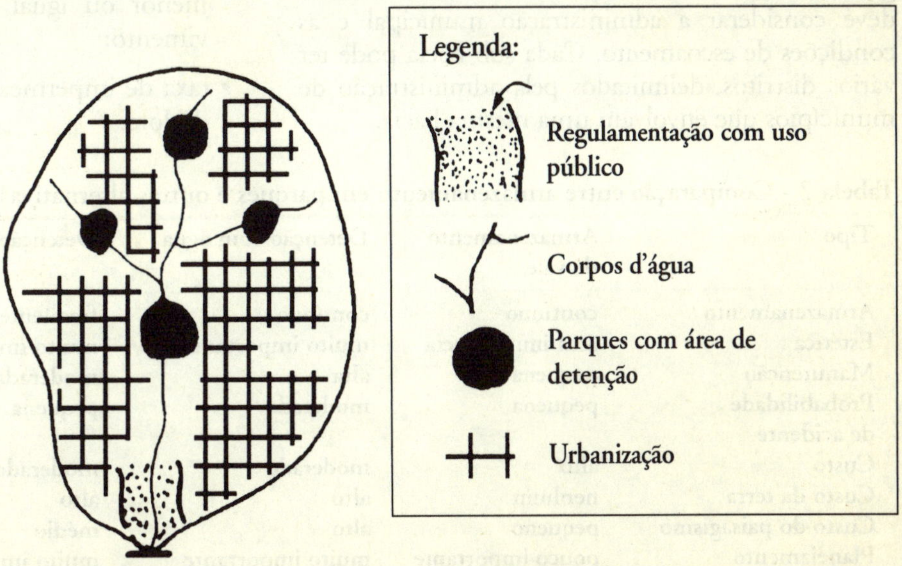

Figura 18 - Planejamento de controle de bacia no primeiro estágio de urbanização.

sedimentos e lixo; ii) *para as áreas ribeirinhas:* zoneamento de áreas de inundação, definindo-se zonas de alto e baixo risco de ocupação, e critérios de construção no código de obras da cidade.

No primeiro caso, é necessário o seguinte:

- elaborar, em nível de anteprojeto, o controle do escoamento na macrodrenagem das sub-bacias, priorizando medidas de retenção e/ou medidas não-estruturais;
- identificar os limites necessários ao desenvolvimento urbano para as áreas sem ocupação definida e caso necessário, realizar alterações na densificação para as áreas aprovadas e não densificadas;
- elaboração da regulamentação necessária para impor as condições identificadas.

O anteprojeto envolve o seguinte: 1) capacidade máxima do escoamento de cada trecho da macrodrenagem; 2) anteprojeto das medidas de controle previstas para os diferentes estágios de desenvolvimento; 3) no caso da existência de parques, deve-se incluir as zonas de uso de parque e áreas de amortecimento com o dispositivo de controle e programa de manutenção

No caso de áreas ribeirinhas, Tucci (1993) apresentou os elementos básicos a serem definidos no controle através de zoneamento de áreas de inundação.

Avaliação da capacidade da drenagem atual

Abrangência: A regulamentação se refere às bacias com potencial de desenvolvimento urbano e constantes do Plano de Desenvolvimento Urbano.

Módulo de regulamentação: O módulo de regulamentação definido aqui é o *distrito*. O distrito deve considerar a administração municipal e as condições de escoamento. Cada sub-bacia pode ter vários distritos, delimitados pela administração de municípios que envolvam uma mesma bacia.

Condições de desenvolvimento: Em cada sub-bacia existem as seguintes condições: i) situação atual; ii) loteamentos e densificações aprovadas; iii) áreas sem ocupação definida ou sem aprovação para ocupação. Nessa fase deve-se procurar identificar as áreas que poderão ser utilizadas para parques ou áreas de preservação natural.

Essas condições caracterizam os três cenários básicos urbanos. O primeiro caracteriza a situação atual, em que o custo do controle é do poder público. O segundo caracteriza o cenário do controle em nível de densificação, ou seja na aprovação da construção e, o terceiro, realizar o controle do loteamento. Os dois últimos podem ser realizados a custo dos investidores, enquanto que o primeiro exige investimento público.

Avaliações: Para a macrodrenagem das sub-bacias, devem ser quantificadas as vazões de cheia para um tempo de retorno adequado ao controle e ao tipo de drenagem. Nessa avaliação, deve-se considerar os cenários da bacia mencionados no item anterior, ou seja: (i) condições de drenagem para o cenário de ocupação atual; (ii) densificação controlada para não ampliar as cheias naturais e; (iii) novos loteamentos, que não ampliem as cheias naturais.

Regulamentação: Com base nos elementos desenvolvidos nos itens anteriores será possível definir a capacidade dos principais troncos do sistema de drenagem secundária e macrodrenagem. A partir desses elementos pode-se estabelecer critérios-limites para a drenagem urbana, na aprovação das construções, baseados em:

- vazão máxima de saída do lote ou loteamento menor ou igual às condições de pré-desenvolvimento;
- taxa de impermeabilização e controles específicos do lote.

Tabela 7 - Comparação entre armazenamento em parques e outras alternativas de armazenamento

Tipo	Armazenamento de vale	Detenção com água	Detenção seca	Armazenamento em parque
Armazenamento	contínuo	contínuo	freqüente	raro
Estética	sem importância	muito importante	muito importante	menos importante
Manutenção	pequena	alta	moderada	muito pequena
Probabilidade de acidente	pequena	moderada	pequena	muito pequena
Custo	alto	moderado	moderado	pequeno
Custo da terra	nenhum	alto	alto	nenhum
Custo do paisagismo	pequeno	alto	médio	médio
Planejamento	pouco importante	muito importante	muito importante	muito importante

FONTE: Wisner & Cheung, 1982.

Portanto, dentro dos cenários citados no item anterior, é necessário estabelecer a regulamentação e prever controles para os problemas identificados, ou seja: i) áreas invadidas; ii) loteamentos clandestinos; iii) passeios e ruas na fase de densificação.

Para o controle, deve-se simular os diferentes cenários com as condições mencionadas para sub-bacias pré-definidas que englobem os distritos.

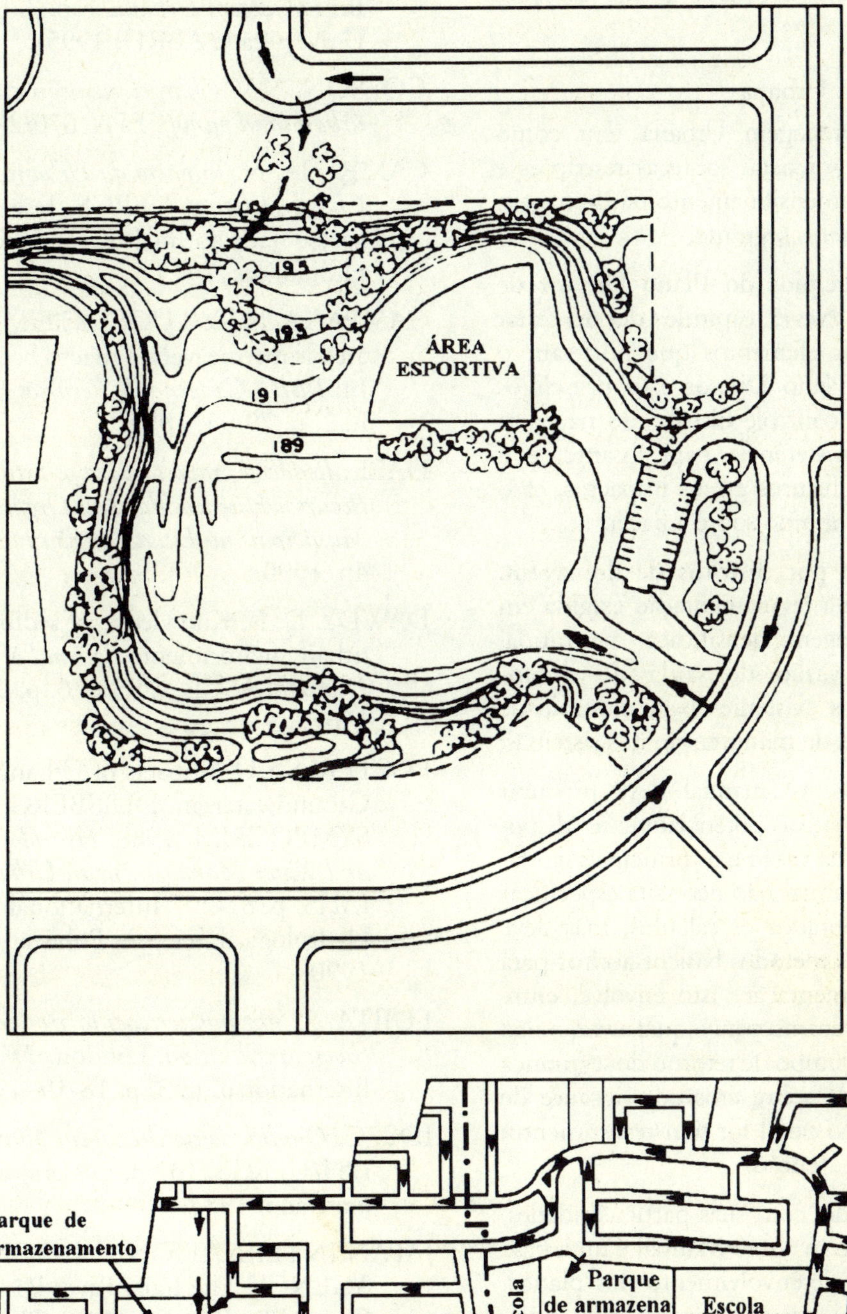

a - parque

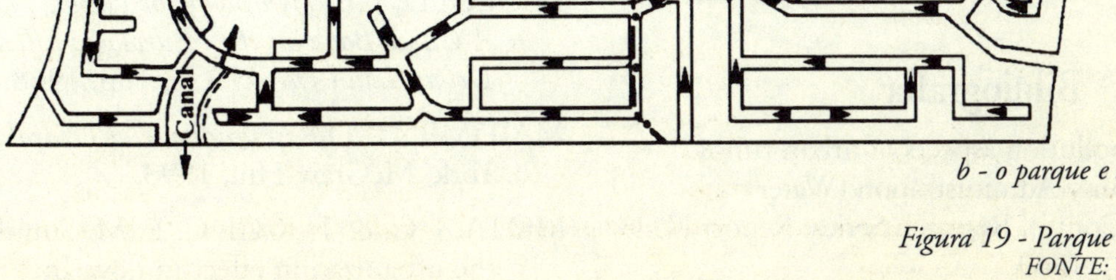

b - o parque e a rede de drenagem

Figura 19 - Parque de armazenamento
FONTE: Wisner e Cheung, 1982.

As medidas públicas do plano devem se concentrar no seguinte: i) regulamentar a aprovação da densificação e de novos loteamentos; ii) prever áreas públicas de amortecimentos para a impermeabilização dos passeios e ruas, além das áreas em que o controle é presumidamente difícil devido as ações ilegais.

Manual de Drenagem Urbana

O Manual de Drenagem Urbana tem como objetivo orientar os projetistas sobre as restrições e métodos aceitos no dimensionamento da drenagem na cidade, e deve conter o seguinte:

Concepção e princípios do Plano Diretor de Drenagem Urbana. Nesse capítulo devem estar contidos os principais elementos que norteiam o desenvolvimento do Plano Diretor e os princípios básicos, tais como: o controle distribuído na bacia hidrográfica, sem transferência para jusante; e a previsão dos cenários futuros e seus impactos, caso não haja controle distribuído sobre a bacia.

A regulamentação por distritos de drenagem. Identificar claramente a regulamentação exigida em cada distrito de drenagem: densificação permitida, critérios quanto à vazão de saída do desenvolvimento, incentivos existentes para controle de enchentes, e condições de manutenção dos sistemas;

Projeto e critérios. O manual deve procurar orientar sobre as alternativas potencialmente disponíveis para o controle da vazão e os principais cuidados. No entanto, o manual não necessita especificar como devem ser elaborados os cálculos, mas deve definir os critérios e os métodos básicos aceitos para a avaliação da regulamentação. Isto envolve, entre outros: i) o tempo de retorno para o qual a vazão não pode ser ampliada; ii) tempo de retorno de segurança das obras; iii) controle sobre erosão, a jusante de obras de detenção, se o canal for sem revestimento; iv) critério para a manutenção.

Embora cada cidade, com suas particularidades, exija um detalhamento maior, o Manual é uma base que pode auxiliar no desenvolvimento dos planos, viabilizando o controle desse processo que, hoje, representa custos significativos para o País.

Bibliografia

APWA. Water pollution aspects of urban runof. Water Quality Administration.(Water Pollution Control Research Series. Report N. WP-20-15). 1969.

AVCO. Stormwater pollution from urban activity. Water Quality Administration. (Water Pollution Control Research Series. Report n. 11034 FKL), 1970.

BIDONE, F. & TUCCI, C.E.M. Microdrenagem. In: *Drenagem Urbana*, cap. 3. Editora da Universidade ABRH, 1995.

COLSON, N.V. *Characterization ant treatment of urban land runoff.* EPA. 670/2-74-096. 1974.

CAMPANA, N. *Impacto da Urbanização nas Cheias Urbanas.* UFRGS. Tese de doutorado apresentada ao Instituto de Pesquisas Hidráulicas, 1995.

CAMPANA, N. & TUCCI, C.E.M. Estimativa de área impermeável de macro bacias urbanas. In: *RBE - Caderno de Recursos Hídricos*, v. 12 n. 2. p. 79-94, 1994.

DAEE. *Redação proposta para os artigos da Seção de Recursos Hídricos das Leis Orgânicas Municipais no Estado de São Paulo.* São Paulo. 4p, 1990.

DAWDY, D. R. Knowledge of sedimentation in urban environments. *Journal of the Hydraulic Division*, ASCE, v. 93 n. 6. p. 235-245, 1967.

FOSTER, S.S.D. Impacts of Urbanization on Groundwater. in: DUISBERG SYMPOSIUM, 1988. *Hydrological Processes and Water Management in Urban Areas.* IAHS. p187-207 International Association of Hydrological Sciences Publication 198), 1990.

FUJITA, S. *Stormwater goes to ground as Japan chooses infiltration.* London, Water Quality International, n. 3. p. 18-19, 1993.

IDE, C. *Qualidade da drenagem pluvial urbana.* IPH/UFRGS. 137 p. Dissertação de mestrado, 1984.

JAPAN INTERNATIONAL COOPERATION AGENCY. The Itajai River Basin Flood Control Project. In: *Master Plan Study*, 1988.

LEOPOLD, L.B. *Hydrology for Urban Planning - A Guide Book on the Hydrologic Effects on Urban Land Use.* USGS. 18p, 1968.

MAIDMENT, D.R. *Handbook of Hydrology.* New York, McGraw-Hill, 1993.

MOTA, J. C. & TUCCI, C. E. M. Simulation of the urbanization effect in flow. In:

Hydrological Sciences Journal, v. 29, n.2. p. 131-147, 1984.

NERC. *Floods Studies Report NERC*, 1975.

NRC. *Opportunities in the Hydrologic Sciences*. Washington. National Academic Press. 348 p, 1991.

ORGANIZATION FOR ECONOCIMC COOPERATION AND DEVELOPMENT. *Control of Water Pollution from Urban Runoff*. Paris, 1986.

PEDROSA, V. *Controle da Urbanização na Macrodrenagem de Maceió: Tabuleiro dos Martins*. IPH/UFRGS. 139p. Dissertação de mestrado, 1996.

PFASTETTER, O. *Chuvas Intensas no Brasil*. Rio de Janeiro, DNOS. 419 p, 1957.

REZENDE, B. & TUCCI, C. E. M. *Análise das Inundações em Estrela: relatório técnico*. Estrela, Prefeitura Municipal. 30 p, 1979.

SCS. *Urban Hydrology for Small Watersheds USDA Soil Conservation Service Technical Release*, n. 55. Washington D. C. 1975.

SIEKER, F. Stormwater Infiltration in Urban Areas. In: INTERNATIONAL CONFERENCE ON URBAN STORM DRAINAGE, 3, 1984. Göteborg. Proceedings, Göteborg: Chalmers University of Technology, 4v, v3.,p1083-1091, 1984.

SCHUELER, T.R. *Controling Urban Runoff: A Practical Manual for Planning and Designing Urban BMPs*. Washington Metropolitan Water Resources Planning Board. 300p, 1987.

SILVEIRA, A.L. Provável efeito urbano nas relações IDF das chuvas de Porto Alegre. In: *RBRH*, v. 2 n. 2. p. 93-108, 1997.

SIMONS, D. B. et alii. *Flood flows, stages and damages*. Fort Collins, Colorado State University, 1977.

TUCCI, C.E.M. Controle de Enchentes. In: TUCCI, C. (org.). *Hidrologia ciência e aplicação*. Porto Alegre, Ed. da Universidade/ABRH. 952 p, 1993.

TUCCI, C.E.M. Enchentes urbanas. In: *Drenagem Urbana*. Editora da Universidade/ABRH, 1995.

TUCCI, C.E.M.; BRAGA, B.; SILVEIRA, A. Avaliação do Impacto da urbanização nas cheias urbanas. In: *RBE Caderno de Recursos Hídricos*, v. 7 n. 1, 1989.

TUCCI, C.E.M. & GENZ, F. Controle da Urbanização. In: *Drenagem Urbana*. Editora da Universidade/ABRH, 1995.

TUCCI, C.E.M. *Estudos Hidrológicos e Hidrodinâmicos do rio Iguaçu na RMC*. COMEC. Relatório técnico, 1996.

TUCCI, C.E.M. Estimativa do Volume para Controle da Drenagem no Lote. In: *Anais III Seminário Nacional de Drenagem Urbana*. Curitiba, ABRH, 1997.

URBONAS, B. & ROESNER, L.A. Hydrologic Design for Urban Drainage and Flood Control. In: *Handbook of Hydrology*. 1993.

URBONAS, B. & STAHRE, P. *Stormwater Best Management Practices and Detetion*. New Jersey, Prentice Hall/Englewood Cliffs. 450 p, 1993.

YOSHIMOTO, T. & SUETSUGI, T.. Comprehensive Flood Disaster Prevention Measures in Japan. in: DUISBERG SYMPOSIUM, 1988. Hydrological Processes and Water Management in Urban Areas, IAHS, p175-183 International Association of Hydrological Sciences Publication 198), 1990.

WATER RESOURCES COUNCIL. *Regulation of Flood Hazard areas to reduce flood losses*. Washington, 1971.

WEIBEL, S.R.; ANDERSON, R.J.; WOODWARD, R.L. Urban Land Runoff as a factor in stream pollution. *Journal Water Pollution Control Federation*, v. 36, n. 7. Washington, 1964.

WILKEN, P.S. *Engenharia de Drenagem Superficial*. São Paulo, CETESB, 477 p, 1978.

WISNER, P.E. & CHEUNG, P.W. Parks against storms. In: YEN, B. *Urban stormwater quality, management and planning*. Littleton, Water Resources Publications, 1982. p. 322-330, 1982.

WOLMAN, M. Gordon & SCHICK, Asher P. Effects of Construction on Fluvial Sediment, Urban and Suburban Areas of Maryland. In: *Water Resources Research*, v. 3, n. 2. 1967.

Carlos Eduardo Morelli Tucci
tucci@if.ufrgs.br

Engenheiro Civil – Universidade Federal do Rio Grande do Sul (UFRGS)
Mestre em Engenharia Civil – UFRGS
PhD em Engenharia Civil – Colorado State University, EUA
Professor Titular do Depto. de Hidromecânica e Hidrologia do Instituto de Pesquisas Hidrológicas da UFRGS, onde também é membro da comissão de Pós-Graduação do Programa de Recursos Hídricos e Saneamento Ambiental.
Pesquisador I-A do CNPq.
Consultor e executor de vários projetos no IPH/UFRGS, em empresas de consultoria e outras empresas públicas e privadas.
Linhas de Pesquisa:
Engenharia Civil
Hidrologia e hidráulica
Modelos matemáticos de sistemas físicos (hidrologia, hidráulica e qualidade da água).
Simulação e planejamento de sistemas de recursos hídricos.

15

Água Doce no Semi-Árido

Vicente P. P. B. Vieira

Introdução

O presente capítulo tem por objetivo proporcionar uma visão, ao mesmo tempo abrangente e sintética, da situação dos recursos hídricos no Nordeste Semi-Árido, através de um diagnóstico de suas potencialidades e disponibilidades hídricas superficiais e subterrâneas e sua capacidade de atendimento às demandas, em quantidade e qualidade adequadas. Entenda-se, desde já, que o enfoque principal é o Semi-Árido, mas, naturalmente, inserido no contexto maior da Região Nordeste, que o envolve e interpenetra, e com o qual, simbioticamente, se relaciona e interage.

Contempla o estudo, basicamente, uma avaliação prospectiva do balanço hídrico oferta/demanda, até o horizonte do ano 2020, para as diversas bacias hidrográficas que compõem a Região, adotando-se a hipótese de um cenário tendencial de crescimento, compatível com os programas governamentais em curso, com o aumento populacional esperado e com a evolução histórica das atividades econômicas.

São, por outro lado, definidos e estimados alguns indicadores de vulnerabilidade e sustentabilidade hídricas, de forma a se poder identificar áreas mais suscetíveis a situações críticas, bem como classificar as diversas bacias, segundo diferentes tipos e níveis de criticidade, verificando-se sua evolução temporal para o período 1990-2020.

Ao final, são apresentadas diretrizes e recomendações para o estabelecimento de uma nova política de recursos hídricos para a Região, sob o paradigma do desenvolvimento sustentável.

Síntese histórica

O debate sobre a problemática regional do Nordeste remonta ao século passado, motivado basicamente pela ocorrência de secas periódicas de grande intensidade, com impactos traumáticos sobre consideráveis contingentes populacionais. Evento emblemático dessa preocupação em nível federal foi a construção do açude Cedro, no estado do Ceará, por iniciativa da Coroa Imperial.

No ponto de vista institucional, a criação do Departamento Nacional de Obras contra as Secas, em 1909, àquela época sob a denominação de Inspetoria de Obras contra as Secas, foi o marco inicial na implantação da infra-estrutura hídrica hoje existente, no desencadeamento de seu aproveitamento hidro-agrícola, e na busca do conhecimento científico dos recursos naturais da Região. Na área de recursos hídricos, em especial, foram feitos os primeiros estudos hidrológicos, alguns em caráter pioneiro, resultando na primeira grande síntese hidrológica regional, contida nos trabalhos do Engenheiro Francisco Gonçalves Aguiar, com modelos de chuva-deflúvio e estimativa de vazões de cheia apropriados ao Semi-Árido Nordestino.

O advento da Superintendência de Desenvolvimento do Nordeste, em 1959, ampliou a intervenção federal na região para uma visão desenvolvimentista, e os programas de aproveitamento hídrico incorporaram as dimensões econômicas e sociais que se faziam necessárias, notadamente aquelas referentes à irrigação pública. Em particular, os estudos hidrogeológicos e os programas de perfuração de poços foram fortalecidos, e instalada uma rede hidrometeorológica em nível regional. Merece menção especial a elaboração, no início da década de 80, do Plano Integrado de Recursos Hídricos do Nordeste — PLIRHINE, que constituiu-se no primeiro diagnóstico abrangente da situação dos recursos hídricos da Região.

Destaque-se, ainda, a fundação da Companhia de Desenvolvimento do Vale do São Francisco, em 1948, com atribuições de promover o desenvolvimento hidro-agrícola do Vale do São Francisco, paralelamente à implantação do importante programa de aproveitamento hidro-energético da Companhia Hidroelétrica do São Francisco.

Afora essas atuações específicas de órgãos regionais, outras instituições federais, tais como Departamento Nacional de Água e Energia Elétrica, Departamento Nacional de Obras e Saneamento, Companhia de Pesquisas de Recursos Minerais, entre outras, vieram somar esforços, no âmbito dos recursos hídricos, com atividades diferenciadas e setoriais. É conveniente enfatizar o papel do DNAEE, na qualidade de órgão controlador dos recursos hídricos nacionais, que, ao lado da SUDENE, estimularam, junto aos Estados, algumas ações de planejamento e controle das águas superficiais e subterrâneas.

É oportuno que se diga, no entanto, que as ações efetivas de Governo estão sempre "incorporadas a programas concebidos sob o impacto dos efeitos das estiagens prolongadas, porém sem contar com instrumentos financeiros e institucionais que assegurem a continuidade daquelas ações, após o término do flagelo." (Campello Netto, 1995).

Com a promulgação da Constituição Federal, em 1988, e das Constituições Estaduais, em 1989, está se desencadeando em todo o País, e mui particularmente na Região Nordeste, legislação específica sobre recursos hídricos, bem como a institucionalização de sistemas estaduais de gerenciamento. Aliás, a gestão hídrica está sendo reconhecida, em toda parte, como um imperativo social, mormente em regiões economicamente deprimidas e sujeitas a fenômenos hidroclimáticos extremos, como é certamente o caso das regiões semi-áridas. Em 1992, uma comissão de especialistas, sob a coordenação do Ministério da Ciência e Tecnologia, constatou ser a falta de *gerenciamento eficiente* da água o mais importante problema regional, no âmbito dos recursos hídricos.

A realização na cidade de Fortaleza, em fevereiro de 1992, da Conferência Internacional sobre Impactos de Variações Climáticas e Desenvolvimento Sustentável em Regiões Semi-Áridas – ICID (Ribot, 1996), trouxe à baila o problema da vulnerabilidade do Nordeste e a necessidade de se promover o seu desenvolvimento, através do uso racional e sustentável dos seus recursos naturais.

Como uma conseqüência natural do ICID, bem como das conclusões gerais da ECO-92, foi elaborado o Projeto ÁRIDAS, no intuito de estabelecer um novo paradigma para o desenvolvimento do Nordeste, sob a ótica da sustentabilidade, não só econômica e ambiental, mas também social e política (IPEA, 1995), e cujo capítulo referente a recursos hídricos consubstancia o diagnóstico e as prospecções contidas neste trabalho.

Peculiaridades do Semi-Árido

Inicialmente, há que se caracterizar a região semi-árida propriamente dita, dentro do Nordeste. Vários são os critérios que poderiam fazê-lo, em termos eminentemente científicos. Entretanto, a noção pragmática de Semi-Árido tem sido a de região onde incidem as secas prolongadas. A idéia de seca, por sua vez, vai desde a falta de precipitação, deficiência de umidade no solo agrícola, quebra de produção agropecuária, até impactos sociais e econômicos negativos em geral, ou seja, identificação de áreas de secas, em função de *causas e efeitos*, com diversos níveis de abrangência.

É compreensível e natural que a definição político-institutional do "Polígono das Secas" tenha se baseado na identificação das áreas de menor precipitação, qual sejam aquelas compreendidas pela isoieta de 800 mm. O traçado legal do Polígono foi uma espécie de envoltória da isoieta 800mm, ampliada pela leitura política das áreas social e economicamente atingidas pelo fenômeno climático adverso (Mapa 1 - Polígono das Secas e Mapa 2- Isoietas Anuais).

REGIÃO DO SEMI-ÁRIDO NORDESTINO

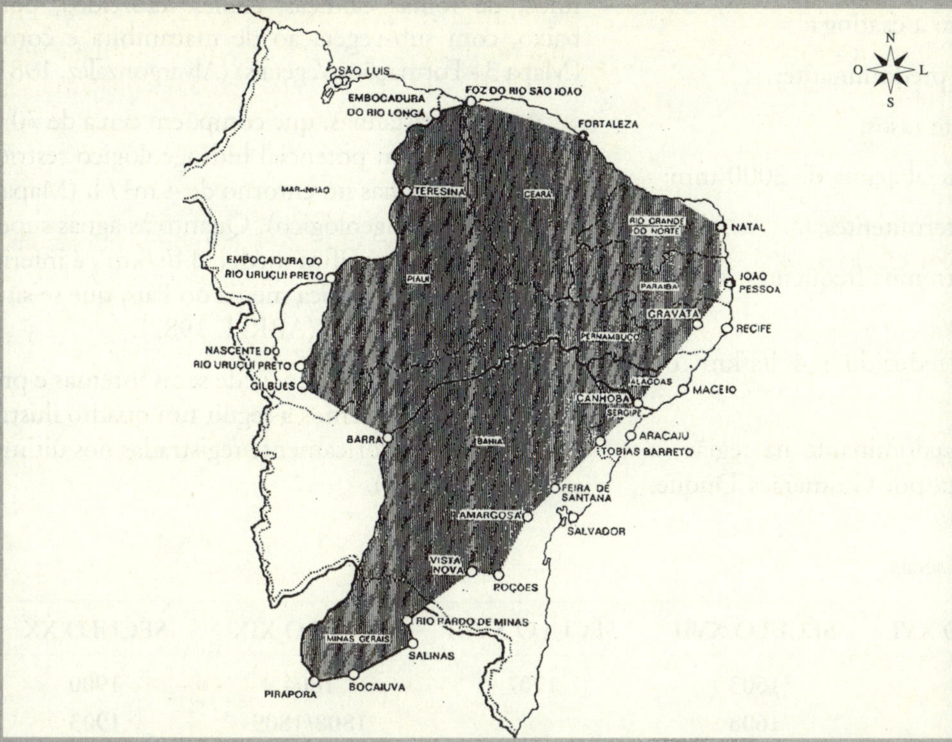

Legenda:

- Cidades e Localidades
- Polígono das secas

FONTE: ABRH, 1987.

Escala gráfica aproximada

0 600 km

Mapa 1: Localização do Polígono das secas

PLUVIOSIDADE NO SEMI-ÁRIDO

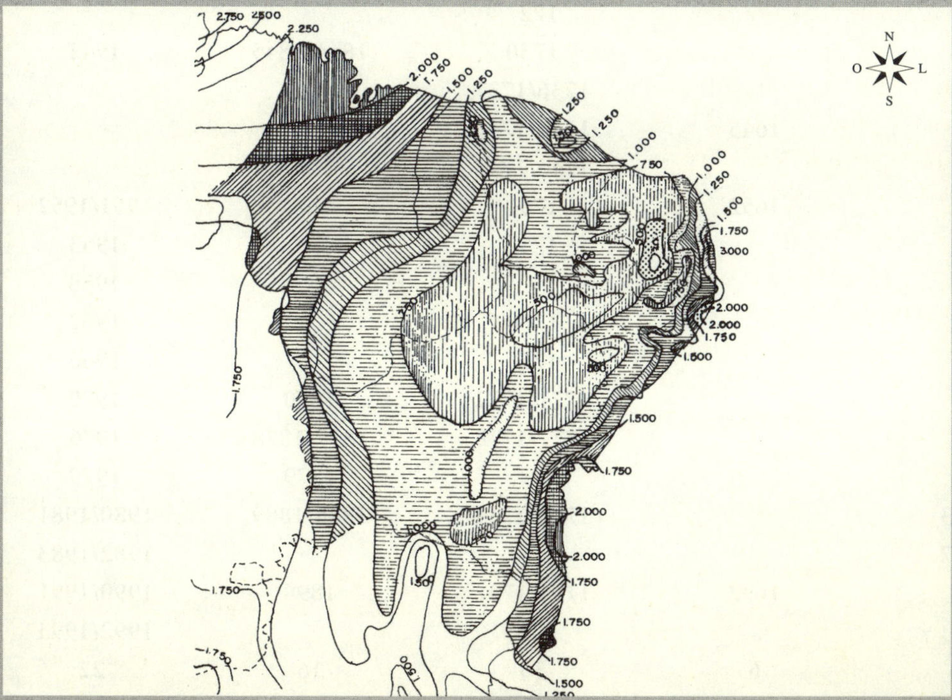

Legenda: em mm/ano

- > 2.000
- 1.750 a 2.000
- 1.500 a 1.750
- 1.250 a 1.500
- 1.000 a 1.250
- 750 a 1.000
- 500 a 750
- 300 a 500
- <300

FONTE: ABRH, 1987.

Escala gráfica aproximada

0 550 km

Mapa 2: Isoietas anuais

Outras características, marcantes da região semi-árida são:

- cobertura vegetal rasteira: a caatinga;
- embasamento cristalino predominante;
- solos agrícolas geralmente rasos;
- evapotranspiração potencial acima de 2000 mm;
- rios, em sua maioria, intermitentes;
- eventos hidrológicos extremos freqüentes: secas e cheias;
- escoamento específico reduzido : 4 $l/s/km^2$ ou 1260 $m^3/ha/ano$.

A cobertura vegetal predominante na região, a caatinga, foi assim descrita por Guimarães Duque: "É uma associação de plantas com aspecto seco, com árvores e arbustos úmidos, dotadas de espinhos, de folhas caidiças, caules retorcidos, porte baixo, com sub-vegetação de macambira e coroá" (Mapa 3 - Formações Vegetais) (Alvargonzalez, 1981).

As áreas cristalinas, que compõem cerca de 70 % do Polígono, têm potencial hidrogeológico restrito, com vazões médias no entorno de 4 m^3 / h (Mapa 4 - Potencial hidrogeológico). Quanto às águas superficiais, a vazão específica média, 4 $l/s/km^2$, é inferior a 1/5 da vazão específica média do País, que se situa na faixa de 21 $l/s/km^2$ (ABRH, 1987).

Com relação à incidência de secas intensas e prolongadas, transcrevemos a seguir um quadro ilustrativo das secas historicamente registradas nos últimos séculos (Tabela 1).

Tabela 1 - Cronologia das secas.

DÉCADAS	SÉCULO XVI	SÉCULO XVII	SÉCULO XVIII	SÉCULO XIX	SÉCULO XX
00		1603	1707	1804	1900
		1608		1808/1809	1903
10		1614	1710/1711	1814	1915
					1919
20			1721/1722	1824/1825	
			1723/1724	1829	
			1725/1726		
			1727		
30			1730	1844/1845	1942
			1736/1737		
40		1645	1744/1745		
			1746/1747		
50		1652	1751		1951/1952
			1754		1953
					1958
60			1760		1962
			1766		1966
70			1771/1772	1870	1970
			1777/1778	1877/1878	1976
				1879	1979
80	1583		1783/1784	1888/1889	1980/1981
	1587				1982/1983
90		1692	1791/1792	1898	1990/1991
			1793		1992/1993
TOTAL	2	6	30	16	22
FREQ. (%)	2	6	30	16	23

FONTE: Projeto ÁRIDAS, Tema II-3, 1995.

FORMAÇÕES VEGETAIS

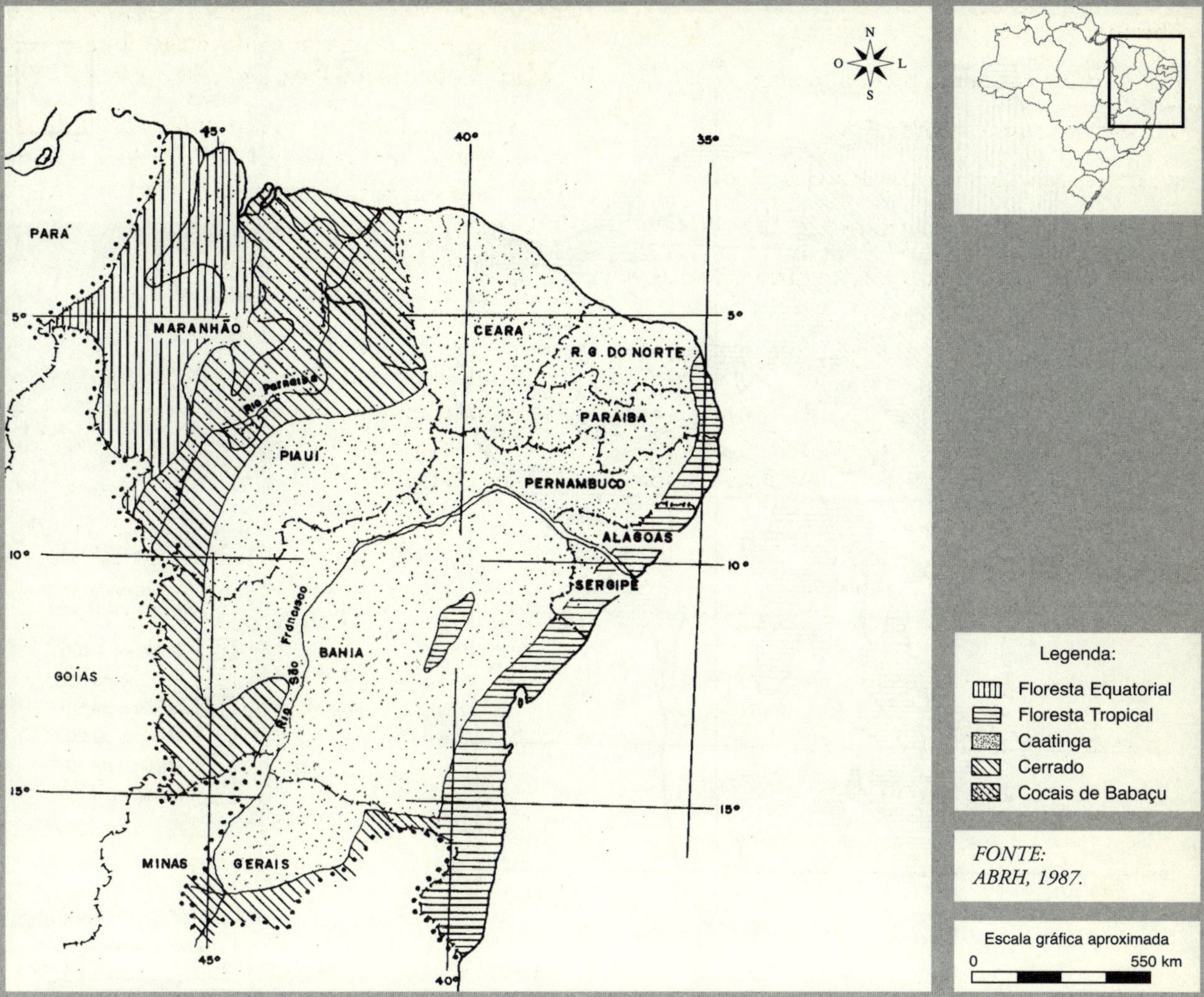

FONTE: ABRH, 1987.

Mapa 3: Formações vegetais

Tabela 2 - Coeficientes de variação de deflúvios anuais.

RIO	PAÍS	BACIA (km²)	CV
Mekong	Laos	299.000	0,17
King	Austrália	451	0,19
Sieber/ Herzberg	Alemanha	82	0,25
Lava Tudo	Brasil	1.147	0,36
Pelotas/ P. Socorro	Brasil	8.365	0,37
Warrangaba	Austrália	8,750	1,11
Diamantina	Brasil	115.000	1,19
Jaguaribe/ Orós	Brasil	21.000	1,24
Banabuiú/ S.Pompeu	Brasil	5.200	1,76

FONTE: IAHR, XXVII Congress, Theme A, 1997.

Tabela 3 - Rendimento de açudes no Ceará.

Denominação	V/VA	Rendimento (%)
Banabuiú	2,3051	22,4
Tomás Osterne	3,3084	24,1
Lima Campos	1,8489	23,3
Joaquim Távora	3,1179	16,4
Quixabinha	5,9060	13,9
Poço do Barro	1,6816	29,7
Orós	1,3352	35,7
Boa Viagem	1,0574	32,7
Ema	1,1931	39,4
Cedro	4,9910	12,1
Várzea do Boi	1,2126	8,9
São Bernardo	5,3218	7,2
Favelas	1,0474	32,4
Broco	4,3138	1,6
Prazeres	1,8337	35,2
Pedras Brancas	2,1389	23,7

FONTE: SRH/CE - PERH e Cadastro de Açudes.

POTENCIAL HIDROLÓGICO

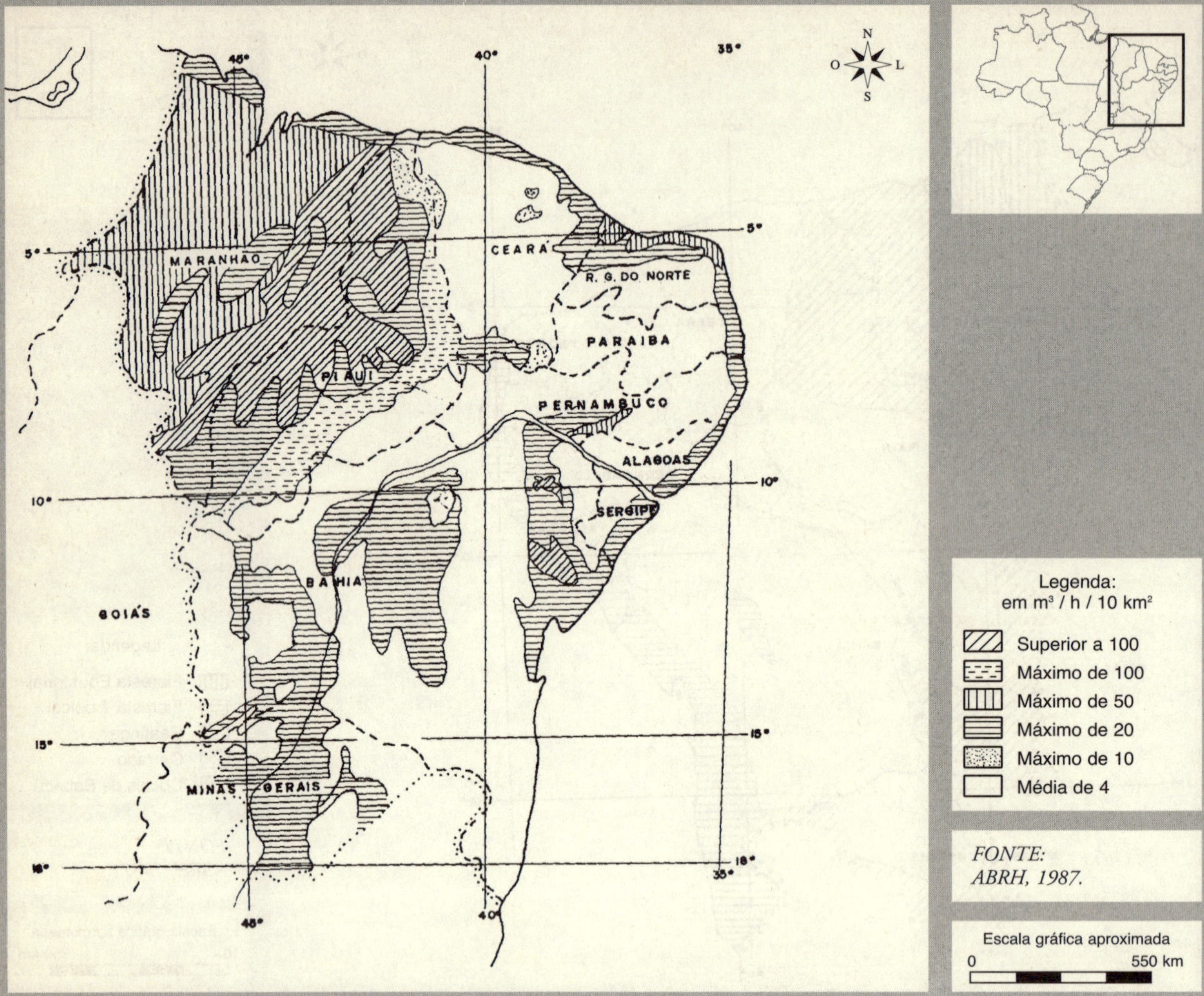

Mapa 4: Potencial Hidrológico

É oportuno salientar duas características essencialmente hidrológicas, relacionadas ao desenvolvimento e aproveitamento dos recursos hídricos superficiais da região:

- coeficiente de variação dos deflúvios e
- rendimento hídrico dos reservatórios de acumulação.

Estudo recente, realizado por Campos (1997), mostra a grande variabilidade dos deflúvios no Semi-Árido, atingindo valores superiores a 1,0 em diversos casos, com um máximo amostral de 1,76 para o açude Banabuiú, no estado do Ceará. Enquanto nos Estados Unidos, por exemplo, o valor médio encontrado em uma amostra de 160 açudes foi de 0,25, no Semi-Árido o valor médio é estimado em 1,4. Transcrevemos adiante (Tabela 2) um quadro comparativo dos valores do coeficiente de variação C_V, em vários rios do mundo.

A variabilidade dos deflúvios, juntamente com as altas taxas de evaporação do Nordeste, concorrem decisivamente para que os rendimentos hidrológicos dos açudes sejam bastante baixos, se comparados aos de regiões temperadas.

O Plano Estadual de Recursos Hídricos do Estado do Ceará considerou, por exemplo, em função da experiência local, nível de rendimento médio R=25%, ou seja, volume regularizado anual correspondendo a 1/4 da capacidade do reservatório, para o caso dos açudes sem estudo específico.

Apresentamos, a título de ilustração (Tabela 3), uma relação de açudes do estado do Ceará, com seus respectivos coeficientes de acumulação V/V_A e rendimentos correspondentes R, determinados para garantia de 90% (SRH/CE, 1992).

Observe-se que os açudes arrolados têm capacidade de acumulação na faixa de 1 a 6 vezes o volume médio afluente anual, ou seja, $1,0 < V/V_A < 6,0$, faixa essa representativa da maioria dos açudes construídos em rios intermitentes.

Verifica-se, pela Tabela 3, que o rendimento dos açudes varia de 1,6 a 39,4%, corroborando a assertiva de que pagamos, efetivamente, à natureza, um alto "preço" pela acumulação de água em reservatórios de superfície.

Potencialidades hídricas

Ao examinarmos o ciclo hidrológico, em suas várias fases, podemos considerar a precipitação como a fonte de origem de alimentação dos deflúvios e aqüíferos. Nesse sentido, a precipitação média anual sobre determinada região corresponderia ao recurso hídrico renovável máximo de que se poderia teoricamente dispor. Entretanto, grande parte dessa água precipitada é consumida no processo de evapotranspiração, restando, assim, uma fração relativamente pequena, para compor o escoamento superficial direto, a infiltração e, posteriormente, o escoamento subterrâneo.

A potencialidade hídrica de uma bacia será, então, considerada, neste estudo, como a soma do escoamento superficial direto e do escoamento de base (subterrâneo), constituindo o chamado escoamento superficial total ou escoamento fluvial, calculado em termos médios de longo prazo.

Note-se que a parcela, correspondente ao escoamento de base representa a *potencialidade hídrica subterrânea* garantida pela recarga dos aqüíferos. Neste contexto, não se está incluindo nenhuma fração das reservas permanentes, cuja utilização de forma intensiva e sistemática conduziria à diminuição ou mesmo eventual exaustão daquelas reservas. No entanto sua utilização, de forma controlada, poderá proporcionar maior eficiência e confiabilidade no uso integrado dos recursos hídricos, diminuindo, inclusive, sua vulnerabilidade às variações climáticas. Segundo Rebouças (1997), a fração na região explotável das reservas permanentes poderia atingir o montante de aproximadamente 20 bilhões de metros cúbicos anuais.

Os estudos do PLIRHINE (SUDENE,1980) mostram que, do total precipitado na Região Nordeste, apenas 12% escoam, sendo 8,6% por escoamento superficial e 3,4% por escoamento subterrâneo.

Por outro lado, sendo 1140mm a precipitação média regional, correspondendo a uma área de 1.663.200 km^2, o volume total precipitado é de 1.730 bilhões de metros cúbicos por ano, assim distribuídos:

- 1.523 bi m^3 → evaporação, evapotranspiração
- 149 bi m^3 → escoamento superficial
- 58 bi m^3 → infiltração, escoamento subterrâneo.

A Tabela 4 mostra, para as 24 bacias hidrográficas ou Unidades de Planejamento (UP) em que foi dividida a Região Nordeste, indicadas nos Mapas 5, 6 e 7 – conforme proposto no PLIRHINE e posteriormente adotado no Projeto ÁRIDAS (IPEA, 1995) – as potencialidades hídricas superficiais, subterrâneas e totais, em hectômetros cúbicos por ano (Costa, 1995 e Ferreira Filho, 1994).

Disponibilidades hídricas

Inicialmente, vamos definir o que aqui se entende por disponibilidade, quer em termos de águas superficiais, quer em termos de águas subterrâneas: é a quantidade de água, efetivamente disponível, de forma duradoura ou "permanente".

Nas bacias de rios intermitentes, a disponibilidade natural é, portanto, nula. Assim, os reservatórios de acumulação é que proporcionam a regularização interanual dos deflúvios naturais e propiciam a disponibilização de volumes anuais constantes, a um determinado nível de garantia. Essas vazões regularizadas pelos açudes constituem, neste caso, a disponibilidade de águas superficiais.

No caso de rios perenes, as vazões naturais mínimas correspondem, em princípio, às suas disponibilidades. No entanto, na hipótese da existência de grandes reservatórios, suas vazões regularizadas ampliam o nível dessas disponibilidades. Assim, por exemplo, as vazões regularizadas das barragens de Sobradinho e Boa Esperança foram consideradas como determinantes das disponibilidades superficiais dos rios São Francisco e Parnaíba, respectivamente.

Há, por outro lado, no Nordeste, uma grande quantidade de reservatórios de pequeno porte que não possui estudos hidrológicos específicos. Nestas circunstâncias, suas vazões regularizadas foram consideradas como sendo 25% das respectivas capacidades de acumulação, valor este representativo do rendimento médio dos açudes construídos no Semi-Árido.

Tratando-se de águas subterrâneas, as disponibilidades foram estimadas a partir de uma avaliação estatística por "sistema aqüífero", em função dos poços existentes e respectivas vazões, e distribuídas por bacia hidrográfica, em volumes anuais. À semelhança dos reservatórios de superfície, a disponibilidade se refere à oferta nominal viabilizada pelos poços.

A Tabela 4 discrimina as disponibilidades superficias, subterrâneas e totais das diversas Unidades de Planejamento, ressaltando-se que as vazões regularizadas correspondem ao nível de garantia de 90% e que o tempo de bombeamento considerado dos poços foi de 12 horas diárias (Costa, 1995 e Ferreira Filho, 1994).

Qualidade da água

O diagnóstico dos recursos hídricos, realizado pelo Projeto ÁRIDAS, quanto aos aspectos qualitativos, em que pese a precariedade de dados e informações confiáveis, levou a algumas conclusões gerais de grande interesse (Souza & Mota, 1995):

- A ação degradadora do homem vem se intensificando, os mananciais estão sendo alterados, pouca atenção se dá às práticas conservacionistas e as condições ambientais são desfavoráveis – altas taxas de evaporação, solos rasos, cobertura vegetal rala, rios intermitentes, reduzida capacidade de autodepuração.
- Os principais problemas relacionados à qualidade da água no Nordeste são: salinização dos corpos hídricos, notadamente de alguns açudes; forma-

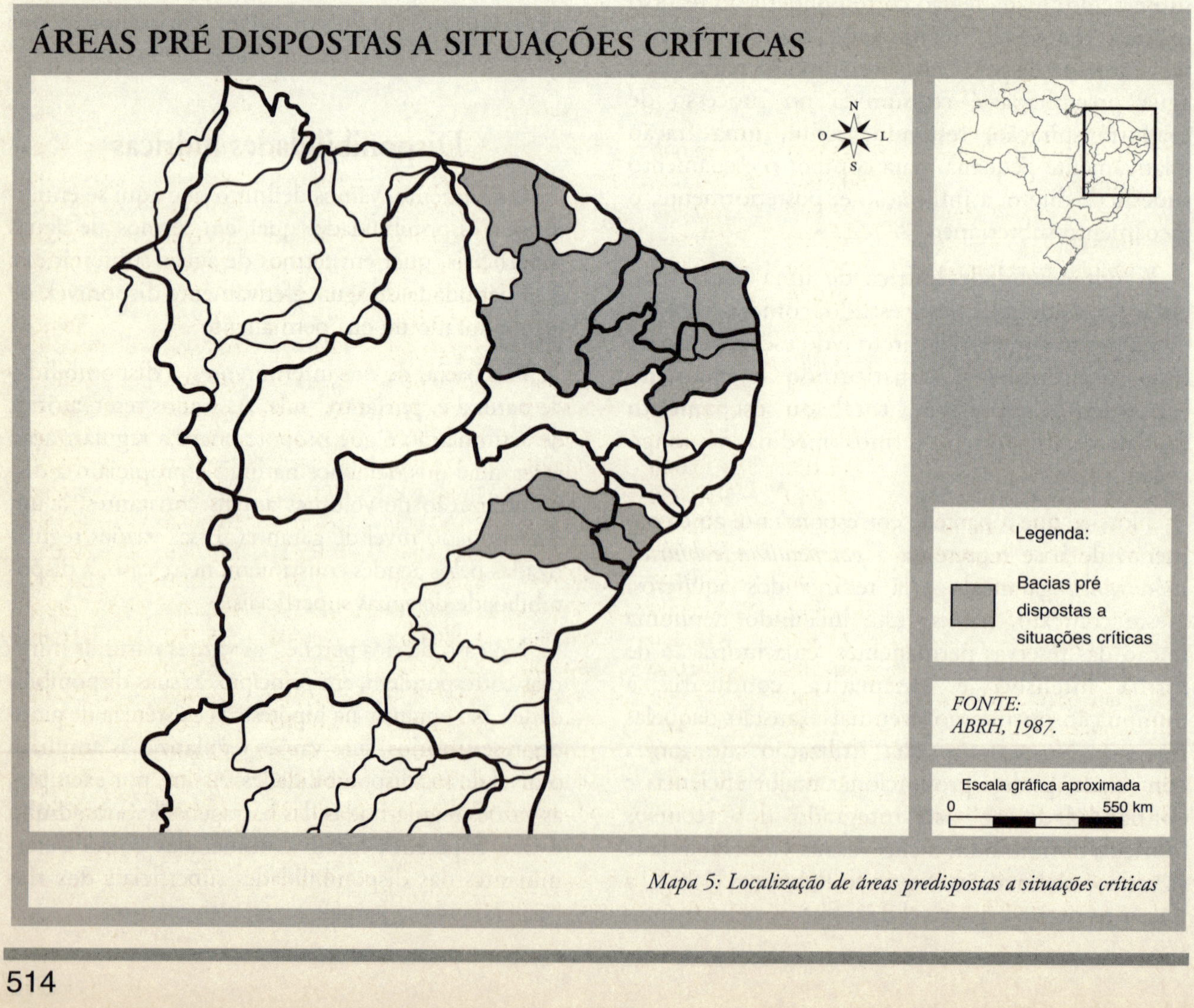

Mapa 5: Localização de áreas predispostas a situações críticas

ções cristalinas normalmente salinas; elevados níveis de turbidez e assoreamento em importantes bacias, tais como São Francisco, Parnaíba e algumas do Maranhão; processo crescente de poluição dos recursos hídricos, causada principalmente pelos esgotos domésticos, industriais, matadouros, lixo, fertilizantes químicos e agrotóxicos.

Valor econômico da água

É oportuno registrar que, em regiões como o Semi-Árido, onde a disponibilidade de água é problemática e escassa, sua caracterização, como bem econômico, se torna mais complexa e diferenciada. Inúmeros fatores concorrem para a determinação do valor econômico da água, tais como: tipo de uso, qualidade, forma e local de oferta, nível de garantia, sazonalidade, situação climática.

Diversos métodos têm sido usados para o cálculo desse valor, especialmente quando se trata de países ou regiões em desenvolvimento: benefício residual, custo alternativo, curva de demanda, disposição a pagar, explícita ou implícita – à falta de um mercado de água livremente estabelecido (World Bank, 1996).

Citaremos a seguir os resultados de dois estudos específicos, referentes a situações bem características da Região Semi-Árida.

O primeiro se refere ao caso de abastecimento de água para uso urbano, apresentado pela Secretaria de Desenvolvimento Urbano e Meio Ambiente do Estado do Ceará (SDU/CE, 1993), onde, a partir de estudo elaborado pelo Banco Mundial e IPEA (World Bank, 1990), é estimado o valor da água, em termos de benefício econômico, em **US$ 0,80/m³**.

O segundo diz respeito à situação de seca severa, onde o custo alternativo de fornecimento de água à população rural, através de carro-pipa, é avaliado em **US$ 6,60/m³** (Campos et alii., 1997).

Tabela 4 - Potencialidades e disponibilidades das Unidades de Planejamento.

UP	denominação	área (km²)	potenc. (hm³/ano) escoam. superfic.	escoam. subter	total (hm³/ano)	disponib. (hm³/ano) superfic.	subter	Total (hm³/ano)
1	Tocantins Maranhense	32.900	5.450.000	500.000	5.950.000	500.000	75.000	575.000
2	Gurupi	50.600*	15.290.000	2.510.000	17.800.000	2.510.000	84.000	2.594.000
3	Mearim-grajaú-pindaré	97.000	14.140.000	3.430.000	17.570.000	3.430.000	591.500	4.021.500
4	Itapecuru	54.000	7.750.000	1.550.000	9.300.000	1.550.000	203.000	1.753.000
5	Munim-barreirinhas	27.700	5.690.000	3.120.000	8.810.000	1.760.000	170.000	1.930.000
6	Parnaíba	330.000	31.090.000	9.030.000	40.120.000	8.087.040	977.000	9.064.040
7	Acaraú-coreaú	30.500	3.910.000	1.360.000	5.270.000	579.690	120.400	700.090
8	Curu	11.500	2.010.000	350.000	2.360.000	369.127	196.600	565.727
9	Fortaleza	14.700	1.740.000	530.000	2.270.000	221.899	444.300	666.199
10	Jaguaribe	72.000	3.340.000	810.000	4.150.000	1.937.060	141.300	2.078.360
11	Apodi-Mossoró	15.900	520.000	300.000	820.000	164.399	53.000	217.399
12	Piranhas-Açu	44.100	2.130.000	590.000	2.720.000	1.525.525	30.000	1.555.525
13	Leste Potiguar	24.440	950.000	730.000	1.680.000	114.564	105.300	219.864
14	Oriental da Paraíba	23.760	1.290.000	900.000	2.190.000	261.899	102.000	363.899
15	Oriental de Pernambuco	25.300	3.380.000	950.000	4.330.000	150.931	175.000	325.931
16	Bacias alagoanas	17.100	1.430.000	1.650.000	3.080.000	7.917	232.600	240.517
17	São Francisco	487.000*	24.400.000	16.700.000	41.100.000	64.385.280	452.600	64.837.880**
18	Vaza-Barris	22.330	810.000	390.000	1.200.000	75.608	35.200	110.808
19	Itapicuru-Real	46.100	1.200.000	880.000	2.080.000	163.442	48.500	211.942
20	Paraguaçu-Salvador	81.560	4.215.000	4.205.000	8.420.000	1.700.000	56.000	1.756.000
21	Contas-Jequié	62.240	4.860.000	700.000	5.560.000	700.000	33.500	733.500
22	Pardo-Cachoeira	42.000	5.920.000	1.240.000	7.160.000	795.000	22.000	817.000
23	Jequitinhonha	23.200*	5.570.000	540.000	6.110.000	540.000	8.500	548.500
24	Extremo sul da Bahia	27.300*	1.540.000	5.440.000	6.980.000	1.400.000	15.000	1415.000
	Nordeste (Sudene)	1.663.230	148.625.000	58.405.000	207.030.000	92.929.381	4.372.300	97.301.681

(*) -área da Unidade de Planejamento dentro do Nordeste da Sudene

(**) -incluindo contribuição do Alto São Francisco fora do Nordeste da Sudene

ÁREAS CRÍTICAS

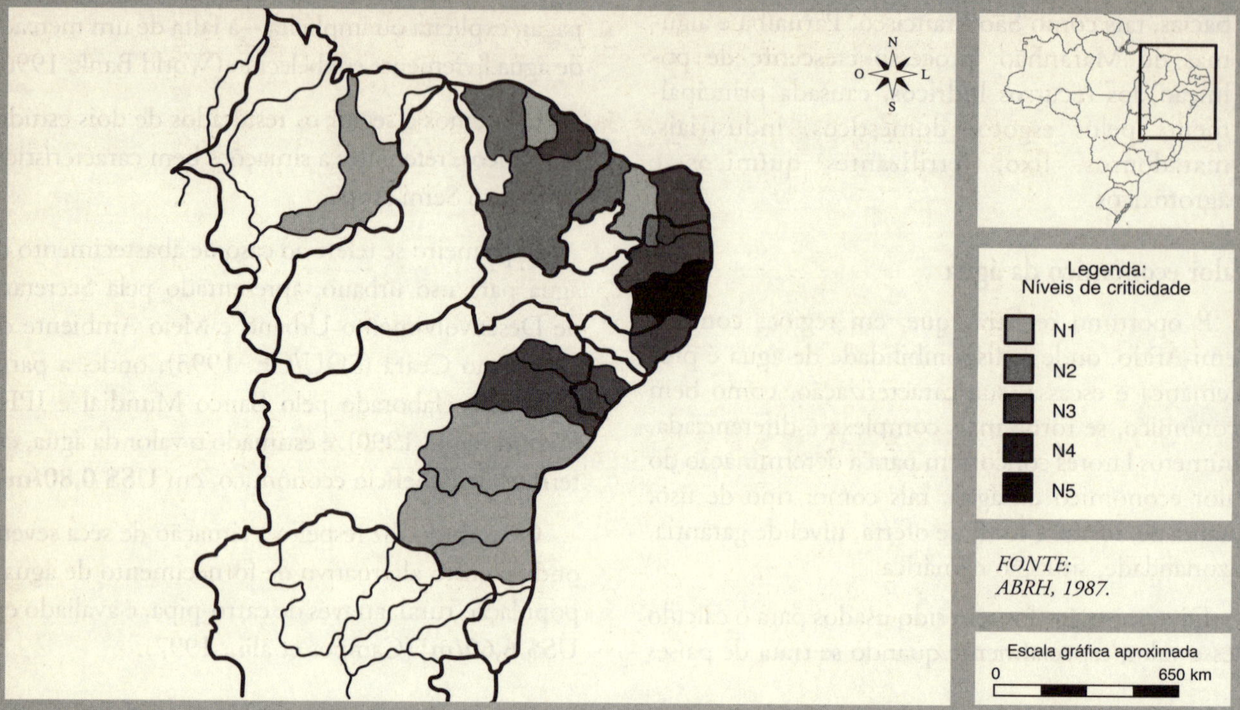

Mapa 6: Áreas críticas

ÁREAS CRÍTICAS

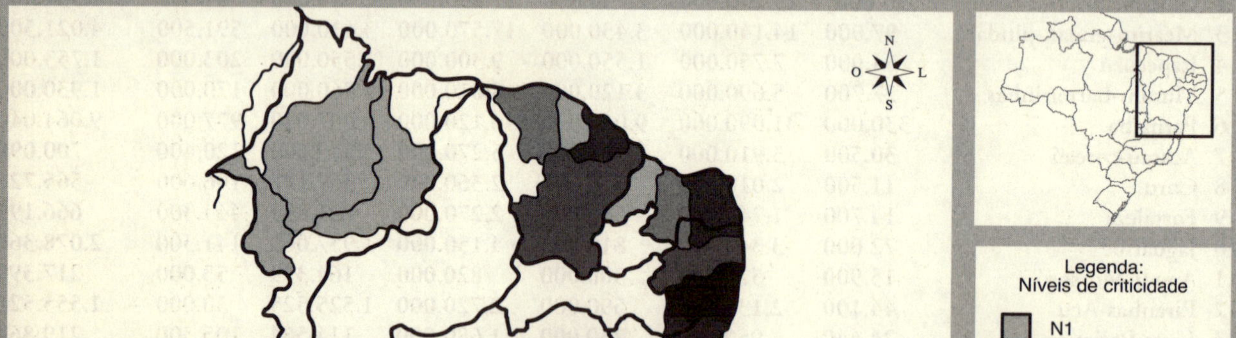

Mapa 7: Níveis de criticidade por sub bacia

Tabela 5 - Demandas hídricas das Unidades de Planejamento.

UP	Denominação	popul. urbana	popul. rural (hm³/ano)	d. hid. urbana (hm³/a)	d.hid. rural (hm³/a)	d.hid. anim. (hm³/ano)	d. hid. irrig.* (hm³/ano)	d. hid. agr.ind (hm³/ano)	d. hid. dist.ind (hm³/ano)	dem.hid. ecológ. (hm³/ano)	d. hid. total
1	Tocantins maranhense	264.818	184.556	29.541	4.715	11.825	33.589	0.340	7.385	50.000	137.395
2	Gurupi	192.304	3.86.480	15.792	9.874	15.970	2.580	0.000	3.948	251.000	299.164
3	Mearim-Grajaú-Pindaré	842.469	1.479.103	80.894	37.791	44.824	99.564	2.222	20.224	343.000	628.519
4	Itapecuru	326.331	445.288	28.412	11.379	15.918	31.601	4.827	7.103	155.000	254.240
5	Munim-Barreirinhas	121.818	293.939	9.040	7.511	8.551	12.932	0.000	2.260	176.000	216.294
6	Parnaíba	1.741.594	1.617.872	191.191	41.333	124.238	559.804	34.691	47.798	808.704	1.807.759
7	Acaraú-Coreaú	426.746	473.672	37.070	12.102	23.641	81.388	2.766	9.268	57.969	224.203
8	Curu	192.629	192.533	15.802	4.917	5.973	132.611	13.983	3.951	36.913	214.150
9	Fortaleza	2.411.212	270.894	364.113	6.923	8.552	160.303	25.666	91.028	22.190	678.775
10	Jaguaribe	975.770	992.114	88.379	25.352	57.329	562.219	26.165	22.095	193.706	975.244
11	Apodi-Mossoró	368.004	223.712	33.824	5.718	13.960	109.316	0.140	8.456	16.440	187.853
12	Piranhas-Açu	684.734	560.677	54.324	14.324	25.323	204.358	0.531	13.581	152.553	464.994
13	Leste Potiguar	1.145.863	539.203	142.419	13.778	15.167	137.264	45.538	35.605	11.456	401.227
14	Oriental da Paraíba	1.519.834	605.283	155.846	15.460	26.040	164.599	54.831	38.962	26.190	481.927
15	Oriental Pernambuco	4.170.296	1.118.349	514.965	28.576	20.956	779.433	549.420	128.741	15.093	2.037.184
16	Bacias alagoanas	1.253.953	707.524	153.833	18.074	14.534	238.448	379.577	38.458	0.792	843.716
17	São Francisco	3.184.912	3.253.205	294.373	83.116	246.931	1.965.193	47.054	73.593	6.438.528	9.148.788
18	Vaza-Barris	755.592	263.655	77.269	6.734	16.441	35.690	33.271	19.317	7.561	196.284
19	Itapicuru-Real	517.118	892.025	42.442	22.792	62.244	58.859	3.830	10.611	16.344	217.122
20	Paraguaçu-Salvador	3.480.425	1.233.761	471.963	31.523	69.165	272.860	39.882	117.991	170.000	1.173.383
21	Contas-Jequié	612.371	807.498	52.872	20.635	40.738	393.224	2.981	13.218	70.000	593.668
22	Pardo-Cachoeira	909.008	475.229	93.164	12.143	27.369	28.564	4.000	23.291	79.500	268.031
23	Jequitinhonha	107.416	116.769	8.637	2.984	12.912	0.742	0.000	2.159	54.000	81.435
24	Extremo sul da Bahia	305.793	190.127	27.496	4.858	21.709	130.116	1.165	6.874	140.000	332.218
	Nordeste (Sudene)	26.511.010	17.323.468	2.983.661	442.612	930.310	6.195.256	1.272.880	745.915	9.292.938	21.863.572

(*) - consideraram-se 18.000 m³/ha/ano, com 30% de água de retorno.

Demandas hídricas

No presente trabalho, foram considerados os seguintes tipos de demandas hídricas: populacionais urbana e rural, animal, de irrigação, agroindustrial, de distrito industrial e ecológica (Gondim Filho, 1994).

As demandas populacionais e urbanas foram obtidas a partir dos dados do Censo Demográfico do IBGE, ano 1991, em nível municipal, utilizando-se os coeficientes de demanda do PLIRHINE.

A demanda animal foi estimada com base nos dados da Produção da Pecuária Municipal do IBGE, ano de 1988, usando-se o conceito de bovino equivalente (unidades BEDA), traduzido pela expressão:

- BEDA = Bovinos + Equinos+ Asininos+ Muares + 0,2 x Ovinos + 0,2 x Caprinos + 0,25 x Suínos.

A demanda de irrigação foi determinada por estudo específico realizado no âmbito do Projeto ÁRIDAS (Souza, 1994).

Os coeficientes de demanda humana variaram entre 145 e 270 l/hab/dia, dependendo do tamanho do núcleo populacional. A demanda animal correspondeu a 50 l/BEDA/dia e a demanda de irrigação utilizou o coeficiente de 18.000 m^3/ha/ano, com 30% de água de retorno.Quanto à demanda ecológica foi considerada como 10% do escoamento superficial disponível.

A Tabela 5 apresenta as diversas demandas, distribuídas pelas Unidades de Planejamento, constatando-se que a demanda hídrica global para a região, referida ao ano de 1991, foi de 21.863,572 hm^3/ano.

Cenário tendencial

As projeções da oferta (disponibilidade) e da demanda de água foram realizadas até o ano 2020, com base nos critérios e hipóteses de crescimento a seguir indicados.

A ampliação da disponibilidade de águas superficiais, dada pela construção de novos reservatórios, baseou-se na hipótese de que todos os reservatórios então programados, ou seja referentes ao ano de 1991, estariam construídos até

Tabela 6 - Evolução das disponibilidades até o ano 2020 - em hm^3/ano.

UP	Denominação		Disponibilidade			
			1991	2000	2010	2020
01	Tocantins maranhense		575,00	578,75	581,11	582,73
02	Gurupi	(*)	2.594,00	2.598,20	2.600,85	2.602,67
03	Mearim-Grajaú-Pindaré		4.021,50	4.050,55	4.069,16	4.081,94
04	Itapecuru		1.753,00	1.763,15	1.769,54	1.773,93
05	Munim-Barreirinhas		1.930,00	1.938,50	1.943,85	1.947,53
06	Parnaíba		9.064,04	9.142,20	9.194,96	9.228,19
07	Acaraú-Coreaú		700,09	879,00	973,03	1.065,02
08	Curu		565,72	616,05	648,70	678,04
09	Fortaleza		666,19	762,03	837,94	903,99
10	Jaguaribe		2.078,36	3.530,18	3.545,97	3.558,12
11	Apodi-Mossoró		217,39	440,84	448,15	454,23
12	Piranhas-Açu		1.555,52	1.967,50	1.970,86	1.976,66
13	Leste Potiguar		219,86	235,65	250,18	262,36
14	Oriental da Paraíba		363,89	480,59	545,36	607,92
15	Oriental de Pernambuco		325,93	426,11	487,13	544,23
16	Bacias alagoanas		240,51	275,40	307,49	334,47
17	São Francisco	(*)	64.837,88	64.892,19	64.942,88	64.981,91
18	Vaza-Barris		110,80	114,32	117,42	119,91
19	Itapicuru-Real		211,94	216,79	221,06	224,50
20	Paraguaçu-Salvador		1.756,00	1.761,60	1.766,53	1.770,50
21	Contas-Jequié		733,50	736,18	737,99	739,13
22	Pardo-cachoeira		817,00	818,76	819,95	820,70
23	Jequitinhonha	(*)	548,50	548,92	549,18	549,36
24	Extremo sul da Bahia		1415,00	1.416,20	1.417,01	1417,52
	total		97.301,68	100.189,71	100.746,35	101.225,61

(*) área da bacia dentro do Nordeste da Sudene.

o ano 2000. A partir daí, considerou-se que a tendência seria a construção de açudes de menor porte, para preenchimento dos vazios hídricos existentes na Região, num ritmo de crescimento bem mais reduzido, equivalendo a um acréscimo de acumulação, no período 2000-2020, igual ao do período 1995-2000, à exceção das unidades de planejamento Jaguaribe, Apodi-Mossoró e Piranhas-Açu, para as quais não se previu a construção de novos açudes. Ressalte-se, desde já, que transposições de vazões entre bacias, incluindo o caso do rio São Francisco, não foram aqui consideradas.

A evolução da disponibilidade de água subterrânea foi estimada, partindo-se do princípio de que, na atual década, deverá haver uma maior solicitação desse recurso em função do déficit de abastecimento por águas superficiais. Considerou-se, como cenário tendencial, uma taxa de crescimento dessa disponibilidade, de 10% entre 1991 e 2000, de 7,5% entre 2000 e 2010, e de 5% entre 2010 e 2020.

Com relação às demandas, foram estimadas com base nas projeções de crescimento populacional, na programação de irrigação dos estados, e em hipóteses de crescimento industrial ajustadas a partir do PLIRHINE.

As Tabelas 6 e 7 apresentam a evolução das disponibilidades e demandas totais, por Unidade de Planejamento, até o ano 2020.

Vulnerabilidade natural

A semi-aridez, juntamente com a incidência de secas periódicas, caracteriza a vulnerabilidade geral da região, sujeita ao advento de conflitos e calamidades nas áreas econômica e social. Aqui procuraremos, entretanto, definir de forma objetiva um parâmetro que possa indicar, em relação à bacia hidrográfica, que áreas do Nordeste poderiam ser classificadas como *naturalmente vulneráveis* e, portanto, predispostas a situações críticas. Adotemos os seguintes índices como definidores dessa vulnerabilidade natural:

- Índice de Regularidade Fluvial (IRF) = Q_{min}/Q_{max} (vazão mínima/vazão máxima)

Tabela 7 - Evolução das demandas, até o ano 2020, em hm³/ano

UP	Denominação	Demanda total 1991	2000	2010	2020
01	Tocantins maranhense	138.073	159.516	181.680	202.742
02	Gurupí (*)	299.350	306.789	313.435	318.979
03	Mearim-Grajaú-Pindaré	607.705	670.384	732.316	789.074
04	Itapecuru	254.515	277.544	300.774	322.472
05	Munim-Barreirinhas	215.784	224.889	233.954	242.300
06	Parnaíba	1.823.634	2.189.885	2.555.090	2.908.887
07	Acaraú-Coreaú	207.291	249.966	282.416	313.222
08	Curu	224.246	253.303	277.309	300.664
09	Fortaleza	629.798	730.988	818.615	899.283
10	Jaguaribe	956.690	1.198.803	1.296.871	1.391.018
11	Apodi-Mossoró	134.701	179.528	202.570	222.815
12	Piranhas-Açu	461.788	553.016	602.844	649.007
13	Leste Potiguar	373.919	447.687	517.981	577.630
14	Oriental da Paraíba	455.345	530.002	592.480	648.943
15	Oriental Pernambuco	1.908.831	2.298.501	2.678.633	3.035.012
16	Bacias alagoanas	829.790	1.087.588	1.341.738	1.586.074
17	S. Francisco(*)	9.403.440	10.892.008	12.411.696	13.903.767
18	Vaza-Barris	195.284	249.053	292.846	331.406
19	Itapicuru-Real	222.663	286.114	341.934	391.552
20	Paraguaçu-Salvador	1.133.688	1.413.948	1.652.988	1.857.161
21	Contas-Jequié	661.224	895.626	1.142.357	1.382.483
22	Pardo-Cachoeira	282.495	341.413	390.882	432.640
23	Jequitinhonha (*)	81.997	87.767	92.161	95.545
24	Extremo sul da Bahia	366.664	450.993	539.636	625.854
	Total	21.872.914	25.975.308	29.793.203	33.428.527

(*) - parcela da bacia dentro do nordeste da Sudene.

- Déficit de Evapotranspiração Potencial Relativo (DETPR), onde

DETPR = [ETP - (P-Q)]/P
ETP = evapotranspiração potencial
P = precipitação
Q = escoamento
P-Q = evapotranspiração real
ETP - (P-Q) = déficit de evapotranspiração potencial.

A bacia hidrográfica será considerada predisposta a situações críticas quando:

IRF = 0 e DETPR > 1,0.

A Tabela 8 e o Mapa 5 mostram as bacias predispostas a situações críticas, segundo o critério acima estipulado (Vieira, 1996).

Sustentabilidade hídrica

A comparação entre a potencialidade, a disponibilidade e a demanda de cada bacia nos levou a estabelecer os seguintes indicadores de sustentabilidade hídrica: Índice de Ativação da Potencialidade – IAP, definido como a razão entre a disponibilidade e a potencialidade; Índice de Utilização da Disponibilidade – IUD, razão entre a demanda e a disponibilidade; Índice de Utilização da Potencialidade, razão entre a demanda e a potencialidade.

Sob o ponto de vista estritamente qualitativo, o único indicador factível de ser avaliado, em função dos dados disponíveis, foi o Índice de Comprometimento com a Poluição – ICP, razão entre a disponibilidade e a parcela da disponibilidade comprometida com a autodepuração.

A análise destes indicadores, em 1991, e sua evolução para o cenário tendencial do ano 2020, permitirá avaliar as condições de sustentabilidade hídrica de cada UP (Tabelas 9, 10 e 11).

Analisando a situação do ano de referência (1991), verificamos a existência de demandas reprimidas em algumas bacias (Dem. - Disp < 0 ou IUD > 1) e outras com disponibilidades próximas à exaustão, como é o caso de Fortaleza, em função da grande demanda da região metropolitana. Na projeção para o ano 2020 a situação se agrava, tanto em relação aos valores dos indicadores quanto ao número de

Tabela 8 - Áreas predispostas a situações críticas

no	Bacia	DETPR	IRF (Qmin / Qmáx)	predisposição
1	Tocantins maranhense	0,215	0,08	-
2	Gurupi	0,027	0,14	-
3	Mearim-Grajaú-Pindaré	0,102	0,13 - 0,23	-
4	Itapecurú	0,361	0,10 - 0,30	-
5	Munim-Barreirinhas	0,168	0,20	-
6	Parnaíba	0,939	0,04 - 0,17	-
7	Acaraú-Coreaú	1,132	zero	X
8	Curú	1,221	zero	X
9	Fortaleza	0,923	zero	-
10	Jaguaribe	1,443	zero	X
11	Apodí-Mossoró	1,748	zero	X
12	Piranhas-Açu	1,934	zero	X
13	Leste Potiguar	1,553	zero	X
14	Oriental da Paraíba	1,435	zero	X
15	Oriental de Pernambuco	0,674	zero	-
16	Bacias alagoanas	0,349	zero	-
17	São Francisco	1,084	0,00 - 0,26	-
18	Vaza-Barris	1,258	zero	X
19	Itapicurú-Real	1,237	zero	X
20	Paraguaçú-Salvador	0,647	0,08 - 0,31	-
21	Contas-Jequié	0,916	0,06 - 0,15	-
22	Pardo-Cachoeira	0,172	0,00 - 0,20	-
23	Jequitinhonha	0,641	0,09	-
24	Extremo sul da Bahia	0,219	0,20	-

FONTE: Revista engenharia/ ufc. n.14, 1996.

bacias afetadas.

No que diz respeito à qualidade da água, o Índice de Comprometimento com a Poluição já apresentava valores críticos em 1991 (ICP<1), em diversas bacias, agravando-se a situação, progressivamente, até o ano 2020, conforme demonstra a Tabela 11 (Souza & Mota, 1995).

Na hipótese de mudanças climáticas que possivelmente, redundarão em aumento de temperatura, diminuição de precipitação e da umidade do solo, e considerando-se a ação antrópica descontrolada que poderá se ampliar, as condições de sustentabilidade hídrica da região poderão ser intoleravelmente agravadas em detrimento das atividades produtivas e do bem-estar social, se medidas de caráter estrutural e comportamental não forem oportunamente tomadas.

Identificação de áreas críticas

A partir dos indicadores já apontados, acrescidos de outros a seguir discriminados, procuraremos classificar as bacias hidrográficas, em diferentes *tipos* e *níveis de criticidade*, envolvendo aspectos quantitativos e qualitativos das águas superficiais e subterrâneas.

Chamemos de Índice de Utilização do Potencial Subterrâneo – IUP_S a razão entre a demanda total e a potencialidade subterrânea. Esse índice caracteriza o nível de exaustão do potencial subterrâneo, na hipótese da demanda total ser atendida exclusivamente por água subterrânea (Costa, 1995).

Consideremos, ainda, o Índice de Armazenamento Superficial – IAS, razão entre a capacidade de acumulação e a potencialidade (Campos, 1995), e que caracteriza o nível de estocagem estratégica em reservatórios, na bacia.

Finalmente, definamos o Índice de Utilização Consuntiva da Potencialidade – IU_CP, razão entre o uso consuntivo e a potencialidade, e que indica o nível de exaustão absoluta (sem retorno) do potencial hídrico da região.

Áreas críticas quanto à água subterrânea – Tipo I

Foram consideradas de baixa sustentabilidade, em termos de água subterrânea, as áreas cuja demanda total de água ultrapassa o potencial sub-

Tabela 9 - Indicadores de sustentabilidade para 1991.

UP	Denominação	disp.-dem. (hm³).	disp./pot. (IAP)	dem./disp. (IUD)	dem./pot. (IUP)
01	Tocantins maranhense	437	0,10	0,24	0,02
02	Gurupi	2.295	0,15	0,12	0,02
03	Mearim-Grajau-Pindare	3.414	0,23	0,15	0,03
04	Itapecuru	1.498	0,19	0,15	0,03
05	Munim-Barrerinhas	1.714	0,22	0,11	0,02
06	Parnaiba	7.240	0,23	0,20	0,05
07	Acarau-Coreau	493	0,13	0,30	0,04
08	Curu	337	0,24	0,40	0,10
09	Fortaleza	36	0,29	0,95	0,28
10	Jaguaribe	1.122	0,50	0,46	0,23
11	Apodi-Mossoro	83	0,27	0,62	0,16
12	Piranhas-Açu	1.094	0,57	0,30	0,17
13	Leste Potiguar	-154	0,13	1,70	0,22
14	Oriental da Paraiba	-91	0,17	1,25	0,21
15	Oriental de Pernambuco	-1583	0,08	5,86	0,44
16	Bacias alagoanas	-589	0,08	3,45	0,27
17	Sao Francisco	55.434	1,58	0,15	0,23
18	Vaza-Barris	-84	0,09	1,76	0,16
19	Itapicuru-Real	-11	0,10	1,05	0,11
20	Paraguacu-Salvador	622	0,21	0,65	0,13
21	Contas-Jequie	72	0,13	0,90	0,12
22	Pardo-Cachoeira	535	0,11	0,35	0,04
23	Jequitinhonha	467	0,09	0,15	0,01
24	Extremo sul da Bahia	1.048	0,20	0,26	0,05
	Total/Média	75.429	0,47	0,22	0,11

terrâneo existente, aqui apontadas como áreas críticas Tipo I.

Os potenciais subterrâneos foram levantados por Costa (1995), e as projeções de demanda realizadas por Gondim Filho (1995). O índice de utilização do potencial subterrâneo – IUP_S, cujos valores superiores à unidade caracterizam as áreas críticas, é apresentado na Tabela 12, referente à situação de 1991 e ao cenário prospectivo de 2020.

Verifica-se que as bacias 9, 10 e 15 já se apresentavam críticas em 1991, acrescidas das bacias 12 e 21, no ano 2020.

Áreas críticas quanto à disponibilidade hídrica global – Tipo II

Quando a disponibilidade se exaure, em face da demanda existente, configura-se uma situação de demanda reprimida ou insatisfeita. Neste caso, classificamos como bacias críticas aquelas que apresentam o índice de utilização da disponibilidade IUD > 1. Na tabela 12, os valores de IUD foram calculados também para os anos de 1991 e 2020.

Foram detectadas como críticas, na situação existente em 1991, as bacias 13, 14, 15, 16, 18 e 19, e, em relação ao ano 2020, as mesmas acrescidas das bacias 20 e 21.

Áreas críticas quanto à potencialidade hídrica – Tipo III

É óbvio que, quanto mais a demanda (ou o uso) se aproximar do potencial hídrico, mais próxima da exaustão estará a bacia. Assim, quando o índice de utilização da potencialidade IUP tender à unidade, a bacia tenderá a uma situação crítica de insustentabilidade. Mais que isso, o potencial, a rigor, jamais poderá ser utilizado em sua totalidade por impossibilidade física natural, estimando-se em 0,8 o limite supremo do IUP e em 0,6 o seu limite máximo provável. Esse limite físico se refere, essencialmente, ao escoamento superficial, vez que o potencial susbterrâneo poderá ser eventualmente utilizado em sua plenitude.

Outro aspecto a considerar, em termos de vulnerabilidade de regiões semi-áridas, é a limitação do uso consuntivo, com relação ao escoamento médio ou potencialidade da bacia (Campos, 1995),

Tabela 10 - Indicadores de sustentabilidade para o ano 2020.

UP	Denominação	disp. - dem (hm^3)	disp./ pot IAP	dem. / disp. IUD	dem/ pot. IUP
01	Tocantins maranhense	380	0,10	0,35	0,03
02	Gurupi	2.284	0,15	0,12	0,02
03	Mearim-Grajau-Pindare	3.293	0,23	0,19	0,04
04	Itapecuru	1.451	0,19	0,18	0,03
05	Munim-Barrerinhas	1.705	0,22	0,12	0,03
06	Parnaiba	6.319	0,23	0,32	0,07
07	Acarau-Coreau	752	0,20	0,29	0,06
08	Curu	377	0,29	0,44	0,13
09	Fortaleza	5	0,40	0,99	0,40
10	Jaguaribe	2.167	0,86	0,39	0,34
11	Apodi-Mossoro	231	0,55	0,49	0,27
12	Piranhas-Acu	1.328	0,73	0,33	0,24
13	Leste Potiguar	-315	0,16	2,20	0,34
14	Oriental da Paraiba	-41	0,28	1,07	0,30
15	Oriental de Pernambuco	-2.491	0,13	5,58	0,70
16	Bacias alagoanas	-1.252	0,11	4,74	0,51
17	Sao Francisco	51.078	1,58	0,21	0,34
18	Vaza-Barris	-211	0,10	2,76	0,28
19	Itapicuru-Real	-167	0,11	1,74	0,19
20	Paraguacu-Salvador	-87	0,21	1,05	0,22
21	Contas-Jequie	-643	0,13	1,87	0,25
22	Pardo-Cachoeira	388	0,11	0,53	0,06
23	Jequitinhonha	454	0,09	0,17	0,02
24	Extremo sul da Bahia	792	0,20	0,44	0,09
	Total/Média	67.797	0,49	0,33	0,16

sendo o índice de utilização consuntiva do potencial IU_CP considerado crítico para valores superiores a 0,2 ou no máximo 0,3.

Levando-se em conta as considerações sobre os dois índices, acima expostas, com relação ao uso do potencial hídrico, definiremos como críticas as bacias de *rios intermitentes* que satisfaçam a, pelo menos, uma das seguintes condições:

$IUP > 0,6$ ou $IU_CP > 0,3$.

Os valores desses índices encontram-se na Tabela 12, calculados para os anos 1991 e 2020. Observe-se que a demanda ou utilização consuntiva foi obtida a partir da demanda global (Gondim Filho, 1995), excluindo-se a demanda ecológica, vez que outras demandas não-consuntivas já haviam sido previamente desconsideradas.

Verifica-se que, praticamente, a condição $IU_CP > 0,3$ se sobrepõe à condição $IUP > 0,6$, e que em 1991 apenas a bacia 15 se apresentava crítica, enquanto em 2020 a situação projetada contempla cinco bacias críticas, as de números 9, 10, 13, 15 e 16.

Áreas críticas quanto ao armazenamento estratégico – Tipo IV

Faz-se necessário, no Semi-Árido, um nível bastante elevado, de armazenamento em represas para vencer os períodos longos de estiagem. A praxe, no Nordeste, tem sido usar um índice de armazenamento superficial IAS = 2, para o dimensionamento de açudes, significando, em tese, um estoque de água para garantir suprimento por um período de até 2 anos de seca intensa.

É evidente que cada projeto necessita de um estudo hidrológico específico, mormente em se tratando de grandes reservatórios, de caráter plurianual.

Em bacias de *rios intermitentes*, consideramos crítica a situação em que o armazenamento não ultrapassa sequer o escoamento médio, ou seja, IAS < 1.

Na Tabela 12 são apresentados os valores do IAS para os anos de 1991 e 2020. Verifica-se que, em 1991, dez bacias estão em situação crítica, e que, em 2020, esse número se reduz para nove, apesar de aí estarem incluídas as barragens programadas pelos governos federal e estaduais.

Tabela 11 - Índice de comprometimento com a poluição, 1990-2020.

UP	Denominação	Índ. de Compr. com a poluição – ICP			
		1990	2000	2010	2020
01	Tocantins maranhense	1,8382	1,4245	1,1628	0,9823
02	Gurupi	24,3689	20,0800	17,0748	14,8521
03	Mearim-Grajaú-Pindaré	2,1186	1,5135	1,1772	0,9632
04	Itapecuru	0,6748	0,5009	0,3982	0,3305
05	Munim-Barreirinhas	189247	17,1429	15,6677	14,4262
06	Parnaíba	2,4054	2,0145	1,7329	1,5204
07	Acaraú-Coreaú	0,4224	0,4058	0,3595	0,3288
08	Curu	1,5061	1,4563	1,3636	1,2874
09	Fortaleza	0,0453	0,0418	0,0375	0,0342
10	Jaguaribe	0,8264	1,0165	0,7859	0,6406
11	Apodi-Mossoró	0,0642	0,1213	0,1024	0,0886
12	Piranhas-Açu	0,5639	0,4600	0,3392	0,2686
13	Leste Potiguar	0,0392	0,0323	0,0275	0,0239
14	Oriental da Paraiba	0,0529	0,0631	0,0632	0,0633
15	Oriental Pernambuco	0,0056	0,0631	0,0632	0,0633
16	Bacias alagoanas	0,0005	0,0004	0,0004	0,0003
17	São Francisco	9,5783	6,8079	5,2806	4,3130
18	Vaza-Barris	0,0097	0,0077	0,0064	0,0055
19	Itapicuru-Real	0,1272	0,0733	0,0515	0,0397
20	Paraguaçu-Salvador	0,0817	0,0698	0,0609	0,0540
21	Contas-Jequié	0,2089	0,1705	0,1440	0,1246
22	Pardo-Cachoeira	0,3910	0,3239	0,2765	0,2411
23	Jequitinhonha	11,7391	11,5714	11,4085	11,2500
24	Extremo sul da Bahia	2,0772	1,6123	1,3174	1,1138

ICP = vazão superficial disponível / vazão comprometida com a poluição

Áreas críticas quanto à qualidade da água – Tipo V

Conforme definido por Souza & Mota (1995), as áreas críticas, quanto à qualidade da água, correspondem àquelas em que o índice de comprometimento com a poluição ICP assume valores inferiores à unidade, ou seja, ICP < 1.

Na Tabela 12 encontram-se os valores do ICP, para os anos de 1991 e 2020, e constata-se que as bacias críticas são muito numerosas, correspondendo a 15 e 17, respectivamente, naqueles dois horizontes de tempo.

Classificação geral das áreas críticas

Identificadas as áreas críticas, para os cinco *tipos* descritos, definiremos como *nível* de criticidade o número de vezes em que cada área é classificada como crítica, portanto variando de 0 a 5. A Tabela 13, a seguir, apresenta o enquadramento das bacias nos vários tipos de situações críticas, bem como o seu respectivo nível de criticidade, para os anos 1991 e 2020 (mapas 6 e 7).

Verifica-se que, para a situação de 1991, o número de bacias críticas é, pela ordem: 3 do Tipo I; 6 do Tipo II; 1 do Tipo III; 10 do Tipo IV e 15 do Tipo V. Por outro lado, 16 bacias são classificadas como críticas, com níveis de criticidade variando de 1 a 5. Para o cenário do ano 2020, a situação, em geral, se agrava, e a distribuição das bacias críticas compreende: 5 do Tipo I; 8 do Tipo II; 5 do Tipo III; 9 do Tipo IV e 17 do Tipo V. E o número de bacias críticas se eleva para 18.

Conclusões

A análise dos dados acima expostos, envolvendo os indicadores de vulnerabilidade e de sustentabilidade das bacias do Semi-Árido, bem como sua classificação em tipos e níveis de criticidade, nos leva a algumas conclusões interessantes:

- Todas as bacias, preliminarmente apontadas como naturalmente predispostas a situações críticas, foram efetivamente classificadas como tal, em diferentes níveis de criticidade, quer na situação vigente em 1991, com média 2,33, quer na situação futura de 2020, com média 2,44;

Tabela 12 - Indicadores de sustentabilidade e vulnerabilidade, e valores críticos (itálico)

BACIA	IUP_S		IUD		IUP		IU_CP		IAS		ICP	
No	1991	2020	1991	2020	1991	2020	1991	2020	1991	2020	1991	2020
1	0,28	0,41	0,24	0,35	0,02	0,03	0,01	0,03	-	-	1,83	*0,98*
2	0,12	0,13	0,12	0,12	0,02	0,02	0,00	0,00	-	-	24,35	14,85
3	0,18	0,23	0,15	0,19	0,03	0,04	0,02	0,03	-	-	2,11	*0,96*
4	0,16	0,21	0,15	0,18	0,03	0,03	0,01	0,02	-	-	*0,67*	*0,33*
5	0,07	0,08	0,11	0,12	0,02	0,03	0,00	0,01	-	-	18,92	14,42
6	0,20	0,32	0,20	0,32	0,05	0,07	0,03	0,05	-	-	2,40	1,52
7	0,15	0,23	0,30	0,29	0,04	0,06	0,03	0,04	*0,35*	*0,60*	*0,42*	*0,32*
8	0,64	0,86	0,40	0,44	0,10	0,13	0,08	0,11	*0,51*	*0,61*	1,50	1,28
9	*1,19*	*1,70*	0,95	0,99	0,28	0,40	0,27	*0,38*	*0,37*	*0,42*	*0,04*	*0,03*
10	*1,18*	*1,72*	0,46	0,39	0,23	0,34	0,18	*0,33*	1,70	3,08	*0,82*	*0,64*
11	0,45	0,74	0,62	0,49	0,16	0,27	0,14	0,23	*0,80*	1,85	*0,06*	*0,08*
12	0.78	*1,10*	0,30	0,33	0,17	0,24	0,11	0,17	2,24	2,84	*0,56*	*0,26*
13	0,51	0,79	*1,70*	*2,20*	0,22	0,34	0,22	*0,34*	*0,27*	*0,27*	*0,03*	*0,02*
14	0,51	0,72	*1,25*	*1,07*	0,21	0,30	0,20	0,27	*0,48*	*0,85*	*0,05*	*0,06*
15	*2,01*	*3,19*	*5,86*	*5,58*	0,44	*0,70*	*0,44*	*0,70*	*0,14*	*0,28*	*0,00*	*0,00*
16	0,50	0,96	*3,45*	*4,74*	0,27	0,51	0,27	*0,51*	*0,01*	*0,01*	*0,00*	*0,00*
17	0,56	0,83	0,15	0,21	0,23	0,34	0,07	0,18	-	-	9,57	4,31
18	0,50	0,85	*1,76*	*2,76*	0,16	0,28	0,16	0,27	*0,25*	*0,25*	*0,01*	*0,00*
19	0,25	0,44	*1,05*	*1,74*	0,11	0,19	0,10	0,18	*0,31*	*0,31*	*0,12*	*0,03*
20	0,27	0,44	0,65	*1,05*	0,13	0,22	0,11	0,20	-	-	*0,08*	*0,05*
21	0,94	*1,97*	0,90	*1,87*	0,12	0,25	0,11	0,24	-	-	*0,20*	*0,12*
22	0,23	0,35	0,35	0,53	0,04	0,06	0,03	0,05	-	-	*0,39*	*0,24*
23	0,15	0,18	0,15	0,17	0,01	0,02	0,00	0,01	-	-	11,73	11,25
24	0,07	0,12	0,26	0,44	0,05	0,09	0,03	0,07	-	-	2,07	1,11
total	**0,37**	**0,57**	**0,22**	**0,33**	**0,11**	**0,16**	**0,06**	**0,12**	-	-	-	-

• das 24 bacias que compõem a região Nordeste, 16 foram identificadas como críticas em 1991, aumentando para 18 no ano de 2020; e a região, como um todo, amplia seu nível médio de criticidade de 1,54 para 2,00;

• em termos médios globais, a região poderia ser enquadrada como *não crítica*, considerando-se os diversos critérios de classificação:

  • o IUP_S geral é de 0,37 para 1991 e 0,57 para 2020, o que significa dizer que o potencial subterrâneo é superior ao dobro da demanda de 1991, e mais de 70% acima da demanda;

  • o IUD geral, para 1991 e 2020, é, respectivamente, 0,22 e 0,33, significando que menos de 1/3 da disponibilidade está sendo demandada pela população prevista para 2020;

  • o IUP geral, ou seja, o nível geral de utilização do potencial hídrico é de apenas 11% em 1991 e de 16% no ano 2020;

  • o IU_CP, que reflete o uso consuntivo global, é de apenas 6% do potencial em 1991, e 12% para o ano 2020;

  • os rios perenes compensariam os rios intermitentes, no processo de autodepuração dos esgotos poluidores, se considerarmos o escoamento superficial total da região.

Daí concluir-se que se deve, basicamente, à **má distribuição dos recursos hídricos**, a situação crítica de muitas bacias do Nordeste, quer na época atual, quer nas projeções para o ano 2020.

• Considerando apenas as bacias de rios intermitentes, verifica-se serem quase todas críticas, com relação ao armazenamento estratégico necessário para vencer as grandes estiagens; ou seja, apresentam insuficiente estocagem em reservatórios. Em 1991, das doze bacias de rios intermitentes 10 possuem armazenamento inferior ao escoamento médio anual e, na projeção de 2020, ainda 9 se encontram nessa situação, apesar dos açudes programados pelo Governo terem sido incorporados nas projeções.

Uma nova política de águas

O cenário desejável, para ser atingido no futuro, pode ser simplesmente descrito através da seguinte

Tabela 13 - Tipos e níveis de criticidade das bacias, nos anos 1991 e 2020.

BACIA	TIPO I		TIPO II		TIPO III		TIPO IV		TIPO V		NÍVEL	
No	1991	2020	1991	2020	1991	2020	1991	2020	1991	2020	1991	2020
1										X	0	1
2											0	0
3										X	0	1
4									X	X	1	1
5											0	0
6											0	0
7							X	X	X	X	2	2
8							X	X			1	1
9	X	X				X	X	X	X	X	3	4
10	X	X				X			X	X	2	3
11							X		X	X	2	1
12		X							X	X	1	2
13			X	X		X	X	X	X	X	3	4
14			X	X			X	X	X	X	3	3
15	X	X	X	X	X	X	X	X	X	X	5	5
16			X	X		X	X	X	X	X	3	4
17											0	0
18			X	X			X	X	X	X	3	3
19			X	X			X	X	X	X	3	3
20				X					X	X	1	2
21		X		X					X	X	1	3
22									X	X	1	1
23											0	0
24											0	0

inequação: **Demanda < Disponibilidade < Potencialidade**, válida para todas as bacias da Região, aí evidentemente incluídos os aspectos quantitativo e qualitativo.

Em termos mais concretos, os **objetivos gerais** de uma política de águas poderão ser:

- alcançar e manter padrões desejáveis de sustentabilidade;
- estabelecer mecanismos de convivência com a vulnerabilidade regional.

Padrões de sustentabilidade

A definição de padrões de sustentabilidade hídrica, compatíveis com o balanço favorável da oferta e demanda de água, em quantidade e qualidade, passa a ser tema prioritário, sujeito a discussões e certamente objeto de permanente aprimoramento. Como ponto de partida, com vistas ao estabelecimento de uma matriz de indicadores de sustentabilidade para o Semi-Árido, com relação aos recursos hídricos, sugerimos:

- IUD < 1, ou seja, disponibilidade sempre excedente em relação à demanda, significando a inexistência de demanda reprimida ou insatisfeita.
- IUP < 0,6, por limitação de ordem física, uma vez que normalmente não há condições para que a ativação da potencialidade e, conseqüentemente, sua utilização, ultrapasse o nível de 80%. Por precaução, sugerimos o limite de alerta de 60%.
- $IU_{C}P$ < 0,3, para o caso de bacias de rios intermitentes, indicando que a utilização em uso consuntivo não deve ultrapassar 30% do escoamento superficial médio.
- ICP > 1, no sentido de preservar a capacidade de autodepuração dos cursos d'água. Digamos, por exemplo, ICP > 1,5, ou seja, o escoamento superficial comprometido em até dois terços com a depuração das cargas poluidoras.
- IAS > 1, de forma a garantir um mínimo de armazenamento estratégico, ou seja, a capacidade dos reservatórios superior ao escoamento médio anual.

Todos esses indicadores, podem e devem ser desdobrados, espacialmente, por cada tipo de uso ou demanda, e ainda em termos de potencialidade superficial e subterrânea. Quanto à qualidade da água, já há inúmeros outros padrões definidos pela legislação ambiental, em função do enquadramento do rio e usos preponderantes.

Vulnerabilidade e risco

O conhecimento das áreas naturalmente vulneráveis às variações climáticas e de suas conseqüências econômicas, sociais e ambientais, conduz à imperiosa necessidade de se estabelecer mecanismos de defesa e de comportamento adequados à convivência permanente com as secas e inundações, tão próprias ao regime hidrológico da região, tais como:

- Sistemas de previsão e alerta para as secas e as cheias;
- ampliação das reservas estratégicas, em termos de águas superficiais e subterrâneas;
- educação ambiental, com vistas ao uso parcimonioso da água, reutilização e preservação;
- melhoria da distribuição espacial das disponibilidades hídricas, tanto nos estados, quanto na região do Semi-Árido como um todo, através de transposição intra e inter bacias hidrográficas;
- avaliação permanente dos riscos hidrológicos, econômicos, sociais e ambientais a que estão sujeitos os sistemas hídricos e as diversas camadas sociais.

É importante salientar que, no setor de recursos hídricos e, muito particularmente em regiões semi-áridas, a análise de risco deve ser considerada como um *instrumento de gestão*, de forma a facilitar a previsão, o convívio e a mitigação dos riscos climáticos, além daqueles próprios do aproveitamento, uso e gerenciamento da água, em todas as suas formas e matizes.

A gestão hídrica no Semi-Árido

Podemos estabelecer algumas estratégias gerais, para a consecução dos objetivos da nova política, através de uma gestão hídrica competente, tecnicamente eficiente e politicamente eficaz. Ei-las a seguir, apontadas, com seus principais programas decorrentes.

Preservação hidro-ambiental e conservação da água:

- proteção dos ecossistemas e do hidro-ambiente;
- manejo adequado do solo, de forma a minimizar seus impactos sobre os recursos hídricos;

- controle corretivo e preventivo da poluição;
- conservação da diversidade ecológica e manutenção do equilíbrio natural;
- recuperação das áreas degradadas;
- minimização do processo de desertificação;
- disciplinamento do uso e ocupação do solo;
- controle da erosão e do assoreamento;
- controle da salinização dos mananciais;
- proteção das nascentes;
- proteção das águas subterrâneas;
- controle de perdas e desperdícios;
- educação ambiental.

Controle e uso otimizado das disponibilidades:

- aproveitamento sazonal das disponibilidades hídricas, no atendimento à *demanda difusa*.
- aproveitamento racional e otimizado dos grandes mananciais, em usos múltiplos, melhorando a eficiência e ampliando a disponibilidade efetiva dos recursos hídricos;
- priorização do suprimento de água às populações urbanas e rurais, em caráter permanente, recorrendo, se necessário, à construção de adutoras e à redistribuição interbacias (Pereira, 1995);
- monitoramento dos recursos hídricos de superfície e subterrâneos, através da planificação e racionalização de uma rede básica de informações hidrometeorológicas e do controle dos açudes construídos e aqüíferos explotados;
- adoção, para os reservatórios de regularização, de níveis de garantia elevados, especialmente para o abastecimento humano e animal e para a irrigação de culturas permanentes;
- destinação prioritária das águas subterrâneas, de boa qualidade, para fins mais nobres, mantendo sua exploração, sempre que possível, no nível de sua capacidade de recarga;
- desenvolvimento de agricultura irrigada de alta eficiência hidrológica, com sistemáticos planos de reutilização das águas de retorno;
- manutenção preventiva e corretiva de açudes e equipamentos hidromecânicos, com vistas ao bom funcionamento e segurança das obras hidráulicas.

Ampliação racional da oferta:

- adoção nos imóveis rurais, coletivos ou individuais, de infra-estrutura hídrica que garanta, em caráter permanente, o abastecimento para consumo humano e animal;
- desenvolvimento de um planejamento de médio e longo prazo para ampliar a oferta de água em função da identificação das demandas prospectivas, especialmente aquelas de caráter social, o que deverá implicar na ampliação da infra-estrutura de grandes barragens e poços profundos, bem como possíveis importações de vazões intra ou inter-regionais;
- recuperação de poços e barragens existentes com vistas ao seu pleno funcionamento;
- reexame dos objetivos dos grandes açudes e seu sistema de operação, dando-lhes racional e plena utilização;
- promoção, sempre que viável, da dessalinização de poços no cristalino;
- construção, onde apropriado, de barragens subterrâneas e promoção da utilização conjunta de águas superficiais e subterrâneas.

Capacitação de recursos humanos:

- articulação entre as áreas técnicas e científicas, envolvendo universidades e órgãos estaduais e regionais de investigação, pesquisa e coleta de dados básicos;
- formação de quadros, nos órgãos estaduais e regionais de investigação, avaliação e desenvolvimento de recursos hídricos, envolvendo pessoal de nível médio e nível superior especializado;
- estimulo à preparação de recursos humanos especialmente voltados para o planejamento e gestão de recursos hídricos, com a formação de equipes multidisciplinares;
- estímulo à formação de pessoal pós-graduado, em nível de especialização, mestrado e doutorado, nas áreas de interesse direto ou indireto do setor de

recursos hídricos, através dos centros de excelência existentes ou emergentes na região;

- desenvolvimento de programas de educação ambiental, de caráter formal, informal ou não-formal.

Desenvolvimento tecnológico:

- implementação de um Sistema de Informações Geográficas, adequado à realidade do Semi-Árido, que proporciona efetiva facilidade de acesso e comunicação em rede, especialmente no que se refere aos dados e informações hidrológicas;
- desenvolvimento de modelos de monitoramento e gestão de bacias, adaptáveis às peculiaridades regionais, e, sobretudo, técnica e administrativamente eficazes;
- modernização técnico-científica da rede hidrometeorológica e hidrométrica da região;
- adaptação de dessalinizadores, economicamente viáveis, à região;
- realização de estudos e pesquisas, com vistas ao melhor conhecimento da "Hidrologia do Semi-Árido" e, conseqüentemente, desenvolvimento de tecnologias apropriadas à região.

Institucionalização de sistema regional de gestão:

- criação de uma Comissão Regional de Águas, com participação da União e estados do Nordeste;
- instalação gradativa de Comitês de Bacias Hidrográficas e Agências de Bacias, seja em bacias federais, seja em bacias estaduais;
- estimulo à formação de Redes de Bacias ou Comitês, associados por região ou por estado;
- desenvolvimento de modelos de gerenciamento de bacias apropriados ao Semi-Árido, associando, indissoluvelmente, o monitoramento hidro-ambiental ao monitoramento climático, de forma a estabelecer sistemas de alerta voltados tanto para as cheias quanto para as secas;
- adoção de mecanismos de cooperação eficazes entre estados e União, de forma a viabilizar, sem perda da autonomia dos estados, a atuação atribuída pela própria Constituição ao Governo Federal, mormente nas áreas de calamidades;
- promoção da regulamentação da Constituição Federal e Constituições Estaduais, no que diz respeito aos recursos hídricos e sua gestão;
- implantação do princípio do usuário-pagador e do poluidor-pagador, bem como a instalação de um *mercado de direitos de água*, compatível com o valor econômico dos recursos hídricos e com o caráter social que representa no atendimento às necessidades básicas da população carente do Nordeste;
- criação de fundo especial para gerenciamento hídrico, a partir de cobrança de tarifa de água.

Conclusões e recomendações

Diante do exposto, a título de síntese conclusiva, indicamos os pontos principais que devem caracterizar a postura da sociedade, em termos de visão geral dos recursos hídricos do Nordeste, notadamente do Semi-Árido, na perspectiva do desenvolvimento sustentável da região:

a potencialidade hídrica da Região, em termos globais, é suficiente para garantir o suprimento de água necessário à sua sustentabilidade econômica, à preservação ambiental e à promoção social da população, pelo menos até o ano 2020;

a distribuição desses recursos hídricos é, no entanto, espacial e temporalmente, desbalanceada, exigindo, de um lado, a regularização de seus escoamentos e, de outro, a transferência de vazões entre bacias, de modo a preencher os vazios hídricos regionais, democratizar a disponibilidade hídrica e permitir o abastecimento das populações e atividades produtivas, com níveis de garantia aceitáveis;

mister se faz o estabelecimento de sistemas integrados de gerenciamento dos recursos hídricos, tanto nos Estados, quanto na região do Semi-Árido, de forma a racionalizar e otimizar o uso da água, evitando desperdícios e maximizando os benefícios de seu aproveitamento;

atenção especial precisa ser dada ao uso conjunto das águas superficiais e subterrâneas, monitorando sua interação com o meio ambiente e preservando sua qualidade.

É indispensável a postura de convivência adequada com a variabilidade climática, com a vulnerabilidade natural e com os riscos inerentes à realidade regional.

É também primordial a atitude de tirar proveito das vantagens comparativas oriundas das próprias peculiaridades hidro-ambientais da região.

Bibliografia

ABRH, *Modelos para Gerenciamento de Recursos Hídricos,* NOBEL, São Paulo, 1987.

ALVARGONZALEZ, *O Desenvolvimento do Nordeste Árido,* MI/DNOCS, Fortaleza, 1981.

CAMPELLO NETTO, M. S., *Políticas de Recursos Hídricos para o Semi-Árido Nordestino,* ÁRIDAS, SEPLAN/PR, Brasília, 1995.

CAMPOS,J.N.B., *Vulnerabilidade do Semi-Árido às Secas, sob o Ponto de Vista dos Recursos Hídricos,* ÁRIDAS, SEPLAN/PR, Brasília, 1995.

_______________ *Errors and Variability of Reservoir Yield Estimation as a Function of the Coefficient of Variation of Annual Flows,* in Proceedings XXVII IAHR Congress, Theme A, San Francisco, California, 1997.

_______________, OLIVEIRA, J.B., VIEIRA, V.P.P.B. e CAMPOS, V.R., *Custo de Fornecimento da Distribuição de Água através de Carro Pipa : um Estudo de Caso,* VI Simpósio Brasileiro de Recursos Hídricos, 16 a 20/Nov, Vitória, 1997.

COSTA, W. D., *Água Subterrânea e o Desenvolvimento Sustentável do Semi-Árido Nordestino,* ÁRIDAS, SEPLAN/PR, Brasília, 1994.

FERREIRA FILHO, W. M., *Recursos Hídricos do Nordeste Semi-Árido,* ÁRIDAS, SEPLAN/PR, Brasília, 1994.

GONDIM FILHO, J. G. C., *Sustentabilidade do Desenvolvimento do Semi-Árido sob o Ponto de Vista dos Recursos Hídricos,* ÁRIDAS, SEPLAN/PR, Brasília, 1995.

IPEA, *Nordeste - Uma Estratégia de Desenvolvimento Sustentável,* Projeto ÁRIDAS, Brasília, 1995.

PEREIRA,P.J. P. S., *Estudo sobre Propostas de Transposição de Águas do Rio São Francisco,* ÁRIDAS, SEPLAN/PR, Brasília, 1995.

REBOUÇAS, A., *Água na Região Nordeste: Desperdício e Escassez,* em Estudos Avançados 29, Instituto de Estudos Avançados, USP, São Paulo, 1997.

RIBOT (Ed.), *Climate Variability, Climate Change and Social Vulnerability in the Semi-Arid Tropics,* Cambridge University Press, New York, 1996.

SOUZA, H.R., *Agricultura Irrigada,* ÁRIDAS, SEPLAN/BR, Brasília, 1994.

SOUZA,R.O. e MOTA, F.S.B., *Qualidade e Conservação da Água, com Vistas ao Desenvolvimento Sustentável do Semi-Árido Nordestino,* ÁRIDAS, SEPLAN/PR, Brasília, 1995.

SDU/CE, *Análise Econômica e Social do PROURB,* Fortaleza, 1993.

SRH/CE, *Registro de Açudes Construidos no Estado do Ceará,* Fortaleza, 1992.

SUDENE, *Plano Integrado de Recursos Hídricos do Nordeste,* Recife, 1980.

VIEIRA, *Recursos Hídricos do Nordeste: Identificação de Áreas Críticas,* Revista Engenharia, n.14, Ano XII, UFC, Fortaleza, 1996.

WORLD BANK, *Toward Equitable and Sustainable Rural Water Supplies: a Contingent Valuation Study in Brazil,* WB Economic Review,vol. 4, n. 2, 1990.

_______________, *Measuring Economic Benefits for Water Investments and Policies,* WB Technical Paper n. 338, Washington D.C, 1996.

Vicente de Paula Pereira Barbosa Vieira

vpvieira@ufc.br

Engenheiro Civil – Escola de Engenharia da UFCE

Economista – Faculdade de Ciências Econômicas da UFCE

Mestre em Hidrologia Aplicada – Instituto de Pesquisas Hidráulicas da UFRGS

Doutor em Planejamento de Recursos Hídricos – Colorado State Unviersity, EUA

Professor Titular do Depto. de Engenharia Hidráulica e Ambiental do Centro de Tecnologia da UFCE.

Consultor e Conselheiro de diferentes Órgãos vinculados a questões dos recursos hídricos em nível estadual (Ceará) e federal.

É membro da Academia de Ciências do Ceará.

Foi Diretor da Escola de Engenharia da UFCE, Presidente da Associação Brasileira de Recursos Hídricos e Diretor de Planejamento e Coordenação do DNOCS.

Linhas de Pesquisa:

Gestão de recursos hídricos

Análise de risco aplicada a recursos hídricos

16

Hidroeconomia

Antonio Eduardo L. Lanna

Introdução

A economia é a ciência social que estuda a alocação ótima de recursos escassos para as atividades de interesse humano. Os usos múltiplos da água e a dependência das sociedades humanas e dos ecossistemas ante este elemento, o têm tornado cada vez mais escasso. Esta escassez faz da água um dos interesses da economia e, em função disto, é atribuído a ela valor econômico.

Os problemas de escassez, seja de água ou de qualquer outro elemento, são sempre geridos através do regime de propriedade. Um usuário de um recurso, na medida em que ele se torne escasso, procurará geri-lo para seu próprio proveito. Caso seja possível a negociação entre quem tem o recurso e quem não o tem, mas demanda o seu uso, este último buscará adquiri-lo daquele. O detentor da propriedade, mesmo não tendo necessidade de usar o recurso, deverá geri-lo de forma a obter a maior renda com sua venda. Isto ocorre com o solo, urbano ou rural, um carro, ou um animal com utilidade para o homem, entre inúmeros outros exemplos. E, para que isto ocorra, o atributo de propriedade privada deve ser aceitável pelas instituições e fisicamente viável de ser implementado.

A aceitação institucional é uma questão de sistema político e econômico. Nos regimes comunistas não é aceitável a propriedade privada dos fatores de produção. Nos regimes capitalistas ocorre o contrário.

A viabilidade física do atributo de propriedade já é uma questão mais complexa, sendo estabelecida pela possibilidade de exclusão, ou seja, a possibilidade de uma parte excluir a outra do uso do recurso de sua propriedade. O dono de um terreno pode realizar isto, caso esteja vigilante e sob o amparo da polícia. Alguém que queira usar seu terreno deverá pagar pelo aluguel ou título de posse. Se o proprietário optar por usar o terreno, pode excluir outros de fazê-lo.

No caso da água, em certas circunstâncias, é possível aplicar-se a exclusão. Por exemplo, alguém que construa em suas terras um reservatório que armazene água e, portanto, comprometa sua mobilidade, poderá vender esta água ou usá-la em seu próprio proveito, caso isto seja institucionalmente possível. Já na situação em que a água está escoando em um curso de água, existe dificuldade em se garantir o direito de propriedade. Algum usuário que se estabeleça a montante poderá consumir a água, que seria, teoricamente, de propriedade do usuário de jusante, a não ser que uma fiscalização atenta o impeça. Da mesma forma, será possível a poluição do curso de água, sem que haja possibilidade de identificação do poluidor e, portanto, de penalizá-lo no sentido de compensar o proprietário da água.

Se não houver possibilidade de exclusão, todos poderão usufruir do recurso escasso que, por isto, terá acelerada a sua tendência de escasseamento. Duas alternativas existem para impedir isto. Ou os usuários agem de forma solidária e fazem a gestão comunitária do uso do recurso, ou o Estado assume sua propriedade e faz o mesmo. Em ambos os casos, de fato ou de direito, o recurso passa a ser propriedade comunitária ou estatal.

A gestão comunitária apresenta dificuldades de ser estabelecida, pois subentende um acordo, entre os usuários potenciais, que pode ser frágil; a propriedade estatal é mais fácil de ser implementada, através do sistema legal. Por exemplo, no Brasil a água é, constitucionalmente, bem da União ou das Unidades Federativas, dependendo da sua situação. Esta "publicização" serve também para resolver os problemas de gestão de um recurso escasso, quando o atributo de propriedade privada não pode ser exercido por questões institucionais, situação dos regimes comunistas.

Uma vez assumida a propriedade de um recurso, o poder público tem à sua disposição uma série de instrumentos de gestão. Dois instrumentos fundamentais são a outorga e a cobrança pelo uso. A rigor, eles não têm grandes diferenças, na forma e nos resultados, dos instrumentos que são acionados por um proprietário privado de um recurso.

A outorga é um instrumento discricionário que permite ao proprietário do recurso estabelecer quem pode usá-lo, como, quando e de que forma. Quando a propriedade é privada, a outorga é equivalente à aquiescência por parte do proprietário de que outros usem seu recurso. Para isto, a outra parte deverá se sujeitar ao que for exigido pelo primeiro. Por exemplo, parentesco, cessão de parte do que for produzido ou simples pagamento pecuniário.

Quando a propriedade é pública, a outorga é um instrumento de gestão que atua através da atribuição de cotas entre os usuários: como o recurso é escasso, sua distribuição é realizada de forma a evitar desperdícios e a atender demandas mais prioritárias sob o ponto de vista da sociedade. Caso o recurso escasso seja também exaurível (ao contrário de renovável) as cotas poderão ser distribuídas de forma que o inevitável esgotamento se faça com maiores benefícios para a sociedade.

A cobrança atua economicamente, através do preço. Quando a propriedade é privada, este preço poderá ser a condição para que terceiros usem ou recebam a transferência de propriedade do recurso. É interessante notar que a famosa lei da oferta e da procura determinará que o preço do recurso aumentará quanto mais próximo do esgotamento ele estiver, pois a oferta estará diminuindo gradualmente. Com isto, os usuários serão compelidos a usar racionalmente este recurso, evitando desperdícios, retardando o seu esgotamento. É desta forma que o sistema de preços contribui para a sustentabilidade do uso do recurso. Quando o recurso é público e inalienável, como é o caso da água no Brasil, a cobrança pode ter tanto o objetivo de racionalização econômica, quanto o de viabilização financeira. Este último é atingido pela arrecadação que o poder público obtém pela cobrança. O montante arrecadado poderá ser utilizado para financiar o monitoramento do uso e o investimento em obras de controle e proteção do recurso, por exemplo.

Este capítulo analisa, inicialmente, a disponibilidade de água no mundo e no Brasil, suas regiões e estados. Estimativas de usos de água totalizadas ou separadas por setores econômicos são apresentadas. O incremento dos usos de água causa o problemaa, cada vez mais grave, de escassez hídrica. Isto leva à busca de novas fontes de água, como forma de aumentar as disponibilidades, com custos cada vez maiores. Alguns destes custos são apresentados evidenciando a conhecida lei econômica da oferta: a disponibilização de quantidades maiores de água somente será possível com custos unitários também incrementais. Em termos economicamente mais precisos, os custos marginais de disponibilização da água são crescentes.

Isto cria um problema econômico: os usuários de água deverão ter disposição para pagar os custos crescentes de sua disponibilização. Isto determina uma seleção "natural", que resultará em racionalização do uso, com estímulo à redução de desperdícios e transações, intra ou extra mercado, fazendo com que preponderem os usos com maior disposição a pagar. Algumas indicações destas transformações serão analisadas ao final do capítulo.

Disponibilidade de água no mundo

Existem diferentes estimativas de disponibilidade de água no globo terrestre e no Brasil. Na maior parte dos casos, os valores discrepam, pois derivam de abordagens distintas, realizadas com base em informações diferentes. Entretanto, a ordem de grandeza apresentada é a mesma e permite que sejam realizadas reflexões importantes sobre o tema. Esta é a razão de serem apresentadas sem questionamentos ou comparações. O objetivo não é apresentar valores definitivos, mas confrontar disponibilidades e demandas hídricas em escalas locais ou regionais, e avaliar os problemas de escassez nestas mesmas escalas.

O volume total de água no planeta é estimado em $1{,}4 \times 10^9$ km^3. No entanto, apenas 2,5 % podem ser considerados águas doces. Deste, 69% estão contidos nas calotas polares, nos glaciares ou em aqüíferos subterrâneos profundos. Resta, portanto, um estoque de 11.10^6 km^3 de água doce (Shiklomanov, 1993).

Este volume não pode ser considerado exatamente como disponibilidade – são as precipitações sobre o planeta que, na maior parte, podem proporcionar um fluxo de água renovável para atendimento às demandas humanas e ambientais. Conforme é ilustrado na Figura 1, as precipitações globais sobre o planeta são da ordem de 378.000 km^3/ano dos quais 283.000 km^3/ano caem sobre os oceanos e 95.000 km^3/ano sobre os continentes. A evaporação total é, obviamente, idêntica à precipitação. Contudo, 319.000 km^3/ano evaporam dos oceanos e apenas 59.000 km^3/ano evapotranspiram dos continentes. As precipitações sobre os continentes atingem 95.000 km^3/ano, porque aos 59.000 km^3/ano evapotranspirados somam-se 36.000 km^3/ano de umidade, trazidos dos oceanos para os continentes pelas correntes atmosféricas. Quantidade igual é devolvida pelos rios e aqüíferos subterrâneos aos oceanos. São estes 36.000 km^3/ano que podem ser usados para atender aos fluxos de demandas antrópicas.

Porém, nem todo este volume pode ser utilizado. Mais da metade chega aos oceanos antes que possa ser captado e um oitavo atinge áreas demasiadamente distantes para ser usado pelos seres humanos. Especialistas estimam a disponibilidade efetiva de água entre 9.000 e 14.000 km^3/ano (Shiklomanov, 1993, Postel, 1992), mas parte dela é necessária para suporte do ambiente não devendo ser utilizada pelo homem reduzindo ainda mais a disponibilidade efetiva.

Estes valores, agregados globalmente, não traduzem a situação espacial encontrada em termos de disponibilidade e de demanda de água.

A disponibilidade renovável de água é estimada pela diferença entre as precipitações e as evaporações médias anuais. A disponibilidade total não é idêntica à apresentada na Figura 1, pois trata-se de fontes e estimativas distintas.

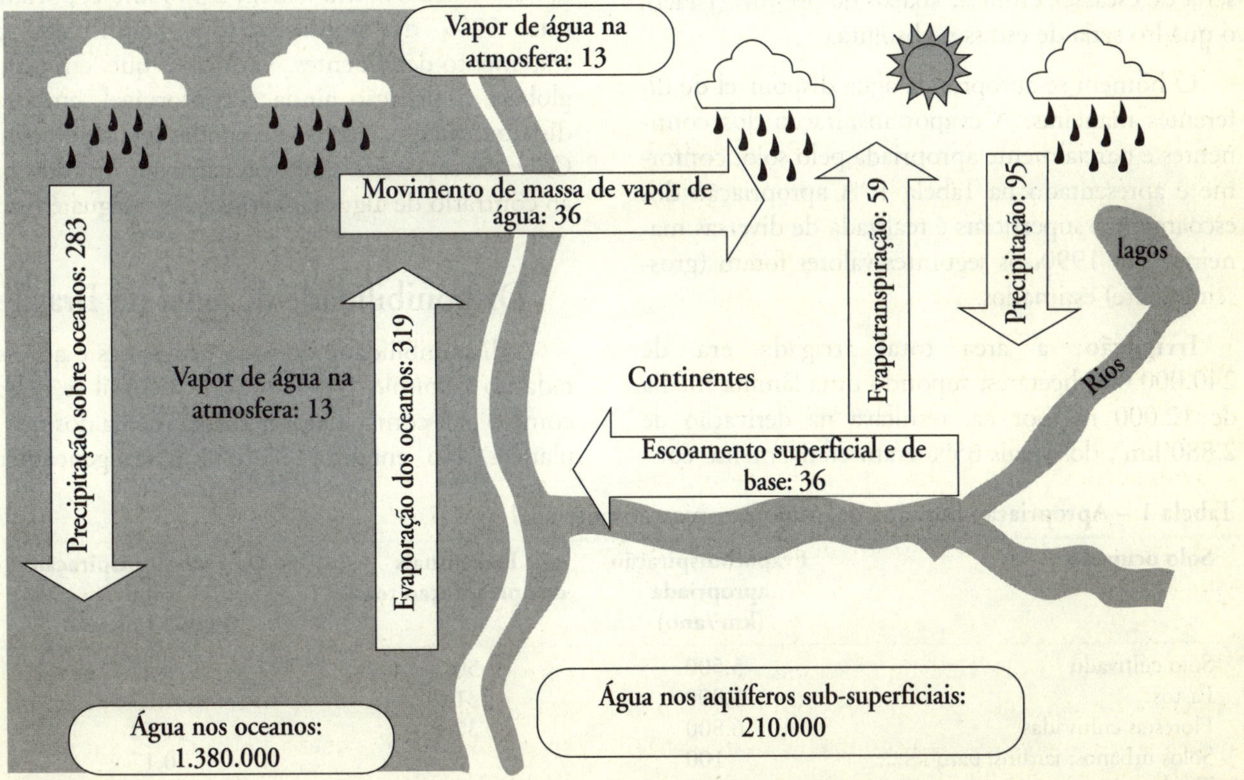

Figura 1 – Ilustração do balanço hídrico global, valores em 1.000 km^3.
FONTE: Gleick, 1993.

Usos de água no mundo

Cada indivíduo necessitaria de cerca de 1 m³ de água, por ano, para dessedentação e 100 m³ adicionais para propósitos domésticos (embora este valor possa variar entre 25 e 150 m³ *per capita*/ano). Para a produção de alimento a necessidade é muito maior, podendo atingir cerca de 1.000 m³ *per capita*/ano. Para a indústria, os valores variam bastante. Em Israel, que pode ser considerado um país que se preocupa com o consumo de água, o uso industrial e para o setor de serviços atinge cerca de 20 m³ *per capita*/ano (Allan, 1998).

De acordo com o estudo de Falkenmark e Widstrand (1992), 100 litros por dia seriam o mínimo necessário para uma pessoa atender às necessidades domésticas e de saúde, o que atingiria 36,5 m³ *per capita*/ano. Com o uso na agricultura, indústria e geração de energia, as necessidades podem crescer de 5 a 20 vezes em países de desenvolvimento moderado ou que usam água de forma eficiente. Diante deste quadro, os autores verificaram que países com disponibilidade de água renovável abaixo de 1.700 m³ *per capita* ao ano (Haiti, Bélgica) estariam propensos a sofrer periódica ou regularmente períodos de *stress* hídrico. Quando este índice chegasse a 1.000 m³ (Somália), a situação já seria de escassez crônica; abaixo de 500 m³ (Israel), o quadro seria de escassez absoluta.

O homem se apropria da água disponível de diferentes maneiras. A evapotranspiração dos continentes é parcialmente apropriada pelo solo, conforme é apresentado na Tabela 1. A apropriação dos escoamentos superficiais é realizada de diversas maneiras. Em 1990, os seguintes valores foram (grosseiramente) estimados:

Irrigação: a área total irrigada era de 240.000.000 hectares; supondo uma lâmina média de 12.000 m³ por ha, resultava na derivação de 2.880 km³, dos quais 65% eram efetivamente consumidos, atingindo um total de 1.870 km³; os 1.010 km³ de efluentes agrícolas retornados ao ambiente apresentaram grandes concentrações de nutrientes e de agrotóxicos, poluindo as águas e o solo;

Indústria: 975 km³ eram usados, sendo que apenas cerca de 9% consumidos, ou 90 km³. Note-se que a parte retornada ao ambiente (885 km³ de efluentes industriais) estava geralmente poluída;

Uso municipal: cerca de 300 km³, em 1990, dos quais 17%, ou 50 km³, eram consumidos, sendo que 250 km³ eram esgotos;

Evaporação dos reservatórios: estima-se um armazenamento total da ordem de 5.500 km³, em 1990, dos quais cerca de 5%, ou 275 km³ eram evaporados;

Usos de água *in situ*: são necessidades de diluição de poluição. Estimou-se que em, 1990, eram usados 275 km³ para este fim; considerando que 28,3 litros/s sejam necessários para diluir a poluição hídrica de uma população de 1.000 habitantes, haveria necessidade de 4.700 km³ para atender à população de 1990. Este valor seria diminuído na medida em que a poluição fosse eliminada por tratamento.

A Tabela 2 resume estes resultados, supondo que as necessidades *in situ* fossem 2.350 km³ e, portanto, que 50% da poluição fosse eliminada por tratamento de efluentes. Verifica-se que, em termos globais, a situação ainda é confortável, embora a distribuição espacial das demandas seja heterogênea. Os valores, porém, são expressivos, mostrando que, ao contrário de algumas suposições, a água é finita.

Disponibilidade de água no Brasil

A disponibilidade de água nos países é apresentada no Capítulo 1 desta obra. O Brasil se destaca como o país com a maior descarga média dos rios do planeta. No entanto, ela está heterogeneamente

Tabela 1 – Apropriação humana da evapotranspiração potencial

Solo ocupado	Evapotranspiração apropriada (km³/ano)	Percentuais da apropriação total	Da evapotranspiração total: 59.000 km³/ano
Solo cultivado	5.500	30,2	9,32
Pastos	5.800	31,9	9,83
Florestas cultivadas	6.800	37,4	11,52
Solos urbanos: jardins, parques,...	100	0,5	0,17
Total	18.200	100,0	30,84

FONTE: Vitousek et alii, 1986.

Tabela 2 – Resumo do uso global da água em 1990.

Setor	Uso de água	Percentagem do escoamento total de 12.500 km^3	Consumo de água	Percentagem do escoamento total de 12.500 km^3
Agricultura irrigada	2.880	23	1.870	15
Indústria	975	8	90	1
Municipalidades	300	2	50	0,5
Evaporação de reservatórios	275	2	275	2
Subtotal	4.430	35	2285	18
Usos de água *in situ*	2.350	19	2.350	19
Total	6.780	54	4635	37

distribuída, conforme mostram as Figuras 2 e 3 e as Tabelas 3 e 4. Nelas, acham-se as estatísticas de disponibilidade hídrica agregadas pelas grandes bacias hidrográficas e pelos estados brasileiros.

As disponibilidades são apresentadas em termos de vazões médias de longo período, defluentes das bacias e em termos da disponibilidade renovável, estabelecida pela diferença entre as precipitações pluviais e a evapotranspiração potencial. Os valores totais para o País também não são idênticos, pois são novamente originados de estimativas distintas.

As Tabelas 3 e 4, com valores brasileiros, mostram que, do ponto de vista da agregação por bacia

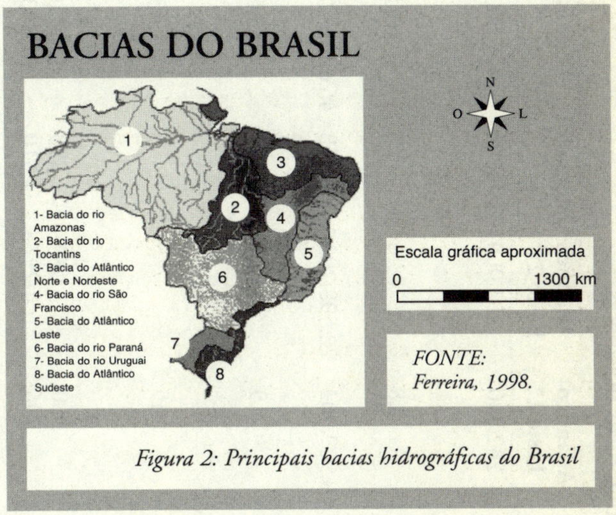

Figura 2: Principais bacias hidrográficas do Brasil

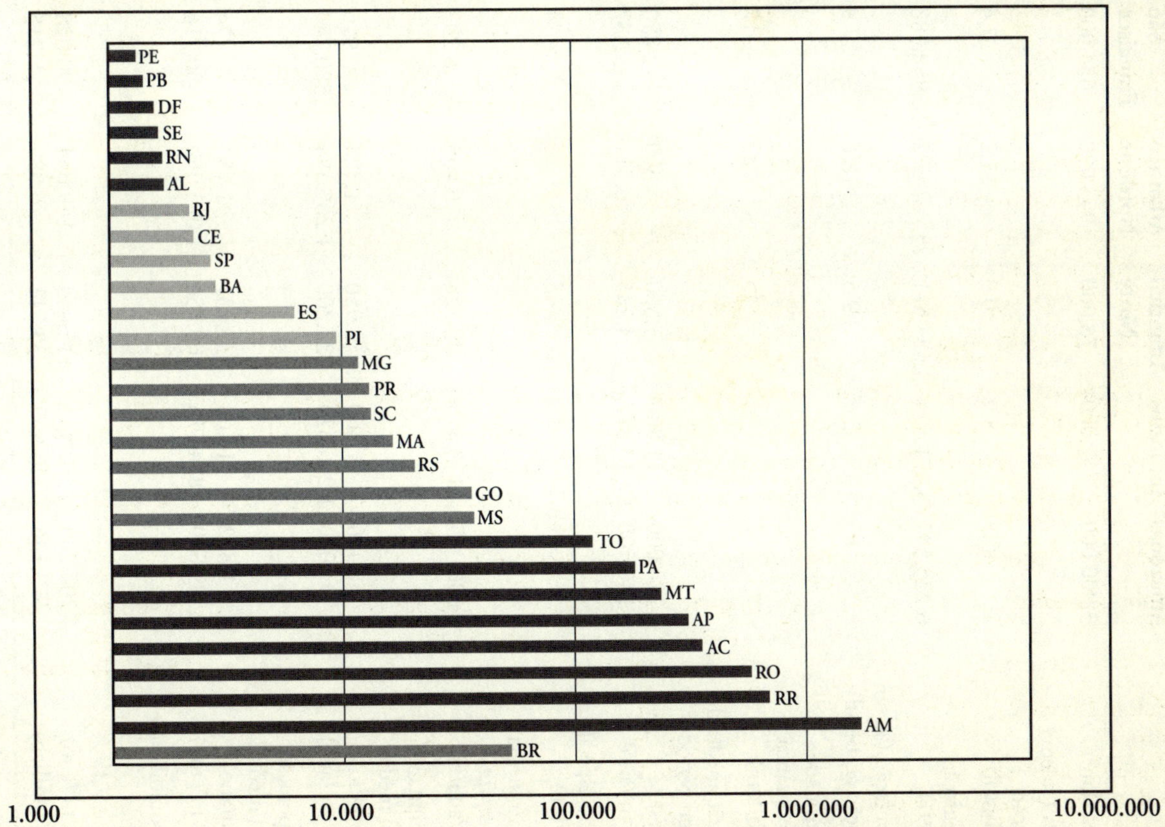

Figura 3 – Disponibilidade hídrica renovável per capita *ao ano no Brasil.*

Tabela 3 – Distribuição das disponibilidades hídricas nas grandes bacias hidrográficas brasileiras

	Amazonas	Tocantins	Atlântico Norte	Atlântico Nordeste	São Francisco	Atlântico Leste 1*	Atlântico Leste 2**	Paraguai	Paraná	Uruguai	Atlântico Sudeste	Brasil
Área (km²)	3.900.000	757.000	76.000	953.000	634.000	242.000	303.000	368.000	877.000	178.000	224.000	8.512.000
Área (% em relação ao Brasil)	45.8	8.9	0.9	11.2	7.4	2.8	3.6	4.3	10.3	2.1	2.6	100
População (1991)	6.245.597	3.271.674	3.424.511	25.761.672	10.958.888	10.909.302	22.598.203	1.700.168	46.622.840	3.584.152	3.584.152	138.661.159
População (% em relação ao Brasil)	4.5	2.4	2.5	18.6	7.9	7.9	16.3	1.2	33.6	2.6	2.6	100
Densidade demográfica (hab/km²)	2	4	45	27	17	45	75	5	53	20	16	16
Vazão média de longo período (m³/s)	120.000	11.800	3.660	5.390	2.850	680	3.670	1.290	11.000	4.150	4.150	168.790
(10⁶m³/ano)	140.508	13.817	4.285	6.311	3.337	796	4.297	1.510	12.880	4.859	4.859	197.461
Vazão específica (l/s/km²)	31	16	48	6	4	3	12	4	13	23	19	20
Vazão média *per capita* (m³/ano/hab.)	606.333	113.819	33.728	6.603	8.207	1.967	5.125	23.944	7.446	36.540	36.540	38.415
Precipitação total média (mm/ano)	2.460	1.660	2.950	1.328	916	985	1.229	1.370	1.385	1.567	1.394	1.861
(10⁶ m³/ano)	9.594.000	1.256.620	224.200	1.265.584	580.744	238.370	372.387	504.160	1.214.645	278.926	312.256	15.841.892
Evaporação total média (mm/ano)	1.382	1.168	1.431	1.150	774	806	847	1.259	989	832	789	1.184
(10⁶ m³/ano)	5.389.800	884.176	108.756	1.095.950	490.716	195.052	256.641	463.312	867.353	148.096	176.736	10.076.58
Disponibilidade hídrica renovável (10⁶ m³/ano)	4.204.200	372.444	115.444	169.634	90.028	43.318	115.746	40.848	347.292	130.830	135.520	5.765.304
(m³/ano/hab)	673.146	113.839	33.711	6.585	8.215	3.971	5.122	24.026	7.449	36.502	37.811	41.578

* *Atlântico Leste 1: entre as bacias dos rios Japaratuba (SE) e Pardo (BA).*

** *Atlântico Leste 2: entre as bacias do rio Jequitinhonha (MG/BA) e Paraíba do Sul (MG/RJ/SP)*

FONTE: adaptado MMA, 1998.

hidrográfica, a situação é confortável. Na bacia onde a disponibilidade hídrica renovável é menor (Atlântico Leste), ela atinge valores próximos à 4.000 m^3, maiores que na Alemanha, Dinamarca, Espanha, França, Itália, Reino Unido e Uruguai, para citar alguns países mais conhecidos. Quando a agregação é feita por estados, encontram-se em situações mais críticas Pernambuco, Paraíba, Distrito Federal, Sergipe, Rio Grande do Norte e Alagoas, com disponibilidades hídricas renováveis *per capita* ano inferiores a 1.400 m^3. Em situação melhor encontram-se o Rio de Janeiro e o Ceará, com valores próximos a 2.200 m^3.

Algumas informações surpreendentes existem nestas estatísticas. Antes de tudo, a discrepância entre os valores agregados por bacia ou por estado. Ocorre que algumas bacias beneficiam-se por regiões úmidas que, no total, compensam as regiões mais secas. Este é o caso da bacia do rio São Francisco, que é úmida na nascente no estado de Minas Gerais e seca à jusante, nas sub-bacias contribuintes dos estados de Sergipe e Alagoas. Outro dado curioso é a situação do Distrito Federal, a terceira unidade mais seca da Federação. O Rio de Janeiro, também tem disponibilidade *per capita* inferior à do Ceará.

Estas estatísticas, como aliás toda estatística, devem ser analisadas tendo em mente a conhecida frase do diplomata e senador Roberto Campos: "estatística é como biquíni – o que ela mostra é importante, mas o que esconde é essencial". Neste caso fica escondida a heterogeneidade temporal das disponibilidades. No Distrito Federal e no Rio de Janeiro os cursos de água são, via de regra, perenes. No Ceará e nos demais estados nordestinos eles são intermitentes, resultante de estações com ausência quase que total de chuvas e geologia inapropriada ao armazenamento de água e a manutenção da vazão de base durante a estiagem. As temperaturas mais

Tabela 4 – Disponibilidades hídricas ordenadas de forma crescente por estado

Classes	Estados	População	Potencial hídrico			
		habitantes	%	m³/s	%	m³/hab/ano
X < 2.000	PE	7.399.071	4,71	298	0,12	1.271
	PB	3.305.616	2,10	146	0,06	1.394
	DF	1.821.946	1,16	89	0,03	1.542
	SE	1.624.020	1,03	82	0,03	1.593
	RN	2.558.660	1,63	136	0,05	1.677
	AL	2.633.251	1,68	140	0,05	1.678
2.000 < X < 10.000	RJ	13.406.308	8,54	930	0,36	2.189
	CE	6.809.290	4,34	491	0,19	2.276
	SP	34.119.110	21,72	2.912	1,13	2.693
	BA	12.541 675	7,98	1.143	0,44	2.876
	ES	2.802.707	1,78	552	0,21	6.215
	PI	2.673.085	1,70	786	0,30	9.279
10.000 < X < 100.000	MG	16.672.613	10,61	6.165	2,39	11.669
	PR	9.003.804	5,73	3.713	1,44	13.014
	SC	4.875.244	3,10	2.026	0,79	13.114
	MA	5.222.183	3,32	2.684	1,04	16.219
	RS	9.634.688	6,13	6.210	2,41	20.340
	GO	4.514.967	2,87	5.098	1,98	35.633
	MS	1.927.834	1,23	2.208	0,86	36.144
x < 100.000	TO	1.048.642	0,67	3.898	1,51	117.306
	PA	5.510.849	3,51	31.679	12,29	181.408
	MT	2.235.832	1,42	16.549	6,42	233.580
	AP	379.459	0,24	3.660	1,42	304.383
	AC	483.593	0,31	5.395	2,09	352.059
	RO	1 229.306	0,78	22.338	8,67	573.440
	RR	247.131	0,16	5.412	2,10	691.090
	AM	2.389.279	1,52	133.000	51,60	1.756.664
BRASIL		157.070.163	100,0	257.740	100,0	51.784

FONTE: adaptado de Maia Neto, 1997 e IBGE, 1996.

elevadas destes últimos estados, ao longo de todo ano, mantêm altas as evaporações e as demandas hídricas dos cultivos. Por estes fatores, os efeitos da escassez hídricas são mais intensos.

Em resumo, a situação do Brasil é extremamente confortável no que diz respeito às disponibilidades hídricas totais, com problemas localizados na região semi-árida nordestina que, entretanto, não atingem a situação encontrada em países com escassez crônica. Programas de racionalização de uso e investimentos na disponibilização de água, conjugados com uma melhor gestão destes recursos, permitirão que, futuramente, os problemas atuais de recursos hídricos sejam controlados ou eliminados.

Usos de água no Brasil

A água apresenta as seguintes funções (Lanna, 1995):

- **Função de produção e consumo**: quando é usada como bem de consumo final ou intermediário, por exemplo, água para consumo humano e animal, ou irrigação;
- **Função de regulação**: quando limpa, acomoda, filtra, neutraliza ou absorve resíduos: água para diluição, afastamento e depuração de resíduos;
- **Função de suporte**: quando cria condições para a vida e as atividades produtivas; por exemplo, a água como *habitat* natural, no solo, na atividade agrícola e a água como meio de transporte;
- **Função de informação**: quando a água serve de indicador sobre *estados ambientais*, por exemplo, o estágio de conservação ou de degradação de uma bacia.

As duas primeiras funções podem ter os usos correlatos quantificados, o que será realizado nos próximos itens.

Uso da água para consumo: abastecimento doméstico e dessedentação animal

O consumo humano e animal de água não é muito significativo. A Tabela 5 apresenta valores típicos adotados na bacia do rio dos Sinos, Rio Grande do Sul. Na Tabela 6 são apresentados valores totais de abastecimento doméstico de unidades ligadas aos sistemas públicos de abastecimento, por estado e região, junto com outros indicadores. O consumo médio mensal é ordenado na Figura 4. Verifica-se que os valores variam entre 16 m^3 (Alagoas) e 97 m^3 (Rio de Janeiro), com média brasileira de 34 m^3/mês. Como geralmente moram 4 pessoas em cada unidade habitacional, o consumo diário por habitante fica entre 131 l (Alagoas) e 795 l (Rio de Janeiro), com média nacional de 279 l/*per capita*/dia. Os valores referentes ao Rio de Janeiro estão muito acima dos normais. Uma possível explicação pode ser encontrada na Figura 5: é exatamente neste estado onde ocorre o menor índice de hidrometria na rede de abastecimento. Nota-se que situação oposta ocorre em Alagoas: o baixo consumo pode ser explicado, entre outros fatores, pelo alto índice de hidrometria.

Tabela 5 – Consumo hídrico típico humano e animal

Usuário		Consumo típico (litros *per capita*/dia)
Humano	Urbano	200
	Rural	100
Animais	Grande porte (bovinos, suínos)	34,5
	Médio porte (ovinos)	4,5
	Pequeno porte (aves)	0,35

FONTE: Governo do Rio Grande do Sul, 1995.

O consumo de água típico por hectare irrigado com diversos métodos é apresentado na Tabela 7. Os valores são os de consumo contínuo e de consumo diário total, por hectare. Apresenta-se, também, a coluna com a população que poderia ser abastecida em cada caso, considerando-se uma taxa de 100 l/*per capita*/dia. Estes valores surpreendem pois um hectare equivale, grosso modo, a dois campos de futebol, espaço onde dificilmente seria abrigada a população indicada, a não ser em edifícios de apartamentos.

Isto justifica a aparição de conflitos entre os usos alternativos de água em regiões onde é alto o consumo de água para irrigação. Tal situação é verificada , por exemplo, na região arrozeira do Sul do Brasil, na bacia do rio Vacacaí que com alguma freqüência, apresenta dificuldades de abastecimento para cidades do porte de São Gabriel, RS. Ocorre também na bacia do rio São Francisco, cujas águas, já grandemente comprometidas com a geração de energia, são também demandadas para irrigação e para fins de transposição para estados do Nordeste Brasileiro.

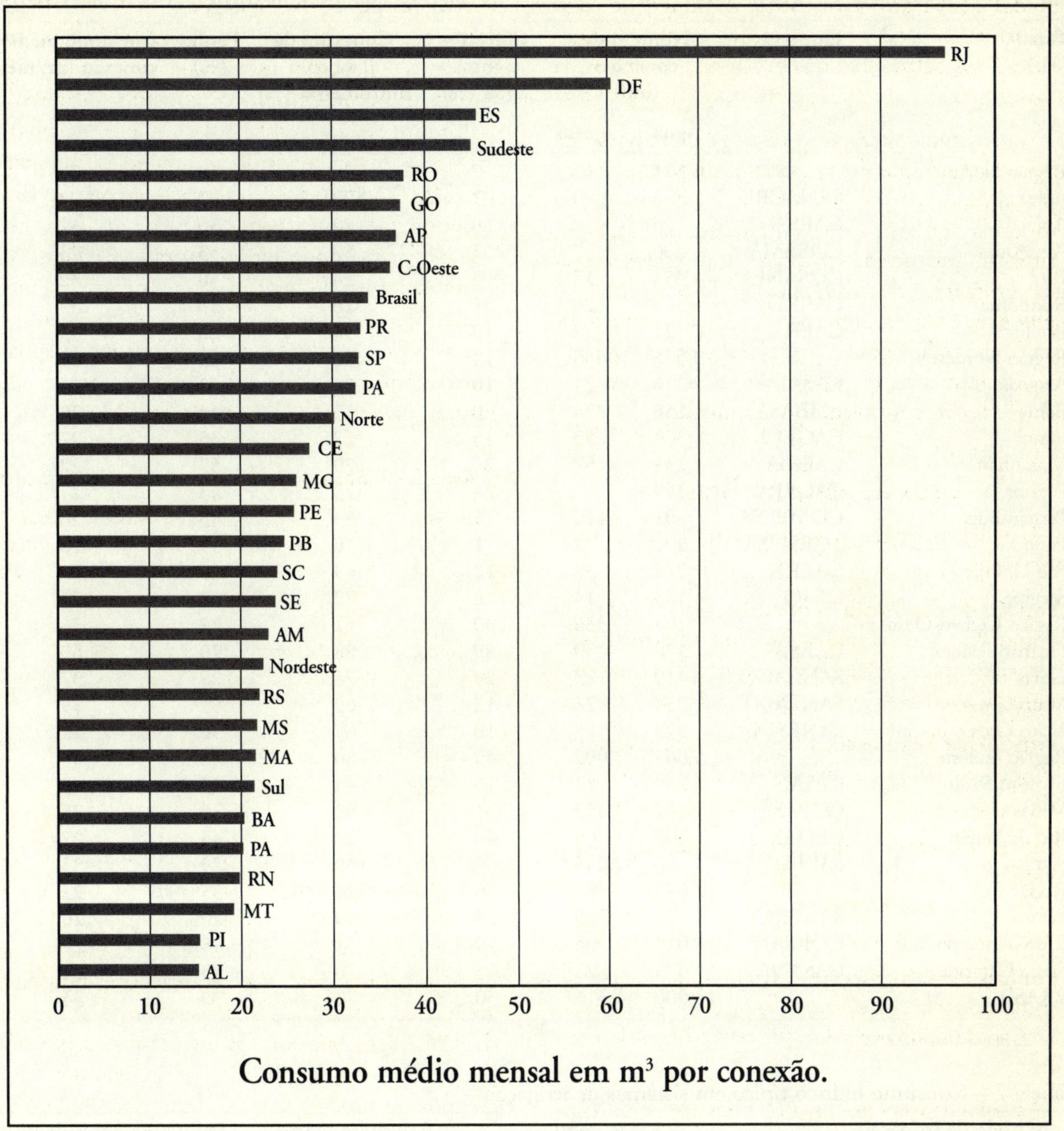

Figura 4 – Consumo de água para uso doméstico no Brasil, por unidade abastecida por sistemas públicos em m³/mês.

O agravamento recente destes conflitos pode ser explicado pela Figura 6, que mostra a evolução da área irrigada em todo o Brasil, e no Nordeste, em especial, na segunda metade deste século. A intensificação da irrigação de 1985 a 1990, com o Programa Nacional de Irrigação, foi realizada sem que houvesse no País um Sistema de Gerenciamento de Recursos Hídricos que pudesse planejar multi-setorialmente a evolução das demandas hídricas. Os conflitos quantitativos atuais de uso de água têm esta causa principal, na maior parte dos casos, e determinaram a implantação da Política e do Sistema Nacional de Gerenciamento de Recursos Hídricos, através da lei 9.433 de 8 de Janeiro de 1997 e de sua subseqüente regulamentação, ainda em andamento.

Uso de água como fator de produção: indústria

A quantidade de uso de água na indústria é muito variada, dependendo dos insumos, produto, tecnologia e nível de reciclagem. Uma tonelada de aço pode ser produzida com 5 ou 190 m³ de água e uma

Tabela 6 – Cobertura de serviços de abastecimento de água e de coleta de esgotos domésticos no Brasil, dados de 1988

Estado	Empresa	Número de conexões (mil) Água	Esgotos	Conexões esgotos/ água (%)	Conexões de água com hidrometria (%)	Perdas (%)	Consumo médio/ conexão (m^3/mês)
Região Norte		671	48	7	39	48	30
Acre	SANACRE	ND	ND	ND	ND	ND	ND
Amapá	CAESA	26	2	8	82	30	37
Amazonas	COSAMA	206	7	3	53	53	23
Pará	COSANPA	354	17	5	24	50	32
Rondônia	CAERD	64	20	31	23	37	37
Roraima	CAER	21	2	10	56	28	33
Região Nordeste		3.536	455	13	56	43	22
Alagoas	CASAL	215	21	10	94	42	16
Bahia	EMBASA	858	74	9	53	44	20
Ceará	CAGECE	360	53	15	22	35	27
Maranhão	CAEMA	234	57	24	29	57	22
Paraíba	CAGEPA	349	83	24	75	43	24
Pernambuco	COMPESA	801	119	15	53	43	26
Piauí	AGESPISA	262	2	1	70	49	16
Rio Grande Norte	CAERN	274	32	12	63	46	20
Sergipe	DESO	183	14	8	72	30	24
Região Centro-Oeste		1.104	336	30	61	28	36
Distrito Federal	CAESB	178	159	89	88	20	60
Goiás	SANEAGO	419	123	29	74	28	37
Mato Grosso	SANEMAT	234	28	12	69	51	19
Mato Grosso do Sul	SANESUL	273	26	10	67	36	22
Região Sudeste		5.068	3.092	49	80	36	45
Espírito Santo	CESAN	239	25	10	44	34	45
Minas Gerais	COPASA	137	453	331	93	30	26
Rio de Janeiro	CEDAE	1.306	569	44	22	45	97
São Paulo	SABESP	3.386	2.045	60	100	29	33
Região Sul		2.627	385	15	76	35	22
Paraná	SANEPAR	1.130	266	24	99	20	20
Rio Grande do Sul	CORSAN	1.018	96	9	51	45	22
Santa Catarina	CASAN	479	23	5	76	45	24
BRASIL		13.006	4.316	30	70	37	34

FONTE: Banco Mundial, 1992.

Tabela 7 – Consumo hídrico típico em sistemas de irrigação

Método de irrigação	Vazão contínua (l/s.ha. 24 horas)	Consumo diário (m^3/ha)	População equivalente (habitantes)
Gotejamento	0,35 a 0,50	30 a 44	300 a 440
Microaspersão	0,50 a 0,70	44 a 61	440 a 610
Aspersão (todos os tipos)	1,00	86,4	864
Infiltração	1,20	103,6	1.036
Inundação	2,00 a 2,50	Maior que 121	Maior que 1.210

FONTE: Governo da Bahia, 1997.

tonelada de papel com consumos entre 57 ou 340 m^3. Como será visto adiante, não existem estímulos à redução deste consumo, uma vez que na maioria das atividades industriais o fator água tem custo pouco significativo diante do custo dos demais fatores.

Uso da água para regulação

Trata-se do uso da água como receptor de resíduos. A escassez produzida pelo atendimento desta função ocorre quando a carga de resíduos lançada em um corpo de água ultrapassa a sua capacidade de assimilação. Esta capacidade pode ser definida, gros-

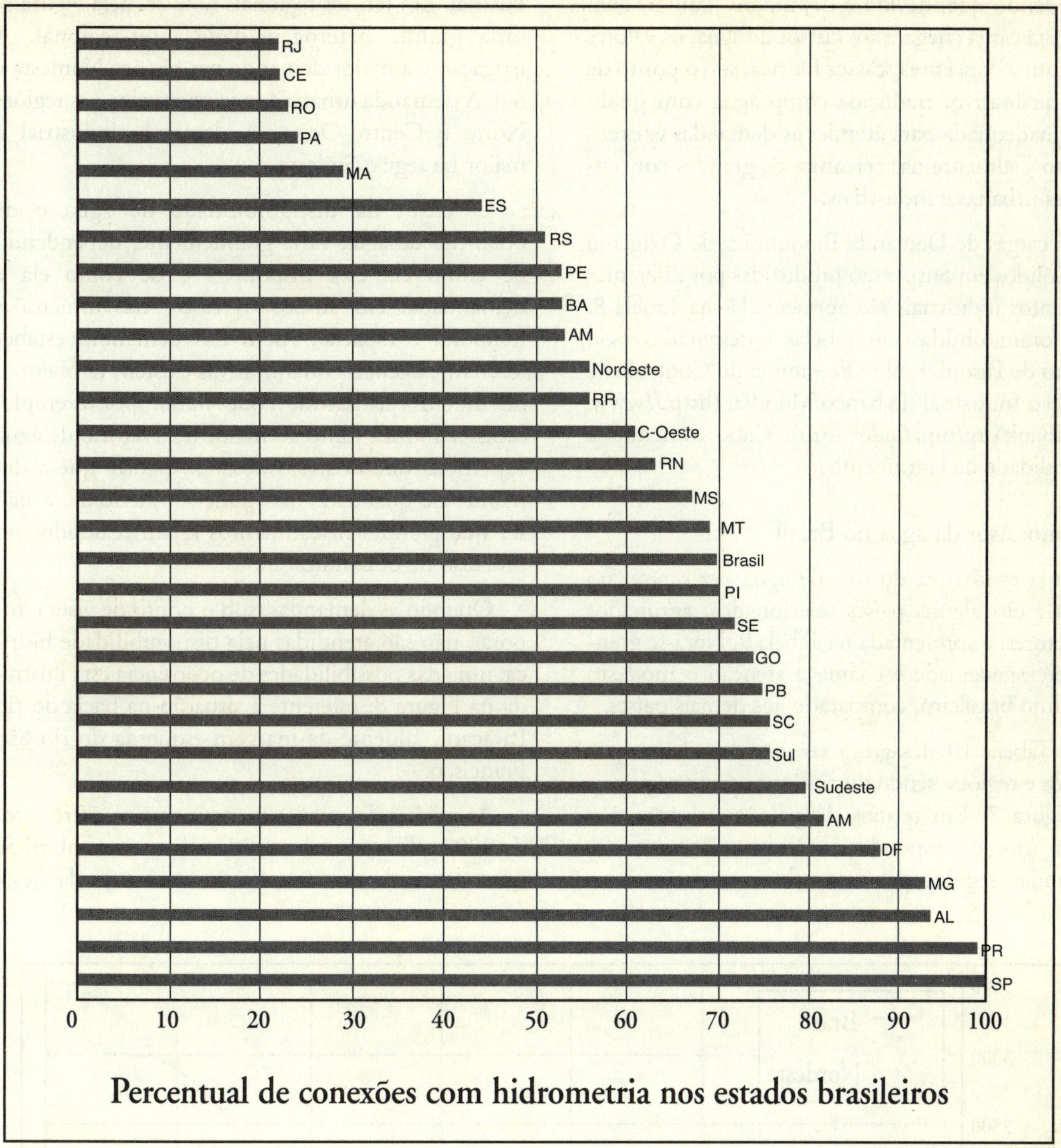

Figura 5 – Conexões com hidrometria nos estados brasileiros.

so modo, como aquela que permitiria ao corpo hídrico receber os despejos, sem que sua qualidade seja degradada a ponto de prejudicar ou impedir as demandas exercidas sobre ele. Estas demandas podem ser de uso antrópico ou de conservação para proteção de comunidades aquáticas e do ecossistema.

Estima-se que cada ser humano produza por dia 162 g de substâncias poluentes, repartidas nos seguintes parâmetros: 90 g de matérias em suspensão; 57 g de matérias oxidáveis (demanda bioquímica de oxigênio); 15 g de nitrogênio orgânico e amoniacal (Tarquínio, 1994).

A Resolução 20/86 do Conselho Nacional de Meio Ambiente estabelece que águas usadas preponderantemente para o abastecimento doméstico, devem ter um máximo de 10 mg/l de DBO_5 (demanda bioquímica de oxigênio de 5 dias). Isto significa que, para diluir a carga de resíduos de uma pessoa, haveria necessidade de 5 m^3/dia de vazão hídrica, o que é 50 vezes maior que a necessidade de água mínima diária por pessoa (100 litros). Mesmo entendendo que, devido à depuração natural, nem toda esta carga chegará aos cursos de água, os valores explicam a crescente escassez hídrica, sob o ponto de vista qualitativo, traduzida como água com qualidade inadequada para atender às demandas existentes, especialmente nas cercanias de grandes concentrações urbanas e industriais.

As cargas de Demanda Bioquímica de Oxigênio e de Sólidos em Suspensão produzidas por diferentes segmentos industriais são apresentadas na Tabela 8. Elas foram obtidas em tabelas apresentadas pelo Projeto de Pesquisa sobre Economia do Controle da Poluição Industrial do banco Mundial (http://www.worldbank.org/nipr/index.htm). Cabe comentar a variabilidade de lançamentos

Resumo: usos da água no Brasil

Uma estimativa do uso de água *per capita*, no Brasil e em alguns países selecionados, agrupados por setores, é apresentada na Tabela 9. Nota-se grande heterogeneidade e chama a atenção o modesto consumo brasileiro, comparado aos demais países.

A Tabela 10 desagrega os usos brasileiros por estados e regiões, sendo ilustrados os totais regionais na Figura 7. Em termos do país, a irrigação é o maior uso, correspondendo à quase metade das demandas, seguido pelo uso urbano e, então, o industrial. Em termos regionais nota-se, pela Figura 7, uma grande heterogeneidade inter-regional. A irrigação é a maior demanda nas regiões Nordeste e Sul. A demanda urbana é mais expressiva nas regiões Norte e Centro-Oeste. A demanda industrial é maior na região Sudeste.

O custo da disponibilidade de água e de obtenção de água varia grandemente, dependendo de como ela está disponível e de como ela é demandada; em ambos os casos, nas dimensões temporal e espacial. Além das demandas estabelecerem exigências quantitativas existem também as de ordem qualitativa. Pode haver, por exemplo, escassez hídrica junto ao maior reservatório de água superficial que existe, o oceano. Ocorre que a demanda de qualidade não pode ser atendida, a não ser que grandes investimentos sejam realizados no processo de dessalinização.

Quando as demandas, sob o ponto de vista temporal, não são atendidas pela disponibilidade hídrica, uma das possibilidades de ocorrência está ilustrada na Figura 8, referente à situação na bacia do rio Paracatu, afluente da margem esquerda do rio São Francisco.

As médias das vazões mensais variam entre cerca de 200 m^3/s em janeiro e 20 m^3/s em setembro. Se uma demanda de 50 m^3/s deve ser suprida nesta

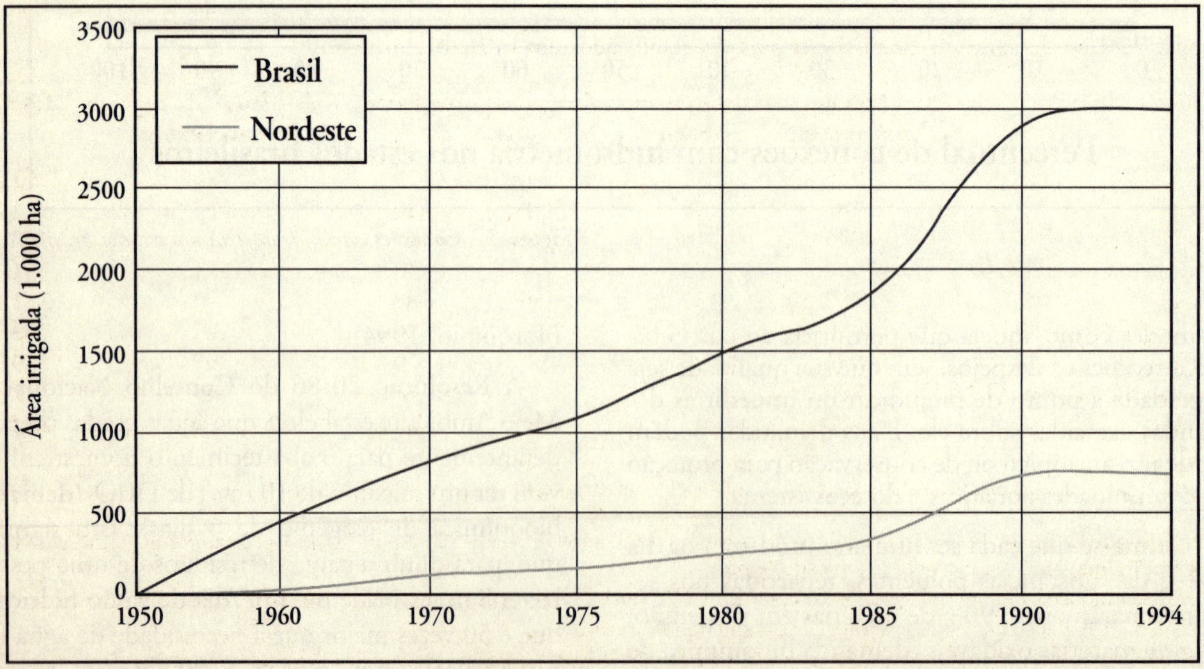

Figura 6 – Evolução da área irrigada no Brasil.

Tabela 8 - Estimativa da intensidade da poluição hídrica com relação ao valor agregado de diferentes segmentos industriais (kg/milhões US$)

Ramo industrial	DBO	Sólidos totais em suspensão
Alimentos	79,48	98,57
Laticínios	13.589,91	1.957,45
Conservas de frutas e vegetais	287,84	454,07
Derivados de peixe	932,64	1.589,97
Óleos de gorduras	310,95	351,32
Produtos de moinhos de grãos	0,01	0,10
Padarias e confeitarias	0,09	0,10
Indústrias sucareiras	3.420,72	4.904,52
Vinícolas	25,59	14,05
Indústrias fumageiras	1,01	1,23
Têxteis	102,45	159,10
Cortumes e acabamento de couros	808,49	1.526,76
Couros	0,00	0,88
Calçados	87,41	85,71
Mobílias e acabamentos não metálicos	0,00	0,02
Polpa, papel e papelão	12.615,11	42.845,71
Caixas de papel	100,33	172,26
Indústrias químicas, exceto fertilizantes	3.988,81	6.165,45
Fertilizantes e pesticidas	37,83	7.362,28
Resinas sintéticas, materiais plásticos e fibras artidiciais	217,85	703,98
Tintas	0,24	1,00
Sabão, material de limpeza e toillete	80,71	113,99
Refinarias de petróleo	596,76	2.994,95
Pneus e mangueiras	0,02	8,02
Produtos plásticos	468,31	10,12
Vidros e produtos de vidros	1,17	8,31
Ferro e aço	13,77	202.908,30
Metais não-ferrosos	4.294,68	62.079,92
Máquinas e equipamentos agrícolas	0,00	4,64
Veículos automotores	0,32	1,61
Artigos atléticos e esportivos	0,00	19.292,69

Tabela 9 - Uso de água no Brasil e em países selecionados em m³/habitante/ano.

Países	Ano de referência	Abastecimento urbano	Irrigação	Indústria1	Refrigeração de centrais termoelétricas	Total
EUA	1985	218	774	128	726	1.861
Itália	1987	139	564	140	123	984
Espanha	1991	113	608	49	116	947
Alemanha (Ocidental)	1990	79	4	30	534	751
Japão	1987	132	504	88	0	731
Portugal[2]	1990	58	388	24	272	738
França	1988	108	87	79	395	669
Inglaterra e País de Gales	1990	132	3[3]	17	47	281
Brasil	1980	83	134	65	0	282

FONTE: OCDE. Environmental Data: Compedium, 1993, Paris: OCDE, citado por CABALLER e GUADALAJARA, 1998, a não ser para o Brasil, cuja fonte é BARTH, 1987.

Nota: A soma dos quatro setores não equivale ao consumo total devido a que não foram incluídos os consumos para usos agrícolas, refrigeração industrial (exceto onde é indicado) e outros.

1 Demanda industrial inclui refrigeração no caso dos EUA, Japão, França e Espanha; no caso do Brasil e Japão o valor inclui também refrigeração de centrais termoelétricas (incluindo nucleares).

2 Os valores por setor somados são maiores que o total devido a dupla contagem de algumas demandas setoriais.

3 Inclui apenas irrigação por aspersão

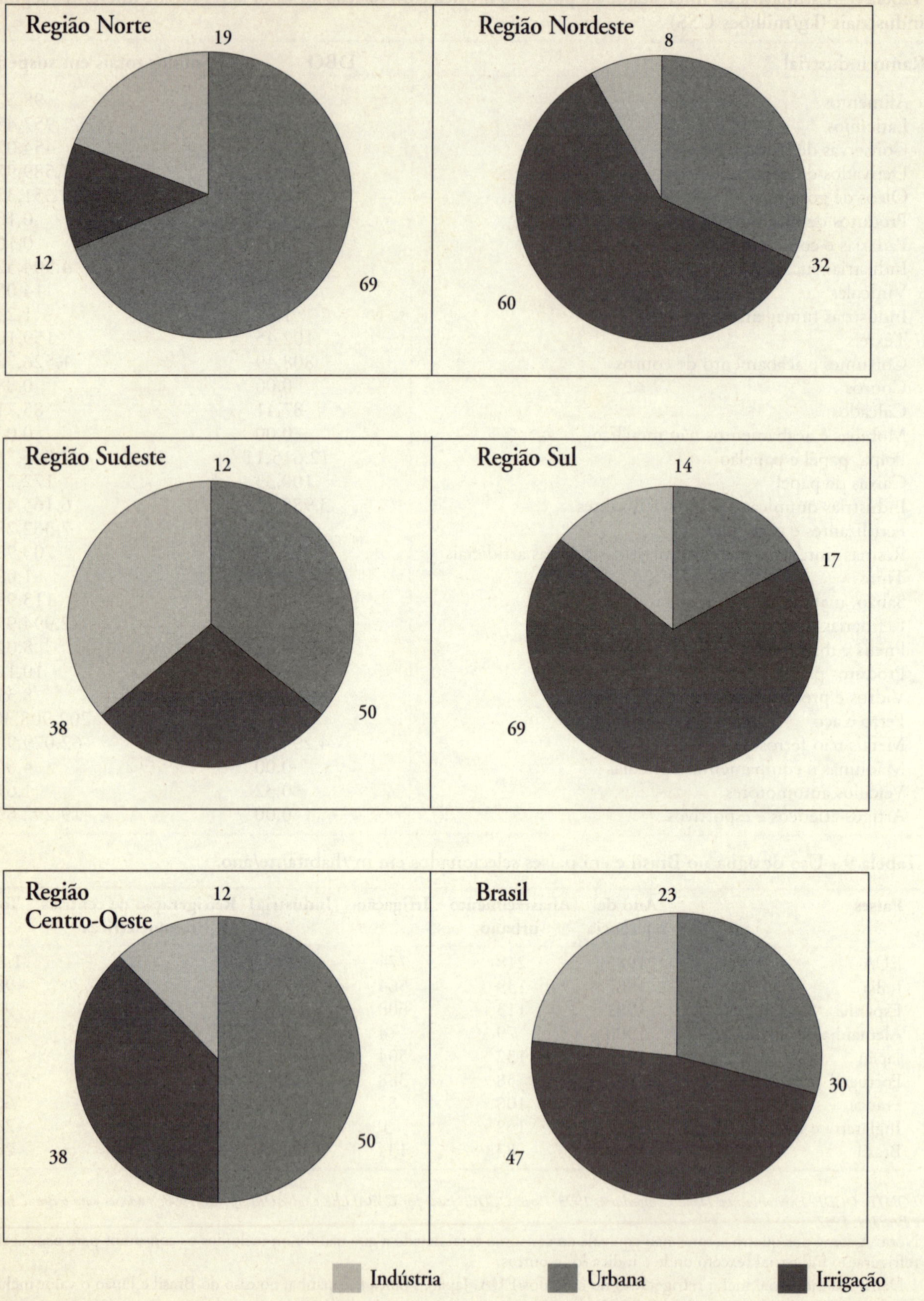

Figura 7 - Distribuição percentual do uso de água no Brasil
FONTE: Baseado em dados de Barth, 1987.

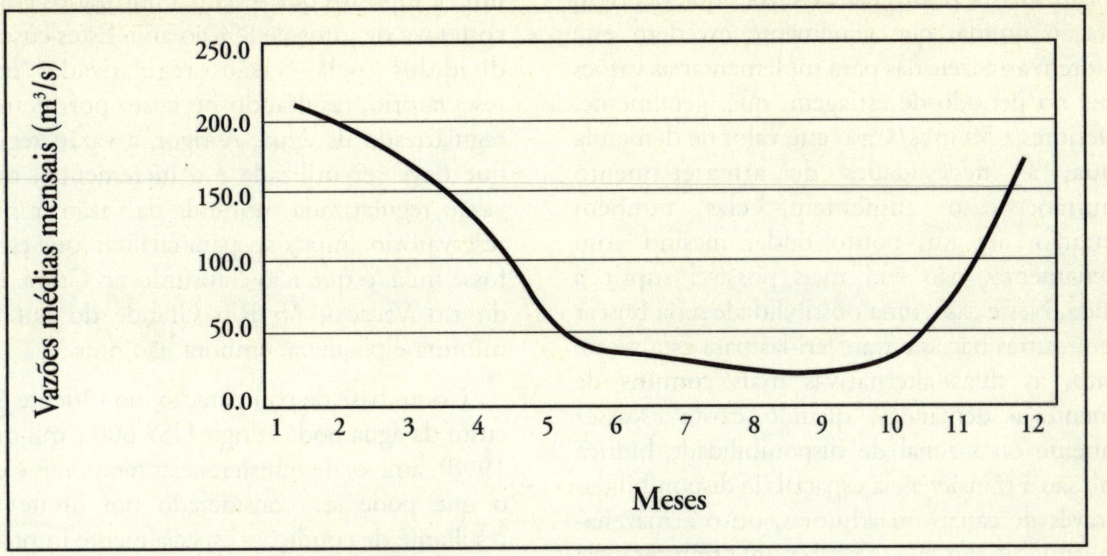

Figura 8 – Médias das vazões mensais no rio Paracatu na seção hidrométrica de Paracatu, MG.

Tabela 10 – Demandas hídricas no Brasil

Unidade/Região	Demanda urbana (km^3/ano)	Demanda irrigação (km^3/ano)	Demanda industrial (km^3/ano)
Rondônia	0,03	0,00	0,01
Acre	0,02	0,00	0,00
Amazonas	0,10	0,01	0,03
Roraima	0,01	0,00	0,00
Pará	0,19	0,05	0,06
Amapá	0,01	0,00	0,00
Região Norte	**0,36**	**0,06**	**0,10**
Maranhão	0,22	0,01	0,02
Piauí	0,12	0,09	0,01
Ceará	0,29	0,96	0,09
R. G. Norte	0,14	0,23	0,05
Paraíba	0,15	0,27	0,04
Pernambuco	0,45	0,98	0,16
Alagoas	0,11	0,18	0,04
Sergipe	0,06	0,12	0,02
Bahia	0,52	1,07	0,12
Região Nordeste	**2,06**	**3,91**	**0,55**
M. Gerais	1,22	1,63	0,59
E. Santo	0,18	0,22	0,08
R. Janeiro	1,03	0,63	0,73
S. Paulo	2,74	1,81	4,16
Região Sudeste	**5,17**	**4,29**	**5,56**
Paraná	0,70	0,28	0,35
Santa Catarina	0,33	0,65	0,40
R. G. Sul	0,71	6,32	0,70
Região Sul	**1,74**	**7,25**	**1,45**
M.G. Sul	0,10	0,13	0,03
M. Grosso	0,08	0,03	0,02
Goiás/Tocantins	0,28	0,25	0,06
D. Federal	0,13	0.04	0,03
Região Centro Oeste	**0,59**	**0,45**	**0,14**
Brasil	**9,92**	**15,96**	**7,80**

FONTE: Barth, 1987.

seção, isto só será possível se as vazões que ocorrem na estação úmida, que geralmente excedem este valor, forem armazenadas para suplementar as vazões naturais no período de estiagem, que, geralmente, são inferiores a 50 m^3/s. Caso este valor de demanda diminua, as necessidades de armazenamento diminuirão; caso aumentem, elas também aumentarão, até um ponto onde, mesmo com armazenamento, não será mais possível suprir a demanda. Neste caso, uma possibilidade seria buscar água em outras bacias e transferi-las para esta seção. Portanto, as duas alternativas mais comuns de suprimento a demandas, quando existe escassez permanente ou sazonal de disponibilidade hídrica natural, são a transferência espacial de disponibilidade, através de canais ou adutoras, ou o armazenamento, situação em que se realiza uma transferência temporal dos períodos com maior para aqueles com menor disponibilidade.

O custo da transferência espacial depende do volume transportado, da distância, da topografia e do solo onde será assentado o canal ou a adutora. Não existe um valor de referência a ser estabelecido. O custo da transferência temporal ou do incremento de disponibilidades por regularização, sem transferência espacial, varia em função da variabilidade das vazões, da evaporação, da topografia do local do reservatório e da geologia onde será assentado. Alguns dados encontrados na literatura são apresentados na Tabela 11. Nela acham-se alguns reservatórios brasileiros, já construídos ou em projeto. Os custos de investimento foram estimados, para cada um, e supostos que seriam amortizados em 50 anos com taxa de juros de 8% ao ano. Estes custos foram divididos pela vazão regularizada em cada reservatório, resultando no custo por metro cúbico regularizado de água. A rigor, a vazão regularizada que deve ser utilizada é a incremental, ou seja, a vazão regularizada subtraída da vazão mínima sem reservatório. Supôs-se, para facilitar, que esta última fosse nula, o que não é absurdo no Ceará. Na bacia do rio Vacacaí, no Rio Grande do Sul, a vazão mínima é pequena, embora não nula.

Como base de comparação, no Oriente Médio, o custo da água pode atingir US$ 600 / mil m^3 (Allan, 1998), através de transferências temporais e espaciais, o que pode ser considerado um limite superior, resultante de condições especialmente impróprias.

Nota-se, pelos resultados, que não há tendência do custo de água variar com o investimento ou com a vazão regularizada. Ocorre uma tendência lógica do custo da água ser menor no Rio Grande do Sul do que no Ceará, devido à menor variabilidade do regime de vazões, no primeiro, e à maior taxa de evaporação, no segundo caso. No entanto, as condições excepcionais de alguns reservatórios no Ceará determinam um custo da água inferior aos apresentados no Rio Grande do Sul mostrando a preponderância de fatores topográficos e geológicos sobre os hidrológicos.

Algumas alternativas não tradicionais para incremento de disponibilidade de água são resumidas nos aspectos que interessam a este texto na Tabela 12.

Tabela 11 – Custo de incremento de disponibilidade natural de água por regularização em alguns reservatórios brasileiros

Reservatório	UF	Custo de amortização (US$/ano)	Vazão regularizada (mil m^3/ano)	Custo de água (US$/mil m^3)
Frios[1]	CE	254.000	20.813	12,2
Castanhão[2]	CE	16.178.585	1.135.300	14,3
Vacacaí 6 e 7[1]	RS	652.000	43.865	14,9
Angicos[2]	CE	368.035	22.930	16,1
Paulo[1]	CE	264.000	12.299	21,5
Melancia[1]	CE	401.000	18.290	21,9
Castro[2]	CE	328.066	12.610	26,0
Jerimum[2]	CE	220.454	7.600	29,0
Ubaldinho[2]	CE	239.826	7.990	30,0
Pentecoste[1]	CE	4.137.000	134.028	30,9
Tejuçuoca[1]	CE	436.000	12.299	35,5
Cachoeira[2]	CE	221.328	5.740	38,6
Apertado[2]	CE	241.457	2.390	101,0
Graça[2]	CE	232.383	1.260	184,4

FONTE: Lanna, 1995; Araújo, 1996.

Verifica-se que a maior parte delas são caras ou, como no caso de tratamento de esgotos para reutilização, têm usos limitados pela qualidade da água resultante. Algumas práticas apresentam grandes amplitudes de custo, significando suas dependências com a fatores ambientais.

A disposição a pagar pela água

A disposição a pagar pela água, em uma definição não totalmente precisa sob o ponto de vista econômico, é o valor limite que um usuário pagaria por uma unidade adicional, na situação de suprimento em que se encontra. Ela está relacionada ao valor que o usuário atribui à satisfação adicional que receberá, derivada do uso desta unidade.

Quando a satisfação é proveniente do consumo, entram em consideração fatores orgânicos, psicológicos e culturais. A disposição a pagar pela água para consumo doméstico é alta quando o usuário se encontra em extrema carência e a água será destinada à dessedentação e higiene. À medida que estas necessidades são supridas, usos menos relevantes poderão ser realizados, como irrigação de jardins, lavagem de calçadas e automóveis etc, com o conseqüente decréscimo da disposição a pagar.

Quando a satisfação é proveniente do uso da água como fator de produção, a disposição a pagar é determinada pela renda incremental que o consumidor recebe da atividade produtiva, por unidade de água adicionalmente utilizada. Por exemplo, a disposição a pagar pela água, para uso em irrigação, é derivada do incremento na renda obtida pelo agricultor ao passar da atividade de sequeiro para a irrigada, com o conseqüente aumento da produção e da qualidade do produto agrícola.

O conhecimento da disposição a pagar é relevante para avaliar se o usuário estará disposto a pagar pelo custo de oferta da água, apresentados no item anterior. Obviamente, a resposta a esta pergunta será positiva quando estes custos forem inferiores a disposição a pagar.

Os custos de oferta e a disposição a pagar variam

Tabela 12 - Tecnologias não tradicionais de incremento de disponibilidade de água

Tecnologia	Usos indicados	Custo (US$/mil m³)	Observações
Coleta de água de chuva em telhados	Domésticos e em agricultura de menor escala	2.000 – 5.000	Varia dependendo da localização do armazenamento e do tipo utilizado de material.
Coleta de água a partir de cerrações (neblinas)	Doméstico, agricultura e pecuária; industrial	3.000	Valores do Chile; variam com a região.
Captação de escoamentos utilizando estruturas superficiais e subterrâneas	Agricultura e pecuária; doméstico; indústria e mineração	100 – 2.000 600 – 1.200 660	Valores do Equador. Valores da Argentina. Custo de projeto que armazenava 3.000 m³.
Transporte de água por navios	Geral	1.500, nas Bahamas	Custo é geralmente alto e declina com a quantidade transportada.
Transporte de água com carros pipas	Usos domésticos	910 – 11.140	Custo varia com distância transportada.
Dessalinização por Osmose Reversa	Doméstico; industrial e mineração; agricultura	4.600 – 5.100, nas Bahamas; 120 – 370, no Brasil	Depende da localização, tamanho da planta e tipo de água a ser dessalinizada, sendo a água de mar a mais cara.
Dessalinização por destilação	Doméstico, industrial, mineração e agricultura	1.470 4.310	Valores do Chile. Valores das Antilhas Holandesas.
Tratamento de águas de esgotos	Agrícola, irrigação de jardins, indústria e mineração	9 – 34 3 – 15 12 – 25	Estações de tratamento. Técnica: lagoas de estabilização. Técnica: disposição no solo

FONTE: Dados de OSA, 1997, a não ser os relativos a carro-pipa que foram retirados de Campos et alii, 1997.

em função de diversos fatores. Cabe comentar que, como regra geral, quando a água é naturalmente abundante, os custos de oferta são baixos, como conseqüência direta desta abundância. E a disposição a pagar também será baixa já que os usuários estarão, em grande parte, saciados. Quando a água é escassa, duas situações podem ocorrer, dependendo do tipo de uso. Quando é para consumo, a disposição a pagar pode ser alta, pois existem necessidades relevantes insaciadas – o consumidor estará disposto a comprometer parte maior de sua renda para ser suprido. Quando, no entanto, a água é fator de produção, poderá ocorrer que os demais fatores ambientais (clima, geologia, cultura etc.) determinem baixo rendimento no uso da água, o que poderá reprimir a disposição a pagar. Por exemplo, este pode ser o caso da disposição a pagar pela água em regiões extremamente áridas, onde a rentabilidade da agricultura seja baixa, mesmo mediante irrigação, devido à distância dos mercados consumidores, baixa fertilidade do solo, inadequação das práticas agrícolas adotadas pelos agricultores, entre outros fatores. No entanto, esta não é uma regra geral. Por exemplo, o Nordeste brasileiro, onde há uma situação que se assemelha à anterior, poderá apresentar altas disposições a pagar pela água para irrigação, na medida em que passe por uma reconversão agrícola, que adote cultivos com alto valor agregado, como frutas para exportação; tecnologias de irrigação mais econômicas, como o gotejamento; e práticas gerenciais modernas, em que o agricultor possa controlar sua produção para atender aos mercados, e não como é a situação corrente, em que busca colocar a produção já realizada nos mercados eventualmente interessados.

Alguns dados serão apresentados, a seguir, para ilustrar as possíveis disposições a pagar pela água.

Disposição a pagar pela água para consumo doméstico

De acordo com o Banco Mundial (1994) a disposição a pagar da população carente da Grande Vitória (ES) por novas ligações de água para abastecimento, e pela coleta e tratamento de esgotos eram respectivamente 4 e 2,3 vezes superior ao custo da prestação desses serviços. Não havendo tratamento dos esgotos, a disposição de pagamento caía para 1,4 vezes o custo, devido aos problemas à saúde, diminuição de oportunidades de lazer, particularmente pescarias, nas águas onde ocorrem os lançamentos.

Os custos de prestação dos serviços de água e esgotos no Brasil podem ser avaliados como função das tarifas praticadas pelas concessionárias estaduais, que são apresentadas na Tabela 13. Eles podem ser considerados como a disposição a pagar na situação atual de consumo onde podem ocorrer atendimentos a usos supérfluos ou mesmo desperdícios.

Comparando estes valores com aqueles relacionados aos custos de incremento de oferta por regularização, listados na Tabela 11, constata-se a viabilidade econômica de suprimento por estas alternati-

Tabela 13 – Tarifas de água e esgoto no Brasil

Estado	Tarifa média de água e esgoto (US$/1000 m³)	Estado	Tarifa média de água e esgoto (US$/1000 m³)
região Norte	430	Região Centro-Oeste	410
Acre	ND	Distrito Federal	300
Amapá	460	Goiás	460
Amazonas	820	Mato Grosso	540
Pará	270	Mato Grosso do Sul	500
Rondônia	470	Região Sudeste	390
Roraima	360	Espírito Santo	430
região Nordeste	420	Minas Gerais	400
Alagoas	350	Rio de Janeiro	300
Bahia	640	São Paulo	500
Ceará	370	Região Sul	540
Maranhão	320	Paraná	570
Paraíba	270	Rio Grande do Sul	550
Pernambuco	410	Santa Catarina	470
Piauí	370		
Rio Gde Norte	280		
Sergipe	500	BRASIL	420

FONTE: Banco Mundial, 1992.

vas. Já os custos de incremento de oferta com métodos não tradicionais, listados na Tabela 12, em certos casos inviabilizam o suprimento, nos volumes atualmente consumidos. Caso fossem cobrados, e não havendo outras fontes de suprimento mais baratas, os consumos diminuiriam até montantes onde a necessidade de consumo determinaria o pagamento dos valores listados, como ocorre nos locais onde eles são praticados.

Disposição a pagar pela água para consumo agrícola

A disposição a pagar pelo uso de água na irrigação pode ser estimada pelo incremento da renda líquida do agricultor, quando passa da agricultura de sequeiro para a irrigada. Caso o preço da água se iguale a este incremento de renda líquida, o agricultor estará na situação de indiferença entre adotar ou não a irrigação.

Lanna, Beltrame e Giasson (1992) realizaram uma análise econômica da irrigação na área programa de Barra do Garças, Estado do Mato Grosso, que será adotada para estimativa da disposição a pagar. Todos os fatores de custo foram considerados na análise, exceto a remuneração do trabalho do agricultor. As produtividades e rendas incrementais, conforme estimados pela Secretaria de Agricultura do Mato Grosso, são apresentadas na Tabela 14.

Como padrão, foi adotado para o arroz uma área de 100 hectares, com duas safras anuais: a primeira tem a irrigação iniciada em novembro e finalizada em fevereiro; a segunda tem a irrigação iniciada em maio e finalizada em agosto. Foram analisadas três possibilidades de administração de água:

- por gravidade;
- por recalque com grupo moto-bomba a diesel;
- por recalque com bomba elétrica.

A necessidade de irrigação foi calculada por balanço hídrico. O consumo anual de água esperado por hectare é de 14.780 m^3 ao ano, sendo 3.060 m^3 na safra de verão, período úmido, e 11.720 m^3 na safra de inverno, período seco, o que estabelece um valor para as necessidades de 0,35 l/s/ha no verão e 1,35 l/s/ha no inverno. Este valor é inferior àqueles usualmente praticados (2 a 3 l/s/ha) e, portanto, subentendem a situação de uso eficiente da água que poderia ser induzido pela cobrança.

A Tabela 15 apresenta os valores presentes dos benefícios líquidos obtidos pelo agricultor, considerando seis períodos de análise, entre 5 e 30 anos. Adotou-se a taxa de desconto de 12% ao ano. Uma terceira coluna apresenta os valores que interessam à presente análise: o valor da anuidade equivalente, e este valor dividido pelo consumo de água na irrigação. Ele representa o que poderia ser considerado uma estimativa da disposição do agricultor a pagar pelo fator água. Caso o valor apresentado fosse cobrado, os benefícios líquidos e, portanto, as rentabilidades, seriam nulos e o agricultor estaria na situação limite entre implantar ou não a irrigação.

Nota-se que o uso de moto-bomba a diesel exige largo período para que estes benefícios sejam positivos. Mesmo na situação mais favorável, em que a água é aduzida por gravidade, a rentabilidade tornar-se-á reduzida, caso o fator água seja cobrado na faixa de US$ 16 a 18 por mil m^3, valores de custo de oferta de mil m^3 de água na bacia do rio Vacacaí, conforme a Tabela 11. Isso mostra a pequena disposição a pagar pelo fator água nas culturas de arroz irrigado, devido ao excessivo consumo desse fator.

Para a soja e milho, plantados no mesmo plano agrícola anual, com duas safras, dois métodos de irrigação foram considerados como os mais prováveis de serem utilizados: a aspersão convencional, em 25 hectares, e o pivô central, em 100 hectares. Foi suposto que a área a ser irrigada dispusesse de fonte hídrica à distância de 500 m, onde é feita a captação, por bombeamento eletro-mecânico, ao fio de água. Apenas a utilização de energia elétrica no ponto de captação foi prevista já que no caso do

Tabela 14 - Incremento mínimo de produtividade com irrigação.

Cultura	Produtividade (kg/ha)		Preço mínimo (US$/ton)	Renda incremental (US$/ha)
	Sequeiro	Irrigado		
Arroz	1.390	3.500	156	329,16
Milho	2.850	7.000	117	485,55
Soja	2.180	3.200	257	262,14

FONTE : SAEMG, 1987.

arroz havia sido verificada a baixa eficiência econômica do uso de motores a diesel.

O consumo anual de água esperado, por hectare, calculado por balanço hídrico, foi de 2.990 m³ ao ano, sendo 170 m³ na safra de verão e 2.820 m³ na safra de inverno, o que resulta no valor de 0,33 l/s/ha, necessidade na safra de inverno, que é a estação seca. Trata-se, como no caso do arroz, de um uso eficiente da água, supostamente induzido pela sua cobrança, já que os valores usualmente adotados são da ordem de 0,5 a 1 l/s/ha.

A Tabela 16 apresenta os mesmos índices econômicos calculados para o arroz. Nota-se, particularmente quando se adota o método de irrigação por aspersão com pivô central, disposição de pagamento que permite a adoção da cobrança pelo fator água, que com os custos de oferta do rio Vacacaí ou, até mesmo, do Curú, conforme a Tabela 11.

Disposição a pagar pela água para consumo industrial

A água é um dos vários fatores que é utilizado na atividade industrial. Por isto fica difícil isolar a disposição a pagar como ocorre na irrigação, onde a existência ou não de água é determinante para o aumento de produtividade. Porém, os dados que podem ser obtidos mostram que a água é um fator relativamente pouco significativo na atividade industrial.

Isto pode ser avaliado pelo custo operacional por unidade de água consumida, que usualmente é muito baixo. Este custo, apresentado para alguns usos de água na Tabela 17, pode ser estimado avaliando-se, para cada usuário, os custos operacionais e os volumes consumidos de água em determinado período. O quociente destes dois fatores, que é apresentado na tabela anterior, não deve ser considerado como " custo da água". É um mero quociente que permite estimar a sensibilidade do usuário ao custo da água. Quando o quociente for alto, como é o caso para a indústria de calçados, a sensibilidade seria pequena em face às demais despesas e não haveria estímulo à economia da água. Quando o quociente for baixo, como é o caso do cultivo de arroz irrigado, qualquer custo relacionado à água determinará forte reação do usuário pois afetará grandemente suas despesas – por isto existirá, ou poderá ser estabelecido pela cobrança, relevante estímulo à economia da água.

Tabela 15 - Índices econômicos para irrigação do arroz por inundação por hectare.

Períodos de análise (anos)	Energia para recalque: diesel			Energia para recalque: elétrica			Sem recalque		
	Valor presente	Anuidade equivalente	Anuidade por mil m³	Valor presente	Anuidade equivalente	Anuidade por mil m³	Valor presente	Anuidade equivalente	Anuidade por mil m³
5	-108,6	-30,1	<0	186,3	51,7	3,5	861,7	239	16,2
10	-2,8	-0,5	<0	490,5	86,8	5,9	1.525,7	270	18,3
15	25,3	3,7	0,25	626,3	91,9	6,2	1.875,2	275	18,6
20	61,6	8,2	0,55	718,4	96,2	6,5	2.097,1	281	19,0
25	71,0	9,0	0,61	763,9	97,4	6,6	2.214,3	282	19,1
30	84,2	10,4	0,70	793,6	98.5	6,7	2.228,4	276	18,7

Tabela 16 - Índices econômicos para irrigação de milho e soja com recalque por energia elétrica.

Períodos de análise (anos)	Aspersão convencional em 25 ha			Pivô central em 100 ha		
	Valor presente	Anuidade equivalente	Anuidade por mil m³	Valor presente	Anuidade equivalente	Anuidade por mil m³
5	199,1	55,2	18,5	505,0	140	46,8
10	585,8	104	34,7	1.005,1	178	59,5
15	873,7	128	42,9	1.325,3	194	65,1
20	962,7	129	43,1	1.463,3	196	65,5
25	1.048,3	134	44,7	1.568,3	200	66,8
30	1.093,1	136	45,4	1.619,7	201	67,2

Tabela 17 - Índice operacional típico por m^3 de água consumida em diferentes atividades usuárias de água

SETOR	Ramo	Sub-ramos		Índice operacional por m^3 de água consumida
Agricultura	Arroz irrigado			0,07
Indústria	Metal-Mecânica	Metalurgia		345
		Equipamentos de refrigeração		1200
	Couros	Curtumes		60
		Beneficiamento de couros		50
		Calçados		2800
	Frigoríficos	Abate de bovinos		145
		Abate de suínos		140
		Abate de aves	Manual	60
			Mecanizado	125
	Papel e celulose			5,5
	Têxtil			63
	Alimentos			235
	Bebidas não aloólicas			260
	Química	Química fina		1285
		Tintas		215
		Outros		37

FONTE: Governo do Rio Grande do Sul, 1995.

Instrumentos econômicos de gestão das águas

Diante do quadro apresentado, destaca-se a necessidade de se gerir a água de forma que seu uso resulte nos maiores benefícios para a sociedade atual e a futura. Isto requer o uso sustentável dos recursos hídricos, objetivo maior da Política Nacional de Recursos Hídricos. Entre os instrumentos de caráter econômico previstos pela mencionada norma legal, encontra-se a cobrança pelo uso da água.

As contribuições potenciais deste instrumento para a racionalização econômica e a viabilização financeira de investimentos têm sido analisadas em muitos estudos. O objetivo financeiro será aparentemente aquele que orientará a quantificação dos valores a serem cobrados. Eles serão determinados em função dos planos de bacia hidrográfica e dos investimentos neles previstos. Serão uma espécie de rateio de custo entre os usuários de água e dos beneficiários das melhorias a serem geradas, pelas intervenções, na bacia.

O efeito de racionalização econômica sempre estará presente já que a cobrança, especialmente quando seus valores são suficientemente indutores, determinam uma reação dos usuários no sentido de economizar o recurso. Ao contrário dos tributos, a cobrança está sendo estabelecida para se assemelhar mais a uma taxa condominial. As Políticas Nacional e Estaduais de Recursos Hídricos determinam que ela será estabelecida por bacia, através da deliberação de Comitês de Gerenciamento especialmente formados com a participação de usuários de água, entidades públicas, privadas e sociedade. O fundo formado pela cobrança deverá ser utilizado para financiar as intervenções na própria bacia onde foram originados. Será adotado, um processo descentralizado de planejamento no qual os integrantes dos Comitês deliberam sobre as intervenções a serem implementadas, tendo por base as suas necessidades e anseios e, também, as suas capacidades de pagamento. Portanto, a melhor analogia que existe é a do condomínio de edifício onde os moradores decidem as obras necessárias e o rateio de seus custos.

Um resumo da situação da cobrança em diversos países, retirado de Ribeiro e Lanna (1997) e Ribeiro, Lanna e Pereira (1998) será apresentado a seguir.

França

O sistema de cobrança foi adotado a partir de 1964, dentro da reestruturação da Política das Águas francesa, que criou os Comitês de Bacia e as Agências de Água. O valor a ser cobrado é estabelecido pelo Conselho de Administração da Agência de Bacia, considerando as despesas plurianuais previstas nos programas de despoluição. Este valor é revisto, a cada ano, a fim de ser atualizado conforme o programa de investimentos. Ele é diferente de uma bacia para outra, em função dos objetivos de qualidade estabelecidos. Visa, portanto, a viabilidade financeira.

A derivação de água bruta, água para uso doméstico e industrial, é cobrada tendo por base três elementos: volume de água derivado durante o período de estiagem, uso consuntivo (valor anterior multiplicado por um fator de consumo) e local de derivação. Para o uso agrícola, a cobrança é estimada em função do volume de água derivado durante a estação de estiagem.

A cobrança pelo lançamento de efluentes industriais no meio hídrico é realizada considerando carga de matéria em suspensão (MES), matérias oxidáveis (MO), matérias nitrogenadas (MN), matérias inibidoras (MI) e sais solúveis (SS). A estimativa da quantidade de contaminação produzida em um dia normal do mês de maior lançamento de esgotos no corpo hídrico, é apresentada em um quadro elaborado pela Agência de Água, para cada segmento industrial. Não existe, portanto, medição direta, a não ser quando assim exigido pela indústria (Tabelas 18 e 19).

A Tabela 20 apresenta os parâmetros poluentes e os respectivos preços unitários cobrados em 1992 pela Agência de Água Sena-Normandia. Estes preços eram aplicados sobre a descarga de efluentes, média diária no mês mais seco, quando, portanto, as condições de diluição são mais críticas.

A poluição doméstica é cobrada anualmente, calculada por município ou grupo de municípios. A cobrança é realizada pela companhia concessionária dos serviços de água e esgoto e é o resultado do produto da poluição individual, a população do município, um coeficiente de aglomeração, um coeficiente de coleta e um coeficiente de zona. Arbitrou-se que 1 habitante gera 162 g de substâncias de poluentes ao dia, sendo 90 g de MES; 57 g de MO e 15 g de MN. Municípios com menos de 400 habitantes estão isentos de cobrança.

Inglaterra e País de Gales

O sistema de cobrança pela retirada de água na Inglaterra e País de Gales foi introduzido em 1969. Com o Water Act de 1989 ele passou a ser gerenciado pela National Rivers Authority (NRA), incorporada, em 1996, à Environmental Agency (EA). A cobrança pela água bruta é baseada na seguinte fórmula (Dubourg, 1995):

$$\$/ano = V.\ A.\ B.\ C.\ SUC \qquad (1)$$

onde V é o volume anual outorgado, A é o fator de fonte, B é o fator sazonal, C é o fator de perdas e SUC é a cobrança unitária padrão (Standard Unit Charge) da região. Os fatores A, B e C impõem relativa penalidade aos usuários. O fator A (variando de 0,2 a 3,0) relaciona-se com o fato da fonte abastecedora ser ou não administrada diretamente pela EA. A água subterrânea recebe o menor peso

Tabela 18 – Valores cobrados pela retirada de água bruta em Artois-Picardie

Manancial Hídrico	Parcela I (US$/mil m³)	Parcela II (US$/mil m³)
Água Subterrânea	18	–
Água Superficial	1,6	36

FONTE: Alvarez, 1997.

Tabela 19 – Valores cobrados pela retirada de água bruta em Seine-Normandie

Manancial Hídrico	Parcela I (US$/mil m³)	Parcela II (US$/mil m³)
Água Subterrânea	16	26
Água Superficial	0,5	26

FONTE: Alvarez, 1997.

Tabela 20 – Parâmetros e respectivos preços unitários em 1992 da Agência Sena-Normandia

Parâmetro	Preços Unitários	
	(F/kg/dia)	(US$/kg/dia)
MES (Matérias em suspensão)	113,9	19,1
MO (Matérias oxidáveis)	249,7	41,8
MN (Matérias nitrogenadas)[1]	213,7	35,8
MI (Matérias Inibidoras)	3.502,0	586,9
SS (Sais solúveis)	2.380,0	398,9

FONTE: Tarqüínio, 1995.

entre as fontes. No verão, o fator B tem o maior valor (1,6). Aqueles consumidores com maior grau de perdas nos seus sistemas de abastecimento possuem maior fator C. Por exemplo, para a irrigação por aspersão, tem-se C = 1 e para abastecimento público C = 0,6. A cobrança unitária padrão (SUC) reflete os custos administrativos da EA em cada região do país. Ela varia de US$ 10 a 28/mil m^3 de água aproximadamente. O sistema cobra dos usuários de uma região o mesmo preço unitário, independente da água estar sendo retirada de um manancial super explorado ou não.

Para os lançamentos de efluentes no meio hídrico, a cobrança é anual e baseada na seguinte fórmula:

$$\$/\text{ano} = \text{CV. CE. CR. ACFF} \quad (2)$$

onde CV é um coeficiente em função do volume máximo diário admissível de efluente (especificado no sistema de permissões); CE é um coeficiente em função do tipo de efluente; CR é um coeficiente dependente do corpo hídrico receptor (superficial, subterrâneo, estuário) e ACFF, a cobrança anual em libras/ano.

O coeficiente CV varia de um valor de 0,3 (para volumes entre 0 a 5 m^3) até um valor de 14 (para volumes superiores a 150.000 m^3). O coeficiente tipo de efluente CE tem faixas de variações entre 0,3 e 14. O coeficiente corpo hídrico receptor CR assume o valor de 0,5 para o caso das águas subterrâneas, 1 para águas superficiais e 1,5 para o caso dos estuários. A cobrança anual básica (ACFF - Annual Charge Financial Factor), uniforme para todas as regiões do país, foi, no período 1995/96, de 401 libras (US$ 661).

Apesar de alguma penalidade achar-se implícita, o mecanismo de cobrança inglês – baseado apenas nos custos administrativos da EA – não estimula a eficiência econômica por subestimar o valor da água, permitindo que os preços se encontrem abaixo do custo marginal de longo prazo (Rees, 1997).

Alemanha

No Estado alemão, diversas regiões cobram pelo uso da água bruta, como as de Berlim, Hamburg, Hessen e Lander. Na de Baden-Wurttemberg cobra-se pela retirada da água das fontes superficial e subterrânea desde 1987 (Smith, 1995). A cobrança pela água (*das Wasserpfenning*) é baseada no volume retirado, no tipo de fonte e no uso final da água, de acordo com a Tabela 21. Pequenas retiradas, menores que 2.000 m^3/ano, são isentas de cobrança. O montante arrecadado pelo sistema desde 1988 tem sido, em média, US$ 100 milhões/ano. Há uma certa relação entre o montante arrecadado e um programa de investimentos, o *Ecology Programme*. Tem sido observado um certo decréscimo quanto ao volume de água extraído pelos consumidores. Existem, porém, dúvidas quanto ao nível de ganho ambiental derivado.

A cobrança pelo lançamento de efluentes foi realizada a partir de 1981, com respaldo em uma lei de 1976. (*Abwasserabgabengesetz*, AbwAG). Ela foi, inicialmente, adotada nos estados de Schleswig-Holstein, Hessen e Saarland e, a partir de 1983, estendida para todo o País. Em 1993, o sistema foi completamente adotado pelo antigo leste alemão (Smith, 1995). Cobra-se das fontes industriais e municipais que lançam diretamente seus efluentes em águas superficiais (rios, lagos e mares) e águas subterrâneas. Os lançamentos indiretos, como os das fontes que descarregam efluentes em sistemas de tratamento dos municípios, não são cobrados. A cobrança funciona conjuntamente com o sistema de permissões, é administrada por cada estado e a arrecadação utilizada na melhoria da qualidade de água.

O sistema alemão é baseado em uma fórmula que considera as unidades de poluição lançadas, o volume e a concentração de efluentes previstos para o ano seguinte, e os valores negociados dentro dos limites permissíveis da Lei de Gerenciamento de Recursos Hídricos. Uma unidade de poluição é

Tabela 21 – Valores cobrados pela retirada de água bruta em Baden-Wurttemberg - Alemanha

Manancial Hídrico	Usos	Preço (US$/mil m^3)
Água Subterrânea	Todos	60
Água Superficial	Irrigação	6
	Abastecimento público	60
	Outros fins	24

FONTE: Adaptado de Smith, 1995.

equivalente à poluição produzida por um indivíduo e é definida para cada tipo de poluente. Exemplos de uma unidade de poluição, no sistema alemão, são: 3 Kg de fósforo, 25 Kg de nitrogênio, 50 Kg de oxigênio (para o caso da DQO) etc. A cobrança tem sido aplicada gradualmente, tendo seus valores aumentados ano a ano. Cobrava-se por uma unidade de poluição em 1981, 1993 e 1997, respectivamente, DM 12 (US$ 6,7), DM 60 (US$ 33,7) e DM 70 (US$ 39,3).

Instrumento econômico de gestão: mercados de água

Os mercados como instrumento de gestão das águas, e também do ambiente, têm sido sugeridos como forma de aprimoramento das políticas públicas destas áreas. Como foi comentado na introdução deste capítulo, "os problemas de escassez, seja de água ou de qualquer outro elemento, são sempre geridos através do regime de propriedade". o domínio público da água ou do ambiente tem sido objeto de contestação sob diversas alegações, que vão desde a visão da necessidade de um "Estado mínimo", até o entendimento que o livre mercado apresenta vantagens alocativas que devem ser exploradas.

A Constituição brasileira deixa claro que a água está sob o domínio da União e dos estados. Este domínio não é alienável e, por isto, a idéia de um mercado estabelecido por partes privadas proprietárias de recursos hídricos não é constitucional. Porém, algumas alternativas poderiam ser consideradas, como o estabelecimento de um mercado controlado pelo Estado. Nele haveria transações entre as partes privadas, desde que aprovadas pelo Estado, o que permitiria a transferência de outorgas, mediante um pagamento, sem que o domínio público da água fosse modificado, pois não pode sê-lo sem alterações constitucionais. Esta possibilidade poderá ser analisada futuramente, quando os instrumentos de outorga de direitos de uso da água e de cobrança pelo uso da água estiverem implantados.

Neste momento, cabe antecipar esta possibilidade e analisar as vantagens e desvantagens de mecanismos de mercado para alocação de recursos hídricos. Isto será feito analisando os mercados de direitos de poluir e os mercados de água.

Mercado de direitos de poluir

Trata-se de uma das alternativas mais criativas de controle de poluição, proposta por Dale (1968). Ela opera em dois níveis. No primeiro nível, o poder público, representado pelo órgão responsável pelo licenciamento de atividades potencial ou efetivamente poluidoras, avalia a carga de poluentes que dado corpo natural comporta, baseado na sua capacidade de assimilação ou nos níveis de poluição aceitáveis. Como decorrência emitiria títulos que permitiriam o lançamento de certa carga de poluição no corpo natural. A soma das "permissões de poluir" constantes em cada título atingiria exatamente a carga de poluição previamente estabelecida como suportável pelo corpo natural. A rigor, não interessaria o preço original de cada título - eles poderiam ser, inclusive, distribuídos gratuitamente entre aqueles agentes que tenham seus lançamentos previamente licenciados. Uma característica destes títulos é essencial: eles poderiam ser livremente transacionados.

No segundo nível, os agentes detentores dos títulos deveriam compatibilizar suas emissões com os títulos de permissões disponíveis, seja pelo controle das primeiras ou pela aquisição dos últimos. Desta forma, é criado um mercado de permissões de poluir, já que os detentores dos títulos podem negociá-los livremente. Caberá a cada agente decidir qual a alternativa mais vantajosa entre as seguintes possibilidades:

1) Com a expansão da atividade econômica atual:

   a) com expansão dos lançamentos determina a aquisição de mais títulos no mercado;

   b) sem expansão dos lançamentos, com o controle da poluição incremental, adotando técnicas de tratamento mais avançadas, reciclagem de resíduos, adoção de tecnologias que gerem menos resíduos, ou uma combinação destas;

2) Com a manutenção da atividade econômica atual:

   a) com diminuição dos lançamentos através da adoção de técnicas de controle listadas, gerando títulos que poderiam ser vendidos no mercado;

   b) sem diminuir lançamentos, mantendo-se a situação corrente;

3) Diminuição da atividade econômica atual, conjuntamente ou não com adoção de maior controle de poluição, o que geraria títulos que poderiam ser vendidos no mercado.

Adotariam a alternativa 1.a os agentes cuja renda incremental resultante da expansão da atividade econômica pudesse superar os custos de aquisição dos títulos de permissão de poluir. Estes títulos seriam adquiridos dos agentes inseridos nas situações 2.a ou 3, já que não pode haver aumento global dos lançamentos - eles devem ser redistribuídos entre os agentes poluidores. Caso o custo de aquisição dos títulos seja superior ao custo do controle de poluição os mesmos agentes optariam pela alternativa 1.b, caso o custo do controle ambiental seja inferior à renda gerada pela expansão econômica.

Se a renda incremental resultante da expansão fosse inferior ao custo de aquisição dos títulos ou do controle da poluição, o agente teria inicialmente a opção 2.b, que manteria a situação corrente. Ocorre que, nesta hipótese, poderia ser vantajoso para o agente vender seus títulos, caso a receita obtida superasse ou a renda da atividade econômica, situação 3, ou o custo de controle da poluição, situações 2.a ou 3.

Resumindo, o efeito do mercado de direitos de poluir seria, em teoria, realocar estes direitos entre as atividades econômicas mais eficientes, sem que ocorra aumento de poluição.

Retornando ao primeiro nível, o poder público teria o papel de monitorar os agentes verificando se os lançamento de poluição tem como contrapartida a posse dos títulos que atribuem tais direitos. Poderia ser igualmente modificado o nível de poluição aceitável para o corpo natural. Se o poder público avaliar que ele deve ser maior ou menor que o inicialmente estabelecido, teria que, simplesmente, emitir mais títulos, negociando-os no mercado, ou adquirir títulos, retirando-os do mercado, respectivamente. Esta última alternativa poderia ser adotada também por organizações não-governamentais que tenham como objetivo "comprar" uma melhor qualidade ambiental. A primeira alternativa também poderia ser adotada pelo poder público sempre que notar que algum agente compra títulos com objetivo puro e simples de impedir a concorrência e monopolizar o mercado de seu produto.

Enfim, esta alternativa oferece, ao poder público, instrumentos adequados de controle ambiental e, aos agentes, estímulo para uso mais eficiente, sob a ótica econômica privada da capacidade de assimilação de poluentes do corpo natural. Este uso mais eficiente poderia ser alcançado através do mercado, seja pela seleção dos agentes mais eficientes em termos da produção econômica, seja pela seleção dos agentes mais aptos na adoção de técnicas mais eficientes de controle ambiental.

Existem experiências de adoção desta política, nos EUA, para o controle da poluição do ar e extração de ostras, e, na Nova Zelândia e Austrália, para controle de pesca. Os resultados no controle da poluição atmosférica, originada em emissões industriais nos EUA, ainda não são os esperados, já que a maioria das transações ocorrem no âmbito dos conglomerados industriais, ou seja, pelo rearranjo das emissões entre as diversas unidades produtoras de uma mesma empresa industrial, detentora de uma certa quantidade de títulos, e não entre grupos industriais distintos. A causa é, possivelmente, o alto custo de aquisição de informação sobre disposição de negociação de outras indústrias, o que envolveria a liberação de segredos industriais.

Mercado de direitos de uso da água

O equivalente ao instrumento anterior, no que tange à quantidade de água, é o mercado de direitos de uso da água, não incluindo o uso para lançamento, diluição e afastamento de resíduos. Existem experiências mundiais destes mercados, particularmente na parte Oeste dos EUA, que adotou esta possibilidade como forma de estímulo à colonização, desde o século 19. Teoricamente, o usuário que possa promover o uso mais eficiente, ou seja, com maiores benefícios econômicos privados, estará propenso a comprar o direito de uso de um outro que o faça com menor eficiência privada. Isso por que a quantia que o primeiro estará disposto a pagar vai até o seu benefício líquido incremental, derivado da água adicional que possa usar. Já o segundo estará disposto a vender por qualquer valor que supere o benefício líquido decremental que experimenta, resultante da água que repassa ao primeiro. Como, pelo que foi postulado, o benefício incremental do primeiro usuário é maior do que o benefício decremental do segundo, existe possibilidade de acordo, com o preço sendo estabelecido em algum ponto intermediário dos dois extremos citados. Nesta situação ambos ganharão: o primeiro, porque pagará menos que seu aumento de benefício líquido; o segundo, porque receberá mais do que a diminuição de seu benefício líquido. Finalmente, se os efeitos econômicos dessa transação se esgotarem nas conseqüências às duas partes (ou seja, se não houver externalidades), a sociedade como um todo também ganhará, pois a água passará a ser usada pelo primeiro usuário, que pode fazê-lo com maior eficiência econômica.

No Oeste americano este mecanismo tem sido usado na transferência de água da irrigação para as cidades. Com isto, ganham os irrigantes, que obtêm mais retorno com a venda do que com a utilização da água para produção, e ganham os cidadãos, que podem obter água a custos mais baixos. Segundo Postel (1994), durante 1991, 127 transações ocorreram em 12 estados do oeste americano, mostrando um aumento em relação às 120 do ano anterior. Quase toda água comercializada veio da irrigação e 75% foi destinada às cidades. Os preços mostraram grande variação. No Colorado, onde cerca de metade das transações ocorreram, o valor médio foi US$ 1,73 por m^3, um incremento de 100% em relação aos preços de 1989. Deve ser esclarecido que este preço é sobre o direito de retirar continuamente este volume de água e não um valor a ser cobrado por cada metro cúbico.

Segundo a mesma autora, o mercado de águas é uma alternativa efetiva para promover a distribuição de forma mais equitativa em Bangladesh, Índia e Paquistão, onde a irrigação depende de água subterrânea. Em determinada área de Bangladesh, cada proprietário de poço raso vende água para 14 usuários. Para cada hectare irrigado pelo proprietário do poço, dois hectares são irrigados por agricultores que compram água. Em alguns casos, os compradores pagam em dinheiro; em outros, com uma parcela da sua produção; ainda, com ou uma combinação de ambos.

Esta situação é análoga à que ocorre no Rio Grande do Sul, onde, historicamente, proprietários de açudes vendem água a produtores de arroz, em uma base de 10% da produção. Como esta pode atingir 110 sacos de 50 kg, por hectare plantado, o preço pago pela água seria de 11 sacos de arroz por hectare. Com um consumo de água, por hectare, entre 13.000 a 22.000 m^3 (1,5 a 2,5 l/s/ha em 100 dias de irrigação), ou 17.500 m^3, em média, e um preço que variou historicamente entre US$ 10 e 19 (US$ 14,50 em média), atinge-se um preço médio aproximado de US$ 9,0 por mil m^3. Deve ser comentado que esta prática acha-se à margem da lei, já que a água no Brasil está sob o domínio da União ou dos estados, e somente eles têm atribuições de outorgar e, eventualmente, cobrar pela água outorgada.

Lee e Jouralev (1998), citando Hearne e Easter, mostraram que, no norte do Chile, houve ganhos econômicos derivados de um mercado de água que atuou tanto através de realocações entre setores quanto entre agricultores. No rio Elqui ocorreu um total de 712 transações. No rio Limari os ganhos brutos e líquidos da transferência foram estimados em US$ 2,47 e US$ 2,40 por m^3/ano, respectivamente.

Dificuldades de funcionamento de mercados de direitos de uso e de poluição da água

Simpson (1993) listou algumas condições para a existência de um mercado qualquer e, em seguida, de um mercado de direitos de uso da água. Para que este mercado, além de existir, promova a eficiência econômica do uso da água, sob o ponto de vista da sociedade como um todo, outras condições deverão ocorrer. Qualquer crítica ao mercado de água deve ser derivada justamente da necessidade de ser assegurado que não existirão efeitos colaterais que atinjam outras partes ou externalidades na negociação. Estes efeitos poderão não apenas diminuir a eficiência como, em casos extremos, tornar mais ineficiente o uso da água, sempre adotando-se o ponto de vista da sociedade. Por isso, haverá necessidade de uma análise criteriosa, não necessariamente para rejeitar a possibilidade de um mercado de água, mas para que sejam previstas regulamentações que impeçam esses efeitos colaterais e, finalmente, avaliada a oportunidade deste mercado de água regulamentado.

A análise destas questões pode ser orientada pela observação de algumas condições para um mercado de concorrência perfeita que, entre outras características, promove a alocação socialmente eficiente de recursos escassos. As condições pertinentes ao mercado de água são:

Os compradores e os vendedores de água, em qualquer instante, não são "fazedores de preço" (price-makers).

Isso significa que deverão acatar o preço vigente no mercado, sem possibilidade de manipulá-lo em seus próprios proveitos. Essa possibilidade de manipulação é característica de grandes vendedores que formem oligo ou monopólios, ou compradores que formem oligo ou monopsônios. As razões para isso, e suas conseqüentes ineficiências sociais, podem ser encontradas nos textos básicos de microeconomia e não serão aqui comentadas. Para que esta condição ocorra, uma série de outras deverá viger, entre elas:

Inexistência de economias de escala

As economias de escala resultam em vantagens comparativas aos usuários que "saiam na frente" no processo de expansão da escala produtiva. Isto acarretará o surgimento de oligo ou monopólios. No caso das atividades econômicas que acarretam poluição das águas, a análise tem de ser realizada caso a caso. Poderá haver possibilidade de que um produtor monopolize os títulos de direitos de poluir, o que poderá ser impedido pelo poder público pela emissão de mais títulos ou por determinações no sentido de impedir diretamente esta prática.

No que tange ao uso da água, existem economias de escala no caso de abastecimento público. No entanto, este é um uso privilegiado, explorado mediante concessão pública e, portanto, sujeito a controles e regulamentações específicas que deverão ser mantidas em um mercado de água.

Há dúvidas com relação à existência de economias de escala na atividade de irrigação. Problemas gerenciais e de falta de flexibilidade operacional poderão acarretar deseconomias de escala, a partir de determinado porte de desenvolvimento. Trata-se de um ponto a ser esclarecido, possivelmente caso a caso, pois não se pode esperar a obtenção de uma conclusão válida para qualquer clima, cultivo, meio social e estrutura econômica.

Os fatores de produção devem ser móveis

Esta questão de mobilidade do fator de produção de água foi analisada por Simpson (1993). Na medida em que a via de transporte de água seja o curso natural do rio, a mobilidade é restrita ao sentido montante-jusante, o que pode acarretar situações que dificultam a criação e a operação do mercado. No caso do mercado de direitos de poluição da água, haveria uma dificuldade não encontrada quando o corpo natural é o ar. Neste último caso, a dispersão anula em grande parte as questões de localização das fontes emissoras, podendo-se supor que, independemente da localização, o efeito global de uma emissão na qualidade do ar seria o mesmo. Devido a isto a política de criação de mercado é chamada nos EUA de *bubble policy* ou "política da bolha", já que supõe a existência de uma bolha de ar sobre a região controlada, onde, teoricamente, haveria uma perfeita mistura de poluentes. Esta situação poderia ser imaginada em um lago, apesar da constatação de ocorrência de maior poluição próximo às margens, onde ocorre poluição, e ao fenômeno de estratificação vertical das concentrações de poluentes. Em um rio, porém, devido à propagação do fluxo ocorrer de montante para jusante, os trechos de jusante são afetados pelos lançamentos e derivações de água que ocorrem à montante, não ocorrendo o contrário, a não ser em casos muitos localizados de inversão de fluxo devido a efeitos de remanso, seiches, marés, ventos etc.

Sendo assim, no que se refere ao controle de poluição, não seria a mesma coisa a transferência dos títulos de um agente, cuja emissão se localiza a jusante, para outro, cujo lançamento ocorrerá a montante ou vice-versa. A própria capacidade de assimilação depende da localização das emissões. Diante disto, deveria haver um complexo sistema de equivalências que determinaria que um título, se usado em dado trecho fluvial, valeria determinado direito de emissão, diferente daquele que valeria caso fosse usado em outro trecho. Não existe, possivelmente devido a isto, informações sobre mercados de direitos de poluir estabelecidos em cursos de água.

No caso de mercados de direitos de uso da água, excetuando-se a poluição, o mesmo problema de propagação no sentido montante-jusante prejudica, embora de forma menos evidente, o seu funcionamento. Os usuários cujas derivações são localizadas a jusante poderiam comprar os direitos de usuários de montante; o contrário somente seria possível em certos casos, quando a água que chega à jusante passa pelo ponto de montante. Isto não ocorrerá, por exemplo, quando as vazões aumentarem substancialmente de montante para jusante, devido ao incremento da bacia de contribuição. Ocorre quando se trata de um rio regularizado por reservatórios situados à montante ou cujas vazões sejam originadas no degelo do pacote de neve formado nos picos da montanhas, localizados na parte de montante da bacia. Estas são situações típicas do semi-árido americano, onde os mercados foram adotados.

Perdas por infiltração, que poderão representar parcela substancial da água liberada, quanto maior for a distância transportada, seriam também um dificultador, agindo no sentido inverso. Elas prejudicariam a mobilidade da água, já que os usuários mais próximos ao curso de água teriam menores perdas de condução. Como conseqüência, estes usuários teriam maior eficiência no uso da água, podendo monopolizar seu uso. Para evitar isto, haveria necessidade de facilitar a mobilização da água, através de canais revestidos ou condutos forçados, com custos de investimentos que poderiam, já em um primeiro momento, inviabilizar o mercado.

Uso de mercados de água como instrumento de racionamento

Em regiões com regimes hidrológicos variáveis, o racionamento se apresenta como instrumento inevitável de uma política de gerenciamento de recursos hídricos. Em casos extremos, ele visa assegurar um suprimento mínimo aos usos socialmente mais relevantes ou estratégicos. Em situações não tão extremas eles promovem economias preventivas de água de forma a manter reservas que permitam o atendimento das mesmas demandas prioritárias. As categorias de racionamento que podem ser adotadas são:

1) Por cota

2) Por preço:

- Cobrança progressiva
- Cobrança com penalidade por uso excedente
- Cobrança com gratificação por economias
- Cobrança com mercado induzido de penalidades e gratificações: mercado de água

A categoria de racionamento por cota é a mais comum e estabelece cotas de uso para cada tipo de usuário, de acordo com decisões políticas baseadas na relevância do uso, por exemplo. Ela tem a vantagem de ser facilmente entendida pelos usuários e pelo meio político. Tem como desvantagens a dificuldade de estabelecimento do sistema de cotas, o que pode gerar situações potenciais de litigância, e a inexistência de mecanismos de estímulo a economias de água, complementares à estabelecida em função da cota outorgada. Além disso, é de difícil implementação, pois exige fiscalização rigorosa do cumprimento das cotas determinadas.

As categorias de racionamento por preço atuam através do valor da água e, portanto, dizem respeito à estrutura de cobrança. Elas apresentam também dificuldades de estabelecimento, havendo, porém, a vantagem de não haver necessidade de individualização explícita dos consumidores. Por exemplo, atendidas as necessidades básicas da vida, qualquer consumidor poderia receber cotas adicionais de água, desde que se disponha a pagar o preço desta cota adicional. Esta categoria de racionamento induz a economias de uso da água que podem resultar em consumos inferiores aos que seriam estabelecidos pelo sistema de cotas. A maior desvantagem é a suspeição que existe quanto à adequação de um sistema de preços para promoção da eqüidade social.

Quatro alternativas de racionamento, através do sistema de preços, são apresentadas acima sem, contudo, esgotar as possibilidades. Na cobrança progressiva seria adotada uma estrutura em que o valor unitário cobrado aumentaria com o total consumido. Os três outros tipos de racionamento por preço introduzem também um mecanismo de cota. Uma cota normal de uso seria estabelecida, similar à que haveria no sistema de racionamento puramente por cotas, e geralmente referenciada ao uso para atendimento às primeiras necessidades. Os usuários seriam cobrados comparando seu consumo com a cota estabelecida. Na primeira situação haveria penalização pela ultrapassagem da cota normal. Essa penalização, para ser como tal, deverá obviamente ser (muito) superior ao valor unitário para a cota normal. De forma simetricamente oposta à penalização haveria uma gratificação na forma de um desconto na cobrança de usuários que consumissem menos que a cota normal, proporcionalmente à diferença. Finalmente, a coexistência de ambos os instrumentos, penalização e gratificação, poderia induzir, de fato, à criação de um mercado de água em que as gratificações seriam pagas pelas penalizações. Este mercado poderia ser controlado pelo poder público, que estabeleceria os valores das cotas normais, das gratificações e penalizações unitárias (ou seja, o preço da água no mercado), ou ser deixado ao livre arbítrio dos consumidores. O mercado controlado mostrou-se a melhor alternativa de racionamento, tendo por índices de avaliação os gastos globais dos consumidores e os gastos dos consumidores de menor renda, em simulação realizada por Mercer e Morgan (1989) na Califórnia.

Críticas ao mercado como instrumento de controle do uso e poluição das águas

O fascínio que o livre mercado exerce, particularmente nos adeptos da ideologia neo-liberal, como meio automático de alocação eficiente de recursos escassos, deve ser contextualizada para que não seja passada uma mensagem demasiadamente otimista ao leitor. Muitas vezes se observa a falência do mercado para atingir a eficiência social e ambiental e, a longo prazo, até mesmo a eficiência econômica demonstrada pela teoria econômica neo-clássica. Três condições fundamentais, além daquelas tratadas, devem ainda prevalecer para que o mercado funcione no longo prazo e sob pontos de vista social e ambiental. Elas requerem:

1) que todas as partes atingidas pelos resultados estejam envolvidas na negociação de mercado, o que é impossível no caso da negociação intertemporal que atinge as futuras gerações e, mesmo, parcelas da sociedade em presença de fenômenos de larga escala (redução da camada de ozônio, mudanças climáticas, chuva ácida etc.);
2) que os indivíduos envolvidos na negociação de mercado estejam plenamente informados a respeito das conseqüências de suas opções, particularmente quando elas envolvem grandes mudanças sociais, ambientais e econômicas, o que geralmente não acontece;
3) que a distribuição de renda existente seja considerada adequada para que disparidades não afetem a disposição agregada de pagamento dos participantes do mercado, privilegiando os anseios dos segmentos mais abastados.

Portanto, citando Daly (1989) "*os preços são importantes, mas certamente não são todo-poderosos. Os preços de mercado são relevantes apenas para as decisões locais, numa ótica temporal e ecológica, cujas conseqüências principais recaiam totalmente na economia humana do intercâmbio de bens e na geração atual. Os preços de mercado são meios excelentes para que o fluxo de recursos que nos dá a natureza seja usado com eficiência, a serviço de uma população já existente, com uma determinada distribuição de riqueza e renda. Não se deve permitir que os preços de mercado decidam as taxas de fluxo de matéria e energia – através da fronteira que separa a economia do ecossistema – nem a distribuição dos recursos entre pessoas diferentes (ou entre gerações diferentes que são, obviamente, formadas por pessoas diferentes). A primeira deve ser uma decisão ecológica, a segunda uma decisão ética. É natural que as decisões influirão e devem influir nos preços de mercado, mas o importante é que estas decisões ecológicas e éticas determinem os preços, não sejam determinadas por eles. Muitos economistas não compreendem este ponto*".

Reforma Tributária Verde

Nos países industrializados existe uma política que tem sido gradualmente aplicada chamada de Reforma Tributária Verde ou da Eco-tributação. A idéia é deslocar os tributos das atividades produtivas, fazendo com que passem a onerar aquelas que promovam a degradação ambiental. Não se pretende promover um aumento de arrecadação, mas estimular a produção e criação de empregos em conjunto com a proteção ambiental. Em alguns casos, é estabelecido um remanejo de impostos dentro do mesmo setor. Por exemplo, seriam aplicados tributos relativamente maiores a indústrias que não atingissem determinado nível de controle de efluentes, sendo que os recursos arrecadados seriam destinados a atribuir prêmios pecuniários àquelas que os superassem, ajudando-as a amortizar os investimentos de controle ambiental e introduzindo um estímulo às práticas conservacionistas. Esta política segue a imagem do porrete e da cenoura, ao complementar os agravos com estímulos a um comportamento ambiental adequado.

Este tipo de política poderia ser também adotada na cobrança pelo uso dos recursos hídricos, na forma de lançamentos de efluentes. Nesta situação — que difere tanto daquela que é adotada na França, quanto da que é preconizada no Brasil pela lei 9.433 — não haveria a interferência do poder público no financiamento de obras de controle da poluição. As partes privadas seriam estimuladas a realizar seus próprios investimentos, de acordo com o controle que já alcançaram e os valores que lhes seriam cobrados ou concedidos como prêmio.

Considerações finais

Este capítulo tratou das questões de escassez da água – que é uma questão econômica. Foram apresentados exemplos de custo de disponibilização de água e de disposições a pagar pelo seu uso. Analisou-se também alguns instrumentos econômicos para promoção de uma gestão racional dos recursos hídricos.

Pode-se prever que com o aumento do consumo de água, e conseqüentemente sua maior escassez, há uma tendência de que o seu valor econômico e também o custo de sua apropriação aumentem. O uso de instrumentos econômicos poderá contribuir para uma maior eficiência no uso desse recurso escasso. Como outros tipos de objetivo existem, os instrumentos econômicos devem ser usados conjugados com instrumentos do tipo mandato-e-controle, como a outorga de uso da água, e serem regulamentados conjuntamente, sob a coerência de um processo de planejamento do uso, controle e proteção das águas.

Bibliografia

ALLAN, J. A. *Middle East water: local and global issues*. SOAS Water Issues Group/University of London, 1998.

ALVAREZ, C. Informação ao autor via Internet. 1997.

ARAÚJO, J. C. Custos de incremento e distribuição da oferta hídrica no Ceará. In: *Anais do III Simpósio de Recursos Hídricos do Nordeste*. Salvador, Associação Brasileira de Recursos Hídricos. p. 449-464, 1996.

BANCO MUNDIAL. *Relatório sobre o Desenvolvimento Mundial* 1994. Rio de Janeiro, Fundação Getúlio Vargas, 1994.

CAMPOS, Oliveira; Vieira e Campos. Custo do fornecimento da distribuição de água através de carro pipa: um estudo de caso. *Anais do XII Simpósio Brasileiro de Recursos Hídricos*, vol. 1: 61-67. Vitoria, 1997.

CLARKE, R. *Water: The International Crisis*. Cambridge, MIT Press, 1993.

DALE, J. H. Land, Water and Ownership. In: *Canadian Journal of Economics*. 1968.

DALY, H. Epílogo: alguns malentendidos comunes y otros problemas relacionados con una economia en estado estacionario. In: DALY, H. (compilador).˙ *Economia, ecologia e ética*. México, Fondo de Cultura Económica, 1989.

DUBOURG, W.R. *Pricing for sustainable water abstraction in England and Wales: a comparison of theory and practice*. Norwich, CSERGE Working Paper WM 95-03. 1995

ENGELMAN, R. & LEROY, P. *Sustaining Water - Population and the Future of Renewable Water Supplies*. Texto divulgado na Internet, 1993.

FALKENMARK, Malin & WIDSTRAND, Carl. *Population and Water Resources: A Delicate Balance. Population Bulletin*. Population Reference Bureau, 1992.

GLEICK, P. H. *Water in Crisis: A Guide to the World's Fresh Water Resources*. New York, Oxford University Press, 1993.

GOVERNO DO RIO GRANDE DO SUL. *Simulação de uma proposta de gerenciamento de recursos hídricos na bacia hidrográfica do rio dos Sinos*. Magna Engenharia Ltda. Relatório final de consultoria, 1995.

LANNA. *Gerenciamento de Bacia Hidrográfica: aspectos conceituais e metodológicos*. Brasília, Instituto Brasileiro do Meio Ambiente e dos Recursos Naturais Renováveis, 1995.

LANNA, A. E. Viabilidade da cobrança pela água no Brasil. *Anais do XI Simpósio Brasileiro de Recursos Hídricos/II Simpósio de Hidráulica e Recursos Hídricos dos Países de Língua Oficial Portuguesa*, 3: 79-84, 1995.

LEE, T. R. & JOURAVLEV, A. S. *Prices, property and markets in water allocation*. Santiago, CEPAL, 1998.

MAIA NETO, R. Água para o desenvolvimento sustentável. In: *A água em revista*, ano v, n. 9: 21-32. Rio de Janeiro, Companhia de Pesquisa de Recursos Minerais, 1997.

MERCER, L. J. & MORGAN, W. D. Welfare effects of alternative water rationing schemes: a case study. In: *Water resources bulletin*, v. 25, n. 1, 1989.

MOORE, J. W. *Balancing the needs of water use*. Springer-verlag, 1989.

ORGANIZATION OF AMERICAN STATES. *Source book of alternative technologies for freshwater augmentation in latin america and the caribbean, unit of sustainable development and environment*. Washington D.C., General Secretariat, 1997.

POSTEL, S. *Last oasis: facing water scarcity*. Worldwatch Institute. New York, W.W. Norton, 1992.

POSTEL, S. Implication for public policy. in garduño, h. e arreguín-cortés f. (1994) *Efficient water use*. Rostlac/ UNESCO, Montevideo, 1994

REES, J. Towards implementation realities. in: t. o'riordan (ed.) *Ecotaxation*. London, Earthscan Publications. p. 287-303, 1997.

RIBEIRO, M. M. R. & LANNA, E. Bases para a cobrança de água bruta: discussão de algumas experiências. In: *Anais do Simpósio Brasileiro de Hidrologia e Recursos Hídricos*. Vitória, Associação Brasileira de Recursos Hídricos, 1997.

RIBEIRO, M. M. R.; LANNA, A. E.; PEREIRA, J. S. Cobrança pelo lançamento de efluentes: discussão de algumas experiências. In: *Anais do Simpósio de Recursos Hídricos do Nordeste*.

Campina Grande, Associação Brasileira de Recursos Hídricos, 1998.

SECRETARIA DE RECURSOS HÍDRICOS DO MINISTÉRIO DO MEIO AMBIENTE. *Página da internet*. 1998.

SHIKLOMANOV, I. A. World Fresh Water Resources. In: GLEICK, Peter. *Water in Crisis: A Guide to the World's Fresh Water Resources*. New York, Oxford University Press, 1993.

SIMPSON, L. *Factors prerequisite to market-based transfer of water*. Textos de divulgação (inéditos), 1993.

SMITH, S. *"Green" taxes and charges: policy and practice in britain and germany*. London, The Institute for Fiscal Studies, 1995.

TARQUÍNIO, T. T. *Taxa de poluição ambiental: simulação do emprego de instrumentos econômicos à gestão dos recursos hídricos no Paraná*. Curitiba, Instituto Ambiental do Paraná. Coletânea de Textos Traduzidos, 1994.

Antônio Eduardo Leão Lanna

lanna@if.ufrgs.br

Engenheiro Civil – UFRJ

Mestre em Hidrologia Aplicada – Instituto de Pesquisas Hidráulicas da Universidade Federal do Rio Grande do Sul

PhD – Colorado State University, EUA

Professor Titular do Instituto de Pesquisas Hidráulicas da UFRGS, onde é orientador da Pós-Graduação em Engenharia de Recursos Hídricos e Saneamento Ambiental e Ecologia na Área de Ciências Ambientais.

Pesquisador I-A do CNPq.

Coordenador da Sub-Rede de Pesquisas sobre Instrumentos de Gestão das Águas do programa RECOPE/REENGE/REHIDRO da Finep.

Linhas de Pesquisa:

Economia de recursos hídricos e do meio ambiente
Sistemas de apoio à decisão
Otimização de sistemas de recursos hídricos
Hidrologia

17

Aspectos Institucionais do Gerenciamento de Recursos Hídricos

Flávio Terra Barth

A experiência brasileira de gerenciamento de recursos hídricos

Histórico

Até o início deste século, o Brasil tinha economia, quase que exclusivamente agrícola e a utilização da água era de interesse local, para abastecimento das cidades e para geração de energia elétrica em pequenos aproveitamentos hidrelétricos pioneiros.

Entretanto, a exportação de café proporcionou a disponibilidade de capital para o desenvolvimento industrial e no Rio de Janeiro (1901) e em São Paulo (1904) a Light, então empresa privada de origem canadense, construiu as primeiras usinas hidrelétricas voltadas para suprimento de atividades urbanas e industriais. Os poderes concedentes dos aproveitamentos eram os Estados e os Municípios, pois os interesses de uso da água eram restritos a essas esferas de Governo e não se configuravam conflitos entre as diversas utilizações.

Porém, o interesse de construção de novos aproveitamentos hidrelétricos fez com que se levantasse debate sobre o regime jurídico a que estavam submetidas as águas e seu aproveitamento e, como conseqüência, o Governo Federal apresentou ao Congresso Nacional, em 1907, o Código de Águas elaborado pelo jurista Alfredo Valadão.

Somente em 1920 foi criada a Comissão de Estudos de Força Hidráulica, no Serviço Geológico e Mineralógico do Brasil, no Ministério da Agricultura, Indústria e Comércio e, em princípios de 1933, criou-se a Diretoria de Águas, que mais tarde seria transformada em Serviço de Águas.

Após 27 anos de tramitação no Congresso Nacional, o Poder Executivo promulga o Código de Águas (Decreto 24.643, de 10/7/34), que se constitui no marco regulatório fundamental para o setor de energia elétrica, ao proporcionar os recursos legais e econômico-financeiros para a notável expansão do aproveitamento do potencial hidrelétrico que ocorreu nas décadas seguintes.

A concessão dos aproveitamentos hidroelétricos e dos serviços de distribuição de energia elétrica, antes de responsabilidade de Estados e Municípios, com o Código de Águas passou para o âmbito da União.

Em 1934, foi criado, no Ministério da Agricultura, o Departamento Nacional de Produção Mineral (DNPM), que incorporou o Serviço de Geologia e Mineralogia e o Serviço de Águas.

Em 1939, foi criado o Conselho Nacional de Águas e Energia Elétrica (CNAEE), diretamente ligado à Presidência da República, que passou a decidir sobre águas e energia elétrica em conjunto com a Divisão de Águas do DNPM.

Com o fim da Segunda Guerra Mundial ocorreu importante expansão industrial, em decorrência do esforço de substituição de exportações, embasado na implantação da Companhia Siderúrgica Nacional.

Com a Constituição de 1946, há uma tendência de descentralizar o poder do Governo Federal para os Estados e Municípios, podendo os Estados legislar sobre águas, em caráter supletivo e complementar. competência que, de fato, não foi exercida, pois a utilização da água ainda não envolvia conflitos cuja solução atraísse a atenção dos administradores e legisladores estaduais.

Entretanto, em energia elétrica manteve-se a centralização no Governo Federal e, em 1957, sob a coordenação do CNAEE, através do Decreto 41.019, é regulamentada a prestação dos serviços de energia elétrica no país e com a Lei 3.890-A, de 25/4/61, é criada a ELETROBRÁS.

Essa centralização acentua-se a partir de 1964, nos governos militares, pois em 17/12/65, pela Lei 4.904, criou-se o Departamento Nacional de Águas e Energia - (DNAE), juntamente com o Ministério das Minas e Energia - (MME), incorporando ao DNAE a Divisão de Águas do DNPM, consolidando-se a predominância do setor de energia elétrica na gestão das águas.

Observe-se que tanto na Constituição Federal de 1967 como na de 1969, passou a ser privativo da União legislar sobre águas.

Em 11/12/68, pelo Decreto 63.951, altera-se a denominação do DNAE, que passa a ser Departamento Nacional de Águas e Energia Elétrica (DNAEE) e, em 10/7/60, o Decreto Lei 1.629 extingue o CNAEE e passa todas as suas atribuições para o DNAEE, acentuando-se ainda mais a hegemonia do setor elétrico nas decisões sobre o aproveitamento das águas.

Com isso, a regulamentação do Código de Águas foi feita exclusivamente nos capítulos referentes ao aproveitamento hidrelétrico, sem que se regulamentasse, por exemplo, os usos múltiplos e a conservação da qualidade das águas.

Como conseqüência, os Estados começaram a legislar sobre controle de poluição das águas, na década de 70, com base em objetivos de proteção da saúde, de certa forma um artifício utilizado para contornar a exclusividade federal de legislar sobre águas.

Entretanto a Assembléia Geral das Nações Unidas sobre Meio Ambiente, realizada em Estocolmo, em 1972, despertou a sociedade brasileira para a necessidade de proteção e conservação do meio ambiente, em particular, das águas. As legislações estaduais passaram a se preocupar com a proteção do meio ambiente, embora o tema não estivesse contido na Constituição Federal. Mas, com isso, iniciou-se tratamento dicotômico da gestão quantitativa e qualitativa das águas, a primeira, no Código de Águas e a segunda, na legislação ambiental.

Nova divergência da legislação de águas teve início em 25/7/79, pois a Lei 6.662 estabeleceu a Política Nacional de Irrigação e transferiu para o Ministério do Interior (MINTER), a responsabilidade sobre o uso dos recursos hídricos para a irrigação, até então atribuição do Ministério das Minas e Energia, através do DNAEE.

Com tais fatos, a legislação de gestão das águas no Brasil passou a ser geradora de conflitos entre as decisões do setor elétrico e de irrigação, entre quantidade e qualidade das águas, entre decisões federais e estaduais.

Seria desejável que isso não tivesse ocorrido, mas sim a atualização e regulamentação do Código de Águas, que atendesse todos os setores usuários e os aspectos de proteção e conservação de recursos hídricos e tivesse havido delegação aos Estados para aplicá-lo. Infelizmente, houve um retrocesso na legislação brasileira de águas, que, de única e integrada, passou a ser fragmentada e conflituosa.

Evolução recente do gerenciamento de recursos hídricos no Brasil

Marco importante de integração intergovernamental e interinstitucional para o gerenciamento de recursos hídricos no Brasil foi a celebração do acordo do Ministério das Minas e Energia e o Governo do Estado de São Paulo, em 1976, que objetivou atingir melhores condições sanitárias nas bacias dos rios Tietê e Cubatão, o desenvolvimento de ações em situações críticas, adequação de obras de saneamento, abastecimento de água e tratamento e disposição de esgotos. Foram criados comitês com participação de órgãos e entidades do Governo Federal e do Estado e da concessionária Light, que tomaram importantes decisões de conciliação de interesses de abastecimento de águas, controle de poluição e de enchentes, em face da geração de energia elétrica.

O bom resultado desse acordo motivou os Ministérios de Minas e Energia e do Interior para a criação do Comitê Especial de Estudos Integrados de Bacias Hidrográficas (CEEIBH), em 1978, com os objetivos principais de classificação dos cursos de água da União e o estudo integrado e o acompanhamento da utilização racional dos recursos hídricos. Em diversas bacias hidrográficas de rios de domínio federal foram criados comitês executivos, vinculados ao CEEIBH. Esses comitês tiveram atribuições consultivas, nada obrigando a implantação de suas decisões, faltando-lhes, para isso, respaldo legal e, embora carentes de apoio técnico, administrativo e financeiro, constituíram-se em experiências importantes.

Foi realizado em Brasília, em 1983, o Seminário Internacional de Gestão de Recursos Hídricos, com a participação de especialistas da França, Inglaterra e Alemanha, que teve conclusões conservadoras, de manutenção da situação institucional vigente. Porém, seu principal resultado foi o desencadeamento do debate do gerenciamento dos recursos hídricos em âmbito nacional, com a realização de encontros nacionais de Órgãos Gestores, em seis capitais brasileiras.

Em 1986, o Ministério de Minas e Energia criou Grupo de Trabalho, com a participação de órgãos e entidades federais, estaduais, do Distrito Federal e de Territórios, para propor a forma de organização do Sistema Nacional de Gerenciamento de Recursos Hídricos.

O relatório final complementou e detalhou a proposta dos Órgãos Gestores, devendo-se destacar, dentre suas recomendações: criação e instituição do Sistema Nacional de Gerenciamento de Recursos Hídricos; coleta de subsídios para a Política Nacional de Recursos Hídricos; início da transição do CEEIBH, e dos respectivos comitês executivos por bacias hidrográficas para o Sistema proposto; comunicação aos Estados, Territórios e Distrito Federal para a instituição dos sistemas estaduais de gerenciamento de recursos hídricos.

Dessas recomendações decorreram a previsão do sistema nacional de gerenciamento de recursos hídricos na Constituição Federal de 1988 e de sistemas estaduais de gerenciamento de recursos hídricos em grande número de Constituições Estaduais de 1989, o que desencadeou no Brasil um amplo processo de modernização do gerenciamento desses recursos.

Contribuições da Associação Brasileira de Recursos Hídricos (ABRH)

Carta de Salvador

O debate das questões institucionais sobre recursos hídricos teve início na ABRH, no VII Simpósio Brasileiro de Recursos Hídricos e Hidrologia, realizado em Salvador, em novembro de 1987, tendo ocorrido nessa oportunidade: a realização de mesa redonda, na qual, pela primeira vez foram abordados, no âmbito da Associação, os aspectos políticos do gerenciamento de recursos hídricos; a criação da Comissão de Gestão; e a aprovação, em Assembléia Geral, da Carta de Salvador, na qual era expressa, para divulgação pública, a opinião da ABRH sobre tema, destacando-se:

Usos múltiplos dos recursos hídricos

A importância do uso múltiplo e integrado dos recursos hídricos e as condições para a sua viabilização foi ressaltada, em especial o rateio de custos e a institucionalização das decisões colegiadas.

Descentralização e participação

Preconizava-se a descentralização do processo decisório, para se contemplar adequadamente as diversidades e peculiaridades tanto regionais como estaduais e municipais.

Defendia-se a participação das comunidades envolvidas de forma a viabilizar as ações pertinentes e assegurar sua agilidade e continuidade.

Sistema nacional de gestão de recursos hídricos

Apontava-se a necessidade de institucionalização do Sistema Nacional de Gestão de Recursos Hídricos com participação da União, dos Estados, do Distrito Federal e dos Municípios, como forma organizacional para a implantação de planos e programas de recursos hídricos.

Carta de Foz do Iguaçu

A discussão dos aspectos institucionais do gerenciamento de recursos hídricos prosseguiu na ABRH e alguns dos princípios básicos, segundo a Carta de Foz do Iguaçu, aprovada em Assembléia Geral, realizada por ocasião do VII Simpósio Nacional, em 1989, são:

1) O gerenciamento dos recursos hídricos deve ser integrado, sem dissociação dos aspectos quantitativos e qualitativos, considerando as fases aérea, superficial e subterrânea do ciclo hidrológico

2) A unidade geográfica básica a ser adotada para o gerenciamento dos potenciais hídricos é a bacia hidrográfica, como decorrência de condicionante natural que governa as interdependências entre as disponibilidades e demandas de recursos hídricos em cada região.

3) A água, como recurso limitado que desempenha importante papel no processo de desenvolvimento econômico e social, impõe custos crescentes para a obtenção, tornando-se um bem econômico de expressivo valor, decorrendo que:

a) a cobrança pelo uso da água é entendida como fundamental para racionalização do seu uso e conservação e instrumento de viabilização de recursos para o seu gerenciamento;

b) o uso da água para fins de diluição, transporte e assimilação de esgotos urbanos e industriais, por competir com outros usos, deve ser também objeto de cobrança.

4) Sendo o recurso hídrico um bem de usos múltiplos e competitivos, a outorga de direitos de uso é considerada instrumento essencial para o seu gerenciamento e deve atender aos seguintes requisitos:

a) a outorga de direito de uso das águas deve ser de responsabilidade de um único órgão, não setorial, quanto às águas de domínio federal, devendo ser atendido o mesmo princípio, no âmbito dos Estados e do Distrito Federal;

b) na outorga de direito de uso das águas de domínio federal e estadual de uma mesma bacia hidrográfica, a União e os Estados deverão tomar medidas acauteladoras de prejuízos recíprocos, mediante acordos entre os Estados, bi ou plurilaterais, definidos em cada caso, com interveniência e participação da União.

Dessa forma, a ABRH conferiu ao conceito do usuário-pagador, introduzindo-o para debate da sociedade brasileira, e à outorga, unificada em entidade federal e estaduais, como pontos importantes do sistema nacional de gestão de recursos hídricos.

Declaração de Dublin sobre Recursos Hídricos e Desenvolvimento Sustentável

A Declaração de Dublin, aprovada em evento preparatório à Conferência do Rio de Janeiro sobre Meio Ambiente e Desenvolvimento, destaca que:

"A escassez e o desperdício da água doce representa séria e crescente ameaça ao desenvolvimento sustentável e à proteção do meio ambiente. A saúde e bem-estar do homem, a garantia de alimentos, o desenvolvimento industrial e o equilíbrio dos ecossistemas estarão sob risco se a gestão da água e do solo não se tornar realidade, na presente década, de forma bem mais efetiva do que tem sido no passado."

Princípios mais importantes da Declaração de Dublin

1) A água doce é um recurso finito e vulnerável, essencial para a conservação da vida, a manutenção do desenvolvimento e do meio ambiente.

2) O desenvolvimento e a gestão da água devem ser baseados em participação dos usuários, dos planejadores e dos decisores políticos, em todos os níveis.

3) As mulheres devem assumir papel essencial na conservação e gestão da água.

4) A água tem valor econômico em todos seus usos competitivos e deve-se promover sua conservação e proteção."

O novo modelo brasileiro de gerenciamento de recursos hídricos com base na Lei 9.433, de 8 de janeiro de 1997, e nas leis estaduais correspondentes

Aspectos jurídicos

Constituição Federal

A Constituição Federal de 1988 dispõe, em seu artigo 21, inciso XIX, que a União instituirá o sistema nacional de gerenciamento de recursos hídricos e, ao mesmo tempo, estabelece as seguintes condicionantes para a legislação correspondente:

Domínio das águas

São bens da União os lagos, os rios e quaisquer correntes em terrenos de seu domínio, ou que banhem mais de um Estado, sirvam de limite com outros países, ou se estendam a território estrangeiro ou dele provenham, bem como os terrenos marginais e as praias fluviais.

Incluem-se entre os bens dos Estados as águas superficiais ou subterrâneas, fluentes, emergentes ou em depósito, ressalvadas, neste caso, na forma da lei, as decorrentes de obras da União.

O duplo domínio da água em bacias hidrográficas de rios de domínio federal é a principal dificuldade que o sistema nacional de gerenciamento deverá enfrentar, exigindo ações coordenadas e harmônicas da União e dos Estados, como detentores de domínio das águas nas bacias hidrográficas cujo rio principal é de domínio da União.

A ressalva sobre o domínio das águas dos Estados, no caso de obras da União, ainda não foi objeto de lei e constitui-se numa dúvida importante para o gerenciamento de água no semi-árido do Nordeste, em face da construção de açudes por entidades federais.

Competência para legislar sobre águas

Compete privativamente à União legislar sobre águas. Lei complementar poderá autorizar os Estados a legislar sobre questões específicas relacionadas com águas.

Este impedimento constitucional é dificultador de uma mais rápida evolução da legislação brasileira de águas, com base nas experiências dos Estados, que estão mais próximos dos problemas a resolver.

Aproveitamento energético dos cursos de águas

À União compete explorar, diretamente ou mediante autorização, concessão ou permissão: o aproveitamento energético dos cursos de água, em articulação com os Estados onde se situam os potenciais hidroenergéticos; os serviços de transporte aquaviário entre portos brasileiros e fronteiras nacionais, ou que transponham os limites de Estado ou Território.

Com tal disposição, mesmo em curso de água de domínio estadual, o seu aproveitamento hidroenergético vem sendo decidido pela União, sem que a articulação com os Estados ainda tenha se efetivado.

Critérios de outorga de direitos de uso das águas

Compete à União definir critérios de outorga de direitos de uso das águas.

Juristas entendem que os critérios a serem definidos pela União são de natureza jurídica, uma vez que os critérios técnicos devem atender à características e peculiaridades de cada bacia hidrográfica.

Proteção do meio ambiente, defesa do solo e dos recursos naturais

É competência comum da União, dos Estados e dos Municípios proteger o meio ambiente e combater a poluição em qualquer de suas formas, promover a melhoria das condições e fiscalizar as concessões de direitos de exploração de recursos hídricos em seus territórios.

Compete à União, aos Estados e ao Distrito Federal legislar concorrentemente sobre defesa do solo e dos recursos naturais, proteção do meio ambiente e controle da poluição, responsabilidade por dano ao meio ambiente e proteção e defesa da saúde.

Muito freqüentemente, para proteger ou conservar seus recursos hídricos, os Estados têm legislado, com base nas competências comuns ou concorrentes acima, artifício necessário para contornar a inexistência de leis ou regulamentos federais, sobre águas subterrâneas, por exemplo.

Incumbe ao poder público exigir, na forma da lei, estudo prévio de impacto ambiental para a instalação da obra ou atividade potencialmente causadora de significativa degradação do meio ambiente.

Compensação financeira da exploração de recursos hídricos para geração de energia

É assegurada, conforme disposto na lei, aos Estados, ao Distrito Federal e aos Municípios, bem como a órgão da administração direta da União, a participação no resultado da exploração de recursos hídricos para fins de geração de energia elétrica no respectivo território, ou compensação financeira por essa exploração.

Defesa contra calamidades e redução das desigualdades regionais

Compete à União o planejamento e a promoção da defesa permanente contra as calamidades públicas, especialmente as secas e as inundações.

Para fins administrativos a União poderá articular ações em um mesmo complexo geoeconômico e social, visando o desenvolvimento e a redução das desigualdades regionais, através da priorização do aproveitamento econômico e social dos rios e das massas represadas ou represáveis nas regiões de baixa renda, sujeitas a secas periódicas.

A União incentivará a recuperação de terras áridas e cooperará com pequenos e médios proprietários rurais para o estabelecimento, em suas glebas, de fontes de águas e da pequena irrigação.

As principais mudanças introduzidas pela Constituição Federal de 1988 dizem respeito ao domínio das águas onde, salvo decisão em contrário do Poder Judiciário, desapareceram as águas municipais, as comuns e as particulares e foi definido o domínio das águas subterrâneas para os Estados.

Código de Águas

O Código de Águas, estabelecido pelo Decreto Federal 24.643, de 10/7/34, consubstancia a legislação básica brasileira de águas. Considerado avançado pelos juristas, haja vista a época em que foi promulgado, necessita de atualização, principalmente para ser ajustado à Constituição Federal de 1988, à Lei 9.433, de 8/1/97, e de regulamentação de muitos de seus aspectos. A seguir, alguns de seus dispositivos principais:

Aproveitamento das águas

Assegura o uso gratuito de qualquer corrente ou nascente de água, para as primeiras necessidades da vida e permite a todos usar quaisquer águas públicas, conformando-se com os regulamentos administrativos. Impede a derivação das águas públicas para aplicação na agricultura, indústria e higiene, sem a existência de concessão, no caso de utilidade pública, e de autorização nos outros casos; em qualquer hipótese, dá preferência à derivação para abastecimento das populações.

O uso comum das águas será gratuito ou retribuído, conforme as leis e regulamentos da circunscrição administrativa a que pertencem (dispositivo precursor do princípio usuário-pagador).

A concessão ou autorização devem ser feitas sem prejuízo da navegação, salvo nos casos de uso para as primeiras necessidades da vida ou previstos em lei especial.

Em regulamento administrativo se disporá sobre as condições de derivação de modo a conciliar, quanto possível, os usos a que as águas se prestam.

Águas nocivas

A ninguém é lícito conspurcar ou contaminar as águas que não consome, com prejuízo de terceiros.

Os trabalhos para a salubridade das águas serão realizados à custa dos infratores que, além da responsabilidade criminal, se houver, responderão pelas perdas e danos que causarem, e por multas que lhes forem impostas pelos regulamentos administrativos. Também este dispositivo é visto como precursor do usuário-pagador, no que diz respeito ao uso para assimilação e transporte de poluentes.

Se os interesses relevantes da agricultura ou da indústria o exigirem, e mediante expressa autorização administrativa, as águas poderão ser inquinadas, mas os agricultores ou industriais deverão providenciar sua purificação por qualquer processo ou que sigam o seu esgoto natural.

Desobstrução e defesa

Os proprietários marginais das correntes são obrigados a abster-se de fatos que possam embaraçar o livre curso das águas e a remover os obstáculos a esse livre curso, quando originados nos seus prédios, de modo a evitar prejuízos de terceiros, não provenientes de legítima aplicação das águas.

Não obstante ser o Código de Águas uma lei avançada, considerando que já completou 60 anos, a falta de regulamentação de muitos de seus aspectos impediu que ele se tornasse eficaz, com exceção das partes referentes à geração hidrelétrica.

Código de Mineração

O Código de Mineração (Decreto Lei 227, de 28/2/67), em seu Artigo 5º, Inciso IX, classifica entre as jazidas minerais as águas subterrâneas e fixa que as mesmas serão regidas por leis especiais (Artigo 10, V). A atribuição aos Estados do domínio das águas subterrâneas poderá ser condicionada à legislação referida.

Observe-se que o Projeto de Lei 7.127/86, proposto pela Associação Brasileira de Águas Subterrâneas (ABAS), tramita no Congresso Nacional e não é votado porque há disputa entre as entidades federais de águas e de recursos minerais para o exercício de atribuições de supervisão da gestão das águas subterrâneas.

Política Nacional do Meio Ambiente

A Política Nacional do Meio Ambiente, estabelecida pela Lei 6.938, de 31/8/81, tem como objetivo a preservação, melhoria e recuperação da qualidade ambiental propícia à vida, visando a assegurar, no País, condições para o desenvolvimento sócio-econômico, os interesses da segurança nacional e a proteção da dignidade da vida humana.

Entre os princípios adotados pela citada lei podem ser destacados:

- consideração do meio ambiente como patrimônio público, a ser necessariamente assegurado e protegido, tendo em vista o seu uso coletivo;
- a racionalização do uso da água, assim como de outros recursos ambientais;
- o planejamento e a fiscalização do uso de recursos ambientais;

- o controle e zoneamento das atividades potencial ou efetivamente poluidoras;
- os incentivos ao estudo e à pesquisa de tecnologias orientadas para o uso racional e a proteção dos recursos ambientais;
- o acompanhamento do estado da qualidade ambiental; a recuperação de áreas degradadas;
- a proteção de áreas ameaçadas de degradação;
- a educação ambiental em todos os níveis de ensino, inclusive a educação da comunidade.

Quanto aos objetivos, vale mencionar:

- a compatibilidade do desenvolvimento econômico e social com a preservação da qualidade do meio ambiente e do equilíbrio ecológico;
- a definição de áreas prioritárias de ação governamental relativa à qualidade e ao equilíbrio ecológico, atendendo aos interesses da União, dos Estados, do Distrito Federal e dos Municípios;
- o estabelecimento de critérios e padrões de qualidade ambiental e de normas relativas ao uso e manejo dos recursos ambientais; o desenvolvimento de pesquisas e tecnologias nacionais orientadas para o uso racional dos recursos ambientais;
- a difusão de tecnologias de manejo do meio ambiente, divulgação de dados e informações ambientais;
- a imposição, ao poluidor e ao predador, da obrigação de recuperar e/ou indenizar os danos causados e, ao usuário, da contribuição pela utilização de recursos ambientais com fins econômicos.

Este último item é relacionado com a cobrança pelo uso dos recursos hídricos.

A falta de regulamentação do Código de Águas e o desenvolvimento da legislação ambiental determinou a dicotomia do gerenciamento da quantidade e da qualidade dos recursos hídricos.

Política Nacional de Recursos Hídricos estabelecida pela Lei 9.433, de 8/1/97

A Lei Federal 9.433, de 8/1/97, institui a Política Nacional de Recursos Hídricos, cria o Sistema Nacional de Gerenciamento de Recursos Hídricos, regulamenta o inciso XIX do art. 21 da Constituição Federal.

Estabelece que a Política Nacional de Recursos Hídricos baseia-se nos seguintes fundamentos: a água é um bem de domínio público; a água é um recurso natural limitado, dotado de valor econômico; em situações de escassez, o uso prioritário dos recursos hídricos é o consumo humano e a dessedentação de animais; a gestão dos recursos hídricos deve sempre proporcionar o uso múltiplo das águas; a bacia hidrográfica é a unidade territorial para implementação da Política Nacional de Recursos Hídricos e atuação do Sistema Nacional de Gerenciamento de Recursos Hídricos; a gestão dos recursos hídricos deve ser descentralizada e contar com a participação do Poder Público, dos usuários e das comunidades.

Estabelece ainda as seguintes diretrizes gerais: a gestão sistemática dos recursos hídricos, sem dissociação dos aspectos de quantidade e qualidade; a adequação da gestão de recursos hídricos às diversidades físicas, bióticas, demográficas, econômicas, sociais e culturais das diversas regiões do País; a integração da gestão de recursos hídricos com a gestão ambiental; a articulação do planejamento de recursos hídricos com o dos setores usuários e com os planejamentos regional, estadual e nacional; a articulação da gestão de recursos hídricos com a do uso do solo; a integração da gestão das bacias hidrográficas com a dos sistemas estuarinos e zonas costeiras.

Define o regime de outorga de direitos de uso de recursos hídricos que tem como objetivos assegurar o controle quantitativo e qualitativo dos usos da água e o efetivo exercício dos direitos de acesso à água, estando sujeitos à outorga pelo Poder Público os direitos dos seguintes usos de recursos hídricos:

- derivação ou captação de parcela da água existente em um corpo de água para consumo final, inclusive abastecimento público, ou insumo de processo produtivo;
- extração de água de aqüífero subterrâneo para consumo final ou insumo de processo produtivo;
- lançamento em corpo de água de esgotos e demais resíduos líquidos ou gasosos, tratados ou não, com o fim de sua diluição, transporte ou disposição final;
- aproveitamento dos potenciais hidrelétricos;
- outros usos que alterem o regime, a quantidade ou a qualidade da água existente em um corpo de água.

A outorga efetivar-se-á por ato da autoridade competente do Poder Executivo Federal, dos Estados ou do Distrito Federal e o Poder Executivo

Federal poderá delegar aos Estados e ao Distrito Federal competência para conceder outorga de direito de uso de recurso hídrico de domínio da União.

O Poder Executivo Federal articular-se-á previamente com o dos Estados e o do Distrito Federal, para a outorga de direitos de uso de recursos hídricos em bacias hidrográficas com águas de domínio federal e estadual.

Constituições Estaduais

Em razão do impedimento constitucional para os Estados legislarem sobre águas, as Constituições Estaduais e as decorrentes leis regulamentadoras somente tratam de política, diretrizes e critérios de gerenciamento dos recursos hídricos. Dessa forma, são disposições sobre a organização dos Estados para a administração de águas de seu domínio subordinada à legislação federal sobre águas e meio ambiente.

Juristas especializados em águas entendem que os Estados, ao legislarem sobre o gerenciamento das águas de seu domínio, não contrariam a disposição constitucional de exclusividade da União para legislar sobre águas, pois não estão criando direitos sobre as águas, mas somente exercem o poder e, mais que isso, o dever de zelar pela quantidade e qualidade de seus recursos hídricos.

O Quadro 1 a seguir, resume o conteúdo das Constituições Estaduais no que se refere a recursos hídricos.

Leis Orgânicas Municipais

Os municípios brasileiros, em razão do disposto na Constituição Federal de 1988, foram obrigados a promulgar, em 1990, suas respectivas leis orgânicas municipais.

No Estado de São Paulo, em razão da iniciativa de associações técnicas interessadas em recursos hídricos, cerca de 300 municípios, aproximadamente 50% dos existentes, incluíram dispositivos sobre recursos hídricos nas respectivas leis orgânicas.

Os temas mais freqüentes são:

- proteção e conservação dos recursos hídricos superficiais e subterrâneos;
- racionalização do uso da água para abastecimento urbano, industrial e irrigação;
- zoneamento de áreas inundáveis e sujeitas a riscos de escorregamentos;
- estabelecimento de restrições e proibições ao uso e edificação nas áreas impróprias ou críticas;
- implantação de sistemas de alerta e de defesa civil para garantir a saúde e segurança públicas em eventos hidrológicos indesejáveis;
- complementação das normas federais e estaduais sobre produção, armazenamento, utilização e transporte de substâncias tóxicas;
- previsão de disposição adequada de resíduos sólidos, de forma a evitar o comprometimento dos recursos hídricos tanto em quantidade como qualidade;
- disciplina dos movimentos de terra e retirada da cobertura vegetal para prevenir a erosão do solo, o assoreamento e a poluição dos corpos d'água;
- controle das águas pluviais, de forma a mitigar e compensar os efeitos da urbanização no escoamento das águas na erosão do solo;
- informação à população sobre os benefícios do uso racional dos recursos hídricos, sua proteção contra a poluição, e a desobstrução dos cursos d'água.

Concepção do sistema nacional de gerenciamento de recursos hídricos

Condicionantes e fundamentos

As condicionantes e fundamentos que orientam a formulação do modelo brasileiro de gestão de recursos hídricos originam-se:

Quanto aos aspectos jurídico-institucionais:

- na Constituição Federal, nas Constituições Estaduais e nas Leis Orgânicas Municipais, que determinam as competências da União, dos Estados e dos Municípios no campo dos recursos hídricos;
- no Código de Águas e na legislação complementar e correlata assim como na legislação ambiental, neste caso, no que diz respeito aos aspectos de qualidade dos recursos hídricos;

Quanto às especificidades do recurso hídrico, cujo gerenciamento deve atender aos seguintes princípios básicos:

- ser integrado, considerando a unidade do ciclo hidrológico;
- adotar a bacia hidrográfica como unidade físico - territorial de planejamento e gerenciamento;
- o fato de ser um bem de múltiplos usos, competitivos entre si, progressivamente mais escasso,

Quadro 1 - Quadro sinóptico das Constituições Estaduais no que se refere a recursos hídricos.

REGIÃO >	SUL			SUDESTE				C. OESTE				NORDESTE									NORTE						
SIGLA DO ESTADO> QUESITO	RS	SC	PR	SP	MG	RJ	ES	GO	MS	MT	DF	BA	AL	SE	PE	PB	RN	CE	PI	MA	TO	PA	AM	RO	AC	AP	RR
Sistema de gerenciamento																											
Consta expressamente	S	-	S	S	S	-	S	S	S	S	S	-	S	S	-	-	-	-	-	-	-	-	S	-	-	S	-
Não, mas está implícito	-	-	-	-	-	S	-	-	-	-	-	S	-	-	S	S	S	S	S	-	S	S	-	-	-	-	-
Somente domínio das águas	-	S	-	-	-	-	-	-	-	-	-	-	-	-	-	-	-	-	-	S	-	-	-	S	S	-	S
Participação da União	N	-	N	N	N	N	N	N	N	N	N	N	S	N	S	S	N	S	N	-	-	-	N	-	-	N	-
Participação dos Municípios	N	-	N	S	N	N	S	S	S	S	-	S	S	S	S	S	N	S	S	-	-	-	N	-	-	S	-
Participação da sociedade	N	-	N	S	N	S	N	S	S	S	S	N	N	S	S	N	N	N	S	-	-	-	N	-	-	S	-
Gestão por bacias hidrográficas	S	-	N	S	S	S	S	N	S	S	S	N	S	S	N	N	N	N	S	-	-	-	S	-	-	S	-
Referência à política de recursos hídricos	N	-	N	N	S	N	S	N	N	N	N	S	S	S	S	N	N	N	N	-	S	S	N	-	-	N	-
Gestão integrada de águas superficiais e subterrâneas	S	-	N	S	S	N	S	S	S	S	N	S	S	S	S	S	N	N	N	-	S	S	S	-	-	S	-
Gestão integrada da quantidade e da qualidade	S	-	N	S	N	S	S	S	S	S	N	S	S	S	S	S	N	N	S	-	N	N	S	-	-	N	-
Aproveitamento múltiplo e rateio de custos	N	-	N	S	N	N	N	S	S	S	N	S	N	N	N	N	N	N	N	-	N	N	N	-	-	N	-
Defesa contra eventos críticos	N	-	S	S	N	N	N	S	S	S	S	S	N	S	S	S	N	S	N	-	N	N	N	-	-	N	-
Gestão de águas de interesse local pelos Municípios	N	-	N	S	N	N	S	N	S	S	-	N	S	N	N	N	N	N	N	-	N	N	N	-	-	N	-
Prioridade para abastecimento às populações	S	-	N	S	N	N	S	N	S	N	N	N	N	N	N	N	N	N	N	-	N	S	N	-	-	S	-
Destaque para águas subterrâneas	S	-	N	S	N	N	S	N	S	S	N	N	N	N	N	N	N	N	N	-	N	N	N	-	-	S	-
Destaque para irrigação	N	N	N	N	N	N	N	N	S	S	S	N	S	-	N	N	-	S	S	-	N	N	N	-	-	S	-
Plano Estadual de Recursos Hídricos	N	-	N	S	N	N	N	S	S	S	N	S	S	S	S	N	N	N	N	-	N	N	N	-	-	N	-
Disposições sobre																											
Proteção de mananciais de abastecimento	N	-	S	S	N	N	S	N	S	S	S	N	N	S	N	N	N	S	N	-	N	N	-	-	-	S	-
Zoneamento de áreas inundáveis	N	-	N	S	N	N	N	N	S	S	N	N	N	S	N	N	N	S	N	-	-	N	-	-	-	S	-
Sistema de alerta de inundações	N	-	N	S	N	N	N	N	S	S	N	N	N	S	N	N	N	S	N	-	-	N	-	-	-	N	-
Recomposição de matas ciliares	N	-	S	S	N	N	N	N	S	S	N	N	N	S	N	N	N	S	N	-	-	N	-	-	-	N	-
Critérios de outorga de direitos de uso	S	-	N	N	N	N	N	N	N	N	N	N	N	N	N	N	N	N	N	-	-	N	-	-	-	N	-
Racionalização do uso	S	-	N	S	N	N	S	N	S	S	S	N	N	S	S	N	N	S	S	-	-	N	-	-	-	N	-
Cobrança pelo uso																											
Consta da Constituição	S	-	N	S	N	N	N	N	S	N	N	S	S	S	N	N	N	N	N	-	-	N	N	-	-	N	-
Especifica aplicação:	S	-	-	S	-	-	-	-	N	-	-	N	S	S	-	-	-	-	-	-	-	-	-	-	-	-	-
Gestão de recursos hídricos	N	-	-	N	-	-	-	-	-	-	-	-	S	N	-	-	-	-	-	-	-	-	-	-	-	-	-
Obras de uso múltiplo	N	-	-	S	-	-	-	-	-	-	-	-	-	S	-	-	-	-	-	-	-	-	-	-	-	-	-
Obras de saneamento	S	-	-	S	-	-	-	-	-	-	-	-	-	S	-	-	-	-	-	-	-	-	-	-	-	-	-
Compensação aos Municípios	N	-	-	S	-	-	-	-	-	-	-	-	-	N	-	-	-	-	-	-	-	-	-	-	-	-	-
Situação institucional do Sistema	1	5	4	1	3	2	2	1	1	1	2	1	1	1	1	1	1	1	2	5	3	3	3	5	5	1	5
SIGLA DO ESTADO>	RS	SC	PR	SP	MG	RJ	ES	GO	MS	MT	DF	BA	AL	SE	PE	PB	RN	CE	PI	MA	TO	PA	AM	RO	AC	AP	RR
REGIÃO >	SUL			SUDESTE				C. OESTE				NORDESTE									NORTE						

Situação institucional do Sistema de recursos hídricos: (1) Sistema de recursos hídricos específico; (2) Incluso no de meio ambiente(3) Junto com o de recursos minerais; (4) Incluso no de recursos naturais; (5) Tratado no capítulo de competências do Estado.
Legenda: S = sim; N = não.

fator de indução ou limitação do desenvolvimento econômico e social;

Nas características físicas, climáticas, hidrológicas, hidrogeológicas e ambientais das regiões e bacias hidrográficas brasileiras.

Nas peculiaridades socioeconômicas, políticas e culturais das grandes regiões e Estados brasileiros.

Quanto a estes dois últimos aspectos vale mencionar o que propõe a ABRH na sua Carta do Rio de Janeiro (1991), conforme é sintetizado no final deste capítulo.

A tramitação da Lei 9.433, de 8 de janeiro de 1997

Projeto de lei 2.249, do Poder Executivo

O Sistema Nacional de Gerenciamento de Recursos Hídricos (SINGREH), objeto da Lei acima citada, baseou-se em projeto de lei de iniciativa do Executivo Federal, que atendia, em linhas gerais, à proposta de Grupo de Trabalho instituído pelo Ministério das Minas e Energia, em 1986.

Em Seminário realizado na FUNDAP, com a participação do primeiro relator do projeto, Deputado Fábio Feldmann, foram esboçadas as seguintes conclusões: à primeira vista, quanto à Política Nacional de Recursos Hídricos havia uma importante evolução, em termos de fundamentos, objetivos e instrumentos; entretanto, essa nova Política não se reflete no Sistema, que mantinha a centralização existente, com o poder decisório concentrado no Colegiado Nacional, onde a presença de órgãos federais poderia ser fortemente preponderante; que seria necessário o aprimoramento do projeto de lei durante o seu tempo de tramitação no Congresso, sendo prioritários: melhor ajuste às peculiaridades regionais e maior descentralização do processo decisório, assegurando-se a efetiva participação dos Estados e Municípios.

Proposta de substitutivo do Deputado Fábio Feldmann

Esta proposta organizava o Colegiado Nacional sob a forma de quatro sub-colegiados: o Comitê Intersetorial, com 12 representantes federais e 12 representantes da sociedade; Comitês de Regiões Hidrográficas (Amazônica, Nordestina e do Centro Sul), com participação de 11 Estados de cada Região, cinco representantes federais e um representante de cada Comitê de Bacia. No Colegiado Nacional cada Comitê teria direito a um voto.

Descentralizava bastante os comitês, que podem ser criados por iniciativa do Poder Público, dos usuários ou entidades da sociedade civil, em bacias hidrográficas ou conjuntos de sub-bacias, desde que atendidos alguns requisitos. Permitia a existência de vários comitês em um mesma bacia mediante o artifício de considerar o comitê dos tributários como usuários da bacia principal.

Previa a criação de Agências de Bacia, que exerceriam a função de secretaria executiva de cada Comitê de Bacia ou de grupo de comitês cujas jurisdições fossem contíguas, e teriam modalidade de organização definida na lei de criação, preferencialmente como empresas públicas.

Sob muitos aspectos, o substitutivo do Deputado Feldmann foi importante avanço em relação à proposta originária do Executivo Federal, tendo sido aperfeiçoado, com inúmeras contribuições encaminhadas por entidades públicas e privadas, a esse parlamentar. Todavia, o sistema, ao propor um modelo único, para todo o país, ainda não atendia às diversidades das regiões e bacias hidrográficas brasileiras

Proposta de substitutivo do deputado Aroldo Cedraz

O substitutivo Cedraz, versão de fevereiro de 1996, mantinha as linhas gerais do substitutivo Feldmann, mas a instância regional era consolidada e fortalecida em termos de composição, organização e atribuições. Em particular, a composição plural dos Conselhos de Região Hidrográfica, com representantes da União, Estados, Comitês de Bacia e organizações civis, dava especial importância a esses colegiados.

Adotava, como área de jurisdição dos Conselhos de Região Hidrográfica, oito grandes bacias ou conjunto de bacias: Amazônica, Tocantins, Costeiras do Nordeste, São Francisco, Costeira do Leste, Paraguai, Paraná e Uruguai.

A instância regional ficava ainda mais reforçada pelas seguintes atribuições: deliberar sobre a criação de Comitês e Agências de Bacia; arbitrar, como instância intermediária, os conflitos entre comitês; delegar a organizações civis atribuições próprias de comitês e agências; deliberar sobre a supressão e cassação de outorgas; arbitrar rateio de custos e estabelecer critérios para a cobrança.

Todavia, na reunião técnica promovida pelo Deputado Cedraz, em Brasília, no dia 18/3/96, houve, em grande parte, unanimidade em relação à supressão da instância regional. Esperava-se essa posição de representantes de Estados do Sul e do Sudeste, mas a posição igualmente desfavorável à instância regional pelos Estados do Nordeste, até certo ponto inesperada, revelou uma evolução das estruturas estaduais de gerenciamento de recursos hídricos.

Nessa discussão houve especial atenção para o caso da bacia hidrográfica do rio Paraíba do Sul, possivelmente o mais complexo, em termos políticos e institucionais, em razão de abranger territórios de três Estados entre os mais industrializados do País, e de ser o rio Paraíba o principal manancial de abastecimento da Região Metropolitana do Rio de Janeiro, com captação situada a jusante do trecho paulista, bastante industrializado.

Negociações entre os três Estados intervenientes e os Ministérios de Minas e Energia, dos Recursos Hídricos e do Meio Ambiente e do Planejamento, levaram a uma solução de consenso, objeto do Decreto Federal 1.842, de 22 de março de 1996, que estabeleceu o seguinte:

- criação de Comitê para Integração da Bacia Hidrográfica do rio Paraíba do Sul (CEIVAP), composto por três representantes federais (Meio Ambiente e Recursos Hídricos, Minas e Energia e Planejamento e Orçamento) e 12 representantes de cada Estado (de São Paulo, Minas Gerais e Rio de Janeiro);
- designação dos representantes dos Estados pelos respectivos Governadores, por Prefeitos Municipais, entidades da sociedade civil e de usuários de recursos hídricos, garantindo-se a estes, no mínimo 50% da representação estadual.
- decisões dos comitês por dois terços da totalidade das representações dos Estados.

Com tal composição e regra de funcionamento, o comitê praticamente vê-se obrigado a deliberar por consenso entre os Estados, cabendo aos representantes da União, por não votarem, o papel fundamental de articulação e negociação.

Ocorre que essa solução negociada encontrava obstáculos para sua implantação, supondo-se a transformação em lei, quer do substitutivo Feldmann quer da versão inicial do substitutivo Cedraz.

Dessa forma, recomendou-se que o substitutivo considerasse maior flexibilidade nas soluções institucionais para as bacias de rios de domínio federal, adotando-se como idéia básica que esses modelos serão negociados pela União e Estados intervenientes, obedecidos os princípios gerais que a lei estabelecer.

A versão do substitutivo aprovada na Comissão do Meio Ambiente, da Câmara dos Deputados, incorporou os principais aspectos consensados no encontro técnico: supressão da instância regional e flexibilização dos modelos institucionais para as bacias hidrográficas, quer para os Comitês quer para as Agências de Bacia.

Aspectos relevantes do Sistema Nacional de Gerenciamento de Recursos Hídricos instituído pela Lei 9.433, de 8/1/97:

O Sistema Nacional de Gerenciamento de Recursos Hídricos tem os seguintes objetivos: coordenar a gestão integrada das águas; arbitrar administrativamente os conflitos relativos aos recursos hídricos; implementar a Política Nacional de Recursos Hídricos; planejar, regular e controlar o uso, a preservação e a recuperação dos recursos hídricos; promover a cobrança pelo uso de recursos hídricos.

Integram o Sistema Nacional de Gerenciamento de Recursos Hídricos: o Conselho Nacional de Recursos Hídricos; os Conselhos de Recursos Hídricos dos Estados e do Distrito Federal; os Comitês de Bacia Hidrográfica; os órgãos dos poderes públicos federal, estaduais e municipais cujas competências se relacionem com a gestão de recursos hídricos; as Agências de Água.

A Secretaria Executiva do Conselho Nacional de Recursos Hídricos será exercida pelo órgão integrante da estrutura do Ministério do Meio Ambiente, dos Recursos Hídricos e da Amazônia Legal, responsável pela gestão dos recursos hídricos.

Compete à Secretaria Executiva do Conselho Nacional de Recursos Hídricos: prestar apoio administrativo, técnico e financeiro ao Conselho Nacional de Recursos Hídricos; coordenar a elaboração do Plano Nacional de Recursos Hídricos e encaminhá-lo à aprovação do Conselho Nacional de Recursos Hídricos; instruir os expedientes provenientes dos Conselhos Estaduais de Recursos Hídricos e dos Comitês de Bacia Hidrográfica; coordenar o Sistema de Informações sobre Recursos Hídricos; elaborar seu programa de trabalho e respectiva proposta orçamentária anual e submetê-los à aprovação do Conselho Nacional de Recursos Hídricos.

Os Comitês de Bacias Hidrográficas deverão desempenhar importante papel de coordenação e deliberação, procurando-se valorizar o processo participativo, e as competências principais serão de: promover o debate das questões relacionadas a recursos hídricos e articular a atuação das entidades intervenientes; arbitrar, em primeira instância, os conflitos relacionados a recursos hídricos; aprovar o Plano de Recursos Hídricos da bacia; acompanhar a execução do Plano de Recursos Hídricos da bacia e sugerir as providências necessárias ao cumprimento de suas metas; propor ao Conselho Nacional e aos Conselhos Estaduais de Recursos Hídricos as acumulações, derivações, captações e lançamentos de pouca expressão, para efeito de isenção da obrigatoriedade de outorga, de acordo com o domínio destes; estabelecer os mecanismos de cobrança pelo uso de recursos hídricos e sugerir os valores a serem cobrados; estabelecer critérios e promover o rateio de custo das obras de uso múltiplo, de interesse comum ou coletivo.

A Agência de Água terá a área de atuação de um ou mais Comitês de Bacia Hidrográfica e a sua criação dependerá da autorização do Conselho Nacional de Recursos Hídricos, ou dos Conselhos Estaduais de Recursos Hídricos, mediante solicitação de um ou mais Comitês de Bacia Hidrográfica.

As Agências serão as responsáveis pela cobrança pelo uso de recursos hídricos em sua jurisdição e exercerão a função de Secretaria executiva do respectivo Comitê de Bacia Hidrográfica. A criação da Agência está condicionada à prévia existência do Comitê de Bacia Hidrográfica e à viabilidade financeira, assegurada pela cobrança pelo uso de recursos hídricos. Projeto de lei sobre a criação de Agências de Bacia será enviado pelo Poder Executivo em 120 dias da promulgação da Lei 9.433/97. As primeiras versões deste projeto de lei indicam para a Agência a natureza jurídica de fundação de direito privado.

As principais competências da Agência de Água são: manter balanço atualizado da disponibilidade de recursos hídricos em sua área de atuação; manter o cadastro de usuários e efetuar, mediante delegação do outorgante, a cobrança pelo uso de recursos hídricos; analisar e emitir pareceres sobre os projetos e obras a serem financiados com recursos gerados pela cobrança pelo uso dos recursos hídricos e encaminhá-los à instituição financeira responsável pela administração desses recursos; acompanhar a administração financeira dos recursos arrecadados com a cobrança pelo uso dos recursos hídricos em sua área de atuação; gerir o Sistema de Informações sobre recursos hídricos em sua área de atuação; celebrar convênios e contratar financiamentos e serviços para a execução de suas competências; elaborar a sua proposta orçamentária e submetê-la à apreciação do respectivo Comitê de Bacia; promover os estudos necessários para a gestão de recursos hídricos em sua área de atuação; elaborar o Plano de Recursos Hídricos para apreciação do respectivo Comitê de Bacia Hidrográfica; propor ao respectivo Comitê de Bacia Hidrográfica o enquadramento dos corpos de água nas classes de uso, os valores a serem cobrados pelo uso dos recursos hídricos, o plano de aplicação de recursos, e o rateio de custos das obras de uso múltiplo.

Sistemas estaduais de gerenciamento de recursos hídricos

Apreciação geral

Com a demora da promulgação da lei sobre o sistema nacional de gerenciamento de recursos hídricos, em discussão no Congresso Nacional desde 1991 até 1997, os Estados adiantaram-se e promulgaram suas leis respectivas.

Dispõe-se de leis estaduais sobre gerenciamento de recursos hídricos, com fundamentos semelhantes à lei nacional, em 10 Estados e no Distrito Federal: São Paulo: 1991; Ceará: 1992; Distrito Federal: 1993; Minas Gerais: 1994; Santa Catarina: 1994; Rio Grande do Sul: 1994; Sergipe: 1995; Bahia: 1995; Rio Grande do Norte: 1996; Paraíba: 1996; e Pernambuco: 1997.

Somente a lei baiana não prevê a existência de Conselho Estadual de Recursos Hídricos e nos outros Estados a composição do mesmo é bastante variável.

Todas as leis prevêem Comitês de Bacias Hidrográficas com composição variável sendo a participação dos usuários denominador comum a todas.

Somente em seis Estados prevê-se Agências de Bacias: Rio Grande do Sul, São Paulo, Minas Gerais, Sergipe e Rio Grande do Norte, mas em nenhum deles define-se a sua personalidade jurídica.

A cobrança pelo uso dos recursos hídricos é prevista em todas as leis estaduais, mas somente Santa Catarina e Paraíba mencionam "tarifação", podendo ocorrer, no entanto, que com esse termo pretenda-se definir o gênero e não a espécie.

O órgão gestor consta de todas as leis sendo da administração direta em sete Estados, com exceção de São Paulo (órgão composto por binômio autarquia e empresa), Minas Gerais e Bahia (autarquias).

Há fundo financeiro em seis Estados – Santa Catarina, São Paulo, Sergipe, Paraíba, Rio Grande do Norte e Ceará – para o qual serão carreados os valores arrecadados com a cobrança pelo uso dos recursos hídricos.

Lei 7.663, de 30/12/91, do Estado de São Paulo

O gerenciamento dos recursos hídricos teve um grande impulso no Estado de São Paulo, a partir de 1983, destacando-se a realização do I Encontro Nacional de Órgãos Gestores e a descentralização do Departamento de Águas e Energia Elétrica (DAEE), mediante a criação de Diretorias de Bacias Hidrográficas, efetivada em 1985.

Em um segundo período administrativo, houve continuidade nos trabalhos, devendo ser ressaltados: a criação do Conselho Estadual de Recursos Hídricos, em 1987; a promulgação da Lei 6.134, de 2/6/88, sobre a preservação das águas subterrâneas e a sua regulamentação, em fevereiro de 1991; a aprovação do Primeiro Plano Estadual de Recursos Hídricos, em fevereiro de 1991.

Igualmente, na gestão seguinte, importantes passos foram dados, devendo ser enfatizados: a promulgação da Lei 7.663, em 30/12/91, sobre a Política Estadual de Recursos Hídricos e o Sistema Integrado de Gerenciamento de Recursos Hídricos (SIGRH); adaptação do Conselho Estadual de Recursos Hídricos à Lei 7.663/91, a implantação de Comitês de Bacias Hidrográficas (Alto Tietê, Piracicaba-Capivari-Jundiaí, Baixo Tietê, Médio Paranapanema e Paraíba do Sul); a regulamentação do Fundo Estadual de Recursos Hídricos (FEHIDRO) e a implantação do Conselho de Orientação desse Fundo; a contratação do Plano Integrado das Bacias do Alto Tietê, Piracicaba e Baixada Santista e dos estudos referentes ao usuário-pagador; promulgação da Lei 9.034, sobre o Plano Estadual de Recursos Hídricos 1994/95.

A experiência de São Paulo é um processo de reformulação e modernização institucional que já completou uma década. Simultaneamente aos estudos técnicos, no campo do planejamento e gerenciamento de recursos hídricos estão sendo propostos e aprovados instrumentos normativos e legais de suporte às ações executivas necessárias.

Entretanto, há que se ressaltar que ainda não estão suficientemente resolvidos os seguintes aspectos: a integração da gestão da quantidade e da qualidade dos recursos hídricos, que estão sob a responsabilidade de órgãos e entidades diversos; a articulação com a União e Estados vizinhos para a gestão das águas em bacias de rios de domínio federal; a integração do gerenciamento dos recursos hídricos com o uso e ocupação do solo, em especial nas regiões metropolitanas.

Em 1998, foram definidos os critérios e diretrizes para implantação do princípio usuário-pagador e aprovado projeto de lei para criação de Agência de Bacia. Todavia, as questões ainda não resolvidas, acima apontadas, poderão condicionar ou dificultar, de forma importante, o prosseguimento da implantação do sistema paulista.

Lei 11.996, de 24/7/92, do Estado do Ceará

A experiência do Estado do Ceará está seguindo, em termos gerais, os mesmos passos trilhados pelos paulistas, especialmente no que diz respeito à elaboração do Plano Estadual de Recursos Hídricos, à organização inicial do Conselho Estadual de Recursos Hídricos e à elaboração de estudos visando à implantação do princípio usuário-pagador.

Distingue-se dela, porém, pela iniciativa de organizar uma nova entidade especializada em recursos hídricos, a Companhia de Gerenciamento de Recursos Hídricos (COGERH). Na experiência cearense também merece destaque a articulação com o Governo Federal, realizada através de convênio entre o Governo do Estado e o Departamento Nacional de Combate às Secas (DNOCS), mediante o qual o Estado recebeu incumbências de gestão das águas dos açudes construídos por essa autarquia federal.

A lei cearense sobre a Política e o Sistema Integrado de Gestão de Recursos Hídricos (SIGERH), define princípios, diretrizes e instrumentos de gerenciamento, como a outorga de direitos e a cobrança do uso de recursos hídricos e o rateio de custos das obras de recursos hídricos. Institui o Plano Estadual de Recursos Hídricos (PLANARH) e o Fundo Estadual de Recursos Hídricos (FUNORH), ao qual serão destinados, dentre outros recursos, os obtidos pela cobrança pelo uso dos recursos hídricos.

O sistema foi organizado com a seguinte composição: Conselho Estadual de Recursos Hídricos (CONREH); Comitê Estadual de Recursos Hídricos (COMIRH); Secretaria de Recursos Hídricos, como órgão gestor, Fundo Estadual de Recursos Hídricos (FUNORH); Comitês de Bacias Hidrográficas

(CBHs); e Comitê das Bacias Hidrográficas da Região Metropolitana de Fortaleza. Note-se que a criação da COGERH é subseqüente à lei do sistema, e essa empresa, vinculada à Secretaria de Recursos Hídricos, exerce a função básica de apoio técnico e executivo ao SIGERH.

A composição dos diversos colegiados é tratada de forma genérica na lei, discriminada da forma seguinte: Secretarias de Estado envolvidas com recursos hídricos; instituições federais também envolvidas com recursos hídricos; representações dos municípios contidos em regiões, bacias ou sub-bacias hidrográficas; usuários das águas, públicos ou privados; universidades e instituições de pesquisa; e a sociedade civil.

Em 1997 foi implantado o Comitê da Bacia Hidrográfica do rio Curu, criado em disposição transitória da lei e iniciada a cobrança pelo uso dos recursos hídricos dos usuários industriais e da empresa estadual de saneamento.

Lei 512, de 28/7/93 do Distrito Federal

A lei brasiliense também adota os mesmos princípios, diretrizes e instrumentos das leis estaduais anteriores. O Sistema está organizado da seguinte forma: órgão gestor distrital, de natureza deliberativa e executiva; Colegiado Distrital, com atribuições consultivas, deliberativas e normativas; Comitês de Bacias Hidrográficas, com funções consultivas.

O Colegiado Distrital é composto por órgãos e entidades distritais e por instituições de ensino superior e pesquisa. Os Comitês de Bacias são integrados por: representantes de Secretarias de Estado ou de órgãos e entidades da administração indireta; representantes das regiões administrativas contidas na bacia hidrográfica; representantes da sociedade civil, com no máximo 1/3 dos votos, representada por usuários das águas e associações especializadas em recursos hídricos, entidades de classe e associações comunitárias.

Lei 11.504, de 20/6/94, do Estado de Minas Gerais

A lei mineira segue, em termos gerais, os mesmos princípios, diretrizes e instrumentos observados em outras leis estaduais. Institui o Plano Estadual de Recursos Hídricos, mas não prevê, como nas outras leis precedentes, um fundo estadual de recursos hídricos.

O Sistema está organizado em: Conselho Estadual de Recursos Hídricos; Secretaria Executiva; Comitês de Bacias Hidrográficas; Agências de Bacias Hidrográficas. Estas últimas serão os órgãos de apoio aos respectivos Comitês de Bacias Hidrográficas, especialmente no que se refere à cobrança pelo uso dos recursos hídricos.

A composição dos Comitês de Bacias é a seguinte: representantes do Poder Público, de forma paritária entre Estado e os Municípios; representantes dos usuários e de entidades da sociedade civil, de forma paritária em relação ao Poder Público.

Lei 9.748, de 30/11/94, do Estado de Santa Catarina

A lei catarinense tem muitas semelhanças com as leis paulista e cearense, em especial em termos de princípios, diretrizes e instrumentos. Igualmente, institui o Plano Estadual de Recursos Hídricos e o Fundo Estadual de Recursos Hídricos (FEHIDRO).

Tem, como particularidades, a composição e participação dos diversos segmentos nos Comitês de Gerenciamento de Bacias Hidrográficas, assim especificadas: usuários da água (40% dos votos); representantes da população da bacia, através dos executivos e legislativos municipais (40% dos votos); órgãos federais e estaduais atuantes na bacia (20% dos votos).

Lei 10.350, de 30/12/94, do Estado do Rio Grande do Sul

A lei gaúcha está estruturada de forma diferenciada em relação às leis precedentes, podendo ser considerada uma evolução bastante interessante em relação a elas. Entretanto, embora de forma diferente, segue os mesmos princípios e diretrizes comuns, já mencionados acima. Institui o Plano Estadual de Recursos Hídricos, mas não faz o mesmo com relação a um fundo estadual.

O Sistema está integrado por: Conselho Estadual de Recursos Hídricos; o Departamento de Recursos Hídricos, subordinado à Secretaria de Planejamento Territorial e Obras; os Comitês de Gerenciamento de Bacias Hidrográficas; e as Agências de Bacias Hidrográficas.

Os Comitês estão organizados da mesma forma que os Comitês da lei catarinense. As Agências de Bacia serão instituídas por lei, como integrantes da administração indireta do Estado, com as seguintes atribuições básicas: assessorar os Comitês; arrecadar e aplicar os recursos da cobrança pelo uso das águas; operar e manter rede de postos e banco de dados hidrometeorológicos e cadastro de usuários.

A cobrança pelo uso dos recursos hídricos está destinada, rigidamente, à aplicação na mesma bacia hidrográfica em intervenções estruturais e não estruturais. Destinam-se até 8% desses recursos ao custeio do Comitê e da Agência e até 2% às atividades de monitoramento e fiscalização do órgão ambiental, na bacia hidrográfica.

Lei 6.855, de 13/5/95, do Estado da Bahia

A lei baiana seguiu o padrão das outras leis, em termos de princípios, diretrizes e instrumentos. Institui também o Plano Estadual, mas não um fundo financeiro.

A figura central do Sistema é o órgão gestor, a Superintendência de Recursos Hídricos, autarquia integrante da administração indireta da Secretaria de Recursos Hídricos, Saneamento e Habitação.

A descentralização é feita pela criação de 10 Regiões Administrativas da Água. Os Comitês de Bacias Hidrográficas serão órgãos consultivos do órgão gestor e a cobrança será instituída por regulamento, de forma gradual, no prazo de 2 anos a contar da vigência da lei.

Lei nº 6.908, de 1 de julho de 1996, do Estado do Rio Grande do Norte

A potiguar adota os mesmos princípios gerais sobre gerenciamento de recursos hídricos das leis dos outros Estados. Os mesmos instrumentos - outorga de direitos de uso e a sua cobrança são também adotados, assim como os planos de recursos hídricos e o fundo financeiro (FUNERH).

O Sistema está organizado sob a forma de Conselho Estadual, a Secretaria Estadual de Recursos Hídricos e Projetos Especiais e os Comitês de Bacias Hidrográficas. Tanto o Conselho como os Comitês são tripartites, sem especificar a lei normas para a composição dos mesmos, o que será objeto de regulamento.

Lei nº 6.308, de 2 de julho de 1996, do Estado da Paraíba

A lei paraibana também adota princípios gerais sobre gerenciamento de recursos hídricos semelhantes às leis antecedentes. Estabelece como instrumentos da Política o Sistema, o Plano Estadual e, peculiaridade desta lei, Planos e Programas Intergovernamentais.

O Sistema é composto por: Conselho, órgão integrado à Secretaria de Planejamento e, como órgão gestor, Grupo Gestor de Recursos Hídricos, na estrutura desta Secretaria. Órgãos federais como o DNOCS, a SUDENE e o IBAMA integram o Conselho Estadual. Os Comitês de Bacias serão propostos pelo Conselho e com competências e estrutura a serem estabelecidas por decreto.

Institui o Plano Estadual, a ser aprovado por lei, e fundo financeiro. Entre os instrumentos de gerenciamento estabelece a outorga, a cobrança pelo uso e rateio de custos das obras de aproveitamento múltiplo e interesse coletivo.

Lei nº 11.426, de, 17/1/97 do Estado de Pernambuco

A lei pernambucana adota os mesmos fundamentos, objetivos, princípios e diretrizes comuns às outras leis estaduais precedentes e à Lei Federal nº 9.433, de 8/1/97, sobre a Política e o Sistema Nacional de Gerenciamento de Recursos Hídricos.

Adota também instrumentos comuns em relação à lei nacional como a outorga de direitos e cobrança pelo uso dos recursos hídricos e o sistema de informações sobre recursos hídricos e o Plano Estadual de Recursos Hídricos, embora este esteja contido em parte específica e não no capítulo de instrumentos. O Plano Estadual de Recursos Hídricos e os planos de desenvolvimento dos recursos hídricos das bacias hidrográficas estaduais serão aprovados por lei, com vigência de quatro anos.

O Sistema de Gerenciamento é integrado por: Conselho Estadual de Recursos Hídricos; Comitê Estadual de Recursos Hídricos; Comitês de Bacias Hidrográficas, a Secretaria de Ciência, Tecnologia e Meio Ambiente, como órgão de planejamento e gestão do Sistema, e os órgãos executores do Estado, no campo dos recursos hídricos.

O Conselho Estadual tem composição tripartite: Estado, Municípios e entidades representativas de usuários e não-governamentais. Os representantes do Estado são 9, das Prefeituras, 7, e de entidades não-governamentais, 2 (indústrias e entidades de estudo e pesquisa em recursos hídricos e meio ambiente).

O Comitê tem representantes do Estado, dos Comitês de Bacias, de entidades federais, de entidades técnico-profissionais e das universidades e centros de pesquisa. Este Comitê, embora integrado, em parte, por entidades do segundo escalão, federal e estadual, tem atribuições deliberativas importantes.

Os Comitês de Bacias Hidrográficas são igualmente tripartites, mas a fixação do número de representantes de cada segmento será estabelecido em seus estatutos, aprovados pelos próprios Comitês. As entidades federais atuantes nas bacias poderão participar dos Comitês, mas sem direito a voto.

Cria o Fundo Estadual de Recursos Hídricos (FERH) que contará, entre outros recursos, com os da compensação financeira referentes aos aproveitamentos hidrelétricos e da cobrança pelo uso dos recursos hídricos. Os recursos da cobrança serão aplicados prioritariamente na mesma bacia e somente poderão ser aplicados em outra até 50%, desde que o Comitê de Bacia aprove.

Sistema nacional de gerenciamento de recursos hídricos, com base na Lei 9.433/97 e das leis estaduais correspondentes

O organograma a seguir (Figura 1) procura interpretar o que consta da Lei 9.433/97 e da maioria das leis estaduais correspondentes para montagem do Sistema Nacional de Gerenciamento de Recursos Hídricos.

A articulação entre a estrutura federal e as estaduais seguiriam as seguintes diretrizes:

- articulação entre o Comitê de Bacia de rio de domínio federal com os Comitês estaduais da mesma bacia será feita caso a caso, como ocorreu com a bacia do rio Paraíba do Sul, fruto de negociação da União com os Estados do Rio de Janeiro, São Paulo e Minas Gerais, e que foi objeto de decreto federal criando o Comitê para Integração da Bacia do rio Paraíba do Sul (CEIVAP).
- articulação entre a Agência de Águas, prevista na Lei nº 9.433/97, e as Agências de Bacias previstas nas leis estaduais, também a ser definida caso a caso, mediante negociação entre a União e os Estados intervenientes, não havendo ainda nenhum precedente;
- articulação entre a Secretaria Executiva do SINGREH e os órgãos gestores estaduais.

Observe-se que as Agências de Águas ainda deverão ser objeto de lei específica e os estudos preliminares indicam a natureza jurídica de fundação de direito privado, com gestão mista, entre governo e representantes dos usuários das águas e de organizações civis de recursos hídricos.

Quanto ao último aspecto, deve ser considerado que na Medida Provisória de reestruturação da Administração Federal, editada em janeiro de 1995, foi criado o Ministério do Meio Ambiente, dos Recursos Hídricos e da Amazônia Legal e, neste, a Secretaria de Recursos Hídricos, cabendo ao Ministério, entre outras, as seguintes atribuições:

- planejamento, coordenação, supervisão e controle das ações relativas ao meio ambiente e aos recursos hídricos;
- formulação e execução da política nacional do meio ambiente e dos recursos hídricos.

Por outro lado, as soluções institucionais adotadas pelos Estados para o gerenciamento de recursos hídricos são extremamente variadas, por exemplo:

- inexistência de órgão ou entidade específica de recursos hídricos, responsável pela outorga de direitos de uso dos recursos hídricos, havendo tão somente órgão ambiental, com atribuições de controle de poluição ambiental, especificamente de recursos hídricos;
- órgão da administração direta, departamento de Secretaria de Estado (exemplo: GO)
- Autarquia estadual, da administração descentralizada, coexistindo com entidade ambiental responsável pela gestão da qualidade (MG, SP, BA, PR);
- empresa estadual, coexistindo com entidade ambiental e órgão da administração direta e entidade específica para a operação de rede meteorológica e hidrológica (CE).

A articulação de entidade federal da administração direta, com tal diversidade de entidades estaduais, embora não seja necessário nem viável a uniformidade, implica na obtenção de resultados díspares, por exemplo, na cooperação mediante convênios.

Os enormes desafios da implantação do modelo de gerenciamento de recursos hídricos

Desenvolvimento institucional

Reforma do Estado com inserção do sistema de gerenciamento de recursos hídricos

O Sistema Nacional de Gerenciamento de Recursos Hídricos, instituído pela Lei 9.433/97 e pelas leis estaduais correspondentes, é um sistema institucionalmente avançado e complexo, especialmente por ser integrado, descentralizado e participativo.

Por outro lado, a legislação referida combina instrumentos de diferentes naturezas, como:

- institucionais: como os colegiados de integração participativa;
- jurídico–administrativos: como a outorga de direitos de uso dos recursos hídricos;
- técnicos: como os planos e os sistemas de infor-

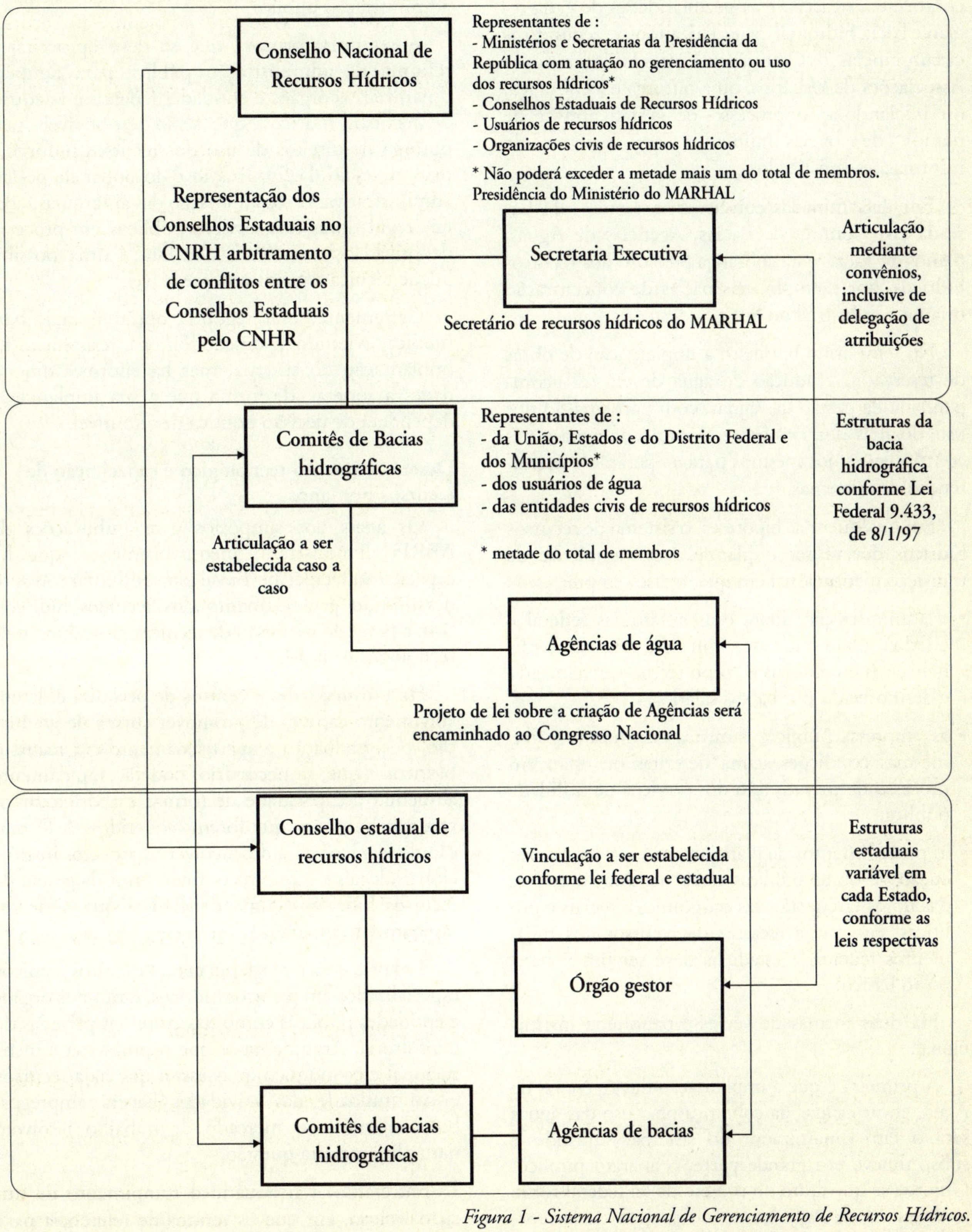

Figura 1 - Sistema Nacional de Gerenciamento de Recursos Hídricos.

mações sobre recursos hídricos;

- econômico–financeiros: como a cobrança pelo uso e o rateio de custos das obras de uso múltiplo dos recursos hídricos.

A estratégia para a sua implantação poderá variar conforme a situação e as peculiaridades de cada região e bacia hidrográfica, enfatizando-se, segundo as circunstâncias, os Comitês de Bacias Hidrográficas e Associações de Usuários, ou a outorga e a cobrança, ou iniciando-se o processo de gestão através de planos de bacias apoiados em sistema de informações sofisticados.

Em determinadas condições, a gestão será baseada em Comitês de Bacias, Agências de Águas, planos de bacias e na cobrança pelo uso dos recursos hídricos, por exemplo, nas bacias de concentração urbana e industrial do Sul e Sudeste.

No semi-árido brasileiro a implantação de obras de reservação e adução de água deverá ser acompanhada da gestão das águas, com participação dos usuários nas decisões sobre alocação de água e nas contribuições dos mesmos para a operação e manutenção dos sistemas.

Em qualquer das hipóteses, o sistema de recursos hídricos deverá ser implantado em ambiente de transição institucional em que, quase sempre:

- a administração direta e as autarquias federal e estadual estão em crise, com falta de recursos financeiros e materiais e corpo técnico envelhecido e desmotivado por baixos salários;
- as empresas públicas e mistas encontram-se nas mesmas condições acima descritas ou estão em processo de privatização dos serviços de utilidade pública;
- os procedimentos de planejamento, projeto e execução de obras públicas estão obsoletos em face das novas circunstâncias econômicas, sociais e políticas, em que a escassez de recursos dos orçamentos federais e estaduais deve ser um pressuposto básico.

Há duas formas de ver esse panorama institucional.

A primeira é que a implantação das Agências de Água, encarregadas da cobrança pelo uso das águas será o fato dinamizador do sistema, suprindo e substituindo, em grande parte, o aparato público. Observe-se que tanto no projeto de lei federal sobre as Agências de Água como no projeto de lei correspondente do Estado de São Paulo, adotou-se para as Agências a natureza de fundação de direito privado, desvinculada da administração pública. A escolha dessa solução, em ambos os casos, foi decorrência de pressupostos que contra-indicavam essa vinculação, em razão das atuais dificuldades da administração pública.

A segunda forma é que se deve aproveitar a reforma da administração pública para também dinamizar os órgãos e entidades federais e estaduais de recursos hídricos, que serão responsáveis pela outorga de direitos de uso dos recursos hídricos e pelo exercício da fiscalização e do poder de polícia administrativa. A recém-criação das autarquias federais reguladoras dos serviços públicos em processo de privatização indicam que esta é uma possibilidade técnica e juridicamente viável.

Certamente, esta segunda opção é mais harmônica, evitando-se desequilíbrios e resistências na implantação do sistema, mas há enormes dificuldades a superar, de forma que a sua implantação dependerá de decisão política de alto nível.

Desenvolvimento tecnológico e capacitação de recursos humanos

Os anais dos simpósios e as publicações da ABRH demonstram, inequivocamente, que há capacitação técnica no Brasil para enfrentar todos os desafios do gerenciamento dos recursos hídricos, com adaptação e difusão de técnicas inovadoras e de tecnologia avançada.

Há universidades e centros de pesquisa e desenvolvimento capazes de promover cursos de graduação, pós-graduação e aperfeiçoamento em recursos hídricos e que, se necessário, poderão rapidamente aumentar a capacidade de formar e aperfeiçoar os recursos humanos que forem requeridos. A formação de técnicos para desenvolver os aspectos institucionais, legais e econômico–financeiros da gestão de recursos hídricos é uma deficiência que pode ser rapidamente superada.

Todavia, constata-se que faltam quadros técnicos especializados em recursos hídricos, tanto nos órgãos e entidades públicas como nas empresas privadas de consultoria. Argumenta-se que o problema é institucional e econômico, pois assim que haja recursos e continuidade das atividades haverá empregos, bons salários e o mercado de trabalho resolverá naturalmente esta questão.

Entretanto, é necessário o rompimento de um ciclo vicioso, em que os termos de referência para estudos e projetos são deficientes, as contratações são feitas com base em menor custo, o acompanhamento dos trabalhos enfatiza os aspectos formais dos contratos e os produtos resultam insatisfatórios.

É necessário encontrar formas de transição entre a má situação atual e uma desejável para o futuro, em que os órgãos e entidades públicas tenham quadros técnicos de bom nível, as empresas privadas tenham oportunidade para desenvolver equipes multidisciplinares e adotar técnicas e tecnologia avançadas.

A estratégia que pode ser proposta poderia abordar os seguintes pontos: definição de temas e aspectos prioritários para a realização de cursos de especialização; desenvolvimento e difusão de tecnologia para aplicações correntes; projetos que propiciem a formação de equipes mistas, integradas por técnicos de entidades públicas e privadas, permitindo treinamento no posto de trabalho; intercâmbio e cooperação entre equipes das diversas regiões e instituições; edição de normas e manuais técnicos, com forte apoio em técnicas de informática.

Atenção especial deve ser dada às empresas privadas de consultoria, propiciando a criação de uma nova geração de empresas, mais ágeis e flexíveis, fortemente informatizadas e que possam ser contratadas em processos seletivos que enfatizem a qualidade dos serviços.

As interfaces com outros sistemas

Águas subterrâneas

Histórico

O Projeto de Lei 7.127, de 1986, sobre a gestão das águas subterrâneas, após tramitar por mais de 10 anos no Congresso Nacional, tende a ser arquivado, pois estaria superado, em face do tempo decorrido de sua elaboração e pela promulgação da Lei Federal 9.433/97, sobre a Política e o Sistema Nacional de Gerenciamento de Recursos Hídricos.

O referido projeto teve origem em grupo de trabalho, criado pelo Governo do Estado de São Paulo, em 1980, tendo sido a proposta paulista encaminhada ao Ministério das Minas e Energia, em 1981, e posteriormente à Associação Brasileira de Águas Subterrâneas que a discutiu em várias oportunidades, a partir de 1982.

Porém, o Projeto de Lei encaminhado pelo Poder Executivo Federal ao Congresso, em 1986, simplesmente remetia a gestão das águas subterrâneas para o regime jurídico instituído pelo Código de Minas..

Enquanto isso, São Paulo não aguardou a Lei Federal de Águas Subterrâneas e promulgou a Lei 6.134, de 2/6/88, exemplo seguido por Pernambuco, em 1997. Como a Constituição de 1988, posterior à Lei paulista, deu aos Estados o domínio das águas subterrâneas, esta poderia ter sido reformulada e reforçada. Embora isso não tenha ocorrido, a sua regulamentação já levou em conta a nova disposição constitucional sobre o domínio das águas subterrâneas. A sua aplicação foi ainda reforçada pela Lei 7.663, de 30/12/91, sobre a política e o sistema de gerenciamento em São Paulo.

Por que uma lei federal sobre águas subterrâneas

A proposta originada no grupo de trabalho paulista teve como ponto de partida o Relatório da Comissão criada pela Portaria Interministerial 195, de 26/5/77, para estudar e sugerir normas disciplinadoras para a perfuração de poços profundos e utilização de água subterrânea.

Essa Comissão desenvolveu excelente trabalho, apresentado em 1978, que justificou a inclusão de um título sobre águas subterrâneas no Código de Águas.

O GT paulista não discordou dessa recomendação, porém considerou-a de difícil viabilização, tendo em vista os importantes interesses envolvidos com esse Código, em especial os relativos aos aproveitamentos hidroenergéticos, e acabou por propor uma Lei Federal.

Observe-se, porém, que nessa época, 1980, as águas subterrâneas tinham domínio indefinido e sua gestão ficava a meio caminho entre o Código de Águas e o Código de Mineração. Portanto, a proposta de Lei Federal, embora não podendo estabelecer o seu domínio, sugeriu normas para a gestão das águas subterrâneas. Hoje, após a Constituição de 1988 e a Lei 9.433/97, que tratou da gestão das águas de domínio federal, o panorama é diverso.

Havendo uma lei federal sobre política e gerenciamento e leis estaduais com idênticos teores, à primeira vista não seria necessária uma lei federal sobre águas subterrâneas e leis estaduais respectivas.

Mas fica evidenciado, no Relatório da Comissão Interministerial de 1977, que falta no Código de Águas um capítulo sobre águas subterrâneas que oriente o estudo, a avaliação, a proteção e a explotação dessas águas, que balizem a atuação dos Estados na gestão desse recurso.

Portanto, a nova Lei Federal sobre Águas Subterrâneas deve ser uma lei substantiva, de normas gerais sobre o aproveitamento, avaliação, controle, proteção, utilização racional de direitos e obrigações de seus usuários, e não de gerenciamento das águas subterrâneas, que já está disciplinado pela Lei 9433/97 e pelas leis estaduais correspondentes.

Nada impede, porém, que o Conselho Nacional de Recursos Hídricos estabeleça essas normas que seriam futuramente revistas e consolidadas em lei.

Sistema ambiental

O enquadramento dos corpos de águas em classes de uso preponderante, segundo a Lei 9.433/97.

A diretriz geral estabelecida pela Lei 9.433/97 é a "gestão sistemática dos recursos hídricos, sem dissociação dos aspectos de quantidade e qualidade" (artigo 3º, inciso I)

Estabeleceu entre os instrumentos da Política Nacional de Recursos Hídricos os Planos de Recursos Hídricos e o o enquadramento dos corpos de água em classes, segundo os usos preponderantes da água (artigo 5º).

Na especificação dos planos de recursos hídricos não se menciona o enquadramento como parte ou condicionante dos mesmos. O enquadramento é tratado à parte, nos artigos 9º e 10, que estabelecem:

"Art. 9º. O enquadramento dos corpos de água em classes, segundo os usos preponderantes da água, visa a:

I - assegurar às águas qualidade compatível com os usos mais exigentes a que forem destinadas;

II - diminuir os custos de combate à poluição das águas, mediante ações preventivas permanentes.

Art. 10. As classes de corpos de água serão estabelecidas pela legislação ambiental."

Todavia, nas disposições sobre outorga de direitos de uso dos recursos hídricos consta o artigo 13, que estabelece ponto de comunicação entre os planos e o enquadramento, como se pode ver a seguir.

"Art. 13. Toda outorga estará condicionada às prioridades de uso estabelecidas nos Planos de Recursos Hídricos e deverá respeitar a classe em que o corpo de água estiver enquadrado e a manutenção de condições adequadas ao transporte aquaviário, quando for o caso."

Por outro lado, o enquadramento dos corpos de águas em classes de uso preponderante não é citado nas atribuições do Conselho Nacional de Recursos Hídricos e dos Comitês de Bacias Hidrográficas, mas consta entre as atribuições das Agências de Água o seguinte:

"Art. 44. Compete às Agências de Água, no âmbito de sua área de atuação:

X - elaborar o Plano de Recursos Hídricos para apreciação do respectivo Comitê de Bacia Hidrográfica;

XI - propor ao respectivo ou respectivos Comitês de Bacia Hidrográfica:

a) o enquadramento dos corpos de água nas classes de uso, para encaminhamento ao respectivo Conselho Nacional ou Conselhos Estaduais de Recursos Hídricos, de acordo com o domínio destes;

b) os valores a serem cobrados pelo uso de recursos hídricos;

Dessa forma, somente nas atribuições das Agências de Águas, de forma indireta, reconhece-se o seguinte: os planos de recursos hídricos e o enquadramento dos corpos de águas em classes de uso preponderante são indissociáveis, pois:

- não se pode estabelecer os planos sem que os corpos de água das bacias sejam enquadrados em classes de uso preponderante, simultaneamente;
- não se pode adotar prioridades de uso dos recursos hídricos sem que haja perfeita coerência com o enquadramento dos corpos de águas.

Na verdade, os planos e o enquadramento são indissociáveis, como são indissociáveis quantidade e qualidade, têm os mesmos objetivos e devem ser estudados, propostos e aprovados simultaneamente, não podendo o enquadramento, em nenhuma hipótese, ser visto como uma externalidade ao plano.

O que são, de fato, externas ao plano são as classes de qualidade, estas estabelecidas na legislação ambiental, que condicionam o enquadramento e, portanto, indiretamente, os planos.

Atuais procedimentos do enquadramento e do licenciamento ambiental:

Os atuais procedimentos de enquadramento dos corpos de águas em classes de uso preponderante iniciaram-se em São Paulo, passaram a ser aplicados em outros Estados, em âmbito federal (Portaria

Minter 13) e atualmente são disciplinados pela Resolução CONAMA nº 20/86,

Nesta, são estabelecidas as seguintes definições (artigo 2º):

Classificação: qualificação das águas doces, salobras e salinas com base nos usos preponderantes (sistema de classes de qualidade).

Enquadramento: estabelecimento do nível de qualidade (classe) a ser alcançado e/ou mantido em um segmento de corpo d'água ao longo do tempo.

Condição: qualificação do nível de qualidade apresentado por um segmento de corpo d'água, num determinado momento, em termos dos usos possíveis, com segurança adequada.

Efetivação do enquadramento: conjunto de medidas necessárias para colocar e/ou manter a condição de um segmento de corpo d'água em correspondência com a sua classe."

Dessa forma, o enquadramento pode ser visto como uma meta a ser alcançada, ao longo do tempo, mediante um conjunto de medidas necessárias, entre as quais, por exemplo, programas de investimentos em tratamento de esgotos urbanos.

Observe-se que nas definições acima está escrito: "alcançado ou mantido" e "colocar ou manter".

Todavia, invariavelmente, a aplicação do enquadramento está ocorrendo como se o corpo de água estivesse na condição da classe em que foi enquadrado, e que essa classe deve ser mantida.

Isso tem implicado no seguinte: uma estação de tratamento de esgotos urbanos não pode ser licenciada, não obstante a evidente melhoria que proporciona aos corpos de águas receptores, porque os efluentes lançados "não podem conferir ao corpo de água receptor características em desacordo com o enquadramento do mesmo" (§ 1º, do artigo 18, do Decreto 8.468, de 8/9/76, do Estado de São Paulo).

Os efeitos desse procedimento são agravados pelo fato do enquadramento dos corpos de águas no Estado de São Paulo ter-se efetivado por decreto de 1977, há mais de 20 anos, sem que tenham sido feitas as atualizações e os aperfeiçoamentos desejáveis. Mais agravado ainda pela adoção da vazão $Q_{7,10}$ (vazão mínima de 7 dias e de 10 anos de período de retorno) para os cálculos, hoje considerada pelos hidrólogos como muito pessimista.

Além do reenquadramento dos corpos de águas, seria indispensável que se retomasse o conceito de enquadramento como uma meta a ser alcançada ao longo do tempo, e não para efetivação imediata.

É curioso atentar que esse fato está ocorrendo para os pequenos corpos de águas, em que há somente um ou poucos lançamentos, de forma que os cálculos podem ser feitos com facilidade. Nos grandes corpos de águas, em que se dependeria de aplicação de modelos complexos e computadores, esses procedimentos não são aplicados, pois não se conhece os efeitos cumulativos de múltiplos lançamentos e os efeitos da assimilação e autodepuração dos poluentes pelos corpos de águas.

A outorga de lançamentos

Um fato novo é a outorga de lançamento de esgotos e resíduos nos corpos d'água, estabelecida pela Lei 9.433/97.

Quanto a isso há duas posições:

- a outorga de lançamentos deve ser de responsabilidade das entidades de recursos hídricos, uma vez que ela se insere em uma metodologia que deve ser unificada, envolvendo planos de recursos hídricos (onde estaria contido o enquadramento), aprovados pelos Comitês de Bacias, e programas de investimentos associados às metas de enquadramento e à cobrança pelo uso dos recursos hídricos;
- por razões institucionais e político–administrativas a outorga de lançamento de efluentes deveria ser responsabilidade das entidades de licenciamento ambiental, que as aplicariam de forma coerente com o licenciamento.

Os defensores da primeira posição alegam que é difícil alterar os atuais procedimentos das entidades ambientais e é preferível que novos procedimentos sejam estabelecidos com base na Lei 9.433/97, sem acentuar a atual dicotomia de gestão da quantidade e da qualidade.

Os defensores da segunda posição alegam que o procedimento acima não elimina ou condiciona o licenciamento ambiental, de forma que a dicotomia apontada permanece e, se outorga de lançamento ficar definida como de responsabilidade das entidades ambientais, pelo menos provoca-se discussão sobre necessidade de alteração dos atuais procedimentos.

Ambas as correntes têm razão, pelo menos em parte, e a solução do dilema envolve complexas negociações político-administrativas..

Concessões de serviços de utilidade pública: saneamento e energia elétrica

Outorga de direitos de uso de recursos hídricos

A outorga de direitos de uso dos recursos hídricos prevista no Código de Águas foi bastante ampliada pela Lei 9.433/97, passando a depender de outorga: derivação ou captação de um corpo de água; extração de água de aqüífero subterrâneo; lançamento em corpo de água de esgotos e demais resíduos líquidos ou gasosos; aproveitamento dos potenciais hidrelétricos; e outros usos que alterem o regime, a quantidade ou a qualidade da água.

Dessa forma, as entidades prestadoras de serviços de energia elétrica e de saneamento dependem de outorga, a ser efetivada por ato da autoridade competente.

Os interesses do setor energético foram defendidos pelo Ministério das Minas e Energia durante a tramitação e sanção da Lei 9.433/97, mas o mesmo não aconteceu com o setor de saneamento. Entretanto, algumas questões levantadas pelo setor elétrico são igualmente válidas para o setor de saneamento.

Inicialmente, porém, precisa-se destacar que há uma diferença fundamental entre o setor elétrico e o de saneamento pois o primeiro depende de concessão de aproveitamento dos potenciais de energia elétrica, que são de domínio da União, independentemente do domínio das águas onde se situem.

Dessa forma, as empresas concessionárias de energia elétrica podem estar sujeitas, simultaneamente, a outorgas:

- de aproveitamento dos potenciais de energia hidráulica, que são de domínio da União, segundo as disposições da Constituição Federal, de acordo com o regime estabelecido pelo Código de Águas e legislação superveniente;
- para exploração de serviços e instalações de energia elétrica, nas condições estabelecidas pela Lei 8.987, de 13/2/97, sobre o regime de concessão e permissão da prestação de serviços públicos, conforme previsto no artigo 175 da Constituição Federal;
- para o aproveitamento energético dos cursos d'água, neste caso em articulação com os Estados onde se situam os potenciais hidroenergéticos, conforme letra b), inciso XII, do artigo 21 da Constituição Federal, e nos termos da Lei 9.433/97 e das leis estaduais correspondentes.

Essas disposições devem ser harmonizadas, sob pena de entraves às concessões de aproveitamentos hidroelétricos e distribuição de energia elétrica que estariam sujeitos a dupla ou a tripla outorga.

Observe-se que a Lei 9.433/97 adotou soluções provisórias ao estabelecer que "a outorga e a utilização de recursos hídricos para fins de geração de energia elétrica, estará subordinada ao Plano Nacional de Recursos Hídricos" e que "enquanto não estiver aprovado e regulamentado o Plano Nacional de Recursos Hídricos, a utilização dos potenciais hidráulicos para fins de geração de energia elétrica continuará subordinada à disciplina da legislação setorial específica."

As principais dúvidas sobre a Lei 9.433/97, no que se refere a concessões para geração de energia, são ainda mais evidenciadas no seguinte veto do Presidente da República:

"Art. 17. A outorga não confere delegação de poder público ao seu titular.

Parágrafo único. A outorga de direito de uso de recursos hídricos não desobriga o usuário da obtenção da outorga de serviço público prevista nas Leis nº 8.987, de 13 de fevereiro de 1995, e nº 9.074, de 7 de julho de 1995."

"Razões do veto"

"Os potenciais de energia hidráulica estão incluídos nas outorgas previstas no art. 12, do Projeto. Pelo Código de Águas, pela legislação da concessão de serviços públicos em geral e do setor elétrico em geral a outorga dessas concessões confere delegação de poder público. Desse modo, a determinação genérica contida no artigo 17 apresenta-se incompatível com o restante do ordenamento jurídico nacional sobre a matéria, sendo necessária a sua supressão.

Por outro lado, a instituição de dupla outorga para a produção de energia elétrica, prevista no parágrafo único do artigo 17, sendo um para a exploração do potencial e outra para a utilização dos recursos hídricos, fará com que os vencedores das licitações do setor elétrico, disciplinadas por leis específicas e multas com editais e minutas de contrato, em pleno andamento, tenham que, posteriormente, solicitar outra concessão para o uso da água, certamente com novas exigências. A bem do interesse público, os vencedores das licitações precisarão contar com a garantia da outorga total do objeto licitado, e não apenas de parte."

Embora sem a mesma complexidade das concessões de energia elétrica, acima exposta, o setor de saneamento é afetado pelas outorgas de uso dos recursos hídricos da seguinte forma:

- concessão de uso das águas de domínio da União e dos Estados segundo as disposições da Constituição Federal, da Lei 9.433/97 e das leis estaduais correspondentes, isto é, tanto para captação ou extração de águas como para lançamento de esgotos sanitários;
- licenciamento das obras respectivas, considerando, entre outros aspectos, o enquadramento dos corpos de águas em classes de uso preponderante, em conformidade com a legislação ambiental;
- concessão para exploração de serviços e instalações de saneamento nas condições estabelecidas pela Lei Federal 8.987, de 13/2/97, e leis estaduais e municipais correspondentes, sobre o regime de concessão e permissão da prestação de serviços públicos, conforme previsto no artigo 175 da Constituição Federal;
- necessidade de compatibilização de seus projetos, serviços e obras com os planos de recursos hídricos das bacias hidrográficas, em especial no que diz respeito ao aproveitamento e proteção dos mananciais de abastecimento e ao lançamento de efluentes de seus sistemas de esgotamento sanitário.

Dessa forma, haverá externalidades ao sistema de saneamento, originárias da legislação e planos de recursos hídricos e meio ambiente, que condicionarão as soluções dos sistemas de saneamento e poderão influir, decisivamente, em seus custos.

Essas externalidades poderão ocorrer subseqüentemente à concessão dos serviços de saneamento referidas, por exemplo, por novo enquadramento dos corpos de águas em classes de uso preponderante.

De qualquer forma, poderá haver, para o setor de saneamento, a dupla outorga, pois o poder concedente dos serviços será o Município ou o Estado, neste caso, quando houver interesses supramunicipais, a outorga de uso das águas será da União ou dos Estados, conforme o domínio das mesmas.

Cobrança pelo uso dos recursos hídricos

Este novo instrumento, previsto na Lei 9.433/91 repercute, de forma significativa, no setor de saneamento, pois, segundo o artigo 20, serão cobrados os usos de recursos hídricos sujeitos à outorga de direitos de uso. Dessa forma, também nas duas pontas do sistema - captação de água bruta e lançamento de efluentes - o setor de saneamento será afetado pela cobrança.

Até pouco tempo, no Brasil, somente havia estudos sobre a aplicação da cobrança, e a maioria deles acadêmicos. Entretanto, o Estado do Ceará começou a cobrança em 1997, restrita a sua aplicação à companhia estadual de saneamento e a distrito industrial anteriormente suprido por esta empresa.

No Estado de São Paulo, somente em 1997 chegou-se a uma avaliação mais concreta do assunto, havendo minuta de lei e primeiras estimativas dos valores a cobrar. Os resultados, ainda preliminares, levam aos valores da Tabela 1:

Tabela 1 – Estado de São Paulo. Proposta de preços unitários básicos e preços unitários máximos.

item	unidade	Unitário Básico (R$)	Unitário Máximo(R$)
1. Captação	m^3	0,01	0,05
2. Consumo	m^3	0,02	0,10
3. Lançamentos			
DBO	kg DBO	0,10	1,00
DQO	kg DQO	0,05	0,50
SS	litro	0,01	0,10
Carga Inorgânica	kg	1,00	10,00

Estimativa de Arrecadação Anual, pelo preço básico, em R$ milhões por ano no Estado de São Paulo.

Item	Quantidades				Receita Anual, R$ Milhões			
	Público	Industrial	Irrigação	Soma	Público	Industrial	Irrigação	Soma
Captação (m^3/s)	108	104	156	368	34	33	49	116
Consumo (m^3/s)	32	21	156	209	20	13	98	131
DBO (t/dia)	1339	546		1.885	49	20		69
DQO (t/dia)	2.679	1.092		3.771	49	20		69
Sólidos sedimentáveis (m^3/dia)	39.180	7.159		46.339	143	26		169
Carga inorgânica (t/ano)	0	5.337		5.337	0	5		5
Totais anuais					295	117	147	559

Observe-se que o setor de saneamento poderá ser o principal contribuinte para a cobrança, mas também o principal beneficiário dos empréstimos a serem proporcionados com esses recursos.

A forma de aplicação da cobrança ditará a sua influência nas concessões de saneamento. Em uma primeira hipótese, talvez a mais provável, as concessionárias incluirão nas suas faturas, à parte, a parcela da cobrança, funcionando somente com entidades auxiliares das responsáveis pela cobrança.

Em outra hipótese, elas absorveriam a parcela da cobrança em seus custos, o que traria para a privatização do setor de saneamento fato gerador de custos hoje dificilmente previsível, pois dependeria das condições específicas de cada bacia hidrográfica e das decisões a serem tomadas pelos respectivos Comitês.

Observe-se que a cobrança do uso da água pelo setor elétrico somente poderá ser estabelecida em regulamento da Lei 9.433/97, em razão das atribuições federais exclusivas sobre energia elétrica.

Os novos projetos e programas de gerenciamento de recursos hídricos

Projeto de Gerenciamento de Recursos Hídricos do Estado da Bahia

Descrição

O Projeto de Gerenciamento de Recursos Hídricos do Estado da Bahia é o primeiro projeto brasileiro de recursos hídricos a iniciar-se sob os novos marcos institucionais e jurídicos definidos pela Lei Federal nº 9.433, de 8/1/97 e pela Lei Estadual nº 6.855, de 12/5/95, que estabelecem:

- a necessidade de integração interinstitucional e intergovernamental para o gerenciamento dos recursos hídricos;
- a descentralização do gerenciamento, por bacias hidrográficas, com participação dos usuários;
- a valorização dos instrumentos técnicos de gerenciamento, como as redes de coleta e monitoramento hidrológico e de qualidade das águas, o cadastramento dos usuários, os planos diretores de bacias hidrográficas, os sistemas de informações e de apoio à decisão;
- a utilização integrada e racional das águas superficiais e subterrâneas;
- a aplicação de instrumentos jurídicos e econômico-financeiros, como a outorga de direitos de uso dos recursos hídricos e, no futuro, da cobrança pelo uso, no contexto de uma política geral de recuperação dos custos dos investimentos e de valorização da água como um bem econômico;
- o fortalecimento institucional das entidades que atuam em recursos hídricos, na proteção ao meio ambiente e na gestão dos recursos naturais;
- a capacitação e o treinamento de recursos humanos.

A grande distinção entre o PGRH/BA e as iniciativas anteriores é que estas enfatizavam, quase que exclusivamente, o componente estrutural e este novo Projeto atribui ao componente de gestão idêntica ou maior importância.

Objetivos

Objetivo geral: revisar as estratégias do Governo do Estado, com base em suas diretrizes, para o desenvolvimento econômico, social e ambiental e o estabelecimento de um novo modelo para o setor de recursos hídricos.

Objetivos específicos:

- Componente de gestão

Reorganização da Superintendência de Recursos Hídricos para poder exercer as suas novas atribuições, de acordo com a Lei 6.885/95.

Regulamentação da Lei 6.885/95, com aplicação das outorgas de direitos de uso dos recursos hídricos e, no futuro, da cobrança pelo uso dos recursos hídricos.

Implementação de Sistema Integrado de Informação Hidro-Meteorológica para as bacias hidrográficas incluídas no PGRH, e modernização de laboratórios de qualidade das águas para atender a todo o Estado.

Descentralização do gerenciamento de recursos hídricos e da administração, operacionalização e manutenção dos sistemas de abastecimento com papel crescente e mais ativo das Regiões Administrativas da Água (RAAs), em colaboração com as associações de usuários da água.

- Componente de implementação da infra-estrutura:

Haverá concentração inicial do componente de infra-estutura na bacia do Rio Itapicuru, sem prejuízo dos estudos e projetos necessários à definição de outras obras a serem priorizadas no futuro, com o desenvolvimento dos seguintes projetos:

a) Barragem de Ponto Novo e sistemas associados de abastecimento e irrigação.

O sistema previsto para Ponto Novo incluirá a barragem, um sistema de abastecimento de água para zonas rurais, os canais principais e as adutoras para o sistema de irrigação planejado.

Especial atenção deverá merecer o reassentamento da população a ser desapropriada para a criação da área a ser inundada pelo reservatório de Ponto Novo.

b) Programa Piloto de Aproveitamento de Águas Subterrâneas na área do Aqüífero Tucano.

No Projeto Tucano, em uma área piloto, pretende-se atender ao suprimento de deficiências de abastecimento na sede do município de Quijingue e instalação de pequenos módulos de irrigação com vistas à capacitação dos agricultores.

c) Projeto de Recomposição Florestal de Matas Ciliares.

Previsto na bacia do Alto Itapicuru, incluindo estudo da morfologia do rio, controle de erosão, reflorestamento e um plano de manejo de áreas de pastagem.

d) Reabilitação de estruturas hidráulicas.

Projeto de reabilitação de barragens se propõe a analisar as causas de salinização e assoreamento destas, e propor medidas para sua correção. As análises a serem efetuadas compreendem estudos de viabilidade técnica, econômica, social e ambiental e critérios de priorização para a reabilitação destas obras em vista das demandas de água futuras a serem supridas.

Arranjo Institucional Proposto

A Lei 6.855/95 estabeleceu como órgão gestor de recursos hídricos a Superintendência de Recursos Hídricos (SRH) mas, não obstante a amplitude de suas atribuições, a autarquia depende de articulação e cooperação de outras entidades para planejar, coordenar e implantar o PGRH.

O componente estrutural do PGRH, envolvendo açudes, adutoras, obras de irrigação e abastecimento de água, exige participação das respectivas entidades executoras em esforços de planejamento, coordenação e integração de atividades.

As ações serão desenvolvidas pela Secretaria de Recursos Hídricos, Saneamento e Habitação (SRHSH), através da Superintendência de Recursos Hídricos (SRH), que será o órgão executor, com o apoio de outras entidades da Secretaria, como a EMBASA, e a CERB, pela Secretaria do Planejamento, Ciência e Tecnologia (SEPLANTEC), através do Centro de Recursos Ambientais (CRA) e pela Secretaria da Agricultura, Irrigação e Reforma Agrária (SEAGRI), através do Departamento de Desenvolvimento Florestal (DDF), e Coordenação de Irrigação (CIR).

O arranjo institucional proposto é composto por (Figura 2):

- colegiados de integração e coordenação, com três instâncias:
- política: com participação das Secretarias diretamente envolvidas;
- gerencial: com participação dos dirigentes das entidades executoras e intervenientes;
- executiva: mediante grupos técnicos especializados nos componentes institucional e no estrutural, subdivisão recomendada pelo perfil diferenciado exigido dos profissionais dedicados a cada um desses componentes;
- órgãos e entidades intervenientes, isto é, as entidades responsáveis pelas ações, serviços e obras;
- a entidade de execução, a SRH, e uma unidade a ela vinculada, a Unidade de Gestão do Projeto (UGP), com a finalidade de definir claramente a instância de gestão administrativa que será interlocutora do Banco Mundial, que será financiador do PGRH/BA. (Ver Tabela 2)

A UGP existirá somente no período de execução do PGRH e terá condições especiais de funcionamento, com maior flexibilidade administrativa e financeira e, entre seus atributos especiais, destaca-se a remuneração de seu pessoal, que deverá estar condizente com a qualidade e a especialidade dos trabalhos que se deverão exigir desses profissionais.

Programa de Desenvolvimento de Recursos Hídricos para o semi-árido brasileiro – PROÁGUA

Objetivos

Foram estabelecidos como objetivos básicos do PROÁGUA, no que se refere ao semi-árido, os seguintes:

- fortalecer o setor de recursos hídricos na região semi-árida brasileira, mediante a capacitação das instituições públicas e das entidades da sociedade civil que estão envolvidas na implementação do Plano;

- concluir obras hidráulicas já iniciadas e que ainda apresentem retorno socioeconômico inquestionável;
- implementar novas obras que, além de garantir o aumento da disponibilidade hídrica e de privilegiar soluções locais para a operação e manutenção, promovam tanto a melhoria da qualidade de vida da população local quanto a proteção do meio ambiente;
- desenvolver estudos no sentido de identificar soluções eficazes para adequar as disponibilidades e demandas de água nas diferentes bacias hidrográficas contempladas para os Programas;
- elaborar planos diretores de bacias hidrográficas, considerando uma visão integrada de bacia hidrográfica e de múltiplos usos da água (abastecimento, irrigação, produção de energia, entre outros), além do reconhecimento do valor econômico da água;
- detalhar, em termos de projeto, as intervenções prioritárias selecionadas tanto nos estudos desenvolvidos quanto nos planos diretores elaborados.

Ações previstas para implementação do Programa

O Programa está estruturado em quatro componentes:

Fortalecimento Institucional – destina-se a assegurar a estruturação interna do SRH/MMA e dos órgãos estaduais envolvidos com gerenciamento de recursos hídricos.

Obras Prioritárias – referem-se a intervenções em

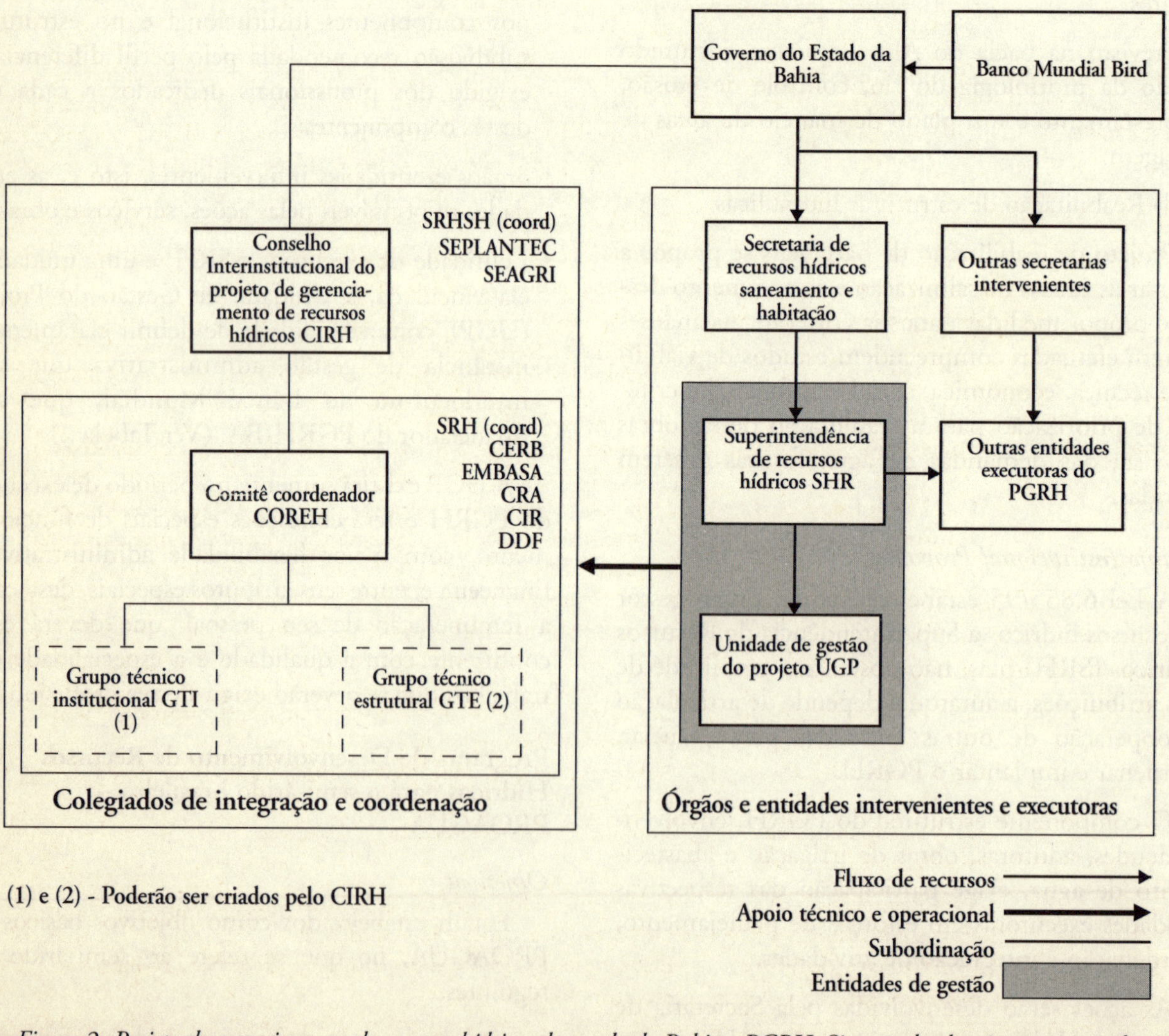

Figura 2- Projeto de gerenciamento de recursos hídricos do estado da Bahia - PGRH. Sistema de planejamento, coordenação e implantação - SISPLAC, instituído pelo decreto nº 6.295, de 21/3/97

Tabela 2 - Projeto de gerenciamento de recursos hídricos do Estado da Bahia

Componente gestão.		
Subcomponente	Plano de Ação	Atividades
A – Fortalecimento institucional	A-1 Desenvolvimento do sistema de gerenciamento de recursos hídricos	Organização, implantação e funcionamento de: Colegiados centrais; Comitês de Bacias Hidrográficas; Associação de Usuários de Recursos Hídricos.
	A-2 Desenvolvimento de entidades de recursos hídricos	Desenvolvimento institucional da SRH. Descentralização por Regiões Administrativas das Águas. Desenvolvimento institucional das entidades intervenientes. Articulação com entidades federais e de outros Estados. Modernização de instalações e laboratórios
	A-3 Desenvolvimento da legislação, normas e procedimentos	Regulamentação do sistema de gerenciamento. Estudo da legislação de outorga e da cobrança. Apoio jurídico à elaboração e aplicação de planos e programas. Apoio às Associações de Usuários de Recursos Hídricos. Legislação sobre águas subterrâneas
	A-4 Capacitação e treinamento de recursos humanos	Cursos, treinamento e estágios técnicos. Intercâmbio e cooperação técnica. Campanhas de divulgação e conscientização sobre o uso racional da água. Comunicação social e educação ambiental. Orientação e treinamento de usuários de recursos hídricos. Treinamento para operação e manutenção da infra-estrutura hídrica
	A-5 Eventos de divulgação e difusão de informações	Apoio aos planos, programas e sistemas de gerenciamento Seminários, workshops e cursos rápidos.
B - Suporte técnico ao gerenciamento de recursos hídricos	B-1 Informações hidrológicas e hidrometeorológicas	Modernização, operação e manutenção da rede hidrométrica Análise, processamento e sistematização de informações hidrológicas Desenvolvimento de sistemas de informações hidrometeorológicas. Monitoramento hidrológico: quantidade e qualidade
	B-2 Cadastro de Usuários	Cadastro de usuários: abastecimento, irrigação e outros. Cadastro de poços tubulares profundos. Cadastro de obras hidráulicas. Bancos de dados de usos de recursos hídricos Outorga de direito de uso de recursos hídricos.
	B-3 Sistemas de recursos hídricos	Sistemas de informações sobre recursos hídricos. Sistemas de informações geográficas - SIGs. Sistemas de suporte à decisão. Modelos hidrológicos: quantidade e qualidade e hidrogeológicos
C -Planejamento de recursos hídricos	C-1 Planos Diretores de Bacias Hidrográficas	Elaboração, atualização e complementação dos planos diretores de bacias. Desenvolvimento e aplicação de sistemas informatizados de apoio aos planos
	C-2 Plano Estadual de Recursos Hídricos	Elaboração, avaliação e controle do Plano Estadual de Recursos Hídricos. Formulação dos programas anuais e plurianuais de recursos hídricos. Gestão dos programas anuais e plurianuais
	C-3 Gerenciamento do PGRH	Gerenciamento do Projeto de Gerenciamento com a organização e funcionamento da Unidade de Gestão do Projeto - UGP
Componente de infra estrutura hídrica		
D - Obras e Serviços	D-1 Sistema Ponto Novo	Barragem de Ponto Novo. Sistemas de Abastecimento Associados. Sistema de Irrigação de Ponto Novo.
	D-2 Projeto Tucano	Adutoras. Reservatório. Implantação de poço. Campo de demonstração
	D-3 Recuperação de vegetação ciliar 1.500	Implantação da recuperação da vegetação ciliar
	D-4 Recuperação das estruturas hídricas existentes	Levantamento das estruturas hídricas e formulação de propostas de recuperação e ampliação
	D-5 Projetos de outros sistemas	Elaboração de estudos e projetos de outras obras de infra-estrutura hídrica

Custo estimado do PGRH: 85 milhões de US$, com financiamento de 85 milhões de US$ pelo Banco Mundial. No componente de Gestão será aplicado cerca de 85 milhões de US$.

obras hidráulicas de interesse regional, executadas de forma descentralizada pela CODEVASF, DNOCS, Estados e Municípios, sob a supervisão da unidade gestora do Programa em âmbito federal.

Elaboração de Estudos e Projetos de Aproveitamento de Recursos Hídricos – tem por objetivo a realização de estudos de aproveitamento de recursos hídricos e a formulação das bases para implementação da etapa subseqüente do Programa.

Supervisão, Acompanhamento e Avaliação – com o objetivo de implementar o arranjo institucional responsável pela supervisão, acompanhamento e avaliação do Programa.

O detalhamento desses componentes é apresentado na Tabela 3.

Proposta de diretrizes para o PROÁGUA nacional

Há intenção de se ampliar o PROÁGUA do semi-árido para todo o território nacional e propõe-se, a seguir, algumas diretrizes para que isso ocorra de uma forma sistemática. Observe-se que no PROÁGUA do semi-árido há destinação de recursos para a preparação do PROÁGUA Nacional.

Diversidades das regiões e bacias hidrográficas brasileiras

Um primeiro aspecto a considerar é a grande diversidade das regiões e bacias hidrográficas brasileiras, em termos físicos, climáticos, hidrológicos e também demográficos, políticos, econômicos, sociais e culturais.

O Brasil tem área da ordem de 8.511.000 km^2 e população total de 146 milhões de habitantes, conforme Censo de 1991, o que corresponde a uma densidade demográfica média de 17 habitantes por km^2.

Porém, a distribuição demográfica não é uniforme, considerando as grandes regiões brasileiras. A Região Norte, que em grande parte contém a bacia Amazônica brasileira, tem densidade de menos de 3 habitantes por km^2. As Regiões Sul e Sudeste, as mais desenvolvidas, têm densidades de 38 e 67 habitantes por km^2, respectivamente. O Centro-Oeste, com população rarefeita, tem menos que 6 habitantes por km^2, em cerca de 10 milhões de km^2 do território nacional. A Região Nordeste possui densidade relativamente elevada, de 27 habitantes por km^2.

Outra característica brasileira é a crescente urbanização, pois, em 1991, cerca de 75% da população residia nas cidades, índice que atinge 88% no Sudeste, 81% no Centro Oeste e 74% no.Sul, 61% no Nordeste e a 58% no Norte. Somente nas capitais dos Estados temos 24% da população brasileira, porcentagem que atinge 28% no Sudeste, 30% no Norte e 20% no Nordeste.

Menos uniforme ainda é a distribuição das disponibilidades hídricas. Na bacia Amazônica, com apenas 4% da população brasileira tem-se 71% da vazão média dos cursos de água, enquanto nas bacias dos rios Paraná, Paraguai e Uruguai tem-se 59% da população e apenas 14% da disponibilidade hídrica média. Nas bacias hidrográficas dos rios São Francisco e litorâneas do Nordeste tem-se 32% da população e não mais de 4% das águas brasileiras.

Além da distribuição demográfica muito desigual e dos graus de desenvolvimento bastante heterogêneos, contribuem para esses fatos os fatores climáticos. Na Amazônia tem-se deflúvios específicos da ordem de 33 l/s/km^2 e nas bacias do Sul e do Sudeste e Centro-Oeste entre 10 e 20 l/s/km^2 mas nas bacias do Nordeste e São Francisco entre 2 e 4 l/s/km^2.

Como resultante tem-se quadro do balanço entre disponibilidade e demanda de recursos hídricos entre grandes extremos, com valores em m^3/ano/habitante desde quase 40.000 no Norte até apenas 1.300 no Nordeste.

Segundo padrões internacionais, os cenários de escassez de água ocorrem quando a disponibilidade hídrica se situa entre 1.000 e 2.000 m^3/ano/ habitante e a escassez real quando esse valor está abaixo de 1.000 m^3/ano/habitante.

No Brasil, considerando a disponibilidade hídrica média de 5.610 km^3/ano e a população total de 146 milhões de habitantes (censo de 1991) tem-se a disponibilidade de 38.200 m^3/ano/habitante. Entretanto, dessa disponibilidade hídrica, cerca de 70% refere-se à Região Norte, isto é à Bacia do rio Amazonas, onde tem-se apenas 7% da população brasileira.

Observam-se grandes contrastes, pois na Região Norte tem-se 387.260 m^3/ano/habitante enquanto na Região Nordeste esse valor é de 4.384 m^3/ano/ habitante, no Centro-Oeste tem-se 79.899 m^3/ano/ habitante, no Sudeste 5.333 m^3/ano/habitante e no Sul 16.521 m^3/ano/habitante. Enquanto no Norte tem-se, ao mesmo tempo, grandes vazões específicas e baixas densidades demográficas, no Nordeste tem-

Tabela 3 - Programa de desenvolvimento de recursos hídricos para o Semi-Árido brasileiro – PROÁGUA.

Componente	Sub-componente	Ações
Fortalecimento institucional	União	Treinamento e capacitação de recursos humanos Aquisição de equipamentos Desenvolvimento de sistema de informações sobre recursos hídricos Complementação da rede hidrometeorológica regional Desenvolvimento e implementação do sistema de outorga de direitos de uso da água Desenvolvimento e implementação do sistema de cobrança pelo uso da água Monitoramento da qualidade e da quantidade da água em bacias com problemas críticos Apoio à implementação da base legal em nível federal Apoio à articulação entre os Estados para implementação do Programa
	Estadual	Treinamento e capacitação de recursos humanos Aquisição de equipamentos Desenvolvimento de sistema de informações sobre recursos hídricos Apoio ao sistema de planejamento e gestão de recursos hídricos Apoio à implementação da base legal em nível estadual Instalação da rede hidrometeorológica de interesse local Monitoramento da qualidade e da quantidade da água em bacias com problemas críticos Desenvolvimento e implementação do sistema de outorga de direitos de uso da água Desenvolvimento e implementação do sistema de cobrança pelo uso da água Formulação de programas de educação ambiental, com ênfase em recursos hídricos Auxílio aos processos de organização das ações de usuários da água
Obras prioritárias		Financiamento de obras hidráulicas de interesse regional, a serem executadas sob coordenação da SRH, pela CODEVASF, DNOCS, Estados e Municípios
Elaboração de estudos e projetos de aproveitamento de recursos hídricos	Federal	Plano de aproveitamento de recursos hídricos em 4 bacias de rios de domínio federal Estudos de integração de bacias em nível regional Estudos de integração de políticas e de sistemas estaduais de planejamento e gestão do uso da água Análise dos aspectos institucionais, administrativos, financeiros e legais relativos à operação e manutenção das obras de infra-estrutura hídrica do semi-árido brasileiro
	Estadual	Estudos e investigações sobre reais potencialidades das reservas e recursos explotáveis de províncias hidrogeológicas do Nordeste Elaboração de política de explotação de aqüíferos regionais, em consonância com as potencialidades dos mesmos e economicidade dos sistemas Planos de integração de bacias de domínio estadual Pesquisa sobre tecnologias mais baratas e mais eficientes para dessalinização das águas Estudos de salinização de aqüíferos costeiros sob intenso processo de salinização Estudos para implantação de sistemas integrados de gerenciamento em bacias com problemas críticos Realização ou atualização de inventários de reservatórios existentes e projetados em cada um dos Estados, incluindo informações sobre as condições atuais de gestão, nível de deterioração e recomendações para recuperação Pesquisa sobre processos de salinização de reservatórios e proposição de medidas para recuperação Projetos executivos de obras já identificadas e que disponham de estudos prévios, com base em planos diretores de bacias e outros estudos que possam garantir a sua efetiva viabilidade sócio-econômica e ambiental
Supervisão, Acompanhamento e Avaliação		Condução conjunta por MMA e MPO, com o objetivo de implementar o arranjo institucional responsável pela supervisão, acompanhamento e avaliação do Programa

Fontes de recursos (Valores em US$ milhões) BIRD 165,0 (50%); OECF 148,5 (45%) Tesouro Nacional 16,5 (5%); Total 330,0.

se baixíssimas vazões unitárias e densidades populacionais médias. No Sul e no Sudeste, embora as vazões específicas sejam elevadas, as concentrações demográficas também o são.

Vários Estados do Nordeste estão no limiar da escassez hídrica, como Ceará, Rio Grande do Norte, Paraíba, Pernambuco, Alagoas e Sergipe. Há situação mais favorável no Maranhão e no Piauí, que se situam em região de transição climática entre o Nordeste e o Norte, e na Bahia, que conta com o rio São Francisco.

A escassez se prenuncia também em Estados do Sudeste, em razão das grandes densidades demográficas, em especial nos Estados de São Paulo e Rio de Janeiro. Embora a situação no Centro-Oeste seja mais favorável, deve ser citado o Distrito Federal que, por situar-se em cabeceiras de bacias hidrográficas, tem grave escassez hídrica.

Outro fato agravante da escassez hídrica é a urbanização crescente e a concentração da população nas capitais e grandes regiões metropolitanas.

A situação mostra-se ainda mais grave quando é analisada no âmbito de bacias hidrográficas, como pode ser verificado no Estado de São Paulo. A bacia do Alto Tietê, possivelmente a mais crítica do País, tem disponibilidade de 171 m³/ano/habitante e somente com a reversão de águas de outras bacias atinge 210 m³/ano/habitante. A bacia do rio Piracicaba, em contraponto, a partir de disponibilidade natural de 1.595 m³/ano/habitante chega a 566 m³/ano/habitante, justamente em razão da reversão de suas águas para o Alto Tietê. Outras bacias hidro-

Tabela 4 - Situação hídrica de Países Europeus e Estados brasileiros.

Disponibilidade hídrica per capita m³/hab/ano	País	Valor m³/hab/ano	Estado brasileiro	Valor m³/hab/ano
Abundância > 20.000	Finlândia	22.600	Rondônia	132.818
	Suécia	21.800	Acre	369.305
			Amazonas	878.929
			Roraima	1.747.010
			Pará	217.058
			Amapá	678.929
			Tocantins	137.666
			R. Grande Sul	20.798
			M. Grosso Sul	39.185
			Mato Grosso	258.242
			Goiás	39.185
Muito rico > 10.000	Irlanda	14.000	Maranhão	17.184
	Luxemburgo	12.500	Minas Gerais	12.325
	Áustria	12.000	Paraná	13.431
			Santa Catarina	13.662
Rico > 5.000	Países Baixos	6.100	Piauí	9.608
	Portugal	6.100	Espírito Santo	7.235
	Grécia	5.900		
Situação correta > 2.500	França	3.600	Bahia	3.028
	Itália	3.300	São Paulo	2.913
	Espanha	2.900		
Pobres < 2.500	Reino Unido	2.200	Ceará	2.436
	Alemanha	2.000	R. Grande Norte	1.781
	Bélgica	1.900	Alagoas	1.751
			Sergipe	1.743
			Rio de Janeiro	2.315
			Distrito Federal	1.752
Situação crítica < 1.500			Paraíba	1.437
			Pernambuco	1.320

FONTES:
1- Les politiques de l'eau en Europe, Bernard Barraque, Editions La Découverte, Paris, 1995.
2- Disponibilidades hídricas per capita no Brasil - Comissão de Gestão da Associação Brasileira de Recursos Hídricos.

gráficas, como o Turvo Grande e o Mogi Guaçu também caminham para situação de escassez.

A comparação desses dados brasileiros com os de países da Europa é feita na Tabela 4.

Os dados expostos permitem uma visão primeira visão geral da escassez hídrica no Brasil e apresentar, preliminarmente, alguns critérios de prioridades para adoção de programas e projetos de conservação de recursos hídricos.

As tabelas 5 e 6, respectivamente, visam propor

Tabela 5 - Proposta de estrutura dos Componentes e Subcomponentes do PROÁGUA Nacional.

Caracterização do Componente	Item e sub item	Componente Subcomponente e atividade ou projeto
Não estruturais	1	Gestão de recursos hídricos
	1.1	Desenvolvimento institucional
	1.1.1	Sistema Nacional de Gerenciamento
	1.1.2	Organizações civis de recursos hídricos
	1.1.3	Instrumentos da política de recursos hídricos
	1.1.4	Desenvolvimento tecnológico e capacitação de recursos humanos
	1.1.5	Comunicação social e educação ambiental
	1.1.6	Articulação com o SISNAMA e setores usuários
	1.1.7	Capacitação das entidades e empresas privadas de consultoria
	1.2	Bases técnicas para o gerenciamento de recursos hídricos
	1.2.1	Rede e sistema de informações hidrológicas e de qualidade das águas
	1.2.2	Cadastro de usuários e sistema de outorga e cobrança
	1.2.3	Sistema de Informações sobre recursos hídricos
	2	Estudos e projetos
	2.1	Planos de recursos hídricos
	2.1.1	Plano nacional de recursos hídricos
	2.1.2	Planos estaduais de recursos hídricos
	2.1.3	Planos de bacias hidrográficas
	2.2	Levantamentos básicos
	2.2.1	Levantamentos topográficos e hidrográficos
	2.2.2	Levantamentos geológicos e hidrogeológicos
	2.2.3	Levantamentos sócio econômicos e ambientais
	2.3	Estudos de viabilidade e projetos
	2.3.1	Estudos de viabilidade técnica, econômica, social e ambiental
	2.3.2	Projetos básicos e executivos
Especiais	3	Programas especiais
	3.1	Conservação e utilização racional da água
	3.2	*Reúso* da água e minimização de efluentes
	3.3	Conservação do solo, controle do assoreamento e da poluição rural difusa
	3.4	Recursos hídricos no meio urbano e proteção de mananciais
	3.5	Conservação e proteção das águas subterrâneas
	3.5	Recuperação, operação e manutenção de obras hidráulicas
Estruturais	4	Programas estruturais
	4.1	Aproveitamento múltiplo dos recursos hídricos
	4.2	Recuperação e proteção de recursos hídricos
	4.3	Controle de cheias e prevenção de inundações
	4.4	Prevenção e mitigação das secas e fomento à irrigação
Regionais	5	Regiões e bacias hidrográficas
	5.1	Bacia Amazônica
	5.2	Pantanal Matogrossense
	5.3	Regiões costeiras e estuarinas
	5.4	São Francisco
	5.5	Semi-árido brasileiro
	5.5	Tocantins – Araguaia

Tabela 6 - Diretrizes para o PROÁGUA Nacional com base na Carta do Rio de Janeiro da Associação Brasileira de Recursos Hídricos

Área objeto	região	objetivo geral	diretrizes gerais
Complexos geoeconômicos visando ao seu desenvolvimento e a diminuição das desigualdades Regionais	Amazônia	Desenvolvimento sustentável, com observância do zoneamento econômico-ambiental, e apoiado em planos regionais de desenvolvimento, existentes e a serem formulados, nos quais deverão ser inseridos os projetos de aproveitamento múltiplo dos recursos hídricos	Projeto federal, com participação dos Estados. Organismo Regional coordenará o Plano Regional de Desenvolvimento, que orientará a inserção regional dos projetos de aproveitamento múltiplo dos recursos hídricos
	Nordeste	Desenvolvimento econômico e social do semi-árido e da bacia do rio São Francisco, com o apoio da irrigação, harmonizada com os aproveitamentos hidrelétricos e com a proteção e conservação ambiental	Projeto federal, com participação dos Estados. Organismos Regionais coordenarão Planos Regionais de Desenvolvimento. Projetos Estaduais de Recursos Hídricos
	Cerrado	Desenvolvimento econômico e social das áreas de cerrado, com o apoio na irrigação e no aproveitamento múltiplo dos recursos hídricos, em especial para geração de energia e navegação fluvial, consideradas a proteção e conservação dos recursos ambientais	Projetos de desenvolvimento interestaduais, com participação da União e da iniciativa privada, gerenciamento de recursos hídricos a cargo dos Estados, com assistência e apoio da União
Áreas ambientalmente sensíveis definidas, pelo zoneamento econômico-ambiental	Amazônia	Conservação e preservação ambiental, proteção das comunidades indígenas, restrição e controle da utilização dos recursos hídricos	Projeto federal, com participação dos Estados e de entidades não governamentais, compensação aos Municípios e comunidades afetadas
	Pantanal Matogrossense	Preservação e conservação, com defesa dos ecossistemas contra atividades poluidoras e degradadoras e proteção da agropecuária mediante sistema de alerta contra inundações	Projeto inter-estadual, com apoio e assistência da União, sistema de alerta operado pela União com gradativa transferência para os Estados
	Áreas Costeiras	Desenvolvimento racional, proteção e conservação das áreas costeiras, compatibilização do gerenciamento dos recursos hídricos com o gerenciamento costeiro	Projetos federais e estaduais, quando houver capacitação dos Estados mediante assistência e cooperação da União
Bacias hidrográficas e centros urbano-industriais	Bacias Hidrográficas Industriais	Gerenciamento integrado, descentralizado e participativo, sem dissociação dos aspectos quantitativos e qualitativos, compatibilizado com o desenvolvimento regional e a proteção ambiental	Nas bacias de rios de domínio federal, projetos interestaduais sob supervisão e arbitramento da União, com participação dos usuários dos recursos hídricos e da sociedade
	Centros Urbano-Industriais	Gestão integrada dos recursos hídricos e do uso e ocupação do solo tendo em vista a proteção de mananciais, prevenção de inundações e escorregamentos, em harmonia com os planos regionais, municipais e com o zoneamento ambiental	Projetos metropolitanos, com participação dos Estados, dos Municípios, dos usuários dos recursos hídricos e da sociedade; integração iterativa do plano de recursos hídricos com o de uso e ocupação do solo; compensação aos Municípios afetados por leis de proteção de mananciais

uma primeira estrutura dos componentes e subcomponentes do PROÁGUA Nacional e as diretrizes para o gerenciamento dos recursos hídricos, com base na Carta do Rio de Janeiro de ABRH.

Bibliografia

ABRH/FGV. *I Encontro Interestadual de Recursos Hídricos*. São Paulo, FGV/ Escola de Administração de Empresas do Estado de São Paulo/ Centro de Estudos de Administração e Meio Ambiente. 80 p, 1994.

ASSOCIAÇÃO BRASILEIRA DE RECURSOS HÍDRICOS. *Carta de Foz do Iguaçu*. São Paulo. 7 p, 1989.

ASSOCIAÇÃO BRASILEIRA DE RECURSOS HÍDRICOS. *Carta do Rio de Janeiro*. São Paulo. 2 p, 1991.

ASSOCIAÇÃO BRASILEIRA DE RECURSOS HÍDRICOS. Sistema Nacional de Gerenciamento de Recursos Hídricos. In: *Audiência Pública Nacional em Piracicaba*. São Paulo. 8 p, 1995.

BARTH, F.T. et alii. *Modelos para gerenciamento de recursos hídricos*. São Paulo, Nobel/ABRH. 525 p, 1987.

CÂMARA DOS DEPUTADOS. *Projeto de Lei nº 2.249*. Brasília, 1991.

CÂMARA DOS DEPUTADOS. *Projeto de Lei nº 2.249, de 1991 - Substitutivo*. Brasília, 1996.

CAVALCANTI, Bianor Scelza. Gestão integrada de recursos hídricos e do meio ambiente: medidas institucionais no Brasil no contexto da reforma do Estado. In: *Revista de Administração Pública*, v.28, n. 3. Rio de Janeiro, Fundação Getúlio Vargas. 248 p, 1994.

CONSELHO ESTADUAL DE RECURSOS HÍDRICOS DO ESTADO DE SÃO PAULO. *Legislação sobre recursos hídricos*. São Paulo. 72 p, 1994.

CONSELHO ESTADUAL DE RECURSOS HÍDRICOS DO ESTADO DE SÃO PAULO. *Plano Estadual de Recursos Hídricos 1994 -1995* (Lei nº 9.034, de 27/12/94). São Paulo. 29 p, 1995.

CONSELHO ESTADUAL DE RECURSOS HÍDRICOS DO ESTADO DE SÃO PAULO. *Minuta do Anteprojeto de Lei do Plano Estadual de Recursos Hídricos 1996/1999*. São Paulo. 64 p, 1995.

CONSÓRCIO INTERMUNICIPAL DAS BACIAS DOS RIOS PIRACICABA E CAPIVARI. *Semana de Debates sobre recursos hídricos e meio ambiente*. São Paulo, Édilem Serviços Gráficos e Editora. 213 p, 1992.

DEPARTAMENTO DE ÁGUAS E ENERGIA ELÉTRICA. *Revista Águas e Energia Elétrica*. São Paulo, ano 4, n. 12. 58 p, 1987.

DEPARTAMENTO DE ÁGUAS E ENERGIA ELÉTRICA. *Revista Águas e Energia Elétrica*. São Paulo, ano 5, n.13. 66 p, 1988.

DEPARTAMENTO DE ÁGUAS E ENERGIA ELÉTRICA. *Revista Águas e Energia Elétrica*, São Paulo, ano 5, n. 15. 60 p, 1988.

DEPARTAMENTO DE ÁGUAS E ENERGIA ELÉTRICA. *Revista Águas e Energia Elétrica*. São Paulo, ano 5, n. 16. 65 p, 1989.

DEPARTAMENTO DE ÁGUAS E ENERGIA ELÉTRICA. *Revista Águas e Energia Elétrica*. São Paulo, ano 4, n. 14. 58 p, 1987.

DAEE/FCTH/FUNDAP. *Seminário Perspectivas dos Recursos Hídricos do Estado de São Paulo*. São Paulo, Fundação do Desenvolvimento Administrativo. 423 p, 1986.

DEPARTAMENTO DE ÁGUAS E ENERGIA ELÉTRICA. *Elaboração de Estudo para implantação da cobrança pelo uso dos recursos hídricos no Estado de São Paulo - Relatório RP 01 Consolidação dos aspectos relevantes da legislação*. São Paulo, Consórcio CNEC/FIPE. 35 p, 1994.

DEPARTAMENTO DE ÁGUAS E ENERGIA ELÉTRICA. *Elaboração de Estudo para implantação da cobrança pelo uso dos recursos hídricos no Estado de São Paulo - Relatório RP 10 - Plano Geral de implementação*. São Paulo, Consórcio CNEC/FIPE. 60 p, 1996.

DEPARTAMENTO DE ÁGUAS E ENERGIA ELÉTRICA. *Elaboração de Estudo para implantação da cobrança pelo uso dos recursos hídricos no Estado de São Paulo - Relatório RP 11- Detalhamento dos programas para implementação da cobrança*. São Paulo, Consórcio CNEC/FIPE, 35 p.

FUNDAÇÃO DO DESENVOLVIMENTO

ADMINISTRATIVO. *Sistema Estadual de Gestão de Recursos Hídricos - Relatório Final.* São Paulo, Convênio DAEE-FUNDAP. 80 p, 1989.

FUNDAÇÃO DO DESENVOLVIMENTO ADMINISTRATIVO. *Sistema Estadual de Gestão de Recursos Hídricos - Relatório Base,* v. 1. São Paulo, 1989.

FUNDAÇÃO DO DESENVOLVIMENTO ADMINISTRATIVO. *Planejamento e gerenciamento ambiental - Cadernos Fundap.* São Paulo. 94 p, 1989.

FUNDAÇÃO DO DESENVOLVIMENTO ADMINISTRATIVO. *Alternativas de gestão do meio ambiente da Bacia do rio Piracicaba - Relatório Final - Versão Preliminar.* São Paulo. 89 p, 1991.

FUNDAÇÃO DO DESENVOLVIMENTO ADMINISTRATIVO. *Cobrança pelo uso da água - Relatório Final.* São Paulo, Convênio DAEE-FUNDAP 111 p, 1992.

FUNDAÇÃO DO DESENVOLVIMENTO ADMINISTRATIVO. *Licenciamento do meio ambiente no Estado de São Paulo.* São Paulo. 25 p, 1992.

FUNDAÇÃO DO DESENVOLVIMENTO ADMINISTRATIVO. *Comitê das Bacias dos rios Piracicaba, Capivari e Jundiaí - Relatório Parcial.* São Paulo, Convênio DAEE-FUNDAP. 26p, 1993.

FUNDAÇÃO DO DESENVOLVIMENTO ADMINISTRATIVO. *Comitê das Bacias dos rios Piracicaba, Capivari e Jundiaí - Relatório Final.* São Paulo, Convênio DAEE-FUNDAP, 171 p.

FUNDAÇÃO DO DESENVOLVIMENTO ADMINISTRATIVO. *Boletim de Conjuntura - Política Social - Análise de Conjuntura - Recursos Hídricos - Gestão e Participação.* São Paulo, Convênio DAEE-FUNDAP, 46 p.

FURB. *Dynamis - Revista Técnico-Científica,* v. 2, n. Blumenau, Universidade Regional de Blumenau. 225 p, 1994.GRANZIERA, M.L.M. *Direito de Águas e Meio Ambiente.* São Paulo, Ícone. 136 p, 1993.

INSTITUTO LATINO-AMERICANO. *Qualidade e gestão da água.* São Paulo, Ministério das Minas e Energia. 63 p, 1993.

MINISTÉRIO DO MEIO AMBIENTE. *O Tribunal da Água - Casos e Descasos - Fundação Água Viva.* Florianópolis, Fundo Nacional do Meio Ambiente. 399 p, 1994.

MINISTÉRIO DAS MINAS E ENERGIA/ DEPARTAMENTO NACIONAL DE ÁGUAS E ENERGIA ELÉTRICA. *Código de Águas,* vol. I. Brasília. 457 p, 1980.

MINISTÉRIO DAS MINAS E ENERGIA/ DEPARTAMENTO NACIONAL DE ÁGUAS E ENERGIA ELÉTRICA. *Relatório Final do Grupo de Trabalho instituído pela Portaria MME nº 661, de 5/6/86.* Brasília, 53 p.

MONTICELLI, J.J. & MARTINS, J.P.S. *A luta pela água nas bacias dos rios Piracicaba e Capivari.* São Paulo, EME Editora. 126 p, 1993.

SECRETARIA DE ENERGIA E SANEAMENTO. *Seminário Recursos hídricos e o Saneamento Ambiental - Novos conceitos do Usuário-Pagador.* 1992.

SECRETARIA DO MEIO AMBIENTE. *Comitê de Bacia Hidrográfica - Subsídios para a instalação de Comitês, elaboração de estatutos e funcionamento.* São Paulo. 62 p, 1996.

SECRETARIA DO MEIO AMBIENTE. *Recursos hídricos: histórico, gestão e planejamento.* São Paulo, Coordenadoria de Planejamento Ambiental. 90 p, 1995.

THE WORLD BANK. *Water Resources Management - A World Bank Policy Paper.* Washington D.C.. 140 p, 1993.

Flávio Terra Barth
fbarth@mandic.com.br

Engenheiro Civil – Escola Politécnica da USP

Pós-Graduação em Recuros Hídricos – EPUSP

Engenheiro aposentado do Depto. de Águas e Energia Elétrica do Estado de São Paulo – DAEE / SP, onde exerceu as funções de Diretor de Recursos Hídricos e responsável pela coordenação do Primeiro Plano Estadual de Recursos Hídricos e da elaboração da Lei 7.663 de 30 de janeiro de 1991, sobre a Política e o Sistema Integrado de Gerenciamento de Recursos Hídricos.

Consultor em desenvolvimento institucional em recursos hídricos da Secretaria de Recursos Hídricos do Ministério do Meio Ambiente, Recursos Hídricos e Amazônia Legal para o Programa de Desenvolvimento Sustentável do Semi-Árido Brasileiro – PROÁGUA e para a regulamentação da Lei 9.433, de 8 de janeiro de 1997, sobre a Política e o Sistema Nacional de Gerenciamento de Recursos Hídricos.

Consultor de projetos de recursos hídricos com financiamentos do Banco Mundial nos Estados da Bahia, Ceará e São Paulo, neste caso para as bacias dos rios Piracicaba e Paraíba do Sul.

Coordenador da Comissão de Gestão da Associação Brasileira de Recursos Hídricos – ABRH, sócio da Associação Brasileira de Águas Subterrâneas – ABAS e de outras associações especializadas em recursos hídricos, saneamento e meio ambiente.

18

Águas Doces no Direito Brasileiro

Cid Tomanik Pompeu

Introdução

Para tratar das águas doces no Direito brasileiro convém, preliminarmente, ter presente o conteúdo da expressão Direito de Águas, ramo da Ciência do Direito, definido como: *conjunto de princípios e normas jurídicas que disciplinam o domínio, uso, aproveitamento e a preservação das águas, assim como a defesa contra suas danosas conseqüências.* De início, denominava-se *direito hidráulico.*[1]

A estreita vinculação das normas jurídicas relativas às águas com o ciclo hidrológico, que praticamente desconhece limites no seu percurso, faz com que o Direito de Águas contenha tanto normas tradicionalmente colocadas no campo do direito privado, como no do direito público. Suas fontes são a legislação, a doutrina, a jurisprudência e o costume.

No Brasil, o progresso desse ramo do Direito tem sido lento, em especial porque os Livros I e II, do Código de Águas de 1934,[2] referentes ao domínio hídrico, deixaram de receber a necessária regulamentação. O mesmo não ocorreu com a parte relativa às forças hidráulicas e indústrias hidrelétricas, objeto do Livro III. Conseqüentemente, a legislação do setor elétrico é bastante completa.[3] Em virtude dessa disparidade, os menos versados na matéria costumam apregoar que o Código trata mais de energia elétrica do que de águas, quando bastaria compulsá-lo para verificar que praticamente dois terços de seus artigos cuidam de água[4] e apenas um terço de energia elétrica.[5]

Em virtude da carência legislativa nacional, em termos de água, houve pouco desenvolvimento doutrinário. Na doutrina, todavia, embora reduzida quanto ao número de autores, o nível jurídico tem sido excelente, podendo-se apontar, exemplificativamente, o autor do anteprojeto do Código, Alfredo Valladão, e os juristas Manoel Ignácio Carvalho de Mendonça, Affonso Dionysio da Gama, Antônio de Pádua Nunes, Afrânio de Carvalho e Bolivar Corrêa da Cunha. Os administrativistas pátrios têm, igualmente, abordado temas ligados às águas com grande propriedade e erudição. Citem-se, em enumeração também não exaustiva, José Cretella Júnior, Themístocles Brandão Cavalcanti e Miguel Reale.

A despeito da pobreza legislativa, a jurisprudência brasileira tem oferecido valiosa contribuição no campo das águas. Nessa tarefa, o Ministério Público, federal e estadual, participa ativamente.

1 POMPEU, Cid Tomanik - Enciclopédia Saraiva do Direito, sub voce *Direito de Águas*, SP, 1977.
2 Arts. 1º a 138.
3 Arts. 139 a 204.
4 138, em 204 artigos.
5 66, em 204 artigos.

As águas doces no direito brasileiro, anterior e posteriormente ao Código de Águas, serão aqui analisadas, assim como mencionadas as tentativas de atualização do Código e as modificações por ele sofridas em razão de textos constitucionais e legais posteriores.

Os acordos e tratados internacionais mais representativos, ligados ao tema e com reflexos no campo das águas, tais como o Tratado da Bacia do Prata, o de Itaipu e o de Cooperação Amazônica, serão focalizados.

Inovando na matéria, em decorrência da participação, em especial, das Associações ligadas às águas,[6] as Constituições da maioria dos Estados brasileiros e a Lei Orgânica do Distrito Federal traçam hoje normas básicas para a gestão dos recursos hídricos do seu domínio, complementadas por legislação específica sobre as respectivas organizações administrativas e gerenciamento das águas estaduais.

Seguindo a tradição de pouco produzir em termos de normas legais sobre águas, a União está bastante atrasada na matéria, haja vista que, no mínimo desde 1967, quando veio a lume o Código de Mineração, não consegue editar lei especial sobre águas subterrâneas, embora projeto de lei sobre elas tramite no Congresso há mais de dez anos.[7]

Inobstante a Constituição de 1988 houvesse previsto a instituição de sistema nacional de gerenciamento de recursos hídricos, a lei correspondente, a ser ainda complementada por outra lei e regulamentada por decreto, somente foi editada em 1997, isto é, após nove anos.[8]

Nesta introdução de estudo relativo às águas doces, convém chamar atenção sobre a diferença entre o significado do vocábulo *água* e o da expressão *recurso hídrico*, pois é comum encontrarmos, em leis e manifestações doutrinárias e técnicas, a utilização do vocábulo e da expressão como sinônimos, o que não é verdade. **Água** é o elemento natural, descomprometido com qualquer uso ou utilização. É o gênero. **Recurso hídrico** é a água como bem econômico, passível de utilização com tal fim. Por essa razão, temos um **Código de Águas** e não um **Código de Recursos Hídricos**, pois o Código disciplina o elemento líquido mesmo quando não há aproveitamento econômico, como são os casos de uso para as primeiras necessidades da vida,[9] da obrigatoriedade dos prédios inferiores receberem as águas que correm naturalmente dos superiores,[10] das águas pluviais,[11] etc.

A análise do direito relativo às águas doces no Brasil deve ser precedida pela identificação do sistema de direito ao qual o País está filiado, e de breve referência aos sistemas existentes, suas origens e principais características. A primeira grande divisão pode ser feita levando-se em conta a quantidade de água existente, ou seja, em países secos e úmidos.

Países secos e países úmidos

Desde as mais antigas sociedades, o ser humano sempre dispôs de regras concernentes ao uso da água, cujo caráter, restritivo ou não, era proporcional à escassez do líquido. Daí decorreram normas de direito vigente nas regiões secas e do aplicável às úmidas, subdivididas nos grandes sistemas de direito hoje encontrados (Código de Manu, na Índia, Talmud, dos hebreus, Alcorão, dos muçulmanos, por exemplo). Nesses sistemas, ao lado de influências recebidas de fatores específicos, pode-se apontar como principal condicionante a quantidade de água disponível. Pode ser feita, então, uma primeira grande divisão entre o direito provindo das regiões úmidas e aquele oriundo das regiões secas.

Embora a progressiva deterioração das águas esteja, aos poucos, diminuindo a quantidade das utilizáveis para fins mais nobres — abastecimento às populações, recreação, irrigação, aqüicultura e pesca — os traços que os distinguem, correspondentes aos mencionados sistemas, são ainda marcantes. A redução de águas disponíveis vem, ultimamente, aproximando o conteúdo do direito vigente nos diversos países, em especial no que concerne à progressiva publicização das águas.

Da mesma forma, a atuação dos organismos internacionais e o aparecimento de entidades

6 Associação Brasileira de Águas Subterrâneas (ABAS), Associação Brasileira de Engenharia Sanitária e Ambiental (ABES), Associação Brasileira de Irrigação e Drenagem (ABID) e Associação Brasileira de Recursos Hídricos (ABRH), seguidas por outras.
7 Projeto de Lei nº 7.127, de 1986.
8 Lei nº 9.433, de 8/1/97.
9 Art. 34.
10 Art. 69.
11 Arts. 102-108.

supranacionais vem concorrendo para reduzir a diferença entre as normas legais dos diversos países.

Em visão ampla e resumida, os sistemas de direito de águas encontrados no mundo podem ser assim localizados:[12]

a) na Europa, originários do direito de águas romano, mesclado com o dos demais povos que habitavam o continente, ou que para lá migraram, são identificadas algumas áreas como a do *common law*, a germânica, a francesa, a espanhola, a italiana e a escandinava;

b) nos países com predomínio do culto islamítico, vigora o denominado "direito de águas muçulmano", levado a países árabes por eles conquistados e ocupados nas costas do Mediterrâneo, assim como a nações africanas;

c) no processo de colonização da América, África e Ásia, as grandes potências européias, nos séculos XVI e XVII, para lá levaram seus sistemas hídricos jurídicos e institucionais, que nesses continentes receberam, na maior parte, influência indígena, e assim passaram a vigorar após a independência dos respectivos territórios;

d) a Revolução Soviética e a posterior implantação de regimes socialistas, na Europa Central e Oriental, após a II Guerra Mundial, difundiram nessa região um direito de águas que refletia sua concepção de economia centralmente planificada e que hoje vem sendo influenciado pelos países ocidentais;

e) na Ásia e no Oriente, salvo em países que receberam influência européia, os regimes jurídicos conservaram sua individualidade, sendo que os sistemas hindu e chinês, fundamentados em concepções filosóficas e religiosas, e nas normas de conduta delas derivadas, exerceram marcante influência sobre os países vizinhos; e

f) o sistema vigente em Israel, de criação moderna, cuja exportação para outros países vem sendo tentada.

Filiado ao sistema de direito romano-germânico, o Brasil adotou — graças à generosidade do regime hidrológico existente em quase todo o seu território — como regra, o direito próprio das regiões úmidas. Inobstante, seu nunca assaz louvado Código de Águas previu a edição de lei especial para as regiões periodicamente assoladas pelas secas, o que, lamentavelmente, não ocorreu.[13]

Brasil: a situação anterior ao Código de Águas

O regime das águas públicas no Brasil teve duas fases diferentes: (i) a primeira, antecedente à Constituição do Império, e (ii) a segunda, posterior a ela. Na primeira fase, duas situações diversas se apresentaram: a anterior ao Alvará de 1804, aplicado ao Brasil pelo de 1819, e a posterior.[14]

Pela Ordenação, os rios navegáveis e os de que se faziam os navegáveis, que eram caudais e corriam todo o tempo, pertenciam aos direitos reais.[15] A utilização de suas águas dependia de concessão régia. Tendo em vista que, contra essa prerrogativa da coroa, havia constantes reações, o Alvará de 1804 veio consagrar a situação de fato existente, no sentido da livre derivação das águas dos rios e ribeiros, que podiam ser feitas por particulares, por canais ou levadas, em benefício da agricultura e da indústria. Com fundamento neste ato, podia-se adquirir o direito ao uso das águas pela pré-ocupação, o que ocasionou grandes abusos, que obrigaram as autoridades administrativas a mandar demolir pesqueiros, nasceiros e açudes, construídos às margens dos rios navegáveis, em prejuízo do serviço público. A Ordenação silenciava a respeito dos rios não navegáveis e que não eram caudais que concorressem para que outro fosse navegável.

Com a promulgação da Constituição do Império, a Ordenação tornou-se inaplicável no Brasil e os direitos e as prerrogativas da Coroa passaram a ser por ela definidos. Os direitos reais foram transferidos para o domínio nacional. O Alvará de 1804, todavia, continuou em vigor até o advento do Código de Águas.

12 CANO, Guillermo J. - *Geografia e História del Derecho de Águas. Su Papel en el Manejo de los Recursos Hídricos*, Colección de Estudios Jurídico-Políticos sobre los Recursos Naturales y el Ambiente Humano. Instituto Nacional de Ciencia y Técnicas Hídricas, Mendoza, 1976, vol. 1, pp. 34-36.

13 Art. 5º.

14 VALLADÃO, Alfredo - *Direito das Águas*, Emp. Graphica da "Revista dos Tribunais", 1931, p. 23.

15 Ordenações, L. II, Título 26, § 8º.

Código de Águas e as tentativas de atualização

Filiando-se o Brasil ao sistema de direito romano-germânico, o seu Código de Águas seguiu as diretrizes e os princípios que o regem.[16] Graças à cultura, à inteligência e aos esforços de Alfredo Valladão, autor do anteprojeto, o Código brasileiro é considerado mundialmente como das mais completas entre as leis de águas já produzidas. Os princípios nele constantes são invocados em diversos países como modelos a serem seguidos, mesmo por legislações modernas. Veja-se, por exemplo, que o "princípio-poluidor-pagador", introduzido na Europa como novidade na década de 70, está presente em seus arts. 111 e 112.

Embora avançado para a época em que surgiu, terceira década do século, o Código de Águas não foi complementado pelas leis e pelos regulamentos nele previstos, necessários para a completa aplicação de várias de suas disposições. Essa lacuna normativa e o posterior descumprimento de seus princípios por leis extravagantes provocaram verdadeiro retrocesso no campo legislativo pertinente à matéria.

Por razões que não se podem explicar, nesse mais de meio século de vigência do Código, muitas de suas disposições, que deveriam ter sido tratadas por leis especiais ou regulamentos, não o foram e, conseqüentemente, deixaram de ser aplicadas.

A título de ilustração, podem ser citadas as questões relativas a: (a) desobstrução dos cursos de água pela Administração à custa dos infratores;[17] (b) multas;[18] (c) reposição do leito e das margens no estado anterior, quando indevidamente ocupados;[19] (d) inspeção e autorização das águas comuns e particulares;[20] (e) desobstrução das águas comuns;[21] (f) salubridade das águas à custa dos infratores;[22] (g) servidões urbanas de aqueduto, canais, fontes, esgotos sanitários e pluviais;[23] (h) disciplina das águas nascentes;[24] e (i) fixação de sanções pelo descumprimento de suas normas.

A derivação de águas públicas de uso comum, no Código de Águas

O Anteprojeto de Código de Águas, elaborado por Alfredo Valladão, revisto por Comissão Especial em 1917 e aprovado pela Câmara, sem emendas, em 1920, mas sem prosseguimento, seguindo a teoria francesa, previa *concessão administrativa,* para a derivação de águas públicas[25] e *autorização administrativa* para o aproveitamento das águas particulares.[26]

Essa distinção entre os institutos da *autorização* e da *concessão administrativas* nascera na França, pela necessidade de conciliar a interpretação do Código Civil[27] com as leis administrativas. Uma vez que os cursos de água navegáveis e aptos ao transporte haviam sido declarados dominiais,[28] os ribeirinhos passaram a ter direito de uso sobre os cursos não navegáveis e não aptos ao transporte. Em decorrência, para tutela do regime dessas águas, foi construída uma teoria completa sobre o seu uso, distinguindo-se a *concessão,* para os cursos navegáveis e aptos ao transporte, que criam para o concessionário o direito de represar águas ou de implantar estabelecimentos, da *autorização,* dada aos ribeirinhos para o uso das águas não navegáveis e inaptas ao transporte. A autorização não criava o direito do interessado, que decorria do Código Civil,[29] mas somente autorizava o exercício de tal direito, declarando que a implantação do estabelecimento ou a derivação das águas pretendida não impedia o bom regime destas.[30]

Embora nascida na França, no campo das águas, essa doutrina não foi reproduzida pelos autores da-

16 DAVID, René - *Les Grands Systèmes de Droit Contemporains (Droit comparé), 4ª ed., Paris, Dalloz, 1971.*
17 Art. 84, parágrafo único.
18 Art. 84, parágrafo único
19 Art. 54, parágrafo único.
20 Suprimidas pela Constituição de 1988.
21 Suprimidas pela Constituição de 1988.
22 Art. 110.
23 Art. 138.
24 Art. 92.
25 Art. 36.
26 Art. 62.
27 Art. 644.
28 Art. 538.
29 Art. 644.
30 POMPEU, Cid Tomanik - *Autorização Administrativa,* Editora Revista dos Tribunais, SP, 1.992, p. 66.

quele país, mas estendeu-se à época para a Bélgica e para a Itália, seguida, em especial, pelos autores clássicos italianos. No Brasil, a repercussão da distinção entre os institutos da *concessão* e da *autorização administrativas,* encontrada nestes últimos, fez com que muitos a atribuíssem a autor italiano.[31]

O Código de Águas, de 1934, todavia, afastou-se dessa orientação. Em vez de separar a aplicação dos institutos segundo a *natureza jurídica da água,* adotou o critério da *finalidade de uso.* Manteve-se, entretanto, fiel a ela no tocante às águas comuns e às particulares.[32]

O Código estabelece: (i) para fim de utilidade pública: ***concessão administrativa;*** (ii) para outras finalidades: ***autorização administrativa.***[33] No tocante à derivação de águas públicas de uso comum, o Código estatui que a*s águas públicas não podem ser derivadas para as aplicações da agricultura, da indústria e da higiene, sem a existência de concessão administrativa, no caso de utilidade pública e, não se verificando esta, de autorização administrativa, que será dispensada, todavia, na hipótese de derivações insignificantes.*[34]. Estas derivações foram dispensadas de autorização administrativa, mas não de concessão, ou seja, quando destinadas a fim de utilidade pública. As derivações insignificantes de águas do domínio da União foram posteriormente disciplinadas mediante portaria do Ministro das Minas e Energia, para as quais instituiu a "permissão administrativa",[35] a qual tornar-se-á inaplicável a partir da regulamentação da Lei nº 9.433, de 8/1/97, que as declarou independentes de outorga.[36]

Em conformidade com o Código, somente as autorizações não conferem, em hipótese alguma, delegação de poder público ao seu titular.[37] Nas concessões, a delegação pode ocorrer ou não, pois são outorgadas para fins de utilidade pública, em geral a prestação de serviços públicos. Se a outorga da prestação do serviço for proveniente do titular do domínio da água, poderá abranger a sua utilização. Não ocorrendo essa hipótese e inexistindo disposição constitucional a respeito, como em relação aos potenciais de energia hidráulica,[38] haverá necessidade de duas outorgas, uma do titular do serviço público concedido e outra do titular do domínio sobre a água. Nessa situação está o abastecimento público de água, no qual o titular do serviço, o poder concedente, em regra é o Município, e as águas, pela Constituição Federal, são do domínio dos Estados ou da União e não daquele. Em tais casos, a concessão será do direito de uso da água, outorgada pelo Estado ou pela União, e não conferirá delegação.

À vista disso, foi oportuno o veto presidencial ao dispositivo da Lei nº 9.433/97[39] segundo o qual as outorgas, sem exceção, não conferiam delegação, uma vez que os potenciais de energia hidráulica estão incluídos entre as outorgas previstas naquela lei.[40] Como, em conformidade com o Código de Águas e legislação que regula as concessões de serviços públicos, em geral, e do setor elétrico, em especial, a outorga destas confere delegação de poder público, a forma genérica constante do artigo vetado estava incompatível com o restante do ordenamento jurídico nacional sobre a matéria.

O Código prevê concorrência pública para a outorga de concessão de direito de uso de água destinada a serviço público.[41] É necessário, entretanto, interpretar o referido texto de acordo com o direito vigente à época, sobre a distribuição de competência entre a União, os Estados e Municípios, e em razão da titularidade sobre as águas públicas. Deve-se ter presente que o termo "concessão", constante do Código,[42] abrange duas espécies de concessão: (i) a *concessão de serviço público*; e (ii) a *concessão de direito de uso da água.* Se, por competência legal, ao poder concedente couber prestar o

31 RANELLETTI, Oreste - *Teori degli Atti Amministrativi Speciali,* Milão, Dott. Giuffrè, 1945, pp. 21-22.
32 Art. 68, "a" e "b".
33 Art. 43 e segs.
34 Art. 43.
35 Portaria 468, de 31/3/78, do Ministro das Minas e Energia.
36 Art. 12, § 1º, II.
37 Art. 43, § 1º.
38 Art. 176, § 10, da Constituição Federal, com a redação dada pela Emenda Constitucional 6, de 15/8/95.
39 Art. 17.
40 Art. 12, IV.
41 Art. 44 e parágrafo único.
42 Art. 44 e parágrafo único.

serviço público para o qual a derivação de água é necessária, haverá concessão de serviço, com a *transferência, temporária ou resolúvel, por uma pessoa coletiva de direito público, de poderes que lhe competem, para outra pessoa, singular ou coletiva, pública ou privada, a fim de que esta execute serviços por sua conta e risco, mas no interesse geral.*[43]

Na produção hidrelétrica, por exemplo, o uso do bem público, ou seja, dos respectivos potenciais, está incluído no objeto da concessão de serviço, por ser a sua própria essência.[44] Nesta hipótese é que se aplicam as disposições sobre concessão mediante concorrência, mencionadas no Código.

Na segunda, estaria o abastecimento de água às populações, por concessionária municipal, mediante derivação de águas públicas do domínio da União ou do Estado.

Tais disposições devem ser interpretadas em conformidade com a realidade em que foi editado o Código, quando existiam águas públicas federais, estaduais e municipais, e a concessão para o aproveitamento estava incluída na da prestação de serviço, o qual, como o domínio da água, poderia ser de qualquer dessas entidades. Sem coincidência, ou determinação constitucional específica, teria que haver desvinculação das concessões, uma de serviço e outra de uso do bem público água.

Segundo o Código, o critério para identificar as águas estaduais era tomando-se por base os Municípios,[45] da mesma forma que, para determinar as águas do domínio da União, serviam de referência os Estados.[46] Isso é confirmado pelo fato das concessões e autorizações, não destinadas à produção de energia hidrelétrica, serem à época outorgadas conforme o domínio sobre as águas, ou os serviços públicos a que se destinasse a derivação, de acordo com as disposições do Código e das leis especiais sobre os mesmos serviços.[47]

O alcance do dispositivo do Código,[48] portanto, está hoje limitado a serviços públicos federais, como aproveitamento energético, disciplinados por legislação específica. Se houver algum serviço público estadual, em que o aproveitamento de águas da respectiva unidade federada seja sua própria substância, a ele também se aplicará.

Atualmente, o aproveitamento de potenciais hidráulicos superiores a 1.000 kW depende de concessão, mediante licitação.[49] O de potenciais hidráulicos iguais ou inferiores a 1.000 kW está dispensado de concessão, permissão ou autorização, devendo apenas ser comunicado ao poder concedente, para fins de registro.[50] Nesses casos, se o aproveitamento vier a ser afetado por aproveitamento ótimo de curso de água,[51] não acarretará ônus de qualquer natureza ao poder concedente.[52] Para fins de produção independente, o aproveitamento de potencial hidráulico é dado mediante **contrato de concessão de uso de bem público**, na forma da lei.[53]

É considerado aproveitamento ótimo todo potencial definido em sua concepção global pelo melhor eixo do barramento, arranjo físico geral, níveis de água operativos, reservatórios e potência, integrante da alternativa escolhida pela divisão de quedas de uma bacia hidrográfica.[54] Sem a sua definição, nenhum aproveitamento pode ser licitado pelo poder concedente.[55]

Ao estatuir que *em toda a concessão se estipulará, sempre, a cláusula de ressalva dos direitos de terceiros,*[56] o Código visa a resguardar a Administração concedente de eventuais prejuízos que a outorga da

43 CRETELLA JÚNIOR, José - *Tratado de Direito Administrativo*, vol. III/121, Ed. Forense, 1ª ed. 1967.
44 POMPEU, Cid Tomanik - *Regime Jurídico da Concessão de Uso das Águas Públicas*, em Revista de Direito Público - julho/setembro de 1972, nº 21, p. 172.
45 Art. 29, II, "a" e "b".
46 Art. 29, I, "e" e "f".
47 Art. 62.
48 Art. 44.
49 Art. 5º, II, da Lei nº 9.074, de 7/7/95.
50 Art. 8º, da Lei nº 9.074, de 07/07/95 e art. 5º, do Dec. nº 2.003, de 10/9/96.
51 Art. 3º, do Dec. nº 2.003, de 10/9/96.
52 Art. 5º, parágrafo único, do Dec. nº 2.003, de 10/9/96
53 Art. 13, da Lei nº 9.074, de 7/7/95.
54 Art. 5º, § 3º, da Lei nº 9.074, de 7/7/95.
55 Art. 5º, § 2º, da Lei nº 9.074, de 7/0/95.
56 Art. 45.

concessão possa causar a estes. Em virtude da ressalva, se houver, ao novo concessionário caberá com eles arcar.

Salvo os casos de uso para as primeiras necessidades da vida, a navegação que se preste ao comércio somente pode ser preterida no caso de lei especial que o permita, para atender ao interesse público. O Código de Águas estatui no sentido de que a *concessão, como a autorização, deve ser feita sem prejuízo da navegação, salvo no caso de uso para as primeiras necessidades da vida e no de lei especial que, atendendo a superior interesse público, o permita.* Além dos casos acima previstos, *se o interesse público superior o exigir, a navegação poderá ser preterida sempre que ela não sirva efetivamente ao comércio.*[57]

As disposições do Código, no sentido de que *as águas destinadas a um fim não podem ser aplicadas a outro diverso, sem nova concessão,*[58] permanecem válidas, devendo ser interpretadas levando-se em consideração, em especial, os usos múltiplos, hoje bastante difundidos e previstos em lei.[59]

A lei sobre a Política Nacional de Irrigação

Em 1979, foi promulgada lei sobre a Política Nacional de Irrigação,[60] com o objetivo de aproveitar racionalmente os recursos de água e solos, para implantação e desenvolvimento da agricultura irrigada.[61] Para fins de irrigação, o aproveitamento de águas e solos rege-se por suas disposições e, no que couber, pela legislação sobre águas.[62]

Embora discipline a utilização de águas *públicas, superficiais ou subterrâneas* para fins de irrigação,[63] seu alcance hoje somente abrange as águas superficiais do domínio da União, pois esta não pode dispor a respeito de águas do domínio estadual, entre as quais estão as subterrâneas.

Em termos de outorga, declara o diploma em exame que o uso das águas públicas para irrigação e atividades decorrentes depende de prévia concessão ou autorização, à época outorgadas pelo Ministério do Interior, hoje pelo do Meio Ambiente, dos Recursos Hídricos e da Amazônia Legal.[64] As outorgas extinguem-se nas seguintes hipóteses: (i) abandono ou renúncia, de forma expressa ou tácita, do concessionário ou autorizado; (ii) inadimplemento; (iii) caducidade; (iv) poluição ou salinização das águas, com prejuízos de terceiros; (v) a critério do órgão ou entidade pública, quando considerar o uso da água inadequado para atender às finalidades sócio-econômicas do projeto de irrigação; (vi) dissolução ou insolvência da entidade concessionária ou autorizada; e (vii) encampação.[65]

O regulamento da lei[66] classifica as águas superficiais destinadas à irrigação e atividades decorrentes em *permanentes* e *eventuais*, sendo: (i) *permanentes* as águas públicas que correspondem à vazão mínima do rio em todas as estações do ano; e (ii) *eventuais* as excedentes da vazão mínima.[67]

Afastando-se dos critérios estabelecidos no Código de Águas, para derivação de águas públicas de uso comum,[68] estatui que o uso das águas públicas para irrigação e atividades decorrentes, por pessoas físicas ou jurídicas, depende de prévia *concessão* ou *autorização*.[69] A *concessão* é outorgada ao que pretenda derivar *águas públicas permanentes*, para irrigação e/ou atividades decorrentes, mediante condições fixadas em contrato, de acordo com as normas estabelecidas no Regulamento.[70] A *autorização* é outorgada ao solicitante que pretenda utilizar *águas públicas eventuais* em irrigação e/ou atividades decorrentes, mediante condições estabelecidas no Regulamento.[71]

Em razão da dificuldade de conhecer a disponibilidade das águas permanentes e das eventuais, é

57 Art. 48, "a" e "b" e parágrafo único.
58 Art. 49.
59 Art. 13, parágrafo único, da Lei nº 9.433/97.
60 Lei nº 6.662, de 25/6/79.
61 Art. 1º.
62 Art. 2º.
63 Art. 19.
64 Art. 20.
65 Art. 22, I a VII.
66 Decreto nº 89.496, de 29/3/84.
67 Art. 22, I e II.
68 Art. 43 e segs.
69 Art. 23.
70 Art. 23, § 1º.
71 Art. 23, § 2º.

previsto que, até que isso ocorra, serão outorgadas apenas autorizações para derivação das águas.[72] Tendo em vista que aquele conhecimento, em todo território nacional, é bastante complexo, o regulamento poderia ter se limitado a utilizar o instituto da autorização administrativa, ficando, assim, compatível com o Código de Águas.

Essas disposições do Regulamento, aprovado por decreto, nem deveriam ser aplicadas, por contrariarem as formas de outorga preconizadas para derivação pelo Código,[73] que tem força de lei.[74]

A lei sobre a Política e o Sistema Nacionais de Recursos Hídricos

A Lei nº 9.433, de 8/1/97, introduziu algumas alterações no Código de Águas, como será visto. Este, por exemplo, fixava em trinta anos o prazo máximo, tanto para as concessões como para as autorizações, o qual foi alterado para **trinta e cinco,** pela lei.[75] Da mesma forma, a disposição do Código, no sentido de que ficaria sem efeito a concessão se, durante três anos consecutivos, se deixasse de fazer uso privativo das águas,[76] foi revogada pela lei,[77] segundo a qual a outorga de direito de uso de recursos hídricos **pode ser suspensa parcial ou totalmente, em definitivo ou por prazo determinado**, na ausência de uso por três anos consecutivos. Enquanto o Código era taxativo no sentido de que **ficaria sem efeito a concessão**, o novo diploma faculta a suspensão, a critério da Administração outorgante.

Segundo o Código, **em qualquer hipótese**, terá preferência a derivação para o abastecimento das populações.[78] Ao tratar da matéria, a lei estatui que, **somente em situações de escassez,** os usos prioritários são o consumo humano e a dessedentação de animais.[79] A disposição do Código era mais ampla e objetiva, pois independia de juízo a respeito da situação de escassez.

Ao dispor que os Planos de Recursos Hídricos devem conter as *prioridades para outorga de direitos de uso dos recursos hídricos,*[80] a lei não determina se tais prioridades devem ser propostas unicamente pelos Comitês de Bacia, quando da elaboração dos respectivos planos, ou por outro organismo, mas somente declara que devem elas constar dos Planos. Sendo assim, as prioridades são as constantes da lei e, na sua falta, as estabelecidas pelos Estados, na gestão do bem público água do seu domínio. Os Comitês federais devem seguir as prioridades constantes da legislação federal, podendo sugerir outras, para atender às respectivas peculiaridades. Os Comitês estaduais, por sua vez, seguem as constantes da legislação federal e da estadual, podendo sugerir outras, de acordo com as suas peculiaridades.

É de reconhecimento universal que as águas públicas de uso comum são inalienáveis. Outorga-se apenas o direito ao uso, conforme estabelece o Código.[81] Essa disposição foi mantida pela Lei nº 9.433/97.[82]

Por vedação constitucional, à lei federal somente cabe dispor sobre a estrutura dos organismos da União. Os Comitês estaduais seguem a composição e competência estatuídas nas leis dos Estados. Por essa razão, a competência e composição referidas na lei federal não se aplicam aos Estados, nem ao Distrito Federal.[83]

São inaplicáveis, por inconstitucionais, as disposições da lei referentes aos Conselhos Estaduais de Recursos Hídricos e, pelo que se depreende, aos Comitês Estaduais.[84]

Pela lei, *estão sujeitos à outorga pelo Poder Público os direitos referentes aos seguintes usos de recursos hídricos: (I) derivação ou captação de parcela da água existente em um corpo de água para consumo final, inclusive abastecimento público, ou insumo de processo*

72 Art. 23, § 3º.
73 Art. 43 e segs.
74 O Decreto nº 24.643, de 10/7/34, além de ser ato do Chefe do Governo Provisório, com base no Decreto nº 19.398, de 11/11/30, foi mantido, com modificações, pelo Decreto-lei nº, de 11/11/38.
75 Art. 16.
76 Art. 43, § 3º.
77 Art. 15, inc. II.
78 Art. 36, § 1º, *in fine.*
79 Art. 1º, III, *in fine.*
80 Art. 7º, VIII.
81 Art. 46.
82 Art. 18.
83 Arts. 38, I a IX e 39, I a V, da Lei nº 9.433/97.
84 Art. 38, parágrafo único.

produtivo; (II) extração de água de aqüífero subterrâneo para consumo final ou insumo de processo produtivo; (III) lançamento em corpo de água de esgotos e demais resíduos líquidos ou gasosos, tratados ou não, com o fim de sua diluição, transporte ou disposição final; (IV) aproveitamento dos potenciais hidrelétricos; (V) outros usos que alterem o regime, a quantidade ou a qualidade da água existente em um corpo de água.[85]

Como a lei estatui que o lançamento de esgotos, ***tratados ou não,*** está sujeito a outorga,[86] que os usos dos recursos hídricos sujeitos a outorga serão cobrados,[87] e que, na fixação dos valores a serem cobrados,[88] devem ser observados o volume dos esgotos e suas características físico-químicas, biológicas e toxidade, adota ela o princípio do "poluidor-pagador", anteriormente não admitido no País. Como a legislação anterior proibia poluir, não se poderia outorgar direito para a prática de ato ilícito. Por outro lado, se não fosse para alterar os critérios legais anteriormente vigentes, teria sido necessário fazer referência à obediência aos *parâmetros permitidos pela legislação ambiental.*

Considerando que, em termos ambientais, a União apenas edita normas gerais, e os Estados podem ser mais rigorosos em sua legislação suplementar,[89] essas disposições não se aplicam àqueles cuja legislação proíba o lançamento de esgotos inadequadamente tratados aos corpos de água do seu domínio, como é o caso de São Paulo.[90]

Independem de outorga pelo poder público, conforme definido em regulamento: *(I) o uso de recursos hídricos para a satisfação das necessidades de pequenos núcleos populacionais, distribuídos no meio rural; (II) as derivações, captações e lançamentos considerados insignificantes; (III) as acumulações de volumes de água consideradas insignificantes.*[91] Com isso, após a edição do regulamento da Lei nº 9.433/97, a Portaria do Ministro das Minas e Energia, que prevê a outorga de permissão para aquelas derivações, tornar-se-á inaplicável.[92]

Para geração de energia elétrica, a outorga ou a utilização de recursos hídricos subordina-se ao Plano Nacional de Recursos Hídricos, aprovado na forma prevista na lei, obedecida a disciplina da legislação setorial específica.[93] Estas disposições dirigem-se à União, pois somente ela expede outorgas para tal fim.

As outorgas estão condicionadas às prioridades de uso estabelecidas nos Planos de Recursos Hídricos, ao respeito à classe em que o corpo de água estiver enquadrado e à manutenção de condições adequadas ao transporte aqüaviário, quando for o caso, devendo preservar o uso múltiplo dos recursos hídricos.[94] A outorga efetiva-se por ato da autoridade competente do Poder Executivo Federal, dos Estados ou do Distrito Federal.[95] No que se refere aos Estados e ao Distrito Federal, o dispositivo é inaplicável, por inconstitucional, uma vez que, em sua organização administrativa, os Estados regem-se apenas por suas Constituições e lei.[96]

Estatui a lei que o Poder Executivo Federal pode delegar aos Estados e ao Distrito Federal competência para conceder outorga de direito de uso de recurso hídrico de domínio da União.[97] Do alcance dessa disposição deve ser excluída a outorga para o aproveitamento dos potenciais hidrelétricos. Esta é indelegável, por força de disposição constitucional no sentido de que a outorga deve ser dada pela União, e no "interesse nacional", do qual ela é única intérprete.[98]

A outorga de direito de uso de recursos hídricos pode ser suspensa parcial ou totalmente, em definitivo ou por prazo determinado, nas seguintes circunstâncias: *(I) não cumprimento pelo outorgado dos*

85 Art. 12, I a V.
86 Art. 12, III.
87 Art. 20.
88 Art. 21, II.
89 Art. 24, §§ 1º a 3º, da Constituição Federal.
90 Art. 208, da Constituição Estadual.
91 Art. 12, § 1º, I a III.
92 Portaria nº 468, de 31/3/78.
93 Art. 12, § 2º.
94 Art. 13, parágrafo único.
95 Art. 14.
96 Art. 25, da Constituição Federal.
97 Art. 14, § 1º.
98 Art. 176, § 1º.

termos da outorga; (II) ausência de uso por três anos consecutivos; (III) necessidade: (a) premente de água para atender a situações de calamidade, inclusive as decorrentes de condições climáticas adversas; (b) de se prevenir ou reverter grave degradação ambiental; (c) de se atender a usos prioritários, de interesse coletivo, para os quais não se disponha de fontes alternativas; (d) de serem mantidas as características de navegabilidade do corpo de água.[99]

Para o setor elétrico, enquanto não estiver aprovado e regulamentado o Plano Nacional de Recursos Hídricos, serão seguidas as normas especiais sobre a matéria.[100]

Toda outorga de direitos de uso de recursos hídricos é feita por prazo não excedente a trinta e cinco anos, renovável.[101] Fica com isto alterado o prazo de trinta anos, previsto no Código de Águas.

As outorgas não implicam em alienação parcial das águas, que são inalienáveis, mas no simples direito de seu uso.[102] Esta disposição praticamente repete o disposto no Código de Águas.[103]

A legislação sobre concessões de serviços públicos a usuários de águas públicas

A prestação de serviços públicos está regulada pela Constituição Federal[104] e por leis federais específicas.[105] Sem contrariá-las, Estados, Distrito Federal e Municípios podem editar normas reguladoras dos serviços de sua competência.

A lei federal define *concessão de serviço público*, *concessão de serviço público precedida de obra pública* e *permissão de serviço público*, como sendo: (a) ***concessão de serviço público:*** *a delegação de sua prestação, feita pelo poder concedente, mediante licitação, na modalidade de concorrência à pessoa jurídica ou consórcio de empresas que demonstre capacidade para seu desempenho por sua conta e risco e por prazo determinado;*[106] (b) ***concessão de serviço público precedida de obra pública:*** *a construção, total ou parcial, conservação, reforma, ampliação ou melhoramento de quaisquer obras de interesse público, delegada pelo poder concedente, mediante licitação, na modalidade de concorrência, à pessoa jurídica ou consórcio de empresas que demonstre capacidade para a sua realização, por sua conta e risco, de forma que o investimento da concessionária seja remunerado e amortizado mediante a exploração do serviço ou da obra por prazo determinado;*[107] (c) ***permissão de serviço público:*** *a delegação, a título precário, mediante licitação, da prestação de serviços públicos, feita pelo poder concedente à pessoa física ou jurídica que demonstre capacidade para seu desempenho, por sua conta e risco.*[108]

São considerados poderes concedentes: a União, o Estado, o Distrito Federal ou o Município, em cuja competência se encontre o serviço público, precedido ou não da execução de obra pública, objeto de concessão ou permissão.[109]

Conforme exposto, as água públicas, na condição de bens públicos, podem ser utilizadas por terceiros mediante autorização ou concessão administrativas.

Pelo Código de Águas, quando derivadas para fins de utilidade pública, são objeto de concessão administrativa e, nos demais casos, de autorização administrativa.[110] Por essa razão, é necessário dividir a utilização dessas águas em dois grandes grupos: *(i) a procedida mediante outorga de autorização, que seria para uso privado, e (ii) a procedida mediante concessão administrativa, que teria por objeto interesse público.*

Até aí, nada de especial. No que tange, porém, às derivações que encerram interesse público, feitas mediante *concessão*, deve-se ter presente que, em direito administrativo, o vocábulo pode encerrar o sentido de *sub-rogação no exercício de um serviço público*, ou *a outorga de direitos especiais de utilização*

99 Art. 15, I a VI.
100 Art. 52.
101 Art. 16.
102 Art. 18.
103 Art. 46.
104 Art. 175, parágrafo único, I a IV.
105 Leis nº 8.987, de 13/2/95 e nº 9.074, de 7/7/95.
106 Art. 2º, II, da Lei nº 8.987/95.
107 Art. 2º, III.
108 Art. 2º, IV.
109 Art. 2º, I.
110 Art. 43.

sobre dependências ou bens do domínio público.[111] Assim, como já assinalado, quando, por competência legal, o poder concedente do serviço público de aproveitamento da água for o titular do domínio desta, a concessão será por ele outorgada para ambos os casos. Na hipótese do titular do domínio sobre a água ser outro, cada um outorgará a concessão que lhe corresponde, uma de serviço e outra de uso do bem público água. O exemplo mais comum dessa situação é o abastecimento público de água, como regra, municipal.

O aproveitamento dos potenciais de energia hidráulica decorre, geralmente, de acidente geográfico que proporciona uma queda, pela qual a água desce. Nesses casos, a separação entre o potencial e a água é impossível, sendo esta o seu próprio substrato estrutural. Por isso, a outorga emana do mesmo ente, tanto no caso da concessão para o aproveitamento em serviço público, como na concessão para o uso do bem público água.[112]

A revogação das outorgas que envolvam serviços públicos deve ser examinada em cada caso. Veja-se, por exemplo, a impraticabilidade da revogação das concessões de direito de uso de água destinada ao abastecimento público. Como, geralmente, os serviços públicos usuários de recursos hídricos são regidos por contratos de concessão, os direitos e obrigações do concessionário estão neles estabelecidos. Se não houver descumprimento por parte deste, qualquer medida que rompa o equilíbrio econômico-financeiro do contrato deverá proporcionar-lhe a respectiva indenização. As outorgas, mesmo discricionárias em sua emissão, depois de conferidas costumam gerar direitos para o outorgado, durante a sua vigência.

As tentativas de atualização do Código de Águas

No período de 1968 a 1976, foram iniciadas medidas visando à atualização total do Código de Águas, mas os Anteprojetos resultantes deixaram de ser encaminhados ao Congresso Nacional. Em 1968, foi constituída Comissão Especial de Alto Nível, com a atribuição de revê-lo e atualizá-lo, formada por especialistas de reconhecida competência nos aspectos jurídicos e técnicos relacionados com a matéria, e, particularmente, no aproveitamento múltiplo de bacias hidrográficas.[113] A Comissão encaminhou seu anteprojeto em julho de 1971, tendo seus trabalhos declarados encerrados em 1973.[114] Em 1972, o Ministro das Minas e Energia designou o engenheiro Ataulpho dos Santos Coutinho para efetuar a revisão final do anteprojeto.[115] o qual o entregou revisto em 17/9/93, após consulta aos Ministérios, a técnicos e juristas. Encaminhado à Presidência da República em setembro de 1973[116] o anteprojeto foi devolvido ao Ministério das Minas e Energia em abril de 1974, para reexame. Até abril de 1980, o Ministério recebeu sugestões sobre o anteprojeto, o qual, pelo que se sabe, não foi encaminhado ao Congresso.

No Congresso, alguns Projetos de Lei alterando disposições do Código de Águas foram apresentados, mas não convertidos em lei.[117]

Legislação subseqüente e complementar necessária

Como a reformulação do Código de Águas demandaria algum tempo, por ser matéria bastante complexa, seria aconselhável a edição de leis extravagantes sobre águas subterrâneas, águas meteóricas, navegação, águas situadas nas zonas periodicamente assoladas pelas secas, assim como, no caso da cobrança pela utilização da água, sobre a vinculação de recursos financeiros às bacias hidrográficas nas quais tivessem origem.

A complementação de algumas questões tratadas no Código e em leis subseqüentes, por leis, decretos e outros atos, seria da mesma forma desejável. Entre os assuntos a serem tratados, além dos já apontados, poderiam estar os concernentes ao aproveitamento múltiplo dos recursos hídricos, ao abastecimento público, à irrigação e às diretrizes para a política nacional de administração de águas.

111 Cid Tomanik Pompeu, *Regime Jurídico da Concessão...*, Revista de Direito Público nº 21, pp.160-173.

112 Art. 21, XII, "b", e art. 176, § 1º, da Constituição Federal, este com a redação da Emenda Constitucional nº 6, de 15/8/95.

113 Decreto nº 62.529, de 16/4/68 e Portaria nº 817, de 29/11/68, alterada pela Portaria nº 466, de 24/7/70, do Ministro das Minas e Energia.

114 Portaria nº 796, de 20/8/73, do Ministro das Minas e Energia.

115 Portaria nº 636, de 10/8/72, do Ministro das Minas e Energia.

116 Exposição de Motivos nº 678/73, de 24/9/73.

117 Projeto de Lei nº 4.664, de 1977, alterando o art. 71 e Projeto de Lei nº 5.876, de 1981, acrescentando parágrafos ao art. 63, por exemplo.

No tocante à qualidade das águas, deveria ser avaliada a conveniência de sua classificação quanto aos usos possíveis e não ao que se pretenda dar, conforme é feito hoje. O critério atualmente adotado, com a devida vênia, serve mais para as áreas técnicas da Administração, mas não aos usuários, e somente deveria vigorar em bacias hidrográficas com o planejamento do uso do solo perfeitamente definido, e com prazos para que os parâmetros fixados fossem alcançados. Não sendo assim, o estabelecimento dos usos possíveis da água seria de maior proveito para os administrados. Improcede a argumentação de que o método adotado serve para controlar a qualidade dos despejos a serem lançados aos corpos de água, já que essa medida sempre pode ser efetivada, com eficiência, por meio do estabelecimento e da fiscalização dos padrões dos efluentes.

Os padrões de balneabilidade, por sua vez, deveriam ser fixados pelo Ministério da Saúde e não pela área de meio ambiente, por envolver, basicamente, a saúde pública.

Paralelamente, seria desejável a atualização do Código de Águas, tendo em vista as profundas alterações inseridas no domínio das águas pela Constituição de 1988. Nessa tarefa, por se tratar de assunto pluridisciplinar, a participação de técnicos de outras ciências e não apenas da jurídica seria indispensável. Com efeito, no mais de meio século de vigência do Código, houve substanciais modificações jurídicas, técnicas e sociais, as quais, juntamente com as informações hoje prestadas pelas mais variadas ciências e tecnologias, alteram sensivelmente conceitos tidos como bons na década de 30. Respeitados os direitos adquiridos, deveriam ser objeto de novos estudos, entre outras as questões relativas: às margens, aos terrenos marginais, à separação do domínio marítimo do fluvial, para efeito de demarcação dos terrenos de marinha, à navegabilidade e flutuabilidade, hoje apenas aplicável para a definição do domínio dos leitos e das margens, assim como as restrições impostas ou aplicáveis à navegação e outros usos.

Os conceitos de navegabilidade e flutuabilidade foram utilizados pelo Código de Águas para distinguir as águas públicas de uso comum das demais,[118] e para definir o domínio das margens e leitos.[119] Considera-se navegável, para os efeitos da classificação federal, o curso de água no qual, *plenissimo flumine*, isto é, coberto todo o álveo, seja possível a navegação por embarcações de qualquer natureza, inclusive jangadas, em trecho não inferior à sua largura. Para os mesmos efeitos, é navegável o lago ou a lagoa que, em águas médias, permita a navegação, em iguais condições, num trecho qualquer de sua superfície.[120] Flutuável é o curso que, em águas médias, é possível o transporte de achas de lenha, por flutuação, num trecho de comprimento igual ou superior a cinqüenta vezes a largura média do curso no trecho.[121]

Águas doces nas Constituições Brasileiras

A Constituição do Império, de 1824

A Constituição Política do Império, de 25 de março de 1824, não tratou especificamente de matérias relativas às águas.

A Constituição Republicana de 1891

A Constituição Federal, de 24 de fevereiro de 1891, anterior ao Código de Águas, não disciplinou o domínio hídrico. Referindo-se a ele, atribuiu ao Congresso Nacional competência para legislar sobre navegação dos rios que banhassem mais de um Estado ou se estendessem a territórios estrangeiros.[122]

A Constituição Republicana de 1934

A Constituição Federal, de 16 de julho de 1934, declarou do domínio da União os bens que à época a esta pertenciam, nos termos das leis em vigor[123], os lagos e quaisquer correntes em terrenos do seu domínio, ou que banhassem mais de um Estado, servissem de limites com outros países ou se estendessem a território estrangeiro.[124]

Aos Estados, foram conferidos os bens de pro-

118 Art. 2º, "b".
119 Art. 9º, 11, 2º, 12 e 14.
120 Art. 6º do Decreto-lei nº 2.281, de 5/6/40.
121 Art. 6º, parágrafo único, do Decreto-lei nº 2.281, de 5/6/40.
122 Art. 34, § 6º.
123 Art. 20, I.
124 Art. 20, II.

priedade destes, conforme legislação em vigor, com exceção dos atribuídos à União[125], assim como, as margens dos rios e lagos navegáveis, destinadas ao uso público, se por algum título não fossem do domínio federal, municipal ou particular.[126]

A Constituição Republicana de 1937

A Constituição Federal, de 10 de novembro de 1937, praticamente repetiu, no tocante às águas, as disposições da de 1934.[127]

A Constituição Republicana de 1946

A Constituição Federal, de 18 de setembro de 1946, alterou substancialmente a questão do domínio hídrico, dispondo expressamente a respeito da matéria. Excluindo a categoria dos rios municipais, atribuiu à União os lagos e quaisquer correntes de água em terrenos do seu domínio ou que banhassem mais de um Estado, servissem de limite com outros países ou se estendessem a território estrangeiro.[128]

Aos Estados foram atribuídos os lagos e rios em terrenos do seu domínio e os que tivessem nascente e foz no território estadual.[129]

A Constituição Republicana de 1967

A Constituição Federal, de 24 de janeiro de 1967, praticamente repetiu os termos da de 1946, atribuindo à União, além dos bens que à época lhe pertenciam, os lagos e quaisquer correntes de água em terrenos do seu domínio, ou que banhassem mais de um Estado, servissem de limite com outros países ou se estendessem a território estrangeiro.[130]

Aos Estados foram conferidos os lagos e rios em terrenos do seu domínio e os que tivessem nascente e foz no território estadual.[131]

A Emenda nº 1, de 1969, à Constituição de 1967

A Emenda Constitucional nº 1, de 17 de outubro de 1969, seguiu a mesma linha da Carta emendada, incluindo entre os bens da União, além dos que à época lhe pertenciam, os lagos e quaisquer correntes de água em terrenos do seu domínio, ou que banhassem mais de um Estado, constituíssem limite com outros países ou se estendessem a território estrangeiro.[132]

Entre os bens dos Estados e dos Territórios, destes conforme Emenda posterior,[133] foram colocados os lagos em terrenos do seu domínio, bem como os rios que neles tivessem nascente e foz.[134]

O Parecer nº P-022/82, do Consultor-Geral da República

Em Parecer prolatado para dirimir dúvidas a respeito do domínio hídrico, à vista da Constituição então vigente,[135] o Consultor-Geral da República, Dr. PAULO CÉSAR CATALDO, houve por bem concluir que: *desde que não estejam situados totalmente em terrenos do domínio da União, não banhem mais de um Estado nem constituam limite com outros países, os rios que tenham nascente e foz localizadas nos lindes geográficos do mesmo Estado ou Território incluem-se entre os bens dessas unidades federadas, ainda que deságüem no oceano.*[136]

De acordo com essa manifestação, de seguimento obrigatório pela Administração Federal, a expressão *em terrenos do seu domínio* deve ser interpretada no sentido de *totalmente em terrenos do domínio da União*, e assim tem sido feito.[137]

A Constituição Republicana de 1988

A Constituição Federal, de 5 de outubro de 1988, altera o domínio hídrico anterior. Com redação imprecisa, estatui serem bens da União, além dos que à época lhe pertenciam e os que lhe vierem

125 Art. 21, I.
126 Art. 21, II.
127 Art. 36, "a" e "b" e art. 37, "a" e "b".
128 Art. 34, I.
129 Art. 35.
130 Art. 4º, V e II.
131 Art. 5º.
132 Art. 4º, V e II.
133 Emenda nº 16, de 27/11/80, artigo único.
134 Art. 5º.
135 Emenda nº 1/69, à Constituição de 1967.
136 Parecer nº P-022/82, de 25/8/82, Diário Oficial da União, de 23/9/82, pp. 17927/33.
137 Portaria DNAEE nº 707, de 17 de outubro de 1994, item 3, subitem 3.4. - Norma DNAEE nº 06. *Norma para Classificação dos Cursos d'Água Brasileiros Quanto ao Domínio*

a ser atribuídos, os lagos, rios e quaisquer correntes de água em terrenos de *(sic)* seu domínio, ou que banhem mais de um Estado, sirvam de limites com outros países, ou se estendam a território estrangeiro ou deles provenham, bem como os terrenos marginais e as praias fluviais.[138]

Essa redação, na primeira parte, ressalvado o acréscimo do vocábulo *rios*, é semelhante às constantes das Constituições anteriores, em especial a de 1967 (Emenda nº 1/69). A inclusão do citado vocábulo originou-se de duas Emendas idênticas, apresentadas durante a Constituinte, com o objetivo de melhor clarear o texto,[139] com a seguinte justificativa quanto ao fato: *No inciso II é recomendável, por prudência, fazer-se menção expressa aos rios, em que pese a referência genérica e abrangente quaisquer correntes de água.* Trata-se de conceito popularmente consagrado, e de todo conhecido, o que espantaria qualquer dúvida ou interpretação restritiva. *A referência a "quaisquer correntes de água" aplicar-se-ia a outros acidentes geográficos, naturais ou artificiais, tais como canais, ribeirões, riachos, igarapés, etc.* (as aspas são dos autores)

Aos Estados, a Constituição atribui as águas superficiais ou subterrâneas, fluentes, emergentes e em depósito, ressalvadas, neste caso, na forma da lei, as decorrentes de obras da União.[140] Com a ressalva, tais águas reservadas não passam a pertencer à União, mas apenas não se incluem entre os bens dos Estados.[141]

Havendo ampliado o domínio hídrico dos Estados, ao incluir entre seus bens as águas subterrâneas, antes sem titular definido, em nada mudou o da União, considerando-se apenas as águas e não os terrenos marginais.

Relativamente a estes, pode-se dizer que, ao transferi-los do patrimônio dos Estados para o da União, sem que houvesse reação por parte das unidades federadas, a Constituição Federal incluiu entre os bens daquela *os terrenos marginais e as praias fluviais.*[142] A colocação de tais áreas entre os bens da União diminuiu o patrimônio dos Estados, pois a eles pertenciam, como regra, por disposição constitucional, desde 1934.[143] Durante a Constituinte, no texto final da Carta, a expressão *terras marginais*, utilizada a partir do Segundo Substitutivo, foi retificada para *terrenos marginais.* Essas áreas são os antigos *terrenos reservados* tratados no Código de Águas,[144] posteriormente alterados para *terrenos marginais.*[145]

São terrenos marginais *os que banhados pelas correntes navegáveis, fora do alcance das marés, vão até a distância de 15 (quinze) metros medidos horizontalmente para a parte da terra, contados desde a linha média das enchentes ordinárias.*[146] Como regra, tais áreas pertenciam aos Estados, sempre que não fossem do domínio federal, municipal ou particular. À União cabiam os terrenos marginais aos rios navegáveis em Territórios Federais, se por título legítimo não pertencessem a particular, assim como os de rios e ilhas situados na faixa de fronteira nacional e nas zonas com influência das marés.[147]

A transferência de tais áreas para a União significou, ainda, a tomada de bens municipais e particulares, haja vista que deixou de ser empregada a ressalva *se por algum título não forem do domínio (...) municipal ou particular,* existente na Carta de 1934. Com a entrega dessas áreas à União, poder-se-ia chegar ao absurdo dos Estados necessitarem de anuência desta, para ter acesso às suas próprias águas.

138 Art. 20, I e II.

139 Emendas nºIP 14.153-2 e nº18.951-9, respectivamente, do Senador José Ignácio Ferreira (PMDB-ES), da Comissão de Sistematização, e da Deputada Sandra Cavalcanti (PFL-RJ), da Comissão da Família, da Educação, Cultura e Esportes, da Ciência e Tecnologia e da Comunicação.

140 Art. 26, I.

141 Confira-se a respeito o Projeto de Lei nº 1.560-A, de 1989, da Câmara dos Deputados, que visa a declarar que tais águas pertencem à União e o Projeto de Lei nº 1.673, de 1996, decorrente da Mensagem nº 244/96, do Poder Executivo, autorizando o DNOCS a doar a Estados, Municípios e outras entidades públicas, inclusive fundações instituídas pelo Poder Público, os açudes constantes de seu Anexo, situados no Piauí, Ceará, Rio Grande do Norte, Paraíba, Pernambuco, Alagoas, Sergipe, Bahia e Minas Gerais.

142 Art. 20, III.

143 Art. 21, II.

144 Arts. 14 e 31.

145 Art. 4º, do Decreto-lei nº 9.760, de 5/9/46.

146 Art. 4º, do Decreto-lei nº 9.760, de 5/9/46.

147 Art. 1º, "b" e "c", do Decreto-lei nº 9.760/46.

A expressão *praia fluvial* ressente-se de precisão jurídica que possa, com segurança, identificar que áreas, além dos terrenos marginais, se pretende transferir, já que, em geral, estão neles contidas.[148]

Em termos marítimos e não fluviais, praia é legalmente conceituada como *área coberta e descoberta periodicamente pelas águas, acrescida da faixa subseqüente de material detrítico, tal como areias, cascalhos, seixos e pedregulhos, até o limite onde se inicia a vegetação natural, ou, em sua ausência, onde comece um outro ecossistema.*[149]

A inclusão da expressão *terrenos marginais e praias fluviais* ao texto constitucional decorreu, como visto, de equivocado entendimento no sentido de que somente assim estaria garantido o acesso de todos aos corpos de água quando, na verdade, houve a restrição e o confisco de bens estaduais, municipais e até de particulares.[150]

No tocante aos bens do Distrito Federal, a Constituição tem levado a algumas confusões,[151] chegando-se a afirmar a inexistência de bens públicos distritais.[152] Deve ser observado, no entanto, que ao enunciar os bens da União, refere-se ela à totalidade de seus bens, ao passo que, ao tratar dos Estados e do Distrito Federal, emprega o verbo "incluir", o que significa que existem outros.[153]

Os potenciais de energia hidráulica pertencem à União, cabendo a ela outorgar o seu aproveitamento mediante autorização ou concessão, no interesse nacional.[154]

A Constituição também inclui entre as competências privativas da União a de definir os critérios de outorga de direitos de uso dos recursos hídricos.[155]

Apesar das alterações introduzidas no campo constitucional, relativamente ao domínio das águas e à implantação de um sistema nacional de gerenciamento de recursos hídricos, poderia ter sido devolvida aos Estados a competência para legislarem sobre as águas do seu domínio, respeitada a lei federal, constante da Constituição de 1946.[156]

Da mesma forma, a definição expressa do domínio das águas situadas no Distrito Federal teria sido importante, para evitar dúvidas a respeito, como vem ocorrendo.

O Código de Águas e as Constituições posteriores

Objeto de decreto de 10/7/34,[157] o Código de Águas foi publicado no dia 20, do mesmo mês e ano. No dia 16, daquele mês, houve a promulgação da Constituição de 1934, com a qual era ele compatível. Posteriormente, em 11/11/38, houve sua adaptação às normas e aos objetivos da Constituição de 1937, sendo alterado e mantido por decreto-lei.[158]

Em 1946, a Constituição declarou incluírem-se entre os bens dos Estados os lagos e rios em terrenos do seu domínio e os que tivessem nascente e foz no território estadual.[159] Com isso, deixaram de existir, não águas municipais, mas os "rios municipais", previstos no Código.[160]

A Constituição de 1967 conservou a situação existente.

Já a Constituição de 1988 efetuou profundas modificações no domínio hídrico anterior. Embora haja mantido as disposições relativas às águas da União, em relação aos Estados ao dispor incluírem-se entre os seus bens *as águas superficiais e subterrâneas, fluentes, emergentes e em depósito, ressalvadas,*

148 cf. POMPEU, Cid Tomanik, *Recursos Hídricos na Constituição de 1988, Águas e Energia Elétrica*, Revista do Departamento de Águas e Energia Elétrica - DAEE, SP, nº 14, pp. 42-49, e Revista de Direito Administrativo, Renovar-FGV, nº 186, out/dez 1991, pp. 10-25.
149 Art. 10, § 3º, da Lei nº 7.661, de 16/5/88.
150 Emendas nºIP 14.153-2, e nº 18.951-9, respectivamente, dos Constituintes José Ignacio Ferreira e Sandra Cavalcanti.
151 Art. 16, § 3º, do Ato das Disposições Constitucionais Transitórias.
152 CRETELLA Júnior - *Dos Bens Públicos na Constituição de 1988*, Revista dos Tribunais nº 653:16-48.
153 POMPEU, Cid Tomanik - *Recursos Hídricos na Constituição de 1988*, Revista de Direito Administrativo, vol. 186:10-25, Ed. RENOVAR/FGV, RJ, out/dez 1991.
154 Art. 176 e parágrafo único, com a redação dada pela Emenda Constitucional nº 6, de 15/8/95.
155 Art. 21, XIX, *in fine.*
156 Art. 6º.
157 Dec. nº 24.643, de 10/7/34.
158 Decreto-lei nº 852, de 11/11/38.
159 Art. 35.
160 Art. 29, III.

neste caso, na forma da lei, as decorrentes de obras da União,[161] praticamente abrangeu todas as demais águas, exceto as atribuídas àquela, pelo mesmo texto constitucional.[162] Com isso, tornaram-se praticamente inaplicáveis quase todas as disposições do Código relativas às águas municipais, às comuns e às particulares.[163]

Acordos e tratados internacionais

Tratado da Bacia do Prata

Neste tratado, celebrado durante a I Reunião Extraordinária de Chanceleres dos Países da Bacia do Prata,[164] com fundamento na Declaração Conjunta de Buenos Aires,[165] e na Ata de Santa Cruz de la Sierra,[166] são partes Argentina, Bolívia, Brasil, Uruguai e Paraguai.

Por ele, as entidades signatárias, visando ao desenvolvimento harmônico e à integração física da Bacia do Prata e de suas zonas de influência, direta e ponderável, pretendem identificar as áreas de interesse comum, realizar estudos, programas e obras e formular entendimentos operativos ou instrumentos jurídicos destinados: (a) à facilidade e assistência em matéria de navegação; (b) à utilização racional do recurso água, especialmente por meio da regularização dos cursos e do seu aproveitamento múltiplo e eqüitativo; (c) à preservação e ao fomento da vida animal e vegetal; (d) ao aperfeiçoamento das interconexões rodoviárias, ferroviárias, fluviais, aéreas, elétricas e de telecomunicações; (e) à complementação regional, mediante a promoção e o estabelecimento de indústrias para o desenvolvimento da Bacia; (f) à complementação econômica de áreas limítrofes; (g) à cooperação mútua em matéria de educação, saúde e luta contra as enfermidades; (h) à promoção de outros projetos de interesse comum, em especial daqueles relacionados com o inventário, a avaliação e o aproveitamento dos recursos naturais da área; (i) ao conhecimento integral da Bacia.

Segundo o Tratado, a ação coletiva das partes deve desenvolver-se sem prejuízo dos projetos e empreendimentos a serem executados em seus respectivos territórios, dentro do respeito ao direito internacional e segundo a boa prática entre nações vizinhas e amigas.[167]

O órgão supremo para a execução do Tratado é a Reunião de Chanceleres, que deve se reunir uma vez por ano, em data sugerida pelo Comitê Intergovernamental Coordenador. Nas reuniões, a precedência das delegações é estabelecida em ordem alfabética dos respectivos países, contando-se a partir da letra correspondente à do país-sede, que fica por último.

Um Comitê Intergovernamental Coordenador está encarregado de promover, coordenar e acompanhar o andamento das ações multinacionais, que tenham por objetivo o desenvolvimento integrado da Bacia, de proporcionar assistência técnica e financeira, com apoio dos organismos internacionais, e de executar as decisões dos Ministros das Relações Exteriores.[168] Sediado em Buenos Aires, mas podendo reunir-se em qualquer outro lugar julgado conveniente, o Comitê é regulado por um estatuto.[169]

O aproveitamento dos rios internacionais da Bacia foi objeto da Declaração de Assunção,[170] na qual ficou consignado que *nos rios internacionais contíguos, sendo compartilhada a soberania, qualquer aproveitamento das águas será precedido de um acordo bilateral entre os ribeirinhos*, e que *nos rios internacionais de curso sucessivo, não sendo compartilhada a soberania, cada Estado pode aproveitar as águas conforme suas necessidades, sempre que não causar prejuízo sensível a outro Estado da Bacia.* Com base nessa Declaração, na III Reunião dos Peritos do Recurso Água,[171] convocada pelo Comitê Intergovernamental Coordenador, recomendou-se aos Estados que, ao executarem aproveitamento hidrelétrico das águas dos rios internacionais de curso sucessivo, nos trechos submetidos à sua jurisdição, programassem a operação e o enchimento das represas

161 Art. 26, I.
162 Art. 20, III.
163 Arts. 7º, 8º, 68 a 95.
164 Brasília, 22 e 23 de abril de 1969.
165 De 27 de fevereiro de 1967.
166 De 20 de maio de 1968.
167 Em vigor a partir de 14 de agosto de 1970, com duração ilimitada.
168 Criado pela Declaração de Buenos Aires, de 27 de fevereiro de 1967.
169 Aprovado na II Reunião de Chanceleres, realizada em Santa Cruz de la Sierra, de 18 a 20 de maio de 1968.
170 Resolução nº 25, aprovada na IV Reunião de Chanceleres.
171 Brasília, 1972.

conforme as práticas cumpridas em relação a *Jupiá* (Brasil). Nesse caso, houve divulgação, para público conhecimento, dos dados técnicos relativos à operação e ao enchimento da represa.

Os estudos, projetos, programas e obras tendentes a promover o desenvolvimento harmônico e a integração física da Bacia podem ser financiados pelo Fundo Financeiro para o Desenvolvimento da Bacia do Prata, criado, como pessoa jurídica internacional, durante a VI Reunião de Chanceleres,[172] conforme previra a IV Reunião.[173] O Fundo tem sede em Sucre, na Bolívia, e entrou em funcionamento em 1976.[174]

Tratado entre Brasil e Argentina, sobre aproveitamento dos recursos hídricos compartilhados dos rios Uruguai e Peperi-Guaçu175

Tratado celebrado em Buenos Aires, em 17/5/80, incluindo, entre outros, os aproveitamentos hidrelétricos, a melhoria das condições de navegabilidade do rio Uruguai naquele trecho, a atenuação dos efeitos das cheias extraordinárias e a utilização racional das águas para usos consuntivos. Os projetos e obras devem ter presente a necessidade de preservar o meio ambiente, a fauna, a flora e a qualidade das águas daqueles rios, de evitar sua contaminação e assegurar, como mínimas, as condições de salubridade na área de influência dos aproveitamentos que se projetem.[176]

O aproveitamento das águas do rio Uruguai e afluentes, nos trechos não compartilhados, deve ser feito pelos países conforme suas necessidades, sempre que não causar prejuízo sensível ao outro. Deverão ser prevenidos eventuais prejuízos a jusante, em conseqüência da regularização dos rios, na medida do possível, sendo que, em ocorrendo, sua apreciação e qualificação não poderá ser feita unilateralmente, mas por ambas as partes, no mais breve prazo possível, compatível com a natureza do prejuízo e sua análise.[177]

Os benefícios resultantes dos aproveitamentos hidrelétricos obedecerão ao seguinte: (a) divisão da energia produtível em partes iguais; (b) utilização da energia pela ELETROBRÁS,[178] e pela AyE[179] ou por empresas e entidades brasileiras e argentinas; (c) se for estabelecido, para um aproveitamento, um nível de represamento que ultrapasse os limites territoriais, na seção de fronteira, as empresas devem propor os termos e condições da divisão da energia adicional decorrente da elevação, e a distribuição dos aumentos de custos e dos benefícios resultantes.[180]

Tratado de Itaipu

Tratado para o aproveitamento hidrelétrico dos recursos hídricos do rio Paraná, pertencentes em condomínio ao Brasil e ao Paraguai, desde e inclusive o Salto Grande de Sete Quedas ou Salto de Guairá até a foz do rio Iguaçu.[181] Suas origens podem ser apontadas como a Ata de Foz do Iguaçu, o Tratado da Bacia do Prata, a Declaração de Assunção e os Estudos da Comissão Técnica Brasileiro-Paraguaia.[182] O objetivo fundamental do Tratado foi o aproveitamento hidrelétrico dos recursos hídricos do rio Paraná, visando à construção da Usina Hidrelétrica de Itaipu e a criação, em igualdade de direitos e obrigações, de uma entidade, a Itaipu Binacional, para realizá-lo.[183]

Tratado de Cooperação Amazônica - TCA

Celebrado em Brasília, em 3/7/78, tem como signatários Bolívia, Brasil, Colômbia, Equador, Guiana, Peru, Suriname e Venezuela[184] e objetiva

172 Buenos Aires.
173 Assunção.
174 O Convênio de criação do Fundo foi aprovado no Brasil pelo Decreto Legislativo nº 85, de 25/11/74, e execução determinada pelo Dec. nº 78.620/76.
175 Aprovado pelo Decreto Legislativo nº 82/82 e promulgado pelo Decreto nº 88.441, de 29/6/83.
176 Art. I.
177 Art. IV.
178 Centrais Elétricas Brasileiras S/A.
179 Água y Energia Eléctrica, Sociedad del Estado.
180 Art. V.
181 cf. CAUBET, Christian, G., *As Grandes Manobras de Itaipu - Energia, Diplomacia e Direito na Bacia do Prata,* Ed. Acadêmica, SP, 1991, 385 p.
182 ZANINI, Gustavo, *O Tratado de Itaipu,* Revista da Faculdade de Direito da Universidade de São Paulo, vol. LXIX, Fasc. I, 1974, pp. 165-179.
183 Art. III.
184 Aprovado pelo Decreto Legislativo nº 68, de 18/10/68 e promulgado pelo Decreto nº 85.050, de 18/8/80.

promover o desenvolvimento harmônico de seus respectivos territórios amazônicos, de modo a que as ações conjuntas produzam resultados eqüitativos e mutuamente proveitosos, assim como para a preservação do meio ambiente e a conservação e utilização racional dos recursos naturais desses territórios.[185]

O uso e o aproveitamento exclusivo dos recursos naturais nos respectivos territórios foi declarado direito inerente à soberania de cada Estado, não tendo seu exercício outras restrições senão as que resultem do Direito Internacional.[186]

Para os rios amazônicos, foi previsto que os Estados ribeirinhos, interessados num determinado problema que afete a navegação livre e desimpedida, empreenderão ações nacionais, bilaterais ou multilaterais para o melhoramento das vias de navegação.[187]

Águas doces nas Constituições estaduais e na Lei Orgânica do Distrito Federal

A competência legislativa sobre recursos naturais

Dispondo de maneira não muito clara a respeito de águas, a Constituição Federal de 1988 declara competir privativamente à União sobre elas legislar[188]. No geral, os bens abrangidos por idêntica competência são as águas[189], as jazidas, minas e outros recursos minerais.[190] Dependendo da situação geográfica, as águas pertencem à União ou aos Estados[191]. As jazidas, minas e os outros recursos minerais pertencem todos à União.[192] A situação das águas, portanto, é diversa da daqueles recursos. Sobre estes a União legisla privativamente, mas ao contrário das águas estão todos incluídos entre os seus bens.

Para as águas e para os recursos minerais, entre os quais se incluem as águas denominadas minerais, existem Códigos nacionais distintos.[193]

A ocorrência de águas do domínio estadual, relativamente às quais os Estados têm o poder-dever de administrá-las, torna indispensável interpretar o texto constitucional no sentido de permitir que isso ocorra. Do contrário, a disposição sobre inclusão destas entre os bens das unidades federadas teria sido inócua. Num estado de direito, seria impossível geri-las sem editar normas, inclusive em forma de lei. Sendo assim, não pode ser negada aos Estados a competência para editarem normas administrativas sobre a gestão das águas do seu domínio, mesmo como lei formal. O que a estes é vedado é **criar o direito sobre águas**, pois trata-se de matéria privativa da União. A diferença entre os dois casos à primeira vista pode surpreender aqueles que sobre ela não se debruçaram, no sentido de procurar uma interpretação coerente do texto constitucional.

Para bom entendimento da matéria, torna-se necessário, preliminarmente, analisar o conteúdo lógico da expressão *criar o direito sobre águas*, o que somente é possível se se souber identificar, mesmo de forma exemplificativa, em que consistem tais direitos. As fontes para isso podem ser encontradas tanto no Direito Romano como em textos mais modernos e na doutrina.

No Brasil, o exame do Código de Águas, de 1934, nunca assaz louvado monumento legislativo, fruto dos esforços e da cultura jurídica de Alfredo Valladão, revela uma série desses direitos, cuja criação, alteração, modificação ou extinção é privativa da União, pois não se confundem com normas meramente administrativas. A possibilidade conferida pela Constituição Federal, para que os Estados, desde que autorizados por lei complementar federal, possam legislar sobre determinadas questões específicas, relativas inclusive às águas, só pode ser no tocante à já mencionada criação do direito, uma vez que normas administrativas para a gestão das águas do seu domínio estes sempre puderam editar.

De acordo com a Constituição, a definição dos critérios de outorga de direitos de uso de recursos hídricos cabe à União.[194] Tais critérios, entretanto, só

185 Art. I.
186 Art. V.
187 Art. VI.
188 Art. 22, IV.
189 Art. 22, IV.
190 Art. 22, XII.
191 Art. 20, III e art. 26, I.
192 Art. 20, IX e art. 176.
193 Código de Águas, Código de Mineração e Código de Águas Minerais.
194 Art. 21, XIX.

podem e devem ser os jurídicos, já que os de oportunidade ou conveniência, econômicos, financeiros, sanitários, hidrológicos e geológicos devem ficar a cargo do titular do bem, que, como se sabe, pode ser a União. Os critérios atuais, mencionados na Constituição Federal, são os estabelecidos no Código de Águas, recepcionados que foram em virtude de com ela não conflitarem.[195]

Em relação aos recursos naturais que não os hídricos, ou seja, às florestas, caça, pesca, fauna, proteção do meio ambiente e controle da poluição, embora a União disponha de competência concorrente com a dos Estados e do Distrito Federal[196] e, nesses casos, deva limitar-se à edição de normas gerais, cabendo a estes a competência suplementar e, até, a plena, quando inexistirem normas federais,[197] o que se tem visto é a União baixar atos específicos, inclusive proibindo a pesca de certas espécies em determinados corpos de água, fora do seu domínio, o que, na verdade, nada tem de geral.

No tocante às águas, como a União dispõe de recursos hídricos do seu domínio, sua competência não poderia ser concorrente, pois, nesse caso, seria impossível administrá-los se restringida apenas a normas gerais. Na verdade, os Estados deveriam dispor de competência supletiva para legislar sobre a matéria, respeitada a lei federal, e não apenas ficarem adstritos a eventual autorização, por lei complementar federal.

Os direitos sobre águas e as normas administrativas de gestão

Conforme demonstrado, a criação, alteração e extinção de direitos sobre água, de competência privativa da União, é bem diversa da instituição de normas administrativas referentes à utilização, preservação e recuperação do recurso, na sua qualidade de bem público. O titular do domínio sobre a água tem o poder-dever de administrá-la e de definir a sua repartição entre os usuários, cujo uso pode ser gratuito ou retribuído, e de organizar-se administrativamente para tanto. Respeitados os critérios jurídicos de outorga de uso do bem, referidos na Constituição Federal e disciplinados pelo Código de Águas e outras normas, ao titular do domínio compete, baseando-se em critérios de oportunidade e conveniência próprios, decidir a respeito dos aspectos econômicos, financeiros, hidrológicos e geológicos da outorga.

Abrangida por esta competência está a cobrança pela utilização dos recursos hídricos prevista praticamente por todos os Estados e, posteriormente, pela lei federal sobre a Política Nacional de Recursos Hídricos e respectivo Sistema.

Em vários países, como no Brasil, as águas públicas são consideradas bem inalienável, outorgando-se apenas o direito ao uso[198]. A contraprestação é, portanto, pelo direito de utilização do recurso hídrico.[199] Cobra-se, geralmente, a remuneração dos serviços ligados ao fornecimento, como adução, transporte, distribuição ou regularização e não o valor material do bem econômico água.

No Brasil, a contraprestação pela utilização das águas públicas: (a) **não configura *imposto***, porque, por este, a vantagem do particular é puramente acidental, pois tem o interesse público como consideração exclusiva. Destina-se a cobrir despesas feitas no interesse comum, sem ter em conta as vantagens particulares obtidas pelos contribuintes; (b) **não é *taxa***, pois não se está diante de exercício de poder de polícia — *taxa de polícia* — ou da utilização efetiva ou potencial de serviço público — - *taxa de serviço* —,[200] mas, da utilização de bem público dominial; e (c) **não é *contribuição de melhoria***, por inexistir obra pública cujo custo deva ser atribuído à valorização de imóveis beneficiados.

À vista disso, e por exclusão, está-se diante de *preço*, o qual pode ser denominado *preço público*, e que é *parte das **Receitas Originárias**, assim denominadas porque sua fonte é a exploração do patrimônio público ou a prestação de serviço público. São também chamadas Receitas Industriais ou Patrimoniais, porque provenientes da exploração de serviços, bens, empresas ou indústria do próprio Estado.*[201]

Feitas essa considerações, indispensáveis ao bom

195 Art. 43 e segs.
196 Art. 24, VI.
197 Art. 24, § 1º a 4º.
198 Código de Águas, art. 46 e Lei nº 9.433, de 8/1/97, art. 18.
199 Lei n 7.663, de 30/12/91, art. 14.
200 Art. 145, II, da Constituição Federal.
201 NOGUEIRA, Rui Barbosa, e NOGUEIRA, Paulo Roberto Cabral, *Direito Tributário Aplicado e Comparado*, Forense, Rio, vol. II, pp. 165-166.

entendimento da matéria, passar-se-á, em caráter exemplificativo, ao exame de algumas Constituições estaduais e da Lei Orgânica do Distrito Federal.

A Constituição do Estado do Amazonas

A Constituição Amazonense trata da questão hídrica juntamente com a minerária, prevendo um sistema de gerenciamento para cada setor[202] É preconizada a adoção da bacia hidrográfica como base de gerenciamento e classificação dos recursos hídricos.[203]

A Constituição do Estado da Bahia

Na Constituição baiana, as águas, embora com algumas disposições próprias, são tratadas em capítulo referente à política hídrica e mineral.[204]

Relativamente às outorgas, foi aberto caminho para o atendimento das disposições federais sobre a matéria.[205]

A Constituição do Estado de Minas Gerais

A Constituição mineira cuida das águas juntamente com os minerais.[206] Tal como previsto nas Constituições do Rio de Janeiro e do Espírito Santo, a de Minas Gerais preconiza a instituição de uma taxa de utilização de recursos ambientais.[207]

A Constituição do Estado do Espírito Santo

A exemplo das de outros Estados, a Constituição do Espírito Santo trata das águas juntamente com os minerais, embora dedique disposições específicas sobre recursos hídricos.[208] Da mesma forma que os Estados de Minas Gerais e do Rio de Janeiro, a Constituição do Espírito Santo prevê a instituição de taxa em razão do exercício do poder de polícia ou sobre a utilização, efetiva ou potencial, de serviço público prestado ao contribuinte ou posto à sua disposição, relativa à exploração ou à utilização de recursos naturais definidos em lei.[209]

A Constituição do Estado do Rio de Janeiro

A Constituição do Estado do Rio de Janeiro trata da questão relativa às águas no capítulo relativo ao meio ambiente.[210] É prevista a instituição de *taxas* pela utilização dos recursos naturais com fins econômicos, para cobrir os custos necessários à reparação e manutenção dos padrões de qualidade ambiental,[211] matéria que deve ser, antes de sua implantação, objeto de estudos específicos, haja vista as modalidades de taxa previstas na Constituição Federal, ou seja, — taxa em razão do exercício do poder de polícia ou pela utilização, efetiva ou potencial, de serviços públicos específicos e divisíveis, prestados ao contribuinte ou postos à sua disposição —.[212]

A Constituição do Estado do Rio Grande do Sul

A Constituição gaúcha institui o Sistema Estadual de Recursos Hídricos, adota a bacia hidrográfica como unidade de planejamento e gestão e determina que sejam levados em conta os aspectos de uso e ocupação do solo.[213] O sistema abrange critérios de outorga de uso, acompanhamento, fiscalização e tarifação.[214] Os recursos arrecadados pela utilização da água devem ser destinados a obras e gestão dos recursos hídricos na própria bacia, garantindo sua conservação e a dos recursos ambientais, priorizando as ações preventivas.[215]

A Constituição do Estado de Santa Catarina

Em termos de águas, a Constituição do Estado de Santa Catarina limita-se a reproduzir as disposições da Constituição Federal sobre a matéria.[216]

202 Art. 177.
203 Art. 177, I.
204 Arts. 198, V, VI, 199, I a V, 200, I a III, 201 e 202, parágrafo único.
205 Art. 198, VI.
206 Arts. 249-254.
207 Art. 18, § 3º, do Ato das Disposições Constitucionais Transitórias.
208 Art. 258, § 1º, I a IV, e §§ 2º e 3º.
209 Art. 40, do Ato das Disposições Constitucionais Transitórias.
210 Arts. 261, § 1º, VII, "a" a "d", XVIII, XIX, § 4º, 268 e 278, por exemplo.
211 Art. 262.
212 Art. 145, II.
213 Art. 210.
214 Art. 210, §§ 1º e 2º.
215 Art. 210, § 3º.
216 Art. 12, II.

A Constituição do Estado de São Paulo

Após incluir entre os bens estaduais os terrenos reservados às margens dos rios e lagos do seu domínio,[217] com o que conflita com o prescrito no art. 20, III, da Constituição Federal, a Constituição traça normas sobre a gestão das águas do domínio estadual.[218] Alguns artigos são irrelevantes para o presente exame, pois referem-se ao relacionamento com municípios,[219] ao controle da poluição,[220] e a recomendações quanto à proteção qualitativa e quantitativa das águas.[221] No tocante especificamente às águas, prevê um sistema integrado de gerenciamento de recursos hídricos, congregando órgãos estaduais e municipais e a sociedade civil e assegurando meios financeiros para:[222] (a) a utilização racional das águas superficiais e subterrâneas e sua prioridade para abastecimento às populações;[223] (b) o aproveitamento múltiplo dos recursos hídricos e o rateio dos custos das respectivas obras;[224] (c) a proteção das águas contra ações que possam comprometer o seu uso atual e futuro;[225] (d) a defesa contra eventos críticos, que ofereçam riscos à saúde e segurança públicas e prejuízos econômicos e sociais;[226] (e) a celebração de convênios com os Municípios, para a gestão, por estes, das águas de interesse exclusivamente local;[227] (f) a gestão descentralizada, participativa e integrada em relação aos demais recursos naturais e às peculiaridades da respectiva bacia hidrográfica;[228] e (g) o desenvolvimento do transporte hidroviário e seu aproveitamento econômico.[229]

Para garantir as ações nela previstas, estatui que a utilização dos recursos hídricos será cobrada segundo as peculiaridades de cada bacia hidrográfica, e o produto aplicado em serviços e obras hidráulicas e de saneamento de interesse comum, previstos nos planos estaduais de recursos hídricos e de saneamento básico.[230] Assinale-se que se o uso comum das águas, o uso anônimo, não titulado, pode ser cobrado,[231] não há empecilho legal em se tratando da cobrança por usos titulados, especiais, em proveito de determinada pessoa ou coletividade.[232]

A Lei Orgânica do Distrito Federal

Ao examinar a legislação sobre recursos hídricos do Distrito Federal, é necessário tomar posição a respeito da adoção da analogia com os Estados, para admitir a existência de águas distritais. Sem a aplicação da analogia, a lacuna constitucional sobre a matéria pode conduzir a polêmica a respeito da inexistência dessas águas. Com efeito, com a implantação do Distrito Federal no planalto central, sem a definição, a nível constitucional, do domínio das águas públicas nele situadas, a conceituação destas tornou-se bastante complexa. A solução prática é, por analogia, aplicar ao caso as disposições constitucionais relativas aos Estados no tocante ao domínio hídrico, quer quanto às águas situadas em seu território, quer para as que servem de divisa com o Estado de Goiás, ou banham o território de ambos. Recusada a analogia para definir as águas distritais, não será legítimo invocá-la para classificar as águas do domínio da União, já que a ela somente pertencem as que banham mais de um Estado e, no caso, está-se diante de um Estado e de um Distrito Federal. Havendo somente um Estado, não existiriam outras águas federais, além das mencionadas na Constituição

217 Art. 8º.
218 Arts. 205 a 213.
219 Arts. 207, 210, 211, parágrafo único, 2.
220 Art. 208.
221 Arts. 212 e 213.
222 Art. 205.
223 Art. 205, I.
224 Art. 205, II.
225 Art. 205, III.
226 Art. 205, IV.
227 Art. 205, V.
228 Art. 205, VI.
229 Art. 205, VII.
230 Art. 211, parágrafo único, 1.
231 Art. 36, § 2º, do Código de Águas.
232 POMPEU, Cid Tomanik - *Aspectos Jurídicos da Cobrança pela Utilização dos Recursos Hídricos*, Governo do Estado de São Paulo - Secretaria de Energia e Saneamento e Banco Interamericano de Desenvolvimento - BID, Seminário Recursos Hídricos e Saneamento Ambiental. Novos Conceitos do Usuário-Pagador, São Paulo, SP, 1992, pp. 48-74.

Federal. Se a matéria não for solucionada na esfera político-administrativa, e permanecerem posições divergentes, a questão somente poderá ser resolvida pelo Supremo Tribunal Federal.[233]

Independentemente da indefinição, optamos pela analogia e efetuamos o exame da legislação distrital.

A exemplo do que ocorreu com a maioria das Constituições estaduais, a Lei Orgânica do Distrito Federal, em vários dispositivos, trata de recursos hídricos. Numa análise rápida, nota-se que repete, desnecessariamente, dispositivos da Constituição Federal.[234] Estatui a lei que *os recursos hídricos do Distrito Federal constituem patrimônio público, sendo dever do Governo, do cidadão e da sociedade zelar pelo regime jurídico das águas, devendo o Poder Público disciplinar: (i) o uso racional dos recursos hídricos para toda a coletividade; (ii) a proteção das águas contra ações ou eventos que comprometam a utilização atual e futura, bem como a integridade e renovação física, química e biológica do ciclo hidrológico; (iii) seu controle, de modo a evitar ou minimizar os impactos causados por eventos meteorológicos; (iv) a utilização das águas para abastecimento público, piscicultura, pesca e turismo; (v) a exploração racional dos depósitos naturais de águas subterrâneas e afluentes. Para assegurar essas ações, o Distrito Federal deve: (i) instituir normas de gerência e monitoramento dos recursos hídricos no seu território; (ii) adotar a bacia hidrográfica como base unitária de gerenciamento, considerando o ciclo hidrológico em todas as suas fases, e, repetindo a Constituição Federal, (iii) cadastrar, registrar, acompanhar e fiscalizar as concessões de atividades de pesquisa ou exploração de recursos hídricos concedidas ou efetuadas pela União. A exploração dos recursos hídricos não pode comprometer a preservação do patrimônio natural e cultural do seu território.*[235] Tratando do saneamento, prevê a implantação de sistema de gerenciamento de recursos hídricos com a participação da sociedade civil, a proteção de bacias e microbacias para abastecimento de água às populações e a articulação entre instituições, na área de saneamento, em integração com as demais ações, entre as quais as de recursos hídricos.[236]

As águas doces na legislação estadual

A legislação pátria sobre águas estava necessitando ser atualizada, a começar pelas normas constitucionais federais, que poderiam ter sido mais objetivas. Os Estados, por sua vez, conforme demonstrado, incluíram em suas Constituições normas que hoje orientam a elaboração das leis estaduais, como será visto, também de forma exemplificativa.

Estado de São Paulo

No Estado de São Paulo, a Constituição traça diretrizes que têm dado aos governos condições para executarem boa política de gestão de recursos hídricos. Espera-se somente que, na elaboração dos textos legais, o tecnicismo e as frases de efeito sejam contidos, para que os dispositivos resultem claros e concisos.

A Lei nº 6.134, de 2/6/88

Editada em junho de 1988, esta lei é anterior à Constituição Federal de outubro do mesmo ano. Na tentativa de implantar o controle sobre as águas subjacentes ao seu território, o Estado de São Paulo, por estarem aquelas águas sob a égide da União, embora sem definição de domínio, e aguardavam disciplina legal federal, promulgou a Lei nº 6.134/88, relativa à proteção desses recursos. Por impedimento constitucional, deixou de tratar de determinados aspectos, como, por exemplo, da extração, das outorgas e do controle, salvo no caso de prejuízo para as águas superficiais estaduais. Esse diploma, no tocante às sanções, apoiou-se, basicamente, na legislação ambiental e de saúde.

Após a edição da Constituição Federal de 1988, foi editado o Decreto estadual nº 32.995, de 7 de fevereiro de 1991, o qual, regulamentando a Lei nº 6.134/88, permite sua plena aplicação pelos entes nele mencionados. Com isso, as águas subterrâneas passaram a contar com proteção pioneira no País, restando, apenas, que os encarregados de aplicá-la exerçam, efetivamente, o seu poder-dever.

Como, em virtude da Constituição Federal de 1988, as águas subterrâneas foram incluídas entre os bens dos Estados, ao regulamento da lei em

233 Art. 102, I, "e", da Constituição Federal.
234 Art. 16, XI, repete o art. 23, XI. O art. 46, II, repete o art. 26, I.
235 Art. 284, § 1º, I a V, § 2º, I a III e § 3º.
236 Art. 333, II, III e VI.

exame foi possível basear-se em dispositivos do Código de Águas e em outras normas federais, como, por exemplo, os relativos às outorgas e ao controle do uso das águas públicas, ou seja, nas concessões administrativas, autorizações administrativas e nas permissões, estas incluídas no ordenamento jurídico pátrio mediante portaria ministerial,[237] e que será inaplicável após a regulamentação da Lei nº 9.433/97. A edição do regulamento, além de dar suporte legal à ação dos órgãos públicos de controle de recursos hídricos subterrâneos, representou excelente contribuição para o direito de águas nacional, haja vista que, por ausência de norma federal, no mínimo desde 1967, quando entrou em vigor o Código de Mineração, aquelas águas estão aguardando disciplina jurídica. Embora estadual, a Lei nº 6.134/88 representa algum avanço, seguido posteriormente por outras unidades da federação.

Face às alterações constitucionais posteriores, outra lei estabeleceu sanções específicas, principalmente no que se refere ao descumprimento das disposições sobre os aspectos quantitativos das águas em apreço.[238]

Saliente-se que, em decorrência do empenho, em âmbito nacional, das associações ligadas aos recursos hídricos,[239] quase todas as Constituições estaduais, em inovação histórica em nosso direito, tiveram inseridas em seus textos disposições relativas a águas, e, conseqüentemente, às subterrâneas, o que tem facilitado a edição de normas legais subseqüentes. Fato semelhante ocorreu relativamente a diversas Leis Orgânicas Municipais, embora sem a mesma receptividade.

Pelo regulamento, ao Departamento de Águas e Energia Elétrica (DAEE) compete administrar as águas subterrâneas do Estado no campo da pesquisa, captação, fiscalização e acompanhamento de sua interação com as águas superficiais e com o ciclo hidrológico, mantendo registros indispensáveis à avaliação, ao conhecimento do comportamento dos depósitos naturais e ao controle e à fiscalização da extração da água. À Companhia de Tecnologia de Saneamento Ambiental - CETESB cabe prevenir e controlar a poluição dessas águas, mantendo os serviços indispensáveis. À Secretaria da Saúde compete fiscalizar as águas subterrâneas destinadas a consumo humano, quanto ao atendimento aos padrões de potabilidade e aplicar as sanções previstas na legislação sanitária. Ao Instituto Geológico estão cometidos as pesquisas e os estudos geológicos, o controle e arquivo de informações de dados geológicos dos poços, para o conhecimento dos aqüíferos e da geologia do Estado. Ao Conselho Estadual de Recursos Hídricos (CRH) cabe baixar as normas para o cumprimento do regulamento, cabendo ao Grupo Técnico de Águas Subterrâneas (GTAS), vinculado ao Conselho, coordenar a ação dos organismos administrativos envolvidos.

Ao dispor sobre as sanções, o Regulamento apoiou-se nas legislações ambiental e sanitária. A revogação e caducidade das outorgas e a responsabilização por danos aos depósitos naturais das águas, ou à sua gestão, nele previstas, são aplicáveis pelos Estados com base no poder de polícia inerente à administração, no que se refere à tutela dos bens públicos.

Como o Código de Águas é carente de sanções, no que tange aos recursos hídricos, a previsão de outras ficou na dependência de novas leis, federais[240] ou estaduais.[241] As cominações penais permaneceram possíveis, sempre que tipificado crime previsto no respectivo Código.

As normas para a emissão das Licenças de Execução e de Operação de poços tubulares profundos e a outorga para a exploração de água subterrânea, pelo DAEE, estão disciplinadas em Portaria do Superintendente daquela autarquia.[242]

As Leis nº 7.663, de 30/12/91, e nº 9.034, de 27/12/94, decretos regulamentadores, e demais atos.

A Lei nº 7.663, de 30/12/91, estabelece normas de orientação à Política Estadual de Recursos Hídricos e ao Sistema Integrado de seu Gerenciamento. São normas e sistema dirigidos aos corpos de água do domínio do Estado e não da União. Em consonância com as disposições da Constituição Federal, a lei declara que, observados os dispositivos

237 Portaria nº 468, de 31/3/78, do Ministro das Minas e Energia.
238 Arts. 11 e 13, da Lei nº 7.663, de 30/12/91.
239 ABAS, ABES, ABRH e ABID, e outras.
240 9.433/97.
241 7.663/91.
242 Portaria DAEE nº 717, de 12/12/96, Anexos 1 a 18.

constitucionais relativos à matéria, o Estado articulará, com a União e outros Estados vizinhos e Municípios, sua atuação para o aproveitamento e controle dos recursos hídricos em seu território, inclusive para fins de geração de energia elétrica, levando em conta, principalmente: (a) a utilização múltipla dos recursos hídricos, especialmente para fins de abastecimento urbano, irrigação, navegação, aqüicultura, turismo, recreação, esportes e lazer; (b) o controle de cheias, a prevenção de inundações, a drenagem e a correta utilização das várzeas; e (c) a proteção de flora e fauna aquáticas e do meio ambiente.[243]

É estatuído que a outorga do direito de uso para derivação de água de seu curso ou depósito, superficial ou subterrâneo, para fins de abastecimento urbano, industrial, agrícola e outros, e o lançamento de efluentes nos corpos de água devem obedecer à legislação federal pertinente.[244] A concessão ou autorização de obras de regularização de vazão, com potencial de aproveitamento múltiplo, deve ser precedida de negociação sobre o rateio de custos entre beneficiários, inclusive as de aproveitamento hidrelétrico, mediante articulação com a União.[245] No fomento aos programas regionais relativos aos recursos hídricos, as diretrizes e os critérios para a participação financeira do Estado serão definidos, quando couber, mediante articulação técnica, financeira e institucional com a União, Estados vizinhos e entidades internacionais de cooperação.[246]

Embora dirigida aos corpos de água do domínio do Estado, é prevista a elaboração de relatórios anuais sobre "A Situação dos Recursos Hídricos no Estado de São Paulo", e sobre "A Situação dos Recursos Hídricos das Bacias Hidrográficas", objetivando dar transparência à administração pública e subsídios às ações dos Poderes Executivo e Legislativo, municipais, estadual e federal.[247] Esses relatórios, mesmo referindo-se a cursos de água do domínio da União, não ferem a Constituição Federal, pois são apenas diagnósticos.

Entre os recursos do Fundo Estadual de Recursos Hídricos, instituído pela lei, estão as transferências da União ou de Estados vizinhos, destinadas à execução de planos e programas de recursos hídricos de interesse comum.[248]

As Disposições Transitórias da lei criam o Comitê das Bacias Hidrográficas dos Rios Piracicaba, Capivari e Jundiaí. Embora o Estado possa, no futuro, vir a contestar a interpretação federal, no sentido de que as águas do Rio Piracicaba são do domínio da União, a simples criação do Comitê não implica na gestão, por ele, das águas daquele curso, mas sim que sua área de atuação está compreendida naquele espaço do território do Estado.

A Lei nº 9.034, de 27/12/94, aprova o 2º Plano Estadual de Recursos Hídricos - PERH, referente ao período 1994/1995 e a divisão hidrográfica do Estado em 22 (vinte e duas) Unidades Hidrográficas de Gerenciamento de Recursos Hídricos - UGRHI.[249] Entre as vinte e duas, doze podem ser apontadas como referentes a bacias hidrográficas de rios federais, tais como: (a) Paraíba do Sul (2); (b) Pardo (4); (c) Piracicaba/Capivari/Jundiaí (5); (d) Sapucaia/ Grande (8); (e) Mogi-Guaçu (9); (f) Ribeira de Iguape/Litoral Sul (11); (g) Baixo Pardo/Grande (12); (h) Alto Paranapanema (14); (i) Turvo/Grande (15); (j) Médio Paranapanema (17); (l) Peixe (21); e (m) Baixo Paranapanema (22).[250] Considerando ser o conceito de bacia hidrográfica apenas territorial, e que se trata de território estadual, não haverá invasão à área de competência da União, desde que não ocorram ações nos corpos de água do domínio desta, sem o seu consentimento.

O mesmo pode ser dito quando a lei cria o Comitê da Bacia Hidrográfica do Rio Paraíba do Sul.[251] Aliás, estatui esse diploma que a implantação dos comitês das bacias dos rios do domínio federal deve ser acompanhada de articulações do Governo do Estado com a União e Estados limítrofes, mediante convênios ou mecanismos institucionais de

243 Art. 8º, I a III, combinados com o art. 21, XII, "b", da Constituição Federal.
244 Art. 10, combinado com o art. 21, XIX, da Constituição Federal, com o art. 43 e segs., do Código de Águas, e com a legislação ambiental federal.
245 Art. 15, I, combinado com o art. 21, XII, "b", da Constituição Federal.
246 Art. 16, III.
247 Art. 19.
248 Art. 36, II.
249 Arts. 1º e 4º.
250 Anexo III, à Lei nº 9.034/94.
251 Art. 8º.

cooperação e intercâmbio, para a solução de questões de interesse comum nessas bacias.[252]

Saliente-se que, para integração das ações da União e dos Estados do Rio de Janeiro, Minas Gerais e São Paulo, a União constituiu um Comitê federal.[253]

Estabelece, ainda, a lei, que, no caso de águas do domínio federal, ou de produção de energia hidrelétrica, a ordem de prioridades de uso das águas será estabelecida mediante articulação com a União. [254]

O 2º PERH prevê Programas de Duração Continuada (PDC), entre os quais está o de Articulação Interestadual e com a União (PAIU), relativo à cooperação com os Estados e a União, com vista ao planejamento e gerenciamento de recursos hídricos em bacias de rios do domínio federal.[255]

Em várias bacias hidrográficas de rios do domínio da União, estão sendo criados comitês estaduais, com a respectiva denominação. Sendo as bacias hidrográficas, pelo menos quando dentro dos respectivos territórios, áreas geográficas sob jurisdição estadual, desde que esses organismos não prevejam ações ou atuem sobre as águas do domínio da União, mas restrinjam-se aos recursos hídricos estaduais, não estarão invadindo área de competência federal. Citem-se, como exemplos, os estudos realizados nas bacias hidrográficas dos rios Piracicaba, Capivari e Jundiaí, que prevêem ações somente sobre as águas estaduais e a possibilidade de integração da União ao sistema, para a criação, em especial, de uma agência de bacia única.

Distrito Federal

A Lei nº 55, de 24/11/89, sobre utilização de águas subterrâneas

Com o Senado Federal ainda funcionando como Legislativo do Distrito Federal, foi promulgada a Lei nº 55, de 24/11/89, dispondo que qualquer instalação de bomba hidráulica com fim de utilização de águas subterrâneas na área geográfica do Distrito Federal deve ter licença prévia do Governo deste.[256] Apesar do Código de Mineração não se prestar para cuidar da matéria, para ela prevendo a edição de lei especial,[257] a lei aprovada pelo Senado estabelece que, até que a utilização das águas subterrâneas seja regulamentada pelo Governo do Distrito Federal, regem-se elas pelo Código de Mineração, pelo Código de Águas e, no que couber, pelo Código Sanitário do Distrito Federal.[258] A lei deu aos proprietários de instalações já efetivadas o prazo de cento e oitenta dias para obterem a licença por ela instituída.[259] Sem essa licença, devem ser desativadas pelo órgão competente do Distrito Federal.[260] Ao Distrito Federal foi vedado instituir ou exigir tributo sobre o consumo das águas subterrâneas, quando captadas em imóvel localizado em via pública não servida por rede de abastecimento, exceto se o consumo for proveniente da instalação de poço tubular profundo na área urbana.[261]

A Lei nº 512, de 28/7/93, sobre a política de recursos hídricos no Distrito Federal e o Sistema de Gerenciamento Integrado de Recursos Hídricos - SGIRH/DF

Tendo a maioria de suas disposições inspirada na Lei nº 7.663/91, do Estado de São Paulo, este diploma, ao invés de simplesmente adotar os critérios de outorga de direitos de uso das águas, constantes do Código de Águas,[262] acrescenta o licenciamento.[263] No mais, com pequenas adaptações, segue as linhas da lei paulista, conforme acima mencionado.

Se se admitir que o Distrito Federal dispõe de recursos hídricos entre os seus bens, a legislação distrital, ressalvada a observação feita quanto ao

252 Art. 9º, § 3º.
253 Dec. nº 1.842, de 22/3/96.
254 Art. 13, § 1º.
255 Art. 19 e Anexo IV, 11.
256 Art. 1º.
257 Art. 10, V.
258 Art. 1º, § 1º.
259 Art. 1º, § 2º.
260 Art. 1º, § 3º.
261 Art. 1º, §§ 4º e 5º.
262 Art. 43 e segs.
263 Art. 7º.

licenciamento, em nada conflita com a Constituição ou leis federais sobre a matéria. Admitindo-se o contrário, toda ela seria inaplicável.

Estado do Ceará

A Lei nº 11.996, de 24/7/92

As leis estaduais, tal como ocorreu relativamente às respectivas Constituições, contêm disposições muito semelhantes, cada uma tomando como modelo as anteriores, em especial a do Estado de São Paulo, primeira a ser promulgada, respeitadas, evidentemente, as peculiaridades de cada unidade federada. O que se nota, todavia, é a adoção de formas de outorga de direito de uso diversas das previstas no art. 43, do Código de Águas, que deveria servir-lhes de padrão, em especial e principalmente porque a Constituição Federal dá à União competência para definir os critérios dessas outorgas.[264] Esses critérios são os jurídicos, uma vez que os técnicos dependem de cada corpo de água a ser utilizado.

A lei do Ceará, embora siga o modelo, em alguns dispositivos, afasta-se da área de competência estadual, para adentrar a federal. Isso ocorre, quando estabelece que[265]: - *a outorga de direitos de uso das águas deve ser de responsabilidade de um único órgão, não setorial, **quanto às águas do domínio federal**...* e que: - *na outorga de direitos de uso das águas de domínio federal e estadual de uma mesma Bacia Hidrográfica, **a União e o Estado deverão tomar medidas acauteladoras mediante acordos entre Estados definidos em cada caso, com interveniência da União.*** (grifou-se) Com isso, extravasa a competência reservada aos Estados, pela Constituição Federal.

No tocante às outorgas, sem seguir os critérios constantes do Código de Águas, lei nacional,[266] estatui que: a *implantação de qualquer empreendimento, que consuma Recursos Hídricos, superficiais ou subterrâneos, a realização de obras ou serviços que alterem o regime, quantidade ou qualidade dos mesmos depende de autorização...*[267] (grifou-se). No caso de derivações, deveria ter sido adotada a *concessão administrativa*, para as de utilidade pública, e a *autorização administrativa*, não ocorrendo esta.

O Decreto nº 23.067, de 11/2/94

Seguindo os passos da lei, o decreto, que regulamenta a outorga do direito de uso dos recursos hídricos, deixando de adotar as disposições do Código de Águas, declara: *Para fins deste Regulamento a outorga pode constituir-se de: (i) **cessão de uso**, a título gratuito ou oneroso, sempre que o usuário seja órgão ou entidade pública; (ii) **autorização de uso**, consistente na outorga passada em caráter unilateral precário conferindo ao particular, pessoa física ou jurídica, o direito de uso de determinada quantidade e qualidade de água, sob condições explícitas; (iii) **concessão de uso**, consistente na outorga de caráter contratual, permanente e privativo, de uma parcela de recursos hídricos a que o particular, pessoa física ou jurídica, dela faça uso ou explore segundo sua destinação e condições específicas. Enquanto não forem conhecidas e seguramente dimensionadas as disponibilidades hídricas, serão outorgadas **apenas autorizações** de uso ao particular.* (grifou-se)[268]

Estado de Minas Gerais

A Lei nº 11.504, de 20/6/94

A lei mineira, que igualmente segue o modelo das anteriores, de outros Estados, em especial a de São Paulo, e que adotaria os critérios de outorga de direito de uso estabelecidos no Código de Águas, teve o dispositivo correspondente vetado pelo Poder Executivo.[269] As razões do veto, com o devido respeito, quando invocam motivos de ordem constitucional, não procedem. Os dispositivos rejeitados estabeleciam: *Art. 11 - A derivação ou a utilização dos recursos hídricos superficiais ou subterrâneos que causem ou possam causar alteração no regime na quantidade ou na qualidade das águas dependem de outorga de direito de uso a ser concedida pelo órgão estadual competente, conforme se dispuser em decreto e na forma do regulamento desta lei, sem prejuízo do licenciamento ambiental. Parágrafo único. Os critérios para outorga de direito de uso dos recursos hídricos de domínio do Estado ou a ele delegados **serão os previstos***

264 Art. 21, XIX.
265 Art. 2º, I, "d".
266 Art. 43.
267 Art. 4º.
268 Art. 17, I a III e parágrafo único.
269 Art. 11 e respectivo parágrafo único.

***na legislação federal pertinente** e na regulamentação desta lei.* (grifou-se)

Nas razões do veto a esse artigo, foi afirmado que a competência para outorgar direito de uso dos recursos hídricos é da União, o que, relativamente às águas do domínio estadual, objeto da lei, não ocorre, salvo nos casos previstos na própria Constituição, como é o aproveitamento dos potenciais hidroenergéticos, assim mesmo em articulação com os Estados.[270]

Estado da Bahia

A Lei nº 6.855, de 12/5/95

A lei baiana segue, em linhas gerais, o modelo que vem sendo adotado pelos Estados. Inexplicavelmente, também ela deixou de seguir as disposições do Código de Águas, no tocante às outorgas para a derivação da água, ao declarar que: *atendida a conveniência do interesse público e considerando o volume das derivações e funções sociais a outorga de direito de uso da água pode ser concedida mediante **permissão** ou **autorização**. A derivação de água superficial ou subterrânea, para as diversas utilizações, incluindo o lançamento de efluentes em corpos de água, depende de cadastramento e da outorga da **permissão** e do direito de uso, obedecidas as legislações federal e estadual pertinentes e atendidos os critérios e normas estabelecidos em regulamento.*[271]

O Decreto nº 6.296, de 21/3/97

Ao dispor sobre a outorga de direito de uso dos recursos hídricos, este decreto, compatibilizando o texto da lei com o Código de Águas, adota os critérios nele previstos, ou seja, concessão, nos casos de utilidade pública e autorização, nos demais.[272]

Estado do Rio Grande do Norte

A Lei nº 6.908, de 1/7/96

Esta lei, sobre a Política Estadual de Recursos Hídricos e a instituição do Sistema Integrado de sua gestão, possui, igualmente, disposições semelhantes às de outros Estados.

São previstos o Plano Estadual de Recursos Hídricos, a ser aprovado por lei,[273] um Fundo (FUNERH), para assegurar os meios necessários às ações do Plano,[274] um Conselho Estadual de Recursos Hídricos, uma Secretaria Estadual de Recursos Hídricos e Projetos Especiais (SERH), Comitês de Bacias Hidrográficas[275] e Agências de Bacia.[276]

O Decreto nº 13.283, de 22/3/97

O decreto em epígrafe regulamenta o inc. III, do art. 4º, da Lei nº 6.908, de 1/7/96, relativo à outorga dos direitos de uso dos recursos hídricos estaduais e ao licenciamento de obras de oferta hídrica.

Afastando-se, também, das disposições do Código de Águas relativas às outorgas para derivação, estabelece as seguintes modalidades: (a) **autorização de uso**: de caráter unilateral, a título precário; (b) **concessão de uso**: de caráter contratual, a título permanente; e (c) **concessão especial de uso coletivo**: de caráter contratual, a título permanente, à Associação de Usuários de Água.[277]

Da mesma forma que estatui a lei cearense, mas alcançando indistintamente particulares e pessoas de natureza pública, o decreto dispõe que, enquanto não forem conhecidas e seguramente dimensionadas as disponibilidades hídricas, serão outorgadas apenas **autorizações de uso**.[278]

O Decreto nº 13.284, de 22/3/97

Este decreto regulamenta o Sistema Integrado de Gestão de Recursos Hídricos - SIGERH, composto pelo Conselho Estadual de Recursos Hídricos - CONERH, pela Secretaria Estadual de Recursos Hídricos - SERHID e pelos Comitês de Bacia Hidrográfica. No Sistema, cabe ao Conselho estabelecer critérios gerais para cobrança pelo uso dos

270 Art. 21, XII, "b".
271 Arts. 12, § 2º, e 13.
272 Art. 4º, I e II.
273 Art. 6º.
274 Art. 8º.
275 Art. 19.
276 Art. 26.
277 Art. 11, I a III.
278 Art. 11, § 2º.

recursos hídricos[279] e à Secretaria Estadual outorgar o direito de seu uso[280] e efetuar a respectiva cobrança.[281]

Estado do Rio Grande do Sul

A Lei nº 10.350, de 30/12/94

A lei gaúcha, que contém disposições semelhantes aos diplomas legais de outros Estados, referentes à matéria, estatui que as diversas utilizações da água serão cobradas, para gerar recursos destinados a financiar a realização das intervenções necessárias à utilização e à proteção dos recursos hídricos, e para incentivar a correta utilização da água.[282]

É prevista a participação comunitária nos Comitês de Gerenciamento de Bacias Hidrográficas, nos quais devem estar presentes usuários, representantes políticos e de entidades atuantes na bacia.[283] A lei preconiza apoio do Estado por meio da criação, por este, de Agências de Região Hidrográfica, para subsidiar os Comitês de Bacia da respectiva Região com alternativas técnicas, econômicas e ambientais.[284] O gerenciamento dos recursos hídricos deve ser integrado, pela realização de estudos de impacto ambiental e respectivos relatórios, com abrangência regional, na fase de planejamento das intervenções na bacia.[285]

Note-se que a lei preconiza a criação de Agências por região hidrográfica e não por bacias.

Compõem o Sistema o Conselho de Recursos Hídricos, o Departamento de Recursos Hídricos, os Comitês de Gerenciamento de Bacia Hidrográfica, as Agências de Região Hidrográfica e o órgão ambiental do Estado.[286] Mediante convite do Governador do Estado, integrarão o Conselho um representante, respectivamente, do Sistema Nacional do Meio Ambiente e do Sistema Nacional de Gerenciamento de Recursos Hídricos.[287] Ao Conselho, entre outras atribuições, compete aprovar critérios de outorga do uso da água.[288]

O Departamento de Recursos Hídricos, criado pela mesma lei, é o órgão de integração do Sistema.[289] A ele compete emitir as outorgas, mediante **autorização** ou **licença de uso**, quando relativa a usos que alterem as condições quantitativas das águas.[290]

Os Comitês estão previstos para cada bacia hidrográfica, cabendo-lhes a coordenação programática das atividades dos agentes públicos e privados relacionados com os recursos hídricos, compatibilizando, na respectiva bacia, as metas do Plano Estadual.[291] Compõem os comitês representantes dos usuários da água, da população da bacia e dos diversos órgãos da Administração direta federal e estadual, atuantes na Região, relacionados com os recursos hídricos, excetuados os que detêm competência ligada à outorga do uso da água ou o licenciamento de atividades potencialmente poluidoras.[292] Nos comitês, os representantes dos usuários e da população têm participação de 40% (quarenta por cento) cada um, e os dos órgãos da Administração 20% (vinte por cento).[293]

As Agências de Região Hidrográfica, integrantes da administração indireta do Estado, devem ser instituídas por lei e, entre outras atribuições, terão a de arrecadar e aplicar os valores correspondentes à cobrança pelo uso da água, de acordo com o Plano de cada bacia hidrográfica.[294] O produto da arrecadação pela cobrança destina-se a aplicações exclusivas e não transferíveis na gestão dos recursos hídri-

279 Art. 5º, XI.
280 Art. 12, IX.
281 Art. 12, XVI.
282 Art. 3º, IV.
283 Art. 4º, II.
284 Art. 4º, III.
285 Art. 4º, IV.
286 Art. 5º e parágrafo único.
287 Art. 7º, parágrafo único.
288 Art. 8º, V.
289 Art. 10.
290 Art. 29, § 1º.
291 Art. 12.
292 Art. 13, I a III.
293 Art. 14.
294 Art. 20, VI.

cos da bacia de origem.[295] A cobrança vincula-se à existência de intervenções a serem aprovadas para a bacia, sendo vedada a formação de fundos sem que sua aplicação esteja assegurada e destinada no Plano de Bacia. Até 8% (oito por cento) da arrecadação podem ser destinados ao custeio dos respectivos comitês e agências, e, até 2% (dois por cento), ao custeio das atividades de monitoramento e fiscalização do órgão ambiental do Estado, desenvolvidas na bacia.[296]

A lei prevê o rateio de custo das obras de uso múltiplo, ou de interesse comum ou coletivo.[297]

Para a gestão dos recursos hídricos, o território do Estado foi dividido em três Regiões Hidrográficas: (I) região Hidrográfica da Bacia do Rio Uruguai, compreendendo as áreas de drenagem do Rio Uruguai e do Rio Negro; (II) região Hidrográfica da Bacia do Rio Guaíba, compreendendo as áreas de drenagem do Guaíba; e (III) região Hidrográfica das Bacias Litorâneas, compreendendo as áreas de drenagem dos corpos de água não incluídos nas bacias hidrográficas acima referidas.[298] Conseqüentemente, existirão três Agências de Regiões Hidrográficas, naquele Estado.

O Poder Judiciário e o Ministério Público

A evolução da proteção das águas, como a dos demais recursos naturais, ocorreu no sentido de, primeiramente, serem regulados os *usos individuais*. A lei disciplinava a relação entre indivíduos, em função dos bens a serem entre eles repartidos, como nos casos das perfurações de poços, derivação de água, etc. Baseava-se para tanto em enfoque privatístico, dentro do direito de vizinhança constante dos códigos e de outras normas de caráter civil. A parte prejudicada, na falta de acordo, precisava dirigir-se ao Judiciário, para decidir sobre as eventuais controvérsias. O Código Civil Brasileiro, de 1916, que entrou em vigor em 1917, retrata essa situação. Posteriormente, no mesmo sentido estatuiu o Código de Águas,[299] que contém algumas disposições de caráter privatístico, predominantes na época.[300]

Em decorrência desse tratamento, o controle da qualidade e da quantidade de água, do solo, da atmosfera e do meio urbano esteve, durante muito tempo, confiado às leis de proteção da saúde, uma vez que o bem jurídico que se objetivava defender era a saúde humana e não o recurso natural.

O crescimento das populações e a intensificação dos usos individuais fizeram com que a proteção jurídica se voltasse não mais para os indivíduos, mas para os recursos naturais, objeto de maior utilização por parte do homem, para garantir a sua utilização por todos. Surgiram, então, as leis de águas, de pesca, de florestas, de minas, etc. Essas normas legais tinham reflexos ambientais, mas não visavam à proteção do ambiente, como bem jurídico, o que somente ocorreu, em escala mundial, após a Conferência de Estocolmo, de 1972.[301]

Como os demais países, o Brasil teve, inicialmente, legislação com repercussões ambientais, que visava a disciplinar as relações entre indivíduos, proteger a sua saúde e regular a repartição dos recursos naturais mais utilizados. Exemplo disso encontramos na legislação sanitária, que, mesmo quando se referia à qualidade da água, do ar, do solo e do meio urbano, objetivava proteger a saúde do indivíduo e não os recursos naturais. Tanto as normas de proteção aos indivíduos, como as de proteção dos recursos naturais traziam, em seu bojo, repercussões ambientais.[302]

Com algumas disposições mais de caráter publicístico, podem ser citados o Código de Águas, de 1934,[303] e leis complementares, que conferem à Administração Pública o poder-dever de, exercendo

295 Art. 32.
296 Art. 32, I a III.
297 Art. 34.
298 Art. 38, I a III e parágrafo único.
299 Art. 60 e 73, parágrafo único.
300 Art. 96 a 99.
301 CANO, Guillermo J. - *A Legal and Institutional Framework for Natural Resources Management,* Legislative Studies nº 9, Food and Agriculture Organization of the United Nations, Roma, 1975, 44 p.; POMPEU, Cid Tomanik - Legislação Ambiental, no Catálogo Brasileiro de Engenharia Sanitária e Ambiental - CABES VI, 1980/81, Parte IV, Rio de Janeiro, pp. 387-392.
302 POMPEU, Cid Tomanik - *Legislação ambiental brasileira, Direito Nuclear,* Revista da Associação Brasileira de Direito Nuclear, nº 3, janeiro/julho de 1981, Rio de Janeiro, pp. 107-113.
303 Arts. 58 e 59.

a autotutela dos bens públicos, atuar, por sua própria força e autoridade, no sentido de impedir a degradação e o uso indevido dos recursos hídricos, em especial por meio da fiscalização e da exigência de outorgas, para a utilização das águas públicas.[304]

Nessas normas está prevista, também, a participação do Poder Judiciário.

A instituição do meio ambiente como algo a ser amparado pelo Direito, após a Conferência de Estocolmo, de 1972, ampliou as formas de defesa dos recursos hídricos, os quais, com a posterior tutela pela sociedade e pelo Ministério Público, passaram a contar com nova proteção. Surgiram, em especial, as ações civis públicas, cuja titularidade ativa é conferida a organismos da Administração, a entidades da sociedade e àquele Ministério.[305] Para sua completa efetivação, da mesma forma, é indispensável a presença do Poder Judiciário.[306]

O Poder Judiciário

Como demonstrado, o Poder Judiciário participa da defesa dos recursos hídricos desde a fase dependente de iniciativas privadas, até a atuação da Administração Pública e da hoje existente participação da sociedade, por meio de entidades dedicadas à defesa do ambiente e dos recursos naturais, e da marcante presença do Ministério Público.[307] Aliás, nos termos da Constituição Federal, nenhuma lesão ou ameaça de direito pode ser excluída da apreciação daquele Poder.[308]

A Primeira Instância

Na atuação do Poder Judiciário, em exame relativo ao Estado de São Paulo, pode ser notado que, em primeira instância, talvez por estarem mais próximos ao problema, ou, quem sabe, por serem mais jovens e, portanto, mais ousados, os juízes costumam acolher, quase que sistematicamente, os pleitos voltados à proteção das águas, em seus aspectos quantitativos ou qualitativos, tanto em medidas cautelares, como em sentenças. Nesses casos, estão incluídos, principalmente, os serviços públicos de coleta e disposição de esgotos, os aterros sanitários e os "lixões".

A Segunda Instância

Na instância superior, também focalizando o Estado de São Paulo, ao serem reexaminadas as decisões dos juízes singulares, em especial quando se trata de poluição causada por entidades da Administração Pública, tem predominado o entendimento de que a construção de instalações de tratamento de efluentes depende de planejamento estadual ou municipal, que envolve os respectivos Poderes Executivo e Legislativo, e que, por se consubstanciarem em atos de administração, submetem-se a critérios discricionários, de oportunidade e conveniência, das autoridades superiores que detêm o poder de decidir, fugindo ao controle dos organismos prestadores dos serviços, geralmente acionados judicialmente.

Sendo assim, tem havido predominância de decisões no sentido da impossibilidade jurídica dos pedidos objetivando fazer com que tais órgãos sejam compelidos, pelo Judiciário, a implantar instalações de tratamento. Tais julgados entendem que os juízes e tribunais não podem assumir, por si, a deliberação de atos de administração, que resultam sempre e necessariamente do exame de oportunidade e conveniência das pessoas escolhidas pelas normas constitucionais para exercê-los. Isso feriria a harmonia e independência entre os poderes.[309]

Existem, evidentemente, exceções nos pronunciamentos da segunda instância, que já entendeu ser a saúde pública prioritária, não havendo, nesses casos, discricionariedade do Poder Público.[310]

Tendo em vista esta tese, o Ministério Público passou a pleitear não mais a obrigação de tratar os efluentes, mas a de não despejá-los indevidamente tratados nos corpos de água, e conseguiu reverter a situação, a seu favor.

Relativamente aos particulares, a atuação do Poder Judiciário tem sido mais eficaz, pela inocorrência dos motivos acima expostos. Cite-se, por exem-

304 Arts. 43 a 52.

305 Lei nº 7.347, de 24/7/85, e Constituição Federal de 1988, art. 129, III.

306 OLIVEIRA JÚNIOR, Waldemar Mariz de - *Tutela Jurisdicional dos Interesses Coletivos*, em A tutela dos interesses difusos, coordenação de ADA PELLEGRINI GRINOVER, Max Limonad Ltda., SP, 1984, pp. 9-28.

307 POMPEU, Cid Tomanik - *Justiça e Proteção dos Recursos Hídricos*, Manejo Alternativo de Recursos Hídricos, Ministério do Meio Ambiente / Fundação Nacional do Meio Ambiente, Florianópolis, SC, 1994, pp. 57-64.

308 Art. 5º, XXXV.

309 5ª CC/TJSP, ApCiv. nº 166.981-1/1; 4ª CC/TJSP, ApCiv. nº 175.123-1/8; 3ª CC/TJSP, ApCiv. nº 179.969-1/9.

310 2ª CC/TJSP, ApCiv. nº 158.646-1/10.

plo, a ação penal que culminou com a condenação, a dois meses e dez dias de detenção, de diretores e funcionários da cúpula de uma multinacional, por terem infringido o art. 271, *caput*, combinado com o art. 51, § 2º, do Código Penal. Nesse caso, a primeira instância absolveu os denunciados e a segunda reformou a sentença.[311]

Em termos do exercício do poder discricionário para a outorga da utilização das águas, o Supremo Tribunal Federal já se manifestou no sentido de que a autoridade superior administrativa é quem deve dispor e regular, de acordo com os princípios federais, como a água deve ser utilizada em benefício comum, tanto de um como de outro município.[312] Com efeito, em se tratando de uso de bem público do domínio federal ou estadual, por municípios, que envolve alternativas técnicas e juízos de oportunidade e conveniência, ao Poder Judiciário não cabe definir como e por qual Município devem e podem ser utilizadas as águas públicas. Ainda que para tanto se propusesse aplicar a analogia às disposições hoje inaplicáveis por alterações constitucionais, relativamente às águas comuns, em cuja partilha era facultado ao juiz decidir **ex-bono et aequo**,[313] hoje se está diante de bem público incluído no patrimônio da União, de Estado ou do Distrito Federal, situação totalmente diversa. De fato, quando a oportunidade e a conveniência estão cometidos à Administração, ao Judiciário é vedado interferir, a não ser para manifestar-se quanto aos aspectos de legalidade. Caso contrário, estaria invadindo área privativa do Poder Executivo, e administrando em seu lugar.[314] Atente-se que se trata de exercício de poder discricionário, que decide a respeito de interesse, embora legítimo, e não de arbítrio, que é medida contrária à lei.

O Ministério Público

Ao Ministério Público, que atua legitimado por disposições constitucionais e legais, devem ser creditadas as mais eficientes ações no sentido de defender o meio ambiente, e, em especial, as águas, quer em se tratando de poluição causada por particulares, quer por entidades da Administração Pública.

Para avaliar sua presença nesse campo, cite-se que, em 1991, no Estado de São Paulo, na defesa do meio ambiente, foram por ele propostas 751 ações civis públicas e celebrados 172 acordos. Até 30 de março de 1993, o Ministério Público paulista havia proposto 999 ações civis públicas, na defesa do meio ambiente.

Pelo alcance, e por referir-se a obra hidráulica, pode ser destacada a Ação Civil Pública Ambiental movida contra a Companhia Energética de São Paulo - CESP, pugnando por indenização em razão dos danos causados ao meio ambiente, pela construção da Usina Hidrelétrica de Três Irmãos, cuja sentença, de 22 de dezembro de 1992, condenou a empresa ao pagamento de mais de 116 bilhões de cruzeiros, valor a ser corrigido monetariamente desde a data do laudo (outubro de 1991), acrescido de juros de mora, a partir da data do trânsito em julgado, além de custas, despesas processuais e honorários advocatícios e do perito judicial e assistente técnico.[315]

A atuação do Ministério Público, na defesa dos recursos hídricos tem sido relevante, não só pelos inquéritos civis e pelas ações propostas, como pelos acordos efetivados, visando ao atendimento da legislação. A simples possibilidade da intervenção desse Ministério costuma inibir muitas atividades poluidoras.

As demais entidades com legitimação para agir

No ano de 1991, no Estado de São Paulo, as demais entidades, privadas ou pertencentes à Administração Pública, com legitimação para agir, propuseram 42 ações civis públicas. O número demonstra existir algum empecilho para sua atuação nesse sentido. Essas entidades, ligadas à Administração ou privadas, por razões econômicas ou outras, apresentam atuação menos evidente, no âmbito judicial.

311 1ª Câmara Criminal, do TJSP, ApCrim nº 14.875-3, Comarca de Americana/SP.

312 Recurso Extraordinário nº 85.550-SP.

313 Art. 73, parágrafo único, do Código de Águas.

314 FAGUNDES, M. Seabra - *O Controle dos Atos Administrativos pelo Poder Judiciário,* 5ª ed., Forense, Rio de Janeiro, 1979, pp. 97/98; MEIRELLES, Hely Lopes - *Direito Administrativo Brasileiro,* 13ª ed. atualizada, Revista dos Tribunais, SP, 1987, p. 127; CRETELLA JÚNIOR, José - *Tratado de Direito Administrativo,* vol. II, Forense, SP, 1966, p. 203, Revista de Direito Administrativo, 2:687, 63:106, 75:188 e 111:269, e Revista Forense, 225:96 e 236:173.

315 Comarca de Pereira Barreto/SP.

Os mandados de segurança e as ações populares

Por outro lado, em diversos casos, medidas administrativas visando à defesa do ambiente, tomadas por autoridades públicas, foram objeto de mandado de segurança ou de ação popular, visando anulá-las.[316] O Judiciário paulista, no entanto, tem sido criterioso, separando os casos de efetivo dano ou lesão a direito, dos procedimentos puramente político-ideológicos.

A morosidade na administração da Justiça

A maior falha do Poder Judiciário, em todos os seus níveis, é a morosidade com que tramitam os processos, fazendo com que se tenha aplicação tardia da justiça e, por isso, quase sempre, verdadeira injustiça. Não se trata, em regra, da existência de jogo político no Judiciário, que faça com que as águas deixem de ser protegidas pela Justiça, mas da lentidão dos processos e da inadequação do aparelhamento jurisdicional.

A respeito da questão, por sua abrangência, é oportuno transcrever as observações de ADA PELLEGRINI GRINOVER, que retratam, com fidelidade, o quadro existente na aplicação da Justiça, em nosso País.

Salienta a autora:

A sobrecarga dos tribunais, a morosidade dos processos, seu custo, a burocratização da Justiça, certa complicação procedimental; a mentalidade do juiz, que deixa de fazer uso dos poderes que o Código lhe atribui; a falta de informação e de orientação para os detentores dos interesses em conflito; as deficiências do patrocínio gratuito, tudo leva à insuperável obstrução das vias de acesso à Justiça, e ao distanciamento cada vez maior entre o Judiciário e seus usuários. (...). Acresça-se a tudo isso que os esquemas processuais tradicionais, ainda que satisfatórios para acudir a um sistema capitalista e burguês, que antepunha face a face os clássicos detentores de interesses individuais, seriam de qualquer modo inadequados para a solução dos conflitos emergentes em uma sociedade de massa, em que despontam interesses metaindividuais (os denominados 'interesses difusos')...

E finaliza:

... teremos, a completar o quadro angustiante de uma Justiça lenta, cara, complicada, burocratizada e inacessível até para os conflitos tradicionais, a pincelada dramática da falta de resposta processual para os conflitos, próprios de uma sociedade de massa.[317]

A despeito dessa situação, o Poder Judiciário tem sido de fundamental importância para a defesa das águas, em todos os níveis, desde a primeira instância, mais ligada aos problemas locais e de faixa etária mais nova, até a mais alta Corte de Justiça. Descontada a morosidade e a burocracia com que atua, tem ele proporcionado, através dos tempos, respaldo à defesa desses recursos naturais, o que pode ser comprovado pelo exame da vasta jurisprudência existente.

Se, em determinadas situações atrela-se ao jogo político, na maioria das vezes está enleado em normas organizacionais desatualizadas e em descompasso com o mundo moderno e as necessidades de aplicação rápida da Justiça, em seus diversos campos, sem conseguir desatar-se. No Brasil, o Judiciário não conseguiu atualizar-se a ponto de acompanhar a evolução do Direito no campo da defesa dos recursos naturais, no qual deixou de haver preocupação somente com o indivíduo, para dirigir-se à sociedade e ao meio, fornecendo àquela os instrumentos legais para agir na defesa do interesse coletivo.

Conclusão

A explanação acima, sobre as águas doces no direito brasileiro permite chegar às seguintes conclusões e perspectivas:

Conclusões:

(i) Anteriormente ao Código de Águas, em decorrência do Alvará de 1819, aplicavam-se no Brasil as disposições do Alvará de 1804, baseados ambos na Ordenação do Reino, segundo a qual os rios navegáveis e os de que se faziam os navegáveis, que eram caudais e corriam todo o tempo pertenciam aos direitos reais e sua utilização dependia de concessão régia. Pelo Alvará de 1804, foi permitida a livre derivação por particulares, em benefício da agricultura e da indústria. Pelo Código de Águas de 1934, essas derivações passaram a depender da

316 ApCiv. nº 109.799-1, Comarca de Fernandópolis; Ação Popular relativa ao Projeto Sanegran/SP, Ap. nº 285.903, Revista Forense 271/39-150.

317 *Novas Tendências do Direito Processual*, Forense Universitária, SP, 1990, p. 177.

outorga de concessão administrativa;

(ii) Filiando-se ao sistema romano-germânico de direito, o Brasil adotou em seu Código de Águas princípios aplicáveis aos países úmidos, embora tenha sido prevista legislação especial para as zonas periodicamente assoladas pelas secas, o que nunca ocorreu;

(iii) Pela falta de regulamentação, e de complementação por outras leis, a maior parte das disposições do Código, relativas às águas, deixou de ser aplicada, do que resultou o pouco desenvolvimento doutrinário brasileiro referente à matéria;

(iv) Em várias oportunidades houve tentativas de atualização do Código, hoje com muitas disposições inaplicáveis em decorrência de alterações constitucionais e leis posteriores;

(v) A Constituição Federal de 1988 ampliou consideravelmente o domínio hídrico dos Estados, o que os levou à edição de normas disciplinadoras da gestão e da utilização das águas estaduais, em suas Constituições e leis;

(vi) A partir de 1989, as Constituições estaduais e a Lei Orgânica do Distrito Federal passaram a traçar normas sobre a administração das águas, provocando a expansão da matéria em todo o território nacional, hoje em fase de implantação, mediante leis e decretos sobre o gerenciamento e a organização administrativa correspondentes;

(vii) Os Estados podem cobrar pela utilização das águas do seu domínio, independentemente de autorização da União, sendo a contraprestação, no direito brasileiro, um preço, no sentido comum da palavra;

(viii) Somente em 1977, a União editou lei sobre a Política e o Sistema Nacional de Gerenciamento de Recursos Hídricos, em fase de regulamentação introduzindo novas alterações no Código de Águas;

(ix) Embora a Constituição Federal de 1988 estabeleça caber à União definir os critérios de outorga dos direitos de uso dos recursos hídricos, nota-se que muitos Estados estão dispondo sobre a matéria de forma diversa da preconizada pelo Código de Águas; e

(x) O Poder Judiciário e o Ministério Público, estadual e federal, a despeito da morosidade da aplicação da Justiça e de eventuais interferências políticas sofridas, têm atuado com eficácia no campo das águas doces.

Perspectivas sobre ações que seriam desejáveis:

(i) Para que pudesse haver eficiente unificação terminológica, seria desejável que se passasse a adotar com maior rigor, no direito brasileiro, o vocábulo "água" e a expressão "recursos hídricos" no seu verdadeiro sentido. O primeiro, para designar o elemento líquido em seu gênero, descomprometido com qualquer uso, e a segunda quando a água estiver sendo focalizada na condição de bem econômico;

(ii) No seu todo, a legislação brasileira sobre águas precisaria ser atualizada, não apenas para regulamentar e complementar o respectivo Código, como para disciplinar os aspectos carentes de norma legal. Paralelamente, seria aconselhável a atualização daquele, tarefa essa que demandaria alguns anos;

(iii) Os acordos e tratados internacionais celebrados pelo Brasil precisam ser mais divulgados, para que possam ser levados em consideração quando da elaboração de normas internas sobre águas doces;

(iv) Na regulamentação da nova lei sobre a Política Nacional de Gerenciamento de Recursos Hídricos e respectivo Sistema, a União precisaria envidar esforços no sentido de que as modalidades de outorga instituídas por esses Estados pudessem ser recebidas pela norma federal, para evitar que estas precisem ser alteradas ou anuladas, uma vez que se encontram em plena aplicação;

(v) Os Estados, tal como ocorreu com a União, com o veto do dispositivo correspondente, da Lei nº 9.433/97, deveriam alterar suas Constituições, no sentido de que os Planos de Recursos Hídricos pudessem ser aprovados por decreto e não por lei. A experiência demonstra que a exigência de lei tem feito com que os Planos, tendo em vista os prazos e as negociações próprios dos processos legislativos, impeçam sua aprovação no devido tempo. Além do mais, instituído o planejamento a partir das bacias hidrográficas, sua alteração posterior tornaria inócua a participação local no planejamento.

Bibliografia

CANO, Guillermo J. A Legal and Institucional Framework for Natural Resources Management. In: Legislative Studies n. 9. Roma, Food and Agriculture Organization of the United Nations, 44p. 1975.

________________. Geografia e História del Derecho de Águas. Su Papel en el Manejo de los Recursos Hídricos. In: *Colección de Estudios Jurídico-Políticos sobre los Recursos Naturales y el Ambiente Humano.* Mendoza, Instituto Nacional de Ciencia y Técnicas Hídricas. vol. 1, 1976.

CATALDO, Paulo César. Parecer nº P-022/82 de 25/8/82. *Diário Oficial da União.* 23 set.. p. 17.927/33, 1982.

CAUBET, Christian, G. *As Grandes Manobras de Itaipu - Energia, Diplomacia e Direito na Bacia do Prata.* São Paulo, Ed. Acadêmica, 1991.

CRETELLA JÚNIOR, José. Dos Bens Públicos na Constituição de 1988. In: *Revista dos Tribunais,* 10(653):16-48.

__________________. *Tratado de Direito Administrativo,* vol. II. São Paulo, Forense. p. 203, 1966.

__________________. *Tratado de Direito Administrativo,* vol. III. São Paulo, Forense.

DAVID, René. *Les Grands Systèmes de Droit Contemporains* (Droit comparé). 4. ed. Paris, Dalloz, 1971.

FAGUNDES, M. Seabra. *O Controle dos Atos Administrativos pelo Poder Judiciário.* 5. Rio de Janeiro, Forense, 1979.

GRINOVER, Ada Pellegrini. *Novas Tendências do Direito Processual.* São Paulo, Forense Universitária, 1990.

MEIRELLES, Hely Lopes. *Direito Administrativo Brasileiro.* 13. ed. atualizada. São Paulo, Revista dos Tribunais, 1987.

POMPEU, Cid Tomanik. *Autorização Administrativa.* São Paulo, Revista dos Tribunais, 1992.

__________________. Aspectos Jurídicos da Cobrança pela Utilização dos Recursos Hídricos, Governo do Estado de São Paulo - Secretaria de Energia e Saneamento e Banco Interamericano de Desenvolvimento - BID. In: *Seminário Recursos Hídricos e Saneamento Ambiental. Novos Conceitos do Usuário-Pagador.* São Paulo, p. 48-74, 1992.

__________________. Direito de Águas. In: *Enciclopédia Saraiva do Direito,* São Paulo, Saraiva, 1977.

__________________. Legislação Ambiental. In: *Catálogo Brasileiro de Engenharia Sanitária e Ambiental - CABES VI, 80/81,* parte IV. Rio de Janeiro, p. 387-392.

__________________. Legislação Ambiental Brasileira: Direito Nuclear. In: *Revista da Associação Brasileira de Direito Nuclear,* n. 3. Rio de Janeiro, p. 107-113, 1981.

__________________. Recursos Hídricos na Constituição de 1988, Águas e Energia Elétrica. In: *Revista do Departamento de Águas e Energia Elétrica - DAEE,* n. 14, p. 42-49.

__________________. Regime Jurídico da Concessão de Uso das Águas Públicas. In: *Revista de Direito Público,* n. 21. 1972.

__________________. *Regime Jurídico da Política das Águas Públicas 1/ Política da Qualidade.* São Paulo, CETESB 149 p, 1976.

RANELLETTI, Oreste. *Teori degli Atti Amministrativi Speciali.* Milão, Dott. Giuffrè, 1945.

VALLADÃO, Alfredo. *Direito das Águas.* Revista dos Tribunais, 1931.

ZANINI, Gustavo. O Tratado de Itaipu. In: *Revista da Faculdade de Direito da Universidade de São Paulo,* vol. LXIX, fasc. I. São Paulo, p. 165-179, 1974.

Cid Tomanik Pompeu

ctpompeu@mandic.com.br

Advogado – Faculdade de Direito da USP

Especialista em Teoria do Estado e Direito Administrativo – FDUSP

Mestre em Direito do Estado – FDUSP

Doutor em Direito – FDUSP

Consultor Jurídico de entidades públicas e privadas.

Ministra cursos e aulas sobre Direito de Águas.

Atuação nas áreas de Direito de Águas, Ambiental, de Eletricidade, Administrativo e na de saneamento básico.

Ex-professor de Direito Administrativo na Faculdade de Direito da USP.

Ex-Procurador Chefe do Depto. de Águas e Energia Elétrica – DAEE/SP e do Fomento Estadual de Saneamento Básico – FESP/SP.

Ex-Consultor Jurídico da presidência da COMASP, CETESB e SABESP.

Membro do Instituto dos Advogados de São Paulo – IASP.

19

Monitoramento de Quantidade e Qualidade das Águas

Benedito Braga
Monica Porto
Carlos E. M. Tucci

O planejamento e gestão de recursos hídricos depende fundamentalmente de informações confiáveis, tanto no que diz respeito à demanda como à oferta de água. Esta última só poderá ser adequadamente estimada se existirem redes de monitoramento que gerem dados sobre variáveis de interesse no setor de quantidade e de qualidade das águas. Aqui interessa conhecer a variabilidade espacial e temporal das águas atmosféricas, superficiais e subterrâneas.

As informações são indispensáveis para um adequado desenvolvimento dos recursos hídricos dentro de bases sustentáveis. A falta de informações *aumenta a incerteza das decisões* e dos resultado dos usos e impactos dos recursos hídricos. O custo devido à falta das informações é muito superior ao da sua obtenção na análise final de um projeto.

As informações básicas necessárias a um adequado gerenciamento dos recursos hídricos envolvem:

Características físicas dos sistemas hídricos: relevo, hidrografia, geologia, solo, cobertura vegetal, ações antrópicas, obras hidráulicas, entre outros;

Comportamento hidroclimatológico: séries históricas e em tempo real de variáveis climáticas, fluviometria, sedimentometria e qualidade da água.

Dados socioeconômicos como: dados censitários sobre população, indústrias, produção e ocupação rural e, principalmente, dados referentes ao uso e impacto dos recursos hídricos.

Os dados socioeconômicos são geralmente obtidos por entidades de estatística do País, públicas ou privadas. No Brasil, este papel é exercido pelo IBGE, (Instituto Brasileiro de Geografia e Estatística), que também possui mapas em escala 1: 50.000, 1:100.000 e 1:250.000 e 1:1.000.000 de grande parte do País, com as características físicas básicas de uma determinada data.

Até a década de 70, os levantamentos para escalas como as citadas eram realizados por levantamentos aerofotogramétricos. Com a informação de sensoriamento remoto, os mesmos podem ser atualizados com menor custo e de forma mais freqüente. Para escalas maiores (menores na proporção) podem ser utilizados sensores específicos ou levantamentos topográficos, mas são realizados para áreas específicas. Em escala 1:1.000.000 é possível obter mapas com vários tipos de informação, pela Internet, cobrindo toda a América do Sul. De forma geral, informações físicas até a escala de 1:50.000 podem ser obtidos em escala nacional (depende do país) e para escalas maiores, os dados são obtidos nas entidades que geraram a informação para estudos específicos. Por exemplo, em regiões de grande concentração urbana existem dados específicos de entidades de gerenciamento destas áreas.

No Brasil, o monitoramento das águas atmosféricas é responsabilidade do Instituto Nacional de Meteorologia (INMET), órgão ligado ao Ministério da Agricultura, que opera um conjunto de estações meteorológicas no país. A função desta rede é permitir a previsão do tempo e disponibilizar aos usuários de recursos hídricos informações sobre precipitação e evaporação, para fins de balanço hídrico. Nos últimos anos, o INMET tem se especializado na previsão de tempo e clima. Na sua página na Internet (http://www.inmet.gov.br), o usuário pode acessar às previsões. O INPE – Instituto de Pesquisas Espaciais do Ministério de Ciência e Tecnologia também produz previsões de tempo e clima, utilizando modernos recursos tecnológicos de sensoriamento remoto e modelos matemáticos altamente sofisticados. Os dados meteorológicos necessários para o planejamento e gestão de recursos hídricos podem ser obtidos no site da ANEEL (http://www.aneel.gov.br), a Agência Nacional de Energia Elétrica.

As águas superficiais estão sob a responsabilidade da ANEEL, que opera uma rede hidrométrica constituída de 1.874 estações fluviométricas. Além disto, suplementarmente ao INMET, a ANEEL opera um conjunto de 2.234 estações pluviométricas e hidrometeorológicas. As águas subterrâneas não dispõem ainda de um aparato de coleta de dados sistemático, em nível nacional. Os dados existentes são resultado de observações em poços perfurados por entidades privadas e públicas, em nível estadual ou regional.

Águas atmosféricas

O monitoramento de precipitação e evaporação são essenciais ao planejamento e gestão de recursos hídricos, uma vez que permitem a realização do balanço hídrico de bacias hidrográficas. Este monitoramento pode ser feito através de estações de superfície ou através de sensoriamento remoto, por satélites e radares meteorológicos. A quantificação de precipitação a partir de imagens de satélite é possível. Entretanto, sua utilização de forma operacional é incipiente. O INPE – Instituto Nacional de Pesquisas Espaciais de São José dos Campos, São Paulo, é a entidade responsável pela coleta de dados e disseminação através de seu Centro de Pesquisas em Meteorologia – CPTEC, em Cachoeira Paulista, São Paulo. Neste Centro são feitas as previsões de tempo e clima, mas não se dispõe de um banco de dados de precipitação por satélite. Outro problema associado a estimativas desta natureza é a resolução espacial pouco detalhada do campo de precipitação por satélite.

A quantificação da precipitação através de radares meteorológicos tem sido feita com sucesso por diferentes entidades ligadas à previsão de precipitação e inundações a curto prazo (CTH, SIMEPAR, etc.). Entretanto, estas informações estão disponíveis em tempo real e o volume de dados é excessivo para fazer parte de um banco de dados de longo prazo de uma rede de informações hidrológicas. Além disto, existem alguns problemas tecnológicos a serem resolvidos com este tipo de tecnologia, que impedem sua utilização na forma tradicional das redes hidrométricas. Entre outros, estes problemas incluem: propagação anômala, ecos de terreno e a presença de gelo em certos tipos de precipitação. Deve-se, entretanto, enfatizar que informações de radar são extremamente úteis em estudos e projetos de drenagem urbana, onde a resolução espacial do campo de precipitação desempenha um papel extremamente importante.

A rede de hidrometeorologia do INMET está mostrada na Figura 1. Pode-se observar que o número de estações é bastante razoável (720), entretanto sua distribuição espacial indica deficiências nas regiões Oeste e Norte do País.

A rede foi projetada essencialmente no sentido de atender às necessidades de previsão de clima e tempo no Brasil. Mais recentemente, o INPE, através de seu centro de previsões o CPTEC, trouxe inovações tecnológicas sensíveis e junto com a rede do INMET desenvolve trabalhos de grande alcance científico e tecnológico, de interesse imediato para previsão de tempo.

Águas superficiais

Para fins de operação, o Brasil encontra-se subdividido em 8 bacias hidrográficas principais (Figura 2). As características climáticas, ecológicas e econômicas destas bacias são bastante diferenciadas: as bacias da região norte têm água em abundância e necessitam de cuidadosa preservação ambiental, as da região nordeste são deficitárias, requerendo investimentos consideráveis em programas de conservação e obras para aumento de vazões. As bacias da região Sudeste onde a degradação ambiental tanto no ambiente urbano como rural está a requerer medidas de controle de poluição pontual e difusa que envolvem grandes investimentos de capital. No Centro-Oeste do país, a nova fronteira agrícola, o problema é a necessidade de grandes volumes de água para irrigação. Assim, as características destas redes são diferenciadas.

Na Figura 3 estão mostradas as estações hidrométricas da rede básica brasileira operada pela ANEEL. Existem diversos tipos de estações, incluindo: *pluviométricas*, onde são feitas leituras do total acumulado de chuva às 7h através de observadores; *pluviográficas*, onde são registrados continuamente os dados de chuva; *limnimétricas*, onde são feitas duas leituras diárias (7h e 17h) através de observadores; *fluviométicas*, são estações limnimétricas, para as quais se levantam periodicamente curvas-chave para estimativa das vazões líquidas; *fluviográfica*, onde os níveis d'água são registrados continuamente e existe curva-chave para cálculo das vazõe líquidas; *climatológicas*, onde são medidas diferentes variáveis meteorológicas, incluindo velocidade e direção do vento, umidade relativa do ar, pressão, temperatura e evaporação potencial; *evaporimétricas*, onde são feitas leituras do total evaporado às 7h através de observadores, *sedimentológicas*, onde são coletadas amostras de sedimentos regularmente; *qualidade da água,* onde são coletadas amostras de diferentes parâmetros de qualidade com freqüência variável.

Mais recentemente, tornou-se usual no Brasil a utilização de estações que operam em tempo real enviando informações telemetricamente a uma central de informações que dissemina estas informações para diferentes setores usuários da água. Um dos setores que mais se utiliza deste tipo de informação é a Defesa Civil, no sentido de minimizar o impacto de eventos críticos de inundações e deslizamentos de terra. Na Figura 4 está mostrada a rede telemétrica nacional operada pela ANEEL em termos de quantidade e qualidade da água.

DISTRIBUIÇÃO DAS ESTAÇÕES METEREOLÓGICAS

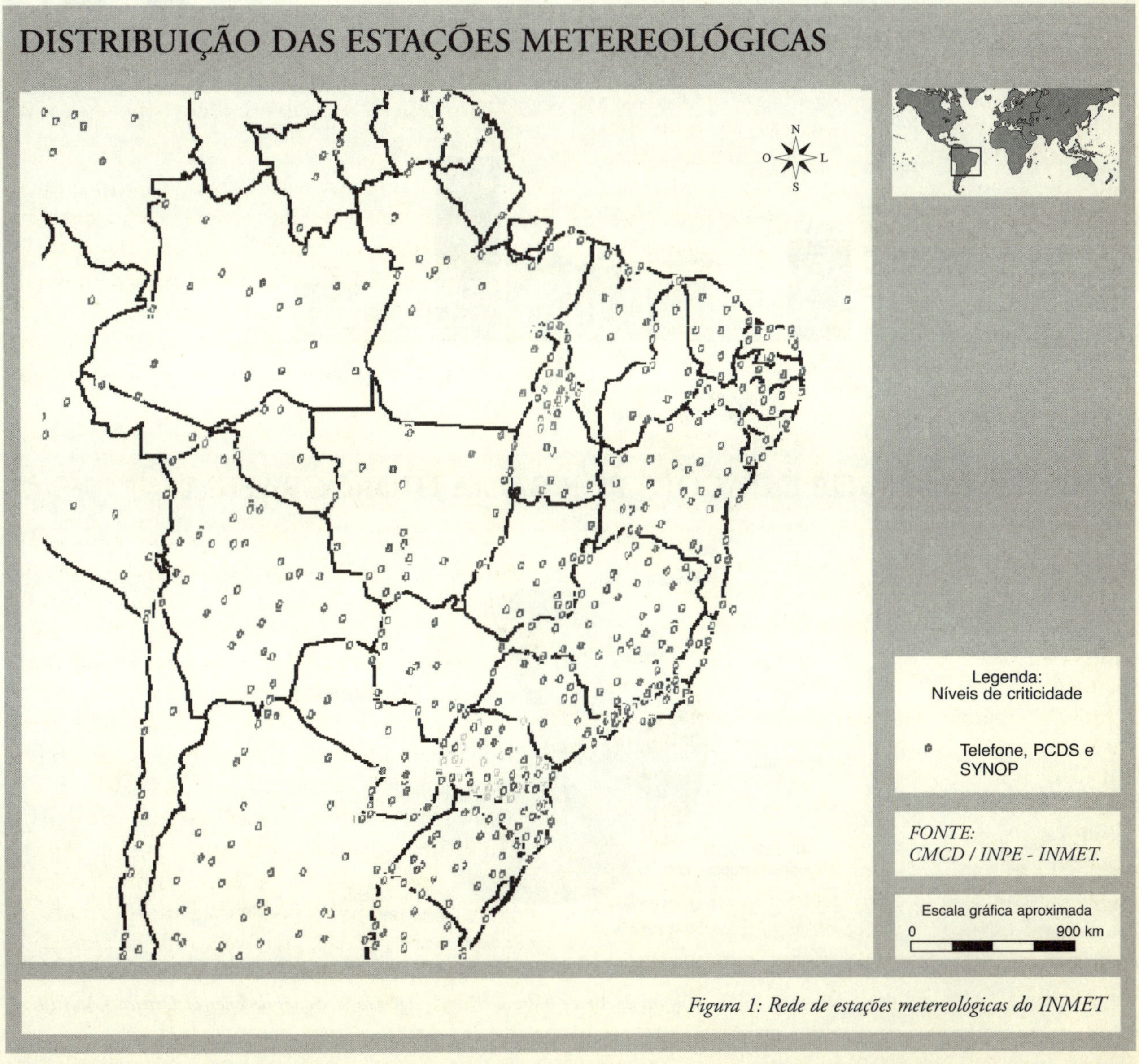

Figura 1: Rede de estações metereológicas do INMET

DISTRIBUIÇÃO DAS ESTAÇÕES METEREOLÓGICAS

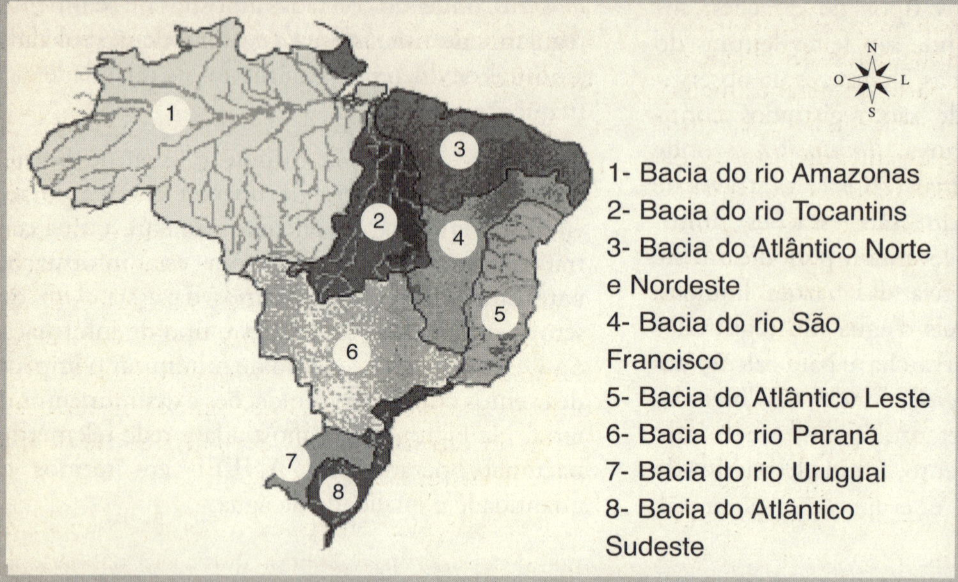

FONTE:
Ferreira, 1998.

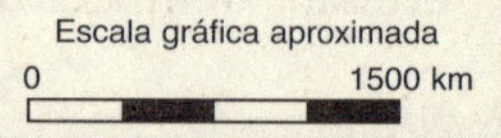

NÚMERO DE ESTAÇÕES POR BACIA HIDROGRÁFICA

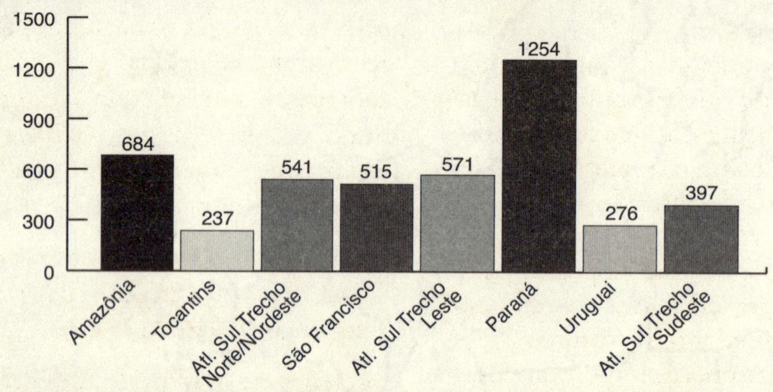

PORCENTAGEM DE ESTAÇÕES POR BACIA HIDROGRÁFICA

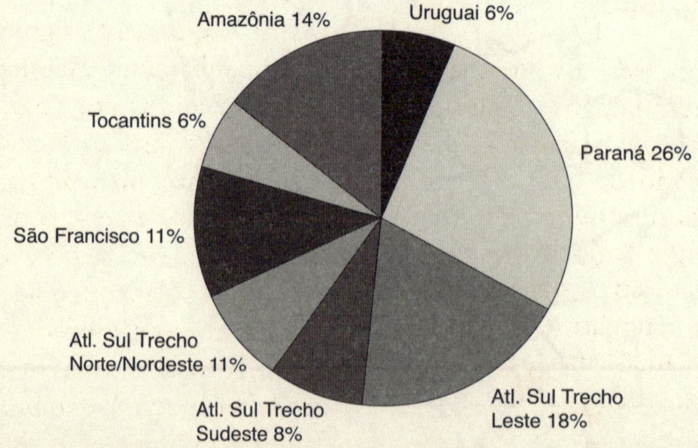

Figura 2: A rede hidrométrica da Agência Nacional de Energia Elétrica - ANEEL

Qualidade da água

O intenso uso da água e a poluição gerada contribuem para agravar sua escassez e resulta na necessidade crescente do acompanhamento das alterações da qualidade da água. Faz parte do gerenciamento dos recursos hídricos o controle ambiental, de forma a impedir que problemas decorrentes da poluição da água venham a comprometer seu aproveitamento múltiplo e integrado, e de forma a colaborar para a minimização dos impactos negativos ao meio ambiente. Ultimamente, novos problemas ambientais têm sido detectados numa velocidade muito maior do que a nossa capacidade de resolver os velhos problemas já conhecidos. É necessário entender os processos ambientais, para que se avance no conhecimento sobre os ecossistemas e para que se possa atuar corretamente sobre as causas das alterações encontradas. Isso somente é possível quando se dispõe de um conjunto de *informações* confiáveis obtidas a partir de observações do que está ocorrendo no meio. É assim que os sistemas de monitoramento de qualidade da água devem ser entendidos e planejados.

O conceito de monitoramento da qualidade da água é muito mais amplo do que o simples verificar se os padrões legais de qualidade da água estão sendo obedecidos ou não. Deve atender à necessidade de se responder o que está sendo alterado e por que estas modificações estão ocorrendo. O gerenciamento da qualidade da água precisa dessas respostas para que as ações tomadas sejam eficientes na redução dos danos ao meio ambiente, atuais e futuros. Não basta coletar os dados no campo. É importante que se estabeleçam formas de utilização desses dados coletados, permitindo que essas informações sejam úteis ao gestor dos recursos hídricos e à sociedade e que delas resulte um passo a mais no conhecimento dos processos da natureza.

O Brasil é um país com poucos sistemas de monitoramento de qualidade da água e que, portanto, dispõe de uma quantidade bastante pequena de informações sobre o estado de seus corpos de água, principalmente face às suas dimensões continentais, diferenças geográficas regionais e magnitude dos problemas de poluição. Existem poucas redes instaladas com coleta sistemática de dados e, mesmo no caso de campanhas mais específicas quanto a objetivo e local, também não há grande disponibilidade

Este fato indica a necessidade do País desenvolver sua tecnologia de redes de monitoramento de qualidade da água e reconhecer a importância desse investimento para melhorar e ampliar seus bancos de informação no setor de recursos hídricos.

Objetivos de um sistema de monitoramento da qualidade da água

Um sistema de monitoramento de qualidade da água eficiente é aquele cujos dados disponíveis respondem às perguntas dos seus usuários. Quando isto ocorre, o sistema é eficiente em termos técnicos e com certeza também será eficiente sob o ponto de vista econômico, já que não está sendo desperdiçado o recurso financeiro na coleta de dados, que apenas ficam armazenados, sem qualquer utilidade. Para que isso ocorra, os sistemas devem ser planejados a partir do estabelecimento de objetivos claros que definam sua utilização no futuro.

Esses sistemas devem ser o ponto de apoio de medidas que promovam a melhoria da qualidade do recurso água e a redução dos impactos causados pelos aproveitamentos dos recursos hídricos. Deve ainda servir como subsídio às decisões tomadas pelos gestores da bacia hidrográfica, permitindo o acompanhamento da eficiência das medidas já adotadas e também auxiliar novas mudanças de rumo. Os objetivos que justificam a implantação de sistemas de monitoramento da qualidade da água podem ser diversos (Parr, 1994):

- avaliar a qualidade dos corpos de água e a diversidade das concentrações das variáveis de interesse ao longo do tempo;
- determinar os tipos de ação necessários para a manutenção da qualidade nos padrões adequados, definidos por lei;
- avaliar a efetividade dessas ações.

Monitoramento significa, enfim, a avaliação e o acompanhamento de uma dada situação, a partir de dados medidos por aparelhos, conforme definição encontrada nos dicionários. Embora a noção de quais os objetivos desse acompanhamento pareça estar embutida nesse conceito, não é, no entanto, o que comumente se observa. Muitas vezes inicia-se a prática da coleta de dados sem que se saiba para que, onde e como esses dados serão utilizados. Deve ser lembrado que o número de dados a serem coletados pode ser bastante grande, devido ao expressivo número de poluentes hoje em contato com o meio ambiente, levando a um custo significativo a operação de uma rede de monitoramento da qualidade da água.

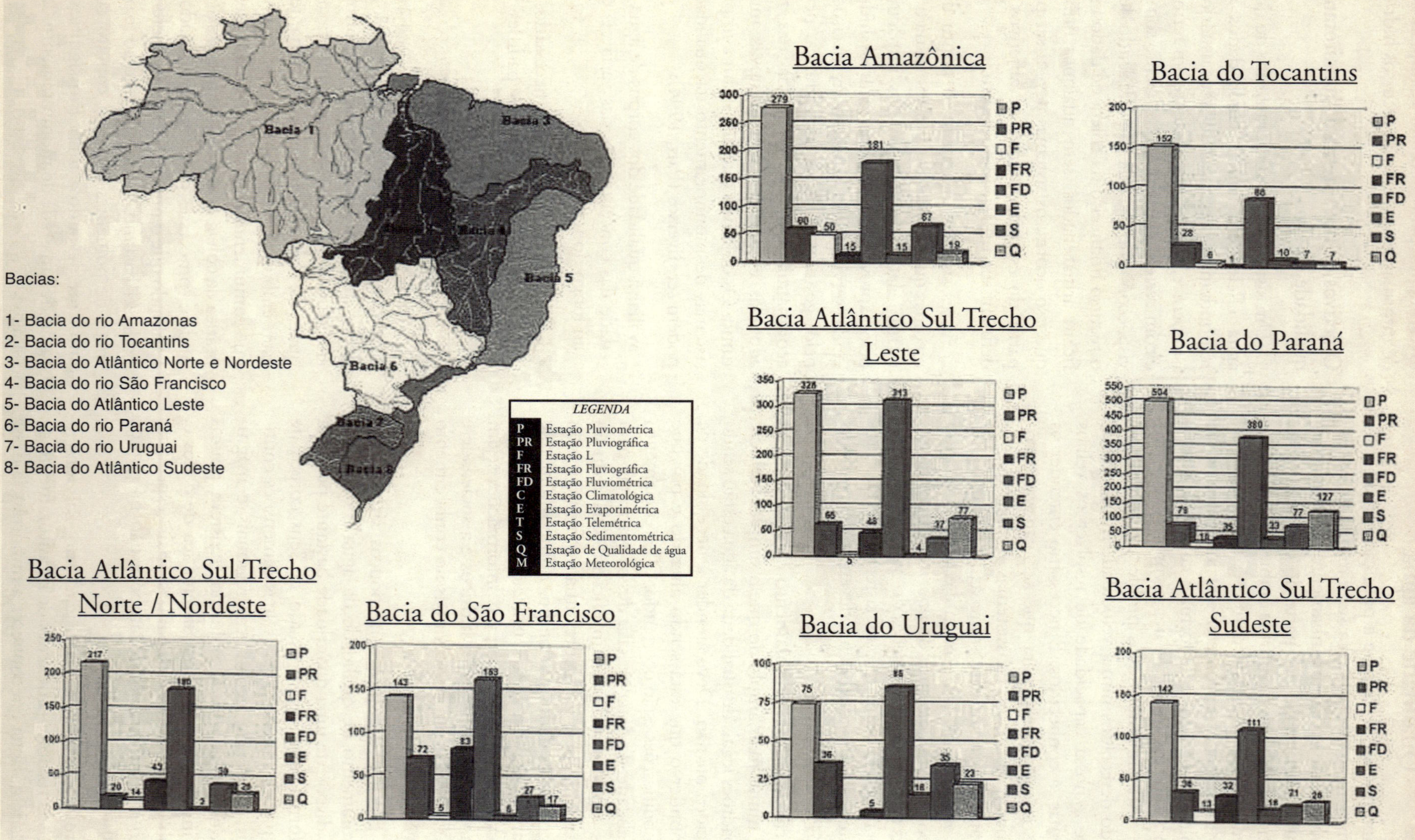

Figura 3 – Distribuição das Estações Hidrométricas da ANEEL por bacias Hidrográficas

Não é rara a existência de bancos de dados de qualidade da água com muito pouca utilização, por não se conseguir extrair informações úteis e consistentes a partir do que está ali armazenado. As razões para isso são muitas: pontos de amostragem mal localizados, mudanças constantes na freqüência de amostragem, má qualidade dos dados por erros de coleta ou análise, formas de armazenagem dos dados que dificultam a recuperação ou acesso. Este fenômeno é descrito em diversos trabalhos e citado por Ward (1990) como a síndrome dos bancos "ricos em dados e pobres em informação".

Usualmente, a principal razão para essa síndrome é a falta da definição clara dos objetivos a serem alcançados pela rede de monitoramento logo no início de seu planejamento ou operação. Dependendo do objetivo a ser alcançado, a rede de qualidade da água terá características próprias e adequadas para a obtenção das informações esperadas. Por exemplo, redes cujo objetivo é o de detectar tendências de alteração da qualidade da água da bacia hidrográfica devem ser previstas para operar durante um longo período de tempo, sem que a freqüência das observações se altere. Isto deve ser obedecido para que seja viabilizada a utilização de métodos

Bacias	Existente	A instalar 1997	Sub-Total	Previsto 1998/2000	Total
1-Amazonas	25	14	39	59	98
2-Tocantins	11	1	12	30	42
3-Atl.Norte/Nordeste	5	6	11	40	51
4-São Francisco	10	3	13	34	47
5-Atlântico Leste	25	6	31	52	83
6-Paraná	45	17	56	50	106
7-Uruguai	10	0	10	23	33
8-Atl. Sudeste	16	1	23	23	46
Total	147	48	200	291	506

Figura 4 – Distribuição das Estações da rede Telemétrica da ANEEL

estatísticos de análise da série. As redes cujo objetivo é o de fiscalizar a obediência aos padrões de qualidade da água estabelecidos por lei devem ter como características básicas a localização das estações de amostragem em pontos estratégicos, onde a probabilidade de violação do padrão é maior, e devem ser planejadas para uma freqüência de amostragem compatível com a violação a ser detectada.

Num nível de maior detalhe, podem ser listados os seguintes objetivos a ser alcançados pelas redes de monitoramento de qualidade da água. São eles (Whitfield, 1988 e Parr, 1994):

- identificação de concentrações anormais, por lançamentos contínuos ou acidentes, para fins de fiscalização
- detecção de tendências de alteração das concentrações
- avaliação de alterações do ecossistema
- estimativas de fluxo de poluentes
- monitoramento de fluxo de poluentes em eventos
- avaliação geral da bacia

Partes componentes de um sistema de monitoramento da qualidade da água

Um sistema de monitoramento de qualidade da água é composto por quatro grandes grupos de atividades. São eles (Ward, 1990):

coleta de amostras

- esta atividade pressupõe a definição dos pontos de coleta de amostras, da freqüência dessa coleta e da seleção das variáveis de qualidade da água a serem amostradas, isto é, de um *protocolo* de operação da rede de monitoramento; a definição deste protocolo depende fundamentalmente dos objetivos visados pelo monitoramento;
- a atividade da coleta propriamente dita, isto é, a ida ao campo e a amostragem devem também ser objeto desse protocolo, com vistas a uniformizar os trabalhos das diversas equipes e a garantir a boa qualidade dos dados.

fase laboratorial

- a análise das amostras coletadas no campo a ser feita no laboratório é uma atividade que requer procedimentos bastante cuidadosos, para que os dados produzidos sejam precisos e consistentes; a grande vantagem desta etapa é que existe disponível procedimentos documentados e aceitos internacionalmente para todas as análises utilizadas, inclusive com diversos graus de sofisticação;
- o controle da qualidade num laboratório é a garantia da excelência dos resultados obtidos no sistema.

armazenamento dos dados

- o armazenamento dos dados dos sistemas de monitoramento requer os cuidados necessários comumente adotados: procedimentos de verificação da consistência dos dados, utilização de bancos de dados em computadores, adoção de procedimentos fáceis e acessíveis de recuperação dos dados.

produção da informação

- esta etapa define a utilização do sistema de monitoramento, já que é aqui que se transformam os dados coletados em campo, analisados e armazenados, em informações úteis para todas as decisões a serem tomadas no futuro na bacia hidrográfica, referentes a planos de investimento para controle de poluição, instalação de novas indústrias, bem como outras decisões referentes à fiscalização de poluidores e verificação da efetividade de ações executadas anteriormente.
- a diversidade da informação a ser produzida depende dos objetivos da rede de monitoramento sendo, portanto, função da definição do público usuário dessa informação; a freqüência de produção de relatórios, sua distribuição e disponibilidade são, todos, aspectos importantes desta fase.
- é importante lembrar que a sobrevivência de sistemas de monitoramento, isto é, a garantia de apoio financeiro para sua contínua operação é função principalmente desta fase das atividades; a informação precisa ser útil ao seu mantenedor para que este continue interesado no investimento; este é um aspecto freqüentemente esquecido pelos operadores de sistemas de monitoramento em geral

As redes brasileiras de monitoramento de qualidade da água

Apresentam-se a seguir alguns exemplos de redes de monitoramento de qualidade da água já estabelecidas no país e em operação. Dentre elas destacam-se as redes sob responsabilidade da Agência Nacional de Energia Elétrica (ANEEL), com abrangência para todo território nacional, além das redes operadas pela Fundação Estadual do Meio Ambiente do Estado do Rio de Janeiro (FEEMA), e a operada pela Companhia de Tecnologia Ambiental do Estado de São Paulo (CETESB). Outros estados do País mais recentemente iniciaram a operação de suas redes de monitoramento sistemático da qualidade da água, como é o caso de Minas Gerais. Optou-se, no entanto, por apresentar aqui a rede da ANEEL, de caráter nacional, e as redes da FEEMA e da CETESB, que hoje possuem as séries observadas de qualidade da água mais longas.

A rede da ANEEL

A rede de monitoramento de qualidade da água operada pela ANEEL abrange todo o território nacional, com um total de 322 pontos de amostragem. A distribuição destes pontos por bacia hidrográfica está mostrada na Tabela 1.

Tabela 1 – Número de estações de amostragem por bacia hidrográfica – Rede da ANEEL.

Bacia hidrográfica	Número de estações de amostragem
Amazônica	19
Tocantins/Araguaia	7
Atlântico Sul Trecho N/NE	26
São Francisco	17
Atlântico Sul Trecho L	77
Paraná	127
Uruguai	23
Atlântico Sul Trecho S	26
Total	322

FONTE: Nov, 1998. http://www.aneel.gov.br.

Os diversos pontos de coleta estão divididos naqueles que se compõem na chamada rede mínima, para a qual são monitorados apenas quatro variáveis de qualidade da água (oxigênio dissolvido, pH, condutividade e temperatura), com periodicidade trimestral, e os demais compõem as redes especiais nas quais são monitoradas mais variáveis (por exemplo, nas bacias que pertencem ao acordo do Prata).

A rede de monitoramento do estado do Rio de Janeiro

A rede de monitoramento sistemático de qualidade da água operada pela FEEMA iniciou-se na década de 70 e envolve a coleta de amostras de água, sedimento e biota. A periodicidade e a localização das estações encontra-se na Tabela 2.

Tabela 2 – Número e localização dos pontos de monitoramento de qualidade da água no estado do Rio de Janeiro

Localização	Freqüência	Número de estações
Baía de Guanabara	Bimestral	8
Bacia da Baía de Guanabara	Bimestral	27
Paraíba do Sul	Mensal	16
Paraíba do Sul – afluentes	Bimestral	21
Rio Guandu	Mensal	10
Baía de Sepetiba	Anual	20
Bacia da Baía de Sepetiba	Bimestral	7
Reservatório de Funil	Bimestral	6
Lagoa Rodrigo de Freitas	Bimestral	4

FONTE: Nov, 1998. http://www.feema.rj.gov/.

São analisados:

- temperatura da água, oxigênio dissolvido, pH, condutividade
- turbidez, sólidos em suspensão, fenóis, cianetos
- demanda bioquímica de oxigênio, nutrientes - fósforo e nitrogênio sob várias formas – coliformes fecais
- zinco, cádmio, mercúrio, cromo, cobre, chumbo, ferro
- benzo-a-pireno, pesticidas organoclorados e organofosforados

Como exemplo de produção de informação a partir das redes de monitoramento de qualidade da água e sua divulgação, a FEEMA difunde, através de sua página na Internet, um diagnóstico sucinto dos principais corpos de água do Estado do Rio de Janeiro. Esta é uma forma de divulgação ampla de informações ambientais, inclusive para o público leigo, bastante interessante de ser utilizada.

A rede de monitoramento de qualidade da água do estado de São Paulo

A (CETESB) – Companhia de Tecnologia Ambiental do Estado de São Paulo opera sua rede de monitoramento de qualidade da água desde 1974, possui hoje 99 pontos de amostragem distribuídos em 29 bacias hidrográficas, conforme mostra a Tabela 3.

A rede amostra em todos seus 99 pontos, com frequência bimestral, 33 variáveis indicadoras da qualidade da água. São elas:

- temperatura, pH, resíduo total, resíduo filtrável e

não filtrável, turbidez, oxigênio dissolvido, condutividade

- demanda bioquímica de oxigênio, coliformes fecais, coliformes totais
- nitrogênio total, nitrato, nitrito, amoniacal, Kjeldahl
- fosfóro total, ortofosfato solúvel
- ferro total, manganês, cloreto, surfactante, demanda química de oxigênio
- bário, cádmio, chumbo, cobre, cromo total, níquel, mercúrio, zinco, fenol

Como forma de produção da informação, a CETESB publica relatórios impressos com os dados levantados pelo monitoramento, a cada ano.

Para facilitar a transmissão da informação a um público não especializado, a CETESB utiliza um índice de qualidade da água – IQA que, levando em conta nove variáveis, indica a qualidade do manancial para fins de abastecimento doméstico de água. São eles: temperatura, pH, oxigênio dissolvido, demanda bioquímica de oxigênio, coliformes fecais, nitrogênio total, fósforo total, resíduo total, turbidez. A partir dos valores observados para essas nove variáveis, calcula-se uma "nota" para o corpo de água, que varia de 0 a 100:

0-19 imprópria
20-36 imprópria para tratamento convencional
37-51 aceitável
52-79 boa
80-100 ótima

A metodologia utilizada para cálculo do IQA é aquela desenvolvida pela National Sanitation Foundation (CETESB, 1989).

Com o IQA a CETESB publica também a tendência que o posto vem apresentando, isto é, se sua qualidade vem melhorando ou piorando. Essa tendência é mostrada ao público leigo através da utilização de cores.

A localização dos postos de monitoramento está mostrada na Figura 5.

A rede global de acompanhamento da qualidade da água: o programa GEMS

Um esforço importante de ser destacado é a formação de uma rede global de monitoramento da qualidade da água, um sub-programa do *Global Environment Monitoring System* – GEMS, chamado "GEMS-Water". Esse programa, lançado em 1974 e em operação desde 1976, foi implantado com o objetivo de suprir dados básicos sobre o estado de qualidade dos principais corpos de água, bem como prover esses dados para a comunidade científica mundial. O Programa GEMS é de responsabilidade

Tabela 3 – Rede de monitoramento da qualidade da água do estado de São Paulo

Bacia	N. de pontos	Bacia	N. de pontos	Bacia	N. de pontos
Alto Tietê Cabeceira	5	Tietê Médio Inferior	6	Litoral Sul	1
Alto Tietê Reg.Metr.	11	Tietê Baixo	2	Ribeira de Iguape	3
Billings	5	Paraná (vertentes)	1	Paraíba do Sul	6
Cotia	3	Peixe	2	Sapucaí Mirim	2
Guarapiranga	3	Aguapeí	3	Pardo	4
Tietê Médio Superior	4	Santo Anastácio	1	Mogi-Guaçu	4
Capivari	1	Paranapanema Alto	3	Grande (vertentes)	1
Jundiaí	2	Paranapanema Baixo	2	Turvo	6
Piracicaba	9	Baixada Santista	5	São José dos Dourados	1
Sorocaba	3	Litoral Norte	-	Total	99

FONTE: CETESB, 1988.

das organizações WHO (Organização Mundial da Saúde), WMO (Organização Meteorológica Mundial), UNESCO e UNEP. O centro de operações está localizado no *Canadian Center for Inland Waters*. Os dados do Programa GEMS estão disponíveis através da Internet, no endereço http://www.cciw.ca/gems/

O programa é baseado em acordos com países interessados em participar, os quais disponibilizam seus dados de monitoramento sistemático para a rede mundial. Os pontos de monitoramento que foram escolhidos para fazer parte desse banco procuram refletir estações de base, isto é, locais com pouca ou nenhuma influência antrópica, estações de impacto em locais que recebem cargas poluidoras, e também estações para monitoramento de fluxos entre os continentes e os oceanos, ou seja, próximas à foz de grandes rios. Quase todas as estações que fazem parte do Programa GEMS estão incuídas em monitoramentos de rotina operados pelos países membros e algumas poucas foram incluídas pelo programa, principalmente em zonas de uso intenso da água ou rios internacionais.

Em janeiro de 1990, 423 estações faziam parte do sistema, sendo 287 localizadas em rios, 60 em lagos e 76 em aquíferos (nov. 98, http://www.cciw.ca/gems/). Estas estações estavam distribuídas em 58 países.

A freqüência de amostragem sugerida aos países membros pelo Programa é a cada duas semanas para rios, uma vez a cada dois meses para lagos e uma vez a cada três meses para aquíferos.

As variáveis selecionadas para o monitoramento foram divididas em três categorias:

- 13 variáveis básicas representando características físicas, químicas e microbiológicas;
- variáveis de significado importante para poluição dos ecossistemas, como metais pesados e pesticidas;
- variáveis de grande significado local.

O Brasil participa do Programa GEMS com 12 estações de monitoramento da qualidade da água. São elas:

- Reservatório do Guarapiranga
- Rio Paraíba do Sul, em Aparecida

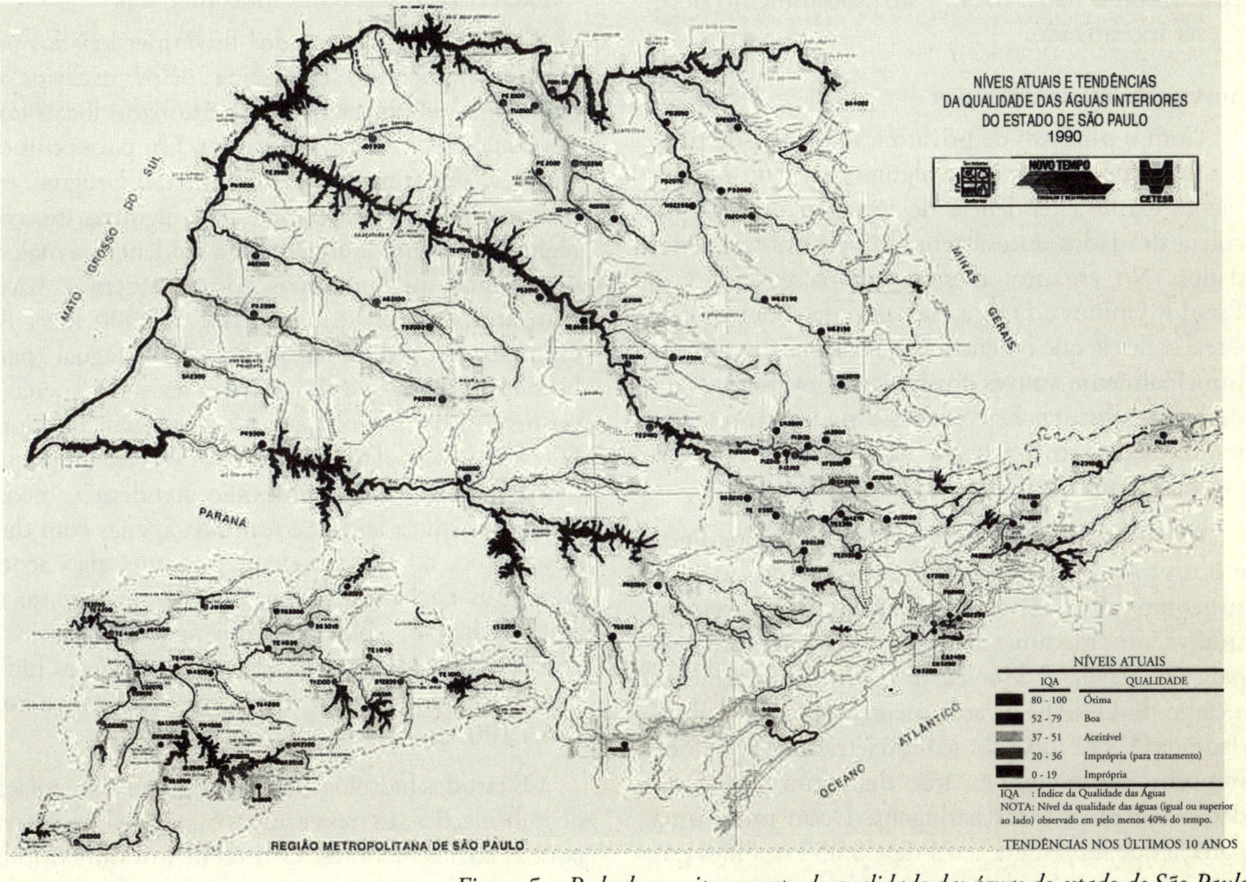

Figura 5 – Rede de monitoramento de qualidade das águas do estado de São Paulo

- Rio Paraíba do Sul, em Barra Mansa
- Reservatório de Promissão
- Rio Paraguaçu, em Pedra do Cavalo
- Rio Guandu
- Reservatório do rio Descoberto
- Rio Jacuí
- Rio Capibaribe
- Rio São Francisco
- Ribeirão Serra Azul, Fazenda Sobradinho
- Rio da Velhas, Honório Bicalho

Análises estatísticas dos dados de qualidade da água observados nesses 12 pontos estão disponíveis no "site"do Programa GEMS.

Análise crítica da situação atual

Acessibilidade aos dados

A dificuldade de obtenção dos dados, principalmente das entidades de meteorologia, é grande pela falta de acesso à informação. Quando o acesso é permitido, os custos são muito altos.

Em algumas entidades o acesso é fácil e sem custos, como na ANEEL. Este procedimento deveria ser incentivado.

Sustentabilidade das redes

Com o processo de privatização de grande parte dos serviços públicos, em alguns países ou organizações existe a tendência de tornar o processo de coleta de dados autosustentado pela cobrança dos dados. No entanto, mesmo em países como os Estados Unidos e França, este tipo de cobrança não é realizado, já que o benefício da coleta é distribuído principalmente através dos projetos governamentais de infra-estrutura. Este processo poderá apresentar modificações ao longo do tempo, em função da evolução da privatização nos países.

Atualmente, a cobrança pelo uso dos dados ainda é um processo que mais inibe seu uso do que cria sustentabilidade das entidades. No Brasil, encontrou-se um mecanismo que atualmente funciona para a rede federal de coleta de dados, anteriormente a cargo do DNAEE e, atualmente. sob responsabilidade da ANEEL. O setor hidrelétrico paga 6% de impostos como compensação financeira pela inundação das áreas pelas barragens. Deste total, uma parcela que representa cerca de US$ 32 milhões por ano é destinada à coleta de dados hidrológicos.

Administração das Redes

As redes hidrológicas têm sido administradas e operadas por entidades estatais. Recentemente, a Argentina privatizou a operação da rede hidrométrica através de uma empresa operadora. No Brasil, a operação é estatal. A rede pertence provisoriamente à ANEEL, mas a atribuição é do Ministério de Minas e Energia. A operação é realizada pela (CPRM) Companhia de Pesquisas de Recursos Minerais e, em algumas áreas, parte da operação é realizada por empresas privadas. No passado houve várias experiências com a operação por entidades privadas, por períodos determinados. As grandes dificuldades foram sempre a manutenção dos recursos financeiros para estas operações.

As redes hidrológicas sofrem, de forma significativa, com reestruturações que ocorrem nos países. A informação que deixou de ser coletada não poderá ser recuperada na sua totalidade e, portanto, a perda pode ser irreparável. No Brasil, até o início da década de 90, a coleta de dados não possuía sustentabilidade financeira e passou por grandes dificuldades. Os dados de alguns períodos são sofríveis em todo o país, como em 90 e 91.

Características das redes hidrométricas

Como a coleta de dados fluviométricos foi preponderantemente estabelecida pelos usuários de energia, a rede implementada priorizou locais com potencial de produção energética. Em países como o Brasil, a Argentina e, de certa forma, o Uruguai, este processo foi preponderante, com algumas exceções regionais. Como resultado desta tendência, a maioria dos postos fluviométricos correspondem a bacias com área de drenagem superior a 1.000 km^2. Por exemplo, em toda a região do Alto Paraguai (parte brasileira, com ~ 400 mil km^2) existem apenas 4 postos em bacias com área de drenagem inferior a 500 km^2. Além da falta de dados em bacias pequenas, em postos geralmente não atendem às necessidades, já que a leitura é realizada apenas com duas observações ao dia e podem, portanto, não acompanhar as enchentes. Usos como abastecimento de água, irrigação, controle ambiental de despejos e conservação hídrico dependem de ambientes hídricos de pequena área de drenagem, geralmente inferior a 100 km^2·

Os estudos hidrológicos que exigem a extrapolação de informações são mais críticos e com mais incertezas para as bacias menores. O risco de um dimensionamento inadequado, a outorga de uso de água feita sem conhecimento ideologico, são conflitos potenciais gerados pela falta deste tipo de informação.

Quanto às redes sedimentométricas, estas são raras no País e nem sempre apresentam periodicidade adequada, devido aos altos custos. A própria observação da seção do leito de medição é deficiente apesar de importante, já que permitiria obter informações sobre a ação dos rios.

Redes de qualidade da água

As condições gerenciais das redes de qualidade da água variam com a região. Observa-se que há coleta principalmente em locais críticos mas não redes de monitoramento sistemático.

As entidades estaduais, que geralmente têm a atribuição para a fiscalização ambiental, nem sempre possuem rede específica para atendimento das suas necessidades de acompanhamento das condições dos rios.

Manutenção de base de dados

Muitos projetos que viabilizam investimentos em coleta e armazenamento de dados básicos necessários aos recursos hídricos, sofrem, após a sua conclusão da falta de recursos e de uma tendência de perda das informações. Como o planejamento dos recursos hídricos depende de séries históricas longas, observa-se a perda destas informações, ficando os projetos limitados a informações recentes.

Outro problema resultante da dificuldade de manutenção de bases de dados é a constante modificação dos *softwares e hardwares,* que tornam um banco de dados obsoleto em poucos anos, gerando necessidade de constantes custos de desenvolvimentos. Portanto, a disseminação da informação, sem restrições e a criação de bases de dados simples, de fácil adaptação, devem permitir que a permanência dos dados coletados seja maior.

Intercâmbio de informações

O intercâmbio regional de informações é limitado. Alguns países como Brasil, Argentina e Uruguai mantêm alguma troca de informações hidrológicas na bacia do Prata, relacionadas com a previsão e alerta de enchentes e alguns aspectos de qualidade da água. Na Lagoa Mirim, entre Brasil e Uruguai, pela existência de projeto comum houve desenvolvimento, no passado, de um acervo de informações sobre a região, que permite hoje um balanço adequado da disponibilidade hídrica do sistema. Portanto, o intercâmbio de informações básicas tem sido realizado dentro de interesses específicos, sem uma sistematização global para planejamento ou gerenciamento das bacias internacionais.

Conclusões e recomendações

Em face das discussões apresentadas nos itens anteriores, pode-se destacar algumas das principais necessidades dentro do contexto de informações básicas de recursos hídricos:

- tornar públicos as bases de dados existentes, evitando-se, de um lado, que a mesma se perca com o tempo e, de outro, dando condições a que os dados existentes tenham um retorno econômico maior para a sociedade;
- sistematizar as informações sobre águas subterrâneas em termos de quantidade e qualidade através da montagem de uma base de dados nacional;
- criar bases sustentáveis para obtenção dos dados, através de recursos definidos;
- melhoria e ampliação das informações existentes, voltadas para o cenário regional de interesse e fundamentadas no uso múltiplo e sustentabilidade dos recursos naturais;
- aumentar o intercâmbio internacional de informação das bacias compartidas e dos processos do planejamento dos recursos hídricos.

Bibliografia

CETESB. *Relatório de Qualidade de Águas Interiores do Estado de São Paulo,* Secretaria do Meio Ambiente/Governo do Estado de São Paulo. 166 p, 1988.

PARR, W. Water Quality Monitoring. In: *The Rivers Handbook: Hydrological and Ecological Principles.* Blackwell Scientific Publications. 526 p, 1994.

WARD, R.C.; LOFTIS, J.C.; McBRIDE, G.B. *Design of Water Quality Monitoring System.* New York,Van Hostard Reinhold. 231 p, 1990.

WHITFIELD, P.H. Goals and data collection designs for water quality monitoring. *In:Water Resources Bulletin,* vol 24, n4, Aug. p. 775-780, 1998.

Benedito Pinto Ferreira Braga Jr.

benbraga@usp.br

Engenheiro Civil – Escola Politécnica da USP
Mestre em Engenharia Hidráulica – EPUSP
MSc em Hidráulica – Stanford University, EUA
PhD em Recursos Hídricos – Stanford University, EUA
Livre Docente – EPUSP

Professor Titular e Vice-Chefe do Depto. de Engenharia Hidráulica e Sanitária da Escola Politécnica da USP. Coordenador da Comissão de Graduação em Engenharia Civil e do Programa de Engenharia Ambiental.

Presidente do International Water Resources Association (IWRA) e membro da ABRH, IAHS, AWRA, IE/USP, AGU, ASCE e SBMet.

Ao longo dos últimos 20 anos atuou junto ao Depto. de águas e Energia Elétrica do Estado de São Paulo (DAEE), destacando-se o projeto RADASP – sistema de alerta a inundações de São Paulo.

Linhas de Pesquisa:

Planejamento e gestão ambiental urbana
Teoria da decisão multiobjetivo aplicada a recursos hídricos e meio ambiente
Planejamento integrado de sistema de drenagem urbana
Alerta hidrológico através de sensoriamento remoto (satélite e radar meteorológico)

Monica Ferreira do Amaral Porto

mporto@usp.br

Engenheira Civil – Escola Politécnica da USP
Mestre em Engenharia Hidráulica – EPUSP
Doutora em Engenharia Hidráulica – EPUSP

Professora do Depto. Engenharia Hidráulica e Sanitária da EPUSP, onde é também, Coordenadora do Programa de Pós-Graduação.

Presidente da Comissão Coordenadora do Programa de Aperfeiçoamento ao Ensino da EPUSP.

Diretora do International Water Resources Association – IWRA.

Membro dos grupos de coordenação do Global Water Partnership (Steering Committees e Grupo de Assessoramento Técnico para a América Latina).

Foi Presidente da Associação Brasileira de Recursos Hídricos – ABRH.

Linhas de Pesquisa:

Qualidade da água em rios e lagos: simulação e monitoramento
Gestão da qualidade da água
Gestão de recursos hídricos

Carlos Eduardo Morelli Tucci
tucci@if.ufrgs.br

Engenheiro Civil - Universidade Federal do Rio Grande do Sul (UFRGS)

Mestre em Engenharia Civil - UFRGS

PhD em Engenharia Civil - Colorado State University, EUA

Professor Titular do Depto. de Hidromecânica e Hidrologia do Instituto de Pesquisas Hidrológicas da UFRGS, onde também é membro da comissão de Pós-Graduação do Programa de Recursos Hídricos e Saneamento Ambiental.

Pesquisador I-A do CNPq.

Consultor e executor de vários projetos no IPH/UFRGS, em empresas de consultoria e outras empresas públicas e privadas.

Linhas de Pesquisa:
Engenharia Civil
Hidrologia e hidráulica
Modelos matemáticos de sistemas físicos (hidrologia, hidráulica e qualidade da água).
Simulação e planejamento de sistemas de recursos hídricos.

Carlos Eduardo Merrill Theer

[illegible]

20

Aspectos Econômicos e Sociais da Utilização da Água Doce e o Ecoturismo

Gilda Collet Bruna

Introdução

Por definição a *água* é uma substância natural descomprometida com qualquer uso ou utilização, mas passa a ser um *recurso hídrico* quando for passível de utilização para fins econômicos, (Pompeu, 1999).

Ora, os rios e suas águas cortam o território e interferem no uso e ocupação deste, seja quando ocupam áreas de várzea em períodos de enchentes e chuvas, ou em época de seca, tirando a vida vegetal e animal. Os rios e suas águas, por essas qualidades, também atuam como elementos atrativos à formação de assentamentos humanos. Passam então a interferir mais ainda no território. Por isso mesmo os rios e suas águas, além de tornarem possível a vida humana, têm muita influência na ação antrópica sobre o próprio território.

Quando esta é a questão passa-se a focalizar os recursos hídricos e seus usos múltiplos. Ao falar em usos, não se pode esquecer que foram esses mesmos que levaram a muitas brigas entre vizinhos, entre bairros e entre comunidades inteiras. É que o uso da água para abastecimento de vilarejos ou cidades situadas a montante da captação, por exemplo, pode levar a uma crescente escassez ou poluição a jusante desta, com prejuízo, tanto para a vida humana, quanto para a agricultura e pecuária, ou seja, para a economia local e regional. Este mecanismo de poluição pode se estender para regiões e países. E os litígios não têm fim...

Para procurar controlar a questão, a população teve que aceitar certas regras de convivência. Os governos de comunidades contíguas deveriam trabalhar conjuntamente para que todos pudessem se abastecer e desenvolver seus negócios. Situações como essa em diferentes países, originou programas especiais de utilização múltipla dos recursos hídricos, como no vale do rio Tennesse, nos Estados Unidos. No Brasil, em muitas regiões é o município que se encarrega do tratamento e distribuição de água para abastecimento. Outros municípios porém, contam com os serviços de uma empresa estatal.

Dessas colocações se depreende que os aspectos sociais e econômicos são relevantes para que a água doce seja um recurso econômico sustentável. São importantes também, como potencial de desenvolvimento, entendendo-se não simplesmente um crescimento da produtividade e de resultados da colocação do produto interno no mercado local e internacional. Prova disso são as inúmeras legislações de recursos hídricos de uso e ocupação do solo que vêm em prol do controle da ação antrópica sobre o território.

Destas talvez a mais recente e que pode ser de grande utilidade para reger os conflitos em torno da água nas cidades e aglomerações urbanas é a Lei Federal 10.257 (2001), também conhecida como o Estatuto da Cidade. Esta legislação veio auxiliar a implementação dos planos diretores de município. Diz-se *veio para auxiliar* porque os planos diretores de municípios estão previstos na Constituição Federal de 1988 e o Estatuto da Cidade complementa as colocações dos artigos 182 e 183 e oferece possibilidade de controle do desenvolvimento urbano e de estímulo ao crescimento econômico sustentável. De fato, já se podia fazer um plano diretor municipal, restringindo certos tipos de ocupações e orientando o desenvolvimento econômico e social. Mas, na realidade, não se conseguiu, ao longo do tempo, os resultados esperados em termos de preservação das águas interiores como recursos hídricos imprescindíveis. Além disso, na década de 1970, os planos diretores de municípios e as legislações estaduais de controle da localização industrial e de proteção aos mananciais não conseguiram impedir que as águas não fossem poluídas. Não conseguiram controlar o setor informal com suas invasões e assentamentos próximos aos mananciais, nem conseguiram controlar os ambulantes e as lotações em número crescente, dentre outros. Vejam as vizinhanças da represas Guarapiranga e Billings em São Paulo, em que o aumento da poluição gerada por essa ocupação irregular ou clandestina, vem, atualmente, comprometendo a qualidade da água para abastecimento.

Conseqüentemente surgiram conflitos de interesses ambientais e de planejamento urbano, à medida que os municípios queriam legalizar essas ocupações irregulares, não podendo interferir em áreas protegidas pelas legislações estaduais acima mencionadas. A grande maioria desta população continuou em situação de clandestinidade. Novos instrumentos jurídicos como o parcelamento, edificação e utilização compulsórias, ou o usocapião especial de imóvel urbano, dentre outros, trazidos pelo Estatuto da Cidade que permitirão que os municípios contem com distintas formas para resolver diferentes situações como essas da comunidade informal. Outras possibilidades vêm com o estabelecimento de consórcio imobiliário, como forma de viabilização de planos de urbanização ou edificação. Desse modo o proprietário transfere ao poder público municipal seu imóvel, e, após a realização das obras, recebe como pagamento, unidades imobiliárias devidamente urbanizadas ou edificadas, (Art. 46). Esta situação vem resolver aqueles casos como o da reurbanização dos bairros do Jabaquara e Santana em São Paulo, que, demorou muito tempo com litígios jurídicos, (EMURB, 1973).

Outro aspecto importante, tanto para a questão urbana, como para a ambiental é o fato de o Estatuto da Cidade estabelecer a necessidade do Estudo de Impacto Ambiental e do Estudo Prévio de Impacto de Vizinhança. Ressalta assim o cuidado que se deve ter com os impactos da urbanização no meio ambiente. Isto é tanto mais relevante com a proximidade de cursos d'água e represas para abastecimento, pois pode auxiliar no controle e combate à poluição. Observa-se, portanto, uma crescente preocupação dos meios técnicos com a qualidade do meio ambiente, nele destacando-se as águas interiores, e, de um modo geral, a sustentabilidade.

Desse modo o desenvolvimento social e econômico deve estar alicerçado numa economia sustentável e neste panorama as águas interiores são um potencial, não só para a vida urbana, mas, principalmente, para uma nova forma de atividade que vem ocupando cada vez mais uma proporção considerável no produto interno bruto das nações: o turismo, lazer. Há países que vêm cada vez mais investindo no aprimoramento desse potencial de desenvolvimento que se projeta com oportunidades crescentes neste milênio.

Em prol do ecoturismo

Costuma-se associar o crescimento do turismo e lazer às sociedades pós-industriais, em que o setor terciário assume cada vez mais um papel chave no desenvolvimento, (Castells, 1999). Comércio, serviços, comunicação e informática vêm se destacando como coadjuvantes do turismo e lazer, que ganham espaço como atividades principais em termos de geração de emprego e renda, (Bruna e Vargas, 1994).

O ócio que filosoficamente era entendido como o tempo em que se está desocupado e que era associado à falta de trabalho, preguiça e indolência, transforma-se totalmente. Ganha status econômico, pois se torna um tempo para produção e consumo de prazer e satisfação das pessoas que dedicam *algumas horas desocupadas*, à atividades de turismo, recreação e lazer. Aquele significado negativo transforma-se de tempo perdido, para um significado positivo, em que há geração de riqueza, trabalho, receita, lucro para aqueles empregados nessa atividade, e, para aqueles que descansam com essas atividades, transforma-se no descanso necessário para que se possa produzir com resultados. (Dumazedier, 1994; De Masi, 2000).

Porém pode-se dizer que não se pode explorar o turismo em água doce, se não se considerar conjuntamente um leque de possibilidades de desenvolvimento regional e local. Há viabilidade de represamento das águas doces? É possível tornar essas águas navegáveis? Pode-se estruturar o manejo de parques ou sítios especiais para acesso monitorado ou não? Em termos urbanos a associação do turismo ao uso da água doce como negócio deve incluir hotéis, salões para exposições e convenções de modo a se criar locais em que essas atividades tenham condições de se desenvolver, atraindo consumidores desses serviços que cada vez mais se torna especializado: o turismo. Daí a necessidade de identificar as características regionais do território, como da população que pode vir a ser considerada como a demanda a ser atendida.

Muitas vezes porém é preciso criar essa demanda, ensinando a população a apreciar esses novos serviços que irá receber, gerando o *hábito de consumir* algo que antes não imaginava querer. É o que muitos empreendedores fazem quando escolhem uma cidade para lançar um novo produto. Passar nesse teste econômico pode significar também satisfazer as exigências ambientais de controle de impacto e poluição.

Desse modo, falar em turismo em água doce remete o pensamento a certas partes do território, às suas peculiaridades de relevo, hidrografia, tipos de solo e usos, bem como à existência de assentamentos humanos e acessos inter e intra-regionais. Em outras palavras, é preciso identificar as características locais e regionais que poderão (ou não), viabilizar a transformação do potencial de negócios de turismo em águas doces.

A geração de negócios é essencial para a implantação de atividades turísticas, pois, se o retorno dos investimentos forem disponibilizados para a infra-estrutura necessária, haverá o desenvolvimento dessas atividades. Por isto, já num segundo momento, a atenção volta-se para uma análise social e econômica, não unicamente local, mas abrangendo uma área de influência negocial imediata e outra remota ou mais ocasional. Há que verificar se os orçamentos familiares nas áreas de atração do empreendimento permitem uma percentagem de despesas com o turismo, em especial aquele estruturado em torno das águas doces da região. Essas estimativas devem considerar, tanto as áreas de influência já mencionadas, como os aspectos sazonais mais propícios ao turismo programado, bem como as possibilidades de desenvolvimento de fatores locais capazes de atrair turistas estrangeiros. Deve haver para tanto, nichos de mercado a serem continuamente explorados e alargados, conforme a população alvo.

As peculiaridades culturais costumam ser uma grande atração turística, reunindo costumes regionais, como danças folclóricas, comidas típicas, lendas, crenças e artesanato. Monumentos, diferentes tipologias arquitetônica e urbanística, áreas de preservação histórica, entre outras, que por seus atributos específicos precisam fazer parte dos estudos de viabilidade negocial.

Assim, além dos aspectos bucólicos da paisagem, seu relevo peculiar com cursos de águas cristalinas, o turismo pode participar como uma atividade ecológica, porém geradora de receita e emprego, com conseqüiente vitalidade econômica e controle da qualidade ambiental. Estas vantagens esperadas ocorrerão se houver um cuidado com os impactos ambientais, em prol de uma economia sustentável. Em outras palavras, é preciso estabelecer os negócios turísticos, preservando os ambientes natural e construído, isto é, controlando ou eliminando os impactos negativos que eventualmente sejam gerados. A conscientização com os cuidados ambientais e a manutenção da capacidade de suporte territorial vem sendo assimilada muito lentamente ao longo da história da humanidade, como coloca Raymond Williams (1989), narrando a existência de um processo duplo de desenvolvimento, em que ocorre tanto a exploração do homem, como da natureza, iniciando no campo e se estendendo pela cidade.

Essa inter-relação entre campo e cidade foi intensificada com o aumento da migração. As pessoas saem do campo em direção às cidades, em busca do *eldorado urbano*, ocasionando um eventual aumento de impactos ambientais negativos. Esta situação ressalta, mais ainda, a necessidade de conscientizar as comunidades para a preservação do meio ambiente. O uso e ocupação do território enquanto ambiente humano ganham prioridade de tratamento, pois seu desenvolvimento precisa, urgentemente, pautar-se por políticas e ações voltadas à sustentabilidade ambiental.

Uma estratégia de desenvolvimento sustentável

Um grande potencial de desenvolvimento é o turismo relacionado às águas doces. Em muitos países desenvolvidos, parte ponderável de seu produto interno bruto resulta de negócios turísticos. A grande questão é então, como gerar esse produto, sem dar margem ao avanço da poluição e sem permitir que ocorra uma destruição biológica em massa? Sim, pois um turismo rentável, porém desligado de preocupações com o equilíbrio ecológico pode ser muito nefasto. No extremo, o desconhecimento destas possibilidades pode levar à própria inexistência desse turismo. Isto pode acontecer, como em São Paulo, às margens das represas Guarapiranga e Billings, que apesar do grande potencial turístico, sofreram invasões de comunidades pobres, que vieram poluir o solo e as águas. Programas de desenvolvimento econômico sustentável, como o turismo ecológico, foram *esquecidos*, assim como as legislações de controle do desenvolvimento industrial e de proteção dos mananciais. Em geral as classes sociais de renda média e alta não encontraram possibilidade de ocupar a área com empreendimentos rentáveis, devido às restrições de uso e ocupação do solo. Por sua vez, as classes de baixa renda familiar viram nestas áreas o local perfeito para se instalarem: não distante de seu mercado de trabalho, junto às populações de renda média e alta. O potencial de desenvolvimento turístico foi praticamente destruído com essa ocupação irregular às margens das represas de água doce da região metropolitana de São Paulo.

Os bancos escolares ensinam que dejetos orgânicos atirados na água reduzem o oxigênio necessário à vida de sua fauna e flora, e, assim, os organismos aquáticos morrem por asfixia e os agrotóxicos e poluentes industriais atacam os organismos humanos que se abastecem dessa água poluída. Fica claro então, que é preciso investir em saneamento básico, tanto em sistemas de tratamento de esgoto, como de purificação da água para abastecimento. A drenagem urbana precisa de projetos específicos para que as enchentes sejam evitadas. As áreas de mangue precisam ser preservadas, pois a qualidade de vida de seus microorganismos precisa ser mantida. O lixo urbano deve ser selecionado de modo que o lixo orgânico seja depositado em aterros sanitários devidamente projetados e que haja tratamento e incineração de resíduos perigosos.

Mas a observação mostra que muito provavelmente esse ensino ficou distante, na infância, não tendo sido associado à realidade do dia a dia. O cidadão não está consciente de que seu comportamento está diretamente ligado à aplicação desse ensino, pois não deveria *danificar* os lugares em que vive, nem suas áreas de recreação, como praias, lagos e rios. O cenário mais comum em todo o país, entretanto, é que, não importa o grau de estudo, a população ainda não aprendeu que o comportamento humano pode ser um fator de melhoria das qualidades dos ambientes natural e construído; que é imprescindível ter um comportamento ambientalmente responsável; que o desenvolvimento do turismo pode ser um negócio ecológico, em escala nacional.

A negligência desses ensinamentos aprendidos nos bancos escolares pode ser constatada pelo estado de poluição em que se encontram as riquezas naturais que poderiam ser transformadas em pontos de atração turística. Diferentes meios de comunicação vêm apontando esse fato. O sururu, conhecido molusco existente em várias lagoas do Estado de Alagoas, está contaminado por mercúrio, zinco, cromo e produtos organoclorados venenosos, em porcentagens muito acima dos limites permitidos. Em outros Estados as águas interiores estão sendo contaminadas pelo ascarel, de antigos transformadores abandonados às margens de lagoas e cursos d'água, entre outros tipos de equipamentos, como latas de refrigerantes, carros velhos, pneus, (Adeodato, 1996). Muitos desses lixos tóxicos trazidos pelo homem que esqueceu os ensinamentos sobre sua periculosidade, atuam, inexoravelmente, poluindo a água doce, que é parte do patrimônio físico e geográfico, uma riqueza nacional incomensurável. Outros tipos de lixos tóxicos são derivados de processos de produção, ou mesmo de exploração dos recursos naturais, como do ouro no rio Madeira, que deixa nas águas doces o mercúrio, poluindo plantas, peixes e por conseqüência o elemento humano, (FAUUSP/FUPAM, 1991). Todos são, entretanto, resultado de uma economia não sustentável que vem sendo praticada indiscriminadamente, apesar da existência de legislações de controle da qualidade ambiental.

Outro tipo de poluição diretamente relacionada com os aspectos econômicos e sociais da utilização das águas doces, diz respeitos ao próprio modo de vida das populações de renda familiar média e alta: as residências de veraneio, freqüentemente expostas às fragilidades do meio ambiente. Em geral seus esgotos domésticos contaminam a água do solo e subsolo. Nesses locais, assim como naquelas áreas de proteção aos mananciais da região metropolitana de São Paulo, em que a população invasora construiu inicialmente seus barracos, posteriormente, transformando-os em construções de alvenaria, há uma total ausência de esgotos domésticos. Isto é responsável pela poluição direta de córregos, bem como das represas das vizinhanças em que se situam. Conseqüentemente há intoxicações, alergias, verminoses, viroses e outras doenças que se espalham com o consumo de águas impróprias.

Uma estratégia de desenvolvimento sustentável precisa se apoiar em planos locais e regionais. Desde a Constituição Federal de 1988, os municípios são responsáveis por suas políticas de desenvolvimento urbano, ainda que se possa dizer que poucos têm se preocupado com a questão. Muitos nem mesmo têm seus Planos Diretores Municipais. É a partir destes que é possível estabelecer a função social da propriedade. Também é a partir destes que o controle ambiental ganha um novo status, pois pelo Estatuto da Cidade, o município pode demandar que sejam feitos estudos ambientais e de impacto de vizinhança, que, via de regra, não eram abrangidos pelo plano diretor. Com isto há um estímulo para que os poderes locais tenham suas próprias legislações ambientais, e nessas, destaque incentivos para o desenvolvimento sustentável, proponham um zoneamento em função da compatibilidade, poluição e capacidade dos solos, identificando zonas peculiares, que pelas condições de relevo, solo, clima e rios sejam alvo de incentivos ou limitações em construção, demandando recuos, limites de altura e de densidade de ocupação, dentre outros, e, que por isso permitam otimizar os benefícios advindos desses atributos. Preocupação similar pode ser encontrada na proposta de plano diretor para o município de Cubatão, em São Paulo desenvolvido pela FAUUSP/FUPAM, (1995), em relação às áreas de mangue e aquelas situadas nas cotas 200 e 400 da Serra do Mar, ou no plano diretor desenvolvido pela FAUUSP/FUPAM (1991) para Porto Velho em Rondônia, com relação aos igarapés que se adentram nas áreas urbanas e que nas épocas de chuva tornam-se verdadeiras represas fragmentando a cidade.

Considerando-se os exemplos acima mencionados, duas colocações ressaltam-se: de um lado, o fator esquecimento dos processos ecológicos aplicados ao quotidiano das cidades; de outro, o fator negocial aplicado a um ambiente auto-sustentável, como uma estratégia promissora do desenvolvimento.

No primeiro caso é assustador observar a facilidade com que o elemento humano se esquece dos princípios ecológicos aprendidos nos bancos escolares. O olhar, hoje pouco afeito à contemplação, parece que se acomoda numa paisagem *manchada* por lixo acumulado em vários cantos, esgoto a céu aberto, ambiente mais desolador que acolhedor. É comum ver grupos de pessoas passeando a margem de lagos e rios ladeados por entulhos das mais diversas origens, sem em momento algum exprimir um gesto ou preocupação em modificar esse panorama deprimente. Mais preocupante ainda é que esses descuidos com o meio ambiente geram vandalismo, decadência, doenças em escala crescente.

No segundo caso torna-se imprescindível fazer um inventário das forças de atração e de repulsão de investimentos que, se realizados, permitirão sanar os pontos críticos e recuperar a potencialidade de desenvolvimento econômico sustentável. Desse modo o turismo relacionado com as águas doces merece ser repensado. Um projeto turístico ecológico precisa se basear em estudos dos recursos potenciais existentes e considerar a possibilidade de ser implantado em etapas. Estas podem voltar-se para o atendimento de grupos populacionais de distintos interesses, conforme os diferentes nichos de mercado que se vislumbrem.

Alain Corbin (1989) menciona que alguns aspectos das propostas de turismo estão associados à existência de clientes potenciais, que esperem visitar e desfrutar da paisagem de novos lugares, buscando, continuamente, a novidade que mantém a ansiedade numa espera agradável. Assim a contemplação de uma paisagem é aos poucos substituída no olhar do turista, que passa a aliar o passado com o presente, focalizando simultaneamente, vestígios de tempos antigos e atividades hodiernas. A fruição de cenários como esses implica cada vez mais na abrangência de uma multiplicidade de conhecimentos e de curiosidades insatisfeitas, relacionando por exemplo, o lugar com a geologia, a geografia, a botânica, a história (incluindo arquitetura e urbanismo), a economia, a estética, a etnologia, dentre outros, cada qual com sua contribuição, despertando o apetite pelo saber, que é uma das grandes atrações, (Corbin, 1989).

Como cuidar para que o ecoturismo seja uma fonte de recursos e desenvolvimento sustentável? Como cuidar para que a coexistência pacífica com a destruição dos recursos naturais e construídos, resultante de atitudes inertes dos cidadãos e de descaso das comunidades, seja superada?

Políticas públicas, Turismo e Ecodesenvolvimento

O poder público veio ao longo do tempo desenvolvendo uma política de controle ambiental ao promulgar diversas legislações de proteção da terra e das águas, ao nível federal e estadual, abrindo espaço também para que os municípios passem a ter suas próprias políticas. Estas deveriam ser suficientes para estimular um modo de vida compatível com a capacidade de suporte territorial, e, igualmente, com desenvolvimento auto-sustentável. Assim é que o turismo seria um negócio delimitado por essas gestões do poder público, que seriam suficientes para impor o uso controlado das riquezas naturais. Como atividade geradora de receita e emprego, o negócio turístico, em decorrência, contribuiria para a vitalidade ambiental. Esta seria, cada vez mais, uma vantagem almejada por todos.

Assim como todas as atividades que interveêm no meio ambiente, também o turismo está sujeito a controle, conforme a natureza das diferentes atividades, devendo obedecer as normas ambientais.

Estas evoluíram muito nos últimos anos, de modo que desobedecer às normas pode resultar num alto preço a pagar: pesadas multas, interdição da empresa e mesmo processos de reparação aos danos causados e ações criminais. Isto representa um alto risco. As normas e legislações ditadas pelo plano diretor de município também devem ser observadas, pois por meio destas está se objetivando o desenvolvimento como um todo e suas interferências com os demais usos e atividades em âmbito local.

Por isto a localização de um empreendimento é o primeiro ponto a se considerar, para verificar se todas as normas ambientais e urbanísticas estão sendo observadas. Não é preciso lembrar que as legislações federais devem ser cumpridas, assim como se incluem também as legislações estaduais, como a lei de zoneamento industrial e a lei de proteção aos mananciais, no caso do Estado de São Paulo. Esta última, deve ser vista no escopo de uma nova política de mananciais, ditada pela Lei Estadual N° 9.866 (1997), que traça diretrizes e normas para a proteção e recuperação das bacias hidrográficas dos mananciais de interesse regional do Estado.

Por vezes esse controle ambiental e urbanístico acaba por onerar os empreendimentos, pois há muitas condições restritivas, tanto em termos de uso e ocupação do solo, como face à necessidade de funcionamento das atividades, o que alcança desde procedimentos administrativos de localização, licenciamento, instalação, ampliação e operação de empreendimentos e atividades que utilizem recursos ambientais, ou que sejam efetiva ou potencialmente poluidoras, ou ainda, que de alguma forma possam degradar o meio ambiente, (FIESP/CIESP, 2001).

Há exemplos que podem ser tomados como verdadeiros paradigmas, como a busca de parcerias com o setor privado, que vem sendo lugar comum em alguns países estrangeiros. Com isto os investimentos necessários à estruturação do turismo são bancados, tanto pelo setor público, como pelo privado, por exemplo em parques, reservas, áreas de mananciais, margens de rodovias. Este foi um *modus faciendi* encontrado para suprir os orçamentos públicos, em geral muito comprometidos. Além da parceria financeira, também se pode cuidar da parceria de gestão, cujas maiores possibilidades foram aquelas encontradas quando a administração era feita pela iniciativa privada, pois, por suas características negociais, estava mais afeita às regras de mercado, que o setor público.

Semelhantes experimentos podem ser tomados como estudo de caso. Nos Estados Unidos, por exemplo, em Visalia na Califórnia e em Phoenix no Arizona, as participações dos setores público e privado envolvem os empregados que passam a receber uma porcentagem sobre economias ou ganhos que resultem de suas idéias. Princípio semelhante também é adotado em outros lugares, estendendo-se às empresas privadas, como em Santo Antonio, Texas, nos Estados Unidos, em que houve a assinatura de um contrato, com uma firma de advocacia para coletar taxas, cujo pagamento pelos serviços era feito a partir de uma porcentagem sobre o valor coletado, (Osborne & Gaebler, 1993). Como se vê, há muitas possibilidades de composição dessas parcerias, que podem ser mais ou menos facilitadas (ou dificultadas) pelas legislações existentes em cada país.

Em termos de ecoturismo, um dos exemplos mais ilustrativos como decisão tomada pelo poder local, é de Santa Clara, Califórnia (Vale do Silício), nos Estados Unidos, como apresentam Osborne e Gaebler, (1993). Trata-se da compra, pelo setor público, de um parque de diversões. Este havia sido fundado como um Parque Temático em 1976, pela empresa Marriott e rapidamente se revelou lucrativo. Mas naquela época houve uma alta excessiva nos preços da terra no vale do silício e por isto logo surgiram rumores de que o Marriott estaria vendendo as terras ocupadas pelo parque temático. Se isto ocorresse, segundo o poder público, haveria uma grande perda ambiental, pois existia uma projeto para transformar o parque numa área industrial e de escritórios. O poder executivo da cidade de Santa Clara propôs então que tivesse o direito de primazia na oferta de compra. Do ponto de vista da empresa proprietária havia medo de que o governo local pudesse, em nome do bem público, exercer seu poder de domínio, bloqueando assim o uso e ocupação do solo, por meio de uma lei de zoneamento. Por isto, concordou com a proposta. Embora a empresa proprietária (Marriott) pensasse que isto não fosse ocorrer, posto que o valor estimado para essa venda era muito alto, o poder público queria manter o ecoturístico na área e decidiu de modo afirmativo. Tinha a aprovação da Câmara de Vereadores e a compra foi feita após decisão de uma ação judicial impetrada. Mas qual era essa perspectiva negocial?

O lucro, dirão alguns. Nada disso. A estratégia do poder público era o controle do tráfego já bem congestionado nas imediações, ocasionando um alto grau de poluição. Se essa área de cerca de 100 hectares viesse a ser ocupada por mais empreendimentos industriais e comerciais, a poluição e o congestionamento piorariam bastante. Portanto, o objetivo dessa compra era manter o parque temático funcionando, pois esta já era uma atividade mitigadora dos impactos negativos do tráfego. De fato, para manter a qualidade ambiental, os gestores públicos precisavam encontrar a melhor maneira de atingir este objetivo. Para tanto precisavam pensar como empreendedores: uma concessão onerosa dos serviços do parque temático, para serem executados por uma companhia privada, de modo que a população fosse atendida e governo recebesse em pagamento as taxas acordadas em concorrência pública. Ocorreu, assim, a assinatura de um contrato com uma firma especializada nessas atividades, que passou a gerir o parque temático por 5 anos, com o direito de comprá-lo, findo este período. O poder público porém poderia recusar o negócio, se a companhia quisesse vender o empreendimento. Em 1989, a empresa gestora comprou os equipamentos, construções e infra-estrutura do parque, mas não a terra. E este foi o final feliz de uma história, em que o setor público interferiu em prol da preservação ambiental, como intermediário numa operação de compra e concessão onerosa de uso, recebendo em pagamento parcelas mensais durante 15 anos, na forma de *leasing* do empreendimento turístico, (Osborne & Gaebler, 1993).

Como se vê, o turismo é uma atividade comercial cujo impacto ambiental pode ser aquele desejado, como no exemplo acima, por ser o melhor meio de controlar a poluição. Por outro lado, como um eventual gerador de impactos no meio ambiente, um ecoturismo merece atenção especial. Principalmente se for um turismo de massa. Por exemplo, em 1995, o Parque Estadual de Ibitipoca, no Xingu, recebeu mais de 45 mil visitantes. Estes, com suas barracas, produziram sensíveis alterações ambientais na fauna e flora, pois praticaram esportes radicais, caça, pesca e garimpo. Assim, interferiram nas atrações do parque que conta com a mais antiga aldeia indígena, a aldeia de Metutire e também com bromélias, andorinhas, cachoeiras e lagos cor de mel. A desorganização que impuseram trouxe uma poluição típica de um comportamento humano predatório, pois estavam totalmente despreparados para viver em semelhante ambiente, (Alessio & Dutra, 1991).

Esse exemplo mostra como é importante estruturar as visitas a certos pontos turísticos, dando instruções de como se comportar num Parque Nacional, ainda que em pequenos períodos de tempo, pois um instante é suficiente para se tornar motivo de impacto ambiental negativo. Toda orientação deve contribuir para que seja possível manter a qualidade do ecossistema enquanto os visitantes estão aproveitando suas horas de recreio e lazer. Pode ser necessário então, um monitoramento por grupos, com atividades programadas para pequenos intervalos de tempo. Desse modo a ênfase volta-se para uma estratégia de turismo que possa alavancar um desenvolvimento sustentável. O visitante será um cliente preferencial a merecer toda a atenção que desejar, embora seja monitorado, enquanto permanecer no parque, recebendo doses contínuas de educação ambiental, relativa àquele tipo de ambiente que visita. Só assim poderá deixar, após o passeio, um ecossistema saudável, pronto para receber outro grupo de visitantes e o ecoturismo poderá ser auto-sustentável.

Águas doces, ecoturismo e qualidade ambiental

O turismo passível de ser alavancado se apresenta sob inúmeros ângulos. Comércio de artesanato, como de produtos locais, visitas a propriedades que desenvolvem *agribusiness* e que mostrem as etapas de cultivo, industrialização e de preparo para a comercialização. As praias fluviais e de encontro com o mar podem estar entre os roteiros, destacando-se aquelas em que o visitante pode banhar-se, daquelas em que só pode usufruir contemplativamente do panorama, observando correntes d'água, fauna e flora típicas, que por vezes são oferecidas em pontos turísticos chamados de *Santuários Ecológicos*. Estes, em geral, propõem um distanciamento das águas propriamente ditas, para focalizar a vida nos pântanos, desertos e dunas, por exemplo, de mirantes especiais, situados nos pontos de melhor vista para a paisagem e os respectivos sistemas vitais de fauna e flora. Projetos como esses devem prever que os acessos, se limitem a uma porção de entrada do empreendimento. Devem reservar portanto, locais para estacionamento, para exposições e notícias sobre o respectivo ecossistema, em que possam ser exibidos videotapes, filmes, diapositivos, fotografias, maquetes e outras formas de apresentar esses aspectos culturais, numa infra-estrutura tipicamente preparada para receber o visitante que, por vezes, ali passará todo o dia. A valorização desse turismo de um dia poderá ser feita também com palestras, seminários, pôsteres ou outras formas de apresentação que mostrem os estágios do conhecimento, da ecotecnologia e da engenharia ecológica, (Tundisi & Straskraba, 1994), e, que, para tanto, devem poder contar com uma previsão de formas arquitetônicas apropriadas. Há toda uma coleção de propostas de bioarquitetura que poderiam ser utilizadas nesses projetos.

Outros locais são típicos por seus monumentos

históricos como atração turística. Destacam-se as obras de arquitetura colonial, áreas de sítios arqueológicos e museus que, entre utensílios e costumes sociais expõem trabalhos peculiares a certas épocas. Cavernas, trilhas indígenas, igrejas e capelas, antigas formas de usar a água para fazer farinha e engenhos de cana-de-açúcar, ou mesmo as antigas hidrelétricas que originaram os primeiros agrupamentos industriais, como as *Company Towns* (Garner, 1984), têm uma grande contribuição a dar ao turismo ecológico. Não resta dúvida, entretanto, que transformar esses marcos históricos com seus conteúdos culturais não é um trabalho simples. É preciso haver muito investimento humano e material, com apoio financeiro para que se possa transformar esses elementos numa estratégia de desenvolvimento ecoturístico.

Projetos com tais características não podem estar desvinculados das cidades, suas vizinhanças e mesmo da região. Vale dizer, precisam levar em conta as diretrizes de desenvolvimento regional e local. Estas últimas envolvem o plano diretor do município, devendo portanto contemplar o zoneamento ambiental e o parcelamento, uso e ocupação do solo municipal, (art. 4º do Estatuto da Cidade, 2001). Assim, poderão abrigar por um determinado número de dias, diversos grupos turísticos, conforme seu zoneamento ambiental e zoneamento de uso e ocupação do solo. Para tanto é preciso contar com equipamentos sociais como de saúde, educação e cultura, com teatros, cinemas, locais para exposições, além de oferecer um comércio e serviços varejistas que tragam o conforto transmitido pelo apelo cultural e as novidades tecnológicas. Daí o interesse dessas áreas contarem com museus dos mais variados tipos, podendo enfatizar as questões da preservação e educação ambiental, utilizando-se do potencial de recursos existentes. Conforme o interesse local e regional, terão especial apelo as tecnologias que tratam da gestão de ecossistemas frágeis e apresentam invenções de produtos que não agridam os sistemas ambientais.

Assim é que inovações podem dinamizar o desenvolvimento auto-sustentável. O biodiesel como recurso renovável, ao ser desenvolvido por ambientalistas cuidadosos, pode ser capaz de criar novos hábitos na população e se apresentar como uma alternativa de combustível feito a partir da mistura de óleo de semente de nabo silvestre *rapeseed* com a *methyl éster*, alcançando um desempenho motor semelhante ao conseguido com o *diesel* baseado no petróleo, porém, emitindo só uma pequena fração de gases danosos, que contribuem para o aquecimento global – 1kg de *diesel convencional* emite quatro vezes mais gás carbônico e outros gases que 1 kg de *rapeseed biodiesel*, (Geary, 1998).

Nesse sentido o *biodiesel* adicionou vantagens ao ser um recurso renovável. Ainda mais sendo um combustível produzível a partir de um simples processo de destilação. Por outro lado, a União Européia está subsidiando fazendeiros para cultivarem a planta *rapeseed*. Futuramente se espera que na Alemanha o *biodiesel* seja capaz de reduzir em 4% as emissões de gás carbônico dos automóveis a diesel. Outras medidas estão sendo tomadas para se atingir uma poluição zero, oriunda de carros. Estão sendo pesquisados e testados sistemas de filtro de carbono, que, como um aspirador-de-pó "chupem" a sujeira do ar, enquanto o carro está brecando, (Geary, 1998), pois se procura um *motor com emissão de poluição zero*, embora este ainda possa demorar muito tempo, pois é preciso convencer as indústrias automobilísticas a construírem esse tipo de motor.

Outras tecnologias voltadas à preservação ambiental também são alvo de pesquisas importantes. Entre estas há um estudo da Faculdade de Recursos Naturais de Vermont, Massachusetts, nos Estados Unidos, voltando-se para máquinas vivas, em que a inteligência de florestas e lagos é reaplicada para finalidades humanas. Trabalham com o mesmo processo natural de reciclagem de ecossistemas como rios, planícies e estuários. Como resultados, objetivam projetos de ecossistemas que estoquem uma gama de plantas, animais e microorganismos, (bactérias, protozoários, plânctons), que tenham apetite insaciável por determinados dejetos humanos. Esses microorganismos procurados devem ter apetite por refeições de poluição. Estão sendo estruturados como verdadeiras *máquinas vivas* que mais se parecem com um parque do que com estações de tratamento de esgotos, pois os visitantes não se convencem, à primeira vista, de que se trata de uma ecotecnologia em processo de trabalho. (Geary, 1998).

O objetivo dessas pesquisas é aprimorar a qualidade do ambiente humano. Mas as portas de entradas para esses ambientes são as cidades com potencial turístico que dispuserem de pousadas, e hotéis, entre outros tipos de acomodações e que puderem ganhar em recursos paisagísticos, por exemplo, com arborização de plantas típicas regionais, como as magníficas mangueiras de Belém. Além disso, observa-se que a melhoria da paisagem vem sendo procurada por certos programas, como os que enfatizam a necessidade de limpeza urbana, como um passo para a atração turística. O Museu Paraense

Emílio Goeldi estruturou o *Programa Cidade Limpa/Cidade Linda*, apoiado pelo Fundo das Nações Unidas para a Infância. Além da limpeza, esse programa promove maior arborização, a criação de oficinas de reciclagem de lixo e a formação de brigadas infantis de agentes ambientais, oferecendo ainda programas educativos nas escolas, concursos e apresentações de artistas locais, (UNICEF, 1998).

O turismo em águas interiores no Brasil atuando em prol da qualidade ambiental também é rico de exemplos. Podem ser lembrados, entre outros, aqueles das águas da Pousada do Rio Quente em Caldas Novas, Goiás e também as praias fluviais do rio Parnaíba, em Teresina, no Piauí. Esse tipo de turismo dispõe de atividades de recreação junto aos rios e suas praias, represas, eclusas, bem como em parques das imediações, alcançando uma área de influência municipal, estadual e mesmo nacional.

Como não podia deixar de ser, o poder de atração das águas interiores é muito grande. A água estrutura ambientes de qualidade, cujo magnífico exemplo é o ecoturismo no município de Bonito, em Mato Grosso do Sul. Situado a cerca de 1000 km afastado do Oceano Atlântico, Bonito conta ainda com trilhas indígenas, boiadas, piscinas naturais e cachoeiras, acessíveis após longas caminhadas. As nascentes das águas doces, se parecem com aquários repletos de peixes, cachoeiras e cavernas misteriosas. Os turistas procuram o local para a prática do *full cave*, em que mergulhadores vão ao fundo das cavernas, guiados por *caverneiros*, para não se perderem entre os múltiplos braços existentes em seus interiores. O movimento turístico é grande e para organizá-lo a Secretaria de Estado do Meio Ambiente desenvolveu o *Projeto Bonito*, contando com o apoio do *World Wildlife Funds*, (Sardenberg, 1996).

O turismo vem crescendo e também o espírito ecológico, a partir dos anos de 1990. Algumas normas e proibições estão sendo aceitas prontamente, pois Bonito é área de preservação ambiental. É proibido usar cilindros de oxigênio e nadadeiras nos mergulhos; Não se usam barcos a motor, para não perturbar a natureza em seu estado natural.

Segundo Sardenberg (1996), outras possibilidades do turismo em águas interiores, de grande atração para os visitantes, são a Gruta do Lago Azul com *camarão albino* e o *rafting*, no rio Formoso. A baía Bonita é um aquário natural constantemente visitado por turistas que utilizam colete e *snorkel* para respirar, conseguindo assim, nadar com a cabeça sob a água mas não tocar o fundo da baía, ao apreciarem os peixes, de cerca de 30 espécies diferentes. Entre suas atrações, Bonito conta ainda com animais ferozes e com o *trekking*, que é o esporte dos andarilhos em diferentes trilhas. As grutas encontradas nas cavernas, por vezes chegam a 50 metros de profundidade,e há ainda mais de 150 metros de trilhas para mergulhadores. O sucesso dessas cavernas deve-se a suas amplas *galerias e salões* decorados por esculturas calcáreas lapidadas pela natureza e pelo tempo. O conhecido *Buraco das Abelhas* é uma espécie de janela corsa, composta por um complexo de rios subterrâneos que desembocam na superfície, com cascudos, bagres, lambaris e muitos outros peixes.

Toda essa riqueza potencial relacionada com as águas interiores tem reflexos nos aspectos econômicos e sociais resultantes de sua utilização. Se for transformado em negócios de turismo ecológico, o sucesso dessa empreitada será grande e não se pode descuidar dessa possibilidade. O modelo usado em Bonito exige um guia credenciado para conduzir os visitantes, o que diminui muito os efeitos indesejados de um turismo de massa, onde o controle é praticamente impossível. A limitação do número de turistas que precisam fazer reservas com antecedência, em si, já é uma forma de conscientizar os grupos de visitantes para a importância de preservar essas atrações naturais. Este é um ponto positivo a ser considerado no desenvolvimento de outros programas com características similares. Em alguns casos deve mesmo haver a proibição de tocar na água, pois este toque, ainda que pareça inofensivo, pode acabar prejudicando certos tipos de vida aquática, como o minúsculo crustáceo endêmico da gruta do Lago, o *Poticoara Brasiliensis*, (Sardenberg, 1996).

Mas, o potencial de águas doces e turismo é muito maior do que a amostra aqui apresentada. Preciosidades como essas podem estar "escondidas" no interior do país, vindo a ser alcançadas somente por aqueles que detêm informações privilegiadas e que podem se programar para desfrutar dessas maravilhas naturais. Potenciais como esses são inúmeros no país, mas, sua transformação em ecoturismo ainda parece incipiente, ou seja, precisam ser atividades rentáveis. Há necessidade de organização e de investimentos iniciais, embora seja possível vislumbrar com clareza a viabilidade negocial do turismo em água doce. Todas essas qualidades econômicas precisam estar de acordo com as legislações ambientais. As águas doces, como riqueza ambiental, também devem ser protegidas.

No Estado de São Paulo, a Lei Nº 9.866/97 estabelece uma nova política de mananciais, dando Diretrizes e Normas para a Proteção, Recuperação das Bacias Hidrográficas dos Mananciais de Interesse

Regional do Estado. Objetiva controlar o uso e ocupação indistinta do solo, que são essencialmente poluidores. Para tanto adota as bacias hidrográficas como unidades de planejamento e gestão, optando por uma descentralização, ao criar as Áreas de Proteção e Recuperação dos Mananciais, formadas por uma ou mais sub-bacias, cada qual com suas especificidades regionais. Dessa forma, observa-se que esse turismo ecológico tem todas as condições de ocorrer e de, simultaneamente, atender às condições de preservação que venham a ser impostas pelos movimentos comunitários. Para tanto é preciso dar atenção especial para os tipos de planos e projetos que tenham condições de atender mais adequadamente em termos de qualidade ambiental.

Águas doces na metrópole de São Paulo

A aglomeração urbana metropolitana é uma grande geradora de potencial turístico. Como fator favorável a esse potencial encontra-se a predominância do setor terciário como motor do desenvolvimento metropolitano, oferecendo condições de formação de um *cadinho* especial, em que o processo de valorização da individualidade pode ocorrer mais facilmente, criando, segundo Joffre Dumazedier (1994), condições para o uso do tempo ocioso fortalecendo a importância do lazer. Dá-se assim uma nova qualidade para a função lazer, que pode retomar os sonhos infantis e juvenis e estimular novas facetas da indústria nascente: o turismo, com as festas informais ou organizadas, criações relacionadas com o comércio, indústria e serviços e um lazer quotidiano com desfrute dos recursos naturais. Em São Paulo, a bacia hidrográfica do Alto Tietê estrutura a urbanização, os recursos hídricos turísticos e os aspectos sociais e econômicos, salpicados de culturas regionais formadas com o povoamento que se deu ao longo do tempo.

O rio Tietê no Estado de São Paulo foi uma via de penetração e ampliação das conquistas do território nacional, pois, por suas águas partiram os pioneiros da descoberta da terra do pau-brasil. Com seu traçado peculiar, atravessa trechos históricos e em suas praias os pescadores deixam-se entreter longamente em suas atividades, enquanto alguns preferem usufruir momentos especiais com a natureza, praticando *windsurf*, (Alves, 1992; Lucena, 1992).

Talvez o Tietê seja o rio que tem mais possibilidades de alavancar planos e projetos para o desenvolvimento unindo turismo, comércio e *agribussiness*. Isto porque atravessa um Estado altamente produtor, que conta com um sistema de navegação fluvial que se estende do rio Tietê ao Paraná e já começa a servir para o transbordo da produção das diferentes regiões, alcançando ao norte os Estados de Mato Grosso, Mato Grosso do Sul e Goiás, e, na porção meridional, sendo elo de ligação com a bacia do rio da Prata, podendo, no futuro, tornar-se um dos eixos do mercado sul-americano.

Mas o Tietê ainda não está totalmente preparado para o turismo. Distando cerca de 22 km do Oceano Atlântico e estando a uma altitude média de 1030 metros, ao contrário da maioria dos rios cujas águas buscam o oceano, seu curso volta-se para o interior do Estado. Nasce no Município de Salesópolis, no extremo leste da região metropolitana de São Paulo. Onde suas águas foram batizadas há uma placa de bronze com os seguintes dizeres: *Aqui Nasce O Rio Tietê. Sociedade Brasileira De Geografia.* 1554-1954, (Ohtake , 1991). O rio estende-se em passagem lenta pela metrópole, formando muitos meandros que são totalmente inundados nos períodos de chuva, embora atualmente alguns destes tenham sido invadidos por famílias de baixa renda. Estas se vêem em sérios apuros com as enchentes e com a ilegalidade da ocupação, ao mesmo tempo em que o poder público se defronta com três problemas: Como tirar essa população da várzea e colocá-la em habitações condignas? Como impedir novas invasões nessas várzeas? Como acabar com a poluição que produziram?

Vislumbrou-se uma possível solução para os problemas acima: A construção do *Parque Ecológico Do Tietê* em plena região metropolitana. Para conter as enchentes estão projetados pequenos canais, enseadas e 14 lagoas que poderão abrigar viveiros de fauna e flora, bem como equipamentos culturais e esportivos. No entanto a implantação desse projeto ainda não está assegurada...

Ao longo do percurso do Tietê pode-se destacar alguns trechos de rio, com seus aspectos regionais típicos. No Município de Santana do Parnaíba destacam-se casarões do período colonial e edifícios setecentistas, tombados como patrimônio histórico e artístico nacional. Em Pirapora do bom Jesus, a atração turística é exercida pelas romarias de charretes e canoas ao comemorar o achado, nas águas do rio, da imagem do Bom Jesus, em 1724. Mais para o interior do Estado, o Município de Itu criado em 1610, destaca-se como reduto de republicanos que influíram nos rumos políticos do país, a partir de 1889. Itu é típico por suas igrejas com interior barroco, como a de Nossa Senhora da Candelária, de talha dourada e quadros pintados por artistas coloniais paulistas. Em toda a extensão do rio há muitas fazendas particulares em que se encontram magníficos exemplares de casas bandeiristas, que poderiam ser incluídas num eventual roteiro turístico, podendo culminar nas praias fluviais de Barra Bonita, Município em que as águas poluídas do Tietê voltam a ficar limpas, após autodepuração em seu trajeto pela metrópole de 17 milhões de habitantes, esgotos industriais e domésticos, (Alves, 1992; Lucena, 1992).

Entre os Municípios de Itu e Cabreúva o rio Tietê torna-se mais revolto, com corredeiras, gargantas estreitas, pedras, cachoeiras e grutas acompanhando o relevo mais acidentado que lhe dá suporte nesta porção do Estado. Descortina-se então uma paisagem agreste, bastante diversa daquela polvilhada por áreas urbanas e edificações históricas. O Município de Porto Feliz, cujas origens remontam ao século XVII, situado às margens do rio, exerceu importante papel na história nacional, como porto fluvial de onde partiam singrando as águas em canoas, as expedições chamadas *monções*, que eram comandadas pelos bandeirantes que se aventuravam pelo interior, à procura de pedras preciosas e ouro. Os bandeirantes com suas façanhas foram verdadeiros heróis nacionais que conquistaram o território do Brasil, alargando suas fronteiras, muito além daquela estreita faixa de terra, praticamente paralela à costa Atlântica, definida primeiramente pela *Bula Papal de Intercoetera* e depois pelo *Tratado de Tordesilhas*. O Museu Histórico e Pedagógico das Monções, em Porto Feliz, guarda os ensinamentos daquela época gloriosa, (Alves, 1992; Lucena, 1992). Pousadas, usinas hidrelétricas, praias fluviais, passeios na eclusa de Barra Bonita e mesmo a navegação em águas do Tietê, no trecho desde a cidade de Artemis e o rio Paraná, sem dúvida, são potenciais turísticos.

Entretanto, boa parte da rica vegetação da Mata Atlântica que envolvia o rio Tietê na sua nascente e em outros trechos do Estado, foi devastada. Em algumas porções junto às nascentes, esta mata foi substituída por eucaliptos e bananeiras. Em outras, no lugar da mata encontram-se cidades e outras edificações. Em Mogi das Cruzes o rio Tietê torna-se praticamente um mar de água doce, cercado pelo verde da Mata Atlântica remanescente na Serra do Itapeti e por plantações de hortaliças. As águas do Tietê sempre tiveram multifinalidades, entre as quais o abastecimento e a geração de energia. Esta muitas vezes tem sido responsabilizada pelo aumento da poluição nas águas. Obras de infra-estrutura permitiram reverter o curso do rio Pinheiros - principal afluente do Tietê, em São Paulo - de modo a gerar maior vazão dirigida para a represa Billings. Deste ponto, as águas caem cerca de 700 metros de altura, entre o Planalto de Piratininga onde está São Paulo e o litoral. Desse modo, no início deste século, foi possível gerar energia na usina de Henry Borden em Cubatão, Município localizado no sopé da Serra do Mar, (SEADE, 1992).

Como se observa a seguir, os programas públicos, ainda que setorizados, têm buscado soluções para os problemas aqui apresentados, recebendo apoio de financiamentos internacionais, como aqueles destinados ao *Projeto Guarapiranga* que objetiva a despoluição das águas da represa que atualmente

BACIAS HIDROGRÁFICAS DO ESTADO DE SÃO PAULO

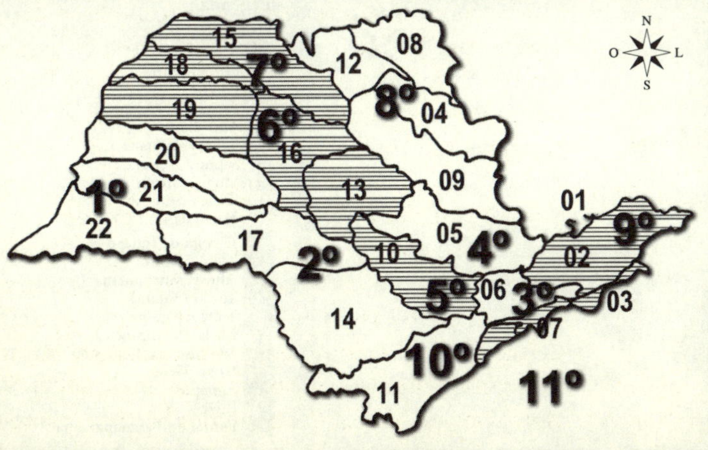

Legenda

1º Grupo - *20 Aguapeí; 21 Peixe; 22 Pontal do Paranapanema*
2º Grupo – *14 Alto Paranapanema; 17 Médio Paranapanema*
3º Grupo - *6 Alto Tietê*
4º Grupo - *5 Piracicaba / Capivari / Jundiaí*
5º Grupo – *10 Médio Tietê / Sorocaba*
6º Grupo - *13 Tietê / Jacaré; 16 Tietê / Batalha; 19 Baixo Tietê*
7º Grupo - *15 Turvo/Grande; 18 São José dos Dourados;*
8º Grupo - *4 Pardo; 8 Sapucaí / Grande; 9 Mogi-Guaçu; 12 Baixo Pardo / Grande*
9º Grupo - *1 Mantiqueira; 2 Paraíba do Sul; 3 Litoral Norte*
10º Grupo - *11 Rib.de Iguape / Litoral Sul*
11º Grupo - *7 Baixada Santista*

Figura 1: Grupos de sub-bacias hidrográficas do estado de São Paulo

Escala gráfica aproximada
0 300 km

FONTE: SMA / CPLA, 1998; IBGE / CERH, 1991.

abastece cerca de 20% da comunidade metropolitana, e, também aqueles para o *Projeto Billings*.

Na região metropolitana de São Paulo, entretanto, o rio Tietê é um rio poluído, sujeito a diversas propostas para sua limpeza. Dentre estas se destaca o Projeto Tietê, criado em 1992 para limpar o rio, mas que, somente em 1995 teve seus trabalhos ativados. Há muito esgoto doméstico sendo produzido e o volume de água do rio não é suficiente para assimilar e processar biologicamente esses dejetos, num modo chamado de autodepuração. Esta só começa a ocorrer quando o rio vai se afastando da metrópole e suas águas voltam a se tornar mais limpas. Cachoeiras e correnteza também depuram a água, à medida que dão entrada a um volume maior de oxigênio. Essa poluição não é interrompida, pois há inúmeras habitações irregulares, cujos esgotos, são lançados *in natura* nos riachos, atingindo, sem dúvida, o rio Tietê e as águas e solos subterrâneos. Há também ligações clandestinas de esgoto, tanto no sistema de águas pluviais, como no de água para abastecimento.

Para controle das enchentes firmou-se contrato com o Fundo Internacional de Cooperação Econômica, para executar o aprofundamento da calha do rio Tietê entre a foz do rio Pinheiros e o lago da barragem Edgard de Souza em Santana do Paraíba na região metropolitana, num total de 16 km, a canalização de 10, 5 km do rio Cabuçu na divisa de São Paulo com Guarulhos e a construção de duas barragens do Sistema Alto Tietê-Biritiba Mirim, Paraitinga e interligações, o que permitirá ampliar o abastecimento da metrópole em 5 mil litros de água por segundo.

Já, para o *Saneamento Integrado do Ambiente da Bacia do Guarapiranga*, foi proposto o controle e a reabilitação, à curto prazo, da qualidade da água do reservatório, por meio de uma melhoria progressiva das condições da bacia da represa, sem prejudicar o abastecimento de água. A necessidade desse programa era crucial, pois o processo de degradação abrangia uma área de cerca de 630 km^2 da bacia, se estendendo por 6 municípios, entre os quais São Paulo. De vários modos sentiram-se os efeitos negativos no ambiente, com redução na qualidade da água para consumo, com aumento nos custos sociais de tratamento da água e de recuperação do solo, com diminuição da qualidade de vida e decorrentes problemas de saúde. Conseqüentemente se acirraram os conflitos entre o poder público e as comunidades, na maioria pobre. Os problemas urbanos gerados por uma ocupação ilegal, pela remoção de vegetação ciliar, por erosões, deslizamentos de terra, deficiência de drenagem causavam grandes transtornos aos moradores locais e poluição para a metrópole, (Abiko, 1994). No *Projeto Billings*, também é preciso considerar o comprometimento da qualidade das águas e os conflitos de usos do solo. Há portanto uma demanda crucial por tratamento dos resíduos gerados pelas comunidades que habitam em seu entorno, (Tundisi e Bruna, 1994).

Com relação à represa de Guarapiranga, o gerenciamento do programa de qualidade da água e

DISTRIBUIÇÃO DA POPULAÇÃO NO ESTADO

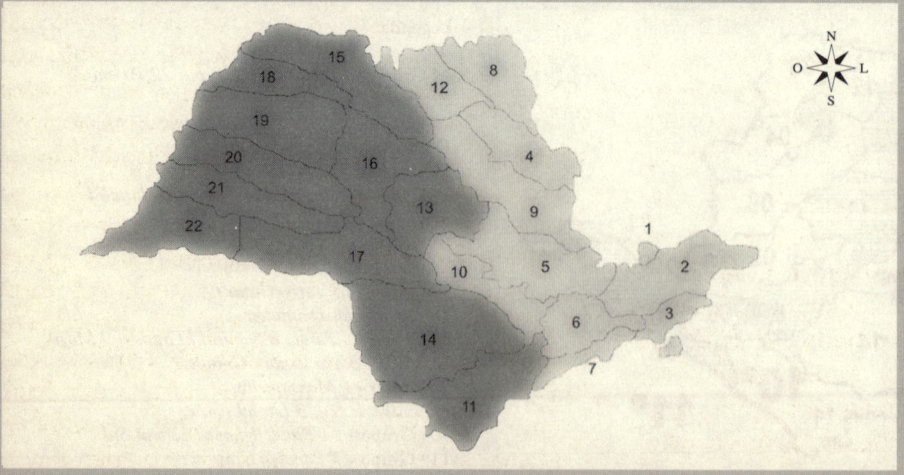

Legenda :

1 Mantiqueira
2 Paraíba do Sul
3 Litoral Norte
4 Pardo
5 Piracicaba / Capivarí / Jundiaí
6 Alto Tietê
7 Baixada Santista
8 Sapucaí / Grande
9 Mogi - Guaçú
10 Tietê / Sorocaba
12 Baixo Pardo / Grande
11 Ribeira de Iguape
13 Tietê / Jacaré
14 Alto Paranapanema
15 Turvo / Grande
16 Tietê / Batalha
17 Médio Paranapanema
18 São José dos Dourados
19 Baixo Tietê
20 Aguape
21 Peixe
22 Pontal do Paranapanema

Figura 2: Distribuição percentual da população do estado de São Paulo por sub-bacia hidrográfica

Escala gráfica aproximada
0 300 km

FONTE: SMA / CPLA / GTLPM, 1998; IBGE / CERH, 1991.

controle da poluição envolve várias prefeituras e a sociedade civil. Implantando o programa, a SABESP inicia a execução de 173, 2 km de redes coletoras, 37,7 km de coletores tronco, interceptadores e emissários e 14 estações elevatórias. Ainda para a despoluição do Tietê, o programa foi revisto, passando a priorizar a expansão de redes de coleta e ligações domiciliares e industriais, (Escriba, 1995, pp. 110-114).

A preocupação de se obter um desenvolvimento social e econômico, humano e cultural sem degradar ao meio ambiente pode ser considerado um marco na gestão da coisa pública. Assim é que a avaliação de impactos e a proposição de um programa global, tratando São Paulo como um ecossistema, vem sendo efetivado. Para tanto, procurou-se rever e criar diretrizes de projetos, na perspectiva da Agenda 21. A recomendação do capítulo 4º de que, *para alcançar o desenvolvimento sustentável será necessário conseguir eficiência na produção e mudar os padrões de consumo, otimizando o uso dos recursos e minimizando a criação de rejeitos*, foi traduzida em termos da utilização dos recursos hídricos, considerando o Programa de Uso Racional da Água (SABESP) e o Projeto de Desassoreamento do Rio Tietê (DAEE e CPOS) e prevendo a reutilização da areia retirada do rio. Outras recomendações da Agenda 21 foram contempladas no Programa Metropolitano de Água, Projeto Guarapiranga, Projeto Tietê, Projeto Billings, Programa Integrado de Conservação dos Mananciais da RMSP, Programa de Redução de Perdas, Plano de Macrodrenagem e sistema Integrado de Gerenciamento dos Recursos Hídricos, buscando-se eficiência empresarial, social e ambiental, (Escriba, 1996, pp. 36-37).

Essas questões envolvendo as águas doces merecem portanto especial atenção, seja no que se refere a uma proposta de turismo junto a suas águas, seja com o objetivo de garantir o abastecimento da população, como também para otimizar os usos múltiplos dos recursos hídricos da Bacia do Alto Tietê, (SRHS, 1998).

Tundisi e Strakraba (1994) consideram que as atividades humanas são decisivas para os ecossistemas, pois o homem está se tornando um componente integrado a estes, e, este fato precisa ser reconhecido cientificamente, e ser, portanto, tomado como base para o comportamento das comunidades. Assim, ao se projetar um empreendimento turístico, por exemplo, é preciso focalizar, não somente o elemento água doce, seja na forma de rios, lagos ou represas, mas também, os assentamentos humanos nas imediações, como parte do mesmo ecossistema, pois somente assim, é que se poderá tratar de uma proposta auto-sustentável. O ecoturismo deve prever, portanto, a manutenção da qualidade da água, considerando, tanto a dinâmica do ecossistema, como as tecnologias passíveis de aplicação, tais como a reprodução de espécies de peixes e sua influência na composição da fauna, nos componentes da cadeia alimentar, na química e na física do ambiente. Assim, segundo Tundisi e Strakraba (1994), se estará protegendo e melhorando a heterogeneidade do terreno natural nessas áreas, de modo a assegurar o recobrimento por florestas, espécies naturais e outras que venham a ser introduzidas. Essa condição de vegetação é importante, tanto para manter a qualidade da água, como para organizar os parques e áreas verdes, mangues, áreas alagáveis, áreas preservadas, de um modo geral. Por isto o projeto de ecoturismo precisa identificar os locais de acessos permitidos, outros só acessíveis aos pesquisadores e delimitar qual a extensão de espaço verde sem acesso ao público, incluindo florestas, bosques, fauna e flora, que devem ser mantidos como reserva biológica, merecendo, portanto, cuidados especiais. Algumas áreas podem ser preservadas para receber os extravasamentos em épocas de enchentes, ou podem receber um projeto específico como mangues, permitindo, por exemplo, delimitarem-se lagoas de confinamento para a criação de fauna e flora.

Os tipos de atividades de lazer a serem permitidos em projetos de ecoturismo, também merecem estudo acurado, principalmente com relação ao aproveitamento múltiplo dos recursos hídricos. Merecem atenção ainda os espaços de influência das águas doces, pois, de um modo geral esta é muito sensível, alterando-se rapidamente devido a fatores externos. Nesse sentido, observa-se que, tendo em vista que a represa Billings hoje faz parte do sistema de abastecimento metropolitano, deveria portanto, ter as fontes de poluição, devidamente tratadas, além ter um controle para não permitir que material tóxico de qualquer proveniência, fosse introduzido em suas águas. Segundo Tundisi e Strakraba (1994), essa condição de manutenção de água limpa no sistema da represa pode envolver a mudança de práticas agrícolas nas áreas de influência dos mananciais. Torna-se assim importante proteger as margens com vegetação especial, que seja capaz de sobreviver a inundações e a macrofitos flutuantes, submersos ou emersos. Medidas como essas, por sua relevância na otimização do sistema precisam ser tomadas, impreterivelmente, como parte de um desenvolvimento auto-sustentável.

Desse modo o ecoturismo envolvendo as águas doces certamente é um potencial a ser considerado nos programas de desenvolvimento em âmbito nacional. As águas doces tanto podem ser tomadas como um elemento âncora do projeto, como podem participar complementarmente a uma gama de atividades oferecidas. Tenderão a aumentar a vitalidade turística, como a valorizar o patrimônio ambiental. Paulatinamente esse valor pode fazer história, ao significar um real aumento de receita local, regional e mesmo nacional. Observe-se que assim como é preciso considerar o plano diretor de município e as legislações pertinentes, (urbanísticas e ambientais), também se deve focalizar os tipos de Unidades de Conservação (UCs) e correspondentes definições e limitações, de acordo com o Sistema Nacional de Unidades de Conservação (SNUC), conforme a Lei 9.985/2000. Essas UCs são definidas segundo seus atributos ambientais, merecendo, por isto, tratamentos diferenciados e especializados. Objetivando assegurar, nos termos da Constituição Federal de 1988, a integridade e a função ecológica da fauna, flora e habitats, distinguem-se quanto a Unidades de Proteção Integral e Unidades de Uso Sustentável. O primeiro grupo de unidades reúne 5 categorias, quais sejam: Estação Ecológica; Reserva Biológica; Parque Nacional; Monumento Natural; e Refúgio de Vida Silvestre. O segundo conjunto de unidades agrupa 7 categorias: Área de Proteção Ambiental (APA); Área de Relevante Interesse Ecológico (ARIE); Floresta Nacional (FLONA); Reserva Extrativista (RESEX); Reserva de Fauna; Reserva de Desenvolvimento Sustentável; e Reserva Particular do Patrimônio Natural (RPPN), (SNCU, 2000).

Os cuidados com as águas doces acima mencionados, condicionam previamente os tipos de empreendimentos e propostas de lazer que o projeto turístico poderá comportar, conforme sua localização e interferências das legislações ambientais e urbanísticas. Face a estas é que se definirão que equipamentos poderão ser utilizados, que áreas poderão receber visitantes, quais as que precisam ser isoladas. Em primeiras considerações de projeto, há que separar a recreação ativa daquela passiva e valorizá-las ao olhar dos potenciais turistas. Deixá-los consciente da importância de colaborarem com o projeto ambiental, evitando atuar como componentes de impactos negativos, mas, principalmente, tornando-se componentes ativos ao transmitirem comportamentos voltados para a proteção ambiental.

O controle sobre o uso e ocupação urbana e a poluição que geram precisa tornar-se um projeto de cada municipalidade. Sim, pois é ao nível local que a Constituição de 1988 e o Estatuto da Cidade (2001) que esse controle foi atribuído, quando o Plano Diretor de Município estabelece a função social da propriedade. Como já mencionado, com o Plano Diretor é que deve especificar os diferentes tipos de áreas, em especial, aquelas ditas de interesse social e que por isto mesmo estão aptas a receber recursos financeiros do governo, em contraposição àquelas que têm condições de se desenvolverem pela própria iniciativa, ou com o auxílio de incentivos, como a simplificação de leis e normas. Para elaborar seus planos de desenvolvimento, os municípios passam a contar com novos institutos jurídicos, como o usocapião de imóvel urbano, direito de preempção, outorga onerosa do direito de construir, transferência do direito de construir, operações urbanas consorciadas, devendo esses e os demais instrumentos, serem delimitados pelo Plano Diretor.

Desse modo o controle sobre a cidade ganha maior possibilidade de atuação. As várias *cidades clandestinas* existentes na região metropolitana de São Paulo e que segundo Galvão (1997) e Sorina (1997), além de poluir com esgotos lançados in natura, poluem também com o acúmulo de lixo que se espalha assustadoramente, com as chuvas. Mas com os novos instrumentos de planejamento trazidos pelo Estatuto das Cidades, poderão receber tratamento efetivo e se adequarem às condições ambientais e de controle de impactos. Também o ecoturismo pode ser estimulado à medida que os Municípios passam a ter sua política urbana, seus zoneamentos ambientais, ao lado do parcelamento, uso e ocupação do solo, que nada mais é que uma forma de zoneamento. Neste torna-se importante destacar a paisagem, o patrimônio histórico e conseqüentemente, a identificação de áreas de lazer e turismo. Este poderá ser previsto como uma atividade econômica, com efeitos sociais e ambientais, gerando receita.

Por exemplo, a pesca esportiva costuma render 24 bilhões de dólares por ano, nos Estados Unidos. No Brasil, em 1996 os estrangeiros gastaram com turismo, cerca de 2, 3 bilhões de dólares, mas deste total, somente 3% foram gerados por passeios na natureza, incluindo as águas doces do Pantanal, Amazônia e Foz do Iguaçu, como grandes atrações, (Galvão, 1997; Sorina, 1997).

Numa análise das transformações ocorridas na metrópole de São Paulo nos anos de 1990, observa-se que houve o crescimento das atividades do setor de comércio e serviços especializados, principalmente em finanças, telecomunicações, administração das corporações transnacionais que foram se instalando na região. No contexto social e econômico estas transformações trazem em si um estímulo ao desenvolvimento turístico. Muito provavelmente estas mudanças implicarão em novas modificações voltadas para o setor cultural, com a valorização da atividade turística, (Sassen, 1998; Bruna, 1996).

Por ser o lugar do setor terciário especializado, a metrópole de São Paulo, de modo semelhante ao que vem ocorrendo em outras, desde os anos de 1990 vem se tornando um local por excelência do turismo de negócios. É o turismo daqueles que atuam numa metrópole pós-industrial, como menciona Saskya Sassen (1998), em que as pessoas que vêm a congressos, simpósios e seminários, acabam dispondo de horários livres ou programam alguns dias complementares aos eventos, dos quais participam com seus cônjuges, parentes e amigos. Ocorre também que são as aglomerações urbanas que reúnem os melhores atrativos culturais e comerciais e equipamentos de infra-estrutura, e que, por vezes, têm seus hotéis permanentemente lotados e que acabam gerando um movimento financeiro de milhões de dólares em impostos e outros cerca de 200 mil empregos diretos, (EMPLASA, 1996).

Esse turismo de negócios revela incríveis oportunidades de desenvolvimento. Associar este tipo de turismo metropolitano àquele gerado pelos recursos naturais – águas doces, parques, dentre outros – como ocorre em outros países, muito provavelmente poderá resultar, não só num aumento do movimento financeiro, mas de empregos e de qualidade do ambiente natural e construído, à medida que esses aspectos passam a ser valorizados e controlados por gestões urbanas ambientais. Os gastos das pessoas com lazer, segundo Dumazedier (1994), costumam ser superiores a todos os outros, inclusive saúde. Porém, são diferentes, pois o turismo de massa, por exemplo, não tem a mesma atratividade para todas as classes sociais. Por isto há que considerar diferentes projetos turísticos, ou seja, diferentes negócios a empreender. O ecoturismo em águas doces no Brasil, muito provavelmente está na essência de muitos projetos turísticos. A valorização dos recursos naturais pode ser alvo de nichos de mercados, estruturando distintos projetos. Estes podem despertar a população para o conhecimento das questões ambientais, para maior participação no controle da qualidade do ambiente local, e, em decorrência, para o prazer de aprender com o divertimento e a cultura transmitida pelas atividades do ecoturismo.

Bibliografia

ABIKO, Alex Kenya. Integrated Environmental Sanitation: The Case Of The Guarapiranga Reservoir Basin In São Paulo. *Latin American Regional Development In An Era Of Transition. The Challenge Of Decentralization, Privatization And Globalization.* Nagoya, United Nations Centre for Regional Development (UNCRD), pp. 129-134, 1994.

ADEODATO, Sérgio. Nossas Lagoas Pedem Socorro. *Globo Ciência.* n. 53/4, novembro de 1996. Fonte: EMPLASA – Empresa Metropolitana de Planejamento da Grande São Paulo S.A, 1996.

ALESSIO, Vitor e DUTRA, Renato. Navegando De Caiaque Pelo Rio Xingu. *Horizonte Geográfico,* Agosto de 1991. Fonte: EMPLASA - Empresa Metropolitana de Planejamento da Grande São Paulo S.A., 1991.

ALVES, Liane C. A. Tietê, a Beleza Desconhecida De Um Rio. *Revista Viaje Bem,* pp. 58-69, Fonte: EMPLASA, 1992.

BRUNA, Gilda Collet & VARGAS, Heliana Comin. Urban Development Management Of The São Paulo Metropolitan Region, pp. 55-64, *Latin American Regional Development In An Era Of Transition. The Challenge Of Decentralization, Privatization and Globalization.* Nagoya, United Nations Centre for Regional Development (UNCRD), 1994.

BRUNA, Gilda Collet. The Challenge Of Decentralization In Brazil And The São Paulo Metropolitan Region. *Local And Regional Development Planning Management In The Context Of Decentralization Reform In Latin America.* Nagoya, United Nations Centre For Regional Development (UNCRD), pp. 61-72, 1996.

CASTELLS, Manuel. *A Sociedade Em Rede. A Era da Informação: Economia, Sociedade e Cultura.* São Paulo: Paz e Terra. Volume I, 1999.

CORBIN, A. *O Território Do Vazio. A Praia E O Imaginário Ocidental.* São Paulo: Companhia das Letras, 1989.

DE MASI, Domenico. *O Futuro Do Trabalho. Fadiga E Ócio Na Sociedade Pós-Industrial.* Brasília: Editora Universidade de Brasília, 2000.

DUMAZEDIER, Joffre. *A Revolução Cultural Do Tempo Livre.* São Paulo: Companhia das Letras, 1989.

EMPLASA - Empresa Metropolitana de Planejamento da Grande São Paulo S/A. *Turismo De Negócios.* Região Metropolitana de São Paulo. Região da Baixada Santista. Setembro de 1996.

EMURB – Empresa Municipal de Urbanização. *A Reurbanização de Santana e Jabaquara.* Memorial da EMURB para julgamento dos mandados de segurança nº 220.706, 220.707 e 222.643, impretrados contra o plano de reurbanização de Santana e Jabaquara perante o tribunal de Justiça de São Paulo. São Paulo: EMURB, 1973.

ESCRIBA. Relatório-Síntese Anual. *Uma Ponte Para o Futuro*. São Paulo: Governo do Estado de São Paulo. Gabinete do Governador. Pp. 36-37, 1996.

ESCRIBA. Relatório-Síntese Anual. *Uma Ponte Para o Futuro*. São Paulo: Governo do Estado de São Paulo. Gabinete do Governador. Pp. 110-114, 1995.

FAUUSP/FUPAM – Faculdade de Arquitetura e Urbanismo da Universidade de São Paulo. Fundação para a Pesquisa Ambiental. *Plano Diretor de Cubatão*. São Paulo: FAUUP/FUPAM, 1995.

FAUUSP/FUPAM. Faculdade de Arquitetura e Urbanismo da Universidade de São Paulo. Fundação para a Pesquisa Ambiental. *Plano Diretor de Porto Velho/RO*. São Paulo: FAU USP, 1991.

FIESP/CIESP – Federação e Centro das Indústrias do Estado de São Paulo. *Micro e Pequenas Empresas no Estado de São Paulo e a Legislação Ambiental*. São Paulo: FIESP/CIESP, Departamento de Meio Ambiente e Desenvolvimento Sustentável – DMA, 2001.

GALVÃO, Edilamar. Todo Mundo É Filho Da Água. *Folha de São Paulo*, Folhinha, pp. 5-7, 07/06/1997.

GARNER, John S. *The Model Company Town. Urban Design Through Private Enterprise In Nineteenth-Century New England*. Amherst: The University Of Massachusetts Press, 1984.

GEARY, James. Enviroment. Green Machines. Technology, Long Seen as The Enemy Of The Environment, Is Providing New Solutions To Some Of The Planet's Most Pressing Problems. *Time*. Latin American Edition, March 23, pp. 30-36, 1998.

LEI ESTADUAL Nº 9.866 *Uma Nova Política de Mananciais. Diretrizes e Normas para a Proteção das Bacias Hidrográficas dos Mananciais de Interesse Regional do Estado de São Paulo*. São Paulo: Governo do Estado de São Paulo, Secretaria de Estado do Meio Ambiente, CPLA – Coordenadoria de Planejamento Ambiental – Grupo Técnico de Legislação de Proteção aos Mananciais. Impressão: PAPERGRAF, Ilustrações: DPVI/CPLA, 1997.

LEI FEDERAL 10.257 Lei Federal 10.527 de 10 de Julho de 2001. O Estatuto da Cidade. São Paulo: *Boletim da Associação dos Advogados de São Paulo*. XLIII, 30/7 a 5/8/2001, AASP no. 2222. 2001.

LUCENA, Luiz. Especial Tietê. Navegar É Preciso: O Desenvolvimento Pede Água. *São Paulo Express*, pp. 08-20. Fonte: EMPLASA, 1992.

OHTAKE, Ricardo. (Edição). *O Livro do Rio Tietê*. São Paulo: Estúdio Rio, 1991.

OSBORNE, David & GAEBLER, Ted. *Reinventing Government. How The Entrepreneurial Spirit Is Transforming The Public Sector*. New York: Plume, 1993.

POMPEU, Cid Tomanik. Águas Doces no Direito Brasileiro. pp.601- 635, in Rebouças, Aldo da C., Braga, Benedito e Tundisi, José Galizia, (Organização e Coordenação Científica). *Águas Doces no Brasil. Capital Ecológico, Uso e Conservação*. São Paulo: Escrituras Editora, 1999.

SARDENBERG, Walterson Sobrinho. Três Tarimbados "Caverneiros" da Flórida (EUA) Vieram Especialmente Para conhecer As Cavernas De Bonito No Mato Grosso Do Sul. Voltaram Impressionados Com O Que Viram. Fonte: EMPLASA, 1996.

SASSEN, Saskya. *As Cidades Na Economia Mundial*. São Paulo, Studio Nobel, 1998.

SEADE – Fundação. Governo do Estado de São Paulo. Secretaria de Economia e Planejamento. São Paulo No Limiar Do Século XXI. Cenários Da Urbanização Paulista. *Regiões Administrativas*, Vol. 7, pp. 55-89. Março de 1992.

SNUC – Sistema Nacional de Unidades de Conservação. *Lei 9.985/2000*.

SORINA, João Neto. O Valor do Verde. A Experiência De Outros Países Mostra Que Há Soluções Racionais Para A Exploração Da Mata. *Veja Especial Amazônia*. Pp. 68-70, 24/12/1997.

SRHS – Secretaria dos Recursos Hídricos, Saneamento e Obras. *Projeto Billings*. São Paulo: Governo do Estado de São Paulo, 1998.

TUNDISI, José Galizia & STRAKRABA, Milan. Strategies For Building Partnerships In River Basin Management Context: The Role Of Ecotechnology and Ecological Engineering. *Latin American Regional Development In An Era Of Transition. The Challenge Of Decentralization*. Nagoya: United Nations Centre For Regional Development, 1994.

UNICEF – Fundo das Nações Unidas para a Infância. *Programa Cidade Limpa/ Cidade Linda. Em Ação*. Rio de Janeiro, Ano VI, nº. 15, 1998.

WILLIAMS, Raymond. *O Campo E A Cidade. Na História E Na Literatura*. São Paulo: Companhia das Letras, 1989.

Gilda Collet Bruna
coltbruna@uol.com.br

Arquiteta e Urbanista – Faculdade de Arquitetura e Urbanismo da USP

Doutora em Planejamento Urbano e Regional – FAU USP

Especialização – City Planning Course, Japan International Cooperation Agency – JICA- Tokyo, Japan

Pós-Doutorado – University of New Mexico, EUA- Visiting Professor

Diretora da Faculdade de Arquitetura e Urbanismo da USP, 1990-1994

Diretora Presidente da Empresa Metropolitana de Planejamento da Grande São Paulo S.A. – EMPLASA -, 1995-2000

Coordenadora do Curso de Arquitetura e Urbanismo da Universidade de Mogi das Cruzes, 1997-2001

Professora titular da FAU USP, Professora e Orientadora de Pós-Graduação da FAU USP e Professora Orientadora de Pós-Graduação da FSP USP

Professora e Pesquisadora do Núcleo de Informação em Saúde Ambiental - NISAM – USP

Linhas de Pesquisa:

Gestão Ambiental

Planejamento Urbano e Regional

Avaliação Pós-Ocupação de Ambientes Construídos

Áreas Comerciais: Planejamento e Dimensionamento

Gilda Collet Bruna

21

Caminhos que Andam: os Rios e a Cultura Brasileira[1]

Renato da Silva Queiroz

Mas, então, ao menos, que, no artigo da morte, peguem em mim, e me depositem também numa canoinha de nada, nessa água que não pára, de longas beiras: e, eu, rio abaixo, rio a fora, rio a dentro - o rio.

(João Guimarães Rosa - "A Terceira Margem do Rio")

Introdução

O lugar-comum de que a água é fonte de vida aparece com insistente freqüência em diversos domínios do saber[2]. Os pesquisadores dedicados ao estudo das alterações ambientais que ameaçam a vida no planeta - todas elas, ao que parece, direta ou indiretamente associadas ao modo de vida urbano-industrial mundialmente adotado pelo homem moderno - têm chamado a nossa atenção para as crescentes dificuldades de abastecimento de água potável em todas as regiões do globo[3]. A poluição sistemática dos rios, lagos e mananciais não anuncia um horizonte tranqüilizador quanto ao futuro próximo, dizem eles, já que a água, como é sabido, não se presta apenas para saciar a sede, substância indispensável que é, ademais, ao desenvolvimento de inúmeros processos em que se ancora a nossa civilização.

Vale lembrar que a água constitui um ingrediente básico nos cuidados higiênicos (banhos, abluções), nas atividades domésticas corriqueiras (lavagem de utensílios, verduras, frutas, roupas, processamento de alimentos etc.), no lazer (esportes aquáticos), na eliminação de dejetos orgânicos (descargas nos vasos sanitários), nas práticas agropecuárias (irrigação) e industriais (resfriamento de máquinas e produtos), isto tudo sem contar a geração de energia hidrelétrica (Bruni, 1993). De uma perspectiva biológica, salta aos olhos a importância da água - esse solvente universal - para a realização da fotossíntese, transporte e absorção de nutrientes, circulação sangüínea, eliminação de excretas, respiração, digestão, lubrificação de articulações, regulagem térmica, reprodução etc.

As observações acima são pertinentes à dimensão propriamente material da água. Tais considerações integram, por exemplo, o cerne das pesquisas conduzidas na atualidade pela NASA, pois a ambicionada colonização da Lua e de Marte, que se

1 Agradeço à professora Irene Maria Ferreira Barbosa (UNESP-Marília) pelo cuidadoso levantamento de muitas das fontes utilizadas na elaboração deste trabalho.

2 Por outro lado, é também por meio da água que se propagam certas moléstias, entre as quais a esquistossomose, a leptospirose, o cólera e a hepatite A.

3 Além das dificuldades relacionadas à captação, tratamento e distribuição de água potável, merecem destaque também os problemas ligados à obtenção de energia e acúmulo de lixo doméstico e industrial.

projeta para um futuro relativamente próximo, passa pela existência ou ausência de água nestes corpos celestes.

Para os humanos, contudo, a água também dá margem a um riquíssimo elenco de simbologias e representações, a despeito de ter ela deixado de ser, desde fins do século XVIII, "uma substância primordial, qualitativamente diferenciada, para tornar-se H_2O, ou seja, 'corpo incolor, inodoro, insípido, líquido à temperatura ordinária, resultante da combinação de um volume de oxigênio e dois de hidrogênio e capaz de refratar a luz e dissolver muitos outros corpos'. (...) Depois que a água tornou-se objeto da razão científica, passou a ser um corpo entre os outros, muito importante, é certo, mas sem alma, sem sentido, uma coisa morta" (Bruni, 1993:57). Será?

Um banho não se resume apenas à eliminação das impurezas do corpo. Mais do que isso, o banho remove ritualmente a sujeira, a "poluição social" que a todos contamina, de que resulta uma profunda sensação de pureza e bem-estar[4]. Nessa medida, o termo "sujo", empregado nas agressões verbais, refere-se muito menos ao asseio corporal do que ao comportamento ou a determinados traços da personalidade do ofendido. Certas imersões na água, por exemplo, estão prenhes de significado religioso, como é o caso do batismo[5]. Quanto à refração da luz, há quem avalie o arco-íris apenas pelo prisma das teorias da física? Não satisfeitos com o variado colorido do "arco da velha", damos cores à água nas fontes luminosas. Veja-se ainda a freqüência com que se empregam certas expressões, tais como "beber deste conhecimento", "poço de sabedoria", "lavar a alma", "foi a gota d'água", "no fundo do poço", "desta água não beberei", entre tantas outras. Quedas d'água constituem atrações turísticas e não simplesmente obstáculos à navegação, ao passo que tempestades e ondas que se quebram na praia integram um vasto repertório de imagens, utilizadas nas diferentes linguagens da criação artística, denotando sexualidade, almas atormentadas ou inquietações existenciais de toda ordem. Em outras palavras: a água faz parte da nossa natureza externa, mas constitui também uma dimensão fundamental da vida especificamente humana.

Essa especificidade repousa na capacidade (e absoluta necessidade), exclusiva do homem, de dotar o mundo de sentido e significados. Até mesmo as nossas relações com a Natureza são dirigidas por estas representações, que nos servem de guia nas intervenções que praticamos no meio físico. De acordo com a feliz expressão de Rappaport (1990), o problema é que os humanos constituem "uma espécie que vive em termos de significado em meio a um universo intrinsicamente destituído de qualquer significado e completamente controlado por leis físicas". O poema abaixo transcrito, A Lagoa, de Carlos Drummond de Andrade, exemplifica muito bem essa atribuição de sentido ao meio físico:

Eu não vi o mar.
Não sei se o mar é bonito,
não sei se ele é bravo.
O mar não me importa.

Eu vi a lagoa.
A lagoa, sim.
A lagoa é grande
e calma também.

Na chuva das cores
da tarde que explode
a lagoa brilha
a lagoa se pinta
de todas as cores.
Eu não vi o mar.
Eu vi a lagoa...

Como já foi dito, a água "é também um remédio muito eficaz tanto psíquico quanto ótico. Água fresca faz os olhos claros. E que beleza é olhar uma água límpida! (...) De fato a água nos atrai para o fundo da natureza com seus encantos mágicos, mas só reflete para o homem a sua própria imagem. A água é a imagem da consciência de si mesmo, a imagem do olho humano - a água é o espelho natural do homem" (Bruni, 1993:58).

Essa propriedade da água de servir de espelho para o homem encontra-se primorosamente elaborada no mito de Narciso, personagem homônimo de uma flor que desabrocha na primavera, em locais úmidos, associada à simbólica das águas e à sucessão das estações - e, por conseqüência, à fecundidade -, o que marca a sua ambivalência: morte (sono) / renascimento (Brandão, 1987:174). A respeito de Narciso, o mais

4 "Um banho diário é essencialmente necessário para um brâmane, pois, sem ele, não pode realizar suas adorações diárias aos deuses" (Douglas, 1976:47).

5 "Por sua virtude, a água apaga todas as infrações e toda mácula. A água do batismo, e só ela, lava os pecados" (Chevalier & Gheerbrant, 1989:18).

belo dos Imortais, filho do rio Cefiso e da ninfa Liríope, Tirésias, o cego-adivinho, vaticinou que viveria longos anos, desde que não se visse. Entretanto, "Estava-se novamente no verão. O jovem Narciso, sedento, aproximou-se da límpida fonte de Téspias para mitigar a sede. (...) Debruçou-se sobre o espelho imaculado das águas e *viu-se*. Viu a própria *imago* (imagem), a própria *umbra* (sombra) refletida no espelho da fonte de Tépsias. *Si non se uiderit*, 'se ele não se vir', profetizara Tirésias. *Viu-se* e não pôde mais sair dali: apaixonara-se pela própria imagem" (Brandão, 1987:179-180).

A interpretação arquitetada por Brandão do mito supracitado menciona observações correlatas de Frazer, que associa o mito à noção de *reflexo*, segundo antiga superstição de que nas fontes, lagos e rios escondia-se o espírito das águas, pronto para furtar a alma que neles porventura se refletisse. Brandão, entretanto, persegue um entendimento diverso, postulando que, etimologicamente, *reflectere* significa "voltar para trás", "inclinação para trás". "A reflexão, por conseguinte, deve ser entendida como uma tomada de consciência".

Do exposto, pode-se concluir que a água traduz pureza, fertilidade e vida, sobretudo quando, em seu estado natural, mostra-se imaculada, transparente e limpa. Mirando-nos em águas fétidas e escuras, percebemos o extenso malefício que a moderna sociedade industrial provoca em nossa razão simbólica, "danificando, talvez de maneira irreparável, o rico patrimônio psíquico que o imaginário da água tem produzido ao longo da história da humanidade" (Bruni, 1993). A poluição das águas compromete, pois, tanto a vida biológica quanto a vida psíquica do homem contemporâneo[6].

Símbolo da pureza e da fertilidade em muitas culturas, meio de purificação e regeneração, a água encontra franco acolhimento no imaginário de todos os povos. A sua dimensão simbólica fascina igualmente os antropólogos, como se pode verificar, por exemplo, mediante a leitura dos escritos pioneiros de *Sir* James Frazer. Em *O Ramo de Ouro* (s/d:134-135), Frazer assinala que a água e as fontes estão entre os muitos aspectos da Natureza que inspiram veneração religiosa. Lembra, a propósito, que os moradores de Abruzos acreditavam que a água adquiria propriedades maravilhosas e benfazejas na noite de São João. Por isso, muitas pessoas banhavam-se no mar ou nos rios naquela data, sobretudo ao alvorecer. E prossegue: "em Marsala, na Sicília, há uma nascente numa gruta subterrânea, chamada *Grotto della Sibila*. Ao seu lado, há uma igreja de São João que se supõe ocupar o lugar onde antes se erguia um templo de Apolo. Na véspera de São João, a 23 de junho, mulheres e moças visitam a gruta e, bebendo da água profética, ficam sabendo, as que são casadas, se seus maridos lhes foram infiéis no ano que passou e as solteiras, se haverão de casar-se no próximo ano. Também os enfermos imaginam que, banhando-se na água, ou dela bebendo, ou ainda mergulhando nela três vezes em nome da Trindade, ficarão curados".

Os estudos antropológicos registram uma miríade de mitos, procedentes das mais variadas culturas, em que a água potável, condição *sine qua non* de sobrevivência dos homens, é posta como objeto de profundas reflexões. À guisa de exemplo, pode-se citar um relato dos Haida, nativos do noroeste da América do Norte, cuja sociedade subdivide-se em duas metades exogâmicas, nomeadas águia e corvo. Segundo o mito, no princípio apenas a águia possuía água fresca, guardada por ela num cesto. Tomando ciência disso, o corvo conseguiu roubar-lhe o precioso líqüido. Todavia, enquanto ele voava sobre as ilhas Carlota, a água entornou do pesado cesto, formando lagos e rios, nos quais hoje todos os pássaros podem da água beber. O salmão, por sua vez, subiu o rio e agora fornece alimentos aos homens (Radcliffe-Brown, 1980: 197).

Nas narrativas míticas em que se reserva ao *herói-trickster*[7] o papel de maior relevo nas peripécias em que este curioso personagem, tangido em geral por razões egoístas, acaba involuntariamente concedendo aos humanos as condições necessárias ao florescimento da cultura, é comum figurar em destaque a água potável no rol destas aquisições. Além disso, à semelhança dos numerosos mitos alusivos à conquista do fogo, é igualmente por meio do furto ou de alguma outra artimanha que se obtém a água, como é o caso da narrativa Haida anotada por Radcliffe-Brown. Se água e fogo de certo modo equivalem-se em importância enquanto recursos fundamentais para a sobrevivência humana, uma vez

6 "A água poluída infunde horror, como sujeira, imundície, doença, morte: a poluição é o câncer da água" (Chevalier & Gheerbrant, 1989:22).

7 A figura do trickster (trapaceiro, embusteiro, pregador de peças) tem sido investigada por especialistas em mitologia e antropólogos. Trata-se, em geral, de personagem mítico, ambíguo, a-ético e contraditório, a um só tempo malfazejo e altruísta, muitas vezes o herói-civilizador de um povo e responsável pela criação das condições necessárias ao desenvolvimento da cultura (Queiroz, 1991).

associados na transformação dos alimentos conferem aos homens um dos mais expressivos marcadores de sua singular e tão prezada condição, ou seja, a de seres viventes sob a égide da Cultura.

• • •

O presente trabalho procura reunir e sintetizar um conjunto de informações pertinentes à água doce no Brasil. Para tanto, recorre-se aqui a fontes dispersas e variadas[8], tentando ordená-las de maneira a obter-se algumas conclusões que, à luz da Antropologia, possam inclusive contribuir para o debate em torno das conseqüências nefastas que a progressiva degradação ambiental produz e põe em evidência. Como foi visto, antecipou-se já o princípio de que a água, em razão da multiplicidade dos usos que dela se faz, desempenha um papel crucial para a sobrevivência biológica e psíquica dos seres humanos.

No entendimento dos antropólogos, o ambiente em que vivemos é duplo, a um só tempo natural e cultural, sem que talvez se possa afirmar em qual destes domínios as nossas raízes são mais profundas. Nessa medida, a água deve igualmente ser objeto de dupla consideração: uma, orientada pelo que se chama de "razão prática", por meio da qual adaptamo-nos ao meio físico para dar respostas às nossas necessidades materiais; outra, pautada pela "razão simbólica", que dá vida às representações que elaboramos, à procura de sentido, sobre o próprio meio físico, a vida social, o cosmos e sobretudo a respeito de nós mesmos, coletiva e individualmente. Todavia, essa bipartição da existência humana em dois domínios - instrumental e expressivo - presta-se a interesses meramente analíticos. Feitas as contas, pode-se concluir, evocando uma conhecida máxima, que as necessidades do homem são muitas e igualmente importantes, venham elas do estômago ou do espírito.

A água doce no Brasil

"Andámos por aí vendo a ribeira, a qual é de muita água e muito boa. Ao longo dela há muitas palmas, não mui altas, em que há muito bons palmitos. Colhemos e comemos deles muitos. (...) Fomos até uma lagoa grande de água doce, que está junto com a praia, porque toda aquela ribeira do mar é apaülada por cima e sai a água por muitos lugares. (...) Águas são muitas; infindas. E em tal maneira é graciosa que, querendo-a aproveitar [a terra], dar-se-á nela tudo, por bem das águas que tem".

Os fragmentos acima constam da *Carta* de Pero Vaz de Caminha, endereçada a D. Manuel, rei de Portugal[9]. Trata-se, como é sabido, das primeiras anotações sobre o Brasil, feitas por ocasião do desembarque dos portugueses em 1500 neste pedaço do Novo Mundo. A abundância e a boa qualidade das nossas águas são aí ressaltadas pelo famoso escrivão, que por isso já antevia o sucesso de futuros empreendimentos projetados para o território recém-apossado[10].

A palavra "graciosa", solitariamente inserida nas apreciações de Caminha, não basta para dissimular os propósitos do colonizador, cuja vocação, como ficaria depois comprovado, pautava-se por um espírito predador de gentes e recursos naturais, em profundo antagonismo, aliás, com a percepção nativa do ambiente e suas técnicas de retirar dele os meios de vida. Para que se tenha uma ligeira noção dessa diferença, é suficiente proceder ao confronto das referidas passagens da *Carta* com as observações abaixo, relativas aos índios Bororo:

"É também nas águas que se encontram os espíritos *Ipíe* que, junto com os *Aije-doge* (monstros aquáticos associados à cerimônia dos zunidores), pertencem ao clã do grande herói cultural *Baitagogo*, o inventor de todos os belos enfeites plumários dos Bororo - diademas, viseiras, labretes, colares, brincos - tão belos quanto os peixes coloridos" (Viertler, 1991:39). Como se vê, clãs, peixes, espíritos e enfeites de adornar e embelezar o corpo encontram-se intimamente associados no pensamento bororo. Ademais, estes elementos todos estão centrados na água[11], substância fundamental neste universo

8 Trabalhos de historiadores, cronistas, viajantes, etnólogos, geógrafos, folcloristas etc., com especial destaque para autores brasileiros de diversos períodos históricos, como se pode verificar mediante exame das referências bibliográficas.

9 O exemplar consultado é da Edições Livro de Portugal Ltda., Rio de Janeiro, com um estudo de Jaime Cortesão (s/d).

10 Em Imperialismo Ecológico (1993), Alfred Crosby indica que não apenas nas Américas, como também na Oceania, os europeus e seus descendentes fizeram surgir as "Neo-Europas", grandes produtoras e exportadoras de alimentos. Assinala, ademais, que esse feito foi obtido, entre outras razões, graças à "biota portátil" trazida pelos europeus ao Novo Mundo, com o que devastaram eles as populações nativas e o próprio ambiente natural, para dar lugar aos empreendimentos agro-pastoris.

11 Para acentuar a importância da água no universo bororo, lembramos que o funeral destes índios é marcado por dupla inumação, "que consiste em colocar, primeiro, o cadáver num fosso coberto com ramos, no centro da aldeia, até que as carnes tenham apodrecido, e depois, em lavar as ossadas no rio, pendurá-las e ornamentá-las com mosaicos de plumas coladas, antes de as imergir dentro de um cesto, no fundo de um lago ou num curso de água"(Lévi-Strauss, s/d:286).

indígena formado de três mundos indissociáveis: o físico, o social e o metafísico[12]. Essa estreita ligação entre elementos aparentemente díspares caracterizava também a mentalidade caipira tradicional, uma vez que "magia, medicina simpática, invocação divina, exploração da fauna e da flora, conhecimentos agrícolas fundam-se (...) num sistema que abrange, na mesma continuidade, o campo, a mata, a semente, o ar, o bicho, a água e o próprio céu. (...) o homem aparece ele próprio como segmento de um vasto meio, ao mesmo tempo natural, social e sobrenatural" (Candido, 1971:175).

A propósito deste antropocentrismo predador europeu, respaldado no Velho Continente pelo Cristianismo - cujos preceitos garantiam que o mundo fora criado para o bem do homem e as outras espécies deveriam subordinar-se a seus desejos e necessidades -, Thomas (1988) registra que a Igreja cristã na Inglaterra colocou-se contra o culto das nascentes e dos rios, donde a expulsão das divindades pagãs dos bosques, das correntes e das montanhas, deixando assim desencantado o mundo e pronto para ser formado, moldado e dominado nos termos da nova mentalidade que lá então se implantava.

Nos tempos primeiros da colonização do Brasil os portugueses aqui presentes, então numericamente minoritários, mais foram influenciados pelos nativos que os atingiram com sua cultura predadora e expansionista. As suas pequenas áreas de povoamento, arrebatadas à floresta e aos próprios índios, permaneceram restritas, dispersas ao longo do litoral e voltadas para o outro lado do oceano. Só um pouco mais tarde é que os colonizadores e seus descendentes arrojaram-se pelo interior do território em incursões que se tornaram viáveis graças ao aproveitamento de saberes e artefatos tomados de empréstimo ao patrimônio cultural dos povos pré-cabralinos.

Essa incorporação dos portugueses à vida social dos indígenas, sobretudo naqueles lugares onde as atividades econômicas restringiam-se à exploração de produtos por meio da permuta com os povos autóctones, prolongou-se por algumas décadas, notadamente no litoral. "Os que se viam na contingência de aceitar alojamento entre os nativos tinham que se acomodar, forçosamente, às tradições tribais", observa Fernandes (1975), acrescentando que "o impacto da situação na personalidade dos brancos era tão forte, que eles às vezes passavam a viver como nativos, assimilando inclusive atitudes e valores considerados degradantes pelos europeus, como a participação dos sacrifícios humanos e do repasto antropofágico".

Por paradoxal que pareça, no cenário das diversas nações indígenas com quem os portugueses fizeram contato, os Tupi constituíram, a um só tempo, a principal fonte de oposição e resistência aos propósitos do colonizador e o mais expressivo ponto de apoio com quem eles contaram. Fernandes (1975) esclarece muito bem que, ao contrário do que se costuma postular (sob o argumento de que os índios encontravam-se num nível civilizatório muito baixo), os nossos nativos não se submeteram passivamente aos desígnios do colonizador, enfatizando que "nos limites de suas possibilidades, foram inimigos duros e terríveis, que lutaram ardorosamente pelas terras, pela segurança, pela liberdade, que lhes eram arrebatadas conjuntamente". Ademais das alianças que estabeleceram com os brancos, os Tupi ainda lhes legaram um expressivo repertório de saberes, técnicas e instrumentos com os quais, muito antes da invasão portuguesa, já haviam logrado um harmonioso ajuste ao ambiente tropical.

Algumas décadas mais tarde, como é sabido, os instáveis moradores dos novos núcleos de povoamento - sobretudo paulistas - estabeleciam-se aos poucos pelo interior, mas pautando-se sempre por grande mobilidade: "sua vocação estaria no caminho, que convida ao movimento; não na grande propriedade rural, que cria indivíduos sedentários"[13]. Para tanto, valiam-se das precárias vias de comunicação já abertas pelos nativos, cujo

12 Escrevendo sobre os Urubus-Kaapor, grupo Tupi do Maranhão, Darcy Ribeiro (1976:133) notou a importância mágica da água em alguns dos relatos míticos destes índios: "No mito dos cataclismos, a divindade ordena a Waikaura que mate uma juriti; depois toma-a, abre-a ao meio, amarra-a na ponta de uma corda comprida e mergulha-a na água do riacho, presa a uma árvore; na manhã seguinte, Waikaura vê com surpresa que a juriti morta se transformou num grande barco, no qual ele se salva com a família, quando a cólera da divindade desencadeia contra os homens uma enorme enchente destruidora".

13 Holanda (1990:16). Bastide (1973: 28) também sublinha esse caráter mais nômade dos paulistas, opondo a sociedade que se desenvolvia em São Paulo - "pobre, vivendo, de maneira assaz miserável, de policultura ou da simples agricultura de subsistência; porém mais democrática e ao mesmo tempo mais independente que a da metrópole" - à civilização do Nordeste, centrada na cana-de-açúcar, "com uma sociedade aristocrática, baseando sua riqueza na escravidão africana". A primeira era mais móvel, diz Bastide, "mais tentada pelo mistério do interior, onde talvez existissem cidades de ouro e prata, ou quem sabe pedras preciosas cintilando na correnteza das águas".

trajeto tinha de ser cumprido a pé, em fila "índia", pois não era ainda generalizado o uso de muares e cavalares. Todavia, em não poucas ocasiões convertiam-se os rios, eles próprios, em caminhos[14].

Cassiano Ricardo (1970:66) sustenta a tese de que o Brasil foi conquistado pedestremente, "o índio a pé, besta de carga conduzindo os mantimentos das bandeiras" (ademais das canoas, típicas das monções) constituindo o primeiro tipo de transporte, com o curso dos rios sendo acidentalmente aproveitado pelos exploradores. O boi e o cavalo surgem depois, no século XVIII. A respeito das canoas, diz ser irrelevante não terem deixado elas qualquer vestígio na água: "o risco dos rios na carta geográfica mostrará por onde elas passaram, na faina obscura da penetração". Se o sertão chamou o homem, escreve Ricardo, a montanha empurrou-o para o interior, cabendo ao rio, em muitas ocasiões, a tarefa de conduzi-lo no ombro.

Traçando estes deslocamentos, o autor supracitado evoca a rede fluvial trilhada pelos bandeirantes: "o Tietê, o Paraíba do Sul, rumo a Minas, o Paranaíba, rumo a Goiás, os afluentes orientais do Paraná e do Uruguai, pelos rios que desembocam entre o salto de Urubupungá e Guairá; a Bacia do Paraná e a do Paraguai rumo a Cuiabá em Mato Grosso. A linha do Paranaíba liga o Planalto do Paraná ao do S. Francisco e do Parnaíba, as de Goiás e Mato Grosso ligam o Planalto Amazônico ao rio-mar pelo Madeira, pelo Tapajós e Tocantins"(Ricardo, 1970:67).

Além dessa contribuição para o desbravamento dos sertões, com a conseqüente ampliação das nossas fronteiras, os rios brasileiros revestiram-se de relevante função simbólica, sobretudo quanto à configuração de uma identidade nacional. "Um grande rio - o Tietê - escreve o poema histórico da penetração. Um pequeno rio - o Ipiranga - batiza o grito de nossa emancipação política. Outro grande rio - o Paraíba - abre caminho às bandeiras que demandam o centro meridional; outro pequeno rio - o ribeirão do Carmo - é a fonte de onde brota, magnífica, a civilização do ouro" (Ricardo, 1970:68). Poder-se-ia destacar, a partir desta sugestiva lista, o vínculo estabelecido entre o rio

Figura 1 - rio Paraíba
FONTE: RUGENDAS, J. M. Viagem pitoresca através do Brasil. *Ed. Itatiaia, EDUSP, 1979*

Parnaíba e a expressão mais nítida da fé cristã em sua versão nacional, uma vez que de suas águas retirou-se, conforme conhecido relato, a sagrada imagem de Nossa Senhora Aparecida, padroeira do Brasil. Talvez se possa também dizer que a melhor manifestação do apreço que os brasileiros devotam aos seus cursos d'água é dada pela singular forma de tratamento concedida ao importante rio São Francisco, carinhosamente chamado de "o velho Chico".

Não obstante tais considerações, a rede fluvial brasileira parece ter sido sempre subaproveitada pelos colonizadores, muito provavelmente em razão dos obstáculos que os rios impunham ao viajante, exceção feita à Amazônia[15]. Cachoeiras, ataques de índios-canoeiros, febres, bancos de pedras e de areias, corredeiras, ondas sopradas pelos ventos, feras, insetos e redemoinhos traiçoeiros ameaçavam constantemente os navegantes[16]. Mas, em contrapartida, essas estradas d'água também lhes ofereciam um grande volume de provimentos sob a forma de peixes, ademais da caça e frutos abundantes disponíveis em suas margens: "o bugio, o jacaré, o tatu, a jacutinga, o jaó, o macuco, o mutum costumavam fartar os que navegavam o Paraguai e seus afluentes. As canoas de montaria traziam, dessas esquisitas iguarias, quantidades que ultrapassavam, freqüentemente, a capacidade de consumo das equipagens. (...) A fauna fluvial era

14 Holanda (1990) é de opinião de que as Bandeiras pouco recorreram ao transporte fluvial. Só mais tarde, com as Monções, é que a navegação interna teria sido incrementada.

15 Segundo Holanda (1957: 34), na expansão dos paulistas rumo ao sul ou a Minas, o valor dos rios residia talvez menos em servirem de vias de comunicação do que de meios de orientação.

16 Robert Avé-Lallemant (1980), em suas memórias da viagem que fez ao Rio Grande do Sul na segunda metade do século XIX, enumera um conjunto de obstáculos - bancos de areia, árvores transportadas pelas correntezas, etc. - que dificultavam a navegação fluvial pela bacia hidrográfica gaúcha.

igualmente opulenta, incluindo, só entre espécies escamosas, peixes como o pacu, o dourado, a piracanjuba, a piraputanga, o piabuçu..., e entre outras castas - os chamados peixes de couro, mais freqüentes nos meses das águas -, o jaú, o pintado e o fidalgo" (Holanda, 1990:101). Avaliando-se com a necessária atenção as informações acima, constata-se que são de procedência indígena a maioria dos termos que designam estas espécies animais, ocorrendo o mesmo com os nomes dos rios brasileiros, sem contar ainda uma parte significativa da nossa geografia e inúmeras povoações.

É bem difundida a informação de que nos primeiros tempos da colonização falava-se por estas terras o "nhengatu", a língua-boa, em que predominava o tupi. Segundo o padre Antônio Vieira, o nhengatu era falado comumente no século XVII, estudando-se o português como elemento cultural, necessário, mas como língua secundária. Ao que parece, esta última começou de fato a ser empregada mais amplamente a partir de 1755. Até então, o indígena continuou nomeando os rios, matas, montanhas, cidades, caminhos, árvores e pedras, "sacudindo seu idioma como uma imensa bandeira incorruptível, cobrindo o esplendor da terra, marcando-a com as sílabas melódicas da língua, como um sinal heráldico de passagem, de posse e de domínio. A toponímia brasileira deve ao tupi sua percentagem esmagadora"(Cascudo, 1947:34).

Retrocedendo ao final do século XVI, encontram-se aí o padre Fernão Cardim e suas pertinentes anotações sobre a riqueza das águas e fauna dos nossos rios: "Os rios caudaes de que esta provincia he regada são inumeraveis, e alguns mui grandes, e mui formosas barras, não fallando em as ribeiras, ribeiros e fontes de que toda a terra he muito abundante, e são as aguas de ordinario mui formosas, claras, e salutiferas, e abundantes de infinidade de peixes de varias especies, dos quaes há muito de notavel grandura e de muito preço, e mui salutiferos, e dão-se aos doentes por medicina. Estes peixes pescão os indios com redes, mas o ordinario he a linha com anzolo. Entre estes há hum peixe real de bom gosto e sabor que se parece muito com o solho de Espanha; este se chama - Jaú - são de quatorze, e quinze palmos, e ás vezes maiores, e muito gordos, e delles se faz manteiga. Em alguns tempos são tantos os peixes que engordão os porcos com elles. Em os regatos pequenos há muitos camarões, e alguns de palmo e mais de comprimento, e de muito bom gosto e sabor" (Cardim, 1980:54-55).

Ademais de servirem de estradas móveis, os rios ofertavam aos nativos água de boa qualidade, peixes em abundância e a própria substância com a qual cuidavam de suas práticas higiênicas e procedimentos rituais[17]. Alguns séculos mais tarde o etnólogo Herbert Baldus (1970:49), escrevendo sobre os Karajá, índios da região do Araguaia, manifestava nos seguintes termos o seu desacordo com relação a determinadas alegações preconceituosas da população sertaneja local: "Mas o que poderia contribuir, além da calça e do imposto, para fazer o sertanejo sentir-se superior ao índio? Aquele imposto que o habilita a pertencer ao mundo capitalista? O rifle já existe entre os Karajá. E os índios do Araguaia são melhor alimentados, **tomam mais banho**[18] [grifos nossos] e, como revelou o exame médico, têm menos maleita e mais saúde geral do que os chamados 'civilizados' ao seu redor (...). Como homem etnocêntrico, porém, o sertanejo considera tudo que difere de sua própria cultura, como inferioridade".

O bom etnólogo esmera-se na observação das atividades quotidianas dos povos que o acolhem. Pesquisador arguto, Baldus fez anotações pertinentes às práticas de pesca e de obtenção de água potável dos Tapirapé, vizinhos dos Karajá. Como aqueles índios utilizam-se da seiva de um cipó para entorpecer os peixes, é preciso filtrar a água assim contaminada para que dela se possa beber. Segundo Baldus, "os índios cavam na margem buracos que, às vezes, não distam mais do que um metro da água envenenada, mas cujo conteúdo filtrado pela areia não faz mal ao homem". Sensibilizado pelo fraterno acolhimento que os Tapirapé lhe ofertaram, o autor não deixa de

17 E não apenas para os nativos. Avé-Lallemant (1980:94), por exemplo, evoca os períodos passados em Petrópolis, onde corria "água potável maravilhosa" nos balneários, lembrando que "sobem para Petrópolis e lá convalescem todos os que, no Rio, estão doentes, fracos, debilitados pelo clima ardente, ameaçados pela febre amarela, fatigados pelas preocupações". Isso nos faz lembrar que as propriedades terapêuticas de certas águas não podem ser menosprezadas.

18 Em O Limpo e o Sujo (1996), Georges Vigarello, escrevendo a respeito da evolução das práticas higiênicas entre os europeus, que, ao contrário dos ameríndios, não tomavam banho com regularidade, assinala que "a limpeza reflete aqui o processo de civilização moldando gradualmente as sensações corporais, aguçando seu refinamento, desencadeando sua sutileza" (p.2). Darcy Ribeiro (1995:42), por sua vez, observa que os brancos recém-chegados, saídos do mar, deveriam ser, aos olhos dos nativos, "feios, fétidos e infectos. Não havia como negá-lo. É certo que, depois do banho e da comida, melhoraram de aspecto e de modos".

evocar a presteza com que era atendido pelos seus hospedeiros: "Bastava eu pronunciar a palavra *y* e já me traziam água, oferecendo-me sempre a maior de duas cabaças".

Em suas perambulações pelos sertões, nem os sertanistas e muito menos os nativos apertavam-se quando careciam de água para matar a sede. À procura de veios d'água em locais onde nada indicava sua presença, recorriam eles a variados expedientes, dentre os quais a identificação de árvores onde havia buracos cuja água, aí acumulada, era sugada com o auxílio de canudos. A perfuração de poços em lugares denunciados pela umidade que o próprio vento é capaz de confessar aos rostos mais sensíveis constituía outro recurso de obtenção de água, com o que revelavam os índios extraordinária capacidade de observação da natureza (Holanda, 1957:38-39).

Ainda a respeito das atividades de pesca dos índios brasileiros, que por sinal sempre foram variadas (sendo igualmente muitas as técnicas por eles empregadas nesta prática de obtenção de alimento), deve-se apontar que não é incomum o uso de vegetais - especialmente o timbó - dotados de substâncias capazes de provocar a morte ou entorpecer os peixes, como assinala Baldus. A pesca assim efetivada é sempre uma atividade coletiva, uma vez que o seu sucesso depende de colaboração solidária, envolvendo vários indivíduos. Mais solitária, por sua vez, é a pesca levada a cabo em águas mansas e claras, em que se usam flechas para fisgar os peixes (Melatti, 1970).

Entre os Urubus-Kaapor do Maranhão, por exemplo, a estação das pescarias coletivas iniciava-se a partir de setembro. Ribeiro (1976:30) chama a atenção para as enormes quantidades de peixes de todas as variedades lá obtidas, conservados por uma ou duas semanas no moquém sempre aceso. Com isso, complementa o autor, proviam-se os Kaapor de importantes reservas de alimento, posto que naquele período do ano os homens ocupavam-se da derrubada de novas clareiras na mata para formar os roçados, seguindo-se depois alguns meses de certa penúria de alimentos protéicos.

É curioso notar que em 1591 a Câmara de São Paulo tomava providências para proibir a matança indiscriminada de peixes em todo o curso do Tamanduateí. Nas pescarias que então se faziam, empregava-se o tingui, planta ictiotóxica fartamente utilizada pelos colonos já naquela época. Poucos anos mais tarde (1598), estendia-se a proibição para todos os cursos d'água existentes nos limites da vila (Holanda, 1957:81-82).

Encerrando este tópico, convém apontar ainda o uso de variadas modalidades de armadilhas confeccionadas pelos índios para a captura de peixes, o anzol metálico tendo sido introduzido entre eles apenas a partir dos contatos com os brancos (Melatti, 1970:56-57).

Para transitar através de rios acidentados, o colonizador pouco contribuiu, de início, para o aperfeiçoamento dos meios de transporte já existentes em nosso território, aproveitando-se, é certo, daqueles desenvolvidos pelos nativos. Foi assim que o transporte de gentes e mercadorias em canoas de casca de árvore pelas vias fluviais predominou durante praticamente dois séculos[19]. Caso faltasse o arvoredo apropriado à construção dessas embarcações rudimentares ou para a confecção de canoas de madeira inteiriça, recorriam os desbravadores às jangadas, feitas de paus roliços, segundo a técnica indígena[20].

Vale a pena resumir aqui uma pormenorizada descrição da técnica de feitura de canoas de casca de árvore por índios xinguanos. Antes de mais nada, a casca do jatobá, que em geral tem por volta de sete metros, é talhada a machado, tomando-se o devido cuidado para não derrubar a árvore. Em razão da altura desta última, não é possível trabalhar sem que se construa um andaime ao seu redor. Estabelecido o formato da canoa, destaca-se a casca com auxílio de cunhas. Desprendida então a casca do tronco, é ela a seguir aquecida, tornando-se assim mais seca e ao mesmo tempo mais maleável, para que se possa levantar as bordas da proa e da popa. Uma canoa destas é capaz de suportar cargas de até meia tonelada e tem uma vida útil de uns dois anos (Melatti, 1970:61). Este autor ressalta que o processo acima descrito é em tudo idêntico ao empregado pelos extintos Tupinambá, conforme está registrado nos minuciosos relatos deixados por Hans Staden, alemão aprisionado por estes índios em meados do século XVI.

19 De acordo com Ricardo (1970:233), sendo os portugueses, dos povos ibéricos, os mais habituados às conquistas através do mar, manifestaram uma aversão inicial aos caminhos. Assim, quando realizam as primeiras entradas, é pelos rios que se deslocam, ao passo que os paulistas dão preferência aos caminhos por terra, mas aproveitando-se, quando necessário, da navegação fluvial, sendo por isso chamados de "anfíbios".

20 Nas palavras de Holanda (1990:28), "não se pode afirmar que, durante a era colonial, o imigrante europeu tenha acrescentado grande coisa à arte de navegação interior, tal como já a encontrara, praticada entre o gentio".

Figura 2 - Canoa de índio
FONTE: RUGENDAS, J. M. Viagem pitoresca através do Brasil. *Ed. Itatiaia, EDUSP, 1979.*

O expansionismo paulista rumo às terras de Goiás e Mato Grosso, à procura de ouro, "negros da terra" e outras riquezas[21], fez-se em grande parte graças ao uso destas canoas e levou aos contatos, raramente pacíficos, com as nações indígenas estabelecidas nos territórios que aos poucos incorporavam-se à chamada "Paulistânia" e onde iam sendo plantados os primeiros núcleos de povoamento colonial, que também faziam as vezes de entrepostos comerciais[22]. Há registros de quantidades e números expressivos de pessoas e produtos assim transportados, com a indicação de uma partida, certa feita, de 308 canoas, envolvendo cerca de 3.000 embarcados e mais de 3.000 arrobas de carga[23].

A implantação desses povoados, diversamente do que ocorrera na Europa, fez-se em geral no fundo dos vales, e não nos terrenos mais elevados, e isto como principal decorrência da premente necessidade em que se achavam os seus fundadores de dispor de água abundante para movimentar os monjolos, sem os quais não se produzia a farinha de milho, ingrediente básico da dieta - ademais do feijão e do toucinho - daqueles que perambulavam pelos rios (Holanda, 1990:108).

Para melhor destacar a importância deste elemento da cultura material associado à agua, convém esclarecer que o monjolo, posto a funcionar nas terras baixas - onde abundavam os rios ou riachos fornecedores de água para a movimentação dessas máquinas e a despeito dos riscos de enchentes -, aparece como um distintivo peculiar dos paulistas e seus descendentes. Trazido pelos portugueses provavelmente do Oriente e empregado no Novo Mundo sobretudo no processamento do milho, mereceu denominações diversas em distintas regiões, sendo "negro velho" a mais curiosa delas. O nome *monjolo* - "cativo que não requer feitor"- reflete, segundo Holanda (1957:243), o grande préstimo deste instrumento hidráulico.

Muito tempo depois, devido à construção de

21 Não se pode esquecer que muitas dessas explorações eram feitas visando a captura de indígenas e sua escravização.

22 Além de diversos mantimentos, vendiam-se nestes entrepostos, com bons lucros para os comerciantes, peixes enormes, salgados e reduzidos a postas (Holanda, 1990:77).

23 "A navegação fazia-se, comumente, das oito horas da amanhã às cinco da tarde, quando as canoas embicavam pelos barrancos e eram presas a troncos de árvores, com o auxílio de cordas ou cipós. Os densos nevoeiros, que se acumulam sobre os rios durante a tarde e pela manhã, às vezes até o meio-dia, impediam que se prolongasse o horário das viagens" (Holanda, 1990:105).

Figura 3 - Monjolo de água
FONTE: ARAÚJO, A. M. Cultura Popular Brasileira. São Paulo, Melhoramentos/MEC, 1973.

estradas de ferro, estes povoados que se plantaram às margens dos rios, sobretudo em território paulista, entraram em franca decadência. Deles, Lévi-Strauss (s/d:144) esboça um melancólico perfil, mostrando como foram sendo afetados pela sucessão dos diferentes tipos de transporte: "Estão mortas as povoações fluviais liquidadas pelo caminho de ferro, subsistindo delas ainda aqui e ali vestígios que ilustram um ciclo abortado: ao princípio, albergues e armazéns nas margens, para que os pirogueiros pudessem abrigar-se à noite, pondo-se a salvo das emboscadas índias; depois, com o advento da navegação a vapor *os portos de lenha*, nos quais de 30 em 30 quilômetros aproximadamente os barcos de rodas e chaminé delgada paravam para meter lenha; finalmente, os portos fluviais nos dois extremos do troço navegável e, nos locais que os rápidos ou quedas de água tornavam intransponíveis, os centros de transbordo".

Em algumas áreas de povoamento mais adensado - Rio de Janeiro, Olinda e Recife, por exemplo -, apenas em fins do século XVIII é que começavam a rodar carruagens, aos solavancos, pelas pedras e pelos buracos de caminhos precários (Azevedo, 1971:143-144). Este autor também escreve que "as próprias cidades do litoral e as do planalto, até nos meados do século XIX, não passam ainda de aldeias acanhadas e sujas, atropeladas de becos e vielas, de designações pitorescas, e espreguiçando-se, na periferia, nos seus ranchos e caminhos de tropas, nas suas chácaras e sítios que marcam a transição entre a paisagem urbana e a solidão envolvente dos campos, das chapadas ou das serras". Só no século XIX, esclarece, as Câmaras determinariam que as lavadeiras fossem para os riachos fora das portas das cidades. Nestas, bebedouros serviam aos animais de carga e transporte e dariam lugar, mais tarde, às fontes e chafarizes, para deleite da população.

Já nas Minas Gerais do século XVIII, em pleno ciclo da mineração, registravam-se sérios conflitos pelo domínio de cursos d'água, que se exauriam perdendo suas almejadas riquezas. Quando a água era abundante, dividia-se a corrente por meio de barragens, ou simplesmente desviava-se o curso do rio para deixar o cascalho a seco. Estas acirradas refregas assumiram proporções tais que terminaram suscitando uma ordenação real, conhecida como "Regimento das Águas", por meio da qual concedia-se "ao mineiro o uso delas [águas] enquanto têm terras para trabalhar, e acabando o lavor tornam as águas para a repartição do guarda-mor, e por isso o mineiro empossado das águas as não pode dar, nem vender a outrem, nem também mineiro algum pode apropriar-se das águas sem ter concessão delas por escrito do guarda-mor, o que regularmente chamamos provisão d'águas". Justificava-se a ordenação com base no argumento de que "os mais poderosos se assenhoravam delas [águas] e as derivavam para as suas lavras, e os que as não tinham para as suas, eram forçados a comprá-las por preços exorbitantes, e as datas que tinham as não podiam lavrar sem ter águas e que destas desigualdades resultavam contendas contínuas, bulhas e ódios, e outros vários efeitos prejudiciais ao meu serviço" (Leme, 1980).

Em busca de esmeraldas, Fernão Dias Paes Leme foi pioneiro na penetração da região das Minas Gerais. Entretanto, coube a seus sucessores, nalgumas vezes à serviço da Coroa, noutras à revelia das determinações reais, a descoberta de pepitas de ouro nos rios da futura província, empregando-se escravos para vasculhar o cascalho dos cursos d'água e na lavagem dos filões auríferos das montanhas (Bastide, 1973:29-30). Esses escravos introduziram novas técnicas de procurar ouro, dentre as quais Bastide ressalta a utilização de artefatos feitos de peles de animais e da bateia, uma espécie de gamela de madeira arredondada, não muito profunda, que permite separar com maior facilidade o ouro da areia. Foi de tal monta a agressão empreendida na época contra os rios mineiros que Bastide fala num "ataque às águas", que lá precedeu um "ataque às montanhas" à procura do metal precioso.

Talvez se possa dizer que, no tocante ao tema das águas, as contribuições mais significativas deixadas pelos africanos escravizados e seus descendentes são aquelas pertinentes ao universo do imaginário, com fortes conotações simbólicas, notadamente as que se vinculam às suas crenças e práticas religiosas. Algumas das divindades do candomblé, por exemplo, associam-se à agua dos rios, como é o caso de Oxum, responsável pelo murmúrio dos regatos. Certos procedimentos rituais desta religião afro-brasileira não são levados a efeito sem a água, substância sagrada no contexto desses ritos: "O ritual da água de Oxalá não faz outra coisa senão seguir o mito: os *axé* desta divindade são retirados do *peji* e ficam sete dias noutra cabana - é a viagem de Oxolufã em busca do filho Xangô. Na manhã do sétimo dia, as filhas-de-santo, vestidas de branco, levando na cabeça os jarros litúrgicos, sem falar nem cantar vão em seu passo macio e balanceado - como outrora as gregas das Panatenéias - buscar na fonte sagrada a água que servirá para a lavagem das pedras. (...) No entanto, não são apenas os *axé* de Oxalá que serão assim purificados; a água lustral regará todas as pedras, todos os objetos rituais e é por isso que dissemos que esta cerimônia marca bem o início do ano africano" (Bastide, 1978:91-92).

Enquanto nas Minas Gerais o africano escravizado e seus descendentes, trabalhadores cativos nos empreendimentos mineradores, contribuíram decisivamente para a configuração da paisagem humana e cultural da região, na Amazônia formou-se um contingente demográfico em que preponderou a população indígena, mesclada aos portugueses, com um suave toque africano, resultando disso um tipo físico e um amálgama cultural singulares, sobretudo naquelas áreas mais distanciadas dos principais núcleos urbanos, nas quais são mais intensas que em outras regiões brasileiras as tradições ameríndias (Galvão, 1955:2-3).

Como boa parte da comunicação na Amazônia se faz pelos rios, o ritmo de vida dos seus povoados oscila entre as grandes enchentes da estação chuvosa e a vazante do verão[24]. Eduardo Galvão ressalta que as condições especiais do meio físico amazônico afetaram profundamente o processo de fusão das tradições indígenas e portuguesas, envolvendo tanto a adaptação humana quanto as técnicas empregadas para explorar o ambiente. Disto decorrem as peculiaridades da estrutura social que lá se desenvolveu, numa região geográfica, étnica e culturalmente distinta, em que os rios serviram de estradas para a penetração na floresta, fixando-se em suas margens os povoados, donde estarem as cidades da Amazônia situadas nas confluências e encontros dos cursos d'água.

Relativamente ao imaginário do caboclo amazônico, enfatiza Galvão, não há como subestimar a influência hegemônica da cultura ameríndia. Assim, muitas de suas crenças referem-se "à *cobra grande*, que aparece comumente como uma sucuriju de grande porte, mas que também pode mostrar-se sob a aparência de um 'navio encantado'; (...) aos *botos*, que se acredita sejam encantados e possam se transformar em seres humanos. Embora tenham fama de sedutores de mulheres, são particularmente temidos por seu poder maligno; aos *companheiros do fundo*, 'encantados' que habitam o fundo dos rios e igarapés; (...) Além desses, cuja caracterização é bastante definida, existem muitos outros sobrenaturais a que o caboclo denomina genericamente de *'bichos visagentos'*, em geral associados a um acidente natural, o rio, o igarapé, ou um trecho da mata" (Galvão, 1955:5).

Bastide (1973:40-41) complementa as observações de Galvão, evocando a figura dos caboclos d'água, habitantes de rios e lagos, que com seus encantos atraem as jovens para seus palácios submersos ou então engravidam-nas, os filhos destas uniões conservando para sempre alguma coisa de líqüido em suas feições e posturas. E vai ainda mais longe: "Os primeiros viajantes, portugueses ou outros, que subiram o rio, falam-nos dessas mulheres que viviam sem homens, e que, no dia de sua festa anual, vinham banhar-se nas águas do lago Iaci-uarua, 'raio de luar'; somente neste dia abandonavam o corpo ao abraço masculino e, se concebiam uma filha, ofereciam aos esposos de uma noite, em sinal de gratidão, a pedra-verde portadora de felicidade, o muiraquitã, que pegavam no fundo da água, e que, de acordo com a lenda, seria a lama endurecida pela claridade do luar".

Sejam de procedência portuguesa, sejam de origem indígena, as crenças do caboclo amazônico, como era de se esperar, aparecem invariavelmente associadas ao elemento natural mais abundante e decisivo na região: a água. A título de ilustração do que se afirma acima, vejamos dois relatos amazônicos anotados pelo próprio Galvão: "Quando S. Benedito (sua imagem) voltava com a folia de uma viagem de coleta de esmolas, passou pelo barracão de um comerciante. Os fregueses que aí estavam quiseram receber o santo e enviar uma canoa para saudar a folia. O patrão não estava interessado e negou a canoa e hospedagem à folia. Quando esta já seguia adiante o barracão ruiu sobre a água, com prejuízo de toda a mercadoria. O patrão

24 De acordo com Bastide (1973:36), a unidade da região amazônica foi garantida pelo rio-mar que a atravessa, e por seus inúmeros afluentes, alguns dos quais são mais longos do que os rios europeus mais extensos.

salvou-se nadando. Arrependido e compreendendo que ofendera ao santo que desse modo o castigara, fez a promessa de que se nada mais lhe acontecesse e voltasse a gozar de prosperidade, ofereceria muitas velas e esmolas ao santo(...)". De acordo com o segundo relato, "Benedito, um pescador, varia constantemente de pesqueiro para evitar a mãe do peixe. Também os acidentes geográficos têm mãe, os rios, os igarapés, as lagoas, os poços, e até os portos onde atracam as canoas"[25] (Galvão, 1955:45/106).

Conhecida de muitos era também uma lenda, corrente nos primeiros tempos coloniais, segundo a qual o Amazonas tirava suas águas de uma enorme e esplêndida lagoa existente nas profundezas do continente. Seus múltiplos braços, à maneira de uma aranha monstruosa, alcançavam todas as direções, chegando até mesmo ao Rio da Prata. Essa lagoa mágica, esclarece Holanda (1977:58), deslocava-se segundo as caprichosas fantasias dos cartógrafos, cronistas, conquistadores e viajantes, encontrando-se registro desta crença ainda em 1648, no tratado do naturalista Jorge Marcgrave de Liebsta.

Todas as entidades fantásticas revividas nos escritos de Galvão e Bastide integram o imaginário das referidas populações, mas nem por isso deixam de interferir tanto em suas atividades sociais quanto em suas ações sobre o meio físico. Diversas delas são concebidas segundo a imagem e a semelhança de seus criadores, refletindo muito de seus hábitos e condições de vida. Várias não possuem o domicílo fixo nem a arrogância dos sedentários, sem que sejam por isso menos reais em sua existência errante. Assim, nada as impede de conviver e de dialogar com os humanos, plantas e animais. Convívio às vezes tenso, é verdade, e marcado pelo pavor, mas que não exclui a colaboração ocasional, o respeito mútuo e até mesmo a cumplicidade inconfessável (Queiroz, 1987:51).

Num texto sugestivo e pertinente ao que foi dito acima, em que elege o espantalho como tema central de suas reflexões, Françoise Duvignaud (1979) ressalta que este objeto-símbolo integra um vasto sistema de entes, instrumentos e técnicas de apavoramento cujo propósito, em diversas culturas, é sempre o de demarcar espaços, ademais de servirem de meio de controle social. Assim, por exemplo, as figuras do lobisomem e outras entidades fantásticas vigiam lugares, horários e atividades interditas a certas categorias de pessoas - mulheres e crianças, sobretudo. À luz destas idéias, poder-se-ia realizar, relativamente ao contexto brasileiro, um inventário dessas crenças e dos significados que assumem nas diferentes regiões do país, relacionando-as às condições de vida e às peculiaridades culturais das populações que nelas habitam. De certa forma, tal tarefa foi ensaiada pelo folclorista Luis da Câmara Cascudo no hoje clássico *Geografia dos Mitos Brasileiros* (1947), ao qual faltam, lamentavelmente, certos refinamentos interpretativos, tendo em vista o seu forte acento descritivo, como de resto ocorre com a maioria dos estudos folclóricos nacionais.

No Nordeste da cana-de-açúcar a água aparece como a nota dominante da paisagem física e cultural. De acordo com Gilberto Freyre (1967), a civilização açucareira não teria prosperado sem uma lavoura tão dependente dos rios, riachos e chuvas. Freyre esclarece que a lavoura da cana acompanhou os cursos d'água - sobretudo os pequenos, que tiveram grande importância na formação rural do Brasil -, donde surgiram os povoados, os engenhos, dando forma mais geométrica à paisagem natural desordenada. O autor evoca aqueles rios "às vezes feios e barrentos, mas quase sempre bons e serviçais, prestando-se até a lavar os pratos das cozinhas das casas-grandes e as panelas dos mucambos". Os nordestinos fizeram do banho de rio quase um rito sagrado, diz ele, e mesmo as gentes das famílias mais ilustres banhavam-se nas águas correntes das aristocráticas propriedades rurais.

A cultura da cana no Nordeste consolidou-se inicialmente na várzea do Capibaribe, onde também floresceu a primeira aristocracia brasileira de senhores de engenho, que necessitou da várzea de um rio e de suas águas doces e fartas "para desenvolver-se dentro da sedentariedade e da endogamia". Os costumes dessa gente foram bastante influenciados pela presença do rio: algumas festas - Natal, Ano Bom, dia de Reis - eram celebradas junto a ele. "O rio recebia então o corpo pálido de sinhá dengosa, moças quase tuberculosas de tanto viverem dentro das camarinhas. No rio elas se libertavam do escuro e do abafado dos seus quartos de doente: ficavam umas verdadeiras meninas gritando e nadando nuas. O rio recebia o corpo dessas moças finas e não apenas o dos

25 Segundo Galvão (1955:110), "a malineza, porém, não é uma simples atitude de antagonismo entre o homem e forças extraordinárias. Ela resulta do fato que os bichos visagentos dominam ou controlam um setor do ambiente natural, a mata e os rios. São como entidades protetoras que guardam a natureza contra sua depredação pelo homem".

muleques da bagaceira limpando-se do suor e do sujo do trabalho; ou o dos negros dando banho nos cavalos".

O empobrecimento do solo nordestino por meio da erosão, ressalta Freyre, não se deve atribuir aos rios, e sim à ocupação humana e suas nefastas intervenções na Natureza, sobretudo à monucultura e à devastação a que se obriga, a fogo e machado, do arvoredo ribeirinho: "esses rios não têm sido ladrões de terras férteis senão a mandado ou por imposição dos homens". Salienta ainda que a usina, e não o engenho antigo, degradou os rios: "o monocultor rico do Nordeste fez da água dos rios um mictório. Um mictório das caldas fedorentas de suas usinas. E as caldas fedorentas matam os peixes. Envenenam as pescadas. Emporcalham as margens. A calda que as usinas lançam todas as safras nas águas dos rios sacrifica cada fim de ano parte considerável da produção de peixes no Nordeste".

Antigamente, peixes e crustáceos abundavam nestes rios nordestinos, como também canoas e jangadas, muitas delas conduzidas por descendentes de africanos escravizados. Freyre lembra das moças raptadas de botes, das casas assaltadas por ladrões que se deslocavam em canoas, das mudanças feitas através das águas, dos negros fugidos no escondido das barcaças carregadas de madeira, capim e cana, dos encontros furtivos nos portos, dos passeios e das visitas em que se usavam canoas, pois preferia-se a água "aos caminhos lamacentos e empoeirados". A casas-grandes do interior foram edificadas com a frente voltada para os rios, assinala o autor, "com a face para a água; as melhores escadas das casas descendo até as canoas e aos botes". Nos álbuns de família em Pernambuco, acrescenta, repousam velhas fotografias em que iaiás e sinhôzinos aparecem dentro de botes afidalgados.

O nordestino ligou-se à água dos rios de maneira íntima, bela e sentimental, mas hoje "só o mal-assombrado povoa ainda de sombras românticas as águas imundas dos rios do Nordeste prostituídos pelo açúcar", lamenta Gilberto Freyre, lembrando a propósito o "mal-assombrado de estudante assassinado que o cadáver aparece boiando por cima das águas, ainda de fraque e flor na botoeira. Mal-assombrado de menino louro afogado que o siri não roeu e o anjinho aparece inteiro. Mal-assombrado de moça morena que se atirou no rio doida de paixão e os seus cabelos se tornaram verdes como o das iaras".

Nas áreas mais ressecadas do Nordeste brasileiro a natureza, as criações e as pessoas encontram outros destinos. De acordo com a refinada percepção de Bastide (1973), nessa região a religiosidade do povo litorâneo associa-se às igrejas místicas, às procissões alegres. Em contrapartida, a religião do Nordeste seco é a das adivinhações, dos rituais e das rezas para fazer chover, o vaqueiro vivendo na esperança messiânica das nuvens carregadas de chuvas e temporais. Quando a seca bate forte, as plantas cultivadas morrem, dispersam-se os bois pelos campos - com o que não se evita, contudo, a morte lenta que os aguarda -, esgotam-se todas as provisões e o vaqueiro não encontra outra solução senão a partida, deixando para trás aquela "paisagem insensível". Desamparado, retira-se levando "a mulher descarnada, as crianças esqueléticas, sob o sol, pelos caminhos que dilaceram os pés, na direção das terras onde a água corre e as árvores são sempre verdes. Atravessa, cinzento de pó, ensangüentado pelos espinhos, o inferno de cactos e de fogo, em que branqueiam as ossadas dos animais mortos, sob o vôo lúgubre dos urubus" (Bastide, 1973:94).

Talvez não haja, na literatura de ficção, representação mais expressiva do quadro esboçado acima do que *Vidas Secas*, romance de Graciliano Ramos, e, na pintura, nada mais emblemático que *Os Retirantes*, em que Portinari e suas tintas estamparam em poucos e fortes traços as provações

Figura 4 - Costumes da Bahia
FONTE: RUGENDAS, J. M. Viagem pitoresca através do Brasil. *Ed. Itatiaia, EDUSP, 1979.*

destes deserdados da terra.

A água doce, seja aquela dos rios, seja a dos lagos e fontes, encontra lugar de destaque nas diversas manifestações artísticas brasileiras, nas populares tanto quanto nas eruditas, evidenciando-se assim a importância do tema em nosso imaginário e o papel que representa para a configuração de uma identidade nacional. Observe-se, por exemplo, alguns versos do samba-exaltação *Aquarela do Brasil*, de Ary Barroso: *Oh, essas fontes murmurantes, onde eu mato a minha sede, onde a Lua vem brincar...*

Igualmente digna de registro, em razão dos elementos simbólicos que contém, apontando para a existência de preconceito racial no Brasil e para a nossa ideologia do branqueamento, é a conhecida lenda, recontada por Mário de Andrade em *Macunaíma*, segundo a qual os homens pretos são aqueles que não lograram lavar-se (e a idéia de purificação é aqui bem evidente) em águas encantadas, não tendo conseguindo, por isso, retirar da pele o negrume que os estigmatiza desde o nascimento: "Uma feita a Sol cobrira os três manos duma escaminha de suor e Macunaíma se lembrou de tomar banho. Porém o rio era impossível por causa das piranhas tão vorazes que de quando em quando na luta pra pegar um naco de irmã espedaçada, pulavam aos cachos pra fora d'água metro e mais. Então Macunaíma enxergou numa lapa bem no meio do rio uma cova cheia d'água. E a cova era que-nem a marca dum pé gigante. Abicaram. O herói depois de muitos gritos por causa do frio da água entrou na cova e se lavou inteirinho. Mas a água era encantada porque aquele buraco na lapa era marca do pézão do Sumé, do tempo em que andava pregando o evangelho de Jesus prá indiada brasileira. Quando o herói saiu do banho estava branco louro e de olhos azuizinhos, água lavara o pretume dele. E ninguém não seria capaz mais de indicar nele um filho da tribo retinta dos Tapanhumas. Nem bem Jiguê percebeu o milagre, se atirou na marca do pézão do Sumé. Porém a água já estava muito suja da negrura do herói e por mais que Jiguê esfregasse feito maluco atirando água pra todos os lados só conseguiu ficar da cor do bronze novo. Macunaíma teve dó e consolou: 'Olhe, mano Jiguê, branco você não ficou não, porém pretume foi-se e antes fanhoso que sem nariz'. Maanape então é que foi se lavar, mas Jiguê esborrifara toda a água encantada pra fora da cova. Tinha só um bocado lá no fundo e Maanape conseguiu molhar só a palma dos pés e das mãos. Por isso ficou negro bem filho da tribo dos Tapanhumas. Só que as palmas das mãos e dos pés dele são vermelhas por terem se limpado na água santa" (Andrade, 1979:48).

Danos ambientais mais atuais e significativos, atingindo sobretudo os rios e as formas de vida que neles florescem, são aqueles provocados pelo barramento do curso normal de um rio para a geração de energia por meio de usinas hidrelétricas. A inundação de milhares de quilômetros quadrados que essas gigantescas obras de engenharia promovem leva à submersão da flora e da fauna, modificação brusca de ciclos biológicos e ecológicos e sensíveis alterações climáticas.

Além disso, as populações ribeirinhas, camponeses e pescadores em sua maioria, vêem-se compulsoriamente transferidas para outras regiões e impossibilitadas de reconstruírem, no novo ambiente, as suas costumeiras redes de relações. Segundo Rebouças (1977), que investigou cuidadosamente este tipo de deslocamento compulsório, tais transferências afetam seriamente os modos tradicionais de ocupação e apropriação do espaço, comprometendo ainda os valores e representações vinculados ao ecossistema local. Muitas vezes, impõe-se a essas comunidades o abandono das atividades produtivas - notadamente as agrícolas e pesqueiras - dependentes da proximidade das beiras úmidas dos rios. Com isto, surgem restrições ao transporte e à mobilidade dessa gente, o que acaba por afetar a realização de seus ritos e práticas religiosas.

Não bastassem tantos prejuízos e sofrimentos, os ribeirinhos reassentados ficam desprovidos de meios para operacionalizar o conhecimento que acumularam sobre os usos materiais e simbólicos da Natureza. Por fim, conclui a autora, os impactos refletem-se e são sentidos tanto na dimensão cultural destes grupos e famílias, quanto em seu equilíbrio psíquico. Na fala transcrita a seguir, Rebouças encontrou, ademais da percepção de que o rio é fonte ou meio de vida para esses ribeirinhos, uma apreciação estética sobre a própria Natureza: "O rio para mim era um meio de vida porque o rio era que nem a roça, eu tirava o sustento do rio, vendia o peixe. A água do rio servia para tomar banho, para lavar louça, as roupas. Lá a gente tinha Natureza. Aqui não, aqui não tem Natureza, não tem um córrego, não tem uma árvore, não tem mata verde. É só cerrado".

Essa interação entre ambiente físico e práticas sócio-culturais constitui um tema privilegiado em algumas abordagens antropológicas, que se inauguram em estudos pioneiros - como é o caso do clássico *Ensaio sobre as variações sazoneiras das Sociedades Esquimó*, de Marcel Mauss -, despontando, na atualidade, em estimulantes vertentes que ensejam uma fecunda integração entre Antropologia e Ecologia (Viertler, 1988; Neves, 1996). No bojo dessa linha interpretativa enquandram-se as observações de Banducci Jr (1995:12-13), alusivas à adaptação do pantaneiro fixado em duas áreas distintas do Pantanal Matogrossense: uma delas, avizinhada aos cursos d'água, exibe extensas manchas de terrenos baixos, inundáveis e férteis, ao passo que a outra, mais distanciada dos rios, vê-se pontuada de cerrados e elevações entrecortadas. Essa diversidade, esclarece Banducci Jr., pode ser percebida não apenas do ponto de vista geo-ambiental, já que determinadas variações manifestam-se no nível da cultura: "o distanciamento dos rios enfraquece a influência que eles exercem sobre os hábitos alimentares daqueles homens [pantaneiros], sobre as suas formas de lazer e mesmo no modo que se refere a certas representações do imaginário, já que os personagens ligados à água [entidades fantásticas] têm pouca incidência na parte mais alta dessa sub-região".

Dando prosseguimento a essa linha de raciocínio, poder-se-ia mencionar a situação delicada em que hoje se encontram as represas Billings e Guarapiranga, ambas localizadas na região da Grande São Paulo, das quais retira-se boa parte das águas que abastecem a capital paulista. Devido à presença dessas represas, praticamente 90% do território em que estão situadas (Capela do Socorro) foi considerado Área de Proteção aos Mananciais por lei estadual de 1975. Entretanto, por ainda haver ali disponibilidade de terras, a região tem sido objeto de intenso adensamento habitacional, atraindo sobretudo segmentos mais pauperizados da população, o que dá origem a grande número de construções irregulares.

Segundo dados preliminares da pesquisa conduzida na área por Áurea Maria Ianni Urbinatti[26] , disso tudo resulta um grave conflito, uma vez que se configura ali um antagonismo entre a necessidade de moradia da referida população e o abastecimento d'água de parcelas substanciais de residentes na região metropolitana. Nas falas de alguns informantes inquiridos pela pesquisadora desponta uma aguda percepção da degradação que a desordenada presença humana causa àquelas águas e que se reflete, por extensão, no ambiente circunvizinho, dada a carência de rede de esgotos (pela qual responsabilizam eles o poder público), ademais da incúria e negligência de muitas famílias e empresas que lançam nas águas das represas toda sorte de poluentes químicos e lixo doméstico. Tal como apontado anteriormente, é dupla também neste caso a percepção revelada pelos informantes dos problemas que comprometem a qualidade da água, denotando as suas falas uma forte consciência tanto dimensão estética quanto das implicações utilitárias das águas represadas: "Ah! É bonito, porque a gente acorda, vê aquela água, assim bonito. Mas só que tem muita gente que não tem higiene, que joga fossa para dentro da represa".

Numa região de floresta, a sudoeste de Mato Grosso, contingentes de trabalhadores rurais-sem terra apropriaram-se de áreas não ocupadas e lá se estabeleceram, na década de 1980, configurando núcleos de povoamento cuja lógica remete, *grosso modo*, ao padrão usual de ocupação e uso do solo agrícola posto em prática no desbravamento dos sertões. Assim, o parcelamento das terras ocupadas foi feito lá de modo a acompanhar os cursos d'água, chamados de "córgos". Distribuindo os lotes ao longo dos "córgos", esses camponeses lograram constituir núcleos de vizinhança baseados em solidárias relações de cooperação, envolvendo diversas instâncias de sua vida sócio-econômica, o que lhes permitiu, ademais, enfrentar com sucesso as pressões hostis movidas por jagunços para que deixassem os lotes ocupados (Oliveira, 1998:18-19). Desta maneira, o indispensável acesso à água, facilitador da ocupação, surge ainda como importante elemento da resistência camponesa frente às renovadas iniciativas de expropriação e exploração que atingem permanentemente esta categoria de produtores rurais. Como bem assinala Monteiro (1961:57), no norte do Paraná dá-se o nome de "água" ao conjunto de propriedades cujos fundos dão para um mesmo córrego ou ribeirão.

Considerações finais

Os rios brasileiros, além de desenharem boa parte das fronteiras nacionais, prestaram-se ao expansionismo colonial que incorporou, subtraindo-as aos grupos indígenas, extensas áreas ao atual território brasileiro. Também não foram desprezíveis os recursos deles retirados pelos viajantes (e seus descendentes que se sedentarizavam), o que evitou que essas perambulações tivessem sido abortadas ou seriamente dificultadas. Além disso, deram eles margem ao florescimento de uma singular cultura

26 Pós-graduanda do Programa Interdisciplinar em Ciência Ambiental (PROCAM) da Universidade de São Paulo.

material e à configuração de crenças e práticas em que se mesclaram contribuições culturais dos diferentes segmentos étnicos que aqui se encontraram, com o que também contribuíram, esses rios, para a construção de identidades regionais e para a configuração de uma específica concepção de nacionalidade.

Na medida em que iam sendo percorridos, nomeados e até mesmo domesticados, e isto já bem antes da chegada dos portugueses, os nossos cursos d'água deixavam de ser elementos brutos da natureza para incorporarem-se a um universo propriamente cultural, prenhe de significados e povoados de seres fabulosos.

É evidente que, no decorrer da história, os diferentes grupos sociais que aqui se faziam presentes apropriaram-se, cada um à sua maneira, e de acordo com seus propósitos, dos cursos d'água e dos recursos que estes lhes ofereciam. Essa apropriação plural, conduzida por motivações culturais e econômicas, variadas e amiúde antagônicas, persiste na atualidade, acarretando, com relativa freqüência, conflitos sociais de maior ou menor monta, como é o caso dos embates travados em torno dos custos sociais e econômicos decorrentes da implantação de usinas hidrelétricas. Da mesma forma, cada segmento social elaborou representações e significados próprios relativamente aos rios e os emprega ainda hoje na luta pela afirmação de seus interesses e identidades grupais.

A despeito de serem subaproveitados como meios de transporte na maior parte do território brasileiro, não se pode menosprezar o papel que esses rios desempenham na realização de atividades econômicas essenciais, ademais da água potável que deles é retirada, bem como da energia hidrelétrica que se obtém por meio de seu barramento. Todavia, as suas implicações simbólicas, como foi visto, não são de menor importância, posto que se manifestam intensamente no imaginário nacional, sendo recriadas e atualizadas em suas variadas modalidades de expressão.

Considerando as múltiplas dimensões e os numerosos significados da água para a existência humana, poder-se-ia encerrar este trabalho lembrando que, cada vez mais, o controle das suas fontes de abastecimento constitui também fonte de poder. Tal como acentuado nas narrativas mítico-religiosas, a água tanto pode representar uma dádiva primordial concedida às coletividades humanas quanto um instrumento para a sua aniquilação. A julgar pela crescente poluição das nossas águas, corremos o sério risco de tê-las em relativa abundância, mas a tal ponto degradadas que as imagens nelas refletidas espelhem muito mais a devastação que o florescimento da vida.

Bibliografia

A CARTA DE PERO VAZ DE CAMINHA (s/d). Rio de Janeiro, Livros de Portugal Ltda.

ANDRADE, Mário de - *Macunaíma*: o herói sem nenhum caráter. São Paulo, Martins, 1979.

AVÉ-LALLEMANT, Robert - *Viagem pela Província do Rio Grande do Sul* (1858). Belo Horizonte, Itatiaia; São Paulo, EDUSP, 1980.

AZEVEDO, Fernando - *A Cultura Brasileira*. São Paulo, Melhoramentos/EDUSP, 1971.

BALDUS, Herbert - *Tapirapé: tribo tupi do Brasil Central*. São Paulo, Companhia Editora Nacional/ EDUSP, 1970.

BANDUCCI JR., Álvaro - *Sociedade e Natureza no Pensamento Pantaneiro*. São Paulo, dissertação de mestrado apresentada ao PPGAS-USP, 1995.

BASTIDE, Roger. - *Brasil, terra de contrastes*. São Paulo, DIFEL, 1973.

______________. *O Candomblé da Bahia (Rito Nagô)*. São Paulo, Editora Nacional, 1978.

BRANDÃO, Junito de Souza - *Mitologia Grega* - (volume II). Petrópolis, Vozes, 1987.

BRUNI, José Carlos - A água e a vida. In: *Tempo Social*: revista de sociologia da USP. São Paulo, 5(1-2): 53-65, 1993.

CANDIDO, Antonio - *Os Parceiros do Rio Bonito: estudo sobre o caipira paulista e a transformação dos seus meios de vida*. São Paulo, Duas Cidades, 1971.

CARDIM, Fernão - *Tratados da Terra e Gente do Brasil*. Belo Horizonte, Itatiaia; São Paulo, EDUSP, 1980.

CASCUDO, Luís da Câmara - *Geografia dos Mitos Brasileiros*. Rio de Janeiro, José Olympio Editora, 1947.

CHEVALIER, Jean & GHEERBRANT, Alain - *Dicionário de Símbolos*. Rio de Janeiro, José Olympio Editora, 1989.

CROSBY, Alfred W. - *Imperialismo Ecológico: a expansão biológica da Europa* - 900-1900. São Paulo, Companhia das Letras, 1993.

DOUGLAS, Mary - *Pureza e Perigo*. São Paulo,

Perspectiva, 1976.

DUVIGNAUD, Françoise - Pour une sociologie de l'effroi: note sur l'épouvantail. In: *Cahiers Internationaux de Sociologie*. Paris, PUF, vol.LXVI, 1979.

FERNANDES, Florestan - *A Investigação Etnológica no Brasil e outros ensaios*. Petrópolis, Vozes, 1975.

FRAZER, Sir James (s/d) - *O Ramo de Ouro*. São Paulo, Círculo do Livro.

FREYRE, Gilberto - *Nordeste: aspectos da influência da cana sobre a vida e a paisagem do Nordeste do Brasil*. Rio de Janeiro, José Olympio Editora, 1967.

HOLANDA, Sérgio Buarque de. - *Caminhos e Fronteiras*. Rio de Janeiro, José Olympio Editora, 1957.

______________________. - *Visão do Paraíso: os motivos edênicos no descobrimento e colonização do Brasil*. São Paulo, Companhia Editora Nacional, 1977.

______________________. - *Monções*. São Paulo, Brasiliense, 1990.

GALVÃO, Eduardo - *Santos e Visagens: um estudo da vida religiosa de Itá, Amazonas*. São Paulo, Companhia Editora Nacional, 1955.

LEME, Pedro Taques de Almeida - *Notícias das Minas de São Paulo e dos Sertões da mesma Capitania*. Belo Horizonte, Editora Itatiaia; São Paulo, EDUSP, 1980.

LÉVI-STRAUSS, Claude (s/d) - *Tristes Trópicos*. Lisboa, Portugália Editora/Livraria Martins Fontes.

MELATTI, Júlio César - *Índios do Brasil*. Brasília, Coordenada/Editora de Brasília Ltda, 1970.

MONTEIRO, Duglas Teixeira - Estrutura social e vida econômica em uma área de pequena propriedade e monocultura. In: *Revista Brasileira de Estudos Políticos*. São Paulo, outubro, no. 12, 1961.

NEVES, Walter - *Antropologia Ecológica: um olhar materialista sobre as necessidades humanas*. São Paulo, Cortez Editora, 1996.

OLIVEIRA, Bernadete A. C. Castro - *Tempo de Travessia, Tempo de Recriação: profecia e trajetória camponesa*. São Paulo, USP. Tese de doutorado apresentada ao PPGAS-USP, 1998.

QUEIROZ, Renato da Silva. *Um Mito bem Brasileiro: estudo antropológico sobre o Saci*. São Paulo, Editora Polis, 1987.

______________________. - *O Herói-trapaceiro: reflexões sobre a figura do trickster*. In: Tempo social - Revista de Sociologia da USP. São Paulo, vol.3, no. 1-2, 1991.

REBOUÇAS, Lídia Marcelino - *O Planejado e o Vivido: os projetos de reassentamento da CESP no Pontal do Paranapanema*. São Paulo, dissertação de mestrado apresentada ao PPGAS da Universidade de São Paulo, 1997.

RADCLIFFE-BROWN, A. R. - O método comparativo em antropologia social. In: Guimarães, Alba Zaluar (org) - *Desvendando Máscaras Sociais*. Rio de Janeiro, Francisco Alves, 1980.

RAPPAPORT, Roy A. - Ecosystem, populations and people. In: Moran, E.F. (ed.) - *The ecosystem approach in Anthropology: from concept to practice*. Ann Arbor, The University of Michigan Press, 1990.

RIBEIRO, Darcy. - Os índios Urubus: ciclo anual das atividades de subsistência de uma tribo da floresta tropical. In: Schaden, Egon (org.) - *Leituras de Etnologia Brasileira*. São Paulo, Companhia Editora Nacional, 1976.

______________.- *O Povo Brasileiro: a formação e o sentido do Brasil*. São Paulo, Companhia das Letras, 1995.

RICARDO, Cassiano - *Marcha para Oeste: a influência da "Bandeira" na formação social e política do Brasil*. Rio de Janeiro, José Olympio Editora; São Paulo, EDUSP, 1970

THOMAS, Keith - *O Homem e o Mundo Natural: mudanças de atitude em relação às plantas e aos animais* (1500-1800). São Paulo, Companhia das Letras, 1988.

VIERTLER, Renate B. - *Ecologia Cultural: uma antropologia da mudança*. São Paulo, Ática, 1988.

________________.- *A Refeição das Almas: uma interpretação etnológica do funeral dos índios Bororo - Mato Grosso*. São Paulo, Hucitec/EDUSP, 1991.

VIGARELLO, Georges - *O Limpo e o Sujo: uma história da higiene corporal*. São Paulo, Martins Fontes, 1996.

Renato da Silva Queiroz

requeiro@usp.br

Licenciatura em Ciências Sociais – Faculdade de Filosofia, Letras e Ciências Humanas da USP
Mestre em Antropologia Social – FFLCH/USP
Doutor em Antropologia Social – FFLCH/USP
Livre-Docente em Antropologia Social – FFLCH/USP
Professor Titular do Depto. de Antropologia da FFLCH/USP.
Vice-Diretor da FFLCH/USP.
É orientador da Pós-Graduação dos Programas: Antropologia Social, Ciência Ambiental e Programa Integrado em América Latina.
Linhas de Pesquisa:
Campesinato brasileiro
Antropologia econômica
Questão ambiental

22

Aspectos Relevantes do Problema da Água

Aldo da C. Rebouças

Introdução

Vive-se numa época em que a capacidade de tratar e transmitir informações, nunca foi tão grande e tão rápida, sobretudo, nas nações mais ricas do mundo. Assim, os modelos e padrões de uso das águas (p. ex.) das nações ricas do mundo acabam sendo impostos às mais pobres, como o Brasil. Neste quadro, portanto, a qualidade da água e do ambiente, em geral, são cada dia mais fatores competitivos do mercado global ou internacional e nacional. Entretanto, a água é também uma referência cultural e um bem social, além de ser fundamental à manutenção dos ciclos geológicos, químicos e biológicos que mantém os ecossistemas da Terra.

Muito se fala a respeito da "crise da água" como um dos maiores problemas que a humanidade enfrentará durante este século XXI. Entretanto, é preciso estar consciente de que há regiões da Terra em que a escassez de água é um problema milenar, tais como Norte da África, Oriente Médio e alguns países da Ásia. No Brasil, em particular, a questão que se coloca não é de falta física de água, mas sim de acesso à água limpa de beber.

Além disso, tem-se que as caóticas formas de ocupação do meio físico, o lançamento de esgotos domésticos e efluentes industriais não tratados, a não coleta ou deposição adequada do lixo que se produz, principalmente, engendram a degradação do ambiente, em geral, e dos rios, em níveis nunca imaginados.

Além disso, argumenta-se, em geral, que a água é um bem público e que tratar esgoto é muito caro. Primeiro, se a água é um bem público, nos termos da Constituição do Brasil de 1988, precisa ser usada por cada indivíduo com cuidados crescentes – Éticos, Ecológicos e Econômicos – tripé do desenvolvimento sustentável. Segundo, tratar esgoto só parece caro à medida que não se faz um balanço dos custos resultantes do seu lançamento *in natura* nos rios, mangues e praias, no ambiente em geral e à saúde pública.

Evolução do problema da água

Embora o tempo transcorrido entre a 1ª e esta 2ª Edição do livro **Águas Doces no Brasil – Capital Ecológico, Uso e Conservação** seja relativamente curto, alguns aspectos do problema da água tornaram-se ainda mais relevantes. Primeiro, a escassez, local e ocasional, de água é um problema universal complexo e antigo, mas que sempre está em evidência, portanto é sempre atual. Segundo, historicamente, não se tem conseguido influenciar o comportamento das pessoas em relação as grandes irregularidades de ocorrência das precipitações – chuva, neblina e neve, principalmente – aos grandes desperdícios e degradação da qualidade da gota d'água disponível, a não ser a partir do momento em que estas sentem clara e efetivamente o desconforto da sua falta, por exemplo. Em outras palavras, a água é como a liberdade, só é importante quando falta. Por sua vez, a abordagem globalizada do tema representa um grande desafio devido, sobretudo, aos aspectos políticos e as perspectivas relacionadas à questão das águas doces no Brasil, relativamente, tão abundantes em termos quantitativos, pelo menos.

A 1ª Edição do livro **Águas Doces no Brasil – Capital Ecológico, Uso e Conservação**, foi publicada em meados de 1999, e desde então, o problema d'água – e existe um problema – tem-se agravado na maior parte do mundo, em geral, e no Brasil, em particular, embora o dinheiro seja o elemento que é, efetivamente, cada vez mais caro e escasso no mundo, em geral, e no Brasil, em particular.

Entretanto, paga-se uma fortuna por um diamante, cuja utilidade à vida é muito pequena, enquanto costuma-se polemizar a idéia de cobrança pelo direito de uso da água ou de degradação da sua qualidade, por mais que esta seja essencial à vida, às atividades sócio-econômicas e ao ambiente em geral. Basta lembrar que o corpo humano é composto entre 55% a 77% de água, dependendo de nossa faixa etária, e que não se vive mais de uma semana sem beber água.

Vale destacar que, depois da 1ª Edição do livro Águas Doces no Brasil – Capital Ecológico, Uso e Conservação, várias Unidades da Federação aprovaram Planos Estaduais de Recursos Hídricos. Além disso, durante este tempo, foram implantados Comitês de Bacias Hidrográficas ou organizações similares, como grandes fóruns de discussão descentralizada e democrática do sistema de gestão das águas, local de debate e, eventualmente, de deliberação sobre matérias de interesse público comum e relevante nas áreas em apreço. Nos termos da legislação em vigor, a composição dos Comitês é tripartite, com igual número de representantes dos Governos Federal, Estaduais e Municipais, dos usuários da água e da sociedade civil.

Além disso, teve-se a Lei Federal 9.984 de 17 de julho de 2000 criando a ANA – Agência Nacional de Águas. Trata-se de uma entidade reguladora da utilização dos rios de domínio da União, que integra o Sistema Nacional de Recursos Hídricos (MMA/SRH, 2201).

Para garantir uma atuação descentralizada, a ANA poderá estabelecer contratos de gestão com as agências de bacia hidrográfica – órgão técnico do sistema – as quais serão entidades que deverão atuar em cada unidade de planejamento, sob o comando político do correspondente comitê de bacia.

Nos termos da legislação em vigor (Lei Federal 9.433 / 97), serão os comitês de bacia que decidirão quando e quanto cobrar dos usuários pelo direito de uso da água dos rios, seja para abastecimento público, industrial ou agrícola (usuário/pagador), seja para transporte e diluição de esgotos domésticos/efluentes industriais ou agrícolas (poluidor/pagador).

Vale ressaltar que a legislação em vigor na maioria dos casos prega a isonomia na cobrança. Assim, nenhum usuário pode ser excluído do processo, pois o impediria de fazer parte do comitê de bacia, além de caracterizar uma prática desleal de mercado ou de *dumping* ambiental

Além disso, a ANA deverá contribuir para a solução de dois graves problemas no País. O primeiro refere-se às secas prolongadas, especialmente no Nordeste. Em segundo lugar, a ANA deverá trazer maior segurança aos empreendimentos que utilizam água com padrão mínimo de qualidade como insumo do processo produtivo e que necessitam de regras estáveis quanto à utilização dos rios, principalmente.

Certamente, a implementação do Sistema Nacional de Gerenciamento de Recursos Hídricos é um processo e como tal não se dará da noite para o dia. Vale ressaltar, também, que tal objetivo não será alcançado, tão somente, com a definição da política de uso da água que flui pelos rios federais ou que está acumulada nos açudes e pantanais.

Nesse quadro, falta considerar a necessidade do uso cada dia mais eficiente da gota d'água disponível, tais como, substituição de equipamentos obsoletos de uso da água nas cidades e na agricultura, principalmente, introdução do reuso não potável, dos esgotos domésticos e efluentes industriais tratados.

Por sua vez, falta estabelecer políticas públicas de regulação da captação e uso de água de chuva, de águas subterrâneas, de recarga de aqüíferos com águas de enchentes de rios ou coletadas por galerias pluviais no meio urbano e de reuso das águas, por exemplo. A não definição de políticas públicas nestes setores de recursos hídricos vem dando margem ao desenvolvimento de ganâncias e interpretações que visam, tão somente, à manipulação ou proteção de interesses.

Além disso, numa abordagem de gestão integrada da gota d'água disponível, os numerosos exemplos positivos dos países desenvolvidos, principalmente, indicam como de fundamental importância que se considere as diferentes funções que poderão ser desempenhadas pelos aqüíferos da área, tais como, de depuração, transporte, estocagem protegida das grandes perdas de água por evaporação, além da função tradicional de produção.

De outra forma, o uso desordenado atual das águas subterrâneas de uma bacia hidrográfica poderá reduzir as descargas de base dos seus rios, secar suas nascentes ou fontes, afetar os níveis mínimos de seus açudes e pantanais, danificar os seus terrenos e prédios aí construídos e reduzir a umidade do seu solo que dá suporte ao desenvolvimento da sua biomassa, dentre outros efeitos ambientais.

Torna-se necessário, portanto, considerar que a gestão integrada da gota d'água disponível numa bacia hidrográfica significa, atualmente, mais solo, mais biomassa, mais qualidade de vida e maior produtividade num ambiente sustentável. Portanto, deve-se considerar como de fundamental importância a consideração das condições de uso e ocupação do meio físico ou o manejo adequado do binômio água-solo da área em apreço.

Assim, tanto a parcela d'água de origem meteórica que infiltra e dá suporte ao desenvolvimento da biomassa natural ou cultivada ou *Green Water Flow*, quanto a que flui pelos rios ou *Blue Water Flow*, além da parcela que é proporcionada pelos poços e pelo reuso ou *Gray Water Flow*, por exemplo, deverá ser objeto do gerenciamento integrado da gota d'água disponível numa unidade de planejamento ou bacia hidrográfica.

Neste quadro, entretanto, o grande desafio à sociedade brasileira em geral, e ao seu meio técnico, em particular, significa evoluir do modelo imediatista de construção de obras extraordinárias para garantir a oferta d'água como única solução aos problemas de sua escassez local e ocasional, e considerar, também, a necessidade de se gerenciar as formas de uso, como já ocorre nos países mais desenvolvidos, por exemplo. Neste quadro, usar a gota d'água disponível de forma cada vez mais eficiente torna-se mais importante que ostentar sua abundância.

A consideração da gestão do uso torna possível evitar a manipulação dos cenários de escassez relativa de água ou da sua ocorrência, muito irregular para obtenção de verbas ou empréstimos privilegiados para construção de obras extraordinárias.

Deve-se lembrar, claro, que o fornecimento regular de água muitas vezes independe do clima local. As situações mais vantajosas ocorrem em regiões onde se têm precipitações na forma de neve nas suas montanhas, as quais constituem estoques estratégicos de água que descem por gravidade na primavera-verão, engendrando enchentes dos rios. Outra situação excepcional é representada pelas bacias hidrográficas que recebem águas de regiões que ficam, em grande parte, fora da zona atingida pela seca ou estiagem em apreço.

Acredito que todos concordam que o direito universal de acesso à água limpa de beber deve ser reconhecido e que se deve começar a trabalhar para transformá-lo em uma realidade do dia-a-dia das pessoas. Todavia, as atividades agrícolas consomem entre 60 e 70% do volume total de água ofertado no mundo e em muitos lugares, a maior parte do que se come é importado. Certamente, o fato do poder público ser o grande provedor da água de irrigação parece que favorece a idéia da "água gratuita". Como corolário, mais de 95% dos quase (3) milhões de hectares irrigados no Brasil, utilizam os métodos menos eficientes. Entretanto, a "água gratuita" tem os custos do consumo da energia de bombeamento, pelo menos, e estas práticas afetam a produtividade e o preço dos produtos no mercado virtual da água. Basta lembrar que a exportação de uma tonelada de grãos, grosso modo, corresponde igual peso de água. Por sua vez, a baixa eficiência dos serviços de oferta d'água nas cidades, os grandes desperdícios e a degradação da sua qualidade em níveis nunca imaginados, poderão colocar países ricos de água doce, como o Brasil, na vala comum dos pobres e muito pobres de recursos hídricos.

Seca hidrológica e desenvolvimento sustentável

Primeiro, a quantidade de água da Terra é, praticamente, constante há milhões de anos, pelo menos, e, segundo, ainda não se fabrica água, não obstante sua composição química ser tão simples (H_2O). Por sua vez, o impacto das irregularidades ou insuficiências de precipitação de águas atmosféricas – chuva, neblina e neve, principalmente – no abastecimento d'água, na produção de energia hidrelétrica e de alimentos, por exemplo, depende, também, do volume de água armazenado, se é possível distribuí-la de maneira oportuna aos diferentes usuários, e, onde, a água é uma mercadoria, se os usuários têm condições de comprá-la.

A transformação demográfica que ocorreu no Mundo, em geral, durante os últimos 200 anos e no Brasil, durante as últimas décadas, principalmente, faz com que a seca hidrológica seja sempre uma história social, à medida que sempre afeta regiões povoadas.

O conceito de desenvolvimento sustentável – aquele que se almeja à geração atual sem prejuízo das gerações futuras – tem é claro, limites, os quais são impostos pelos estágios atuais da tecnologia e da organização social, no tocante aos recursos ambientais, em geral, e à água, em particular, e pela capacidade da biosfera de absorver os efeitos das atividades humanas. Assim, a pobreza não é apenas um mal em si mesma, mas para haver um desenvolvimento sustentável é preciso atender às necessidades básicas de todos e dar a todos a oportunidade de realizar suas aspirações de uma vida melhor.

Um mundo onde a pobreza é endêmica estará sempre sujeito a catástrofes ecológicas, hídricas ou de outra natureza. Neste quadro, chama a atenção à falta de gerenciamento da gota d'água disponível para obtenção de cada vez mais produtividade com cada vez menos água.

Por sua vez, a seca ou escassez de água é sempre o duelo recorrente entre a natural variabilidade das chuvas e as necessidades do abastecimento doméstico, industrial e falta de obtenção da safra, por exemplo. Assim, o fenômeno tem sempre uma dimensão social, política e nunca é apenas um desastre natural.

Neste quadro, o aspecto crítico é menos a quantidade total de precipitação atmosférica que sua distribuição relativa aos ciclos anuais. Uma precipitação atmosférica bem distribuída, embora inferior à normal, causa poucos danos à produção e ao abastecimento, enquanto uma precipitação atmosférica "normal", concentrada nos meses ou nos locais errados, pode levar a consideráveis perdas de safra e gerar danos ambientais.

O impacto da insuficiência de chuvas no sistema de abastecimento, por exemplo, depende do volume de água armazenada. Assim é que, desde a mais remota antiguidade a humanidade aprendeu a utilizar as águas subterrâneas, manancial, regra geral, protegido das irregularidades climáticas e cujo testemunho mais antigo de poço, até agora conhecido, data de 8.000 a.C. Além disso, teve-se o espetacular desenvolvimento das captações horizontais da água subterrânea ou *kanats* que atestam a grande engenhosidade alcançada pelos povos antigos. Nesse quadro, vários capítulos do *Gênesis* são verdadeiras cartilhas de água subterrânea (Rebouças et al. 1999).

Porém, com o rápido crescimento das demandas de água – abastecimento doméstico, industrial e irrigação, principalmente. Isto é, geralmente, conseguido de duas formas distintas: (1) pela conservação – quantitativa e qualitativa – da gota d'água disponível, (2) pelos mecanismos de fixação de preços, pois a parte mais sensível do corpo humano é o bolso. Desta forma, desenvolvem-se tecnologias criativas que visam a otimização dos seus usos e surge uma nova ética em relação à água.

Neste quadro, a "privatização" de uma empresa pública ou estatal de abastecimento d'água é um "processo" que visa dar solução, fundamentalmente, à baixa eficiência do serviço prestado, sobretudo, quando os mananciais utilizados são abundantes, a rede de distribuição já serve a mais de 80% dos usuários, os índices de perdas totais – vazamento físico de água na rede e ligações clandestinas – são altos (40-60%), contra 5-15% nos países mais desenvolvidos. Como corolário, regra geral, o serviço público ou a empresa mista de fornecimento d'água não tem a confiabilidade do usuário, sobretudo, no que diz respeito à regularidade da oferta e à qualidade da água que chega à sua torneira.

Aspectos da valoração da água

Acredito que todos concordam que o setor público deve deter a propriedade da água e da infra-estrutura a ela relacionada. Neste caso, não se vende água, cobra-se pela prestação do serviço de torná-la limpa e sempre disponível para todos e de levá-la de volta ao seu *habitat*, uma vez tratada. É por esse serviço que se cobra do usuário/pagador e do poluidor/pagador e não pela água como matéria-prima. Assim, por meio de contratos baseados num modelo de gestão delegada, a infra-estrutura é confiada ao setor privado, o qual a moderniza, amplia e a devolve ao setor público local, ao final dos contratos. Neste quadro, certamente, a falta de controle atual – Federal ou Estaduais – engendra uma verdadeira corrida para utilização da água subterrânea, a alternativa mais barata de abastecimento doméstico, principalmente.

Toda vez que se pretende valorar um recurso natural enfrenta-se a célebre relação abundância/utilidade. Neste quadro, o exemplo clássico é o ar que se respira, cuja abundância na Terra, regra geral, torna quase impossível determinar o quanto valeria, caso faltasse.

Da mesma forma, a água é, também, um elemento natural abundante na Terra. Como corolário, o seu valor no mercado é muito baixo, sobretudo, em relação ao do diamante, por exemplo, o qual, embora não tenha qualquer utilidade à vida, custa uma fortuna. Pelo fato de se acreditar ser a água abundante na Terra e, como tal, inesgotável, ela tem sido considerada como um bem natural livre em boa parte do mundo e no Brasil, em particular, a tal ponto que, muitas vezes, os rios e outros corpos d'água são utilizados como depositário final de esgotos e efluentes industriais.

Por sua vez, se a água é considerada um bem público, na maioria dos países e no Brasil, a partir da Constituição Federal de 1988, significa que ela não poderá ser desperdiçada ou degradada de forma livre pelo usuário. Ao contrário, o seu uso deverá ser feito com base nos três E – Ética, Ecologia e Economia – que formam o tripé do desenvolvimento sustentável.

Entretanto, até mesmo nos países muito pobres e pobres de água está se usando cada vez mais água, desperdiçando e degradando a sua qualidade em níveis nunca imaginados.

Por sua vez, as transformações demográficas não deixam espaços a serem preenchidos pelos processos de imigração verificados até metade do século passado, principalmente, faz com que a competitividade dos usos da gota d'água disponível seja cada vez mais evidente, atualmente, seja para abastecimento, seja para produção de alimentos, seja para produção de energia elétrica ou, tão somente, para transporte da produção industrial e agrícola ou diluição de esgotos domésticos e efluentes industriais, principalmente.

Todavia, embora o princípio do reconhecimento do valor econômico da água seja, regra geral, visto como indutor de um melhor uso e base do instrumento da outorga de direito de uso e da cobrança pela sua utilização – nos termos do usuário-poluidor/pagador – a sua aceitação ainda é uma questão polêmica.

No Brasil, em particular, a transformação demográfica que se verificou no mundo durante os últimos 200 anos foi, sobretudo, acentuada na última metade do século passado – cuja população total passou de 41 milhões em 1940 para 170 milhões, atualmente, sendo que dos 31% que moravam nas cidades atinge-se, atualmente, 81% no período (IBGE, 2000). Muita gente contesta estes cenários de urbanização no Brasil, da mesma forma que contestamos os altos índices de populações abastecidas, pois, sabe-se que elas poderão até ter rede de distribuição, mas não, necessariamente, um fornecimento regular de água. Além disso, a qualidade da água que chega à torneira do usuário, quase sempre não é garantida.

Esta situação é com freqüência atribuída à existência da caixa d'água residencial, a qual foi instalada, exatamente, para se mitigar os problemas engendrados pelo seu fornecimento muito irregular. Vale lembrar que, toda vez que falta água na rede de distribuição, os seus altos índices de vazamento poderão engendrar a entrada de água poluída, a qual é levada até a torneira do usuário no período seguinte de fornecimento, apesar dos altos teores de cloro residual nos cavaletes de entrada.

Como resultado do inusitado processo de urbanização no Brasil, teve-se um grande aumento das demandas de água para consumo doméstico, industrial e agrícola, principalmente. Além disso, a não coleta dos esgotos domésticos ou o seu lançamento *in natura* nos rios, principalmente, bem como de boa parte dos efluentes industriais, engendrou a degradação do ambiente em geral e da água dos rios, lagoas e açudes, em particular, em níveis nunca imaginados.

Embora estes vexatórios cenários sanitários estejam mais perto dos olhos, aqui no Brasil, já é evidente que a preocupação com a água incorporou ao vocabulário cotidiano da sociedade, em geral, palavras antes distantes, como água subterrânea, aqüíferos, bacia hidrográfica, tratamento de esgotos, eutrofização de mananciais, reuso de água, contaminação e privatização de serviços d'água. A grande novidade é que, cada dia mais fica evidente a idéia que todas as bacias hidrográficas ou mananciais não podem ser regidos por uma legislação única que, por natureza, não dá conta da complexidade de cada sistema em particular.

Comitês de bacia, descentralização e democratização

Há, por vezes, mais confusão do que os olhos podem ver. Porém, a elaboração das leis de cada região hidrográfica, bacia ou sub-bacia, é um processo negociado, à medida que envolve a participação dos três segmentos que compõem o Comitê de Bacia: Governos – Federal, Estaduais e Municipais – usuários e sociedade civil organizada.

Neste caso, embora os agricultores de algumas partes do Brasil tenham conseguido bases legais para se livrarem do instrumento da cobrança pelo direito de uso da água, por exemplo, considera-se que não se trata de uma política de boa vizinhança. Isto poderá significar, por um lado, não participação nos respectivos comitês de bacia. Por outro lado, a isenção do pagamento pelo direito de uso da água poderá ser considerada uma prática desleal de mercado ou um *dumping* ambiental. Como corolário, os empreendimentos agrícolas da bacia em apreço poderão ser penalizados pelo mercado, por exemplo.

Assim, a adesão ao instrumento da cobrança pelo direito de uso da água poderá representar um fator de considerável importância de otimização e de aumento de produtividade. Aos ganhos econômicos assim auferidos juntam-se dois outros: O primeiro é de natureza operacional, à medida que o empreendimento acaba dispondo de mais água, de extrema importância em regiões onde o seu fornecimento não é seguro ou onde a fonte própria está operando próximo ao seu limite máximo. O segundo está ligado à imagem do empreendimento, já que a adesão ao instrumento da cobrança pelo direito de uso da água acaba revelando a preocupação ambiental correta e socialmente justa, condições fundamentais do desenvolvimento sustentável e de participação no mercado global.

Algumas cidades e regiões metropolitanas vivem, evidentemente, em "stress" hídrico e, diante da situação urgente e preocupante, há quem diga que a utilização mais eficiente das águas subterrâneas e os programas de recuperação de mananciais deveriam ser esquecidos. Todavia, vale ressaltar que a experiência nos países desenvolvidos, principalmente, mostra que, seja qual for o valor da conta, a gestão integral com a utilização das águas subterrâneas e reuso da água como alternativa para abastecimento total ou complementar e recuperação de mananciais é a mais barata, regra geral, inclusive do ponto de vista ambiental e de imagem, do que condenar o manancial de superfície a ser definitivamente um depósito de lixo, enquanto busca-se um novo rio para exploração predatória.

No Congresso Nacional e Assembléias Legislativas correm projetos que tratam do tema, procurando antecipar-se um ao outro, para tutelar a água. Além disso, ainda que os Governos Federal, Estaduais, usuários e sociedade civil organizada discordem sobre questões estruturais, que existam debates acalorados sobre a privatização, cobrança pelo direito de uso da água e do solo, os ventos que sopram podem trazer soluções. Afinal, grande parte da briga é resultante da disputa por legislar sobre o assunto, e não por eximir-se da responsabilidade. Entretanto, todas as idéias, opiniões, discursos e sugestões valem pouco sem passar pelo processo de formalização legal.

O Livro Águas Doces no Brasil não prevê o futuro; apenas transmite a informação de que é chegada a hora de tomar as decisões necessárias a fim de garantir água para o sustento desta geração e das próximas. Não temos a oferecer um plano detalhado de ação, e sim um caminho para que professores, técnicos, usuários e a sociedade civil organizada, juntos, possam ampliar suas esferas de cooperação.

A falta d'água necessita de definições

A "estratégia da escassez" tem levado instituições sérias, tais como a Organização das Nações Unidas (ONU), o Banco Mundial (BM), a dizerem que se usa, atualmente, cerca de 50% das reservas de água potável do planeta, e que, se o padrão atual de consumo for mantido, serão 75% em 2025. Assinalam, ainda, que esse índice chegaria a 90% se o consumo nos países em desenvolvimento (entre 100 e 400 m^3/ano per capita) alcançasse valores iguais ao dos países desenvolvidos (entre 1.000 e mais de 2.000 m^3/ano per capita). A Organização das Nações Unidas (ONU) prevê ainda que, se não forem adotadas medidas para conter o crescimento do consumo nos países em desenvolvimento, dentro de 25 anos a escassez atual de água potável que atinge dois (2) bilhões de pessoas no mundo terá duplicado. Neste quadro, todavia, considera-se como potável, tão somente, a parcela de água que está acumulada na calha dos rios e nos lagos, para cuja utilização são realizados grandes investimentos públicos para construção de obras extraordinárias de captação ou de tratamento. Omitem-se os processos de renovação das águas do planeta, os quais proporcionam descargas médias de longo período nos rios da ordem de 43.000 km^3/ano, enquanto o consumo total de água no mundo é estimado em 6.000 km^3/ano ou 14% do potencial de água doce nos rios. Omite-se, igualmente, a água subterrânea, a maior reserva de água doce da Terra e a alternativa de abastecimento mais barata graças, principalmente, ao fato de estar naturalmente protegida dos agentes de poluição que degradam, rapidamente, a qualidade da água dos rios e poder ser captada no próprio local onde se verifica o consumo. Por sua vez, os avanços tecnológicos da construção de poços, as crescentes performances das bombas e a expansão da oferta de energia elétrica, verificados nas últimas décadas do século passado, principalmente, fazem com que já não exista aqüífero profundo ou confinado inacessível.

A política de recursos hídricos compreende leis, regulamentações, planos e programas de longo, médio e curto prazo, orçamentos, dentre outros. Neste quadro, os maiores desafios que deverão ser enfrentados durante este século XXI, pelo menos, são, principalmente:

(1) Irregularidade das precipitações – chuva, neblina e neve, principalmente – desperdícios e degradação da qualidade da água limpa de beber nas cidades, utilização crescente de insumos químicos na agricultura com suas implicações hídricas, ambientais e limitações financeiras.

(2) Historicamente, não se tem conseguido influenciar o comportamento das pessoas em relação aos grandes desperdícios e degradação da qualidade da gota d'água disponível, a não ser a partir do momento em que sua utilização torna-se economicamente inviável, nos termos do agronegócio, principalmente.

Entretanto, tanto "crise da água" quanto o fenômeno da "fome" são questões impostas pelas relações de poder dentro e entre sociedades. Assim, rejeita-se a idéia "maltusiana" de que a morte por desnutrição é um "pré-requisito" para definição da fome. Da mesma forma, a definição de "crise de água" deverá ser feita com base num espectro mais amplo de significados, incluindo-se miséria e colapso social, contidos nas tradicionais conotações de subdesenvolvimento. Regra geral, estes problemas não fazem parte do cálculo moral das sociedades ricas que se apressam em combater os problemas engendrados pela escassez certificada de água em alguns países ou regiões, mas que ignoram calmamente a escassez crônica de água que dá suporte à desnutrição, a fome e a pobreza que flagela uma população, mesmo nos anos de pluviometria normal.

Além das descargas dos rios que são geradas no território brasileiro – da ordem de 183.000 m^3/s – tem-se a vazão produzida na região hidrográfica do Amazonas que se encontra em território estrangeiro, estimada em 89.000 m^3/s (ANA, 2002). Assim, o nosso potencial renovável de água doce total é da ordem de 272.000 m^3/s ou 8.568 quilômetros cúbicos por ano, isto é, cerca de 20% da descarga total de 43.000 quilômetros cúbicos por ano dos rios do mundo (UNESCO/PHI, 1998).

O conceito de "*stress* de água" está baseado nas necessidades mínimas de água per capita, para manter uma qualidade de vida adequada em regiões moderadamente desenvolvidas situadas em zonas áridas, estimando-se que esta se caracteriza nas regiões onde a oferta é menor de 1000 m^3/ano per capita nos seus rios (Falkenmark, 1986).

Desta forma, em todo o Oriente Médio e Norte da África a situação é de *stress* em pelo menos 20 países. O governo do Egito, por exemplo, interpreta como uma declaração de guerra se a Etiópia retirar mais uma gota d'água do Rio Nilo. É preciso levar em consideração, todavia, que 80% das descargas do Rio Nilo são geradas na Etiópia. Na Cisjordânia, os palestinos têm acesso à não mais do que 80 litros de água por dia, enquanto em Israel a cota é de 250 litros por pessoa/dia. Entretanto, 70% das águas usadas na agricultura em Israel são residuais, ou seja, reaproveitadas depois de ter servido casas e indústrias. Da água potável do país, 30% são residuais. Por sua vez, de todos os países muito pobres (< 500 m^3/ano per capita) ou pobres de água (500 – 1000 m^3/ano per capita) Israel é o único que tem, praticamente, uma política de recursos hídricos.

Vale salientar que o Brasil ostenta mais de 1000 m^3/ano per capita em todas as Unidades da Federação e não apresenta região de clima árido. Todavia, parece que prefere a vala comum dos países muito pobres ou pobres de água.

Dividindo-se a descarga total de água doce dos rios do Brasil (183.000 m^3/s) pela população atual da ordem de 170 milhões de habitantes (IBGE, 2000), tem-se uma oferta de 33.908 m^3/ano por habitante. Este valor coloca o Brasil na classe dos países ricos de água doce do mundo (10.000 e 100.000 m^3/ano per capita).

Ressalta-se, todavia, que a distribuição deste potencial é muito irregular, com cerca de 79% das descargas ocorrendo nas Regiões Hidrográficas do Amazonas e Tocantins, correspondente a 56% da área e onde se tem apenas cerca de 9% da população brasileira, Figura 1. Entretanto, o potencial de água doce nos rios das Unidades da Federação – 26 estados e um Distrito Federal – é sempre superior aos 1.000 m^3/ano per capita (Rebouças et al. 1999).

As descargas dos rios durante o período sem chuvas no Brasil variam de 11 mm/ano no semi-árido do Nordeste até mais de 600mm/ano nas regiões de clima mais úmido da Amazônia. Assim, as recargas das águas subterrâneas no Brasil são, em média, da ordem de 3.144 quilômetros cúbicos por ano.

Vale salientar que a extração de apenas 25% da quantidade de água que alimenta as águas subterrâneas do Brasil e descarrega nos rios durante os períodos sem chuvas, já representaria uma oferta atual de água da ordem de 4.000 m³/ano per capita.

Vale salientar que cerca de 84% das sedes municipais no Brasil (5.507), têm população inferior a 20.000 habitantes (IBGE, 2000), constituindo a clientela por excelência para abastecimento por água subterrânea. No estado de São Paulo, cerca de 72% das cidades são abastecidas por poços (CETESB, 1997). Na Região Metropolitana de São Paulo, estima-se que cerca de 10.000 poços estão em operação para abastecimento de hotéis, hospitais, condomínios e industrias, principalmente, como forma de mitigar o desconforto das freqüentes faltas de fornecimento d'água e como medida econômica, uma vez que a amortização do investimento feito ocorre entre 1/3 a 2/3 da vida útil do poço (PERH/SP, 2000).

O rendimento hidrológico, ou seja, a quantidade média de chuva (P= 2.044mm/ano) que é transformada em descarga dos rios é de 36% (Qt = 737mm/ano). Este rendimento é muito variável, sendo de 11% na Região Hidrográfica do Atlântico Nordeste (P= 1.112mm/ano) e 48% na Região Hidrográfica do Amazonas (P= 493.191 m³/s e Qt = 202.000 m³/s). Em termos sistêmicos, tem-se que o *Green Water Flow* corresponde a uma lâmina média de 1.307mm/ano ou 696.020 m³/s, enquanto o *Blue Water Flow* é de apenas 737 mm/ano ou 251.000 m³/s (Tundisi et al, 2000).

Por sua vez, conforme os dados da Tabela 1, o consumo efetivo total de água no Brasil é ainda muito baixo, ou seja, de apenas 397 m³/ano por habitante, ou quase três (3) vezes menor do que a taxa média de 1.000 m³/hab/ano considerada pelas Nações Unidas como suficiente ao usufruto do conforto da vida moderna com desenvolvimento sustentável em condições de clima árido.

Esta taxa de consumo médio corresponde a apenas 1,2% das descargas médias totais dos seus rios, atingindo-se 0,2% na Região Hidrográfica do Amazonas, 7,9% na Região Hidrográfica do São Francisco e, no máximo 8,9% na Região Hidrográfica do Nordeste (ANA, 2002). Vale salientar que se tem no Nordeste do Brasil um

Figura 1 Regiões Hidrográficas do Brasil, percentuais de área (A), população (P) e da vazão média (Q) dos rios em relação à quantidade total do País

arquipélago de zonas úmidas dentro de um contexto de clima semi-árido, ou seja, um grande número de zonas edafo-climáticas altamente promissoras em termos de agronegócios (Rebouças, 1997).

Por tudo isso, pode-se dizer que o que mais falta no Brasil não é água, mas determinado padrão cultural que agregue ética e melhore a eficiência de desempenho político dos Governos – Federal, Estaduais e Municipais – da sociedade, das empresas públicas e privadas de abastecimento de água nas cidades e dos usuários.

Escassez de água e história dos povos

Na virada do primeiro milênio para o segundo da nossa era, a Europa se reconstruía sobre as ruínas do Império Romano. Nesta época até a prática do banho era considerada perigosa à saúde, à medida que se acreditava criar um ambiente propício à lassidão dos costumes, ou porque proporcionava maior permeabilidade à pele para penetração das doenças comuns da época, tais como a peste negra.

Até o final do século XIX teses ainda eram defendidas nas Universidades da Europa sobre os perigos à saúde do consumo de água pressurizada ou encanada. Por sua vez, os investimentos necessários à construção das primeiras redes de esgoto de Paris, por exemplo, foram conseguidos sob o argumento de que, assim, ter-se-ia mais braços para carregar o fuzil e para produzir alimentos, fatores fundamentais à manutenção do espírito beligerante entre os povos da Região.

Até a Guerra de 1914-18 as cidades da Europa ainda eram como que estrelas que brilhavam no universo escuro do meio rural. A poluição e a degradação ambiental já eram visíveis em algumas cidades, principalmente, porém os problemas tinham uma dimensão local.

Nesta época a população mundial já era estimada em 2,5 bilhões, o radio e o avião começava a encurtar as distâncias e o desenvolvimento industrial consumia cada vez mais água. Todavia, os efeitos da poluição do ar e da água sobre a vida animal já se tornavam preocupantes.

Na década de 1950, a população do mundo quase que duplicou, sendo de 5,2 bilhões de habitantes e as atividades econômicas, praticamente, quadruplicaram. A pressão do crescimento urbano, desenvolvimento industrial e da agricultura, principalmente, engendrou a extinção de espécies e tornou-se crescente.

Porém, somente na década de 1960 é que os astronautas viram, pela primeira vez, o nosso planeta do espaço. Nesta ocasião, a Terra pareceu uma bola azul e branca frágil e pequena, dominada por um conjunto de interações ordenadas entre sistemas, tais como, a litosfera, hidrosfera, biosfera e

Tabela 1- Disponibilidades e Demandas Efetivas de Água - Regiões Hidrográficas Brasileiras

Regiões Hidrográficas	Área (km^2)	Vazão Rios (m^3/s)	Demandas					
			Humana (m^3/s)	Irrigação (m^3/s)	Animal (m^3/s)	Industrial (m^3/s)	Totais (m^3/s)	% Vazão
Amazonas	3.988.813	134.119	9	190	8	2	209	0,2
Tocantins	757.000	11.306	12	51	7	2	72	0,6
Parnaíba	344.248	1.272	9	32	2	2	45	3,6
S. Francisco	645.000	2.850	28	160	7	29	224	7,9
Paraguai	363.592	1.340	4	41	10	1	56	4,2
Paraná	56.820	11.000	105	253	44	113	515	4,7
Uruguai	77.494	150	8	157	9	5	178	4,3
Costeira Norte	98.583	3.253	1	0	0	0	1	0,0
Costeira Nordeste Oc.	256.098	1.695	10	5	3	2	19	1,1
Costeira Nordeste Or.	685.303	2.937	78	118	14	53	262	8,9
Costeira SE	209.000	3.868	105	28	4	78	215	5,6
Costeira Sul	192.810	4.842	18	309	6	11	344	7,1
Brasil	8.574.761	182.633	384	1.344	115	299	2.141	1,2

Fonte: Adaptado de FGV/SRH/MMA, 1998, ANA, 2002.

atmosfera. Viu-se, também, que muitos dos impactos ambientais acarretam ameaças às diferentes formas de vida na Terra, particularmente, à humanidade e desta realidade não há como fugir, tendo de ser reconhecida e enfrentada. Entretanto, o fato de a humanidade ser incapaz de influenciar nessa ordenação natural está alterando fundamentalmente o seu comportamento.

Felizmente, essa realidade nova coincide com fatos mais positivos e também novos no final de século XX e início deste século XXI. Ultimamente, é possível fazer informações e bens circularem por todo o planeta com uma rapidez sem precedentes; é possível produzir mais alimentos e mais bens usando cada vez menos água; a tecnologia e a ciência de que dispomos nos permitem, ao menos potencialmente, examinar mais fundo e compreender cada vez melhor os sistemas hidrológicos. Temos o poder de reconciliar as atividades humanas com os processos do ciclo da água e das rochas, e de nos enriquecermos com isso. E nesse sentido nossa herança cultural e espiritual pode fortalecer nossa criatividade em prol de nossos interesses econômicos e imperativos de sobrevivência.

Assim, acredita-se que a engenhosidade da humanidade vai acabar construindo um futuro mais próspero, mais justo e mais seguro, mediante o uso, de forma cada vez mais eficiente, da gota d'água disponível. Desta forma, engendra-se uma nova era de crescimento econômico sustentável, que tem de se apoiar em práticas que conservam e expandam a base de nossos recursos d'água. Acreditamos que tal crescimento é absolutamente possível e essencial para mitigar a grande pobreza que se vem intensificando na maior parte do mundo, em geral, e no Brasil, em particular.

A 1ª Conferência das Nações Unidas sobre o Meio Ambiente Humano (Estocolmo, 1972), levou os países desenvolvidos e em desenvolvimento a traçarem, juntos, os "direitos" da família humana a um meio ambiente saudável e produtivo. A preocupação com a água limpa de beber foi objeto da 1ª Conferência das Nações Unidas sobre Água Potável (UN, 1977). Os conceitos de desenvolvimento sustentável, água recurso limitado e de valor econômico, principalmente, foram consolidados na Agenda 21, o documento mais completo aprovado na Conferência Mundial das Nações Unidas sobre Meio Ambiente e Desenvolvimento Humano, a Rio – 92 (UN, 1992). Nesta ocasião, considerava-se como de fundamental importância e desenvolvimento de uma cooperação cada vez maior entre os países ricos e pobres. O que se verificou, todavia, foi o desenvolvimento de uma competição, cada vez mais acentuada entre países ricos e pobres, sob a desculpa de que se trata de criar o "mercado global". Porém, não existe mercado global espontâneo, e neste quadro o que se viu foram as condições de uso e conservação da água passarem a ser exigidas pelos países mais desenvolvidos, como um fator competitivo imposto pelo mercado global, de tal forma que, atualmente, é mais importante saber usar a gota d'água disponível do que ostentar sua abundância.

Desta forma, a "política de bastidores" dominante nos países subdesenvolvidos, principalmente, preconiza a "guerra da água no século XXI".

Desde a década de 1970, pelo menos, os progressos alcançados pelas técnicas de perfuração de poços, a crescente performance das bombas e a expansão da oferta de energia elétrica, principalmente, fazem com que no mundo, em geral, e no Brasil, em particular, já não se tenha aqüífero livre ou confinado inacessível.

Uma retrospectiva dos trabalhos realizados mostra, de maneira bastante clara, uma mudança extremamente significativa do enfoque dos problemas ambientais, em geral, e daqueles que afetam a água, em particular. No início, a ênfase era o atendimento às exigências da fiscalização ambiental. Entretanto, os custos crescentes do abastecimento de água e da disposição dos efluentes levaram a uma avaliação mais abrangente. Isto permite identificar oportunidades de otimização, principalmente, pela introdução de práticas de gestão integrada, inclusive das demandas. A partir daí, o objetivo maior do gerenciamento da gota d'água disponível – captação de chuvas, rios, poços e de reuso não potável no meio urbano, na indústria e na agricultura, principalmente – vem sendo a diminuição dos custos da sua oferta regular e do seu uso ser cada vez mais eficiente, de forma ambiental correta e socialmente justa.

Por sua vez, tendo em vista o grande volume de capital envolvido, os sistemas de abastecimento d'água das cidades, das industrias ou do agronegócio já não podem ficar a mercê da ocorrência irregular aleatória das chuvas, por exemplo. Assim, a prática da irrigação, que era obrigatória nas regiões de clima árido ou semi-árido, até a década de 1960, passa a ser um fator fundamental de aumento de produtividade, confiabilidade e, conseqüentemente, de viabilidade econômica do agronegócio em todas as regiões climáticas do mundo. Segundo a FAO, a produção de alimentos no mundo é cada vez mais dependente da irrigação e, conseqüentemente, da oferta de água e de energia elétrica (Rebouças, 2001).

Desta forma, cresce a necessidade de se levar em consideração os usos múltiplos da água disponível – captação de precipitações, rios, subterrâneas e de reuso, principalmente – numa região hidrográfica, por exemplo. Nesta abordagem, portanto, parece ser, praticamente, insensato estimular o desenvolvimento de atividades de irrigação, altamente dependentes de água e com consumo intensivo de energia hidrelétrica, nas regiões da Terra altamente carentes de água e com grandes perdas por evaporação, como é o caso do Nordeste brasileiro.

Por sua vez, transportar água de distâncias crescentes – segundo o modelo iniciado pelos romanos com a construção dos seus famosos aquadutos em 312 a.C. – ou de tratar a águas de rios altamente contaminados, são alternativas cada vez mais caras. Desta forma, a transposição de bacias hidrográficas representa um desafio crescente, tanto em termos econômicos, sociais, ambientais, institucionais e legais, mormente quando se tem a descentralização e a ação participativa dos comitês de bacias hidrográficas organizados e atuantes, nos moldes da legislação vigente no Brasil.

Assim, a Política Nacional de Recursos Hídricos representa um novo marco institucional no País, incorporando princípios, normas e padrões de gestão da água universalmente aceitos e praticados em muitos países desenvolvidos. Nesse quadro, o grande desafio é considerar a experiência de sucesso comprovado nos paises ricos, principalmente, da possibilidade de se atender demandas hídricas futuras mediante um uso atual cada vez mais eficiente e integrado da gota d'água disponível. Entretanto, esta alternativa representa um grande desafio à sociedade brasileira, incluindo seu meio técnico, que é modificar a atual idéia, historicamente estabelecida, de que a expansão da oferta de água é a única solução aos problemas de escassez local e ocasional de água. Porém, o maior desafio, certamente, será de fazer evoluir os padrões culturais de subsistência para os modelos de produção impostos pelo mercado.

A gestão das águas, envolvendo os usos múltiplos e as diferentes formas de compartilhamento, preconizadas pelos comitês de bacias hidrográficas – governos Federal, Estaduais e Municipais, usuários e sociedade civil organizada – deverá operar uma verdadeira revolução, não apenas na gestão hídrica, como também na própria gestão ambiental como um todo.

Gestão integrada da água

Embora a legislação vigente (Lei Federal 9.433/97 ou Lei das Águas e a Lei 9.984/00 que criou a Agência Nacional de Águas – ANA, Leis Estaduais e respectivos Planos Estaduais de Recursos Hídricos) diga que a gestão da água tem de ser realizada de forma integrada e sistêmica, a ênfase dada às ações realizadas até agora – tanto nos níveis Federal quanto Estaduais – vem sendo sobre a parcela do *Blue Water Flow*, ou seja, à água que escoa de forma visível pelos cursos d'água ou que se acumula nos açudes e nas áreas encharcadas.

Fica claro, portanto, que é necessário considerar o *Green Water Flow*, ou seja, a quantidade de água que infiltra no solo da área em questão e dá suporte ao desenvolvimento da sua biomassa natural ou cultivada. Vale ressaltar que nas regiões da Terra onde a umidade do solo é menor de 300 mm/ano, a vegetação é escassa e a produtividade da biomassa natural ou cultivada é inferior a três (3) toneladas por hectare/ano. Nestas regiões, torna-se necessário irrigar para se alcançar produtividade agrícola econômica, ou seja, as condições impostas pelo mercado global. Ao contrário, nas regiões de clima temperado, a água retida pelo solo natural pode atingir 550 mm/ano, o que dá suporte a uma produção potencial de biomassa entre 10 e 12 toneladas por ha/ano. Nas zonas de clima equatorial e tropical, tal como ocorre sobre mais de 90% do território nacional, a produtividade natural de biomassa é superior a 40 toneladas/ha por ano (WRI, 1990).

Portanto, para se estabelecer taxas de consumo adequado de água, torna-se de fundamental importância considerar os diferentes hábitos e climas do mundo. No Brasil, por exemplo, deve-se considerar que se tem chuva abundante (1.000 – 3.000 mm/ano) sobre mais de 90% do seu território, dando suporte ao desenvolvimento da maior biodiversidade natural do Planeta, sem irrigação. Da mesma forma, os baixos consumos informados – agrícola de 1.344 m^3/s e industrial de 299 m^3/s – resultam, certamente, do fato da sua maior parte não ser sequer controlada, sendo proporcionada pela captação livre de água de poços, rios, açudes e outros mananciais.

Assim, pode-se considerar que dos volumes informados, o mais consistente seja apenas aquele referente ao consumo humano nas cidades (384 m^3/s), à medida que é o único normalmente fornecido pelas empresas de abastecimento.

Quando se ressalta a escassez

A Agência Nacional de Águas – ANA – define uma região hidrográfica como uma bacia ou conjunto de bacias hidrográficas contíguas, onde o rio principal deságua no mar ou em território estrangeiro. Neste quadro, as águas da Terra são renovadas pelo ciclo hidrológico, o qual é movido pelo energia solar e gravidade, sendo a descarga total dos rios do mundo da ordem de 43.000 quilômetros cúbicos por ano (UNESCO/PHI, 1998). Sendo a demanda total (70% para irrigação, 20% para industria e 10% para abastecimento humano) da ordem de 6.000 quilômetros cúbicos por ano, verifica-se que, pelo menos, em termos quantitativos globais, não há problema de escassez de água no mundo (WRI, 1990).

Tendo em vista ocorrer muita água na Terra onde não se tem muita gente, o quociente da descarga média de longo período dos rios de uma região pela respectiva população, tem sido utilizada, ultimamente, como medida mais justa da necessidade de água da humanidade (Falkenmark, 1976).

Assim, os paises do mundo, membros das Nações Unidas, foram agrupados nas classes seguintes: (1) muito pobres < 500 m^3/ano per capita; (2) pobres, entre 500 e 1.000; (3) regulares, entre 1.000 e 2.000; (4) suficientes, entre 2.000 e 10.000; (5) ricos, entre 10.000 e 100.000; e (6) muito ricos > 100.000 m^3/ano per capita. Neste quadro, estima-se que o indivíduo com menos de mil (1.000) metros cúbicos por ano é considerado em condições de "stress" de água (UNESCO/PHI, 1998).

Assim, o resultado da divisão da descarga média de longo período dos rios de cada região hidrográfica do Brasil, pela respectiva população (IBGE, 2000) foi utilizada para caracterizar os problemas d'água no Brasil, conforme mostra a Figura 2.

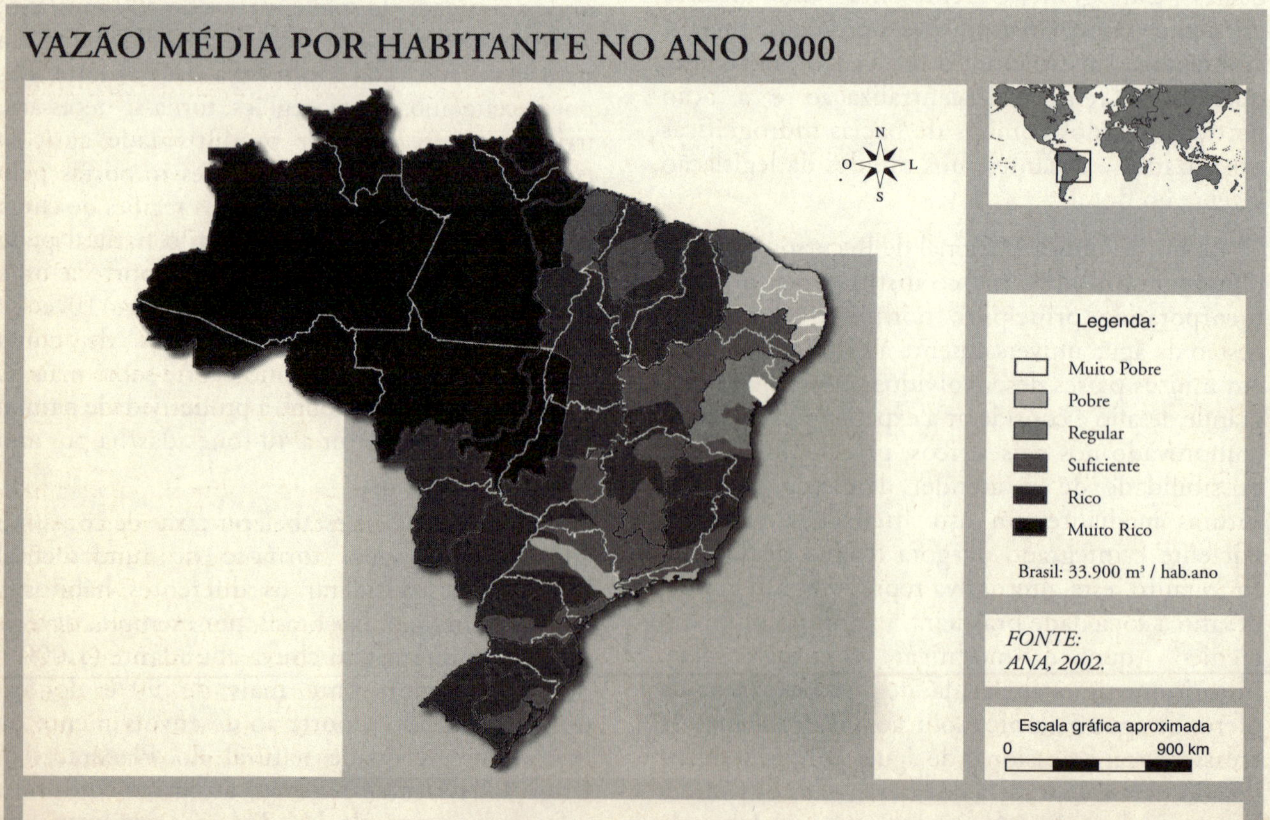

Figura 2 – Disponibilidade hídrica m^3 / hab.ano

Todavia, verifica-se que esta forma de avaliação não leva em consideração os exemplos positivos, principalmente nos países desenvolvidos, do uso cada vez mais eficiente da água subterrânea, nem as grandes possibilidades da engenhosidade humana.

Verifica-se, também, que esta medida não informa, necessariamente, sobre os pontos críticos de cada área. Assim, embora a Figura 2 indique que apenas duas pequenas parcelas no Brasil são classificadas como muito pobres de água (<500m^3/ano per capita), verifica-se que estas áreas ficam na zona úmida costeira do Nordeste Oriental, onde chove entre 1.000 e 3.000 mm/ano, os terrenos onde foram esculpidas estas regiões hidrográficas são sedimentares, os rios nunca secam, predomina a monocultura da cana de açúcar não irrigada e a esquistosomose é uma das doenças endêmicas.

Portanto, esta classificação não leva em consideração os hábitos predominantes na região e o quadro endêmico nestas áreas, tendo em vista a abundância de água.

Dos usos múltiplos da água

A Lei de Direito da Água no Brasil é o Código de Águas, de 10 de julho de 1934 e compreende três (3) livros. Mesmo quase 70 anos depois, e apenas com o Livro III regulamentado, o Código de Águas do Brasil, ainda é considerado pela Doutrina Jurídica, como um dos textos modelares do Direito Positivo Brasileiro.

Uma das poucas alterações feita pela Constituição do Brasil de 1988, em vigência, foi à extinção do domínio privado da água subterrânea, previsto no Art. 96 daquele diploma legal e o estabelecimento de apenas dois domínios públicos para os corpos d'água no Brasil (i) o domínio da União, para os rios ou lagos que banhem mais de uma unidade federada, ou que sirvam de fronteira entre essas unidades, ou de fronteira entre o território do Brasil e o de um país vizinho ou dele provêm ou para ele se estendem; e (ii) como bens dos estados, as águas superficiais ou subterrâneas, fluentes, emergentes e em depósito, ressalvadas, neste caso as decorrentes de obras da União.

Em 8 de janeiro de 1997, foi sancionada a Lei no 9.433, que organiza o setor de planejamento e gestão das águas, em âmbito nacional. Trata-se, pois, de uma Lei de Organização Administrativa para o setor de recursos hídricos.

A Lei no 9.433/97 criou o Conselho Nacional de Recursos Hídricos – CNRH e atribuiu à Secretaria Nacional dos Recursos Hídricos – SRH do Ministério do Meio Ambiente – MMA, a função de sua Secretaria Executiva, além de estabelecer que a presidência desse Conselho será ocupada pelo titular da Pasta do MMA.

A Lei no 9.984/00 criou a Agência Nacional de Águas – ANA, a quem caberá a implementação da Política Nacional de Recursos Hídricos, enquanto a Secretaria de Recursos Hídricos permanecerá com as relevantes funções da formulação dessa mesma política, a ser editada pelo MMA.

É importante ressaltar que a Lei no 9.433/97 proclama com clareza, os princípios básicos praticados hoje em quase todos os países que avançaram na gestão de recursos hídricos. O primeiro princípio desta lei é o da adoção da bacia hidrográfica como unidade de planejamento. O seu segundo princípio é dos usos múltiplos da água, o que coloca todas as categorias usuárias – abastecimento doméstico, industrial, irrigação, transporte e hidrelétrico, principalmente – em igualdade de condições em termos de acesso a esse recurso natural. Por este princípio quebra-se a indesejável hegemonia do setor hidrelétrico sobre os demais.

O "apagão" e a gota d'água disponível

O arcabouço legal e institucional vigente no Brasil, a partir da Constituição de 1988, pelo menos, é dos mais avançados do mundo. Entretanto, a boca entorta com o uso prolongado do cachimbo. Por sua vez, a gestão dos recursos hídricos é um processo de médio e longo prazos e como tal, leva tempo. Desta forma, embora o arcabouço legal e institucional vigente tenha tirado o cachimbo da boca de muita gente, esta continua torta.

No Nordeste semi-árido do Brasil, por exemplo, o problema não é que chove pouco na região (400 – 800 mm/ano), mas que evapora muito (1.000 –3.000 mm/ano). Por sua vez, em virtude da ocorrência muito irregular das chuvas, podendo cair numa semana o total de um mês e num mês o total do período de três a quatro meses de inverno – tanto no espaço quanto no tempo – tem-se excedentes hídricos que infiltram no solo e dão suporte à explosão do verde da caatinga, enquanto a parcela que escoa pela superfície, transforma os rios temporários em caudalosos cursos d'água que enchem os açudes.

Como corolário, torna-se insensato, certamente, estimular a construção simultânea de grandes açudes destinados a abastecer usinas hidrelétricas ou desenvolver atividades redentoras de irrigação. Primeiro, as terras propícias à irrigação no Nordeste semi-árido são, relativamente, escassas (2-3% do território regional). Segundo, a irrigação é uma atividade altamente dependente de água e com consumo intensivo de energia elétrica, cuja produção hidrelétrica é também dependente de água. Neste caso, tem-se grandes perdas por evaporação a partir do espelho hidráulico dos grandes açudes.

Portanto, o modelo energético no Nordeste semi-árido do Brasil, pelo menos, deveria considerar as diferentes e promissoras alternativas de geração de energia elétrica não dependentes de água, tais como: (i) a utilização de gás natural; (ii) energia eólica; (iii) energia solar e (iv) interligação de sistemas hidrelétricos localizados em regiões hidrológicas mais favoráveis.

A transposição de bacias não parece ser a alternativa mais adequada, pois, além de ser cada vez mais complexa, tanto em termos ambientais, legais, institucionais, quanto sócio econômico, significa trazer água de regiões hidrológicas mais ricas, para alimentar a intensa evaporação que ocorre no Nordeste semi-árido, seja dos açudes destinados a geração de energia hidrelétrica, seja daqueles destinados a abastecer demandas humanas ou animais e a irrigação, principalmente.

A alta dependência do Brasil atual da ocorrência regular de chuvas é bem ilustrada pelos recentes racionamentos da água fornecida nas cidades e de energia elétrica ou o "apagão", principalmente.

O racionamento de energia elétrica atingiu os setores produtivos, as empresas de água e a sociedade em geral, gerando prejuízos que foram sentidos por todos. Inclusive, teve-se racionamento de água que foi induzido pela falta de energia elétrica para bombeamento de poços, recalque de água nas adutoras e nas redes de distribuição ou realização dos processos de tratamento.

Desta forma, à medida que faltou energia elétrica para livre bombeamento da água de rios, açudes ou de poços, percebeu-se que a "água" não era gratuita, como se pensava, mas que tinha um preço resultante do seu bombeamento, pelo menos. Isto engendrou a redução do seu consumo - seja pela substituição de equipamentos obsoletos por outros mais modernos, seja pela substituição de cultivos por outros menos exigentes de água. Desta forma, foi possível produzir atendendo-se às condições de viabilidade econômica impostas pelo agronegócio, principalmente.

Assim, o apagão estimulou a se pensar em termos de produtividade e de otimização de processos de abastecimento nas cidades, da irrigação e do reuso da água nas indústrias, principalmente, ou de gestão das demandas. Um dos exemplos mais contundentes diz respeito à irrigação no Nordeste semi-árido do Brasil, onde ficou patente a necessidade de se buscar produzir cada vez mais com cada vez menos água, à medida que fornecer livremente água à cultura ou utilizar métodos de irrigação pouco eficientes significava maior consumo de energia de bombeamento e, conseqüentemente, custos que inviabilizam a produção gerada.

Assim, o agronegócio de culturas irrigadas no Nordeste indica, por exemplo, que o consumo de água da irrigação das frutas varia entre 4.000 m^3/ha/ano (manga e abacaxi) e 11.762 m^3/ha/ano (banana), porém, em termos de eficiência econômica de US\$/m^3 de água utilizado, o cultivo de abacaxi proporciona US\$ 1,50, enquanto a manga US\$ 3,0. Por outro lado, verificou-se que irrigar grãos (arroz, feijão, milho e soja) no Nordeste significava atender demandas de água entre 21.000 (m^3/ha/ano) para arroz e 8.000 (m^3/ha/ano) para feijão, enquanto as eficiências econômicas (US\$/m^3de água) são das mais baixas, ou seja, de apenas US\$ 0,01 (arroz), US\$ 0,20 (feijão) e US\$ 0,04 (milho). A cultura tradicional da Cana de Açúcar consume cerca de 16.000 m^3/ha/ano e a sua eficiência econômica é de apenas de US\$ 0,13/m^3 de água (Banco do Nordeste, 1999).

Desta forma, ficou evidente que irrigar no Nordeste poderá ser uma atividade econômica altamente rentável, desde que o consumo de água fique inferior a 7.000 m^3/ha/ano e produza algo com preço competitivo no mercado. Em outras palavras, esta situação poderá ser alcançada à medida que se busque otimizar o uso da "água gratuita". Por outro lado, fica claro que irrigar grãos no Nordeste, sobretudo, arroz, não é somente um crime ambiental, mas também uma burrice econômica.

Assim, a falta de energia elétrica para bombeamento da água em quantidade suficiente para irrigar arroz, colocou a Associação de Usuários de Iguatú (CE) na lista dos inadimplentes da empresa de distribuição de energia elétrica. A saída encontrada foi substituir a irrigação de arroz pela de frutíferas. Além disso, teve-se uma redução no consumo de água de $5m^3/s$, vazão suficiente para abastecer de forma racional uma cidade do porte de Fortaleza (ANA, 2001).

Portanto, pelo fato de se bombear livremente água do rio, açude ou poço, pensava-se que a água extraída era gratuita, quando na realidade ela tem um custo correspondente ao consumo de energia de bombeamento, pelo menos. Efetivamente, a água só flui contra a gravidade quando movida por dinheiro.

Portanto, a utilização livre da gota d'água disponível – bombeada de um poço, rio ou açude – favorece a falsa idéia de que esta seja gratuita, o que estimula o desperdício e subsidia a ineficiência. Assim, o usuário que se livra da cobrança pelo direito de uso da água, embora possa estar numa situação, certamente, legal, não pratica uma política de boa vizinhança. Além disso, deve-se considerar que esta situação poderá ser entendida como prática desleal de mercado, um *dumping* ambiental, uma forma de subsidiar o desenvolvimento insustentável.

Assim, a solução do problema d'água no mundo, em geral, e no Brasil, em particular, é o gerenciamento do seu uso e da sua demanda, em vez da prática atual, direcionada só para a oferta. Em todas as suas diferentes formas de utilização, a água tem um valor econômico – que compete entre si – e uma fixação de preço só fará com que os padrões sustentáveis de uso sejam perseguidos, além de se gerar recursos hídricos necessários para expansão dos serviços. Entretanto, a cobrança deverá ser praticada não de acordo com o valor que o usuário quer pagar, mas de acordo com o valor da água, levando em consideração todos os custos do desenvolvimento dos sistemas de captação, tratamento, distribuição, uso, reuso e conservação – quantitativa e qualitativa – da gota d'água disponível.

Atualmente, nos países mais desenvolvidos, principalmente, um crescente número de exemplos positivos mostra que saber usar a gota d'água disponível é mais importante do que ostentar sua abundância.

Acredito que todos concordam que o setor de saneamento básico no Brasil – fornecimento d'água de rio bruta ou tratada, água subterrânea e de reuso, principalmente, coleta e tratamento de esgotos, e coleta e deposição adequada do lixo que se produz – precisa desesperadamente de investimentos e que as formas escolhidas deverão se adaptar as realidades locais e regionais. A iniciativa e o controle deverão continuar sendo da responsabilidade das autoridades públicas, enquanto que a implementação e o gerenciamento poderão ficar a cargo do setor privado, sobretudo, na forma de uma parceria pública-privada. No Brasil, em particular, embora se ostente as maiores descargas de água nos seus rios, lutar pelo seu uso cada vez mais eficiente é lutar contra a pobreza, pela vida, pela saúde e pela comida para todos.

Bibliografia

ANA. *IV diálogo Interamericano da água, Foz de Iguaçu*, Brasil, 2001.

ANA. *A evolução da gestão dos recursos hídricos no Brasil*, Edição Comemorativa do Dia Mundial da Água, 64 p. Brasília, 2002.

BN- Banco do Nordeste do Brasil, *Orientação da agricultura irrigada no Nordeste*, Frutex, Fortaleza, 1999.

CETESB. *Relatório de monitoramento da qualidade de Águas Subterrâneas no Estado de São Paulo*, 1997.

FALKENMARK, M. *Macro - scale water supply/demand comparison on the global scene*. P. 15-40 Stockholm, 1986.

GLEICK, P. H. *Water in crisis – A guide to the world's fresh water resources*. 476 p. Oxford Press, 1993.

IBGE. *Censo demográfico do Brasil*, 2000.

MMA/SRH – Ministério do Meio Ambiente-Secretaria de Recursos Hídricos. Política Nacional de Recursos Hídricos- *Legislação*, 54 p. Brasília, 2001.

PERH/SP, Plano Estadual de Recursos Hídricos- São Paulo (*Rel. Inédito*), 2000.

REBOUÇAS, A. C., *Água na região Nordeste: desperdício e escassez*, Rev. 29, Dossiê Nordeste, Instituto de Estudos Avançados – IEA/USP. P. 127-154. São Paulo, 1997.

REBOUÇAS, A. C., BRAGA, BENEDITO, B. & TUNDISI, J. G., *Águas Doces no Brasil, Capital ecológico, Uso e Conservação*, Org. Coord. Científica, 717 p. IEA/USP-ABC, São Paulo, 1999.

REBOUÇAS, A. C., *Água e desenvolvimento rural.* Rev. IEA No 43- Dossiê Desenvolvimento Rural, p.327-344. São Paulo, 2001.

TUNDISI, J. G., BENEDITO, B., REBOUÇAS, A. C., Water for sustainable development: The Brazilian Perspective.p. 235-246. Acad.Bras.Ciências, Rio de Janeiro, 2000.

UN- UNITED NATIONS, *Conferência das Nações Unidas sobre o Meio Ambiente Humano.* 123 p. Stockholm, 1972.

UN- UNITED NATIONS, *Decênio da Água Potável, Mar del Plata,* Argentina, 1977.

UN – UNITED NATIONS, *Conferência das Nações Unidas sobre Meio Ambiente e Desenvolvimento Sustentável.* Rio-92, 1992.

UNESCO/PHI, *World water resources: A new appraisal and assessment for the 21st century,* 37 p. Paris, 1998.

WRI- World Resources Institute, *World Resources,* 1990-91, 383 p. Oxford Press, 1990.

Aldo da Cunha Rebouças

aldoreb@osite.com.br

Geólogo – Escola de Geologia de Recife da Universidade Federal de Pernambuco

Mestre em Hidrogeologia – Université Strasbourg, França

Doutor em Planejamento de Recursos Hídricos – Université Strasbourg, França

Pós-Doutorado – Stanford University, EUA

Livre Docente – Instituto de Geociências da USP

Professor Titular do Depto. de Geologia Econômica e Aplicada do Instituto de Geociências da USP.

Pesquisador Associado do Centro de Pesquisas de Águas Subterrâneas (CEPAS) do IG / USP, do qual foi fundador e diretor.

Consultor de instituições públicas e privadas, empresas e organismos internacionais.

Foi fundador e presidente da Associação Latino Americana de Hidrologia para o Desenvolvimento e da Associação Brasileira de Águas Subterrâneas.

Linhas de Pesquisa:

Hidrogeologia
Gestão ativa de aqüíferos
Planejamento de recursos hídricos
Hidrogeologia ambiental

Impresso em outubro de 2002, nas oficinas da R.R. Donnelley América Latina
em papel Chamois Bulk Dunas 70g/m²,
fabricado pela Ripasa (tel.: 0800- 113257)

Composto em AGaramond corpo 11,5 pt.

Não encontrando este título nas livrarias,
solicite-o diretamente à editora.

Escrituras Editora e Distribuidora de Livros Ltda.
Rua Maestro Callia, 123 - Vila Mariana – 04012-100 São Paulo, SP
Telefax: (11) 5082-4190 - http://www.escrituras.com.br
e-mail: escrituras@escrituras.com.br (Administrativo)
e-mail: vendas@escrituras.com.br (Vendas)
e-mail: arte@escrituras.com.br (Arte)